9132 22

D. Weixler, K. Paulitsch

Praxis der Sedierung

W0322975

Dietmar Weixler, Klaus Paulitsch

Praxis der Sedierung

Unter Mitarbeit von
Katalin Bloch-Szentágothai
Wilfried Peinhaupt

facultas

Bibliografische Information Der Deutschen Bibliothek

Die Deutsche Bibliothek verzeichnet diese Publikation in der Deutschen Nationalbibliografie;
detaillierte bibliografische Daten sind im Internet über
http://dnb.ddb.de abrufbar.

Copyright © 2003 Facultas Verlags- und Buchhandels AG,
Berggasse 5, A-1090 Wien
Facultas Universitätsverlag
Alle Rechte, insbesondere das Recht der Vervielfältigung und der
Verbreitung sowie der Übersetzung sind vorbehalten.
Satz und Druck: Facultas Verlags- und Buchhandels AG
Umschlagbild: Contrast
Printed in Austria
ISBN 3-85076-584-9

Gedruckt mit Unterstützung des Bundesministeriums für Bildung,
Wissenschaft und Kultur in Wien.

Das Leben
ist nicht ordnungsgemäß.
Das, was lebendig ist, ist chaotisch.

ARNO GRUEN

Die größte Offenbarung ist die Stille.

LAOTSE

Vorwort

„Sedierung ist der Effekt von Maßnahmen zur Abschirmung oder Kontrolle von Einflüssen, die ein Individuum schädigen können oder seinen Komfort mindern können. Sedierung führt im Allgemeinen zu einer Beruhigung, die von einem Menschen positiv wahrgenommen wird oder die seinen individuellen Interessen dient (Schutz des Lebens, der Gesundheit, des Wohlbefindens, der Autonomie). Sedierung wird durch verschiedene Einwirkungen auf den Menschen hervorgerufen (Herstellen einer Beziehung, Beeinflussung von Umgebungsfaktoren, Information; psychologische, körperbezogene, soziale, pharmakologische Maßnahmen etc.).

Diese Definition ist der Ausgangspunkt einer Abhandlung, die nur als Status präsens rezenter Literatur begriffen werden möge. Das letzte Wort zu diesem Thema wird nie gesprochen werden, das Thema ist offen und frei zur Auseinandersetzung. Alle Berufsgruppen, welche in Heilbehandlungen von Menschen involviert sind, sollten im Mittelpunkt, als Leitstruktur ihres Denkens und Handelns, **die Interessen des behandelten Individuums** ins Auge fassen. Die Interessen des Individuums, seine Rechte auf Leben, Freiheit, Autonomie und Selbstgestaltung seines Lebenskonzepts. Unsere Gesellschaft verknüpft erhaltenes Bewusstsein mit Individualität und Wert. Die medizinische Vorzeit paternalistischen Denkens reicht in die Gegenwart herein. Der Arzt (männlich!) als autoritäre Vaterfigur mit dem Anspruch auf Allwissenheit und Allgegenwart ist aus mehreren psychosozial-politisch-ethischen Gründen ein lebendes Fossil. Eine Umgewichtung der ethischen Prinzipien ist nachvollziehbar. Das paternalistische Prinzip tritt gegenüber dem (reiferen) Autonomieprinzip in den Hintergrund. Die Voraussetzung für die Autonomie eines Individuums ist seine Fähigkeit für sich Verantwortung tragen zu können. Die Grundlage dafür, sein eigenes Geschick verantworten zu können, ist die Kenntnis der Tatsachen, auf denen eine Entscheidung fußt. Von den Heilberufen ist die Offenlegung der bekannten Tatsachen gefordert. Das bedeutet, der Therapeut muss spezielle Kenntnisse in eine Interaktion einbringen und fähig sein, diese Kenntnisse zu kommunizieren. Die Grundlagen für eine therapeutische Begegnung sind Professionalität, Wahrheit, Offenheit, Sensibilität und Empathie. Empathie für die ureigenen Bedürfnisse und Wünsche eines Menschen, der sich anvertraut. Die Psychiatrie hat sich mit der Entwicklung der Neuroleptika einem grundlegenden Wandel unterzogen, der sozialpolitische Konsequenzen gezeitigt hat. Die Antipsychiatrie wurde auf den Plan gerufen. Möglicherweise ist die Zeit der Kontroversen um psychiatrische Sedierungsmaßnahmen schon Geschichte. Die antipsychiatrische Bewegung war für die Psychiatrie wichtig und hat ihr letztlich sogar gedient; sie hat in einem dialektischen Prozess zu einer Synthese der Ideen geführt. Die Anästhesie und Intensivmedizin haben sich aus der Chirurgie entwickelt, diese Abkunft ist noch heute als konflikthafte Bindung an das Mutterfach erlebbar. Die Anästhesie wucherte heran, das Fachwissen und die Möglichkeiten der Bereiche Intensivmedizin, Notfallmedizin, Schmerztherapie explodierten in den letzten Jahrzehnten geradezu. Das Machbare wird gemacht. Das ist eine der urmenschlichen Eigenschaften. Die ethische Auseinandersetzung mit dem Machbaren schreitet zeitlich hintendrein. In den letzten Jahren hat sich auch in der Intensivmedizin und vor allem in der Intensivpflege ein neues Denken entwickelt: die Wahrnehmung des Individuums mit seiner Biographie, seinen Bedürfnissen, Zielen und Plänen. End-of-life-decisions sind nicht mit Altersmarken zu setzen. Die Intensivmedizin ist keine end-of-life-Medizin, wenn auch eine near-to-death-Medizin. Möglicherweise haben deswegen Anästhesisten einen guten Zugang zur Palliativmedizin. Palliativmedizin bzw. palliative care stellt die Interessen des Individuums in den Mittelpunkt ihrer Bemühungen. „Leiden vermindern, Lebensqualität bewahren/erreichen/gewinnen" sind die Ziele der Palliativmedizin. Lebensqualität ist als wissenschaftlicher Parameter kaum fassbar, weil jeder einzelne Mensch eine subjektive – sich wandelnde – Vorstellung von Lebensqualität hat. Den Einzigartigen, Unverwechselbaren im Gegenüber zu suchen ist das Spannende in einer therapeutischen Auseinandersetzung. Es wäre eine Anmaßung, erwarten zu wollen, den anderen begreifen, ihn verstehen zu können. Es sei als Versuch, als Intention einer Bewegung aufgefasst, befreit von einem Anspruch an ein Ziel. Dem Gegenüber ist im Weiteren die Freiheit belassen, auf seine Art und Weise auf diese Bewegung zu reagieren. Es ist die Initiation eines offenen Prozesses. An welchem Punkt man sich treffen möge, ist unbestimmt. Das zentrale Thema ist die Einzigartigkeit und Einmaligkeit einer Begegnung, deren Ziel es ist, die Interessen des Patienten zu verwirklichen.

Die Entwicklung der Medizin in unserem Kulturraum ist komplex. Viele Faktoren sind miteinander verzahnt, bedingen einander, beeinflussen einander. Die Menge an wissenschaftlicher Literatur ist unüberschaubar geworden, die Fachdisziplinen driften auseinander, sprechen letztlich verschiedene Sprachen. Wie viele Ärzte können den Publikationen der bedeutsamsten wissenschaftlichen Schrift, *Nature*, noch folgen? Die zentrifugale Entwicklung der Spezifikationen schafft kuriose Entwicklungen. Eine strenge Parzellierung von Kompetenzen macht einen Apparat am Ende entscheidungsunfähig. Wer eine soziale Tätigkeit gewählt hat, sucht Kommunikation und eine Vervollständigung seiner selbst (H. E. Richter). Integratives, fachübergreifendes, kreatives Arbeiten fördert die Produktivität und Arbeitsfreude. Das Überschreiten des eigenen Bezugsrahmens, die Erweiterung der eigenen Denkmöglichkeiten schafft die Voraussetzungen für eine Kreativität von hohem Wert. Dieses Buch ist auch ein Versuch, die partnerschaftliche, gleichwertige Zusammenarbeit der Berufsgruppen wieder mehr ins Zentrum zu rücken.

Das Anspruchsdenken der Konsumenten steht im Konflikt mit den Möglichkeiten, die ein Medizinsystem leisten kann, dessen Entwicklung sozialpolitisch gesteuert wird. Der primäre Steuerungsfaktor ist seit Jahren das Gesundheitsbudget. Die Menschen in den Gesundheitsberufen erleben eine sich zuspitzende Entwicklung: immer weniger sollen in immer knapperer Zeit immer mehr leisten und dafür immer weniger bekommen. Das Missverhältnis zwischen erwarteter Leistung und erfüllbarer Leistung führt geradewegs in ein Burnout-Syndrom. Die Rechnung bezahlen letztlich die Patienten. In vielen Ländern der westlichen Welt können die notwendigen Leistungen nicht mehr erbracht werden: Budgets wurden „gedeckelt", bestimmte Gruppen wurden von den Leistungen des Medizinsystems ausgeschlossen (vgl. England, USA). Ein Beispiel aus den USA: Die Wissenschaft schreitet voran. Eine Konsequenz daraus ist, dass immer mehr Endoskopien durchgeführt werden. Die Begehrlichkeit nimmt zu. Die Folge daraus ist, dass immer mehr Patienten das Ungemach der Untersuchung nicht ertragen wollen: Sie fordern ein Sedierungsverfahren an. Das Medizinbudget ist gedeckelt. Aus mehreren Gründen gibt es zu wenige Anästhesisten. Die zu geringe Zahl an Anästhesisten kann die Forderungen nicht mehr erfüllen. Die Konsequenz des amerikanischen Systems ist, dass andere Berufsgruppen Aufgaben der Anästhesisten erfüllen müssen. So wurde in den USA aus dem Mangel der *sedationist* geboren. *Sedationist* ist eine Funktionsbezeichnung, keine Berufsbezeichnung. Die meisten *sedationists* dürften CRNAs (certified registered nurse anaesthetists) sein. Das amerikanische System ist mit einem mitteleuropäischen System nicht vergleichbar. Dennoch ist auch für unseren Raum das Entstehen eines derartigen Konflikts einer unerfüllbaren Forderung absehbar. In einigen Bereichen ist es schon eingetreten: Die Altenpflege leidet bereits schwer am Mangel qualifizierter Pflegekräfte. Der Vorgang der Alterung ist jedoch bei uns ein Tabuthema, das Alter hat keine Lobby und keine Stimme. Der alte Mensch ist wertlos, da er nur kostet und nichts leistet. Das US-amerikanische Gesundheitssystem hatte den Vorteil, bei Auftreten der unerfüllbaren Forderung auf bereits etablierte Ausbildungsverordnungen und Sicherheitsrichtlinien zugreifen zu können. Diese schweben bei uns in einem fortwährenden Status Nascendi. Pflege und Medizin sind in

unserem Raum eher damit beschäftigt, sich voneinander abzugrenzen. Die Parzellen bekommen wahrnehmbare Außengrenzen. Im Niemandsland der Kompetenzzuteilung bleiben die Interessen der Patienten zurück.
Das ist der zweite Grund, warum dieses Buch gemacht worden ist. Nichtmediziner werden Aufgaben von Medizinern teilweise übernehmen müssen, das System wird es fordern.
Der dritte Grund für dieses Buch war schlichtweg der beobachtbare Missstand, dass mit potenten Medikamenten in fahrlässiger Weise umgegangen wird. Aus einem Literaturzitat geht hervor, dass unter Ärzten betreffend Sedativa große Wissensmängel herrschen und lediglich die Zahnärzte relevante Fortbildungen besuchen. Jeder kann in seinem Umfeld mit hoher Frequenz beobachten, wie häufig Patienten durch Fehlanwendungen von Sedativa letztlich vital bedroht werden (falsche Indikationsstellung, falsche Präparatewahl, Fehldosierung, mangelnde oder ungeeignete Überwachung etc.).
Sedierung ist für alle Fachbereiche ein relevantes Thema, sei es für die **Innere Medizin, Chirurgie, Allgemeinmedizin, Akutpsychiatrie, Zahnheilkunde, Kieferchirurgie, gastroenterologische Endoskopie, Bronchologie, Pädiatrie, Gerontologie, interventionelle Radiologie, Notfallmedizin, Intensivmedizin, Palliativmedizin** etc.
In allen Fächern wird mit beruhigenden, angstlösenden und schmerzstillenden Medikamenten operiert, in allen Fächern geht es um die Interaktion zwischen Therapeut und Patient, jeder Ort einer Behandlung hat seine Atmosphäre, die wirkt, omnipräsent sind Ängste von Menschen. Die zentrifugale Entwicklung der Disziplinen hat dazu geführt, dass der Diskurs zwischen den Fächern auf bescheidenem Niveau geführt wird. Zahnärzte, Endoskopiker, Intensivmediziner, Neurologen usw. – sie alle interagieren mit Ängsten und Schmerzen ihrer Patienten – sie alle haben *ihre* Methoden und *ihre* pharmakologischen Regimes. Alle könnten vom interdisziplinären Austausch profitieren. Das ist der vierte Grund, dass dieses Buch existiert. Es ist der Versuch einer Wiederaufnahme der interdisziplinären Auseinandersetzung.
Ein fünfter Grund ist die vorsichtige, defensive Art und Weise, wie in Ausbildung und in der Literatur mit praktischen Anleitungen umgegangen wird. Man möchte sich nicht auf Dosen und Rezepte festlegen, das ist nachvollziehbar. Die Unklarheit der Aussagen führt den Anwender in einen Zustand permanenter Verunsicherung im Umgang mit starken Substanzen.
Die Furcht vor der atemdepressiven Wirkung der Opioide hat dazu geführt, dass über Generationen Schmerzleidende mit Schmerzmitteln unterversorgt waren. Erst die rationale und wissenschaftliche Betrachtung der Thematik

und das besondere Engagement einiger Pflegender und Ärzte* konnte diesen Missstand in den letzten Jahren ausräumen. Der praktische Umgang mit Analgetika und Sedativa ist keine Kunst, kein Musengeschenk. Die Voraussetzungen für eine geglückte Anwendung sind Wissen, Empathie und Sensibilität.

Im Umgang mit stark wirksamen Medikamenten steht die Sicherheit des Patienten an vorderster Stelle. Die tödliche Triade lautet: *unwissender Therapeut – unbekannter Patient – mangelhafte Überwachung.* Die Säulen der Sedierung sind **Sicherheit und Komfort**. Daher wurde in diesem Buch in Anlehnung an die angloamerikanische Literatur größter Wert auf die Betrachtung von Faktoren gelegt, welche die Sicherheit erhöhen: die Auswahl und Vorbereitung der Patienten, die Überwachung (Monitoring) und die Basisdaten der Pharmakologie. Bei der Auswahl der Grundlagenliteratur wurde größtes Augenmerk auf die methodische Qualität und die Aktualität der Erkenntnisse gelegt. Es wurde versucht, sämtliche Betrachtungen auf ein notwendiges Minimum, in dessen Zentrum die Praxisrelevanz steht, zu reduzieren. Das Kapitel *Pharmakologie* ist einer der Kerne des Werkes, die Kenntnisse der Pharmakologie sind von höchster Bedeutung für den sedationist. Das Kapitel *Sedierung* beschäftigt sich mit dem Kontinuum des Wachbewusstseins und den Versuchen, dieses Kontinuum mit wissenschaftlichen Methoden zu erfassen, zu messen, zu graduieren. In *Conscious Sedation* wird ein Konzept zur Sedierung vorgestellt, das vor mehr als 10 Jahren in den USA zur Sedierung bei operativen und diagnostischen Eingriffen entwickelt wurde und größtmögliche Sicherheit für den Patienten gewährleistet. Das Prinzip der Conscious Sedation besteht darin, durch nuancierte Titration der Pharmaka den kommunikativen Kontakt zum Patienten fortwährend aufrecht zu erhalten.

Hypnose als Sedierung (von Katalyn Bloch-Szentágothai) stellt einen kommunikativen Zugang zum Patienten vor, der den Therapeuten um ein wunderbares Instrument bereichert. Kommunikation ist der wichtigste Weg zu einem Menschen, die professionelle Auseinandersetzung mit diesem Thema, das uns „selbstverständlich gegeben“ erscheinen mag, tut dringend Not. *Beruhigen als psychologisches Phänomen* (von Wilfried Peinhaupt) schließt thematisch an diesen Diskurs an und behandelt die Bedeutung der Begegnung zwischen Arzt und Patient, die Ebenen der Begegnung und die Inhalte eines therapeutischen Interagierens, das beruhigen kann.

Klaus Paulitsch, langjähriger Wegbegleiter und Freund**, stellt in den Kapiteln *Sedierung aus psychiatrischer Sicht* und *Sedierung bei Schlafstörungen*

*z. B. Dr. Cicely Saunders, Krankenschwester und Ärztin.

**Vermutlich auch insgeheim ein begnadeter Zeichner, siehe Kapitel Radiologie.

den rationalen, effektiven und sicheren Umgang mit Psychopharmaka dar. Unsere gemeinsame Auseinandersetzung mit dem Thema Sedierung hat uns die Sicht eröffnet, dass auf diesem Gebiet eine breite und interessante Kooperation der Fachdisziplinen zur gegenseitigen Bereicherung führt.
Angeregt durch G. D. Bell (Sunderland, UK) und Linda Liu (San Francisco, California) wurde der *Sedierung des alten Menschen* besonderes Augenmerk gewidmet. Die absolute Zahl der alten Menschen ist wie die Zahl der Eingriffe an dieser Gruppe stetig im Zunehmen. Die veränderter Physiologie im Alter zwingt zu einem angepassten Umgang mit potenten Medikamenten. Auf der anderen Seite der „extremen Lebensalter" sind thematisch die *Kinder* angesiedelt. Im Bereich der Kinderanästhesie hat sich in den letzten Jahren sehr viel entwickelt. Die Interaktion mit Kindern in Gesundheitseinrichtungen wird in den letzten Jahren bewusster gestaltet. Ängste und Bedürfnisse von Kindern im perioperativen Zeitraum, Bewältigungsmechanismen und systemische Einflussfaktoren wurden erst kürzlich grundlegend erforscht. Im Mittelpunkt der wissenschaftlichen Produktivität stehen Zeev Kain (Yale University, Connecticut) und Charles J. Coté (Chicago).
Die Behandlung des Themas Sedierung unter Zuordnung zu Fächern erwies sich als problematisch, da erkennbar wurde, dass breite Überlappungen bestehen. Daher ist es auch für den „Spezialisten"* nützlich, in die anderen Fachbereiche dieses Werkes hineinzulesen. Auf Mehrfachdarstellungen wurde weitgehend verzichtet, Seitenverweise sollen textliche Redundanz mindern. Der Blick in die *Intensivmedizin* mag einen Blick freigeben in eine Wirklichkeit, die mir geradezu höllisch erscheint. In der Abhandlung über Palliativmedizin geht es weniger um das Sterben an sich; wesentlich erschien mir zu versuchen, Anregungen zu stiften, auf welcher Grundlage und auf welchen Wegen man als Therapeut Entscheidungen treffen kann/soll/darf/(muss?).

An mehreren Textstellen wird die Empfehlung zu lesen sein: „Das Pharmakon sollte nur von *Anästhesisten* verwendet werden". *Anästhesisten* bedeutet nicht nur genau so Anästhesist*innen*, sondern auch Ärzte anderer Fachrichtungen oder in Ausbildung dazu, welche im Atemwegs- und Komplikationsmanagement die notwendigen Kompetenzen erworben haben, alle unerwünschten Wirkungen eines entsprechenden Pharmakons zu beherrschen (d.h. auch möglicherweise Ärzte der Fächer für Innere Medizin, Internistischer Intensivmedizin, das Additivfach Chirurgische Intensivmedizin, HNO-Heilkunde, Pulmologie etc.). In manchen Staaten ist auch das Pflegepersonal in der selbständigen Planung und Durchführung von Narkosen

*Spezialisten sind Menschen, die nur eine Saite auf ihrer Fidel haben (Henry Miller).

zertifiziert und registriert – auch für dieses medizinische Fachpersonal gilt die „vereinfachte Diktion“ *Anästhesist.* Wenn möglich wurde statt *„Schwester/Pfleger“* die umfassende Bezeichnung *„Pflegepersonal“* verwendet.
Aus Gründen der Vereinfachung wurden im gesamten Text für bestimmte Personenbezeichnungen immer nur maskuline Formen verwendet (Arzt, Anästhesist, Patient). Diese Vereinfachung geschah bewusst und ist in diesem Kontext nicht eo ipso gleichbedeutend mit Entwertung oder Negierung des Femininen bzw. der Frau. Auf eine Schreibweise wie z. B. *ÄrztIn* wurde mit Absicht verzichtet, da diese Schreibweise im Kontinuum eines Textes vom Autor schlichtweg als unästhetisch und tendenziell begriffen wird. Handelsnamen registrierter Spezialitäten wurden mit ® oder ™ gekennzeichnet, Generika erscheinen ohne Kennzeichnung. Mehrere Generika existieren in einer Vielzahl von Handelsnamen. Wurden Handelsnamen genannt, so geschah dies nur exemplarisch und ohne den Hintergrund, ein Präparat hervorzuheben oder herabzuwürdigen. Die erwähnten Handelsnamen berücksichtigen vielfach den österreichischen Markt. Es wird darauf verwiesen, dass die Pharmaka im übrigen deutschen Sprachraum häufig unter anderen Spezialitätennamen registriert sind. Im Anhang des Werkes ist ein Register zu finden, das den Deutschen und Schweizer LeserInnen eine Zuordnung zu den Ihnen vertrauten Handelsnamen gestattet. Die Interdisziplinarität bzw. Interprofessionalität haben wir 4 Menschen, die an diesem Buch geschrieben haben, durch diese Art einer Begegnung gesucht und gefunden. Wir waren erstaunt darüber, wie weit das Feld der Begegnung ist, wie viel Gemeinsames wir vorgefunden haben. Mögen vor allem die jungen Kollegen unseren Versuch aufgreifen.

Dank

Viele Menschen haben im Hintergrund – direkt oder indirekt – mitgewirkt, damit dieses Buch zustande gekommen ist. Ihnen allen, auch denen, die nicht explizit genannt werden, gilt mein Dank. Frau Doris Winter hat mit großem Engagement und Kenntnis Tabellen und Grafiken erstellt, meinem Bruder, Mag. art. Wolfgang Weixler, danke ich für die für ihn exotische Darstellung eines geöffneten Mundes (*Mallampati-Kriterien*). Der Fa. Tyco Healthcare, dem RK Horn (Harald Dworak), der Firma Deltec und der ÖAMTC-Flugrettung gebührt Dank für die unentgeltliche Überlassung von fotografischem Bildmaterial. Für die Durchsicht des Manuskripts und eine Unzahl von wertvollen Kommentaren und Ergänzungen möchte ich mich bei allen Genannten bedanken: Dr. Thomas Capellmann (*Radiologie*), Dr. Andreas Eichwalder (*Endoskopie*), dem Endoskopieteam des WVK Horn (*Endoskopie*), Peter Fässler-Weibel (*Palliativmedizin*), Dr. Andrea Lechmann (*Notfallmedizin, Palliativmedizin*), DGuKP Bettina Moser (*Sicherheit und Komfort)* und Frau Angelika Pittgens von Aspect Medical (*Sedierung*). Frau Mag. Henriette Fitz und dem Literaturservice der Fa. GSK bin ich unendlichen Dank schuldig: Sie hat mir über Monate die wissenschaftlichen Grundlagen für meine Literaturzitate zukommen lassen, einen gewaltigen Berg gehaltvollen Papiers.

Herrn Mag. Peter Hofbauer danke ich herzlich für sein Engagement – nicht nur rund um meinen Computer.

Meinem Chef, Prim. Dr. Reinhart Wickenhauser, meinen Kolleginnen und Kollegen an der Abteilung für Anästhesie und Intensivmedizin im WVK Horn, allen Mitarbeitern des WVK Horn und des Flugrettungsteams Christophorus 2 in Krems gebührt größter Dank – für ihre Geduld, Toleranz und die Bereitschaft zur Auseinandersetzung. Besonders unterstützend ist mir die langjährige Anregung durch meine Kollegen und Freunde Andrea Lechmann, Helmut Bäck und Harald Penz. Dr. Penz ist Wegbereiter und Erhalter eines demokratischen Verständnisses im Umfeld meiner Tätigkeit, sein Engagement und seine Aktivität im sozialen wie im medizinischen Bereich sind von unschätzbarem Wert – auch im Hinblick auf die Existenz dieser Publikation.

Auch den Menschen, die mir ein unrühmliches Beispiel vorstellen, sei Dank. Ich habe beim Schreiben oft an sie gedacht, sie haben viele meiner Gedanken angeregt. Ihre Namen verlieren sich im Schweigen.

Dank an alle Menschen, die das Schwierige als Anregung begreifen können.
Einen besonderen Dank möchte ich an Dr. Sigrid Neulinger vom Facultas-Universitätsverlag richten. Sie hat mich ununterbrochen mit Fachwissen, Gewährenlassen, Kreativität und unbeugsamen Optimismus unterstützt.
Ich danke meinen Eltern und meiner ganzen Familie, dass sie mich mit so viel Toleranz und Förderung beschenkt haben. Sie haben mir das Wertvollste gegeben, was man einem Kind geben kann: so sein zu dürfen, wie man ist.
Dr. Gabriele Weixler, meiner Frau, gehört mein größter Dank. Sie hat nicht nur mit langmächtiger Geduld und Toleranz zulassen können, dass sich Konzentration und Aufmerksamkeit des Partners auf ein Projekt richtet, sie hat dieses Werk durch eine Unzahl von Anregungen und Beiträgen bereichert. Die Lebendigkeit ihres Geistes ist meine Inspiration. Ihr ist dieses Buch gewidmet.

Dietmar Weixler
Horn, 1. Jänner 2003

Inhaltsverzeichnis

Grundlagen

Praktische Anwendung

Grundlagen

Sedierungszustände – Sedierungseffekte

D. Weixler

Was man sucht – es lässt sich finden,
was man unbeachtet lässt –
entflieht.
SOPHOKLES

Bewusstsein ist ein gradueller und vulnerabler Zustand, der neben physiologischen Einflussgrößen durch mannigfaltige äußere und innere (physiologische/pathologische) Einwirkungen beeinflussbar wird.
Das Kontinuum reicht von Hyperexzitation bis zum Koma.
Die klinische Einschätzung des quantitativen Wachbewusstseins erfordert neben den Kenntnissen der Neurophysiologie insbesondere die Sensibilität und Aufmerksamkeit des Untersuchers.

Definitionen

1. **Sedierung** ist ein komplexer neurophysiologischer Zustand, bestehend aus Anxiolyse, Hypnose und Amnesie (32). **Anxiolyse** ist die Reduktion einer physischen oder emotionalen Reaktion auf eine reale oder wahrgenommene Gefahr (32). **Hypnose** ist ein Zustand minimaler motorischer Aktivität, der phänomenologisch einem Schlafzustand ähnelt (32). **Amnesie** ist die Beeinträchtigung oder das Unterbrochensein von Vorgängen, die zur Erinnerung von wahrgenommenen Inhalten führen, hervorgerufen durch eine Veränderung der Aufmerksamkeit und der Stimmung (32).
2. **Sedierung** dient der Kontrolle von schädigenden Symptomen (33).
3. **Sedierung** ist eine Technik, bei welcher mittels Medikamenten ein Zustand der Dämpfung des Zentralnervensystems herbeigeführt wird, wodurch eine Behandlung ermöglicht wird. Während der ganzen Zeit, in der dieser Zustand aufrecht erhalten wird, bleibt fortwährend die Fähigkeit zur Kommunikation auf eine solche Weise bestehen, dass der Patient Anordnungen befolgen kann (34).

Es ist erkennbar, dass verschiedene Autoren eine durchaus unterschiedliche Begrifflichkeit des Terminus Sedierung vertreten, es ist von einem ***Zustand*** *und von einer* ***Technik*** *die Rede. Die verschiedenen Definitionen rühren aus unterschiedlichen Zielsetzungen der Fachvertreter: 1. ist eine Definition aus der Intensivmedizin, 2. aus der Palliativmedizin und 3. aus der Conscious Seda-*

tion, einer Technik, die sich aus der Anästhesie entwickelt hat und in erster Linie der sog. „Tageschirurgie" dient. Eine vierte Definition von Sedierung entspricht dem Versuch, die Zielsetzungen zu vereinen:

4. Sedierung ist der Effekt von Maßnahmen zur Abschirmung oder Kontrolle von Einflüssen, die ein Individuum schädigen oder seinen Komfort mindern können. Sedierung führt im Allgemeinen zu einer Beruhigung, die vom Individuum positiv wahrgenommen wird oder die seinen individuellen Interessen dient (Schutz des Lebens, der Gesundheit, des Wohlbefindens, der Autonomie). Sedierung wird durch verschiedene Einwirkungen auf das Individuum hervorgerufen (Herstellen einer Beziehung, Beeinflussung von Umgebungsfaktoren, Information; psychologische, körperbezogene, soziale, pharmakologische Maßnahmen etc.).

Zur einfacheren Einschätzung und im Hinblick auf Vergleichbarkeit der Quantifizierung von Bewusstseinszuständen existieren verschiedene **Skalierungsschemata** (Scores).
Sie sind hinsichtlich Praktikabilität und Aussagekraft begrenzt tauglich.
Das wird allein durch das numerische Angebot der Skalen verdeutlicht.

Die Sicherheit der Behandelten ist das oberste Gebot.
Da es interindividuell kaum markante Eckpunkte quantitativer Sedierungseffekte gibt, ist es von herausragender Bedeutung,

1. den Zustand der Patienten *vor* Anwendung der Substanzen zu kennen,
2. die pharmakologischen Basiskenntnisse zu haben,
3. ausreichende Kenntnisse der kardiopulmonalen Reanimation zu besitzen.

Um die Effekte zentralnervös wirksamer Substanzen besser einschätzen zu können, haben die *JCAHO (Joint Commission on Accreditation of Healthcare Organizations)*, die *ASA (American Society of Anesthesiologists)* und die *American Academy of Pediatrics Committee on Drugs* sowie die *AOMRC (Academy of Medical Royal Colleges)* Definitionen und Standards zu Sedierungsstadien definiert (1, 2, 3, 4).

Kontinuum der Sedierungstiefe

1. Minimale Sedierung (Anxiolyse)
Ein medikamentös induzierter Zustand, während dessen der Patient normal auf verbale Aufforderungen reagiert. Während kognitive Funktionen beeinträchtigt sind, bleiben Atmung und Herzkreislaufzustand unbeeinflusst.

2. „Conscious Sedation" – moderate (Analgo-)Sedierung
Ein medikamentös induzierter Zustand, während dessen der Patient *sinnvoll** (zielgerichtet, angemessen, zweckmäßig) auf verbale oder taktile Stimulation *reagiert.*
Zur Sicherung des Atemweges sind keine Maßnahmen notwendig, die Spontanatmung bleibt erhalten. Protektive Reflexe bleiben erhalten.
Die kardiovaskuläre Funktion ist unbeeinträchtigt.

3. Tiefe (Analgo-)Sedierung
Ein medikamentös induzierter Zustand von Bewusstseinstrübung, aus dem der Patient nicht leicht erweckt werden kann (sondern nur durch wiederholte oder schmerzhafte Stimulation), aber bei Erwecken *sinnvoll** (zielgerichtet, angemessen, zweckmäßig) reagiert.
Die Fähigkeit zur Aufrechterhaltung der Spontanatmung kann beeinträchtigt sein, der Patient braucht möglicherweise assistierende Maßnahmen, um seinen Atemweg frei zu halten (siehe S. 258).
Die kardiovaskuläre Funktion ist *üblicherweise* unbeeinträchtigt.

4. Allgemeinanästhesie
Ein medikamentös induzierter Zustand der Bewusstlosigkeit, während dessen der Patient auch durch schmerzhafte Stimulation nicht weckbar ist.
Die Fähigkeit zur Aufrechterhaltung der Spontantmung ist typischerweise beeinträchtigt – der Patient benötigt meistens Atemassistenz, häufig ist kontrollierte Beatmung und der Einsatz (mehr oder weniger) invasiver Mittel zum Freihalten der Atemwege notwendig (Larynxmaske, Tubus, ...).
Die kardiovaskuläre Funktion kann beeinträchtigt sein.

Für den Einzelfall ist es nicht immer vorherzusehen, wie ein Patient auf die Zufuhr sedierender Substanzen reagiert.
Daher muss der Anwender, auch wenn er nur „leichte Sedierung" beabsichtigt, für den Fall einer unbeabsichtigt eintretenden Allgemeinanästhesie sowohl personell als auch apparativ vorbereitet sein (siehe S. 255).

*Sinnvoll: Reflexbedingte Abwehr durch Wegziehen des exponierten Körperteils ist nicht als „sinnvolle Reaktion" zu bewerten.

Im Kontext der operativen Medizin ist die Tiefe der **Sedierung ein summatorisches Ereignis**, das aus aktuellen Einflussgrößen resultiert:

A) Effekte zentralnervös wirksamer Substanzen
B) operativer Stimulus
C) andere Stimuli
D) Persönlichkeitsfaktoren

Das bedeutet, dass ein Bewusstseinszustand, der im Augenblick im Hinblick auf den einwirkenden Reiz adäquat ist, im nächsten Moment nicht mehr adäquat sein muss, falls ein intensiverer, aversiver oder neuer Reiz verabreicht wird.
Das Denken des Behandelnden sollte demnach **antizipatorisch** sein – entweder Vertiefung der Sedierung und/oder Aufklärung/Vorbereitung des Patienten.
Umgekehrt kann der Sedierungsgrad eben noch angemessen sein, um in der nächsten Minute – nach Wegfall des Stimulus – zu tief zu werden.
Angst, Schmerz und andere Missempfindungen beeinflussen einander gegenseitig, eine Empfindung kann die andere verstärken. Angst ist ein stärkerer sympathikotoner Stimulus als Schmerz (31) und entspricht daher einer mittelbaren Lebensbedrohung.

Die klinische Beobachtung, insbesondere der Kontakt zum Patienten und eine adäquate Unterstützung durch technisches Monitoring sind für die Sicherheit der Patienten unabdingbar.

Die verschiedenen „Sedierungsgrade" werden nicht zwingend im Kontinuum durchlaufen – praktisch kann besonders dann einer „übersprungen" werden, wenn die Zufuhr der Sedativa zu rasch erfolgt (ohne den Effekt abzuwarten) oder die Dosis zu hoch gewählt wird.
Die so genannten „paradoxen Reaktionen" auf Sedativa treten häufig bei relativ zu hoher Dosis auf.

Kenngrößen und Zielpunkte pharmakologischer Sedierung

1. Parameter des kardiovaskulären Systems bleiben stabil
2. Kenngrößen der Atmung bleiben im sicheren Bereich ($s_aO_2 > 94\%$, AF ≥ 8)
3. Angstreduktion
4. Amnesie (fakultativ)
5. Reduktion von Schmerz und anderen schädigenden Einflüssen
6. Kooperation bleibt erhalten

7. verbale Kommunikation bleibt erhalten
8. Lidreflex und Glabella-Reflex (Zwinkern bei Beklopfen) bleiben erhalten

Da nicht alle Punkte mess- und objektivierbar sind, stellt der anhaltende oder wiederholte verbal-kommunikative Kontakt des Anwenders zum Patienten die Voraussetzung zum Erreichen der Endpunkte dar. Die kontinuierlich erhaltene Kommunikationsfähigkeit ist z.T. *der Grund* für die Verfahrenswahl, da gewisse Eingriffe Kooperativität voraussetzen (neuroradiologische Interventionen, perkutane Lasernukleotomie, Embolisationsverfahren etc.).
Die Endpunkte „verwaschene Sprache" oder „Ptosis palpebrarum" bei der Verwendung von Benzodiazepinen sind keine Endpunkte, die mit „Sicherheit des Patienten" in Einklang zu bringen sind, da es sich gezeigt hat, dass bei Erreichen dieser Zustände – auch bei identen Sedierungs-Scores – insbesondere bei Kombination mit Opioiden nicht nur eine signifikante Hyperkapnie auftritt, sondern der Übergang zur Allgemeinanästhesie rasch erfolgt (5).

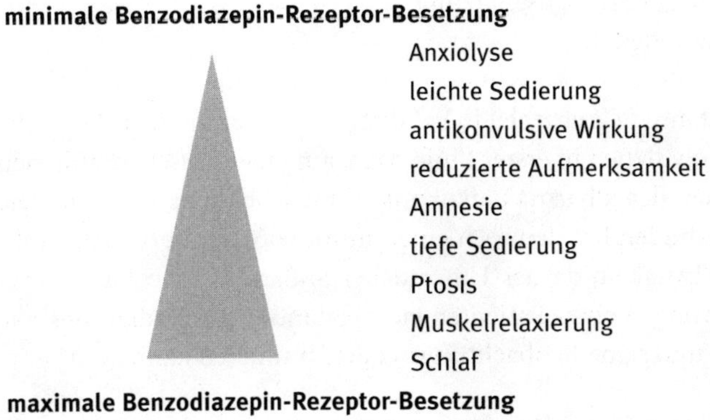

Abb. 1: Zunehmende Sedierung und neurologische Effekte, nach McCloy et al. (4)

Auch in der **Notfallmedizin** ist darauf zu achten, mit der Sedierung nicht über das Ziel zu schießen. Ein adäquater Sedierungseffekt ist darin zu sehen, dass die Sicherheit eines Patienten nicht mehr bedroht ist (Selbst- oder Fremdgefährdung eingeschlossen), dass eine Kommunikation erhalten bleibt oder hergestellt wird und die vitalen Parameter im sicheren Bereich bleiben. Schließlich sind die Ressourcen des Zielkrankenhauses zu berücksichtigen: Viele Bettenstationen haben nicht die personelle oder apparative Ausstattung, um unsichere Vitalfunktionen bei einem tief sedierten Patienten zu überwachen.

Die physische Expression von Sedierungseffekten

- Angespannte Muskeln lockern sich (z. B. Faustschluss öffnet sich, ein Finger, eine Hand, die „wie von selbst schwebend" gehalten werden (kataton), sinken nieder; die Gesichtsmuskulatur entspannt sich, die Beine rotieren nach außen).
- Spontanbewegungen nehmen ab.
- glasige Augen, seltener Lidschlag, Lidschluss
- Gähnen
- spontane Mundöffnung
- geräuschvolle Atmung
- Atmung wird ruhiger, Atemfrequenz nimmt ab

Objektivierung von Sedierungseffekten

Grundsätzlich gibt es 3 verschiedene Methoden, um Sedierungseffekte zu quantifizieren:

1. Patienten-orientierte Einschätzung der Sedierungseffekte
2. Untersucher-orientierte Einschätzung
3. technische Methoden

Jede Methode hat ihre Begrenztheit in Validität und Reliabilität, die Versuche der Objektivierung dienen in erster Linie dazu, auf einer wissenschaftlichen Basis Kenngrößen der Pharmakodynamik vergleichbar zu machen. Die Kenntnis der Methoden hat dennoch einen unmittelbaren Bezug zur praktisch-klinischen Tätigkeit, da der Untersucher anhand der beobachtbaren klinischen Äußerungen eines Patienten ein Verständnis für Sedierungstiefe entwickeln kann und seine Beobachtungsschärfe trainieren kann.

1. Patienten-orientierte Einschätzung: VAS (Visuell-Analog-Skalen)

Weit verbreitete und praktikable Instrumente zur Einschätzung pharmakologischer Effekte bieten Visuell-Analog-Skalen: Sie sind geeignet zur individuellen Selbsteinschätzung von **Schmerz** oder **Angst** (nicht jedoch für „Sedierung", da der Patient meistens keine Begrifflichkeit für dieses Erleben hat – trotzdem gibt es Untersucher, die Sedierung nach VAS skaliert haben: Als Extreme wurden angeboten: „sehr wach" – „extrem schläfrig" bzw. „so wach wie immer" – „ich kann nicht wach bleiben" (13) (14)).
Die Fähigkeit zur subjektiven Einschätzung von Schläfrigkeit ist jedoch sehr trügerisch und korreliert nicht mit neurophysiologischen Parametern (MSLT – multiple sleep latency test): Unter Laborbedingungen geben Ver-

suchspersonen an, wach gewesen zu sein, obwohl sie nachweislich geschlafen haben (30).
VAS-Skalen haben trotz ihrer augenscheinlichen Einfachheit ein hohes Maß an Validität und Reproduzierbarkeit – auch bei Anwendung durch unterschiedliche Untersucher (9).
Außer Schmerz und Angst können eine Reihe anderer Parameter der Befindlichkeit mit einer VAS-Skalierung quantifiziert werden (Diskomfort, Übelkeit etc.).
Ein Vergleich zwischen verschiedenen Patienten ist mit VAS-Skalen nicht möglich.

kein Schmerz maximal vorstellbarer Schmerz
0——1——2——3——4——5——6——7——8——9——10
keine Angst maximal vorstellbare Angst

2. Untersucher-orientierte Einschätzung der Sedierungstiefe

Untersucher-orientierte Einschätzungen sind erstaunlich gut reproduzierbar im Hinblick auf den Vergleich zwischen verschiedenen Untersuchern – mit der Einschränkung, dass eine größere klinische Erfahrung zu konsistenteren Ergebnissen führt.
Die mannigfaltigen Skalen und Scores sind auch im Hinblick auf das „Untersuchungsfeld" kritisch zu beurteilen: Manche Skalen sind für die Einschätzung von Sedierungseffekten für beatmete Intensivpatienten geeignet (Sedation Agitation Scale, Ramsey Score), andere für den intraoperativen Zeitraum (OAA/S-Score, Wilson Sedation Scale) bzw. für die postoperative Einheit (Wilson-Sedation-Scale) oder die präklinische Notfallsituation (Glasgow-Coma-Scale).
Die am häufigsten verwendeten und in der Literatur zitierten Skalen bzw. Scores sind:

a) OAA/S-Score

Der OAA/S-Score (Observer´s Assessment of Alertness/Sedation Score) (15) ist ein praktikables Instrument zur klinischen Einschätzung der Sedierungstiefe. In einer rezenten Studie (8) zeigte sich, dass der OAA/S-Score sehr eng mit sensitiveren technischen Methoden (Bispectralindex-Monitoring) korreliert. Die praktische Einschränkung ergibt sich aus der Notwendigkeit kurzfristiger wiederholter Stimulation, die mitunter die chirurgische Leistung irritiert. Besonders das plötzliche Aufschrecken des Patienten aus dem

Schlaf (häufig Orientierungsreaktion) mit exzitativen Phänomenen kann den chirurgischen Erfolg gefährden (z. B. bei Augenoperationen).

1. keine Reaktion des Patienten auf Schütteln
2. reagiert nur auf Schütteln
3. reagiert nur auf lautes Rufen des Namens
4. lethargische Reaktion auf Namensnennung in normaler Lautstärke
5. reagiert sofort auf Namensnennung in normaler Lautstärke

b) Ramsey-Score

1. Patient ängstlich oder unruhig oder agitiert
2. kooperativ, orientiert, ruhig
3. reagiert nur auf Aufforderung
4. brüske Reaktion auf leichtes Beklopfen der Glabella oder lauten akustischen Stimulus
5. träge Reaktion auf leichtes Beklopfen der Glabella oder lauten akustischen Stimulus
6. keine Reaktion auf leichtes Beklopfen der Glabella oder lauten akustischen Stimulus

Der Ramsey-Score wurde zur Überwachung der Sedierung bei Intensivpatienten entwickelt. Bei Patienten, die mit Muskelrelaxanzien behandelt werden, ist er nicht anwendbar.
Der Sedierungsstatus eines Patienten kann unklar sein, falls mehrere Kriterien erfüllt werden (z. B. ein agitierter Patient, der nur auf Beklopfen der Glabella reagiert, könnte als 1 oder 4 gewertet werden) (10).
Es besteht kein Konsens, was die Zielwerte für Intensivsedierung bei Anwendung des Ramsey-Scores sind. Einige Studien empfehlen 2–4, andere 4–6 (siehe Seite 556).
Der Ramsey-Score korreliert ausgezeichnet mit der modifizierten Glasgow Coma Scale (11) bzw. den AEP (auditory evoked potentials) (16). Es ist der bisher am meisten verwendete Sedierungs-Score in vergleichenden Studien.

c) Wilson Sedation Scale

1. vollständig wach und orientiert
2. schläfrig
3. Augen geschlossen, weckbar auf Aufforderung
4. Augen geschlossen, weckbar auf leichte Stimulation (leichtes Ziehen am Ohr)
5. Augen geschlossen, nicht weckbar durch leichte Stimulation

Ein modifizierter Wilson-Score (Wilson 2 und 3 = ein Wert) zeigt eine bessere Vergleichbarkeit zwischen verschiedenen Untersuchern (17), da Wilson

2 und 3 schwierig zu diskriminieren sind: Die Beschreibungen für den Wert 2 und 3 beschreiben Zustände, die sich nicht gegenseitig ausschließen (jemand kann mit oder ohne geschlossene Augen „schläfrig“ sein).

d) Sedation Agitation Scale (SAS, Riker Sedation Agitation Scale)

Score	Beschreibung	Beispiel
+3	unmittelbare Bedrohung der Sicherheit	zieht am Tubus oder an Kathetern, versucht aus dem Bett zu klettern
+2	bedrohlich agitiert	benötigt Schutzfixierung und/oder wiederholte verbale Begrenzung, beißt auf Tubus
+1	agitiert	physisch agitiert, setzt sich auf, beruhigt sich durch verbale Zuwendung
0	ruhig und kooperativ	ruhig, weckbar, befolgt Anweisungen
-1	übersediert	schwer weckbar, unfähig Ansprache zu folgen oder Anweisungen auszuführen
-2	stark übersediert	wacht nur auf Schmerzreize auf
-3	nicht weckbar	auf keinen Stimulus weckbar

Agitation (Definition): situativ unangemessene, zweckwidrige, ziellose Bewegungen oder Bewegungsintentionen des Patienten, die eine physische Beschränkung erfordern, um seine Sicherheit zu gewährleisten.

e) GCS (Glasgow Coma Scale)

Das Hauptanwendungsgebiet der GCS ist die präklinische Notfallmedizin.
Der Score, der sich aus den besten Antworten aus 3 Bereichen (Augenöffnen, motorische Reaktion, verbale Antwort) zusammensetzt, rangiert zwischen 3 und 15.
Seine Haupt-Aussagekraft liegt in der **Verlaufsbeobachtung** von Bewusstseinsstörungen (v.a. in der Neurotraumatologie). Anwendbar ist er ab dem Schulalter.
„Sedierung“ liegt zwischen GCS 10 und 15, ein Wert unter 8 definiert Koma (unter 8 geht üblicherweise der Lidreflex verloren).
Die Indikation zur Intubation wird in der präklinischen Notfallmedizin bei GCS ≤ 8 gestellt.
Es gibt keinen Wert, bei dem angenommen werden kann, dass Schutzreflexe erhalten sind.
Das Vorhandensein des Würgereflexes ist kein Indikator für ausreichende Schutzreflexe (12).

Augenöffnen		*beste motorische Antwort*		*beste verbale Antwort*	
spontan	4	befolgt Aufforderungen	6	orientiert	5
auf Ansprache	3	gerichtete Schmerzabwehr	5	verwirrt	4
auf Schmerzreiz	2	ungerichtete Schmerzabwehr	4	unangebrachte Worte	3
kein	1	abnorme Beugung	3	unverständliche Laute	2
		abnorme Streckung	2	keine	1
		keine	1		

Sedierungs-Scores werten also alle möglichen für das Sensorium eines Beobachters erkennbaren spontanen oder provozierten Äußerungen – d.h. sie sind vom „Instrument Beobachter" abhängig, von seinem (begrenzten) Sensorium, seiner Aufmerksamkeit, Motivation, Erfahrung und nicht zuletzt von seinen Kenntnissen über Sinnesphysiologie und Pharmakologie.
Der Umkehrschluss „ich beobachte keine Reaktion auf meinen Stimulus, daher ist *der Patient* ohne Sinneserfahrung" (typisches Szenario auf einer Intensivstation) ist, wie die Arbeiten der letzten Jahre über das Wachkoma gezeigt haben, eine Anmaßung, die für die Ignoranz eines Untersuchers spricht.

3. Technische Methoden zur Einschätzung der Sedierungstiefe

Die neuronale kortikale Aktivität ist eng mit dem durch Pharmaka verursachten neuronalen Funktionszustand gekoppelt. Die Veränderungen der elektrischen Hirnaktivität sind durch verschiedene Funktionsuntersuchungen darstellbar bzw. in arbiträre Einheiten prozessierbar.
Unter steigender Konzentration von sedierenden Substanzen am Wirkort kommt es in typischer Weise im EEG zu einer Verlangsamung der Frequenzen bei gleichzeitiger Zunahme der Amplituden.
Da die Anwendung des EEGs in vielen klinischen Bereichen limitiert ist (Ausbildungsstand des Untersuchers, Störung durch Artefakte, Platzbeschränkung, Kosten, Aufwand etc.), hat sich in den letzten Jahren vor allem ein Verfahren zur Einschätzung des Sedierungsgrades/der Narkosetiefe durchgesetzt:

a) Bispectral-Index, prozessiertes EEG

Technische Grundlagen: Der BIS-Monitor® (Aspect Medical) verarbeitet ein zweikanaliges EEG, das von einer Hirnhemisphäre über insgesamt 5 Elektroden abgeleitet wird. Um die Datenmenge zu reduzieren und numerische Kenngrößen für eine einfache Interpretation zu erhalten, wird eine Frequenzanalyse mit Hilfe einer mathematischen Transformation (Fast Fourier Transformation, FFT) durchgeführt. Hierbei wird das analoge Roh-EEG-

Signal über einen Zeitraum von 2 Sekunden digitalisiert, d.h. es findet die Konvertierung der fortlaufend registrierten Amplituden in numerische Werte statt. Ein Computer zerlegt das EEG-Signal in seine Frequenzkomponenten mit den jeweils zugehörigen Amplituden. Aus der Amplituden-Frequenz-Beziehung werden dann charakteristische EEG-Kenngrößen berechnet. Die Berechnung findet in „Echtzeit", parallel zur Signalerfassung, statt (18).

Praktisch ist zu beobachten, dass bei Sedierung unter BIS-Monitoring die Darstellung der numerischen Kenngrößen (BIS-Index) dem klinischen Ereignis um ca. 10–15 Sekunden nachfolgt.

Klinische Anwendung: Die Handhabung des Gerätes ist einfach und benutzerfreundlich:

Der Sensor (Einmalgerät) wird auf die entfettete Haut im frontotemporalen Bereich des Patienten aufgeklebt und an den Monitor konnektiert (s. Abb. Seite 326).

Der errechnete BIS-Index reicht von 0 (= keine Hirnaktivität) bis 100 (= wach).

Tab. 1: BIS-Index und klinische Korrelate

BIS	100	wach
	70–100	leichte Sedierung
	60–70	tiefe Sedierung
	40–60	Allgemeinanästhesie
	1–40	tiefe Hypnose
	0	isoelektrisches EEG

Mit dem BIS können Bewusstseinsverlust und Reaktion auf verbale Aufforderungen vorhergesagt werden (19, 20).

Der BIS-Index ist ein ausgezeichnetes Instrument zur Einschätzung der tiefen Narkosestadien – oder genauer gesagt der tiefen „Hypnosestadien", da das prozessierte EEG den Bewusstseinszustand widerspiegelt. Unzureichende Analgesie ist erst im Nachhinein durch eine kortikale Weckreaktion feststellbar. Es liegen zahlreiche prospektive randomisierte Doppelblindstudien vor, die folgende Schlussfolgerungen zulassen:

Unter Verwendung des BIS-Monitors

- können sedoanalgetische Substanzen präziser titriert werden
- kommt es zu Einsparung von Sedativa
- sind die Patienten früher wach und autonom (kürzere Aufwachraumzeiten)
- ist die OP-Nutzung ökonomischer.

Im Rahmen der eher oberflächlichen Sedierungszustände ist bisher die Zuordnung von Indices zu Sedierungstiefe nicht bestimmt (17).
Die Werte sind von den verwendeten Pharmaka abhängig. Es besteht Grund zur Annahme, dass für jedes Sedierungsverfahren spezifisch korrelierende BIS-Indices zu bestimmen wären (21). Ein Wert unter 58 zeigt – unabhängig vom Pharmakon – sicher an, dass eine Aufforderung nicht befolgt werden wird (22), was im Zusammenhang mit „Conscious Sedation" einer Sedierungstiefe entsprechen würde, die weit außerhalb des Sicherheitsbereichs liegen würde.
Amnesie wird bei Werten zwischen 64 und 80 erreicht (19, 29).
Ein BIS-Wert von 75–85 zeigt mit einer Wahrscheinlichkeit von 96% an, dass ein Patient einen OAA/S-Score von 3 oder mehr hat (keine Reaktion auf laute Namensnennung).
Die BIS-Werte im Rahmen von „Conscious Sedation" dürften demnach über 80 liegen, da definitionsgemäß ein kommunikativer Kontakt erhalten bleiben soll.
Die routinemäßige Anwendung zur Sedierung *kurz dauernder* Eingriffe wird wahrscheinlich allein aus ökonomischen Gründen nicht möglich sein, da die Kosten für die Einmalelektroden ein Mehrfaches des sonstigen Aufwandes für die Sedierung betragen. Für lang dauernde Operationen (z. B. Gefäßrekonstruktion in Regionalanästhesie + Sedierung) oder in der Anwendung für Patienten, für die „deep sedation" ein hohes Risiko bedeuten würde, dürfte ein Sicherheitsgewinn und sekundär auch ein ökonomischer Vorteil wahrscheinlich sein (Einsparung von Sedativa, Vermeidung von Komplikationen).
Für den Anwender von sedierenden Medikamenten ist die Erfahrung mit dem BIS-Monitor sicher wertvoll, da er seine Beobachterqualität gegen ein empfindliches Instrument evaluieren kann. Eine zukunftsträchtige Anwendung könnte die Steuerung der Sedoanalgesie auf Intensivstationen sein.

Mögliche Einfluss*-, Stör- und Fehlerquellen des BIS

- *Hypothermie: Verlangsamung des EEG durch verminderte cerebrale Aktivität
- *Hyperoxie: EEG-Aktivierung
- *Hypokapnie: Frequenzverlangsamung, Amplitudenzunahme
- Hautwiderstand zu hoch: → Maßnahme: entfetten, Elektrodengel prüfen
- Kosmetika, Haarsprays: Artefakte
- Schwitzartefakte: Änderung des Hautwiderstandes durch Stress, Angst, Schmerz
- Artefakte durch vertikale Augen- und Lidbewegungen

- Bewegungsartefakte: Wackelartefakte (Tremor, Unruhe, erhöhter Muskeltonus, Grimassieren)
- EKG-Artefakte: Amplitude des QRS-Komplexes = 100x höher als das EEG-Signal
- Herzschrittmacher: EEG durch Schrittmacherimpulse gestört
- Pulsartefakte: wenn Elektrode über Arterie liegt
- Störungen durch elektromagnetische Felder (z. B. Elektrokauter, Röntgengeräte, Sauger, Patientenwärmegeräte, transösophagealer Doppler, Kabel in der Nähe, Nervenstimulatoren, Herz-Lungen-Maschine)
- OP-Gebiet in der Nähe der Elektroden

Die Störsignale können einen plötzlichen Anstieg des BIS-Index bewirken und zur Fehlinterpretation führen, dass die Sedierung oberflächlicher wird (Muskelaktivität, Elektrokauter). Nicht erkannte Pulsartefakte zeigen einen falsch-niedrigen Index, da die Pulswelle als „Deltawelle" in die Berechnung eingeht. Die BIS-Monitore der neueren Generation (Aspect A-2000 XP) haben eine Software, die viele Artefakte detektiert, die fehlerhaften Daten verwirft und nicht in die Kalkulation des Index mit einbezieht.

Insgesamt soll – wie bei Verwendung aller anderen technischen Geräte – die klinische Gesamtsituation die Überlegungen bzw. das daraus folgende Handeln bestimmen.

b) Spektrale Eckfrequenzen (SEF) und Medianfrequenzen des EEG

Die spektrale Eckfrequenz 90 ist die Frequenz, unter der 90% der Leistung des gesamten Leistungsspektrums liegt (Leistungsspektrum = prozentuale Zuordnung der Grundfrequenzen in die 4 Bereiche α, β, δ, θ). Sie ist daher die höchste dominante Frequenz im EEG-Signal und ein empfindlicher Parameter für kortikale Aktivität bzw. Schlaftiefe. Das heißt, es bestehen Dosis-Wirkungsbeziehungen zwischen Pharmaka und Veränderungen der SEF.
Aber auch bei dieser Methode der EEG-Prozessierung zeigen sich substanzspezifische Effekte auf die Kenngrößen – d.h. wieder steht kein Verfahren zur Verfügung, das objektiv den Wachheitsgrad anzeigt.
SEF sind insbesondere bei Verwendung von Pharmaka-Kombinationen wenig zuverlässig.
Eine enge Korrelation der SEF besteht zum arteriellen Blutdruck (23).
Auch die Medianfrequenzen dürften im sensiblen Bereich der oberflächlichen Sedierung ein zu grobes Instrument sein – auf Änderungen des kortikalen Aktivitätszustandes reagieren sie sehr träge.

c) Akustisch evozierte Potenziale mittlerer Latenz (MLAEP)

Die AEP mittlerer Latenz sind geeignet, dosisabhängige kortikale Effekte von Pharmaka auf die Wachheit zu quantifizieren (25). Beim wachen Patienten sind sie sehr stabil, sowohl intra- wie interindividuell (24). Bedauerlicherweise führen gerade einige für die Sedierung am meisten verwendeten Substanzen, wie Benzodiazepine, diverse Opioide und Ketamin, unter ansteigenden Dosen nur zu geringen Amplitudenänderungen der MLAEP (26, 27).
Die MLAEP werden durch extern auf den Patienten einwirkende Stimuli – z. B. den chirurgischen Stimulus – beeinflusst (28).
Die AEP sind abhängig vom Hörvermögen des Patienten. Es ist wahrscheinlich, dass beim sedierten Patienten eine erhebliche Komfortbeeinträchtigung durch das wiederholte Exponiertsein an auditorische Stimuli besteht.

Praktisch-klinische Relevanz der EEG-Verfahren:

Keines der etablierten Verfahren ist geeignet, in der täglichen Routine im Rahmen von Sedierung praktikabel, sicher und zuverlässig zu sein (25) – ökonomisch wäre eine signifikante Mehrbelastung bei Verwendung teurer Einmalartikel gegen die Einsparung von Pharmaka und kürzere OP-Zeiten abzuwägen.
Bei länger dauernden Eingriffen unter Sedoanalgesie oder bei der Intensivsedierung sind durch adäquate Steuerung der Medikamente ein Sicherheitsgewinn und auch ökonomische Vorteile wahrscheinlich.
Für das medizinische Fachpersonal sind Lerneffekte für die Einschätzung von Sedierungseffekten zu erwarten.

Neben Begleitmedikation (Analgetika, Psychopharmaka, Antihypertensiva, ...) und spezifischer Prämedikation (siehe Seite 92) sind Komorbidität, Alter und die aktuellen thymopsychischen Bedingungen (Befindlichkeit, Stimmung, Affekte – basierend auf den Grundbedingungen der individuellen Biographie, erlernte Bewältigungsstrategien, Erwartungshaltung, spezielle und gerichtete Ängste (z. B. Angst vor Diagnose einer malignen Erkrankung)) in die pharmakologischen Erwägungen mit einzubeziehen.
Ein Patient, der schlecht aufgeklärt und vorbereitet ist, keine Zeit hatte, sich an die aktuellen situativen und örtlichen Bedingungen anzupassen („Tageschirurgie“), dessen Elternteil an derselben Erkrankung verstorben ist, die diagnostiziert oder ausgeschlossen werden soll, und der der Bedrohungen der Integrität etwa mit „Katastrophisieren“ begegnet, wird erwartungsgemäß einen „höheren Bedarf“ an anxiolytisch (und analgetisch!) wirksamen

Substanzen haben als ein anderer Patient mit den gleichen „biologischen Grundbedingungen", aber anderen psychischen Bedingungen.

Das bedeutet, dass Sedierung immer ein individualistisches Vorgehen erfordert und das Verabfolgen von „Fixdosen" ein unsinniges Konzept darstellt.

Das Prinzip der Conscious Sedation ist ein Herantasten von der niedrigsten Dosis eines Pharmakons, dessen Effekt ausreichend sein kann, an einen gewünschten Erfolg.
Es ist wünschenswert, diesen Erfolg, den Zielbereich (Angstreduktion, Schmerzarmut, angestrebter Komfort, Symptomkontrolle, Grenzen der Sicherheit etc.) mit dem Patienten bei der Prämedikationsvisite zu erarbeiten. Denn nur durch die gemeinsame Akzeptanz dieses Zieles können die Bedingungen für ein allseits zur Zufriedenheit führendes Ergebnis erreicht werden.
Die **„Zufriedenheit des Patienten"** ist eines *der* Kriterien, das heute an vorderster Stelle im Qualitätsmanagement als Ziel (Outcome measure) definiert ist (6). Die „Wahrnehmungen und Erfahrungen des Patienten werden zunehmend als kritisches Maß für die Leistung erkannt" (6). In einer amerikanischen Patientenbefragung zu den Faktoren, welche die Zufriedenheit der Patienten am meisten beeinflussten, rangierte in einem 15–Punkte-Katalog „Schmerzkontrolle" an zweiter Stelle hinter „technische Fertigkeiten des Untersuchers" (6).
Die Botschaft lautet also: Wenn man zufriedene Patienten haben will, soll man ihnen keine Schmerzen zufügen!

Ein interessantes Konzept zur optimalen und individuell angemessenen Dosierung von sedoanalgetisch wirksamen Substanzen stellt die **PCS (patient controlled sedation)** (siehe Seite 297) dar. Der Patient ruft bei Bedarf aus einer vorprogrammierten Pumpe einen definierten Bolus an Sedativum (mit oder ohne Analgetikum) ab.
Der Vorteil für den Patienten ist, dass er jederzeit die Gewissheit hat, dass er seinen Komfort kontrollieren kann – was bei allen anderen Methoden nicht der Fall ist (da z.T. Pharmaka verabreicht werden, obwohl sie nicht notwendig wären, oder eben nicht verabreicht werden, obwohl der Patient einen Bedarf hätte). Es zeigt sich, dass die abgerufenen Dosen im Mittel geringer sind, die Streuung aber größer ist. Anscheinend weiß es der Patient am besten (7).
Möglicherweise ähneln die Verhältnisse bei der Sedierung in einem weiteren Sinn, als man derzeit annimmt, denen in der Schmerztherapie. PCS eignet

sich sehr gut für Studien, die Potenz, Effektivität und Wirkdauer von Sedativa überprüfen (7).

Auswahl der Patienten (siehe Seite 43)

Nicht alle Patienten sind für Sedoanalgesie geeignet (Kontraindikationen siehe Seite 43). Die Voraussetzungen sind Kooperationsfähigkeit und -bereitschaft, Orientierung zu allen Qualitäten des Selbst und Akzeptanz der Techniken (Einwilligung). Ca. 1–5% der Patienten sind nicht geeignet, einen Eingriff in Sedierung zu ertragen – für diese ist die Allgemeinanästhesie das Verfahren der Wahl (7).

Erfolgsgarantie

Es muss akzeptiert werden, dass die sedierenden Verfahren nicht in 100% zur erwarteten erfolgreichen Wirkung führen und es notwendig werden kann, einen Eingriff abzubrechen oder die Sedierung in eine Allgemeinanästhesie überzuführen, je nach personeller und zeitlicher Kapazität. Die Erfolgsrate liegt zwischen 90 und 98%.

Literatur

1 Joint Commission on Accreditation of Healthcare Organizations: Comprehensive Accreditation Manual for hospitals: *The official handbook.* Oakbrook Terrace, 1997; TX-76 bis TX-80
2 ASA, American Society of Anesthesiologists: Continuum of depth of sedation, definition of general anesthesia and levels of sedation/analgesia, *http://www.asahq.org/Standards/20.htm*
3 Kaurman RE, Banner W, Berlein C et al. Guidelines for monitoring and management of pediatric patients during and after sedation for diagnostic and therapeutic procedures. *Pediatrics* 1993; 89: 1110–1115
4 Academy of the Royal Colleges and their Faculties in the United Kingdom and Ireland. Implementing and ensuring safe sedation practice for health care procedures in adults: A report of a working party set up by the Royal college of Anesthetists. London: AOMRC, 2001
5 McCloy R, Nagengast F, Fried M et al. Conscious Sedation for endoscopy. *European J Gastroenterol Hepatol* 1996; 8: 1233–40
6 Yacavone RF, Locke GR, Gostout CJ et al. Factors influencing patient satisfaction with GI endoscopy. *Gastrointest Endosc* 2001; 53: 703–710
7 Whitwam JG, McCloy RF. Techniques for Conscious Sedation. In: Whitwam JG, McCloy RF: *Principles and Practice of Sedation.* 1998; Blackwell Science Oxford
8 Bower AL, Ripepi A, Dilger A et al. Bispectral index monitoring of sedation during endoscopy. *Gastrointest Endosc* 2000; 53: 876–879

9 Chapman CR, Casey KL, Dubner R et al. Pain measurement: An overview. *Pain* 1985; 22: 1–31
10 De Jonge B, Cook D, Apere-de-Vecchi C et al. Using and understanding sedation scoring systems: A systematic review. *Intensive Care Med* 2000; 26: 275–285
11 Kress JP, O`Connor MF, Pohlmann AS et al. Sedation of critically ill patients during mechanical ventilation: A comparison of propofol and midazolam. *Am J Respir Crit Care Med* 1996; 153: 1012–1018
12 Moulton C. Accident and emergency medicine, p. 157–167; In: Whitwam JG, McCloy RF, *Principles and practice of sedation.* 1998; Blackwell Science Oxford
13 Campagni MA, Howie MB, White PF et al. Comparative effects of oral clonidine and intraoperative esmolol in attenuating the hemodynamic response to epinephrine injections. *J Clin Anaesth* 1999; 11: 208–15
14 Kulshrestha VK, Gupta PP, Turner P et al. Some clinical pharmacological studies with terfenadine, a new antihistaminic drug. *Br J Clin Pharmacol* 1978; 6: 25–9
15 Chernik DA, Gillings D, Laine H et al. Validity and reliability of the Observer´s Assessment of Alertness/Sedation Scale: study with intravenous midazolam. *J Clin Psychopharmacol* 1990; 10: 244-51
16 Schulte-Tamburen AM, Scheier J, Briegel J et al. Comparison of five sedation scoring systems by means of auditory evoked potentials. *Intensive Care Med* 1999; 25: 377–82
17 Némethy M, Paroli L, Williams-Russo P et al. Assessing sedation with regional anesthesia: inter-rater agreement on a modified sedation scale. *Anaesth Analg* 2002; 94: 723–8
18 Moecke H: EEG-Kenngrössen. In: Rupp K, Kellner B: *Die pEEG-Fibel.* 1997; Drägerwerk AG Lübeck
19 Glass PS, Bloom M, Kearse L et al. Bispectral analysis measures sedation and memory effects of propofol, midazolam, isoflurane and alfentanil in healthy volunteers. *Anaesthesiology* 1997; 86: 836–47
20 Kearse L, Rosow C, Zaslavsky A et al. Bispectral analysis of the electroencephalogram predicts conscious processing of information during propofol sedation and hypnosis. *Anaesthesiology* 1998; 88: 25–34
21 Vernon JM, Lang E, Sebel PS et al. Prediction of movement using bispectral electroencephalographic analysis during propofol/alfentanil or isoflurane/alfentnil anesthesia. *Anaesth Analg* 1995; 80: 780–5
22 Flaishon R, Windsor A, Sigl J et al. Recovery of consciousness after thiopental or propofol. *Anesthesiology* 1997; 86: 613–9
23 Rampil IJ, Matteo RS. Changes in EEG-spectral edge frequency correlate with the hemodynamic response to laryngoscopy and intubation. *Anesthesiology* 1987; 67: 139–42
24 Thornton C, Radcliffe MP, Konieczko KM et al. The auditory evoked response as an indicator of awareness *Br J Anaesth* 1989; 63: 113–5
25 Daunderer M, Schwender D. Messung der Narkosetiefe, Awareness und EEG. *Der Anaesthesist* 2001; 50: 231–41
26 Schwender D, Rimkus P, Haessler R et al. Effects on increasing doses of alfentanil, fentanyl and morphine on mid-latency auditory evoked potentials. *Br J Anaesth* 1993; 71: 622–8
27 Schwender D, Keller I, Klasing S et al. Akustisch evozierte Potentiale mittlerer Latenz (AEPML) während intravenöser Narkoseeinleitung mit Midazolam, Diazepam und Flunitrazepam. *Anesthesiol Intensivther Notfallmed* 1990; 25: 383–90
28 Thornton C, Heneghan CP, James MF et al. Effects of halothane or enflurane with controlled ventilation on auditory evoked potentials. *Br J Anaesth* 1984; 56: 315–23

29 Liu J, Singh H, While PF. Elektroencephalographic bispectral index correlates with intraoperative recall and depth of propofol-induced sedation. *Anaesth Analg* 1997; 84: 185–9

30 Howard SK, Gaba DM, Rosekind MR, Zarcone VP. The risks and implications of excessive daytime sleepiness in resident physicians. *Acad Med* 2002 Oct; 77 (10): 1019–25

31 Withwam JG, McCloy RF. *Principles and practice of sedation.* 1998; Blackwell Science Oxford

32 Young CC, Prielip RC. Benzodiazepines in the intensive care unit. *Crit Care Clin* 2001; 17: 843–862

33 Cowan JD, Walsh D. Terminal sedation in palliative patients – definition and review of the literature. *Support Care Cancer* 2001; 9: 403–7

34 Wylie WD (Chairman). Training in dental anesthesia. Report of the working party. London: RCS,1978 zit. In: Whitwam JG, McCloy RF: Principles and Practice of Sedation. 1998; Blackwell Science Oxford

Conscious Sedation

D. Weixler

Definition: „Conscious Sedation“ (Sedierung bei erhaltenem Wachbewusstsein) ist ein medikamentös herbeigeführter Zustand von gedämpftem Wachbewusstsein, bei dem

1. die Schutzreflexe erhalten bleiben
2. der Atemweg fortwährend und selbständig frei gehalten werden kann
3. ununterbrochen ein verbaler kommunikativer Kontakt zum Patienten bestehen bleibt bzw. der Patient auf physische Stimuli oder verbale Aufforderungen zweckmäßig und zielgerichtet reagieren kann (z. B. „Öffnen Sie die Augen!“).

Der Zweck der *Conscious Sedation* ist es, an dispositionsfähigen Menschen – nach vorausgegangener Einwilligung – operative oder diagnostische medizinische Eingriffe mit dem Anspruch „höchstmöglicher Komfort bei höchstmöglicher Sicherheit“ durchzuführen.

Das „gedämpfte Wachbewusstsein“ wird durch (bevorzugt i.v. verabreichte) anxiolytisch, amnestisch und analgetisch wirksame Pharmaka erreicht. Diese werden in typischer Weise **„zum Effekt titriert“** – und zwar auf eine Weise, dass die **geringste Dosis** gewählt wird, die den Komfort herbeiführt. (In den letzten 10 Jahren ist ein „Trend“ zu niedrigeren Dosen in der Sedoanalgesie festzustellen) (10) – Übersedierung ist mit erhöhter Morbidität assoziiert.

Ziele der Conscious Sedation:

- Veränderung der Stimmungslage/Entängstigung
- verbesserte Kooperation
- stabile Vitalparameter (Hämodynamik, Atmung)
- Amnesie
- rasche Erholung/kurzer stationärer Aufenthalt
- Erhöhung der Schmerzschwelle
- Fernhalten schädigender bzw. aversiver Stimuli
- gute Bedingungen für den Untersucher/Operateur

Aus den Zielen der Conscious Sedation kann zwangsläufig gefolgert werden, dass diese Anwendung auch **ökonomische Vorteile** bringt:

1. kürzere Verweilzeiten im Krankenhaus/Praxis
2. geringerer medizinlogistischer Aufwand durch geringere Invasivität

3. kürzere Zwischenzeiten im OP (keine Ein-/Ausleitung)
4. weitgehende Unabhängigkeit von Spezifikation bei entsprechender Einschulung (Anästhesist nicht immer notwendig)

Die Erholungszeiten bei Conscious Sedation sind verglichen mit Regionalanästhesie und Allgemeinanästhesie nachweislich kürzer (9). Conscious Sedation ist sicherer als Allgemeinanästhesie (5) und wird von Patienten gegenüber Lokalanästhesie vorgezogen (4).
Da die perioperative Rate an Komplikationen mit konsekutiven Klagebegehren korrelieren dürfte, spricht ein weiteres Argument für ein weniger invasives Verfahren.
Der Terminus „Conscious Sedation" wurde 1985 in den USA durch Scammon, Klein und Choi geprägt. Sämtliche Publikationen zu diesem Thema stammen aus den angloamerikanischen Ländern (1) (2) (3). R. A. Miller, ein Urologe aus London, hat in den letzten 10 Jahren 10.000 urologische Eingriffe mittels Conscious Sedation und Lokal-/Regionalanästhesie ohne eine einzige anästhesiologische Komplikation durchgeführt (4). Pro Halbtag führt er in einem OP 16–20 Eingriffe durch, was mit anästhesiologischem Service undenkbar wäre.
Der Mangel an qualifiziertem Anästhesiepersonal ist in den Ländern mit hohem Bruttosozialprodukt eklatant (z. B. USA, Großbritannien, Niederlande, Italien, Spanien, Israel, Norwegen, Österreich*). Auch dieser Umstand hat offenbar die Anbieter von medizinischen Leistungen in alternative Verfahrensweisen – mit Unabhängigkeit von (teurem) Fachpersonal – gezwungen.

Nicht-Anästhesisten sind gut beraten, beim Umgang mit Sedativa den verbalen Kontakt zu ihren Patienten zu erhalten (1).

Conscious Sedation wird häufig mit spezifischen Methoden der Regionalanästhesie kombiniert. Es sei auf die einschlägigen Publikationen verwiesen (1) (7) (8).

Tab. 1: Eingriffe, die mittels Conscious Sedation durchgeführt werden können

Allgemeinchirurgie:	Herniotomie
	Inzisionen/Drainagen
	Exstirpation von Hauttumoren, inkl. Lipome
	Biopsien
	Mammachirurgie: PE, Knotenexstirpation, radiologische Markierung
Anästhesie:	Wachintubation
	Zentralvenenkatheter

*Allen Unkenrufen zum Trotz! (6)

Augen:	Catarakt-Op./Linsenimplantation Blepharoplastie Tränenwegssondierung
Endoskopie:	Ösophago-, Gastroskopie + PE Colonoskopie ERCP Leberbiopsie
Gynäkologie:	Curettage Hysteroskopie Konisation Inzisionen/Drainage Reproduktive Techniken Laparoskopie
Kardiologie:	Herzkatheter/PTCA/stenting Cardioversion Katheterablation aberranter Bündel PM-Implantation Transösophageales Echokardiogramm Zentralvenenkatheter
Kinderheilkunde:	Lumbalpunktion Knochenmarkpunktion MR/CT Gefäßpunktionen
Neurochirurgie:	keyhole-LASER-spinal surgery SCS-Implantation Kraniotomie (EcoG, functional cortical mapping)
Notfallmedizin:	Bergung Punktionen, Drainagen, Katheter Repositionen Notfallanalgesie und -sedierung Cardioversion
Orthopädie:	Arthroskopie Extremitätenchirurgie
Plastische Chrirurgie:	Dermabrasio Lasertherapie Liposuction Otoplastie Rhinoplastie
Pulmologie:	endotracheale Intubation (Wachintubation) Bülau-Drainagen Bronchoskopie Biopsien
Radiologie:	Angiographie CT/MR (+ gezielte Punktionen) Embolisation Biopsien Nephrostomie interventionelle Gefäßradiologie

Unfallchirurgie:	Reposition (Frakturen, Luxationen) Wundversorgung Metallentfernungen Verbandswechsel (Verbrennungen!)
Urologie:	Zystoskopie Lithotripsie Vasektomie Circumcision Meatotomie/Meatoplastie Shunts f. Priapismus Implantation/Entfernung v. Prothesen Orchidektomie Epididymiszyste/Exstirpation Hydrocele Hodenbiopsie
Zahnheikunde:	Extraktionen Kariesbehandlung Paradontologische Op.

Literatur

1 Whitwam JG, McCloy RF. *Principles and practice of sedation*, 2nd ed. 1998; Blackwell Science, Oxford

2 Kost M. *Manual of Conscious Sedation*, 1998; WB Saunders Company, Philadelphia, London, New York, St. Louis, Sidney, Toronto

3 Wiener-Kronish JP, Gropper MA. *Conscious Sedation*, 2001; Hanley & Belfus Inc., Philadelphia

4 Miller RA, Urology. In: Whitwam JG, McCloy RF. *Principles and practice of sedation*, 2nd ed. 1998; Blackwell Science, Oxford

5 Birch BRP, Anson KM, Gelister J et al. Sedoanalgesia, a safe, cost effective alternative to general anesthesia. A review of 1020 cases. *Br J Urol* 1990; 66: 342–50

6 Zimpfer M. Ausbildungsordnung, Facharztprüfung. Theoretische Ausbildung für das klinische Sonderfach Anästhesiologie und Intensivmedizin, Blockkurs B/Anästhesie II, 28. 10. 1996, mündliche Mitteilung

7 Cousins M, Bridenbaugh P. *Neural Blockade and Pain management*, 3rd ed. 1998; Lippincott-Raven publishers, Philadelphia, New York

8 Jankovic D. *Regionalblockaden in Klinik und Praxis*, Lehrbuch und Atlas, 2. Auflage, 2000, Blackwell – Wissenschaft Berlin Wien

9 White PF, Negua JB. Sedative Infusions during local and regional anesthesia: a comparison of midazolam and propofol. *J Clin Anaesth* 1991; 3: 32

10 Bell GD. Premedication, preparation and surveillance. *Endoscopy* 2002; 34(1): 2–12

Patientenauswahl und -vorbereitung

D. Weixler

Ich habe niemals ein
schlimmeres Monster oder
rätselhafteres Geschöpf als
mich selbst erlebt.
MICHEL DE MONTAIGNE

Nicht alle Menschen sind geeignet, an sich invasive Verfahren unter Sedoanalgesie durchführen zu lassen.

Die Versagerquote der Methode Sedoanalgesie liegt üblicherweise bei 2–10%, sie kann unter strenger Einhaltung der Kontraindikationen weiter reduziert werden.

Der wesentliche Gewinn im Einhalten der Gegenanzeigen liegt in der Sicherheit der Patienten (1). Als Anwender muss man sich innerlich von Versagensgedanken befreien und zur Kenntnis nehmen, dass die Ursachen für ein Versagen außerhalb des Machbarkeitsrahmens der Methode liegen. Mitbehandelnde Kollegen müssen das akzeptieren – eine Einlassung in ein Risiko trägt letztlich der Patient, das sture „Durchboxen eines Programms" führt zu erhöhten Komplikationsraten.

Sorgfältige patientenzentrierte Planung und Flexibilität der Prozesse führt dem entgegen zu höherer Effizienz und größerer Sicherheit.

Kontraindikationen für Sedierung *(im Zusammenhang mit Diagnostik und Operationen)*

1. ***Ablehnung des Verfahrens***
2. ***fehlende Einwilligungsfähigkeit/Dispositionsfähigkeit*** *(außer: Kinder)*
3. ***fehlende Kooperationsbereitschaft (mangelnde Einsicht, Desorientiertheit etc.)***
4. ***Atemwegsproblematik – Obstruktion (behinderte Nasenatmung, große Zunge, vorhersehbare schwierige Intubation, unbehandeltes oder exazerbiertes Asthma bronchiale, respiratorische Insuffizienz, Schlafapnoe-Syndrom, akute Infekte der Atemwege, Sauerstoffsättigung < 94% unter Raumluft, Atemfrequenz > 30/min bei Erwachsenen***
5. ***Schädel-Hirn-Trauma, erhöhter intrakranieller Druck***
6. ***akute neurologische Erkrankungen mit Bewusstseinstrübung***
7. ***Epilepsie:***
   - ***behandelte generalisierte Anfälle in den letzten 24 Stunden***
   - ***mehr als 2 behandelte generalisierte Anfälle in der letzten Woche***
   - ***notwendige anfallsbedingte Wiederbelebungsmaßnahmen im letzten Monat***

- ***+ zusätzliche schwere neuromuskuläre Erkrankungen***
- ***generalisierter Anfall weniger als 4 Stunden vor Untersuchung***
- ***Nichtwiedererlangen des Bewusstseins/der Mobilität seit dem letzten Anfall***

8. ***Aspirationsrisiko: Nicht-Nüchternheit, akutes Abdomen, Ileus, Erbrechen***
9. ***schwere metabolische Entgleisung mit Affizierung des Bewusstseins***
10. ***Myokardinfarkt weniger als 6 Monate zurückliegend, instabile Koronarsyndrome, kardiale Insuffizienz NYHA IV, Ruhedyspnoe***
11. ***Lagerung, die für die Operation/Diagnostik vorgesehen ist, wird aus physischen Gründen nicht toleriert*** *(z. B. Kopftieflagerung bei COPD)*
12. ***Schock***

Sicherheit und Komfort

Sicherheit und Komfort sind die beiden Säulen der Anästhesie (2) – wobei vom Anästhesisten verlangt wird, dass dieser die hämodynamische Stabilität aufrechterhält, um ein verbessertes postoperatives Ergebnis zu fördern, mehr noch als die Schmerzlosigkeit und Bewusstlosigkeit zu unterstützen (3).
Diese Aussagen von Maßstabsfiguren des Faches betonen die Priorität der **Sicherheit vor** dem **Komfort**. Der Begleiter des Patienten wird in einer Ausnahmesituation zum Anwalt des Patienten, der Patient vertraut sich seiner Wachsamkeit und seiner Entscheidungskompetenz an. Für den Begleiter ist die (weiter reichende) Sicherheit das Anliegen im Sinne des Behandlungsauftrages: Sicherung der individuellen Integrität. Eine Einbuße des Komforts ist unter Abwägung von Machbarkeit und Risiko eher in Kauf zu nehmen als eine Einbuße der Sicherheit.

Viele chirurgische Eingriffe sind überflüssig (2). Die Machbarkeit einer Operation ist keine Indikation für ihre Ausführung (2). Es ist unklar, ob und in welchem Ausmaß Anästhesisten oder anderes involviertes medizinisches Personal in ihrer Rolle als „Anwalt des Patienten" Indikationen oder ungenügende operative Leistung beeinspruchen sollen – ein ethisch-moralisches Dilemma.
Die Wichtigkeit der Patientenauswahl und der Vorbereitung wird evident, wenn man die anästhesiebedingten Todesfälle nach Ursachen beleuchtet: In einer australischen Studie (4) über 1503 perioperative Todesfälle waren 172 anästhesiebedingt. 11 Todesfälle hatten keinen Zusammenhang mit Verfah-

renswahl oder Management, bei den restlichen 161 waren pro Fall durchschnittlich 1,8 Fehler zu verzeichnen:

Hauptursachen für anästhesiebedingte Todesfälle

1. Inadäquate Vorbereitung (45%)
2. Inadäquate Nachbetreuung (32%)
3. Inadäquates Verfahren (27%)
4. Überdosierung (27%)

Risikomerkmale:
- *ältere Patienten*
- *männliches Geschlecht*
- *abdominelle + orthopädische Operationen*

*Die **präoperative Untersuchung** des Patienten und die daraus folgenden Handlungen und die Verfahrenswahl leisten den **höchsten Beitrag** zum Erreichen maximaler **Sicherheit**.*

Präoperative Untersuchungen

Der Patient sagt die Diagnose.
Die 3 wichtigsten Parameter: 1. Atemweg
2. Lunge
3. Herz-Kreislauf

Die präoperative bzw. präprozedurale Untersuchung des Patienten setzt sich zusammen aus:
a) Anamnesegespräch
b) physikalische Untersuchung (Status präsens)
c) Durchsicht der Dokumentation des aktuellen Aufenthalts und zurückliegender Behandlungen bzw. stationärer Aufenthalte

a) Anamnese

Von allen diagnostischen medizinischen Verfahren leistet die Anamnese den höchsten Beitrag zur Diagnosefindung.

Die Anamnese ist *der* wesentliche Anteil an der präoperativen Einschätzung des Gesundheitszustandes und die Grundlage für die Verfahrenswahl. Basierend auf der Kenntnis der besonderen Individualität eines Patienten wird gemeinsam ein Ziel festgelegt, gleichsam ein „maßgeschneidertes Sedierungskonzept".
Ein strukturiertes Vorgehen mit Möglichkeiten zum offenen Gespräch stellt sicher, dass die wesentlichen Themen erörtert werden.
Die Anamnese hat den Charakter der Subjektivität – der Status präsens hingegen Objektivitätsanspruch.
Für die Praxis sind die Anamnesebögen von Diomed® oder Perimed® geeignete Instrumente – sie sind praktisch für alle gängigen invasiven Verfahren in mehreren Sprachen erhältlich – auch für Sedoanalgesie gibt es einen Vordruck.
Das Anamnesegespräch ist der Beginn einer Beziehung, die mögliche Basis des Vertrauens, auf der die Einwilligung fußt und die sich über die persönliche Beziehung hinaus erstreckt (Vertrauen in ein *System*). Es ist gesichert, dass das Anamnesegespräch einen wichtigen Beitrag zur Entängstigung des Patienten leistet.

Tab. 1: Ziele und Möglichkeiten des präoperativen Gesprächs

- Feststellung, ob **Kontraindikationen** für das Verfahren vorliegen
- Erfassen von **Risikofaktoren**, die den perioperativen Verlauf beeinträchtigen
- **Entängstigung** durch Information, Aufklärung und Herstellen einer Beziehung
- **Planung** des Verfahrens (inkl. postoperativer Schmerztherapie)
- Diskussion von **Alternativen** zum vorgeschlagenen Verfahren
- Gelegenheit offene **Fragen** zu beantworten
- **Koordination** der medizinischen Abläufe
- formale **Einwilligung**, Dokumentation

Der Patient sollte für den Eingriff im bestmöglichen Zustand sein.
Infekte sollen mindestens 3 Wochen zurückliegen.
Für dekompensierte Zustände ist eine Optimierung der Therapie angezeigt.

Respirationstrakt

Gezielte Fragen nach dem Vorliegen von Erkrankungen des Respirationstraktes sind von enormer Wichtigkeit, da Sedativa mit der Atmung interferieren (verminderte Reagibilität auf Hypoxie und Hyperkapnie) und ihre Anwendung typische Komplikationen zur Folge haben können (Hypoxie, Atemstillstand, Atelektasen, Aspiration, Bronchospasmus, Laryngospasmus etc.).

Sinnvolle Fragen und Beobachtungen/Respirationstrakt:

- Verkühlung/Erkältung/Atemwegsinfekt in den letzten 3 Wochen
- Husten (trocken, schleimig, blutig, Qualität des Sputums, Dauer)
- behinderte Nasenatmung (Qualität/Sekretion)
- Heiserkeit
- Atemnot (lageabhängig, belastungsabhängig, anfallsartig?)
- bekannte Erkrankungen der Atemwege (Asthma bronchiale, Staublunge etc.)
- frühere (schwere) Erkrankungen der Atemwege (Tb, Tumoren etc.)
- Zigarettenrauchen
- Fieber
- Thoraxdeformitäten (Skoliose, M. Bechterew etc.)
- Schlafapnoesyndrom, M. Pickwick
- Allergien

Chronische Bronchitis ist eine klinische Diagnose, gekennzeichnet durch produktiven, Monate dauernden Husten in 2 oder mehr aufeinander folgenden Jahren.
Vor Eingriffen ist die inhalative Verabreichung von Betasympathomimetika und Corticoiden sinnvoll.
COPD: Patienten, die von supplementärem Sauerstoff abhängig sind, sollen auch perioperativ die übliche Flussrate erhalten, um die Sauerstoffsättigung über 90% zu halten. Die Kontinuität der inhalativen Therapie soll fortgesetzt werden (14). Für ausreichende Mukolyse und Sekretdrainage muss Sorge getragen werden. Bei schwerer COPD erfolgt der Atemantrieb nicht – wie üblich – durch die CO_2-Spannung, sondern über das p_aO_2 (*hypoxic drive*). Regionale Verfahren sind zu bevorzugen. Es besteht ein erhöhtes Risiko der respiratorischen Insuffizienz durch sedoanalgetische Substanzen und Lagerungsmanöver, welche die Thoraxcompliance beeinträchtigen (Kopftief-, z.T. auch Flachlagerung). → Patienten mit COPD sollen für Eingriffe unter erhaltener Spontanatmung in Oberkörperhochlagerung positioniert werden, da sonst die minimale respiratorische Reserve kompromittiert wird.
Asthma bronchiale: Es gelten dieselben therapeutischen Richtlinien wie bei COPD. Eingriffe an oder in der Nähe der hyperreaktiven Atemwege können einen Asthmaanfall auslösen, die prophylaktische Anwendung von Dosieraerosolen ist gerechtfertigt. Bei schlechter Kontrolle des Asthmas sollen elektive Eingriffe verschoben werden (14). Die Angabe von **Atemnot** ist außer bei pulmonalen und kardialen Erkrankungen bei Adipositas, Anämien und

neuromuskulären Erkrankungen zu finden. Atemnot, die bei Alltagsbelastungen oder gar in Ruhe auftritt, muss unbedingt diagnostisch evaluiert und entsprechend behandelt werden (14).
Bei **Atemwegsinfekten** innerhalb der letzten 3 Wochen soll ein elektiver Eingriff verschoben werden.
Schlafapnoesyndrom: Anfallsartig auftretende Atempausen (> 10 s) während des Schlafes trotz Atemanstrengung durch Obstruktion der oberen Atemwege (Außenanamnese!).
In der Folge kommt es zu Tagesmüdigkeit und Adynamie. Das Schlafapnoesyndrom ist häufig mit Cor pulmonale, Arrhythmien, Myokardischämien und Schlaganfall assoziiert.
Es besteht höchste Sensitivität gegenüber Sedativa, diese zeigen auch prolongierte Effekte.
Die Population mit Schlafapnoesyndrom hat häufig einen *schwierigen Atemweg* (Maskenbeatmung schwierig, Intubation in ca. 20% der Fälle schwierig).
Das Schlafapnoesyndrom ist eine *Kontraindikation für Sedierung!*
Patienten mit chronischen Erkrankungen der Atemwege haben häufig eine **pulmonale Hypertension** und ev. eine Rechtsherzinsuffizienz. Der Widerstand des hyperreaktiven Lungengefäßbettes nimmt durch Hypoxie, Hyperkapnie, Schmerz oder Aufregung weiter zu. Diese Umstände sind, wenn immer möglich, zu vermeiden. Die Gefahr der Rechtsherzinsuffizienz macht diese Patienten nicht zu geeigneten Kandidaten für ambulante Eingriffe (14).
Durch **Nikotin**abstinenz in den letzten 8 Wochen vor einem Eingriff kann die perioperative pulmonale Morbidität nicht verbessert werden (13).
Untersuchungen: Lungenröntgen, 12-Kanal-EKG, Spirometrie.
Labor: Blutbild, CRP, Blutgasanalyse, Theophyllinspiegel.

Kardiovaskuläres System

Praktisch alle Sedativa und Analgetika beeinflussen das kardiovaskuläre System, einige Erkrankungen (s.u.) tragen ein erhöhtes perioperatives Risiko im Hinblick auf lebensbedrohliche Organkomplikationen (Myokardinfarkt) oder Tod.

Sinnvolle Fragen – kardiovaskuläres System

- arterielle Hypertension (seit wann bekannt? behandelt? gut kontrolliert? Endorganschäden? Medikation?)
- Myokardinfarkt (innerhalb der letzten 6 Monate?)
- (belastungsabhängiger) Thoraxschmerz (Häufigkeit, Anlässe)

- Risikofaktoren für KHK (Hyperlipidämie, Rauchen, Diabetes, Hypertonie, familiäre Disposition, Adipositas, Inaktivität)
- Eingriffe am Herzen/Revaskularisation in den letzten 5 Jahren/Gefäßeingriffe i.A.
- Belastungsfähigkeit im Alltag/Belastungsdyspnoe/Claudicatio
- Orthopnoe
- Nykturie
- Beinödeme
- Arrhythmien
- Synkopen, orthostatische Intoleranz
- Schrittmacher/AID (Defibrillatoren)
- Vitien („Herzfehler")
- EKG-Abnormitäten
- Venenthrombosen/Pulmonalembolie
- Anämien

Beispiele für Fragen: „Können Sie Ihre Einkäufe selbst nach Hause tragen?"
„Wie viele Stockwerke steigen Sie ohne Atemnot?"
„Wie viele Polster brauchen Sie zum Schlafen?"
„Wurde Ihnen jemals gesagt, dass sie ein auffälliges EKG haben?"

Innerhalb von 6 Monaten nach einem **Myokardinfarkt** sollen keine planbaren Eingriffe durchgeführt werden (30% Reinfarktrate in den ersten drei Monaten, 15% zwischen 3 und 6 Monaten, unter 5% ab 6 Monate danach). Diese Empfehlung ist unabhängig vom Anästhesieverfahren (Regional-, Allgemeinanästhesie, Conscious Sedation) (5). Bei Vorliegen eines **instabilen Koronarsyndroms** ist ebenfalls der elektive Eingriff abzusetzen und entsprechende diagnostische und therapeutische Maßnahmen einzuleiten (6). Die präoperativen Untersuchungen sollen auf Umstände begrenzt bleiben, welche die Behandlung und das Outcome beeinflussen. Nur ein kleiner Teil der Patienten wird einer Revaskularisierung vor einem geplanten Eingriff zugeführt werden, ein konservatives Vorgehen wird empfohlen (36).

Weitere kardiale Erkrankungen, die *vor* elektiven Eingriffen behandelt werden müssen:
Dekompensierte kardiale Insuffizienz, signifikante Arrhythmien, ausgeprägte hämodynamisch wirksame Vitien, ausgeprägte (stage 3) **arterielle Hypertonie** (RR > 180/110) (34).

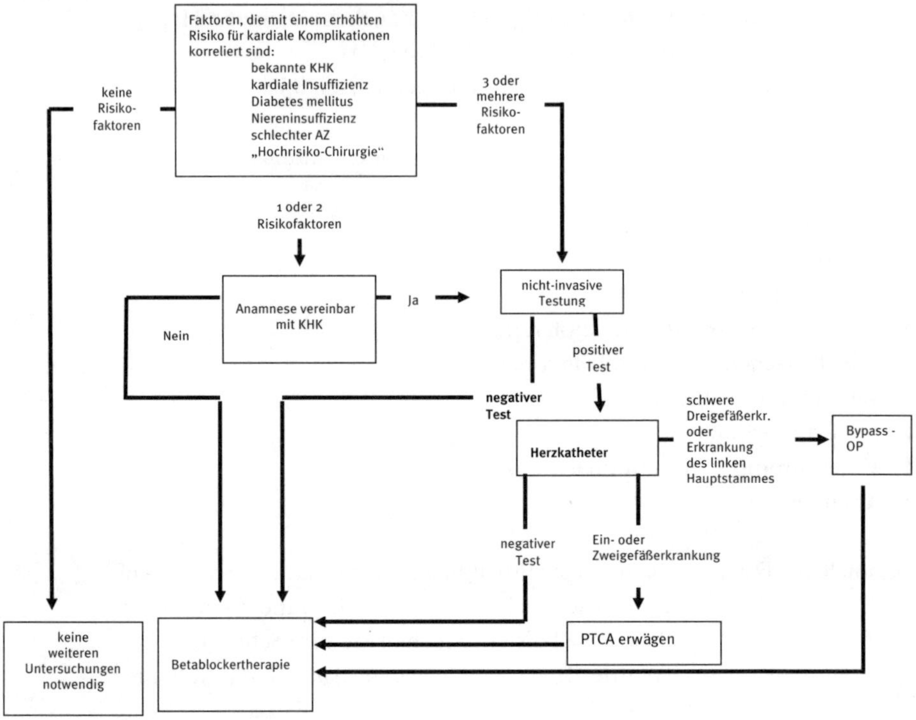

Abb. 1: Vorgehen nach Fleisher (6)

Signifikante Arrhythmien sind ein höhergradiger AV-Block, symptomatische Arrhythmien bei bestehender Herzerkrankung und supraventrikuläre Arrhythmien mit unkontrollierter Kammerfrequenz.
Patienten, die ihm Rahmen alltäglicher Belastungen (Gehen, Ankleiden, Haushaltstätigkeiten) kurzatmig werden oder Thoraxschmerzen haben, tragen ein erhöhtes kardiales Risiko.
Jemand, der hinsichtlich üblicher Aktivitäten unbeschränkt oder mäßig eingeschränkt belastbar ist, trägt ein niedriges kardiales Risiko für größere Eingriffe in Allgemeinanästhesie oder in Sedierung. Wenn bei einem Patienten innerhalb der letzten 30 Tage ein koronarer Stent implantiert worden ist, müssen elektive Eingriffe abgesetzt werden, da sonst mit einem katastrophalen Outcome gerechnet werden muss (40).
Vorgehen bei arterieller **Hypertonie:** Liegt der diastolische RR-Wert über 110 mmHg, bestehen im EGK Zeichen der linksventrikulären Hypertrophie oder eine ST-Senkung über 0,5 mm, so muss ein geplanter Eingriff verscho-

ben werden (um 6–8 Wochen, wenn mit der Dringlichkeit des Eingriffs vereinbar) (34).
Es ist eine generelle Regel, dass antianginöse und antihypertensive Medikamente auch am Tag einer Operation verabfolgt werden (6, 14, 34). Werden sie vorenthalten, so treten gehäuft kardiale Komplikationen auf.
Gehäuft auftretende **ventrikuläre Extrasystolen** und die **asymptomatische ventrikuläre Tachykardie** sind nicht mit erhöhter perioperativer Mortalität assoziiert, daher sind ein aggressives Monitoring oder eine aggressive Therapie nicht gerechtfertigt.

Tab. 2: Spektrum der kardiovaskulären Diagnostik/Fragestellungen

Lungenröntgen: Größe und Form des Herzens, Ergüsse, Stauung, Gefäßzeichnung
12-Kanal-EKG: Arrhythmien, linksventrikuläre Hypertrophie, ST-Senkungen, Q-Zacken
24-h-EKG: Pausen, passagere Rhythmusstörungen, Frequenzspektrum
24-h-Blutdruckmonitoring: zirkadiane Blutdruckregulation
Ergometrie: belastungsinduzierte Ischämie, Arrhythmien, hypertensive Kreislaufregulation
Echokardiographie: Klappenstenosen und -insuffizienzen, Wandbewegungsstörungen
Thalliumszintigraphie: Ejektionsfraktion, reversible Perfusionsdefekte
Koronarangiographie: Revaskularisation, Klappenerkrankungen, Wandbewegungsstörungen
Carotis/Vertebralis-Duplexsonographie: Stenosen, Stealphänomene
Spiral-CT: Pulmonalembolie
Labor: CK-NAC, CK-MB, GOT, GPT, LDH, Digitoxin-, Digoxinspiegel

Bei Schrittmacherträgern und Patienten mit AID sind MRI-Untersuchungen kontraindiziert!

Ein wesentlicher Risikofaktor ist die **Invasivität des Eingriffs.**
Operationen die in *Conscious Sedation* durchgeführt werden können, tragen im Allgemeinen ein niedriges kardiovaskuläres Risiko (< 1%) (36). Ausnahmen: Not-Operationen, v.a. bei älteren Patienten, Eingriffe von längerer Dauer, Prostatachirurgie.
Betablocker reduzieren eine perioperative Myokardischämie und reduzieren die Mortalität und das Auftreten eines Myokardinfarkts, der im perioperativen Zeitraum in 40–70% tödlich verläuft (36, 37). Die Betablockertherapie sollte Tage bis Wochen vor einem geplanten Eingriff begonnen werden, die Dosis so titriert werden, dass die Herzfrequenz in Ruhe 50–60 beträgt (36).*

Erkrankungen der Leber

Die Leber ist das größte Organ des Körpers und erhält ca. 29% des Herzzeitvolumens. Bei Lebererkrankungen sind Störungen in der Synthese der Eiweißkörper, der Blutgerinnung, der Entgiftung und eine veränderte Pharmakokinetik zu erwarten. Anamnestisch bedeutsam sind:

- Hepatitis
- Leberzirrhose
- Alkoholgewohnheiten (regelmäßig? Art? Menge? Probleme?)
- Ikterus

Sinnvolle Fragen: „Wie würden Sie Ihren Alkoholkonsum einschätzen?"
„Hatten Sie jemals Probleme im Zusammenhang mit Alkohol?"

Chronischer Alkoholkonsum (kritische Menge/Männer: 60 g/Tag – Frauen 20 g/Tag)
kann eine Enzyminduktion bewirken (gesteigerte Aktivität des mikrosomalen P-450-Systems). Diese kann zu einer relativen **Resistenz gegenüber sedierend wirksamen Pharmaka** führen – diese **Kreuztoleranz** erstreckt sich jedoch nicht auf alle sedativ-hypnotischen Effekte: Während die therapeutischen Dosen (ED_{50}) höher sind, bleiben die letalen Dosen (LD_{50}) unverändert (17); die Folge ist also ein engerer Bereich der Schere Effektivität-Sicherheit, d.h. die Sedativa haben bei dieser Population eine geringere therapeutische Breite.
Bei fortgeschrittener Lebererkrankung mit Reduktion funktionierenden Parenchyms und/oder verminderter Durchblutung kann andererseits eine **erhöhte Sensitivität** gegenüber sedierender Substanzen bestehen. Einen Hinweis auf die vorliegende Stoffwechselsituation geben neben der vorherrschenden Klinik die Laborbefunde (Leberzirrhose: Anämie, Thrombopenie, Cholinesterase ↓, PTZ ↓, Albumin ↓, Gesamteiweiß ↓). Bei Leberzirrhose findet sich typischerweise eine hyperdyname Kreislaufsituation mit relativ niedrigen Blutdruckwerten sowie eine verminderte Affinität des Sauerstoffmoleküls zum Hämoglobin (klinisch: niedrige Sauerstoffsättigung). Deswegen und wegen der Hypalbuminämie (weniger an Albumin gebundene Substanz und mehr freie/wirksame Substanz am Wirkort) und einer möglichen hepatischen Enzephalopathie ist eine **vorsichtige Titration von Sedativa** bzw. **Dosisreduktion** geboten. Gewisse Pharmaka (Dauertherapie) können

*Für komplexe Fragestellungen wird auf die kürzlich veröffentlichten Richtlinien der American Heart Association verwiesen (36).

ebenfalls eine hepatische Enzyminduktion und damit eine relative Resistenz gegenüber Sedativa auslösen (siehe Seite 63).
Bei Vorliegen einer Leberzirrhose ist eine infektiöse Genese möglich (Hepatitis C oder B) → Vorsicht vor Kontamination!
Laboranforderung bei Hepatopathien: komplettes Blutbild, Blutzucker, Gesamtbilirubin, GOT, GGT, Alkalische Phosphatase, Cholinesterase, Gesamteiweiß, Albumin, pTT, PTZ, INR, Hepatitisserologie.

Erkrankungen der Nieren und der ableitenden Harnwege

Erkrankungen der Niere betreffen den Flüssigkeits- und Säure-Basen-Haushalt, die Elektrolythomöostase, die Exkretion von Pharmaka bzw. deren wasserlösliche Abbauprodukte und die Erythropoese (renaler erythropoetischer Faktor).

Fragen in der Anamnese:
- Niereninsuffizienz/Dialysetherapie
- Harnabflussstörungen
- Häufige Harnwegsinfekte/Pyelonephritis
- Einnahme nephrotoxischer Pharmaka (NSAR etc.)
- Diabetes mellitus, Hypertonie

Niereninsuffizienz: Höchste Priorität hat die **Optimierung des Flüssigkeitsstatus** (7). Zunächst ist zu erheben, ob eine Niereninsuffizienz akut oder chronisch ist und welches Stadium vorliegt. Wichtig sind die Kenntnis der Harn- und Trinkmenge, des Körpergewichts und der Laborwerte Creatinin, BUN, Natrium, Kalium, Kalzium, Chlorid, Phosphor, Hämoglobin, Thrombozyten, Gesamteiweiß und Albumin. Wenn organisierbar, ist die Untersuchung der 24-h-Creatininclearence anzufordern.
Präoperatives Lungenröntgen (pulmovenöse Stauung?) und EKG sind obligat. Bei Polyurie ist auf eine adäquate Flüssigkeitssubstitution zu achten (Ringerlaktat), bei Dialysepatienten, die oligurisch/anurisch sind, ist tunlichst eine Volumenbelastung zu vermeiden und davon auszugehen, dass von vornherein ein **hypervolämer Zustand** vorliegt (Gefahr der kardialen Dekompensation). Kurz nach Dialyse kann auch eine Hypovolämie bestehen.
Bei Patienten mit kompensierten Nephropathien sind weitere nierenschädigende Einflüsse zu vermeiden (Blutdruckabfälle, Dehydratation, Gabe potenziell nephrotoxischer Substanzen). Punktionen von oder (versuchte) Infusionen in Dialyseshunts sind zu unterlassen.

Die anämischen Patienten sind in höchstem Maße **hypoxiegefährdet**, um so mehr, da häufig koexistente Erkrankungen wie KHK oder eine cerebrovaskuläre Insuffizienz vorliegen.
Eine Dialysebehandlung vor einem geplanten Eingriff ist vorteilhaft (v.a. bei Hyperhydratation und Hyperkaliämie > 5,5 mmol/L). Dabei ist damit zu rechnen, dass die Patienten im Rahmen der Dialyse Heparin oder LMWH erhalten haben – für den ersten Fall ist die Bestimmung der pTT sinnvoll.
Häufig liegt eine **Hypertonie** vor. Es empfiehlt sich, die antihypertensive Dauermedikation auch am Tag des Eingriffs zu verabreichen. Die **perioperative kardiovaskuläre Mortalität** ist ab Creatininwerten > 2mg/dl erhöht. Bei **diabetischer Nephropathie** sind perioperativ häufiger als sonst Blutzuckerkontrollen empfehlenswert (alle 3 Stunden, bei erheblichen Abweichungen auch häufiger). BZ-Korrekturen sollen mit intravenösem Normalinsulin erfolgen. Perioperative Zielwerte: 120–200 mg/dl (Blutzuckerwerte unter 150 mg/dl sind möglicherweise mit einer geringeren Morbidität verknüpft) (8).
Sedativa, v.a. solche mit hoher Proteinbindung wie Midazolam, sind bei Patienten mit Hypalbuminämien schon in niedrigen Dosen effektiv bzw. führen bei Verabreichung von „normalen Dosen" zu **Überdosierungseffekten**, wie z. B. paradoxen Reaktionen oder zur **Kumulation**.
Das ist auch bei Verabreichung von Morphin zu bedenken, da ein wirksamer Metabolit (Morphin-6-Glucuronid) mit dem Harn ausgeschieden wird. Aus diesem Grund kann es bei Niereninsuffizienz zu einer **verzögerten Atemdepression** kommen (18).
Bei Patienten mit **Harnabflussstörungen** (Prostatahyperplasie etc.) soll auf die Gabe von anticholinerg wirksamen Pharmaka (Atropin, Neuroleptika etc.) verzichtet werden. Auch Opioide können die Miktion hemmen. Die Indikation zu einer Blasendrainage ist kritisch zu überdenken (Infektionsgefahr).

Endokrinopathien

Diabetes mellitus erfordert eine spezielle Beachtung: 1. Die Prävalenz der Erkrankung liegt dzt. bei 8% der über 65-Jährigen, die Inzidenz steigt (20). 2. Die Patienten leiden an einer Multisystemerkrankung, ihre Dauermedikation ist häufig reichhaltig und beinhaltet blutzuckersenkende Substanzen. 3. Alle Diabetiker haben ein erhöhtes kardiales Risiko und eine Disposition zu perioperativen Infektionen. 4. Perioperativ ist die Wahrscheinlichkeit einer Blutzuckerentgleisung erhöht (Stress, Insulinresistenz, Erhöhung der gegenregulatorischen Hormone und der hepatischen Gluconeogenese). Die

Wahrscheinlichkeit einer kardiozirkulatorischen Komplikation ist mit der Blutglucosekonzentration korreliert (21).

1. **Kardiovaskuläres Risiko:** Hochrisikokonstellation für Ischämie, die infolge der sympathischen Denervation des Herzens (kardiale autonome Neuropathie) häufig klinisch stumm ist. Die kardiale Adaptation auf Stress kann fehlen. Typisch für die kardiale autonome Neuropathie ist die Trias Ruhetachykardie/orthostatische Hypotension/Verlust der kardiovaskulären Reflexe (20). Der unerwartete Todesfall beim Diabetiker ist meist die Folge eines Hypoxie-bedingten kardiorespiratorischen Arrests (22). Herzrhythmusstörungen ergeben sich aus der Imbalance: reduzierte vagale Aktivität bei erhaltenem Sympathikotonus.
2. **Erhöhtes Risiko am respiratorischen System:** durch verzögerte Magenentleerung bei autonomer Neuropathie häufiger Aspiration sauren Mageninhalts. Herabgesetzte Reagibilität auf Hypoxie und Hyperkapnie. Schwieriger Atemweg: Bei ca. einem Drittel der Diabetiker besteht ein *stiff joint syndrome*, das die kleinen Gelenke und das Atlantooccipitalgelenk betrifft (→ Reklination der HWS eingeschränkt) (24). Bei diesen Patienten erscheint die Haut wachsartig und fest.
3. **Gefahr des Nierenversagens:** durch präexistent verminderte Organperfusion, infolge hämodynamischer Instabilität und durch Harnwegsinfekte. Harnwegsinfekte sind die häufigste postoperative Komplikation beim Diabetes mellitus, die Inzidenz für postoperatives akutes Nierenversagen beträgt 7% (23). Eine Harnkatheterisierung soll wegen des erhöhten Risikos für eine Urosepsis vermieden werden; wenn ein Katheter gesetzt wird, ist er zum ehest möglichen Zeitpunkt wieder zu entfernen (20).
4. **Hohe Inzidenz von Übelkeit und Erbrechen** bei Gastroparese (Aspirationsrisiko), daher präoperative Gabe von Metoclopramid und H_2-Blocker. DD bei Erbrechen: Ketoazidose.
5. **Infektionsrisiko** erhöht (Wundinfekte, Harnwegsinfekte, Pneumonien).

Tab. 3: Die wichtigsten Ziele in der perioperativen Betreuung des Diabetes mellitus

- Blutzuckerkontrolle (120–200 mg/dl)
- Elektrolytbalance
- Vermeiden einer Ketoazidose (durch Nüchternheit + Insulinmangel + Stress + Trauma)
- Vermeiden von Stress und Schmerzen (→ Hemmung der hormonellen und metabolischen Stressreaktion durch Regionalanästhesie)
- hämodynamische Stabilität

Die präoperative Untersuchung ist der wichtigste Schritt im Management des Diabetikers vor chirurgischen Eingriffen (20).

Wichtige **Fragen** an den Diabetiker:
- Dauer der Erkrankung?
- besteht Insulinabhängigkeit, seit wann?
- häufige Stoffwechselentgleisungen?
- bekannte Organschäden (Nieren, Nerven, Augen, Gefäße, KHK etc.)
- aktuelles Therapieregime
- weitere Erkrankungen, die das Risiko erhöhen: Hypertonie etc.

Physikalische Krankenuntersuchung: Bestehende Nervenschäden müssen dokumentiert werden, um sie gegen Lagerungsschäden oder Komplikationen durch Regionalanästhesie abzugrenzen (erhöhte Inzidenz von Lagerungsschäden bei Diabetes mellitus).
Untersuchungen bei Diabetes mellitus: 12-Kanal-EKG, Lungenröntgen
Labor: komplettes Blutbild, BUN, Creatinin, Harnsäure, GOT, GGT, CRP, Natrium, Kalium, Kalzium, Chlorid, Magnesium, Phosphat, Blutzuckertagesprofil, Creatininclearence, Harnbefund (Ketonkörper, Harnglucose, Albumin).

Zur Organisation: *Wenn möglich, sollen Eingriffe für insulinabhängige Diabetiker am Morgen stattfinden, damit sie rasch wieder ihre Therapiemodalitäten aufnehmen können. Bei jeder Bewusstseinsstörung und/oder neuem neurologischen Symptom: BZ-Kontrolle (19). Spezifische Vorbereitung: Metoclopramid 10 mg/70 kg: 1,5 Stunden präoperativ bei Gastroparese (9).*

Perioperative Blutzuckerkontrolle bei Diabetes mellitus
Schema nach Scherpereel und Tavernier (20):

Biguanide (Metformin, NW: Laktatazidose) 48 Stunden vor dem Eingriff absetzen. Nüchternheitskriterien strikt einhalten *(siehe Seite 84)*
Alle Patienten: *Glucose 5% 125 ml/h (+ isotoner Ionenzusatz) – 8h Nüchternheit*
a) *bei Therapie mit Sulfonylharnstoffen und guter Stoffwechselkontrolle und/oder kleinem Eingriff: Sulfonylharnstoffe weiter verabreichen*
b) *bei Therapie mit Sulfonylharnstoffen und schlechter Stoffwechselkontrolle und/oder großem Eingriff: Umstieg auf i.v.-Insulin (Normalinsulin/Actrapid®)*

***c)** bei Insulintherapie und guter Stoffwechselkontrolle und/oder kleinem Eingriff: vollständige Dosis des Verzögerungsinsulins verabreichen – engmaschige BZ-Kontrolle*

***d)** bei Insulintherapie und schlechter Stoffwechselkontrolle und/oder großem Eingriff: Umstieg auf i.v.-Insulin, kontinuierliche Zufuhr über Perfusorspritze, Beginn je nach BZ (max. 6 I.E./h), BZ-Kontrolle zuerst alle 30 min, dann jede Stunde. Kaliumkontrolle alle 2–3 Stunden (ggf. Substitution).*

Sulfonylharnstoffe wirken protrahiert, Hypoglykämien sind bis 48 Stunden nach der letzten Einnahme möglich.

Für das Szenario der *Conscious Sedation* ist die Vorgangsweise **a**) oder **c**) anzustreben. Eine schlechte Stoffwechselkontrolle möge vor einem elektiven Eingriff optimiert werden.

Ambulante Patienten (Tageschirurgie): Orales Antidiabetikum oder Insulin-Morgendosis verabreichen, das Frühstück wird durch eine Glucoseinfusion ersetzt. Der Eingriff wird für den Beginn des Programms festgesetzt, damit der Patient zu Mittag eine leichte Mahlzeit einnehmen und am späten Nachmittag nach Kontrolle der Blutglucose entlassen werden kann. Erbrechen oder Hyperglykämie > 250 mg/dl sind Kontraindikationen für eine Entlassung (20).

Schilddrüsenerkrankungen

Perioperatives Ziel: Euthyreose

Hyperthyreote Patienten müssen abgesetzt werden, bis Euthyreose vorliegt (7).

Labor: TSH (bei Hyperthyreose < 0,25 μIU/ml – bei Hypothyreose > 4, 2 μIU/ml)
fT_4: 0,9–1,7 ng/dl
T_3: 0,8–2,0 ng/ml

Bei Vorliegen einer Hyperthyreose besteht ein erhöhter basaler Grundumsatz, die Effekte von Sedativa und Analgetika können vermindert sein.

Bei *Strumen* ist ein schwieriger Atemweg anzunehmen (Trachealstenose, Tracheomalazie) → Lungenröntgen ist obligat.

Hypothyreote Patienten hingegen weisen eine erhöhte Sensitivität gegenüber sedoanalgetischen Pharmaka auf, der Atemantrieb ist gegenüber erniedrigtem p_aO_2 und erhöhtem p_aCO_2 abgeschwächt. Daher müssen die Dosen zur Sedierung niedriger gewählt werden und extrem vorsichtig titriert werden.

Körpergewicht – Adipositas

Wesentlich für die Dosierung von Medikamenten sind Kenntnis von Körpergewicht und -größe
Adipositas: Körpergewicht 40% über dem Idealgewicht
Adipositas permagna: Körpergewicht über 100% über dem Idealgewicht

Tab. 4: Pathophysiologische Veränderungen bei Adipositas

kardiovaskulär: erhöhte Komorbidität (Hypertonie, KHK, kardiale Insuffizienz)
pulmonal: verminderte Thoraxcompliance, erhöhte Atemarbeit
gastrointestinal: verzögerte Magenentleerung
metabolisch: gesteigerter O_2-Verbrauch und CO_2-Produktion

Spezielle Risiken bei Sedierung: Da die Pharmakokinetik der Sedativa als offenes Dreikompartimentmodell verstanden wird und das 3. Kompartiment (Fettgewebe) das ist, welches die letzte Phase der Verteilung/Elimination bestimmt, ist mit einer **langzeitigen Wirkung von Sedativa** zu rechnen. Die Dosen sind nicht nach realem Gewicht zu bemessen, sondern nach Normalgewicht bezogen auf die Körpergröße (z. B.: 173 cm : 73 kg).
Die Gewichtsangaben beim Vorbereitungsgespräch stimmen häufig mit den wirklichen Verhältnissen nicht überein: Patienten abwiegen.
Schwierigkeiten bei der Atemwegsicherung sind immer anzunehmen, die Maskenbeatmung kann unmöglich sein. Beim häufig gleichzeitig bestehenden Schlafapnoesyndrom besteht eine erhöhte Sensitivität gegenüber Sedativa → keine Prämedikation.
Bei Adipositas ist ein *äußerst* vorsichtiger Umgang mit Sedativa und Analgetika angezeigt.
Monitoring: Die Manschettengröße der Blutdruckmanschetten orientiert sich am Oberarmumfang. Bei relativ zu kleinen Manschetten wird ein falsch-hoher Wert gemessen. Bei Adipositas permagna muss vor dem Eingriff überprüft werden, ob die Lagerung toleriert werden kann und die Vitalparameter (SaO_2, Atemfrequenz) in akzeptablen Bereichen bleiben.

Wohlmeinende aufklärende oder beratende Bemerkungen beim Vorbereitungsgespräch sind deplatziert – der Adipöse ist sich seiner Problematik sehr bewusst und leidet enorm darunter. Das Schamgefühl bei körperlicher Untersuchung mag daher sehr hoch sein.

Erkrankungen und Bedingungen mit erhöhtem Aspirationsrisiko

stellen **Kontraindikationen für Sedoanalgesie** dar, da unter der Einwirkung von Sedativa und Analgetika möglicherweise die Kompetenz verloren geht, den Atemweg frei zu halten. Regurgitation und/oder Erbrechen mit Aspiration sind die Folge.

Mendelson hat 1946 eine Pneumonitis mit hoher Letalität als Folge der Aspiration sauren Mageninhalts beschrieben (15).

Kritische Werte des Mageninhalts: pH < 2,5 – Volumen > 0,4 ml/kg (nach Roberts, 16)

- Ileus
- Nicht-Nüchternheit (Unfälle, Akuterkrankungen etc.)
- Schwangerschaft ab dem I. Trimenon
- Refluxerkrankung
- Hiatushernie
- ösophageale Strikturen
- Achalasie
- Intoxikationen
- Stoffwechselkrisen (Hypo-, Hyperglykämie, Urämie)
- erhöhter Hirndruck

Tab. 5: Faktoren, welche die Magenentleerung verzögern

Schwangerschaft
Adipositas
Diabetes mellitus
Schmerzen
Opioidmedikation
Trauma

Prämedikation mit H2-Blocker + Propulsivum indiziert.
Rezeptierungsvorschlag: Famotidin (Ulcusan®) 20 mg + Metoclopramid (Paspertin®) 10 mg 1–1,5 h vor dem Eingriff

Neurologische Erkrankungen

Viele Erkrankungen des Nervensystems bzw. neuromuskuläre Erkrankungen weisen die Gemeinsamkeit auf, dass eine erhöhte Sensitivität gegenüber Sedoanalgetika vorliegt. Die Verabreichung kann die zugrunde liegende Erkrankung verschlechtern bzw. labile, kompensierte Systeme zusammenbrechen lassen und auf diese Weise die Patienten in eine vital bedrohliche Situation treiben. Dysphagie und Expektorationsschwäche sind weitere Faktoren, die einen behutsamen Umgang mit Sedativa erforderlich machen.

Anamnese bei neurologischen Erkrankungen:

- Schlaganfall, PRIND, TIA
- Synkopen, Bewusstseinsstörungen
- Epilepsie (Kinder: Fieberkrämpfe)
- M. Parkinson / Parkinson-Syndrom
- Multiple Sklerose
- Neuromuskuläre Erkrankungen (Myasthenie, Muskeldystrophien etc.)
- Gefühlsstörungen, Nervenschäden

Stattgehabter **Schlaganfall**: Vorsicht wegen möglicherweise bestehender Schluckstörungen – Aspirationsgefahr, evtl. Expektorationsschwäche. Blutdruckabfälle sind zu vermeiden.
Werden Symptome berichtet, die typisch für Durchblutungsstörungen der hirnversorgenden Gefäße sind, ist eine präprozedurale Diagnostik angezeigt (Dopplersonographie der hirnversorgenden Arterien).
Epilepsie: Die Kontinuität der antiepileptische Dauermedikation muss gewährleistet sein (die spezifische Dauermedikation auch am Morgen des OP-Tages einnehmen lassen).
Falls eine Prämedikation sinnvoll ist, Benzodiazepine rezeptieren. In der Anamnese nach Häufigkeit/Frequenz der letzten Anfälle fragen, nach vorliegenden Infekten, Alkoholgewohnheiten und ob Ursachen für die Erkrankung bekannt sind (Schädel-Hirn-Trauma, Hirntumoren, Infektionen etc.). Sollte das übliche Sedierungsprotokoll eine Antagonisierung von Benzodiazepinen vorsehen, ist es ratsam, im Zweifelsfall bei Vorliegen einer Epilepsie auf Flumazenil (Anexate®) zu verzichten (siehe Seite 307f.).
M. Parkinson: Die klinische Trias besteht aus Hypokinesie, Rigor und Tremor. Bei Angst und Erregung nimmt die Intensität des Tremors zu – anxiolytische Pharmaka mit muskelrelaxierenden Eigenschaften (Benzodiazepine) müssen vorsichtig titriert oder am besten vermieden werden, da beim M. Parkinson eine eingeschränkte Verfügbarkeit über die Muskelkraft besteht und die akinetische Symptomatik verstärkt wird. Neuroleptika verschlechtern durch ihre antidopaminerge Wirkung eine Parkinsonsymptomatik bzw. können ein Parkinsonoid verursachen (am häufigsten oral verabreichtes Haloperidol).
Myasthenia gravis, Amyotrophe Lateralsklerose: Sedativa kontraindiziert!
Erkrankungen des peripheren Nervensystems: Vor Anwendung regionalanästhesiologischer Verfahren ist es geboten, das entsprechende Versorgungs-

gebiet hinsichtlich Sensibilität, Motorik und Trophik zu untersuchen und das Ergebnis zu dokumentieren (Vorsicht: höhere Inzidenz von Lagerungsschäden bei diabetischer Polyneuropathie!).

Die Fähigkeit, verbale Aufforderungen zu befolgen, ist eine der Grundvoraussetzungen für eine Sedierung zu elektiven Eingriffen – Patienten mit getrübtem Sensorium scheiden aus diesem Konzept aus (Hörstörungen, sensorische Aphasie, Apraxie etc.)

Psychiatrische Erkrankungen

Patienten, die nicht die erforderliche Einsicht in den Sinn bzw. Nutzen/Schaden einer Prozedur gewinnen können bzw. die nicht im notwendigen Ausmaß kooperieren können, haben meistens auch für ihre übrigen Lebensbelange eine zumindest beschränkte Autonomie. Ihre Geschäftsfähigkeit ist begrenzt. Wer nicht die Einsicht in ein Vorgehen aufbringen kann, ist auch nicht fähig darin einzuwilligen. Die Patienten erscheinen zum Gespräch meistens in Begleitung.
Es ist zu überprüfen, ob Geschäftsfähigkeit gegeben ist oder ob und in welchem Ausmaß eine andere Person die Interessen des Patienten vertreten darf (Sachwalterschaft).
Besteht bei einem solchen Patienten die Indikation für einen planbaren Eingriff, so ist beim Vormundschaftsgericht eine Sachwalterschaft zu beantragen, falls nicht schon einer Person dieses Recht zugesprochen wurde.
Besonderheiten für die Zeit um einen Eingriff:

- Die Kontinuität der **Dauermedikation** soll gewahrt bleiben (Ausnahmen: Lithium und MAO-Hemmer müssen pausiert werden).
- **Nahrungskarenz**: Es ist darauf zu achten, dass der Patient nicht die *Möglichkeit* vorfindet, diese Maßnahme zu seiner Sicherheit zu unterlaufen (Zimmernachbarn aufklären, keine Nahrungsmittel unbeobachtet herumliegen lassen etc.).
- Welche Effekte **Sedativa** haben werden, ist noch schwieriger vorhersehbar als sonst. Einerseits können die Kompensationsmechanismen erheblich reduziert sein, z. B. bei seniler Demenz, und eine erhöhte Sensitivität gegenüber Sedativa zu erwarten sein, paradoxe Reaktionen können auftreten (Steigerung der Unruhe).
  Andererseits ist bei Erkrankungen, die mit hoch dosierten Psychopharmaka behandelt werden, eine relative Resistenz gegenüber Sedativa zu

beobachten, deren Ursache pharmakokinetischer (Enzyminduktion) oder pharmakodynamischer Natur ist (Toleranz).

- Sind in der Dauermedikation sedierende Neuroleptika oder Benzodiazepine vorgeschrieben oder als Bedarfsmedikamente vorgesehen, so ist es empfehlenswert, diese Substanzen (evtl. in höherer Dosis) zur Prämedikation zu verwenden, sonst ist Lorazepam (Temesta®) gut geeignet.

Ketamin ist bei Psychosen kontraindiziert.

- Die zur Sedierung bevorzugten Pharmaka sind die Neuroleptika, sie bewirken je nach Differentialwirkung und Dosis emotionale Distanzierung, psychomotorische Beruhigung und Schlafanstoß.
- Psychisch kranke Menschen haben andere, mitunter schwer nachvollziehbare affektive Reaktionen auf eine ungewohnte Umgebung oder ängstigende Einflüsse. Der Kontakt zu ihnen erfordert eine Flexibilität im eigenen Verhaltensspektrum, mitunter ein Abweichen von gewohnten Abläufen, andere Zeitvorgaben, andere Maßstäbe im Nähe-Distanz-Kontinuum. Mehr als sonst steht die Beziehung im Vordergrund der Geschehnisse. Es ist ratsam, wann immer möglich, nahe Bezugspersonen als Vermittler und Begleiter anwesend sein zu lassen.
- Sind Prozeduren geplant, die eine lang anhaltende Mitarbeit erfordern, ist damit zu rechnen, dass der Eingriff abgebrochen werden oder auf ein anderes Verfahren gewechselt werden muss (Allgemeinanästhesie). Im Zweifelsfall ist von vornherein die Planung einer Allgemeinanästhesie die bessere Wahl.

Suchtmittel

In unserem Kulturraum ist **Alkohol** einerseits das am häufigsten verwendete und andererseits das sozial am meisten akzeptierte Suchtmittel.
Die Betroffenen neigen dazu, ihre Alkoholgewohnheiten zu bagatellisieren, besonders wenn sie die sozial isolierende Wirkung des Alkohols bereits erfahren haben.
Eine Entzugssymptomatik durch die vorgeschriebene Nüchternheit kann bereits beim Eintreffen des Patienten vorliegen (Schwitzen, feuchte Hände, Zittern, Unruhe, Nervosität, Gereiztheit, Umtriebigkeit, ungerichtete motorische Aktivität wie Nesteln, Zupfen; Tachykardie, Hypertension, Hautrötung, Hyperthermie etc.). Störungen im Elektrolyt- und Wasserhaushalt sind regelhaft.

Die Komorbidität ist erheblich. Die Kooperationsfähigkeit ist eingeschränkt, wiewohl Alkoholkranke im Umgang mit Medizinpersonal häufig vorauseilenden Gehorsam und Überangepasstheit demonstrieren.
Benzodiazepinabhängigkeit: Kreuztoleranz zu anderen Sedativa.
Therapeutischer Benzodiazepinentzug nur stationär an Spezialabteilungen!
Kokainabusus: geplante Eingriffe frühestens 48 Stunden nach der letzten Zufuhr.
Opioidsucht: erhöhte Dosen von sedoanalgetischen Substanzen notwendig.

Exkurs: Medikamente und pharmakologisch wirksame Naturstoffe

Tab. 6: Pharmaka, welche Interaktionen mit Sedativa aufweisen

Inhibitoren des Cytochrom P450 3A4-Systems (Dauermedikation):
H2-Blocker (Cimetidin, Ranitidin)
trizyklische Antidepressiva (Imipramin, Amitriptylin)
Grapefruitsaft
Antiarrhythmika (Diltiazem, Verapamil)
Antibiotika (Erythromycin, Roxythromycin)
Pilzmittel (Fluconazol, Ketoconazol, Itroconazol):
(Enzymblockade → lang anhaltende Sedierungseffekte)

Induktoren des Cytochrom P450 3A4-Systems (Dauermedikation):
Antiepileptika (Phenobarbital, Phenytoin, Carbamazepin)
Antibiotika (Rifampicin)
Johanniskraut
(Enzyminduktion → Abschwächung/Verkürzung der Effekte von Sedativa) (11, 12)

Alle eo ipso **sedierend** wirkenden Pharmaka tragen das Risiko, bei Beginn einer Medikation mit diesen Substanzen Sedierungseffekte zu potenzieren (Antiepileptika, Neuroleptika, Catapressan, Antihistaminika, Kava, Baldrian etc.).

Tab. 7: Medikamente, die vor invasiven Eingriffen pausiert werden müssen

- Cumarine (1 Woche vor dem Eingriff Wechsel auf LMWH s.c.)
- Thrombozytenaggregationshemmer wie ASS (7–10 Tage zuvor absetzen)
- Diuretika: wenn vertretbar, am Tag des Eingriffes pausieren (Komfort)
- MAO-Hemmer, Lithium

Antihypertensiva und antianginöse Substanzen werden nicht pausiert – ein ausgeglichener Volumsstatus ist jedoch notwendig.

Die Medikamentenanamnese ist aufschlussreich betreffend die Komorbidität (welche Erkrankungen sind dem Patienten bekannt, wie ist er über seine Medikation informiert, Merkfähigkeit betreffend komplexer irrationaler Namen, welche Erkrankungen „fallen unter den Tisch", werden bagatellisiert etc.).

Allergien

Viele im Zusammenhang mit medizinischen Anwendungen geäußerten „Allergien" sind keine Allergien, sondern Unverträglichkeitsreaktionen nichtimmunologischer Genese oder die Folge direkter, nichtimmunologischer Mediatorenfreisetzung: toxische Exantheme, unerwünschte Arzneimitteleffekte z.T. durch falsche Anwendung von Pharmaka (zu hohe Dosen, zu rasche Verabfolgung, falsche Indikation) bzw. unerwünschte Wirkungen, die im substanzspezifischen Repertoire liegen (z. B. Übelkeit bei Opioiden, Histaminfreisetzung bei Atracurium).*
Tatsächliche Allergien treten im perioperativen Feld mit einer **Häufigkeit von 1 : 10.000–1 : 20.000** auf (39, 42). Die Rate an Fehldiagnosen ist sehr hoch. Von allen Pharmaka, die im anästhesiologischen Bereich im Rahmen allergischer Reaktionen involviert sind, stehen die Muskelrelaxanzien an vorderster Stelle (69,1%), allergische Reaktionen sind demgemäß bei Allgemeinanästhesien häufiger. Im Zusammenhang mit *Sedierung* werden Muskelrelaxanzien nicht in geplanter Weise eingesetzt. Die meisten Reaktionen treten nach Induktion auf. Die zweithäufigste Ursache ist Latex (12,1%) (39).
Die wesentliche Frage – falls bei der Anamnese Allergien angegeben werden – ist, welcher Reaktionstyp vorliegt: Klinisch am bedeutsamsten im Zusammenhang mit Sedierung ist die Sofortreaktion (Typ-I). *(„Was geschieht, wenn Sie das Medikament verabreicht bekommen?")*
Die gebräuchlichsten Sedativa sind selten Ursache für Allergien, manche wirken sogar antihistaminisch (viele Neuroleptika; die Ursubstanz der Neuroleptika, Promethazin, ist auch als Antihistaminikum in Gebrauch). Ist die

*Wird z. B. die durch Ebstein-Barr-Virus hervorgerufene Mononukleose in ihrer Erscheinungsform als Tonsillitis wie eine streptokokkenbedingte Tonsillitis (überflüssigerweise) mit Amoxycillin/ Clavulansäure behandelt, so resultiert daraus in 100% der Fälle ein Arzneimittelexanthem, das einen Menschen die unkorrigierbare Überzeugung gewinnen lässt, eine „Penicillinallergie" innezuhaben – umso mehr, wenn ihm diese „Diagnose" von einem Arzt verhängt wird.

Verwendung von **Lokalanästhetika** vorgesehen, empfiehlt sich die gezielte Frage nach Allergien bzw. Unverträglichkeitsreaktionen in der Vergangenheit, etwa im Rahmen von Zahnbehandlungen. Für die **Latexallergie**, die bis zu 10% des Medizinalpersonals und 0,8% der übrigen Population betrifft, gibt es Standards, die das Vorgehen festlegen (10).
Ist eine **perenniale Allergie** (z. B. Gräser, Pollen) klinisch an den Atemwegen manifest, so ist die Verschiebung des planbaren Eingriffs auf einen anderen Zeitpunkt die logische Konsequenz.

Es existiert keine Behandlung, die das Auftreten einer Anaphylaxie verlässlich verhindern kann (39).

b) Physikalische Untersuchung – Status präsens (Minimalanforderungen)

Die 3 wichtigsten Untersuchungen (14, 26, 29) im Vorfeld einer geplanten Sedoanalgesie betreffen:

1. *Atemweg*
2. *Lunge*
3. *Herzkreislaufsystem*

1. Die Einschätzung des Atemweges

Sowohl für den Anästhesisten wie auch für andere Anwender von Sedoanalgesie ist die **Einschätzung des Atemweges die wichtigste Untersuchung** – darauf hinblickend, dass die schwerwiegendsten Folgen von Zwischenfällen die Folgen von Hypoxie auf den Gesamtorganismus sind (Asystolie, persistant vegetative state, hypoxischer Hirnschaden, Tod).
Diese Endzustände können die Folge des desaströsen Szenarios *can´t intubate – can´t ventilate* (weder Intubation noch Maskenbeatmung möglich) sein. Das Vorgehen im Rahmen der Sedoanalgesie intendiert zwar eine größtmögliche Sicherheitsbreite und sucht die Notwendigkeit der Maßnahmen zur Sicherung des Atemweges zu vermeiden, dennoch muss sich der

Anwender dieses Risikos bewusst sein und entsprechende logistische und/ oder personelle Vorkehrungen treffen.
Ein **schwieriger Atemweg** kann *vorhersehbar* oder *nicht vorhersehbar* sein. Die Antizipation eines schwierigen Atemweges ermöglicht eine darauf bezogene Verfahrenswahl und damit ein geringeres Risiko für den Patienten. Je höher die Wahrscheinlichkeit für einen schwierigen Atemweg ist, je invasiver der geplante Eingriff ist bzw. je invasiver ein Sedoanalgesieverfahren ist, desto eher soll a priori ein **Anästhesist** beigezogen werden.

Indikatoren eines schwierigen Atemweges:

- *Adipositas*
- *kleiner Mund*
- *eingeschränkte Mundöffnung (Distanz der Inzisivi < 40 mm)*
- *fliehendes Kinn mit kurzer thyromentaler Distanz*
- *bei Mundöffnung und herausgestreckter Zunge Uvula nur z.T. oder nicht sichtbar*
- *eingeschränkte Reklination der HWS (M. Bechterew, PCP, Diabetes mellitus)*
- *kurzer muskulöser Hals + vollständige Dentition*
- *Progenie, Prognathie*
- *weiter Abstand zwischen Kinnspitze und Zahnreihe*
- *große, nach vorne ragende obere Schneidezähne*
- *große Zunge (Akromegalie, Hypothyreose, Down-Syndrom, ...)*
- *spitzer hoher schmaler Gaumen („gotisch")*
- *Anteposition des Larynx*
- *anamnestisch/klinisch Trauma/OP/Karzinom/Infektion/Ödem/Dysgenesie von Gesichtsschädel, Mundboden, Zunge, HWS, Kehlkopf*
- *laryngealer Stridor*
- *Struma*
- *anamnestisch angioneurotisches Ödem*

Ein schwieriger Atemweg ist insbesondere dann anzunehmen, wenn mehrere der Indikatoren gleichzeitig vorliegen.

Patil sign: Bei maximaler Reklination der HWS wird die Distanz zwischen der Prominentia laryngea des Schildknorpels und der Kinnspitze gemessen (normal: > 6,5 cm)
6–6,5 cm: schwierige direkte Laryngoskopie wahrscheinlich
< 6 cm: direkte Laryngoskopie in der Regel unmöglich.

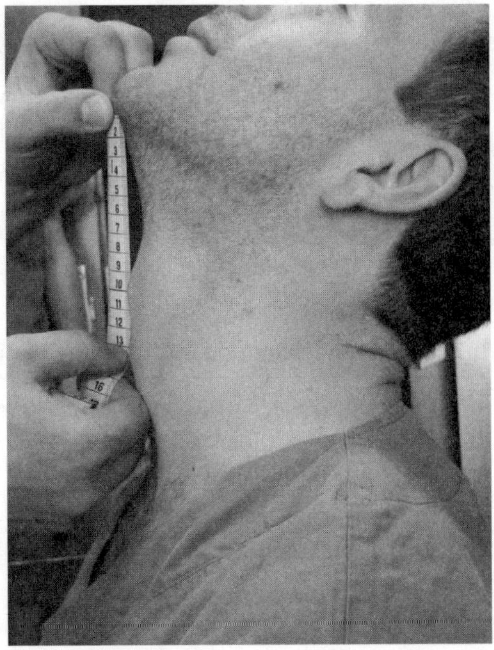

Abb. 2: Patil sign

Mallampati-Klassifikation (modifiziert nach Samsoon und Young)
Untersuchung: Der Patient sitzt aufrecht und streckt bei neutraler Kopfhaltung die Zunge maximal weit heraus, ohne zu phonieren (nicht „A" sagen lassen!). Der Situs des Oropharynx wird beurteilt:

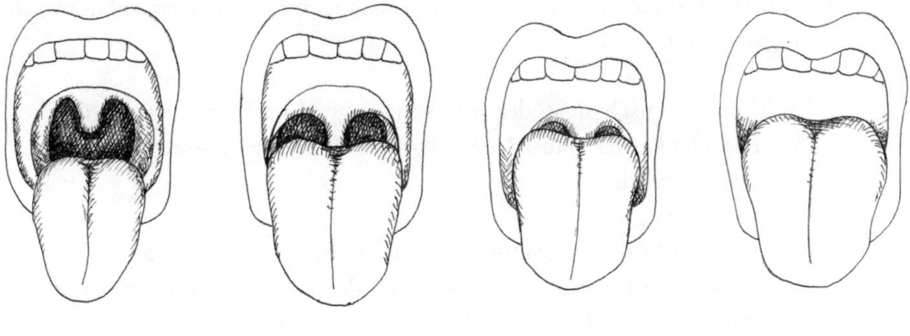

Abb. 3: Mallampati 1–4 (von links nach rechts)

Mallampati I: *weicher Gaumen, Uvula, Schlund, hinteres und vorderes Tonsillenbett sichtbar*
Mallampati II: *weicher Gaumen und Uvula sichtbar*
Mallampati III: *weicher Gaumen und Basis der Uvula sichtbar*
Mallampati IV: *weicher Gaumen nicht sichtbar*

Bedauerlicherweise ist die Spezifität des Mallampati-Kriteriums gering, insgesamt beträgt der Vorhersagewert ca. 50%. Bei Mallampati I sind keine Schwierigkeiten für eine direkte Laryngoskopie anzunehmen, ab Mallampati III steigt die Wahrscheinlichkeit einer schwierigen Intubation deutlich an (bei III: um den Faktor 7, bei IV um den Faktor 11).

Prayer sign und palm print: beim **Stiff-Joint-Syndrom** (Diabetes mellitus Typ I).

Bei 33% aller Typ-I-Diabetiker liegt das Stiff-Joint-Syndrome (24) vor.

Tab. 8: Kennzeichen des Stiff-Joint-Syndroms (Diabetes mellitus Typ I)

- Fixation des Atlantooccipitalgelenks mit eingeschränkter Beweglichkeit
- allgemein eingeschränkte Beweglichkeit v.a. der kleinen Gelenke
- wachsartig feste Haut
- nichtfamiliärer Minderwuchs
- rapid progressive Mikroangiopathie

Die Wahrscheinlichkeit, dass ein schwieriger Atemweg vorliegt, ist 33%, es gibt sehr verlässliche klinische Prädiktoren (25):

Prayer sign: Bei Aufforderung, die Hände wie zum Beten aneinander zu legen, gelingt es den Patienten nicht, die palmaren Flächen der Fingergelenke zum Kontakt zu bringen.

Palm print: Werden die Handflächen wie Stempel auf eine harte Unterlage gepresst, so bilden sich nur Teile der Phalangen bzw. im Extremfall nur die Fingerspitzen ab.

Pathophysiologisch liegt der abnorm eingeschränkten Beweglichkeit der kleinen Gelenke, der Haut, des Kehlkopfes und der HWS eine Gewebsglykosilierung zugrunde.

Klinisches Minimalprogramm zur Einschätzung des Atemweges

- Inspektion von vorne: Inspektion der Mundhöhle bei maximaler Mundöffnung (Zähne, Zunge, Uvula)
- von seitlich: Gesichtform, Biss, thyromentale Distanz, HWS-Beweglichkeit/Reklination

2. Physikalische Untersuchung der Lunge / Minimalstatus

- Inspektion des entkleideten Patienten (Thoraxdeformität, Thoraxform- und -beweglichkeit, Atemfrequenz in Ruhe, Atemhilfsmuskeln)

- Auskultation („Bitte mit offenem Mund rasch und tief ein- und ausatmen!“)
- Anlegen eines Pulsoxymeters: bei $S_aO_2 < 94\%$ → weiterführende Untersuchungen (26)

3. Physikalische Untersuchung des Herz-Kreislaufsystems / Minimalstatus

- **Inspektion:** Hautfarbe, Venenfüllung am Hals in aufrechter Position, Fingernägel, Atemfrequenz, Körperposition, lageabhängige Ödeme
- **Auskultation:** Rhythmus, Geräusche, 3. Herzton, A. carotis (Strömungsgeräusche)
- **Palpation:** Puls
- **Blutdruckmessung, Pulsoxymeter**
- **3-Kanal-EKG:** Frequenz, Rhythmus, Blockbilder, atemabhängige Frequenzvariabilität

Eine Carotisstenose von > 70% ist bei nichtkardialen Eingriffen mit einem ungünstigen Outcome assoziiert (14).

Mit einem transportablen Monitor können mit geringstem Aufwand wesentliche Befunde erhoben werden.

c) Durchsicht der Dokumentation des aktuellen Aufenthalts und zurückliegender Behandlungen bzw. stationärer Aufenthalte

Die Angaben des Patienten über die eigene Medizingeschichte sind subjektiv und möglicherweise unvollständig, ergänzen aber nach der Medikamentenanamnese und mit der Durchsicht der vorhandenen Dokumentation das Mosaik einer individuellen medizinhistorischen Zusammenschau:

- Gründe früherer Aufenthalte
- Komorbidität (z. B. Coronarbypass, Strumektomie, Karzinomchirurgie etc.)
- intraoperative Komplikationen/Zwischenfälle
- Komplikationen im postoperativen Verlauf (Pulmonalembolie, Nachblutung etc.)

- Transfusionsanamnese
- Unverträglichkeit von Medikamenten
- (medikamentöse) Beeinflussbarkeit von Beschwerden
- Hospitalisationsphänomene (Infektionen, Verwirrtheit etc.)
- berichteter schwieriger Atemweg (ev. Anästhesiepass vorhanden?)
- Beeinträchtigung des Komforts nach Narkosen: Zittern (*shivering*), postoperative Übelkeit und Erbrechen (*PONV*), Überhang von Sedativa und Relaxanzien etc.
- intraoperative Wachheit *(awareness)* bei Allgemeinanästhesien
- unangenehme Erlebnisse durch Sedativa und Narkotika (Ketamin, Äther etc.)

Die Rationale der Erhebung von Routinebefunden

ist nach den Empfehlungen der vorliegenden Literatur nicht existent (14, 28, 29, 36).
Das Erheben von Routinebefunden ist nutzlos, überflüssig, teuer (42) und mitunter gefährlich.
Gefährlich ist es dann, wenn durch falsch positive Ergebnisse Konsequenzen folgen oder falsch negative Resultate zu Unterlassungen führen (28).

Präoperative Untersuchungen sollen nur durchgeführt werden,
- *wenn die Resultate eine Verfahrensänderung zur Konsequenz hätten (14)*
- *wenn die folgenden Entscheidungen das Kurz- oder Langzeit-Outcome beeinflussen (36)*
- *wenn die resultierenden Vorteile für den Patienten die potenziellen Nachteile überwiegen (26)*

Mögliche **Vorteile** könnten sein: eine Änderung betreffend die Verfahrenswahl oder des/den bestmöglichen Zeitpunkt eines Eingriffs, verbesserte perioperative Ressourcen, welche die Sicherheit oder die Effektivität eines Verfahrens und des perioperativen Managements günstig beeinflussen.
Mögliche **Nachteile** präoperativer Untersuchungen: Komplikationen durch invasive Diagnostik, Diskomfort, Verzögerungen, Mehrkosten.
In der Literatur wird festgehalten (26), dass das Erheben von Routine-Laborbefunden außer für medikolegale Zwecke unnötig ist und dass ihr Beitrag zur Diagnostik der Anamnese und dem Status unterlegen sind. Sie sind ein ineffektiver Beitrag zum Screening symptomatischer Erkrankungen, den meisten nachweisbaren Abweichungen wird nicht nachgegangen (27).

Das Argument der medikolegalen Bedeutung wird häufig in der Praxis unterlaufen, wenn *zuerst* der Eingriff durchgeführt wird und erst *danach* die Befunde einlangen, deren Sinn in der Entscheidungsfindung *vor* der Handlung gelegen wäre. Den meisten Ärzten, die eine solche Vorgangsweise akzeptieren, ist nicht bewusst, dass sie sich erst dadurch ein medikolegales Problem konstruieren (42).

Der wirkliche Vorteil der Routinebefunde scheint im einfachen Prozess zu liegen:

Alle Patienten durchlaufen dasselbe Programm (= *niemand muss denken*).

Ist den Verantwortlichen bewusst, dass sie dadurch Ressourcen blockieren, deren Arbeitsbeitrag darin liegt, überflüssige Daten zu produzieren bzw. zu verwalten?

R. Johnson konnte kürzlich zeigen (42), dass von 773 routinemäßig durchgeführten präoperativen Bluttests 70 (9,1%) abnorm waren. Aus diesen Befunden resultierte eine anästhesiologische Verfahrensänderung in 2 Fällen (0,2%). Perioperativ kam es im untersuchten Kollektiv zu 8 Komplikationen, keine einzige konnte durch die zuvor erhobenen Befunde vorausgesagt werden. In nur 57% der Fälle waren die Befunde zum Zeitpunkt des Eingriffs vorhanden. Seine Schlussfolgerung ist, dass allein in seinem Krankenhaus pro Jahr durch den Verzicht auf überflüssige Routinebefunde eine Summe von $ 50.000 gespart werden könnte.

Daher lautet eine kürzlich veröffentlichte Empfehlung der ASA (American Society of Anesthesiologists):

Präoperative Untersuchungen sollen nicht routinemäßig angeordnet werden.

Sie mögen selektiv angeordnet werden, die Indikation dazu muss sich aus der Krankengeschichte, der Anamnese, dem physikalischen Status, der Art und Invasivität der geplanten Untersuchung stellen (29).

Nachdem Anamnese und physikalische Krankenuntersuchung erhoben sowie frühere Krankengeschichten durchgesehen worden sind, kann sich, je nach Ergebnis, die Indikation zu folgenden ***präoperativen Untersuchungen*** *stellen:*

Untersuchung	*Indikation*
EKG	*Patienten mit bekannten kardialen Risikofaktoren („Alter" allein ist keine Indikation), kürzlich erlebter Thoraxschmerz, Diabetes mellitus*
Lungenröntgen	*Rauchen, Infekt des oberen Respirationstrakts in den letzten 3 Wochen, COPD, kardiale Erkrankung*
Pulmonale Evaluation *Pulsoxymetrie Spirometrie Blutgasanalyse*	*behandeltes oder symptomatisches Asthma bronchiale, symptomatische COPD, Thoraxdeformität mit restriktiver Funktion*[1, 2]
Hämatokrit/Hämoglobin	*Lebererkrankung, extreme Altersgruppen, Blutung, hämatologische Erkrankungen*[1]
Gerinnungsparameter *INR, PTZ, pTT Thrombozyten*	*Nierenerkrankungen, Lebererkrankungen*[1] *(keine Empfehlungen betreffend Regionalanästhesie)*
Serumchemie *Kalium, Natrium, Glucose, Leberwerte, Nierenwerte*	*Medikamente, Endokrinopathien, Risiko einer Leber oder Nierenfunktionsstörung* *Hypertonie*
Urinanalyse	*urologische Operationen, Symptome*
Schwangerschaftstest	*kann bei Frauen im gebärfähigen Alter erwogen werden*
kardiale Evaluation *Ergometrie Echokardiographie Radionuklidszintigraphie Herzkatheter*	*kardiovaskuläre Risikofaktoren*[1, 3]

1 je nach Größe und Invasivität des geplanten Eingriffs
2 je nach Intervall zu vorbestehenden Befunden
3 vgl. Empfehlungen nach Fleisher (siehe Seite 50)

Empfehlungen der ASA für präanästhesiologische Untersuchungen (29)

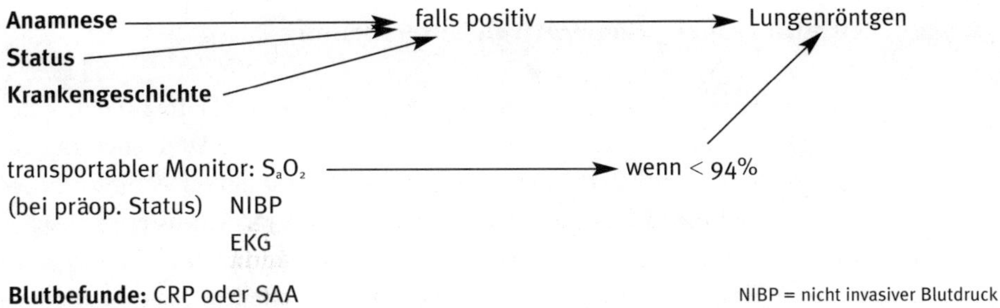

Praktische Empfehlung für eine präoperative Evaluation nach Nolan (26)

Indikationen für ein präoperatives Lungenröntgen:

1. Anamnese einer aktiven Lungenerkrankung
- Asthma
- Hämoptysen
- pleurale Schmerzen
- bestehender Husten oder Änderung des Hustens
- bestehende Heiserkeit
- systemische Symptome wie Fieber, Atemnot, Schwitzen

2. Status: Zeichen für Lungenerkrankung
- niedrige S_aO_2 oder Zyanose
- Abnormitäten bei der klinischen Untersuchung

3. Symptome einer kardialen Erkrankung

Akutephase-Proteine

CRP (C-reaktives Protein) und SAA (Serumamyloid A) sind sensitive metabolische Indikatoren für „Die 3 I“: Infektion, Infarkt, Inflammation. Sie steigen innerhalb von 24-48 Stunden nach dem Beginn einer akuten Erkrankung an.
Präoperativ kommt das CRP einem unspezifischen Screening gleich (Normwerte 0–6), postoperativ steigen die Werte nach größeren Operationen innerhalb von 12–24 Stunden auf 200–300, um dann innerhalb von 5–7 Tagen auf Ausgangswerte zurückzukehren (26).
Kleinere Eingriffe führen nicht zu einer derartigen Auslenkung; findet sie dennoch statt oder bleibt ein Rückgang auf Ausgangswerte nach 5–7 Tagen aus, so ist nach einer Komplikation zu fahnden (26).

Zeitpunkt einer präoperativen Untersuchung

Nach den rezenten Empfehlungen der ASA soll bei hoher Invasivität eines Eingriffs oder bei schwerer Erkrankung die präoperative Untersuchung am Tag vor dem Eingriff stattfinden, bei geringer Invasivität eines Eingriffs am Tag vor dem Eingriff oder am Tag des Eingriffs (29). Nach österreichischer Judikatur hat ein Patient das Recht, seine Einwilligung in einen elektiven invasiven Eingriff in „angemessener Zeit" davor zu erteilen, praktisch bedeutet das mindestens 24 Stunden davor. Es ist eine bekannte Usance, dass die Einwilligung erst im Rahmen der Voruntersuchungen am Tag des Eingriffs eingeholt wird, häufig auch erst in der OP-Schleuse oder im OP.
Patienten, die eine Odyssee an Voruntersuchungen und bürokratischen Formalitäten durcheilen, erscheinen nicht selten in einem physisch wie psychisch bemerkenswert aufgewühlten Zustand im Operationssaal.

I normaler gesunder Mensch ohne Systemerkrankung
II geringfügige bis moderate systemische Erkrankung
III schwere systemische Erkrankung mit funktioneller Beeinträchtigung
IV schwere systemische Erkrankung, die lebensbedrohend ist
V moribunder Patient, der ohne chirurgischen Eingriff nicht länger als 24 Stunden überleben wird

ASA-Risikoklassifikation

*Für Eingriffe mit **präoperativer Untersuchung am Tag des Eingriffs** kommen Patienten der Risikogruppen **ASA I und II** in Frage.*

Das Aufklärungsgespräch für ein Sedierungsverfahren

Unabhängig von der Aufklärung für den eigentlichen Eingriff hat ein Aufklärungsgespräch zu erfolgen, in dem Zweck und Wesen der Sedierung erörtert wird und eine schriftliche rechtsbindende Einwilligung eingeholt wird. Im idealen Fall findet es im Rahmen der präoperativen Untersuchung statt.
Im angloamerikanischen Sprachraum ist von einem *sedationist* bzw. *healthcare provider* die Rede, der die notwendige Qualifikation, Erfahrung und Training hat, um Sedierung zu verabfolgen – d.h. nicht notwendigerweise ein Arzt.
In Österreich wird zum gegenwärtigen Zeitpunkt ein Arzt mit *Facharztstandard* zu diesem Gespräch heranzuziehen sein, üblicherweise ein Facharzt für Anästhesie, bzw. ein Arzt, in dessen Kompetenzfeld die Verabreichung von sedoanalgetischen Pharmaka fällt.

Für das Gespräch ist ein gewisser Rahmen geziemend: Der Raum soll dahingehend geeignet sein, Diskretion wahren zu können, unbelastet von gleichzeitig anwesenden anderen Personen, die nicht am Gespräch teilnehmen. Eine ruhige Atmosphäre ist wünschenswert, unbehelligt von betrieblicher Geschäftigkeit oder unliebsamen Störungen durch Kommunikationseinrichtungen (Intercom, Telefon, Pager etc.) oder Personen, die das Gespräch unterbrechen. Die Bemühung, in einem komplexen Betriebssystem wie einem Krankenhaus einem Menschen in einem Gespräch den gebührenden Takt und Respekt zu erweisen, erscheinen mitunter wie ein Kampf gegen Windmühlen.
Das Gespräch findet selbstverständlich im Sitzen beider Gesprächsteilnehmer statt und nicht „von oben herab“ am Krankenbett. Günstig ist es, die Sitzgelegenheiten zueinander im rechten Winkel zu positionieren, da eine frontale Anordnung das Entstehen einer oppositionell-aggressiven Stimmung begünstigt. Der Patient soll Gelegenheit finden, seinen Körper schützen und die für ihn entsprechende Distanz einnehmen zu können; ein Tisch ist zweckmäßig.*

Zu diesem Zeitpunkt soll bereits ein qualitatives und zeitliches Konzept für den ganzen Verlauf rund um einen Eingriff bestehen, das dem Patienten chronologisch aus seiner Sicht vorgestellt wird.
Es ist erwiesen, dass in solchen Gesprächen nur Bruchteile der erörterten Inhalte gehört werden, noch weniger verstanden wird und der geringste Teil behalten wird.
Aus diesem Bewusstsein heraus möge das Sprechen des Arztes langsam sein, die Sprache klar und unzweifelhaft – und vor allem Pausen bereithalten, die der Patient nutzen kann, um zu reflektieren und/oder nachzufragen. Wesentliche Punkte müssen deutlich artikuliert werden. Oft haften die Gedanken der Zuhörenden an „sensiblen Inhalten“, während der Arzt unbeeindruckt weiterspricht, aber seine Worte nicht (mehr) wahrgenommen werden. Die Sprache des Arztes zu seinem Patienten möge unkompliziert sein und sich am Sprachniveau seines Gegenübers orientieren. Da der medizinische Jargon für uns „Teil unserer Welt“ ist, erscheint es mitunter schwierig sich zu vergegenwärtigen, dass ein anderer Mensch die Worte *Indikation*, *Procedere* oder *substituieren* nicht versteht.
Vincent Kopp weist darauf hin, dass das Bewusstwerden seiner eigenen individuellen Sprachmuster den Beginn einer verbesserten professionellen Kommunikation markiert (44).

*Siehe auch Kapitel „Beruhigen als psychologisches Phänomen“, ab Seite 119.

Verbale und nichtverbale Techniken reduzieren Stress und die Notwendigkeit einer sedierenden Prämedikation (44). Information kann entängstigen, sie muss sich jedoch an den individuellen Bedürfnissen des Patienten orientieren (44).
Wesentlicher als die Sachebene erscheint mir aber die Beziehungsebene des Gespräches. Der Patient kann sich angenommen, akzeptiert und dahingehend verstanden fühlen, dass man sein Anliegen erkannt hat und die Bereitschaft ausdrückt, für dieses Anliegen Verantwortung übernehmen zu können und zu wollen.
Das soll nicht bedeuten, dass allen Patienten im sanften „Psychojargon" zu begegnen ist, sondern vielmehr, dass der Arzt bereit und offen ist zu erkennen, was die Bedürfnisse seines Gegenübers sind. Empathie, Echtheit und nichtwertendes Verständnis sind gute Voraussetzungen für eine solche Begegnung. Nicht alle Menschen werden durch angebotene Information entängstigt, auch das Gegenteil kann der Fall sein. Man wird auch als Arzt nicht alle Bedürfnisse, die sich äußern, erfüllen können oder wollen.
Die Erwartungen haben einen Einfluss auf die Dinge, die sich ereignen werden. Es ist bedeutsam, die Erwartungen eines konkreten Patienten zu kennen. Die Verfahrenswahl wird nicht zuletzt von diesen Erwartungen beeinflusst (ein Patient, der nach seinen ersten 3 Narkosen immer erbrochen hat, wird dieses Ereignis mit Bangen erwarten ...).
Werden Patienten gefragt, mit welchen Erscheinungen des Arztes sie unzufrieden sind, so wird am häufigsten genannt: „*... dass er keine Zeit hat*" und „*... dass er nicht zuhört*" (38).
Nonverbal findet die seelische Verfassung in der Psychomotorik, in der Atmung und anderen vegetativen Phänomenen, die der Willkür nicht unterworfen sind, ihren Ausdruck.
Der Händedruck am Beginn einer Begegnung ist von vielfältiger physischer und psychischer Ausdruckskraft.

Ältere Menschen haben häufig sensorische Einbußen wie Schwerhörigkeit, Fehlsichtigkeit usw. Darauf ist im Gespräch besonders Rücksicht zu nehmen. Das Sprachtempo orientiert sich am besten am psychomotorischen Tempo des Patienten. Depressive Menschen benötigen das langsamste Tempo. Die alte Tradition, dass alle Dinge, die nicht fest am Patienten haften, im Nachtkästchen bleiben, muss überdacht werden: Da bei der Sedierung der kommunikative Kontakt erhalten bleiben soll, wäre es kontraproduktiv, die „kommunikativen Brücken" (Hörgeräte, Brillen, ...) niederzureißen. Da ältere Menschen dem „System Krankenhaus" bisweilen grenzenlos vertrauen und jede Eigenverantwortung zurücklassen, ist ein besonders sorgfältiges Vorgehen im Ablauf angezeigt. Der kritische, mündige Patient wird Verfahrensmängel ansprechen, der ältere vertraut häufig darauf, dass „das so gehört" und nimmt vieles in Kauf (Schmerzen, Diskomfort etc.)

Der Umgang mit Kindern erfordert ebenfalls großes Einfühlungsvermögen. Als Faustregel gilt: Das Kind bestimmt das Tempo und die Distanz. Kinder erscheinen meist mit der Mutter oder anderen Bezugspersonen. Erscheint die ganze Familie, so nehmen alle am Gespräch teil. Es ist wichtig zu verstehen, dass, wenn ein Kind operiert wird, die ganze Familie operiert wird (43). Auch kleine Kinder wissen, dass sie für dieses Gespräch im Mittelpunkt des Interesses stehen und dass möglicherweise eine ängstigende oder unangenehme Handlung mit dem Aufenthalt beim Arzt verbunden ist. Ein Krankenhausaufenthalt ist eine diffuse Bedrohung voller Ungewissheit. Können wir uns vorstellen, *wie* bedrohlich dieses eigenartige, fremde, mächtige und ungewisse Szenario auf ein Kind wirkt? Das Kind erfährt, dass die Mutter mit den Vertretern einer mächtigen Organisation offenbar eine Allianz eingeht, die ein zentrales Interesse des Kindes zum Thema hat. In einer neuen, unsicheren und einschüchternden Umgebung treten diffuse Ängste auf – im Zentrum der Ängste steht die Trennungsangst, die größte Bedrohung für ein abhängiges Individuum. Isolation wird vom Kind als Bestrafung erlebt (interessant erscheint mir, dass tatsächlich die meisten Maßnahmen zur Disziplinierung von Kindeserziehung über Pädagogik bis hin zum Strafvollzug Isolationsmaßnahmen sind; vgl. H.E. Richter, Flüchten oder Standhalten (32)).
Daher ist zu unterstützen, dass die Mutter rund um einen Eingriff beim Kind sein kann, wann immer das irgend möglich ist.
Naturgemäß gibt es Ausnahmen von dieser Regel:

a) wenn (ältere) Kinder dieses Recht nicht in Anspruch nehmen wollen
b) wenn erkennbar wird, dass der Mutter die Vorgänge nicht zugemutet werden können und ihre Ängste und negative Befindlichkeit die Interaktion ungünstig beeinflussen
c) wenn Mitarbeiter (z. B. Operateur) durch die Anwesenheit der Mutter so verunsichert werden, dass ihre Leistungen zum Wohle des Patienten beeinträchtigt sind (entsprechend der Grundregel: Sicherheit *vor* Komfort)
d) wenn andere, höherwertige Interessen dagegen sprechen (z. B. bei Verdacht auf Sexualdelikte etc.)

Wenn Mutter und Kind in den Untersuchungsraum eintreten, werden sie begrüßt, das Kind zuerst. Man stellt sich dem Kind vor, mit Namen und Funktion.* Schon aus dieser Handlung im Sinne der Konventionen ergeben

*Man kann das Kind fragen, ob es weiß, was ein Narkosearzt ist. Missverständnissen ist von Grund auf vorzubeugen *(„der Hund ist auch vor 3 Monaten zum Doktor gebracht worden, damit dieser ihn einschläfert")*.

sich Hinweise über die Interaktion Mutter-Kind. Dem Kind wird vermittelt, dass es als Individuum anerkannt wird und dass es im Zentrum der Aufmerksamkeit steht. Das wirkt auf das Kind entängstigend (43). Sodann erscheint es mir sinnvoll, sich im Gespräch der Mutter zuzuwenden, auch um dem Kind Gelegenheit zu geben, „sich einzufinden", die Umwelt zu erfahren. Aus dem Gespräch mit der Mutter kann das Kind indirekt erfahren, was das Thema, der Zweck dieser Begegnung ist und vor allem, was die Qualität der Interaktion ist.

Die erste Arztbegegnung soll *niemals unangenehme* Erfahrungen mit sich bringen, da sie das weitere Verhältnis grundlegend bahnen (z. B. Zahnarzt). Ehe man ein Kind berührt, soll man konkret um Erlaubnis bitten (*„Darf ich deinen Arm angreifen?")* – diese Regel gilt auch für Erwachsene. Wenn die Erlaubnis nicht erteilt wird, muss man sich gedulden. Will sich ein Kind nicht untersuchen lassen, kann man „die Mutter untersuchen", wobei das Kind erfährt, dass diese Begegnung nicht unangenehm ist (sondern möglicherweise heiter). Auch die Untersuchung einer Puppe kann hilfreich sein. Deutet das Kind an, sich distanzieren zu wollen (versteckt sich z. B. hinter der Mutter), so wäre es kontraproduktiv, es in eine Nähe zwingen oder locken zu wollen. Während des Gesprächs mit der Mutter achtet man auf Signale des Kindes, die zu mehr Kontakt einladen. Häufig kommt dann ganz plötzlich ein Beziehungsangebot (z. B. zeigt ein mitgebrachtes Spielzeug) – das Kind hatte einfach genug Zeit, sich in die Situation einzufinden. Wenn bei der ersten Sitzung keine Kontaktaufnahme gelingt, muss man eine weitere planen. Der Kinderanästhesist Charles „Dr. Charly" Coté bezeichnet die erste Untersuchung als *„examination of opportunity"* (43): Wenn das Kind ruhig ist, kann man Lunge und Herz abhören und sanft den Bauch betasten – wenn es schreit, sieht man die Zähne, Rachen, Tonsillengröße und die Form der Mandibula.

Man kann der Mutter sagen, dass das Kind sein Lieblingskuscheltier mitnehmen kann, das dann vielleicht auch die ganze Prozedur über sich ergehen lassen muss und immer beim Kind bleibt. Auf unnötiges Entkleiden ist zu verzichten.

Größere Kinder werden in die Entscheidungen mit einbezogen. Der Ablauf muss für sie nachvollziehbar sein. Häufig sind ihre Wünsche sehr einfach zu erfüllen und man gewinnt sie dadurch zur Kooperation. Von größter Bedeutung ist es, dass Vereinbarungen eingehalten werden und Ankündigungen stimmen. Wenn man ein Kind anlügt, um zu einem bestimmten Ergebnis zu gelangen, büßt man jedes Vertrauen für weitere Kooperation ein (z. B. „der Stich tut überhaupt nicht weh" – besser wäre es zu sagen: *„Es tut weh, aber nur ganz kurz, und ich werde sehr auf dich Acht geben."*). Von diversen pharmazeutischen Firmen existieren einfache „Geschenke", die für gute Koopera-

tion in Aussicht gestellt werden können (z. B. Plakette „tapferer Indianer" oder „Tapferkeitsurkunde") – es ist erstaunlich, wie hoch die Akzeptanz dieser „Gegenleistungen" ist, selbst noch bei Jugendlichen.
Die Inspektion der Venensituation beim Kind ist sehr wesentlich, man legt in der Dokumentation fest, wo später EMLA-Pflaster aufgeklebt werden soll. Kleinkinder wollen jedoch diese fremde Sache häufig wieder loswerden und entfernen sie im Nu, wenn sie nicht mit einem Verband und durch die mütterliche Aufmerksamkeit gesichert wird.
Wenn man sich entschließt, die Mutter zum Sedierungsverfahren oder der Narkose des Kindes einzuladen, muss man sie unbedingt darauf vorbereiten, was sie in jedem Fall sehen wird. Das Erklären von jedem einzelnen Überwachungsinstrument, seinen Tönen, dem flackernden Licht der Pulsoxymetrie usw. lässt erkennen, dass wirklich jede Menge Aufwand und Ausbildung investiert worden sind, die der Sicherheit ihres Kindes dienen. Das Unbekannte, Magische der Technik verliert die Qualität des Ängstigenden durch eine eingehende Erklärung. Wird man Ketamin verwenden, soll man vom Nystagmus erzählen, von Lauten und Geräuschen, die das Kind machen kann, von Bewegungen und Husten. Man wird ankündigen, dass für den Fall, dass sich etwas Unvorhersehbares mit dem Kind ereignet, die Mutter aus dem Raum geschickt werden wird. Auf jeden Fall werde es nachher ein Gespräch geben. Plant man eine hypnotische Induktion, so muss die Mutter aufgeklärt werden. Viele Menschen haben präformierte Vorstellungen von Hypnose, die weit außerhalb des Möglichen liegen. Wenn die Mutter nichts dagegen hat, wird man sie instruieren, dass sie nicht „dazwischenfunkt", wenn man dem Kind vor dem Einschlafen „eine Geschichte" erzählt.
Im präprozeduralen Gespräch wird man die Möglichkeiten der postoperativen Schmerztherapie ansprechen. Die Mutter muss (am besten schriftlich) Instruktionen über die präoperative Nüchternheit erhalten.

Jugendlichen werden heute andere Entscheidungskompetenzen eingeräumt als noch vor Jahren, das österreichische Recht wurde dahingehend im Jahr 2001 geändert (Kindschaftsrechts-Änderungsgesetz 2001 [BGBl I 2000/ 135]), das Recht auf Selbstbestimmung fand Ausdehnung in das jüngere Lebensalter hinein.
Ab dem 16. Lebensjahr darf die Einwilligung zur Heilbehandlung vom Jugendlichen selbständig erteilt werden. Beim jüngeren Jugendlichen steht die Einwilligung des Patienten *vor* der des Erziehungsberechtigten, das möge auch im Ritual des Unterschreibens Ausdruck finden. Es drückt Respekt und Akzeptanz eines gleichwertigen Menschen aus, wenn man den Jugendlichen siezt. Einseitiges Duzen ist die Offenbarung einer asymmetrischen Bezie-

hung (ein Interaktionspartner hat mehr Rechte, Macht, Wert etc.). Jugendliche wissen diese Respektsbezeugung sehr zu schätzen.
Das Gespräch richtet sich in erster Linie an den Jugendlichen, auch wenn Begleitpersonen anwesend sind. Manche Fragen aus der Anamnese sind in Anwesenheit von Begleitpersonen delikat (Rauchen, Alkohol, Drogen etc.). Körperschmuck (Piercing etc.) ist nie Thema in den standardisierten Interviewbögen, soll aber angesprochen werden, wenn sich mit dem Verbleib von Körperschmuck während eines Eingriffs ein Sicherheitsrisiko für den Patienten ergibt (z. B. Elektrokauter, MRI etc.). Piercings werden an/in allen denkbaren Körperregionen appliziert.

Im Aufklärungsgespräch mit dem Erwachsenen wird das Verfahren und die Prozedur nachvollziehbar gemacht, Alternativen zum Verfahren werden besprochen. Die typischen verfahrensimmanenten **Risken** werden erläutert, dabei besteht die Kunst darin, das richtige Maß zu finden, dass den rechtlichen Notwendigkeiten genüge getan, aber der Patient nicht verunsichert oder geängstigt wird. Es besteht ein allgemeiner Konsens, dass der Patient mehr in die Entscheidungsprozesse mit einbezogen werden soll (33).
Je weniger dringlich, d.h. je planbarer ein Eingriff ist, desto umfangreicher muss aufgeklärt werden, damit dem **Recht des Patienten auf Selbstbestimmung** entsprochen ist.
Letztlich trifft der Patient die Entscheidung, die Aufgabe des Arztes besteht darin, die Voraussetzungen zu schaffen, das heißt, die Entscheidungsgrundlagen plausibel zu machen, dass sich ein vernünftiger Patient entscheiden **kann**.
Ältere Patienten haben häufig noch ein anderes **Bild vom Arzt** und dahingehende Erwartungen *(„der Arzt weiß, was für mich gut ist“)*. Häufig wünschen sie daher, dass sich der Arzt direktiv und bestimmend verhält, in jedem Fall bestimmt und fest, mit einem Ausdruck an Gewissheit und Sicherheit. Bringt sie der Arzt in die Rolle, *selbst* Entscheidungen treffen zu müssen, so ist es denkbar, dass ihm Unsicherheit, Unbestimmtheit und Ungewissheit zugeschrieben wird.
Der Arzt sollte dem Patienten erklären, dass alles getan wird, was heute getan werden kann, um das höchste Maß an **Sicherheit** zu gewährleisten und dass man sich bemühen wird, ihm den Eingriff so angenehm wie möglich zu gestalten.
Wichtig sind die Instruktionen betreffend **Nüchternheit** (siehe Seite 84). Die angloamerikanische *NPO order* (nihil per os) drückt exakter aus, was gemeint ist, da 28% der Patienten glauben, „nüchtern“ beziehe sich nur auf feste Nahrungsbestandteile und Trinken sei unbeschränkt erlaubt (30). Es ist festzulegen, *welche* Medikamente aus der Dauermedikation eingenommen

werden sollen, und dem Patienten zu erklären, dass er sie mit *einem Schluck Wasser oder Tee* (30 ml) einnehmen kann.
Die Organisationsstruktur der operativen Fächer sollte es ermöglichen, dass ein ungefährer Zeitpunkt des Eingriffs festgelegt werden kann. Ungewissheit, Warten und die Evidenz, dass eine Organisation mangelhaft ist, erhöhen den perioperativen Stress des Patienten und gefährden das Vertrauen.
Die Aufklärung über die prozeduralen Abläufe mindert die Angst des Patienten (31) und vermehrt die Schmerztoleranz (35).

Literatur

1 Sury MR, Hatch DJ, Deely T et al. Development of a nurse-led sedation service for pediatric magnetic resonance imaging. *The Lancet* 1999; 353: 1667–71
2 Simini B. The two pillars of anesthesia. *The Lancet* 2000 (millenniums edition); 354: SIV6
3 Roizen MF, Saidmann LJ. *Anesthesiology* 1994; 80: 251–2
4 Warden JC, Horan BF. Deaths related to anesthesia in New South Wales,1984-1990. *Anaesth Intensive Care* 1996; 24(1): 66–73
5 Steen PA, Tinker JH, Tarhan S. Myokardial reinfarction after anesthesia and surgery. *JAMA* 1978; 239: 2566
6 Fleisher LA, Eagle KA. Lowering cardiac risk in noncardiac surgery. *New England Journal of Medicine* 2001; 345(23): 1677–82
7 Kost M. Preprocedural assessment and patient selection. In: Kost M. *Manual of Conscious Sedation.* 1998, pp. 15–62; WB Saunders
8 Van den Berghe G, Wouters P, Weekers F et al. Intensive insuline therapy in critically ill patients. *New Engl J Med* 2001; 19: 1359–67
9 Roizen MF. Diabetes, Typ I (Insulin requiring) p. 107. In: Roizen MF, Fleisher LA. *Essence of anesthesia practice.* 1997; WB Saunders
10 American Association of Nurse Anaesthetists Latex Allergy Protocol. In: Kost M. *Manual of Conscious Sedation.* 1997, pp. 260–5; WB Saunders
11 Pelkonen O, Maenpaa J, Taavitsainen P et al. Inhibition and induction of human cytochrom P450 (CYP) enzymes. *Xenobiotica* 1998; 28: 1203–53
12 Omoigui S. *Anesthesia drugs handbook.* 3rd edition 1999; Blackwell Science
13 Warner MA, Offerd KP, Warner ME et al. Role of preoperative cessation of smoking and other factors in postoperative pulmonary complications: A blinded prospective study of coronary artery bypass patients. *Mayo Clin Proc* 1989; 64: 609
14 Cheng ES, Wiener-Kronish JP. Preprocedure evaluation for sedation and analgesia. In: Wiener-Kronish JP, Gropper MA. *Conscious Sedation.* 2001, pp. 31–44; Hanley & Belfus, Philadelphia
15 Mendelson CL. The aspiration of stomach contents into the lung during obstetric anesthesia. *Am J Obstet Gynecol* 1946; 52: 191
16 Roberts RB, Shirley MA. Reducing the risk of acid aspiration during cesarean section. *Anaesth Analg* 1974; 53(6): 859–68

17 Lin LH. Sedation in the outpatient setting. In: Wiener-Kronich JP, Gropper MA, *Conscious Sedation*, 2001, pp. 45–58; Hanley & Belfus Philadelphia
18 Morgan G, Mikhail M. *Clinical anaesthesiology*, 2nd ed. 1996; CT, Appleton & Lange, Stamford
19 Weixler D. *Notfallmedikamente*, 2000 Facultas Wien
20 Scherpereel PA, Tavernier B. Perioperative care of diabetic patients (review). *Eur J Anaesthesiol* 2001; 18, 277–94
21 Coutinho M, Gerstein HC, Wang Y et al. The relationship between glucoe and incident cardiovascular events: a metaregression analysis of published data from 20 studies of 95,783 individuals followed 12.4 years. *Diabetes Care* 1999; 22: 233–40
22 Page MM, Watkins PJ. Cardiorespiratory arrest and diabetic autonomic neuropathy. *Lancet* 1978; 1: 14-16
23 Hjortrup A, Sorensen C, Dyremose E et al. Influence of diabetes mellitus on perioperative risk. *Br J Surg* 1985; 72: 783–5
24 Salzarulo HH, Taylor LA. Diabetic ´stiff joint syndrome´ as a cause of difficult intubation. *Anesthesiology* 1986; 64: 366–8
25 Reisell E, Orko R, Maunuksela EL et al. Predictbility of difficult laryngoscopy in patients with long-term diabetes mellitus. *Anesthesia* 1990; 45: 1024-7
26 Nolan DM. Procedural safety. In: Whitwam JG, McCloy RF. *Principles and practice of Conscious Sedation*. 1998, pp. 73–90; Blackwell Science
27 Nolan DM. Issues involved in safe practice. In: Whitwam JG ed. *Day case anesthesia and sedation*. 1994, 347–68; Blackwell Science, Oxford
28 Roizen MF. Preoperative evaluation of patients: a review. *Ann Acad Med Singapore* 1994; 23(6 suppl): 49–55
29 ASA task force on preanesthesia evaluation: Practice advisory for preanesthesia evaluation. *Anesthesiology* 2002; 96: 485–96
30 Hume MA, Kennedy B, Asbury AJ. Patient knowledge of anesthesia and perioperative care. *Anesthesia* 1994; 49: 715
31 Leigh JM, Walker J, Janaganathan P. Effect of preoperative anesthetic visit on anxiety. *Br Med J*. 1977; 2: 987
32 Richter HE: *Flüchten oder Standhalten*. 2. Auflage 1998; Edition psychosozial
33 Bell GD. Premedication, preparation and surveillance. *Endoscopy* 2002; 34: 2–12
34 Fleisher LA. Preoperative evaluation of the patient with hypertension. *JAMA* 2002; 287(16): 2043–6
35 Luck A, Pearson S, Maddern G et al. Effects of video information on precolonoscopy anxiety and knowledge: a randomised trial. *Lancet* 1999; 354: 2032–5
36 Eagle KA, Berger PB, Calkins H et al. ACC/AHH guideline update for perioperative cardiovascular evaluation for noncardiac surgery: executive summary: a report of the American College of Cardiology/American Heart Association Task force on practice guidelines. *Circulation* 2002; 105: 1257–1267
37 Mangano DT, Goldmann L. Preoperative assessment of patients with known or suspected coronary disease. *New Engl J Med* 1995; 333: 1750–6
38 Fuchs HJ. Ärztliche Konsultation und Patientenfeedback. In: Fuchs HJ (Hg.). *Wege zur patientenorientierten Medizin*. 2002; ÖAK-Verl. Wien
39 Mertes PM, Laxenaire MC. Allergic reactions occurring during anaesthesia. *Eur J Anaesthesiol* 2002; 19(4) 240–62
40 Kaluza GL, Joseph J, Lee JR et al. Catastrophic Outcomes of noncardiac surgery soon after coronar stenting. *J Am Coll Cardiol* 2000; 35: 1288–94

41 Johnson RK, Mortimer AJ. Routine pre-operative blood testing: is it necessary? *Anaesthesia* 2002; 57: 914-7

42 Escolano F, Valero A, Huguet J et al. [Artikel in Spanisch, abstract]. *Rev Esp Anestesiol Reanim* 2002 Jun-Jul; 49(6): 286–93

43 Coté CJ. Preoperative preparation and premedication. *Br J Anaesth* 1999; 83(1): 16–28

44 Kopp V, Shafer A. Anesthesiologists and perioperative communication. Special Article. *Anesthesiology* 2000; 93(2), 548–56

Ängste und Prämedikation

D. Weixler

Zu fürchten hat man allein jene Dinge,
die Macht besitzen, Schaden zuzufügen;
nicht alles übrige –
es ist nicht furchtbar.
DANTE ALIGHIERI

Nüchternheit

Ein nichtentleerter Magen in Zusammenhang mit der Verabreichung von sedierenden Pharmaka erhöht die Wahrscheinlichkeit von Reflux, Erbrechen und Aspiration. Vor allem die Aspiration sauren Mageninhalts hat eine sehr schlechte Prognose und hohe Letalität (Mendelson-Syndrom). Die kritischen Werte des Mageninhalts liegen bei einem pH < 2,5 und einem Volumen von > 0,4 ml/kg KG (70 kg: 28 ml), wobei die Azidität mehr als das Volumen von Relevanz ist.
Aufgrund des Kontinuums der Sedierungstiefe (mitunter rasche Übergänge von oberflächlicher in tiefe Sedierung bis zur Allgemeinanästhesie, siehe Seite 23) ist für planbare Eingriffe unter Sedoanalgesie das Einhalten von Nüchternzeiten prinzipiell sinnvoll.
Dabei ist zu bedenken, dass auch Nüchternheit zum eigenständigen Risikofaktor werden kann (Dehydratation und Hypoglykämie beim Säugling, Stoffwechselentgleisung bei Diabetes mellitus etc.)
Die Nüchternzeiten, die früher empfohlen wurden und vielerorts noch gepflogen werden, sind unkritisch tradierte Dogmen – „heilige Kühe der Anästhesie" – und zurzeit Gegenstand einer lebhaften Diskussion bzw. systematischer Untersuchungen (1, 2, 3, 6).

***Rezente Empfehlung der ASA für minimale Nüchternzeiten** für alle Lebensalter, gesunde Patienten und elektive Eingriffe:*

1. Klare Flüssigkeiten	***2 h***
2. Brustmilch	***4 h***
3. Leichte Mahlzeit	***6 h***
4. Nichthumane Milch	***6 h***
5. Adaptierte Säuglingsnahrung	***6 h***

Das Einhalten der Nüchternzeiten garantiert nicht, dass der Magen vollständig entleert ist (5).

ad 1.: Wasser, klarer Tee, schwarzer Kaffee, kohlensäurehaltige Getränke, Fruchtsäfte ohne Fruchtmark
ad 3.: z. B. Toast und klare Flüssigkeit, fettfrei

Die Empfehlungen der ASA gelten **nicht** bei:

- Schwangeren unter der Geburt (5)
- in Akut- und Notfallsituationen
- nach Verabreichung von Opioiden
- bei gestörter Funktion des autonomen Nervensystems (6) (siehe Seite 55)

Die Aussage *„je länger nüchtern, desto sicherer"* ist mit absoluter Sicherheit falsch.
Durch das Fasten kommt es einerseits zu einer objektiv schlechteren Disposition des Organismus vor dem „geplanten chirurgischen Trauma": Entleerung der Glykogenspeicher in Leber und Skelettmuskeln mit konsekutiver Insulinresistenz und gesteigerter perioperativer Hypothermie, Auftreten einer Ketoazidose (Hungerazidose), negative Auswirkungen auf die Immunlage und die Wundheilung sind wahrscheinlich. Andererseits sind negative subjektive Empfindungen mit der Nüchternheit verknüpft – Hunger ist neben Durst, Angst und Schlaflosigkeit die Hauptdeterminante des Patientendiskomforts vor Operationen (7).
Weitere subjektiv unangenehme Folgen des Fastens sind Mundtrockenheit (die durch eine Prämedikation mit Anticholinergika verstärkt wird!), Schwächegefühl und Unwohlsein; bei Kindern nimmt die Irritabilität zu.
Hausel et al. konnten in einer jüngst publizierten placebokontrollierten Studie (3) nachweisen, dass durch die Verabreichung eines kohlenhydratreichen Getränks (400 ml) 2 Stunden vor Narkoseeinleitung weder pH-Wert des Magensaftes verringert noch das Magenvolumen vermehrt wird, jedoch eine signifikante Verbesserung des Patientenkomforts erreicht wird: Neben geringerem Hunger- und Durstgefühl kommt es auch zu einer signifikanten **Verminderung der Angst** (3, 49). Aspiration von Mageninhalt trat im Rahmen dieser Studie nie auf. Schon 1983 konnten Miller et al. (8) zeigen, dass die Verabreichung einer leichten Mahlzeit 2–4 Stunden vor einem chirurgischen Eingriff weder die Magenazidität noch das intragastrische Volumen negativ beeinflusst.
In Skandinavien sind die neuen Empfehlungen zum Einhalten von Nüchternzeiten seit den frühen 90er-Jahren etabliert, ohne dass die Anzahl von pulmonalen Aspirationen zugenommen hätte (9). Bei planbaren Operationen, die um die Mittagszeit stattfinden, wird die Einnahme eines leichten

Frühstücks bzw. das Aufnehmen von Flüssigkeit bis 2 Stunden vor einem Eingriff gebilligt (9).
In manchen Zentren werden die Patienten trotz Verabreichung von Sedativa und Opioiden während des Eingriffs nicht nüchtern belassen (z. B. für Routineangiographien) (49).

Weithin verbreitete **Legenden**, die jedoch nachweislich unrichtig sind:

- *„Adipöse haben saureren und mehr Mageninhalt“* = **unrichtig!**
  Ihr Mageninhalt enthält weniger Volumen und ist weniger sauer (15).
- *„Angst verzögert die Magenentleerung“* = **unrichtig!** (16)

Dauermedikation, Betablockerschutz

Die kontinuierliche Verabreichung von Medikamenten zur Behandlung des arteriellen Hypertonus und der koronaren Herzkrankheit vor operativen Eingriffen ist bereits ein allgemein akzeptierter Standard (10), da es sonst zu Entzugs- bzw. Reboundphänomenen kommt. Mehr als bei allen anderen Medikamenten ist bei **ACE-Hemmern** auf das Bestehen einer Normovolämie zum Zeitpunkt der Verabreichung von Analgetika oder Sedativa zu achten, da sich andernfalls kritische Blutdruckabfälle ereignen. Tritt in der postoperativen Phase eine Tachykardie unbekannter Ursache auf, so steht die Unterbrechung einer relevanten chronischen Pharmakotherapie im engen Rahmen der differenzialdiagnostischen Überlegungen. Die epochale Arbeit von Mangano et al. (11) hat bewiesen, dass durch die präoperative Verabreichung von kardioselektiven **Betablockern** beim kardialen Risikopatienten die Mortalität bis auf einen Zeitraum von 2 Jahren nach (!) einem Eingriff gesenkt werden kann. Bisher konnte für die Betablocker Metoprolol (Beloc®), Atenolol (Tenormin®) (11) und den kombinierten Alpha/Betablocker Bisoprolol (Dilatrend®) (12) eine Risikoreduktion bewiesen werden. Betablocker senken das Risiko der myokardialen Ischämie und eines Myokardinfarkts. In der Akutpsychiatrie werden Betablocker auch zur Beruhigung eingesetzt (63).

Die höchste Rate an myokardialen Ischämien besteht am Tag der Operation (13).
Die Letalität eines perioperativen Myokardinfarkts beträgt 40–70% (43).

Empfehlungen nach Fleisher zur perioperativen Betablockertherapie (4):

In Abwesenheit von Kontraindikationen sollen alle Patienten mit hohem Risiko für kardiale Ereignisse vor planbaren nichtkardialen Eingriffen einen Betablocker erhalten.

Hochrisikopatienten sind Patienten mit folgenden Bedingungen in der Anamnese:

- *Myokardinfarkt*
- *Angina pectoris*
- *Herzinsuffizienz*
- *Diabetes mellitus*
- *neu entdeckte oder schlecht kontrollierte Hypertonie*
- *renale Insuffizienz durch Hypertonie und/oder Diabetes*
- *symptomatische Arrhythmien*
- *Patienten vor gefäßchirurgischen Eingriffen*

Idealerweise beginnt die Therapie mit Betablockern Tage bis Wochen vor dem Eingriff, die Dosis wird bis zum Erreichen einer Herzfrequenz von 50–60 titriert: beginnend z. B. mit Metoprolol 25–50 mg 1–0-1 oral.
Kommt der Patient ohne Betablocker-Prämedikation zur Operation, so titriert man i.v. (Metoprolol/Beloc® 5 mg in 1 ml-Schritten) und setzt die Therapie postoperativ oral fort.

Es existieren bereits Publikationen, die beweisen, dass sich das Outcome von älteren Patienten nach Myokardinfarkten nach nichtkardialen Eingriffen verschlechtert, wenn ihnen ein Betablockerschutz vorenthalten worden ist (53).
Auch für den zentralen α_2-Agonisten **Clonidin** (Catapressan®) wurde in einer kürzlich publizierten Metaanalyse (13) ein kardioprotektiver Effekt nach oraler Verabreichung von 2–5 mg/kg KG bestätigt. Es besteht Schutz vor Myokardischämien, ohne dass relevante Bradykardien auftreten (13). Außerdem vermag Clonidin eine präoperative Hypokaliämie zu verhindern (14), möglicherweise indem es als anxiolytische Substanz die angstinduzierte Adrenalinausschüttung bzw. den konsekutiven Kaliumshift nach intrazellulär unterdrückt.
Praktisch liegen die üblichen oralen Dosen bei 0,3 mg. Da die Halbwertszeit von Clonidin 12 +/- 7 Stunden beträgt, ist eine zweite Tagesdosis empfehlenswert. Eine über einen Eingriff hinaus anhaltende Sedierung und ein reduzierter Bedarf an Sedativa und Analgetika sind zu erwarten.

Praktisch kann man 2 x 0,3 mg p.o. rezeptieren – oder man verabreicht 15 Minuten vor dem Eingriff 0,15 mg i.v. in einer Kurzinfusion.

Acetylsalicylsäurepräparate oder andere Thrombozytenaggregationshemmer wie Clopidogrel (Plavix®) sollen aufgrund des erhöhten Blutungsrisikos 7–10 Tage vor einem blutigen Eingriff pausiert werden.

Die Verabreichung von **Diuretika** im Rahmen der Prämedikation sollte kritisch erfolgen, da Harndrang während des Eingriffes nicht nur komfortbeeinträchtigend ist, sondern eine veritable vegetative Stressreaktion (Anstieg von Blutdruck und Herzfrequenz, Tachypnoe, Unruhe, Schweißausbruch etc.) auslösen kann. Es ist typisch, dass die Patienten unter Sedoanalgesie erst sehr spät (oder nicht) auf ihre Not aufmerksam machen und die Lösung des Problems durch Abdecktücher oder andere verfahrensbedingte Notwendigkeiten schwer möglich ist.

Eine Dauertherapie mit **Psychopharmaka** soll man nicht unterbrechen, wenn der Patient gut eingestellt ist (Ausnahme: Lithium und MAO-Hemmer). Geht man von der Vorraussetzung aus, dass die Dauertherapie für den normalen Tagesablauf des Patienten suffizient ist, so ist der Belastung eines Eingriffs Rechnung zu tragen. Psychische Erkrankung ist ein Risikofaktor für präoperative Angst (33).

Asthmamittel, Antiepileptika, Thyreostatika und **Antiparkinsonmittel** sollen ebenfalls in der Einnahme wegen eines Eingriffs nicht unterbrochen werden. Es gibt zu wenige Studien, die Aussagen zulassen, welche Folgen aus dem Absetzen einer kontinuierlichen medikamentösen Therapie rund um eine Operation erwachsen (59), Absetzeffekte wie Reboundphänomene oder Entzugssymptome sind für die wenigsten Substanzen systematisch untersucht. Der Patient ist in der Zeit um einen operativen Eingriff vulnerabler im Hinblick auf Entzugsreaktionen. Die Exazerbation koexistenter Erkrankungen durch Absetzphänomene könnte das Outcome verschlechtern. Die pathophysiologischen Effekte der posttraumatischen/postchirurgischen Stressreaktion dürften noch immer unterschätzt werden (59).

Viele Medikamente, die sich in Dauermedikationen finden, sind nicht nur rund um operative Eingriffe überflüssig. Die Patienten haben nicht selten einen starken Hang zur gewohnten Medikation. Daher erscheint es mitunter

Tab. 1: Interaktionen von Phytopharmaka

Blutungsneigung	Knoblauch, Gingko, Ginseng
kardiovaskuläre Instabilität	Ephedra
Hypoglykämie	Ginseng
Potenzierung von Sedativa	Kava, Baldrian
Cytochrom-P-450-Induktion	Johanniskraut

zweckmäßig, diese Medikamente im Sinne des Patientenwunsches weiter zu verabreichen, vorausgesetzt, es handelt sich nicht offenkundig um eine kontraindizierte Medikation.
Phytopharmaka können unerwünschte Wirkungen im Zusammenhang mit chirurgischen Eingriffen und der Verwendung von Anästhetika aufweisen. Sie sollten bis zu 1 Woche vor einem Eingriff pausiert werden (17).

Antazida, H2-Blocker, Propulsiva

Die routinemäßige Verabreichung dieser Substanzen ist nicht gerechtfertigt.
Indikationen: Schwangerschaft, Adipositas, Diabetes, Schmerzen, Opioidprämedikation, Trauma – d.h. Faktoren, welche die Magenentleerung verzögern, sowie Nicht-Nüchternheit, Ulcuskrankheit, Gastritis, Refluxkrankheit, Hiatushernie, ambulante Patienten (*daycase surgery*), Vorliegen einer Bewusstseinsstörung (18).
Antazida können das Magenvolumen vermehren und sind als Prämedikation kaum geeignet. Eine mögliche, wenn auch umstrittene Ausnahme ist 0,3-molares Natriumcitrat in der Dosis von 30 ml, das den pH der Magensäure auf über 2,5 anhebt. Die Verabreichung muss aber ca. 15 Minuten vor Einleitung erfolgen, dies erfordert eine gute Organisation.
H_2-Rezeptorantagonisten erhöhen den pH und vermindern das Volumen der Magensäure, sie verringern die basale und nächtliche Säureproduktion. Das jüngere Famotidin (Ulcusan®) ist zu bevorzugen, da es weniger unerwünschte Wirkungen aufweist. Die kombinierte Anwendung von H_1- und H_2-Blockern wurde für die Vorbehandlung von Allergikern empfohlen – die älteren H_1-Blocker (z.B. Diphenhydramin/Dibondrin®) haben auch eine sedierende Wirkung, Diphenhydramin ist auch als Schlafmittel zugelassen.
Propulsiva, wie Metoclopramid (Paspertin®) oder Cisaprid (Prepulsid®) reduzieren die Häufigkeit von Erbrechen, erhöhen den Tonus des unteren Ösophagussphinkters und beschleunigen den Durchtritt der Ingesta durch Ösophagus, Magen und Dünndarm (18).
Cisaprid ist einer besonders strengen Indikationsstellung unterworfen, da vital bedrohliche ventrikuläre Rhythmusstörungen beschrieben wurden. Eine kürzlich publizierte Studie (37) sagt aus, dass Cisaprid bei Kindern postoperatives Erbrechen nicht verhindern kann. Metoclopramid ist unter dem 12. Lebensjahr wegen der Gefahr extrapyramidalmotorischer Nebenwirkungen gut überlegt zu dosieren (0,15 mg/kg KG), bei Kindern unter 6 Jahren kontraindiziert. Metoclopramid verstärkt die sedierende Wirkung von Opioiden (51).

Die Kombination von Propulsiva mit H2-Blockern scheint die effektivste Prophylaxe der Aspirationspneumonie zu sein (19).
Praktisches Vorgehen:
Famotidin (Ulcusan®) 20 mg + Metoclopramid (Paspertin®) 10 mg 1–1,5 h vor dem Eingriff.

Anticholinergika (Atropin, Glycopyrrolat)

Die Praxis zeigt, dass diese historische Anwendung, die aus der Ätherära stammt, noch häufig und vielerorts gepflogen wird.

Tab. 2: Rationale Indikationen für Routinegabe von Anticholinergika

Augenoperationen (okulokardialer Reflex) – *cave Glaukom!*
HNO-Eingriffe (Hypersalivation durch lokale Stimulation)
Kinder mit Infekten des Respirationstrakts (bronchiale Hyperkrinie) – *cave Hyperthermie!*
Bradyarrhythmien

Atropin: Dosis: 0.01 mg/kg KG (Kleinkinder 0,02 mg/kg)
Wirkeintritt i.v.: Reizleitung: 15 Sekunden / Speicheldrüsen: 7 Minuten
Wirkdauer: 30 Minuten

Die Routineanwendung von Anticholinergika ist unnötig und abzulehnen (18, 20).

Glykopyrrolat (Robinul®) hat gegenüber Atropin einige Vorteile: Es tritt als quaternäres Amin nicht signifikant durch die Blut-Hirn-Schranke bzw. in das Auge und wirkt schwächer auf die Reizleitung des Herzens. Seine antisialogische Wirkung ist wesentlich stärker als die von Atropin. Es ist so effektiv, dass es nach Verabreichung für Stunden extrem schwierig ist, feste Speisen zu essen (50). Vor Bronchoskopien in topischer Anästhesie ist es die beste Wahl unter den Anticholinergika, am besten wird es 1 Stunde vor dem Eingriff in einer Dosis von 0,4 mg i.m. gegeben (50). Es ist nachgewiesen, dass eine Prämedikation mit Anticholinergika bei sämtlichen endoskopischen Eingriffen keinen Nutzen bringt (siehe Kapitel „Endoskopie“).

Opioide

„A painless patient receives an anxiolytic premedication and a patient with pain needs analgesia." *(J. Kanto) (18)*

Die Verabreichung von Opioiden soll auf Patienten beschränkt werden, die Schmerzen haben oder die aller Wahrscheinlichkeit nach vor einem Eingriff Schmerzen haben werden (z. B. Patient mit Schenkelhalsfraktur, der präoperativ umgelagert werden muss). Eine Opioidprämedikation an schmerzlose Patienten sollte unterbleiben (6). Analgetika werden **individuell titrierend** dosiert. Da der individuelle Bedarf an Schmerzmitteln nicht vorhersehbar ist, ist die Verabreichung von standardisierten Fixdosen unsinnig.
Wenn Analgetika rezeptiert werden, sind stark wirksame Opioide zu bevorzugen. Von der gleichzeitigen Verabreichung von Opioiden und Benzodiazepinen muss wegen der synergistischen (supraadditiven) sedierenden Wirkung gewarnt werden, es sind zahlreiche Publikationen über Todesfälle durch Apnoe mit dieser Medikamentenkombination beschrieben worden (21). Es sollten Vorkehrungen getroffen werden, welche die unkontrollierte kombinierte Verordnung dieser Substanzen hintanhalten. Besonders gefährdet sind Patienten, die eine postoperative Schmerztherapie (z. B. PCA) erhalten und einen Schlafanstoß wünschen, und Patienten in der Einstellungsphase auf ein Opioid.

Die Kombination Opioid + Benzodiazepin ist potenziell lebensgefährlich!

Durch die Opioidgabe kann ein Volumenmangel „demaskiert" werden. Opioide (*aber* auch Schmerzen!) verzögern die Magenentleerung – ein „Schiffen zwischen Scilla und Charybdis"?
Medizinisches Handeln soll prioritätsorientiert sein – eine von zwei schlechten Wahlmöglichkeiten wird wahrscheinlich als die schlechtere Variante erkennbar sein.

Ausgezeichnete und sichere Alternativen in der präoperativen Schmerztherapie bieten die Anwendungen der Regionalanästhesie (z. B. Blockade des N. femoralis beim Patienten mit Schenkelhalsfraktur).

Anxiolytische Prämedikation

Es ist generell akzeptiert, dass das Hauptziel der präoperativen Prämedikation Angstreduktion ist (18). Tiefe Sedierung und trockengelegte Schleimhäute sind nicht der erwünschte Effekt moderner Prämedikation. Das ist mit dem grundsätzlichen Ansinnen „Sicherheit und Komfort“ nicht vereinbar.
Die tiefe Sedierung, die früher mit Medikamenten zur Prämedikation erreicht wurde, war nicht steuerbar. Der Effekt hielt zeitlich weit über den Eingriff hinaus an, so dass die zeitgemäßen Ziele *Frühmobilisierung* und *rasche Rückkehr auf das gewohnte Aktivitätsniveau* nicht erreichbar sind. Die Folgen sind längere Aufenthalte im Rahmen der Tageschirurgie bzw. die Risken der Immobilität (Atelektasen, Thromboembolien, Infektionen etc.). Patienten, die in ihrer Kompetenz hinsichtlich Selbständigkeit eingeschränkt werden, empfinden hohe Einbußen des subjektiven Komforts durch zweifelhafte Anordnungen zu Immobilisierung und Bettruhe, Harnverhalten durch Anticholinergika, Störung des Tag-Nacht-Rhythmus, Abhängigkeit von Pflege und Pflegepersonal, Beeinträchtigung der kognitiven Funktionen durch Medikamentenüberhang, unkritisch tradierte Nüchternzeiten für den postoperativen Zeitraum, überflüssige Drainagen und vieles mehr (60). Die typischen Späteffekte traditioneller Sedierungsregime haben mitunter weitreichende Folgen bis hin zu typischen Hospitalismusphänomenen (z. B. Harnkatheterisierung → Harnwegsinfekt → ...)
In einem Lehrbuch für Anästhesie ist zu finden: „*Zur Auswahl der Prämedikationssubstanzen gibt es keine verbindlichen Richtlinien. Bestimmend sind vielmehr persönliche Erfahrungen, Vorlieben und Neigungen des Anästhesisten.*“ (20)
Der nostalgische Ruf „Zurück in die schöne Steinzeit der anekdotischen Medizin!“ ist nicht begründbar. Die meisten Prämedikationsregime sind institutionsspezifisch und viel mehr dem Ziel unterstellt, die Abläufe in den Einrichtungen reibungsarm, einheitlich und Anwender-dienlich zu machen, als die Interessen des einzelnen Patienten zu verfolgen.
Für die Prämedikation *gibt* es Richtlinien.

Richtlinien der Prämedikation:

- *Wer Prämedikation verordnet, muss den Patienten mit seinen physischen und psychischen Bedingungen **kennen** (direkte persönliche Begegnung).*
- *Wer Prämedikation verordnet, muss grundlegende **Kenntnisse** über die verordneten Medikamente und über Alternativen haben.*
- *Anxiolytische Prämedikation wird nur verordnet, wenn die Verordnung notwendig bzw. sinnvoll ist, sie folgt in erster Linie den individuellen*

(cont.) ***Bedürfnissen*** *des Patienten (18), dann den anderen Einflussgrößen (Invasivität, Beginn und Dauer des geplanten Eingriffs).*

- *Der Zweck moderner Prämedikation ist in erster Linie* ***Angstreduktion****, dann leichte Sedierung, Stressreduktion und Amnesie (18).*
- *Die* ***Interessen des Patienten****, nicht die der Institution, stehen im Mittelpunkt.*
- *Die routinemäßige Verordnung von Anticholinergika, Opioiden, Antiemetika und Antihistaminika ist abzulehnen.*
- *Die* ***orale*** *Zufuhr von Medikamenten ist zu bevorzugen.*

Angst, Ängste von Patienten vor Eingriffen

angustia, lat. Enge.
Angst ist eine subjektive Empfindung, ein unlustbetonter Affekt, der als Beklemmung, Beengung, Bedrückung, Erregung oder auch als quälende Verzweiflung erlebt wird, hervorgerufen durch eine real erlebte oder bloß vorgestellte, häufig nicht einmal bewusst gewordene Lebensbeeinträchtigung oder -bedrohung. Angst geht wie jeder starke Affekt mit körperlichen Symptomen einher, verbunden mit einer Minderung oder Aufhebung der willens- und verstandesmäßigen Kontrolle des Individuums über sich selbst (modifiziert nach 22).
Nach Karl Jaspers entspringt letztlich jede Angst der Todesangst, die dahintersteht (58).
Sie ist ein Ausdruck für das Innewerden der Enge, der Begrenztheit, der Erschöpfbarkeit und der Verletzlichkeit unseres Lebens. Alle Angst um unsere Gesundheit, unsere Position, um geliebte Menschen, alle Sorge, Vor- und Fürsorge ist nur ein Symptom für die fundamentale Gewissheit, dass unser Dasein bedroht und endlich ist, dass wir dem Zugriff des allzeit gegenwärtigen Todes ausgesetzt sind (58).
Nach Fritz Riemann ist Angst „eine Spiegelung unserer Abhängigkeiten und des Wissens um unsere Sterblichkeit" (23).
Semantisch steht *Angst* für einen Affekt, der **ungerichtet** ist, im Gegensatz zur *Furcht*, die **gerichtet** ist, ein konkretes Objekt hat. Umgangssprachlich werden die Begriffe häufig synonym verwendet. Grundsätzlich ist der Affekt Angst lebenserhaltend. Die Entwicklung des Bewusstseins im evolutionären Prozess hat einen protektiven Mechanismus von der Unmittelbarkeit einer tatsächlichen Bedrohung entkoppelt.

Wenn der grundsätzliche Zweck von Sedierung die **„Kontrolle von schädigenden Einflüssen"** ist, so ist vorauszusetzen, dass Angst vor einem geplanten Eingriff schädlich ist, damit der Einsatz von angstlösenden Medikamenten gerechtfertigt werden kann. Dafür geben Pathophysiologie und Literatur ausreichend Evidenz: Sedierende Medikamente schützen vor belastenden kardialen und autonomen Reaktionen vor und während operativen Eingriffen (24). **Angst triggert den stress response** mit hormonellen, metabolischen und immunologischen Folgen für den Organismus. Es finden sich erhöhte Serumspiegel von Cortisol, Adrenalin, Wachstumshormon, ADH-Vasopressin, Renin/Angiotensin und Zytokinen, die Aktivität der natural-killer-cells ist vermehrt. Die Hauptachse der Stressantwort ist das Corticotropin-Releasing-Hormon und das Locus coerulaeus-Noradrenalin-System mit den nachgeordneten Regelkreisen (hypothalamisch-hypophysäre-Nebennieren-Achse und das vegetative Nervensystem). Zwischen dem neuroendokrinen System und dem Immunsystem existiert eine bidirektionale Verbindung: Hohe Glucocorticoidspiegel sind mit veränderter Immunfunktion und einer größeren Empfänglichkeit für Infektionen und Neoplasien assoziiert. Die perioperative Stressantwort, die neben Angst auch durch **Schmerzen, Hypothermie** und ein (chirurgisches) **Trauma** ausgelöst wird, führt über metabolische Veränderungen (Insulinresistenz, Hyperglykämie, ...) zu einer negativen Stickstoffbilanz, zu Katabolie und **verzögerter Wundheilung**. Wird der neuroendokrine Stressmechanismus angetriggert, so sind ein vermehrter Sauerstoffverbrauch und Veränderungen der Flüssigkeits- und Elektrolytbalance die Folge (Natrium- und Wasserretention, Ödemneigung, positive Flüssigkeitsbilanz etc.).

Meistens sind die physischen Korrelate der Angst der Ausdruck bzw. die Folge eines gesteigerten Sympathikotonus (Tachykardie, Hypertonie, Zittern, Mundtrockenheit etc.), aber auch vagusmediierte Überreaktionen sind möglich, wie etwa bei der vagovasalen Synkope.

Angst steigert die Schmerzempfindung – vice versa vermehrt Schmerz (möglicherweise in interpretativer Beantwortung seiner Warn- und Hinweisfunktion, die eine Bedrohung signalisiert) den Affekt Angst (18). Angst und Schmerz stehen in Interrelation.

Die präoperative Verfassung des Patienten hat großen Einfluss auf das intraoperative Kreislaufverhalten und auf den postoperativen Analgetikabedarf (25).

Die höchste Intensität der Empfindung Angst wird nur bei einer Minderheit der Patienten am selben Tag eines Eingriffs empfunden (26), sie erreicht ihren Höhepunkt typischerweise 5–6 Tage davor. Die höchsten endogenen Katecholaminspiegel finden sich jedoch am Tag der Operation auf dem Weg in den Operationssaal (27) – humanethologisch betrachtet im Angesicht einer realen und ausweglosen Bedrohung.

Die **Ängste der Patienten** vor Operationen sind in ihren Inhalten relativ gleichsinnig:
Vor Allgemeinnarkosen ist es zuerst „die Angst, nicht mehr zu erwachen". Auf Nachfragen wird häufig evident, dass die Vorstellungen der Patienten betreffend Anästhesie weit von den realen Bedingungen angesiedelt sind. Viele wissen nicht, dass Narkoseärzte existieren, viele denken, die Anästhetika werden einmalig verabreicht, und ranken weitere Vorstellungen von Fehldosierungen um diese Annahme. Derartige aberrante und nachvollziehbar ängstigende Fehlannahmen durch Aufklärung und Information auszuräumen ist sicher sinnvoll. Dabei ist Sensibilität walten zu lassen, da die Grenze zur „zu detaillierten" und nachfolgend ängstigenden Aufklärung verwischt ist.
Die Versicherung „Ihre wichtigen Körperfunktionen werden ununterbrochen – Sekunde für Sekunde, Herzschlag für Herzschlag – von qualifiziertem Personal überwacht. Zu jeder Zeit wird jemand dafür Sorge tragen, dass Sie sicher und geborgen sind" ist sehr beruhigend. Die Angst „während einer Operation zu sterben" bleibt meist unausgesprochen, möglicherweise häufig sogar unbewusst.
Eine andere Form der Angst, zu der vor allem zwanghafte und kontrollierte Persönlichkeiten neigen, bleibt ebenso meist verborgen: „Die Angst vor Kontrollverlust", die als Entblößung, Auslieferung und Abhängigkeit empfunden werden kann, da alle Körperfunktionen, vitale und nichtvitale, den bewussten Instanzen entzogen werden. Es kann die Angst sein, ein anderes Bild von sich zu präsentieren, als man will, oder die Angst vor dem Eintreten von Ereignissen der eigenen Körperlichkeit, die als peinlich erlebt werden. Das individuelle Thema dieser Ängste ist Vertrauen – im Grunde eine irrationale Haltung, daher wird man kommunikativ weniger durch rationale Argumentation entängstigend wirken, sondern – wenn überhaupt – durch den menschlichen „Hintergrund", den man ausdrückt.
Häufig geäußerte Ängste sind „die Angst vor einem bleibenden Schaden" , wobei „bleibende Hirnschäden" oder „Gedächtnisverlust" von jedem 5. Patienten genannt werden (28). „Angst vor Übelkeit und Erbrechen" wird von 12% , „Angst vor Schmerzen nach der Operation" in 9% geäußert. In einer an 800 Patienten durchgeführten Befragung (45) waren die am häufigsten genannten Befürchtungen „nicht mehr zu erwachen", „Schmerzen nach der Operation", „Angst, nicht genug Schmerzmittel zu bekommen" und „Angst vor Übelkeit".
Interessanterweise haben die Patienten mehr Angst vor Anästhesie als vor der chirurgischen Leistung, was im Widerspruch zum tatsächlichen Risiko steht (das Verhältnis „anästhesiebedingte Todesfälle" zu „chirurgiebedingte Todesfälle" liegt etwa bei 1:50). Ferner wird man mit weniger konkreten und

unbestimmten Ängsten konfrontiert („Schädigung", „Angst vor Unbekanntem", „Ausgeliefertsein", „Alleinsein"). Die Bedrohung mit Isolation ist ein häufiger thematischer Überbegriff von unbestimmten Ängsten (52). Menschen können einen subjektiven Zustand extremer Angst innerlich erleben, und dennoch kann es sein, dass dieser Affekt für einen Beobachter nicht erkennbar wird. In einer ungewohnten technisierten Atmosphäre wird das Individuum von einer Unzahl sensorischer Stimuli aller Qualitäten gleichsam überflutet. Der Patient mag sich isoliert oder ausgeliefert empfinden, er mag keine Signale vom (scheinbar?) vielbeschäftigten Personal empfangen, um sein inneres Erleben zu kommunizieren. Unabhängig davon gibt es Persönlichkeiten, die nicht leicht einen bewussten Zugang zu ihren Gefühlen herstellen können. Die Atmosphäre, die Kommunikationsfeindlichkeit medizinischer Einrichtungen (H. E. Richter, 52), die Einbuße von Autonomie und Individualität, die Konzentration des Medizinpersonals auf das somatische Problem, Persönlichkeitsfaktoren, Erfahrungen, Erwartungen u.v.m. begünstigen, dass viele Patienten in einen **regressiven Zustand** geraten. In diesem Zustand werden andere Bedürfnisse und ein anderer kommunikativer Zugang manifest: Ratio und Informationsbedürfnis treten zurück, vielmehr mag ein Bedürfnis nach körperlicher Zuwendung entstehen. Sprachlich wird weniger der Inhalt bedeutsam als die Beziehungsqualität der Kommunikation. Die Intensität von Angst, die erlebt wird, hängt sicherlich von einer individuellen Fähigkeit ab, Stress zu tolerieren und zu verarbeiten. Nicht alle Ängste können konkret verbalisiert werden, mitunter sind sie so bewusstseinsfern, dass die Patienten den unangenehmen Zustand, in dem sie sich befinden, nicht einmal für sich selbst zuordnen oder benennen können. Angst ist per definitionem ungerichtet. Insistierende Fragen und Versuche, Ängste wegzureden oder als unsinnig zu bewerten („Davor brauchen Sie doch keine Angst zu haben! (Lächerlich!)") sind wenig einfühlsam. Schließ-

Tab. 3: Risikofaktoren für prä- und postoperative Angst bei Erwachsenen (33, 34)

	präoperativ	postoperativ
weibliches Geschlecht	+	o
ASA III	+	+
Krebsanamnese	+	o
Schmerzen	+	+
psychiatrische Erkrankung	+	+
depressive Symptome	+	o
negative Zukunftserwartungen	+	+
Zigarettenrauchen	+	+

(o = kein Einfluss)

lich können Ängste auch als peinlich, unpassend oder verboten empfunden werden.
Angst und Schlaflosigkeit sind neben Hunger und Durst die wesentlichen Einflussgrößen eines schlechten Befindens der Patienten (7).

Präoperativ **angstmindernde Faktoren** sind vorangegangene Operationen, im postoperativen Zeitraum reduzieren Methoden der Regionalanästhesie, rückenmarksnahe Opioide und eine systemische multimodale Schmerztherapie (33, 34) Patientenängste. Bei Kindern tritt Angst postoperativ 5–13x häufiger auf, wenn sie moderate bis starke Schmerzen zu leiden haben oder wenn sie intraoperativ keine analgetischen Blockaden (Regionalanästhesie) erhalten haben. Auch im Kindesalter ist vorangegangene Chirurgie ein angstreduzierender Faktor (35).

Im Bereich der **Tageschirurgie** ist die anxiolytische Prämedikation unter der Annahme, dass eine Verabreichung von Sedativa die Spitalsentlassung verzögert, vielerorts ungebräuchlich bzw. wird als unnötig empfunden (29).
19% der ambulanten Patienten würden sich jedoch eine angstlösende Prämedikation wünschen. In einer Cochrane-Review aus dem Jahr 2001 konnte nachgewiesen werden, dass die **Prämedikation den Krankenhausaufenthalt bzw. die Erholungszeit nicht verlängert**, wenn man das adäquate Medikament (Midazolam) in der adäquaten Dosierung gibt (7,5 mg p.o. für Erwachsene) (29). Wichtigere Einflussgrößen auf den Entlassungszeitpunkt sind die Anästhesiezeit (die in erster Linie mit der OP-Zeit korreliert) und die „logistische Zeit" (die durch Optimierung der Organisation steuerbar ist).
Betablocker und das kurzwirksame Midazolam sind vorteilhaft, andere Benzodiazepine mit längerer Wirkdauer als Midazolam (Dormicum®), wie Triazolam (Halcion®) oder Flunitrazepam (Rohypnol®), sind in der Tageschirurgie deplaziert. Für ältere Menschen ist Lorazepam (Temesta®) gut geeignet. Auch für die Bedingungen der Tageschirurgie ist ein individuelles maßgeschneidertes Konzept die Grundlage der günstigsten Verfahrensweise.
Eine intravenöse Prämedikation mit 5 mg Diazepam kann die Sicherheit und die Patientenzufriedenheit erhöhen, ohne den Krankenhausaufenthalt zu verlängern (61).

Für Eingriffe unter **Sedoanalgesie** (Conscious Sedation, siehe Seite 39) tritt der Faktor Lebensbedrohung eher in den Hintergrund: Der Patient hat mehr Kontrolle über sich, seine Körperfunktionen und Umgebungsfaktoren. Die Befürchtung höchster Priorität („nicht mehr zu erwachen") ist durch die Zielsetzung der Conscious Sedation („Kommunikation erhalten") relativiert. Da mit Hilfe dieser Technik im Wesentlichen wenig invasive Operationen durchgeführt werden, ist die Bedrohung des Lebens nicht unmittelbar existent. Beunruhigend bleiben natürlich ungewisse Befunde und Diagnosen, unvorhersehbare Komplikationen, Angst vor Schmerzen und Beeinträchtigung. Eine individuelle Prämedikation unter Bedachtnahme aller Einflussfaktoren ist zu befürworten.

Neben pharmakologischer Angstreduktion sind vor allem **nichtmedikamentöse Methoden** nachweislich wirksam, um die negativen Qualitäten präoperativer Befindlichkeit günstig zu beeinflussen: verhaltenstherapeutische Maßnahmen, Hypnose, geführte Bildimagination, Zerstreuung durch Musik und Humor (30). Schon im Aufklärungsgespräch kann der Patient ermuntert werden, seinen Walkman und einige Lieblings-CDs zum Eingriff mitzunehmen. Die Anwesenheit von nahen Bezugspersonen im OP, aber auch eine positive Haltung des OP-Teams wirkt sich ebenso günstig aus (18).

Die Freundlichkeit des OP-Teams ist die primäre Determinante der Patienten-Zufriedenheit in der Tageschirurgie (46).

Aufklärungsbroschüren sind beschränkt tauglich, um präoperative Angst zu vermindern. Obwohl sie von der überwiegenden Mehrheit der Patienten als nützlich empfunden werden, wird etwa ein Drittel der Patienten dadurch beunruhigt (31). Nur wenige Patienten haben im Anschluss an die Lektüre derartiger Schriften die Gelegenheit, mit qualifiziertem Personal über die Inhalte zu sprechen. Fazit: Aufklärungsbroschüren sind zu befürworten, wenn den Patienten danach Gelegenheit geboten wird, ihre Reflexionen anzusprechen.

Die **Verhaltenstherapie** bietet einem ängstlichen Patienten mehrere Möglichkeiten, die Angst vor einem Eingriff zu reduzieren. Häufig haben Patienten verzerrte Vorstellungen über die herrschenden Umgebungsfaktoren (z. B. „Das CT ist eine enge Röhre, die einem kaum Platz zum atmen lässt. Man muss endlos lange Zeit darin völlig regungslos verharren und ist völlig von der Umwelt abgeschnitten.“). *Die phantasierten Bilder und Gefühle können sich zu einer Spirale an Ausweglosigkeit verselbständigen.* Eine **Besichtigungstour** des angstauslösenden Ortes kann schlagartig alle Ängste zerstreuen. Die Versicherung, dass die Patienten nicht allein sein werden, dass man sich um sie kümmern wird, immer in Kontakt mit ihnen sein wird und dass die Untersuchung jederzeit unterbrochen werden kann, kann sehr entlastend sein.

Kinder

50–75% aller Kinder, die sich einer Operation unterziehen müssen, entwickeln extreme Angst und Stress in der perioperativen Zeit (54). Die Kinder haben dieselben Ängste wie die Erwachsenen, sie können sie nur nicht so gut artikulieren (62). Sie können durch Rollenspiel mit Modellen (Puppen etc.) und einer Besichtigungstour durch das Krankenhaus auf einen Eingriff vorbereitet werden. Die psychologische Vorbereitung muss dem Alter des Kindes, seiner Entwicklung und seinen individuellen Besonderheiten gemäß sein. Frühere Erfahrungen des Kindes mit Operationen, Krankenhausaufenthalten und Arztbesuchen müssen in den Kontext einbezogen werden. Kinder über 6 Jahre profitieren von einer psychologischen Vorbereitung, wenn sie mindestens 5 Tage vor einem Eingriff stattfindet (42). Die Angst der Eltern und die des Kindes beeinflussen einander gegenseitig (ängstliche Mutter → ängstliches Kind). Die Vorbereitung der Eltern mit **Videotapes** hat sich als nutzbringend erwiesen. Das Thema „Anwesenheit der Eltern bei medizinischen Handlungen an Kindern" wird in der Literatur kontroversiell diskutiert. Eine Standardempfehlung kann nicht gegeben werden, da zu viele Einflussgrößen in den Entscheidungsprozess eingehen (Persönlichkeit und Angst der Eltern, des Kindes, der Untersucher, Dringlichkeit des Eingriffs, Organisation, Interessen höherer Priorität etc.). Die perioperative Zeit ist häufig eine extrem traumatisierende Phase im Leben eines Kindes. Es wäre vereinfacht anzunehmen, dass alle negativen Verhaltensänderungen nach einem Eingriff durch Operation oder Anästhesie begründbar sind. Immer wieder wirken andere Lebenskrisen zeitlich in das traumatisierende Ereignis hinein oder werden dadurch aktualisiert. Verlusterlebnisse oder Veränderungen können im Kindesalter als Lebenskrisen wirksam werden (z. B. Tod oder schwere Erkrankung in der Familie, Scheidung der Eltern, Wohnortwechsel, Wechsel von Kindergarten oder Schule, Arbeitslosigkeit der Eltern). In den ersten 2 Wochen nach einer Operation weisen 28–88% der Kinder Verhaltensauffälligkeiten wie Essstörungen, Albträume, Trennungsängste, Rückzug, Apathie und erhöhte Angst vor Ärzten auf (47). Das Ausmaß der präoperativen Angst von Kind und Mutter ist ein Prädiktor für postoperative Verhaltensauffälligkeiten (47). Das höchste Angstniveau wird in der Kategorie **Trennungsängste** erreicht. Das Trennungsereignis wird je nach Alter, Entwicklung, individuellen psychologischen Faktoren und der Wirksamkeit einer anxiolytischen Prämedikation für das Kind mehr oder weniger traumatisierend sein. Unter den psychischen Faktoren sind die Art und Weise, wie mit Trennung im System Familie umgegangen wird, welche Bewältigungsstrategien entwickelt worden sind, und das Entwicklungsalter ausschlaggebend. Trennung ist zwischen dem 7. Lebensmonat und dem 5.

Lebensjahr ein zentrales Thema der psychosozialen Entwicklung. Scheue oder gehemmte Kinder sowie sehr intelligente Kinder, welche auf Neues sehr empfindsam reagieren und die schlechte Bewältigungsstrategien entwickelt haben, sind besonders zu hohem Angstniveau disponiert (42). Kinder, denen zu Hause wenig Aufmerksamkeit geschenkt wird oder die nicht auf sichere, stabile Verhältnisse vertrauen dürfen, und Kinder aus Familien mit schlechter sozialer Integration leiden intensiver an Trennungserlebnissen (42). Elterliche Ängste können auf das Kind projiziert werden und seine Affekte potenzieren – das System kann wie ein Regelkreis aufgefasst werden: Für den Behandelnden ist es häufig schwierig, wenn er in ein etabliertes System inkorporiert wird; er wird in jedem Fall mit einbezogen und hat die Möglichkeit, die Interaktion günstig oder ungünstig zu beeinflussen.
Nicht zuletzt sind frühere Erfahrungen mit medizinischen Handlungen wichtige Determinanten der kindlichen Angst – die Angaben der Literatur sind kontroversiell (35, 42) – kurz zurückliegende Operationen sollen angstvermehrend sein (42). Wahrscheinlich dürfte auch die Qualität des Erlebnisses ausschlaggebend sein, wie ein Kind reagiert, wenn es neuerlich mit gewissen Umständen konfrontiert wird.
Sollen nun Bezugspersonen bei medizinischen Handlungen immer dabei sein, da Trennungsängste eine zentrale Rolle in der kindlichen Bewältigung von belastenden Ereignissen einnehmen?
Da kindliche und elterliche Angst sich nicht nur gegenseitig beeinflussen, sondern die Angstniveaus auch Prädiktoren für eine negative postoperative kindliche Bewältigung sind, sind die Affekte der Betroffenen unbedingt in Entscheidungen einzurechnen. Da eine Prämedikation mit Midazolam die postoperativen Verhaltensauffälligkeiten signifikant reduziert, ist eine zeitlich gut organisierte orale Prämedikation in ausreichender Dosis zu befürworten (47). Der wesentliche Benefit der Prämedikation dürfte der amnestischen Wirksamkeit von Midazolam zuzuschreiben sein, da dadurch die ängstigenden Inhalte nicht in das Bewusstsein treten (47).
Vor der Operation soll der Kontakt Mutter-Kind unterstützt werden. Eine routinemäßige Anwesenheit bei der Operation ist nicht empfohlen (der einzig nachweislich positive Effekt ist, dass dadurch die Zufriedenheit der Eltern zunimmt) (48). Wenn die anxiolytische Prämedikation nicht erreicht, dass das Kind ohne Reaktion von der Mutter getrennt werden kann, so ist eine weitere Begleitung durch die Mutter eine mögliche „Rescue-Handlung".
Einer Narkoseeinleitung durch i.v.-Injektion nach vorheriger Hautanästhesie (EMLA-Pflaster®) ist gegenüber einer Maskeneinleitung der Vorzug zu geben.

Die Anwesenheit der Mutter/Eltern nach einer Operation soll unbedingt forciert werden, da in diesem Zeitraum Trennungsängste die höchste Aktualität haben.

Wesentlicher als alleinige Anwesenheit ist die Qualität der Interaktion zwischen Mutter und Kind während einer medizinischen Handlung (48):
Die Eltern können instruiert werden, das Kind durch ein Gespräch, Geschichtenerzählen, Märchenerzählen usw. abzulenken bzw. es durch Augen- und Körperkontakt zu bestärken.
Eine Mutter, die vor Angst gelähmt ist und sich im Kampf mit ihren eigenen Ängsten nur auf sich konzentrieren kann, wird dem Kind keine Unterstützung sein.

Ältere Menschen

Die Ansicht, dass ältere Menschen keine Prämedikation benötigen, ist weit verbreitet (25, 18).
Die Voraussetzung für diese Annahme wäre, dass ältere Menschen keine Angst haben.
Das Gegenteil kann der Fall sein. Ältere Menschen sind sich ihrer Endlichkeit mehr bewusst als jüngere und sie wissen, dass ihr Leben rund um einen Eingriff einer größeren Gefahr ausgesetzt ist, als dies bei Jüngeren der Fall ist. Nach einer Sturzverletzung mit der typischen Folge einer Schenkelhalsfraktur sehen sich die Patienten häufig durch das jähe Herausgerissensein aus dem Alltag, eine Operation vor Augen in ihrer Existenz oder Autonomie bedroht. Häufig aber negieren sie Gefühle von Angst oder andere negative Befindlichkeiten (36). Es scheint unter Menschen in höherem Lebensalter mehr Individuen zu geben, die einer Operation gelassener gegenüberstehen, im Kollektiv jedoch gibt es das ganze Spektrum, von Gelassenheit bis panischer Erregung; warum sollte man den Alten also Anxiolyse vorenthalten?
Allerdings muss man sich die veränderte Physiologie, Pharmakokinetik und Pharmakodynamik beim geriatrischen Patienten verinnerlichen (siehe Seite 437f.), weil sonst Erfahrungen gemacht werden, die zur o.a. Ansicht führen werden. Alte Menschen haben einen geringeren Dosisbedarf an Sedativa, sie reagieren sehr sensitiv und zeigen häufiger Übergänge in tiefe Sedierung (siehe Seite 437f.). Eine niedrige Sauerstoffsättigung unter Normalbedingungen ist wahrscheinlich ein Prädiktor für das Eintreten von tiefer Sedierung (36). Die Erholungszeit nach Verabreichung ist vermutlich substanzspezifisch verlängert, unter Midazolam i.v. gleicht sie jedoch den mittleren Altersgruppen (36). Auf Benzodiazepine können gehäuft **paradoxe Reaktionen** im Sinne der Enthemmung, Erregung und Aktivitätszunahme auftreten, auch die paradoxen Reaktionen scheinen in ihrer Frequenz substanz-, zufuhr- und dosisabhängig zu sein.

„Rezept", um paradoxe Benzodiazepinreaktionen (oder Schlimmeres) zu provozieren: hohes Alter (+reduzierte Hirnleistung) + kurzwirksame Substanz + hohe Dosis + rasche Anflutung (z. B.: 3 mg Midazolam i.v.) (siehe Anm.* nach Literatur)

- *Schon 2 mg Midazolam i.v. können bei Älteren zu „tiefer Sedierung" führen.*
- *Bei 90% aller geriatrischen Patienten kommt es nach Gabe von 2 mg Midazolam i.v. zu einem Sättigungsabfall unter 94%.*
- *Diese Effekte sind dosisabhängig.*
- *→ Midazolam i.v. kann zur Prämedikation von alten Menschen nicht empfohlen werden (36).*

Es ist wert zu diskutieren, ob nicht viele „paradoxe Benzodiazepineffekte" bei alten Menschen Folgen oder Ausdruck einer Hypoxämie sind. Paradoxe Benzodiazepinreaktionen lassen sich hervorragend mit **Flumazenil** (Anexate®) behandeln.

Tab. 4: Prämedikationsvorschläge für alte Menschen

am Abend vor einem Eingriff:	Nitrazepam (Mogadon®)	2,5–5 mg p.o.	oder
	Lorazepam (Temesta®)	1 mg p.o.	oder
	Prothipendyl (Dominal forte®)	40–80 mg p.o.	oder
	Melperon (Buronil®)	50 mg p.o.	oder
	Diazepam (Valium®)	5 mg p.o.	
und 1–2 Stunden vor dem Eingriff:	Bromazepam (Lexotanil®)	1,5–3 mg p.o.	oder
	Lorazepam (Temesta®)	1 mg p.o.	oder
	Midazolam (Dormicum®)	3,75 mg p.o.	

Falls eine Demenz oder andere Hirnleistungsstörung vorliegt, sollte man eher auf Benzodiazepine verzichten und Neuroleptika rezeptieren. In die Überlegungen zur Dosis sollen folgende Faktoren einbezogen werden: Körpergewicht, Ernährungszustand, koexistente limitierende Erkrankungen, Aktivitätszustand, Angstniveau, Funktionszustand bzw. Leistungsreserve des Gehirns, metabolische Determinanten – so wird man z. B. jemandem mit 45 kg und kardialer Insuffizienz nicht 80 mg Dominal® rezeptieren.

Benzodiazepine können auch im fortgeschrittenen Lebensalter generell als sichere und wirksame anxiolytische Substanzen angesehen werden (41). **Nitrazepam** (Mogadon®) und **Lorazepam** (Temesta®) sollen auch für das organisch vorgeschädigte Gehirn gut verträglich sein (38). **Midazolam** in einer Dosis von 3,75 mg als Prämedikation vor ophthalmologischen Eingriffen reduziert die endogenen Katecholaminspiegel, die hämodynamische Stabilität bleibt erhalten (55). Die lange HWZ (30 h) von Nitrazepam, das seine Anwendung in der Indikation Schlafanstoß unter normalen Bedingungen limitiert (Kumulation, Hang-over-Effekte), ist im präoperativen Bereich durchaus erwünscht. Sonst sind im Alter eher Benzodiazepine mit mittellanger HWZ (Lorazepam, Oxazepam) vorzuziehen, da es leicht zur Kumulation kommt.

Melperon (Buronil®) ist ein schwaches Neuroleptikum mit überwiegend sedierender Wirkung. **Prothipendyl** (Dominal®) ist nur gering antipsychotisch, aber stark sedierend wirksam (38).

Triazolam (Halcion®) ist als Schlafmittel für Patienten mit Hirnleistungsstörungen wie Demenz nicht geeignet, weil häufig Erregungszustände auftreten, die auch heftig sein können.

Kontraindikatioen für anxiolytische Prämedikation*

Ablehnung
Neugeborene, Säuglinge unter 6 Monaten
Schwangere im I. Trimenon (Ausnahme: Diphenhydramin)
Atemwegsproblematik – Obstruktion
- *unbehandeltes oder exazerbiertes Asthma bronchiale*
- *respiratorische Insuffizienz*
- *Schlafapnoe-Syndrom*
- *akute Infekte der Atemwege*
- *Sauerstoffsättigung $<94\%$ unter Raumluft*
- *Atemfrequenz >30 bei Erwachsenen*
- *Adipositas permagna*

Schädel-Hirn-Trauma, erhöhter intrakranieller Druck
akute neurologische Erkrankungen mit Bewusstseinstrübung
Aspirationsrisiko: Nicht-Nüchternheit, akutes Abdomen, Ileus, Erbrechen, ...
schwere metabolische Entgleisung mit Affizierung des Bewusstseins
instabile Koronarsyndrome, kardiale Insuffizienz NYHA IV, Ruhedyspnoe
Schock
Opioidmedikation (z. B. PCA-Pumpen)

Eine orale Prämedikation ist sinnwidrig bei Ileus, Erbrechen, Passagehindernissen des oberen Gastrointestinaltrakts, Schluckstörung usw.

*Beachte: Die K.I. der Prämedikation zeigen breite Übereinstimmung mit den K.I. für Conscious Sedation.

Orale anxiolytische Prämedikation bei Erwachsenen Rezeptierungsvorschläge

Benzodiazepine („minor tranquilizer“)

Das gängigste Benzodiazepin in der Prämedikation ist Midazolam.
Besonders ist auf die Halbwertszeit der Präparate zu achten:
Faustregeln:
- *kurze HWZ → paradoxe Wirkungen und anterograde Amnesie*
- *lange HWZ → Überhang und Nachschlaf*
- *bei alten und kranken Menschen niedrige Dosen verordnen*

Midazolam (Dormicum®): Tabletten zu 7,5 mg
Dosis: 0,1 mg/kg KG – praktisch meist **7,5 mg**, bei muskelkräftigen jungen Männern 15 mg,
Jugendliche (14-17 Jahre): 20 mg (orale Lösung 2 mg/ml) (39)
Wirkbeginn: 10 min
max. Effekt: 30 min
klinische Wirkdauer: 2–4 Stunden (Eliminations-HWZ 2,5h)
Charakteristik: Midazolam ist das gebräuchlichste Medikament zur präoperativen Anxiolyse. Verwendet man Midazolam, so ist eine gute Betriebsorganisation Vorraussetzung. Die Dosis wird im optimalen Fall 30 min vor einem Stressreiz verabreicht. Sind die Wartezeiten zu lange, wird sich die Wirkung verflüchtigen.
Die amnestische Qualität ist dosisabhängig und tritt seltener auf als bei i.v.-Gabe, bei der sie regelhaft ist. Midazolam ist gut geeignet für Tageschirurgie und führt zu keiner Verlängerung des Krankenhausaufenthalts (29). Der Bedarf an Sedativa wird vermindert.
Das Abklingen der Wirkung erfolgt in der Reihenfolge: Schlafanstoß – Sedierung – Muskelkoordination. Die Patienten unterliegen in der Beurteilung ihrer vollständigen Wiederherstellung meist einer Fehleinschätzung (wie unter Alkoholeinwirkung), allerdings kann es bei den kurzwirksamen Benzodiazepinen zu Reboundphänomenen mit Angst und Unruhe kommen. Midazolam per os ist sehr sicher. Auch bei einer Dosis von 15 mg vom 14.-60. Lj. kommt es praktisch nie zur Atemdepression (44).

Triazolam (Halcion®): Tabletten zu 0,25 mg
Dosis: 1 Tablette zu **0,25 mg**
Wirkbeginn: keine Daten
Max. Effekt: 40–140 min
Klinische Wirkdauer: ? (HWZ 2–4 h)

Charakteristik: Im Vordergrund steht die schlafanstoßende Wirkung. Bei alten und cerebral vorgeschädigten Patienten treten häufiger als bei anderen Benzodiazepinen paradoxe Phänomene (Unruhe, Agitation, Halluzinationen, Gewaltäußerungen etc.) auf. Für Tageschirurgie zu lange Wirkdauer. Eine Möglichkeit zur Prämedikation jüngerer Menschen, wenn der OP-Zeitpunkt unklar ist („am Vormittag"). Auftreten von Reboundphänomenen nach Abklingen der Wirkung (Unruhe, Ängstlichkeit) (41). Häufiger Amnesie, v.a. im Zusammenhang mit Alkohol (38). Gutes Einschlafmittel bei Jetlag, da es zu einer Phasenkorrektur des verschobenen Biorhythmus führt (38). Höhere Nebenwirkungsrate als andere Benzodiazepine. Als Durchschlafmittel nicht geeignet.

Nitrazepam (Mogadon®): Tabletten zu 5 mg
Dosis: 2,5–5 (-10) mg
Wirkbeginn: 30 min
Max. Effekt: 30–120 min
Klinische Wirkdauer: ? (HWZ 15–30 h)
Charakteristik: schlafanstoßendes Medikament mit langer HWZ mit Hangover-Wahrscheinlichkeit im oberen Dosierungsbereich, sicher in der Anwendung im Alter und bei Demenz.

Flunitrazepam (Rohypnol®): Tabletten zu 1 mg und 2 mg
Dosis: üblicherweise **1 mg** , bei großer Angst und Körpergewicht über 80 kg auch 2 mg
Wirkbeginn: keine Daten
Max. Effekt: 60–120 min
Klinische Wirkdauer: wegen wirksamer Metaboliten und langer HWZ (40–240 h) lang.
Charakteristik: schlafanstoßende Wirkung steht im Vordergrund, daneben starke anxiolytische Effekte, typischerweise langer Nachschlaf. Von einer i.v.-Verabreichung ist wegen erheblicher atemdepressiver Wirkung abzuraten (Ausnahme: Intensivüberwachung und Intubationsbereitschaft). Oral als Einschlafmittel am Vorabend einer Operation gut geeignet, gute Option bei sehr angespannten und ängstlichen Patienten, die eine Nachschlafphase angenehm empfinden; durch die extreme Halbwertszeit kein Medikament der ersten Wahl zur präoperativen Prämedikation. Weitere Indikation: manische Erregungszustände (38). Flunitrazepam ist im Drogenmilieu sehr bekannt.

Bromazepam (Lexotanil®): Tabletten zu 3 mg
Dosis: (1,5–) **3–6** (-9) mg
Wirkbeginn: 60 min

Max. Effekt: keine Daten
Klinische Wirkdauer: ? (HWZ 10–20 h)
Charakteristik: Tagestranquilizer. Im Vordergrund anxiolytische Wirkung, gering schlafanstoßende Wirkung.
Für Prämedikation alter Menschen (1,5–3 mg) gut geeignet, bzw. wenn eine reine Anxiolyse ohne Sedierungseffekt erwünscht ist. Kann bei psychotischer Angst adjuvant gegeben werden (41).

Lorazepam (Temesta®): Tabletten zu 1 mg und 2,5 mg
Dosis: 1–**2** (-4) mg
Wirkbeginn: 30 min
Max. Effekt: 120 min
Klinische Wirkdauer: 2–6(-10) h (HWZ 8–24 h)
Charakteristik: dosisabhängige anterograde Amnesie und Sedierung. Lange Wirkdauer. Gute Suppression der psychotomimetischen Effekte von Ketamin (20). Besonders zur Behandlung psychotischer Angst-, Panik- und Reizzustände, schwerer neurotischer Angst, Stupor und Mutismus geeignet (38, 41). Antiemetische Effekte (PONV und chemotherapieinduziertes Erbrechen). Hohe therapeutische Breite (minimale Effekte auf Kreislauf und Atmung in Abwesenheit anderer sedierender Pharmaka), auch bei Hepatopathien vertretbar. Aufgrund der niedrigen Plasmaproteinbindung für die Anwendung bei Proteinmangelzuständen und im Alter geeignet. Da die Erholungszeit meist unter 3 Stunden liegt, kann Lorazepam auch in der Tageschirurgie für die Prämedikation alter Menschen empfohlen werden (10).
2 Stunden vor PTCA und stenting wird es in der Dosis von 1–2 mg verabreicht (49). Für Bronchoskopien wurden 2 mg empfohlen (50).

Diazepam (Valium®): Tabletten zu 5 und 10 mg
Dosis: 0,15 mg/kg KG, d.h. meist **10**–20 mg (Alte und Kranke: 5 mg)
Wirkbeginn: 15–60 min
Max. Effekt: 60 min
Klinische Wirkdauer: 2–6 h, Plasma-HWZ: 20–40 h, bei alten Menschen bis zu 100–200 h (!!!)
(Faustregel: Halbwertszeit in Stunden = Alter des Patienten in Jahren)
Charakteristik: Im Vordergrund steht die Anxiolyse und ein hohes antikonvulsives Potenzial bei extrem langer Wirkdauer (pharmakodynamisch aktive Metaboliten, enterohepatischer Kreislauf). Im Grunde hat aber Diazepam ein balanciertes Verhältnis der Benzodiazepin-Kardinalwirkungen. Häufig werden Euphorie oder ein unbestimmtes Glücksempfinden erlebt, daher besteht ein erhöhtes Risiko von Abhängigkeit und Sucht bei Dauerverschreibung. Die hohe therapeutische Breite (minimale Effekte auf Ventilation und

Hämodynamik bei Abwesenheit anderer Sedativa) erlaubt auch eine langsame i.v.-Anwendung (z. B. 2–10 mg in 500 ml Ringerlaktat als Prämedikation bei Eingriffen am oberen Gastrointestinaltrakt, Passagehindernissen etc.). Postoperativ ist auch 6–8 h nach Verabreichung mit einer erheblichen psychomotorischen Beeinträchtigung zu rechnen, daher sollte eine Verordnung in der Tageschirurgie nur in besonderen Fällen erfolgen.

Tab. 5: Äquivalenzdosen der Benzodiazepine; klinisch-empirisch, nach Benkert et al.(41)

Diazepam (Valium®)	10 mg
Alprazolam (Xanor®)	1 mg
Bromazepam (Lexotanil®)	4,5 mg
Lorazepam (Temesta®)	1–2 mg
Flunitrazepam (Rohypnol®)	1 mg
Nitrazepam (Mogadon®)	5 mg
Temazepam (Planum®)	20 mg
Triazolam (Halcion®)	0,25 mg

Temazepam (Remestan®): Kapseln zu 10 und 20 mg
Dosis: 10–**20**(-30) mg
Wirkbeginn: keine Daten
Max. Effekt: 60 min
Klinische Wirkdauer: ? (HWZ 5–16 h)
Charakteristik: schlafanstoßend und angstlösend. Postoperativ rasches Wiedererlangen der psychomotorischen Fähigkeiten (29). Als Einschlafhilfe am Vorabend einer Operation geeignet. Modernes Hypnotikum, paradoxe Phänomene möglich. Praktisch keine Kumulation bei wiederholter Anwendung.

Alprazolam (Xanor®): Tabletten zu 0,5 mg
Dosis: **0,5**–1 mg (alte Menschen: 0,25 mg)
Wirkbeginn: keine Daten
Max. Effekt: 1–2 h
Klinische Wirkdauer: ? (HWZ 10–15 h)
Charakteristik: stark anxiolytisch wirksam (auch bei leicht depressiv gefärbten Angstzuständen), sehr gute Wirksamkeit bei Panikattacken.
Höheres Abhängigkeitspotenzial. Dürfte rasch (in Tagen) zu Abhängigkeit führen können, daher empfiehlt es sich, als Nicht-Facharzt keine Dauertherapie bzw. Hochdosistherapie zu verordnen.

Clonazepam (Rivotril®): Tabletten zu 0,5 mg und 2 mg
Dosis: 1–2 mg
Wirkbeginn: keine Daten
Max. Effekt: keine Daten
Klinische Wirkdauer: ? (HWZ 19–30 h)
Charakteristik: Clonazepam hat 4 Indikationen: 1. Konvulsionen, 2. Panikattacken, 3. Dauertherapie chronischer einschießender Schmerzen, 4. manische Syndrome (meist mit Neuroleptika). Es ist stark anxiolytisch und wirkt sehr gut bei Erregungszuständen, v.a. bei Konversionssymptomen („Hysterie“) (38). Mittel der Wahl bei Panikattacken.

Antipsychotika (Neuroleptika, „major tranquilizer“)

Die Anwendung von Antipsychotika bereitet dem Nicht-Facharzt Unbehagen, möglicherweise weil er wenig Kenntnisse über Effektivität und Sicherheit hat. Viele Anästhesisten lehnen die Verabreichung von Antipsychotika als Prämedikation ab, weil sie zu wenig Erfahrung in der Anwendung haben. Die älteren Anästhesisten kennen die Wirkung von Dehydrobenzperidol (Droperidol, DHBP®) aus der Ära der „Neuroleptikaanästhesie“: ruhig erscheinende Patienten, die lange nachschlafen, sich kaum bewegen, keine Beschwerden äußern (Schmerzen, Angst etc.) und selten erbrechen. Die Patienten unter Einwirkung von Antipsychotika in der postoperativen Zeit waren sicher „pflegeleichter“ als die Patienten heute, weil sie stark sediert waren, die Verfügung über die Spontanmotorik eingeschränkt war und das innerlich Erlebte nicht mehr kommuniziert werden konnte bzw. sie vom „inneren Erleben“ distanziert waren.
Rezeptiert man Antipsychotika, so sollte man sich verinnerlicht haben, dass diese Pharmaka bei Patienten das Gefühl der „inneren Unruhe, die nicht ausgedrückt werden kann“ entstehen lassen können, ein Zustand, der von einem Beobachter als „Angstlosigkeit“ fehlgedeutet werden kann (18). Angst ist eine mögliche unerwünschte Wirkung der Antipsychotika und hat dazu geführt, dass Patienten nach Gabe von Dehydrobenzperidol OP-Einwilligungen zurückgezogen haben, was den Ärger der Kollegenschaft nach sich zog und in der Folge die Popularität der Substanzgruppe in der Prämedikation minderte.
Das subjektive Empfinden nach Einnahme von Antipsychotika kann sein: Energielosigkeit, Antriebslosigkeit, Lustlosigkeit, Freudlosigkeit.

Mögliche **Indikationen** für die perioperative Anwendung von Antipsychotika:
- Psychosen

- organisches Psychosyndrom (mit Angst/Aggressivität/psychomotorischer Unruhe)
- delirante Zustände
- Kontraindikationen für Benzodiazepine (Myasthenia gravis etc.)
- Behandlung von PONV (postoperative nausea and vomiting)
- Alkoholentzug (ungeplant)
- schwierig zu Sedierende*

Kontraindikationen

A) der Antipsychotika mit anticholinergen Nebenwirkungen:
Prostatahyperplasie und andere Ursachen des Harnverhaltens (wenn keine Harnableitung durch Katheter), Engwinkelglaukom, Pylorusstenose, Myasthenia gravis

B) der Antipsychotika mit extrapyramidalmotorischen Nebenwirkungen:
Parkinsonsyndrom

C) für alle Antipsychotika:
prolaktinabhängige Tumoren (Mamma) und Phäochromozytom, Leukopenie und andere Erkrankungen der Blutbildung, Intoxikation mit sedierenden Substanzen, Überempfindlichkeit

Vorsicht bei kardialen Erkrankungen (RR-Abfall, tachykarde Rhythmusstörungen) und Epilepsie (Erniedrigung der Krampfschwelle).

Regeln beim Umgang mit Antipsychotika:

- Dosisfindung individuell, mit geringer Dosis beginnen
- ältere Menschen brauchen geringere Dosen
- Therapieeffekt abwarten, ehe die Dosis gesteigert wird (klinische Beobachtung!)
- bei nächtlicher Unruhe: tageszeitlich frühe Therapie, sonst Hang-over
- keine Polypragmasie („Mischungen") – Monotherapie ausdosieren bzw. zielgerichtete Kombinationen

Für die Indikation Prämedikation erscheint es zweckmäßig, auf die Differentialwirkungen gering-stark sedierend bzw. gering-stark antipsychotisch zugreifen zu können.

Folgende Pharmaka sind etwa diesem Schema zuzuordnen:

*Als *schwierig zu sedierende (difficult-to-sedate)* wird eine Population bezeichnet, die eine pharmakodynamische Toleranz erworben hat (Alkoholkrankheit und andere Abhängigkeits-Störungen, Menschen unter Antiepileptikadauermedikation etc.).

Tab. 6: Antipsychotika-Schema

	gering antipsychotisch	stark antipsychotisch
wenig sedierend	**Melperon**	**Haloperidol**
stark sedierend	**Chlorprothixen, Prothipendyl**	**Dehydrobenzperidol**

Chlorprothixen (Truxal®): Dragees zu 15 und 50 mg
Dosis: **50**–100 mg
Wirkbeginn: keine Daten
Max. Effekt: keine Daten
Klinische Wirkdauer: keine Daten
Charakteristik: stark sedierend, kaum antipsychotisch. Gute Wirkung bei psychomotorischer Unruhe und Spannungszuständen, ausgeprägte angstlösende (!) Wirkung. Starker Schlafanstoß, geringe extrapyramidalmotorische Nebenwirkungen, aber starke anticholinerge Nebenwirkungen (v.a. Mundtrockenheit). Sehr individuelle Dosis-Wirkungsbeziehung. Bei Erstverabreichung starke Wirkung zu erwarten, die bei Folgemedikation schwächer wird (38). Ausgeprägter Blutdruckabfall möglich, daher Vorsicht bei Erkrankungen des Herzens und bei Hirndurchblutungsstörungen.

Haloperidol (Haldol®): Tropfen (10 Tropfen = 1 mg), Tabletten zu 1 mg, 5 mg und 10 mg
Dosis: 5–20 gtt., 1 mg Tabl.
Wirkbeginn: keine Daten
Max. Effekt: 2–6 h
Klinische Wirkdauer: keine Daten
Charakteristik: bei oraler Anwendung wenig sedierend und stark antipsychotisch wirksam.
Das Hauptproblem ist das Risiko des Auftretens von subjektiv äußerst quälenden extrapyramidalmotorischen Nebenwirkungen (Zungenschlundkrämpfe, Dystonien an Hals und Rumpf, Torsionsdystonien), die auch als Spätdystonien Monate nach der Anwendung manifest werden können und sehr behandlungsresistent sind. Daher wird das Präparat sehr kontroversiell diskutiert. Die Vorteile sind jedoch die große Sicherheit in der Anwendung beim alten Menschen, der häufig limitierende Herzkreislauferkrankungen hat.
In niedrigen Dosen (1–3 mg) gute Wirkung bei Unruhezuständen im Alter und bei Wahnbildungen bei schwerer Depression (38). Mittel der Wahl beim postoperativen Delir. Antipsychotische Wirkung ab 3–5 mg, die bis 20 mg linear zunimmt (38).

In der Palliativmedizin werden Haldol-Tropfen mit Erfolg gegen Übelkeit angewandt (3 x 3 – 3 x 5 Tropfen) Eine gleichzeitige Therapie mit Biperiden (Akineton®) ist gegen Frühdyskinesien effektiv.

Prothipendyl (Dominal forte®): Tabletten zu 40 mg, 80 mg
Dosis: 40–80 mg
Wirkbeginn: keine Daten
Max. Effekt: keine Daten
Klinische Wirkdauer: keine Daten
Charakteristik: sedierend und schlafanstoßend, kaum antipsychotisch wirksam.
Selten extrapyramidalmotorische Nebenwirkungen. Längere Einschlafzeit und Hang-over sind typisch. Praktische Bedeutung: alternatives Schlafmittel, parenterale Applikation möglich bei Non-Compliance (i.v.-Kurzinfusion, i.m.-Gabe).

Melperon (Buronil®): Dragees zu 25, 50 und 100 mg
Dosis: **50**–100 mg
Wirkbeginn: keine Daten
Max. Effekt: 1–3 h
Klinische Wirkdauer: ? (HWZ 4-6 h)
Charakteristik: Melperon ist eine Option zur sedierenden Prämedikation von alten Menschen mit demenziellen Zustandsbildern, Psychosen und psychomotorischer Unruhe (v.a. nachts), wenn eine Substanz gefragt ist, die **kaum** anticholinerge und extrapyramidalmotorische Nebenwirkungen hat. Melperon wirkt im niedrigen Dosisbereich affektiv entspannend, im Hochdosisbereich antipsychotisch. Eine muskelrelaxierende Wirkung ist beschrieben. Die Verabreichung soll zeitgerecht erfolgen, damit kein Hangover auftritt, eine Abenddosis soll am besten nicht nach 18 h verabfolgt werden.

Ziprasidon (Zeldox®) Kapseln zu 20, 40 und 60 mg
Dosis: 10–**20 mg**
Wirkbeginn: keine Daten
Max. Effekt: 6–8 h
Wirkdauer: keine Daten
Charakteristik: neues atypisches Antipsychotikum, das potente anxiolytische Effekte haben dürfte, die sogar die von Diazepam 10 mg überwiegen. Die Sedierungseffekte gleichen denen von Plazebo (40). Ziprasidon wirkt stark antipsychotisch und führt häufig zu Somnolenz. Extrapyramidalmotorische NW sind selten, die häufigsten unerwünschten Wirkungen sind Übelkeit,

Erbrechen und Kopfschmerzen. Potenziell gefährlich ist eine dosisabhängige Verlängerung des QT-Intervalls im EKG (Gefahr maligner Arrhythmien) – bisher wurden jedoch keine Komplikationen publiziert. Ziprasidon ist kontraindiziert, wenn Medikamente verordnet sind, die das QT-Intervall verlängern (z. B. Antiarrhythmika der Klasse I und III), bei akutem Myokardinfarkt, dekompensierter kardialer Insuffizienz sowie bei signifikanten Bradykardien, Hypokaliämie bzw. Hypomagnesiämie.
Die Bioverfügbarkeit bei Nüchternheit ist 50%, sie wird durch Nahrungsaufnahme auf 60–100% gesteigert. Bei eingeschränkter Leberfunktion liegen die Plasmaspiegel um 30% höher.
Bei akuter Exazerbation einer Schizophrenie oder schizoaffektiven Psychose beträgt die empfohlene Dosis 2 x 40 mg, häufig reichen 2 x 20 mg aus. Die Tagesdosis kann auf 2 x 80 mg gesteigert werden.

Alpha-2-Agonisten

Clonidin (Catapresan®): Tabletten zu 0,15 mg
Dosis: 3–5 mg/kg KG; praktisch 0,15–0,3 mg (2–4x tgl.)
Wirkbeginn: 60 min
Max. Effekt: 120 min
Wirkdauer: 8 h (+/-)
Charakteristik: Clonidin wirkt anxiolytisch und dosisabhängig sedierend (in Dosen von 0,15–0,3 mg wenig sedierend), stabilisiert die Hämodynamik (verhindert Phasen von Tachykardie und Hypertonie, ohne signifikante Bradykardien auszulösen), reduziert perioperative Myokardischämien und Hypokaliämien.
Es reduziert den Bedarf an Sedativa, wirkt antiemetisch und vermindert bei Kindern postoperative Exzitationsphänomene. Postoperatives Zittern (shivering) kann durch Clonidin unterdrückt werden. Der anxiolytische Effekt ist mit dem von Midazolam vergleichbar. Die Bioverfügbarkeit von oralem Clonidin beträgt 80%, die Eliminations-Halbwertszeit 12+/-7 h. Eine besondere Rolle kommt Clonidin bei der Prämedikation von Alkoholikern zu, da es Entzugsphänomene abschwächen kann. Die Dosen müssen dem Bedarf angepasst werden. Der postoperative Opioidbedarf wird durch Clonidin reduziert. Da der arterielle Mitteldruck gesenkt wird, ist es möglich, dass es intra- und postoperativ zu geringeren Blutverlusten kommt.
Am Beginn einer Therapie kann es durch Stimulation peripherer Alpha-1-Rezeptoren zu einer Vasokonstriktion kommen, bei plötzlichem Absetzen einer kontinuierlichen Therapie zu einer Rebound-Hypertonie.
Unerwünschte Wirkungen von Clonidin sind Mundtrockenheit, Schluckstörung, Benommenheit und Energielosigkeit. Die subjektiv störenden Symp-

tome treten aber vor allem im Hochdosisbereich am 2. und 3. Behandlungstag auf. Weiters kommen Schlafstörungen, verbunden mit Albträumen oder Halluzinationen vor.
Trizyklische Antidepressiva vermindern die Wirkung von Clonidin.
Die Dosierung von Clonidin beim Alkoholentzug wird nach den klinischen Erfordernissen festgelegt, das Medikament hat keine antikonvulsive und antidelirogene Wirksamkeit, daher muss es beim Alkoholentzug mit anderen Substanzen kombiniert werden.
Mittel der ersten Wahl beim Opiatentzug.

Antihistaminika

Ist die Gabe eines Antihistaminikums vor einem Eingriff indiziert, so kann man sich die sedierende Wirkung der alten H_1-Rezeptor-Antagonisten zu Nutze machen. Neben einer antiallergischen ist eine anticholinerge und antiemetische Wirkung vorhanden.

Diphenhydramin (Dibondrin®): Dragees
Dosis: 50 mg
Wirkbeginn: 15 min
Max. Effekt: 120 min
Klinische Wirkdauer: 4-6 h (HWZ 4-6 h)
Charakteristik: im Vergleich zu den Benzodiazepinen schwächer sedierend und intensivere unerwünschte Wirkungen. Zu beachten sind die Kontraindikationen betreffend die anticholinergen Effekte (Glaukom, Blasenobstruktion etc.). Häufig sind gastrointestinale Nebenwirkungen. Die Medikation ist auch in der Schwangerschaft statthaft, somit stellt Diphenhydramin eine Option für Anxiolyse vor Eingriffen in der Schwangerschaft dar. Vor der Geburt soll es allerdings nicht verabreicht werden, bei Neugeborenen und Frühgeborenen ist es kontraindiziert. Bei Kindern kann Diphenhydramin häufiger paradoxe ZNS-stimulierende Effekte auslösen.
Weitere Indikationen: Schwindel, Übelkeit und Erbrechen (Kinetosen), symptomatische Behandlung von extrapyramidalmotorischen Nebenwirkungen der Neuroleptika, Juckreiz.

Dimenhydrinat (Vertirosan®): Ampullen zu 50 mg und 100 mg, Dragees zu 50 mg, Suppositorien zu 50 und 100 mg, Tropfen: 1 gtt = 2,5 mg
Dosis: 2–3 mg/kg
Max. Effekt: 90–180 min
Klinische Wirkdauer: 3–4 h

Charakteristik: Dimenhydrinat kann als traditionelles Antiemetikum mit sedierender Wirkung bezeichnet werden, es wirkt appetithemmend und hat die typischen unerwünschten anticholinergen Effekte (Mundtrockenheit, Akkomodationsstörungen etc.). Paradoxe Erregung, Schlaflosigkeit und Tremor können auftreten, vor allem bei Kindern. Zu beachten ist, dass Dimenhydrinat in Tropfenform einen Alkoholgehalt von 38 Vol.% hat. In einer kürzlich veröffentlichten Metaanalyse (56) wurde festgehalten, dass das Antiemetikum eine klinisch relevante Wirkung auf postoperatives Erbrechen hat. Exakte Aussagen zu Dosis-Wirkungsbeziehungen und unerwünschten Wirkungen können derzeit ebenso wenig gemacht werden wie solche über den optimalen Zeitpunkt der Verabreichung oder ob Repetitionsdosen sinnvoll sind. Welters et al. (57) konnten durch eine präoperative rektale Gabe von Dimenhydrinat bei Kindern vor Strabismusoperationen die Frequenz von postoperativem Erbrechen von 60% auf 30% reduzieren. Das Antihistaminikum dürfte nach diesen Autoren seinen maximalen Plasmaspiegel 1,5–3 Stunden nach rektaler Applikation erreichen. Dimenhydrinat führt zu einer anhaltenden Sedierung und verlängert die Erholungszeit bzw. die Dauer des Aufenthalts im Aufwachraum (57). Im Vergleich zu anderen Antiemetika ist Dimenhydrinat wenigstens äquieffektiv oder sogar stärker wirksam, es ist billig, Atmung und Kreislauf bleiben unbeeinflusst (57).

EMLA-Creme®

Im Rahmen der Prämedikation darf EMLA-Creme® (eutectic mixture of local amid anesthetics) zur topischen Hautanästhesie nicht ungenannt bleiben, da die Salbe mindestens **45 Minuten,** maximal **4 Stunden** vor einem schmerzhaften Stimulus aufgebracht werden muss.
Indikation: alle schmerzhaften Punktionen und Incisionen (Venenwege bei Kindern, Exzision von Hauttumoren, arterielle Punktion oder Kanülierung, Lumbalpunktion, Epiduralanästhesie, Lokal- und Regionalanästhesie, Circumcision, Meshgraft, Biopsien usw.).
Inhaltsstoffe: Lidocain 2,5% + Prilocain 2,5% in Öl-Wasser-Emulsion. Es besteht die Gefahr der Methämoglobinämie, wenn zu große Hautareale mit EMLA® bedeckt wurden oder die Haut vermehrt die Lokalanästhetika resorbiert (Inflammation, Erythem, Excoriation etc.).

Tab. 7: Maximale Hautfläche, die mit EMLA® bedeckt sein soll

< 10 kg	100 cm^2
10–25 kg	600 cm^2
> 25 kg	2000 cm^2

Praktische Anwendung: 2,5 g (= Hälfte der 5 g-Tube) Tubeninhalt auf ca. 25 cm^2 Haut auftragen, mit Okklusivverband bedecken (z. B. Tegaderm®) und 1 Stunde einwirken lassen.
Charakteristischerweise ist danach eine Vasokonstriktion und Blässe der behandelten Haut zu beobachten, was die Punktion dünner Hautvenen erschweren kann.
Kontraindikationen: Auftragen auf Schleimhäute, Augen oder den äußeren Gehörgang (Ototoxizität), Methämoglobinämie.

Kinder-Prämedikation (siehe Seite 418)

Merke

- *Präoperative Angst ist ein subjektiv störender, komfortmindernder, risikovermehrender und krankmachender Affekt. Präoperative Angst ist so unnötig wie postoperativer Schmerz. Man kann sie erfolgreich mindern, wenn man innerhalb der Sicherheitsgrenzen der anxiolytischen Medikamente bleibt, die Möglichkeiten der therapeutischen Beziehung nützt und das logistische System optimal strukturiert ist.*
- *Nüchternheit vor Eingriffen ist ein Risiko- und Komfortfaktor.*
- *Kardioselektive Betablocker senken die perioperative Mortalität bei kardialen Risikopatienten.*
- *Standardmedikationen (Anticholinergika, ...) bedürfen einer kritischen Revision.*

Literatur

1 Brady M, Kinn S, Stuart P. Preoperative fasting for adults (Protocol for a Cochrane review). In: The Cochrane Library, Issue 3, 2001. Oxford: Update Software

2 Brady M, Kinn S, Stuart P. Preoperative fasting for children (Protocol for a Cochrane review). In: The Cochrane Library, Issue 3, 2001. Oxford: Update Software

3 Hausel J, Nygren J, Lagerkranser M et al. A carbohydrate-rich drink reduces preoperative discomfort in elective surgery patients. Anesth Analg 2001; 93: 1344-50

4 Fleisher LA, Eagle KA. Lowering cardiac risk in noncardiac surgery. N Engl J Med 2001; 345: 1677–82

5 ASA task force on preoperative fasting and the use of pharmacologic agents to reduce the risk of pulmonary aspiration. Practice guidelines for preoperative fasting and the use of pharmacologic agents to reduce the risk of pulmonary aspiration. http://www.asahq.org/practice/npo/npoguide.html, Anesthesiology 1999; 90: 896–905

6 Lindhal SGE. Not only towards enhanced perioperative comfort. Anesth Analg 2001; 93: 1091–2

7 Madsen M, Brosnan J, Nagy VT. Perioperativ thirst: a patient perspective. J Perianesth Nurs 1998; 13: 225–8
8 Miller M, Wishart HY, Nimmo WS. Gastric contents at induction of anesthesia. Br J Anesth 1983; 55: 1185–8
9 Eriksson LI, Sandin R. Fasting guidelines in different countries. Acta Anesthesiol Scand 1996; 40: 971–4
10 Lin LH. Sedation in the outpatient setting. In: Wiener-Kronish JP, Gropper MA. Conscious Sedation. 2001; Hanley & Belfus, Philadelphia
11 Mangano DT, Layug EL, Wallace A et al. Effect of atenolol on mortality and cardiovascular morbidity after noncardiac surgery. N Engl J Med 1997; 336: 1039
12 Poldermans D, Boersma E, Bax JJ et al. The effect of bisoprolol on perioperative mortality and myocardial infarction in high-risk patients undergoing vascular surgery. N Engl J Med 1999; 341: 1789–94
13 Nishina K, Mikawa K, Uesugi T. Efficacy of clonidine for the prevention of perioperative myocardial ischemia. Anesthesiology 2002; 96; 323–9
14 Hahm TS, Cho HS, Lee KH. Clonidine premedication prevents perioperative hypokalemia. J Clin Anesth 2002; 14: 6–9
15 Harter RL, Kelley WB, Kramer MG et al. A comparison of the volume and pH of gastric contents of obese and lean surgical patients. Anesth Analg 1998; 86: 147–52
16 Lydon A, McGinley J, Cooke T et al. Effect of anxiety on the rate of gastric emptying on liquids. Br J Anaesth 1998; 81: 522–25
17 Ang-Lee MK, Moss J, Yuan CS. Herbal medicines and perioperative care. JAMA 2001; 286: 208–16
18 Kanto J, Watanabe H, Namiki A. Pharmacologic premedication for anesthesia. Acta Anaesthesiol Scand 1996; 40: 982–90
19 White PF. Pharmacologic and clinical aspects of preoperative premedication. Br J Anaesth 1986; 52: 1009
20 Larsen R. Anästhesie. 6. Auflage, 1999; 397–407. Urban & Schwarzenberg
21 Bailey P, Pace N, Ashburn M et al. Frequent hypoxemia and apnea after sedation with midazolam and fentanyl. Anesthesiology 1990; 73: 826
22 Meyers großes Taschenlexikon. Band 1; A-Ang. 1981. Meyers Lexikonverlag
23 Riemann F. Grundformen der Angst. Eine tiefenpsychologische Studie. 32. Aufl. 1999. Ernst Reinhardt Verlag München Basel
24 Pakkanen A, Kanto J, Kangas L et al. Comparative study on the clinical effects of tofisopam, nitrazepam and placebo as oral premedication. Br J Anesth 1980; 52: 1009–1012
25 Roewer N, Thiel H. Anästhesie Compact. 1999; Thieme, Stuttgart – New York
26 Johnstone M. Anxiety in surgical patients. Psychol Med 1980; 10: 145–52
27 Bergmann P, Huber S, Mächler H et al. The influence of medical information on the perioperative course of stress in cardiac surgery patients. Anesth Analg 2001; 93: 1093–9
28 Mathey P, Finucane BT, Finegan BA. The attitude of the general public towards preoperative assessment and risks associated with general anesthesia. Can J Anaesth 2001; 48: 333–9
29 Smith AF, Pittaway AJ. Premedication for anxiety in adult daycase surgery (Cochrane review). In: The Cochrane Library, Issue 3, 2001. Oxford: Update software
30 Walker J. Emotional and psychological preoperative preparation in adults. Br J Nurs 2002; 11: 567–75
32 Gillies MA, Baldwin FJ. Do patients information booklets increase perioperative anxiety? Eur J Anaesthesiol 2001; 18: 620–2

33 Caumo W, Schmidt AP, Schneider CN et al. Risk factors for preoperative anxiety in adults. Acta Anaesthesiol Scand 2001; 45: 298–307
34 Caumo W, Schmidt AP, Schneider CN et al. Risk factors for postoperative anxiety in adults. Anaesthesia 2001: 56: 720–8
35 Caumo W, Broenstrub JC, Fialho L et al. Risk factors for postoperative anxiety in children. Acta Anaesth Scand 2000; 44: 782–9
36 Fredmann B, Lahav M, Zohar E et al. The effect of midazolam on mental and psychomotor recovery in geriatric patients undergoing brief surgical procedures. Anesth Analg 1999; 89: 1161–6
37 Cook-Sather SD, Harris KA, Schreiner MS. Cisapride does not prevent postoperative vomiting in children. Anesth Analg 2002; 94: 50–4
38 Schmitz M, Dorow R. 1x1 der Psychopharmaka. 2. erweiterte Auflage, Springer 1996
39 Brosius KK, Bannister CF. Oral midazolam premedication in preadolescents and adolescents. Anesth Analg 2002; 94: 31–6
40 Wilner KD, Anziano RJ, Johnson AC et al. The anxiolytic effect of the novel antipsychotic ziprasidone compared with diazepam in subjects anxious before dental surgery. J Clin Psychopharmacol 2002; 22: 206
41 Benkert O, Hippius H. Kompendium der psychiatrischen Pharmakotherapie, 2. überarbeitete Aufl. 2000; Springer
42 McCann ME, Kain ZN. The management of preoperative anxiety in children: an update. Anesth Analg 2001; 93: 98–105
43 Mangano DT, Goldmann L. Preoperative assessment of patients with known or suspected coronary disease. New Engl J Med 1995; 333: 1750–6
44 Power SJ, Chakrabarti MK, Whitwam JG. Response to carbon dioxide after oral midazolam and pentobarbitone. Anesthesia 1984; 39: 1183–7
45 Shevde K, Panagopoulos G. A survey of 800 patients′ knowledge, attitudes and concerns regarding anesthesia. Anesth Analg 1991; 73: 190–8
46 Tarazi E, Philip B. Friendlyness of OR staff is top determinant of patient satisfaction with outpatient surgery Am J Anesthesiol 1998; 4: 154-7
47 Kain ZN, Mayes LC, Wang SM et al. Postoperative behavioural Outcomes in children. Effects of sedative premedication. Anesthesiology 1999; 90: 758–65
48 Kain ZN, Hofstadter MB, Mayes LC. Behavioural Outcomes methodology (letter). Anesthesiology 1999; 91: 1955–60
49 Clarke B. Cardiology. In: Whitwam JG, McCloy RF. Principles and practice of sedation. 2nd ed. 1998; Blackwell Science
50 Whitwam JG, Chakrabarti MK, Ravussin PR. Airways and bronchoscopy. In: Whitwam JG, McCloy RF. Principles and practice of sedation. 2nd ed. 1998; Blackwell Science
51 Freye E. Opioide in der Medizin, Wirkung und Einsatzgebiete zentraler Analgetika. 5. Aufl. 2002; Springer
52 Richter HE. Flüchten oder Standhalten. 2. Aufl. 1998; Edition Psychosozial, Gießen
53 Soumerai SB, McLaughlin TJ, Spiegelmann D et al. Adverse Outcomes of underuse of beta-blockers in elderly survivors of acute myocardial infarction. JAMA 1997; 277: 115–21
54 Kain Z, Mayes L. Anxiety in children during the perioperative period. In: Borestein M, Genevro J eds. Child development and behavioural pediatrics. Mahwah, NJ: Erlbaum ass. 1996: 85–103
55 Kiefer RT, Weindler J, Ruprecht KW. The endocrine stress response after oral premedication with low-dose midazolam for intraocular surgery in retrobulbar anesthesia. Eur J Ophthalmol 1998; 8: 239–45

56 Kranke P, Morin AM, Roewer N et al. Dimenhydrinate for prophylaxis of postoperative nausea and vomiting: a metaanalysis of randomised controlled trials. Acta Anaesthesiol Scand 2002; 46: 238–44

57 Welters ID, Menges T, Graf M et al. Reduction of postoperative nausea and vomiting by dimenhydrinate suppositories after strabismus surgery in children. Anesth Analg 2000; 90: 311–4

58 Jaspers K. Philosophie, Bd. II Existenzerhellung. 1956; Berlin/Göttingen/Heidelberg

59 Noble DW, Webster J. Interrupting drug therapy in the perioperative period. Drug Saf 2002; 25(7): 489–95

60 Kehlet H. Multimodal approach to control postoperative pathophysiology and rehabilitation. Br J Anaesth 1997; 78: 606–17

61 Vlymen JM, Sá Rego MM, White PF et al. Benzodiazepine premedication. Can it improve Outcome in patients undergoing breast biopsy procedures? Anesthesiology 1999; 90: 740–7

62 Coté CJ. Preoperative preparation and premedication. Br J Anaesth 1999; 83(1): 16–28

63 Citrome L, Volavka J. Violant patients in the emergency setting. Psych Clin North Am 1999; 22: 789–801

*Anmerkung des Autors:
Das „Rezept, um paradoxe Benzodiazepinreaktionen zu provozieren“ ist ein satirischer Beitrag mit didaktischer „Hintertüre“. Den Aussagen im Text folgend, ist **DAS „REZEPT“ NICHT ZUR SEDIERUNG VON ALTEN MENSCHEN GEEIGNET**.

Beruhigen als psychologisches Phänomen

W. Peinhaupt

Für ein gutes Gespräch sind Pausen ebenso wichtig wie Worte.
HEIMITO VON DODERER

Einführung

Aus psychologischer Sicht gibt es viele Methoden und Techniken, die der Beruhigung von Menschen dienen (Atemtechniken, Yoga, Tai Chi, Progressive Relaxation nach Jacobson, Autogenes Training u.v.m.). In diesem Beitrag sollen diese nicht beschrieben werden, obwohl sie gute Möglichkeiten im Sinne des Themas für Patienten und Ärzte bieten.
Sie sind in Trainings und in Büchern hinreichend erklärt und lernbar.
In diesem Artikel geht es um die grundlegenden Haltungen, die zu einer Beruhigung in der Interaktion zwischen Arzt und Patient führen können. Angenommen wird, dass der Prozess des Beruhigens ein wechselseitiger Prozess ist. Der Fokus dieses Textes liegt am Beruhiger und seinen inneren und äußeren Aufgaben.

Ausgangslage und Überblick

Menschen, die ins Krankenhaus kommen, sind zumindest beunruhigt und verunsichert, wenn nicht massiv verängstigt. Sie müssen für eine unbestimmte Zeit ihren gewohnten Lebensraum aufgeben und sind durch ihre Erkrankung in einem seelisch vulnerablen Zustand. Die Institution Krankenhaus mit ihren undurchschaubaren Abläufen und eventuell drohende medizinische Eingriffe ängstigen (4).
Erst die Begegnung mit einem sich zuwendenden Pfleger oder einem Anteil nehmenden Arzt wirkt beruhigend und entängstigend.
Auf Patienten wirkt jenes Verhalten von ärztlichem und pflegendem Personal beruhigend, welches von klarer Information, eindeutigen Haltungen und Zuwendung bestimmt ist.

Beruhigen – gestern und heute

Einen Menschen beruhigen bedeutet heute etwas anderes als vor 30 Jahren. Die fortschreitende Individualisierung und verbesserte Wissensvermittlung

haben die Beziehung zwischen dem Arzt und dem beunruhigten Patienten grundlegend verändert.
Heute wird von dem professionellen Behandler verlangt, darauf zu achten, dass der verängstigte Patient in den Prozess der Beruhigung einstimmt. Genauer kann gesagt werden, dass das Ausmaß der notwendigen Zustimmung durch den zu Beruhigenden zur Beruhigung deutlich gestiegen ist. Darauf müssen sich professionelle Behandler einstellen.
Ließ noch am Anfang des vergangenen Jahrhunderts allein schon die Anwesenheit des Arztes, den Patienten in eine Trance fallen, so muss sich ein Arzt heute schon bedeutend mehr anstrengen, um ein so hohes Ausmaß an Beruhigung zu erreichen.
Im Sinne des gesellschaftlichen Wandels vom autoritätshörigen und -gläubigen Patienten zum Aufklärung verlangenden und Verantwortung mittragenden Patienten heißt beruhigen heute:

- zuhören
- informieren
- einbinden

Zuhören

Zunächst ein typisches Beispiel für die Haltung des *Nicht*-Zuhörens:

Es ist alltägliche Visitensituation auf einer internen Station. Der Arzt kommt mit seinen Begleitern ins Zimmer und geht auf das Bett eines Patienten zu.
Arzt: „Guten Tag, wie geht es Ihnen heute?"
Patient richtet sich auf und beginnt einen Satz:
Patient: „Danke, recht gut, aber ich wollte Sie fragen, ob ich ...
Der Arzt hat sich abgewendet und der schriftlichen Krankengeschichte zugewendet. Er hört bereits nur mehr nebenbei zu.
Der Patient bemerkt die Abwendung und verstummt seinerseits.
Der Arzt entdeckt irgendein Medikament, welches man schon absetzen könnte, und macht das. Er ist mit der Aktivität zufrieden.
Arzt: „Das Pantoloc lassen wir ab heute weg – es geht Ihnen mit dem Magen ja eh schon besser. Auf Wiedersehen."
Der Arzt geht zum nächsten Patienten.
Der Patient bleibt unzufrieden und beunruhigt zurück.

Warum konnte der Arzt den Satz des Patienten nicht zu Ende anhören? War es Zeitdruck oder Desinteresse? War es die Sorge, der Patient würde nicht mehr aufhören zu reden? Glaubt der Arzt, es könne sich bei der Patientenerzählung sicher nur um Nebensächliches handeln?
Es ist wesentlich schwieriger, etwas zu hören, was man in sich schon als Nebensächliches abgetan hat, als jenes zu hören, was einen sofort interessiert.

Dieser Tendenz kann mit der „Inspektor-Columbo"-Haltung (8) entgegengetreten werden. Nach dieser sollte sich der Zuhörende möglichst offen und unvoreingenommen verhalten. Er lässt die Welt auf sich zukommen und wartet darauf, was sich zeigt.

Lalouschek & Nowak (7) haben beschrieben, dass das Sachinteresse des Arztes mit der existenziellen Betroffenheit des Patienten im Gespräch kollidiert. Der Arzt hört, vereinfacht dargestellt, Details und will aus diesen seine Schlüsse für die Behandlung ziehen. Der Patient will einen Gesamtzusammenhang schildern und beginnt dabei mit scheinbar unwesentlichen Aussagen.

Es erscheint notwendig, sich gerade in solchen Situationen ungeteilt zuzuwenden – zumindest für eine gewisse begrenzte Zeit. Oft genügt es, **einen** Satz in Ruhe anzuhören und darauf etwas Adäquates zu erwidern.

Wendet sich der Arzt einem Satz des Patienten zu und reagiert er auf den Inhalt adäquat, so ist diese **Begegnung*** die Ausgangsbasis für eine **Beziehung mit Vertrauensvorschuss**. Der Arzt nimmt damit deutlich die Haltung eines ICH-DU, wie es Buber (9) formuliert, ein und macht damit den Patienten zum Kooperationspartner. Im Gegensatz dazu wäre die obige Haltung des Arztes, der nur Details hört, eine typische Haltung eines ICH-ES-Bezuges. Sie versachlicht das Subjekt des Patienten.

Das Zuwenden gelingt oft nicht, weil der Arzt die Sorge hat, der Patient würde nicht mehr zu reden aufhören und könnte die Visite oder die weitere Arbeit unmäßig aufhalten. Gleichzeitig kann Angst davor aufkommen, dass man sich wieder abwenden muss, und das vielleicht in einem nicht passenden Moment. Dahinter mag die Angst stecken, den Patienten im Stich zu lassen.

Der Ärger und die Verunsicherung jenes Patienten, der einen wichtigen Satz wirklich einbringen konnte, dann aber abgestoppt wird, ist aber kleiner als die Verunsicherung jenes Patienten, der sich nur halb bis gar nicht wahrgenommen fühlt.

Der halb bis gar nicht wahrgenommene Patient wird in der Folge versuchen sich über indirekte Wege Gehör zu verschaffen. Er beginnt mit Klagen über viele kleine körperliche Beschwerden und alltägliche Ärgernisse und versucht diese über das Pflegepersonal und außerhalb der Visitenzeiten anzubringen. Er wird „lästig".

Der ungeteilten Zuwendung für eine bestimmte Zeit ist eine deutliche Markierung von Anfang und Ende immanent. Der Patient bekommt klar begrenzte Aufmerksamkeit. Der Arzt erfährt mehr und wird nicht aufgehalten.

Zwei Minuten ungeteilte Aufmerksamkeit können oft Stunden lähmender Unsicherheit oder langwieriger Untersuchungen ersparen.

* Begegnung wird hier als psychotherapeutischer Fachbegriff verwendet und verdeutlicht das dynamische Element im Zusammensein von Menschen. Begegnungen gestalten Beziehungen (10, 9, 13).

2-Minuten-Präsenz

Wann auch immer der Arzt mit einem Patienten einen Kontakt hat, sollte er versuchen, für einen Moment – ich nenne diesen hier „2-Minuten-Präsenz" – ungeteilt für diesen Patienten da zu sein. Im Sinne dessen, was oben über das Zuhören gesagt wurde, sollte er versuchen, sich dem vorgebrachten Inhalt – und sei er noch so banal – zuzuwenden.
Das würde ihm erlauben, einen Satz des Patienten ganz anzuhören und eine adäquate Antwort darauf zu formulieren – ganz egal, ob die Frage oder Erzählung des Patienten etwas mit der Erkrankung zu tun hat oder nicht, denn so etwas stellt sich ohnehin oft hinterher heraus.
Der Patient fühlt sich dadurch ernstgenommen. Der Arzt zeigt, dass er für ihn da sein will.
Eine solche Begegnung ist ein erster Baustein für eine vertrauensvolle Beziehung zwischen dem Patienten und dem Arzt.

Zusammenfassung
Beruhigen mittels Zuhören heißt, sich für eine bestimmte kurze Zeit ungeteilt zuwenden.

Informieren

Sie sitzen in der U-Bahn und lesen eine Zeitung. Plötzlich bleibt die U-Bahn etwas ruckartig stehen. Aus dem Augenwinkel nehmen sie wahr, dass keine Station zu sehen ist. Sie bemerken, dass sie mitten im Tunnel stehen geblieben sind. Nachdem sie schon eine Weile stehen und aus dem Lautsprecher kein Ton zu hören ist, werden sie innerlich unruhig.
Plötzlich die Information, dass ein technisches Gebrechen aufgetreten ist und dass in Kürze der Schaden behoben sein wird. Sie sind beruhigt und wenden sich wieder ihrer Zeitung zu.
Ist jemand schon einmal beunruhigt, dann ist Information an sich beruhigend. Sie erhöht die kognitive Kontrolle über die Situation (16) und trägt zum Verstehen der momentanen Situation bei. Genau diese Qualität suchen Menschen, die mit einer ungeklärten Erkrankung ins Krankenhaus gebracht wurden, oder jene, die sich einem medizinischen Eingriff unterziehen.
Wir können hier unterscheiden zwischen jener Information, die im Vorhinein gegeben wird, und jener, die im Akutfall gegeben wird. Kann Erstere manchmal zu einer Beunruhigung führen, so sollte Zweitere auf alle Fälle Beunruhigung mindern.
Bei der Information im Vorhinein kommt es wesentlich auf den Zeitpunkt der Informationsgabe an. Es gibt Zeiten, in denen der Patient sehr aufnah-

mebereit ist (z. B. wenn er nach Information direkt fragt), und solche, wo er kaum etwas von der Information im Gedächtnis aufnehmen kann (z. B. bei Patienten, denen soeben eine bedrohliche Diagnose mitgeteilt wurde).
Nach dem „Yerkes-Dodson-Gesetz" erreicht man bei mittlerer Erregung die besten Leistungen (6). Das bedeutet für die Informationsübermittlung, dass sowohl niedrige als auch hohe Erregungspegel nicht geeignet sind, um Patienten wichtige Dinge mitzuteilen.
Der Arzt muss demgemäss vorerst verstehen und überprüfen, wie viel Information der Patient im Moment aufnehmen kann und wirklich will.
Eine mögliche Methode dies herauszufinden ist, vorerst die wesentlichste Information kurz zu geben und dann den Patienten zu fragen, was er denn noch gerne wissen möchte. Die weiteren Informationsinhalte können dann auf die Fragen des Patienten abgestimmt werden. Gleichzeitig lässt sich an der Reaktion des Patienten auf die erste Informationssequenz abschätzen, wie stark ihn diese aufgeregt hat. Dementsprechend kann weitere Information gegeben oder auf einen späteren Zeitpunkt verschoben werden.
Informieren sollte nie als punktuelles Ereignis, sondern **immer als Prozess** begriffen werden. Das Geben von Information ist dann erfolgreich, wenn über einen längeren Zeitraum die gesamte Information in kleineren Portionen, gewürzt mit den Fragen und Sichtweisen des Patienten, gegeben wird. Dabei ist zu beachten, das sich die zu gebende Information im Laufe des Behandlungsprozesses meist deutlich verändert.
Bezogen auf den Informationsinhalt geht es nicht darum, alle Details der Untersuchung bzw. des Eingriffes zu referieren, sondern deutlich werden zu lassen, was man sich als Arzt ausgehend vom eigenen professionellen Hintergrund von dieser Untersuchung verspricht. Was sich der Arzt verspricht und was sich der Patient erwartet, sollte letztendlich möglichst deckungsgleich sein.
Verbindet den Arzt und den Patienten die Hoffnung auf Erfolg, so führt dies zu adäquateren Handlungsweisen als die Furcht vor Misserfolgen (6).
Deshalb sollte der Arzt die positive Wirkung des Eingriffes deutlich hervorheben, aber auch nicht vergessen, die Risiken zu erwähnen. Eine wichtige Rolle spielt dabei die innere Haltung des Behandlers zur Untersuchung. Ist sie selbst innerlich von der Notwendigkeit der Untersuchung überzeugt, wird dies ihr Informationsverhalten positiv beeinflussen. Der Patient wird seine Einwilligung zur Mitarbeit klarer geben können.

Zusammenfassung
Beruhigen mit Information heißt, das Verstehen der Situation fördern, Hoffnung auf Erfolg vermitteln und jene Information geben, die der Patient nachfragt.

Einbinden

Es ist wichtig, dass der Arzt für sich die Untersuchung als echtes gemeinsames Projekt begreifen lernt und nicht als etwas, wo einer etwas tut und der andere alles passiv über sich ergehen lässt.
Der Patient hat die Aufgabe, in das zu Geschehende einzuwilligen, seine Mitarbeit anzubieten und sich selbst der Untersuchung zu überlassen. Das fällt Menschen oft schwer.
Besonders schwer ist das, wenn ein Arzt seinerseits Patient ist und sich diesem Prozess unterwerfen soll. Oft entsteht großes Misstrauen den Kollegen und dem mehr oder weniger bekannten System gegenüber, und eine starke innere Abwehr wird wirksam. Zuzulassen, dass andere über einen selbst verfügen, und sich bewusst zu überlassen scheinen fremdes und unbekanntes Terrain zu sein. Nichts tun können, sondern etwas zulassen müssen, ist schwierig. Positiv formuliert müsste es heißen: „Nichts tun müssen, sondern etwas zulassen können!“
Das Einwilligen in eine Untersuchung von Patientenseite ist ein durchaus differenzierter und oft schwieriger Akt.
Jeder Eingriff und jede Untersuchung beinhalten und brauchen Aktivität vonseiten des Patienten. Diese Aktivität sollte deutlich gemacht werden. Jede kleinste Möglichkeit für den Patienten, bei der Untersuchung irgendwie mitzuhelfen, reduziert die Angst vor dem Kontrollverlust.
Das Untersuchungsteam sollte sich den Anteil der Patientenaktivität in ihrem Untersuchungssetting vor Augen führen (etwa in einem Rollenspiel mit dem Fokus: Was muss der Patient tun?, wobei einer der Teammitglieder die Patientenrolle spielen sollte).
Die Aufforderung an den Patienten, sich möglichst ruhig und entspannt hinzulegen, ist eine Aufforderung zu einer speziell in diesem Moment schwer zu bewältigenden Aufgabe. Kann jemand diese gut erfüllen, bedeutet das ein hohes Maß an Mitarbeit und Patientenaktivität.

Zusammenfassung
Beruhigen im Sinne des Einbindens heißt, den Eingriff als gemeinsames Projekt begreifen und den Patientenbeitrag klar machen und wertschätzen.

Beunruhigung – Verunsicherung – Angst

Wir stehen vor einer paradoxen Situation. Idealerweise sollte der Patient vor und stärker noch während eines medizinischen Eingriffes in einer möglichst guten psychischen Verfassung sein. Er sollte gelassen und entspannt sein, Kontrolle abgeben und sich konzentrieren.

Tatsächlich passiert aber oft das Gegenteil. Der Patient verspannt sich, ist unsicher und beunruhigt. Er versucht stärker zu kontrollieren und kann sich schlechter konzentrieren.

Dahinter steckt üblicherweise Angst. Angst vor den Folgen der Untersuchung, Angst vor den unbekannten Vorgängen während der Untersuchung, Angst sich falsch entschieden zu haben u.v.m.

Wir müssen also etwas gegen die Angst unternehmen, die in dieser Situation auftritt.

Angst begegnen wir am besten mit drei Haltungen:

- da sein für ...
- Halt vermitteln
- Vertrauen schaffen

Da sein für ...

Der Arzt ist in Eile. Will sich gar nicht hinsetzen. Steht vor dem Patienten. Lässt den Patienten nicht aussprechen. Wendet sich ab, während der Patient noch spricht. Er ist schon beim nächsten Patienten und bei der nächsten Aufgabe.

Die Präsenz dieses Arztes ist in diesem Moment als flüchtig, kontaktarm und eher abweisend zu beschreiben.

Entscheidend für einen Beruhigungsprozess ist die eindeutige, zugewandte und im Moment stabile Präsenz, wie sie schon im ersten Teil in einer konkreten Ausprägung mit dem Begriff „2-Minuten-Präsenz" beschrieben wurde. Sie ist ein Akt, der nicht lange dauern muss, um zu wirken.

Für jemanden im Moment ungeteilt da zu sein heißt nicht, für immer für ihn da zu sein. Es gilt vielmehr in der Begegnung einen Impuls zu setzen, der jenes Vertrauen entstehen lässt, welches Patient und Behandler für eine gelingende Behandlung brauchen.

Dasein für jemanden ereignet sich im Moment des einander Wahrnehmens. Für den Patienten wirkt die Situation dann beruhigend, wenn er spüren kann, das er als Ganzes wahrgenommen wird.

Eine unzureichende und zugleich beunruhigende Form des Daseins für jemanden ist jene, bei der der Arzt sich dem Patienten vor allem wegen seines Interesses an seiner Person zuwendet. Das ist eine Grenzüberschreitung in die Privatsphäre des Patienten und inadäquat zur Grundintention des Begegnungskontexts (s. Abb. 1).

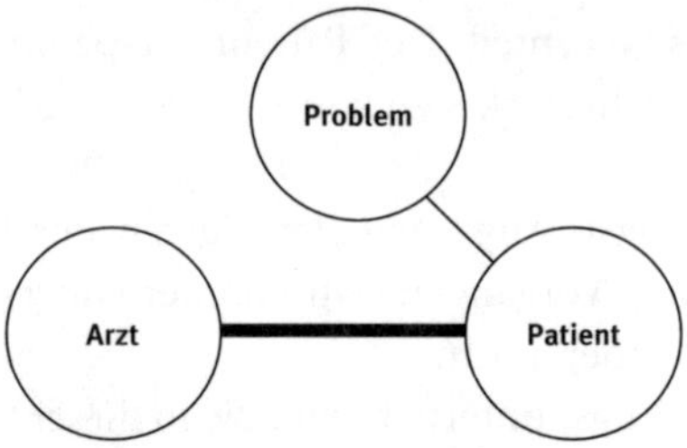

Abb. 1

Die häufigere und ebenfalls ungünstige Form von Dasein für jemanden ist jene, die dem Problem des Patienten Vorrang vor seiner Person einräumt. Das sachliche Interesse wird in den Vordergrund gerückt. Es besteht die Gefahr, dass der andere Mensch in seinem Gesamtzusammenhang nicht gesehen wird. Eine solche Begegnung hinterlässt eine reduzierte und von Nichtbeachtung geprägte Beziehung (s. Abb. 2).

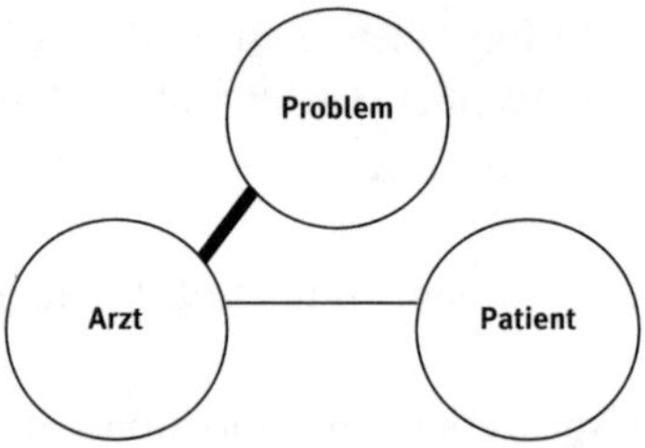

Abb. 2

In Anlehnung an das Begegnungskonzept (9, 10, 13) wird der Patient in der Therapeut-Patient-Beziehung dann ganzheitlich wahrgenommen, wenn sich der Behandler der **Person und ihrem Problem** widmet, wenn es also zu einer Gleichgewichtung des Interesses am Anderen kommt (s. Abb. 3).

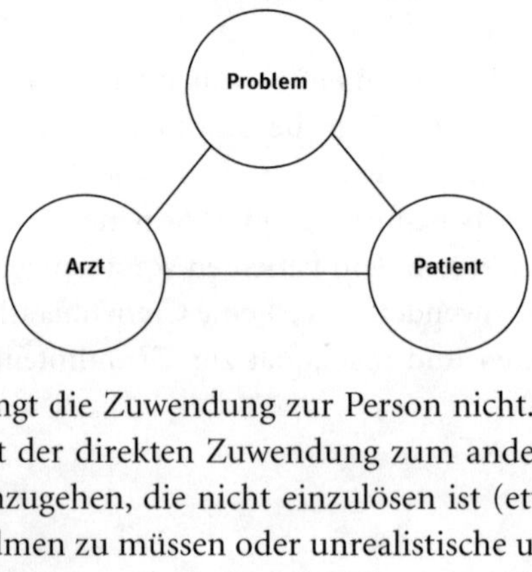

Abb. 3

Oft gelingt die Zuwendung zur Person nicht. Dahinter kann die Angst stehen, mit der direkten Zuwendung zum anderen Menschen eine Verpflichtung einzugehen, die nicht einzulösen ist (etwa dem Patienten extrem viel Zeit widmen zu müssen oder unrealistische und übertriebenen Heilungserwartungen zu wecken). Manche Therapeuten versuchen der Angst zu entgehen, indem sie sich nur dem Problem des Patienten widmen. Der Angst können sie dadurch vielleicht entgehen, aber sie laufen Gefahr, keine vertrauensvolle Beziehung zu ihren Patienten aufbauen zu können.

Zusammenfassung
Das ein für jemanden heißt, dass die Zuwendung zur Person des Patienten und das Interesse für sein Problem gleichermaßen gegeben sind.

Halt vermitteln

Manchmal unerwartet und unverständlich für die behandelnden Personen kann die Mitteilung an einen Patienten, dass ein bestimmter medizinischer Eingriff notwendig ist, plötzlich große Ängste auslösen.
Es werden beim Patienten beispielhaft folgende Fragen und Ängste wach: Was geschieht mit mir? Kann ich mich noch auf meinen Körper verlassen? Auf wen oder was kann ich mich überhaupt noch verlassen? Es droht mir der Boden unter den Füßen wegzurutschen!

Halt vermittelt, wenn der Patient für sich Folgendes erfährt:
- die wissen, was sie tun (Wissen)
- die sind ruhig und engagiert (Haltung)
- die zeigen Anteilnahme (Zuwendung)

Patienten machen die Erfahrung von „die wissen, was sie tun", wenn sie einerseits vom Fachwissen und der Integrität der behandelnden Personen überzeugt sind und andererseits ein Behandlungsteam erleben, das gut zusammenarbeitet.
Ärzte werden als integer erfahren, wenn sie von dem, was sie anordnen und tun, im Wesentlichen aus fachlichen und menschlichen Gründen überzeugt sind. Sie können den Patienten die Chancen und Risiken der kommenden Behandlung klar genug kommunizieren und vermitteln damit Halt. Wichtig dabei ist, dass keine starren Vorgaben gemacht werden, sondern dass die eigene Präferenz vor dem Hintergrund des eigenen Wissens aufgezeigt wird. Gleichzeitig sollte eine Beziehung angeboten werden, die nicht abbricht, wenn sich der Patient gegen die Präferenz des Arztes entscheidet.
Halt wird nicht vermittelt, indem man für jemanden entscheidet, sondern dadurch, dass man dem Patienten Entscheidungshilfen anbietet, die möglichst verständlich sind und fundierte Gründe haben.
Eine gute Zusammenarbeit im Behandlungsteam (Pflegepersonen-Ärzte-Therapeuten) ist für den haltsuchenden Patienten deutlich spürbar und von großer Bedeutung.

Hardt (12) beschreibt, das der Therapeut des Patienten im Krankenhaus immer eine Gruppe ist. Arbeitet die Gruppe ruhig und engagiert zusammen und zieht sie an einem Strang, wird das vom Patienten als Halt gebend erlebt. Deutlich wird dies bei der Vermittlung eines geplanten Eingriffes. Wissen alle Teammitglieder über den Eingriff Bescheid, kann der Patient unterschiedliche Aspekte der Untersuchung von unterschiedlichen Personen vermittelt bekommen; trotzdem entsteht ein einheitliches Bild des Eingriffes. Bedrohungsbilder, die sich beim Patienten entwickelt haben, werden durch unterschiedliche Menschen und deren übereinstimmende Darstellung des Eingriffes entschärft.
Eine Patientin beschrieb die Erfahrung eines solchen Behandlungsteams so: „Ich fühlte mich durch die Kontakte mit den Menschen des Stationsteams sicher aufgefangen wie in einem guten und sicheren Netz".
Letztendlich geht es darum, dem Patienten ein „glaubwürdiges Angebot einer helfenden Beziehung ..." zu machen, wie es Mladek & Schumacher (5) ausdrücken.
Erfährt ein Patient im obigen Sinne ein Behandlungsteam, welches ruhig und engagiert mit ihm Kontakt hält, und findet er Personen, die für ihn Fachwissen verkörpern und Anteilnahme zeigen, ist große Glaubwürdigkeit gegeben. Die Glaubwürdigkeit kann natürlich auch durch zu große Routine, Gleichgültigkeit und Unwissenheit infrage gestellt sein. Routine und Gleichgültigkeit lassen eine adäquate Halt gebende Beziehung vermissen, und im Fall von Unwissen geht der fundierte Grund, auf den sich der Halt suchende Mensch verlassen könnte, verloren.

Umgang mit Anteilnahme und Betroffenheit

Es gelingt jenen Ärzten Halt zu vermitteln, die Anteilnahme zeigen und die Betroffenheit des Patienten klar akzeptieren und spüren können. Für die Begegnung mit den Patienten heißt das, miteinander eine Distanz zur Betroffenheit zu entwickeln und miteinander die Nähe zum Problem suchen.
In der emotionalen Betroffenheit ist meist der Patient dem Behandler voraus und muss somit von diesem mittels einer anteilnehmenden Haltung aufgesucht werden.
In der Nähe zum Problem ist meist der Behandler durch sein Fachwissen voraus. Er muss auf den Patienten warten, bis er ihn versteht und entscheidet mitzugehen.

Zusammenfassung
Halt vermitteln heißt Fachwissen und Anteilnahme verbinden und gut im Team zusammenarbeiten.

Vertrauen schaffen

Ein Mensch, der ins Krankenhaus kommt, ist in seinem Vertrauen sich selbst gegenüber beeinträchtigt. Er ist krank geworden und konnte sich nicht mehr selbst von der Erkrankung befreien. Er schwankt innerlich zwischen der Hoffnung auf Hilfe und dem Zorn über die eigene Hilflosigkeit. Aus dieser Situation heraus geht der Mensch auf die Suche nach Personen, denen er vertrauen kann. Seine Bereitschaft zu vertrauen ist gegeben; seine innere emotionale Lage macht es ihm schwerer, Vertrauen zu schenken.

Deshalb besteht die Gefahr, dass beim beunruhigten Patienten zu schnell Hoffnung geweckt wird, ohne dass Vertrauen gefördert wird. Hoffnung ist der Glaube daran, dass alles gut ausgehen wird. Sie ist da oder nicht da; sie bringt ein Beziehungsverhältnis mit sich, welches von oben und unten geprägt ist. Vertrauen hingegen ist ein sachlich fundiertes Sich-auf-jemanden-und-etwas-verlassen-Können. Vertrauen muss langsam gewonnen werden. Es lässt ein Beziehungsverhältnis entstehen, das von gleichwertigen Partnern geprägt ist.

Will ein Arzt eine vertrauensvolle Beziehung erreichen, benötigt er die Einwilligung des Patienten. Längle (1) drückt dies wie folgt aus: „Somit ist Vertrauen ein Akt der Einwilligung in die bekannten Gegebenheiten im Bewusstsein, dass nichts unverhältnismäßig Schreckliches sich einstellen wird."

Für den beunruhigten Menschen muss die innere Angst vor dem kommenden Eingriff beherrschbar und kontrollierbar werden. Die nicht beherrschbare Rest-Angst soll mutig in Kauf genommen werden.

Vertrauen ist immer eine Art Vorschuss. „Ich begebe mich in deine Hände, obwohl ich nicht genau weiß, was passieren wird."

In der Interaktion mit dem beunruhigten Patienten wird dieser Vorschuss durch Zuhören und Informieren aktiviert. Der Patient lernt den Behandler kennen und (ein)schätzen. Diese Einschätzungen werden mit allem, was der Patient noch über das Vorgehen und Verhalten des Behandlers erfährt, zum Grundstein für zukünftiges Vertrauen.

Daran wird deutlich, dass dem Behandler nicht nur wegen seiner Beziehung zum Patienten, sondern auch wegen seines Rufs unter dem Personal und den anderen Patienten Vertrauen geschenkt wird.

In schwierigen Situationen neigen Menschen dazu, „zwischen den Zeilen zu lesen". Sie nehmen nicht wichtig, was ihnen als Inhalt wörtlich mitgeteilt wird, sondern achten mehr auf Atmosphärisches wie Tonfall oder Gestik und verlassen sich auf die daraus gewonnenen Informationen (2).

Da nach Luhmann (11) „vertrauenswürdig ist, wer bei dem bleibt, was er bewusst oder unbewusst über sich selbst mitgeteilt hat", soll der Behandler über seinen innere Haltung dem Patienten gegenüber und der geplanten Untersuchung gegenüber Bescheid wissen. Er teilt diese Haltungen unbewusst dem Patienten mit. Will er also ein besonders positives Bild von dem geplanten Eingriff zeichnen, obwohl er innerlich von dessen Nutzen wenig überzeugt ist, entsteht beim Patienten Misstrauen.

Weiß er hingegen über seine Haltungen Bescheid, wird er dem Patienten das Für und Wider des Eingriffes klar darlegen können. Gleichzeitig erhält der Patient das Recht mitzuentscheiden und fühlt sich in die Behandlung eingebunden.

Wir haben schon festgestellt, dass es notwendig ist, den Anderen für den Akt des Vertrauens zu gewinnen. Zu schnell kommt manchmal die Forderung des Arztes: „Überlassen Sie das alles nur mir!" Das mag einerseits begründet sein in regressiven Verhaltensweisen mancher Patienten und andererseits in der Spezialisierung der Medizin. Der Patient droht, in einer Behandlungsbeziehung, die von Technik und Laborparametern bestimmt ist, als aktiver Partner verloren zu gehen.

Soll eine vertrauensvolle Beziehung aufgebaut werden, muss der Patient als Person einbezogen werden. Luhmann (11) formuliert folgenden Weg des Beziehungsaufbaus: „Vertrauensbeziehungen lassen sich daher nicht durch Forderungen anbahnen, sondern nur durch Vorleistungen – dadurch, dass der Initiator selbst Vertrauen schenkt oder eine zufällig sich bietende Gelegenheit benutzt, sich als vertrauenswürdig darzustellen (...)."

Ärzte geben so eine Vorleistung, indem sie ihre Patienten in ihrer Symptomdarstellung sehr ernst nehmen. Eine weitere Vorleistung besteht darin, dem Patienten nach der Mitteilung eines geplanten Eingriffes eindeutig eine Bedenkzeit einzuräumen.

Eine weitere Bedingung für Vertrauenswürdigkeit ist, im eigenen Verhalten des Patienten gegenüber stabil zu bleiben und nicht etwa einmal zuzuhören und sich beim nächsten Kontakt abzuwenden.

Zusammenfassung

Vertrauen schaffen heißt zuhören und informieren sowie Chancen und Risiken aufzeigen und den Patienten in die Entscheidung einbinden.

Beruhigendes nonverbales Verhalten

Nonverbales Verhalten ist im Umgang mit verunsicherten und beunruhigten Patienten von besonders großer Bedeutung. Viele Patienten haben gelernt, den verbalen Äußerungen der Ärzte nicht zu glauben. Sie verlassen sich lieber auf körperlich und atmosphärisch Spürbares.

Grundsätzlich ist festzuhalten, dass meistens nicht das inhaltlich Gesagte Beziehungen definiert, sondern vor allem die nonverbalen Aktivitäten die Definition leisten (14). Am Wesentlichsten dabei ist die Übereinstimmung zwischen Sprechen und Tun. Ist es dem Behandler möglich, seine inhaltliche Argumentation mit seiner nonverbalen Verhaltensweise zu unterstreichen, wird er einen hohen Grad an Beruhigung erreichen können.

Ganz und gar lässt sich Verunsicherung aber nie aus der Welt schaffen. Einen Teil muss der Patient einfach akzeptieren und irgendwie selbst damit zurechtkommen.

Das Wissen des Arztes um seine eigene Begrenztheit kann hier ein wertvolles Wissen für beide sein.

Im nonverbalen Bereich neigen Menschen schneller zu Grenzüberschreitungen als im Bereich der Sprache. Deshalb ist auf die Wahrung der gegenseitigen Grenzen und Begrenzung besonderes Augenmerk zu legen.

„Bei jedem Kontakt, ob Augenkontakt, verbalem Kontakt oder vorsichtigem Körperkontakt muss darauf geachtet werden, dass er für den Patienten nicht erdrückend und kontrollierend wirkt, sondern auch in dieser Situation darf es, bei konstant bleibender emotionaler Stützung, den Wechsel aus Zuwendung und Abwendung wie in jeder anderen zwischenmenschlichen Beziehung geben" (3).

Dieser Wechsel zwischen Abwendung und Zuwendung soll für beide, Arzt und Patient, jederzeit möglich sein. Hilfreich ist, wenn sich der Arzt nicht frontal vor dem Patienten aufstellt, sondern etwas seitlich, um den Raum dazwischen frei zu lassen.

Damit fällt es für beide leichter, den Blick entweder einander zuzuwenden oder voneinander abzuwenden. Gemeinsam kann etwas angeschaut werden. Das notwendige „Dritte" in der Begegnung zwischen Arzt und Patient kann in die Mitte rücken.

In der alten paternalistisch-hierarchischen Haltung stellte sich der Arzt vor dem Patienten auf, um ihn mit dem Blick zur Befolgung (Compliance) seiner Vorhaben zu bewegen. Stellt man sich hingegen dem Patienten „zur Seite" und begleitet ihn durch seine Erkrankung, so zielt dieses Verhalten auf ein gleichwertigeres Miteinander (Kooperation) ab.

Am Beginn eines Kontaktes, der beruhigend wirken soll, ist es sinnvoll, bewusst einmal tief durchzuatmen. Das mag banal klingen, hat aber eine weitreichende entspannende und distanzierende Wirkung. Eine Anspannung, die man selbst aufgebaut hat, löst sich damit. Es wird möglich, deutlich eine Zäsur zwischen dem soeben stattgefundenen Kontakt und dem nächsten zu setzen. Ein klares Ende des Vorigen und Beginnen des Nächsten wird möglich.

Der Blickkontakt soll deutlich aufgenommen bzw. erwidert werden. Dabei gilt lieber einmal mehr hinschauen als wegzuschauen. Der Blickkontakt definiert die Beziehung. Da sein füreinander zeigt sich im Aufnehmen des Blickkontaktes, in seinem Wechseln zwischen Anblicken und Wegschauen sowie im Aushalten des angeblickt Werdens (15). Wegschauen oder Anstarren wären die Zeichen für eine Beziehung ohne Dasein füreinander.
Körperliche Berührungen sind beruhigend, wenn sie zwei wichtigen Kriterien entsprechen. Erstens soll die Berührung eher ein „statischer Kontakt" (6) sein; zweitens sollte die Berührung nur Hand, Arm oder Schulter umfassen. Berührungen aller anderen Körperarreale – auch des Kopfes – werden als nicht beruhigend erlebt. Mit „statischem Kontakt" ist gemeint, dass ein sanfter Druck auf Hand, Arm oder Schulter ausgeübt werden kann oder die Hand einfach nur auf die Hand des Patienten gelegt wird. Ein Streichåln wird als Verunsicherung erlebt.
Wichtig für beruhigenden nonverbalen Kontakt ist ein langsameres Sprechen und langsameres Bewegen als im Normalfall. Der Tonfall der Stimme sollte gesenkt werden.
Beunruhigte Menschen neigen dazu, sich schneller zu bewegen als normal – schneller zu sprechen als normal – schneller zu denken als normal. Dieses Tempo ist aufzunehmen und bewusst zu verlangsamen.
Im Übrigen sollte die Ankündigung eines notwendigen Eingriffes nicht während einer körperlichen Untersuchung stattfinden. Körperberührungen dieses Ausmaßes sind dem Arzt lediglich infolge seiner Funktion im Untersuchungskontext gestattet. Der Patient hat dafür Kontrolle abgegeben. Um sich als gleichberechtigter Partner bei der Besprechung zukünftiger Strategien und Eingriffe zu erleben, muss er diese erst wiedererlangen.
Ist die körperliche Untersuchung beendet, wird es möglich sein, für den Patienten da zu sein, ihn zu informieren, einzubinden und ihn als gleichberechtigten Partner im Prozess des Handelns und Heilens zu beruhigen.

Literatur

1 Längle A. Angst und Zuversicht in der Begegnung. In: Rothbucher H, Wurst F (Hg.): *Wir und das Fremde*, Selbstverlag der Internationalen Pädagogischen Werktagung, 1989; Salzburg

2 Strauss-Blasche G, Redtenbacher H. *Interpersonelle Aspekte bei der Anwendung von Biofeedback*, Entspannungsverfahren, Ausgabe 19, 2002

3 Dick G, Dick-Ramsauer U. *Erste Hilfe in der Psychotherapie.* 1996; Springer, Wien, New York

4 Ratsak G. Angst und Angstbewältigung. In: Zech A, *Lehrbuch der Palliativmedizin.* 1997; Schattauer, Stuttgart, New York

5 Mladek G, Schuhmacher J. Psychologische Operationsvorbereitung, In: Brähler E, Geyer M, Kabanov MM (Hg.): *Psychotherapie in der Medizin.* 1991; Westdeutscher Verlag, Opladen,
6 Lasogga F, Gasch B. Psychische Erste Hilfe. In: Bengel J (Hg.): *Psychologie in der Notfallmedizin und Rettungsdienst.* 1997; Springer, Berlin, Heidelberg, New York
7 Lalouschek J, Nowak P. Insider – Outsider: Die Kommunikationsbarrieren der medizinischen Fachsprache. In: Dressler U, Wodak R. *Fachsprache und Kommunikation.* 1989; Österr. Bundesverlag, Wien
8 Hladschik B. Einführung in das ärztliche Gespräch. In: Zapotoczky K (Hg.): *Medizinische Kommunikation auf den Prüfstand.* 2002; Universitätsverlag Rudolf Trauner, Linz
9 Buber M. *Das dialogische Prinzip.* 1984; Verlag Lambert Schneider, Heidelberg
10 Peinhaupt W. *Die Bedeutung des Begriffes „Begegnung" für die Psychotherapie ...* 1990; unveröffentl. Diplomarbeit Universität Wien
11 Luhmann N. *Vertrauen,* 1989; Enke Verlag, Stuttgart
12 Hardt J. Psychologische Aspekte des Krankenhauses als Institution. In: Pritz P, Dellisch H (Hg.): *Psychotherapie im Krankenhaus.* 1994; Orac Verlag, Wien
13 Längle A. Die therapeutische Beziehung In: *Tagungsberichte der GLE Wien,* Nr. 2 / Jhg 1, 1986
14 Watzlawick P, Beavin J, Jackson D. *Menschliche Kommunikation.* 1985; Verlag Hans Huber Bern, Stuttgart, Toronto
15 Sartre JP. *Das Sein und das Nichts.* 1962; Rowohlt Verlag, Hamburg
16 Thompson SC. Will It Hurt Less If I Can Control It? *Psychological Bulletin,* 1981; Vol. 90, No. 1

Eine Anmerkung am Ende:
Patienten, die beruhigt in eine Behandlung einwilligen
und eine vertrauensvolle Beziehung zu ihrem Arzt eingehen,
verklagen ihren Arzt nicht.

Hypnose als Sedierung

K. Bloch-Szentágothai

Wenn man von Sedierung redet, wird im Regelfall an eine medikamentöse Sedierung gedacht. Das ist verständlich, denn durch die modernen Sedativa haben wir sehr sichere, risikoarme und einfach zu handhabende Mittel in der Hand. Trotzdem möchte ich auch auf eine andersartige Möglichkeit aufmerksam machen. Sie ist wohl so alt wie die Menschheit, wurde und wird in allen Kulturkreisen oft mit frappantem Erfolg genutzt. Ob wir dabei vom griechischen Heilschlaf, vom Auflegen der mütterlichen Hand auf die verletzte Stelle oder von der medizinischen Hypnose sprechen, macht keinen grossen Unterschied.
Uns allen werden Situationen, die lebensbedrohlich sind oder als das empfunden werden, bekannt sein. Hierbei sind die ererbten Reaktionen Angriff, Flucht oder Tot-Stellen. Oft kann durch ein Wort, eine hilfreiche Hand wieder der Weg von der kopflosen Flucht zur Selbstkompetenz gefunden werden.
Angst und Spannung können das Gleiche bewirken, nämlich das Auftreten dieser alten, ererbten Reaktionen, die nützlich und hilfreich sein können, aber im Falle einer medizinischen Intervention äußerst kontraproduktiv sind.

Für mich scheint es am wichtigsten zu sein, dass wir unsere Patienten aus dem Status des Opfers in den wesentlich besseren und vor allem auch würdigeren Status des Mitarbeiters herausholen. Ein Mitarbeiter wird nicht getrieben von den Umständen, sondern er sollte ein möglichst gleichberechtigter, kompetent mitarbeitender Teil des Geschehens sein. Auch ein Rückzug in eine Ruhestellung kann vom Patienten aktiv herbeigeführt werden. Natürlich bedarf es dabei meistens unserer Hilfe, die sollte aber ohne oder mit möglichst wenig Machtgefälle eher wegweisend eine Art Hilfe zur Selbsthilfe sein.
Gerne möchte ich dazu bewegen, diese einfache Möglichkeit nicht außer Acht zu lassen.

Wann ist Sedierung nötig?

Bei Spannung und bei Angst steigen in der Regel Blutdruck und Puls an, der Mund ist trocken, der ganze Körper ist – mit dem dazu nötigen erhöhten Sympathikotonus – auf Flucht oder Angriff eingestellt. Durch den erhöhten Muskeltonus ist der ganze Körper angespannt. Das mag nützlich und sinnvoll sein, sofern man angreifen oder flüchten muss, ist aber außerordentlich kontraproduktiv sowohl vor, während, als auch nach einem medizinischen Eingriff. Durch die Spannung sinkt die Schmerzschwelle, objektiv verursacht die Spannung, hauptsächlich bei frisch Operierten oder Verunfallten, mehr Schmerzen. Das Ganze wird noch erschwert durch die meistens sehr negative Erwartungshaltung. So ist es ganz klar, dass eine Sedierung nicht nur für den Komfort des Patienten nötig ist, sondern auch für seine Sicherheit. Außerdem trägt sie erheblich zum Gelingen des medizinischen Eingriffs bei. Der Patient beruhigt sich, Muskeltonus, Blutdruck und Puls sinken, die Kommunikation wird wieder möglich und der Patient ist in der Lage, sich kompetent zu verhalten.

Diese Sedierung wird in den meisten Fällen medikamentös erreicht; sehr oft mit gutem Ergebnis, oft aber auch kompliziert und erschwert durch die Wirkung oder auch die Nebenwirkungen des zur Sedierung angewendeten Medikaments.

Unter Umständen kann die Applikation eines Sedativums schwierig werden. Ein kleines Kind oder auch Erwachsene können gelegentlich sehr schlechte Venen haben, und das Bild wird durch die Zentralisierung (Blut wird von der Haut und der Peripherie in die lebenserhaltenden Organe geschickt) noch schlimmer. Mit einer langwierigen Suche nach Venen können wir einen Patienten in Angst, Schock oder Panik noch weiter traumatisieren.

Es gibt auch immer wieder Patienten, die nicht in der Lage sind Tabletten zu schlucken.

Somit kann eine Möglichkeit zur Sedation ohne Spritzen oder Tabletten dennoch sinnvoll sein.

Vorgespräch

Wenn es die medizinische Situation erlaubt, ist ein Vorgespräch unerlässlich. Als Erstes müssen Patient und Arzt/Therapeut einander kennen lernen. Es ist oft erstaunlich, wie wenig es zum Aufbau eines Vertrauensverhältnisses braucht, aber kennen müssen wir einander! Ich muss Bescheid wissen über die aktuelle Erkrankung, über die Erwartungen des Patienten und – so fern ein medizinischer Eingriff geplant ist – über dessen Verlauf, die Vor- und Nachteile der verschiedenen Möglichkeiten.

Weiters müssen wir das Zuhören lernen. Nach neuen Studien an der Universität Basel ist eines der Hauptprobleme der heutigen, unter enormem Zeitdruck stehenden Medizin, dass wir zum Zuhören keine Zeit haben. Im Schnitt hat ein Patient 30 Sekunden Zeit, seine Sorgen und Anliegen anzubringen. Nötig wären aber etwa 2 Minuten, um Missverständnisse auszuräumen und dem Patienten die Möglichkeit zu geben, sich als „vollwertig genommen" zu fühlen; vom Sicherheitsaspekt gar nicht gesprochen. Sehr oft braucht es ein bisschen Zeit, bis die wirklichen Probleme auch somatischer Art zur Sprache kommen.
Wenn irgend möglich, muss ich die Wahl dem Patienten überlassen. Es ist für die Majorität der Patienten auch eine große Beruhigung, wenn sie unsere bedingungslose – und ich meine wirklich bedingungslose – Offenheit spüren und wenn sie die Möglichkeit haben mitzuentscheiden. Das kann bei ganz kleinen Sachen anfangen: „In welchen Stuhl möchten Sie sitzen?" oder „Darf ich mich zu Ihnen setzen?" Wir müssen unsere Patienten zum aktiven Mitmachen motivieren. Bagatellisieren und Lügen sind meistens kontraproduktiv.
Patienteneigene Ressourcen sollen gezielt gesucht werden, sie könnten im späteren Verlauf von großem Nutzen sein.
Auch wenn ich eine Sedierung mit Hypnose im Sinn habe, entbindet mich das keineswegs von einer korrekten medizinischen Vorbesprechung.

Patientenaufklärung

Wenn Hypnose zur Sedierung geplant ist, muss der Patient aufgeklärt werden: erstens weil jeder medizinische Eingriff mit dem Einverständnis des Patienten passieren muss, zweitens weil eine gute Kooperation nur von einem aufgeklärten und orientierten Patienten erwartet werden kann.
Natürlich kann das Wort „Hypnose" schon Ängste und Widerstand auslösen, hier liegt es nun am Arzt oder Therapeuten, dem Patienten mit der Aufklärung die Ängste zu vermindern oder sie ganz zu nehmen.
Meistens sind wir auch in der glücklichen Lage, dass „Autogenes Training" wenigstens dem Namen nach bekannt ist und als nicht beängstigend empfunden wird. Wenn ich Hypnose kurz erklären muss, sage ich, dass es ein ähnlicher Zustand ist wie beim Autogenen Training.

Vorteile

Hypnose hat ganz erhebliche Vorteile gegenüber der medikamentösen Sedierung. Durch die „Mitarbeit" ist der Patient in einer ganz anderen Position: nicht als Opfer dazu gezwungen, etwas mit sich geschehen zu lassen, sondern aktiver Teil des Geschehens. Ein Patient, der vor und während eines Eingriffs hypnotisch sediert ist, hat etwas „gelernt" und kann die Sedierung auch postoperativ selbst anwenden. Es ist oft ganz erstaunlich, wie zufrieden und gelassen Patienten nach einer hypnotischen Vorbereitung sind. Hypnose bildet eine ausgezeichnete Grundlage zu einem Vertrauensverhältnis, das für die ganze Zeit der Behandlung eine gute Zusammenarbeit ermöglicht.

Hypnose ist nicht eine einseitige Therapie, sondern eine Art gegenseitigen „Aufeinander-Eingehens".

Die voll erhaltene Kommunikationsfähigkeit gibt uns die Möglichkeit, auch wenn die Behandlung verändert werden muss, das mit dem urteilsfähigen Patienten (der sich auch im Nachhinein noch erinnert) zu besprechen.

Fallbeispiel

Junge Frau, hatte schon einige „schlechte Erfahrungen" mit Narkosen gemacht. Wird, wie am Vortag abgemacht, unprämediziert zur Cholezystektomie in den Operationssaal gebracht.

Anästhesistin: „Guten Tag, Frau X, hatten Sie eine gute Nacht?"

Patientin: „Ja schon, außer, dass ..."

A: „Ich verstehe..., und wie ist es, konnten Sie sich noch vorstellen, wie Sie Ihre nächsten Ferien ...?"

P: „Oh ja, ich dachte mir, dass..."

A: „Das ist ausgezeichnet, ... ich frage mich, ob Sie, wenn sie die Augen schließen, den Ort sehen können ...

Wenn Sie sich auch auf die Ausatmung konzentrieren, können Sie schrittweise immer weiter in den Ort hineingehen ... sehen, hören, spüren und schmecken ...

Ja, sich immer weiter zurückziehen. Ich erkläre alles, was wir hier machen, aber all das ist für Sie ganz gleichgültig, weil Sie ... genau so ... sich immer weiter zurückziehen, weit in den Bauch hinein atmen ... die Blutdruckmessung, die Herzüberwachung, ... alles für Ihre Sicherheit ... und noch weiter zurückziehen ...

Vielleicht können Sie sich auch vorstellen, wie gut die Operation verlaufen wird, während Sie in ... sind, wie erfreut und erstaunt Sie nach der Operation aufwachen werden, mit dem Wissen, dass die Heilung schon begonnen hat ... angenehmes leichtes Hungergefühl ... und sobald Sie unter dem Verband die Wundheilung spüren, können Sie sich noch weiter an Ihren speziellen Ferienort zurückziehen ... und Sie werden erstaunt sein, wie gut alles gegangen ist ... sehr gut so ...

Und jetzt können Sie sich angenehm der Narkose überlassen ... und sich schon jetzt auf das angenehme Aufwachen freuen, das gute Gefühl mitnehmen ... und jederzeit, wenn Sie das Bedürfnis haben, auch nach der OP, können Sie sich auf das Ausatmen konzentrieren und an Ihren speziellen Ort zurückziehen ... angenehm losgelassen, sicher, vollkommen sicher und geborgen ... sicher ... geborgen ..."

Nachteile

Es gibt auch medizinische Situationen, in denen ein sofortiges Handeln so dringlich ist, dass für Hypnose keine Zeit bleibt. Die einwandfreie medizinische Versorgung der Patienten hat natürlich Priorität und muss auf jeden Fall gewahrt werden.

Als Nachteil wird gelegentlich auch gesehen, dass die Wirkung der Hypnose nicht so gut berechenbar ist wie die der Sedativa, wobei nach meiner Meinung innerhalb einiger Minuten ersichtlich ist, ob der Patient auf Hypnose anspricht oder nicht. Die Anwendung der Hypnose schließt eine zusätzliche Sedierung nicht aus. Umgekehrt ist das meistens leider nicht der Fall, da wir zur Hypnose die Kooperation des Patienten benötigen.
Nach den allgemein genutzten Suggestibilitätsskalen sind etwa 10% hoch-, 80% mittel- und 10 % wenig bis nicht suggestibel. Das sollte aber keine Schwierigkeiten bedeuten, weil das die Allgemeinheit in normalen Umständen betrifft. Patienten, die aus irgendeinem Grund sediert werden sollten, sind aber fast immer in Ausnahmesituationen und die bringen auch spezifisch veränderte Bewusstseinszustände mit sich. Das aufgrund von Angst und Spannung veränderte Bewusstsein geht meistens mit einer erhöhten Suggestibilität einher, das heißt, dass der Zustand des Patienten die erfolgreiche Anwendung von Hypnose begünstigt. Trotzdem es geht nicht immer ...
Das bedeutet, dass ich auch immer vorbereitet sein muss, keinen „Erfolg" mit der Hypnose zu haben.

Voraussetzungen

Wenn Hypnose zur Sedierung genutzt wird, ist die Hauptvoraussetzung, zu wissen *wie*.
Es liegt an mir, ob ich in der Lage bin, eine Atmosphäre aufzubauen, in welcher der Patient mir traut und wo sehr bald die Umgebung jegliche Bedeutung verliert. Man kann Hypnose in einer Notfallstation, auf der Straße oder im Flugzeug praktizieren. Speziell eingerichtete freundliche und ruhige Raume sind zwar von Vorteil, aber keineswegs notwendige Voraussetzung.
Es ist natürlich sehr hilfreich wenn man eine kurze Mitarbeiterausbildung macht und das Personal darauf sensibilisiert, dass mit gut gemeinten, aber oft sehr kontraproduktiven suggestiven Fragen und Bemerkungen wie *„Ist Ihnen übel?"*, *„Sind die Schmerzen noch erträglich?"* oder *„Das wird nicht gutgehen"* die Arbeit sehr erschwert ist. Meine Umgebung muss wissen, was Hypnose ist und wie sie abläuft. Mit wenigen gezielten Worten können sie auch sehr hilfreich sein, oder sonst: Bitte nicht stören.
Natürlich meine ich, dass, wenn Hypnose für therapeutische Arbeit genutzt wird – und das kann durchaus auch Sedierung sein – ein angemessener Rahmen von Vorteil ist.

Kinder

Kinder sind vor allem zwischen 6–14 Jahren hochsuggestibel. Diese hohe Suggestibilität kann genutzt werden. Sie sind unsere dankbarsten Patienten. Es ist ein wundervolles Erlebnis, wenn ein Kind nach einer Wundversorgung in örtlicher Betäubung strahlend den Eltern erzählt, dass es jetzt beim Tauchen auch einen Delphin gesehen hat, anstatt dass es von den Schrecken der Wundversorgung erzählt oder – noch schlimmer – nicht erzählt. So kann und soll meiner Ansicht nach die Möglichkeit zur hypnotischen Sedierung genutzt werden, und nach einer ganz kurzen Eingewöhnungszeit wird dies auch von allen Mitarbeitern sehr geschätzt.
Etwa ab dem 3.-4. Lebensjahr können Kinder hypnotische Suggestionen befolgen, die einzige Voraussetzung ist, dass sie in der Lage sind zu imaginieren, also sich z. B. das weiche Fell einer Katze vorzustellen. Hypnotische Sedierung von Kindern ist auch für unsere Phantasie eine Herausforderung und sehr befriedigend.

Prüfen der Imaginationsfähigkeit von kleinen Kindern
„Habt ihr zu Hause eine Katze? Hund?" (oder notfalls ist der Teddybär auch gut)
„Kannst du mir erzählen, wie die Katze oder ... ist?"
„Sehr gut ..."
„Viele Kinder können ... die Augen schließen und dann die Katze in den Armen halten.
Ich frage mich, ob du das auch kannst ...
Ja, genau das meine ich, das Fell, die Schnurrhaare spüren ..."

Kinder wollen das, was andere Kinder können, auch können.
Wenn es ersichtlich ist, dass das Kind die Konturen der imaginierten Katze mit der Hand entlangfährt, kann ich davon ausgehen, dass es in der Lage ist zu imaginieren.

Geistig Behinderte

Je nach Grad der geistigen Behinderung sind Hypnose oder hypnoseähnliche Techniken möglich. Problematisch ist natürlich, dass die Hypnose eines gewissen Grades an Kooperation und Konzentration bedarf. Geistig Behinderte lasse ich meistens sitzen und wenn ich darf (Begleiter fragen), dann umarme ich das Kind von hinten und schaukle ganz langsam hin und her ... immer nur so weit, wie die Kinder bereit sind. Diese Nähe und Bewegung bewirkt in der Regel, dass sie sich beruhigen und dann können wir – wenn nötig – Sedativa geben.

Notfälle

Bei Notfällen ist der Einstieg meistens etwas anders. Wir müssen die Ressourcen nutzen, die der Patient uns offeriert. Das können Spannung oder vielleicht auch das Schreien sein. Bei einem Patienten, der frisch verletzt in die Notfallstation gebracht wird und der nichts anderes sagt als „*Tun Sie doch etwas!*" habe ich keinerlei Möglichkeiten, über bestehende Krankheiten, Medikation und die letzte Mahlzeit etwas in Erfahrung zu bringen. In dieser Situation kann die patienteneigene Ressource genau die Spannung sein, die ich noch steigern kann. Das mag zwar etwas eigentümlich aussehen, wenn ich dann sage: „*Machen Sie eine Faust, noch stärker, noch stärker, alle Kraft in die Faust ...!*" Die Spannung wird etwa eine Minute lang aufrechterhalten, nachher erlaube ich dem Patienten, sich zu entspannen: „*Und jetzt können Sie loslassen, den ganzen Körper loslassen ...* u.s.w." So kann ich aus einem unkooperativen, verspannten Patienten einen guten Mitarbeiter bekommen. Zugegeben, für die Kollegen Mitarbeiter an der Notfallstation kann das schon etwas komisch aussehen, aber das Ergebnis spricht für sich.

Fallbeispiel
Ein junger muskulöser Mann wird wegen des Verdachts einer Schulterluxation in das Spital eingeliefert. Er ist auffallend bleich, schwitzt kalt, RR 185/100, P 140, vollkommen verkrampft, alles tut weh, die einzigen Antworten sind „*Weiß nicht*" und „*kann nicht*". Der Notfallarzt hat vorerst keine Möglichkeit, etwas über Allergien, die letzte Mahlzeit, bestehende Krankheiten oder regelmäßige Medikation zu erfahren. Nun wird der Patient in autoritativem Ton aufgefordert, auf der gesunden Seite die Hand zur Faust zu ballen. Da dies in seine ohnehin verkrampfte Allgemeinhaltung hineinpasst, wird die Aufforderung befolgt. Er wird angehalten, die Faust noch stärker zu machen und seine ganze Kraft einzusetzen. Die Spannung wird für 30–60 Sekunden aufrechterhalten. Plötzlich wechselt der Arzt seinen Tonfall und sagt ganz sanft und weich: „*Und jetzt können Sie loslassen, Sie dürfen alle Muskeln loslassen ... Sie spüren, wie gut das tut ... loslassen ... den ganzen Körper loslassen ... wenn Sie wollen, können Sie die Augen schließen und spüren, wie sich der ganze Körper entspannt.*"
Der Patient ist innerhalb von drei Minuten vollkommen ruhig geworden, seine Gesichtsfarbe hat sich normalisiert, Puls und Blutdruck sind zurückgegangen, die Schweißausbrüche haben aufgehört und er gibt klare Antworten. Nach der üblichen Vorbereitung und Medikation kann die Röntgenaufnahme gemacht und die Schulter problemlos reponiert werden.
Hier ist Hypnose im chirurgischen Alltag eingesetzt worden.

Es scheint mir, dass genau bei den Notfällen die Hypnose einen großen Vorteil gegenüber der medikamentösen Sedierung hat, weil – jedenfalls in den meisten Fällen – die Hypnose mir die einzige Möglichkeit bietet, vom Patienten die oft lebenswichtigen anamnestischen Angaben zu bekommen.

Versager?

Natürlich gibt es auch „Versager" – wobei sich da immer die Frage stellen sollte, wer den eigentlich versagt hat: War es die Hypnose, der Therapeut, die Methode, die Umgebung oder eine Mischung von allem? Natürlich gibt es auch Patienten, die sich der Hypnose „verweigern", oder Patienten mit einer sehr niedrigen Suggestibilität; aber ich würde schon meinen, dass in der Majorität der Fälle der Therapeut die falsche Methode im falschen Moment in der falschen Art angewendet hat. Wir haben ja die Möglichkeit, in diesen Fällen doch gezielt die medikamentöse Sedierung einzusetzen. Natürlich würde ich auch in den Fällen, wo ein Patient ausdrücklich eine Sedierung verlangt, diese geben.

Zu berücksichtigen ist, dass, wenn Hypnose „versagt", etwas Zeit verloren gegangen ist. Darum würde ich in einer medizinischen Situation, in der es wirklich auf die Zeit ankommt, nicht oder nur als begleitende Maßnahme mit Hypnose oder ähnlichen Methoden arbeiten.

Anderseits ist es auch eine unglaublich große Möglichkeit in der Hand des Ausgebildeten, dass man nur durch das Wissen einer Methode Patienten sedieren kann ohne irgend ein weiteres Hilfsmittel. Diese Art von Sedierung kann unter Umständen lebensrettend sein.

Ängste

Leider ist das Wort Hypnose nach wie vor ziemlich mit Hypotheken belastet. Herrschende Vorstellungen sind: „ausgeschaltet zu sein", manipuliert, kontrolliert zu werden bzw. keine Kontrolle zu haben. Wenn ich einen Patienten schnell beruhigen muss, habe ich keine Möglichkeit, diese Ängste im ausführlichen Gespräch auszuräumen; trotzdem muss ich, außer bei wirklich dringlichen Notfällen, wenigstens in rudimentärer Form eine Patientenaufklärung machen, z. B. „*Ich werde Ihnen helfen und zeigen, wie Sie sich entspannen können*".

Unbedingt muss klargestellt werden, dass ich zwar den Weg zeigen, ihn aber für den Patienten nicht gehen kann.

Kosten

Als Argument gegen die Hypnose hören wir sehr häufig, dass man die Zeit dafür nicht hätte. Das stimmt soweit, dass man beim Vorgespräch tatsächlich etwas mehr Zeit aufwenden muss: Im Allgemeinem handelt es sich da um einem zusätzlichen Zeitfaktor von vielleicht 5 Minuten. Diese 5 Minuten machen sich aber in der meistens wesentlich vereinfachten späteren Zusammenarbeit mit dem Patienten mehr als bezahlt. Etwas salopp ausgedrückt kann ich mit der Hypnose meinen Patienten „pflegeleicht" machen, und das ist nicht nur für den Patienten und den Behandelnden, sondern für das ganze Team von großem Vorteil: Da der Patient weniger Probleme macht, beansprucht er auch weniger Zeit und ist so natürlich auch „kostengünstiger".

Natürlich wird hier nicht von der Hypnoanästhesie gesprochen, die in den meisten Fällen eine bis mehrere Stunden Vorbereitung benötigt. Meiner Ansicht nach sollte die Hypnoanästhesie auch nur für ganz spezielle Fälle, zum Beispiel Polyallergiker, vorbehalten werden.

Andererseits ist natürlich eine gute Ausbildung in Hypnose nicht gerade billig. Insofern gibt es auch Mehrkosten, wobei die meistens nicht von den Institutionen bezahlt werden.

Ausbildung

Die Ausbildung in medizinischer Hypnose wird im ganzen deutschsprachigen Raum relativ einheitlich gehandhabt: mit einem festgelegten Curriculum, mit Supervisionen und auch einem Eignungsgespräch. Für eine umfassende Ausbildung werden ausschließlich Ärzte, Psychologen und Zahnärzte zugelassen, die totale Ausbildungszeit beträgt im Minimum etwa 3 Jahre.

Es gibt aber auch Kurse für Pfleger, Schwestern, Hebammen usw. In dieser Ausbildung werden spezielle Techniken unterrichtet, die schnell und effizient vom fachkundigen Pflegepersonal angewendet werden können. Alle, die eine Ausbildung in medizinischer Hypnose absolviert haben, unterstehen dem ethischen Code der ISH (International Society of Hypnosis).

Literatur

1 Kossak H-C. *Lehrbuch Hypnose.* 1993; Psychologie Verlags Union
2 Langewitz W, Denz M, Keller A et al. Sponatneous talking time at start of consultation in outpatient clinic: cohort study. *BMJ* 2002 Sep 28; 325(7366): 682–3
3 Lunn JN. *Consciousness, awareness and pain in general anaesthesia.* 1987; Butterworth
4 Kroger WS. *Clinical and Experimental Hypnosis.* 1977; J.B. Lippincott Company
5 Revenstorf D. *Klinische Hypnose.* 1993; Springer
6 Schmierer A. *Einführung in die zahnärztliche Hypnose.* 2001; Quintessenz Verlags GmbH, Berlin
7 Schmierer A. *Kinderhypnose in der Zahnmedizin.* 2002; Hypnos Verlag, Stuttgart
8 Scott LD. *Modern hospital hypnosis.* 1974; Especially for anaesthetists, Lloyd Luke

Pharmakologische Voraussetzungen

D. Weixler

Don't be the first to use a new drug, or the last to use an old one.

In diesem Kapitel werden die pharmakologischen Basisdaten der häufig verwendeten Substanzen für Sedoanalgesie, Sedierung bzw. Conscious Sedation behandelt: essentielle Fakten, häufige oder gefährliche unerwünschte Wirkungen, sofern sie für die praktische Anwendung relevant sind.

Das ideale Pharmakon zur Sedierung

- wirkt **anxiolytisch, analgetisch** und **amnestisch**
- hat eine hohe **therapeutische Breite** (d.h. die Differenz zwischen effektiven Dosen und letalen Dosen ist groß)
- ist **nicht organotoxisch** oder **immunsupprimierend**
- hat eine hohe **Akzeptanz** bei den Patienten durch eine angenehme Art es zu inkorporieren (transdermal > oral > rectal > inhalativ > i.v. > s.c. > i.m.)
- hat eine **Bioverfügbarkeit** von 100% (d.h. alles gelangt an den Wirkort durch rasche und vollständige Resorption bzw. ohne gleichzeitig stattfindende Biotransformation, hepatische Elimination etc.)
- wirkt **spezifisch** ohne unerwünschte Wirkungen wie Atemdepression, Kreislaufeffekte, subjektive unangenehme Empfindungen usw.
- ist gut **steuerbar (titrierbar)** durch kurze Anschlagzeit, kurze Wirkdauer und rasche **organunabhängige Elimination ohne Akkumulation**
- hat eine vollständige Reversibilität der Wirkung bei Verabreichung eines spezifischen **Antagonisten**
- hat keine wirksamen **Metaboliten**, welche die Wirkung verlängern
- hat kein **Suchtpotenzial** oder **Toleranz- bzw. Entzugsphänomene**
- weist keine **Interaktionen** mit anderen Pharmaka auf
- ist einfach zu **dosieren** (auch in der Anwendung auf extreme Lebensalter) sowie **einfach und sicher** zu verabreichen (auch durch wenig geschultes Medizinpersonal)
- führt zur **Zufriedenheit** von Patient und Operateur
- ist **billig**

Die **Wahl des Pharmakons** richtet sich nach den (wenig beeinflussbaren) Grundbedingungen des Patienten, dem Anwender (seinen Kenntnissen, seiner Erfahrung und Fachkompetenz) und den Rahmenbedingungen. Die Verabreichung eines Pharmakons bedingt, dass es für einen bestimmten Eingriff geeignet ist und dass für den Operateur die Bedingungen hergestellt werden, die für seine Tätigkeit hinreichend sind. Das Umfeld limitiert die Anwendung gewisser Medikamente. Ohne entsprechende personelle und apparative Bedingungen ist die Gabe gewisser Substanzen obsolet (z. B. ohne verfügbares Monitoring, am Unfallort etc.). Die Anwendung unter besonderen Bedingungen setzt voraus, dass man sich mit dem Gebrauch der entsprechenden Substanz vertraut gemacht hat.

Die Wahl eines Pharmakons soll auf ein definiertes therapeutisches Ziel gerichtet sein.

Beispielsweise wird ein agitierter Patient durch die Verabreichung eines Sedativums noch mehr agitiert (weil enthemmt), **wenn** der Grund für die Unruhe Schmerzen sind. Aus diesem Grund ist die Beobachtung des Patienten und die Kommunikation mit ihm wesentlich.

Es ist essentiell zu wissen, **wann** der Effekt einer Medikation eintreten wird. Unsinnig wäre es, in diesem Zeitfenster der Wirklatenz weitere Dosen zuzuführen, weil dadurch der erwünschte Effekt übertroffen wird.
Für rasch wechselnde Erfordernisse an Sedierungstiefe ist daher fast ausschließlich die intravenöse Verabreichung von Pharmaka zielführend. Für die i.v.-Verabreichung spricht neben der guten Steuerbarkeit auch die 100%ige Bioverfügbarkeit und die relativ gute Berechenbarkeit eines Effektes. Limitierend ist die Akzeptanz der Anwendung bei kleinen Kindern, wobei neben einer Traumatisierung auch die Erwartungen des Umfelds (Eltern, Gesellschaft) in die Methodenwahl eingehen.
Während bei i.v.-Zufuhr einer Substanz die **Bioverfügbarkeit** 100% ist, liegt sie bei Zufuhr auf anderen Wegen je nach Pharmakon und seinen galenischen Eigenschaften zwischen 0 und 100%. Sie ist abhängig von der Absorptionsrate und vom **first-pass-Effekt.**
Die Absorptionsrate bei oraler Zufuhr unterliegt weiteren Einflussgrößen, wie Füllungszustand und Azidität des Magens, resorptive Kapazität (z. B. bei Ileus aufgehoben) auf der Seite des Makroorganismus; pK_a, Lipidlöslichkeit, resorptionshemmende Einflüsse auf der Seite des Pharmakons (z. B. werden Tetrazykline durch Milchprodukte komplex gebunden und können nicht resorbiert werden).

Medikamente, die im Magen oder im Darm resorbiert werden, passieren, ehe sie in die systemische Zirkulation gelangen, über die Pfortader die Leber und werden metabolisiert und/oder biliär sezerniert. Als therapeutische Konsequenz aus diesen Umständen sind oral (und rektal) verabreichte Pharmaka in höheren Dosen zu verabreichen (ca. 50% einer rektal verabreichten Substanz unterliegt einem first-pass-Effekt).

Die Intensität eines Medikamenteneffekts korreliert mit der Konzentration der Substanz am Wirkort. Die **Plasma-Halbwertszeit** weist nicht auf einen direkten Zusammenhang mit der Dauer einer Pharmakonwirkung hin, was anhand von rezeptorvermittelten Pharmakoneffekten verständlich wird. Die **Clearence** eines Pharmakons beschreibt jenes Quantum an Blut, Serum oder Plasma, aus dem das Pharmakon in der Zeiteinheit eliminiert wird. Ein wesentlicher Parameter ist das **Verteilungsvolumen**: Ist das Verteilungsvolumen einer Substanz hoch, so kann das nach einmaliger Verabreichung der Substanz bedeuten, dass die Wirkdauer der Substanz trotz langer HWZ niedrig ist, da durch Redistribution der Substanz vom Wirkort in die peripheren Kompartimente wirksame Konzentrationen am Wirkort nur kurz aufrechterhalten werden (z. B. Diazepam: lange HWZ + hohes Verteilungsvolumen ? kurze Wirkdauer).

Viele sedierende Medikamente verlieren ihre Wirkung durch **Umverteilung**. Häufig erfolgt die Umverteilung in einem offenen Drei-Kompartimente-Modell: Zuerst erreichen sie die Gewebe, die von großen Anteilen des Herzzeitvolumens durchströmt werden: Gehirn, Herz, Leber, Nieren – dann die Skelettmuskulatur, die einen hohen Anteil der Gesamtkörpermasse ausmacht –, schließlich das Fettgewebe (mit variablen Anteilen an der Gesamtkörpermasse bei relativ geringem Anteil am Herzzeitvolumen).

ZNS $\leftrightarrow$ Muskulatur $\leftrightarrow$ Fettgewebe

Ist der Anteil des Fettgewebes prozentuell hoch, so wird das „langsamste" der Kompartimente für die späten Effekte der Sedativa maßgeblich: langzeitig wirksame Residualsedierung.

Eine weitere Einflussgröße ist die **Proteinbindung**. Grundsätzlich wirksam ist der freie, nicht gebundene Anteil einer Substanz. Freie Substanz und an Proteine (v.a. Albumin) gebundene Anteile stehen miteinander im Fließgleichgewicht. Ist die Proteinbindung eines Pharmakons hoch (z. B. bei Midazolam), so steht bei Proteinmangelzuständen wie Leberzirrhose oder Niereninsuffizienz relativ mehr an freiem Anteil am Wirkort zur Verfügung. Der Effekt ist eine Zunahme der Wirkstärke von Pharmaka unter diesen Umständen.

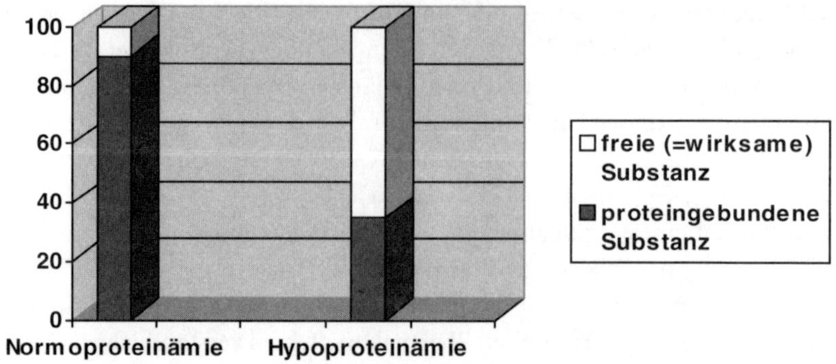

Abb. 1: Verhältnis der freien zur gebundenen Substanz in Abhängigkeit vom Proteingehalt des Serums

Die **Eliminations-Halbwertszeit** weist eine hohe intra- und interindividuelle Variabilität auf, beeinflusst von Alter, Geschlecht und Erkrankungen.
Seit 1992 existiert der Begriff der **„kontext-sensitiven Halbwertszeit"** (1), die auch die Dauer der Zufuhr einer Substanz in Rechnung stellt und daher exaktere Aussagen zur Eliminationskinetik eines Pharmakons ermöglicht. Das ist vor allem bei der Langzeitanwendung von Sedativa (Intensivstation) von erheblicher Bedeutung.

Pharmakodynamik kann als quantitative Analyse der Beziehung zwischen Konzentration eines Pharmakons am Wirkort und der Größe des induzierten Effekts definiert werden (2).
Eine vereinfachte Erklärung von *Pharmakodynamik* lautet: „what a drug does to the subject", während über **Pharmakokinetik** gesagt werden kann: „what the subject does to the drug". Um an der Zielzelle einen Effekt auszuüben, muss an die Zielzelle ein Signal übermittelt werden, dies erfolgt über Proteinstrukturen wie Rezeptoren, Ionenkanäle oder Ionenpumpen. Diese Interaktion führt zur Produktion eines *second messenger*, der die Kommunikation zwischen intra- und extrazellulär vervollständigt. Die Affinität eines Pharmakons zu seinem Rezeptor ist einer der determinierenden Faktoren, der festlegt, welche Konzentration an Pharmakon notwendig ist, um einen Effekt zu bewirken. Die Affinität einer Substanz zu ihrem Rezeptor definiert die **Potenz** der Substanz (2).
Hat ein Medikament eine schmale **therapeutische Breite** (therapeutischer Index), so bedeutet das, dass nur geringe Dosisunterschiede zwischen effektiver und toxischer Dosis liegen, dass zwischen nützlicher und schädlicher Wirkung nur ein schmaler Grat liegt.

Benzodiazepine (BZD)

Kardinalwirkungen der Benzodiazepine
1. Anxiolyse
2. Schlafanstoß
3. antikonvulsive Wirkung
4. zentrale Muskelrelaxation
(5. Amnesie)

Die Wirkungen der Benzodiazepine sind (mit Ausnahme des hypnotischen Effekts) **GABA**-Rezeptor-vermittelt (31). GABA (Gamma-Amino-Buttersäure) ist ein inhibitorischer Neurotransmitter im ZNS (limbisches System, Thalamus, Hypothalamus). GABA bewirkt die Öffnung eines membranständigen Chloridkanals. Der Chloridioneneinstrom führt zu einer Membranhyperpolarisation und Inhibition.
GABA-Rezeptoren finden sich nicht nur im ZNS, sondern auch im Herzen: Ihre Besetzung führt zu verminderter myokardialer Kontraktiliät und zu einer Verkürzung des Aktionspotenzials (4). Die Herzfrequenzvariabilität sinkt bei Anwendung von BZD, es dürfte die Dominanz des Sympathikus potenzieren (5). Barbiturate, Propofol, Etomidat, Äthanol, Chlomethiazol und eine Reihe anderer Substanzen mit antikonvulsiven, anxiolytischen und hypnotischen Eigenschaften binden ebenfalls am GABA-Proteinkomplex (4).

Die **Absorption** der BZD geschieht auf allen Wegen: oral, rektal, nasal, intramuskulär, sublingual, intravenös (auch oral fast vollständig).
Nach oraler Aufnahme erfolgt die Absorption rasch. Spitzenspiegel finden sich bei allen BZD bereits nach 1–3 Stunden.

Umstände, welche die Absorption beschleunigen:
a) lipophiles BZD (Diazepam, Flurazepam, Triazolam)
b) leerer Magen
c) Äthanol

Die **Metabolisierung** erfolgt in der Leber durch Oxydation und Konjugation.
Manche Substanzen haben pharmakologisch wirksame Metaboliten (z. B. Diazepam, Flunitrazepam). Hepatopathien mit reduzierter Entgiftungsleistung verlängern die Wirkdauer der BZD (z. B. bei Sepsis). Lorazepam wird

primär durch Glucuronidkonjugation metabolisiert, daher sind Pharmakainteraktionen oder eine koexistente Lebererkrankung weniger bedeutungsvoll.
Die **Plasmaproteinbindung** der BZD ist in der Regel hoch (80–99%), Ausnahmen bilden Lorazepam (60%) und Bromazepam (70%).
Das **klinische Bild** der Benzodiazepinwirkung ist in erster Linie von der Dosis abhängig:
Müdigkeit, Benommenheit, Schwindel, verschwommene Sicht, Konfusion, Nystagmus, verwaschene Sprache, Ataxie, Schwäche, Lethargie, Adynamie, kognitive Veränderungen (Merkfähigkeitsstörungen bis zur Amnesie, Konzentrationsschwäche, Verwirrtheit), Störung der motorischen Koordination, Doppelbilder, Schläfrigkeit, Schlaf.
Unerwünschte Wirkungen können Übelkeit, Schluckauf und Kopfschmerzen sein.
In steigenden Konzentrationen oder nach rascher Zufuhr kommt es zu Hypotonie und Bradykardie; Sopor (nur starke Reize führen zu einer Reaktion), Verlust der Kontaktfähigkeit, Atemdepression bis Atemstillstand. Seltener (v.a. bei älteren Menschen und Verwendung (relativ) hoher Dosen) treten **paradoxe Phänomene** (Disinhibitionsphänomene) wie Angst, Panik, Agitation, Unruhe, Aggressivität, Halluzinationen, Raptus, Euphorie und Schlaflosigkeit auf.
Allergische Reaktionen durch BZD sind sehr selten.

Die **therapeutische Breite** der BZD ist relativ groß, die **Wahrscheinlichkeit eines letalen Ereignisses** steigt durch folgende Faktoren:

- kurzwirksame BZD (Midazolam, Triazolam)
- Kombination mit anderen sedierend wirkenden Substanzen
- extreme Lebensalter
- i.v.-Verabreichung

Indikationen für Benzodiazepine

- Angst und Panik
- Schlafstörungen
- motorische Spannung
- Hypervigilanz
- Aggressivität
- innere Unruhe
- Conscious Sedation, Sedoanalgesie, Dämmerschlaf
- Allgemeinanästhesie, Deep sedation
- Epilepsie, Status epilepticus
- Kokain- und Cannabisintoxikation

- Spastizität
- Spätdyskinesien durch Neuroleptika
- Konversionssymptome
- Stupor und Mutismus
- Übelkeit und Erbrechen durch Chemotherapie
- (Bestandteile der Therapiekonzepte für Substanzentzug, Manie, Schizophrenie, Suizidalität, Depressionen, Phobien, psychiatrische Akutsituationen etc.)

Kontraindikationen der Benzodiazepine
(Ausnahmen: Einleitung einer Allgemeinanästhesie und Sedoanalgesie in der Intensivtherapie)

Intoxikation mit sedierenden Substanzen (inkl. Äthanol)
Myasthenia gravis
unbehandeltes Engwinkelglaukom
Neugeborene, Säuglinge unter 6 Monaten
Schwangere im I. Trimenon
Atemwegsproblematik/Obstruktion
unbehandeltes oder exazerbiertes Asthma bronchiale
respiratorische Insuffizienz
Schlafapnoe-Syndrom
akute Infekte der Atemwege
Sauerstoffsättigung < 94% unter Raumluft
Atemfrequenz > 30 bei Erwachsenen
Adipositas permagna
Schädel-Hirn-Trauma, erhöhter intrakranieller Druck
akute neurologische Erkrankungen mit Bewusstseinstrübung
Aspirationsrisiko: akutes Abdomen, Ileus, Erbrechen etc.
schwere metabolische Entgleisung mit Affizierung des Bewusstseins
instabile Koronarsyndrome, kardiale Insuffizienz NYHA IV, Ruhedyspnoe

Fettdruck: absolute Kontraindikationen

Benzodiazepine in der Anwendung zur Sedierung (Conscious Sedation)

Benzodiazepine, insbesondere Midazolam, sind die am häufigsten angewandten Medikamente im Bereich der Sedoanalgesie. Der ideale Weg der Verabreichung ist (Kinder ausgenommen) die intravenöse Applikation, dadurch wird ein hohes Maß an Steuerbarkeit erreicht. Die Ziele der Conscious Sedation, die mit Hilfe der BZD erreicht werden, sind Angstlösung, Sedierung und Amnesie. Ihre Anwendung ohne Komedikation ist nur auf Eingriffe mit geringer Schmerzkomponente beschränkt, da sie selbst keine analgetische Potenz innehaben.

Der Effekt der BZD auf verschiedene Organsysteme kann als minimal bis moderat bezeichnet werden, auch in hohen Dosen haben sie nur minimale Wirkungen auf das Herzkreislaufsystem (2, 4). Als Monosubstanzen verabreicht, bewirken sie nur einen minimalen Abfall des Blutdrucks, des systemischen Widerstandes und des Herzzeitvolumens. Midazolam hat die stärksten Effekte der BZD auf das kardiovaskuläre System. Blutdruckabfälle treten vor allem bei bestehender Hypovolämie auf. Werden BZD in niedrigen Dosen (z.B. 5 mg Diazepam oder 2 mg Midazolam) intravenös injiziert, so sind bei jüngeren Menschen ohne wesentliche Begleitkrankheiten keinerlei klinisch messbare Veränderungen von Herz und Kreislauf zu erwarten (147). BZD vermindern den cerebralen Blutfluss und den Sauerstoffverbrauch des ZNS und vermögen einen erhöhten Hirndruck zu senken (unter der Bedingung, dass der mittlere arterielle Blutdruck konstant gehalten wird und keine BZD-assoziierte Hypoventilation und Hyperkapnie auftritt).
Sie unterdrücken die ventilatorische Antwort des Atemzentrums auf einen CO_2-Anstieg.
Zentrale Atemdepression und Atemstillstand sind Effekte, die mit der Dosis und der Geschwindigkeit der Verabreichung korrelieren.
Interaktionen: Schwerwiegende Nebenwirkungen können auftreten, wenn BZD mit anderen sedierenden oder analgetischen Substanzen wie Opioiden, Barbituraten, Neuroleptika, Propofol, Antihistaminika usw. kombiniert werden. Diese Medikamente wirken hinsichtlich Atemdepression synergistisch, d.h. die Wirkung des Effekts ist höher als die Summe der Partialwirkungen (supraadditiver Effekt). Zentrale Alpha-2-Agonisten (Clonidin, Dexmedetomidin) reduzieren den Dosisbedarf der Benzodiazepine. Ketamin und Midazolam wirken zusammen lediglich additiv (4).

Bei der Kombination von BZD mit Opioiden ist eine Dosisreduktion der BZD um ca. 77% vorzunehmen (4).

In der Literatur sind zahlreiche Todesfälle im Zusammenhang mit der Kombination von BZD und Opioiden beschrieben (3). In der Intensivmedizin macht man sich die supraadditiven Effekte hinsichtlich Atemdepression zu Nutze, in dem man Opioide und BZD kombiniert, um eine Tubustoleranz und Adaptation an den Respirator zu begünstigen. Bei Verwendung von Opioid-PCA-Pumpen ist die Verabfolgung von Benzodiazepinen und anderen Hypnotika kontraindiziert.
BZD sind auch im hohen Alter sicher und effektiv, wenn man die veränderte Pharmakodynamik und Pharmakokinetik des alten Menschen berücksichtigt. Obwohl die Aufwachzeiten bei äquieffektiven Dosen von Midazolam

nicht verlängert sind, muss in der Geriatrie mit kognitiven Problemen nach der Anwendung von BZD gerechnet werden. Die Übergänge in tiefe Sedierungsstadien erfolgen rascher, vor allem, wenn die Baseline der Sauerstoffsättigung erniedrigt ist (Prädiktor: $S_aO_2 < 94\%$)

Midazolam ist in der Anwendung für Sedoanalgesie allen anderen BZD überlegen und ist als Substanz empfohlen, wenn Nicht-Anästhesisten die Aufgabe der Sedierung innehaben (4). Die Komplikationsrate liegt bei adäquatem Monitoring unter 1% (12), die therapeutische Breite ist hoch:

Tab. 1: **Therapeutischer Index** (ThI : MT: maximal tolerierte, nichtletale i.v.-Dosis an Nagetieren, CD: klinisch-anästhetische Dosis bei Menschen, THI=MT/CD (nach Whitwam (4))

Pharmakon	mittlere MT (mg/kg)	CD (mg/kg)	TH_I (Mensch)
Midazolam	53,5	0,1–0,3	177–535
Flumazenil	64,3	0,003–0,075	857–21,4 x 10^3
Propofol	25	0,15–3,0	8,3–167
Thiopental	37,5	3,0–4,5	8,3–12,5

Die Verwendung von Diazepam als i.v.-Substanz zur Sedierung bei geplanten Eingriffen ist ein veraltetetes Konzept, da Diazepam schlechter steuerbar ist und durch seine pharmakologisch aktiven Metaboliten und seine lange HWZ zu lange wirkt. Midazolam ist wesentlich potenter als Diazepam, die in den 80er-Jahren postulierte Dosisrelation Midazolam : Diazepam = 2 : 1 wurde in den letzten Jahren einer Korrektur zugeführt (4):

Äquipotenz-Ratio Midazolam/Diazepam = 3–5/1
d.h. eine Dosis von 0,03–0,05 mg/kg KG Midazolam ist äquieffektiv wie 0,15 mg/kg KG Diazepam.

Der „Trend zu niedrigeren Dosen" trägt dieser jüngeren Erkenntnis Rechnung.

Midazolam hat auch ein höheres Potenzial **anterograde Amnesie** herbeizuführen als Diazepam. Anterograde Amnesie ist ein Effekt, der abhängig ist von der Substanz, der Route der Verabreichung und der Patientenpopulation (6), sie ist maximal bei i.v.-Anwendung, bei kurzwirksamen BZD (Midazolam, Triazolam) und bei alten Menschen.

Das Phänomen Amnesie betrifft mehr kutan-taktile und auditorische Sinnesqualitäten als visuelle Stimuli. Aktuelle chirurgische Ereignisse und Inhalte mit emotionaler Intensität können später eher abgerufen werden als artifizielle (für das Individuum bedeutungsarme) Reize (6). BZD blockieren die Aufnahme oder Codierung von neuen Informationen und unangenehmen Erfahrungen (30). BZD verhindern die affektive und kognitive Bearbeitung aversiver Stimuli während operativer Eingriffe und vermindern das Auftreten von Erinnerung an traumatische Inhalte nach Operationen (6). Amnesie und Sedierung treten dosisabhängig sehr benachbart voneinander auf, sind jedoch voneinander unterschiedliche Phänomene, was sich auch in der unterschiedlichen neuroanatomischen Repräsentation von Wachheit/Aufmerksamkeit versus Erinnerung zeigt (7). Der hypnotische Effekt der BZD wird an einer anderen Region/durch andere Systeme als der anxiolytische, amnestische und antikonvulsive Effekt mediiert (31).
Auch wenn nur minimale Dosen von BZD verwendet werden, können ältere Menschen nach i.v.-Sedierung mitunter tagelang an extremer Vergesslichkeit und anderen kognitiven Beeinträchtigungen leiden (9). Das alte Gehirn reagiert besonders sensitiv auf Benzodiazepine, zum Erreichen definierter Effekte müssen die Dosen im Vergleich zur übrigen Population um 30–50% (Midazolam 70–80%) reduziert werden. In einer Studie an 800 Patienten (11) betrug die durchschnittliche Midazolamdosis für Endoskopien bei 20-Jährigen 10 mg, für 80- bis 90-Jährige 2–3 mg. Bei Bolus-Verabreichung von 2 mg Midazolam i.v. kommt es bei 90% der geriatrischen Patienten zu einem Abfall der Sauerstoffsättigung auf unter 94%.
Propofol hat analoge Amnesie-induzierende Qualitäten wie Midazolam und vermag auch wie Midazolam die psychotomimetischen Effekte von Ketamin abzuschwächen.

Paradoxe Benzodiazepinreaktionen

Paradoxe Benzodiazepinreaktionen sind wie die amnestischen Effekte eine Funktion der Substanz, der Zufuhr, der Dosis und der Population. Kinder und Alte reagieren häufiger auf rasches Anfluten mit hohen Dosen kurz wirksamer BZD mit Enthemmungsphänomen:
Zunahme der Spontanbewegungen, Fluchtäquivalente, Angst, Agitiertheit, Euphorie, Erregung, Schlaflosigkeit, Weinen, Schreien, Feindseligkeit, Aggressivität und Gewaltbereitschaft, unkooperatives und kontraproduktives Verhalten, Entfernen von Zugängen etc.
Die Inzidenz paradoxer Reaktionen beträgt bei Erwachsenen ca. 1–10% (8), bei Kindern 2%. Sie treten 45–210 Minuten nach Beginn der Sedierung auf.

Erhöhtes Risiko für paradoxe Benzodiazepinreaktionen

- *Alter: über 65 Jahre, Kinder*
- *Pharmakologie: hohe Dosen, kurzwirksame BZD, rasche Zufuhr*
- *Persönlichkeitsfaktoren: verminderte Impulskontrolle*
- *aggressives und destruktives Verhalten*
- *Gewaltbereitschaft*
- *Suchterkrankung: Alkohol, Drogen*

anamnestisch

Die häufigste Ursache für paradoxe Reaktionen auf Benzodiazepine ist eine **Übersedierung** durch Verabreichung zu hoher Dosen. Mehrere Autoren postulieren, dass eine direkte Relation zwischen BZD-Dosis und Aggressivität besteht (8). Man muss der nahe liegenden Versuchung widerstehen, angesichts eines sehr aufgebrachten Patienten die Sedierung weiter vertiefen zu wollen (4).
Das gegenteilige Vorgehen ist angezeigt: Durch Verabreichung des spezifischen Benzodiazepin-Antagonisten **Flumazenil (Anexate®) in der Dosis von 0,2–0,3 mg** (range 0,1–0,5 mg) sind die paradoxen Erscheinungen prompt und vollständig therapierbar, so dass eine chirurgische Intervention fortgeführt werden kann (8, 10). Der sedative Effekt der BZD bleibt erhalten.

Praktisches Vorgehen: Erstdosis 0,2 mg (2 ml) Anexate® i.v., 30 Sekunden bis 2 Minuten warten, weitere Dosen in 0,1 mg-Schritten, bis der Pat. ruhig und kontaktfähig wird. Mehr als 0,5 mg sind bei paradoxen BZD-Effekten praktisch nie notwendig (8).

Die Voraussetzung für Kooperation ist die deszendierende kortikale Hemmung spinaler Reflexe (häufig monosynaptische Verbindungen), deren phylogenetisch-teleologische Bedeutung die Bahnung der Flucht sind. Flucht, Entrinnen einer äußeren Bedrohung ist ein lebenserhaltendes Prinzip. Die Enthemmung dieser Reflexe führt zum Auftreten von Widerständen, da nur mehr diese basalen Überlebens- und Fluchtreflexe das Verhalten des Individuums steuern. Die Antagonisierung der Agonisten, welche die kortikale Hemmung eines archaischen Fluchtreflexes aufgehoben haben, ist die logische Konsequenz (4).
Die Alternativen zur Antagonisierung der disinhibierenden Benzodiazepindosis sind das Überführen des Sedoanalgesieverfahrens in eine Allgemeinanästhesie oder der Abbruch der Prozedur.
Der Versuch, Kinder mit Aufmerksamkeits-Defizit/Hyperaktivitäts-Störung (ADHD) mit BZD zu sedieren, führt in einem hohem Prozentsatz der Fälle zur Aggravierung der Symptomatik, vermutlich ebenfalls durch Disinhibition.

Interessant wäre es, die Beobachtung zu überprüfen, dass besonders angepasste, scheue und stille Kinder mit einem hohen Maß an Selbstkontrolle („brave Kinder") häufiger durch Benzodiazepin-Prämedikation unruhig und aufgebracht werden. Möglicherweise handelt es sich ebenso um ein Enthemmungsphänomen.

Nicht bei allen Patienten, die unter Sedierung unruhig, agitiert und unkooperativ werden, kann eine paradoxe Benzodiazepinreaktion als hinreichende Erklärung angenommen werden. Auch andere Umstände müssen in die differenzialdiagnostischen Überlegungen einbezogen werden, in erster Linie Hypoxie:

Differentialdiagnose „Der unruhige Patient"

Agitation (Definition): situativ unangemessene, zweckwidrige, ziellose Bewegungen oder Bewegungsintentionen des Patienten, die eine physische Beschränkung erfordern, um zu dem mit dem Patienten a priori vereinbarten Behandlungsziel zu gelangen bzw. seine Sicherheit zu gewährleisten).

- Hypoxie
- Hyperkapnie/Atemnot/Atemwegsverlegung
- Hypoglykämie
- Hypotension

*„die 4 **H**"*

- Schmerz
- Übelkeit
- Temperatur-Diskomfort (zu kalt, zu warm)
- volle Harnblase
- unbequeme Lagerung/Diskomfort
- Neurotoxizität der Lokalanästhetika
- Elektrolytstörungen (z. B. Hyponatriämie/Prostatachirurgie)
- zentrales anticholinerges Syndrom
- Pneumothorax

Tab. 2: Pharmakokinetische Daten der Benzodiazepine
(bei i.v.-Verabreichung)

	Midazolam	Diazepam	Lorazepam
Distributions-HWZ (min)	7–10	10–15	3–10
Eliminations-HWZ (h)	2–2,5	20–40(–200)	10–20
Wirkbeginn/ZNS (min)	0,5–4	2	1–5
max. Effekt/ZNS (min)	3–5	3–4	15–20
klin. Wirkdauer (min)	15–80	15–60	360–600
Proteinbindung (%)	96	60	

Midazolam (Dormicum®)
Ampullen zu 5 mg/1 ml, 5 mg/5 ml, 15 mg/3 ml
Tabletten zu 7,5 mg
Cherry flavoured syrup 2 mg/ml (Versed®/USA)

Charakteristik: **wasserlösliches Benzodiazepin mit raschem Wirkbeginn und kurzer Wirkdauer, hoher therapeutischer Breite, mit anxiolytischer, sedierender, schlafanstoßender, skelettmuskelrelaxierender und antikonvulsiver Wirkung sowie regelhaft auftretender anterograder Amnesie.**
Midazolam ist das BZD mit der kürzesten Wirkdauer, es ist weltweit das am häufigsten verwendete Sedativum (8). Die Veränderungen des Bewusstseins und Verhaltens erfolgen in Relation zur prozentuellen Besetzung der BZD-Rezeptoren (4).

Die Zubereitung 5 mg/5 ml ist ideal geeignet für Conscious Sedation, da man das Medikament milliliterweise titrieren kann. Die Präparation 5 mg/1 ml ist für die i.m.-Gabe, die intranasale und sublinguale Verabreichung gut geeignet, da die Volumina im Maße des Vernünftigen bleiben. Die Zubereitung 15 mg/3 ml ist für die Anwendung zur Sedoanalgesie an Intensivstationen adäquat.

Die Bioverfügbarkeit nach oraler Aufnahme von Midazolam liegt bei ca. 44%.
Midazolam hat eine Imidazolringstruktur, die im sauren Milieu bei einem pH < 4 geöffnet ist, gute Wasserlöslichkeit bedingt und im Milieu bei einem pH > 4 eine lipophile Ringstruktur (und damit eine gute Resorbierbarkeit) aufweist. Die orale Zubereitung liegt in zunächst gemischter Form vor, der pK_a beträgt 6,1. Das bedeutet, dass unter physiologischen Bedingungen ca. 50% der Substanz in offener Ringform (hydrophil) und 50% in geschlossener Form (lipophil) vorhanden sind. Die praktische Konsequenz daraus ist, dass die Resorption pH-abhängig erfolgt und damit die Wirkung der oralen Präparation nicht vorhersehbar ist. Der unbekannte Faktor ist der pH der Magen/Dünndarmsekrete. Die Zumischung von Ampullen oder Lösungen in Getränke (Apfelsaft, Himbeersaft, Kakao, ...) führt zu einer weiteren Vermehrung der Variablen, da der pH der Trinklösungen nicht bekannt bzw. in Bezug auf mehrere Patienten nicht konstant ist. Der Zusatz von Natriumzitrat, um den pH anzuheben und damit die Lipophilie und Resorptionsgeschwindigkeit zu steigern, kann den Beginn des Sedierungseffektes geringfügig beschleunigen (17 versus 21 Minuten), was jedoch keinerlei praktisch-klinische Relevanz hat. Der Zitratzusatz hat keinen Einfluss auf Azidität oder Volumen des Magens (20).

Das hat zur Folge, dass die Effekte bezogen auf eine Population sehr streuen. In den USA steht seit 1998 eine Spezialität zur Verfügung (Versed®-syrup, Roche Laboratories, Inc., Nutley, NJ), deren pH bei 3 stabilisiert ist. In einer sehr schönen Publikation (13) hat Charles Cotè nachweisen können, dass mit Hilfe dieser Präparation die oralen Prämedikationsdosen für Kinder bei konstanteren Effekten reduziert werden konnten.

Die Ampullenlösung hat einen bitteren Geschmack und eine schleimhautreizende (bzw. gering venenirritierende) Wirkung. Entsprechende aversive Reaktionen bei Kindern sind häufig und führen dazu, dass erneut angebotener „Himbeersaft" zur Nachdosierung nicht mehr akzeptiert wird. Intranasale oder rektale Anwendungen sind schmerzhaft.

Orale Prämedikation: Die Gabe von Midazolam 7,5 mg (0,1 mg/kg KG) Tabletten führt bei Erwachsenen bereits nach 10 Minuten zu einem beginnenden Sedierungseffekt, der bis 30 Minuten nach Einnahme an Intensität zunimmt. Das Ausmaß des Effektes ist im individuellen Fall nicht vorhersehbar. Die Wirkung klingt rasch ab und ist nach 2 Stunden verflüchtigt.
Manche Autoren empfehlen 15 mg oral für Erwachsene, eine sichere Dosis, die nicht zur Atemdepression führt, wenn nicht begleitend andere Sedativa verabreicht werden (4). Die Folge ist aber eine exzessive Sedierung mit deutlichem Überhang, der zu verlängerter Aufwachraumzeit und zu verzögerter Spitalsentlassung führt.
Die Dosierungsangaben bei *Kindern* liegen zwischen 0,25 mg/kg KG und 1,0 mg/kg KG (Maximaldosis 20 mg), je nach Länge der Operation oder Ausmaß der Angst (14). Dosis und Plasmakonzentration stehen in linearer Relation zum Sedierungsgrad (18). Auch die 1 mg/kg-Dosis ist vom 6. Lebensmonat an als sicher zu bezeichnen, wenn Midazolam als Monosubstanz zur Prämedikation eingesetzt wird (18). Mit der neuen Präparation von 2 mg/ml-Sirup, die auch pharmakologisch vom bitteren Geschmack befreit worden ist, führt bereits eine Dosis von 0,25 mg/kg KG nach 20–30 Minuten zu einer guten Sedierung (13). Die minimale Zeit, die gewartet werden muss, ehe ein kleines Kind von der Mutter getrennt werden kann, beträgt 10 Minuten (14). Nach dieser Zeit besteht der amnestische Effekt, Anxiolyse tritt erst nach ca. 15 Minuten auf und ist in 97% der Fälle zufrieden stellend. Der orale Verabreichungsweg hat nach der rezenten Literatur die höchste Akzeptanz (99%) bei Kindern (18).
Eine Prämedikation von Kindern mit Midazolam reduziert nicht nur die Angst, sondern auch die Wahrscheinlichkeit für das Auftreten postoperativer Verhaltensstörungen (19).

In der Population der Adoleszenten (14-18 Jahre) gleichen die Pharmakodynamik und die interindividuelle Variabilität des Bedarfs jener der Erwachsenen (Dosis-Wirkungseffekte individuell nicht vorhersehbar).

Der wichtigste Faktor in der oralen Prämedikation ist gutes Timing (20–30 Minuten).

Intranasale Applikation: Eine Dosis von 0,2–0,4 mg/kg KG Midazolam führt bei Kindern in 5–12 Minuten zu einer zufrieden stellenden Sedierung, allerdings weinen 50% der Kinder, da die Anwendung brennende Schmerzen der Nasenschleimhaut bereitet. Die intranasale Gabe erscheint als Notfallmaßnahme akzeptabel, nicht jedoch als probater Weg in der Spitals- oder Praxisroutine. In manchen Ländern ist auch Midazolam-Nasenspray registriert.
Rektale Gabe: Die Dosis beträgt 0,5–1 mg/kg KG (maximal 20 mg) für Kinder und wird in 5–10 ml physiologischer Kochsalzlösung verdünnt, 50% der Dosis fällt einem first-pass-Effekt anheim. Der Effekt tritt nach Gabe von 0,5 mg in wenigen Minuten ein, erreicht nach 12–16 Minuten sein Maximum (46) und klingt schon nach 30 min wieder merklich ab. Nach 60–90 Minuten ist annähernd ein Status quo ante erreicht. Die Kinder bekommen zunächst einen glasigen Blick, dann sinkt der Muskeltonus, so dass sie den Kopf nicht mehr selbständig halten können bzw. stürzen würden, wenn man sie nicht beschränken würde. Sie werden dann zunehmend toleranter gegenüber Handlungen durch Fremde (Schnuller entfernen etc.) und weinen nicht mehr. Es kommt zu Doppelbildern bzw. zu Schielen, manche äußern Zeichen der Erheiterung. Rektales Midazolam führt interessanterweise häufig zu Schluckauf (20% versus 2% bei i.v.-Gabe). Eine kontinuierliche Überwachung bei rektaler und i.m.-Gabe ist ebenso zwingend wie bei i.v.-Verabreichung.
Sublinguale Gabe: Dosen von 0,2–0,3 mg/kg KG werden rasch resorbiert, wenn sie nicht unmittelbar nach Einbringen wegen des bitteren Geschmacks ausgespuckt werden.
Transdermale Gabe: Bisher liegt leider noch kein TTS auf dem freien Markt vor. Die Hoffnungen lasten auf der Industrie. Hätte vermutlich die höchste Akzeptanz bei Erwachsenen und Kindern bzw. bei Ärzten, wenn eine parenterale Verabreichung notwendig wäre.
Intramuskuläre Injektion: 2,5–10 mg bei Erwachsenen, je nach Ängstlichkeit/Spannung, im Notfall beim Tobenden sicherlich 10 mg. In vielen Institutionen als Prämedikation üblich (20–30 Minuten, ehe der Patient in den OP kommt) – die Vorteile (sichere Resorption mit besser kalkulierbarem Effekt) sind gegen die Nachteile abzuwägen (Risiko/Spritzenabszess, Komfortbeeinträchtigung durch i.m.-Injektion, Preis, personelle Ressourcen).

Nach intramuskulärer Gabe tritt der Effekt nach 15 Minuten auf, bei gesteigertem Herzzeitvolumen (Toben) möglicherweise früher. Er erreicht nach 15–30 Minuten sein Maximum (15).
Die i.m.-Prämedikation von Kindern ist abzulehnen. In Notfällen können 0,1 mg/kg KG verabreicht werden.
Intravenöse Injektion: OP-Schleusen-Prämedikation: titrierend in 1 mg-Schritten, Effekt abwarten (3–5 Minuten, da man sonst „über das Ziel schießt")!
Sehr ängstliche, gespannte Erwachsene können initial 2–3 mg erhalten, Menschen über 65 Jahre nie über 1 mg als Startdosis! Dazwischen verbalen Kontakt halten. Repetitionsdosen zwischen 0,5 mg und 1 mg, im Alter maximal 0,5 mg.
Die Wirkung setzt nach 30 Sekunden bis 5 Minuten ein und hält 15–80 Minuten an.
Für Kinder ist eine i.v.-Prämedikation nicht empfohlen, i.v.-Dosen wirken 30–60 Minuten.
Eine „*OP-Schleusen-Prämedikation*" ist eine nicht generell empfohlene Maßnahme, sondern eher eine „Notlösung". Sie ist sinnvoll bei organisatorischen Mängeln (Patient hat Prämedikation nicht erhalten), wenn die vorab geschätzte Dosis nicht ausreicht und ein Patient panisch vor den OP kommt oder wenn vom Patienten gewünscht ist, dass für die Vorgänge im OP-Bereich Amnesie besteht. Die i.v.-Gabe von Midazolam in der Schleuse setzt den Beginn einer lückenlosen Überwachung durch eine geschulte Person voraus. Eine respektvolle Haltung gebietet, dass ein Patient vor der ungeplanten Medikation gefragt wird, ob er damit einverstanden ist.
Eine Routine-i.v.-Prämediaktion bei alten Menschen ist abzulehnen (erhöhte Wahrscheinlichkeit von Hypoxämie).
Ristikankare et al. haben in einer Arbeit über Midazolam für endoskopische Eingriffe (5) Bedenken für die Anwendung der Substanz bei Patienten mit koronarer Herzkrankheit geäußert: Durch Messung der HRV (Herzfrequenzvariabilität) stellten sie fest, dass Midazolam die Dominanz des Sympathikus potenziert und dies möglicherweise ein Kofaktor für das Auftreten kardiovaskulärer Ereignisse im Rahmen von Endoskopien ist.
Conscious Sedation: Die Dosen, die zur Anxiolyse und Conscious Sedation führen, liegen zwischen 0,03–0,07 mg/kg KG während anästhetische Dosen bei nicht prämedizierten Patienten über 0,1 mg/kg KG liegen – üblicherweise 0,15–0,3 mg/kg KG (4)*.
Narkoseeinleitung und -aufrechterhaltung: 50–350 µg/g und 0,25–5,0 µg/kg/min i.v. (15).

*notabene: die Streuung der Zahlen, weniger die Absolutzahlen.

Sedierung/Intensivstation: 2–15 mg/h (40–300 µg/kg/h) (15), 2–5 mg/h (30). Die am Effekt orientierte, angemessene, dikontinuierliche Sedierung mit Midazolam kann die katecholamininduzierte Stressreaktion abmildern. Eine Midazolamzufuhr, die länger als 24 Stunden andauert, führt zu einem verlängerten Effekt. Midazolam wird nur für eine kurzzeitige Anwendung empfohlen (135). Wird es länger als 48–72 Stunden verabreicht, so wird der Aufwach- bzw. Extubationszeitpunkt unvorhersehbar (135). Eine Tachyphylaxie kann sich in Stunden bis Tagen entwickeln und zur Eskalation der Dosen führen (135). Interaktionen: Cimetidin, Erythromycin, Propofol und Diltiazem verzögern den Metabolismus von Midazolam und verlängern daher den Effekt. Nach wochenlanger Midazolamtherapie kann sich bei abruptem Absetzen ein *Entzugssyndrom* entwickeln, das durch folgende Symptome gekennzeichnet ist: Tremor, starkes Schwitzen, Photophobie, Angst, Schlaflosigkeit, epileptische Anfälle, Hypertension, Kopfschmerzen, Tinnitus und abdominelle Beschwerden (135, 136).
Analgesie: Midazolam hat selbst keine analgetische Wirkung, bei kurzfristiger Anwendung sinkt jedoch der Opiodbedarf, bei langfristiger kontinuierlicher steigt er (antianalgetische Wirkung der Benzodiazepine bei der Intensivsedierung).
Kontrolle epileptischer Anfälle: i.v-Bolus 2–5 mg , Infusion 1–15 µg/kg/min i.m. 5–10 mg (0,2 mg/kg), falls erforderlich alle 10–15 Minuten.
Notfallsedierung: Die Dosen müssen den Umständen nach reduziert werden (Schock, Trauma etc.), da eine erhöhte Sensitivität gegenüber Sedativa besteht. Titrierende Dosen von 25 µg/kg KG sind sicher und effektiv. Midazolam kann das Risiko von „bad trips" durch Ketamin reduzieren. Eine kombinierte Anwendung in einer Mischspritze (2,5 mg Midazolam + 50 mg S-+-Ketamin) ist bei Bergungen aus Wracks sehr praktikabel, da die Schmerzintensität hoch ist und die Spontanatmung erhalten werden muss. In der Traumatologie ist die amnestische Wirkung von Midazolam sehr erstrebenswert, weniger sinnvoll erscheint sie zur Sedierung bei akutem Koronarsyndrom.

Tab. 3: Dosierungsübersicht Midazolam

	Kinder	Erwachsene
oral	0,25–1,0 mg/kg KG	7,5–15 mg
intranasal	0,2–0,3 mg/kg KG	–
rektal	0,5–1,0 mg/kg KG	–
sublingual	0,2–0,3 mg/kg KG	–
intramuskulär	(0,1 mg/kg KG)	2,5–10 mg (0,025–0,12 mg/kg KG)
intravenös	(0,02–0,1 mg/kg KG) (17)	initial 1–3 mg, 3–5 min: 0,5–1 mg

Die Dosis-Wirkungskurve von Midazolam ist steiler als die der anderen Benzodiazepine.
Das bedeutet, eine geringfügige Dosisänderung kann zu einer überproportionalen klinischen Wirkung führen. Multiple Dosen führen zur **Kumulation** mit dem Auftreten unerwünschter Effekte wie Atemdepression bis Apnoe (2).
Langzeitige kontinuierliche Zufuhr (Intensivsedierung) führt ebenfalls zur Kumulation, vor allem, wenn sich die Dosierung nicht am Effekt orientiert, d.h. wenn keine regelmäßige Evaluation der Sedierungstiefe erfolgt. G. R. Park aus Großbritannien spricht von „routinemäßiger Midazolam-Intoxikation" auf Intensivstationen (16). Wenn ein Patient für Wochen Dosen von 20–70 mg/Stunde erhält, darf es nicht verwundern, wenn die Respirator-Entwöhnungsphase protrahiert ist und der Patient trotz Abbruch der Midazolamzufuhr bis zu einer Woche keine Tendenz zeigt zu erwachen. Midazolam ist schlechter steuerbar als Propofol, für eine „Basissedierung" bei Langzeitbeatmung auch zu teuer, hier wäre Lorazepam der Vorzug zu geben (135).

Tab. 4: Empfohlene Midazolam-i.m.-Dosen für Erwachsene (nach Miller, 24)

Zustand des Patienten	Dosis (mg/kg KG)
jung, guter AZ	0,1
jung, guter AZ, ängstlich	0,12
über 60, guter AZ	0,075
über 60, schlechter AZ	0,05
über 75, schlechter AZ	0,025

Praxishinweise:

Intravenöse Dosen von Midazolam dürfen nur individuell „zum Effekt titriert werden", die Zeit bis zum maximalen Effekt (5 Minuten) muss vor Repetition abgewartet werden.
Midazolam sollte nur verwendet werden, wenn der Benzodiazepin-Antagonist Flumazenil (Anexate®) griffbereit ist! *(17)*
Eine „Resedierung", welche die Sicherheit des Patienten gefährdet, ist nach Flumazenil-Anwendung beim kurzwirksamen Midazolam nicht zu befürchten (4) (Ausnahme: kontinuierliche Langzeitsedierung mit Midazolam).
Konvulsive Dosen von Lokalanästhetika können durch die Benzodiazepinwirkung verschleiert werden und durch die Gabe von Flumazenil „demaskiert" werden (4).

Diazepam Ampullen zu 10 mg/2 ml (Stesolid Emulsion-Ampullen®, Valium®, Gewacalm ®)
Rektaltuben zu 5 mg und 10 mg (Stesolid®, Psychopax®)
Tropfen (Psychopax®, Valium®) 30 gtt. = 10 mg
Tabletten zu 2 mg (Gewacalm®), 5 mg und 10 mg (Valium®)

Charakteristik: **Benzodiazepin mit langer Wirkdauer und hoher Sicherheitsbreite, das die Kardinalwirkung der BZD in ausgewogener Form präsentiert. Mittel der Wahl in der Therapie des Status epilepticus oder gehäufter epileptischer Anfälle infolge Medikamenten-Überdosierung oder Intoxikation.**

Weitere Indikationen:
- Angst und Spannung, neurotische Angst, Konversion, Raptus
- Alkoholentzug, Drogen- und Medikamentenentzug
- delirante Zustände (Komedikation im Hinblick auf Behandlung der Angst)
- Prämedikation (oral und i.v.) (siehe S. 106)
- Kokain- und Cannabisintoxikation
- Kardioversion

Pharmakokinetische Daten: siehe S. 106. Mit zunehmendem Alter verlängert sich die Eliminations-HWZ linear. Eine Faustregel besagt, dass die **HWZ in Stunden** ungefähr dem **Alter des Patienten** in Jahren entspricht (30).
Die lange Persistenz klinischer und subklinischer Effekte, aktive Metaboliten (Nordazepam, Oxazepam, Desmethyldiazepam) und ein enterohepatischer Kreislauf stellen Diazepam in der Anwendung zur Sedoanalgesie hinter Midazolam. Bei oraler und rektaler Verabreichung wird Diazepam rasch resorbiert, nach oraler Gabe ist nach 15 Minuten mit dem Beginn der Wirkung zu rechnen, nach rektaler Applikation in weniger als 10 Minuten.

Eine i.m.-Verabreichung soll unterbleiben, da sie schmerzhaft ist und die Resorption ungewiss ist. Bei den älteren Präparationen kommt es häufig durch die Injektion zu Venenschmerzen und permanenten Thrombosen. Durch Verwendung einer ***Öl-in-Wasser-Emulsion*** *(Stesolid Emulsion-Ampullen®)* kann diese unerwünschte Wirkung reduziert werden. Nach J. G. Whitwam spricht die Verwendung der alten Präparationen in Ländern, in denen eine Intralipid-Präparation verfügbar ist, für die Ignoranz der Anwender (4).*

*Deutschland: Diazemuls®

Diazepam kann in titrierender Weise in 2,5–5 mg-Schritten auch intravenös injiziert werden, (Regel: maximal 5 mg in einer Minute). Dabei tritt häufig beim Patienten ein Gefühl der Leichtigkeit auf, das euphorisierend erlebt werden kann. Wird Diazepam zur Prämedikation in niedrigen Dosen (bis 5 mg) verwendet, so ist mit einer klinischen Erholung innerhalb von 2 Stunden zu rechnen (147). Atmung und Kreislauf werden bei niedrigen Dosen und jüngeren Patienten nicht beeinträchtigt, Diazepam führt zu einer sehr guten Anxiolyse und hoher Patientenzufriedenheit (147). Wie für alle BZD gilt auch für Diazepam, dass eine Anwendung so kurz wie möglich zu erfolgen hat, je nach Literatur maximal 2–5 Wochen, da es leicht zur Entwicklung von Abhängigkeit und Sucht kommt. Ein Benzodiazepin-Entzug hat unbedingt unter stationären Bedingungen zu erfolgen. Wird Diazepam wiederholt verabfolgt, so ist aufgrund der langen Halbwertszeit mit einer Kumulation zu rechnen. Unter den BZD wird der Atemantrieb durch Diazepam nur marginal beeinflusst. Eine moderate Reduktion des Atemzugvolumens (20–30%) wird durch Ansteigen der Atemfrequenz kompensiert, so dass das Atemminutenvolumen nahezu konstant bleibt (30). Bei rascher intravenöser Injektion relativ zu hohen Dosen kann jedoch ohne weiteres eine Apnoe auftreten, eine individuelle Titrierung ist ratsam. Laryngospasmus und Husten sind unerwünschte Wirkungen, die im Rahmen von Endoskopien auftreten können. Der Blutdruck wird durch eine minimale Reduktion des systemischen Gefäßwiderstandes nur gering gesenkt (30). Nicht alle BZD-Effekte sind direkt medikamentenassoziiert, die Reduktion von psychischen Stressfaktoren dürfte die physische Stressreaktion des Individuums modulieren.

Schwangerschaft: Im ersten Trimenon der Schwangerschaft ist Diazepam kontraindiziert, das gehäufte Auftreten von Lippen-Kiefer-Gaumenspalten ist beschrieben. Nach Diazepamgabe an die kreißende Mutter kann beim Neugeborenen eine Hypothermie auftreten.

Epilepsie: Wenn nach der zweiten Instillation von Diazepam 10 mg rektal nach 10 Minuten die epileptischen Anfälle nicht sistieren, sollte dem Algorithmus entsprechend auf ein anderes Antiepileptikum gewechselt werden. Das Legen einer Venenverweilkanüle kann während des Anfalls Schwierigkeiten bereiten. Bei liegendem Venenweg darf man sich durch die Dramatik der Umstände nicht zu unverhältnismäßig hohen Dosen oder rascher Injektion hinreißen lassen.

Kokainintoxikation: Empfohlene Medikamente sind Benzodiazepine (Angst, Unruhe, Agitiertheit, Tremor, Konvulsionen) und Nitrate (akutes Koronarsyndrom) (67). → 5 mg Diazepam/Minute bis zum Effekt.

Cannabisintoxikation: Bei Auftreten von Angst, Panik und starker Erregung kann Diazepam erforderlich werden, wenn eine beruhigende Zuwendung („talk down") nicht mehr ausreicht.

→ 5 mg Diazepam/Minute bis zum Effekt.
Kardioversion: 5–15 Minuten vor der Prozedur 5–15 mg i.v. (0,1–0,3 mg/kg KG) (15).
Alkoholentzug: Beginn mit 20 mg p.o., dann alle 3–4 Stunden 10 mg, bei Verweigerung beginnend mit 10 mg i.v. (in nicht weniger als 2 Minuten).
Intensivsedierung: Dosis 0,1–0,2 mg/kg KG alle 2–4 Stunden, auch zur „single-dose-Kurzzeitsedierung" geeignet.

Lorazepam (Temesta®) Ampullen zu 2 mg und 4 mg
Tabletten zu 1 mg und 2,5 mg

Charakteristik: **hochpotentes, mittellang wirksames Benzodiazepin mit hoher therapeutischer Breite für außergewöhnliche Indikationen.**

Indikationen:

- Langzeitsedierung an der Intensivstation
- psychotische Angst, Panik und Reizbarkeit
- Stupor und Mutismus
- Alkoholentzug
- Übelkeit und Emesis, Appetitlosigkeit (Chemotherapie, Palliativmedizin)
- schwere neurotische Angst
- Prämedikation alter Menschen
- Status epilepticus

Lorazepam ist ein sehr sicheres BZD, das in Abwesenheit anderer sedierend wirksamer Pharmaka kaum unerwünschte Wirkungen auf Hämodynamik und Atmung zeigt, so dass es auch bei Patienten mit eingeschränkten Organfunktionen angewandt werden kann. Die Lipdlöslichkeit ist niedriger als bei den anderen BZD, daher dringt es verzögert durch die Blut-Hirn-Schranke. Seine maximale ZNS-Wirkung wird daher später erreicht und hält länger an. Die Proteinbindung beträgt nur 60%, es wird durch Glucuronidierung eliminiert, daher ist es auch bei eingeschränkter Entgiftungsfunktion der Leber akzeptabel. Lorazepam ist „resistent gegen Pharmakainteraktionen" (30), die einzige Ausnahme ist die Inhibierung des Lorazepammetabolismus durch Valproinsäure (Convulex®).
Lorazepam ist ca. 5–6x so potent wie Diazepam. Es bewirkt dosisabhängig Anxiolyse, Sedierung und eine lang anhaltende anterograde Amnesie. Wird es zur **Prämedikation** 2 Stunden vor einem Eingriff verabreicht, so besteht häufig für die ganze Wartezeit **Amnesie.** Lorazepam kann in einer Dosis von 1–2 mg p.o. als Prämedikation 2 Stunden vor PTCA und stenting verabreicht

werden. Die klinische Wirkung ist nach oraler Gabe nach längstens 3–4 Stunden abgeklungen, in der Tageschirurgie ist es für die Prämedikation **alter Menschen** empfohlen.

Intravenöse Verabreichung: Die Wirkung beginnt nach 1–5 Minuten einzutreten und erreicht nach 15–30 Minuten ein Maximum, eine Dosis-Wirkungsrelation ist für den individuellen Fall ebenso nicht vorhersehbar wie die Wirkungsdauer. Daher ist Lorazepam für Conscious Sedation nicht gut geeignet. Im Gegensatz zu Diazepam kann es auch mit geringem Diskomfort i.m. injiziert werden, auf diese Weise werden nach 60 Minuten maximale Plasmakonzentrationen erreicht. Lorazepam ist das einzge BZD, das nach intramuskulärer Applikation verlässlich resorbiert wird.

Die **antiemetische Wirksamkeit** und Appetitsteigerung bietet für bestimmte Problemstellungen (PONV, Übelkeit und Appetitlosigkeit durch Tumortherapie) eine mögliche Alternative an (Tagesdosen 2–3x 1–2 mg), für Schluckstörungen eignet sich eine Galenik, bei der die Substanz in lyophilisierten Plättchen gelöst ist (Temesta Expidet® 1,0 mg oder 2,5 mg).

Intensivsedierung: Lorazepam ist das Mittel der Wahl, wenn absehbar ist, dass eine Langzeitsedierung notwendig ist, da es sicher und ökonomisch ist (22, 135). Die Erhaltungsdosen liegen zwischen 0,01 und 0,1 mg/kg KG/h oder 0,044 mg/kg KG alle 2 Stunden i.v. (30). Die Zeit bis zum Abklingen der Wirkung beträgt ca. 12 Stunden.

Vorsicht: Lorazepam ist in Wasser nicht löslich, es ist mit PEG 400 (Polyethylenglykol) zubereitet. Die Lösung muss in Glasflaschen, bevorzugt in Glucose, eingebracht werden (keine Plastikgebinde!). PEG ist bei langzeitiger oder hochdosierter Anwendung mit Laktatazidose, hyperosmolarem Koma und akutem Nierenversagen (akute reversible Tubulusnekrose) assoziiert (30).

Psychiatrische Notfälle: Die Initialdosis liegt meist bei 2,5 mg, diese kann langsam intravenös verabreicht werden (pro Minute maximal 2 mg). Zu bedenken ist, dass die Wirkung mitunter erst 30 Minuten später ein Maximum erreicht (nicht vorher nachdosieren!).

Epilepsie: In der Literatur der letzten Jahre gibt es Hinweise, dass Lorazepam in dieser Indikation Diazepam überlegen ist (32, 33). Bei gleicher (32) oder besserer (33) primärer Effektivität treten Anfallsrezidive nach Lorazepamtherapie seltener auf, Nachinjektionen sind seltener notwendig (32). Die Anwendung durch Nichtärzte (paramedics) ist sicher (33). Nichtsdestoweniger empfehlen die Fachgesellschaften nach wie vor Diazepam zur firstline-Therapie des Status epilepticus.

Clonazepam (Rivotril®) Ampullen zu 1 mg + Lösungsmittel
Tabletten zu 0,5 und 2 mg

Charakteristik: **rasch wirksames Benzodiazepin mit stark antikonvulsiven und anxiolytischen Eigenschaften mit Indikationen in der Akut- und Notfallmedizin.**

Indikationen:

- Akuttherapie des Status epilepticus oder gehäufter epileptischer Anfälle (primär generalisierte Anfälle, fokale Anfälle, altersgebundene petit-mal-Anfälle)
- Akuttherapie von Panikattacken
- Angst, Erregungszustände, Konversion, hypochondrische Syndrome
- Erregungszustände bei schizophrenen Psychosen (siehe S. 458)
- manische Syndrome (siehe S. 464)
- Therapie neuropathischer Schmerzsyndrome

Die Dosen richten sich nach dem Effekt, vor allem in der Behandlung von Psychosen sind mitunter hohe Dosen (2–5 mg, Tagesdosen bis 15 mg) notwendig. Die Wirkung tritt praktisch sofort ein und hält 2–3 Stunden an (23). Es ist darauf zu achten, dass sehr langsam injiziert wird, bereits 1 mg Clonazepam kann eine Apnoe auslösen, weitere unerwünschte Wirkungen sind Hypersalivation und vermehrte Bronchialsekretion, vor allem bei Kindern.
Initialdosis: Erwachsene 1mg, Kinder 0,5 mg.
Die Spezialität muss mit einer Lösungsmittelampulle gemischt werden.

Alkylphenole

Propofol Diprivan® 1% Ampullen zu 200 mg/20 ml
Diprivan® 1% Infusionsflaschen zu 500 mg/50 ml
Diprivan® 2% Infusionsflaschen zu 1 g/50 ml

Charakteristik: **rasch und ultrakurz wirksames Narkotikum mit sedierender und amnestischer Wirkung, antiemetischem Effekt und sehr guter Verträglichkeit. Propofol kann rasch zur Apnoe führen und ist daher für die ausschließliche Anwendung durch Fachpersonal, das im Atemwegsmanagement ausgebildet ist, reserviert.**

Indikationen:

- Einleitung und Aufrechterhaltung einer Narkose
- kontinuierliche Sedierung
- Behandlung von Übelkeit, Erbrechen und Juckreiz

Unter den Narkotika ist es das Medikament mit der stärksten Wirkung auf die **Hämodynamik**. Charakteristische unerwünschte Wirkungen sind eine ausgeprägte arterielle Hypotonie (Blutdrucksenkung um 25–40%) und Bradykardie. Die Hypotonie entsteht durch Abnahme des Herzzeitvolumens (peripheres venöses pooling, Abnahme des peripheren Gefäßwiderstandes, negativ inotrope Wirkung auf das Myokard und Bradykardie). Die Bradykardie dürfte durch eine Hemmung des Barorezeptorreflexes zustande kommen, daher bleibt wahrscheinlich eine reflektorische Tachykardie zur Aufrechterhaltung des Herzzeitvolumens aus. Der Effekt ist abhängig von der Dosis, der Zufuhrgeschwindigkeit, der kardialen Kompensationsbreite, dem Volumenstatus und der Körperlagerung. Die Propofol-bedingte Hypotonie spricht gut auf Volumengabe an. Der Baroreflex wird auch durch andere Pharmaka gehemmt, wie z. B. Fentanyl, Alfentanil und Sufentanil. Die Kombinationen von vagusstimulierenden Substanzen kann zu lebensbedrohlichen Bradykardien und zur Asystolie (35) führen, vor allem im Zuge von Eingriffen, die selbst zur Vagusstimulation führen können (Laryngoskopie, Schieloperationen, Zug am Peritoneum etc.). Vagolytische Pharmaka können indiziert sein (Atropin, Glykopyrrolat).

Die Kombination Propofol + Fentanyl kann zu Asystolie führen.

Durch zu rasche Verabreichung „überfährt“ man einerseits die physiologischen Kompensationsmechanismen, andererseits kommt mehr Pharmakon in die Zirkulation, als für den gewünschten Effekt notwendig ist.
Propofol (2,6-Diisopropylphenol) gehört der Gruppe der Alkylphenole an, es ist das beste verfügbare Medikament zur kontinuierlichen Aufrechterhaltung einer Sedierung. Bedingt durch seine einzigartige Pharmakokinetik kann durch Dosisänderung rasch eine Veränderung der Sedierungstiefe bewirkt werden. Seine hohe Fettlöslichkeit bewirkt einen sehr raschen Wirkungsbeginn (30–60 Sekunden nach i.v.-Zufuhr), der Effekt ist durch Verteilung schnell beendet. Die Proteinbindung beträgt 98%. Die Biotransformation erfolgt zum größten Teil (82%) hepatisch. Leberfunktionsstörungen führen zur Wirkungsverlängerung von Propofol, aber selbst unter anhepatischen Bedingungen wird die Substanz eliminiert. Daher dürfte auch ein nichtspezifischer Metabolismus an der Elimination beteiligt sein. Die Wirkung von Propofol am ZNS scheint GABA-Rezeptor-vermittelt zu sein. Sedierung tritt bei Blutspiegeln von 1,0–2,5 µg/ml ein, die empfohlenen Blutspiegel für Allgemeinanästhesie liegen zwischen 3,0 und 6,0 µg/ml. Die 3-Kompartimentkinetik von Propofol wird praktisch mit der TCI-Technik

(target controlled infusion) nachvollzogen: Man wählt einen virtuellen Blutspiegel und eine programmierbare Pumpe (Diprifusor®) steuert die Flussrate entsprechend den pharmakokinetischen Daten gemäß Körpergewicht und Alter des Patienten.

Das Abklingen der Wirkung nach Beendigung der Zufuhr von Propofol erfolgt sehr rasch, auch nach lang dauernder Verabreichung hoher Dosen. Nach einer Bolusdosis klingt die Wirkung nach 5–10 Minuten ab, wird eine kontinuierliche Verabreichung beendet, so ist nach 10–15 Minuten der Großteil der Wirkung beendet. Es verbleibt nur geringer „Überhang" (Restsedierung).

Bereits sehr niedrige Dosen hemmen den zentralen CO_2-getriebenen **Atemantrieb** ebenso wie eine reflektorische Atemantwort auf das Eintreten einer Hypoxie. Die Reflexe zum Freihalten der Atemwege werden stark inhibiert, der Tonus der pharyngealen Muskulatur und des Mundbodens wird herabgesetzt, häufig kommt es zur oberen Atemwegsobstruktion (klinisch: geräuschvolle Atmung, Schnarchen, später: vergebliche inspiratorische Atemexkursionen des Thorax mit schaukelnden Thoraxbewegungen gegen den atonischen, kollabierten oberen Atemweg). Eine **Apnoe** kann selbst nach Zufuhr geringster Dosen (20 mg) sehr rasch und unvermittelt auftreten, vor allem bei älteren Menschen und bei eingeschränkter Organreserve (140). Der Schluckreflex wird abgeschwächt, die pharyngeale Funktion und Sensibilität vermindert. Das Risiko der Aspiration nimmt schon bei Sedierungsdosen zu, v.a. wenn verschiedene Sedativa kombiniert werden (Synergie). Pharyngeale Dysfunktion tritt bei der älteren Population auch ohne Sedativa in ca. 65% auf (26).

Propofol hat eine schmale therapeutische Breite.

Propofol sollte nur zur Sedierung verwendet werden, wenn eine Person, die im Atemwegsmanagement ausgebildet ist, unmittelbar verfügbar ist (25).

Propofol sollte nur von Anästhesisten verwendet werden (17, 28, 29).

In einer jüngst publizierten Arbeit über Sedierung für Endoskopien an 2000 Patienten postuliert D. Rex (27), dass die Anwendung von Propofol durch Pflegepersonal unter Supervision des Endoskopikers sicher sei. In seiner Arbeit traten bei 5 Patienten Episoden von Hypoxämie ($S_aO_2 < 85\%$) auf, die eine Maskenbeatmung erforderlich machten.

Bei einer Sauerstoffsättigung von 85% beträgt der p_aO_2 nur mehr um 50 mmHg.*

Üblicherweise tritt unter den empfohlenen Dosen zur Sedierung mit Propofol keine signifikante respiratorische Depression auf (25). Ausnahmen sind: Adipositas, Alter > 65,
Neigung zu oberer Atemwegsobstruktion,
gleichzeitiges Wirken anderer Sedativa (25).

Tab. 5: Dosierung von Propofol (nach 15, 25)

Art der Anwendung	Dosis
Sedierung/Bolusdosen	20–50 mg (0,5–1,0 mg/kg KG) alle 5–6 Minuten
Sedierung/kontinuierliche Infusion	20–75 µg/kg KG/min
Anästhesieeinleitung	2,0–2,5 mg/kg KG
Anästhesieaufrechterhaltung	100–200 µg/kg KG/min (15–12–9–4 mg/kg KG/h)**
Sedierung/kontinuierlich/Intensivstation	0,5–3,0 mg/kg KG/h
Nausea und Emesis	10 mg
Juckreiz	10–20 mg/h

Kinder: Die Clearence ist bei Säuglingen gegenüber Erwachsenen um 50% erhöht.
Die Initialdosen bei kleinen Kindern müssen um ca. 50% höher gewählt werden, die Erhaltungsdosen um 25% höher. Bei der Sedierung von Kindern, Kleinkindern und Säuglingen für die MRI-Diagnostik ist durch Propofol seltener Singultus zu beobachten als bei Metohexital-Sedierung.
Praktische Bedeutung: Propofol wird **ausschließlich intravenös** appliziert, obwohl es durch seine enorme Lipidlöslichkeit auch auf anderen Wegen resorbiert werden dürfte (limitierend ist wahrscheinlich die rasche Elimination, welche schneller als die Absorption erfolgen dürfte).
Die Zufuhr erfolgt am besten kontinuierlich mit einem Pumpen-/Perfusorsystem, außer bei sehr kurzen Eingriffen (4). Propofol kann gut mit anderen Sedativa bzw. mit Analgetika kombiniert werden, z. B. mit Midazolam, Fent-

*Wenn eine „Komplikation“ mit einem solchen Limit definiert wird, wird man immer gute Ergebnisse nachweisen. Ein Endoskopiker dürfte auch kein guter „Supervisor“ sein, da angenommen werden kann, dass seine Konzentration auf die Untersuchung eines Hohlraumes (unter Zuhilfenahme einer Optik) gerichtet ist.
**Empfehlung: 12 mg/kg KG von Minute 0–10, 10 mg/kg KG von Minute 10–20, dann 8–4 mg/kg KG/min.
Beachte die Streuung der Dosisempfehlungen!

anyl, Alfentanil. Der Synergismus von Propofol und Midazolam bzw. Alfentanil ist unbedingt zu bedenken, da sonst unbeabsichtigt eine Allgemeinanästhesie herbeigeführt werden kann (Kombiniert man diese 3 Substanzen, so kann zur Induktion einer Allgemeinanästhesie die Propofoldosis um 86% reduziert werden!).

Anwendungsmöglichkeiten von Propofol im Kontext mit Sedierung:
- kurze, wenig invasive Eingriffe bei sonst Gesunden
- kurzfristige, rasche Vertiefung eines Sedierungseffektes, der schnell wieder abklingt
- Option bei bekanntem PONV (postoperative nausea and vomiting)
- PCS (patient controlled sedation) (siehe S. 297f.)
- kontinuierliche Sedierung unter lang dauernden Eingriffen in Regionalanästhesie
- unruhige Patienten (führt rasch zur Immobilisierung) – **cave!**
- therapieresistenter Juckreiz (z. B. bei Ikterus)
- Palliativmedizin: „terminal sedation" (siehe S. 608f.)
- Intensivsedierung: rasch veränderbare Adaptation der Sedierungstiefe
- Intensivsedierung: Schlafanstoß und -aufrechterhaltung beim Spontanatmenden ohne Überhang (Anstoß einer Tag-Nacht-Rhythmizität)

Komfort/Nebenwirkungen: Propofol ist sowohl für den Anwender wie für den Patienten sehr komfortabel. Abgesehen von einer hohen Rate an Schmerzen bei Injektion (vor allem in kleinlumige Venen, an Handrückenvenen) wird seine Wirkung vom Patienten als sehr angenehm erlebt, vor allem, weil die Wirkung rasch abklingt und sich der Patient frisch und erholt fühlt. 43% der Patienten haben Träume, die Trauminhalte in der Aufwachphase werden in mehr als 50% sehr positiv erlebt (133). Nicht alle Träume können erinnert werden, die Befindlichkeit nach Propofolnarkosen ist gekennzeichnet von Euphorie, angenehmer und abenteuerlustiger Stimmung (133). Typisch ist kurzfristiger Juckreiz an der Nase nach Abklingen der Wirkung.

Injektionsschmerz: Die z.T. heftigen Schmerzen, die beim Injizieren von Propofol auftreten, lassen sich vermindern, wenn man davor 1 ml Lidocain 2% (Xylanaest® 2%) (Kinder: 0,5 ml) in die gestaute Vene spritzt und die Stauung für weitere 30 Sekunden aufrecht erhalten wird. Eine Alternative wäre das Zumischen von 1 ml Lidocain zu 20 ml Propofol. Eine Vorabdosis von Alfentanil (Rapifen®) bzw. eine sehr langsame Injektion sollen ebenfalls effektiv sein.

Schmerzen unter der Injektion sind seltener bei Verwendung eines Präparates, das aus einer Emulsion mittel- und langkettiger Fettsäuren besteht (Propofol®-Lipuro 1%). Bei Kindern kommt es in 28–85% zu Injektionsschmerzen – je jünger die Kinder, desto intensiver und häufiger. Grundsätzlich sollte man großlumige Venen (Fossa cubitalis) bvorzugen, die Inzidenz des Injektionsschmerzes liegt dann nur bei 6%.

Propofol-Infusion-Syndrome: Eine letale Komplikation durch kontinuierliche Langzeitverabreichung von Propofol wurde zuerst in der Kinderintensivmedizin publiziert (138). Es äußert sich durch Rhabdomyolyse, Hyperkaliämie, Hypoxie, Arrhythmien, Herzversagen, Leberversagen und führt letztlich zum Multiorganversagen. In einem research letter veröffentlichten O. Cremer et al. 2001 im Lancet die Beobachtung einer analogen Komplikation bei Erwachsenen mit Schädel-Hirn-Trauma, als eine 1%-Präparation durch eine 2%-Zubereitung abgelöst worden ist (139). Es wird in typischer Weise nach 24-48 Stunden durch einen kontinuierlich erhöhten Bedarf an Katecholaminen und positiv inotropen Substanzen manifest und führt am Tag 4-5 nach Intensivaufnahme zum Tod durch Herzversagen.

Die Inzidenz der tödlichen Komplikation ist abhängig von der kontinuierlichen Propofoldosis und der Dauer der Zufuhr. Bei Dosen unter 5 mg/kg KG/h tritt sie nie auf, bei 5–6 mg/kg KG/h erkrankten im Patientenkollektiv der Holländer 3/18 (17%), bei einer Dosis über 6 mg/kg KG/h bereits 4/13 (31%). Die Zahlen sind zugegebenermaßen bescheiden, bedürfen aber dringlich einer weiteren Untersuchung. Cremer spekuliert, dass Schädelhirntraumen im Besonderen zu diesem Syndrom disponieren, da ihre Therapie (Hirndruckkontrolle) hohe Dosen an Sedativa erfordert, die kreislaufwirksam sind und eine Vasopressortherapie nach sich ziehen, um den cerebralen Perfusionsdruck zu sichern.

Andere Nebenwirkungen sind selten:

Kopfschmerzen, Verwirrtheit, Euphorie, sexuelle Illusionen, Husten und Singultus nach Anwendung von Propofol. **Konvulsionen** sind möglich, treten aber sehr selten auf (Vorsicht bei Epilepsie-Anamnese!). Häufiger sind spontane Bewegungen (Wälzen, Abwehr) und myoklonische Bewegungen beim Einleiten von Narkosen, möglicherweise sind das Disinhibitionsphänomene. Diese Ereignisse werden immer wieder für den Ausdruck cerebraler Krampfaktivität gehalten. Im Niedrigdosisbereich wurde an epileptogenen Foci eine erhöhte Aktivität aufgezeichnet, bei Zufuhr von hohen Dosen wurde eine Abschwächung von Krampfaktivität festgestellt (34). Im Vergleich zu anderen Anästhetika (Etomidat, Metohexital) sind exzitatorische Phänomene jedoch seltener. Die Wahrscheinlichkeit liegt etwa bei 14%. Eine olivgrüne Harnverfärbung ist charakteristisch bei kontinuierlicher Sedierung auf Intensivstationen.

Verbrennungen: Bei der Langzeitsedierung aufgrund schwerer Verbrennungen konnte beobachtet werden, dass die notwendigen Dosen höher lagen als sonst. Nach 7–8 Tagen kann sich v.a. bei Verbrennungspatienten eine **Tachyphylaxie** entwickeln.
Propofol ist als Öl-Wasser-Emulsion aus Sojabohnenöl, Glycerol und Eilecithin erhältlich, 1 ml enthält 0,1 g Fett – das ist bei kontinuierlicher Intensivsedierung einzurechnen (bei einer kontinuierlichen Zufuhr von 500 mg/Stunde wären das 120 g Fett bzw. 1320 kcal pro Tag!). Der Zusatz des Chelatbildners EDTA kann nach kontinuierlicher Verabreichung zu einem Zinkmangel führen.
Eine Ei-Allergie ist keine Kontraindikation für das Medikament.
Allergische Reaktionen sind sehr selten.
Kompatibilität: Propofol soll nur mit Glucose 5% gemischt werden.

Kontraindikationen:

Säuglinge unter 1 Monat*
Intensivsedierung von Kindern unter 3 Jahren mit schweren viralen Atemwegsinfekten
Intensivsedierung von Kindern aller Altersgruppen mit Epiglottitis oder Krupp*
Schwangerschaft, Geburt und Stillzeit

Tab. 6: Vor- und Nachteile von Propofol

Vorteile	Nachteile
extrem gute Steuerbarkeit	schmale therapeutische Breite
Patientenkomfort: subjektiv angenehme Wirkung	Apnoerisiko
antiemetisches Potenzial	Hypotonie/Bradykardie
anxiolytische und amnestische Wirksamkeit	Preis

Arylcyclohexylamine, NMDA-Rezeptor-Agonisten

S-+-Ketamin (Ketanest-S 25 mg/ml Ampullen zu 2 ml)
(Ketanest-S 10 mg/ml Ampullen zu 5 ml)

Charakteristik: **Ketamin ist ein Anästhetikum mit vielen außerordentlichen Eigenschaften; es ist das einzige Anästhetikum mit analgetischer Wirkung, es**

*Keine Daten aus klinischen Studien vorhanden.

führt zur „dissoziativen Anästhesie", einem katalepsieähnlichen Zustandsbild. Die therapeutische Breite von Ketamin ist hoch, es besteht eine Sympathikusaktivierung.

Ketamin ist ein Arylcyclohexylaminderivat, ein Abkömmling von Phenzyklidin. Es ist seit über 40 Jahren in der Human- und Veterinärmedizin in Gebrauch und wird seit 30 Jahren klinisch angewendet. Unter den Anästhetika nimmt es eine Sonderstellung ein.
Ausgehend vom Razemat Ketamin wurde in den letzten Jahren das rechtsdrehende Stereoisomer S-+-Ketamin isoliert, das die erwünschten Eigenschaften (Analgesie, Anästhesie) in etwa doppelter Potenz trägt. Die Wirkdauer ist kürzer, das Medikament ist daher besser steuerbar. Einige unerwünschte Eigenschaften (unbeabsichtigte Bewegungen, Salivation) treten bei S-+-Ketamin mehr in den Hintergrund – die prinzipiellen Aussagen treffen für das Stereoisomer wie auch für das Razemat zu.
S-+-Ketamin ist nur in Europa registriert.
Der Effekt von Ketamin auf das ZNS wird **„dissoziative Anästhesie"** genannt. Dieses Phänomen ähnelt einem kataleptischen Zustand oder einer tiefer Trance. Im niedrigen und mittleren Dosisbereich bleiben Spontanatmung und Abwehrreflexe erhalten, die Patienten scheinen wach und mit geöffneten Augen „aus der Wirklichkeit zu treten", häufig beobachtet man Tränenfluss, Mydriasis, Nystagmus, Hypersalivation, Grimassieren und Schlucken. Der Muskeltonus nimmt zu, im Allgemeinen tritt rasch eine Immobilisierung ein, unwillkürliche Bewegungen kommen jedoch vor (unter Ketamin eher als bei S-+-Ketamin). Manche Patienten sprechen, singen oder äußern unartikulierte Laute, die mitunter hartnäckig wiederholt werden und kaum unterdrückbar sind. In diesem Zustand besteht eine ausgesprochene Hyperakusis und eine enorme Suggestibilität. Durch den gesteigerten Speichelfluss und eine schlecht koordinierte pharyngeale Funktion (Tonuserhöhung) kann es zu Verschlucken bzw. Aspiration von Speichel kommen. In der Folge kann ein Laryngospasmus auftreten, der aber meistens selbstlimitiert ist oder durch Maskenbeatmung beherrschbar ist. Viele Autoren empfehlen eine Prämedikation mit Anticholinergika. Häufig berichten Patienten nach Ketaminanästhesie über außerordentliche Erfahrungen, die sie während der Narkose gemacht haben: bizarre, Angst machende Albträume mit grotesken außerirdischen Gestalten, Weltraumflüge, Fliegen, Fallen, Hineingesogenwerden in dunkle Tunnels oder Röhren, Heraustreten aus dem eigenen Körper (OBE – out of the body experience), Schweben, Zeitreisen etc. Es wird aber z.T. nur über das Erscheinen von bunten, bewegten kaleidoskopartigen Gebilden (Kreise, Dreiecke) berichtet, die einander räumlich durchdringen und intensiv leuchtende Farben aufweisen. Diese

„bad trips“ erinnern in ihrer Qualität an die Erfahrungen, die Menschen nach LSD-Trips berichten. Wie bei LSD können auch unter Ketamin Synästhesien auftreten (z. B. das „Sehen von Tönen“). Auch so genannte „flashbacks“ sind möglich, d.h. dass die Wahrnehmungen, die während der Pharmakonwirkung gemacht werden, zu einem späteren Zeitpunkt (auch noch nach Monaten) spontan wieder auftreten. Das kann sich z. B. in Form von wiederkehrenden Albträumen mit denselben bizarren Inhalten wie unter der Narkose äußern. Träume mit unüblichen Inhalten dürften bei etwa 50% der Individuen auftreten, die Ketamin erhalten haben. Besonders enervierend scheint zu sein, dass die unter Ketamin erlebten Vorgänge in ihrem Ablauf hartnäckig repetitiv bzw. perseverierend sind (ein Patient berichtet z. B., er sei wieder und wieder ohne Unterlass wie ein Satellit um die Erde gekreist). Depersonalisationsphänomene werden empfunden und geäußert („Bin ich ICH?). Die Unsicherheit des Ich-Erlebens, der Ich-Identität, der Selbstwahrnehmung, die Phänomene von Derealisation, das Auftreten von Illusionen, Halluzinationen, Veränderungen des Körperschemas, Denkstörungen (Gedankenflucht, Ideenflucht) und Delirien ähneln gewissen Symptomen von Psychosen (z. B. schizophrene Psychosen). Enthemmungsphänomene und sexuelle Träume bzw. Erscheinungen sind beschrieben (→ Missbrauch). Diese Wirkung von Ketamin wird daher auch als **„psychotomimetisch“** bezeichnet. Träume treten bei ca. 30–85% der Patienten im Alter von 15–65 Jahren auf (vor allem in der Aufwachphase/engl.: emerge reactions), bei Greisen weniger häufig, bei Kindern selten (43, 44, 53). In 5–22% sind die Träume von unangenehmen, beängstigenden Inhalten begleitet (53). Die psychotomimetischen Effekte sind unter S-+-Ketamin in Quantität (53) und Qualität (37) gleich wie beim Razemat Ketamin, jedoch dürften die Träume unter S-+-Ketamin überwiegend positiv oder indifferent bewertet werden (54). Ihre Inzidenz ist dosisabhängig und lässt sich durch Benzodiazepine, Propofol, Antipsychotika (z. B. Droperidol, Sertindol) vermindern, jedoch nicht mit absoluter Gewissheit. Unter den Benzodiazepinen ist besonders Lorazepam (Temesta®) gut geeignet (20), häufig findet Midazolam (Dormicum®) in dieser Indikation eine Anwendung. Durch Positronen-Emissions-Tomographie (PET) konnte gezeigt werden, dass die psychischen Effekte mit einer striatal-dopaminergen Aktivierung assoziiert sind, während eine euphorische Stimmung nach Ketamin von einer erhöhten Dopaminkonzentration im ventralen Striatum und im Nucleus caudatus begleitet ist (37). Neben NMDA- und Opioidrezeptoren dürfte Ketamin auch mit serotoninergen, muskarinisch-cholinergen Rezeptoren so wie ionensensitiven Kalzium- und Natriumkanälen interagieren. Im Allgemeinen wird die Ketaminwirkung mit einer Depression der thalamoneokortikalen Leitungsbahnen bei gleichzeitiger Aktivierung des limbischen Systems erklärt. In der Literatur findet sich auch der Begriff von der „Entkoppelung" dieser Systeme. Die Patienten verlieren die Möglichkeit, auf den sensorischen Input zu reagieren. Immer wieder geschieht es, dass sich Patienten mit Schaudern an eine Ketamin-Anästhesie erinnern und eine erneute Anwendung des Medikaments ablehnen (ca. 15% bei S-+-Ketamin und 35% nach razemischem Ketamin). Unter dem Medizinpersonal, das Ketamin verabreicht oder das die Ketaminphänomene beobachtet, scheint eine Mehrheit die Anwendung von Ketamin an sich selbst abzulehnen (eigene Beobachtung). Aufgrund der psychotomimetischen Effekte ist Ketamin bei Psychosen und anderen psychischen Erkrankungen (z. B. Borderline-Syndrom) absolut kontraindiziert.

Warum wird Ketamin trotzdem verwendet?

1. Für viele Patienten (> 70%), die S-+-Ketamin und Midazolam erhalten haben, besteht für die Ereignisse rund um die Sedierung Amnesie. Für einen Teil der Patienten sind die Erfahrungen mit der Substanz positiv oder indifferent, v.a. wenn die psychotomimetischen Effekte mit Midazolam oder Propofol reduziert wurden.
2. Weil Ketamin Eigenschaften in sich vereinigt, die bei keinem anderen Anästhetikum, Narkotikum oder Sedativum zu verzeichnen sind.

S-+-Ketamin verursacht (weniger als Ketamin) eine anterograde Amnesie (37). Daneben werden bereits unter dem Effekt von subhypnotischen Dosen verschiedene kognitive und psychomotorische Leistungen passager beeinträchtigt (Konzentration, Orientierung, Informationsverarbeitung, Kurzzeitgedächtnis etc.)

S-+-Ketamin hat schon im subhypnotischen Dosisbereich (0,25 mg/kg KG) eine **starke analgetische Wirkung.** Ketamin wirkt hier einerseits durch seine hohe Affinität zu NMDA-Rezeptoren (N-Methyl-D-Aspartat) im Gehirn und Rückenmark, andererseits durch seine Interaktion mit supraspinalen Opioidrezeptoren (μ-und σ-Rezeptoren) (36) und einen lokalanästhetischen Effekt. Ketamin und seine Isomere sind nicht-kompetitive NMDA-Rezeptor-Antagonisten. NMDA-Rezeptoren finden sich in hoher Dichte im Thalamus, Nucleus caudatus und im frontotemporalen Cortex (diese Regionen repräsentieren auch bewusstes Verhalten und Wahrnehmung) sowie im Rückenmark und an peripheren Nerven. Sie mediieren Langzeiteffkte des exzitatorischen Neurotransmittersystems. Der physiologische Bindungspartner ist die Aminosäure Glutamat. Am Rückenmark fördert dieser Rezeptor die Weiterleitung der C-Faserimpulse, die zu einem erhöhten Aktivitätsniveau des Schmerz leitenden Systems (wind up) und einer erleichterten Weiterleitung von Schmerzimpulsen führen (facilitation) (38). Die Interaktion mit dem σ-Opioidrezeptor dürfte für einige unerwünschte Wirkungen von Ketamin verantwortlich sein (Dysphorie, Enthemmung) (37), die Interaktion mit dem μ-Rezeptor für die atemdepressive Wirkung im Hochdosisbereich (36). In einem Dosisbereich, in dem die hypnotische Wirkung von Ketamin noch nicht auftritt, steht also die Antinozizeption im Vordergrund. Dieses Phänomen findet in der Schmerztherapie erfolgreich und breit Anwendung. Die Analgesie, die bei i.v.-Gabe von 0,3 mg/kg KG Ketamin auftritt, ist durch Nalaxon nicht antagonisierbar. Eine präemptive antinozizeptive Wirkung von Ketamin ist ab Dosen von 0,2 mg/kg KG nachweisbar (39), d.h. es erscheint sinnvoll, Ketamin in der Indikation „Schmerzprophylaxe" (z. B. bei Amputationen) in einer Dosis von 0,25–0,5 mg i.v. zu verabreichen. Die Verwendung geringer Dosen ($\leq$ 0,15 mg) konnte diesen Effekt nicht nachweisen (40). Ketamin und Morphin wirken hinsichtlich Analgesie additiv, wie bei Morphin tritt auch bei Ketamin eine Toleranz auf (39). Es könnte sein, dass durch kombinierte Anwendung von Ketamin und Morphin die Ketamindosis reduziert werden könnte bzw. postoperativ geringere Dosen an Opioid notwendig wären (39).

Schmerzen mit überwiegender somatischer Komponente (z. B. Extremitätenfraktur) werden stärker gemindert als Schmerzen mit überwiegend vegetativer Komponente (z. B. Volvulus).

Die analgetische Potenz von S-+-Ketamin ist doppelt so hoch wie die von Ketamin-Razemat.

Wirkungen auf die Atmung: Grundsätzlich ist Ketamin in therapeutischen Dosen nicht atemdepressiv, im Gegenteil: Es kommt sogar zu einer Steigerung des Atemminutenvolumens durch eine Zunahme der Atemfrequenz. Die physiologische Antwort auf einen CO_2-Anstieg bleibt über weite Strecken unverändert erhalten. Werden jedoch hohe Dosen (über dem therapeutischen Nutzen) rasch zugeführt oder wird Ketamin mit anderen atemdepressiven Medikamenten kombiniert, so kann eine Störung des Atemantriebes resultieren. Die autonome Kompetenz, den Atemweg offen zu halten, kann verloren gehen. Es ist nicht auszuschließen, dass eine Apnoe auftritt.

Auch in der oralen Prämedikation/Analgesie von Kindern mit der Kombination Ketamin/Midazolam sind Störungen der Atmung beschrieben worden, die ein aktives Vorgehen erforderlich machen (Sauerstoffinsufflation, Esmarch-Handgriff) (41). Ca. 1% der mit Ketamin narkotisierten Patienten benötigen eine Assistenz bzw. Unterstützung der Atmung (4). Die Atemdepression durch Ketamin ist durch die Interaktion der Substanz mit supraspinalen µ-Rezeptoren bedingt (36).

Da wie bei allen anderen Sedativa/Narkotika/Analgetika ein individueller Effekt nicht a priori abschätzbar ist, empfiehlt sich eine titrierende Applikation, wenn möglich.

Die Zufuhr einer Dosis soll nicht in weniger als 1–2 Minuten erfolgen (43), die meisten Anästhesisten dürften diese Empfehlung jedoch vernachlässigen. Ketamin wirkt sympathomimetisch und führt zu einer direkten Relaxation

der glatten Muskulatur von Bronchien und Bronchiolen. Daher ist eine seiner Anwendungen der Status asthmaticus. Falls ein Patient mit Asthma bronchiale für ein Sedierungsverfahren geplant ist, ist aus demselben Grund Ketamin eine gute Option, da die Spontanatmung über weite Bereiche erhalten werden kann und eine prophylaktische Wirkung gegen Bronchospasmus zu erwarten ist. Wird gleichzeitig Aminophyllin verabreicht, so kann möglicherweise die Krampfschwelle gesenkt werden. Bisher liegen jedoch keine Hinweise vor, dass Ketamin eo ipso die Krampfschwelle senkt (4).
Bei Patienten mit eingeschränkter Koronarreserve kann es zu einer Erhöhung des Gefäßwiderstandes im Pulmonalkreislauf kommen (42).*
Die pharyngealen Reflexe bleiben unter üblichen Ketamindosen normal oder sind leicht gesteigert. Unter hohen Dosen sind jedoch Schluckreflex, Husten- und Würgereflex abgeschwächt bis aufgehoben, vor allem, wenn es mit anderen Sedativa kombiniert wird oder eine Erkrankung bzw. Verletzung des ZNS vorliegt.
Es tritt regelhaft Hypersalivation und eine vermehrte tracheobronchiale Sekretion auf. Atemwegskomplikationen wie Laryngospasmus durch Speichelaspiration treten häufiger bei Kindern und bei Infekten auf. Green & Johnson haben in einer Metaanalyse 97 Studien über Ketaminsedierung analysiert, welche 11.589 Anwendungen bei Kindern eingeschlossen hat. In nur 2 Fällen musste aufgrund eines Laryngospasmus intubiert werden (143). Die Emesisinzidenz betrug 8%, wobei aber nie eine Aspiration zu beobachten war. Bemerkenswert erscheint die von Krauss & Green in einer Übersichtsarbeit (43) veröffentlichte Tatsache, dass in den 30 Jahren, in denen Ketamin verwendet wird, **noch nie eine klinisch signifikante Aspiration von Mageninhalt** publiziert worden ist, wenn keine Kontraindikationen vorgelegen sind. Daher empfehlen die Autoren:

***Ketamin soll wegen seiner einzigartigen Eigenschaft, die protektiven Atemwegsreflexe zu erhalten, allen anderen sedierenden Substanzen bei Notfalleingriffen vorgezogen werden, wenn Nüchternheit nicht gewährleistet werden kann** (B. Krauss).*

Wirkungen auf Herz und Kreislauf: Die zentrale sympathikusstimulierende Wirkung von Ketamin ist unter den Sedativa ein weiteres einzigartiges Phänomen und der zweite wesentliche Grund für die Anwendung der Substanz in der Notfallmedizin. Es kommt dosisabhängig zu einer Zunahme der

*Bezüglich der Wirkung von Ketamin auf den Pulmonalkreislauf gibt es in der Literatur jedoch kontroversielle Aussagen (4, 15, 44, 45).

Herzfrequenz, zu einer Steigerung von systolischem und diastolischem Blutdruck und zur Zunahme des Herzzeitvolumens. Der myokardiale Sauerstoffverbrauch wird entsprechend der vermehrten Herzarbeit erhöht. Die Widerstände im systemischen Kreislauf und im Pumonalkreislauf nehmen zu. Daher ist Ketamin eine nützliche Substanz bei Vorliegen einer Hypotonie durch Hypovolämie oder intrinsischer kardialer Erkrankung (z. B. zyanotisches Vitium, Herzbeuteltamponade) (15) – **nicht jedoch bei Hypotonie oder Schmerz bei koronarer Herzkrankheit!** (z. B. Myokardinfarkt mit verminderter Pumpleistung, die zur Hypotonie führt). Für den Fall, dass unbeabsichtigt der Übergang in eine Allgemeinanästhesie erfolgt, ist Ketamin das Narkotikum mit der geringsten kardiodepressiven Wirkung (wenn es nicht mit anderen Substanzen kombiniert wird) (4).

Durch die sympathikusaktivierende Wirkung können kardiale Arrhythmien verursacht werden. Eine Kreislaufdepression erfolgt unter der Wirkung von Alpha- oder Betablockern, Kalziumantagonisten, Benzodiazepinen, Barbituraten und Opioiden bzw. bei Intensivpatienten mit depletierten Katecholaminspeichern. Die qualitativen Wirkungen auf Herz und Kreislauf sind bei Ketamin und S-+-Ketamin gleich (54).

Weitere Wirkungen: Ketamin erhöht den **intrakraniellen Druck** und den **Augeninnendruck**. Zerebraler Metabolismus, cerebraler Blutfluss und cerebraler Sauerstoffverbrauch steigen durch Ketamin auch bei Normokapnie. In der präklinischen Versorgung des Schädel-Hirn-Traumas ist seine Anwendung nur dann gerechtfertigt, wenn unmittelbar danach eine kontrollierte Beatmung durchgeführt wird. Eine Vorbehandlung mit Benzodiazepinen mitigiert den ketamininduzierten ICP-Anstieg (15).

Schwangerschaft: Ketamin erhöht bei Dosen unter 1 mg/kg KG den Tonus der Uterusmuskulatur, ohne den Blutfluss zu reduzieren. In den ersten 3 Monaten der Schwangerschaft und in der Stillzeit soll es nicht verabreicht werden*.

In der Aufwachphase und danach kommt es häufig (10–45%) zu **Übelkeit und Erbrechen** (53), jedenfalls zu einer Zeit, in der bereits wieder Kompetenz über den Atemweg herrscht.

Pharmakokinetik, Dosierung und klinische Anwendungsbereiche von S-+-Ketamin:

Ketamin hat eine sehr hohe Lipidlöslichkeit, bei i.v.-Gabe tritt die narkotische und analgetische Wirkung in 30–60 Sekunden ein. Zeitlich ist das Auftreten eines Nystagmus mit dem Beginn einer effektiven Wirkung gleichzusetzen. Die Proteinbindung beträgt nur 12–27%, was einen raschen Transfer durch die Blut-Hirn-Schranke und die Plazenta ermöglicht.

*Fehlende Literaturdaten.

Seine Kinetik ist mit einem Zweikompartimentmodell zu beschreiben, mit einer kurzen Distributions-HWZ ($t_{1/2\alpha}$) von 12 Minuten und einer Eliminations-HWZ ($t_{1/2\beta}$) von 2–3 Stunden. Ketamin wird im Gehirn akkumuliert, im Hirngewebe finden sich 2–6x höhere Konzentrationen als im Plasma. Es wird in der Leber metabolisiert und über die Galle ausgeschieden. Die Dauer des klinischen Effekts bei i.v.-Gabe beträgt ca. 3–8 Minuten, die Analgesie hält länger an, die Erholung nimmt 1–2 Stunden in Anspruch.
Ketamin kann auf allen denkbaren Wegen in den Körper gebracht werden, d.h. intravenös, intramuskulär, oral, nasal, rektal, intrathekal, epidural, kaudal. Bei Erwachsenen ist die bevorzugte Route die intravenöse, bei Kindern die orale (bzw. im prämedizierten Zustand bevorzugt i.v.). Im Kindesalter ist (vor allem in Europa) auch die rektale Applikation üblich. Nachdosierungen können auch wiederholt durchgeführt werden.

Tab. 7: Dosierung von S-+-Ketamin

Art der Anwendung	Dosis
präemptive Analgesie i.v.	15–35 mg (0,25–0,5 mg/kg KG) einmalig
Sedierung i.v.	15–35 mg (0,25–0,5 mg/kg KG), dann die halbe Dosis alle 3–8 min
Sedierung i.m.	1,25–2,5 mg/kg KG (M. deltoideus)
Sedierung rektal (Kinder)	(3–)5 mg/kg KG
Sedierung oral (Kinder)	1,5(–3) mg/kg KG
Anästhesieeinleitung i.v.	0,5–1,0 mg/kg KG
Anästhesieeinleitung i.m.	2,5–5 mg/kg KG (M. deltoideus)
Anästhesieaufrechterhaltung	7–40 µg/kg KG/min (0,4–2,4 mg/kg/h)
ICU-Sedierung	1 mg/kg KG/h (+ Komedikation)

Praktische Anwendung: Um die Wahrscheinlichkeit des Auftretens von psychotomimetischen Ketaminwirkungen zu reduzieren, kombiniert man Ketamin meist mit Benzodiazepinen. Lorazepam (Temesta®) ist besonders gut geeignet, die Kombination mit Lorazepam gehört zu den besten und sichersten Methoden der Sedierung (4). Meistens wird Ketamin mit Midazolam (Dormicum®) kombiniert. Man muss darauf achten, dass die Midazolamdosis nicht zu hoch gerät, am besten beginnt man mit 1–2 mg i.v. (Erwachsene) und verabreicht bei langen Eingriffen kumulativ nicht über 5 mg (in Einzelfällen kann bei jungen Patienten maximal 10 mg akzeptabel erscheinen). Ketamin und Midazolam können in einer Mischspritze i.m. verabreicht werden. Die Wirkung nach i.m.-Gabe ritt nach 3–5 Minuten ein und dauert ca. 20–30 Minuten an. Eine antisialogische Prophylaxe wird empfohlen (Glykopyrrolat 0,4 mg, 5 Minuten vor Ketamingabe i.v. oder eine Stunde davor i.m., bei Kindern wird meistens Atropin in einer Dosis von 0,02 mg/kg KG empfohlen). Ketamin wurde auch erfolgreich mit Propofol und Opioiden kombiniert. In der Kombination mit Propofol unter Verwendung subhypnotischer Ketamindosen ergibt sich ein verstärkter Sedierungseffekt, die atemdepressive Wirkung von Propofol wird durch Ketamin abgeschwächt (55). Die synergistische analgetische Wirkung mit den Opioiden mag die Dosisreduktion einer Substanz erlauben. Nach rektaler Gabe finden sich maximale Plasmaspiegel nach 40–45 Minuten (46).

Notfallmedizin: Ketamin ist durch seine hohe Sicherheitsbreite und seine analgetische Wirksamkeit das ideale Sedativum für die Notfallsedierung oder -narkose eines *hypovolämen, schockierten Patienten*. Es kann vor der Reposition von dislozierten Frakturen verabreicht werden. Ein Repositionsversuch von Luxationen kann für den Patienten zwar schmerzfrei sein, für den Arzt jedoch erschwerte Bedingungen bieten, da der Muskeltonus unter Ketamin erhöht ist. Schwierige oder langwierige, schmerzhafte Bergungsmanöver können unter Ketaminanalgesie erfolgen. Nicht kooperative Patienten werden durch Ketamin rasch immobilisiert. Schmerzhafte Eingriffe wie Bülaudrainagen können unter Spontanatmung durchgeführt werden. Beim Schädel-Hirn-Trauma (auch bei Gr. I) ist eher Zurückhaltung geboten (Anstieg des ICP bzw. Beeinflussung des klinisch-neurologischen Verlaufs). Wenn jedoch absehbar ist, dass durch die Schwere einer Mehrfachverletzung der systemische Blutdruck (und damit der cerebrale Perfusionsdruck) kritisch unterschritten wird, ist Ketamin zur Einleitung der Notfallnarkose überlegenswert. Wenn bei einem verletzten Patienten, der nicht geborgen werden muss, ein Wachtransport geplant ist, sollte man im Sinne des Patientenkomforts eher Opioide zur Analgesie verwenden.

Im *Status asthmaticus* ist bei erhaltener Spontanatmung Ketamin mitunter die ultima ratio, zur Einleitung der Notfallnarkose bei Asthma oder dekompensierter COPD ist es empfohlen.

Wenn Schwerverletzte (v.a. Kinder) durch Verletzung oder Schock in einem Zustand angetroffen werden, bei dem eine *Kooperation ausgeschlossen* ist, kann mit Hilfe von Ketamin eine Sedierung auch ohne Venenweg intramuskulär erfolgen. Auch wenn Ketamin hinsichtlich der Protektion der Atemwege das sicherste Narkotikum ist, darf nicht davon ausgegangen werden, dass seine Anwendung vor Aspiration schützt oder die Spontanatmung suffizient bleiben wird.

Conscious Sedation: Eingriffe der Endoskopie, Urologie, der interventionellen Radiologie, Kardiologie, Anästhesie, Traumatologie, Zahnheilkunde, Gynäkologie und die Sedierung von Kindern sind Indikationen von Ketamin.

Sehr sinnvoll und sicher ist eine Kombination subhypnotischer Ketamindosen (7–25 µg/kg KG) (siehe S. 296) mit *Propofol*: Ketamin schwächt die atemdepressive und blutdrucksenkende Wirkung von Propofol ab, die Patienten erholen sich nach einem Eingriff rascher, benötigen postoperativ weniger Analgetika, kognitive Funktionen und Rückkehr zu den normalen Aktivitäten erfolgen schneller (55). Propofol unterdrückt die psychotomimetischen Eigenschaften von Ketamin bei Anwendung subhypnotischer Dosen vollständig (55) bzw. reduziert sie in einen geringen Bereich (8–16%) (58), die sedierende Wirkung wird durch die stimulierende Wirkung von Ketamin komplementiert (55). Ein prolongierter antinozizeptiver Effekt in der Erholungsphase ist gegeben (55, 58).
Auch der durch Alfentanil verursachte Hypoventilation vermag Ketamin bei gesunden Erwachsenen entgegenzuwirken (56). Subanästhetische Dosen von Ketamin dürften einen gewissen anxiolytischen Effekt haben (57).
Intensivmedizin: Beim kontinuierlichen Einsatz von Ketamin zur Langzeitsedierung von kritisch Kranken wurde eine rasch auftretende Tachyphylaxie beschrieben, die eine progressive Dosissteigerung erforderlich macht (59). Ein weiterer Faktor ist die vermehrte bronchiale Sekretion, die jedoch bei S-+-Ketamin in geringerem Maß auftritt als beim Razemat. Die sympathikomimetische Kreislaufwirkung führt zu höherem arteriellem Blutdruck und erhöhter Herzfrequenz. Patienten mit einem Bedarf an externen Katecholaminen profitieren, indem Vasopressoren reduziert werden können (51). Bei der Langzeitsedierung von Patienten mit Schädel-Hirn-Trauma ist es so effektiv wie Fentanyl (52). Sinnvoll ist eine kurzfristige Gabe von 0,5–1 mg/kg KG Ketamin vor kurz dauernden (5–20 Minuten) schmerzhaften Eingriffen beim Intensivpatienten (22), der unter der laufenden Sedoanalgesie geringe Sedierungseffekte zeigt (Verbandswechsel bei Verbrennungen, Anlegen von suprapubischen Harnblasendrainagen, Zentralvenenkathetern, Arterienkathetern, Pleuradrainagen etc.). Als weitere Indikation wird in der Literatur *Asthma bronchiale unter mechanischer Ventilation* genannt (22).
Ein Vorteil von Ketamin gegenüber den Opioiden im Rahmen der analgetischen Intensivtherapie könnte sein, dass Ketamin keine Darmatonie verursacht.
Prämedikation und Sedierung von Kindern (siehe Tabelle 7 und Seite 418): Für die orale Ketaminprämedikation von Kindern sind 3 mg/kg KG (= 1,5 mg/kg KG S-+-Ketamin) so effektiv sein wie 6 mg/kg KG (= 3 mg/kg KG S-+-Ketamin), in der höheren Dosis kommt es lediglich zu einer Zunahme der unerwünschten Wirkungen (47). Hingegen dürfte bei der rektalen Applikation die Dosis im oberen empfohlenen Bereich wirksamer sein (10 mg/kg KG Ketamin = 5 mg/kg KG S-+-Ketamin), ohne dass unerwünschte Wirkun-

gen zunehmen (46). Die Sicherheit und Effektivität einer Ketaminsedierung im Schockraum ist erwiesen (142).

Kontraindikationen von Ketamin:

akutes Koronarsyndrom
koronare Herzkrankheit
Hypertonie
kardiale Insuffizienz
Aorten- und Mitralstenose
Phäochromozytom
Hyperthyreose und andere Schilddrüsenerkrankungen
Präeklampsie und Eklampsie
Uterusruptur
Nabelschnurvorfall
Säuglinge < 3 Monate
Instabilität der Atemwege (Tracheomalazie, Z.n. Trachealchirurgie, Trachealstenose etc.)
Eingriffe, die zu einer Stimulation des hinteren Pharynx führen
Infekte der Atemwege innerhalb der letzten 2 Wochen
Psychosen und andere psychische Erkrankungen
Schädel-Hirn-Trauma unter Spontanatmung
Raumforderungen des ZNS
Hydrozephalus
Glaukom
perforierende Augenverletzungen
Porphyrie

An Frühgeborenen sollen i.m.-Injektionen von Ketamin zur Sedierung unterbleiben, es kann eine prolongierte Apnoe mit Bradykardie verursacht werden (15).
Nach topischer Kokainapplikation und bei Kokainintoxikation kann mit Ketamin eine Myokardischämie provoziert werden (15).
Missbrauch und Abhängigkeit: In den letzten Jahren gibt es gehäuft Hinweise, dass Ketamin missbräuchlich verwendet wird. Einerseits betrifft es typischerweise Polytoxikomane, die in Kontakt mit medizinischen Einrichtungen stehen, andererseits findet es Verwendung als „Partydroge“ bzw. „Clubdroge“. Es wird geraucht, injiziert, geschluckt oder geschnupft. In jedem Fall sind die typischen Konsumenten jung (48, 49). Die psychotrope und euphorisierende Wirkung des Ketamin wird gesucht, um gewisse Emp-

findungen zu erleben (Gefühl der Leichtigkeit und Zeitlosigkeit, „anregende, schnelle Gedanken", Erfahrungen neuer kosmischer Einheit, out of the body experiences und verzerrte Ich-Wahrnehmung) (48, 55). In diesem Zusammenhang wird es auch in krimineller Weise missbraucht, um sexuelle Übergriffe zu erleichtern (49). Es wurden Todesfälle im Zusammenhang mit autoerotischer Betätigung publiziert.

***Die Anwendung von Ketamin soll auf einen Personenkreis beschränkt sein, der alle Komplikationen der Substanz, vor allem die Atemwegskomplikationen, beherrschen kann** (4, 9, 41).*

Antipsychotika

(siehe S. 108)

Haloperidol (Haldol® Ampullen 5 mg/1 ml)

Charakteristik: **Antipsychotikum mit potenter antipsychotischer und gering sedierender Wirkung, antiemetischer und antihistaminischer Potenz, sehr sicher betreffend Kreislauf und Atmung, aber mit einer hohen Inzidenz von extrapyramidalmotorischen Bewegungsstörungen.**

Haloperidol ist ein Butyrophenon, es blockiert in erster Linie Dopamin-D_2-Rezeptoren und α_1-Rezeptoren im ZNS. Die anticholinergen und alphaadrenolytischen Wirkungen sind schwach, d.h. im Vergleich zu anderen Antipsychotika ist die herzfrequenzsteigernde und blutdrucksenkende Wirkung gering.

In **psychiatrischen Notsituationen** beginnt man sofort mit einer Hochdosistherapie. Die therapeutische Breite eines Pharmakons hinsichtlich vitaler Stabilität ist für diese Umstände ein wesentliches Kriterium in der Wahl des Medikaments. Haloperidol erfüllt die Ansprüche an Sicherheit eines Medikaments mit Akutwirkung im psychiatrischen Notfall auch beim alten und polymorbiden Menschen.

Obwohl es als Akutmedikament apostrophiert ist, tritt seine Wirkung nach i.v.-Gabe erst nach 30–60 Minuten ein und dauert dann für 4-8 Stunden an.

***Haloperidol ist das Mittel der ersten Wahl beim Delir** (22, 62, 135).*

Indikationen von Haloperidol:
- Delir
- Akuttherapie von Psychosen
- Alkoholhalluzinose
- psychomotorische Erregung bei Alkohol- oder Schlafmittelintoxikation
- psychomotorische Erregungszustände oder Unruhezustände im Alter, bei Demenz
- hypochondrischer Wahn
- Persönlichkeitsstörungen vom Borderline-Typ
- Antiemetikum (Palliativmedizin)

In der Anwendung beim Delir (postoperatives Delir, Entzugsdelir) an Intensivstationen und Normalbettenstationen ist Haloperidol sicher und effektiv. Psychotische Angst wird durch Haloperidol reduziert, gegen situative Angst wie vor Operationen ist es hingegen nicht wirksam.

Tab. 8: Dosierung von Haloperidol

Art der Anwendung	Dosis
i.v.	2–10 mg alle 2–4 Stunden
i.v. (kontinuierlich)	10 mg/h Beginn Dosisanpassung + 1 mg/h alle 20 Minuten
i.m. (Erstdosis)	2–10 mg alle 2–4 Stunden
oral	3–15 mg in 3 Dosen aufgeteilt
s.c. (Übelkeit)	0,3–0,5 mg in 2–3 Dosen bis 5–15 mg

Im **Akutfall** verabreicht man bei geringer Symptomatik 0,5–2 mg, bei ausgeprägter Agitation 5–10 mg i.v. (62) am besten in einer Kurzinfusion mit 100 ml physiologischer Kochsalzlösung. Diese Dosis kann alle 2–4 Stunden wiederholt werden.
Wenn es absehbar ist, dass eine kontinuierliche Zufuhr notwendig sein wird, beginnt man mit 10 mg pro Stunde und steigert alle 20 Minuten um 1 mg/h bis zur Effektivität (22).
Bei persistierender Agitation kann die Dosis alternativ alle 20 Minuten verdoppelt werden (62). Dazu im Widerspruch stehen die Dosisangaben anderer Autoren, die eine maximale Dosis von 50 mg parenteral und 100 mg oral für die ersten 24 Stunden ansetzen (Ausnahme: „schwere Akutsituatonen") (60). Mit der Dosis steigt die antipsychotische Wirksamkeit und das Risiko der subjektiv enorm qualvollen **extrapyramidalmotorischen Symptome**

(**EPMS**) (Akathisie*, Parkinsonoid, Zungen-Schlund-Krämpfe, okulogyre Krisen, Torticollis, Torsionsdystonie, periorale Dyskinesien, Blepharospasmus etc.).
Die EPMS erscheinen bei i.v.-Verabreichung von Haloperidol seltener als bei oraler Gabe (22). Eine gleichzeitige Gabe von Biperiden (Akineton®) ist als Prophylaxe gerechtfertigt.
Dystonien treten eher bei Kindern auf, während Parkinsonsyndrome (Rigor, Akinesie, Tremor) eher im Alter zu sehen sind. Wenn EPMS die Folge einer Haloperidol-Therapie sind, muss das Medikament abgesetzt und die Gabe eines anticholinergen Parkinsonmittels begonnen werden (z. B. Biperiden).
Spätdystonien treten nur nach hohen Dosen und mindestens 2-jährigem Gebrauch auf (66).
Fragen, die man sich vor der Anwendung von Haldol stellen sollte:

- Gibt es körperlich begründbare Ursachen der Symptomatik? (Dehydratation, Trauma, Hypoglykämie etc.)
- Hat der Patient auch Angst? (→ Lorazepam)
- Sind Kontraindikationen für die Anwendung von Haloperidol bekannt?

Herz-Kreislauf: Ein Blutdruckabfall durch die α-adrenolytische Wirkung ist möglich. Wenn notwendig, verabreicht man zunächst Volumen, dann Etilefrin (Effortil®), an Intensivstationen Noradrenalin (Arterenol®). Durch Adrenalin (Suprarenin®) kann es im Zusammenhang mit Haloperidol zu einer paradoxen Hypotension kommen (15). Haloperidol und andere Antipsychotika können die QT-Zeit des EKG verlängern und in sehr seltenen Fällen zur ventrikulären Tachykardie torsades des pointes führen.
Das **maligne neuroleptische Syndrom** ist eine seltene, aber lebensgefährliche Komplikation der Therapie mit Antipsychotika: Es ist gekennzeichnet durch die Symptome Muskelrigidität, Hyperthermie, Bewusstseinsstörung und autonome Instabilität (Tachyarrhythmien, Blutdrucklabilität). Nach Absetzen der ursächlichen Medikation erfolgt eine symptomatische Therapie mit Dantrolen.
Anticholinerge Syptome (Mundtrockenheit, Obstipation, Harnverhalten, Erhöhung des Augeninnendrucks etc.) treten vor allem am Beginn einer Therapie mit Antipsychotika auf, bei Haloperidol sind sie nur bei Verabfolgung extrem hoher Dosen zu erwarten (61).
Antipsychotika reduzieren die **Krampfschwelle**. Das ist besonders bei Patienten unter Alkoholentzug oder bei Medikamenten-Intoxikationen (trizyklische Antidepressiva, Kokain) zu beachten. Haloperidol soll die Krampf-

*(gr. καθίζειν sitzen) Unvermögen, ruhig zu sitzen, klin. mit unruhigem Umherlaufen (sog. Trippelmotorik) verbunden.

schwelle nicht erniedrigen. Manche Autoren sagen aus, dass Haloperidol die Krampfschwelle nur gering senke, andere behaupten, Haloperidol senke die Krampfschwelle gar nicht.

Praktische Anwendung

Delir: Wenn der Patient Tabletten annimmt, wird mit 0,5–2 mg, 3–4x täglich begonnen (62).

Akute Psychose: Haloperidol in der Kombination mit Lorazepam wird zur Akuttherapie der Psychose in den USA am häufigsten verwendet (69). In Europa sind Haloperidol, Droperidol und Diazepam die Medikamente, die am ehesten in dieser Indikation Verwendung finden.

Notfallmedizin: Wenn ein Venenweg schwierig zu etablieren ist, kann die Dosis von 5–10 mg i.m. verabreicht werden. Die Resorption bzw. Bioverfügbarkeit nach intramuskulärer Gabe ist unsicher (62), die Agitiertheit kann nach der schmerzhaften Prozedur aggraviert werden. Alsbald soll eine andere Zufuhrroute angestrebt werden.

Der Effekt des Medikaments muss abgewartet werden (min. 30 Minuten). Wenn durch akute Einwirkung von Alkohol oder Schlafmittel psychomotorische Erregungszustände auftreten, steht der Behandelnde vor einer konflikthaften Situation, da sich die meisten Sedativa unter diesen Umständen verbieten. Haloperidol ist dann die relativ sicherste Option, da es nur gering sedierend wirkt. Bei **Cannabisintoxikation** mit Auftreten psychotischer Symptome kann Haloperidol in der Dosis von 5–10 mg indiziert sein.

Delirante Zustände durch MDMA („Ecstasy") oder Kokain sollen nicht durch antipsychotisch wirksame Medikamente therapiert werden. Auch ein Opioidentzug ist keine Indikation für Antipsychotika.

Intensivmedizin: Haloperidol ist das Medikament der ersten Wahl beim ICU-Syndrom (22). Vor allem beim Alkohol- oder Medikamentenentzug ist eine Kombination mit Benzodiazepinen (v.a. Lorazepam und Diazepam) sinnvoll (Anxiolyse, Schlafanstoß, Sedierung, Anheben der Krampfschwelle). Patienten, die zu paradoxen Benzodiazepinreaktionen disponieren (siehe S. 152), profitieren ebenfalls von der Kombination mit Haloperidol (30), da das Antipsychotikum die Inzidenz der paradoxen Reaktionen reduziert. Haloperidol ist eine sinnvolle Option zur Sedierung von Patienten, die zur Atemdepression neigen (30). In der Intensivsedierung werden ansteigende Dosen von 1–5 mg (2–10 mg) verwendet. Dabei sind z.T. Dosen von über 300 mg/24 h notwendig, ohne dass bei diesen Dosen eine Atemdepression auftreten würde (30, 124). Unter einer Therapie mit Haloperidol ist es möglich, andere Sedativa zu reduzieren und eine Respiratorentwöhnung zu erleichtern (124).

Haloperidol dürfte auch gwisse delirprophylaktische Eigenschaften aufweisen (154). Durch Haloperidol können Benzodiazepine eingespart werden

(30). Unter kombinierter Verwendung von Haloperidol und Benzodiazepinen kommt es seltener zu Dyskinesien (30). Auf Begleittherapien und Umstände, die zu einer QT-Verlängerung im EKG führen, ist zu achten (Cisaprid, Antiarrhythmika der Klassen I und III, Hypokaliämie und Hypomagnesiämie).

Geriatrie: In niedrigen Dosen (1–3 mg) besteht eine gute Wirkung bei Unruhezuständen im Alter, jedoch sind atypische Antipsychotika in dieser Indikation vorzuziehen (z. B. Risperidon/Risperdal®).

Palliativmedizin: Gegen Übelkeit und Erbrechen hilft häufig Haloperidol. Man beginnt mit 0,3–0,5 mg 3x tgl., eine Steigerung ist bis 5–15 mg pro Tag sinnvoll. Bei Schluckstörungen kann das Medikament s.c. injiziert werden. Im oberen Dosisbereich ist bei terminal Kranken mit einer sedierenden Wirkung zu rechnen.

Schmerztherapie: Antipsychotika (Neuroleptika) sind keine Medikamente zur Therapie von Schmerzen. Ausnahmen bilden Zoenästhesien oder andere Symptome der Schmerzbewertung von Psychosen. W. A. Nix hat in einer Metaanalyse über den Nutzen der Neuroleptika in der Therapie chronischer Schmerzen festgehalten, dass keine wissenschaftlich gesicherten Grundlagen existieren, die den Neuroleptika eine analgetische Wertigkeit bei der klinischen Versorgung von chronischen Schmerzen zusprechen würden (63, 64). Eine treffende Aussage zu dieser Thematik stammt von Beaver: „If a criterion of analgesia is that a patient is not bothering the staff by pushing the button and requesting more analgesic, a phenothiazine could be said to ‚spare' analgesics" (65).

Antipsychotika (Neuroleptika) sind in der Therapie chronischer Schmerzen deplatziert.

Schwangerschaft: Haloperidol ist plazentagängig. Eine kritische Nutzen-Risiko-Abwägung durch den Facharzt für Psychiatrie möge entscheiden, ob eine Anwendung in der Schwangerschaft sinnvoll ist. Vereinzelte Berichte über Missbildungen wurden publiziert, bei Neugeborenen wurden EPMS beobachtet (61).

Kontraindikationen:

Parkinson-Syndrom, M. Parkinson
prolaktinabhängige Tumoren (Brust etc.)
***Vorsicht** bei kardiovaskulären Erkrankungen, Hypokaliämie, Hypomagnesiämie*

Droperidol, Dehydrobenzperidol, DHBP (Dehydrobenzperidol® Ampullenzu 5 mg/2 ml)

Charakteristik: **Droperidol ist ein stark antipsychotisch wirksames, rasch und stark sedierendes Antipsychotikum von kurzer Wirkdauer. Es ist bewährt 1. bei der akuten Psychose mit agitiertem oder gewalttätigem Verhalten; 2. beim „schwierig zu sedierenden Patienten" im Rahmen operativer Eingriffe unter Wachbedingungen; 3. bei Übelkeit und Erbrechen.**

Droperidol ist ein Butyrophenon und wirkt vornehmlich durch eine Blockade zentralnervöser Dopaminrezeptoren und eine Blockade von α_1-Rezeptoren. Es hat praktisch keine anticholinergen und antihistaminischen Wirkungen.
Unter den Antipsychotika ist es als stark antipsychotisch/stark sedierend zu klassifizieren.
Das Wahrnehmungsvermögen wird gedämpft, es kommt zu einer psychischen Indifferenz, zu einer Immobilisierung und zu starker Sedierung bis zum Schlafanstoß. Im Vordergrund der unerwünschten Wirkungen stehen die Folgen der α-adrenolytischen Wirkung: **Blutdruckabfall** durch periphere Vasodilatation mit kompensatorischer **Tachykardie.** Im Allgemeinen tritt eine vegetative Stabilisierung und Reflexreduktion ein (68).
Der Wirkungseintritt erfolgt 3–10 Minuten nach i.v.- oder i.m.-Gabe, das Wirkungsmaximum wird nach 30 Minuten erreicht, die Effekte halten 2–4 Stunden an.

Indikationen:
- akute Psychose mit agitiertem oder gewalttätigem Verhalten
- Sedierung bei Regionalanästhesien („schwierig zu sedierende Patienten")*
- Übelkeit und Erbrechen (postoperativ, bei vegetativer Erregung)
- Juckreiz durch Opioide

Tab. 9: Dosierung von Droperidol

Art der Anwendung	Dosis
i.v. akute Psychose	5–15 mg alle 4–6 Stunden
i.m. akute Psychose	10 mg alle 4–6 Stunden
i.m. akute Psychose/Kinder	0,5–1,0 mg
i.v. Übelkeit	1,25–2,5 mg

*Analog der Diktion von G. D. Bell: *difficult-to-sedate patients.*

Die Dosierung orientiert sich in erster Linie an Indikation, dann an Ausprägung der Symptomatik und Effekt. Einzurechnen sind gleichzeitig wirksame sedierende Substanzen (Sedativa, Opioide, Alkohol etc.).
Eine titrierende Verabreichung ist ratsam.
Akute Psychose mit agitiertem oder gewalttätigem Verhalten: Die Applikation in 2,5–5 mg-Inkrementen (1–2 ml) ist bei Erwachsenen ein sicheres Konzept. Wenn im Akutfall die Initialdosis von 5 mg nicht den erforderlichen Effekt zeitigt, kann die Dosis in 5–10 Minuten-Abständen bis zu einer Gesamtdosis von 15 mg wiederholt werden.
Droperidol ist bei akuter Psychose indiziert, wenn der Patient aggressiv, agitiert oder gewalttätig ist und eine rasche Sedierung notwendig ist. Ist bei einer tobenden Person kein Venenweg erreichbar, können 10 mg i.m. appliziert werden.
Cure et al. haben 2001 in einer Cochrane-Review eine Übersicht zur Therapie der akuten Psychose mit Droperidol zusammengestellt (69). Droperidol wird in Europa seit 1960 häufig bei der akuten Psychose angewandt. Die Vorteile gegenüber Haloperidol sind der raschere Wirkbeginn und eine geringere Rate an unerwünschten Wirkungen. Die häufigsten Nebenwirkungen sind Blutdruckabfall (→ Ringerlaktat, HAES) und Tachykardie (meist selbstlimitiert). Andere unerwünschte Effekte sind Unruhe, Hyperaktivität, Angst und Dysphorie. Todesfälle sind im Zusammenhang mit hohen Dosen (> 25 mg) und bei Patienten, die zu kardialen Arrhythmien neigen (Elektrolytstörungen, wie bei Alkoholentzug) beschrieben. Die kardialen Arrhythmien durch QT-Verlängerung im EKG können prinzipiell durch alle Antipsychotika ausgelöst werden und sind insgesamt sehr selten.
Unruhezustände, die durch traumatologische oder internistische Erkrankungen ausgelöst wurden, sind keine Indikation für Antipsychotika. Durch eine symptomorientierte Indikationsstellung („*unruhiger, desorientierter Patient → braucht Ruhigstellung durch Neuroleptikum*“) wird die zielführende Diagnostik verschleiert, verzögert oder verhindert.
Werden zielführende Untersuchungen durch agitiertes Verhalten unmöglich gemacht, ist das Einleiten einer Allgemeinanästhesie die Option, die dem Patienten die höchstmögliche Sicherheit bietet.
Die Datenlage zu Droperidol ist durch das Überwiegen von „Erfahrungen“ gegenüber wissenschaftlich gesicherten (EBM) Daten gekennzeichnet (69).
Tiefe Sedierung erfordert eine personelle 1:1–Überwachung und eine apparative Überwachung (Sauerstoffsättigung, Blutdruckmonitoring, EKG). Die logistischen Voraussetzungen sind (auch in der Notfallmedizin) zu bedenken, ehe eine Sedierungsmaßnahme getroffen wird.
Sedierung im Rahmen operativer Eingriffe: Der Effekt einer emotionalen Distanzierung und die antiemetische Potenz machen Droperidol zu einer

Option beim „Patienten, der schwierig zu sedieren ist" (70). „Schwierig zu sedieren" sind ein Kollektiv von Menschen, die abhängig oder süchtig sind (chronische Benzodiazepinabhängigkeit, i.v.-Opioidsucht, Alkoholkrankheit). Bei Notfalleingriffen wird ein Verfahren der Regionalanästhesie bevorzugt (Opioide nicht notwendig, gute postoperative Schmerzkontrolle, nicht nüchterne Patienten, unklarer Bedarf von Sedativa/Opioiden bei Allgemeinanästhesien). Die intoxikierten Patienten schlafen während des Eingriffes durch die Wirkung der selbst zugeführten Substanzen. Werden sie wach, ist kommunikative Hilfe zur situativen Orientierung extrem frequent notwendig. Mitunter zeigen die Betroffenen keine Einsicht in den Sinn des Vorganges, versuchen häufig ihre Lage zu verändern, entziehen dem Operateur das OP-Gebiet oder treffen Anstalten, mit halboperierter Extremität den Raum zu verlassen. Die Gabe von Sedativa aller Art würde in solchen Situationen das Risiko der Patienten enorm erhöhen, mit hochpotenten Antipsychotika bleibt man noch am ehesten im Sicherheitsrahmen*. (Die Alternative ist der Umstieg auf eine Allgemeinanästhesie mit Intubation.) Die Erholungszeit ist nach Gabe von Droperidol signifikant verlängert, die psychomotorischen Fähigkeiten sind beeinträchtigt, verzögerte dysphorische Reaktionen sind beschrieben (4).

Übelkeit und Erbrechen: Droperidol ist sehr effektiv bei postoperativer Übelkeit und Erbrechen. Die Dosis beträgt zunächst 1,25 mg, maximal 2,5 mg. Darüber hinaus ist keine Steigerung der Effektivität zu erwarten. Die Behandlung der vegetativen Symptomatik mit DHBP scheint besonders bei Menschen sehr wirksam zu sein, bei welchen die Beschwerden mit starken Affekten verknüpft sind.

Juckreiz: 2,5 mg intravenös appliziertes Droperidol kann den opioidinduzierten Pruritus verhindern. Die minimal effektive Dosis ist unbekannt (71).

Neuroleptanästhesie: historisches und verlassenes Anästhesiekonzept.

Kontraindikationen:

keine Beatmungsmöglichkeit (personell, apparativ)
schwere Depression (Verschlechterung der Symptomatik)
Phäochromozytom (schwere Hypotonien)
Vorsicht bei M. Parkinson und kardialen Vorerkrankungen

*Diese Indikation wird in der Fachinformation als Kontraindikation gelistet. Die Anwesenheit eines Facharztes für Anästhesie ist obligat.

Chlorprothixen (Truxal® Ampullen zu 50 mg/1 ml)

Charakteristik: **Stark sedierendes und gering antipsychotisch wirksames Antipsychotikum, rasch wirksam bei Erregung, Reizbarkeit, Spannung und Aggressivität bei psychiatrischen Notfällen in Krankenhaus und präklinischer Notfallmedizin.**

Chlorprothixen ist ein Thioxanthen, bei parenteraler Gabe ist es innerhalb von Minuten wirksam, es kann i.v. und i.m. verabreicht werden. Chlorprothixen hat gering antidepressive und anxiolytische Eigenschaften inne.

Indikationen:
Reizbarkeit, Spannung, Aggressivität bei **heftigen Eregungszuständen**
- im Sinne der „abnormen Belastungsreaktion"
- bei Persönlichkeitsstörungen (impulsiv-aggressiv enthemmtes Verhalten bei Borderline-Persönlichkeit, Soziopathie, Varianten der Persönlichkeit)

Tab. 10: Differentialdiagnosen eines Erregungszustandes (modifiziert nach Pajonk (72); Fettschrift: häufig

neurologische Ursachen	**Schädel-Hirn-Trauma**
	entzündliche Hirnerkrankungen, Hirntumor
	Hirnarterienaneurysma, Sinusthrombose
	cerebrovaskulärer Insult
	hirnatrophische Prozesse und Demenzen
	postepileptische Dämmerzustände
	Oligophrenie
internistisch-endokrinologische Ursachen	**Hypoglykämie**
	Hyperthyreose
	Hypoxie, Hyperkapnie, Atemnot
	Hypotension
	Schmerzen
	Lupus erythematodes, Panarteriitis nodosa
	Porphyrie
	Leber- und Niereninsuffizienz
	paraneoplastische Zustände
pharmakologische Ursachen	zentrales anticholinerges Syndrom
	paradoxe Reaktionen durch Sedativa
	Corticoidpsychose
	Antibiotika
	Antihypertensiva

- bei Psychosen (Manie, Schizophrenie, agitierte Depression)
- bei Entzug
- bei Intoxikation

Die pharmakologische Dämpfung einer Erregung ist eine ultima ratio. Zunächst müssen mögliche organische Ursachen eines Erregungszustandes wahrgenommen werden.

Bei Erregungszuständen durch psychisch traumatisierende Ereignisse, bei Persönlichkeitsstörungen, Psychosen und mitunter bei Intoxikation kann es gelingen, durch das Herstellen einer Beziehung, durch Reizabschirmung (Angebot an den Betroffenen, ihm behilflich zu sein, den konfliktträchtigen Ort zu wechseln) und durch ein ruhiges, klares, unzweifelhaftes Auftreten die Situation zu deeskalieren.
Es wäre jedoch unsinnig, versuchen zu wollen, einem hypoglykämisch entgleisten tobenden Diabetiker auf diese Weise begegnen zu wollen.
Da die Äußerung einer Erregung ein sehr unspezifisches Verhalten ist, kommt der Außenanamnese, der Beobachtung der Umgebungsfaktoren (Medikamente, Alkohol etc.) und der Beobachtung des Patienten (Paresen, Blutungen, Pupillen etc.) die größte Bedeutung zu.
Die Behandlung der o.g. Differentialdiagnosen richtet sich nach der Ursache des Zustandes.
Wenn bei den primär psychiatrischen Indikationen eine Deeskalation durch nichtpharmakologische Maßnahmen unmöglich ist, führt man eine pharmakologische Sedierung herbei:
Die Verabreichung der Medikamente ist häufig nur i.m. möglich, die Dosis richtet sich nach der Ausprägung der Symptomatik. Wenn es gelingt, mit Hilfe der Exekutive den Patienten zu fixieren, kann eine Venenverweilnadel gelegt werden. Durch Verabreichung von 2,5 mg Midazolam i.v. tritt meist schlagartig in Sekunden eine Entspannung der Situation auf.
Ist ein Venenzugang nicht erreichbar, injiziert man 100 mg Chlorprothixen und 5 mg Midazolam i.m. Die Wirkung tritt nach wenigen Minuten ein, je heftiger der Patient tobt, desto früher.
Gelingt eine erste Ruhigstellung mit Midazolam, kann man eine Infusion mit Chlorprothixen anschließen (50–100 mg in 100 ml NaCl 0,9% – häufige Blutdruckkontrollen notwendig!).
Unter stationären Bedingungen ist ebenso einer Infusion der Vorzug zu geben, da einer i.v.-Verabreichung ein drastischer Blutdruckabfall folgen kann. Es ist sicherer, die Dosis von 50–100 mg in 250–500 ml Trägerlösung zu geben (Infusionsdauer nicht unter 1½ Stunden).

Häufige fatale Umstände in der Anwendung von Truxal®:
Kombination: falsche Indikation + falsche Verabreichungsroute
falsche Indikation: postoperatives Delir beim alten Menschen
falsche Anwendung: intravenös „im Schuss“ (1 ml-Gebinde verleitet dazu)
Kofaktoren: Hypovolämie, keine Überwachung
Folge/Patient: massiver Blutdruckabfall
Folge/Anwender: Betroffenheit, Ratlosigkeit
Conclusio ultima: Anwender bittet um Übernahme des Patienten auf Intensivstation

Dosierung für Kinder: 0,5–2,0 mg/kg KG (siehe S. 426)

Anticholinerge Nebenwirkungen (Tachykardie, Miktionsbeschwerden, Obstipation, Akkomodationsstörungen, Mundtrockenheit) treten dosisabhängig und vor allem zu Beginn einer Therapie auf. Dyskinesien (v.a. Akathisie) und ein Parkinsonoid sind sehr selten.

Prothipendyl (Dominal forte® 40 mg/2 ml Ampullen)

Charakteristik: **Kaum antipsychotisch wirksames Azaphenothiazin, stark sedierend und schlafanstoßend. Alternative Einschlafhilfe, v.a. für Patienten, bei denen unerwünschte Benzodiazepineffekte zu befürchten sind (Abhängigkeit, paradoxe Phänomene) und bei denen eine orale Resorption unsicher ist.**

Der Vorteil von Prothipendyl liegt in der Tatsache, dass es praktisch nie EPMS hervorruft, dass es zu keiner Abhängigkeit führt, antihistaminisch und antiemetisch wirksam ist.
Eine sinnvolle Anwendung findet sich im Rahmen der **Intensivtherapie:** Bei Vorliegen einer Malabsorption bzw. wenn die Patienten im Rahmen der Intensivüberwachung bei reduzierter Analgosedierung unter dem Ambiente der Intensivstation leiden (Licht, Lärm etc.) und eine Tag-Nacht-Rhythmisierung angestrebt ist, kann Prothipendyl infundiert werden.
Unter diesen Bedingungen ist eine Kurzinfusion mit 40–80 mg Prothipendyl nützlich.
Ältere und dekrepide Patienten sollen zunächst nur 20 mg erhalten. Der Vorteil der Kurzinfusion liegt darin, dass sie jederzeit gestoppt werden kann.
Zu beachten ist der Sulfitanteil der Präparation, der beim sensibilisierten Asthmatiker einen Anfall provozieren kann. Prothipendyl ist im Allgemeinen sehr gut verträglich, anticholinerge Nebenwirkungen können jedoch auftreten. Wird die Substanz zu spät im Tagesverlauf verabreicht, ist am nächsten Tag mit einem Überhang zu rechnen.

Eine weitere Indikation ist der Schlafanstoß bei **akuter Psychose**, die Dosis liegt zwischen 40 und 160 mg.
Für eine Dauersedierung werden 240–640mg/24 Stunden empfohlen (maximal 1000 mg) (Perfusorspritze 50 ml + 10 Ampullen Dominal forte® + 28 ml NaCl 0,9%:
Flussrate 1 ml/h = 200 mg/24 h, 2 ml/h= 400 mg/24 h, 3 ml/h = 600 mg/24 h).
Für die **Prämedikation** vor Operationen kann man 40 mg Prothipendyl in einer Kurzinfusion lösen und diese mindestens 1 Stunde vor der Operation starten. Das wäre bei gegebener Indikation nur sinnvoll, wenn der Patient nicht schlucken kann oder eine Resorption unsicher ist (orale Zubereitung existiert!). Als letzte Option gibt es die i.m.-Gabe.

Tab. 11: Dosierung von Prothipendyl

Art der Anwendung	Dosis
i.v. Schlafanstoß	40–80 mg in 20 ml NaCl 0,9%
i.v. Schlafanstoß	40–80 mg in 100 ml NaCl 0,9%
i.v. Dauersedierung	400 mg + 28 ml NaCl 0,9%/50 ml-Spritze 1–3 ml/h
Schlafanstoß bei akuter Psychose	80–160 mg i.v.
i.v. Prämedikation	40 mg in 100 ml NaCl 0,9% – 1 h vor OP
i.m. Prämedikation	40 mg

Ziprasidon (Zeldox® 20 mg/ml Pulver + Lösungsmittel)

Charakteristik: **Neues atypisches Antipsychotikum mit einer geringen Rate an extrapyramidalmotorischen Nebenwirkungen, sicher und rasch effektiv bei Agitation im Rahmen akuter Psychosen bzw. als Initialtherapie.**

Dosis: 20 mg i.m.
Wirkbeginn: 15 min (15)
Max. Effekt: 30–120 min
Wirkdauer: mindestens 4 Stunden
Ziprasidon hat insgesamt eine geringe Rate an unerwünschten Wirkungen und scheint sehr sicher zu sein. Es dürfte auch anxiolytisch wirksam sein. Häufig (1–10%) werden Übelkeit, Erbrechen und Schmerzen an der Injektionsstelle angegeben.
Eine orthostatische Hypotonie oder Tachykardie wird nur in 5% der Anwendungen beobachtet. Die wesentlichste Nebenwirkung ist eine dosisabhängige Verlängerung der QT-Zeit im EKG.

Kontraindikationen:
akuter Myokardinfarkt, dekompensierte Herzinsuffienz, Therapie mit Antiarrhythmika der Klassen I und III, Cisaprid (Propulsid®) und anderen Medikamenten, die das QT-Intervall verlängern, Hypokaliämie, Hypomagnesiämie.
*Generell Vorsicht bei erhöhtem kardialen Risiko!**

Opioide

Opioide werden in erster Linie zur Behandlung von Schmerzen eingesetzt. Je nach Substanz und Dosis haben sie auch eine mehr oder weniger sedierende Wirkung. Ihre atemdepressive Wirkung ist überwiegend unerwünscht. Eine Ausnahme bildet die Anwendung an der Intensivstation, wo sie die Synchronisation mit der mechanischen Beatmung und die Tubustoleranz erleichtern sollen. Ausgehend von der Referenzsubstanz Morphium wird exemplarisch eine Auswahl von Opioiden berücksichtigt, für die eine parenterale Anwendung für folgende Aspekte von Sedierung/Sedoanalgesie sinnvoll ist:

- Sedoanalgesie für operative Eingriffe (Conscious Sedation)
- Sedoanalgesie des Intensivpatienten
- Sedoanalgesie in der (präklinischen) Notfallmedizin
- Sedoanalgesie in der Palliativmedizin

Die Charakteristika der Opioide werden anhand von Morphin skizziert, sie gelten grundsätzlich für alle Opioide. Für eine eingehende Betrachtung der Opioide zur Schmerztherapie sei auf die vorhandene rezente und ausgezeichnete Literatur verwiesen (73, 74, 75).

Morphin (Morphinhydrochlorid: Vendal® Ampullen 10 mg/1 ml und 100 mg/10 ml)

Grundlagen der Opioidwirkung

Das Opium-Alkaloid Morphium übt seine primären Effekte auf das Zentralnervensystem und Gewebe mit glatter Muskulatur aus. Die meisten Wirkungen von Morphium sind rezeptorvermittelt. Die verschiedenen Opioide binden in unterschiedlicher Weise an die Rezeptorpopulationen μ (my), δ (delta), κ (kappa) und σ (sigma). In vielen Körpergeweben existieren Opioidrezeptoren. In hoher Dichte liegen sie in der Substantia gelatinosa des

*Siehe auch die Kapitel „Sedierung aus psychiatrischer Sicht“ und „Notfallmedizin“.

Rückenmarks, in Anteilen des limbischen Systems, Hypothalamus, Thalamus, Pons, Ductus mesencephali und dem zentralen Höhlengrau. Im Hirnstamm in der Area postrema liegen besonders viele μ-Rezeptoren, die κ-Rezeptoren sind in hoher Dichte im Kortex lokalisiert (73).

Die **Wirkstärke (Potenz)** eines Opioids wird durch seine Bindungsbereitschaft zum Rezeptor (**Affinität**) und durch sein Vermögen, den Rezeptor verändern zu können und in einen funktionellen Zustand zu bringen (**intrinsische Aktivität**), bestimmt.

Unterschiede in der Wirkung der verschiedenen Opioide ergeben sich auch daraus, dass sie je nach Substanz unterschiedliche Affinitäten zu den Rezeptortypen haben. Alle Opioide haben für alle Rezeptoren eine gewisse Affinität, entsprechend ihrer überwiegenden Affinität zum μ-Rezeptor werden Morphin, Piritramid, Fentanyl, Alfentanil, Sufentanil reine μ-Agonisten genannt (vermutlich wirkt auch Remifentanil überwiegend über den μ-Rezeptor). Ein wirkungsstarkes Opioid wie Sufentanil braucht zur Auslösung analgetischer Effekte weniger Rezeptoren zu besetzen als ein relativ schwächeres Opioid wie z. B. Morphin (73).

Tab. 12: Analgetische Wirkstärke der Opioide (nach Freye) (73)

Pethidin	0,1
Piritramid	0,7
Morphin	**1**
Alfentanil	40–50
Remifentanil	100–300
Fentanyl	100–300
Sufentanil	1000

Die analgetische Wirkstärke von Morphin wurde in willkürlicher und sinnvoller Weise 1 gleichgesetzt. Die anderen hier berücksichtigten Opioide verhalten sich bezüglich der Wirkstärke zu Morphin wie:

Die **Wirkdauer** eines Opioids (Dauer des klinischen Effektes) ist abhängig davon, wie lange es am Rezeptor gebunden ist. Plasmaspiegel von Opioiden korrelieren aufgrund der rezeptorvermittelten Wirkung nicht mit dem analgetischen Effekt. Aus pharmakokinetischen Daten (z. B. Plasmahalbwertszeit) kann man daher nicht linear auf eine Wirkdauer schließen. Einflussgrößen der Wirkdauer und des Effekts sind die Lipophilie der Substanz (s.u.), Umverteilung und die regionale Durchblutung (Gehirn, Gewebe, in dem ein Medikamentendepot liegt).

Morphin ist die Referenzsubstanz der Opioide. Die Eigenschaften der anderen Substanzen werden in Relation zu dieser „Muttersubstanz" betrachtet.

Klinische Wirkungen von Morphin:
Analgesie
Sedierung
Veränderung der Stimmungslage
Veränderung kognitiver Funktionen
Atemdepression
Dämpfung des Hustenreflexes
Miosis
Juckreiz/Histaminliberation
(Muskelrigidität)
Nausea/Emesis
Wirkungen auf Herzkreislaufsystem
Sphinkterenspasmus
Obstipation

Analgesie/Antinozizeption: Trauma, Operation, Ischämie und Tumor führen zu Schmerzen, die gut mit Opioiden behandelbar sind (73). Kontinuierlicher, dumpfer Schmerz wird besser gedämpft als scharfer, intermittierend einschießender Schmerz oder kolikartiger Schmerz. Das Einsatzgebiet der Opioide sind die starken Schmerzen. Im Kontext von Operationen sind Trauma und Schmerz „vorprogrammiert" – daher begegnet man den starken und überflüssigen* Schmerzen antizipatorisch mit stark wirksamen Schmerzmitteln, die rasch ihre analgetische Wirkung entfalten können. Analgesie wird durch Besetzung von μ- und κ-Rezeptoren bewirkt. Die analgetischen Effekte der reinen μ-Agonisten sind stärker als die der κ-Agonisten (Nalbuphin, Pentazocin) (73).
Morphin ist relativ *hydrophil*. Das hat zur Folge, dass die Blut-Hirn-Schranke eher *langsam* überwunden wird und der Wirkungseintritt eher langsam erfolgt (10 Minuten nach i.v.-Gabe), die Wirkung jedoch lange anhält (4 Stunden). Der exakte Bedarf an Analgetikum ist für den individuellen Fall nicht vorhersehbar, die Dosierung erfolgt daher in titrierender Weise.
Morphin ist an den Rezeptoren ein reiner Agonist, daher gibt es keinen ceiling-Effekt** und keine Maximaldosis. Opioide sollen bevorzugt oral zugeführt werden. Im Rahmen der Sedoanalgesie ist eine intravenöse Verabreichung sinnvoll.

*„Überflüssig" sind aus einem gewissen medizinkulturellen Verständnis heraus Schmerzen, die keine physiologische Warn- oder Hinweisfunktion haben (Schmerz = Bedrohung der Vitalität).
**Ceiling-Effekt: ab einer kritischen Dosis keine Steigerung der Wirkstärke erzielbar.

Die intramuskuläre oder subkutane Gabe von Opioiden hat drei wesentliche Nachteile:

1. sind die regionalen Durchblutungsverhältnisse unter gewissen Bedingungen ein nicht kalkulierbarer Faktor (z. B. bei Hypothermie oder Fieber, bei Kreislaufzentralisierung etc.) Die Resorptionskinetik der Gewebe, in denen die Opioid-Depots liegen, dürfte im Zeitverlauf erheblich streuen.
2. ist der Wirkeintritt in jedem Fall wesentlich langsamer als bei intravenöser Gabe. Die Titration zum Effekt würde daher zu viel Zeit in Anspruch nehmen – Zeit, in welcher der Patient Schmerzen leidet.
3. mindert die s.c. und i.m. Gabe von Medikamenten den Komfort des Patienten.

Die s.c.-Applikation von Morphin hat einen (nachgeordneten) Stellenwert in der Palliativmedizin, da sie technisch einfach durchführbar ist und der Patient unabhängiger von Medizinpersonal ist als bei i.v.-Gabe.
Im Kontext von Sedoanalgesie sind intravenös verabfolgbare, besser steuerbare und potentere Opioide als Morphin gefragt.
Sedierung: Das Kontinuum von Wachheit bis Koma wird über die modulierende Leistung dreier wesentlicher Hirnanteile gesteuert, die unter dem fortdauernden Einfluss sensorischen Inputs aus der Umwelt und dem milieu interne stehen: *1. Formatio reticularis* des Mittelhirns und Hirnstamms, *2. limbisches System, 3. frontaler Kortex.* Die Systeme stehen untereinander in mannigfaltiger neuronaler Verbindung. Der „Grundtonus der Wachheit" wird über die integrative Leistung der Formatio reticularis generiert.
Opioide sind dosisabhängig schlafanstoßend. Eine gewisse Komponente der hypnotischen Wirkung wird durch eine Aktivitätsminderung einströmender Afferenzen in die Formatio reticularis erklärt (73). Es gibt einige Evidenz, dass die sedierende Wirkung der Opioide über den κ-Rezeptor mediiert ist, die Anzahl der κ-Rezeptoren ist vor allem im periaquäduktalen Höhlengrau sehr hoch (73). Aber auch der μ-Rezeptor ist an der hypnotischen Wirkung der Opioide beteiligt. Die sedierende Wirkung der Opioide ist substanzabhängig, im Vergleich zu „echten" Hypnotika ist sie wesentlich schwächer ausgeprägt. Die Vigilanz korreliert direkt mit physiologischer Atemtätigkeit (73). Opiode wirken als Monosubstanzen nur in hohen Dosen sedierend (135). Sedierung und Atemdepression sind sozusagen „benachbarte Phänomene" (136).

Veränderung der Stimmungslage und kognitiver Funktionen: Euphorische oder dysphorische Zustände entstehen durch Besetzung von Opioidrezeptoren im limbischen System und im Globus pallidus. Benommenheit, allgemeine Dämpfung, Verlangsamung, Schwindel und Delir sind im Gefolge therapeutischer Dosen schnell wirksamer Opioide möglich.

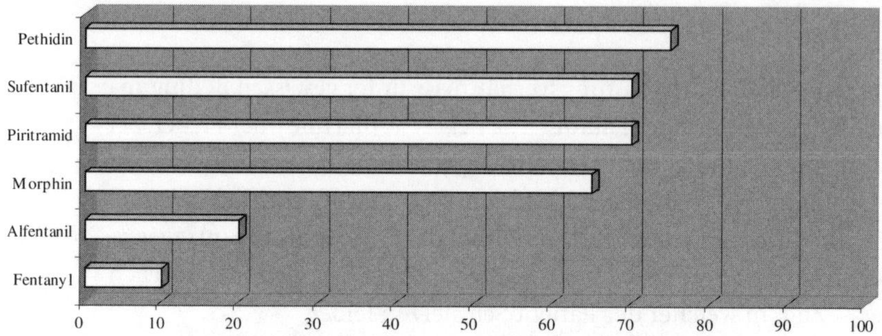

Abb. 2: Sedierende, schlafinduzierende Effekt verschiedener Opioide (nach Freye) (73)

Psychotomimetische Effekte werden über den σ-Rezeptor mediiert.
Der Arzt und Schriftsteller Michail Bulgakow gibt in seiner Erzählung „Morphium" in den autobiographischen Arztgeschichten (76) eindrucksvoll Zeugnis, wie Morphium auf das Subjekt wirken kann: „*... dann folgen ungewöhnliche Klarheit des Geistes und eine Explosion von Arbeitslust ... fast augenblicklich tritt ein Zustand der Ruhe ein, der sogleich in Begeisterung und Glückseligkeit übergeht*" (76). Poljakow, der Arzt, der den Beginn seiner Morphinsucht beschreibt, stirbt an den Folgen seiner Sucht.

Atemdepression: Die rhythmische Entladung von Neuronen des Atemzentrums in Pons und Medulla oblongata steht unter dem Einfluss zahlreicher modulierender Faktoren. Der Anstieg des Kohlendioxid-Partialdrucks (pCO_2) im Blut ist der maßgebliche Schrittmacher, der auf die Chemorezeptoren wirkt und zu einer Zunahme der Atemfrequenz und des Atemzugvolumens führt. Opioide hemmen die reflektorische Erregbarkeit des Atemzentrums dosisabhängig. Der Sollwert der pCO_2-Konstanz wird durch steigende Opioidkonzentrationen an den Rezeptoren „nach oben verstellt". Klinisch ist zunächst eine Abnahme der Atemfrequenz unter 10 pro Minute zu beobachten (*Phase 1 einer opioidinduzierten Atemdepression*). Die pulsoxymetrisch gemessene Sauerstoffsättigung bleibt zunächst noch unverändert. Unter weiter steigenden Opioidkonzentrationen wird zunächst die Atmung durch Stimuli, wie Hyperkapnie, Hypoxie und periphere Reize (Lärm, Schmerz, Bewegung) aufrechterhalten (*Phase 2*). Atmet der Patient Sauerstoff-Luftgemisch (z. B. Sauerstoffinsufflation mit 4 Liter/min), so wird eine Hypoventilation und Bradypnoe klinisch lange Zeit unentdeckt bleiben, wenn eine Pulsoxymetrie das einzige Instrument zur Überwachung der Atemfunktion ist. Fallen in dieser Phase die atemstimulierenden Bedingungen weg (Stille, Dunkelheit etc.), so kann sofort der Übertritt in die nächste Stufe der Atemdepression (*Phase 3*) erfolgen: Es treten Atempausen auf, die noch durch periphere Reize, z. B. durch verbale Aufforderung zu atmen, durchbrochen werden können (*Kommandoatmung*). Schließlich tritt eine Unterbrechung der Atemtätigkeit ein, auf die der Patient auch durch Zufügen stärkster Stimuli nicht mehr reagiert (*Phase 4*), definitionsgemäß ein komatöser Zustand.

In Narkose und unter bestimmten Bedingungen der Intensivtherapie ist dieser Zustand beabsichtigt und wird beim Ausklingen der Opioideffekte in umgekehrter Weise durchlaufen.

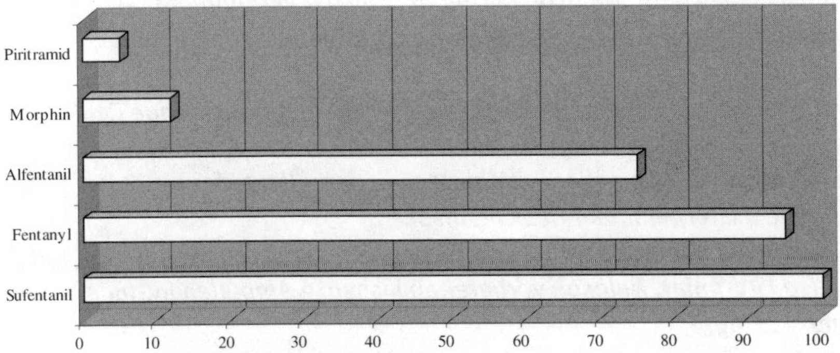

Abb. 3: Atemdepression durch verschiedene Opioide (Dosen mit gleichem analgetischem Effekt) (nach Freye) (73)

Eine Faustregel besagt, dass eine opiodinduzierte Atemdepression grundsätzlich nur auftritt, wenn für eine bestimmte Indikation **mehr** Opioid zugeführt worden ist, als für die Therapie dieser Indikation angemessen gewesen wäre. Schmerzen „antagonisieren“ sozusagen die atemdeprimierende Wirkung der Opioide (79).

Der zeitlich maximale atemdepressive Effekt nach Morphingabe ist von der Zufuhrmodalität abhängig: Nach i.v.-Verabreichung erreicht er nach 7 Minuten sein Maximum, nach i.m.-Gabe nach 30 Minuten, nach s.c.-Gabe nach 90 Minuten. Die Notwendigkeit einer Antagonisierung eines Opioids aufgrund einer Atemdepression ist im Rahmen der Schmerztherapie sehr selten (bei 2 von 2500 Patienten; nach Tsui et al.) (136).

Das Risiko einer Atemdepression steigt überproportional, wenn zum Zeitpunkt der höchsten Opioidkonzentration an den Rezeptoren andere potenziell atemdepressive Pharmaka ebenfalls wirksam sind (**Synergie der atemdepressiven Wirkung** durch Benzodiazepine, Propofol, sedierende Antipsychotika und Antidepressiva, Antiepileptika, Antihypertensiva, Antihistami-

Maßnahmen bei unbeabsichtigt eingetretener opioidinduzierter Atemdepression:
Phase 1: *weitere Zufuhr des Opioids unterbrechen, Monitoring der Atemfrequenz und Pulsoxymetrie. Sauerstoffinsufflation nur, wenn die $s_aO2 <$ 94 %. Naloxon (Narcanti®) vorbereiten (1 Ampulle = 0,4 mg = 1 ml mit 9 ml NaCl 0,9 % in eine 10 ml-Spritze), 1:1-Überwachung*
Phase 2: *alle Maßnahmen wie bei Phase 1. Anregen der Atemtätigkeit durch Ansprache, Bewegungen*
Phase 3: *bei Atempausen zuerst heftige Ansprache, wenn keine Reaktion: passives Augenöffnen und Zufügen eines starken Schmerzreizes (z. B. Zwicken in die Nasenscheidewand), Naloxon injizieren (1 ml der Verdünnung (= 40 µg) im Abstand von 1 Minute i.v., bis eine Atemfrequenz von 12 erreicht wird) Ambubeutel griffbereit.*
Wenn durch Zufügen eines starken Reizes keine oder nur eine geringe Reaktion erfolgt:
1 Ampulle Naloxon i.v. (kann alle 3–5 Minuten wiederholt werden).
Sauerstoffgabe 4 Liter/min über Gesichtsmaske
Phase 4: *Beatmung mit Ambubeutel und Gesichtsmaske, nach Möglichkeit mit Sauerstoff (10 Liter/min), Naloxon vorbereiten lassen, 3 Ampullen i.v. (alle 3–5 min) bis max. 10 mg.*

Weitere Überwachung, da die Wirkdauer von Naloxon kurz ist (1 Stunde) (siehe S. 310).

nika, Alkohol, Naturstoffe etc.). Vor allem in Kombination mit Benzodiazepinen sind viele Todesfälle durch Atemstillstand beschrieben worden (3).

Neben der reflektorischen Hemmung des Atemantriebes verliert das Individuum im Zuge einer Opioidüberdosierung auch die Kompetenz, seine Atemwege freizuhalten (Atemwegsverlegung). Darüber hinaus werden weitere **Reflexe gedämpft**: Glottis-, Husten- und Würgereflex. Der physiologische Schutz vor Aspiration geht verloren.
Antitussive Wirkung: Die reflektorische Erregbarkeit des Hustenzentrums der Medulla oblongata durch Fremdsubstanzen in den Atemwegen wird durch Opioideinwirkung substanzspezifisch unterdrückt. Diese Wirkung ist sinnvoll bei trockenem, quälendem Husten und in der Intensivmedizin, damit ein liegender Endotrachealtubus toleriert wird. Alle stark wirksamen Opioide haben eine gute antitussive Wirkung (73). Bei raschem Anfluten eines Opioids ist häufig zu beobachten, dass Hustenreiz ausgelöst wird. Die-

ses Phänomen wird durch eine Stimulation der Rezeptoren im Hustenzentrum erklärt, ehe die Rezeptoren eine Konformationsänderung erfahren (73). Bei i.v.-Verabreichung von Fentanyl an Kinder tritt es regelhaft auf.

Tab. 13: Opioidinduzierte Atemdepression, Einflussfaktoren (nach Freye) (73)

Faktor	physiologischer/pathologischer Mechanismus
sedierende Pharmaka	Verlängerung der Wirkdauer der Opioide, pharmakodynamische Synergie
Hypoproteinämie*, Azidose	geringere Opioidbindung an Plasmaproteine
exzessive Dosis	Kumulation, enterohepathischer Kreislauf
langfristige kontinuierliche Gabe	Kumulation
Opioidkombinationen	unterschiedliche Rezeptorbindung und HWZ
Schädel-Hirn-Trauma	gesteigerte Empfindlichkeit durch gestörte Blut-Hirn-Schranke? Bewusstseinsstörung durch Trauma
Verbrennung, Entzündungen, Infektionen, postoperativ, Katabolie, Schwangerschaft, hohes Alter	veränderte Plasmaproteine
Niereninsuffizienz	Kumulation des Hauptmetaboliten von Morphin (Morphin-6-Glucuronid)

* und alle damit einhergehenden Erkrankungen (Leber- und Niereninsuffizienz etc.)

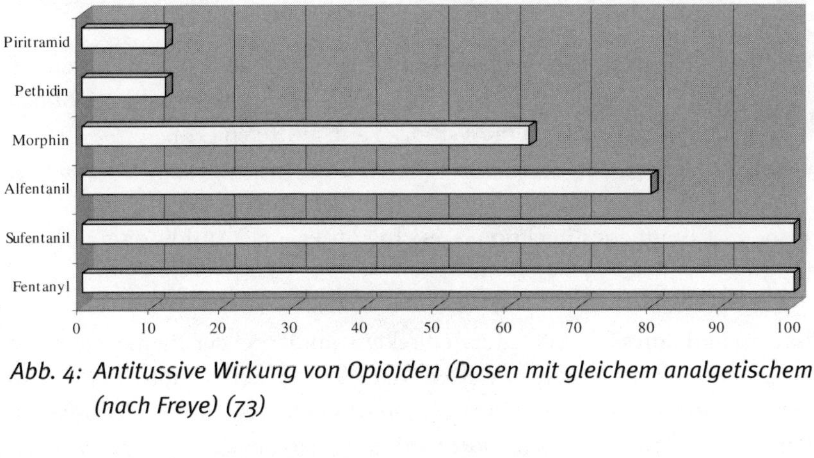

Abb. 4: Antitussive Wirkung von Opioiden (Dosen mit gleichem analgetischem Effekt) (nach Freye) (73)

Miosis: Eine Miosis wird durch Stimulation des Nucleus Edinger-Westphal des N. oculomotorius induziert. Die „stecknadelkopfgroßen Pupillen" sind *das* klinische Zeichen der Opioidintoxikation in der Notfallmedizin. *Miosis ist ein Zeichen von Vagusdominanz.* Diesen Effekt isoliert zur Einschätzung quantitativer Analgesieeffekte (an narkotisierten Patienten) heranzuziehen, entbehrt jeder rationalen Grundlage.

Wirkungen auf Herz und Kreislauf: Nach Anwendung von Opioiden ist häufig eine Veränderung der Herzfrequenz die Folge. Durch Agonisten am µ-Rezeptor (Morphin, Piritramid, Fentanyl, Alfentanil, Sufentanil, Remifentanil) tritt eine **Bradykardie** auf, die durch Hemmung zentraler sympathischer Efferenzen und eine Vagusstimulation zustande kommt (direkte zentrale Stimulation des Nucleus dorsalis N. vagi + Hemmung am Sinusknoten). Das Überwiegen des Vagotonus kann zur **arteriellen Hypotonie** führen (vor allem bei Hypovolämie). Zum Teil ist diese Vagusdominanz von einem erniedrigten peripheren Widerstand begleitet, der zu einem vermehrten venösen pooling führt. Die neurondekronine bzw. hämodynamische Reaktion des Organismus auf einen vital bedrohlichen Stimulus wird durch µ-Agonisten effektiv vermindert bzw. gehemmt. Schmerz nimmt in der komplexen Stressantwort eine zentrale Stellung ein (siehe *Angst*). In der Notfall- und Akutmedizin sieht man häufig, dass starke Schmerzen durch einen angehobenen Sympathikotonus einen stabilen Kreislauf „vortäuschen". Werden die Schmerzen reduziert, kommt es zu einem Blutdruckabfall. Im klinischen Alltag wird dieser Effekt häufig inkorrekt im Sinne einer direkten blutdrucksenkenden Wirkung der Opioide interpretiert. Tatsächlich ist aber durch die Analgesie der erhöhte Sympathikotonus gesenkt worden (2). Hohe Opioiddosen haben durch Zunahme des Vagotonus eine **antiarrhythmische Wirkung** (73).

Eine Dominanz des Parasympathikus äußert sich klinisch in Bradykardie, Hypotonie, Schwitzen, Erbrechen, Salivation, Bronchokonstriktion, Miosis und Sphinkterenspasmus. Ein AV-Block kann auftreten (73).

Gemischte Agonisten/Antagonisten wie Pentazocin (Fortral®) können eine Sympathikusdominanz mit Hypertonie, Tachykardie, Hyperglykämie, Akrozyanose, Conjunctivalinjektion, Gesichtsrötung und Antidiurese auslösen (73).

Nausea und Emesis: werden durch direkte Stimulation der chemorezeptiven Triggerzone (am Boden des vierten Ventrikels in der Medulla oblongata) hervorgerufen. Die Efferenzen erreichen das Brechzentrum in der dorsalen Formatio reticularis. Die chemorezeptive Triggerzone erhält Afferenzen vor allem über dopaminerge und serotoninerge Rezeptoren sowie durch direkte Stimulation (Schmerzen, Opioide, Toxine, N. V und VIII) (73).

Die Rate an opioidinduzierter Nausea/Emesis ist auch abhängig von der verwendeten Substanz und der zugeführten Dosis (4), sie liegt durchschnittlich bei 20%. Die Verzögerung der Transitzeit im oberen Gastrointestinaltrakt und die Zunahme des Tonus im Pylorus kontributieren zum zentral ausgelösten Mechanismus wie der vagale Grundtonus.

Tab. 14: Vorteile von Morphin bei akuten Herzkrankheiten (Myokardinfarkt, akutes Koronarsyndrom, kardiales Lungenödem, kardiale Dekompensation) (23)

1.	zentrale Analgesie, lange anhaltend
2.	zentrale Hemmung sympathischer Efferenzen
3.	Abnahme des peripheren Widerstandes
4.	Drucksenkung im pulmoarteriellen Kreislauf
5.	venöses pooling/Abnahme der Füllungsdrücke am Herzen
6.	gesteigerter koronarer Blutfluss
7.	reduzierter myokardialer Sauerstoffbedarf
8.	reduzierte Sensibilisierung des Myokards gegenüber Katecholaminen
9.	antiarrhythmische Wirkung
10.	Sedierung/Stressreduktion

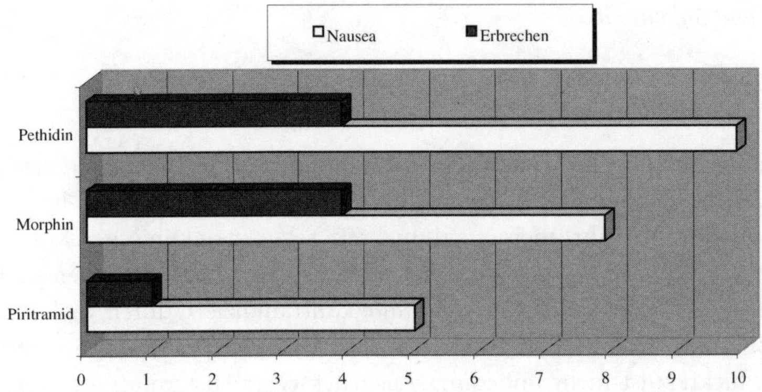

Abb. 5: Substanzabhängige Rate der Opioide, Nausea und Emesis zu verursachen (in Prozent)

Muskelrigidität: Das Ausmaß einer auftretenden Muskelrigidität korreliert direkt mit der Injektionsgeschwindigkeit und der analgetischen Potenz eines Opioids. Sie betrifft präferenziell die Willkürmuskulatur des Rumpfes, ältere Menschen weisen eine höhere Inzidenz auf. Pathophysiologisch kommt es zu einem Ungleichgewicht der nigrostriatalen Dopamin-Azetylcholin-

Balance mit einem Überwiegen der cholinergen Aktivität. Der Grund dafür ist die hohe Anzahl an Opioidrezeptoren im Corpus striatum, deren Aktivierung die Dopaminkonzentration herabsetzt. Die opioidbedingte Muskelrigidität ist durch Naloxon antagonisierbar und wird durch Dexmedetomidin gehemmt.

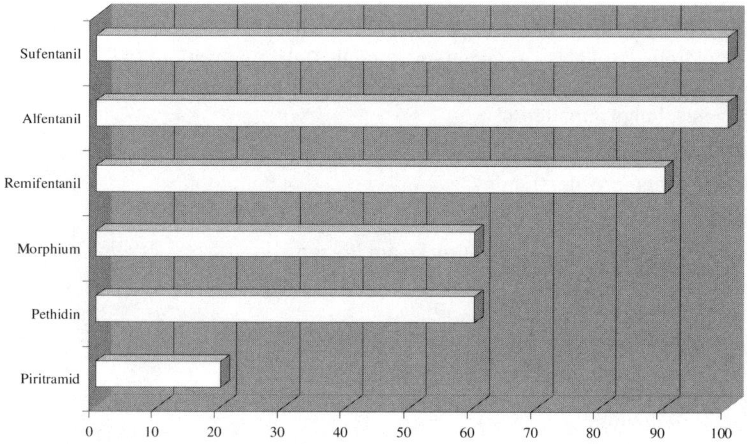

Abb. 6: Muskelrigidität durch Opioide; relative Wahrscheinlichkeit im Verhältnis zu Alfentanil und Sufentanil

Histaminfreisetzung/Juckreiz/Allergie: Histaminliberation kommt je nach Opioid nicht (Remifentanil, Fentanyl), selten (Piritramid) oder häufig (Morphin) vor und führt meistens zu Juckreiz, seltener zu klinischen Korrelaten an den Atemwegen oder im Herzkreislaufsystem. Echte Allergien sind selten. Beim Asthmatiker ist Morphin*sulfat* kontraindiziert, durch Vagusstimulation und Histaminliberation kann ein Bronchospasmus provoziert werden. Juckreiz ist nicht unbedingt Ausdruck einer Histaminfreisetzung, bevorzugt tritt er bei i.v.-Anwendung eines Opioids im Gesicht, vor allem an der Nase auf (2). Juckreiz im Gesicht bei rückenmarksnaher Verabreichung eines Opioids kann Ausdruck einer Aszension und Vorbote einer Atemdepression sein. Kinder reagieren häufig mit Juckreiz um die Nase auf orales (OTFC) oder intravenöses Fentanyl.

Harndrang + Harnverhalten: entstehen durch gleichzeitige Tonuszunahme am M. detrusor und M. sphincter vesicae, die in einem sensiblen Gleichgewicht sympathischer und vagaler Afferenzen stehen. Harnverhalten ist eine typische Komplikation nach operativen Eingriffen.

Spasmus des M. sphincter Oddi: Die Tonuszunahme an der Papilla Vateri mit reduziertem Gallefluss ist ein typischer Effekt von µ-Agonisten. Sie sind daher bei Gallenkoliken kontraindiziert. Nach der vorliegenden Datenlage scheinen **alle** Opioide den Gallengangsdruck zu steigern (144). Für die Behauptung, dass Pethidin bei Gallenkoliken den Druck am M. sphincter Oddi reduzieren würde, gibt es keine hinreichende Evidenz. Die Publikationen haben z.T. widersprüchliche Ergebnisse gefördert. Es kann gesagt werden, dass es keinen Hinweis gibt, dass Pethidin den anderen Opioiden in der Schmerztherapie bei den Erkrankungen der Gallenwege oder bei Pankreatitis überlegen wäre (144).

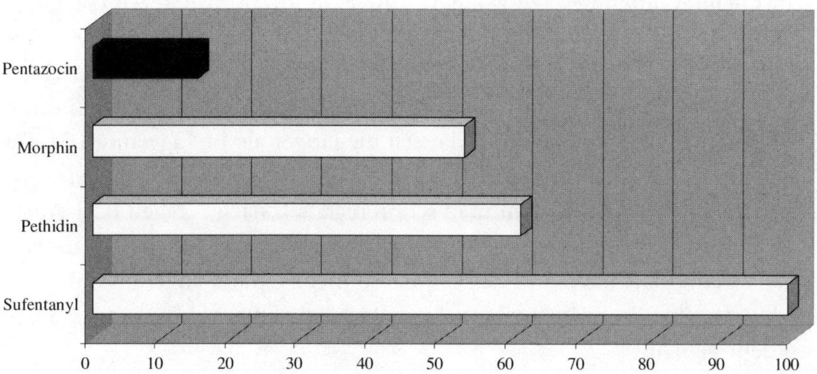

Abb. 7: Druckerhöhung im M. sphincter Oddi durch verschiedene Opioide in Prozent (15), weiße Balken = µ-Agonisten

Obstipation: typische, meist unerwünschte* Wirkung aller Opioide.
Sie entsteht durch Bindung der Opioide an µ-Rezeptoren des Plexus myentericus, wodurch die Azetylcholinfreisetzung verhindert wird. Die Folge ist eine Hemmung der Propulsivmotorik und eine spastische Kontraktion des Dünndarmes und des Pylorus (73).
Dieser Effekt ist besonders bei oralem Morphin ausgeprägt, er betrifft vorwiegend den oberen Gastrointestinaltrakt. Die obstipierende Wirkung nach Opioidgabe für operative Eingriffe hält nicht länger als 48 Stunden an (73).
Im Rahmen der Analgosedierung an Intensivstationen spielt die gestörte

*Erwünscht ist diese Wirkung bei gewissen nicht infektiös bedingten Darmerkrankungen mit Hyperperistaltik und Diarrhö, behandelt werden sie mit dem lokal wirksamen Opioid Loperamid (Immodium®).

gastrointestinale Motilität eine große, mitunter eine limitierende Rolle. Die orale Anwendung des peripher wirksamen Opioidantagonisten Methylnaltrexon könnte für diese Population sinnvoll sein (77).

Toleranz, Abhängigkeit, Sucht, Entzug: kann durch potente und intravenös zugeführte Opioide ausgelöst werden. Im Rahmen kurzzeitiger Therapie sind diese Phänomene ausgeschlossen, im Zuge der Schmerztherapie äußerst unwahrscheinlich, wenn die Regeln der Schmerztherapie eingehalten werden. Begünstigt werden diese Phänomene durch die Faktoren a) rasche Anflutung, b) hohe Lipidlöslichkeit, c) hohe analgetische Potenz. Andere Autoren (155) vertreten die Ansicht, dass höher potente Opioide mit geringerer Wahrscheinlichkeit Toleranz auslösen, da eine definierte analgetische Qualität durch Besetzung einer geringeren Anzahl von Rezeptoren notwendig ist. In der Intensivtherapie treten nach langdauernder Analgosedierung (> 20 Tage) Opioid-Entzugsphänomene häufig auf. Zeitlich erscheinen sie nach 2–3 Halbwertszeiten nach der letzten Opioidgabe, erreichen ihren Höhpunkt nach 3–4 Tagen und dauern nie länger als 14 Tage an (103). Da aber meistens nicht isoliert Opioide zur Analgosedierung an Intensivstationen verabreicht werden, sieht man schon regelhaft nach 7 Tagen ICU-Analgosedierung Entzugsphänomene. Möglicherweise wird in der klinischen Praxis wenigstens über gewisse Zeitphasen mehr Opioid zugeführt, als dem Bedarf angemessen wäre, und auf diese Weise die Entwicklung der o.g. Phänomene gebahnt.

Tab. 15: Prophylaxe und Therapie unerwünschter Wirkungen einer Opioidtherapie

Symptom	Prophylaxe	Therapie
Bradykardie	Atropin 0,25–1,0 mg	Atropin 0,25–1,0 mg i.v.
Hypotonie	Euvolämie	Ringerlaktat 500 ml (+ HAES 500 ml)
Muskelrigidität	langsame Injektion	Naloxon i.v.
Nausea/Emesis	Metoclopramid 10 mg 10 mg i.v.	Ondansetron 4 mg i.v. / Metoclopramid
Obstipation	Laevulose oral	Cisaprid p.o./ Erythromycin p.o. / *Methylnaltrexon?*
Histaminfreisetzung	H_1+H_2-Antagonist	H_1+H_2-Antagonist
Pruritus	Droperidol 2,5 mg i.v.	Naloxon, Diphenhydramin 25 mg
Spasmus d. Sphincter O.	–	Glucagon 0,25 mg i.v
Atemdepression	adäquate Dosis, titriert	Naloxon
Harndrang	–	Metamizol
Harnverhalten	–	Naloxon (Harnkatheter)

Anwendungen von Morphin im Kontext von Sedierung/Sedoanalgesie

Sedoanalgesie des Intensivpatienten: Als Hauptargument für Morphin in dieser Indikation werden ökonomischen Vorteile angeführt. Da durch die morphininduzierte Histaminfreisetzung eine Vasodilatation mit Blutdruckabfall resultieren kann, ist Morphin das Mittel der Wahl beim hämodynamisch stabilen Intensivpatienten (135)*. Da die obstipierende Wirkung bei Morphin besonders ausgeprägt ist und die Darmfunktion des kritisch Kranken ein entscheidender Faktor für das Outcome ist, sollte dieser Aspekt im Hinblick auf die Ökonomie einer kritischen Analyse unterzogen werden. Ein Vorteil von Morphin ist die sedierende Komponente, Nachteile die schlechte Steuerbarkeit und eine geringere antitussive Wirkung als mit Fentanyl oder Sufentanil. *Dosierung:* initialer Bolus von 0,05 mg/kg KG oder 2–5 mg, kontinuierliche Infusion mit einer Flussrate von 2–10 mg/h.

Sedoanalgesie in der (präklinischen) Notfallmedizin: Bei akuten Erkrankungen des Herzens ist die Morphintherapie von enormer Wichtigkeit (Vorteile von Morphin siehe Tabelle 14).

Behandlungsziele sind die zentrale Analgesie und die Reduktion der sympathoadrenergen Stressantwort. Beim Myokardinfarkt kann ein gesteigerter Sympathikotonus Kammerflimmern auslösen (73). Die langdauernde Wirkung von Morphin ist in dieser Indikation als Vorteil zu sehen (kein Wirkungsverlust wegen Unterbrechung der Medikamentenzufuhr bei Transport und Lagerung des Patienten). Zur direkt emetogenen Wirkung der Substanz gesellt sich im Rahmen des Patiententransports möglicherweise eine Kinetose. Eine Emesisprophylaxe mit Ondansetron oder Metoclopramid empfiehlt sich. Meistens erübrigt sich die häufig empfohlene Gabe eines Sedativums durch die sedierende Wirkung von Morphin.

Dosierung: 10 mg Morphin in eine 10 ml-Spritze verdünnen, initial 2–3 mg i.v., in Abständen von 5–10 Minuten weitere 2 mg-Dosen, bis zur deutlichen Schmerzerleichterung. Subkutane Depots werden bei Kreislaufzentralisation nicht resorbiert. Monitoring von EKG, Pulsoxymetrie und Blutdruck ist obligat.

Eine weitere Indikation für Morphin in der Notfallmedizin ist die Atemnot beim Sterbenden.

Analgesie der Palliativmedizin: Morphin ist das Opioid der ersten Wahl für mittlere bis starke Tumorschmerzen (134). Wenn immer möglich, soll die Schmerztherapie auf oralem Wege erfolgen. In der terminalen Phase ist eine parenterale Schmerztherapie aufgrund von Übelkeit, Erbrechen, Dysphagie oder Obstruktion häufig notwendig. Die Dosis muss den Bedürfnissen ange-

*Gemäß den Empfehlungen des American College of Critical Care Medicine.

passt sein. Sie richtet sich nach Vortherapie und aktuellem Bedarf. In der Sterbephase kann der Bedarf an Analgetikum sinken (20% der Patienten) oder steigen (32%) (79). Falls eine kontinuierliche enterale Morphintherapie nicht mehr aufgenommen werden kann, muss die parenterale Dosis adaptiert werden. Morphin-Äquivalenzdosen:
30 mg oral = 10–15 mg i.v./i.m./s.c. = 3 mg epidural = 0,3 mg intrathekal.
Atemnot: Man beginnt bei opioidnaiven Patienten mit 5–15 mg Morphin per os (Lösung oder Tabletten) alle 4 Stunden. Ist eine orale Therapie nicht möglich oder nicht zumutbar, verabreicht man alle 4 Stunden 5 mg Morphin s.c., in Notfällen können 1–2,5 mg i.v. injiziert werden, die weitere Titration erfolgt im Abstand von 10 Minuten bis die Atemfrequenz auf 15–20 sinkt. Bei Atemnot unter kontinuierlicher Morphintherapie steigert man die Vordosis um 10–50%.
Sedoanalgesie für operative Eingriffe (Conscious Sedation): Die Pharmakokinetik oder das Wirkprofil anderer Opioide (Fentanyl, Alfentanil, Sufentanil, Remifentanil) sind günstiger für diese Indikation. Prinzipiell kann Morphin für die Tageschirurgie verwendet werden, vor allem, wenn ein hohes postoperatives Schmerzniveau zu erwarten ist (2). Zu beachten sind die lange Zeit bis zum Eintritt der Wirkung (5–10 Minuten bei i.v.-Gabe).

Vorsicht mit Opioiden ist geboten bei:
alten Menschen, Hypovolämie, Kombination mit sedierenden Medikamenten, Intoxikation (Alkohol etc.), COPD, Schlafapnoe, Adipositas, erkennbar schwierigem Atemweg, symptomatischer Bradykardie.
Unter diesen Bedingungen hat eine besonders vorsichtige Dosisanpassung zu erfolgen. Alte Menschen reagieren besonders sensitiv im Hinblick auf Wirkungen und unerwünschte Wirkungen. Die titrierende Morphinherapie mit Dosen von 2–3 mg ist jedoch auch im hohen Alter sicher (78). Wird ein Opioid unter der Geburt angewendet, so ist beim Neugeborenen mit einer Atemdepression zu rechnen.
Keine Indikationen für Opioide *sind myofaziale Muskelschmerzen (z. B. Spannungskopfschmerz), viszerale Schmerzen (z. B. Kolikschmerzen, Harnverhalten) und Wehenschmerzen. Bei Deafferenzierungsschmerzen (Phantomschmerz, Querschnittläsion, Trigeminusneuralgie, CRPS [früher: M. Sudeck] etc.) sind Opioide nicht die Medikamente der ersten Wahl.*
„Sedierung“ ist keine Indikation für Opioide (siehe „Palliativmedizin“).

Eine parenterale Therapie mit Opioiden darf nur begonnen werden, wenn der Opioidantagonist Naloxon in unmittelbarer Nähe und sofort erreichbar ist.

Fakten der Opioidtherapie

1. ***Opioide dienen in erster Linie der Behandlung von starken Schmerzen.***
2. ***Die Dosisfindung folgt in titrierender Weise dem Bedarf.***
3. ***Es gibt keine „Maximaldosis" für Morphin und die anderen reinen Agonisten.***
4. ***Die Therapie chronischer Schmerzen folgt grundsätzlich dem WHO-Stufenschema; werden Opioide verordnet, so lautet die Regel: oral vor parenteral, Verwenden retardierter langwirksamer Präparate „nach der Uhr".***
5. ***Die Entwicklung von Abhängigkeit und Sucht in der Schmerztherapie ist so gut wie ausgeschlossen, wenn man die Prinzipien der Schmerztherapie beachtet (73, 79).***

Fentanyl (Fentanyl®Ampullen 0,1 mg/2 ml,
Fentanyl® Ampullen 0,5 mg/10 ml)*
(Oralet®, Actiq® orales transmuköses Fentanylzitrat/OTFC 200, 300, 400, 800, 1200, 1600 µg, *Fentanyl-Lutscher, Fentanyl-Lolly*)
(Durogesic TTS® 25 µg/h, 50 µg/h, 75 µg/h, 100 µg/h)

Charakteristik: **Fentanyl ist ein stark, schnell und kurz wirksamer reiner µ-Agonist (analgetische Wirkstärke = 100–300x Morphin), es ist stark antitussiv und atemdepressiv. Seine therapeutische Breite ist hoch – diese Eigenschaften machen es zum idealen Opioid für Conscious Sedation und Notfallmedizin.**

Fentanyl ist eine sehr lipophile Substanz, die Blut-Hirn-Schranke wird rasch passiert, die Besetzung der Rezeptoren erfolgt schnell. Die Wirkung setzt aber durch einen first-pass-Mechanismus der Lunge erst nach 1–3 Minuten ein und erreicht nach 5(-8) Minuten ein Maximum, wenn es i.v. appliziert wird. Die Eliminations-HWZ von Fentanyl ist mit 3–4 Stunden relativ lange, es wird rasch in periphere Gewebe (Muskel, Fett) umverteilt. So bleibt lange Zeit ein bestimmtes Quantum Pharmakon in der Zirkulation, die Rezeptoren bleiben besetzt. Bei häufigen Nachinjektionen kann es ab 5 µg/kg KG zur Kumulation kommen (2).
Fentanyl wird in der Leber metabolisiert.
Unter den Opioiden hat es die geringste hypnosedative Wirkung (73). Im Spektrum der Opioide hat es eine sehr starke antitussive Wirkung und atemdepressive Wirkung, die erheblich zunimmt, wenn es mit einem Sedativum

*Fentanyl-Janssen-Ampullen®, Fentanyl-Nycomed-Ampullen®

kombiniert wird. In der Kombination Fentanyl + Midazolam ist der Atemstillstand ein häufiges Ereignis (3), wenn nicht die Benzodiazepin-Dosis um ca. 75% reduziert wird. Die therapeutische Breite von Fentanyl ist jedoch groß (LD_{50}/ED_{50} = 277) (73). Fentanyl führt nicht zur Histaminfreisetzung (25, 73).
Die Hämodynamik bleibt bei Euvolämie unter Fentanyl sehr stabil (25, 44), eine Muskelrigidität ist extrem selten (44).

Tab. 16: Klinisch-pharmakologische Daten von i.v. Fentanyl und transmukosalem Fentanyl

	i.v. Fentanyl	transmukosales Fentanyl
Wirkbeginn	1–3 Minuten	3–5 Minuten
maximaler Effekt	5–8 Minuten	20–30 Minuten
Wirkdauer	20–40 Minuten	2,5–5 Stunden

Die lange Eliminations-Halbwertszeit von Fentanyl begünstigt eine anhaltende postoperative Analgesie.
Conscious Sedation, Analgosedierung: Fentanyl findet in dieser Indikation weiteste Verbreitung, es ist für die ambulante Chirurgie die beste Wahl (2). Dosierung: 0,75–2 µg/kg KG in 25 µg-Dosen in 5–Minutenabständen, 2–4 Minuten vor einem Schmerzreiz. Wird Fentanyl mit Midazolam kombiniert, so injiziert man Fentanyl 5 Minuten *vor* Midazolam. Geriatrische Patienten benötigen 50% der üblichen Dosen (44), die empfohlenen Dosen für Kinder sind 0,5–2 µg/kg KG (82). Fentanyl verstärkt die Wirkung von Lokalanästhetika bei Zugabe zu einem peripheren Nervenblock oder zur Spinalanästhesie. Wird Fentanyl mit Naloxon (Narcanti®) antagonisiert, so kann ein rebound-Effekt auftreten, da Naloxon eine kürzere Wirkdauer hat.
Notfallmedizin: Fentanyl ist für die Eingriffe in Schockraum (ER) extrem gut geeignet, da seine Pharmakokinetik ideal ist, die Hämodynamik stabil bleibt und es vollständig antagonisierbar ist (44). In der präklinischen Notfallmedizin wird Fentanyl vorwiegend bei Traumen eingesetzt. Ein Vorteil liegt darin, dass unter Spontanatmung keine wesentliche Sedierung auftritt und daher die Vigilanz besser beurteilt werden kann. Die notwendigen Dosen liegen üblicherweise weit unter den klinisch verwendeten. Man sollte mit 50% der üblichen Einzeldosis beginnen (0,05–0,1 mg bei 70 kg) (73) und bis zum Effekt titrieren (0,05–0,1 mg alle 5 Minuten, bis zur deutlichen Schmerzreduktion). Die notwendige Dosis ist wie immer nicht vorhersehbar, wird aber i.A. in kurzer Zeit gefunden. Sie kann im Einzelfall erheblich

sein*. Bereits bei minimalem Schädel-Hirn-Trauma (Gr. I) oder bei Alkoholintoxikation (44) kann es nach Fentanylgabe rasch zur Atemdepression kommen. Der Anstieg des Kohlendioxidpartialdrucks durch opioidinduzierte Hypoventilation in Spontanatmung führt beim Schädel-Hirn-Trauma zum Anstieg intrakraniellen Drucks. Für die Notfallnarkose ist Fentanyl sehr gut geeignet. Beim Schädel-Hirn-Trauma unter Normoventilation werden der cerebrale Blutfluss, der cerebrale Metabolismus und der intrakranielle Druck reduziert.

Prämedikation vor operativen Eingriffen: Fentanyl kann als Prämedikation verwendet werden, wenn ein Patient Schmerzen hat (Ischämie, Trauma) und eine lückenlose Überwachung von Atemfrequenz, Sauerstoffsättigung und Kreislauf gewährleistet ist. Als „anxiolytische Prämedikation" ist es nicht geeignet, die Kombination mit sedierenden Substanzen ist kontraindiziert (Ausnahme: ständige Anwesenheit einer Person, die im Atemwegsmanagement ausgebildet und trainiert ist und die alle relevanten Gerätschaften zur Verfügung hat).

PCA (patientenkontrollierte Analgesie/i.v.): Dosis: 0,3–1,5 µg/kg KG, lockout-Intervall: 5–10 Minuten, keine kontinuierliche Zufuhr. Individuell muss die ideale Dosis und das optimale lockout-Intervall gefunden werden. Fentanyl-PCA erreicht die beste Schmerzkontrolle unter allen Opioiden (80). Absolute K.I. der PCA: respiratorische Insuffizienz, Hypovolämie.

Schwangerschaft/Geburt/IVF: Fentanyl passiert rasch die Plazentaschranke. Für die Techniken der In-vitro-Fertilisation ist es nachgewiesen sicher.

Intensivmedizin: Eine Analgesie mit Fentanyl wird als second-line-Therapie beim hämodynamisch instabilen Intensivpatienten empfohlen (135). Dosierung: loading dose 1–2 µg/kg KG (25–100 µg), kontinuierliche Infusion mit 1–2 µg/kg KG/h (25–100 µg/h).

Transmukosales Fentanyl (OTFC) für Conscious Sedation (Zahnheilkunde, Kieferchirurgie etc.), zur Behandlung von Durchbruchsschmerzen und zur Prämedikation in der Kinderanästhesie (200 µg, 300 µg, 400 µg, 800 µg, 1200 µg, 1600 µg Fentanylbase: Actiq®, Oralet®)

Mit dem „Fentanyl-Lutscher" mit Himbeergeschmack (Actiq®, Oralet®) kann eine starke Analgesie verbunden mit Sedierung erzielt werden. Indikationsgebiete sind Zahnheilkunde, Kieferheilkunde, kurze diagnostische Eingriffe bei Erwachsenen und bei Kindern ab 15 kg Körpergewicht sowie

*0,5 mg kumulative Fentanyldosis bei einem Mann, 30 Jahre, 90 kg mit Schulterluxationsfraktur – ohne Sedativum! Hubschraubertransport in Spontanatmung, gute Analgesie, keine Sedierung, keine Atemdepression (eigene Beobachtung).

Durchbruchsschmerzen unter stabiler Einstellung mit einem Opioid in der Tumorschmerztherapie. Das Medikament wird zu 25% über die Mundschleimhaut resorbiert, 25% der Substanz erreichen die Zirkulation nach intestinaler Resorption.

OTFC ist das erste Opioid, das von der FDA* zur Prämedikation von Kindern zugelassen worden ist.

Dosierung: Erwachsene 5 μg/kg KG, maximal 400 μg
Kinder ab 15 kg: 5–15 μg/kg KG
Greise 2,5–5 μg/kg KG

Vor der Verabreichung muss darauf hingewiesen werden, dass Actiq® gelutscht wird und nicht gekaut wird. Vor einem „*... und jetzt zerbeiß ich's!*" muss gewarnt werden, da sonst mehr Substanz zugeführt wird, als nützlich wäre – durch die sedierende Wirkung von Fentanyl wird nämlich zum richtigen Zeitpunkt mit dem Lutschen aufgehört. 20–30 Minuten nach Beginn der Aufnahme tritt eine tiefe Analgesie ein, die 2,5–5 Stunden anhält (73). In 50–70% der Fälle findet sich eine opioidinduzierte Hypoventilation, daher ist die transmukosale Fentanylgabe ausschließlich stationären Einrichtungen vorbehalten, die personell und apparativ entsprechend ausgerüstet sind (Überwachung durch eine Person mit speziellen Kenntnissen in der Anwendung von Opioiden, Monitoring von Pulsoxymetrie und Atemfrequenz, Beatmungsmöglichkeit, sofortige Verfügbarkeit von Naloxon etc.).

Gegen die Indikation *Prämedikation ängstlicher Kinder* spricht die Tatsache, dass Opioide nicht primär anxiolytisch wirken und dass es eine bessere Alternative gibt (Midazolam).

Eine Kombination von transmukosalem Fentanyl mit Benzodiazepinen ist jedoch kontraindiziert. Für Kinder unter 15 kg Körpergewicht ist Actiq® ebenfalls kontraindiziert.

OTFC ist eine effektive Behandlung von Durchbruchsschmerzen für Patienten, die mit einem oralen Morphin oder einem anderen Opioid der WHO-Stufe 3 stabil eingestellt sind (134). Bei Durchbruchsschmerzen wird mit 200 μg Actiq® begonnen. Wird nach 15 Minuten keine deutliche Schmerzreduktion angegeben, so können weitere 200 μg verabreicht werden. Beim nächsten Durchbruchsschmerz können dann 400 μg gegeben werden (73).

Fentanyl-TTS (Durogesic®) ist ein transdermales System, das ausschließlich zur Therapie starker Schmerzen dient. Fentanyl-TTS soll bevorzugt dann eingesetzt werden, wenn eine orale Opioidtherapie nicht geeignet erscheint. Sedierung ist keine Indikation von Fentanyl-TTS. Zu beachten ist die träge Pharmakokinetik des transdermalen Systems: Im Mittel tritt der Effekt 8–16 Stunden nach Aufkleben auf und hält für 72 Stunden (3 Tage) an. Wird es

*FDA: Food and Drug Association

abgenommen, so braucht es 15–22 Stunden, bis die Plasmakonzentration auf 50% des Ursprungswerts abgefallen ist (73). Fentanyl-TTS darf unter keinen Umständen zerschnitten werden, da sonst Fentanyl aus dem Reservoir austritt und eine Intoxikation die Folge ist. Ein Todesfall bei einem Kind nach einem ambulanten Eingriff durch Fentanyl-TTS wurde publiziert. Fentanyl-TTS ist mit Sicherheit kein Baustein einer rationalen postoperativen Schmerztherapie.

Alfentanil (Rapifen® Ampullen zu 1 mg/1 ml, Ampullen zu 10 mg/10 ml)

Charakteristik: **Alfentanil ist ein stark wirksames Opioid mit überwiegender μ-Wirkung, das seine maximale Wirkung bei i.v.-Gabe sehr rasch (1 Minute) entfaltet und dessen Wirkdauer kurz ist (10–15 Minuten). Alfentanil ist ideal für kurze schmerzhafte Eingriffe oder Stimuli. Die hervorstechende Nebenwirkung ist Thoraxrigidität.**

Alfentanil ist 40x stärker analgetisch wirksam als Morphin. Im Gegensatz zu den anderen Opioiden liegt das lipophile Alfentanil im Blut zum größten Teil in nichtionisierter Form vor und dringt daher sehr rasch durch die Blut-Hirn-Schranke (73) – sein Effekt tritt daher praktisch unmittelbar nach i.v.-Verabreichung ein. Auf diese Weise wird einem nozizeptiven Stimulus bei Operationen in akkurater Weise begegnet. Alfentanil blockiert den Schmerz praktisch zum Zeitpunkt seiner Entstehung (73). Dieses Opioid ist sehr gut steuerbar, postoperativ ist bei einmaliger Gabe mit keinem Opioidüberhang zu rechnen. Daher ist Alfentanil ein ausgezeichnetes Opioid für sehr kurze Eingriffe bzw. sehr kurze schmerzhafte Stimuli (z. B. vor dem Retrobulbärblock für Augenoperationen) (2). Die Bindung von Alfentanil an den Rezeptor ist von kurzer Dauer, die Stärke der Bindung (Affinität) relativ gering, es wird rasch umverteilt und in der Leber metabolisiert. Bei wiederholter Verabreichung von Bolusdosen kann jedoch eine gewisse Kumulation klinisch manifest werden. Die atemdepressive Wirkung von Alfentanil verhält sich zu der von Fentanyl wie 1:13. Bei einer Dosis von 10 μg/kg KG hält sie nur 10–20 Minuten an, bei einer Dosis von 20 μg/kg KG bereits 60 Minuten (81). Eine typische Eigenschaft der Substanz ist die hohe Inzidenz an Muskelrigidität im Bereich des Stammes, die nach rascher Bolusgabe auftritt. Sie lässt sich durch langsame Injektion der Substanz über eine Minute hintanhalten. Alfentanil ist mehr mit Bradykardie und Hypotension assoziiert als Fentanyl (15).

Für **Conscious Sedation/Analgosedierung** sind titrierende i.v. Dosen von 0,125–0,5 mg im Abstand von 1 Minute ratsam. Eine Kombination mit Propofol ist sinnvoll, dabei wird naturgemäß die Alfentanil-Dosis zu reduzieren sein (2 µg/kg KG Alfentanil; kumulative Maximaldosis 5 µg/kg KG). Diese Kombination bleibt besser Anästhesisten vorbehalten (28). Alfentanil findet auch in der PCA (patient controlled analgesia) eine sichere und effektive Anwendung. In der **Notfallmedizin** ist Alfentanil von begrenztem Nutzen, da die Substanz zu schnell an analgetischer Wirkung verliert. Die empfohlene Dosis zur Schmerzbehandlung Erwachsener in der Notfallmedizin liegt bei 0,7–1,5 mg (73). Ein weiters Argument gegen den Einsatz von Alfentanil in der Notfallmedizin ist, dass Alfentanil beim intubierten normoventilierten Schädel-Hirn-Trauma den cerebralen Blutfluss, den cerebralen Metabolismus und den ICP im Gegensatz zu Fentanyl und Sufentanil nicht reduziert (15).

Remifentanil (Ultiva® Trockenstechampullen zu 1 mg und 2 mg)

Charakteristik: **Remifentanil ist ein neues ultrakurz wirksames, sehr starkes µ-Opioid (analgetische Potenz entspricht Fentanyl = 100–300x Morphin). Es wird organunabhängig durch unspezifische Plasma- und Gewebeesterasen inaktiviert und ist extrem gut steuerbar. Die Anwendung erfolgt meistens durch kontinuierliche intravenöse Infusion. Sehr häufig treten Bradykardie, Hypotension und Muskelrigidität auf, nie Histaminfreisetzung.**

Der Handelsname des Opioids suggeriert eine Pharmakokinetik, die eine ultimative Steuerbarkeit eines Pharmakons erwarten lässt. Die Wirkung tritt 30 Sekunden nach Zufuhr ein und ist 5–10 Minuten nach Beendigung der Zufuhr beendet, auch wenn das Pharmakon über längere Zeit (Tage) kontinuierlich verabreicht worden ist. Durch die organunabhängige Hydrolyse (v.a. in Geweben der Skelettmuskulatur) kommt es nie zur Kumulation der Substanz. Daher sind auch bei Leber-, Niereninsuffizienz etc. keine Dosisanpassungen vorzunehmen. Die Dosis orientiert sich am Idealgewicht eines Patienten, bei Menschen über 65 Jahren ist eine Dosisreduktion auf 50% notwendig. Die Pseudocholinesterase ist in den Abbau des Pharmakons nicht involviert, daher ist bei Vorliegen einer atypischen Plasmacholinesterase keine Dosisanpassung durchzuführen.

Die besondere Pharmakokinetik von Remifentanil bedingt, dass es besser nicht durch wiederholte Bolusdosen verabreicht wird, sondern durch kontinuierliche i.v.-Infusion. Eine **Allgemeinanästhesie** kann mit einem i.v.-Bolus von 1 µg/kg KG über 30 Sekunden eingeleitet werden, die Atemdepression erfolgt rasch und regelmäßig. Die Erhaltungsdosis liegt zunächst bei

0,25 µg/kg/min und wird alle 5 Minuten in 25%-Schritten an den nozizeptiven Stimulus adaptiert. Bei der letzten Hautnaht wird die Infusion gestoppt. Häufiger als bei anderen Opioiden tritt eine ausgeprägte Bradykardie und Hypotension auf (in maximaler Ausprägung 3–5 Minuten nach Beginn). Die Inzidenz und Intensität der Muskelrigidität am Brustkorb ist abhängig von der Höhe der Dosis und von der Geschwindigkeit der Applikation. Remifentanyl ist ideal für kurze Eingriffe mit hoher Schmerz- oder Stimulusintensität, die postoperativ nicht mehr existent ist (Laryngoskopie, Bronchoskopie, bronchoskopische Wachintubation, Laparoskopie etc.). Ist für den postoperativen Zeitraum mit anhaltenden Schmerzen zu rechnen, so muss man zeitgerecht (noch während Remifentanilzufuhr) ein langanhaltendes Opioid supplementieren (bzw. ein Opioid mit einem Nichtopioid kombinieren).

„Remifentanil ist wahrscheinlich kein ideales Pharmakon für **Conscious Sedation**" lautet die Expertise von Niemann & Gropper in einem vor kurzem publizierten Buch über Conscious Sedation (2). In den letzten Jahren wurden mehrere Arbeiten über die Anwendung des neuen Opioids für operative Eingriffe veröffentlicht, Indikationen waren Eingriffe in Regionalanästhesie wie Carotis-TEA (85), ophthalmologische Operationen – vor der peribulbären Blockade bzw. zur Supplementierung (86, 87), Supplementierung von Plexus- und Spinalanästhesie (88), Stoßwellenlithotripsie (89), Wach-Kraniotomie (90), ambulante Kieferchirurgie (91), endoskopische Wachintubation (92), Geburtsschmerz (93), schmerzhafte minimale Eingriffe im Allgemeinen (94) und Herzkatheterdiagnostik bei Kindern (95).

Zum Teil wurde Remifentanil mittels PCA (patient controlled analgesia) zugeführt.

Zusammenfassend lässt sich sagen, dass der Einsatz von Remifentanil dann erfolgreich war, wenn die nozizeptiven Stimuli keine große Streuung des Analgetikabedarfs erforderlich gemacht haben, d.h. wenn der Schmerz oder die Irritation von umschriebener Intensität war (z. B. fiberoptische Wachintubation, Parabulbärblock, Carotis-TEA). Bemerkenswert und nicht akzeptabel sind die hohen Inzidenzen von Apnoe unter Anwendung von Remifentanil unter Spontanatmung bei einigen Publikationen (Atemstillstand in 46% (88), 53% (89), 74% (94) der Fälle). Ein Abfall der Atemfrequenz unter Spontanatmung bereits ab Dosen von 0,2–0,25 µg/kg/min regelhaft und nur von der Dauer der Zufuhr abhängig (92, 146). Durch Dosisreduktion von Remifentanil steigt jedoch die Atemfrequenz innerhalb von 3 Minuten wieder an (87). Eine Analgesie mit Remifentanil als Monosubstanz in einer Dosis bis 0,5 µg/kg/min hat den Vorteil, dass der Kontakt zum Patienten ununterbrochen unterhalten werden kann und er bei Bedarf zur Atemtätigkeit angeregt werden kann. Bei schwer kontrollierbaren Schmerzen von stark undulierender Intensität (z. B. Geburtsschmerz) kam es zu einer weiten interindividuellen Dosisstreuung (93). Hypoxämie und Sedierungseffekte bei der Mutter und eine reduzierte Herzfrequenzvariabilität beim Feten (93) sind unerwünschte Wirkungen, die einen Einsatz von Remifentanil in dieser Indikation dubios erscheinen lassen, da es eine exzellente Alternative in der Therapie des Geburtsschmerzes gibt. Weitere unerwünschte Wirkungen unter Remifentanil bei Conscious Sedation sind Übelkeit, Erbrechen, Schwitzen und Juckreiz (95). Die Rate an Übelkeit und Erbrechen kann gesenkt werden, wenn man Remifentanil mit Propofol kombiniert (87). Möglicherweise kann Remifentanil ein sinnvolles Supplement zur Regionalanästhesie sein, wenn zusätzlich Analgesie benötigt wird, dazu ist aber eine äußerst aufmerksame und engmaschige Kontrolle der Vitalparameter Voraussetzung (Atemfrequenz, exspiratorisches CO_2). In der Zielsetzung „Sedierung" gibt es bessere Alternativen. Wird die PCA-Technik verwendet, so soll das minimale lockout-Intervall 1–2 Minuten sein (89). Ältere Menschen benötigen nur die halben empfohlenen Dosen, die Erholung erfolgt jedoch gleich schnell wie bei Jüngeren. Bei der fiberoptischen Wachintubation werden die Atemwegsreflexe und die Kreislaufreaktion in erwünschter Weise effektiv gedämpft (92). Die meisten Patienten husten nicht, wenn der Tubus den Larynx passiert, Herzfrequenz und Blutdruck bleiben auf präprozeduralem Niveau (92). Es ist als wahrscheinlich anzusehen, dass die Dämpfung der kardiovaskulären Stressreaktion durch Remifentanil das kardiovaskuläre Risiko vermindert. Es wurden jedoch noch keine relevanten Studien veröffentlicht, die das beweisen würden.

Tab. 17: Beispiele erfolgreicher Remifentanil-Protokolle

1.	**Ophthalmologie:**	a) Remifentanil 0,02–0,04 µg/kg/min + Propofol 0,5–0,9 mg/kg/h vor Peribulbärblock (87)
	oder	b) Remifentanil-Bolus 0,3 µg/kg + Midazolam 0,5–1 mg 1 Minute vor Peribulbärblock (86)
2.	**fiberoptische Wachintubation:**	a) Remifentanil 0,1–0,25–0,5 µg/kg/min unter Beobachtung von Komfort, Sedierungsgrad, Atemfrequenz (92)
	oder	b) Remifentanil 0,05 µg/kg/min + Propofol 2 mg/kg/min (97)
3.	**Carotis-TEA** (+ kombinierter Block des Plexus cervicalis): Remifentanil 0,04 µg/kg/min (85)	

Seit kurzem wurde in Österreich die Zulassung von Remifentanil für die Analgosedierung in der **Intensivmedizin** auf 3 Tage kontinuierliche Anwendung verlängert. Die einzigartige Pharmakokinetik von Remifentanil bedingt, dass die kontextsensitive Halbwertszeit in jedem Fall kürzer als 15

Minuten ist (83). Unter Remifentanil bleiben Hämodynamik und ICP (auch bei Bronchialtoilette) stabil. Die Extubation ist 15 Minuten nach Infusionsstop erfolgreich (84). Die mittlere Dosis von Remifentanil liegt um 0,15 µg/kg/min (Ziel: Patient ruhig, wach, kooperativ, toleriert Tubus, befolgt Aufforderungen = Ramsey-Score 2–3). Vor Manipulationen und Eingriffen (Lagerung, Bronchoskopie, Drainagen etc.) kann die Dosis entsprechend adaptiert werden. Die Berechnung der Initialdosierung in ml/h erfolgt am besten mit einer beweglichen Dosierungstabelle.

Wird **Remifentanil** verwendet, so ist Folgendes zu beachten:

- Bolusdosen maximal 0,3 µg/kg
- keine Bolusdosen zu einer laufenden Remifentanilinfusion
- Jede kontinuierliche Infusion von 0,2–0,25 µg/kg/h führt zur Atemdepression, es handelt sich nur um eine Frage der Zeit, bis sie auftritt.
- Die kontinuierliche Dosis orientiert sich an der Atemfrequenz und am Schmerz.
- Beträgt die Atemfrequenz < 9/min, so muss die Zufuhrrate reduziert werden.

Tab. 18: Dosiertabelle zur Umrechnung von Remifentanildosen (µg/kg/min) auf ml/h
(Zubereitung: 1 mg/50 ml = 20 µg/ml) – nach Köpergewicht in kg
Tabellenwerte geben die Infusionsrate (ml/h) an.

	Gewünschte Dosierung µg/kg/min							
kg	**0.05**	**0.10**	**0.15**	**0.20**	**0.25**	**0.30**	**0.35**	**0.40**
45	6,75	13,50	20,25	27,00	33,75	40,50	47,25	54,00
50	7,50	15,00	22,50	30,00	37,50	45,00	52,50	60,00
55	8,25	16,50	24,75	33,00	41,25	49,50	57,75	66,00
60	9,00	18,00	27,00	36,00	45,00	54,00	63,00	72,00
65	9,75	19,50	29,25	39,00	48,75	58,50	68,25	78,00
70	10,50	21,00	31,50	42,00	52,50	63,00	73,50	84,00
75	11,25	22,50	33,75	45,00	56,25	67,50	78,75	90,00
80	12,00	24,00	36,00	58,00	60,00	72,00	84,00	96,00
85	12,75	25,50	38,25	51,00	63,75	76,50	89,25	102,00
90	13,50	27,00	40,50	54,00	67,50	81,00	94,50	108,00
95	14,25	28,50	42,75	57,00	71,25	85,50	99,75	114,00
100	15,00	30,00	45,00	60,00	75,00	90,00	105,00	120,00

Sufentanil (Sufenta® Ampullen zu 0,05 mg/1 ml und 0,25 mg/5 ml)

Charakteristik: **Sufentanil ist das stärkste therapeutisch verwendete Opioid (Potenz = 1000x Morphin). Es wirkt überwiegend über seine hohe Affinität zum µ-Rezeptor. Sufentanil hat die höchste therapeutische Breite unter den Opioiden, wirkt jedoch stark atemdepressiv und antitussiv. Sein Haupteinsatzgebiet ist die Intensivmedizin.**

Die hohe analgetische Wirksamkeit des Sufentanil wird durch seine hohe Affinität zum Rezeptor und durch seine hohe intrinsische Aktivität erklärt (73). Seine hohe Spezifität erklärt auch die große therapeutische Breite. Bei Überdosierungen sind keine kreislaufdeprimierenden Effekte zu befürchten. Die neuroendokrin-hämodynamische Stressreaktion des Organismus auf Schmerz wird durch Sufentanil besser als durch jedes andere Opioid unterdrückt (Supression vegetativer Reflexe 10x so effektiv wie durch Fentanyl). Im niedrigen Dosisbereich sind die atemdeprimierende Wirkung und Analgesie voneinander „entkoppelt" (96) – das bedeutet praktisch: lange anhaltende Analgesie bei kurzer atemdepressiver Wirkung. In der Intensivmedizin wird diese Eigenschaft des Sufentanil bei der Respiratorentwöhnung nutzbar gemacht: Die Patienten gewinnen bei suffizienter Analgesie die Fähigkeit zum spontanen Atemantrieb unter kontinuierlich laufender Sufentanilzufuhr wieder. Sedierende Pharmaka, v.a. Benzodiazepine, verlängern die atemdeprimierende Wirkung des Opioids (73).
Unter den Opioiden hat Sufentanil die höchste Lipidlöslichkeit. Der starke analgetische Effekt tritt nach intravenöser Gabe nach 3–4 Minuten ein (Fentanyl 5–8 Minuten) (73). Durch die kurze Anschlagzeit werden nozizeptive Stimuli rascher und stärker supprimiert (73). Die Elimination von Sufentanil ($t_{1/2\beta}$ 164 min) erfolgt durch ein kleineres Verteilungsvolumen rascher als bei Fentanyl ($t_{1/2\beta}$ 219 min). Sufentanil wirkt wesentlich stärker sedierend als Fentanyl, ein weiterer Vorteil im Rahmen von Anästhesie und Intensivmedizin. Durch die kurze kontextsensitive Halbwertszeit ist es ausgezeichnet steuerbar (1). Beim Schädel-Hirn-Trauma kommt es unter Sufentanil zu einer signifikanten Reduktion des cerebralen Sauerstoffverbrauchs und des cerebralen Blutflusses. Benzodiazepine verstärken bei kurzzeitiger Anwendung den analgetischen Effekt von Sufentanil, bei kontinuierlicher und langzeitiger Dauerinfusion von Benzodiazepinen kommt es jedoch zu einem Wirkverlust des Opioids (antianalgetischer Effekt der Benzodiazepine durch indirekt antagonistische Wirkung). Die Dosierung von Sufentanil zur **ICU-Sedoanalgesie** richtet sich nach Begleitmedikation und Effekt (Respiratortoleranz, Sedierungsscore, Kreislaufparameter, Krank-

heitsbild etc. – siehe S. 548f.), sie muss laufend aktualisiert werden. Es soll ein konstanter Wirkspiegel aufrecht erhalten werden (73). Die Dosierungsempfehlungen liegen bei 0,6–1 µg/kg/h für eine kontinuierliche Infusion, am Beginn soll ein Bolus von 0,2–0,6 µg/kg verabreicht werden. Bei der Respiratorentwöhnung wird auf 0,25–0,35 µg/kg/h reduziert (73).
Durch gleichzeitige Verabreichung des zentralen α_2-Agonisten Clonidin kann Sufentanil eingespart werden, die Entwicklung einer Toleranz verzögert und die Entwöhnungsphase verkürzt werden (73). Clonidin verstärkt und verlängert die Wirkung von Sufentanil, beide Substanzen wirken bradykardisierend.

Dosierungs-Beispiele für Sufentanil:
Intensivmedizin: 25 ml Sufentanil (5A) + 25 ml NaCl 0,9% *(1 ml Perfusorlösung = 25 µg)*
(70 kg-Patient: Bolus 1 ml, kontinuierliche Flussrate 1,7–2,8 ml/h)
oder: 20 ml Sufentanil (4A) + 30ml NaCl 0,9% *(1 ml = 20 µg)*
(70 kg-Patient: Bolus 2 ml, kontinuierlich 2–3,5 ml)
gleichzeitig: 2A Clonidin + 48 ml NaCl 0,9%, *2–4 ml/h*
Analgesie: 0,2–0,6 µg/kg i.v. *(1 ml Sufenta = 50 µg + 9 ml NaCl 0,9% = 10 ml, 1 ml Lösung = 5 µg, bei 70 kg: titrierende Dosen von 3 ml = 15 µg alle 3–4 Minuten i.v.)*
supplementierende Analgesie: 0,005–0,05 µg/kg/min (15)
intranasale Applikakation:1,5–3,0 µg/kg, Effekt tritt nach 5 Minuten ein, maximale Ausprägung nach 10 Minuten
PCA: Bolus 0,04-0,2 µg/kg, lockout: 3–10 Minuten
(10 ml Sufentanil + 90 ml NaCl 0,9%, 70 kg: Bolus 1 ml = 5 µg, entsprechend 0,07 µg/kg)
Allgemeinanästhesie: Einleitung: 2–10 µg/kg – weiter mit 0,1–0,5 µg/kg/min für 20 Minuten, dann nach Reaktion des Patienten (15).

In der Sedoanalgesie von kritisch Kranken unter Respiratortherapie soll ein konstanter Opioidwirkspiegel aufrecht erhalten werden.

Die Zugabe von Benzodiazepinen zu Opioiden in der Intensivtherapie erfolgt bevorzugt intermittierend, da es bei kontinuierlicher Benzodiazepinzufuhr zu einem Wirkungsverlust der Opioide kommt.

Wird Sufentanil über mindestens 20 Tage verabreicht und abrupt abgesetzt, so treten nach 4-6 Stunden **Entzugssymptome** auf, die innerhalb von 48–72 Stunden eine maximale Intensität erreichen und in 7–10 Tagen wieder abklingen (73): starkes Schwitzen, erhöhte Temperaturen (z.T. intermittierend, wie bei Sepsis), Mydriasis beidseits, Tachypnoe, Hyperventilation, Tachykardie (z.T. paroxysmal), arterielle Hypertension, Gähnen, Diarrhö, Erbrechen, Schwindel, Zittrigkeit. Extreme Erscheinungen sind Krämpfe und ein Lungenödem.

Tab. 19: Therapie des Opioidentzugs beim Intensivpatienten

langsame stufenweise Reduktion des Opioids	
vegetative Symptome:	Clonidin (Catapressan®) 0,15 mg (1 Ampulle in 20 ml NaCl 0,9% – in 5 min i.v.), gefolgt von 1,5 mg (10 Ampullen) in 50 ml-Perfusorspritze + 38 ml NaCl 0,9%: 0,8–4 ml/h (Zielgrößen: Blutdruck, Herzfrequenz, Sedierungsscore)
Delir:	Haloperidol (Haldol®) 10 mg (2 A) in 100 ml NaCl 0,9%, gefolgt von 10 A Haloperidol in 50 ml-Perfusorspritze + 40 ml NaCl 0,9%: 10 ml/h (Dosis anpassen alle 20 min +/– 1 mg)

Warnhinweis: *Sufentanil sollte nur von Anästhesisten verwendet werden (2).*

Piritramid (Dipidolor® Ampullen 15 mg/2 ml)

Charakteristik: **Piritramid ist ein µ-Agonist (analgetische Wirkstärke 0,7) mit langer Wirkdauer (6 Stunden). Die Inzidenz von unerwünschten Wirkungen ist relativ niedrig. Es eignet sich gut für die postoperative Schmerztherapie, für die PCA (Patienten-kontrollierte Analgesie) und die Notfallmedizin.**

Piritramid ist etwas schwächer analgetisch wirksam als Morphin. Sein Wirkprofil ist äußerst günstig für die Zielsetzung der **postoperativen Schmerztherapie**. Nach intravenöser Verabreichung tritt die Wirkung innerhalb von 4-5 Minuten ein und hält bei adäquater Dosierung im Mittel 6 Stunden an. Adäquate postoperativer Analgesie bedingt eine rasche antinozizeptive Wirkung. Die Dosis richtet sich nach dem Bedarf und ist im individuellen Fall unvorhersehbar. Um dem Bedarf gerecht zu werden und nicht übers Ziel zu schießen, „tastet" man sich vom unteren, sicheren Bereich an die effektive Dosis heran. Sinnvollerweise wird das Opioid intravenös verabreicht, die subkutane Gabe ist in der Resorption unsicher und im Wirkbeginn zu träge. Eine „Titration zum Effekt" ist nur durch i.v.-Applikation sicher, praktikabel und dem Patientenkomfort nützlich. Piritramid ist bemerkenswert Kreislauf-neutral und weist kaum allergische Reaktionen auf. Die Rate an Übelkeit (5%) und Erbrechen (1%) ist im Vergleich zu anderen Opioiden sehr

gering. Es wirkt nur wenig atemdeprimierend, allerdings auch nur gering antitussiv. Die stammbetonte Muskelrigidität wird sehr selten ausgelöst. Die hypnosedative Wirkung ist im Spektrum der Morphine beträchtlich und in etwa mit jener des Sufentanil (= stärker als Morphin) vergleichbar.*
Aufgrund seines günstigen Wirkprofils erscheint Piritramid auch in der **Notfallmedizin** als geeignetes Medikament zur Behandlung starker Schmerzen. Die Wirkung tritt schnell ein und hält lange an, unter präklinischen Bedingungen ist es eine Option mit großer Sicherheitsbreite, wenn beabsichtigt ist, dass die Spontanatmung erhalten werden soll. Geeignete Indikationen wären Frakturen, Wirbelfrakturen, Luxationen, Thoraxtraumen (z. B. Serienrippenfrakturen), mittelgradige Verbrennungen, akutes Abdomen (außer: Koliken, Harnverhalten, Pankreatitis) etc.
Palliativmedizin: Piritramid dürfte in der Tumorschmerztherapie gastrointestinaler Tumoren dem Morphin überlegen sein (73). Manche unerwünschten Wirkungen scheinen bei s.c.-Gabe seltener zu sein (Sedierung, Übelkeit, Konfusion). Eine Therapie mit kontinuierlicher subkutaner Infusion kann eine Alternative darstellen, wenn die orale Therapie oder andere Therapiemodalitäten nicht anwendbar sind und eine Therapie zu Hause angestrebt wird (Indikationen: Bedarf an hohen Opioiddosen; Konfusion, Übelkeit, Erbrechen, Ileus). Nach Gabe von Bolusdosen von 5–7,5 mg über eine s.c.-Verweilkanüle im 15–Minutenabstand bis zu deutlicher Schmerzreduktion wird über eine Pumpe/Perfusor eine Tagesdosis von 75 mg verabreicht. Die Dosis wird entsprechend dem Bedarf im 6-Stundenintervall adaptiert (nach Freye) (73).
Dosierungsbeispiele für Piritramid:
Schmerztherapie durch „Titration zum Effekt“:
Erwachsene: 1 A/15 mg/2 ml Piritramid + 8 ml NaCl 0,9%: Bolus von 3–4,5 mg/2–3 ml i.v., weitere Boli von 3 mg alle 4 Minuten bis zur deutlichen Schmerzerleichterung bzw. bis VAS < 3.
Kinder bis 12 Jahre: 1 A + 18 ml NaCl 0,9%, 2 ml Boli (s.o.)
PCA-Pumpe: 4 A/60 mg/8 ml + 92 ml NaCl in 100 ml-Kasette, Bolus: 0,9 mg/1,5 ml, lockout 5 Minuten (wenn gewünscht: 4-Stunden-Maximaldosis: 30 mg/50 ml),
oder 5 A/75 mg/10 ml + 240 ml NaCl in 250 ml-Kasette, Bolus 0,9 mg/3 ml, lockout 5 Minuten (4-Stunden-Maximaldosis 30 mg/100 ml)
Piritramid ist nur in Europa zugelassen.

*Die beste postoperative Analgesie wird durch eine Regionalanästhesie gefunden, die vor dem Eingriff durchgeführt wird. Nozizeptive Stimuli werden auf diese Weise an ihrer Fortleitung ins Zentralnervensystem gehindert.

Pethidin (USA: Meperidine) (Dolantin®, Alodan® 100 mg/1 ml)

Charakteristik: **Pethidin ist ein schwach analgetisch und stark sedierend wirksames Opioid mit überwiegender Wirkung am µ-Rezeptor. Seine Hauptanwendung liegt in der Sedoanalgesie für endoskopische Eingriffe und in der Behandlung des postoperativen Shiverings. Pethidin ist kein optimales Opioid für kardiale Risikopatienten, zur Schmerztherapie des akuten Myokardinfarkts ist es ungeeignet.**

Die analgetische Wirkstärke von Pethidin beträgt ca. ein Zehntel der des Morphins (analgetische Potenz = 0,1).
Pethidin wird in den USA häufig im Rahmen von Sedoanalgesien verwendet. Es ist das am meisten eingesetzte Opioid in den emergency rooms (142). Außerdem wird es bei Endoskopien mit größerer Schmerzintensität propagiert (ERCP, Colonoskopie). Im Rahmen dieser Techniken wird das Opioid gerne mit Benzodiazepinen kombiniert. Durch die Kombination mit einem Benzodiazepin kommt es zum Ansteigen von sedierungsassoziierten Komplikationen, vor allem der respiratorischen Komplikationen, ohne dass die Akzeptanz der Untersuchung bei den Patienten steigt (100). Viele Endoskopiker sind sich des erhöhten Risikos nicht bewusst (100). Wird zur ERCP 50 mg Pethidin verabreicht, so sinkt die Inzidenz an unbeabsichtigtem Würgen von 27,8% (unter Plazebo) auf 7,6%, die Sedierungsqualität wird vom Untersucher signifikant besser beurteilt (101). Daher empfiehlt der britische Endoskopiker G. D. Bell: „Eine routinemäßige Kombination von Pethidin-Midazolam ist nicht zu rechtfertigen. Wurde jedoch eine ERCP unter Midazolam-Sedierung nicht toleriert, so ist es sinnvoll, bei der potenziell schmerzhaften Untersuchung ein Opioid wie Pethidin oder Fentanyl zu verabreichen, da in gewissen sensiblen Momenten der Untersuchung der Würgereflex äußerst unerwünscht ist“ (70). Pethidin hat geringe vagolytische und spasmolytische Effekte. Beim postoperativen Zittern (postoperative shivering*) wirkt es prompt und verlässlich innerhalb einer Minute nach i.v.-Gabe (Ausnahme: Schüttelfrost durch Anfiebern). Im Spektrum der Opioide ist Pethidin stärker sedierend, es wirkt nur schwach analgetisch und antitussiv, Übelkeit (10%) und Erbrechen (4%) kommen relativ häufig vor, selten jedoch Koliken, Harndrang oder Obstipation. Eine Muskelrigidität wird seltener ausgelöst als bei den anderen Opioiden.
Wird Pethidin intravenös injiziert, so kann ein Blutdruckabfall bzw. eine Synkope mit Bradykardie oder Asystolie provoziert werden. Durch seine

*Nach Allgemeinanästhesien und Regionalanästhesien auftretendes, nicht immer hypothermie-assoziiertes starkes Zittern am ganzen Körper, führt zur Steigerung des Sauerstoffbedarfs um bis zu 400%.

atropinartige Grundstruktur kann aber auch eine Tachykardie ausgelöst werden. In hohen Dosen wirkt es direkt negativ inotrop. Daher ist Pethidin bei allen Erkrankungen oder Zuständen zu meiden, bei denen Auslenkungen der Herzfrequenz die Leistung oder die Sauerstoffbalance des Herzens ungünstig beeinflussen oder eine präexistente Tachykardie verstärkt wird (Hyperthyreose, Phäochromozytom etc.). Der Metabolit Norpethidin besitzt eine zentral stimulierende Wirkung, nach Verabreichung von Pethidin über mehr als 3 Tage kumuliert Norpethidin. Vor allem bei eingeschränkter metabolischer Leistung können epileptische Anfälle, Myoklonien und ein Delir auftreten.

Tab. 20: Pharmakokinetik von Pethidin

Verabreichungsart	Wirkbeginn	maximaler Effekt	Wirkdauer
i.v.	1 min	5–20 min	2–4 Stunden
i.m.	5–15 min	30–50 min	2–4 Stunden

Pethidin hat unter allen Opioiden die stärkste delirogene Wirkung, diese wird möglicherweise durch die zentral-anticholinerge Wirkung des Metaboliten Norpethidin vermittelt (141).
Pethidin ist nicht nur deshalb zur Analgosedierung von Intensivpatienten ungeeignet (135).
Beim alten Menschen können durch eine reduzierte Plasma-Clearence und eine verlängerte Eliminations-HWZ Spitzenkonzentrationen von Norpethidin und die assoziierten Wirkungen erst nach 30 Stunden erreicht werden (99). Daher gilt die Empfehlung von Prof. Linda L. Liu aus San Francisco:

Pethidin soll nicht beim alten Menschen angewandt werden, da es viele andere medikamentöse Alternativen gibt (99).

Pethidin ist plazentagängig. Der maximale Transfer bzw. die maximale neonatale atemdepressive Wirkung tritt 2–3 Stunden nach parenteraler Verabreichung auf. Bei Neugeborenen können durch Pethidin Krampfanfälle ausgelöst werden (Norpethidin?).
Pethidin hat auch eine lokalanästhetische Wirkung, wegen einer lokal irritierender Wirkung wird es jedoch nicht zur topischen Anästhesie verwendet.
Eine gefährliche Medikamenteninteraktion besteht mit MAO-Hemmern: Fatale Reaktionen sind beschrieben worden (hochgradige Atemdepression, Hyperexzitabilität, epileptische Anfälle, Tachykardie, Hypertension – Maßnahme: Hydrocortison i.v, Chlorpromazin i.v. bei assoziierter Hypertonie, Intensivüberwachung) (15, 98).

Dosierung: 0,5–3 mg/kg KG (15, 98)
Sedoanalgesie für endoskopische Eingriffe des Gastrointestinaltrakts:
1 mg/kg KG 10 Minuten vor der Unteruchung langsam intravenös oder 30 Minuten davor i.m.
Postoperatives Shivering: 25 mg i.v. (14-65 Jahre)
Pethidin muss langsam injiziert werden, die beschriebenen unerwünschten Wirkungen treten häufiger bei rascher Injektion und bei bestimmten koexistenten Erkrankungen auf: COPD, Cor pulmonale, Hypoxie und Hyperkapnie, Hypovolämie (98).

Zentrale Alpha-2-adrenerge Agonisten

Clonidin und Dexmedetomidin

Alpha-2-Agonisten (= α_2-Agonisten) sind eine vielversprechende Gruppe von Pharmaka, sie vereinen wesentliche Wirkungen eines praktikablen Sedativums:

- Analgesie
- Anxiolyse
- Sedierung
- fehlende Atemdepression
- Kardioprotektion

Clonidin (Catapresan®), Dexmedetomidin und Mivazerol (in Europa nicht zugelassen) sind zentrale α_2-Agonisten, die klinisch von Bedeutung sind. Clonidin ist seit vielen Jahren als Antihypertensivum registriert, in den letzten Jahren hat die Wissenschaft, allen voran die Forscher aus Japan, ihr Augenmerk auf andere Wirkungen der Substanz gelenkt. Es gibt kaum ein Kompartiment des Körpers oder eine Fragestellung, die nicht in der Interaktion mit Clonidin untersucht worden ist. Die komplexe Kreislaufwirkung der Substanzen wird über eine zentrale Sympathikolyse und Vagusstimulation durch Angriff auf Bahnsysteme und Kerne des zentralen Sympathikus im Hirnstamm vermittelt. Die anxiolytische und ein Teil der analgetischen Wirkung dürfte auf eine Aktivitätshemmung am Locus coeruleus und nachgeschalteten Systemen (limbisches System, Hypothalamus, Kortex) zurückzuführen sein. Außerdem existieren Bindungsstellen für α_2-Agonisten im Bereich des Rückenmarks, die zur analgetischen Wirkung kontributieren und den Einsatz der Substanzen bei rückenmarksnahen Verfahren der Regionalanästhesie (I: neuropathischer Schmerz) rechtfertigen. Die beteiligten Rezeptoren sind in α_1-Typen (Antagonist: Prazosin), α_2-Typen (Antagonist: Yohimbin) und Imidazol-Typen subklassifiziert. Die α_2-Agonisten binden mit unterschiedlicher Affinität an die α-Rezeptortypen: Clonidin hat eine α_1/α_2-Selektivität von 1/200, Dexmedetomidin von 1/1600. **Die klinische Konsequenz** aus diesem Fakt sind mehr Nebenwirkungen bei Clonidin und eine initiale hypertensive Kreislaufreaktion, die durch die Stimulation der α_1-Rezeptoren bewirkt wird. Clonidin bindet sehr lange am Rezeptor, Dexmedetomidin kurz, daher ist Dexmedetomidin als Medikament besser steuerbar als Clonidin. Mit Atipamezol existiert ein spezifischer α_2-Antagonist (111), er ist jedoch für eine klinische Anwendung nicht verfügbar (118).

Tab. 21: Wirkungen von Clonidin und Dexmedetomidin

erwünschte Wirkungen		unerwünschte Wirkungen
ZNS:	Sedierung	Benommenheit, Somnolenz, Energielosigkeit
	Anxiolyse	Illusionen, Halluzinationen, Albträume
	Analgesie	Schmerzen der Glandula parotis
	Neuroprotektion	
	Amnesie?	awareness?
Hämodynamik:	Stabilisation	
	Herzfrequenz ↓	symptomatische Bradykardie, AV-Block, Sinusarrest
	Blutdruck ↓	initial: Blutdruck ↑, Blutdruck ↓↓
	myokardialer O_2-Bedarf ↓ Cardiac output ↓	
	Ischämieprotektion	
	antiarrhythmische Wirkung	
respiratorisches System:	Bronchodilatation	Abschwächung der respiratorischen Antwort auf pCO_2 ↑
GIT:	Salivation/Sekretion ↓	Mundtrockenheit, Durst, Dysphagie: subjektiv störend
	Motilität ↓	Obstipation
	Übelkeit und Erbrechen ↓	verzögerte Magenentleerung (Nicht-Nüchternheit!)
Wasser/Elektrolyte:	Diurese ↑	Harnretention
	Schutz vor Hypokaliämie	
Blut:	Thrombozytenaggregation ↑	*Risiko postoperativer Thromboembolien* ↑ ?
	intraoperativer Blutverlust ↓ ?	
Auge:	Tension ↓	
Endokrinium:	Hemmung der Freisetzung von Noradrenalin, Renin, Insulin,	*Verschlechterung einer diabet. Stoffwechsellage?*
	ACTH. GH-RH ↑ (Somatoliberin), Hemmung der Lipolyse	
Muskulatur:	Kältezittern/shivering ↓	Hypothermie
	opioidinduzierte Muskelrigidität ↓	

Sedierung und Anxiolyse: Eine Sedierung durch Dexmedetomidin ist qualitativ von sedierenden Phänomenen anderer Pharmaka substanziell verschieden: Trotz tiefer Sedierungseffekte können auch komplexe Aufgaben akkurat und fehlerfrei erledigt werden. Die Patienten erscheinen am Respirator sehr ruhig, sind aber äußerst kooperativ – das hat in den USA enthusiastische Äußerungen des Intensivpflegepersonals hervorgerufen. Die Anxiolyse wird als profund beschrieben (102), sie sei mit einer Benzodiazepinprämedikation vergleichbar. Dexmedetomidin habe einen dosisabhängigen amnestischen Effekt. Patienten, die eine Respiratortherapie hinter sich gebracht hatten und mit Dexmedetomidin sediert worden sind, kritisierten jedoch, diesen Zustand in sehr bewusster Weise erfahren zu haben und beschrieben ihn als „unangenehm“ (122). Dies sei möglicherweise dosisassoziiert (118). Angelini et al. halten fest, dass Dexmedetomidin keinen amnestischen Effekt hätte und dass möglicherweise eine Kombination mit Benzodiazepinen erforderlich sei (124). In einer europäischen Multicenter-Studie über verzögertes Aufwachverhalten bei kardiochirurgischen und allgemeinchirurgischen Patienten wurde der Effekt von Dexmedetomidin positiv beurteilt, da der verlängerte sedierende Effekt von Dexmedetomidin zu einer Einsparung der Midazolamdosen von 80% und der Morphindosen von 50% geführt hat (122). Die Sedierung durch Clonidin wird als „gering“ bewertet, sie erfolgt dosisabhängig. In Analogie zum o.g. Vergleich wird der anxiolytische Effekt von 5 µg/kg KG Clonidin mit Midazolam (0,1 mg/kg KG) verglichen (105), wenn man beide 60–90 Minuten vor einem Eingriff verabreicht. Fazi et al. (107) beschreiben, dass nach oraler Prämedikation mit Clonidin 4 µg/kg KG bei Kindern ein optimaler Sedierungseffekt erst nach 105–120 Minuten erreicht wird; Midazolam 0,5 mg/kg KG wird als stärker anxiolytisch beschrieben, durch Clonidin gelingt aber eine Einsparung von intraoperativen Sedativa und postoperativen Analgetika, die Rate an postoperativem Erbrechen wird vermindert (107). Beim Patienten am Respirator richtet sich die Dosis nach den Herzkreislaufeffekten, in der Prämedikation sind 2–5 µg/kg KG üblich. Durch die sedierende Wirkung von Clonidin und Dexmedetomidin kann die Dosis anderer Sedativa um bis zu 45% eingespart werden, die MAC der volatilen Anästhetika vermindert sich um 40–70%. Clonidin hat sich in der Therapie des Alkoholentzugsdelirs sehr bewährt. Man geht davon aus, dass beim Alkoholiker die Anzahl der Opioidrezeptoren vermindert oder ihre Empfindlichkeit herabgesetzt ist. Unter Alkoholabstinenz kommt es zum plötzlichen Mangel morphinähnlicher Produkte des Intermediärstoffwechsels, die üblicherweise bei der Alkoholelimination entstehen. Dieser Mangel wird vom Körper mit einem enthemmten „Noradrenalinsturm“ (73) beantwortet. Beim Opioidentzug ist Clonidin das Medikament der ersten Wahl. Im Rahmen der Entzugstherapie wurden unter hohen

Dosen unerwünschte Wirkungen durch Clonidin beschrieben, die statistisch am 2. und 3. Behandlungstag den Gipfel ihrer Inzidenz erreichten: Mundtrockenheit, Schluckstörung, Benommenheit, Energielosigkeit, Schlafstörungen, Albträume und Halluzinationen (103). Es wäre wert zu diskutieren, welcher Faktor das Auftreten dieser Phänomene eher beeinflusst: das Pharmakon oder der Grund für seine Anwendung? Wesentlich ist, dass Clonidin nicht antidelirant oder antiepileptisch wirkt, daher ist beim Alkoholentzug die Kombination mit einem Antipsychotikum und einem Benzodiazepin sinnvoll. Postoperative Exzitationsphänomene bei Kindern können durch intravenöses Clonidin (2 µg/kg KG) supprimiert werden (116). Clonidin kann als alternative medikamentöse Therapie bei ADHD (attention-deficit/hyperactivity disorder) zum Einsatz kommen, da es die Noradrenalinfreisetzung hemmt (145). Da Kinder mit dieser Erkrankung der Gruppe der „schwer zu sedierenden" Menschen angehören, wäre die Substanz für die Prämedikation dieser Kinder vor Operationen gut geeignet. Einer Kombination von Methylphenidat (Ritalin®) + Clonidin ist mit Respekt zu begegnen, in der Literatur wurden bisher 4 Todesfälle publiziert (145). Eine Sedierung durch Clonidin dauert sicher mehr als 2 Stunden an und kann in der Tageschirurgie den Aufenthalt im Krankenhaus verlängern. Werden präoperativ niedrige Dosen (2 µg/kg KG) von Clonidin i.v. appliziert, so resultiert keine postoperative Restsedierung (114).

Analgesie: Clonidin und Dexmedetomidin wirken analgetisch. Sie verstärken und verlängern eine opioidvermittelte Analgesie. Sie sind geeignet, den Opioidbedarf um 40% zu reduzieren (73). In der Sedoanalgesie des kritisch Kranken kann durch gleichzeitige Verabreichung von α_2-Agonisten und Opioiden Opioid eingespart, die Entwicklung einer Opioidtoleranz verzögert und die Entwöhnungsphase verkürzt werden (73). Der analgetische Effekt von Clonidin ist nicht durch Naloxon antagonisierbar, jedoch durch α_2-Antagonisten, z. B. durch Phentolamin (15). Wird Dexmedetomidin präoperativ verabreicht, so verringert sich der intra- und postoperative Opioidbedarf (110). Scheinin et al. konnten durch intramuskuläre Injektion von Dexmedetomidin in einer Dosis von 2,5 µg/kg KG eine Stunde vor nichtkardialen Eingriffen zeigen, dass der intraoperative Fentanylbedarf um 60% reduziert werden konnte (123). Clonidin unterdrückt dosisabhängig die Intensität des postoperativen Schmerzes: Dosen von 5 µg/kg KG sind sehr effektiv hinsichtlich Analgesie, führen jedoch häufig zu behandlungswürdigen Kreislaufeffekten. Die optimale postoperative Dosis wird mit 3 µg/kg KG angegeben, gefolgt von einer Dauerinfusion mit 0,3 µg/kg/h (104). Orale Dosen von 4 µg/kg KG bei Kindern 60–90 Minuten vor Einleitung einer Narkose zur Tonsillektomie sind äquianalgetisch wie 3 µg/kg KG Fentanyl intraoperativ, sind aber in 63% postoperativ anhaltend sedierend wirksam (versus 6% bei Fentanyl) (115). Beer et al. verglichen Midazolam 0,15 mg/kg KG, Morphin 0,3 mg/kg KG und Clonidin 1,5 µg/kg KG bei Gesichtsoperationen in Lokalanästhesie und kommen zu dem Schluss, dass Clonidin die beste Prämediaktion für diese Eingriffe ist, da es analgetisch, anxiolytisch, antiemetisch wirkt und zu stabilen Kreislaufparametern führt (125).

Kardiovaskuläre Wirkungen: Durch die Hemmung des zentralen Sympathikotonus und eine Vagusstimulation resultieren dosisabhängig eine Blutdrucksenkung und eine Reduktion der Herzfrequenz. Initial kann es durch Dexmedetomidin, eher aber durch Clonidin zu einer Stimulation von peripheren α_1-Rezeptoren mit Vasokonstriktion und Hypertension kommen. Anschließend tritt eine Vasodilatation mit Hypotonie auf. Bei bestehender Hypovolämie ist der blutdrucksenkende Effekt wesentlich stärker ausgeprägt (124). Falls der Blutdruckabfall kritisch ist, wird die Dosis des α_2-Agonisten reduziert oder pausiert, die symptomatische Therapie erfolgt an der Intensivsation mit Volumen, dann mit Noradrenalin (108), sonst mit Volumen und Ephedrin (104). Bei gesunden freiwilligen Versuchspersonen kommt es durch Dexmedetomidin zu einem Abfall von Blutdruck und Herzfrequenz sowie zu einer dosisabhängigen Reduktion der Freisetzung von endogenen Katecholaminen. Bei einem gesunden Freiwilligen kam es ca. 3 Stunden nach intramuskulär verabreichtem Dexmedetomidin zu einem symptomatischen Sinusarrest (111). Ein vasovagaler Kollaps und ein Sinusarrest kann sich trotz prophylaktischer Gabe von Glykopyrrolat ereignen (121). Bei 30% der Patienten, die intraoperativ Dexmedetomidin erhalten hatten, war auch noch 4 Stunden postoperativ der Blutdruck um 10–20% erniedrigt (123).
Präoperativ verabreichtes Dexmedetomidin reduziert das Herzzeitvolumen und den myokardiale Sauerstoffverbrauch. In hohen Dosen wird die Durchblutung – wie im Schock – zugunsten der vitalen Organe verschoben. α_2-Agonisten führen zu einer Protektion des Myokards vor Ischämie bei bekannter koronarer Herzkrankheit oder bei Patienten mit kardialen Risikofaktoren (117), indem sie die Herzfrequenz und den myokardialen Sauerstoffverbrauch senken, die Herzarbeit ökonomisieren und antiarrhythmisch wirken. Sie schützen vor einer präoperativen Hypokaliämie (113), die möglicherweise durch Stress ausgelöst wird (erhöhtes endogenes Adrenalin schleust extrazelluläres Kalium nach intrazellulär). Präoperativ verabreichtes orales Clonidin (150–300 µg) stabilisiert den Kreislauf insofern, dass es Tachykardien und hypertensive Reaktionen auf chirurgische und nichtchirurgische stressanaloge Stimuli verhindern kann, ohne signifikante Bradykardien zu verursachen (114, 117). Möglicherweise können durch Clonidintherapie und die daraus folgende Senkung des arteriellen Mitteldrucks perioperative Blutverluste reduziert werden (107).

Respiratorische Wirkungen: Dexmedetomidin reduziert die respiratorische Antwort auf einen erhöhten Kohlendioxid-Partialdruck im Blut, führt aber nicht zu einer signifikanten Atemdepression oder zu einer Verminderung der Sauerstoffsättigung (108). Auch bei Verabreichung von Bolusdosen bleibt eine atemdepressive Wirkung aus. Die atemdepressive Wirkung der Opioide wird nicht verstärkt (73). Dexmedetomidin führt zu einer Dilatation der glatten Muskulatur der Bronchien (108). Auch nach Extubation kann die Therapie mit Dexmedetomidin fortgeführt werden. Die Schutz- und Abwehrreflexe bleiben dabei erhalten (118).

Antiemetische Wirksamkeit: Clonidin wirkt antiemetisch und verstärkt den antiemetischen Effekt von Propofol (106, 114). Eine Dosis von 2 µg/kg KG ist effektiv (114). Ein hoher Sympathikotonus und eine erhöhte Katecholaminfreisetzung könnten Übelkeit und Erbrechen antriggern (114). Übelkeit und Erbrechen ist eine typische Nebenwirkung, wenn man niedrig dosiertes Adrenalin an wache Patienten verabreicht. Clonidin wirkt hemmend auf Motiliät und Sekretion des Gastrointestinaltrakts (108). Mundtrockenheit und Durst sind subjektiv störende Faktoren. Die Transitzeit der Ingesta wird durch die α_2-Agonisten verlängert, die Magenentleerung verzögert. Diese Effekte sind jedoch im Vergleich zu den Opioiden von marginaler Intensität (108).

Reduktion von Muskelzittern: Clonidin und Dexmedetomidin werden erfolgreich gegen postoperatives Muskelzittern eingesetzt; eine Hypothermie kann die Folge sein, wenn der thermische Schwellenwert reduziert wird, der zum Muskelzittern führt. Dexmedetomidin minimiert außerdem eine opioidinduzierte Muskelrigidität (121).

Neuroprotektion: Dexmedetomidin kann als neuroprotektiv bezeichnet werden, da es den cerebralen Blutfluss vermindert. Weitere Hinweise hinsichtlich Neuroprotektion wurden in Tierversuchen gewonnen (73).

Rebound-Phänomene: Nach plötzlichem Absetzen einer hochdosierten Therapie mit Clonidin kann es zu Rebound-Phänomenen der Kreislaufwirkung kommen (Hypertension + Tachykardie). Diese Phänomene sollen bei gleichzeitiger oder hochdosierter Betablockertherapie ausgeprägter (!) sein (15). Eine Clonidintherapie soll über 2–4 Tage ausgeschlichen werden, ein Betablocker soll einige Tage davor abgesetzt werden, wenn geplant ist, Clonidin zu beenden (15). Eine Rebound-Hypertonie kann mit Clonidin oder Phentolamin behandelt werden.

Ökonomie: Durch die einsparende Wirkung des Clonidin und Dexmedetomidin auf Opioide (40–60%), Sedativa (45–80%) und volatile Anästhetika (40–70%) entsteht ein beweisbarer, deutlicher ökonomischer Vorteil durch eine Therapie mit α_2-Agonisten (109).

Pharmakokinetik von Clonidin:
Eliminations-HWZ: 7–12 Stunden, Bioverfügbarkeit 80% (117)
Wirkungsbeginn: i.v. < 5 Minuten, p.o. 30–60 Minuten
maximale Wirkung: i.v. 30 Minuten (Hypotension), 90–120 Minuten (Sedierung), p.o. 2–4 Stunden
Wirkungsdauer: i.v. > 4 Stunden, p.o. 8 Stunden (15)

Tab. 22: Indikationen und Dosierung von Clonidin

Indikation	Dosis
anxiolytische Prämedikation p.o.	2–5 µg/kg KG, 90–120 min vor dem Eingriff (117)
anxiolytische Prämedikation i.v.	2 µg/kg KG + 9 ml NaCl 0,9% 15 min vor Eingriff
anxiolytische Prämedikation/Kinder p.o.	4 µg/kg KG, 120 min vor Eingriff (107)
Prävention sevofluraninduzierter Agitation bei Kindern i.v.	2 µg/kg KG + 5 ml NaCl 0,9% nach Einleitung (116)
postoperative Analgesie i.v.	3 µg/kg KG i.v., dann 0,3 µg/kg KG/h (104)
Emesisprophylaxe i.v.	2 µg/kg KG + 9 ml NaCl 0,9% bei Einleitung (114)
Supplementierung einer Allgemeinanästhesie i.v.	2–4 µg/kg KG über 5 min (15)
Entzugstherapie p.o.	0,1–0,3 mg 3–4x tgl., bis 1,2 mg (15, 103)
Entzugstherapie i.v. (ICU)	25–180 µg/h (132, s.u.)
hypertensive Krise i.v.	0,15–0,3 mg über 5 min (15)

Clonidinperfusor für Intensivstation: 1,5 mg Clonidin (10 ml = 10 A) + 38 ml NaCl 0,9% (1 ml = 31,25 µg Clonidin) Flussrate 0,8–4 ml/h – je nach Herzfrequenz, MAP und Sedierungsscore (Ramsey, Riker). Dosisreduktion im Alter. Ip Yam et al. (132) dosieren 60–120 µg/h , maximal auch 180 µg/h, das entspräche ca. 2–4 ml/h, maximal 5,7 ml/h. Die Dosis muss der Eliminationskinetik angepasst werden. Die wahrscheinlichste unerwünschte Wirkung ist eine arterielle Hypotension, sie ist geringfügig und leicht zu beherrschen, vor allem mit akkurater Intensivüberwachung (132).

Kontraindikationen der α_2-Agonisten:
Hypovolämie, Zentralisation, Hypotension
höhergradiger AV-Block
Sick-Sinus-Syndrom
Sinusbradykardie
hypersensitiver Carotissinus
Aortenstenose

Dexmedetomidin (Precedex®; Abbott Labs, Abbott Park IL)

Dexmedetomidin (Wirkungen: ab Seite 224) ist in Europa nicht zugelassen, die parenterale Zubereitung von Clonidin (Catapresan®) ist hingegen in den USA nicht approbiert (118). Die meisten klinischen Daten wurden im Zuge der postoperativen Intensivtherapie von Patienten nach aortokoronarem Bypass gewonnen. Dexmedetomidin wurde 1999 von der FDA für eine Anwendung unter 24 Stunden zur Sedierung erwachsener kritisch Kranker zugelassen (118).
Dexmedetomidin ist ein hochselektiver α_2-Agonist und das rechtsdrehende Isomer von Medetomidin, einem Narkosemittel, das schon lange in der Veterinärmedizin zur Beruhigung von Tieren verwendet wird. Dexmedetomidin hat eine herausragende Pharmakokinetik:
Seine Distributions-HWZ liegt um 6 Minuten, die Eliminations-HWZ bei 2–2,5 Stunden (108). Die Clearence beträgt 39 ± 10 Liter/Stunde. Die interindividuelle Variabilität ist gering, Alter und Geschlecht haben keinen Einfluss auf die Pharmakokinetik. Die Proteinbindung beträgt 94%, die Elimination erfolgt hepatisch als Glukuronid (108). Aus diesen Daten folgt, dass Dexmedetomidin für eine intravenöse Titration gut steuerbar ist.
Klinisch sind die Patienten am Respirator sehr ruhig, scheinen zu schlafen, sind aber leicht erweckbar und sehr kooperativ (108, 118). Die kognitiven Leistungen sind vom Pharmakon unbeeinträchtigt. Das Ausmaß an Amnesie, das mit Dexmedetomidin erreicht wird, bleibt unklar (118). Die wesentlichen unerwünschten Wirkungen sind Hypotension, Hypertension, Übelkeit und Bradykardie (112). Die Therapie mit Dexmedetomidin beginnt mit einer loading dose von 6 µg/kg/h. Wenn diese über 20 Minuten verabreicht wird, sind unerwünschte Kreislaufreaktionen selten (118). Dexmedetomidin ist nicht mit Toleranz assoziiert, beeinträchtigt die Funktion der Leukozyten nicht und hat nur eine minimale Supression der adrenalen Steroidgenese zur Folge.
Indikationen/Intensivmedizin: Sedierung kritisch Kranker, Respiratorentwöhnung, Entzugstherapie nach längerer Verabreichung von Benzodiazepinen und Opioiden auf Intensivstationen, Detoxifikation von Opioidabhängigen in Narkose, Alkohol- und Medikamentenentzug, Agitation bei nichtinvasiver Beatmung (CPAP, BIPAP, ASB über dicht sitzende Gesichtsmaske).
Dosierung: loading dose 6 µg/kg/h für 20 Minuten, dann 0,2–0,7 µg/kg/h nach Ramsey-Score (73, 122, 124).
Conscious Sedation: Wachkraniotomie (1 Fallbericht, 119), das Fehlen einer Atemdepression beim cortical mapping scheint ein wesentlicher Vorteil des Dexmedetomidin zu sein. Eine weitere sinnvolle Indikation könnte die Sedierung von rekonstruktiven Gefäßoperationen in Regionalanästhesie

sein (Carotis-TEA, femoropoplitealer Bypass etc.), da hier ein Kollektiv mit kardialen Risikofaktoren von einer Sympathikolyse und dem Schutz vor Myokardischämie profitieren könnte (120).

Mögliche sinnvolle Indikationen für α_2-Agonisten in der Zukunft:

Endoskopie: Für schmerzhafte oder langwierige endoskopische Verfahren (ERCP, operative Colonoskopie etc.) wäre eine Prämedikation mit Clonidin oder eine Sedoanalgesie mit Dexmedetomidin möglicherweise aus mehreren Gründen sinnvoll: a) analgetische Wirkung, b) Reduktion der gastrintestinalen Motilität und Sekretion, c) Sedierung bei erhaltener Kooperation, d) kardiale Stressreduktion (bei Endoskopien kommt es mit, aber auch ohne Sedierung zu Abfall der Sauerstoffsättigung, zu Blutdruckspitzen und tachykarden Phasen), e) Reduktion von Übelkeit und Brechreiz (stört Komfort und Untersuchung), f) keine Atemdepression wie bei den anderen Sedativa, g) Anxiolyse.

Ophthalmologische Operationen in Lokalanästhesie: Die meist hochbetagten Patienten haben häufig ein hohes kardiopulmonales Risikoprofil und disponieren zu paradoxen Reaktionen und zu Atemwegskomplikationen durch Sedativa. Dexmedetomidin reduziert den Augeninnendruck. Limitierend könnte die Existenz des okulovagalen Reflexes sein.

Gefäßchirurgie in Regionalanästhesie: Es findet sich ein Kollektiv mit hohem kardialem Risiko und (langzeitige) Operationen mit schlechtem Patientenkomfort. Bei Carotis-TEA wäre die neurologische Funktion durch Dexmedetomidin unbeeinträchtigt. Der reduzierte arterielle Mitteldruck könnte geringere operative Blutverluste zeitigen. Dieselbe Argumentation wäre auf **orthopädische Operationen in Regionalanästhesie** anwendbar. Limitierend für eine kontinuierliche Sedierung mit Dexmedetomidin könnte die Dauer der Operationen sein, für kurze Eingriffe ist möglicherweise eine einmalige intramuskuläre Injektion eher angemessen: z. B. bei **Bronchoskopie.** Unbeeinträchtigte Atemfunktion, Bronchodilatation, Analgesie und Anxiolyse sprechen für α_2-Agonisten.

Chloralhydrat

(in Österreich nicht mehr registriert.
Deutschland: Chloraldurat® Kapseln 250 mg, 500 mg
Chloraldurat® Rectiolen 600 mg, Hipnogal® Sirup
500 mg)

Charakteristik: **Altes Hypnotikum mit relativ geringer therapeutischer Breite, das aufgrund seiner langen Wirkdauer, guten Sedierungsqualität, minimalen respiratorischen Nebenwirkungen und Unabhängigkeit von einem Venenweg noch immer zur Sedierung von Kindern verwendet wird.**

Der halogenierte Kohlenwasserstoff Chloralhydrat findet seit 1832 als Schlafmittel Verwendung (142). Die Substanz schmeckt bitter und ist schleimhautreizend, daher wird sie u.a. in Gelatinekapseln zubereitet (126). Die Kapseln können mit Wasser, Fruchtsaft oder Milch eingenommen werden (127). Chloralhydrat ist praktisch eine prodrug, es wird in Minutenschnelle nach der Resorption in der Leber durch die Alkoholdehydrogenase zum eigentlich wirksamen Pharmakon Trichlorethanol* metabolisiert. Die Bioverfügbarkeit von Chloralhydrat beträgt bei oraler und rektaler Verabreichung 100%, nach oraler Gabe finden sich nach 30 Minuten maximale Plasmaspiegel. Der Angriffspunkt des Trichlorethanol ist der Cortex cerebri. Die Wirkung wird als „unspezifische Dämpfung des Zentralnervensystems" beschrieben (129). Es resultiert eine Verlängerung aller NREM-Schlafphasen, der REM-Schlaf bleibt unbeeinflusst (126). Chloralhydrat führt zu einer zufriedenstellenden Sedierungsqualität und einer geringen Rate an Atemwegsproblemen (130). Die Wahrscheinlichkeit von Atemwegsproblemen erhöht sich, wenn Chloralhydrat nachdosiert wird oder wenn es mit anderen Sedativa kombiniert wird. Die Sedierungstiefe ist interindividuell variabel, es kann sein, dass der Zeitpunkt einer maximalen Wirkung erst nach 1 Stunde erreicht wird, was eine straffe Abteilungsorganisation irritieren kann. Im Vordergrund der unerwünschten Wirkungen stehen gastrointestinale Probleme wie Unwohlsein, Übelkeit und Erbrechen (130). Seltener sind Kopfschmerzen, Fieber, paradoxe Erregung, Hypotonie, allergische Hautreaktionen, Hepato- und Nephrotoxizität. Wie durch alle halogenierten Kohlenwasserstoffe kann durch Chloralhydrat das Myokard gegenüber Katecholaminen sensibilisiert werden (vgl. volatile Anästhetika), bei Gabe von Sympathomimetika kann Kammerflimmern provoziert werden.

Bei reduzierter Leber- oder Nierenfunktion ist die Wirkdauer verlängert. Die Wirkdauer kann mehrere Stunden betragen, Residualeffekte sind bis 24 Stunden nach Verabreichung nachweisbar (142). Chloralhydrat hat keine analgetische Wirkung. Werden schmerzhafte Stimuli zugefügt, so kann es zu agitiertem und enthemmtem Verhalten kommen (142). Die Halbwertszeit von Trichlorethanol beträgt bei Neugeborenen 27,8 ± 21,3 Stunden, bei Kleinkindern 9,7 ± 1,7 Stunden (148). Am Ende einer Anwendung mag es erscheinen, als ob das Kind nicht mehr sediert ist, eine Resedierung kann sich jedoch ereignen, wenn kein Stimulus auf das Kind einwirkt. Es kam zu mehreren Todesfällen und schweren neurologischen Residuen nach alleiniger Anwendung von Chloralhydrat in Zahnarztpraxen und radiologischen

*Trichlorethanol ist auch ein Stoffwechselprodukt von Trichlorethylen („Tri"), eine Substanz, die gewerblich zur Kleiderreinigung und Metallentfettung verwendet wird. Trichlorethylen wird auch missbräuchlich zur Berauschung verwendet und kann zu psychischer Abhängigkeit führen (126).

Ordinationen, weil die Erholungszeiten zu kurz gehalten worden sind. C. Coté et al. (148) haben 13 Fälle analysiert. Durch die Monotonie beim Autofahren (Heimweg) und die anhaltende Wirkung des Sedativums kam es zur Resedierung und Atemwegsobstruktion.
Indikationen: Sedierung zur Durchführung bildgebender Verfahren (CT, MRI), EEG und anderer schmerzloser Eingriffe, v.a. bei Kindern unter 6 Jahren (142). Sind Schmerzen zu erwarten (z. B. Endoskopie), wäre die Kombination mit einem Analgetikum sinnvoll (z. B. Pethidin), in der Zahnheilkunde offeriert sich eine Lokal- oder Leitungsanästhesie. Chloralhydrat ist auch zur Akutbehandlung von epileptischen Anfällen jeder Genese zugelassen, bei Krämpfen durch Intoxikationen oder Infektionen des ZNS sowie bei Tetanus.

Dosis: 25–100 mg/kg KG oral oder rektal, Maximaldosen je nach Literatur 1 g (128) oder 2 g (130, 131)
Der Beginn der Wirkung ist lediglich vage festzulegen (15–30-60 min), die Dauer der Wirkung ebenfalls (1–2–8 Stunden), die Wirkdauer ist dosisabhängig.

Tab. 23: Dosierung von Chloralhydrat (nach Cowan, 131)

Säuglinge bis zur 6. Lebenswoche:	nichts oder 30–50 mg/kg KG
Säuglinge, 6 Wochen – 6 Monate:	50–80 mg/kg KG
6 Monate – 3 Jahre:	80–100 mg/kg KG

Einer der Vorteile von Chloralhydrat ist darin zu sehen, dass man das Sedierungsverfahren ohne Venenweg durchführen kann (17, 131).

Kontraindikationen:
siehe Seite 43, substanzspezifische Gegenanzeigen: kardiale Insuffizienz NYHA III oder IV, Leberinsuffizienz, Niereninsuffizienz.

Gamma-Hydroxybuttersäure GHB (Somsanit® Ampullen 2 g/10 ml)

Charakteristik: **physiologischer Neurotransmitter mit hoher therapeutischer Breite und neuroprotektiver Wirkung, ohne Organtoxizität und ohne Effekte auf Kreislauf und Atmung, jedoch schlecht steuerbar mit nicht voraussehbarem Wirkbeginn und -dauer.**

Gamma-Hydroxybuttersäure (GHB) ist ein inhibitorischer Neurotransmitter, der physiologisch vorhanden ist und der möglicherweise eine wesentliche Funktion bei der Schlafinduktion innehat. GHB wird über Betaoxidation abgebaut oder in den Zitratzyklus eingeschleust und letztlich zu 98% als CO_2 abgeatmet. Seine Wirkung erfolgt ähnlich wie GABA durch Chloridioneneinstrom und synaptischer Hemmung.
Gamma-Hydroxybuttersäure ist seit über 40 Jahren in klinischer Verwendung, dazu kontrastiert eine eher bescheidene Datenlage, vor allem an rezenter Literatur.
GHB hat eine hohe therapeutische Breite und ist im Allgemeinen gut verträglich, problematisch sind die schlechte Steuerbarkeit und der Natriumgehalt der Zubereitung.
Unter GHB bleibt der Kreislauf stabil, manchmal steigt zu Beginn der Zufuhr der Blutdruck sogar gering an. Herzfrequenz, MAP, Cardiac Index und Schlagvolumenindex (SVI) bleiben konstant, die myokardiale Sauerstoffbalance wird aufrecht erhalten (149). Gamma-Hydroxybutyrat wirkt nicht atemdepressiv, der Schluckreflex und die Mundbodenmuskulatur bleiben unbeeinträchtigt. Bisher wurden keine Fälle von Aspiration unter GHB publiziert (150). GHB senkt den Hirndruck (151) und reduziert Sauerstoff- und Glucoseverbrauch des Gehirns. Daher wurde die Substanz zur Langzeitsedierung beim Schädel-Hirn-Trauma an Intensivstationen verwendet (153). Ein breiterer Einsatz der Substanz bei kurz dauernden Eingriffen ist dadurch limitiert, dass Wirkbeginn und -dauer bei Sedierung individuell nicht vorhersehbar sind. Die Gabe der üblichen Initialdosis von 50 mg/kg KG i.v. führt im Kollektiv nach 2–40 Minuten (im Mittel 20) zur Schlafinduktion (150). Im Dosisbereich von 35–90 mg/kg KG ist eine hypnotische Wirkung durch GHB zu erwarten, ab 100 mg/kg KG ein narkotischer Effekt. Der schlafähnliche Zustand wurde auch als tranceartig beschrieben. Die Dauer der Wirkung ist dosisunabhängig und ebenfalls stark streuend (30–240 Minuten), die Eliminationshalbwertszeit beträgt bei einem Bolus von 60 mg/kg KG 30–40 Minuten. Der sedative Effekt der Substanz kann durch Physostigmin (Anticholium®) innerhalb von 6–10 Minuten antagonisiert werden. Gammahydroxybutyrat hat keine analgetischen Qualitäten und muss daher bei Eingriffen mit nozizeptiver Komponente mit Analgetika kombiniert werden.
Selten können durch GHB Myoklonien ausgelöst werden, die jedoch keiner weiteren Intervention bedürfen, das Medikament ist jedoch bei Vorhandensein einer Epilepsie kontraindiziert. Die Myoklonien sprechen auf geringe Barbituratdosen sehr effektiv an. Gamma-Hydroxybuttersäure reduziert den REM- und Non-REM-Schlaf und wird zur Therapie der Narkolepsie verwendet. GHB reduziert die Symptome des Alkoholentzugs (152). GHB

interferiert auch mit der Thermoregulation, im Säugetiergehirn werden die höchsten Konzentrationen des Metaboliten im Hypothalamus und in den Basalganglien gefunden.
Bei Nierenfunktionsstörungen kann es durch den hohen Natriumgehalt der Präparation zu Hypernatriämien kommen.
Laub et al. (150) haben GHB zur Sedierung für MR-Untersuchungen an 53 **Kindern** überprüft. Bei 47 Kindern war eine uneingeschränkte Beurteilbarkeit der Scans gegeben. Bei jedem 5. Kind trat durch GHB Erbrechen auf, was nach Prämedikation mit dem sedierenden Antihistaminikum Dimenhydrinat (Vertirosan®) in einer Dosis von 40 mg 60 Minuten vor Sedierung nicht mehr zu beobachten war. Die Autoren begannen mit einer Initialdosis von 50 mg/kg über 10–30 Minuten, in einzelnen Fällen wurde die Dosis auf 80 mg/kg KG erhöht. Bei längeren Wartezeiten wurde zur Aufrechterhaltung der Sedierung eine Erhaltungsdosis von 10 mg/kg/h zugeführt. Als Sedierungsziel wurde ein Zustand definiert, in dem die Kinder auf Ansprechen oder taktile Reize nicht mehr reagierten. Die pulsoxymetrisch gemessene Sauerstoffsättigung blieb immer über 96%.

Tab. 24: Dosierungsschema für eine Sedierung mit Gamma-Hydroxybuttersäure

	Initial über 20 min	**danach pro Stunde**
kg KG	**50 mg/kg**	**10–20 mg/kg/h**
50	12,5 ml	2,5–5 ml/h
60	15,0 ml	3–6 ml/h
70	17,5 ml	3,5–7 ml/h
80	20,0 ml	4,0–8 ml/h
90	22,5 ml	4,5–9 ml/h
100	25,0 ml	5,0–10 ml/h

In der **Intensivmedizin** beträgt die initiale Dosis 25 mg/kg KG über 10 Minuten und wird von einer kontinuierlichen Zufuhr von 10–20 mg/kg/h gefolgt. Alternativ zur kontinuierlichen Verabreichung können wiederholte Bolusdosen von 15–25 mg/kg KG verabfolgt werden (153). Zu bedenken ist der Natriumload von 250 mmol/Tag bei einer Flussrate von 15 mg/kg/h.
Serumnatrium muss bei kontinuierlicher Zufuhr von GHB engmaschig kontrolliert werden. Die Natriumbelastung zwingt manchmal dazu, das Medikament abzusetzen (153).
Indikationen für GHB: Conscious Sedation, Deep Sedation – erhaltene Spontanatmung (Gefäßchirurgie, geburtshilfliche Anästhesie, Neurochirur-

gie, Schnellschnittdiagnostik, Neurochirurgie, Schlaftherapie, Intensivtherapie, invasive Diagnostik, Sedierung zur Regionalanästhesie). Zur Anästhesie in der Kardiochirurgie, Sedoanalgesie des beatmeten Intensivpatienten, Narkolepsie, Alkoholentzug.
Kontraindikationen: Hypernatriämie, Epilepsie, Niereninsuffizienz, metabolische Alkalose, Alkoholintoxikation*, Hypertonie.

Die Produktion der oralen Präparation wurde in der Zwischenzeit eingestellt. Die Zubereitung hat sehr anziehend nach Kirschlikör gerochen. Die Bioverfügbarkeit von oralem GHB beträgt 26,8%. Das bedeutet in praxi, dass die Substanz auf oralem Wege 3–4x höher dosiert werden müsste, um adäquate Plasmakonzentrationen zu erreichen. Laut Auskunft des Herstellers (Dr. Franz Köhler Chemie GMBH) kann die Ampullenlösung von GHB auch oral zugeführt werden.
Aus einer sehr rezenten Arbeit geht hervor, dass GHB auch als Club- und Partydroge missbraucht wird (49).

Literatur

1 Hughes MA, Glass PS, Jacobs JR. Context-sensitive half time in multicompartment pharmacokinetic models for intravenous anaesthetic drugs. *Anesthesiology* 1992; 76: 334-41
2 Niemann C, Gropper MA. Pharmacology of Conscious Sedation. In: Wiener-Kronish JP, Gropper MA. *Conscious Sedation.* 2001; Hanley & Belfus
3 Bailey P, Pace N, Ashburn M et al. Frequent hypoxemia and apnea after sedation with midazolam and fentanyl. *Anesthesiology* 1990; 73: 826.
4 Whitwam JG, Ma D. Pharmacology. In: Whitwam JG, McCloy RF. *Principles and practice of sedation.* 1998; Blackwell Science Oxford
5 Ristikankare M, Julkunen R, Laitinen T et al. Effect of Conscious Sedation on cardiac autonomic regulation during colonoscopy. *Scand J Gastroenterol* 2000; 35: 990–6
6 O'Boyle CA. Benzodiazepine-induced amnesia and anesthetic practice: a review. *Psychopharmacol Ser* 1988; 6: 146–65
7 Veselis RA, Reinsel RA, Feshchenko VA. Drug induced amnesia is a separate phenomenon from sedation. *Anesthesiology* 2001; 95: 896–907
8 Weinbroum AA, Szould O, Ogorek D et al. The midazolam-induced paradox phenomenon is reversible by flumazenil. Epidemiology, patient characteristic and review of the literature. *Eur J Anaesthesiol* 2001; 18: 789–97
9 Ryan SM. Conscious Sedation for endoscopy. In: Wiener-Kronish JP, Gropper MA. *Conscious Sedation.* 2001; Hanley & Belfus
10 Fulton SA, Mullen KD. Completion of upper endoscopic procedures despite paradoxical reaction to midazolam: A role for flumazenil? *Am J Gastroenterol* 2000; 95: 809–811

*Verstärkung der Alkoholwirkung um das 2–3fache!

11 Bell GD, Spickett GP, Reeve PA et al. Intravenous midazolam for upper gastrointestinal endoscopy: A study of 800 consecutive cases relating dose to age and sex of patient. *Br J Clin Pharmacol* 1987; 23: 241–243

12 Wright SW, Chudnofsky CR, Dronen SC et al. Midazolam-use in the emergency department. *Am J Emerg Med* 1990; 8: 97–100

13 Coté CJ, Cohen IT, Suresh S et al. A comparison of three doses of a commercially prepared oral midazolam syrup in children. *Anesth Analg* 2002; 94: 37–43

14 McCann MA, Kain Z. The management of preoperative anxiety in children: an update. *Anesth Analg* 2001; 93: 98–105

15 Omuigui S. *Sota Omuigui´s Anesthesia drugs handbook.* 3rd ed. 1999; Blackwell Science

16 Park GR. Pharmacology of sedation and analgesia in ICU: new drugs. In: Sedation and analgesia in ICU: indications and new drugs. 11th European Congress of Anaesthesiology, 2001, June 5th-9th, Firenze, Italia

17 Infosino A. Sedation of pediatric patients. In: Wiener-Kronish JP, Gropper MA. *Conscious Sedation.* 2001; Hanley & Belfus

18 Marshall J, Rodarte A, Blumer J et al. Pediatric pharmacodynamics of midazolam oral syrup. Pediatric Pharmacology Research Network. *J Clin Pharmacol* 2000; 40: 578–89

19 Kain ZN, Mayes LC, Wang SM. Postoperative behavioural Outcomes in children. *Anesthesiology* 1999; 90: 758–65

20 Lammers CR, Rosner JL, Crockett DE et al. Oral midazolam with an antacid may increase the speed of onset of sedation in children prior to general anesthesia. *Paediatr Anaesth* 2002; 12: 26–8

21 Daniel GD, Potkin SG, Reeves KR et al. Intramuscular ziprasidone 20 mg is effective in reducing acute agitation associated with psychosis: a doubleblind randomized trial. *Psychopharmacology* 2001; 155: 128–34

22 Savel RH. Sedation in the intensive care unit. In: Wiener-Kronish JP, Gropper MA. *Conscious Sedation.* 2001; Hanley & Belfus

23 Weixler D. *Notfallmedikamente.* 2000; Facultas Wien

24 Miller RA. Urology. In: Whitwam JG, McCloy RF. *Principles and practice of sedation.* 1998; Blackwell Science Oxford

25 Lin LH. Sedation in the outpatient setting. In: Wiener-Kronish JP, Gropper MA. *Conscious Sedation.* 2001; Hanley & Belfus

26 Sundmann E, Witt H, Sandin R. Pharyngeal function and respiratory protection during subhypnotic concentrations of propofol, isoflurane and sevoflurane. *Anesthesiology* 2001; 95: 1125–32

27 Rex DK, Overley C, Kinser K. Safety of propofol administered by registered nurses with gastroenterologist supervision in 2000 endoscopic cases. *Am J Gastroenterol* 2002; 97: 1159–63

28 Whitwam JG, McCloy RF. Techniques for Conscious Sedation. In: Whitwam JG, McCloy RF. *Principles and practice of sedation.* 1998; Blackwell Science Oxford

29 AstraZeneca. *Fachinformation Diprivan®*. Wien. September 2000

30 Young CC, Prielipp RC. Benzodiazepines in the intensive care unit. *Crit Care Clin* 2001; 17: 843–862

31 Mendelson WB. Neuropharmacology of sleep induction by benzodiazepines. *Crit Rev Neurobiol* 1992; 6: 221–232

32 Cock HR, Shapira AH. A comparison of lorazepam and diazepam as initial therapy in convulsive status epilepticus. *QJM* 2002; 95: 225–31

33 Alldredge BK, Gelb AM, Isaacs SM et al. A comparison of lorazepam, diazepam and placebo for the treatment of out-of-the-hospital status epilepticus. *N Engl J Med* 2001; 345: 631–7

34 Mackenzie SJ, Kapadia F, Grant IS. Propofol infusion for control of status epilepticus. *Anesthesia* 1990; 45: 531–7

35 Guise PA. Asystole following propofol and fentanyl in an anxious patient. *Anaesth Intensive Care* 1991; 19: 116–118

36 Sarton E, Teppema LJ, Olievier C et al. The involvement of the μ-opioid receptor in ketamin-induced respiratory depression and antinociception. *Anaesth Analg* 2001; 93: 1495–1500

37 Pfenninger EG, Durieux ME, Himmelseher S. Cognitive impairment after small doses ketamine isomers in comparison to equianalgesic racemic ketamine in human volunteers. *Anesthesiology* 2002; 96: 357–66

38 Gebhardt B. Pharmakologie und Klinik der periduralen und intrathekalen Anwendung von Ketamin. *Anästhesist* 1994; 43 (Suppl): 34-40

39 Gehling M, Tryba M. New aspects of ketamine in postoperative pain management (review article). *Acute Pain* 1998; 1(5): 22–34

40 Lehmann KA, Klaschik M. Klinische Untersuchung über die preemptive Analgesie durch niedrig dosiertes Ketamin. Eine prospektive randomisierte Doppelblindstudie im Vergleich zu Plazebo. *Der Schmerz* 2001; 15(4): 248–53

41 Auden SM, Sobczyk WL, Solinger RE. Oral ketamine/midazolam is superior to intramuscular meperidine, promethazine and chlorpromazine for pediatric cardiac catheterisation. *Anaesth Analg* 2000; 90: 299–305

42 Parke-Davis. Ketanest S 25 mg/ml. *Fachinformation* 2000.

43 Krauss B, Green S. Sedation and analgesia for procedures in children (review article). *N Engl J Med* 2000; 342: 938–46

44 Lambe S. Procedural sedation in the emergency department. In: Wiener-Kronish JP, Gropper MA. *Conscious Sedation.* 2001; Hanley & Belfus

45 Hickey PR, Hansen DD, Cramolini GM et al. Pulmonary and systemic hemodynamic responses to ketamine in infants with normal and elevated pulmonary vascular resistance. *Anesthesiology* 1985; 62: 287–93

46 Tanaka M, Masayoshi S, Saito A et al. Reevaluation of rectal ketamine premedication in children. *Anesthesiology* 2000; 93: 1217–1224

47 Sekerci C, Donmez A, Ates Y et al. Oral ketamine in children (placebo controlled double blind study). *Eur J Anesthesiol* 1996; 13: 606–11

48 Pal HR, Berry N, Kumar R et al. Ketamine dependence. *Anaesth Intensive Care* 2002; 30: 382–4

49 Smith KM, Larive LL, Romanelli F. Club drugs: methylenedioxymetamphetamine, flunitrazepam, ketamine hydrochloride, and gamma-hydroxybutyrat. *Am J Health Syst Pharm* 2002; 59: 1067–76

50 Ostermann ME, Keenan SP, Seiferling RA et al. Sedation in the intensive care unit. A systematic review. *JAMA* 2000; 283: 1451–1456

51 Adams HA, Claussen E, Gebhart B et al. The use of ketamine and midazolam for analgesia and sedation in ventilated patients subject to obligatory treatment with catecholamines (abstract). *Anästhesist* 1991; 40: 238–244

52 Kolenda H, Gremmelt A, Rading S et al. Ketamine for analgosedative therapy in intensive care treatment in head-injured patients (abstract). *Acta Neurochir* (Wien) 1996; 138: 1193–1199

53 White PF, Ham J, Way WL et al. Pharmacology of ketamine isomers in surgical patients. *Anesthesiology* 1980; 52: 231–239
54 Zielmann S, Kazmaier S, Schnüll S et al. S-+-Ketamin und Kreislauf. *Anästhesist* 1997 (Suppl 1); 46: 43–46
55 Mortero RF, Clark LD, Tolan MM. The effects of small-dose ketamine on propofol sedation: respiration, posteroperative mood, perception, cognition and pain. *Anesth Analg* 2001; 92: 1465–1469
56 Persson J, Scheinin H, Hellström G et al. Ketamine antagonizes alfentanil-induced hypo-ventilation in healthy male volunteers. *Acta Anaesthesiol Scand* 1999; 43: 744-52
57 Krystal JH, Karper LP, Seibyl JP et al. Subanesthetic effects of the non-competitive NMDA antagonist, ketamine, in humans: psychotomimetic, perceptual, cognitive, and neuroendocrine responses. *Arch Gen Psychiatry* 1994; 51: 199–214
58 Badrinath S, Avramov M, Shadrick M et al. The use of a ketamine-propofol combination during monitored anesthesia care. *Anesth Analg* 2000; 90: 858–62
59 Demling RH, Ellerbee S, Jarrett F: Ketamine anesthesia for tangential excision of burn eschar: A burn unit procedure. *J Trauma* 1978; 69: 501–503
60 Benkert O, Hippius H. *Kompendium der psychiatrischen Pharmakotherapie.* 2. Aufl. 2000; Springer
61 Fachinformation Haldol®, Janssen-Cilag, Wien 1997
62 O´Keeffe ST, Chonchubhair AN. Postoperative delirium in the elderly. *Br J Anesthesia* 1994; 73: 673–687
63 Nix WA. Was ist gesichert in der Schmerztherapie? Haben Neuroleptika eine analgetische Potenz? Eine Metaanalyse. *Der Schmerz* 1998; 12: 30–38
64 Nix WA, Zenz M. Leserbriefantwort. *Der Schmerz* 1998; 12: 238–239
65 Beaver. In: Twycross R. *Pain relief in advanced cancer.* 1994, p. 403; Churchill Livingstone
66 Simpson GM, Varga E, Lee HJ et al. Tardive dyskinesia in psychotropic drug history. *Psychopharmacology* 1978; 58: 117–124
67 American Heart Association in collaboration with the International Committee on Resuscitation (ILCOR). Guidelines 2000 for cardiopulmonary resuscitation and emergency cardiovascular care. An international consensus on science. *Circulation* 2000; 102 (Suppl. I): I-86–I-89
68 Fachinformation Dehydrobenzperidol® 5 mg-Ampullen. Janssen-Cilag Wien 1997
69 Cure S, Carpenter S. Droperidol for acute psychosis (Cochrane Review). In: *The Cochrane Library*, issue 3, 2001; Oxford: Update software
70 Bell GD. Premedication, preparation and surveillance. *Endoscopy* 2002; 34: 2–12
71 Kjellberg F, Tramer MR. Pharmacological control of opioid-induced pruritus: a quantitative systematic review of randomised trials. *Eur J Anaesthesiol* 2001; 18: 346–57
72 Pajonk FG. Der aggressive Patient im Rettungsdienst und seine Herausforderungen. *Notfall- und Rettungsmagazin* 2001; 4: 206–216
73 Freye E. *Opioide in der Medizin.* 5. überarbeitete und erweiterte Aufl. 2002; Springer
74 Zenz M, Jurna I. *Lehrbuch der Schmerztherapie.* 2. Aufl. 2001; Wissenschaftliche Verlagsges.mbH Stuttgart
75 Loeser JD (ed.) *Bonica´s management of pain.* 3rd ed. 2001; Lippincott Williams & Wilkins
76 Bulgakow M. *Arztgeschichten.* 1972; Sammlung Luchterhand
77 Yuan CS, Foss JF, Osinski J et al. Methylnaltrexone for reversal of constipation due to chronic methadone use: a randomized controled trial. *JAMA* 2000; 283: 367–72

78 Aubrun F, Monsel S, Langeron O et al. Postoperative titration of intravenous morphine in the elderly patient. *Anesthesiology* 2002; 96: 17–23
79 Klaschik E. Schmerztherapie und Symptomkontrolle in der Palliativmedizin. In: Husebø S, Klaschik E. *Palliativmedizin.* 1998; Springer
80 Lehmann KA. Neue Möglichkeiten zur Behandlung akuter Schmerzen. *Arzneimittelforschung/Drug Res* 1984; 34: 1108–1114
81 Suttmann H, Doennicke A. Interim report on dose-establishment with alfentanil. Janssen-Pharmaceutika, Beerse, Belgium 1983
82 Kost M. Specific patient populations, chapter 7. In: Kost M. *Manual of Conscious Sedation.* 1998; WB Saunders Company
83 Glass PSA, Gan TJ, Howell S. A review of the pharmacokinetics and pharmacodynamics of remifentanil. *Anesth Analg* 1999; 89: 7–14
84 Wilhelm W, Dorscheid E, Schlaich N et al. Remifentanil in critically ill patients. Clinical findings and early experience. *Anästhesist* 1999; 48: 625–9
85 Marrocco-Trischitta MM, Bandiera G, Camilli S et al. Remifentanil Conscious Sedation during regional anaesthesia for carotid endarterectomy: rationale and safety. *Eur J Vasc Endovasc Surg* 2001; 22(5): 405–9
86 Boezaart AP, Berry RA, Nell ML et al. A comparison of propofol and remifentanil for sedation and limitation of movement during periretrobulbar block. *J Clin Anaesth* 2001; 13(6): 422–6
87 Holas A, Krafft P, Marcovic M et al. Remifentanil, propofol or both for Conscious Sedation during eye surgery under regional anesthesia. *Eur J Anaesthesiol* 1999; 16(11): 741–8
88 Servin FS, Raeder JC, Merle JC et al. Remifentanil sedation compared with propofol during regional anesthesia. *Acta Anaesthesiol Scand* 2002; 46(3): 309–15
89 Joo HS, Perks WJ, Kataoka MT et al. A comparison of patient-controlled sedation using either remifentanil or remifentanil-propofol for shock wave lithotripsy. *Anaesth Analg* 2001; 93: 1227–32
90 Berkenstadt H, Perel A, Hadani M et al. Monitored anesthesia care using remifentanil and propofol for awake craniotomy. *J Neurosurg Anesthesiol* 2001; 13: 246–9
91 Ganzberg S, Pape RA, Beck FM. Remifentanil for use during Conscious Sedation in outpatient oral surgery. *J Oral Maxillofac Surg* 2002; 60: 244-50
92 Puchner W, Egger P, Puhringer F et al. Evaluation of remifentanil as single drug for awake fiberoptic intubation. *Acta Anesthesiol Scand* 2002; 46: 350–4
93 Volmanen P, Akural EI, Raudaskoski T et al. Remifentanil in obstetric analgesia: a dose finding study. *Anesth Analg* 2002; 94: 771–3
94 Litman RS. Conscious Sedation with remifentanil during painful medical procedures. *J Pain Syndrome* 2000; 19: 468–71
95 Donmez A, Kizilkan A, Berksun H et al. One center´s experience with remifentanil infusions for pediatric cardiac catheterization. *J Cardiothorac Vasc Anesth* 2001; 15: 736–9
96 Bailey Pl, Streisand JB, East KA et al. Differences in magnitude and duration of opioid induced respiratory depression and analgesia with fentanyl and sufentanil. *Anesth Analg* 1990; 70: 8–15
97 Neidhart G, Bremerich DH, Kesler P. Bronchoskopische Intubation in Remifentanyl-Propofol-Sedierung *Anästhesist* 2001; 50: 242–7
98 Kost M. *Manual of Conscious Sedation.* 1999; WB Saunders Company
99 Liu LL. Conscious Sedation in the elderly. In: Wiener-Kronish JP, Gropper MA. *Conscious Sedation.* 2001; Hanley & Belfus

100 McCloy RF. Gastroenterology. In: Whitwam JG, McCloy RF. *Principles and practice of Conscious Sedation.* 1998; Blackwell Science Oxford

101 Laluna L, Allen ML, DiMarino Jr RJ. The comparison of midazolam and topical lidocaine spray versus the combination of midazolam, meperidine and topical lidocaine spray to sedate patients for upper endoscopy. *Gastrointest Endosc* 2001; 53: 289–93

102 Aho M, Schenin M, Lehtinen AM et al. Intramuscular administered dexmedetomidine attenuates hemodynamic and stress hormone responses to gynecologic laparoscopy. *Anesth Analg* 1992; 75: 932–9

103 Gowing L, Farrell M, Ali R et al. Alpha2 adrenergic agonists for the management of opioid withdrawal (Cochrane Review). In: *The Cochrane Library,* issue 3, 2001; Oxford: Update Software

104 Marinangeli F, Ciccozzi A, Donatelli F et al. Clonidine for treatment of postoperative pain: a dose finding study. *Eur J Pain* 2002; 6(1): 35–42

105 Frank T, Wehner M, Heinke W et al. Clonidine vs. Midazolam for premedication – comparison of the anxiolytic effect by using the STAI-test (abstract). *AINS* 2002; 37(2): 89–93

106 Handa F, Fujii Y. The efficacy of oral clonidine premedication in the prevention of postoperative vomiting in children following strabismus surgery. *Paediatr Anaesth* 2001; 11(1): 71–4

107 Fazi L, Jantzen E, Rose JB et al. A comparison of oral clonidine and oral midazolam as preanesthetic medications in the pediatric tonsillectomy patient. *Anesth Analg* 2001; 92: 56–61

108 Maze M, Scarfini C, Cavaliere F. New agents for sedation in the intensive care unit. *Crit Care Clin* 2001; 17(4): 881–897

109 Imai Y, Mammoto T, Murakami K et al. The effects of preanesthetic oral clonidine on total requirement of propofol for general anesthesia. *J Clin Anaesth* 1998; 10(8): 660–5

110 Aantaa R, Jaakola ML, Kallio A et al. A comparison of dexmedetomidine, an alpha2–adrenoceptor agonist and midazolam as i.m. premedication for minor gynecological surgery. *Br J Anaesth* 1991; 67: 402–9

111 Scheinin H, Aantaa R, Anttila M et al. Reversal of the sedative and sympatholytic effects of dexmedetomidine with a specific alpha2-adrenoceptor antagonist atipamezole: A pharmacodynamic and -kinetic study in healthy volunteers. *Anesthesiology* 1998; 89: 574-84

112 Bhana N, Goa KL, McClellan KJ. Dexmedetomidine. *Drugs* 2000; 59: 263–8

113 Hahm TS, Cho HS, Lee KH. Clonidine premedication prevents postoperative hypokalemia. *J Clin Anesth* 2002; 14(1): 6–9

114 Oddby-Muhrbeck E, Eksborg S, Henrik T et al. Effects of clonidine on postoperative nausea and vomiting in breast cancer surgery. *Anesthesiology* 2002; 96: 1109–14

115 Reimer EJ, Dunn GS, Montgomery CJ et al. The effectiveness of clonidine as an analgesic in pediatric adenotonsillectomy. *Can J Anaesth* 1998; 45(12): 1162–7

116 Kulka PJ, Bressem M, Tryba M. Clonidine prevents sevofluran-induced agitation in children. *Anesth Analg* 2001; 93: 335–8

117 Nishina K, Mikawa K, Uesugi T et al. Efficacy of clonidine for prevention of perioperative myocardial ischemia. A critical appraisal and Meta-analysis of the literature. *Anesthesiology* 2002; 96: 323–9

118 Coursin DB, Coursin DB, Maccioli GA. Dexmedetomidine. *Curr Opin Crit Care* 2001; 7: 221–6

119 Bekker AY, Kaufmann B, Samir H et al. The use of dexmedetomidine infusion for awake craniotomy. *Anaesth Analg* 2001; 92: 1251–53
120 Talke P, Chen R, Thomas B et al. Effects of perioperative dexmedetomidine infusion after vascular surgery. *Anaesth Analg* 2000; 90: 834-9
121 Weinbroum AA, Ben-Abraham R. Dextromethorphan and Dexmedetomidine: new agents for the control of perioperative pain. *Eur J Surg* 2001; 167: 563–9
122 Venn RM, Bradshaw CJ, Spencer R et al. Preliminary UK experience of dexmedetomidine, a novel agent for postoperative sedation in the intensive care unit. *Anesthesia* 1999; 54: 1136–42
123 Scheinin H, Jaakola ML, Sjovall S et al. Intramuscular dexmedetomidine as premedication for general anesthesia. A comparative multicenter study. *Anesthesiology* 1993; 165–75
124 Angelini G, Ketzler JT, Coursin DB. Use of propofol and other nonbenzodiazepin sedatives in the intensive care unit. *Crit Care Clin* 2001; 17: 863–80
125 Beer GM, Spicher I, Seifert B et al. Oral premedication for operations in the face under local anesthesia: a placebo-controlled double-blind trial. *Plast Reconstr Surg* 2001; 108(3): 637–43
126 Forth W, Henschler D, Rummel W et al. *Allgemeine und spezielle Pharmakologie und Toxikologie.* 8. Aufl. 2001, Urban & Fischer
127 Cavallaro R: Chloral Hydrate, electroneurodiagnostic technologies and pediatric patients. *Am J EEG Technol* 1993; 33: 129–34
128 Sacchetti A, Schafermeyer R, Gerardi M et al. Pediatric analgesia and sedation. *Ann Emerg Med* 1994; 23: 237–250
129 Dübbers A, Boos J. *Fakten zur Sedierung von Kindern.* 1997; W. Zuckerschwerdt
130 Lord WD. Paediatrics. In: Whitwam JG, McCloy RF. *Principles and practice of sedation.* 1998; Blackwell Science Oxford
131 Cowan FM. Sedation for magnetic resonance scanning of infants and young children. In: Whitwam JG. McCloy RF. *Principles and practice of sedation.* 1998; Blackwell Science Oxford
132 Ip Yam PC, Forbes A, Kox WJ. Clonidine in the treatment of alcohol withdrawal in the intensive care unit. *Br J Anesth* 1992; 68: 106–8
133 Brandner B, Blagrove M, McCallum G et al. Dreams, images and emotions associated with propofol anesthesia. *Anesthesia* 1997; 52: 750–5
134 Hanks GW, de Conno F, Cherny N et al. Morphine and alternative opioids in cancer pain: the EAPC recommendations. *Br J Cancer* 2001; 84(5): 587–93
135 Dasta JF. ICU sedative pharmacology update: a review of commonly used and emerging agents. *Crit Care Med* 2002; 30 (suppl): 103–110
136 Yost CS. Reversal of Conscious Sedation. In: Wiener-Kronish JP, Gropper MA. *Conscious Sedation.* 2001; Hanley & Belfus
137 Tsui SL, Irwin MG, Wong CM et al. An audit of the safety of an acute pain service. *Anesthesia* 1997; 52: 1042–7
138 Bray RJ. Propofol infusion syndrome in children. *Paediatr Anaesth* 1998; 8: 491–9
139 Cremer OL, Moons KGM, Boumann EAC et al. Long-term propofol infusion and cardiac failure in adult head-injured patients (research letter). *Lancet* 2001; 357: 117–8
140 Wehrmann T, Kokabpick S, Lembcke P et al. Efficacy and safety of intravenous propofol sedation during routine ERCP: a prospective controlled study. *Gastrointest Endosc* 1999; 49: 677–83
141 Miller RR, JickH. Clinical effects of meperidine in hospitalized medical patients. *Journal of Clinical Pharmacology* 1978; 18: 180–9

142 McCarty EC, Mencio GA, Gree NE. Anesthesia and analgesia for the ambulatory management of fractures in children. *J Am Acad Orthop Surg* 1997; 7: 81–91
143 Green SM, Johnson NE. Ketamin sedation for pediatric procedures, part 2: review and complications. *Ann Emerg Med* 1990; 19: 1033–46
144 Serbest Y, Schäfer M. Spasmogenität von Opioiden (Antwort auf einen Leserbrief). *Der Anästhesist* 2002; 51: 682–3
145 Pary R, Lewis S, Matuschka PR, Lippmann S. Attention-deficit/Hyperactivity Disorder: an update. *South Med J* 2002; 95(7): 743–8
146 Mingus ML, Monk TG, Gold MI et al. Remifentanil versus Propofol as adjuncts to regional anesthesia. *J Clin Anaesth* 1998; 10: 46–53
147 Vlymen JM, Sá Rego MM, White PF et al. Benzodiazepine premedication. Can it improve Outcome in patients undergoing breast biopsy procedures? *Anesthesiology* 1999: 90: 740–7
148 Coté CJ, Karl HW, Nottermann DA. Adverse sedation events in pediatrics: Analysis of medications used for sedation. *Pediatrics* 2000; Vol 106(4) October: 633–44
149 Kleinschmidt S, Grundmann U, Knocke T et al. Total intravenous anesthesia with gammahydroxybutyrate (GHB) and sufentanil in patients undergoing coronary artery bypass craft surgery: a comparison in patients with unimpaired and impaired left ventricular function. *Eur J Anesth* 1998; 15: 559–64
150 Laub A, Theurer G, Bodensohn M, Bürger U. Sedierung von Kindern mit γ-Hydroxybuttersäure für MRT-Untersuchungen. *Pädiatr Prax* 1997/98; 53: 68792
151 Mamelak U. Gammahydroxybutyrat: An endogenous regulator of energy metabolism. *Ner Sci Behav Rev* 1989; 13: 187–98
152 Gallimberti L, Canton G, Gentile M et al. Gamma-Hydroxybutyric acid for treatment of alcohol withdrawal syndrome. *Lancet* 1989: 787–89
153 Hermeyer G. Gammhydroxybuttersäure als Basis-Sedativum zur Behandlung des Alkoholentzugs- und Durchgangssyndroms in der Intensivmedizin. Medizin im Blickpunkt 1992; Innovations-Verlags-Ges.m.b.H.
154 Szokol JW, Vender JS. Anxiety, delirium, and pain in the intensive car unit. *Crit Care Clin* 2001; 17: 821–43
155 Sosnowski M, Yaksh TL. Differential cross-tolerance between intrathecal morphine and sufentanil in the rat. *Anesthesiology* 1990; 73: 1141

Sicherheit und Komfort (Outcome)

D. Weixler

Treat the patient,
not the monitor!
AMERICAN HEART ASSOCIATION

Sicherheit und Komfort sind die beiden „Säulen der Anästhesie" (Simini, 84). Die Inhalte dieser Begriffe sind methodologisch erfassbar und messbar und sind *die* wesentlichen Kriterien bzw. Zielpunkte qualitätsorientierter Medizin.

In den Arbeiten der evidenced based medicine werden darunter die sog. Outcome-Kriterien subsumiert. *Outcome* könnte als „Resultat der Behandlung, Endpunkt oder schädliche Folge" definiert werden (30). Eine Begriffsbestimmung, die weiter gefasst ist, lautet „Änderung im Gesundheitszustand eines Patienten, die einer vorhergehenden Gesundheitsbehandlung zugeordnet werden kann" (31). Objektivierbare Outcome-Parameter für Sicherheit sind z. B. Mortalität, Morbidität (Infektionsrate, Frequenz von Komplikationen etc.) und Kosten, wobei in erster Linie Langzeitergebnisse relevant sind. Subjektive Qualitätskriterien haben zwar nachgeordnete Priorität, stehen jedoch in engstem Bezug zu Motiven ärztlichen moralisch-ethischen Handelns bzw. haben einen indirekten Einfluss auf die Gesundheitsökonomie.

Unter den subjektiven Outcome-Kriterien steht die Patientenzufriedenheit an vorderster Stelle (1). Die Erlebnisse, Wahrnehmungen und Erfahrungen eines Patienten im Kontext einer medizinischen Intervention sind maßgeblich, seine Bedürfnisse und Ziele sind ein entscheidender Faktor gerichteten medizinischen Handelns. Mit der Zufriedenheit des Patienten sind im Kontext der perioperativen Medizin weitere subjektive Befindlichkeiten verschränkt: subjektives Wohlbefinden, Freisein von Angst, Schmerz, Übelkeit und andere Faktoren, welche die Erlebnisqualität negativ beeinträchtigen. Patientenzufriedenheit ist zwar eine wesentliche Zielgröße, diesem Faktor ist aber die Problematik adhärent, schwer quantifizierbar zu sein. Einer der Hauptgründe dafür dürfte sein, dass in einem Setting erwarteten Risikos nach Risikowegfall eine Erleichterung erlebt wird, die ein „falsch-gute" Beurteilung der Verhältnisse zur Folge hätte (30). Der Gesundheitsanbieter steht also unter dem Risiko eines ungerechtfertigten Wohlwollens.

Dass Sicherheit die grundsätzliche Priorität vor Komfort hat, erscheint plausibel, die Grundlagen dazu sind rechtlich-ethischer Natur: Der Schutz des Lebens und der physischen Integrität haben in unserer Kultur einen höheren Stellenwert als der Schutz der Autonomie (Selbstbestimmungsrecht). Dieser Umstand ist jedoch relativ und bietet immer wieder Anlass zu Entscheidungs- oder Rechtskonflikten (z. B. Blutprodukte/Zeugen Jehovas, „Fall Olivia" etc.). Der *sedationist** übernimmt einen Behandlungsauftrag und kann davon ausgehen, dass es der mutmaßliche Wille des Patienten ist, für die (weiterreichende) Sicherheit von Leben und physischer Integrität Sorge zu tragen als für (augenblickliche und vorübergehende) Einbußen des Komforts. In speziellen Situationen (z. B. Notfallmedizin) ist es statthaft, auch gegen den geäußerten Willen eines Menschen zu handeln, wenn es augenscheinlich ist, dass der Betroffene nicht die Einsicht in die Tragweite einer Entscheidung gewinnen kann und sein Gesamtzustand eine realitätsbezogene Einschätzung nicht erwarten lässt.

Sicherheit

Wenn man davon ausgeht, dass die Ursache anästhesiebedingter Todesfälle in 45% mit einer inadäquaten Vorbereitung und Risikoeinschätzung verbunden und in 27% mit einem inadäquaten Verfahren verknüpft ist (2), kann gar nicht genug betont werden, dass die **präprozedurale Visite** (Präanästhesievisite) den **Hauptbeitrag zur Risikoreduktion** stellt. Das Wahrnehmen von Besonderheiten, die eine Verfahrensänderung begründen, und ein maßgeschneidertes perioperatives Konzept sind die Fundamente der Patientensicherheit (siehe Kapitel: „Patientenauswahl und -vorbereitung", Seite 43). Die Institution und die Verantwortlichen haben dafür Sorge zu tragen, dass die geeigneten Bedingungen existieren und eine zeitgerechte Untersuchung der Patienten durch kompetentes Fachpersonal gewährleistet ist. Ökonomischer Druck (Personalmangel, zeitliche Kollision des Fachpersonals, Beschränkung von Ressourcen wie Monitore oder zeitgemäße Medikamente etc.) reduzieren die Patientensicherheit und erhöhen in der Folge die Gesamtkosten. Eine Kostenreduktion im Gesundheitsbereich kann in erster Linie über die Indikationsstellung erfolgen und nicht über die Beschneidung der Durchführung. Es kann angenommen werden, dass wenigstens 30–50% aller Eingriffe, Untersuchungen und Operationen überflüssig sind. Es existieren mannigfaltige Gründe, warum sie durchgeführt werden, die nicht im eigentlichen Interesse des Patienten liegen (finanzielle Interessen der Institution oder des Ausführenden, Ausbildungszwecke, wissenschaftliche Studien, Aktionismus, fehlgeleitete Patientenwünsche etc.). Es ist phantastisch, dass

*Begriff der angloamerikanischen Literatur für „medizinisches Fachpersonal, das Vitalfunktionen überwacht und sedoanalgetisch wirksame Pharmaka verabreicht".

heute auch bei der zwanzigsten diagnostischen Laparoskopie oder Arthroskopie bei ein und demselben Individuum Indikation und Finanzierung gefunden werden, während für adäquates Monitoring oder Nachbetreuung keine Ressourcen zur Verfügung stehen. Hoher Kostendruck macht einen Verzicht auf ein standardisiertes Monitoring nicht entschuldbar und wird bei Vernachlässigung der Patientensicherheit in der medikolegalen Auseinandersetzung nicht akzeptiert (25). Jeder Arzt ist verpflichtet, eine mangelhafte Strukturqualität seinem Kostenträger zur Kenntnis zu bringen (25). Die inadäquate Nachbetreuung nach anästhesiologischen Verfahren ist für fast ein Drittel aller anästhesiebedingten Todesfälle verantwortlich (2). Es kann als unverantwortlich und grob fahrlässig angesehen werden, wenn in operativ tätigen Institutionen keine postanästhesiologische Überwachungseinheit betrieben wird (PACU, Aufwachraum).

Tab. 1: Hauptursachen für anästhesiebedingte Todesfälle (2)

1.	inadäquate Vorbereitung (45%)	
2.	inadäquate Nachbetreuung (32%)	
3.	**inadäquates Verfahren (27%)**	
4.	Überdosierung (27%)	
Risikomerkmale waren:		ältere Patienten
		männliches Geschlecht
		abdominelle + orthopädische Operationen

Die Überdosierung von Medikamenten ist der vierte Faktor in der Kausalität anästhesiebedingter Todesfälle (2). Der Ausführende ist verpflichtet, sich die Kenntnisse der Pharmakologie erworben zu haben, ehe er mit potenten Substanzen hantiert (siehe Kapitel „Pharmakologische Voraussetzungen“).
Kawashima et al. haben 793.840 Anästhesieverfahren ausgewertet, die 1999 in Japan durchgeführt wurden (4). Die Ursachen der häufigsten kritischen Ereignisse waren: massive Blutung durch chirurgische Intervention (20,8%), präoperativer hämorrhagischer Schock (10,7%), chirurgische Technik (8%), ungeeignetes Atemwegsmanagement (5,2%), intraoperativer Myokardinfarkt und Koronarischämie (4,5%), Medikamentenüberdosierung oder -verwechslung (3,9%). In der Schlussfolgerung ihrer Analyse betonen die Autoren die Notwendigkeit, die präanästhesiologische Vorbereitung, die Einschätzung des kardiovaskulären Risikos sowie das intraoperative Management kardiovaskulärer Ereignisse zu verbessern. Das perioperative kardiovaskuläre Risiko ist von der Natur, Dauer und Invasivität des Eingriffs abhängig. Prozeduren, die typischerweise in Sedoanalgesie durchgeführt

werden wie Endoskopien, Eingriffe an der Oberfläche, Kataraktoperationen oder Brustchirurgie haben ein niedriges kardiovaskuläres Risiko von unter 1% (29). Eine Ausnahme bilden Gefäßeingriffe (auch an peripheren Gefäßen!), Notfalleingriffe (vor allem bei Älteren), die mit einer Wahrscheinlichkeit von über 5% mit Herztod oder Myokardinfarkt verknüpft sind (29).

Überwachung – technisches Monitoring

Seit 1974 analysiert die ASA (American Society of Anesthesiologists) gemeinsam mit den großen Versicherungen der USA die Klagebegehren, die wegen Verfahrensfehlern im Anästhesiebereich eingebracht worden sind und zu Verurteilungen geführt haben (Closed Claims Project, 3). In den Jahren von 1974-1988 kam es zu 1175 ausjudizierten Verfahren wegen anästhesiologischer Kunstfehler. Die wichtigste Erkenntnisse lauten:

31,5% aller Komplikationen, die zu Verurteilungen geführt haben, hätten durch adäquates Monitoring vermieden werden können (3).

Der Schweregrad der Komplikationen (schwerste Komplikation: Todesfall) ist unabhängig vom Anästhesieverfahren. Diese Erkenntnis legt dringlich nahe, dass auch bei „kleinen Eingriffen" und bei Regionalanästhesieverfahren entsprechende Überwachungssysteme zur Anwendung kommen.

Die sinnvollsten technischen Mittel, um Komplikationen zu vermeiden, sind Pulsoxymetrie und Kapnometrie: Werden sie gemeinsam eingesetzt, so können sie 93% aller vermeidbaren Anästhesiekomplikationen verhindern (3).

Zur Zeit kann angenommen werden, dass die überwiegende Zahl der Ärzte, die zu kleinen Eingriffen (Endoskopie, Zahnheilkunde etc.) sedierende Medikamente verabreichen, keine Pulsoxymetrie durchführen und meist in Personalunion sedieren und „überwachen", während sie operieren oder untersuchen. Dieses Vorgehen ist nach den vorliegenden Erkenntnissen grob fahrlässig. Da geringe Komplikationen nicht beobachtet werden *können*, sind die Betroffenen geneigt, *keine Komplikationen* anzunehmen. Die Folgen einer passageren Hypoxämie oder einer signifikanten Blutdruckabweichung nehmen sie naturgemäß nicht mehr wahr, perioperative Todesfälle werden besonders bei Menschen im höheren Lebensalter als schicksalshaft interpretiert. Ein Zusammenhang mit einem invasiven Verfahren wird verdrängt bzw. steht außerhalb der Perzeption.

Die Pulsoxymetrie ist die Minimalversion einer technischen Überwachung (10, 12), ihre Anwendung ist in allen Fällen verpflichtend, wenn sedierende Pharmaka intravenös verabreicht werden.

Werden Anästhetika, Sedativa oder Regionalanästhesie zur Anwendung gebracht, so muss außer dem Operateur ununterbrochen qualifiziertes Personal zur Überwachung der Vitalfunktionen des Patienten im selben Raum anwesend sein (5, 11, 12, 13).

Das bedeutet, dass es als Sicherheitsmangel anzusehen ist, wenn eine Person die Untersuchung bzw. den Eingriff durchführt und *gleichzeitig* die Vitalfunktionen eines Patienten überwacht. Die zugrunde liegenden Erkenntnisse der Sinnesphysiologie (Unvereinbarkeit zwei Aufgaben, die Konzentration erfordern, zum selben Zeitpunkt erfüllen zu wollen) sollten jedem verantwortungsvoll handelnden Arzt bewusst sein*. Jeder Arzt, der es in Kauf nimmt, Überwachungsaufgaben „synchron" zu übernehmen, oder der diese an Personal delegiert, das nicht qualifiziert ist, handelt fahrlässig und hat die Konsequenzen einer Komplikation zu verantworten. Die objektive Grundlage für diesen Standard der ASA ist die Eigenschaft potenter Pharmaka, rasch und individuell nicht sicher vorhersehbar eine bedrohliche Änderung der Vitalfunktionen herbeiführen zu können (5). Die häufigsten Komplikationen durch Analgosedierung sind Überdosierung von Sedativa, Atemdepression, hämodynamische Instabilität und kardiale Arrhythmien (17).
Pulsoxymetrie: Die Pulsoxymetrie ist eine einfache, verlässliche und billige Methode, um eine Sauerstoffentsättigung zu erfassen. Die Anzahl verschiedener kommerzieller Artikel und Elektroden ist Legion. Am gebräuchlichsten sind Finger-Pulsoxymeter. Sie zeigen mit einer Latenz von ca. 10–15 Sekunden kontinuierlich die aktuelle Sauerstoffsättigung des Kapillarblutes an (spektrophotometrisch oder optisch-plethysmographisch). Hypoxämie kann bei einem Wert von $S_aO_2 < 90\%$ angenommen werden (entspricht in etwa einem p_aO_2 von 60 mmHg).

Faustregel:	p_aO_2 (mmHg)	40	50	60
	S_aO_2 (%)	70	80	90

Artefakte der Pulsoxymetrie entstehen häufig durch Bewegung oder bei kühlem bzw. minder durchblutetem Kapillarbett. Nagellack oder anderen Verfärbungen (Henna etc.) können die Fingerpulsoxymetrie stören oder unmöglich machen. Da bei einem S_aO_2 von 94% die p_aO_2 nur 80 mmHg beträgt, ist 94% der Wert, der als Alarmwert eingestellt werden soll, um eine

*Aus demselben Grund ist auch das Fernsehen während des Lenkens eines KFZ verboten.

Entsättigung rechtzeitig anzuzeigen (23). Die Puloxymetrie ist keine geeignete Methode, um die Ventilation zu überwachen (5).

Kapnometrie: In den Erkenntnissen und Empfehlungen des internationalen Liaisonkomitees für Reanimation (ILCOR) aus dem Jahr 2000 wurde die Bedeutung der endtidalen CO_2-Messung aufgewertet, da sie die sicherste Methode ist, um eine suffiziente und ununterbrochene *Ventilation* anzuzeigen (6). Sie ist das Mittel, das mit höchster Spezifität und Sensitivität eine regelrechte tracheale Tubuslage anzeigt und eine Diskonnektion eines Beatmungssystems frühzeitig anzeigt. Kapnometrie/-graphie unter Spontanatmung trägt im deutschen Sprachraum noch den Nimbus eines „exotischen Luxus" oder einer „akademischen Spielerei". Der OxyArm™ (Southmedic, Barrie, Canada) ist ein Bügel, der wie ein Headset getragen wird, Sauerstoff an den Patienten heranführt und der an ein Kapnometriemodul angeschlossen werden kann. Ob das $etCO_2$ der Kapnometrie unter Spontanatmung mit dem $paCO_2$ korreliert, ist nicht bekannt. Die wesentliche Information, die über die Kapnographie gewonnen werden kann, ist die Atemfrequenz bzw. eine Information über Atempausen. Diese Informationen sind dann von praktischer Relevanz, wenn Opioide verabreicht, wenn Opioide mit Sedativa kombiniert oder wenn hohe kumulative Dosen von Sedativa verabreicht werden. Die aktuellen Richtlinien für Sedierung und Analgesie der ASA empfehlen dringlich die Kapnographie, wenn bei dem angewandten Sedierungsverfahren Zustände tiefer Sedierung (*deep sedation*) zu erwarten sind oder angestrebt werden (5). Tiefe Sedierung ist durch den partiellen Verlust des kommunikativen Kontakts zum Patienten gekennzeichnet (Patient reagiert nicht mehr zweckmäßig auf Aufforderung). Die ASA vertritt die Ansicht, dass eine Kapnographie das Risiko bei tiefer Sedierung vermindert (5).

Möglicherweise korrelieren die Werte von $etCO_2$ und $paCO_2$, dann wäre ein Trend im CO_2-Verlauf verwertbar. Ein anderes Produkt ist einem nasopharyngealen Airway nicht unähnlich (Conell™ Airway, Tyco Healthcare, Malinckrodt). Es wird nach vorhergehender topischer Anästhesie in ein Nasenostium eingeführt und gestattet Sauerstoffzufuhr und die Messung des $etCO_2$. Es ist für die Überwachung der Sedierung bei Bronchoskopie nützlich, allerdings können Blut und abgehustetes Sekret eine kontinuierliche Messung behindern.

Eine mögliche Alternative zur Überwachung der Ventilation bietet die **transkutane Messung des Kohlendioxidpartialdrucks**, die über erwärmte Fingerelektroden das $PtCO_2$ erfasst, das bei kardialer Stabilität annähernd dem p_aCO_2 von arteriellem Blut entspricht. Der Vorteil der Methode liegt in der Kontinuität der Messung und in der Nichtinvasivität. Dieses Monitoring ist mit zunehmender Hautdicke und Alter und bei verminderter Hautperfusion (Schock etc.) weniger verlässlich. Die größte Bedeutung der transkutanen

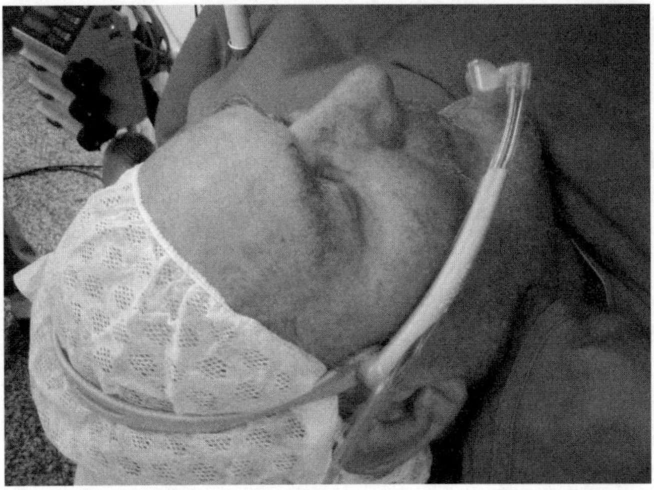

Abb. 1: Kapnographie (Oxyarm™)

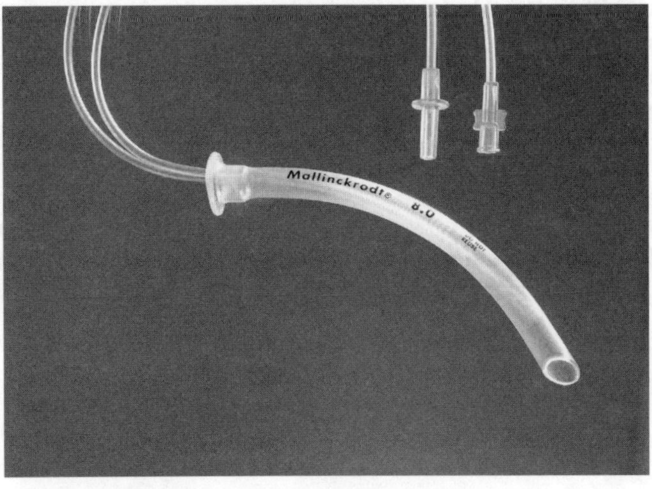

Abb. 2: Conell™ Airway (Foto: Tyco Healthcare)

Kapnometrie liegt im nichtinvasiven Blutgasmonitoring von Neonaten und Kleinkindern, insbesondere als Apnoemonitoring und Trendanalyse (9). Nelson et al. konnten an einer signifikanten Anzahl von Patienten nachweisen, dass die transkutane CO_2-Messung eine exzessive Hyperkarbie (definiert als ein $pCO_2 > 40$ mmHg über dem Ausgangswert) verhindern kann (21). Sie haben bewiesen, dass diese Episoden einer Ventilationsstörung nicht verlässlich durch klinische Beobachtung oder Pulsoxymetrie erkannt werden können. Die Nachteile des $PtCO_2$-Monitorings sind die hohen Kosten (ca. € 1000,–) und die Fragilität des Sensors. Das Gerät muss täglich kalibriert werden, die Vorwärmphase ist zeitintensiv (76).

Nichtinvasive Blutdruckmessung (NIBP): Eine automatische oszillometrische oder manuelle Messung nach Riva Rocci ist im 5-Minuten-Intervall empfohlen (7). Die Manschettengröße muss der Oberarmzirkumferenz entsprechen. Artefakte entstehen durch Bewegungen, Berührungen, Zittern etc. und können zur Fehlinterpretation der Daten führen.

Elektrokardiogramm (EKG): Eine 3–5-polige kontinuierliches EKG-Registrierung dient der Überwachung der Herzfrequenz, der Detektion von Herzrhythmusstörungen und der Überwachung einer etwaigen Schrittmacherfunktion. Manche Betriebssysteme haben Programme zur Analyse der ST-Strecke bzw. der Herzfrequenzvariabilität, aus denen Rückschlüsse auf eine myokardiale Ischämie bzw. den aktuellen vegetativen Tonus getroffen werden können. Artefakte des EKG entstehen durch Diskonnektion von Elektroden, Körperbewegungen oder Diathermiegeräte. Über die EKG-Elektroden ist mit entsprechendem Modul auch eine Messung der Atemfrequenz möglich (Änderungen der Thorax-Impedanz). Sie ist sehr störanfällig (häufig Fehlalarme), d.h. die Spezifität der Methode ist gering, sie eignet sich am ehesten unter tiefer Sedoanalgesie (Intensivstation). Das EKG-Monitoring hat im Rahmen der Conscious Sedation nachgeordnete Priorität gegenüber der Pulsoxymetrie (10).

Tab. 2: Technisches Monitoring für Conscious Sedation – geordnet nach Priorität

1.	**Pulsoxymetrie**
2.	nichtinvasiver Blutdruck
3.	EKG
4.	Kapnometrie
5.	Körpertemperatur

Körpertemperatur: Die kontinuierliche Überwachung der Körpertemperatur soll dann durchgeführt werden, wenn klinisch signifikante Veränderungen der Körpertemperatur beabsichtigt, vorhersehbar oder anzunehmen sind (5). Vor allem bei längeren Eingriffen ist es empfohlen, den Temperaturverlauf zu messen (12). Kältezittern führt zu einer Steigerung des Sauerstoffbedarfs bis zu 400%. Durch Erhalten der Normothermie können perioperative kardiale Komplikationen verhindert werden (8). Hypothermie beeinträchtigt die Infektabwehr und die Blutgerinnung. Letztlich ist beim sedierten Patienten eine Abweichung der Körpertemperatur eine massive Komfortstörung, die resultierenden physiologischen Phänomene (Kältezittern, Bewegungen etc.) führen zur Unruhe des Patienten und können in der Folge die chirurgische Leistung beeinträchtigen. Opioide dämpfen die physiologischen Mechanismen, welche die Konstanz der Körpertemperatur aufrechterhalten. Durch geeignete Wärmesysteme (Bairhugger®, Gaymar®) kann einer Unterkühlung eines z.T. entkleideten Patienten zum größten Teil vorgebeugt werden.

Praktischer Umgang mit dem technischen Monitoring

Der Satz „*treat the patient, not the monitor*" (6) formuliert eindrücklich die Wertigkeit des Monitorings: es handelt sich um Hilfsmittel zur besseren Einschätzung von physischen Zuständen. Der hierarchisch wertvollste Monitor ist der aufmerksame, sensible, geschulte Beobachter. Im Vordergrund der klinischen Vigilanz stehen Bewusstseinszustand/Sedierungstiefe, Angst, Schmerz, Physiologie der Atmung, Hautfarbe, Hauttemperatur und -feuchtigkeit und die Pulsqualitäten. Für viele und dabei bedeutsame Erscheinungen des menschlichen Organismus haben wir jedoch kein Sensorium, das fein genug ist, um der Bedeutung einer kritischen physiologischen Veränderung gerecht zu werden. Die Entwicklung einer signifikanten Hypoxämie nehmen wir wahr, aber mit zu großer Latenz (23). Daher ist die Pulsoxymetrie ein unverzichtbares Hilfsmittel. Technische Geräte sind störanfällig, ein Fehlalarm kann die Aufmerksamkeit eines Überwachers binden. Schließlich fühlt sich ein Patient als „völlig verkabelter Mensch" einfach nicht mehr wohl. An Intensivstationen ist zu beobachten, dass Patienten regungslos verharren, nur um keinen Alarm auszulösen. Akustische Alarmsignale sind Stressfaktoren für alle Menschen, die den Signalen exponiert sind. Die Lautstärke der Alarme wird üblicherweise so gewählt, dass sie 30 dB über dem akustischen Grundpegel der Umgebung liegt.

Aus dem Gesagten soll folgen, dass **jede technische Überwachung individualisiert sein soll** (10). Es ist sinnvoll Basisdaten (baseline) festzuhalten, ehe mit der Zufuhr von Sedoanalgetika oder dem Eingriff begonnen wird. Die Alarme sind zu individualisieren. Ein Bradykardiealarm bei 50 bei einem 25-jährigen Sportler ist Unfug. Es ist möglich, dass, ehe der Eingriff beginnt, Werte gemessen werden, die ein Sedierungsverfahren ausschließen (z. B. SO_2 < 94% unter Raumluft). Dann empfiehlt sich dringend, konsequent zu sein und das Verfahren abzusagen oder zu ändern. Eine Blutdrucküberwachung hat vor allem am Anfang einer Prozedur Bedeutung. Die Intervalle der Messungen sind ebenfalls zu individualisieren. Mitunter stört die intermittierende Blutdruckmessung, ist schmerzhaft, irritierend, schlafstörend oder führt zu plötzlichem Aufschrecken des Patienten. Nach D. Nolan ist eine intermittierende automatische Blutdruckmessung am besten zu vermeiden (12). Blutdruckanstieg ist eine unspezifische Stressreaktion des Organismus, häufig sind damit Schmerzen oder Angst verbunden. Herzrhythmusstörungen finden sich im Gefolge von Schmerzen, Hypoxie, Hyperkapnie, Hypovolämie oder bei Elektrolytstörungen. Bei Kindern ist die Verwendung eines präkordial fixierten Stethoskops zur Überwachung von Herz und Atmung empfohlen (10). Unter manchen Bedingungen (Röntgen, MRI) ist der Sichtkontakt zum Patienten nicht direkt möglich. Videokameras und Gegensprechanlagen können das Sicherheitsdefizit reduzieren. Das technische Monitoring muss so positioniert werden, dass eine Dateninterpretation zu jeder Zeit möglich ist. Die Überwachung des Patienten hat lückenlos zu sein, bis die Ausgangswerte (baseline) erreicht worden sind, d.h. auch während des Patiententransports in eine Überwachungseinheit muss sie gewährleistet sein. Die Überwachungseinheit (PACU) muss die gleiche technische Ausrüstung aufweisen wie der Ort des Eingriffs (10).

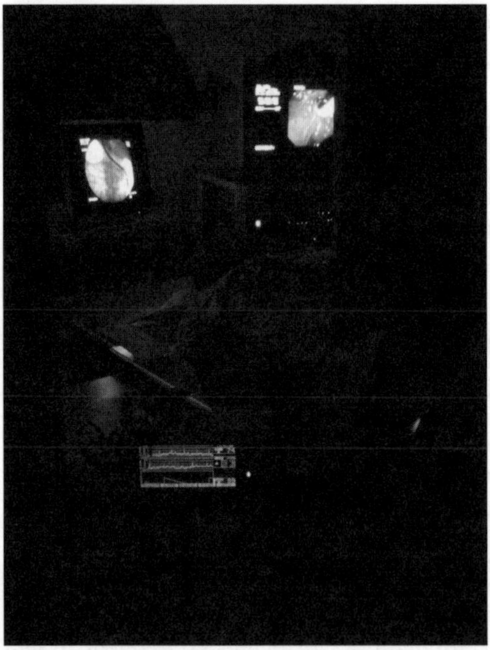

Abb. 3: Im Dunkel der Endoskopieeinheit

Technik, Material und Medikamente

Eine Örtlichkeit, in der potente sedierende oder analgetische Pharmaka intravenös verabreicht werden, bedarf einer gewissen Mindestausstattung und eines Mindestraumvolumens (16). Die notwendigen Einrichtungen, das Zusatzmaterial und eine Liste an notwendigen Medikamenten findet sich zusammengestellt in Tabelle 3.
Ehe man mit einer Prozedur beginnt, muss sichergestellt sein, dass die erforderlichen Gerätschaften vorhanden und funktionsbereit sind. Werden auf Bettenstationen Patienten Sedativa oder Analgetika intravenös verabreicht, ist ein entsprechendes minimales Überwachungsprotokoll zu fordern. Andernfalls muss auf die Gabe potenter Medikamente zu Gunsten der Patientensicherheit verzichtet werden. Die Literatur zur apparativen Ausstattung von Anästhesiearbeitsplätzen ist durch Leitlinien reglementiert (24).
Sauerstoff: Eine zweite, unabhängige Sauerstoffquelle soll neben den vorhandenen Wandanschlüssen einer zentralen Sauerstoffversorgung greifbar sein (11). Sauerstoff soll bei allen elektiven Eingriffen und Behandlungen im Schockraum in einer Flussrate von 4 l über eine Nasenbrille oder Gesichtsmaske ohne Reservoirbeutel verabreicht werden. Einer Empfehlung des Royal College of Surgeons gemäß soll *jeder* Patient, der sich einer Endoskopie unterzieht, Sauerstoff erhalten (14). Die Rationale dieser Empfehlung ist mit dem Umstand begründet, dass 20–75% der sedierten Patienten einen Sättigungsabfall auf Werte unter 90% erleiden (22). Auch im Notarztmittel ist es sinnvoll, mit der Sauerstoffbehandlung großzügig zu verfahren. Die Sauerstoffsättigung des Patienten soll jederzeit über 94% betragen (12). Wird 100% Sauerstoff über eine dicht sitzende Gesichtsmaske mit Reservoirbeutel 90 Sekunden lang von einem 70 kg schweren Erwachsenen eingeatmet, so kann eine Apnoe 4-6 Minuten dauern, ehe die Sauerstoffsättigung zu fallen beginnt (12). Während einer Apnoe steigt der pCO_2 um 3–6 mmHg pro Minute (12). Unter Hypoventilation kann die Sauerstoffsättigung im Normbereich bleiben und das pCO_2 kontinuierlich ansteigen, ab einem pCO_2 von 70–100 mmHg tritt eine Kohlendioxidnarkose ein.
Beatmungsgerät: Das Beatmungsgerät muss eine positive Druckbeatmung leisten können.
Sauger: Ein kräftiger und leistungsfähiger Vakuumsauger mit einem Reservoir von mindestens 2 Litern muss vorhanden sein, die Saugkatheter müssen in verschiedenen Größen gelagert werden, um alle Tubusgrößen passieren zu können.
Defibrillator: Werden Patienten mit geringem (Hypertonie) oder hohem (Herzinsuffizienz) Risiko nach den Regeln der *Conscious Sedation* sediert, so

muss ein Defibrillator *im Raum* sein. Der Defibrillator muss auch jederzeit verfügbar sein, wenn Patienten in tiefe Sedierungszustände (*Deep Sedation*) geführt werden, unabhängig vom Zustand des Patienten (d.h. auch ASA 1). Die Erfordernisse an einen Defibrillator sind: Energieabgabe in biphasischer Form, Wahlmöglichkeit einer Abgabe synchronisierter oder nichtsynchronisierter Entladungen. Um die Thoraximpedanz zu vermindern, sind Elektrodengel oder aufklebbare Defibrillations-Pads bereitzuhalten.

Venenweg: Ein sicherer, kontinuierlicher Venenzugang ist während jeder Prozedur Grundbedingung (Ausnahmen: z. B. Kindersedierung!). Wo immer Kinder unter 8 Jahre behandelt werden, ist es ratsam 2 Intraossärnadeln bereitzustellen, da in Notfällen die Anlage eines Venenweges auch für den Erfahrensten unmöglich sein kann. Das Vorhandensein eines Venenweges erhöht die Sicherheit des Patienten (5).

„OP-Tisch“: Die Position des Patienten muss jederzeit eine Seitenlagerung mit Kopfüberstreckung ermöglichen (12).

Blutdruckmanschetten: Auswechselbare Blutdruckmanschetten in verschiedenen Größen sind erforderlich. Werden Manschetten mit zu geringer Breite verwendet, wird ein „falsch-hoher“ Blutdruck gemessen, mit zu großen Manschetten ein „falsch-niedriger“.

Airways, Gesichtsmasken: Materialien zur Atemwegssicherung und dicht sitzende Gesichtsmasken müssen für alle Größen und Lebensalter vorhanden sein. Durchsichtige Gesichtsmasken haben den Vorteil, dass man sehen kann, wenn eine Regurgitation erfolgt. Endotrachealtuben sollen mindestens in 2facher Stückzahl pro Größe (2,5–9,0) bereit sein. Für Kinder unter 8 Jahren bzw. unter Tubusgröße 6.0 sollen in gleicher Stückzahl Endotrachealtuben mit und ohne Cuffmanschette im Raum gelagert werden. Neben Endotrachealtuben empfehlen sich dringend Larynxmasken in allen Standardgrößen, oropharyngeale Airways (Güdel, COPA) und nasopharyngeale Tuben (Wendel).

Ambubeutel: Die Beatmungsbeutel müssen regelmäßig auf Dichtigkeit geprüft werden. Für Erwachsene sind Beutel mit einem Volumen von 2300 ml ratsam, für Kinder unter 30 kg Beutel mit 500, 1000 und 1500 ml. Die Bevorratung eines mobilen Reservebeutels ist empfohlen.

Laryngoskope: S. Lehrbücher der Anästhesie. Es ist Vorsorge zu treffen, dass für alle Lebensalter Geräte geeigneter Größen und wenigstens 2 Spatelformen (Miller 1, 2, 3 und Macintosh 2 und 3) pro Größe vorhanden sind. Batteriebetriebene Kaltlichtendoskope sind zeitgemäß, aus Sicherheitsgründen ist ein zweiter Griff bereitzuhalten.

Führungsdrähte: Es sind Führungsdrähte zur Intubation zu bevorzugen, die mit Kunststoff beschichtet sind und deren Spitzen gerundet sind, um Verletzungen von Trachea und Larynx zu vermeiden.

Tab. 3: Checkliste für Technik, Material und Medikamente

Technik	**Material**	**Medikamente**/Anzahl
2 Sauerstoffquellen	Sauerstoffmasken u. -brillen	Rocuronium (Esmeron®) 2
Vakuumsauger	Stethoskop	Succinylcholin (Lysthenon®) 2
Beatmungsgerät	Endotrachealtuben	Naloxon (Narcanti®) 5
Defibrillator	Güdeltuben	Flumazenil (Anexate®) 2
Monitor	Wendeltuben	Adrenalin (Suprarenin®)*
Pulsoxymetrie	Larynxmasken Gr. 0–6	Etilefrin (Effortil®) 2
NIPB	Blutdruckmanschetten	Esmolol (Brevibloc®) 2
Kapnometrie	Venenverweilnadeln 16–22G	Metoprolol (Beloc®) 2
EKG	Intraossärnadeln	Amiodaron (Sedacoron®) 2
Temperatursonde	Ambubeutel	Atropin 6
	sterile Tupfer/Alkohol	Clonidin (Catapressan®) 2
	Lösung z. Hautdesinfektion	Verapamil (Isoptin®) 2
	Einmalspritzen 2, 5, 10, 20 ml	Terbutalin (Bricanyl®) 3
	Injektionsnadeln/div.	Dexamethason 4 mg 5
	Laryngoskope + Spateln	Theophyllin (Respicur®) 2
	Magill-Zangen (Ki, Erw)	Urapidil (Ebrantil®) 2
	Führungsdrähte	Diazepam (Valium®)
	Absaugkatheter Ch 8, 14, 16, 18	Glucose 33% 1
	Lidocain-Gel	Calziumgluconat 1
	PEHA-Haft®	Diphenhydramin 2
	Magensonden Ch 16, 18	Ringerlaktat 500 ml, 1000 ml
	Handschuhe (Latex)	HAES 250 ml (Voluven®) 2
		Ranitidin (Zantac®) 2
		Dexamethason 40 mg 2
		Terbutalin-DA (Bricanyl-DA®)
		Nitroglycerin-Spray (Nitrolingual®)
		Ephedrin 2
		Lidocain 2% 5

Personal

Während der Durchführung einer Sedierung/Analgesie zu elektiven Eingriffen muss eine ausreichend große Anzahl qualifizierten Personals während der gesamten Prozedur anwesend sein (5). Der Endoskopiker G. Bell und der Chirurg R. McCloy aus Großbritannien beziffern die Anzahl der Personen,

*1:1000-Lösung 1 ml (Suprarenin®) 10x, 1:10000-Lösung 20 ml (L-Adrenalin-Fresenius® – spritzfertig) 2x.

die außer dem Untersucher ausschließlich mit Sedierungs- und Überwachungsaufgaben betraut sein sollen, mit zwei (13). Auch die ASA bekräftigt, dass die Person, die sediert und überwacht, zu keinen zusätzlichen Aufgaben im Rahmen des Eingriffs herangezogen werden soll (5).
Das Personal zur Durchführung von Sedierungs- und Überwachungsaufgaben soll eine Ausbildung in Basisreanimation und erweiterten Reanimationsmaßnahmen innehaben (inkl. Atemwegssicherung, Elektrodefibrillation des Herzens, pharmakologische Reanimation) (5). Diese Fertigkeiten sollten regelmäßig trainiert und zertifiziert werden (12). In einigen Ländern ist es üblich und sinnvoll, dass diplomiertes Krankenpflegepersonal Sedierungsverfahren durchführt. Die entsprechende Berufsgruppe hat durch eine spezielle Ausbildung das Recht erworben, diese Tätigkeit durchzuführen. Regelmäßiges Training und eine Fachzertifizierung sind notwendig, um dieses Recht und die Befähigung zu erhalten.
Die Hauptbedingungen für dieses Personal sind: 1. der Arzt (Untersucher, Operateur) ist anwesend; 2. der Patient hat eine Venenverweilkanüle; 3. Vitalparameter werden in 5-Minuten-Intervallen durch geeignetes Monitoring überprüft; 4. Sauerstoff ist sofort verfügbar; 5. Crash-cart mit Defibrillator ist sofort verfügbar (17). R. McCloy übt harsche Kritik an Ärzten, die ohne entsprechende fachliche Grundlagen Sedierung „aufs Geratewohl" praktizieren.*

Die wichtigsten Sicherheitsfaktoren sind: Qualität, Anzahl und Übung der Mitarbeiter (16).

Obstruktion der Atemwege: erkennen und behandeln

Eine Obstruktion der oberen Atemwege ist eine typische und gefährliche unerwünschte Wirkung der Anwendung von Sedativa und Analgetika. Die Atemwegsverlegung tritt mit höherer Wahrscheinlichkeit auf, wenn die verabreichten Dosen von Sedoanalgetika höher sind, als es den Erfordernissen entspricht. Kombinationen von 2 oder mehreren verschiedenen Substanzgruppen haben hinsichtlich Atemwegskomplikationen häufig synergistische Effekte. Das Risiko einer Atemwegsobstruktion steigt exzessiv bei Vorliegen gewisser Patientenbedingungen (siehe: Kontraindikationen der Conscious Sedation).

*„Endoscopists cannot be unique amongst operator-sedationists in their ignorance of the properties of the drugs they employ, but along with other non-anaesthetist sedationists, dentists excepted, few endoscopists have ever been on formal training courses in sedation techniques (74)."

Die praktischen Fähigkeiten zur Behandlung dieser Komplikation müssen im Rahmen einer praktischen Ausbildungstätigkeit erworben werden, eine theoretische Abhandlung kann nur von bescheidenem Wert sein.
Es ist von größter Bedeutung, eine behinderte Atmung zu erkennen, ehe die monitierten Werte (Pulsoxymetrie, Kapnometrie etc.) einen Hinweis darauf geben. Ein EKG-Monitoring ist als alleinige Maßnahme zur Überwachung von sedoanalgesierten Patienten lediglich dazu geeignet, schlecht ausgebildetes Medizinpersonal in falscher Sicherheit zu wiegen (*Scheinüberwachung*). Treten EKG-Veränderungen in der Folge einer Obstruktion auf, ist bis zum Wirksamwerden effektiver Maßnahmen wahrscheinlich ein präfinaler Zustand eingetreten. Wenn an einer Abteilung/Institution aus technischen oder personellen Gründen nicht überwacht werden kann, so ist eine Sedierung an diesem Ort nicht durchzuführen. Aus demselben Grund sind Patienten mit Bewusstseinsstörungen jedweder Genese vor einer Übernahme/Zutransferierung an eine solche Institution zu schützen. Es steht außer Rede, dass es nicht akzeptabel ist, dass das unbemerkte Auftreten einer typischen Komplikation in Kauf genommen wird.
Pathophysiologie: Mit zunehmenden Effekten von Pharmaka, die mit Wachheit und Bewusstsein interagieren, geht die physiologische Eigenschaft verloren, die oberen Atemwege offen und für Luft frei passierbar zu halten. Der Tonus der oropharyngealen Muskulatur sinkt, der weiche Gaumen sinkt nach kaudal ab, der Unterkiefer sinkt nach hinten, die Zunge fällt zurück und verlegt mit der Epiglottis den oberen Luftweg. Die Zunge ist die häufigste Ursache für Obstruktion in der Notfallmedizin (6). Kopfbeugung des Patienten kann eine Obstruktion herbeiführen (17).
Klinik der Obstruktion: Unter Zurücksinken der Mandibula wird das Atemgeräusch zunehmend geräuschvoller, schlürfend, gurgelnd und arrhythmisch, die Atemexkursionen des Thorax können sogar an Intensität zunehmen. Die Atemarbeit nimmt zu, die Atemhilfsmuskulatur wird aktiv, juguläre und xiphoidale Einziehungen treten auf. Schließlich bemerkt man noch die Intention einer Einatmung, die aber zu keinem Luftstrom führt (Schaukelatmung), das Atemgeräusch sistiert und ist nicht mehr hörbar. Der Luftstrom der Ausatmung ist nicht mehr fühlbar (Handfläche, Ohr). Die insuffiziente Bewegungsintention am Thorax wird mit zunehmender Entsättigung und Zyanose schwächer und ist innerhalb von 1–2 Minuten infolge hypoxischer Lähmung des Atemzentrums erschöpft. Am EKG wird die Hypoxie initial durch eine sympathikusmediierte Stressreaktion des Organismus zur Tachykardie und Hypertonie führen. Unter hypoxischen Bedingungen wird

*Traditionell Elektromechanische Dissoziation genannt; PEA subsumiert jedoch mehrere Rhythmen (idioventrikulärer Rhythmus, ventrikulärer Ersatzrhythmus, Bradyasystolie etc.) (6).

die Herzaktion sehr schnell bradykard (bei Kindern innerhalb von 30 Sekunden) und die Kammerkomplexe werden breit (PEA: pulslose elektrische Aktivität*). In dieser Phase ist der systemische Blutdruck bereits zusammengebrochen, das Gehirn wird nicht mehr perfundiert. Die Phase der PEA dauert sehr lange an, d.h. das Herz stirbt sehr langsam. Unter Breiterwerden der Kammerkomplexe und zunehmender Bradykardie ist die Asystolie der finale Rhythmus (*rhythm of the dying heart*). Je früher eine suffiziente Therapie einsetzt, desto höher ist die Wahrscheinlichkeit einer Restitution. Das Herz bleibt relativ lange reanimierbar, eine Hypoxie bzw. Hypoperfusion des Gehirns über 2–5 Minuten führt jedoch in aller Wahrscheinlichkeit zu bleibenden Hirnschäden.

Therapie:

1. ***Patienten ansprechen, schütteln, stimulieren, Schmerzreiz im Gesicht verabreichen – wenn erfolglos:***
2. ***Kopf überstrecken und Kinn anheben – wenn erfolglos:***
3. ***Esmarch-Handgriff – wenn erfolglos:***
4. ***Hilfe rufen, oro/nasopharyngealen Airway einsetzen – wenn erfolglos:***
5. ***Maskenbeatmung mit positivem Druck + 10 Liter flow – wenn erfolglos:***
6. ***Intubation – wenn erfolglos:***
7. ***Larynxmaske***

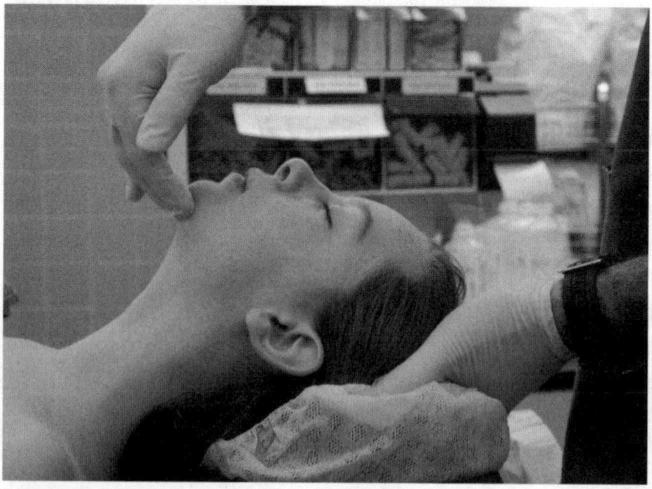

Abb. 4: Kinn überstrecken

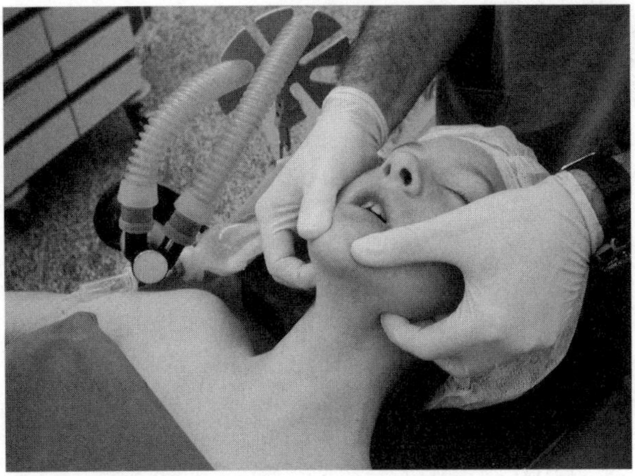

Abb. 5: Esmarch-Handgriff

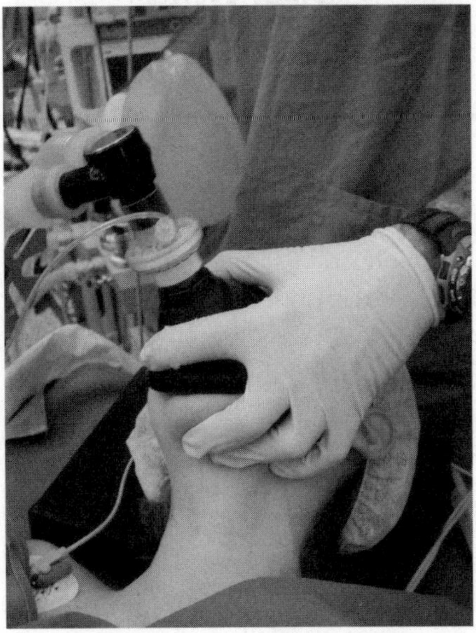

Abb. 6: Maskenbeatmung

Ein Sonderfall der Atemwegsobstruktion ist der **Laryngospasmus**, der krampfartige (teilweise oder vollständige) Verschluss der Stimmritze. Ein Laryngospasmus kann durch Manipulationen an Rachen, Zungengrund und Kehlkopf ausgelöst werden, das heißt bei Eingriffen der Zahnheilkunde, HNO-Heilkunde, Pulmologie, beim Absaugen von Speichel etc. und bei Endoskopien des oberen Gastrointestinaltrakts. Auch Blut, Speichel oder Schleim, die unter Reduktion der Schutzreflexe an den Kehlkopfeingang gelangen, können einen Stimmritzenkrampf verursachen. Klinisch zeigt sich eine forcierte Inspiration, die von einem quietschenden stridorösen Geräusch begleitet ist. Bei gering sedierten Patienten kann es hilfreich sein, die Irritation zu beenden, den Kiefer nach vorn zu ziehen und beruhigend einzuwirken. Wenn der Esmarch-Handgriff und positive Druckbeatmung nicht ausreichen, um einen Laryngospasmus zu durchbrechen, ist die Gabe von ca. einem Zehntel der Intubationsdosis von Succinylcholin hilfreich (Erwachsene: 0,5 ml = 10 mg). Für den Fall, dass kein Venenweg vorhanden ist, kann man 5 mg/kg KG Succinylcholin i.m. (M. deltoideus) injizieren (16). Eine orotracheale Intubation soll nur von Personal versucht werden, das diese Technik beherrscht (6, 20). Die Algorithmen der erweiterten lebensrettenden Maßnahmen finden sich in der aktuellen Literatur (6). Die Lektüre sei dringend empfohlen, da die Updates laufend wesentliche Änderungen der Algorithmen zur Folge haben.

Wundheilung: Einflussfaktoren des Anästhesieverfahrens

Donald Buggy hat 2000 in einem Kommentar im Lancet (51) zusammengefasst, welche Einflussgrößen des Anästhesieverfahrens sich auf den weiteren postoperativen Verlauf auswirken: Der wesentliche Faktor ist der Sauerstoffpartialdruck des Gewebes (P_tO_2). **Hämodynamische Stabilität, Vermeiden von Hypovolämie, Normothermie,** ausreichende **Analgesie** und ein **supranormales Sauerstoffangebot** in der Atemluft sind Parameter, die notwendig sind, um einen ausreichenden P_tO_2 zu sichern (51). Da auch das kardiale Outcome, d.h. letztlich die Überlebensrate, von Normothermie (8) und adäquater Analgesie abhängt und dem Erreichen dieser Ziele aufgrund erstklassiger wissenschaftlicher Evidenz höchste Priorität zugemessen wird (50), kann nicht genug Aufwand getrieben werden, um diese basalen Notwendigkeiten zu gewährleisten. Regionalanästhesieverfahren führen durch eine Sympathikolyse zu einem vermehrten regionalen Blutfluss und können den Circulus vitiosus Schmerz → Ausschüttung von Gewebsmediatoren → Vasokonstriktion → reduzierter regionaler Blutfluss → Azidose → Schmerz unterbrechen. Es wird angenommen, dass auch die Kollagenformation günstig beeinflusst wird, da durch Regionalanästhesie ein verminderter Proteinkatabolismus resultiert (51). Es gibt keine Evidenz, dass es durch einen gesteigerten regionalen Blutfluss zu einem vermehrten postoperativen Blutverlust oder zu Nachblutungen kommt.

Dokumentation

Es ist essentiell, dass alle Maßnahmen, die im Rahmen einer Sedierung/Sedoanalgesie getroffen werden, in geeigneter Weise dokumentiert werden.

Art und Umfang der Aufzeichnungen orientieren sich an entsprechenden Gesetzen und Institutsvorschriften. Die Dokumentation umfasst im mindesten Fall beteiligte durchführende Personen, exakte Zeitanangaben, Daten über Art, Dosen und Verabreichungsweg der verwendeten Pharmaka, Lagerung des Patienten, alle invasiven Maßnahmen, den Verlauf der gemessenen Vitalparameter sowie etwaige Komplikationen. Wenn ein Sedierungsverfahren zur Anwendung kommt, ist es adäquat, den Grad an Sedierung zu dokumentieren (z. B. Ramsey-Score). Die Dokumentation muss vollständig sein, unter bestimmten Bedingungen kann sie nachgeholt werden (Schockraum, Notarztmittel etc.). Es gilt der Grundsatz: Leistungen, die nicht dokumentiert wurden, wurden nicht erbracht. Eine vollständige und exakte Dokumentation kann in einem Rechtsstreit als Beweismittel zur Entlastung dienen. Alle durchgeführten Maßnahmen sollen nachvollziehbar und begründbar sein. Unleserliche Schrift entbehrt der kommunikativen Qualität (*autistische Schrift*). Im Falle einer Komplikation erweist sich ein offenes, geradliniges, klares und offensives Vorgehen als ratsam. Im eigenen Interesse ist es dienlich, die entsprechenden Personen zu informieren. Eine gut geführte Institution hat ein Komplikationsmanagement implementiert.

Verlegung, Entlassung

Die Patienten werden nach einem Eingriff in Sedoanalgesie ohne Unterbrechung des Monitorings vom Anästhesisten in einen geeigneten Überwachungsbereich gebracht (PACU – *postanaesthetic care unit*). Dieser Bereich soll vom Ort, an dem die Prozedur stattfindet, getrennt sein (20). Das Monitoring wird fortgeführt, bis der Status quo ante wiederhergestellt ist und vorhersehbar stabil bleibt. Moderne postprozedurale Überwachungseinheiten sind in einen Phase-I- und einen Phase-II-Bereich geteilt. Das im Phase-I-Bereich beschäftigte Personal ist nur für diesen Bereich zuständig und erfüllt dieselben Qualitätskriterien wie das Personal, das Sedoanalgesie durchführt. Unter Ausklingen der Sedoanalgesie wird ein Patient im Phase-I-Bereich überwacht, die Vitalfunktionen werden alle 5–15 Minuten erfasst und dokumentiert, etwaige Komplikationen oder Folgen des Sedierungs- oder Operationsverfahrens werden behandelt. Der Phase-I-Bereich ist der „Aufwachraum" im eigentlichen Sinn des Wortes. Wenn der Patient Bewusstsein, Schutzreflexe und motorische Aktivität spontan wiedererlangt hat, wird er in den Phase-II-Bereich verlegt. Das Abklingen der Sedierung erfolgt diskontinuierlich undulierend. Die Intensität der Reize, die eine Weckreaktion auslösen kann, wird im Verlauf immer geringer. Nach dem primären Erwachen sind die Patienten kontaktfähig und stellen Fragen. Das Erinnerungsvermögen ist zunächst jedoch noch eingeschränkt. Wieder und wieder schlafen die

Patienten ein. Es geschieht frequent, dass Patienten in ein und derselben Frage *(„Wie spät ist es?")* hartnäckig perseverieren. Im Grunde sind die meisten Fragen im Hinblick auf eine Reorientierung gerichtet. Die erwachenden Menschen erscheinen zwar gegen Umweltreize sehr resistent, da ihre Reaktionen sehr sparsam sind, sie sind jedoch sehr empfindlich gegen störende Umgebungsfaktoren (Lärm, Licht, Berührungen, Lagerungsmanöver etc.). Das Aufwachraumpersonal ist sehr gefordert, trotz seines subjektiven Alltagsempfindens eine empathische Haltung für diese sensible Zeitperiode der Patienten zu leben. Bleibt der Patient auch ohne Stimulation durchgehend wach, wird er in den Phase-II-Bereich verlegt. Hier werden weiter auftretende Komfortstörungen behandelt und der Patient einbehalten, bis er seine Autonomie (Unabhängigkeit von Fremdhilfe bzw. Pflege) wiedererlangt hat bzw. die sensomotorischen Funktionen weitgehend einem Status quo ante entsprechen. Kleine Institutionen werden Phase-I- und Phase-II-Therapie

Tab. 4: Aldrete-Score

Aktivität	
alle 4 Extremitäten können auf Aufforderung bewegt werden	2
2 Extremitäten können auf Aufforderung bewegt werden	1
bewegungsunfähig	0
Atmung	
kann tief durchatmen und frei aushusten	2
Atemnot oder behinderte Atmung	1
Apnoe	0
Kreislauf	
Blutdruck und Herzfrequenz ± 20% der Ausgangswerte	2
Blutdruck und Herzfrequenz ± 20–50% der Ausgangswerte	1
Blutdruck und Herzfrequenz ± 50% der Ausgangswerte	0
Bewusstsein	
vollständig wach (kann Fragen beantworten)	2
durch Rufen erweckbar	1
keine Reaktion	0
Oxygenierung	
Sauerstoffsättigung bleibt permanent über 92% unter Raumluft	2
benötigt Sauerstoffinsufflation, um eine Sauerstoffsättigung > 90% zu haben	1
Sauerstoffsättigung < 90%, auch mit Sauerstoff	0

Patienten, die nach Aldrete einen Score von > 8 erreichen, können nach Hause entlassen werden.

an einem Ort unterbringen. Da die Überwachung der Vitalfunktionen in der zweiten Phase der Erholung nicht kontinuierlich erforderlich ist, können die Patienten bis zur endgültigen Entlassung die restliche Erholungszeit an anderen Orten zubringen (Bettenstation, Ambulanz etc.). Die Dauer des Aufenthalts in den Überwachungsbereichen hängt von mehreren Faktoren ab: Art (diagnostisch, operativ) und Dauer der Prozedur, Zustand vor dem Eingriff, etwaige Komplikationen sowie Art und Menge der verwendeten Pharmaka. Der Verlauf der Erholungsphase soll dokumentiert werden, Komplikationen und deren Behandlung sowie Vitalparameter sollen in einem Zeitdiagramm vermerkt werden.
Es existiert eine Unzahl an Scoring-Systemen für die Erholungszeit, deren Wert darin liegt, Zielgrößen physiologischer Zustände wissenschaftlich vergleichbar zu machen bzw. Entscheidungskriterien festzulegen, zu welchem Zeitpunkt ein Patient verlegbar ist. Der am weitesten verbreitete Score ist der Aldrete-Score (19). Besser geeignet zur Festlegung von Entlassungskriterien ambulanter Patienten ist das PADSS (Post Anaesthesia Discharge Scoring System) von Chung et al. (68).

Tab. 5: PADSS nach Chung et al. (68) – **Entlassungskriterien nach ambulanten Eingriffen**

Punkte	**2**	**1**	**0**
Vitalfunktionen	Abweichungen gegenüber präoperativen Werten < 20%	20–40%	> 40%
Aktivität und mentaler Zustand	Orientierung zu Ort, Person, Zeit *und* stabile Standfestigkeit	Orientierung zu Ort, Person, Zeit *oder* stabile Standfestigkeit	weder orientiert noch standfest
Schmerz, Übelkeit	minimal	mäßig, spezielle Therapie notwendig	ausgeprägt, dzt. spezielle Therapie erforderlich
Blutung/OP-Gebiet	minimal	mäßig	ausgeprägt
Einfuhr/Ausfuhr	orale Flüssigkeitsaufnahme *und* Spontanmiktion	orale Flüssigkeitsaufnahme *oder* Spontanmiktion	weder/noch

Maximale Punkteanzahl: 10. Entlassung nach Hause bei 9 oder 10 möglich.

Tab. 6: Prinzipielle Bedingungen, die vor Entlassung bestehen müssen

Atmung:
Patient erhält ununterbrochen die Fähigkeit, die Atemwege zu schützen
Symptome von Ateminsuffizienz fehlen (Schnarchen, Stridor, Entsättigung, pathologische Atemfrequenz, Einziehungen etc.); Husten kräftig und frei möglich, Schlucken, Trinken und Essen möglich
seit Verabreichung der letzten Dosis an Sedativa/Analgetika sind mindestens 30 Minuten vergangen
wurde Naloxon oder Flumazenil verabreicht: mindestens 120 Minuten vergangen
Bewusstsein:
volle Orientierung (zu Person, Ort, Zeit, Situation)
Sprechen möglich
Abwesenheit von Erbrechen; Patienten, die mit Antiemetika behandelt wurden, müssen orale Flüssigkeit einbehalten und schlucken und husten können
Mobilität wird nicht durch Benommenheit oder Schwindel beeinträchtigt (Rhombergversuch negativ)
neurologischer Zustand wie vor dem Eingriff
Kreislauf:
stabiler Kreislauf durch 30 Minuten, auch im Sitzen
keine neuen Arrythmien, kein Hinweis für TVT, MCI oder PE; keine (verschlechterte) kardiale Insuffizienz
Aktivität:
Fähigkeit zu altersentsprechenden Fortbewegung wurde wiedererreicht (Gehen, Sitzen, Stehen, Krabbeln, Hinken am Gehstock o. dgl.)
Bewegungen sind kontrolliert und koordiniert
Transportfähigkeit ist gegeben
Oxygenierung:
Sauerstoffsättigung unter Raumluft erreicht 95% oder den Ausgangswert vor Eingriff
Hautkolorit rosig oder wie vor dem Eingriff (Ikterus, chronische Anämie etc.)
OP-Gebiet:
keine sichtbaren Blutungen (Verband, Drainagen), Verbände trocken und intakt
Schmerz
kein oder minimaler Schmerz
Sonstiges:
Diabetes mellitus: postoperativer Blutzucker akzeptabel (120–200 mg/dl), kann essen und trinken, keine Azidose.
Ein verantwortlicher Erwachsener ist zur Betreuung des Patienten zu Hause anwesend.
Patient ist aufgeklärt über das Wesen des postoperativen Zustandes und die spezifischen Verhaltensmaßnahmen.
Arzt verantwortet und unterschreibt Entlassung, Patient und Begleiter erhalten schriftliche Instruktionen.

Nach L. Lin (20) ist es nicht notwendig (im Gegensatz zu älteren Empfehlungen) darauf zu bestehen, dass die Patienten demonstrieren müssen, dass sie trinken oder Harn lassen können.

Tab. 7: Prinzipielle Verlegungskriterien/Kinder (nach M. Kost, 18, in Anlehnung an die Richtlinien der American Acadamy of Pediatrics, Committee on Drugs, 75)

- Wiedererlangen des Bewusstseins bzw. der psychomotorischen Fähigkeiten vor dem Eingriff
- Erreichen der Fähigkeit, aufrecht zu sitzen und den Kopf aufrecht zu halten*
- leicht erweckbar, Reflexe intakt
- adäquate Reaktionen auf äußere Reize
- stabile Vitalfunktionen (Abweichung innerhalb 10–15% der Ausgangswerte)
- Atemfrequenz
- adäquater Hydrierungszustand
- Abwesenheit von Erbrechen oder starker Übelkeit
- Abwesenheit erheblicher Komfortbeeinträchtigung

Speak up!

Eine letzte und wesentliche Schiene der Patientensicherheit mutet in Mitteleuropa noch ungewöhnlich an, da unser Gesundheits- und Sozialsystem eine lange Tradition hierarchischen Gehorsams pflegt und jedes Infragestellen von Autoritäten als revolutionärer Akt empfunden wird: der Aufruf an die Selbstverantwortung der Patienten. „*Speak up!*", werden die US-amerikanischen Patienten von der Joint Comission on Accreditation of Healthcare Organizations aufgerufen (26), da hier wie dort durch fatale Irrtümer, Verwechslungen, Unachtsamkeiten und Schlampereien viele Patienten zu Schäden gekommen sind, die durch einen Beitrag der Patienten möglicherweise verhindert hätten werden können.

Wenn ein Patient zum Eingriff kommt, ist es sinnvoll, ihn zu fragen, wie sein Name ist und welche Prozedur an welchem Körperteil bei ihm durchgeführt werden soll. Seine Angaben sind dann mit den Aufzeichnungen der Krankengeschichte zu vergleichen. Jeder Mediziner kennt persönlich eine Anzahl von verunglückten Fällen (... und eine Unzahl aus der Boulevardpresse), bei denen falsche Operationen durchgeführt worden sind. In der Kampagne der Joint Commission werden die Patienten aufgerufen, ihre Stimme zu erheben:

- Sagen Sie etwas, wenn Sie Fragen oder Bedenken haben!
- Achten Sie darauf, dass Sie die richtige Behandlung und Obsorge bekommen, stellen Sie keine Vermutungen an!
- Informieren Sie sich über Ihre Diagnosen. Stellen Sie Fragen zu den Untersuchungen und zum Behandlungsplan!

*Entsprechend der psychomotorischen Fähigkeiten.

- Wenn Sie Ihre Interessen nicht selbst vertreten können, beauftragen Sie ein Familienmitglied oder einen Freund!
- Sie sollen wissen, welche Medikamente sie einnehmen und warum Sie sie nehmen.
- Wählen Sie ein Krankenhaus, eine Ambulanz oder ein chirurgisches Zentrum, das sich einer rigorosen internen Evaluation unterzogen hat!
- Nehmen Sie an allen Entscheidungen ihrer Behandlung teil!

Es ist zu erwarten, dass die proaktive Haltung der Joint Comission in Mitteleuropa Stoff für eine kontroversielle Diskussion bietet. Die Diskussionshaltung wird einerseits von der Kultur abhängig sein, nicht zuletzt von der Rechtskultur, andererseits vom eigenen Standpunkt im komplexen Gebäude eines Gesundheitssystems. Ein zu akzeptierender Faktor US-amerikanischer Werthaltungen ist die Priorität der Autonomie des Individuums. In Europa sind dem entgegengesetzt eher paternalistische Prinzipien bedeutungsvoll, sie sind aus einer historischen Tradition gewachsen. Es scheint in den letzten Jahren auch in Mitteleuropa eine rechtlich-ethische Bewegung zu geben, die dem Autonomieprinzip mehr Gewicht zumisst. In unserem Rechtssystem ist der Einflussnahme von Verwandten, Freunden etc. kein großer Spielraum eingeräumt. Angehörige haben im Grunde keine Rechte, einen entscheidenden Einfluss zu nehmen (vgl. Einwilligung in Eingriffe, Verweigerung von Organentnahme, Therapiebegrenzung in der Intensivmedizin, Entscheidungen in der Palliativmedizin etc.). Die einschlägige Literatur sei empfohlen (32–35).

Komfort

„Die Qualität eines Produkts wird vom Konsumenten beurteilt."
Mit diesem Satz leiten Alex Macario et al. (30) eine Arbeit ein, die der Frage nachgeht, welche Einschränkungen der subjektiven Erlebnisqualität Patienten nach Operationen vermieden haben wollen. In methodologisch sehr origineller Weise wurden Patienten vor Operationen gefragt, welchen Wert sie dem Nichtauftreten verschiedener typischer Folgen von Anästhesie und Eingriff beimessen würden. Das Ergebnis überrascht und sollte zu intensiven klinischen Bemühungen und weiterführender Forschung anregen: In einer Liste von 10 typischen Nachwirkungen einer Operation ist **Erbrechen** *das* Ereignis, das die meisten Menschen am meisten fürchten, bzw. das sie am liebsten verhindert wüssten. Oddby-Muhrbeck et al. (42) aus Stockholm bestätigen das Resultat der Arbeit Macarios: Vermeiden von PONV ist 72% der Patienten wichtiger als Vermeiden von Schmerzen. Erst nach dem Faktor Übelkeit rangieren Schmerzen, Relaxansüberhang, Würgen am Trachealtubus, Muskelzittern etc. Einige dieser postoperativen Komplikationen sind absolut typische Folgen einer Allgemeinanästhesie, dennoch sollte das Ergebnis dieser Arbeit die Aufmerksamkeit aller Anwender von „emetogenen" Pharmaka hinsichtlich der Prioritäten ihrer „Konsumenten" erregen.

Aus diesen Daten folgern die Autoren, dass es den Patienten wichtiger ist, von Übelkeit befreit zu werden als etwa von Muskelzittern. Die Kontrolle von Schmerz dürfte für die Mehrzahl der Patienten wichtiger sein als Anxiolyse (40). Diese Ergebnisse sind geeignet, die eigene Haltung zu überdenken, *welche* Bedürfnisse für Patienten von Bedeutung sind. Es gilt als erwiesen, dass die qualitative und quantitative Einschätzung von Diskomfort durch Ärzte von jener der Patienten signifikant abweicht (73).
Die Erwartungen von Patienten werden sicher von Komponenten beeinflusst, die in dieser Studie nicht erfasst wurden: Alter, soziokulturelle Faktoren etc. Das Unterstützen der Autonomie und ein Beteiligtsein führen dazu, dass die Patienten auf einen Prozess Einfluss nehmen können. Durch Übernahme einer Teilverantwortung entsteht eine höhere Akzeptanz.

Tab. 8: Ranking und relativer Wert von Anästhesie-Outcomes
(nach Marcarioet al., 30)

Outcome	relativer Wert[x]
1. Erbrechen	18,05
2. Würgen am Trachealtubus	17,86
3. Schmerzen	16,96
4. Übelkeit	11,82
5. awareness*	13,82
6. Überhang von Muskelrelaxantien	7,99
7. Muskelzittern	7,6
8. Halsschmerzen	3,04
9. Müdigkeit	2,69
10. normaler Zustand	0

[x] relativer Wert: durchschnittlich hätten die Patienten $ 18,05 ausgegeben, wenn sie $ 100 hätten und diese Summe zur Vermeidung von negativen Outcomes nach Priorität geordnet ausgeben könnten.

Fettdruck: mögliche Outcomes von Sedoanalgesie.

Übelkeit und Erbrechen

Übelkeit und Erbrechen sind häufige, gefürchtete, zum Teil vorhersehbare, zum Teil vermeidbare und behandelbare Komfort- und Sicherheitsfaktoren im Anschluss an einen operativen Eingriff. Auch heute erleidet jeder vierte

*Wachheit/Erwachen während Allgemeinnarkose.

Patient innerhalb von 24 Stunden nach einer Allgemeinanästhesie mindestens 1 Phase von Übelkeit oder Erbrechen (36). Erbrechen kann zu Dehydratation, Elektrolytentgleisung, Alkalose (hypokaliämische Alkalose), Aspiration und Nahtdehiszenzen führen und ist damit nicht „nur eine Komfortbeeinträchtigung". Postoperative Übelkeit und Erbrechen (PONV) gehören zu den häufigsten Ursachen für einen verlängerten Aufenthalt im Krankenhaus bzw. für eine stationäre Aufnahme nach tageschirurgischen Eingriffen. Daher ist es auch ein ökonomischer Faktor, der gegen die Kosten prophylaktischer Maßnahmen zu rechnen ist. Es dürfte im Anschluss an die Verabreichung von Sedoanalgetika seltener sein als nach Allgemeinanästhesien (44), dennoch existieren bedeutsame ätiogenetische Parallelen, die eine Berücksichtigung der Einflussgrößen auch in diesem Zusammenhang betrachtenswert erscheinen lassen. Praktisch alle bei Sedoanalgesien involvierten Pharmaka (inkl. Regionalanästhetika) haben ein emetogenes Potenzial, allen voran naturgemäß die Opioide. Es gibt eine Reihe weiterer präzipitierender Faktoren: Schmerzen (!), kinetische Kräfte (z. B. Transport) und Persönlichkeitsfaktoren (Erfahrung, Erwartungshaltung, Gefühle etc.). Erbrechen kann konditioniert werden, so dass es auftritt, ehe der Triggermechanismus wirksam wird (vgl. Bulimie). Hypovolämie dürfte ein weiter Faktor sein, der die Inzidenz von Nausea und Emesis erhöht (46). Pusch et al. konnten kürzlich demonstrieren, dass ein kritischer Abfall des systolischen Blutdrucks nach Anästhesieeinleitung um mehr als 35% mit der Entwicklung eines postoperativen Erbrechens assoziiert sein dürfte (47). Als Nebenergebnis einer Studie über den Einfluss von Hyperoxygenierung auf die Infektionsrate in der kolorektalen Chirurgie kam es im Patientenkollektiv, das mit einer FiO_2 von 80% beatmet worden ist, zu einer Reduktion von postoperativer Übelkeit und Erbrechen auf die Hälfte (49). Nach Apfel et al. ist PONV vorhersehbar:

Tab. 9: Risikofaktoren und Wahrscheinlichkeit für PONV (nach Apfel et al., 36, 37)

- weibliches Geschlecht
- Anamnese von Reisekrankheit oder PONV
- Nichtraucher
- Opioide
- volatile Anästhetika und Lachgas in Abhängigkeit von der Narkosedauer

kein vorliegender Faktor: 10%, 1 Faktor: 20%, 2 Faktoren: 40%, 3 Faktoren: 60%, 4 Faktoren: 80% Wahrscheinlichkeit für das Auftreten von postoperativer Übelkeit und Erbrechen (PONV)

In den letzten 40 Jahren wurden 4000 wissenschaftliche Arbeiten über Antiemetika publiziert (38). Deshalb ist die Frage nach der Relevanz derartiger Forschungen sehr berechtigt (38).
Scuderi et al. (39) konnten nachweisen, dass auch bei extremer Risikokonstellation mit einem multimodalen prophylaktischen Konzept eine Reduktion der PONV-Inzidenz auf 2% erreicht werden kann. Hochrisikopatienten profitieren von einer PONV-Prophylaxe (39). Als Emesisprophylaxe kommen Dimenhydrinat (Vertirosan®) in einer Dosis von 2–3 mg/kg KG sowie Clonidin in einer Dosis von 2 μg/kg in Frage. Auch Droperidol (Dehydrobenzperidol®) ist in einer Dosis von 2,5 mg effektiv, jedoch nur, wenn es *postoperativ* gegeben wird. Dexamethason 5 mg ist eine effektive PONV-Prophylaxe, aber nur, wenn es *vor Narkoseinduktion* injiziert wird. Dexamethason ist als PONV-Prophylaxe in einer Dosis von 5 mg gleich effektiv wie Tropisetron (48), es gibt Hinweise, dass 8 mg stärker als 5 mg wirken. In den letzten Jahren wurden die 5-HT_3-Antagonisten (Ondansetron, Tropisetron, Granisetron, Dolasetron) von den entsprechenden Herstellern stark beworben, aus verständlichen Gründen gibt es eine Unzahl von Publikationen. Optimale Dosis-Wirkungsbeziehungen verschiedener Kombinationen wurden noch wenig untersucht (38). Es steht fest, dass eine Kombination von niedrig dosiertem Ondansetron (50 μg/kg) mit Dexamethason (150 μg/kg) effektiver ist als Ondansetron in einer Dosis von 150 μg/kg (43). Die Vorteile von Ondansetron sind die geringe Inzidenz an Nebenwirkungen (1. Kopfschmerzen) und die nichtsedierende Wirkung im Vergleich zu Dimenhydrinat, Clonidin oder Droperidol. Es dürfte effektiver sein, wenn es am Ende eines Eingriffs verabreicht wird. Es gibt keine schlüssigen Daten, dass höhere Dosen als 1 mg Ondansetron effektiver in der Therapie des PONV sind (45). Die negativen Kriterien der 5–HT_3-Antagonisten sind die Kosten. Scuderi et al. haben die Effektivität von Ondansetron hinsichtlich Patientenzufriedenheit verglichen und sagen aus, dass mit Ondansetronprophylaxe eine Zufriedenheit von 97% besteht, mit Plazebo und Rescuetherapie (Ondansetron 1 mg) eine von 93% (45). Um herauszufinden, ob eine Intervention eine klinisch signifikante Wirkung hat, wird die NNT (number needed to treat) herangezogen, der Reziprokwert der absoluten Risikoreduktion. Die NNT gibt an, wie viele Patienten behandelt werden müssen, um eine unerwünschte Wirkung zu vermeiden. Die NNT in der Fragestellung: „Wie viele Patienten müssen behandelt werden, um mit Ondansetron-PONV-Prophylaxe die Patientenzufriedenheit von 93% auf 97% zu steigern?", beträgt 25! (45). Rechnet man 1 Ampulle Ondansetron mit € 16, so betragen die direkten Kosten € 400, um bei einem von 25 Patienten die Zufriedenheit zu steigern (45). Es wäre zu untersuchen, wie hoch die NNH (number needed to harm) betreffend Kopfschmerzen beträgt, auch das wäre in die Abwägung mit ein-

zubeziehen. Die praktisch-klinische Konklusion ist daher, dass eine PONV-Prophylaxe mit 5-HT_3-Antagonisten nicht zu rechtfertigen ist, jedoch eine frühzeitige niedrig dosierte Therapie mit 1 mg Ondansetron (Zofran®). Der Dopaminantagonist Metoclopramid (Paspertin®) hat in der üblichen Dosis von 10 mg eine zu geringe prophylaktische und therapeutische Effektivität bei postoperativer Übelkeit und Erbrechen. Im Vergleich zu den anderen Therapieoptionenen schneidet Metoclopramid immer schlechter ab.
E. Oddby-Muhrbeck stellt hinsichtlich der emetogenen Wirkung der Opioide deren großzügigen Einsatz zur Therapie postoperativer Schmerzen in Frage (42). Sie erinnert an die beinahe lineare Dosis-Wirkungskurve der Opioide hinsichtlich Erbrechen nach Tonsillektomien und gibt die äußerst vernünftige Empfehlung aus, die postoperative Schmerztherapie mit weniger emetogenen Mitteln durchzuführen: Lokal- und Regionalanästhesie, Wundinfiltration, Paracetamol und NSAR.

Tab. 10: Übersicht einer rationalen Prophylaxe und Therapie des PONV

Prophylaxe[1]/Therapie[2] und Dosis	Zeitpunkt der Verabreichung
[1]Dimenhydrinat (Vertirosan®) 2–3 mg/kg Supp.	vor Narkoseeinleitung
[1]Clonidin (Catapressan®) 2 µg/kg in 10 ml NaCl i.v.	vor Narkoseeinleitung
[1]Dexamethason 150 µg/kg (max. 8 mg) i.v.	vor Narkoseeinleitung
[1]Droperidol (Dehydrobenzperidol®) 2,5 mg i.v.	nach Narkoseausleitung
[1]Ondansetron (Zofran®) 4 mg i.v.	am Ende des Eingriffs
[2]Ondansetron (Zofran®) 1 mg i.v.	bei Angabe von Übelkeit

Schmerzen nach einer Operation

Die perioperative Schmerztherapie erfolgt im günstigen Fall (nach Priorität gereiht):

1. Lokal- und Regionalanästhesie
2. Zyklooxygenaseinhibitoren und andere Nichtopioide
3. Opioide

Eine suffiziente Analgesie verbessert das klinische Outcome, reduziert die Morbidität, die Mortalität und verbessert den Komfort. Wesentlich ist eine rasch einsetzende Antinozizeption. Ideal wäre es, wenn der Einstrom nozizeptiver Afferenzen das ZNS gar nicht erreicht. Gewisse Techniken der Regionalanästhesie können das leisten, mit anderen wird die Intensität oder die Dauer des nozizeptiven Inputs reduziert.

Eine aktuelle Übersicht betreffend den perioperativen Einsatz der Zyklooxygenaseinhibitoren (NSAR) leisten C. McCrory et al. (66). Auszüge wichtiger Aussagen:

- Zyklooxygenaseinhibitoren (COX-Hemmstoffe) sind im perioperativen Szenario **exzellente Analgetika**, ihre Rate an unerwünschten Wirkungen ist gering, Standarddosen von Diclofenac entsprechen einer Analgesie von 10 mg Morphin.
- Das **analgetische Potenzial** der selektiven COX-Inhibitoren (Parexocib, Celecoxib, Rofecoxib, Meloxicam, Tenoxicam) entspricht dem der nichtselektiven COX-Hemmstoffe (z. B. Diclofenac, Ketorolac, Ibuprofen).
- Es ist bewiesen, dass Ketorolac und Tenoxicam eine **präemptiv analgetische Wirkung** aufweisen. Die Therapie muss nur lange genug vor dem chirurgischen Stimulus und der nachfolgenden inflammatorischen Reaktion erfolgen, um erfolgreich zu sein. Mit den verfügbaren i.v.-Präparationen sind rasch effektive Plasmaspiegel zu erreichen. Die inflammatorische Reaktion durch einen chirurgischen Stimulus dauert vermutlich länger an, als bisher angenommen wurde.
- Die häufigsten unerwünschten Wirkungen der NSAR werden am **Gastrointestinaltrakt** beobachet. Eine höhere Wahrscheinlichkeit dieser Nebenwirkungen ist unter 3 Bedingungen zu erwarten: a) hohes Alter, b) Ulcusanamnese, c) gleichzeitige Wirkung von Kortikosteroiden oder Antikoagulanzien. Niedrig dosiertes Ibuprofen hat eine geringere Rate an Magen-Darm-Komplikationen. Nüchternheit und die häufig vorkommende perioperative Hypovolämie könnten die unerwünschten Wirkungen auf Magen und Niere potenzieren. Mehrere große Studien haben nachgewiesen, dass die Rate an Perforation, Obstruktion und Blutungen durch die selektiven COX-2-Inhibitoren um 60% reduziert wird. Möglicherweise reduzieren COX-Hemmer das **PONV**-Risiko.
- **Renale Komplikationen** umfassen akutes Nierenversagen, interstitielle Nephritis, nephrotisches Syndrom sowie Wasser- und Natriumretention. Ein erhöhtes Risiko für renale Komplikationen besteht unter 3 Bedingungen: a) Herzinsuffizienz, b) Leberzirrhose, c) Hypertonie. Unter Bedingungen der Hypoperfusion ist das Renin-Angiotensin-System abhängig von der endogenen Prostaglandinsynthese, d.h. bei chronisch-renaler Insuffizienz kommt es durch NSAR-Verabreichung zu einer rapiden Verschlechterung der Nierenfunktion. Häufig verursachen die COX-Inhibitoren durch die Hemmung der Reninsekretion Wasser- und Natriumretention (5%) oder Hyperkaliämie (46%). Eine normale Creatininclearence spricht gegen die Wahrscheinlichkeit eines perioperativen Nierenversagens durch NSAR. Die gleichzeitige Gabe von Aminoglykosiden und NSAR könnte ein signifikanter Risikofaktor zur Entstehung eines akuten Nierenversagens sein. Auch die selektiven COX-1-Inhibitoren Celecoxib und Rofexocib können ein akutes Nierenversagen auslösen.
- Bei 10% von Patienten mit Asthma bronchiale kann durch nichtselektive COX-Inhibitoren eine **Bronchokonstriktion** provoziert werden, bei 0,3% kann sich hingegen eine existierende Symptomatik verbessern.
- Das **thromboembolische Risiko** könnte durch Hemmung der TXA_2-Synthese (COX-1-Effekt) gesteigert werden, bisher wurden jedoch lediglich 4 Fälle publiziert, bei denen im Zusammenhang mit NSAR Thrombosen aufgetreten sind. Alle Patienten hatten ein Raynaud-Syndrom. Obwohl auch die Thrombozytenaggregation durch COX-1 gehemmt wird, sind bisher keine Komplikationen durch vermehrte **Blutungsneigung** beschrieben worden.
- **Es existieren keine prospektiven, randomisierten Doppelblindstudien, die beweisen, dass Patienten, die perioperativ mit NSAR behandelt werden, mit erhöhter Wahrscheinlichkeit renale, gastrointestinale oder hämostasiologische Komplikationen erleiden** (Stand März 2002).

- Jeder Hinweis auf eine präexistente Nierenerkrankung soll die Verwendung der COX-Inhibitoren ausschließen, bis aufgrund einer neueren Datenlage ausreichende Evidenz einer Unbedenklichkeit vorliegt.
- Selektive COX-2-Hemmer sind bei Asthma gut verträglich, sind seltener mit gastrointestinalen Komplikationen assoziiert und beeinflussen die Blutgerinnung nicht. Sie könnten in der Behandlung des postoperativen Schmerzes eine sichere Alternative zu nichtselektiven NSAR sein.

Tab. 11: Übersicht der i.v.-applizierbaren NSAR/Nichtopioide und Dosierungsvorschläge

Generischer Name	Handelsname (Beispiel)	Dosis	Dosierungsintervall (Std.)
Diclofenac	Voltaren®	1 mg/kg	12
Ketorolac	Toratex®	30 mg, zweite Dosis nach 6 Stunden 15 mg	
Tenoxicam	Liman®	40 mg	12
Parexocib	Dynastat®	40 mg	12
Metamizol	Novalgin®	1 g	6
Paracetamol	Perfalgan®	1 g	6

Tab. 12: Beispiele oral applizierbarer NSAR/Nichtopioide für die postoperative Schmerztherapie in der Tageschirurgie

Generischer Name	Handelsname	Dosis	Dosierungsintervall
Celecoxib	Celebrex®	200 mg	12
Rofecoxib	Vioxx®	50 mg	24
Meloxicam	Movalis®	15 mg	24
Dexibuprofen	Seractil®	300 mg	8
Metamizol	Novalgin®	1 g	6
Paracetamol	Mexalen®	1 g	8
Diclofenac	Voltaren®	75 mg	12

Eine ausgezeichnete Medikamentenkombination zur Therapie postoperativer Schmerzen ist Paracetamol 1000 mg + Codein 60 mg.

Muskelzittern nach einer Operation (Shivering)

Das dritte komfortbeeinträchtigende Phänomen, das nach Sedoanalgesie auftreten kann und von Patienten als vermeidenswert (30) eingeschätzt wird, ist Muskelzittern. Postoperatives Shivering kann eine thermoregulatorische Antwort auf Hypothermie sein, es kommt jedoch auch bei Normothermie vor. Andere kausale Faktoren dürften postoperative Schmerzen,

Pyrogenfreisetzung, respiratorische Alkalose, desinhibierte spinale Reflexe und verminderte Sympathikusaktivität sein (72). Die Folgen des Muskelzitterns sind eine Erhöhung des Sauerstoffverbrauchs um 200–500%, ein Umstand, der zusammen mit einer hypothermiebedingten Vasokonstriktion die Myokardfunktion kompromittieren kann (72).
Frank & Fleisher konnten demonstrieren, dass das Bewahren der Normothermie vor kardialen Komplikationen schützen kann (8). Muskelzittern erhöht auch den intraokulären und den intrakraniellen Druck und verstärkt verständlicherweise den Wundschmerz (72).
Kranke et al. (72) haben kürzlich in einer systematischen Übersicht der Literatur zur Therapie des postoperativen Shiverings festgehalten, dass es mit einfachen und billigen Mitteln zu behandeln ist. Die wissenschaftliche Hauptaussage lautet: Man muss zwei Patienten mit postoperativem Shivering mit **25 mg Pethidin** oder **150 µg Clonidin** oder **100 mg Doxapram** behandeln, um nach 5 Minuten bei einem Patienten das Muskelzittern beendet zu haben (der weiter gezittert hätte, wäre er mit Plazebo behandelt worden, d.h. die NNT = 2).
Praktisch dürften die typischen opioidassoziierten unerwünschten Wirkungen bei einer Therapie mit 25 mg Pethidin nur selten auftreten (72). Es wäre vorsichtig (und empfehlenswert), Clonidin 150 µg in titrierender Weise zu verabreichen (72). Unter den Opioiden hat Pethidin den stärksten sedierenden Effekt. In der Dosis von 25 mg ist er vermutlich zu vernachlässigen. Clonidin 150 µg hingegen wirkt sicher und anhaltend sedierend. Vermutlich ist es sinnvoll, anhand der substanzspezifischen Partialwirkungen individuell zu entscheiden, ob man Clonidin oder Pethidin zur Therapie des Shiverings wählt (z. B. bei Vorliegen von PONV → Clonidin).

Lagerung des Patienten

Wie in Narkose können unter Sedoanalgesie Lagerungsschäden an exponierten Knochenpunkten bzw. disponierten Arealen auftreten. Operateur, Anästhesist und etwaige Gehilfen haben eine geteilte Verantwortung. In der Rolle jener Person, die primär auf die vitalen Interessen des Patienten fokussiert (im Gegensatz zum Operateur, dessen Konzentration dem Eingriff gewidmet ist), ist der Anästhesist konditioniert, im Sinne der Patientensicherheit eine defensive Rolle einnehmen. Weissauer stellt in einer rezenten Publikation (41) fest, dass *beide*, Anästhesist und Chirurg, Sachwalter der Patienteninteressen sind. Im Konflikt habe die Prädominanz der sachlichen Erfordernisse zu gelten (41). Die Patientenlagerung ist mitunter das Epizentrum interdisziplinärer Konflikte, wobei naturgemäß in Grenzbereichen von Interessen auch nichtsachbezogene Konflikte eine Arena finden. Konflikte, die im Angesicht des wachen Patienten ausgetragen werden, fördern nicht das Vertrauen in die Teamleistung. Im Falle divergenter Auffassungen zur Lagerung wird dem Chirurgen das Recht eingeräumt, diejenige Lagerung durchführen zu lassen, die er nach Abwägung der patientendienlichen Sachinteressen für notwendig erachtet (41). Dieses Recht ist durch die Auffassung begründet, dass der Operateur als der primär behandelnde Arzt anzusehen ist und dem Anästhesisten eine akzessorische Funktion zukommt. Der Anästhesist ist jedoch als gleichwertiger Fachspezialist weisungsfrei und kein Erfüllungsgehilfe (41). Dem Anästhesisten obliegt die Pflicht, Bedenken gegen eine Lagerung zu äußern.

Drucklähmungen an peripheren Nerven bzw. Nervenschäden durch extreme Positionierung von Extremitäten betreffen am häufigsten den N. ulnaris und den Plexus brachialis. Der N. ulnaris wird geschädigt, wenn durch unsachgemäße Unterpolsterung auf den Nerven im Sulcus n. ulnaris Druck ausgeübt wird. Der Plexus brachialis wird meist durch Zug geschädigt, wenn die obere Extremität beim Abspreizen zu stark außenrotiert, eleviert, retroponiert und supiniert wird, während der Kopf in die Gegenrichtung gebeugt und gedreht wird. Daher ist die Auslagerung einer Extremität nur so weit zulässig, wie dies für den Eingriff unbedingt notwendig ist. Eine Abduktion von über 90° ist in jedem Fall zu unterlassen. Für die ausgelagerte Extremität („Infusionsarm") hat der Anästhesist 100% Verantwortung zu tragen. Jede Lagerung birgt ihre besonderen Risken, am besten ist es, man kontrolliert den ganzen Patienten und fragt ihn, ob er bequem gelagert ist, ehe mit der Verabreichung von Sedativa begonnen wird. Diese Empfehlung ist in jedem Fall zu berücksichtigen, falls große Gelenke durch degenerative Erkrankungen oder nach Gelenksersatz-Operationen massiv eingeschränkt beweglich sind (27). Patienten mit extremen Deformierungen des Skeletts (M. Bechterew, Kyphoskoliose, Kontrakturen bei Encephalitis disseminata etc.) bedürfen zusätzlicher Lagerungshilfen.

Der Kopf des Patienten wird in Rückenlage von unten her zu unterpolstern sein, so dass er sich um ca. 5–10 cm über dem Niveau einer Liege befindet. Das bewegungslose Verharren in Rückenlage in völlig ausgestrecktem Zustand ist für die wenigsten auf Dauer möglich, da auf diese Weise die Kurvatur der Lendenwirbellordose aufgehoben wird und paravertebrale Ligamente und Muskeln gedehnt werden (27). Durch die Hyperextension der Hüftgelenke wird das Becken nach hinten gekippt, die Muskelaktivität der Para- und Intervertebralmuskulatur wird erhöht und übt einen vermehrten Druck auf die Bandscheiben aus. Die Patienten werden mit zunehmender Dauer der Operation unruhig, beginnen sich hin- und herzuwälzen und scheinen mehr Sedativa zu benötigen. Das wirkliche Problem kann durch Stufenlagerung der unteren Extremitäten vermieden werden, da sich durch

diese Maßnahme die Lordose unter Entspannung der Rückenmuskulatur abflacht und auf der Unterlage zu ruhen kommt (27).
Die Haut des Patienten muss vor Reibung, Druck und Verbrennung (nicht geerdete Elektroden) geschützt werden. Patienten mit präexistenten Hautläsionen und besonderen Risken (Hypoperfusion, kardiale Insuffizienz, Kachexie, Immobilisierung etc.) müssen an exponierten Regionen mit Gelkissen unterpolstert werden. Besonders exponierte Regionen sind bei Rückenlage Sacrum, Fersen, Schulterblätter und Ellenbogen, bei Bauchlagerung Ohren, Nase, Knie, Ellenbogen, Füße, männliches Genitale und weibliche Brust.
Die Lagerung beeinträchtigt auch die Lungenfunktion. Patienten mit eingeschränkten Atemreserven (COPD, Adipositas permagna) oder kardialer Insuffizienz können durch Kopftieflagerung (Zahnbehandlung, Cavakatheter etc.) zur Dekompensation gebracht werden. In Rückenlage nimmt die funktionelle Residualkapazität durch Kopftieflage um 1 Liter ab (17).
Durch brüske Lagerungs- und Transportmanöver können Übelkeit, Erbrechen, Hypotension, Erschrecken, Angst, Verwirrtheit und sogar Bewusstlosigkeit ausgelöst werden (27). Little hat demonstriert, dass bei der abrupten Lageänderung von der Steinschnitt- in die Rückenlagerung der systemische Blutdruck von 140/80 mmHg auf 86/58 mmHg abfallen kann (28). Lagerungsmanöver müssen dem sedierten Patienten angekündigt werden. Wenn ein Patient wach ist und Lagerungen durchgeführt werden, die einem Laien befremdlich erscheinen dürften, so ist es wahrscheinlich sinnvoll, ihm den Zweck der Lagerung zu erklären, da sein Verständnis die Kooperation erhöhen wird.

Kommunikation während eines Eingriffs

Die kommunikative Zuwendung während eines Eingriffs in Sedierung kann nicht genug bedacht werden. Kopp & Shafer (64) betonen, dass gute Kommunikation im Hinblick auf professionelles Arbeiten und Patientenzufriedenheit gleich wichtig ist wie die Kenntnisse der Pharmakokinetik und Pharmakodynamik. In Anlehnung an Merriam-Webster's Collegiate Dictionary arbeitet jener *professionell*, der „den technischen und ethischen Maßstäben eines Berufsstandes entspricht und ein zuvorkommendes, gewissenhaftes und sachliches Auftreten am Arbeitsplatz einbringt". Wertschätzung, Vertrauen und das Bewahren wesentlicher Werte sind Begriffe, die mit *Professionalität* assoziiert werden (65). Da die Begegnung mit dem Patienten üblicherweise nur kurze Zeit dauert, ist die Bedeutung guter Kommunikation extrem wichtig (64).
Im Operationssaal erscheinen die Patienten von ihrer selbstdefinierten Identität entblößt. Alles, was Status und Einfluss anzeigt, musste zurückgelassen werden (Kleidung, Schmuck, Besitz).

Selbstkontrolle ist nur in extrem eingeschränktem Ausmaß möglich. Sie liegen nackt und werden niedergebunden, in Erscheinung treten Menschen „ohne Persönlichkeit“: uniformiert, mit Masken und Handschuhen. Die Atmosphäre ist eisig kalt (und meistens auch thermisch zu kalt, da die Mächtigen auch die Raumtemperatur kontrollieren und an ihre Bedürfnisse anpassen).

Die Rolle des *Sedationists*/Anästhesisten könnte die Rolle eines Begleiters sein, eines persönlichen Führers (64). Er könnte das Sensorium des Patienten ansprechen und die eigentümliche Umgebung mit Worten erklären, welche die Sinne adressieren (*die EKG-Elektroden sind kalt, der automatische Blutdruckmesser wird kurz Druck auf Ihren Arm ausüben etc.*). Wenn immer es möglich ist, sollte dem Patienten die Möglichkeit eingeräumt werden, mit zuentscheiden („*Wollen Sie mit dem Kopf etwas höher liegen?*“), um ihm so ein Minimum an Kontrolle zu ermöglichen. Wir sind es dem Patienten schuldig, ihm erkennen zu geben, dass wir ihn als *fühlendes Wesen* respektieren (64). Kommunikation, die Respekt vermittelt, schafft Vertrauen. Kopp (64) schlägt vor, bei Handlungen am Patienten immer wieder dessen Einverständnis einzuholen („*Ist das o.k.?*“). Man kann für keine Dosis eines Sedativums eine Garantie erteilen, dass Amnesie herrschen wird (64). Daher soll man sich zu jedem Augenblick – auch bei mutmaßlich tiefster Allgemeinanästhesie – so verhalten, als ob der Patient wach wäre.

Im Operationssaal schätzen viele Menschen ein Angebot an Zerstreuung und Ablenkung. Die Kunst besteht darin, herauszufinden, *wer* sie will und *wer nicht* – wer lieber in sich gekehrt, auf sich konzentriert sein will. Man sollte für die ankommenden Signale offen sein: den suchenden Blick, die greifende Hand, das Gespräch, das aufgenommen wird, etc.

Der Sensibilität des Begleiters kommt die größte Bedeutung zu, im Weiteren der Art des kommunikativen Kontakts. Aufgrund der „Einladung zur Regression“, die ein operativer Eingriff anbietet, ist es häufiger die nonverbale Kommunikation, die als tröstlich oder ablenkend empfunden wird. Am besten beginnt man den Kontakt, in dem man sich vorstellt und seine Funktion erklärt. Die Botschaft „*ich werde für Sie da sein*“ wird mit großer Erleichterung angenommen. Da es um Sicherheit und Komfort geht, kann man das

Tab. 13: Beispiele positiver und negativer Formulierungen

positive Formulierung	negative Formulierung
Wie fühlen Sie sich?	Ist Ihnen schlecht?
Sie können es sich erlauben, ganz locker und entspannt zu sein.	Sie brauchen keine Angst zu haben!
Liegt Ihr Arm bequem?	Drückt die Armstütze zu stark?

auch ansprechen. Inhalte sollen positiv formuliert werden, da die Bedeutung einzelner Worte „Signalwirkung" hat und bereits Gefühle und Stimmungen determinieren kann.
Man sollte sich der suggestiblen Kraft seiner Präsenz bewusst sein. Pro Sekunde werden von jedem Menschen eine Unzahl von Signalen emittiert, die von der Umgebung interpretiert werden. Es werden naturgemäß nicht alle Signale interpretiert, da die wenigsten bewusst wahrgenommen werden. Aber auch wenn sie nicht alle bewusst werden können, wirken viele und führen zu Reaktionen.
Die meisten Signale, die von uns kommen, sind schwer steuer- oder kontrollierbar, weil es zu viele in der Zeiteinheit sind bzw. weil sie bewusstseinsfern sind (vor allem körpersprachliche Signale, Mimik, Gestik, Mitbewegungen etc.). Um so mehr soll man sich auf die Bedeutung seiner bewussten Äußerungen konzentrieren: Wenn ein Pfleger/Arzt beim Lagern sagt: „*Wenn Ihnen schlecht wird, sagen Sie es mir rechtzeitig!*", bedeutet das für den betroffenen Patienten: „*Dieser Professionalist erwartet, dass mir schlecht wird. Ich muss es ihm rechtzeitig sagen. Ich muss darauf achten, rechtzeitig zu erkennen, wenn mir schlecht wird. Ich warte darauf, dass mir schlecht wird. Ist mir schon schlecht oder noch nicht? Etc.*") – (s. Kapitel „Hypnose als Sedierung"). Sprache, vor allem eine Sprache, die reich an Metaphern ist*, wirkt suggestiv. Der Trancezustand der Hypnose ist keine Voraussetzung, dass suggestive Sprachmuster wirksam sind: Die Wirkung der Werbung ist das eindruckvollste Beispiel. Es existiert eine Unzahl von Publikationen über Effekte von **medizinischer Hypnose** im engeren Sinn. Eine kürzlich im *Anaesthesia and Analgesia* veröffentlichte Metaanalyse (55) beurteilt Arbeiten von hoher methodologischer Qualität im Hinblick auf die Beeinflussung von Symptomen nach einem chirurgischen Eingriff. Montgomery et al. (55) kommen zu dem Schluss, dass 89% aller Patienten durch Hypnose einen signifikanten Benefit erreichen, dass mit Hypnose ein sehr effektives nichtpharmakologisches Instrument zur Verfügung steht, um postoperativ störende Einflüsse zu kontrollieren. Hypnose kann als Technik verstanden werden, mit deren Hilfe ein Mensch in einen Trancezustand geführt wird. Die Voraussetzung dafür ist seine innere Bereitschaft und seine Fähigkeit zur Imagination. Durch Imagination angenehmer Inhalte und Zustände verschiedener Sinnesqualität kann es zur inneren Distanzierung von den äußeren Umständen kommen, die üblicherweise eine aversive Wirkung entfalten (OP-Atmosphäre, schmerz- und angstauslösende Faktoren etc.). Der Hypnotisierte befindet sich in einem Zustand körperlicher Entspannung, die Vitalparameter sind messbar vagoton. Er ist zugänglich für therapeutische Suggestionen. Im

*Sprache der Politiker und der Werbung!

Zustand der Trance sind die Wahrnehmung und vor allem die Bewertung von Wahrnehmungen modulierbar. Es ist im Sinne des Patienten, die aversiven Stimuli zu begrenzen und den Verlauf im Hinblick auf gesteigertes Wohlbefinden und Vermeiden von Komplikationen günstig zu beeinflussen. Die Erwartungen des Patienten werden zu seinem eigenen Wohl verändert. Die Wahrscheinlichkeit, dass ein Ereignis eintritt, wird größer, wenn es erwartet wird (selbsterfüllende Prophezeiungen, vgl. P. Watzlawick, 56). Erwartungen ändern Wahrnehmung und Verhalten (57). Es sind nicht nur subjektive Ereignisse, die diesem Phänomen unterworfen sind, wie die Entwicklungen an den Börsen zeigen (56). Wissenschaftlich ist gesichert, dass Hypnose gegen Schmerzen, Angst, postoperative Übelkeit und Erbrechen effektiv ist. Es konnte gezeigt werden, dass man sogar Blutverlust, Blutgerinnung, OP-Dauer und Dauer des Krankenhausaufenthalts positiv durch Hypnose beeinflussen kann. Dabei ist es nach jüngerer Erkenntnis unerheblich, ob die Technik als 1:1–Technik (Hypnotiseur-Patient) zur Anwendung kommt oder durch vorgefertigte Tonträger (55). Die 1:1–Variante erlaubt ein individualisiertes, maßgeschneidertes Herangehen, ist aber personell aufwendiger. In Ausnahme- bzw. Extremsituationen (Notfälle, Unfälle etc.) oder Momenten von Hilflosigkeit besteht eine besonders hohe Suggestibilität. Das sei dadurch bedingt, dass die Betroffenen in derartigen Situationen nicht auf ihre automatisierten Copingmechanismen zurückgreifen können (67). Für Lebenserfahrungen, die erstmalig auftreten und bedrohlichen Charakter haben, könnten die bewährten Mechanismen zur Abwehr und Bewältigung demnach überfordert sein oder gänzlich fehlen. Daher sind die Betroffenen rasch willig, Hilfsangebote oder Direktiven anzunehmen. Die Beeinflussbarkeit von Individuen steigt angesichts einer Autorität. Man sollte bedenken, dass einem als „professioneller Helfer“ diese Rolle attributiert wird, dessen ungeachtet, welche Haltung man dazu hat.

Humor: „Humor zu erforschen, ist wie einen Frosch zu sezieren – man kann viel lernen; aber am Schluss hat man einen toten Frosch“ (Mark Twain).

Humor ist ein wichtiger Bestandteil unseres Lebens. Lachen hebt die Stimmung, wirkt angstreduzierend, schmerzlindernd, senkt den Blutdruck und verbessert möglicherweise die Immunität (52). Die Ausschüttung der Stresshormone wird messbar reduziert, die Kreativität wird gefördert (52). Lachen hat auch ein aggressives Moment und kann sehr entlastend wirken. In der Notfallmedizin wird man sehr häufig mit Umständen unvergleichlicher Absurdität konfrontiert, die ergiebige humorvolle Assoziationen wecken. Das mag daran liegen, dass auch der Inhalt von Scherzen oder Witzen im Grunde befremdlich, schockierend, abnorm oder erschreckend ist (58). Das Nicht-Ernstnehmen dieser Inhalte, das heißt, das Anerkennen ihrer Absurdität, wirkt erheiternd. Das Lachen hilft, einen Abstand vom Schrecken zu gewinnen. „Lachen tut uns gut, weil es ausdrückt, dass wir einer Gefahr begegnet sind, ihr aber entronnen sind“ (Desmond Morris, 58). Wir brauchen den Humor nicht nur, weil er uns über die Nöte des Lebens hinweghilft, sondern auch, weil wir uns durch ihn lebendiger fühlen (79). Ohne Humor ist man tot, und tatsächlich sind die Humorlosen unter uns jene, die wir als tot und tödlich empfinden (79). Gemeinsames Lachen kann verbindend und harmonisierend wirken oder auch Distanz schaffen. Über sich selbst zu lachen, setzt voraus, dass man einen lebendigen Kontakt zu seiner Vergangenheit hat (79).

Atmosphärische Qualität

Atmosphärische Qualität ist die Summe aller Reizqualitäten und -intensitäten, welche die Umwelt eines Patienten formieren: Schall (Musik, Lärm, Geräusche etc.), Licht, kinästhetische (Bewegung, Vibration, Körperlageempfinden etc.), olfaktorische und gustatorische Stimuli.
Einige Tatsachen müssen akzeptiert werden:

1. Das Erreichen des Behandlungsziels hat Priorität. Dazu sind gewisse Faktoren hinzunehmen (Bohrmaschinen machen Geräusche; ein Chirurg braucht Licht, um zu sehen; akustische Alarme dienen der Patientensicherheit u. dgl.).
2. Das Sensorium adaptiert sich an eine *kontinuierlich* wirksame Stimulusintensität.
3. Die Interessen des Patienten stehen im Vordergrund.
4. Die Bewertung von Stimulusqualität und -intensität ist subjektiv.

Ein grundsätzliches Problem scheint zu sein, bei den Mitarbeitern das Bewusstsein zu wecken und wach zu halten, dass sie eine Atmosphäre mitgestalten, die einem Patienten nutzen oder schaden kann. *Jeder* Mitarbeiter, der in das perzeptive Feld eines Patienten tritt, trägt einen Teil der Verantwortung für dessen Sicherheit und Wohlbefinden.*

Lärm: Schalldruckmessungen in Patientennähe haben ergeben, dass in einem Operationssaal Schallspitzen bis zu 108 dB auftreten (59). Die höchste Intensität erreicht der Schalldruck *vor* und *nach* dem eigentlichen Eingriff, ursächlich für die große Lautstärke ist in erster Linie das Vor- und Nachbereiten des chirurgischen Instrumentariums. Das Zu-Boden-Fallen einer Instrumentenkassette ist – wie der Alltag demonstriert – sicherlich kein exotisches Ereignis, wenn auch ein vermeidbares. Ein plötzlicher und unvorhersehbarer Anstieg des Schallpegels um 30 dB führt zu einer Schreckreak-

*Jener, der in einer medizinischen Einrichtung „nur seine Arbeit macht“ und die Interessen der Patienten nicht wahrnimmt, ist fehl am Platz.

tion mit subsequenter Stressreaktion (Blutdruck- und Herzfrequenzanstieg, Adrenalinausschüttung, Pupillenerweiterung etc.). Das Ausmaß der physiologischen Stressreaktion steigt mit der Lautstärke, bei episodischem Auftreten und Unkontrollierbarkeit des Phänomens (59). Lärm ist ein ubiquitärer Stressfaktor unserer Zeit, er ist gesundheitsschädlich und wird von allen Umweltbelastungen von den meisten Menschen als die störendste angesehen. Ein Schalldruck über 80 dB löst deutliche vegetative Reaktionen aus, führt zur Einschränkung von kognitiven Leistungen sowie zu Hörschäden. Es ist nachgewiesen, dass die chirurgische Leistung durch Lärm reduziert wird (59), das Ausmaß der Leistungseinschränkung ist abhängig von der individuellen Stresstoleranz, von der Komplexität der Aufgabe und davon, ob der Lärm vorhersehbar und kontrollierbar ist (59). Die wichtigste Maßnahme zur Lärmbekämpfung ist das Vermeiden von Lärm. Ob Schall als störend empfunden wird, hängt von der subjektiven Bewertung ab. Vermeidbarer Schall wird eher als störend empfunden. Lärm kann für wache Patienten, die unter Lokal- oder Regionalanästhesie behandelt werden, ein ernstes Problem darstellen. Da die Operation für die meisten Patienten per se ein Stressereignis ist, sollten zusätzliche Stressfaktoren vermieden werden (59). Im OP sollte die größtmögliche Stille gesucht werden (64). Unvorhersehbarer Lärm kann zu Schreckreaktionen und zu unerwarteten Bewegungen des Patienten führen und die chirurgische Leistung beeinträchtigen (59). Gehörschutzstöpsel, beruhigende Hintergrundmusik oder Musik über Kopfhörer können nützlich sein, um den lärminduzierten Stress auf ein Minimum zu beschränken (59).

Tab. 14: Beispiele für Schalldruckintensität (nach Hodge & Thompson, 59)

dB	Beispiel
20	Flüstern
40	durchschnittlicher Schalldruck einer Wohnung
50	leichter Straßenverkehr
60	normale Konversation, normaler Straßenverkehr
70	Vakuumsauger
75	Diskonnektionsalarm eines Respirators, fahrender Instrumententisch
80	Alarm der Sauerstoffversorgung
85	Wechseln der Kassetten für chirurgisches Instrumentarium
100	Diskonnektion der Druckluft
108	Stahlkassette des chirurgischen Instrumentariums, zu Boden fallend
120	Rock-'n'-Roll-Band

Akustische Alarme: 75% aller Alarmsignale sind Fehlalarme, im Schnitt zeigen nur 3% Alarme ein Patientenrisiko an. Der Schalldruck der Alarme bewegt sich bei 75–80 dB (71). Die überwiegende Anzahl von Anästhesisten inaktiviert alle Alarme. Das erscheint angesichts der Wahrscheinlichkeiten logisch, vermindert aber die Patientensicherheit.

Musik: Musik reduziert Angst und Schmerz und erhöht die Stresstoleranz (60, 61). Sie ist ein sicheres, billiges und effektives nichtpharmakologisches Instrument, um einen Patienten von aversiven Reizen abzuschirmen. Die Voraussetzung dafür, dass Musik angenehm erlebt wird und ihre positiven Wirkungen entfalten kann, ist, dass das Angebot vom Patienten akzeptiert wird und er die Wahl treffen kann, welche Art von Musik er hören wird (63). Es ist sicher nicht dem Patientenkomfort förderlich, wenn der Einflussreichste im Operationssaal die Musik wählt und den Raum beschallen lässt. Ideal für den Patienten sind Kopfhörer, die nichtokklusiv sind. Okkludierende Kopfhörer wirken kommunikationshindernd, es kann das Gefühl entstehen, abgeschnitten, ausgeschlossen oder isoliert zu sein. Die einzelnen Titel sollen eine homogene Kontinuität aufweisen, das technische Inventar soll von guter Qualität sein (63), die Lautstärke soll ebenfalls vom Patienten festgelegt werden können. Musik wirkt entspannend und schmerzreduzierend. Patienten, die bei einem Eingriff Musik gehört haben, benötigen weniger Opioide, schlafen besser und sind früher mobilisierbar (61). Für manche Musikstücke ist sogar der wissenschaftlich Nachweis geführt und erbracht worden, dass sie sedierend bzw. beruhigend wirken, so für die Air in G aus der Suite in d-Moll von Johann Sebastian Bach, BWV 1068 (77). Andere finden eindrucksvolle anekdotische Erwähnung, wie etwa Mozarts Klavierkonzert KV 467, das von W. Hildesheimer als „Trost, Sedativum und Thymoleptikum“ bezeichnet worden ist (70) und besonders in der Geburtshilfe Anwendung gefunden hat. Im Tierversuch konnte bei Ratten demonstriert werden, dass durch Musik die stressinduzierte Immunsuppression reduziert wird und die Aktivität der natural killer cells in der Tumorabwehr gesteigert wird (62). C. Lepage et al. (63) konnten kürzlich zeigen, dass der Bedarf an Sedativa, der mittels Midazolam-PCS (patient controlled sedation) ermittelt wurde, durch Musik im Durchschnitt auf ca. 50% reduziert werden kann. Die Folge ist eine raschere Erholung und früher erreichte Selbstkompetenz. Dass sich die Zufriedenheit der Patienten (messbar!) auf das „ganze operative Erlebnis“ ausdehnt (63), sei an die Ohren der operativ tätigen Fachkollegen adressiert.

Licht: Das Spektrum der Lichtverhältnisse, das bei operativen Eingriffen herrscht, weist eine extreme Bandbreite auf. An Endoskopieplätzen und interventionell-radiologischen Einrichtungen ist der Mangel an Licht ein Faktor, der mit der Patientensicherheit kollidiert. Umso mehr ist technisches

Monitoring wichtig, da der „Monitor Mensch" in seiner wichtigsten sensorischen Quelle, dem Lichtsinn, reduziert ist. Die Lichtstärke im Operationssaal soll auf ein notwendiges Minimum reduziert werden (12). Es gilt zu vermeiden, dass die Patienten direkt von den gleißenden OP-Leuchten angestrahlt werden, sofern das mit dem Eingriff vereinbar ist. Durch das Angestrahltwerden mit einer blendenden Lichtquelle können möglicherweise bei gewissen Menschen (Cineasten, Staatssicherheitsbeamte etc.) interessante Assoziationen provoziert werden. Die Lichtqualität unter Einwirkung sedierender Pharmaka ist an anderen Orten von größter Bedeutung und erfordert einen sehr bewussten Umgang damit: an Intensivstationen, Überwachungseinrichtungen, im Aufwachraum etc.
Licht ist wirksam. Es aktiviert oder – anders gesagt – stört und irritiert den Schlaf bzw. beeinflusst die zirkadianen Rhythmen. In der Therapie der Depressionen hat die Lichttherapie einen etablierten Stellenwert. Die Effektivität von Sedierungstechniken kann durch eine entspannte, ruhige Atmosphäre gesteigert werden. Mit allen „physikalischen Quanten", die durch Einwirkung des Gesundheitspersonals emittiert werden, soll ein bewusster Umgang getrieben werden. Es sei erlaubt, sich zeitweilig die Frage zu stellen: **„Hat meine Handlung einen rationalen Hintergrund, ist sie dem Patienten nützlich? Oder ist sie Tradition/Ritual? Wem ist sie nützlich?"**

Traditionen und Rituale

In allen Gesundheitsinstitutionen werden in der Behandlung der Patienten so wohlmeinend wie unkritisch Traditionen und Rituale praktiziert, die weder rational sind noch das Wohlbefinden der Patienten steigern. Das Gegenteil ist häufig der Fall: Viele Rituale erhöhen die Rate an Komplikationen bzw. vermindern das Wohlbefinden der Patienten.
2 Beispiele: an der überwiegenden Mehrheit an Gesundheitseinrichtungen gibt es nach der Durchführung von Spinalanästhesien die Empfehlung von **Bettruhe.** Diese Maßnahme kann vielfach nicht begründet werden (*„wurde schon immer so gemacht"*), hat Scheinbegründungen (*„wurde 1959 von Primarius Z. angeordnet"*) oder entspricht einer nachweislich irrigen und überholten medizinischen Tradition. Neue Erkenntnisse stoßen auf die Ignoranz etablierter Führungskräfte oder praktische Konsequenzen unterbleiben, da die Verantwortlichen die Folgen ihrer Unterlassung nicht erfahren (*Primarius Z. bekommt keine Information, dass viele Patienten durch seine sinnlos fortgeführte Anweisung leiden*).
Tatsache ist, dass Bettruhe nach Spinalanästhesie keine Kopfschmerzprophylaxe ist (69). Die Rate an Kopfschmerzen nach Durapunktion kann durch Bettruhe nicht vermindert werden – im Gegenteil, es existieren Hin-

weise, dass sie sogar gesteigert wird (69). Frühmobilisierung beugt auch vielen anderen Komplikationen durch Hospitalisierung vor.
Ein zweites leidiges Beispiel ist die **postoperative Nüchternheit**. Bedauerlicherweise ist die Datenlage zur postoperativen Wiederaufnahme normaler Enährungsgewohnheiten sehr dürftig, die Aussagen in der Literatur gehen jedoch dahin, dass postoperatives Fasten ein bedeutsamer Risiko- und Komfortfaktor ist (Hypovolämie mit konsekutiven Wirkungen auf Kreislauf, Wundheilung, Infektionsrate u.v.m., erhöhte Inzidenz gastrointestinaler Komplikationen etc.). Die bisher veröffentlichten seriösen Daten über die frühe postoperative Wiederaufnahme der enteralen Ernährung lassen positive Aussagen über den Verlauf bei Frühernährung nach großen gynäkologische Eingriffen (80, 81) bzw. Kaiserschnitt (82) zu:
Die Patienten werden früher autonom und entlassungsfähig (80) bzw. in Verbindung von Regionalanästhesie und Frühernährung früher entlassungsfähig (82), die ersten Darmgeräusche treten früher auf (82), es kommt seltener zu abdomineller Distension (82), es treten keine vermehrten gastrointestinalen Beschwerden (inkl. Ileus) auf (81).
Auch dieses Themengebiet wird mit beinahe religiöser Dogmatik und niveauloser Argumentation diskutiert (*„unserer Erfahrung nach ...“*). Es ist zu vermuten, dass die meisten Patienten nach einem Eingriff sinnlos hungern und dursten. Die Pflegeforschung hat hier ein weites und kaum berührtes Feld, um rationale Grundlagen zur Entscheidungsfindung zu erarbeiten. Oder ist das Thema *postoperative Nüchternheit* eine der letzten Bastionen im sozialen Konflikttfeld Pflege – Medizin, die erfolgreich gehalten worden ist und notwendigerweise erhalten werden muss?
Nach Kehlet (78) sind Traditionen einer der 9 Umstände, die einer Erholung des Patienten entgegenwirken.

Tab. 15: 9 Faktoren, welche die Erholung eines Patienten verhindern
(nach Kehlet, 78)

- Schmerzen
- Übelkeit und Erbrechen
- Hypoxämie
- Schlafstörungen
- kardiale Morbidität
- Immobilisierung
- Hungern und Fasten (Nüchternheit)
- Müdigkeit
- **Traditionen**

Der Operateur: Einflussfaktoren auf seine Leistung und Befindlichkeit

Es ist denkbar, dass die Befindlichkeit des Operateurs von verschiedenen atmosphärischen (akustisch, thermisch, visuell, olfaktorisch) und kommunikativen Qualitäten beeinflusst wird.
Man könnte annehmen, dass ein Operateur, der subjektiv gute Arbeitsbedingungen vorfindet, eine objektiv bessere Leistung erbringen kann. Damit wären die subjektiv erlebbaren Bedingungen des Operateurs qualitativ maßgebliche Faktoren, welche auf das Outcome wirken. Eine derartige Hypothese überprüfen zu wollen, würde einen Untersucher vor eine große methodische Herausforderung stellen.
Im eigenen Krankenhaus wurden 35 Operateure (Allgemeinchirurgie, Gefäßchirurgie, Unfallchirurgie, Augenheilkunde, Gynäkologie, Augenheilkunde, Urologie) mit Hilfe von numerischen Rating-Scales über ihre Bedürfnisse bei Ihrer Tätigkeit im OP befragt (83).
Operativ tätige Ärzte dürften ein hohes Maß an Individualität aufweisen. Die Heterogenität der Bedürfnisse schafft den Boden für konfliktträchtige Konstellationen (z. B. im OP ist es *zu warm/zu kalt*).*
Die einzigen breiten Übereinstimmungen bei dieser Befragung zeigte sich einigen kommunikativen Qualitäten:
Freundlichkeit der Mitarbeiter, erlebbarer Teamgeist (die Erfahrung miteinander etwas zu leisten) und *Humor im OP* dürften für den überwiegenden Teil der operativ tätigen Kollegen sehr wichtige Faktoren sein, die ihre Leistung und Befindlichkeit beflügeln (83). *Größtmögliche Stille* im OP wird auch von vielen Operateuren als wichtige Qualität genannt. Dazu kontrastiert eine eher gelassene Haltung gegenüber den intensivsten Lärmquellen (Lärm, welcher durch das Zubereiten und Wegräumen des Instrumentariums hervorgerufen wird). Das könnte dadurch erklärt werden, dass die Operateure zu diesen Zeitpunkten noch nicht oder nicht mehr im OP sind und dieser Lärm daher nicht mehr auf sie einwirken kann.
Als störende Faktoren wurden Umstände genannt, die man als *kommunikatives Eindringen in das System Operation* bezeichnen könnte, z. B. durchgestellte Telefonate, die keinen Bezug zur gegenständlichen Operation haben. Gespräche innerhalb des OP-Teams werden grundsätzlich als nicht störend empfunden, vor allem wenn sie fachlicher Natur sind oder positive Inhalte transportieren. Störend wird eine atmosphärische Qualität empfunden, die man als „Bahnhofsstimmung" oder „OP-Wandertag" bezeichnen könnte. Es

*In der Befragung äußerten 13 Kollegen, dass die Temperatur im OP „gerade angenehm" sei, für 4 ist sie „zu kalt", für 6 „zu warm" – und für 2 eigenartiger Weise „zu warm und zu kalt" (?).

handelt sich um (Fort-)bewegung im OP, deren Zweck als „überflüssig“ empfunden wird (z. B. permanentes Öffnen/Schließen von hydraulischen Türen, durchgehendes Personal, Neugierige etc.). Anwesende Angehörige des Patienten dürften eine Mehrheit der operativ tätigen Ärzte stören (83). Einige Operateure empfinden auch anwesende Vertreter oder Einschulungspersonal als störend, hingegen schätzen es viele, wenn ihre operative Tätigkeit beobachtet wird (83).

Auswahl der Sedoanalgetika und Befindlichkeit

Das Befinden rund um einen Eingriff in Sedoanalgesie ist stark abhängig von der Wahl der Medikamente, die im Verfahren oder zur Prämedikation herangezogen werden. Die Auswahl der Pharmaka soll auch von diesem Gesichtspunkt her sehr bewusst erfolgen. Mundtrockenheit und Durst sind sehr störende Faktoren. Das ist zu bedenken, wenn Substanzen mit anticholinerger Wirkung (**Antipsychotika**, **Antihistaminika**) oder **Clonidin** verabreicht werden. Die Wirkung der **Benzodiazepine** wird im Allgemeinen sehr angenehm erlebt, es wird jedoch Patienten geben, welche amnestische Lücken negativ beurteilen. Die hohe Priorität, die man der Vermeidung von Übelkeit und Erbrechen beimessen soll, ist bei der Verwendung der **Opioide** ins Kalkül zu ziehen. Man sollte sich fragen, ob es andere Möglichkeiten der Analgesie gibt (42). Die Prämedikation von schmerzlosen Patienten mit Opioiden ist obsolet (53), es gibt keinerlei rationale Rechtfertigung für ihren Einsatz in dieser Indikation. **Propofol** ist als Sedativum hervorstechend im Hinblick auf die subjektive Befindlichkeit: Die Patienten werden rasch wach, fühlen sich „wie von einem erholsamen Schlaf erfrischt“, Glücksempfinden und angenehme Träume werden häufig berichtet (54). **Ketamin** ist eine einzigartige Substanz mit vielen Vorteilen, dennoch soll vor jeder geplanten Anwendung überlegt werden, ob es aufgrund seiner psychotomimetischen Wirkungen nicht eine bessere Wahl gibt. Generell ist den kurz wirksamen Pharmaka der Vorzug zu geben.

Sedoanalgesie ist sicherer als Allgemeinanästhesie und wird von den Patienten gegenüber Regionalanästhesie bevorzugt (15).

Das Ziel der perioperativen Therapie ist die rasche Rückkehr zu physiologischen Organfunktionen (66) und zu einem selbstbestimmten Leben in Wohlbefinden.

Literatur

1 Yacavone RF, Locke GR, Gostout CJ et al. Factors influencing patient satisfaction with GI endoscopy. *Gastrointest Endosc* 2001; 53: 703–710

2 Warden JC, Horan BF. Deaths related to anesthesia in New South Wales, 1984-1990. *Anaesth Intensive Care* 1996; 24(1): 66–73

3 Tinker JH, Dull DL, Caplan RA et al. Role of monitoring devices in prevention of anaesthetic mishaps: A closed claims analysis. *Anesthesiology* 1989; 71: 541–6

4 Kawashima Y, Seo N, Morita K et al. Perioperative mortality and morbidity in 1999 with a special reference to age in 466 certified training hospitals of Japanese Society of Anesthesiologists – report of Committee on operating room safety of Japanese Society of Anesthesiologists (abstract). *Masui* 2001; 50(8): 909–21

5 American Society of Anesthesiologists (ASA). Practice guidelines for sedation and analgesia by nonanesthesiologists. *Anesthesiology* 2002; 96: 1004-17 oder: Standards for basic anaesthetic monitoring Standard I. 1996. http://www.asahq.org/Standards/02.html und http://www.asahq.org/practice/sedation/sedation.html

6 American Heart Association in collaboration with the International Committee on Resuscitation (ILCOR). Guidelines 2000 for cardiopulmonary resuscitation and emergency cardiovascular care. An international consensus on science. *Circulation* 2000; 102 (Suppl I): I-86–I-89

7 Joint Commission on Accreditation of Healthcare Organizations: Comprehensive Accreditation Manual for hospitals: *The official handbook.* Oakbrook Terrace, 1997; TX-76 bis TX-80 oder http://www.asahq.org/ProInfo/toolkitt/sedmodelfinal.htm

8 Frank SM, Fleisher LA, Breslow MJ et al. Perioperative maintenance of normothermia reduces the incidence of morbid cardiac events. A randomised clinical trial. *JAMA* 1997; 277: 1127–34

9 Franklin ML. Transcutaneous measurement of partial pressure of oxygen and carbon dioxide. *Resp Care Clin North Am* 1995; 119–31

10 Wiener-Kronish JP, Gropper MA. *Conscious Sedation.* 2001; Hanley & Belfus Inc. Philadelphia

11 McCloy RF. Gastroenterology. In: Whitwam JG, McCloy RF. *Principles and practice of sedation.* 1998; Blackwell Science Oxford London

12 Nolan DM. Procedural safety. In: Whitwam JG, McCloy RF. *Principles and practice of sedation.* 1998; Blackwell Science Oxford London

13 Bell GD, McCloy RF, Charlton JE et al. Recommendations for standards of sedation and patient monitoring during gastrointestinal endoscopy. *Gut* 1991; 32: 823–7

14 Royal College of Surgeons of England. Report of the working party on guidelines for sedation by non-anaesthetists. Commission of the Provision of Surgical Services, London 1993

15 Birch BRP, Anson KM, Gelister J et al. Sedoanalgesia – a costeffective alternative to general anesthesia. A review of 1020 cases. *Br J Urol* 1990; 66: 342–50
16 Sury MRJ. Paediatric sedation for diagnostic and therapeutic procedures. In: Whitwam JG, McCloy RF. *Principles and practice of sedation.* 1998; Blackwell Science Oxford London
17 Kramer M. Nursing issues in Conscious Sedation. In: Wiener-Kronish JP, Gropper MA. *Conscious Sedation.* 2001; Hanley & Belfus, Inc. Philadelphia
18 Kost M. Manual of Conscious Sedation. 1998; WB Saunders Philadelphia
19 Aldrete A. Postanesthesia recovery score revisited. *J Clin Anaesthesiol* 1995; 7: 84
20 Lin LH. Sedation in the outpatient setting. In: Wiener-Kronish JP, Gropper MA. *Conscious Sedation.* 2001; Hanley & Belfus Inc. Philadelphia
21 Nelson DB, Freeman ML, Silvis SE et al. A randomized controlled trial of transcutaneous carbon dioxide monitoring during ERCP. *Gastrointest Endosc* 2000; 51: 288–95
22 Bowton DL, Scuderi PE, Harris L et al. Pulse oxymetry monitoring outside the intensive care unit: Progress or problem? *Ann Intern Med* 1991; 115: 450–4
23 Whitwam JG, MA D. Pulse oxmetry. In: Whitwam JG, McCloy RF. *Principles and practice of sedation.* 1998; Blackwell Science Oxford London
24 Deutsche Gesellschaft für Anästhesiologie und Intensivmedizin. Ausstattung des anästhesiologischen Arbeitsplatzes, Richtlinien der Deutschen Gesellschaft für Anästhesiologie und Intensivmedizin. *Anästh Intensivmed* 1995; 36: 250–4
25 Werba A, Kober A, Stellwag C. Forensische Beiträge zu Standards. *Balance in Anästhesie und Intensivmedizin* 2002; 2: 8–11 (Anästhesiejournal der Glaxo-Wellcome Pharma GmbH Wien)
26 The Joint Commission on Accreditation of Healthcare Organizations. Reducing medical errors: a review of innovative strategies to improve patient safety, may 8, 2002
27 Martin JT, Warner MA. *Positioning in Anesthesia and Surgery.* 3rd ed. 19XX; WB Saunders
28 Little DM jr. Posture and anesthesia. *Can Anaesth Soc J* 1960; 7: 2
29 ACC/AHA guideline update for perioperative cardiovascular evaluation for noncardiac surgery – executive summary. *Anaesth Analg* 2002; 94: 1052–64
30 Macario A, Weinger M, Carney S et al. Which clinical Outcomes are important to avoid? The perspective of patients. *Anesth Analg* 1999; 89: 652–8
31 Donabedian A. Evaluating the quality of medical care. *Millbank Med Fund Q* 1966; 44(II): 166–206
32 Bachinger G, Memmer M, Ortel A et al. *Ratgeber zur Patientenverfügung.* Vorausschauende Selbstbestimmung des Patienten. NÖ Patienten- und Pflegeanwaltschaft. NÖ Schriften, St. Pölten 2002
33 Kopetzki C. *Einwilligung und Einwilligungsfähigkeit.* 2002; Manzsche Verlags- und Universitätsbuchhandlung Wien
34 Mazal W. *Grenzfragen der ärztlichen Behandlung.* 1998; Manzsche Verlags- und Universitätsbuchhandlung Wien
35 Bernat E (Hg.). Intensivmedizin als Herausforderung für Recht und Ethik. 1999; Manzsche Verlags- und Universitätsbuchhandlung Wien
36 Apfel CC, Läärä E, Koivuranta M et al. A simplified risk score for predicting postoperative nausea and vomiting: conclusions from cross-validations between two centers. *Anesthesiology* 1999; 91: 693–700
37 Apfel CC, Rower N. Einflussfaktoren von Übelkeit und Erbrechen nach Narkosen: Fiktionen und Fakten. *Anästhesist* 2000; 49: 629–41

38 Roewer N, Apfel CC. Welche Bedeutung haben Originalarbeiten zur Prophylaxe von Übelkeit und Erbrechen für unsere klinische Praxis. *AINS* 2001; 36: 403–5
39 Scuderi PE, James RL, Harris L et al. Multimodal antiemetic management prevents early postoperative vomiting after outpatient laparoscopy. *Anaesth Analg* 2000; 91: 1408–14
40 Beer GM, Spicher I, Seifert B et al. Oral premedication for operations of the face under local anesthesia: a placebo-controled double blind trial. *Plast Reconstr Surg* 2001; 108: 637–43
41 Weißauer W. Abgrenzung der Verantwortung für die operative Lagerung des Patienten und Haftung für Lagerungsschäden. *Anästhesist* 2002; 51: 166–74
42 Oddby-Muhrbeck E, Eksborg S, Bergendahl HTG et al. Effects of clonidine on postoperative nausea and vomiting in breast cancer surgery. *Anaesthesiology* 2002; 96: 1109–14
43 Splinter WM, Rhine EJ. Low dose ondansetron with dexamethason more effectively decreases vomiting after strabismus surgery in children than does high dose ondansetron. *Anaesthesiology* 1998; 88: 72–75
44 Greengrass R, O´Brien F, Lyerly K et al. Paravertebral block for breast cancer surgery. *Can J Anaesth* 1996; 43: 858–61
45 Scuderi PE, James RL, Harris L et al. Antiemetic prophylaxis does not improve Outcomes after outpatient surgery when compared to symptomatic treatment. *Anaesthesiology* 1999; 90: 360–71
46 Yogendran S, Asokumar B, Cheng DCH. A prospective randomised double-blinded study of the effect of intravenous fluid therapy on adverse Outcomes on patient surgery. *Anaesth Analg* 1995; 80: 682–6
47 Pusch F, Berger A, Wildling E et al. The effects of systolic blood pressure variations on postoperative nausea and vomiting. *Anaesth Analg* 2002; 94: 1652–5
48 Wang JJ, Ho ST, Uen YH. Small dose dexamethasone reduces nausea and vomiting after laparoscopic cholezystectomy: a comparison of tropisetron with saline. *Anaesth Analg* 2002; 95: 229–32
49 Greif R, Akca O, Horne P et al. Supplemental perioperative oxygen to reduce the incidence of surgical wound infection. *New Engl J Med* 2000; 342: 161–67
50 Eagle KA, Berger PB, Calkins H et al. ACC/AHH guideline update for perioperative cardiovascular evaluation for noncardiac surgery: executive summary: a report of the American College of Cardiology/American Heart Association Task force on practice guidelines. *Circulation.* 2002; 105: 1257–1267
51 Buggy D. Can anaesthetic management influence surgical-wound healing? *The Lancet* 2000; 356: 355–6
52 Hassed C. How humour keeps you well. *Aust Fam Physician* 2001; 30(1): 25–8
53 Lindahl SGE. Not only towards enhanced preoperative comfort. *Anaesth Analg* 2001; 93: 1091–2
54 Brandner B, Blagrove M, McCallum G et al. Dreams, images and emotions associated with propofol anaesthesia. *Anaesthesia* 1997; 52: 750–5
55 Montgomery GH, David D, Winkel G et al. The effectiveness of adjunctive hypnosis with surgical patients: a meta-analysis. *Anaesth Analg* 2002; 94: 1639–45
56 Watzlawick P. Wie wirklich ist die Wirklichkeit? 17. Aufl. 1989; Serie Piper München Zürich
57 Kirsch I. *How expectancies shape experience.* 1st ed. 1999; American Psychological Association Washington DC
58 Morris D. *Der Mensch, mit dem wir leben.* 1978; Knaur München

59 Hodge B, Thompson J. Noise pollution in the operating theatre. *The Lancet* 1990; 335: 891–4
60 Palakanis KC, DeNobile JW, Sweeney WB et al. Effect of music therapy on state anxiety in patients undergoing flexible simoidoscopy. *Dis Colon Rectum* 1994; 37: 478–81
61 Good M, Anderson GC, Stanton-Hicks M. Relaxation and music reduce pain after gynaecologic surgery. *Pain Manag Nurs* 2002; 3: 61–70
62 Nunez MJ, Mana P, Linares D et al. Music, immunity and cancer. *Life Sci* 2002; 71(9): 1047–57
63 Lepage C, Drolet P, Girard M et al. Music decreases sedative requirements during spinal anesthesia. *Anesth Analg* 2001; 93: 912–6
64 Kopp VJ, Shafer A. Anaesthesiologists and perioperative communication. *Anesthesiology* 2000; 93: 548–55
65 Wynia M, Latham S, Kao A et al. Medical professionalism in society. *New Engl J Med* 1999; 341: 1611–6
66 McCrory CR, Lindahl GE. Cyclooxygenase inhibition for postoperative analgesia. *Anesth Analg* 2002; 95: 169–76
67 Peter B. Möglichkeiten und Grenzen der Hypnose in der Schmerzbehandlung. *Der Schmerz* 1998; 12: 179–86
68 Chung F, Chan VW, Ong D. A post-anaesthetic discharge scoring system for home readiness after ambulatory surgery. *J Clin Anaesth* 1995; 7: 500–6
69 Sudlow C, Warlow C. Posture and fluids for preventing post-dural puncture headache (Cochrane Review) In: *The Cochrane Library*, issue 3, 2002. Oxford: Update Software
70 Hildesheimer W. *Mozart.* Erste Auflage 1980, S. 44; Suhrkamp Taschenbuch
71 Kestin IG, Blaine R, Miller DO et al. Auditory alarms during anesthesia monitoring. *Anaesthesiology* 1988; 69: 106–9
72 Kranke P, Eberhart LH, Roewer N et al. Pharmacological treatment of postoperative shivering: a quantitative systematic review of randomised controlled trials. *Anesth Analg* 2002; 94: 453–60
73 Jowell PS, Eisen G, Onken J et al. Patient-controlled analgesia for Conscious Sedation during endoscopic retrograde cholangiopancreatography: a randomized controlled trial. *Gastrointest Endosc* 1996; 43: 490–4
74 McCloy RF. Asleep on the job: sedation and monitoring during endoscopy. *Scand J Gastroenterol Hepatol* 1992; 7 (Suppl 192): 97–101
75 American Academy of Pediatrics Committee on drugs. Guidelines for monitoring and management of pediatric patients during and after sedation for diagnostic and therapeutic procedures. *Pediatrics* 1992; 89: 1110–5
76 Bell GD. Premedication, preparation and surveillance. *Endoscopy* 2002; 34: 2–12
77 Barger DA. The effects of music and verbal suggestion on heart rate and self-reports. *J Music Therapy* 1979; XVI: 158–71
78 Kehlet H. Multimodal approach to control postoperative pathophysiology and rehabilitation. *Br J Anaesth* 1997; 78: 606–17
79 Gruen A. *Der Verrat am Selbst.* Die Angst vor Autonomie bei Mann und Frau. 1986; dtv
80 Steed HL, Capstick V, Flood C. A randomised controlled trial of early versus „traditional" postoperative oral intake after major abdominal gynaecologic surgery. *Am J Obststet Gynecol* 2002; May; 186(5): 861–5
81 McMillan SL, Kammerer-Doak D, Rogers RG, Parker KM. Early feeding and the incidence of gastrointestinal symptoms after major gynecologic surgery. *Obstet Gynecol* 2000 Oct; 96(4): 604-8

82 Mangesi L, Hofmeyr GJ. Early compared with delayed oral fluids and food after cesarean section (Cochrane Review). In: *The Cochrane Library*, issue 3, 2002. Oxford: Update Software

83 Weixler D, Hofbauer P. OP-Atmosphäre – Einflussfaktoren auf die subjektive Befindlichkeit und Leistungsfähigkeit von Operateuren. Unveröffentlichte Daten aus einer Befragung von 35 Ärzten aus verschiedenen operativen Disziplinen. 2002; November

84 Simini B. The two pillars of anesthesia. *The Lancet* 1999 Dec; 354 Suppl, SIV6

Techniken der Conscious Sedation

D. Weixler

Was man sucht – es lässt sich finden,
was man unbeachtet lässt –
entflieht!
SOPHOKLES

Die Techniken, mit deren Hilfe die Ziele der Conscious Sedation erreicht werden, umfassen die Verabreichung von Sedativa und/oder Opioiden durch

1. Titration zum Effekt
2. Einmaldosisverfahren
3. Infusionspumpen a) intermittierend, b) kontinuierlich

Die Wahl der Sedierungstechnik ist abhängig von der Dauer des Verfahrens, von der erwarteten Schmerzintensität und vom physischen Zustand des Patienten (3). Limitierende Faktoren sind Kontraindikationen der Conscious Sedation und mangelnde Kooperationsfähigkeit (PCS).

1. Titration zum Effekt

Die wiederholte bolusartige Verabreichung von Sedativa und/oder Opioiden ist heute die am weitesten verbreitete Technik der Conscious Sedation (1). Das Prinzip dieses Technik ist, dass der *sedationist** die Dosen der Sedativa so wählt, dass er sich unter Beobachtung der Effekte auf Vitalparameter und Bewusstsein in winzigen Dosisschritten – unter Abwarten des Effekts – von der geringsten möglicherweise effektiven Dosis an eine effektive Dosis annähert. Das „**Titrieren zur Wirkung**" setzt die Kenntnisse der Kinetik und Interaktionen der verwendeten Substanz(en) voraus. Weitere Voraussetzungen sind ein permanent liegender Venenzugang und die Verwendung von

Tab. 1: Vorteile der intravenösen Zufuhr

rasche Effektivität gestattet gute Beurteilbarkeit der Wirkung
100% Bioverfügbarkeit
mehrere Pharmaka können verabreicht werden
Zugang für lebensrettende Maßnahmen vorhanden
Antagonisten wirken rasch
Zugang für andere notwendige Substanzen (Kontrastmittel, Antibiotika etc.)
Zugang für Flüssigkeitssubstitution oder Volumentherapie (Kristalloide, Kolloide)

*Siehe Vorwort.

Medikamenten, die rasch zu einem Effekt führen. Werden mehrere sedierende Substanzen verwendet, so ist mit synergistischen Effekten zu rechnen. Der **Venenweg** soll an einer Stelle angelegt werden, wo er gut zugänglich ist. Das ist besonders zu beachten, wenn die Position des Patienten verändert wird, wie etwa, wenn er für eine ERCP in Bauchlage gebracht wird oder wenn er mit einem Notarztmittel transportiert werden wird. Die Venenverweilkanüle muss so fixiert und gesichert werden, dass sie unter keinen Umständen entfernt werden *kann* (Patientenbewegungen, Lagerungsmanöver), da sonst eine lebensbedrohliche Situation für den Patienten entsteht. Vor allem bei Kindern und alten Menschen sollen die Venen der Fossa cubitalis mit Zurückhaltung punktiert werden, da in den extremen Lebensaltern eine unbeabsichtigte Punktion der A. cubitalis mit erhöhter Wahrscheinlichkeit erfolgen kann. Bei Patienten mit „schlechten Venen" führt eine Stauung mit einer Blutdruckmanschette eher zum Erfolg als die Stauung mit einer Staubinde, vor allem, wenn die Extremität vorher erwärmt worden ist (warme Wickel). Wenn es sich ankündigt, dass der Suchvorgang zu Frustration führen wird, ist eine kurzfristige Punktion der V. saphena magna vor dem Innenknöchel (Erwachsene) oder bei Kindern der V. saphena parva um den Außenknöchel statthaft. Um eine planbare Prozedur nicht mit solchen unerquicklichen Dingen zu verzögern, erscheint es sinnvoll, wenn der Patient bereits mit liegendem Venenweg zum Eingriff kommt. Gummischläuche mögen vielen Zwecken dienlich sein, zum Venenstauen haben sie im äußersten Fall an Katastrophenschauplätzen eine Existenzberechtigung.

Die Titration zur Wirkung setzt also voraus, dass gewartet wird, bis der Maximaleffekt (*peak effect*) des injizierten Medikaments erreicht ist. Der maximale Effekt nach intravenöser Gabe von Midazolam stellt sich nach 3–5 Minuten ein. Besonders unter dramatischen Umständen ist man verleitet, schon nach kürzerer Zeit eine weitere Dosis zu verabreichen. Damit werden aber die pharmakokinetischen Grenzen der Steuerbarkeit überfordert, es kommt praktisch zur „Übersteuerung". Das bedeutet im Falle von Midazolam bei älteren Menschen, dass in hoher Wahrscheinlichkeit eine Atemstörung mit Sättigungsabfall die Folge ist. Durch die rasche Anflutung des Benzodiazepins werden im ZNS mehr Benzodiazepinrezeptoren besetzt, als für die Zielsetzung Anxiolyse notwendig wäre (1).

Gegenüber der kontinuierlichen Gabe von Sedativa hat die intermittierende bolusartige Verabreichung den Nachteil einer schwankenden, oszillierenden Sedierungstiefe (11).

Midazolam ist jene Substanz, die am häufigsten zur Sedierung verwendet wird und die *Nicht-Anästhesisten* empfohlen ist, wenn sie Sedierungsaufgaben übernehmen (1).

Es empfiehlt sich, mit der 5 mg/5 ml-Präparation (Dormicum®) zu arbeiten. Bei Erwachsenen wird zunächst 1 mg (= 1 Milliliter) langsam über 30 Sekunden intravenös injiziert. Man wartet den Effekt ab, überwacht die Atmung, Sauerstoffsättigung und die Reaktion des Bewusstseins. Der kommunikative Kontakt zum Patienten darf nie verloren gehen. Ist die Dosis nicht ausreichend, kann man nach 3–5 Minuten bei Erwachsenen bis 60 Jahren ein neuerliches Inkrement von 1 mg injizieren. Bei älteren Menschen ist die Repetition in Schritten von 0,5 mg sinnvoll. Bei ihnen sind selten mehr als 3,5 mg Midazolam notwendig, um eine adäquate Sedierung zu erreichen. Bei jüngeren Erwachsenen ist mit 5 mg fast immer das Auslangen gefunden, in Extremfällen können auch 10 mg notwendig sein. Eine Conditio sine qua non der Sedierung mit Midazolam ist die Überwachung des Patienten durch eine Person, die selbst am Vorgang des Eingriffs nicht teilnimmt, ein Monitoring mit Pulsoxymetrie und die jederzeitige Verfügbarkeit von Flumazenil. Wird der Patient nach Midazolamgabe in paradoxer Weise unruhiger, so ist wahrscheinlich eine zu hohe Dosis wirksam (siehe Seite 152).

Kombiniert man **Opioide und Benzodiazepine**, so ist immer zuerst das Opioid zu verabreichen. Man injiziert ca. 25% jener Opioiddosis, die man verabreichen würde, wenn man nur das Opioid geben würde. Nach 3–5 Minuten Warten (!) gibt man in analoger Weise 25% der üblichen Benzodiazepindosis. Das Benzodiazepin wird dann weiter in diesen Dosisschritten und in Berücksichtigung der Kinetik nach den Erfordernissen injiziert.

Wählt man die Kombination **Fentanyl** und **Midazolam**, so wird mit einer Dosis von 25 µg Fentanyl begonnen, für die meisten Patienten bei interventionell-radiologischen Verfahren sind 25–50 µg ausreichend (3). Wesentlich ist, dass das Opioid zuerst injiziert wird und dann 3 Minuten gewartet wird (3). Wird **Pethidin** zur Sedierung verwendet, beginnt man mit einem 25 mg Bolus, die Richtdosis ist 0,5–1 mg/kg. In der Endoskopie wird häufig Pethidin **mit Midazolam** kombiniert: Man beginnt mit Pethidin 0,35 mg/kg, der erste Midazolambolus beträgt 0,035 mg/kg, die weiteren 0,015 mg/kg (5). **Alfentanil** wird in 125 µg-Schritten injiziert (Zielbereich 3–8 µg/kg) (4) – siehe Abb. 1.

Eine Sedierung mit **Propofol** oder **Alfentanil** ist Anästhesisten vorbehalten, da die Wahrscheinlichkeit von Atemwegskomplikationen durch beide Substanzen wesentlich größer ist als durch Midazolam. Eine Propofolsedierung beginnt man mit einer Dosis von 0,75 mg/kg, welche über 60 Sekunden zugeführt wird und alle 5–6 Minuten repetiert werden kann (1). Je nach Effekt wird die Einzeldosis in 0,25 mg/kg-Schritten variiert.

Die Erstdosis von Alfentanil beträgt 2 µg/kg, weitere Dosen können in Minutenabständen bis zu einer maximalen Dosis von 5 µg/kg appliziert werden (1). Der Patient soll Sauerstoff atmen, ein Abfall der Atemfrequenz unter

6/min wird rasch auf normale Werte zurückkehren, wenn keine weitere Dosis gegeben wird (1). Eine Dosis von 0,5 mg/kg Propofol wird dann eine exzellente Sedoanalgesie produzieren (1). Weitere Propofoldosen von 0,5 mg/kg können alle 5 Minuten repetiert werden. Ist mehr Analgesie notwendig, so kann eine *top-up-Dosis* mit Alfentanil 1–2 µg/kg durchgeführt werden (1). Eine Sedierung mit **Propofol** kann in sinnvoller Weise mit kleinen Dosen **Ketamin** supplementiert werden. Nettoeffekte der Kombination sind eine potentere Sedierung und Analgesie bei einer geringeren Nebenwirkungsrate (9). Die Wahrscheinlichkeit von psychotomimetischen Effekten ist bei subhypnotischen Ketaminkonzentrationen geringer (8–16%) und wird partiell von Propofol supprimiert (8). Ketamin wirkt zwei propofolinduzierten unerwünschten Wirkungen entgegen: Blutdruckabfall und Atemdepression (8). Opioide und Propofol haben hinsichtlich Atemdepression eine supraadditiv synergistische Wirkung, der Bedarf an Opioden wird durch Ketamin stark reduziert (8, 9). Der antinozizeptive Effekt von Ketamin reicht über die OP-

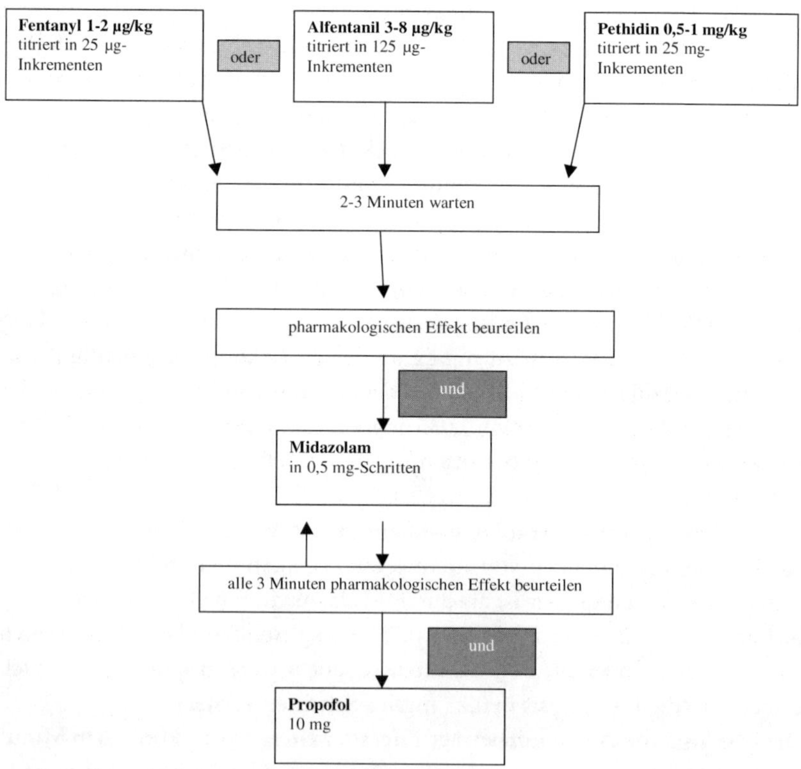

Abb. 1: Bolustechnik der Conscious Sedation (modifiziert nach Kost, 4)

Dauer hinaus. Die zentral dämpfende Wirkung von Propofol dürfte durch Ketamin partiell antagonisiert werden (9) – Ketamin stimuliert in niedrigen Dosen die Ventilation. Durch Kombination der Substanzen kommt es zu kürzeren Erholungszeiten (8, 9), was möglicherweise dadurch erklärt ist, dass die Patienten einen geringeren postoperativen Opioidbedarf zeigen.

2. Einmaldosis-Verfahren

Eine populäre (4) Methode der Sedierung, die weniger aufwendig, aber auch weniger zielsicher im Effekt ist, besteht darin, eine vorweg errechnete Sedierungsdosis auf einmal zu applizieren. Diese Verfahren ist in der Zahnheilkunde, Kieferchirurgie und bei gastroenterologischen Prozeduren verbreitet (4). Der Nachteil dieser Methode besteht in einem höheren Risiko für Atemdepression, Blutdruckabfall, Thoraxrigidität und vor allem in der größeren Wahrscheinlichkeit, unbeabsichtigt eine tiefe Sedierung mit Bewusstlosigkeit herbeizuführen (4). Da das Einmaldosis-Verfahren in einem höheren Prozentsatz der Fälle zu schwerwiegenden Komplikationen führt, wird auf eine detaillierte Darstellung verzichtet. Es wäre unseriös Dosierungsempfehlungen anzuführen, da man mit einiger Wahrscheinlichkeit außerhalb der erwünschten Effekte liegt.

3. Infusionspumpen

a) Intermittierende Injektion – PCS – patient-controlled sedation

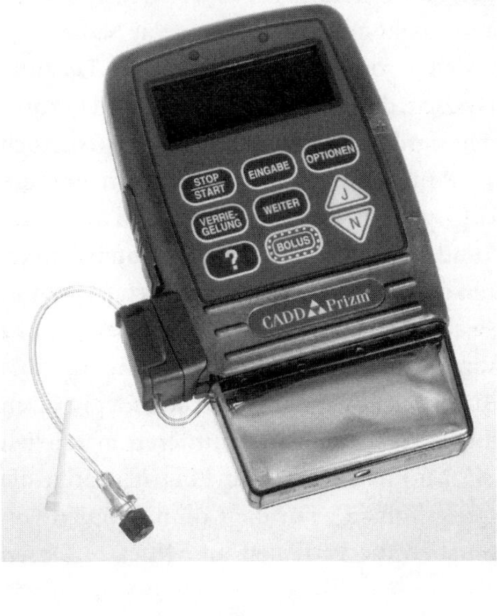

Abb. 2:
PCA-Pumpe (Foto: Deltec Inc.)

Die intermittierende Zufuhr von Sedativa kann durch den Anwender oder den Patienten gesteuert werden. Eine dritte Variante wäre die Verabreichung eines Initialbolus durch den *sedationist* und die Abrufung weiterer Dosen durch den Patienten.

Die PCS ist ein Verfahren, das analoge Vorteile bietet wie die bewährte patienten-kontrollierte Analgesie (PCA), die seit vielen Jahren als sicheres und effektives Instrument in der Schmerztherapie etabliert ist. Die Befürchtung, dass PCS gefährlicher ist als eine Anwender-gesteuerte Technik, kann zurückgewiesen werden. PCS ist sicherer als jedes andere Verfahren, wenn die Voraussetzungen der sicheren Anwendung erfüllt werden.

Es ist offenbar so, dass der Patient besser als jeder andere weiß (spürt), wie viel Substanz er braucht, um eine gute Anxiolyse zu erzielen. Die Bedingung ist nur, dass das Pumpensystem so programmiert ist, dass er sich selbst mit sicheren Dosen zum Effekt titrieren kann. Die Methode setzt voraus, dass der Patient wach genug ist, den Knopf der Pumpe drücken zu können, daher ist Übersedierung unwahrscheinlich (5). Die PCS sei die **Methode der Zukunft**, so Whitwam & McCloy in *Principles and Practice of Sedation* (1). Erfahrungen mit PCS wurden bisher mit Midazolam und Propofol gesammelt. Es ist bisher zu verzeichnen, dass die mittels PCS zugeführten Sedativa-Dosen interindividuell erheblich streuen. Die Dosen eines *sedationists* werden aufgrund seiner Kenntnisse und seiner Erfahrungen immer in einem gewissen Rahmen streuen, da die Zufuhr der Substanzmenge von seiner Einschätzung des Bedarfs abhängt. Der Anwender bzw. dessen Urteil wird in diesem Szenario einer schwierigen Diskriminierung zum Unsicherheitsfaktor: Es ist wahrscheinlich, dass er gewissen Patienten zu viel gibt, andere wieder bräuchten derartig hohe Dosen, die außerhalb der „Sicherheitsnormen" des Anwenders liegen. Diese Patienten bekommen dann zu wenig Sedierung. Die Interpretation des Bedarfs ist sicher von der kommunikativen Leistung des Anwenders abhängig. Es ist erwiesen, dass die Einschätzung des Diskomforts zwischen Patienten und Ärzten signifikant unterschiedlich ist (6). Auch wenn sich der Patient mit einem Pumpensystem ein Sedativum *und* ein Analgetikum abrufen kann (= PCAS, patient-controlled analgesia and sedation), wird die Sicherheitsbreite und vor allem die Patientenzufriedenheit erhöht (5). Küllin et al. (5) konnten demonstrieren, dass es durch PCAS mit Alfentanil und Propofol im Vergleich zu einer anwendergesteuerten Zufuhr zu weniger unerwünschten Wirkungen kommt: Bei PCAS war die transkutane Kohlendioxidspannung als Ausdruck einer geringeren atemdepressiven Wirkung (Hypoventilation) geringer, der Abfall des mittleren arteriellen Blutdrucks weniger ausgeprägt. 45 Minuten nach dem Eingriff waren die Patienten der PCAS-Gruppe besser erholt (5). Für die Colonoskopien von einer Dauer von 22–25 Minuten haben die Patienten im Mittel 24 Dosen abgerufen (IQR 16–45)*. In Übersichtsarbeiten wird die Patientenakzeptanz der PCA als „enthusiastisch" bezeichnet, da die Patienten ein Mittel in die Hand bekommen, dass die Möglichkeit der Selbstkontrolle (= Unabhängigkeit von fremder Hilfe) offen lässt (7). Es ist wahrscheinlich, dass man in Analogie zur PCA eine vorab eingestellte Programmierung der Pumpe an die Bedürfnisse und Erfordernisse des Patienten adaptieren muss, vor allem, wenn eine Prozedur länger dauert. Ein Vorteil der „fremdgesteuerten" Sedierungsgabe soll nicht unerwähnt bleiben: Der aufmerksame *sedationist* handelt antizipatorisch, d.h. er kennt den zeitlichen Ablauf eines Eingriffs und begegnet dem Stimulus, ehe er auftritt – bei PCS bzw. PCAS ist der Patient immer ein Re-Agierender, außer der Behandelnde kommuniziert die zu erwartende Stimulusintensität. Külling et al. empfehlen den Endoskopikern für solche Fälle, mit dem Vorschieben des Instruments etwas zu warten, bis der Effekt der Medikation eintritt (5). PCS wurde das erste Mal 1989 von Galletly zur Anxiolysekontrolle eingesetzt (2). Um die Sicherheit zu gewährleisten, wird PCS nur unter Supervision eines Anästhesisten durchgeführt. Die Patienten sollen kontinuierlich 4 Liter Sauerstoff pro Minute atmen. Adäquate Pumpensysteme werden von den Firmen Graseby, Pharmacia-Deltec und Abbott vermarktet (das lockout-Intervall muss auf NULL programmierbar sein).

Tab. 2: Vorschlag für die Programmierung einer PCS-Pumpe mit Propofol 1%
(modifiziert nach Whitwam & McCloy, 1)

100 ml-Kassette befüllt mit 10 ml (100 mg) Propofol 1% + 88 ml NaCl 0,9% + 2 ml Lidocain 1%
Einzelbolus: Propofol 3 ml (= 3 mg)
Sperrzeit: 0 (keine)

Tab. 3: Vorschlag für die Programmierung einer PCS-Pumpe mit Midazolam
(modifiziert nach Whitwam & McCloy, 1)

100 ml-Kassette befüllt mit 10 mg Midazolam (= 2 A zu 5 mg/5 ml) + 90 ml NaCl 0,9%
Einzelbolus: Midazolam 1 ml (= 0,1 mg)
Vorabdosis: 10 ml (= 1 mg)
Sperrzeit: 0 (keine)

*Beachte die Streuung des Bedarfs!

Tab. 4: Vorschlag für eine PCAS mit Propofol und Alfentanil (nach Küllin et al., 5)

50 mg Kassette befüllt mit 1 ml Alfentanil (= 0,5 mg) + 20 ml Propofol (= 200 mg)
Einzelbolus: 0,5 ml (= 4,8 mg Propofol + 12 µg Alfentanil)
Sperrzeit: 0 (keine)

Tab. 5: PCAS mit Pethidin und Midazolam (nach Shah et al., 10)

50 mg-Kassette befüllt mit 10 ml Midazolam (= 2 A zu 5 m/5 ml) + 4 ml Pethidin (= 4 A zu 100 mg/1 ml) + 6 ml NaCl
Einzelbolus: 1 ml (= 0,5 mg Midazolam + 20 mg Pethidin)
Sperrzeit: 1 min

Anmerkung: in der Arbeit von Shah et al. (10) haben die Patienten während einer Colonoskopie im Mittel 4,4 Dosen abgerufen (95% CI 3,4–5,4). Es ist zu diskutieren, ob es sich lohnt bei der Colonoskopie, die meistens nicht über 30 Minuten dauert und bei der die maximale Schmerzintensität in den ersten Minuten der Prozedur liegt, ein derartig aufwendiges Verfahren anzuwenden. Für Routineprozeduren wäre zu überlegen, ob man nicht eine 100 ml-Kassette mit der 5-fachen Befüllungsmenge vorbereitet und sie unter Verwendung von Rückschlagventilen für mehrere Patienten verwendet.

Bei der Propofol-PCS kann es zum Auftreten von Venenschmerzen kommen. Da die Vorbereitung einer Medikamentenpumpe doch einigen Sach- und Personalaufwand mit sich bringt, ist der Einsatz der Pumpen wahrscheinlich nur bei längeren Prozeduren zu rechtfertigen. Bisherige Anwendungsgebiete der PCAS waren neben der Endoskopie (ERCP, Colonoskopie) Kieferchirurgie, Orthopädie (Hüft- und Knieprothetik) und die Reproduktionsmedizin (transvaginale Oozytenentnahme). Dem unbeschränkten Abruf von Medikamentenboli bei aufgehobener Sperrzeit (lockout-intervall = null) sind technische Grenzen gesetzt: Unter Verwendung der PCA-Pumpe Graseby 3300 (Graseby Medical, Watford UK) wird bei rasch wiederholtem Drücken der Handsteuerung ca. alle 9 Sekunden ein Bolus freigegeben (bei 0,5 ml-Bolus) (5). Es wäre in jedem Fall kontraproduktiv, bei Prozeduren wie Colonoskopie und unter Verwendung geringer Bolusdosen das lockout-Intervall zu begrenzen, selbst bei einem Sperrintervall, das auf null gesetzt wird, zeigt es sich, dass die Patienten in 31% keinen Bolus abrufen können (5). Wird das lockout-Intervall auf 5 Minuten gestellt, so ist mit PCAS keine Steigerung der Patientenzufriedenheit zu erreichen (6). Durch die Möglichkeit, dass die Patienten mit einer PCS-Technologie ein Steuerungsinstrument für das Bedürfnis *Anxiolyse* zur Verfügung haben, wäre dieses Verfahren auch in der Palliativmedizin und in der Intensivmedizin ein Gewinn im

Behandlungsrepertoire. Wie bei der patientenkontrollierten Analgesie sind gewisse Minimalanforderungen an das Verständnis und die Compliance des Patienten zustellen.

b) Kontinuierliche Infusion

Eine kontinuierliche Sedativa-Infusion kann entweder durch Vorwahl einer konstanten Flussrate oder durch eine zielorientierte Steuerung der Flussrate (TCI) erfolgen.
Kontinuierliche Flussraten werden aus Gründen der Praktikabilität an Intensivstationen angewendet. Die Existenz pharmakokinetischer Gegebenheiten werden einem pragmatischen Vorgehen geopfert. Es ist daher notwendig, die Flussrate an einem klinischen Effekt zu orientieren und sie entsprechend der Zielvorgabe zu adaptieren. Ein Vorteil gegenüber einer diskontinuierlichen Zufuhr der Sedativa und Analgetika besteht darin, dass starke Fluktuationen der Plasmaspiegel vermieden werden und es daher zu einer Glättung im Verlauf der Sedierungeffekte kommt. Bei kontinuierlichen Verfahren sind Phasen von Wachheit und Erinnerung unwahrscheinlicher (11). Im Vergleich zu wiederholten Bolusgaben liegen die Gesamtdosen tiefer, die unerwünschten Effekte sind geringer und die Erholungszeiten sind entsprechend kürzer (4, 12). Die Voraussetzung für diese positiven Effekte ist jedoch, dass sich die Zufuhrrate der Sedativa am Effekt orientiert und dieser engmaschig mit einem geeigneten Verfahren überprüft wird.

*Im Umgang mit **Dreiwege-Hähnen** muss extreme Vorsicht walten: Ist die Bypass-Infusion schwerkraftgetrieben, so kann es bei Beendigung der Infusion zum Rückstau der Sedativa in den Infusionsschenkel der Bypasslösung kommen. Wenn dann die nächste Infusion nachgehängt wird, erhält der Patient einen Bolus aus dem Infusionsschenkel. Das kann tödliche Folgen haben. Motorgetriebene Infusionsgeräte, die vor Beendigung der Bypasslösung alarmieren, bieten einen Sicherheitsvorteil. Noch effizienter sind Schlauchkupplungen mit **Rückschlagventilen**, die ein Zurückströmen des Sedativums verhindern.*

Für die Conscious Sedation scheinen zur Zeit nur mit Propofol und Remifentanil Substanzen vorzuliegen, die eine Eliminationshalbwertszeit haben, die kurz genug ist, um der Wahrscheinlichkeit einer Kumulation bei den ohnehin relativ kurzen Anwendungen zu entgehen. Zielgesteuerte kontinuierliche Sedativazufuhr hat sich aus der Totalen Intravenösen Anästhesie (TIVA) entwickelt. Zu diesem Zweck wurden spezielle Geräte hergestellt (z. B. Diprifusor®), welche mit Hilfe präexistenter pharmakokinetischer

Daten die Flussrate des Sedativums festlegen. Das Ziel, das erreicht werden soll, ist eine *virtuelle* Plasmakonzentration, die sich aus der Gerätesoftware errechnet. Die Grundlage für die *reale* Flussrate (die sich entsprechend den pharmakokinetischen Parametern fortwährend ändert) sind das Körpergewicht und das Alter des Patienten. Da sich hier die Flussrate von Sedativum an einem pharmakokinetischen Ziel (target) orientiert, heißt diese Art der Medikamentenzufuhr auch *target-conrolled infusion* (TCI). Nachdem man also Alter, Körpergewicht und eine Plasmakonzentration am Gerät eingestellt hat, wird nach Beginn der Zufuhr vom Gerät zunächst eine hohe Flussrate verabreicht, die dann entsprechend den physischen und pharmakokinetischen Bedingungen automatisch reduziert wird, um die angewählte virtuelle Plasmakonzentration konstant zu halten. Eine Allgemeinanästhesie mit TIVA wird bei Plasmakonzentrationen von 3–8 µg/ml Propofol erreicht. Für Conscious Sedation liegen die Zielwerte bei 1–2,5 µg/ml Propofol.
Eine Allgemeinanästhesie mit Midazolam wird bei Plamaspiegeln von 250–600 ng/ml auftreten, eine Conscious Sedation wird bereits bei einem Zielwert von ca. 40 ng/ml erreicht.

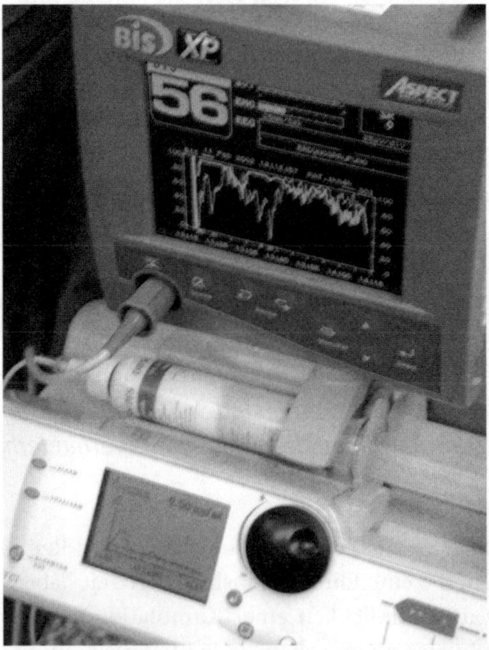

Abb. 2: Diprifusor® + BIS-Monitor®

Interessant wäre es, die beiden Verfahren TCI und BIS als kybernetisches Modell auch für Conscious Sedation zu verknüpfen, da dann ein pharmakokinetischer Parameter mit einem validen Sedierungsmonitoring zur Abgleichung gebracht werden würde.

Tab. 6: Conscious Sedation mit kontinuierlicher Propofolinfusion
(nach Whitwam & McCloy, 1)

Bolus zur Induktion : 0,5–1,0 mg/kg i.v. in 1–5 Minuten

Kontinuierliche Infusion: 0,3–4,5 mg/kg/h (mehr nur, wenn der Zustand des Patienten exakt beurteilt worden ist). Hochresistente Patienten können weitere Bolusdosen von 10–20 mg benötigen, wenn eine rasche Vertiefung der Sedierung notwendig ist.

Tab. 7: Conscious Sedation mit Opioidbasis und kontinuierlicher Propofolinfusion (nach Kost, 4)

1. **Opioddosis** (Fentanyl in 25μg-, Alfentanil in 125 μg-Schritten/siehe Abb. 1) – 3 Minuten warten;
2. **Propofol** 5 μg/kg/min, kann alle 5 Minuten um 5 μg/kg/min adaptiert werden; die üblichen Dosen liegen bei 5–40 μg/kg/min

Tab. 8: Sedierungsprotokoll mit Propofol + Ketamin
(adaptiert nach Mortero et al., 9)*

1. Prämedikation: Midazolam 1–3 mg i.v.
2. bei Eintreffen im OP: Fentanyl 50 μg i.v.
3. Infusionslösung: 25 mg S-+-Ketamin (1 ml Ketanest S®) in 200 mg Propofol 1% (= 20 ml Diprivan® 1%) = 21 ml; davon 1–3 ml i.v. kurz vor
4. Lokalanästhesie
5. kontinuierliche Zufuhr der Infusionslösung: Flussrate 00,3–00,5 ml/kg/min – Ziel: OAA/S von 4
6. bei Schmerzangabe: Fentanyl 50 μg

Praktisches Beispiel: 70 kg Patient: initiale Flussrate 12,6 ml/h , Steigerung bis 21 ml/h
Die OP-Dauer in der Studie betrug im Mittel 36 Minuten, die Eingriffe waren: laparoskopische Tubenligatur (2x), zervikale Konisation (1x), oberflächliche chirurgische Eingriffe (17x).

*Im Studienprotokoll wurde razemisches Ketamin in einer Dosis von 1 mg/ml verwendet (Ketalar®). In der Originalarbeit ist ein schwerer, aber nachvollziehbarer Fehler zur Dosierung unterlaufen: statt 0,03–00,5 ml/kg/min wurden 0,3–0,5 ml/kg/h angegeben – das wäre selbst für Allgemeinanästhesien zu hoch dosiert.

Literatur

1 Whitwam JG, McCloy RF. Techniques for Conscious Sedation. In: Whitwam JG, McCloy RF. *Principles and practice of Conscious Sedation.* 2nd ed. 1998; Blackwell Science Oxford London
2 Galletly DC, Short TG, Forrest P. Patient-administered anxiolysis – a pilot study. *Anaesth Intens Care* 1989; 17: 144-50
3 Cowling MG, Adam AA. Interventional Radiology. In: Whitwam JG, McCloy RF. *Principles and practice of Conscious Sedation.* 2nd ed. 1998; Blackwell Science Oxford London
4 Kost M. *Manual of Conscious Sedation.* 1998; WB Saunders Philadelphia
5 Külling D, Fantin AC, Biro P et al. Safer colonoscopy with patient-controlled analgesia and sedation with propofol and alfentanil. *Gastrointest Endosc* 2001; 54: 1–7
6 Jowell PS, Eisen G, Onken J et al. Patient-controlled analgesia for Conscious Sedation during endoscopic retrograde cholangiopancreatography: a randomised controlled trial. *Gastrointest Endosc* 1996; 43: 490–4
7 Smythe M. Patient-controlled analgesia: a review (review). *Pharmacotherapy* 1992; 12: 132–43
8 Badrinath S, Avramov MN, Shadrick M et al. The use of a ketamine-propofol combination during monitored anesthesia care. *Anaesth Analg* 2000; 90: 858–62
9 Mortero RF, Clark LD, Tolan MM et al. The effects of small-dose ketamine on propofol sedation: respiration, postoperative modd, perception, cognition, and pain. *Anaesth Analg* 2001; 92: 1465–9
10 Shah SG, Brooker JC, Thapar C et al. Patient pain during colonoscopy: an analysis using real time magnetic endoscope imaging. *Endoscopy* 2002; 34: 435–40
11 Deng X-M, Xiao W-J, Luo M-P et al. The use of midazolam and small-dose ketamine for sedation and analgesia during local anesthesia. *Anesth Analg* 2001; 93: 1174-7
12 White PF. Use of continuous infusion versus intermittent bolus administration of fentanyl or ketamine during outpatient anesthesia. *Anesthesiology* 1983; 59: 294-300

Antagonisierung von Sedativa und Opioiden

D. Weixler

Medizin in der Hand des Einfältigen
ist Gift, wie Gift in der Hand des Weisen
zur Medizin wird
GIACOMO GASANOVA

Die Idee, die Wirkung eines Pharmakons aufzuheben, wenn sie nicht mehr benötigt oder erwünscht ist, findet sich seit Jahrtausenden in historischen und mythologischen Zusammenhängen. So ließ König Mithridates VI. (132–63 v. Chr.) Experimente an Sklaven durchführen, um ein Gegenmittel gegen „Gift" zu finden, vor dem er eine ausgesprochene Angst hatte. Die Rezeptur eines „Gegengiftes" wurde immer weiter fortentwickelt, man nannte es Theriak. Der griechische Arzt Galen (ca. 120–200), unter dem die Polypharmazie einen Höhepunkt erreichte, mischte schließlich schon 70 Zutaten zu einer Rezeptur des Theriak (1). Auch in der Medizin der Jetztzeit werden in Antidote und Antagonisten manch kühne bis abstruse Erwartungen gesetzt.

Definition: Ein kompetitiver Antagonist ist ein Pharmakon, das an einem spezifischen Rezeptor bindet, ohne in der Lage zu sein, an diesem Rezeptor eine Konformitätsänderung herbeizuführen (ohne eine intrinsische Aktivität zu haben).

Die Existenz des Benzodiazepinantagonisten Flumazenil und des Opioidantagonisten Naloxon führt zu einer wesentlich größeren Sicherheitsbreite im Umgang mit sedoanalgetisch wirksamen Medikamenten. Möglicherweise spielt in der Verfahrenswahl bzw. in der Wahl des sedierend oder analgetisch wirksamen Pharmakons seine Antagonisierbarkeit eine Rolle. Antagonisten können lebensrettend wirken, falls im Rahmen der Sedoanalgesie tiefe Sedierungsstadien hervorgerufen werden und protektive Reflexe verloren gehen oder eine Atemdepression durch Opioide bzw. Benzodiazepine auftritt. Ihre Anwendung kann möglicherweise Kosten sparen, da die Patienten rascher den *Zustand vor Sedierung* erreichen und früher aus dem Krankenhaus entlassen werden können (6). Die Möglichkeit, die Wirkung eines Pharmakons aufzuheben, entbindet den Anwender nicht der Verantwortung, sich mit den allgemeinen Prinzipien der Sedoanalgesie vertraut zu machen. Das bedeutet: Antagonisten sind keine Werkzeuge eines pharmakologischen Katastrophen-Algorithmus.

Benzodiazepinantagonist: Flumazenil (Anexate®) Ampullen zu 0,5 mg/5 ml

Flumazenil, ein Imidazobenzodiazepin, ist ein kompetitiver Antagonist am Benzodiazepin-Rezeptorkomplex, der die zentralen Wirkungen der Benzodiazepine rasch aufhebt. Flumazenil antagonisiert *alle* durch Benzodiazepine ausgelösten Effekte (6).

Nach intravenöser Gabe setzt seine Wirkung nach 1–2 Minuten ein, erreicht nach 2–10 Minuten ein Maximum und hält 15–140 Minuten, im Mittel 58 Minuten an (6). Flumazenil wird in der Leber in eine wasserlösliche ineffektive Form metabolisiert und über die Nieren ausgeschieden.

Dosen von 0,1–0,2 mg sind mit partieller Antagonisierung von BZD-Effekten im Rahmen von Analgosedierung (Conscious Sedation) verknüpft, Dosen von 0,4-1,0 mg führen zu einer kompletten Antagonisierung (2). BZD höherer Potenz wie Lorazepam erfordern eine höhere Dosis als BZD mit niedrigerer Potenz (z. B. Diazepam). Es gibt Hinweise, dass die Dosis an Flumazenil 15 mg betragen muss, um *alle* Benzodiazepinrezeptoren zu besetzen (9). Nur bei einer kurzfristigen Midazolam-Sedierung ist gewährleistet, dass die BZD-Wirkungen nach Abklingen der Flumazenil-Wirkung nicht wieder auftreten – in allen anderen Fällen ist eine Residualsedierung möglich. Residualsedierung wird wahrscheinlicher, wenn BZD von hoher Potenz und langer Wirkdauer in hohen kumulativen Dosen zugeführt worden sind.

Tab. 1: Vergleichende pharmakokinetische Daten von Midazolam, Flumazenil und Diazepam

	Midazolam	Flumazenil	Diazepam
Distributions-HWZ (min)	7–10	< 5	10–15
Eliminations-HWZ (h)	2–2,5	0,7–1,3	20–40
Wirkbeginn/ZNS (min)	0,5–4	1–2	2
max. Effekt/ZNS (min)	3–5	2–10	3–4
klin. Wirkdauer (min)	15–80[1]	45–90[2]	15–60[1]
Proteinbindung (%)	96	50	

[1] abhängig von kumulativer Dosis und Dauer der Zufuhr von Midazolam

[2] abhängig von Flumazenildosis, Benzodiazepin-Plasmakonzentration und Potenz eines Benzodiazepins

Dosierung: 0,2 mg (2 ml) über 15 Sekunden i.v.; wenn nach 60 Sekunden keine entsprechende Wirkung vorliegt, werden in Minuten-Abständen 0,1 mg nachtitriert – bis zu einer Maximaldosis von 1 mg (Notfallmedizin: 2 mg). Die üblichen Dosen liegen zwischen 0,3 und 0,6 mg (2).
Flumazenil selbst hat nur minimale agonistische und antikonvulsive Effekte auf das gesunde Gehirn, Dosen von 100 mg i.v. wurden von gesunden Probanden gut toleriert (6). Über die unerwünschten Wirkungen von Flumazenil existieren kontroversielle Aussagen: Whitwam behauptet, die Rate an Nebenwirkungen gleiche denen von Plazebo (6), S. Ryan hingegen gibt an, dass ca. 10% der Patienten unter Schwindel, Übelkeit und Erbrechen leiden, daher sei von einer Routineanwendung des BZD-Antagonisten abzuraten (22). Übelkeit, die im Gefolge einer Flumazenilgabe nach Operationen auftritt, sei vor allem nach Anwendung von Opioiden zu beobachten (2). Bei entsprechender Disposition können durch Flumazenil Panikattacken ausgelöst werden (8). Manchmal tritt eine plötzliche Hautrötung (flush) in Erscheinung (2). Flumazenil wird ausschließlich intravenös appliziert (Ausnahme: bewusstloser hypoxischer Notfallpatient). Die Anwendung von Flumazenil bei Kindern zur Antagonisierung von Midazolam und Diazepam ist sicher und effektiv (11, 12).

Indikationen:

- Conscious Sedation: Reduktion/Beendigung der Benzodiazepinwirkung
- paradoxe Benzodiazepineffekte
- Notfallmedizin: Benzodiazepin-Überdosierung (suizidal, akzidentell), auch bei Verdacht
- akute und chronische hepatische Enzephalopathie

Conscious Sedation: Bei Endoskopien erlaubt Flumazenil die fast augenblickliche Reduktion der Sedierung, wenn der kommunikative Kontakt verloren geht oder eine Apnoe bzw. eine Atemwegsobstruktion auftritt. Obwohl auch die BZD-assoziierten amnestischen Effekte aufgehoben werden, ist die Erinnerung für die zurückliegende Prozedur gelöscht. Kardiovaskuläre Reboundphänomene wie nach Gabe eines Opioidantagonisten existieren nicht (3, 6). Eine BZD-Antagonisierung kann Angst auslösen (7), Whitwam vertritt jedoch die Auffassung, dass dies im abrupten Erwecken tief sedierter Patienten in einer ungewohnten Umgebung begründet sei* (6). Es erscheint sinnvoll, Patienten mit hohem Angstniveau, vor allem, wenn eine Herz-

*... most such reactions are due to the rapid reversal of heavily sedated patients in an unfamiliar environment (6).

krankheit bekannt ist, nicht abrupt aus einer Benzodiazepin-induzierten Anxiolyse „herauszureißen“, sondern die BZD-Wirkung abklingen zu lassen. Flumazenil verbessert bei älteren Patienten nach Bronchoskopien in Midazolam-Sedierung die Atmung, messbar an einer höheren Sauerstoffsättigung (13). Eine Lokalanästhetika-Toxizität kann durch Flumazenil demaskiert werden und sich in Form eines Grand-Mal-Anfalls äußern (6). Wille et al. konnten demonstrieren, dass sich durch die routinemäßige Verwendung von Flumazenil die Erholungszeit, jedoch nicht die Gesamtkosten günstig beeinflussen ließen (21). Zur Zeit existiert keine Evidenz zu Gunsten einer routinemäßigen Benzodiazepin-Antagonisierung in der Tageschirurgie.

Paradoxe Benzodiazepineffekte: sind meist Folge einer relativ zu hohen Dosis an Benzodiazepin und lassen sich prompt und verlässlich mit Flumazenil behandeln (siehe Seite 152).

Notfallmedizin: Wenn auch sonst jedes Engramm zum Thema „Flumazenil bei Benzodiazepin-Überdosierung“ gelöscht worden ist, so weiß sicherlich jeder zu berichten, dass Flumazenil in der Anwendung *bei chronischem Benzodiazepin-Gebrauch Entzugssymptome auslösen kann.* Diese Aussage ist in keiner Publikation ausgespart, in der von Flumazenil die Rede ist (2). Whitwam stellt klar (6), dass 1. in mehreren Tierversuchsreihen an mehreren Spezies noch nie ein Entzugssyndrom durch Flumazenil ausgelöst werden konnte und dass 2. Flumazenil zur Behandlung einer Toleranz gegenüber BZD geeignet ist (6, 9).

1. ist Flumazenil antikonvulsiv wirksam, 2. wird mit den üblichen Dosen nur ein geringer Teil der Rezeptoren besetzt, 3. kommt es möglicherweise durch Flumazenil zu einem Reset-Phänomen am BZD-Rezeptor. Savic et al. (9) haben Patienten mit Temporallappenepilepsie und Clonazepamtoleranz mit Flumazenil behandelt und die Effekte mittels PET beobachtet. Die Patienten blieben für 21 Tage anfallsfrei, die Ansprechbarkeit für Clonazepam wurde regeneriert (9). Es wurden Studien über die Auslösbarkeit von epileptischen Anfällen durch Flumazenil bei Patienten, bei denen BZD gegen Epilepsie eingesetzt wurden, veröffentlicht (23). Bei Patienten mit Epilepsie ohne BZD-Medikation konnten durch Flumazenil keine Anfälle provoziert werden (23).

Dosierung für Flumazenil in der Notfallmedizin: 0,3 mg in Minutenschritten bis maximal 2 mg (2), Wiederholung in 20 Minuten möglich, Maximaldosis pro Stunde: 3 mg (3). Wenn nach mehreren Dosen der Bewusstseinszustand unverändert bleibt, muss eine andere Ätiologie als eine BZD-Wirkung für die Bewusstseinsstörung angenommen werden (Hypoxie, Trauma, Infektion, Gefäßprozess etc.). Ist ein Patient bewusstlos und hypoxisch und muss daher intubiert werden, so kann bei Verdacht auf BZD-Intoxikation Flumazenil in einer Dosis von 1 mg (10 ml) in den Endotrachealtubus appli-

ziert werden (3). Flumazenil kann bei Verdacht auf Benzodiazepinintoxikation oder Mischintoxikation (z. B. mit Alkohol) auch ex juvantibus verabreicht werden. Einen besonderen Umstand stellt die Mischintoxikation mit trizyklischen Antidepressiva dar: Die gleichzeitig wirkenden Benzodiazepine vermögen die epileptogene Potenz der Trizyklika zu überdecken, bei Wegfall der schützenden Benzodiazepinwirkung kann ein trizyklikainduzierter Krampfanfall auftreten.
Wenn nicht schon am Notfallort oder bei den persönlichen Gegenständen des Notfallpatienten Hinweise auf die Ingestion von trizyklischen Antidepressiva gefunden werden, kann das EKG einen Verdacht schöpfen lassen, wenn die Breite der QRS-Komplexe über 0,1 Sekunden beträgt (5 mm bei 50 mm/s).
Aus einer US-amerikanischen Studie geht hervor, dass eine Resedierung (bzw. Residualsedierung) nach Antagonisierung bei BZD-Intoxikation bei 90/133 (67%) der Patienten auftritt. Daher existiert die Empfehlung einer lückenlosen Überwachung über mindestens 2 Stunden für Patienten, die Flumazenil erhalten haben (2, 3). Liegt die Ingestion von BZD 4 Stunden oder weniger zurück oder findet sich ein symptomatischer Patient mit unbekanntem Zeitpunkt der BZD-Einnahme, so wird die einmalige orale Gabe von Aktivkohle (1 g/kg) empfohlen.
Hepatische Enzephalopathie: Es wird angenommen, dass im Zuge eines Leberversagens Substanzen akkumulieren, die an einem Rezeptorkomplex im Gehirn binden, neuronale Inhibition bewirken und zum Leberkoma führen (14). Flumazenil wurde in mehreren Studien mit Erfolg bei hepatischer Enzephalopathie eingesetzt. Als-Nielsen et al. (14) halten in einer kürzlich veröffentlichten Cochrane-Review fest, dass die Gabe von Flumazenil in dieser Indikation zu einer *kurzfristigen klinischen Verbesserung* führt. Der Benzodiazepinantagonist hat keinen Effekt auf die Überlebensrate, den Gesamtverlauf oder Komplikationen im Zuge der Therapie einer hepatischen Enzephalopathie (14).

Tab. 2: Dosierungsübersicht Flumazenil

Patient/Indikation	Dosis
Conscious Sedation	0,2 mg in Minutenschritten bis 1 mg i.v.
Notfallmedizin/Erw./ex juvantibus	0,1–0,3 mg i.v.
Notfallmedizin/Erwachsene/BZD-Intox.	0,3 mg/min bis 2 mg, max. 3 mg/h i.v.
Notfallmedizin/Kinder	0,01 mg/kg bis max. 0,2 mg i.v.
Infusion/Resedierungsprophylaxe/Erw.+Kinder	0,5 µg/kg/min i.v.
Notfallmedizin/endotracheal	1 mg

Wo Midazolam oder andere hoch potente Benzodiazepine parenteral verabreicht werden, muss Flumazenil jederzeit unmittelbar verfügbar sein.

Opioidantagonist: Naloxon (Narcanti®) Ampullen 0,4 mg/1 ml

Naloxon ist ein kompetitiver reiner Opioidantagonist, er bindet mit hoher Affinität an allen Opioidrezeptoren und hebt alle Wirkungen von Morphin auf. Manche Opioide haben eine besonders starke Affinität zum Rezeptor (z. B. Buprenorphin: Temgesic®, Transtec®). Die notwendigen Dosen zur Antagonisierung können bei dieser Substanz, wie auch bei Pentazocin. (Fortral®), Nalbuphin (Nubain®), Methadon (Heptadon®) oder α-Methylfentanyl (AMF, „China white", „Mexican brown") sehr hoch sein. Bei Patienten, die eine pharmakodynamische Toleranz entwickelt haben, können die Dosen, welche antagonistisch wirken, exzessiv sein (2).
Nach intravenöser Gabe beginnt Naloxon innerhalb von 2 Minuten zu wirken, seine Wirkung hält 20–60 Minuten an. Das bedeutet, dass die Opiodwirkung nach dieser Zeit wieder auftreten kann (Remorphinisierung). Die Hauptindikation für Naloxon ist die komplette oder teilweise Aufhebung der Opioideffekte auf ZNS und Atmung.

Indikationen:

- opiodinduzierte Bewusstseinstrübung, vor allem, wenn sie mit einer Atemdepression verknüpft ist
- Behandlung unerwünschter Opioidwirkungen (z. B. Pruritus bei epiduraler Opioidapplikation, Nausea, Gallenkolik etc.) (15)
- Drogennotfall (Trias: Koma, Miosis, Bradypnoe) (10)
- Koma unklarer Genese: Naloxon wird ex juvantibus eingesetzt, bevorzugt dann, wenn Anzeichen einer Opioidwirkung vorliegen (2).
- Intoxikation durch Clonidin, Codein, Captopril (3)
- septischer Schock (3, 5)
- Colonoskopie (Hervortreten der Blutgefäße und von Gefäßektasien) (4)
- Hyperprolaktinämie durch β-Endorphine (5)

Unerwünschte Wirkungen durch Naloxon manifestieren sich als sympathoadrenerge Gegenreaktion durch den abrupten Wegfall der Opioidwirkung als Tachykardie, Hypertension, Arrhythmien, Übelkeit, Erbrechen und Schwitzen. Ein bisher selten beobachteter Effekt sind epileptische Anfälle (2). Ist eine Opioiddosis *relativ* zu hoch und die Naloxondosis adäquat, so treten üblicherweise keine unerwünschten Wirkungen durch Naloxon auf.

Besteht weiterhin ein opioidsensitiver nozizeptiver Stimulus und die Naloxondosis wird zu hoch gewählt, so werden naturgemäß Schmerzen die Folge sein.
Naloxon soll bei Opioidabhängigen (auch bei Neugeborenen opioidabhängiger Mütter) mit besonderer Vorsicht angewandt werden, da eine starke Entzugsreaktion provoziert werden kann. Bei Drogenabhängigen kann ein Lungenödem auftreten und aggressives Verhalten manifest werden (2). Beim Drogennotfall handelt es sich meist um eine Heroinintoxikation (10), die Heroinwirkung dauert 4-5 Stunden an. Bei tastbarem Puls hat die Behandlung mit Naloxon Priorität vor der Intubation (10). Das Ziel der Antagonisierung sind eine adäquate Ventilation und intakte Atemwegsreflexe, nicht vollständiges Aufklaren des Bewusstseins (10). Schwere Behandlungskomplikationen sind beim Drogennotfall selten (2%). Besondere Vorsicht ist auch bei kardialen Risikopatienten walten zu lassen: Die Wirkung eines Opioids kann kardioprotektiv sein (siehe Seite 203). Der plötzliche Verlust der kardioprotektiven Wirkung und die sympathoadrenerge Reaktion können die Reserven eines Herzkranken überfordern.

Dosierung:
A) Hochdosistherapie: in Notfällen, bei ausgeprägter Atemdepression oder Atemstillstand:
0,4-2,0 mg i.v. (i.m., s.c.). Der Effekt nach i.m.- oder s.c.-Gabe tritt nach 2–5 Minuten ein. Die Dosen können in 3–5-Minuten-Intervallen bis zu einer Gesamtdosis von 10 mg wiederholt werden (2, 5). Kinder: **0,1 mg/kg** i.v. (i.m., s.c.), erneute Gabe dieser Dosis, wenn innerhalb von 10 Minuten kein Effekt erkennbar ist (2). Neugeborene: **10–100 µg/kg** (3). Wird das Auftreten einer Remorphinisierung als wahrscheinlich erachtet (z. B. bei Methadon-Intoxikation), kann man eine Naloxon-Tropfinfusion für 12 Stunden anschließen.
B) Niedrigdosistherapie („Wegtitrieren einer Opioidwirkung"), wenn unter kontrollierten Bedingungen die Intensität von Opioideffekten relativ zu groß ist: **40 µg**-Inkremente* in Minutenabständen i.v., bis die Atemfrequenz auf 12 pro Minute ansteigt. Falls eine Hypoventilation bzw. Hypoxämie vorliegt, muss der Patient mit der Maske und Sauerstoff beatmet werden, bis die Eigenatmung suffizient wird.
Zur Prophylaxe eines opioidinduzierten Pruritus haben sich neben Droperidol auch das Opioid Nalbuphin (Nubain®) und die Opioidantagonisten

*Praktisch: 1A Naloxon = 1 ml = 0,4 mg verdünnt mit 9 ml NaCl 0,9% (1 ml der Verdünnung = 40 µg Naloxon)

Naloxon und Naltrexon effektiv erwiesen (15). Naltrexon in einer oralen Dosis von 9 mg ist effektiver (NNT 1, 7) als Naloxon 0,25–2,4 µg/kg/h (NNT 3, 5).

Tab. 3: Dosierungsübersicht für Naloxon

Patient/Indikation	Dosis
Erwachsener/Notfall	0,4–2,0 mg i.v. (i.m., s.c.) in 3–5-min-Intervallen bis 10 mg
Drogennotfall	0,4–0,8 mg i.v. oder 0,8 mg i.m. oder s.c.
Erwachsener/„Wegtitrieren“	40 µg im Abstand von 1 min i.v.
Kind	0,1 mg/kg i.v. (i.m., s.c.) alle 10 min
Neugeborenes	10–100 µg/kg
Erwachsener/Remorphinisierungs-Prophylaxe	5–15 µg/kg/h (bis 30 µg/kg/h bei Methadon-Intoxikation)
Kind/Remorphinisierungs-Prophylaxe	10–150 µg/kg/h
Pruritus bei RM-naher Opioidanwendung	40–80 µg i.v.
Pruritusprophylaxe	0,25–2,4 µg/kg/h i.v.
septischer Schock	30 µg/kg + 30–200 µg/kg/h für 1–16 Stunden

Beim septischen Schock wirkt Naloxon positiv inotrop und antagonisiert endogene Endorphine, die vasodilatatorisch wirken (3, 5).

Wo Opioide parenteral verabreicht werden, muss Naloxon jederzeit griffbereit sein.
Ein Patient, der Naloxon erhalten hat, muss kardiorespiratorisch überwacht werden.

Praktisches Vorgehen einer Antagonisierung nach Analgosedierung mit einem Benzodiazepin und einem Opioid

1. Flumazenil 0,2 mg – klart das Bewusstsein nach einer Minute nicht auf, neuerliche Flumazenilgabe von 0,1 mg.
2. wenn nach einer Minute keine Reaktion erfolgt: 40 µg Naloxon i.v.

Wesentlich ist die Gabe des BZD-Antagonisten vor dem Opioidantagonisten: Auf diese Weise kann der Patient postoperativ einen schmerzarmen Zustand ohne Rebound-Hypertonie erleben (2, 6).

Nichtspezifische Antagonisierung von sedierenden Pharmaka

Mit diesen abschließenden Bemerkungen, die der Vollständigkeit halber erwähnt werden, schließt sich der Bogen zur Mythologie, zu Legenden und Anekdoten.

Physostigmin: Physostigmin (Anticholium®) kann die Blut-Hirn-Schranke überwinden, die Azetylcholinesterase im Zentralnervensystem blockieren und in der Folge die Konzentration von Azetylcholin an cholinergen Synapsen erhöhen. Dieser Umstand wird als der wahrscheinliche Mechanismus in der unspezifisch aktivierenden Wirkung des Physostigmin angesehen (2, 3). Es sollen cholinerge Neuronen in Systemen involviert sein, die Aufmerksamkeit und Aktivierung vermitteln. Verschiedene Studien an Versuchstieren haben für Physostigmin eine zentral aktivierende Wirkung nachgewiesen. Physostigmin ist die Substanz der Wahl beim zentral anticholinergen Syndrom, das durch verschiedene Pharmaka ausgelöst werden kann, nicht alle davon mit intrinsisch anticholinerger Aktivität (Atropin, Scopolamin, trizyklische Antidepressiva, Antipsychotika; Barbiturate, Propofol, Ketamin, Flunitrazepam, Cimetidin, volatile Anästhetika inkl. Lachgas). Bezeichnenderweise lautet der US-amerikanische Handelsname von Physostigmin Antilirium® (3).

Dosierung: 0,5–2 mg (10–30 µg/kg), maximal 1 mg/min. Wiederholung in 20–30 Minuten möglich, falls der erwünschte Effekt ausbleibt (3).
Methylxanthine: Aminophyllin, Theophyllin und Koffein sind Methylxanthine und sollen den Atemantrieb stimulieren und zentral aktivierend wirken (16). In der Kinderheilkunde ist die Therapie mit Aminophyllin bei Kindern, die zu Apnoe disponieren, etabliert. Die Verabreichung der Substanz an Patienten, die an Atemnot leiden, soll das subjektive Gefühl des Lufthungers steigern. In der älteren Literatur finden sich mehrere placebokontrollierte Studien, die Aminophyllin eine Benzodiazepin-antagonisierende Wirkung zuschreiben (17, 18). Eine Dosis von 2 mg/kg Aminophyllin soll innerhalb einer Minute in 42% der Fälle die sedierenden Effekte von Midazolam (0,075 mg/kg) aufheben, in 66% zur Reorientierung führen und in 73% die Kooperativität regenerieren (17). Die Mobilisierung von Patienten, die zur Endoskopie mit Diazepam prämediziert worden sind, kann möglicherweise durch Aminophyllin 1,5 mg/kg beschleunigt werden (18). Die Dauer und Tiefe einer Sedierung durch Morphin und Thiopental soll durch Aminophyllin verkürzt werden (19). Eine rezente Arbeit hat für Aminophyllin 5 mg/kg eine signifikant verkürzte Erholungszeit, jedoch keine verkürzte Aufwachzeit nach Sevoflurananästhesie nachweisen können (20).

Dosierungsangaben: 1,5–5,6 mg/kg

Doxapram: soll die Atmung über die peripheren Karotisrezeptoren, in höheren Dosen durch Aktivierung des medullären Atemzentrums stimulieren. Doxapram führt zur Katecholaminfreisetzung. Es soll eine opioidinduzierte Atemdepression antagonisieren, ohne den analgetischen Effekt der Opioide zu beeinflussen. Kontraindikationen sind Epilepsie und Erkrankungen des respiratorischen Systems (3).

Wo Opiode und Sedativa parenteral verwendet werden, müssen Naloxon und Flumazenil jederzeit zur Verfügung stehen (24).

Literatur

1 Lyons AS, Petrucelli RJ II. *Die Geschichte der Medizin im Spiegel der Kunst.* 1980; Du Mont Buchverlag. Köln

2 Yost CS. Reversal of Conscious Sedation. In: Wiener-Kronish JP, Gropper MA. *Conscious Sedation.* 2001; Hanley & Belfus

3 Omuigui S. *Sota Omuigui´s Anesthesia drugs handbook.* 3rd ed. 1999; Blackwell Science

4 Brandt LF, Spinell MK. Ability of naloxone to enhance the the colonoscopic appearance of normal colon vasculature and colon vascular ectasias. *Gastrointest Endosc* 1999; 49: 79–83

5 Freye E. *Opioide in der Medizin.* 5. überarbeitete und erweiterte Aufl. 2002; Springer

6 Whitwam JG, Ma D. Pharmacology. In: Whitwam JG, McCloy RF. *Principles and practice of Conscious Sedation.* 1998; Blackwell Science Oxford

7 Whitwam JG, Amrein R. Pharmacology of flumazenil. *Acta Anaesth Scand* 1995; 39 (Suppl.): 1–109

8 Nutt D, Glue P, Lawson C et al. Flumazenil provocation of panic attacks. *Arch Gen Psych* 1990; 47: 917–25

9 Savic I, Widén L, Stone-Elander S. Feasability of reversing benzodiazepine tolerance with flumazenil. *Lancet* 1991; 337: 133–7

10 American Heart Association in collaboration with the International Committee on Resuscitation (ILCOR). Guidelines 2000 for cardiopulmonary resuscitation and emergency cardiovascular care. An international consensus on science. *Circulation* 2000; 102 (Suppl. I): I-223–I228

11 Shannon M, Albers G, Burkhart K et al. Safety and efficacy of flumazenil in the reversal of benzodiazepine-induced Conscious Sedation. The flumazenil pediatric study group. *J Pediatr* 1997; 131: 582–6

12 Peters JM, Tolia V, Simpson P et al. Flumazenil in children after esophagogastroduodenoscopy. *Am J Gastroenterol* 1999; 94: 1857–61

13 Williams TJ, Bowie PE. Midazolam sedation to produce complete amnesia for bronchoscopy: two years experience at a district general hospital. *Respir Med* 1999; 93: 361–5

14 Als-Nielsen, Kjaergard LL, Gluud C. Benzodiazepine rezeptor antagonists for acute and chronic hepatic encephalopathy (Cochrane-Review). In: *The Cochrane Library*, Issue 3, 2002. Oxford: Update Software

15 Kjellberg F, Tramer MR. Pharmacological control of opioid-induced pruritus: a quantitative systematic review of randomized trials. *Eur J Anesthesiol* 2001; 18(6): 346–57

16 Kesecioglu J, Rupreht J, Telci L et al. Effect of aminophyllin or physostigmine on recovery from nitrous oxide-enflurane anaesthesia. *Acta Anaesthesiol Scand* 1991; 35: 616–20

17 Sibai AN, Sibai AM, Baraka A. Comparison of flumazenil with aminophylline to antagonize midazolam in elderly patients. *Br J Anaesth* 1991; 66(5): 591–5

18 Foster PN, Moles EJ, Sheard C et al. Low dose aminophylline accelerates recovery from diazepam premedication for digestive endoscopy. *Gastrointest Endosc* 1987; 33(6): 421–4

19 Krintel JJ, Wegmann F. Aminophylline reduces the depth and duration of sedation with barbiturates. *Acta Anaesthesiol Scand* 1987; 31(4): 352–4

20 Turan A, Memis D, Karamanlioglu B, Colak A et al. Effect of aminophylline on recovery from sevoflurane anesthesia. *Eur J Anaesthesiol* 2002; 19(6): 452–4

21 Wille RT, Chaffee BW, Ryan ML et al. Pharmacooeconomic evaluation of flumazenil for routine outpatient EGD. *Gastrointest Endosc* 2000; 51: 282–7

22 Ryan SM. Conscious Sedation for endoscopy. In: Wiener-Kronish JP, Gropper MA. *Conscious Sedation.* 2001; Hanley & Belfus

23 Schulze-Bonhage A, Elger CE. Induction of partial epileptic seizures by flumazenil. *Epilepsia* 2000 Feb; 41(2): 186–92

24 American Society of Anesthesiologists (ASA). Practice guidelines for sedation and analgesia by nonanesthesiologists. *Anesthesiology* 2002; 96: 1004-17

Praktische Anwendung

Sedierung zur Lokal- und Regionalanästhesie

D. Weixler

In diesem Kapitel werden Modalitäten zur Sedierung vorgestellt, die
a) Durchführung von Lokal- und Regionalanästhesieverfahren ermöglichen/unterstützen
b) Behandlungen in Lokal- und Regionalanästhesieverfahren supplementieren

Betroffen sind Eingriffe der
1. Zahnheilkunde und Kieferchirurgie
2. Augenheilkunde
3. Chirurgie
4. Plastischen Chirurgie
4. Anästhesie und Intensivmedizin
5. Orthopädie und Traumatologie

Definition: Monitored Anesthesia Care (MAC) ist ein spezielles fachliches Service der Anästhesie, das die Überwachung von Vitalparametern während planbarer Eingriffe in Regionalanästhesie beinhaltet (13).

Regionalanästhesie

Vorteile der Regionalanästhesie gegenüber einer Allgemeinanästhesie:

1. frühere Mobilisierung, seltener Hypoxämien (1)
2. reduzierter Proteinkatabolismus (2, 34)
3. besserer Gerinnungsstatus bei Gefäßeingriffen (3, 34)
4. geringere postoperative Morbidität (4, 34) und Mortalität (5, 34)
5. geringere Kosten (6, 34)
6. reduzierte Notwendigkeit an Intensivtherapie/-pflege (6, 34)
7. geringere Rate an postoperativer Übelkeit/Erbrechen (9, 10)
8. weniger postoperative Angst (7, 8)
9. weniger Schmerzen perioperativ, reduzierter Opioidbedarf (16)
10. raschere Erholung postoperativ (16, 27)

11. reduzierter intraoperativer Blutverlust, geringerer postoperativer Transfusionsbedarf (34)
12. reduzierte Rate an Thromboembolien und Myokardinfarkten (29, 34)

Schmerzen, Bettruhe und Hypoxie nach Routineeingriffen werden als die Hauptursachen für potenzielle Komplikationen und für einen verlängerten Krankenhausaufenthalt angesehen.
Regionalanästhesie und aggressive Schmerztherapie sind effektive Maßnahmen, um den typischen Komplikationen durch Hospitalisierung vorzubeugen.
Maximaldosen der Lokalanästhetika (LA): Lokalanästhetika wirken dosisabhängig toxisch auf alle Gewebe, deren Funktion von Ionenströmen abhängig ist. Praktisch betrifft das in erster Linie die Erregungsbildung und -fortleitung am Herzen und die zentralnervösen Strukturen. Das Überschreiten der Lokalanästhetika-Maximaldosen führt zu potenziell vital bedrohlichen Komplikationen – in Abhängigkeit von der Geschwindigkeit der Konzentrationszunahme des LA im Blut und dem Typ des Lokalanästhetikums. Der Anstieg der Konzentration im Blut ist von mehreren Faktoren abhängig, vor allem von der Art des Gewebes, in das LA injiziert bzw. aus dem es resorbiert wird. Grundsätzlich werden LA in gut perfundierten Geweben (Schleimhaut, Pleura etc.) rascher resorbiert als in weniger gut perfundierten Geweben (Fettgewebe). Prilocain kann darüber hinaus bei Überschreiten der Maximaldosis eine Methämoglobinämie verursachen. Die Erfolgsrate vieler Techniken der Regionalanästhesie ist von einem kritischen Volumen an LA abhängig. Man bewegt sich vielfach in einem „Volums-Konzentrations-Dilemma". In der Kinderanästhesie sind geringere Konzentrationen an LA notwendig, um äquipotente Effekte wie bei Erwachsenen zu erzielen (16). Benzodiazepine können die Toxizität der Lokalanästhetika „maskieren": Wird unter Präsenz ZNS-toxischer LA-Spiegel die Benzodiazepinwirkung durch Flumazenil antagonisiert, können Krampfanfälle auftreten.

Tab. 1: Maximaldosen verschiedener Lokalanästhetika in mg pro kg Körpergewicht

LA	**Erwachsene** (nach Moulton, 15)	**Kinder** (nach Kinder Ross et al., 16)
Bupivacain	2	3
Ropivacain	2,5	3
Lidocain	3	7
Prilocain	4	

Sedierung vor Regionalanästhesietechniken

Die Verfahren der Regionalanästhesie sind mitunter langwierig und komplex (z. B. kombinierter 3/1–Block + Ischiadicusblockade, Blockade des Plexus cervicalis für Karotis-TEA), schmerzhaft (z. B. Parabulbärblock, Fußblock) oder haben durch die Rahmenbedingungen eine unangenehme Erlebnisqualität: Stress und Schmerz vor Akutoperationen (Spinalanästhesie für Hüftfrakturen), extreme Lagerung (z. B. Cavakatheter in Lokalanästhesie, supraklavikuläre Blockaden des Plexus brachialis). Häufig werden Stimulationskanülen mit stumpfem Schliff verwendet, deren Durchtritt durch die Haut Schmerzen verursacht. Die motorische Antwort unter Nervenstimulation kann eine Schmerzexazerbation bewirken (z. B. infraklavikuläre Plexusblockade bei Humerusfraktur).
Es gilt zu erkennen, welche Patienten von einer Sedierung profitieren können. Nicht immer zielt die Sedierung auf die Regionalanästhesietechnik ab, sondern auch auf andere vorliegende Umstände, wie die psychische Reaktion auf einen Unfall oder die Reaktion des Individuums auf die technische Atmosphäre eines Eingriffsraumes. Erst der kommunikative Kontakt zum Patienten ermöglicht die Entscheidung, ob eine Sedierung notwendig oder wohltuend ist. Häufig ist der Kontakt zum Patienten in diesen Situationen wichtiger als die Effekte von Pharmaka. Die Techniken werden dem Patienten in adäquater Sprache und Umfang erklärt, jeder medizinische Terminus muss übersetzt werden. Es ist essentiell, vor komplexen Techniken die Kooperation und Motivation des Patienten zu gewinnen („wir können es nur *miteinander* schaffen"), dann wird die Erfolgsrate der Methoden zunehmen. Die Kooperation kann vermehrt werden, wenn man auf individuelle Bedürfnisse oder Wünsche eingeht. Dem Patienten wird versichert, dass man während des Eingriffs immer mit ihm Kontakt halten wird und für ihn erreichbar ist. Die Kommunikation bleibt immer lebendig. Sobald es der Eingriff/die Technik erlaubt, werden komfortverbessernde Maßnahmen umgesetzt (z. B. Aufheben der Kopftief-Lagerung bei einem Jugularis-Cava-Katheter). Jeder Verfahrensschritt, der eine Komfortbeeinträchtigung bringen kann, wird vorher angekündigt (z. B. vor Einführen eines Epiduralkatheters: Ankündigen möglicher Parästhesien).
Dem unzeitgemäßen Einwand, dass unter Sedierung Komplikationen der Regionalanästhesie verschleiert werden können, muss entgegengehalten werden, dass eine intraaxonale Injektion auch unter Allgemeinanästhesie erkennbar ist. Komplikationen der Regionalanästhesie treten unter Allgemeinanästhesie häufiger auf als im Wachzustand des Patienten. Wie bei allen Entscheidungen in der Medizin ist prioritätsorientiertes Handeln im Sinne

des Patienten sinnvoll und nicht das Verfolgen von medikolegalen Defensivstrategien.

Regionalanästhesietechniken mit geringem Diskomfort (z. B. dentale Leitungsanästhesien, subaxilläre Plexusblockade, Blockade des N. femoralis, Epiduralanästhesie etc.): Meistens wird keine Sedierung notwendig sein, es können aber Maßnahmen getroffen werden, die den Komfort verbessern. Eine exzellente Möglichkeit vor planbaren Eingriffen ist die Hautanästhesie mit EMLA-Salbe®. Mindestens 45 Minuten und längstens 4 Stunden vor der Punktion wird die Salbe an der betreffenden Stelle aufgetragen und mit einer Folie bedeckt. Die meisten Patienten sind dazu selbst in der Lage, wenn man ihnen im Rahmen des Aufklärungsgesprächs den Ort der Applikation zeigt. Die zweitbeste Variante ist die Hautanästhesie mit 1 ml Xylocain 2%. In der Zahnheilkunde wird die Mundschleimaut mit Xylocain-Spray anästhesiert. Echten Aichmophobikern oder Kindern ist der Anblick von Nadeln oder auch Gespräche darüber zu ersparen. Auch die anderen Patienten profitieren nicht vom Anblick der sich nähernden Nadel: Wahrnehmungen werden von Erwartungen beeinflusst. Den Einstich kündigt man am besten in Diminuitivform an oder man lenkt die Konzentration des Patienten auf dessen Atmung. „Tief einatmen – ruhig ausatmen ..." – wird während der Exspiration gestochen, so empfindet der Patient weniger Schmerz. Ängstliche oder angespannte Patienten können es sehr wohltuend empfinden, wenn eine Hilfsperson während eines solchen Vorgangs eine Hand auf ihre Schulter legt. Das Angreifen oder Gehaltenwerden soll für alle Beteiligten annehmbar sein. Man kann seinem inneren Empfinden trauen, ob es passend ist, dazu gibt es keine Patentrezepte.

Manche Patienten sind sehr froh, wenn sie keine Erinnerung an die Vorgänge rund um die Regionalanästhesie behalten werden. Für diese und besonders ängstliche und gespannte Patienten empfiehlt sich eine kleine Dosis Midazolam (2–3 mg < 65 Jahre, 1 mg > 65 Jahre).

Regionalanästhesietechniken mit großem Diskomfort (z. B. Parabulbärblockade, Blockade des N. ilioinguinalis, Kathetertechniken vor Replantationen etc.): Wird erkennbar, dass ein Patient auf ein Regionalanästhesieverfahren mit Schmerzen reagiert oder ist das Verfahren grundsätzlich schmerzhaft, so gibt es kaum rationale Gründe, warum man ihm ein Analgetikum vorenthalten soll. Es empfiehlt sich die Verwendung möglichst kurzwirksamer Opioide (Remifentanil, Alfentanil, Fentanyl), vor allem, wenn durch die Regionalanästhesie nozizeptiver Input blockiert werden wird. So kann es z. B. notwendig sein, einem Patienten mit ischämischem Extremitätenschmerz zur Anlage eines Epiduralkatheters ein Opioid in höherer Dosis zu verabreichen (z. B. 3 x 100 µg Fentanyl im Abstand von 5 Minuten). Wenn schließlich die Fortleitung der nozizeptiven Afferenzen aus der unteren Extremität durch Wirksamwerden der Epiduralanästhesie blockiert wird, kann es sein, dass das zentral wirksame Analgetikum unter den neuen Bedingungen „relativ zu hoch dosiert" vorliegt. Daher muss während und im Anschluss an ein solches Vorgehen eine adäquate Überwachung des Patienten gegeben sein.

Tab. 2: Vorschlag einfacher Sedoanalgesieverfahren zur Anlage von Regionalanästhesietechniken (unter Monitoring von: Pulsoxymetrie, EKG, Blutdruck)

1.	Opioid: z. B. Alfentanil 0,25 mg – 1 min warten
2.	Midazolam 1 mg (> 65 a: 0,5 mg) – 5 min warten
3.	weitere Repetitionsdosen, wenn notwendig
oder	
	Fentanyl 50–100 µg – 5 min warten
	Fentanyl 50 µg alle 5 min bis zum Effekt
oder	
	Remifentanil 0,3 µg/kg + Midazolam 0,5–1 mg (nach Boezart et al., 14)

Sedierung während laufender Regionalanästhesieverfahren

Während sich eine Sedierung, die zeitlich vor den Regionalanästhesietechniken angewendet wird, nach den aktuellen Erfordernissen des Patienten richtet, gibt es für eine Sedierung oder Sedoanalgesie unter einem laufenden regionalen Verfahren mehrere Indikationen.

Tab. 3: Indikationen für eine Sedierung/Sedoanalgesie während Regionalanästhesie

- regionale Technik nicht wirksam oder
- regionale Technik nur teilweise wirksam (verfahrensabhängig/wirkungsabhängig)
- lang dauernde Operation
- Angst
- Wunsch nach Amnesie
- sonstige komfortmindernde Faktoren (Lagerung, Lärm, Schmerzen außerhalb des OP-Gebiets etc.)
- präemptive Analgesie (Amputationen)

Vor dem Hautschnitt oder einem sonstigen schmerzhaften Manöver (Reposition etc.) muss überprüft werden, ob das OP-Gebiet anästhesiert ist. Das geschieht durch Stumpf-spitz-Diskrimination *und* Kältetest. Auch bei positivem Test kann es aus verschiedenen Gründen möglich sein, dass der Patient in der Folge Schmerzen verspürt. Ist der Test jedoch negativ, so kann man davon ausgehen, dass das Verfahren nicht wirksam sein wird (Ausnahme: Kommunikationsproblem). Ehe weitere Entscheidungen getroffen werden, sollte man die Anschlagzeit des Lokalanästhetikums abwarten. Wenn sich kein Erfolg einstellt, wird man nachinjizieren, außer es gibt Argumente, die dagegensprechen (Maximaldosis etc.).

Wenn man letztlich gezwungen ist, das anästhesiologische Verfahren zu wechseln, soll man es mit aller Konsequenz tun. Das kann in praxi heißen: Ist kein Anästhesist anwesend oder sprechen andere Gründe gegen eine Allgemeinanästhesie: Operation verschieben. Falls der Anästhesist die Entscheidung für ein weiteres Vorgehen trifft, so ist es ebenfalls sinnvoll, aus den vorliegenden Umständen eine klare und konsequente Handlung zu setzen. Die Entscheidung wird davon abhängen, welche Stimulusintensität der beabsichtigte Eingriff hat und bis zu welchem Ausmaß es dem beabsichtigten Anästhesieverfahren an Wirkung mangelt. Wenn das Regionalanästhesieverfahren grundsätzlich Wirkung zeigt, aber ein „Rest" an Analgesie fehlt, kann mit Opioiden supplementiert werden. Die Wahl der Substanz wird davon abhängen, wie lange der Eingriff dauert und ob zu erwarten ist, dass ein analgetischer Effekt über die Dauer der Operation notwendig sein wird.

Tab. 4: Supplementierende Analgesie mit Opioiden bei laufender Regionalanästhesie

Opioid	Einzelbolus	minimale Zeit zwischen 2 Boli	kontinuierliche Zufuhr
Fentanyl	25–50 µg	5 min	
Alfentanil	125–250 µg	1 min	
Sufentanil	0,2–0,6 µg/kg	3 min	0,005–0,05 µg/kg/min
Remifentanil	0,3 µg/kg	1 min	0,2–0,0125 µg/kg/min

Wird **Remifentanil** verwendet, so ist zu beachten:

- Bolusdosen maximal 0,3 µg/kg
- keine Bolusdosen zu einer laufenden Remifentanilinfusion
- Jede kontinuierliche Infusion von 0,2–0,25 µg/kg/h führt zur Atemdepression, es handelt sich nur um eine Frage der Zeit, bis sie auftritt.
- Die kontinuierliche Dosis orientiert sich an der Atemfrequenz und am Schmerz.
- Beträgt die Atemfrequenz < 9/min, so muss die Flussrate reduziert werden.

Servin et al. (15) haben für Regionalanästhesien (Spinalanästhesie, Armplexusanästhesie) Remifentanil im Bolus von 0,5 µg/kg zu einer kontinuierlichen Remifentanilinfusion von 0,1 µg/kg/h zugegeben, bei 46% der Patienten kam es zu einer Atemdepression.

Wenn absehbar ist, dass mit einem Regionalanästhesie-Verfahren allein nicht das Auslangen gefunden werden kann, wäre eine supplementierende PCA ein sehr elegantes Verfahren. Mögliche Anwendungsgebiete sind die Kiefer- und Gesichtschirurgie, die Zahnheilkunde, die plastische und rekonstruktive Chirurgie, die Orthopädie und Traumatologie. Die Menge an Analgetikum ist dem tatsächlichen Bedarf adäquat, daher herrscht eine sehr hohe Sicherheit. Der Komfort des Patienten wird gefördert, weil er personell unabhängig ist (muss niemanden um Schmerzmittel bitten)

Tab. 5: Supplementierende patientenkontrollierte Analgesie bei laufender Regionalanästhesie

Opioid	Einzelbolus	Sperrzeit
Fentanyl	0,3–1,5 µg/kg	5 min
Sufentanil	0,04–0,2 µg/kg	3 min
Alfentanil	1 µg/kg	1 min

Steht das Bedürfnis des Patienten im Vordergrund, während der Operation schlafen zu wollen, kann man Propofol 1 mg/kg/h kontinuierlich verabreichen und nach Effekt titrieren.
Häufig gibt es Patienten, die aussagen, sie wollen während der Operation „nichts hören und sehen". Das ist nicht zwingend eine Indikation zur Allgemeinanästhesie. Werden diese Patienten mit Midazolam sediert, so zeigen sie postoperativ eine sehr hohe Zufriedenheit. Es hat den Anschein, dass diese Aussage der Patienten in der Sprache des Arztes lautet: „Ich wünsche Amnesie." Eine interessante Steuerung der Sedierungstiefe gelingt mit der kombinierten Anwendung von TCI-Technik (Diprifusor®) und BIS-Monitor®. Man beginnt mit einem Zielwert von 1 µg/ml und steuert die Sedierung in BIS-Bereiche von 80–90.
Bei Amputationen ist empfohlen, vor Hautschnitt Ketamin in einer Dosis von 0,25–0,5 mg i.v. zu injizieren. Diese Maßnahme hat einen präemptiv analgetischen Wert (siehe Kapitel „Pharmakologische Voraussetzungen, Seite 174f.).
Weitere Möglichkeiten zur Sedierung und Sedoanalgesie sind im Kapitel „Techniken der Conscious Sedation" aufgelistet.

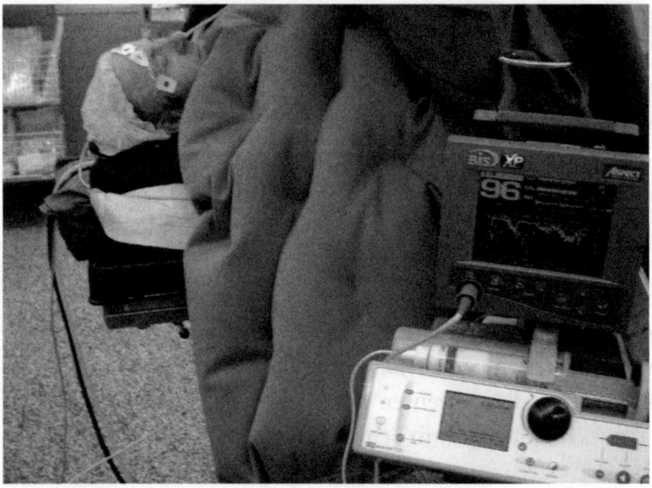

Abb. 1: Steuerung der Sedierungstiefe mit TCI und BIS-Monitor®

Augenheilkunde

Die meisten Eingriffe in der Augenheilkunde werden in Regionalanästhesie (Parabulbärblock, Retrobulbärblock) oder topischer Anästhesie (Tropfanästhesie) ausgeführt. An einigen Institutionen ist die Anwesenheit eines Anästhesisten bei Augenoperationen üblich, der die Regionalanästhesie verabreicht und/oder die Vitalfunktionen des Patienten während der Operation überwacht. Die „Injektion ins Auge“ wird von vielen Patienten als unangenehm empfunden. Es gibt einige Konzepte, um die unangenehmen Reize während der Lokalanästhesie zu begrenzen. Die Augenchirurgie ist eine „Chirurgie der extremen Lebensalter“. Die Operationen sind meist kurz (5–30 Minuten), dennoch ist absolute Bewegungslosigkeit des Patienten gefordert, da unter dem Operationsmikroskop operiert wird und geringe Bewegungen das höchstbewertete Sinnesorgan gefährden. Die Patienten liegen unter der Abdeckung mit sterilen Tüchern, sie sind kaum sichtbar. Vor allem jüngere Patienten haben eher Schwierigkeiten zu tolerieren, dass ihr Gesicht vollständig bedeckt ist.
Der kommunikative Kontakt kann durch Händedruck oder mit Fingerzeichen erfolgen, der Patient sollte sich rezeptiv und stumm verhalten, weil Sprechen zu Bewegungen im Blickfeld des Operateurs führt. Zu tiefe Sedierungsstadien sind zu vermeiden, da die Überwachung und Interventionsmöglichkeiten reduziert sind. Alte und demente Patienten reagieren sehr sensitiv auf Sedativa, durch zu hohe Dosen von Benzodiazepinen werden

paradoxe Reaktionen provoziert (Patient wird unruhig, verliert Orientierung etc.). Außerdem kann es bei raschem Wachwerden des Patienten zu Schreckreaktionen bzw. Orientierungsreaktionen mit heftigen Körperbewegungen (z. B. Aufsetzen) kommen, die eine ernste Gefahr für das operierte Organ bedeuten. Daher kann nach Nolan (24) eine intermittierende Blutdruckmessung in fixen Zeitintervallen unterbleiben. Die Messergebnisse sind vor allem am Beginn der Sedierung interessant (typisch: „RR-Abfall" durch Stressreduktion). Im weiteren Verlauf können die Messmanöver gezielt erfolgen.

Im Waldviertelklinikum Horn werden pro Jahr über 2500 Kataraktoperationen durchgeführt, davon über 99% in Regionalanästhesie (durch den Augenarzt), alle unter Benzodiazepinprämedikation (Bromazepam/Lexotanil® 1,5–3 mg). Für 30–50% der Patienten wird zusätzlich eine Sedoanalgesie angefordert. Diese erfolgt mit Piritramid (Dipidolor®), Midazolam (Dormicum®) und/oder Propofol (Diprivan®).

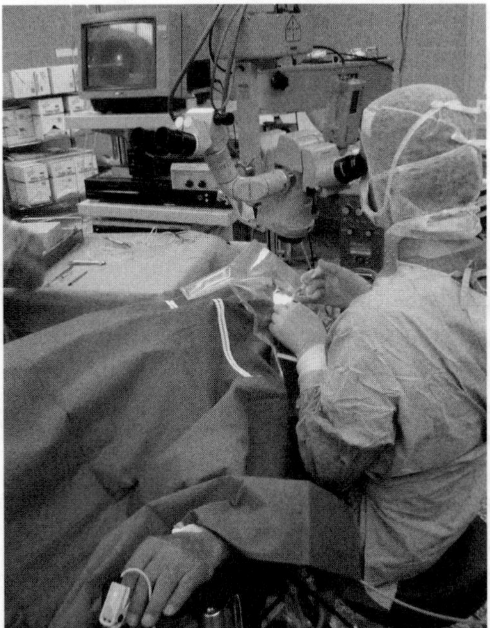

Abb. 2: Katarakt-Operation

Das OP-Programm beginnt um 7h 45, alle Patienten bis auf die ersten 3 des Programmes erhalten ein leichtes Frühstück, außer der involvierte Anästhesist ordnet Nüchternheit an. Übelkeit und Erbrechen während des ophthalmologischen Eingriffs haben mehrere präzipitierende Faktoren: Opioide, Azetazolamid (Diamox®), Vagusstimulation durch Manipulation am Auge, Angst, Schmerz, Stress und Nüchternheit. Sie sind jedoch unter den genannten Bedingungen extrem selten. Eine der Voraussetzungen, um einer Aspiration von Mageninhalt vorzubeugen, ist das Vermeiden tiefer Sedierungsstadien.

Tab. 6: Sedoanalgesie für Katarakt-OP

Prämedikation:	Bromazepam 1,5–3 mg Acetazolamid, 1 Kps 1 h vor OP	
OP:		Minuten bis OP
	Piritramid 2 mg i.v.	8
	Tetracain-Augen-gtt 0,5% : 1	7
	Tetracain-Augen-gtt 1% : 2	6,5
	Midazolam 1 mg i.v.	6
	Parabulbärblock mit Lidocain 2%/5 ml	5
	Propofol in Dosen von 5–10 mg	1

Die Gabe von Midazolam und die damit verbundene Amnesie vor dem Parabulbärblock wird von den Patienten als sehr angenehm empfunden. Der Kopf des Patienten wird in eine schalenförmige Kopfstütze gelagert, die Beine werden an den Knien unterpolstert, der ausgelagerte Arm wird so positioniert, wie es für den Patienten bequem ist. Da der turnover im Augen-OP hoch ist, wird auf die Atmosphäre im Operationssaal größter Wert gelegt. Jeder Patient wird mit seinem Namen angesprochen, die Kommunikation ist sparsam, freundlich und fokussiert auf die Individualität des Patienten. Die Compliance zur Bewegungslosigkeit ist angesichts der kurzen OP-Dauer sehr hoch. Während der Operation herrscht im Raum das größte Maß an Ruhe und Bewegungslosigkeit, da die feinmotorische Arbeit der Operateure ein hohes Maß an Konzentration erfordert, die nachweislich durch hohen Schalldruck vermindert wird. Das Monitoring umfasst Pulsoxymetrie, EKG und nichtinvasive Blutdruckmessung, die Patienten erhalten über eine Nasensonde Sauerstoff in einer Flussrate von 3 l/min. Bei Patienten unter 40 Jahren sind häufig höhere Dosen an Anxiolytikum notwendig. Schwierig zu sedieren sind demente Patienten, Oligophrene und Menschen mit Abhängigkeits-Anamnese (Alkohol, Benzodiazepine, Opioide). Bei Vorliegen einer Demenz wird der Gebrauch von Benzodiazepinen auf ein notwendiges Minimum beschränkt, die Immobilisierung wird mit Antipsychotika erreicht (Prämedikation mit Antipsychotika, im OP: Droperidol). Im Zweifelsfall wird von vornherein eine Allgemeinanästhesie geplant, das Abbrechen der Operation war noch nie notwendig, der intraoperative Wechsel auf eine Allgemeinanästhesie erfolgt extrem selten.

Alternative Verfahren: Piritramid ist wahrscheinlich nicht das ideale Opioid für die kurzen Augenoperationen, da es im Falle einer unvollständigen Wirkung des Blocks zu lange dauert, bis man sich an eine adäquate Analgesie „herantitriert". Der Vorteil von Piritramid liegt in seiner niedrigen Inzidenz an Übelkeit (5%) und Erbrechen (1%) und der geringen Wahrscheinlichkeit, eine Atemdepression zu verursachen. Alfentanil (Rapifen®) wäre akkurater in der Anpassung an einen Analgesiebedarf, da seine Wirkung innerhalb einer Minute eintritt (Piritramid 4-6 Minuten), es hat auch weniger sedierende Wirkung, allerdings eine stärkere atemdepressive Wirkung als Piritramid. Adäquate Einzeldosen von Alfentanil dürften um 0,25 mg liegen.

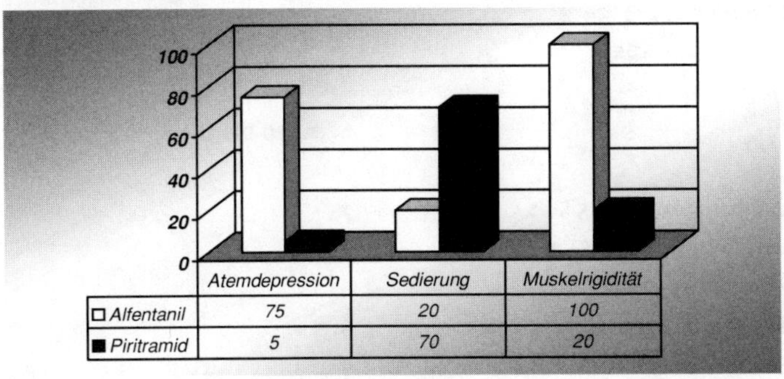

Abb. 3: Vergleich Piritramid – Alfentanil

Remifentanil (Ultiva®) ist zur Zeit das Opioid, das eine hohe analgetische Potenz mit extrem guter Steuerbarkeit vereint. Wird Remifentanil ohne Sedativum verabreicht, ist eine hohe Rate an Übelkeit und Erbrechen (25%) die Folge (11), wird es bolusartig zu einer kontinuierlichen Infusion von Remifentanil injiziert oder mit der bolusartigen Gabe von Sedativa kombiniert, so sind Apnoephasen bei der Mehrheit der Patienten zu erwarten. Ein Arbeiten mit Remifentanil erfordert also eine hohe Aufmerksamkeit und ein differenziertes Konzept.

Holas et al. (12) aus Graz haben eine kontinuierliche Remifentanilinfusion mit einer kontinuierlichen Propofolinfusion kombiniert und für Augenope-

Tab. 7: Sedoanalgesie durch kontinuierliche Infusion mit Propofol und Remfentanil, kombiniert mit Retrobulbärblock (RBB) für Augenoperationen
nach Holas et al., 12)

Remifentanil 0,05 µg/kg/min
Propofol 1 mg/kg/h
Retrobulbärblock nach Atkinson mit 2,5 ml Mepivacain 2% + 2,5 ml Ropivacain 0,75% : 30 min vor OP
Remifentanil 0,0125 µg/kg/min, Propofol 0,5 mg/kg/h unmittelbar nach RBB (Dosisreduktion!)
Remifentanil 0,025 µg/kg, Propofol 0,5 mg/kg/h bei Beginn der OP
Titration nach Bedarf
wenn RR_{syst} < 100 mmHg: 250 ml HÄES
wenn HF < 50/min: Atropin 0,5 mg
wenn Atemfrequenz < 9/min: Reduktion von Remifentanil und/oder Propofol

Tab. 8: Sedoanalgesie für Katarakt-OP (modifiziert nach Boezart et al., 14)

Prämedikation:	Bromazepam 1,5–3 mg Acetazolamid, 1 Kps 1 h vor OP	
		Minuten bis OP
	Tetracain-Augen-gtt 0,5%: 1	7
	Tetracain-Augen-gtt 1%: 2	6,5
	Midazolam 0,5–2 mg	6
	Remifentanil 0,3 µg/kg	6
	Parabulbärblock mit Lidocain 2%/5 ml	5
	Propofol in Dosen von 5–10 mg	1

Erklärung: Die **Midazolam**-Dosis richtet sich nach den Umständen,
z. B. Pat. 45 kg, 80 Jahre: 0,5 mg
Pat. 70 kg, 60 Jahre: 1 mg
Pat. 80 kg, 35 Jahre: 2 mg

Es erweist sich als sinnvoll, **Remifentanil** in eine Konzentration von 10 µg/ml zu bringen (1 mg in 100 ml).

70 kg schwerer Patient: 0,3 x 70 = 2,1 ml eine Minute vor dem Parabulbärblock.

rationen in Retrobulbärblock angewandt. Dieses Verfahren ist sicher, effektiv und führt zu hohem Patientenkomfort.
Propofol wirkt bei kontinuierlicher Zufuhr geringer Dosen nur gering atemdepressiv. Seine antiemetische Potenz ist dafür verantwortlich, dass in der Kombination mit Remifentanil Übelkeit und Erbrechen nicht mehr in Erscheinung treten (12).

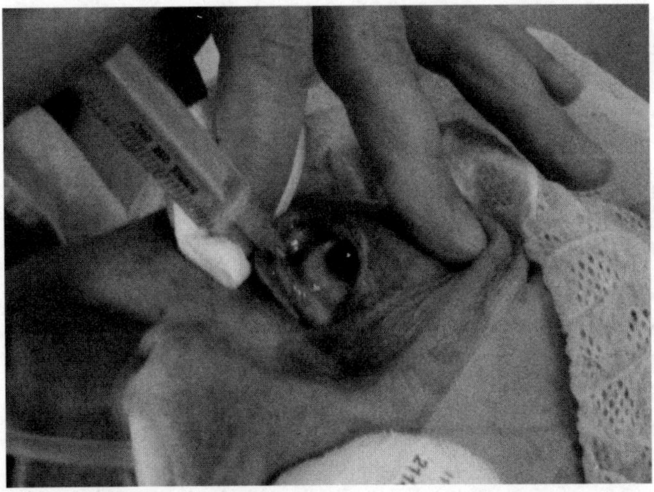

Abb. 4: Parabulbärblock

Unter diesem Protokoll blieben die Patienten hämodynamisch stabil, pCO_2 und pH blieben konstant, 60% der Patienten waren vollständig schmerzfrei (12). Opioidnebenwirkungen und PONV waren nicht nachweisbar.
Boezart et al. (14) haben eine Technik zur Toleranz der Regionalanästhesie am Auge vorgestellt: Durch die Verwendung von Remifentanil 0,3 µg/kg und gleichzeitiger Gabe von 0,5–1 mg Midazolam kommt es zum fast vollständigen Fehlen von Patientenbewegungen als Antwort auf Einstich und Injektion von Lokalanästhetikum. Die atemdepressive Wirkung dieser Kombination wurde als mild und klinisch nicht signifikant beschrieben (14).
Praktisch zeigt sich, dass die Patienten unter diesem Regime keine Schmerzen während der parabulbären Injektion verspüren. Viele schlafen nach dem Block ein und verschlafen die Zeit, in der der Ophtalmologe die Hände desinfiziert. Um Aufwachreaktionen vorzubeugen, ist es angeraten, den Beginn der Operation anzukündigen. Zu diesem Zeitpunkt sind die Patienten gut kontaktierbar und sehr ruhig. Nach der Operation werden noch einmal

Vitalparameter und Bewusstsein überprüft, nur in Ausnahmefällen wird eine postoperative Überwachung im Aufwachraum durchgeführt.
Tränenwegssondierung: siehe Seite 430.

Rückenmarksnahe Regionalanästhesie und Sedierung

Eine große Zahl von Operationen an Körperstellen unterhalb des Rippenbogens kann durch rückenmarksnahe Anästhesieverfahren ermöglicht werden (Spinalanästhesie, Epiduralanästhesie, kombinierte Spinal/Epiduralanästhesie).
Häufig ist es erwünscht, dass zusätzlich eine Sedoanalgesie verabreicht wird (siehe Tab. 3).
Zu 80% aller Spinalanästhesien werden zusätzlich Sedativa verabreicht (31).
Supraspinale Effekte von rückenmarksnahen Anästhesieverfahren: In mehreren Studien konnte beobachtet werden, dass Patienten nach Spinalanästhesien schläfrig waren, obwohl sie kein Sedativum erhalten hatten (17, 43), bzw. dass sich der Bedarf an Narkotika unter Epiduralanästhesie (18) oder Sedativa unter Spinalanästhesie (44) messbar reduziert hat.
Als zugrunde liegende Mechanismen wurde die rostrale Ausbreitung des Lokalanästhetikums diskutiert. Wahrscheinlicher dürfte jedoch die herabgesetzte Aktivität des aszendierenden retikulären Systems durch einen verminderten afferenten Input sein (17, 43). Es dürfte also durch eine Reduktion des Zustroms somatosensorischer Afferenzen durch die Spinalanästhesie zu einer partiellen Deafferenzierung kommen (43). Die integrative Leistung des Wachbewusstseins wird vom Zustrom afferenter Stimuli beeinflusst. Die Intensität des sedierenden Effekts ist abhängig vom sensorischen Niveau, d.h. je weiter kranial die Ausdehnung reicht, desto mehr Sedierungseffekt wird resultieren (19, 44). Ein assoziierter Blutdruckabfall dürfte auch eine Rolle spielen, eine Sedierung durch Spinalanästhesie tritt jedoch auch dann auf, wenn der Blutdruck durch Ephedrin konstant gehalten wird (43). Zeitlich findet sich bei Spinalanästhesie ein zweigipfeliger Sedierungsverlauf: Der erste maximale Effekt wird 30 Minuten nach Injektion des Lokalanästhetikums erreicht, der zweite nach ca. 60 Minuten (17). Die *klinische Relevanz* dieser Befunde ist der verminderte Bedarf an Sedativa während rückenmarksnaher Anästhesietechniken (20, 43, 44). Häufig werden zu den rückenmarksnahe wirksamen Lokalanästhetika **Additiva** (Opioide, Clonidin, S-+-Ketamin etc.) mit der Zielsetzung zugesetzt, die Erfolgsrate zu erhöhen, den Effekt zu verstärken oder zu verlängern (20). Es muss in diesem Zusammenhang darauf hingewiesen werden, dass alle diese Additiva eine sedierende Wirkung haben. In den Intrathekalraum injizierte Opioide können nach ros-

tral aufsteigen und zu einer Atemdepression führen. Sufentanil ist sehr lipophil, wird daher eher an der Stelle der Injektion gebunden und hat eine geringere Tendenz atemdepressiv zu wirken als das hydrophile Morphin, dessen Ausbreitung über mehrere Segmente unter manchen Bedingungen erwünscht ist (z. B. Schmerztherapie bei Serienrippenfrakturen). Werden Opioide zugesetzt, so muss der Patient vom Zeitpunkt der (letzten) Injektion gerechnet weitere 12 Stunden überwacht werden (v.a. Atemfrequenz). Die Absorption der Opioide und ihre systemische supraspinale Wirkung dürfte nach der derzeitigen Datenlage der Hauptfaktor für ihre Effekte sein (20).
Asystolie und signifikante Bradykardien während rückenmarksnaher Regionalanästhesie-Verfahren: Einfluss der Sedierung. Exzessive Sedierung kann zu Hypoxie und Hyperkapnie führen, vor allem beim älteren Menschen. Das ungetrübte Bewusstsein ist das beste Neuromonitoring. Veränderungen der Bewusstseinslage, Übelkeit und Erbrechen sind häufige Frühsignale eines kompromittierten Kreislaufs. Wird ein Patient während einer effektiven Spinal- oder Epiduralanästhesie unruhig oder geht gar der kommunikative Kontakt verloren, so ist unverzüglich nach zugrunde liegenden Ursachen zu fahnden (Hypotension, Pulmonalembolie, Hypoventilation etc.; siehe auch Seite 154). Liguori et al. (30) sagen aus, dass ein erhaltenes Wachbewusstsein die Wahrscheinlichkeit für Bradykardien oder Asystolien erhöht, während Liu (20) in seiner Übersichtsarbeit 2 Faktoren angibt, welche ursächlich mit dem Auftreten einer Asystolie verknüpft seien: a) die verzögerte Anwendung eines Vasopressors bei Hypotension und b) eine zusätzliche Sedierung. Die Verwirrung der Aussagen wird durch Pollard (31) vervollständigt, der nach Durchsicht aller relevanten Arbeiten zu dem Schluss kommt, dass keine prospektive Studie eine Assoziation zwischen Asystolie und Sedierung nachweisen kann.

Tab. 9: Wahrscheinlichkeit von Asystolie und ausgeprägter Bradykardien (nach Pollard, 31)

Technik	Asystolie	ausgeprägte Bradykardie (HF 20–40)
Spinalanästhesie	0,07%–0,15%	0,15%
Epiduralanästhesie	0,01%	
noncardiac surgery*	0,03%	

*Alle Eingriffe außerhalb des Herzens ohne Berücksichtigung der Anästhesietechnik.

Spinalanästhesie ist mit einem höheren Risiko für Asystolie assoziiert, die Mortalität einer Asystolie bei Spinalanästhesie ist dramatisch hoch (> 40 %).

Häufig sind jüngere Patienten bei kleineren Eingriffen betroffen, daher wird angenommen, dass diese Komplikation vermeidbar ist (32). Hypoxie dürfte kein prädisponierender Faktor sein, da die meisten Asystolien in Spinalanästhesie bei einer Sauerstoffsättigung von 95–100% auftreten (31).
Die kausalen pathophysiologischen Faktoren sind ein präexistent erhöhter Vagotonus und die zentrale Inhibition sympathischer Efferenzen durch die Spinalanästhesie (vor allem bei einem sensorischen Niveau über Th_6), die zu einem vermindertem venösen Rückstrom aus der Peripherie führen. Pollard (31) führt folgende Risikofaktoren an:

Tab. 10: Risikofaktoren für eine moderate Bradykardie (HF < 50) während Spinalanästhesie (nach 31)

Herzfrequenz in Ruhe < 60	EKG!
verlängerte QT-Intervall	
Betablockertherapie	
Alter < 50	
ASA I	
sensorisches Blockadeniveau über Th_6	

Alle Arbeiten über die erfolgreiche Therapie signifikanter Bradykardien oder von Asystolien während Spinalanästhesie (40–42) hatten Atropin in ihrem Therapie-Algorithmus. Es wird empfohlen, bei einer Kammerfrequenz < 60/min Atropin (0,4-0,6 mg) zu verabreichen, Glykopyrrolat bleibt ohne Effekt (31). Brown et al. (40) empfehlen die Stufentherapie bestehend aus Atropin (0,4-0,6 mg), gefolgt von Ephedrin (25–50 mg) und Adrenalin (0,2–0,3 mg), wenn sich unter Spinalanästhesie eine Bradykardie entwickelt.

Schlussfolgerung und Konsequenz für die Praxis: *Die Beachtung der Risikofaktoren hilft, Patienten mit prädominantem Vagotonus zu identifizieren (erhöhtes Risiko für signifikante Bradykardie und Asystolie in Spinalanästhesie). Wenn auch die Angaben aus der Literatur uneinheitlich sind, ist bei Spinalanästhesien mit sedoanalgetisch wirksamen Medikamenten, die den Vagotonus erhöhen oder die sympathikolytisch wirken, besonders sorgsam umzugehen (Opioide, Propofol, Clonidin, Dexmedetomidin). Die Behandlung der Vagotonie erfolgt mit Atropin.***

*Der Algorithmus des ILCOR zur Behandlung der Asystolie beinhaltet seit 2000 eine hochdosierte Atropingabe (1 mg = 2 Ampullen, bis zu einem Maximum von 0,04 mg/kg) (35).

Atmosphärische Effekte: Rückenmarksnahe Verfahren werden häufig für Eingriffe längerer Dauer angewandt. Für die Patienten sind das lange Ausharren, die Exposition an Stimuli hoher Intensität (helles Licht, Lärm durch Geräte) und das Miterleben eines traumatisierenden Eingriffs am eigenen Körper (z. B. Gelenksprothetik) belastend. Die Wahrnehmungen bei wirksamer Regionalanästhesie können befremdlich und beunruhigend sein. Manche Patienten haben das Gefühl, ab dem Nabel „aufzuhören", andere erleben bizarre Lageempfindungen der anästhesierten Körperteile (ein Bein kann als schwebend empfunden werden und das andere im Knie gebeugt, obwohl beide gestreckt auf dem OP-Tisch liegen).
Jede Operation hat Phasen, in denen der Ablauf nicht so reibungslos geschieht wie erwünscht, auch dieser Umstand kann einen Patienten beunruhigen. Die Stimmung im Operationssaal, die Ruhe und Professionalität des Teams wird für den Patienten in erster Linie nonverbal erfahrbar. Am Beginn längerer Prozeduren sollte man es dem Patienten so bequem wie möglich einrichten, viele Lagerungsmanöver können bei laufender Operation nicht mehr durchgeführt werden. Wenn es der Patient wünscht, kann er Musik über nicht okkludierende Kopfhörer hören. Die Musik muss – um dem Patienten nützen zu können – seinem Musikgeschmack und nicht dem einer anderen Person entsprechen. Musik ist ein effektives Sedativum. Es ist

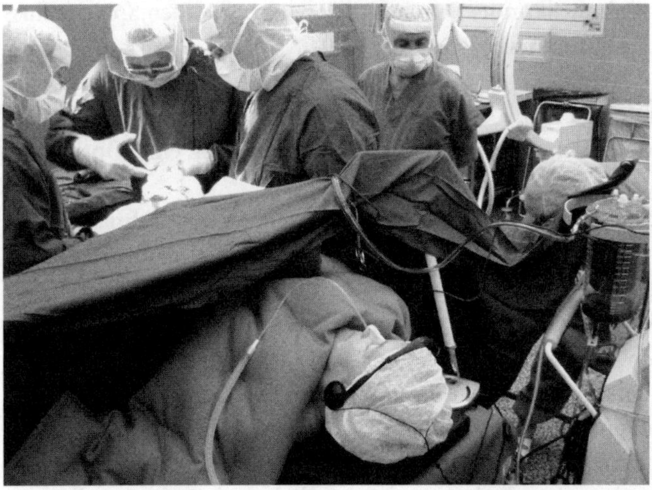

Abb. 5: Implantation einer Knie-Totalendoprothese in Spinalanästhesie Sedierung mit Midazolam in 0,5 mg-Inkrementen auf Anforderung durch die Patientin, Anästhesist und Anästhesiepflege im Raum. Postoperative Schmerz-Therapie durch kontinuierlichen 3/1–Block.

gesichert, dass durch Musik während Spinalanästhesie Sedativa eingespart werden können (21). Daneben sollte der Umgebungslärm so weit wie möglich reduziert werden, davon profitiert auch der Operateur – und damit indirekt der Patient.

Zahnheilkunde

8–10% aller Menschen leiden unter einer echten Dentalphobie (22), 49% der Menschen bezeichnen sich mäßig ängstlich oder ängstlich angesichts eines Zahnarztbesuches, 64% empfinden vor einer zahnärztlichen Behandlung Nervosität (23).
Die Angst vor Zahnbehandlung kann sich als Resultat von gelernten Assoziationen zwischen traumatischen Erfahrungen (üblicherweise die Erfahrung von Schmerz) und Zahnbehandlungen entwickeln (23). Die Rolle der klassischen Konditionierung in der Ätiologie von Dentalphobien ist wissenschaftlich gut fundiert (23).
Die Dentalphobie der Erwachsenen ist einer verhaltenstherapeutischen Behandlung gut zugänglich, das Programm erfasst eine systematische Desensibilisierung, ein EMG-Biofeedback (Entspannungstraining für die Kopfmuskulatur), Modelllernen durch Ansehen von Videos (Darstellung von Zahnbehandlungen) und Hypnose. Hypnose bzw. hypnotische Kommunikation ist ein sehr effektives Instrument zur Reduktion von Angst und Schmerz in der Zahnheilkunde. Durch Hypnose können auch Speichelfluss und Blutungen beeinflusst werden.

Conscious Sedation ist keine Alternative zu den kommunikativen oder psychologischen Methoden, allenfalls eine Ergänzung oder eine Option für extreme Varianten.
Es sei ausdrücklich festgehalten, dass es in der Mehrzahl der zahnärztlichen Eingriffe *nicht* notwendig ist, eine pharmakologische Unterstützung anzubieten. Die Frage nach der Indikation kann nur für den individuellen Bedarf festgelegt werden. Ein Patient, der sich angesichts einer Zahnbehandlung als „mäßig ängstlich“ bezeichnen wird, kann eine 1–stündige Wurzelbehandlung mit dem entsprechenden kommunikativen Zugang in Regionalanästhesie gut tolerieren, wird aber möglicherweise bei der Extraktion eines retinierten Weißheitszahnes von einer Conscious Sedation profitieren. Nach A. M. Skelly (25)ist Conscious Sedation grundsätzlich für 2 Problemstellungen vorteilhaft:

1. für Patienten, die lange oder belastende Eingriffe sicher und komfortabel über sich ergehen lassen wollen, ohne eine Allgemeinanästhesie auf sich zu nehmen („*difficult dentistry for easy patients*“);

2. für Patienten, bei denen die Compliance für Routineeingriffe angstbedingt nicht gegeben ist („*easy dentistry for difficult patients*").

Es wird angenommen, dass die Inzidenz der Zahneingriffe in Allgemeinanästhesie angesichts des Konzepts der Conscious Sedation dramatisch rückläufig sein wird (23). Allerdings gibt es weder unter Zahnärzten noch unter Anästhesisten einen Konsens darüber, welche Pharmaka für die zahnärztliche Therapie hinsichtlich Sicherheit und Effektivität die beste Wahl sind (23). Patienten, die den ASA-Risikogruppen I und II angehören, werden üblicherweise vom Zahnarzt sediert, bei Patienten der Risikogruppen III und IV ist Conscious Sedation sinnvoll, da es dadurch zu einer Reduktion von physischem und psychischem Stress kommt (25). Für die kranken Patienten wird die Anwesenheit eines *Sedationists** empfohlen (25). Für Patienten mit Lokalanästhetika-Allergien oder -Unverträglichkeiten stellt die Conscious Sedation eine Alternative zur Allgemeinanästhesie dar.

Übliche Verfahren der Sedoanalgesie in der Zahnheilkunde:

a) orale Benzodiazepine
b) Lachgasinhalation
c) Allgemeinanästhesie
d) i.v.-Midazolam/Conscious Sedation

Oral verabreichte Benzodiazepine wirken kurz (15–30 min) nach Einnahme angst- und spannungslösend, die Kommunikationsfähigkeit bleibt erhalten. Eine Benzodiazepinprämedikation soll vor allem für Aichmophobiker (Angst vor Nadeln) geeignet sein. Der quantitative Effekt einer oralen Sedierung mit Midazolam oder einem anderen Benzodiazepin ist jedoch individuell nicht vorhersehbar (23), bei gewissen Patienten kommen paradoxe Phänomeme vor (siehe Seite 153). Eine orale Medikation erscheint in erster Linie mit Clonazepam (Rivotril®) erfolgversprechend. Der Ängstliche könnte in 30-Minuten-Intervallen 0,5 mg der Substanz einnehmen – bis seine Befindlichkeit akzeptabel erscheint (siehe auch das Vorgehen im Kapitel Radiologie/Klaustrophobie).

Die schrittweise intravenöse Titration von Midazolam wird meistens effektiv sein (25).

Schmerzen in der Zahnheilkunde sind einfach und effektiv durch Regionalanästhesie zu verhindern (23). Derzeit ist die Inhalation von Stickoxydul (N_2O, Lachgas) die am weitesten verbreitete Methode, um eine Sedoanalge-

*Siehe Vorwort.

sie herbeizuführen (25). Lachgas wirkt nur schwach analgetisch, praktisch nicht narkotisch und hat einige sehr ungünstige Eigenschaften.
Aus der Sicht des Zahnarztes sind mangelnde Compliance und Kooperation die Hauptprobleme, die eine erfolgreiche Zahnbehandlung verhindern. Aus der Sicht des Patienten dominiert die Angst vor Schmerzen und Diskomfort (Speichelfluss und Schluckstörung, trockener Mund, Atemnot, langes Öffnen des Mundes, Würgereiz, Taubheitsgefühl mit Sprechstörung etc.). Das Hantieren in Mund und Rachen kann als Nahetreten empfunden werden, Gesicht und Kopf sind Körperteile mit hoher Intimität und „Ich-Nähe". Die Zahnbehandlung ist auch für Zahnärzte körperlich fordernd, der Patient kann den physischen Aufwand als *Gewalt* empfinden, die sich in seine Richtung entfaltet.

Midazolam ist für die *intravenöse* Sedierung des Erwachsenen in der Zahnheilkunde das Medikament der Wahl. Die Sedierung von Kindern muss erfahrenen Spezialisten vorbehalten bleiben (25).

Tab. 11: Midazolam zur Conscious Sedation in der Zahnheilkunde (nach 25)

1.	2 mg (alte Menschen: 1 mg) Midazolam über 30 Sekunden i.v. – 90 Sekunden warten
2.	Überprüfen von Atmung, Pulsoxymetriewerten, Muskelspannung und Sedierungseffekt
3.	weitere Sedierung notwendig?
4.	wenn ja: 1 mg (alte Menschen 0,5 mg) über 30 Sekunden i.v.
	Maximaldosen: Mehr als 10 mg (Jüngere) oder 5 mg (Ältere) sind meistens nicht notwendig.

Die Wirkung der effektiven Dosis hält ca. 20–30 Minuten an, viele Patienten bleiben aber auch über eine Stunde kooperativ (25). Die Dauer der Sedierung entspricht nicht immer den Erfordernissen. Eine Extraktion kann in wenigen Minuten abgeschlossen sein, der Effekt der Sedierung überdauert die Dauer des Eingriffs bei weitem. Bei Prozeduren, die Stunden dauern, werden die kumulativen Dosen erheblich sein. Es ist zu bedenken, dass aus pharmakologischen Gründen der Bedarf an weiteren Dosen mit der Zeit abnimmt. Je höher die kumulative Dosis an Midazolam ist, desto länger werden die Patienten benötigen, um sich vollständig von der Sedierung zu erholen. Wird in einer Zahnarztpraxis sediert, so sind entsprechende logistische Vorkehrungen zu treffen, um Sicherheit und Komfort der Patienten zu gewährleisten.* Der amnestische Effekt des Midazolam wird für Eingriffe mit unangenehmer Erlebnisqualität günstig sein. A. M. Skelly vom Guys

*Siehe Kapitel „Sicherheit und Komfort".

Dental Hospital in London vertritt die Auffassung, dass eine vollständige Midazolam-induzierte Amnesie beim Dentalphobiker nicht wünschenswert ist. Für den Dentalphobiker wäre die Fähigkeit, Erinnerungen aus dem Behandlungszeitraum abrufen zu können, ein Schritt zur Rehabilitation, da er die Erfahrung gemacht hätte, eine „Zahnbehandlung ohne Angst" erleben zu können (25).

Die Sedierung „schwierig zu sedierender Menschen" bleibt besser einem Anästhesisten vorbehalten (Alkoholkrankheit, Benzodiazepinabusus, psychiatrische Erkrankungen, Epilepsie).

Die Nähe des Operationsgebietes zu den Atemwegen erhöht das Risiko für Laryngospasmus, Bronchospasmus, Aspiration und Obstruktion. Blutverschlucken kann den Magen irritieren und Erbrechen induzieren. M. Kost (33) empfiehlt die prophylaktische Gabe von 10 mg Metoclopramid. Das technische Monitoring zu Sedierungen in der Zahnheilkunde besteht im mindesten Fall aus einer Pulsoxymetrie (mit variabler Tonhöhe) (46). Die ASA empfiehlt für Sedierung bei zahnärztlichen Eingriffen ein definiertes Monitoring des Bewusstseins (z. B. OAA/S) (46). Da die phonetische Kommunikation aus technischen Gründen nicht immer möglich ist, empfiehlt die ASA die Vereinbarung von Handzeichen oder das Verwenden von Signalgeräten (Licht), damit der Sedationist erkennen kann, ob der Sedierungszustand adäquat ist (Vermeiden von *Deep Sedation*) (46). Bei langwierigen Operationen kann durch Mundöffnung, Manipulation und Feuchtigkeit die Haut an den Mundwinkeln einreißen und dem Patienten tagelang Beschwerden beim Mundöffnen bereiten. Diese Entwicklung kann durch das prophylaktische Aufbringen einer Salbe auf Petroleumbasis verhindert werden (33).

Für manche Eingriffe der Zahnheilkunde und Kieferchirurgie sind die Methoden der Regionalanästhesie nicht ausreichend, um eine adäquate Analgesie sicherzustellen. Für die entsprechenden Operationen ist die Zufuhr einer Substanz mit analgetischer Wirksamkeit zu empfehlen. Die Methode mit der höchsten Sicherheitsbreite und dem besten Komfort wäre die patientenkontrollierte Analgesie (PCA), die höchste Zufriedenheit kann mit einer Fentanyl-PCA erzielt werden. Die patientenkontrollierte Analgosedierung (PCAS) ist eine Alternative.

Tab. 12: Analgesie in Zahnheilkunde und Kieferchirurgie

Fentanyl-PCA
Propofol-Alfentanil-PCAS (siehe Seite 300)
Orales transmukosales Fentanylzitrat (OTFC)
präemptive Analgesie (Tenoxicam 40 mg am Abend vor dem Eingriff und am Morgen des Eingriffs)

Eine **Analgesie durch Stickoxydul** (Lachgas, N_2O) wird auch *relative analgesia* genannt, sie ist außer in der Zahnheilkunde eher ungebräuchlich.* Die Bedeutung von Lachgas in der Anästhesie ist seit der Einführung der totalen intravenösen Anästhesie (TIVA) und gut steuerbaren Narkotika zunehmend schwindend. Es ist wahrscheinlich, dass Stickoxydul in 10 Jahren aus der modernen Anästhesie verschwunden sein wird. Die Darstellung des Stickoxyduls geschieht der Vollständigkeit halber.

Tab. 13: Vorschlag für eine Fentanyl-PCA

Kassettenvolumen 50 ml	
1 A Fentanyl = 10 ml = 0,5 mg = 500 µg	
in 40 ml NaCl 0,9% (→ 1 ml = 10 µg Fentanyl)	
Einzelbolus: 0,5 µg/kg.	Für 50 kg: 25 µg = 2,5 ml
	60 kg: 30 µg = 3,0 ml
	70 kg: 35 µg = 3,5 ml
	80 kg: 40 µg = 4,0 ml
	90 kg: 45 µg = 4,5 ml
	100 kg: 50 µg = 5,0 ml
Sperrzeit/Lockout-Intervall: 5 Minuten	

Lachgas diffundiert in alle gasgefüllten Hohlräume des menschlichen Körpers und vermehrt deren Volumen. Die Folge sind u.a. Übelkeit und Erbrechen (abhängig von der Narkosedauer), Kopf- und Ohrenschmerzen.
Seine analgetische Potenz ist gering (N_2O 60 Vol% ≙ 1 A Morphin), es hat praktisch keine narkotische Wirkung. Die Arbeitsplatz- und Umwelttoxizität des Stickoxyduls ist erheblich.
Lachgas wird dem Zahnpatienten nasal zugeführt. Die Nasenmaske und Schlauchsysteme behindern einige zahnärztliche Handgriffe (25). Lachgas hat keinerlei anxiolytische Wirkung, sehr ängstliche Patienten müssen sehr kooperativ sein, um die ganze Prozedur zu ertragen.
Die Anwendung von Lachgas ist einfach und sicher, sein wesentlicher Vorteil ist die extrem gute Steuerbarkeit. Durch Zumischen von Lachgas kann der Patient ein hypoxisches Gasgemisch (< 21 Vol% O_2) erhalten. Es ist vorgeschrieben, dass technische Einrichtungen vorliegen, die das verhindern (oxygen-ratio control, nitrous-oxide cut-out, Messung der FiO_2, genormte

*Joseph Priestley entdeckte 1772 das Stickoxydul (bald „Lachgas" genannt), das man später des geselligen Vergnügens und der euphorischen Wirkung wegen bei Lustbarkeiten einzuatmen pflegte (26).

Gasanschlüsse, Farbkennung der Gasanschlüsse und/oder -flaschen, jederzeit gut sichtbare Flowmeter, Sauerstoff-Flowkontrolle). Der Sauerstoffanteil im zugeführten Gasgemisch (FiO_2) muss mindestens 30% betragen, eine kontinuierliche Pulsoxymetrie ist obligatorisch. Lachgas wird rasch eliminiert und verlässt den Körper des Patienten unverändert über die Lungen. Der Zahnarzt und seine Gehilfen sind vollständig dem Gas exponiert.

Tab. 14: Zahnärztliche Stickoxydul-Analgesie (nach 25)

Silikon-Nasenstück bequem sitzend am Patienten anbringen, Sauerstoff-Flow 5–6 Liter
1 Minute Lachgas in einer Konzentration von 10% zumischen
Steigerung der Lachgaskonzentration um 10% jede Minute bis ein adäquater Analgesiezustand vorliegt
maximale Lachgaskonzentration: 70%
durchschnittlich notwendige Stickoxydul-Konzentration: 20–40%

Die französische Arzneimittelbehörde empfiehlt, dass bei Kindern Stickoxydul nicht länger als 3 Minuten vor einem Eingriff zugeführt werden soll und dass die Dauer der Zufuhr 30 Minuten nicht überschreiten soll (47) (siehe auch Seite 425f.).

Tab. 15: Absolute Kontraindikationen für Lachgas zur Sedierung (47)

erhöhter intrakranieller Druck
Bewusstlosigkeit
Pneumothorax
andere Zustände und Erkrankungen, bei denen die Akkumulation von Stickoxydul in Hohlräumen vermieden werden soll: Sinusitis, Ileus

Tab. 16: Kontraindikationen für Lachgas-Sedierung durch Nicht-Ärzte

Kinder unter 4 Jahren
Kinder unter Dauermedikation mit psychotropen Substanzen
Kinder mit Erkrankungen und Zuständen, bei welchen die Funktion von Gehirn oder Atmung beeinträchtigt werden kann

Aspekte der Sedierung von Kindern in der Zahnheilkunde: *Die Sedierung von Kindern in der Zahnheilkunde sollte in Mitteleuropa erfahrenen Kinderanästhesisten vorbehalten bleiben.*

Charles Coté et al. (45) haben 95 Fälle schwerster Komplikationen bei Sedierung von Kindern untersucht. Zahnarztordinationen außerhalb eines Krankenhauses sind die Orte, an denen am häufigsten (32/95), weit vor allen anderen Einrichtungen und Fächern, sehr schwere Komplikationen in Folge einer Sedierung an Kindern eintreten. 29 von 32 untersuchten Kindern dieser Analyse sind verstorben. Dieses Ergebnis findet an mehreren anderen Stellen in der Literatur Bestätigung. Viele Bedingungen, die zu diesen Folgen geführt hatten, sind einer unzureichenden apparativen Ausstattung zuzuschreiben oder haben sonstige Gründe im Bereich der Logistik oder des personellen Umfeldes, die im Grunde als „schwere Fahrlässigkeit" klassifizierbar sind.*

Daneben bietet die Zahnheilkunde Risken, die dem Fach adhärent sind: Manipulation an den Atemwegen mit dem Risiko, Laryngo- und Bronchospasmus zu provozieren, das Risiko der Aspiration von Blut, Metallpartikeln oder kontaminiertem Speichel bzw. die Möglichkeit, den Atemweg mit Fremdkörpern zu obstruieren. Positionierung von Kopf und Zunge, die für die Zahnbehandlung erforderlich sind, können beim spontan atmenden Sedierten Atemwegskomplikationen verursachen (45). 80% aller Sedierungskomplikationen bei Kindern betreffen die Atmung bzw. die Atemwege. Wird Lachgas verwendet und mit anderen Sedativa kombiniert, so kommt es häufiger zu Komplikationen (45). Coté spricht sich dafür aus, diese Art der Medikamentenkombination zu verlassen, und empfiehlt, in der Zahnheilkunde neben der obligatorischen Pulsoxymetrie ein kontinuierliches Monitoring des Bewusstseins durchzuführen (45). Die Vorraussetzungen, um in Zahnarztpraxen Kinder zu sedieren, müssen erfüllt sein,* sonst hieße es, diese Komplikationen in Kauf zu nehmen. Die Datenlage für diesen Fall ist erdrückend.

Trotz Sedierung empfiehlt sich in der Zahnheilkunde immer eine Lokalanästhesie, wenn Schmerzen zu erwarten sind. Untersuchungen an „schwierigen Kindern" könnte man in oraler Midazolam-Sedierung durchführen (Versed-syrup® 2 mg/ml: 0,25 mg/kg, maximal 15 mg).

Die Akzeptanz zahnärztlicher Manipulationen an Kindern dürfte mit der Midazolamdosis korrelieren. Erlandsson et al. (48) haben orales Midazolam in einer „bescheidenen" Dosis von 0,2 mg/kg verwendet, die Akzeptanz betrug 63%, eine Behandlung konnte jedoch bei 93% der Kinder durchgeführt werden. Ein Drittel der Population wurde unter „zweifelhafter Akzeptanz" versorgt.

Wenn kürzere Eingriffe (15–30 min) geplant sind und Immobilisierung gefragt ist, kann Midazolam (0,5 mg/kg bis max. 15 mg) mit S-+-Ketamin

*Siehe Kapitel „Kinder".

(5 mg/kg) kombiniert werden (oral oder rektal). Der Kassenarzt wird keinen Eingriff von über 30 Minuten an einem Kind in der Ordination durchführen, im positiven Fall wäre auch eine Chloralhydrat-Sedierung (+ Lokalanästhesie!) möglich (siehe Kapitel „Radiologie“ und Kapitel „Kinder“).
In der Gesamtschau aller Risken und Aufwendungen würde ich gegen eine Verwendung von Lachgas plädieren, auch im Hinblick auf die eigene Gesundheitsgefährdung.

Chirurgie

In der Chirurgie, vor allem in der ambulanten Chirurgie, sind eine Unzahl von Eingriffen in Regional- bzw. Lokalanästhesie kombiniert mit Analgosedierung mit höchster Sicherheit und Komfort durchführbar. Henrik Kehlet aus Dänemark hat im Jahr 2002 (erneut) sein multimodales Konzept zur Optimierung der perioperativen Therapie zur Verbesserung des chirurgischen Outcome im American Journal of Surgery vorgestellt (28).

Fast-tracking, der perioperative stationäre Ultrakurzzeitaufenthalt, wird in Mitteleuropa noch selten angeboten. Dafür wird es mannigfaltige Gründe geben. Ich unterstelle, dass die Mitteleuropäer noch zu wenig Kostendruck erfahren haben, dass die organisatorischen Voraussetzungen in einem prähistorischen Zustand sind und dass die Erwartungen der Patienten (der Gesellschaft?) in unserem Bereich an ein Akutkrankenhaus über den eigentlichen Versorgungsauftrag hinausreichen, falls dieser überhaupt definiert ist. Die Erwartungen beinhalten den Anspruch an eine vollständige Diagnostik (was unerfüllbar ist), Versorgung („... wenn ich schon da bin ...“) und den Anspruch auf die Benefizien einer hotelähnlichen Einrichtung (in diesen Bereich investieren die Verwaltungen gern Geld) u.v.m. Die Anspruchshaltung wird von allen beteiligten Systemen und Hierarchien unterhalten.
Die sog. „leistungsorientierte Krankenanstaltenfinanzierung“ (LKF) verhindert fast-tracking definitiv, aber möglicherweise unbewusst, da für die Ärzte kein Anreiz zur raschen und effektiven Behandlung der Patienten geboten wird. Im Gegenteil: Für zu kurze stationäre Aufenthalte gibt es Punkteabzüge.

Inguinale Herniotomie

Die inguinale Herniotomie ist eine häufige Operation der Allgemeinchirurgie, weltweit werden pro Jahr über 20 Millionen Eingriffe durchgeführt (36). Ein mögliches Gesamtkonzept für diese Operation wird exemplarisch für die Vielfalt möglicher ambulanter Operationen aus dem Fach Chirurgie vorgestellt:
Vorbemerkungen: Ein Gesamtkonzept, das eine hohe Qualität erreicht, hat mehrere Vorbedingungen. Die Zielgrößen der Qualität umfassen a) höchst-

mögliche Patientensicherheit, b) höchtstmöglicher Patientenkomfort, c) niedrige Gesamtkosten.
Die Faktoren a) und b) sind Determinanten für die Patientenzufriedenheit.
Die optimale chirurgische Technik, das optimale Anästhesieverfahren und die Organisationsstruktur der Institution beeinflussen alle 3 Zielgrößen.
Die Rezidivrate nach Herniotomie ist von der chirurgischen Technik abhängig, jedoch nicht von der Anzahl der Herniotomien, die an einer Institution durchgeführt werden (36). Rezidive haben Reoperationen zur Folge, welche die Gesamtkosten erhöhen und die Patientenzufriedenheit reduzieren.
Chirurgische Technik: Die offene Operation mit Mesh-Technik nach Lichtenstein (37) hat mit 1,4% die niedrigste Rate an Rezidiven verglichen mit anderen offenen konventionellen Herniotomie-Techniken (Bassini, Shouldice, McVay etc.). Die laparoskopische Herniotomie hat im Vergleich dazu keine höhere Rezidivrate bei primärer Herniotomie, erfordert jedoch ein anderes organisatorisches Setting. Die Rate an laparoskopischen Herniotomien unterliegt einer starken regionalen Schwankung (Dänemark 5%, Großbritannien 9%, Schweden 23%).
Ihre primäre Bedeutung könnte in der Operation von Rezidivhernien liegen (36).
Anästhesiologische Technik: Für elektive inguinale Herniotomien steht eine Vielfalt von modifizierbaren und kombinierbaren anästhesiologischen Techniken zur Verfügung (Spinalanästhesie, Epiduralanästhesie, Psoas-Compartment-Block, Ilioinguinalis- [Iliohypogastricus-]Blockade, Lokalanästhesie, Allgemeinanästhesie-Techniken etc.). Die anästhesiologischen Techniken haben typische Komplikationen, welche einen Einfluss auf Patientenkomfort und Entlassungszeitpunkt haben. Beispielsweise tritt nach Allgemeinanästhesien nach Herniotomien Harnverhalten in einer Wahrscheinlichkeit von 0,5–4% auf, nach Spinalanästhesien mit unbeschränkter Volumenbelastung ist die Rate höher (38, 39), vor allem bei älteren Männern und großen Operationen (39). Die geringste Rate an Komplikationen, die höchste Patientensicherheit und die geringsten Kosten sind mit Lokalanästhesie assoziiert (27, 36, 38). 13,2% der Patienten sind mit einer Lokalanästhesie unzufrieden und würden beim nächsten Eingriff ein anderes anästhesiologisches Verfahren wünschen (38). Der Hauptgrund für einen intraoperativen Diskomfort sind Schmerzen (7,9%). Die Anästhesieverfahren haben keinen Einfluss auf die Rezidivrate (36).
Organisatorische Struktur: Die elektive inguinale Herniotomie ist eine Operation, die in privaten spezialisierten Hernienzentren als tageschirurgischer Eingriff in 100% der Fälle in Lokalanästhesie durchgeführt wird (36).
In Dänemark werden „nur“ 59% aller Inguinalherniotomien im tageschirurgischen Rahmen operiert (36), die durchschnittliche Verweilzeit im Kran-

kenhaus beträgt für alle Herniotomien in Dänemark 2,2 Tage (36). Callesen et al. (38) führten 1000 konsekutive elektive Leistenherniotomien an einem nichtselektierten (!) Kollektiv in Lokalanästhesie als tageschirurgische Operationen durch. *Nichtselektiert* bedeutet, dass in anderen prospektiven randomisierten Studien üblicherweise Patienten mit Risikofaktoren (ASA 3 und 4) von vornherein ausgeschlossen werden und daher allgemeine Aussagen für das typische Patientenkollektiv des „klinischen Alltags" nicht getroffen werden können. Die Schlussfolgerungen aus dieser Arbeit sind:

- *Nicht alle Patienten sind für ein tageschirurgisches Setting zur Lichtenstein-Herniotomie unter Lokalanästhesie geeignet. Für diese muss ein anderes Verfahren gewählt werden oder individuelle Besonderheiten müssen in die Struktur einbezogen werden:*
- *Hernien, die nicht gut reponibel sind, müssen auf andere Weise versorgt werden.*
- *13,2% der Patienten sind mit dem Setting unzufrieden, der Hauptgrund sind Schmerzen während der Operation. Darauf und auf andere Diskomfort-Faktoren (Angst, Übelkeit etc.) muss der anästhesiologische Mitarbeiter seine Aufmerksamkeit lenken (s.u.).*
- *Soziale Bedingungen können von einem tageschirurgischen Verfahren ausschließen (z. B. keine Pflege zu Hause sichergestellt), hohes Alter ist kein alleiniger Ausschließungsgrund.*
- *Verfahrenswechsel sind selten notwendig (Wechsel auf Allgemeinanästhesie in 0,5%, auf „tiefe Sedierung" in 0,2%). Werden die Entlassungskriterien nicht erfüllt oder ist ein Verfahrenswechsel notwendig, so muss das System eine gewisse Flexibilität aufbieten. Bei 1,8% der Patienten liegen postoperativ verschiedene medizinische Gründe vor, die eine Entlassung verbieten.*
- *Präoperative Routineuntersuchungen sind nicht notwendig**

Akuteingriffe (inkarzerierte Hernien) sind naturgemäß auch von dieser Vorgangsweise ausgeschlossen.

Die Autoren der großen dänischen Arbeit über 26.304 Herniotomien, die über 2,5 Jahre erfasst wurden (36), sagen aus: „ Die Gründe, warum in der chirurgischen Gemeinschaft die Lokalanästhesie für Herniotomien so selten durchgeführt wird, sind unbekannt, bestehen aber wahrscheinlich in einer Kombination aus Tradition, Vorliebe des Chirurgen, inadäquaten technischen Fertigkeiten und einem geringen Anreiz, kosteneffektive Techniken auszuführen.

*Siehe Kapitel „Patientenauswahl und -vorbereitung".

Die Tageschirurgie hat das Potenzial für eine effektivere Patientenbetreuung und eine Reduktion der Kosten."

Tab. 17: Vorschlag für ein anästhesiologisches Verfahren zur elektiven Herniotomie nach Lichtenstein, (modifiziert [Weixler D.] nach Callesen et al., 38 und Amid et al., 37)

1. präprozedurale Visite (Risikoevaluation, Feststellen von Ausschlusskriterien für Operation und Anästhesieverfahren, Verfahrensplanung, Aufklärung, Einwilligung) – 1 Woche vor Operation
2. am OP-Vorabend: 40 mg Tenoxicam (Liman®) p.o.
3. 2 Stunden vor dem Eingriff: 40 mg Tenoxicam p.o., EMLA-Pflaster über Einstichstelle zum Ilioinguinalisblock, Venenverweilkanüle, 10 mg Diazepam p.o.)
4. im OP: Monitoring von Pulsoxymetrie, EKG, NIPB, Kapnometrie
5. Patient erhält Fentanyl-PCA (50 ml-Kassette mit 0,5 mg Fentanyl und 40 ml NaCl 0,9%, Einzelbolus 25 µg (= 2,5 ml), lockout 5 Minuten), Bypass mit Ringerlaktat 500 ml, ca. 250 ml/Stunde – wird aufgefordert, einen Bolus zu verabreichen
6. nach 5 Minuten: Midazolam 1–2 mg i.v.
7. EMLA-Pflaster ablösen, chirurgisches Waschen und Abdecken
8. Blockade des N. ilioinguinalis mit Bupivacain 0,25%
9. schichtweiser Feldblock im Bereich der Inzision mit Bupivacain 0,5% und Lidocain 1% (nach Amid, 37) → bei Angst/Diskomfort: 1 mg Midazolam i.v., alternativ: Propofolperfusor: 25–75 µg/kg/min

Alternativ könnte auch eine Propofol-Alfentanil-PCAS verwendet werden (siehe Seite 300).

Callesen et al. (38) verwendeten über die erste Periode ihrer Untersuchung (611 Patienten) als Prämedikation Methadon 5–10 mg (abhängig vom Alter, Details nicht veröffentlicht) und Tenoxikam 40 mg (s.o.). In der zweiten Phase der Beobachtung wurde nicht prämediziert. Zeitlich damit koinzidiert eine Verschlechterung der allgemeinen Patientenzufriedenheit (Ansteigen der Unzufriedenheit von 10% auf 16%).

Mamma-PE (siehe Seite 495)

Merke: *Vorsicht mit Sedativa und Opioiden bei Spinalanästhesie und prädominantem Vagotonus (→ Risiko für Asystolie ↑).*

Literatur

1 Catley DM, Thornton C, Jordan C et al. Pronounced episodic oxygen desaturation in the postoperative period: its association with ventilatory pattern and analgesic regimen. *Anesthesiology* 1985; 63: 20–8

2 Carli F, Webster J, Pearson M et al. Protein catabolism after abdominal surgery: effect of 24-h extradural block local anaesthetic. *Br J Anaesth* 1991; 67: 729–34

3 Tuman KJ, McCarthy RJ, March RJ et al. Effect of epidural anaesthesia and analgesia on coagulation and Outcome after major vascular surgery. *Anesth Analg* 1991; 73: 696–704

4 Scott NB, Kehlet H. Regional anaesthesia and surgical morbidity. *Br J Surg* 1988; 75: 299–304

5 Liu S, Carpenter R, Neal JM. Epidural anesthesia and analgesia. Their role in postoperative Outcome. *Anesthesiology* 1995; 82: 1474-1506

6 Dexter F, Tinker JH. Analysis of strategies to decrease postanesthesia care unit costs. *Anaesthesiology* 1995; 82: 94-101

7 Caumo W, Schmidt AP, Schneider CN et al. Risk factors for preoperative anxiety in adults. *Acta Anaesthesiol Scand* 2001; 45: 298–307

8 Caumo W, Schmidt AP, Schneider CN et al. Risk factors for postoperative anxiety in adults. *Anaesthesia* 2001: 56: 720–8

9 Dahl V, Raeder JC. Non-opioid postoperative analgesia. *Acta Anaesthesiol Scand* 2000; 44: 1191–203

10 Anderson BJ, Ralph CJ, Stewart AW et al. The dose-effect relationship for morphine and vomiting after day-stay tonsillectomy in children. *Anaesth Intensive Care* 2000; 28: 155–60

11 Philip BK. The use of remifentanil in clinical anesthesia. *Acta Anaesth Scand* 1996; 40 (Suppl 109): 170–3

12 Holas A, Krafft P, Marcovic M, Queheneberger F. Remifentanil, propofol or both for Conscious Sedation during eye surgery under regional anaesthesia. *Eur J Anaesthesiol* 1999; 16: 741–8

13 Stevens MH, White PF. Monitored anesthesia care. In: Miller RE ed. Anesthesia, 4th ed. 1994; Churchill Livingstone New York

14 Boezart AP, Berry RA, Nell ML, van Dyk AL. A comparison of propofol and remifentanil for sedation and limitation of movement during periretrobulbar block. *J Clin Anesth* 2001; 13(6): 422–6

15 Moulton C. Accident and emergency medicine. In: Withwam JG, McCloy RF *Principles and practice of sedation.* 2nd ed. 1998; Blackwell Science Oxford London

16 Kinder Ross A, Eck JB, Tobias JD. Pediatric Regional Anesthesia: Beyond the Caudal. *Anaesth Analg* 2000; 91: 16–26

17 Pollock JE, Neal JM, Liu SS. Sedation during spinal anesthesia. *Anesthesiology* 2000; 93: 728–34

18 Hodgson PS, Liu SS. Epidural lidocaine decreases endtidal sevoflurane required to suppress level of consciousness as measured by the bispectral index (BIS) (abstract) *Anesthesiology* 2000; 93: A757

19 Gentili M, Huu P, Enel D et al. Sedation depends on the level of sensory block by spinal anesthesia. *Br J Anaesth* 1998; 81: 970–1

20 Liu SS, McDonald SB. Current issues in spinal anesthesia. *Anesthesiology* 2001; V94, 5: 888–906

21 Lepage C, Drolet P, Girard M et al. Music decreases sedative requirements during spinal anesthesia. *Anaesth Analg* 2001; 93: 912–6

22 Morschitzky H. *Angststörungen.* Diagnostik, Konzepte, Therapie, Selbsthilfe. 2. überarbeitete und erweiterte Aufl. 2002; Springer Wien New York

23 McGoldrick P, Bannister J, de Jong A et al. Conscious Sedation for dental anxiety (protocol for a Cochrane Review). In: *The Cochrane Library*, Issue 3, 2001. Oxford: Update Software

24 Nolan DM. Procedural safety: In Whitwam JG, McCloy RF. *Principles and practice of sedation.* 1998; Blackwell Science Oxford London

25 Skelly AM. Dentistry. In: Whitwam JG, McCloy RF. *Principles and practice of sedation.* 1998; Blackwell Science Oxford London

26 Lyons AS, Petrucelli II RJ. *Die Geschichte der Medizin im Spiegel der Kunst.* 1980; DuMont Buchverlag Köln

27 Kehlet H, White PF. Optimizing anesthesia for inguinal herniorrhaphy: general, regional, or local anesthesia? *Anesth Analg* 2001; 93: 1367–9

28 Kehlet H, Wilmore DW. Multimodal strategies to improve surgical Outcome. *Am J Surg* 2002; Jun 183(6): 630

29 Finucane BT, Daten noch unveröffentlicht

30 Liguori GA, Sharrock NE: Asystole and severe bradycardia during epidural anesthesia in orthopedic patients. *Anesthesiology* 1997; 86: 250

31 Pollard JB. Cardiac arrest during spinal anesthesia: Common mechanisms and strategies for prevention. *Anesth Analg* 2001; 92: 252–6

32 Caplan RA, Ward RJ, Posner K et al. Unexpected cardiac arrest during spinal anesthesia: a closed claims analysis of predisposing factors. *Anesthesiology* 1988; 68: 5–11

33 Kost M. *Manual of Conscious Sedation.* 1998; WB Saunders Philadelphia

34 Atanassoff PG. Effects of regional anesthesia on perioperative Outcome. *J Clin Anesth* 1996 Sep; 8(6): 446–55

35 American Heart Association in collaboration with the International Committee on Resuscitation (ILCOR). Guidelines 2000 for cardiopulmonary resuscitation and emergency cardiovascular care. An international consensus on science. *Circulation* 2000; 102 (Suppl I): I 153

36 Bya-Nielsen M, Kehlet H, Strand L et al. Quality assessment of 26 304 herniorrhaphies in Denmark: a prospective nationwide study. *The Lancet* 2001; 358: 1124-8

37 Amid PK, Lichtenstein IL. Long term results and presentation of data of the Lichtenstein open tension-free hernioplasty. *Hernia* 1998; 2: 89–94

38 Callesen T, Bech K, Kehlet H. One thousand consecutive inguinal hernia repairs under unmonitored local anesthesia. *Anesth Analg* 2001; 93: 1373–6

39 Gupta S, Tarkkila P, Finucane BT. Complications of central neural blockade. In: Finucane BT. *Complications of regional anesthesia.* 1999; Churchill Livingstone New York

40 Brown DL, Carpenter RL, Moore DC et al. Cardiac arrest during spinal anesthesia III (letter). *Anesthesiology* 1988; 68: 971–2

41 Geffin B, Shapiro L. Sinus bradycardia and asystole during spinal and epidural anesthesia: a report of 13 cases. *J Clin Anesth* 1998; 10: 278–85

42 Lovstad RZ, Granhus G, Hetland S. Bradycardia and asystolic arrest during spinal anesthesia: a report of five cases. *Acta Anaesthesiol Scand* 2000; 44: 48–52

43 Schaer H, Essig J. Sedation durch Spinalanästhesie. *Anaesthesist* 1998; 47: 469–74

44 Ben-David B, Vaida S, Gaitini L. The influence of high spinal anesthesia on sensitivity to midazolam sedation. *Anesth Analg* 1995; 81: 525–8

45 Coté CJ, Karl HW, Nottermann DA. Adverse sedation events in pediatrics: Analysis of medications used for sedation. *Pediatrics* 2000; Vol 106 (4) October: 633–44
46 American Society of Anesthesiologists (ASA). Practice guidelines for sedation and analgesia by nonanesthesiologists. *Anesthesiology* 2002; V96(4): 1004-1017
47 Gall O, Annequin D, Benoit G et al. Adverse events of premixed nitrous oxide and oxygen for procedural sedation in children. *Lancet* 2001; 358: 1514-5
48 Erlandsson AL, Backmann B, Stenstrom A et al. Conscious Sedation by oral administration of midazolam in pediatric dental treatment. *Swed Dent* 2001; 2(3): 97–104

Endoskopie

D. Weixler

Wenn Du lange in einen Abgrund blickst, blickt der Abgrund auch in Dich hinein.
FRIEDRICH NIETZSCHE

Die Anzahl und Komplexität endoskopischer Eingriffe mit diagnostischer und/oder therapeutischer Zielsetzung hat in den letzten Jahren weltweit stark zugenommen (7) und wird vermutlich weiter zunehmen (8). Bemerkenswert erscheint das Phänomen, dass unter den westlichen Industrienationen völlig unterschiedliche Gepflogenheiten bestehen, was die Anwendung von Sedoanalgesie bzw. Anästhesie betrifft (1, 7). So werden in Frankreich ca. 80% der Colonoskopien in Allgemeinnarkose durchgeführt, während in Deutschland Sedierung (v.a. Midazolam) oder Sedoanalgesie (Pethidin oder Tramadol) nur praktiziert wird, wenn sie vom Patienten angefordert wird (1, 2). Davon sind ca. 5% der Patienten betroffen (2). In Großbritannien erhalten 80% der Patienten, die gastroskopiert werden, eine Sedierung durch den Endoskopiker (10). Darüber hinaus dürften im Vergleich verschiedener Institutionen eines Landes die Raten, vor allem aber die Modalitäten von Sedierungsverfahren erheblich streuen (7).

Faktum ist, dass 1. viele Patienten **Angst** vor Endoskopien haben (31% der gastroenterologischen Patienten haben Angst, 62% haben vor einer Bronchoskopie Angst, 18) 2. die Prozedur einer Gastroskopie, Colonoskopie oder ERCP unangenehm oder schmerzhaft sein kann, 3. ein Sedierungsverfahren den Eingriff erleichtern kann, 4. durch ein Sedierungsverfahren die Akzeptanz des Patienten für die Untersuchung gesteigert werden kann, 5. durch ein Sedierungsverfahren die Rate an Komplikationen erhöht werden kann (3, 5, 10).

Kardiopulmonale Komplikationen stehen mit 50% im Vordergrund aller schweren Komplikationen, die zeitlich mit einer Endoskopie assoziiert sind. Es sei dahingestellt, ob sich diese Komplikationen *durch* Endoskopie oder *bei* Endoskopie ereignen. Das Risiko wird mit 5,4/1000 beziffert, die Todesrate beträgt 0,3/1000 (3). Ein erhöhtes Risiko besteht bei Notfallendoskopien und wenn zur Sedierung Opioid-Benzodiazepin-Kombinationen verabreicht werden (3). Die Daten aus 14.149 Endoskopien, die von der British Society of Gastroenterology analysiert wurden, weisen ein Risiko für kardiopulmonale Komplikationen von 2/1000 aus, die Mortalität beträgt 0,5/1000 (14x Todesfälle durch Myokardinfarkt, 8x durch pulmonale Aspiration, 3x aufgrund einer Pulmonalembolie) (4), das Perforationsrisiko bei

Gastroskopie beträgt 0,5/1000. Diese Studie wurde in prospektiver Weise mit einem Nachuntersuchungsintervall von 30 Tagen durchgeführt. S. Ryan (5) weist im Bewusstsein der methodischen Limitierungen darauf hin, dass die wichtigste Erkenntnis aus den Studien ist, *dass* Komplikationen auftreten. Die relativ geringe Komplikationsrate in den Endoskopie-Einheiten ist geeignet, das Personal in ein Gefühl ungerechtfertigter Sicherheit zu wiegen (10). Statistisch wird eine ernste Komplikation nur alle paar Jahre in der Endoskopie-Einheit stattfinden. R. McCloy nimmt an, dass sich Endoskopiker und Pflegepersonal wahrscheinlich nicht bewusst sind, dass viel mehr Komplikationen als Folge der Prozedur auftreten, jedoch zu einem Zeitpunkt, zu dem der Patient den Ort der Untersuchung bereits verlassen hat. Die Ergebnisse der großen Analysen führen zu Empfehlungen zur Risikoreduktion: Mit entsprechender Indikationsstellung, Patienten-Evaluation, Monitoring und adäquaten Sedierungstechniken kann das Gesamtrisiko bei endoskopischen Eingriffen vermindert werden (1, 3, 4, 5).

Die Endoskopiker sind die Avantgarde in der Auseinandersetzung mit dem Thema *Sedierung*, der Reichtum an rezenter Literatur ist ohne Maß. Den Versuch unternehmen zu wollen, aus den qualitativ hervorragenden Arbeiten eine kurze Übersicht zu destillieren, wäre anmaßend bzw. aussichtslos. Da jedoch die landläufige Praxis den Prinzipien der Vernunft oder den aktuellen Erkenntnissen der Wissenschaft mitunter krass zuwiderhandelt, seien einige Punkte der Betrachtung herausgegriffen.

Ist eine Sedierung für Endoskopien notwendig?

Wie oben zitiert, werden in Deutschland 95% aller Endoskopien ohne Sedierung durchgeführt. Kann man daraus denn schließen, dass Sedierung zur Endoskopie nicht notwendig ist?*

Der Zweck einer Endoskopie liegt darin, eine Pathologie nachzuweisen oder auszuschließen, sie zu sehen, eine Biopsie zu entnehmen und möglicherweise eine therapeutische Handlung zu setzen (Blutstillung, Anlegen einer Drainage, Sicherung eines Lumens durch einen Stent etc.). Aus der Sicht des Endoskopikers ist eine Sedierung notwendig, wenn die Qualität seiner Handlung durch beeinflussbare Faktoren beeinträchtigt wird (Bewegungen des Patienten, Reflextätigkeit, Abwehr etc.). Der Endoskopiker wird ein Sedierungsverfahren wünschen, um die Compliance des Patienten zu ver-

*Ist ein Kaiserschnitt notwendig? Immerhin kommen (je nach Land und sozioökonomischem Hintergrund) etwa 50–100% aller Kinder ohne Kaiserschnitt auf die Welt.

bessern.* Als *Sachwalter der Patienteninteressen* wird er es als sinnvoll erachten, dass die Sicherheit eines Patienten verbessert oder wenigstens nicht verschlechtert wird. Aus der Sicht des Patienten ist ein Sedierungsverfahren notwendig, wenn er erwarten kann, dass er durch einen Eingriff erheblichen Diskomfort auf sich nehmen muss (Schmerzen, Angst, Stress). Es ist erwiesen, dass die Einschätzung des Diskomforts durch den Arzt vom tatsächlichen Diskomfort des Patienten signifikant unterschiedlich ist (30).
Eine vereinbare und nützliche Zielsetzung wäre, dass mit einem Sedierungskonzept die besten Voraussetzungen für den endoskopischen Eingriff hergestellt werden, die Sicherheit des Patienten gewährleistet ist und der Patient minimal belastet wird. Das Ausmaß der Invasivität oder der Taumatisierung ist abhängig vom Verfahren.

Tab. 1: Endoskopische Verfahren

Gastroenterologie	
	Ösophagogastroduodenoskopie (EGD)
	Sigmoidoskopie
	Colonoskopie
	endoskopisch retrograde Cholangiopankreatographie (ERCP)
	gastroskopisch-assistierte perkutane Gastrostomie (PEG)
Pulmologie	
	flexible/diagnostische Bronchoskopie (+ Lavage/ + Biopsie/ + Zytologie)
	starre/operative Bronchoskopie (+ Laser/ + Stent/ + resektive Verfahren)

Die Toleranz eines Patienten wird von der Art und Dauer des Eingriffs, von seinem Allgemeinzustand, der verfahrensspezifischen individuellen Vorbereitung, der Durchführung der Prozedur und der Erfahrung des Endoskopikers abhängig sein. Die Toleranz wird aber auch von den Erwartungen des Patienten beeinflusst. Es ist nicht gesagt, dass sich die Patienten sicherer fühlen, wenn sie mit einem Sedierungsverfahren „überrascht" werden, obwohl sie erwartet hätten, dass der Eingriff ohne diese Maßnahme ausgeführt werden kann. Ein endoskopischer Eingriff ist ein Eindringen und Hineinsehen in ein Inneres. Es wird eine Distanz überwunden, die das Individuum üblicherweise zu schützen trachtet. Das invasive Durchdringen von Grenzen kann als Verletzung der Intimsphäre aufgefasst werden. Die Mitarbeiter an

*Nicht nur während eines Eingriffs: 74% der ängstlichen Patienten verschieben eine Gastroskopie so lange wie möglich (11).

Endoskopie-Einheiten sind sehr gefordert, diese Umstände im Arbeitsalltag zu bedenken.

Es besteht heute ein genereller Konsens, dass die Patienten mehr in die medizinischen Entscheidungsprozesse mit einbezogen werden sollen (7). Das macht Verfahrensweisen erforderlich, die im Hinblick auf den „Konsumenten“ individualisiert sind. Es gibt kein singuläres Medikament und kein definiertes Verfahren, das von den Experten einhellig als überlegen empfohlen werden kann. Die Literatur kann für keine spezifizierte Technik eine gezielte Empfehlung ausgeben. Bell führt aus, dass das Menü der Endoskopie-Sedierung von *„all you can eat“* (= Allgemeinanästhesie = teuerste Variante/bester Patientenkomfort) bis *„go hungry“* (= keine Sedierung/schlechtester Komfort) reicht (7). Eine wahrheitsgemäße Aufklärung über das endoskopischen Verfahren sollte den Patienten auch über Möglichkeit und Machbarkeit der Sedierungsvarianten informieren. Die wenigsten Institutionen im deutschsprachigen Raum werden alle Sedierungsmodalitäten anbieten können, da dieser Aufwand erhebliche logistische Folgen zeitigt. Für eine medikamentöse Beeinflussung von Schmerzen oder anderen unangenehmen Empfindungen steht eine große Anzahl von Substanzen zur Verfügung. Nach Evaluation der individuellen Besonderheiten kann man aus dem Repertoire wählen und mit dem Patienten ein Verfahren planen. In mehreren Ländern Europas und in den USA ist die „Sedierung auf Anforderung des Patienten“ geläufige Praxis.

Auch in der **Pulmologie** wurde die Frage diskutiert, ob eine Sedierung für die bronchoskopischen Eingriffe notwendig ist (19). Obwohl Angst bei den pulmologischen Verfahren eine sehr große Rolle spielt, sind es die nozizeptiven Komponenten, welche die bronchoskopischen Eingriffe so unangenehm machen. Einige Zentren führen bronchoskopische Eingriffe in Allgemeinnarkose durch. Verzichtet man auf die Allgemeinnarkose, so ist sicher die Schleimhautanästhesie mit topischen Lokalanästhetika der Schlüssel zum Erfolg. Auch mit reiner Lokalanästhesie wurde eine Patientenzufriedenheit erreicht, die qualitativ zu Sedierungsverfahren keine Unterschiede aufweist (19). Die Nachteile von Sedativa im ambulanten Setting sind Übelkeit/Erbrechen und dysphorische Effekte (durch Opioide), ein verlängerter Aufenthalt der Patienten in der Institution und erhöhte Kosten (18). Die Vorteile einer Sedierung bei der Bronchoskopie sind die verbesserten Arbeitsbedingungen des Endoskopikers, da Husten und Dyspnoe die Untersuchung erschweren (18). Der typische Patient der Bronchologie ist ernstlich krank, während der Eingriffe kommt es häufig zu signifikanten Tachykardien, hypertensiven Kreislaufreaktionen und zu Hypoxämien (18). Diese wahrzunehmen und zu behandeln wird einen Einfluss auf die perioperative Morbidität haben. Daher ist – unabhängig, ob mit oder ohne Sedierungsverfahren – bei Bronchoskopien die Anwesenheit eines Arztes zu fordern, der nicht in die eigentliche Prozedur involviert ist (z. B. monitored anesthesia care/ MAC). Wie bei anderen Verfahren sollte der Patient in den Entscheidungsprozess (mit/ohne Sedierung?) mit einbezogen werden (18).

Gastroenterologie

Medikamente für die Sedierung bei Endoskopien

Midazolam (Dormicum®) ist die weltweit am häufigsten verwendete Substanz für Sedierungstechniken in einer Endoskopie-Einheit (siehe S. 155f.), es wird seit 1993 von der Royal Society of Surgeons als Benzodiazepin der Wahl empfohlen (12). Es ist zu bedenken, dass viele Eingriffe nicht länger als 3–10 Minuten dauern (10): Daher sind Medikamente zur i.v.-Sedierung deplatziert, die lange benötigen, bis ihr Effekt eintritt, oder deren Wirkung ein Vielfaches der Untersuchungszeit überdauert (Diazepam, Lorazepam, Morphin etc.).
Die Dosis von Midazolam soll so niedrig wie möglich gehalten werden (1). Mit Flumazenil (Anexate®) steht ein Benzodiazepinantagonist zur Verfügung, der die Wirkungen von Midazolam in 1 Minute aufhebt. Der Auffassung von R. McCloy nach kann der Patient unmittelbar danach entlassen werden (7). Andere Autoren empfehlen nach Antagonisierung einen Beobachtungszeitraum von mindestens 120 Minuten. **Pethidin** (Alodan®) wird traditionell häufig von Endoskopikern und selten von Anästhesisten verwendet. Das μ-Opioid ist sicher nicht geeignet bei Menschen über 65 Jahren sowie bei kardialen Risikopatienten (siehe Seite 222f.). Pethidin wird in England bei 5% aller Endoskopien des oberen Gastrointestinaltrakts zugeführt, insgesamt bei 20–40% aller therapeutischen gastroenterologischen Endoskopien (10), vor allem bei Colonoskopien und bei der ERCP. Zur Kombination von Benzodiazepinen und Opioiden gibt es in der Literatur keinen Konsens. Trotz der bekannt hohen Apnoegefahr wird in den USA die Kombination dieser Substanzgruppen bei Endoskopien favorisiert, während in Großbritannien eher ein Benzodiazepin mit topischer Anästhesie kombiniert wird (7). Während einer Midazolam-Sedierung für ERCP wird durch Zugabe von **Fentanyl** die Wahrscheinlichkeit einer respiratorischen Depression gesteigert, während der Patientenkomfort nicht verbessert werden kann (13). Entschließt man sich dazu, Opioide mit Benzodiazepinen zu kombinieren, so sollte man auf jeden Fall das Opioid zuerst injizieren und seine Wirkung abwarten. Dazu muss 1–5 Minuten Geduld aufgebracht werden.

Sowohl die Opioiddosis wie auch die BZD-Dosis müssen um 75% reduziert werden*.

Droperidol (Dehydrobenzperidol®) dürfte eine exzellente Alternative bei Patienten sein, die „schwierig zu sedieren" sind, d.h. Alkoholkranke, i.v.-Drogenabhängige und Benzodiazepinabhängige (7). Willie et al. (17) konnten demonstrieren, dass nach einer Prämedikation mit 5 mg Droperidol im Vergleich zu einer Plazebogruppe der Bedarf an Pethidin und Diazepam um 20% bzw. 24% weniger war. Würgen und Abwehr, die eine physische Beschränkung notwendig machten, kam in der Droperidolgruppe seltener vor. Unter Droperidol ist es seltener notwendig, den Eingriff abzubrechen, die Untersucher finden bessere Arbeitsbedingungen vor. Die Patienten berichteten über eine vermehrte Amnesie, die Inzidenz von postoperativem Erbrechen war geringer (17). **Ketamin** ist für endoskopische Eingriffe des Gastrointestinaltrakts sehr gut geeignet. Seine Stärke sind die starke analgetische Qualität, sein amnestisches Potenzial und seine hohe Sicherheitsbreite im Hinblick auf eine erhaltene Spontanatmung. Der Endoskopiker wird es zu schätzen wissen, dass die Patienten unter Ketaminwirkung die Fähigkeit zu spontaner und angeregter Mobilität vorübergehend verlieren, d.h. Ketamin wirkt stark „immobilisierend". Lautet das Ziel einer Sedierung *Immobilisierung bei erhaltender Spontatmung*, so empfehlen sich Ketamin oder Droperidol. Die Wahl des Medikaments orientiert sich am besten an den Kontraindikationen. Sinnvolle Kombinationen zu Ketamin sind Midazolam oder **Propofol**. Propofol ist eine Substanz mit vielen Vorteilen und führt gegenüber Midazolam auch zu höherer Patientenzufriedenheit (1) und zu rascheren Erholungszeiten (53), es hat aber eine wesentlich geringere Sicherheitsbreite als Midazolam oder Ketamin. Das Risiko von Apnoen ist erheblich. Atemstillstände wurden schon bei i.v.-Dosen von 20 mg registriert (28). Die Apnoephasen dauern auch nach Zufuhr geringer Dosen 10–45 Sekunden an, das Pulsoxymeter zeigt die resultierende Hypoxämie mit einer Latenz von 30–180 Sekunden (23). Die Qualität der Sedierung mit Propofol wurde von den Endoskopikern besser beurteilt als die von Midazolam (53). Jung et al. (53) verwendeten bei ERCP durchschnittliche Induktionsdosen von 1,24 mg/kg und hielten die Sedierung im Mittel mit 9 mg/kg/h aufrecht. In ihrer Arbeit kam es bei einem 79-jährigen Patienten zu einer protrahierten Apnoephase, die mit Maskenbeatmung behandelt werden musste (53). Die überwiegende Zahl der Autoren empfiehlt daher eine Sedierung mit Propofol nur in die Hände von Anästhesisten, da die Überwachung und Sicherung der Atemwege zu deren Routinetätigkeiten gehört.

*Man gibt nur ein Viertel jener Initialdosis, die man bei alleiniger Verwendung des Medikaments verabreichen würde.

Der Einsatz von **Dexmedetomidin** für endoskopische Eingriffe ist bislang ein interessantes Gedankenexperiment. Seine Vorteile in dieser Indikation wären die zentrale Sympathikolyse, der stark beruhigende Effekt, die analgetische, anxiolytische und antiemetische Wirkung. Dexmedetomidin ist sehr gut steuerbar, aus Sicherheitsgründen sollte die Sättigungsdosis jedoch über 20 Minuten erfolgen. Dann sind die Patienten wach und sehr kooperativ, die Atemfunktion bleibt weitgehend unbeeinträchtigt, es kommt sogar zu einer Relaxation der glatten Bronchialmuskulatur. Besonders kardiale Risikopatienten könnten bei längeren Prozeduren durch Dexmedetomidin profitieren.

Die Verwendung anticholinerger Medikamente zur Reduktion der Darmmotilität ist rückläufig. **Butylscopolamin** (Buscopan®) wurde 1995 noch bei 20–30% der englischen Patienten verwendet, Atropin nur mehr bei 0,3–11% (4). Eine Prämedikation mit Anticholinergika kann die Qualität einer diagnostischen Endoskopie nicht verbessern (14).

Butylscopolamin kann eine Tachykardie und Hypotension auslösen, vor allem, wenn mehr als 1 Ampulle zu 20 mg verabreicht wird (10). McCloy (10) erwähnt **Glucagon** (Glucagen®) als Alternative zur Hemmung der gastrointestinalen Motilität. Glucagon hat keine physiologischen unerwünschten Wirkungen, eine verzögerte reaktive Hypoglykämie ist möglich. Wird Glucagon i.v. injiziert, tritt seine Wirkung in 1 Minute ein und hält für 5–20 Minuten an. Für die Relaxation des oberen Gastrointestinaltraktes sind i.v.-Dosen von 0,2–0,5 mg adäquat, für das Kolon 0,5–0,75 mg. Limitierend für diese diskussionswürdige Indikation ist der Preis: 1 Ampulle kostet ca. 17 € (Butylscopolamin/1A: 60 Cent).

Pfefferminzöl ist seit Jahrtausenden als Karminativum und Spasmolytikum bekannt und findet beim irritable bowel syndrome (IBS) eine therapeutische Anwendung, in dem es aus Kapseln retardiert freigesetzt wird. Eine japanische Arbeitsgruppe (20) konnte in einer methodisch unerhört komplexen Arbeit an 409 Patienten (randomisiert-placebokontrolliert) nachweisen, dass es bei 88,5% der Patienten spasmolytisch wirkt, wenn es vor einer Colonoskopie in das Kolon instilliert wird. Unerwünschte Wirkungen sind inexistent. Die Hauptwirkung des Pfefferminzöls dürfte sich durch die zyklischen Monoterpene Menthol und Menthon entfalten, ihre Wirkungsweise am Darm ähnelt jener der Kalziumantagonisten vom Dihydropyridin-Typ (7). Es ist bekannt, dass auch **Nitrate** an den Gallenwegen spasmolytisch wirken, manche Endoskopiker verabreichen vor der Kanülierung der Papilla Vateri sublinguales Glyceroltrinitrat (Nitrolingual®, 7). Bei direkter Instillation eines Nitrats an die Papille würden systemische Nitratwirkungen wie Blutdruckabfall oder Nitratkopfschmerz ausbleiben, weil man mit geringeren Dosen den Tonus des Sphinkters herabsetzen könnte (7). Wehrmann et al. (21) konnten zeigen, dass mit topischem Glyceroltrinitrat (10 mg) und Isosorbitdinitrat (ISDN 10 mg) die tonische und phasische Kontraktion des Sphinkters stark reduziert werden kann. Der Effekt hält allerdings bei GNT nur für 3 Minuten an, bei ISDN für 5 Minuten (21).

Maßnahmen, die den Komfort des Patienten bei Endoskopien verbessern

In vielen Ländern Europas, Lateinamerikas und Asiens wird die Gastroskopie ohne Sedierungsverfahren durchgeführt, Würgereiz und Diskomfort werden angesichts der kurzen Prozedur von Patienten und Untersuchern akzeptiert (5). Sorbi et al. von der Mayo-Klinik konnten zeigen, dass die Anwendung von **Endoskopen mit kleineren Diametern** (6 mm) die Untersuchungsqualität nicht beeinträchtigt (6). Diese Geräte werden von den Patienten sehr gut toleriert. Von den Patienten wurde der Komfort auf einer Skala von 1 (sehr angenehm) bis 10 (sehr unangenehm) bewertet. Die Gruppe „Standardkaliber" + Sedierung bewertete im Schnitt mit 1, die Gruppe „schmalkalibriges Endoskop" ohne Sedierung vergab im Schnitt die Note 2.
Topisches Lidocain zur Dämpfung des Würgereflexes ist nicht für alle Patienten nützlich, wie Soma et al. (8) kürzlich zeigen konnten. In einer plazebokontrollierten Studie an 201 Patienten, die sich einer Gastroskopie ohne Sedierung unterzogen haben, wurde der Einfluss von 5 ml Lidocain-Gel 2% auf den Komfort der Patienten untersucht. Es zeigte sich, dass nur eine Subpopulation von der topischen Lokalanästhesie profitieren konnte: ängstliche Patienten, Patienten unter 40 Jahre und solche, die das erste Mal eine Gastroskopie hatten (8).
Es ist nicht erwiesen, dass topisches Lidocain den Würgereiz dämpft oder sonstige Effekte aufweist, die dem Erfolg einer Gastroskopie dienlich sind (9). Vorausgesetzt, topisches Lidocain dämpfe den Würgereflex, so würde das bedeuten, dass ein protektiver Reflex über die Zeit des Eingriffs hinaus reichend beeinträchtigt ist und daher der Patient eine protrahierte Phase von (komfortmindernder) Nüchternheit einhalten müsste. Lokalanästhetika-Sprays dürften effektiver als Gurgelmittel oder Bonbons sein (7), eine Dosis von 100 mg Lidocain (z. B. 5 ml Lidocain 2%) soll nie überschritten werden, da es an der Schleimhaut rasch resorbiert wird und zentralnervöse (Krämpfe) oder kardiale Wirkungen (Bradykardien, Asystolie, Hypotension) entfalten kann. Bell & Isenberg sagen übereinstimmend aus, dass ein topisches Lokalanästhetikum vermutlich keinen zusätzlichen Benefit bringt, wenn eine i.v.-Sedierung zur Anwendung kommt (7, 9). Besteht Aspirationsgefahr, so ist es kontraindiziert, topisches Lidocain zur Endoskopie des oberen Gastrointestinaltrakts zu verwenden (9). Die hohe Inzidenz an Pneumo-

nien nach Endoskopien des oberen Gastrointestinaltrakts, könnte mit der Anwendung von Lidocainspray in Zusammenhang stehen, vor allem, wenn es bei sedierten Patienten gegeben wird (4).

Ein Schlüssel zu guter Befindlichkeit während einer Endoskopie (7) ist die **Kommunikation** des Endoskopieteams mit dem Patienten: Erklärende Bemerkungen bei jedem Verfahrensschritt und das Ankündigen unangenehmer Manöver wirken unterstützend und erhöhen die Compliance. Großen Wert hat, wenn die Assistenz (Endoskopiepflege) während der gesamten Untersuchungsdauer ununterbrochen verbalen und nonverbalen Kontakt zum Patienten hält. Körperkontakt sollte ermöglicht werden, der Patient bestimmt jedoch, ob er dieses Angebot annimmt. Während sich der Endoskopiker auf den eigentlichen Eingriff konzentriert, kann die Assistenz den Patienten in der Atemtechnik anleiten und unterstützen. Die konzentrative Hinwendung auf die Atmung lenkt ab und kann zur inneren Beruhigung führen (Ausatmung = Entspannung). Bei der Endoskopie des oberen Gastrointestinaltrakts wird auf diese Weise die Fokussierung auf das eigentlich Unangenehme (Würgereiz, physiologischer Mechanismus der Abwehr) in Richtung auf eigene Ressourcen zur Entspannung umgelenkt. Die **Information** über die Prozedur verändert die Angstintensität und erhöht die Schmerztoleranz. Patienten, die Gelegenheit hatten, ein Informationsvideo anzusehen, hatten signifikant weniger Angst als eine Kontrollgruppe (26). Die Effektivität eines Sedierungsverfahrens kann durch eine angenehme, aufgelockerte **Atmosphäre** verbessert werden (10). **Musik**, die vom Patienten selbst gewählt und während der Untersuchung angeboten wird, wirkt angstreduzierend und senkt messbar Herzfrequenz und mittleren arteriellen Blutdruck (29). Information, Kommunikation und musikalischer Hintergrund sollten die Individualität des Patienten adressieren. Starre, enge und standardisierte Konzepte sind unpersönlich und führen zu einer Stimmung inhaltsleerer Routine, Monotonie und Fadesse.

Sicherheit und Monitoring

Die notwendigen Sicherheitsvorkehrungen im Umgang mit Sedativa und Analgetika werden im Kapitel „Sicherheit und Komfort“ zusammengefasst. Wesentlich sind die Kenntnisse der Pharmakologie der Substanzen vor allem in der Anwendung auf die *extremen Lebensalter.*

Die Fachgesellschaften haben eindeutige und klare Aussagen über die personellen Voraussetzungen bei Endoskopien unter Sedierung deponiert: Die Vornahme und Überwachung von Sedierungsaufgaben muss von einer Person durchgeführt werden, die nicht unmittelbar mit der Untersuchung betraut ist. Wenn sich ein Endoskopiker angesichts dieser Empfehlungen zumutet, neben

seiner Hauptaufgabe auch die Effekte von Pharmaka auf die vitalen Organe zu überwachen, liegt im Falle von Komplikationen ein eindeutiger Umstand von Einlassungsfahrlässigkeit bzw. Organisationsverschulden vor.
Kardiopulmonale Komplikationen machen 50% aller Komplikationen während Endoskopien aus und sind für 60% der Endoskopie-assoziierten Todesfälle verantwortlich. Die kontinuierliche Erfassung der Sauerstoffsättigung mittels Pulsoxymetrie ist die Minimalversion eines Monitorings bei Endoskopien unter Sedierung. Mit oder ohne Sedierung kommt es bei Endoskopien häufig zu signifikanten Hypoxämien, daher ist eine Sauerstoffinsufflation (3–4 l/min) während aller Prozeduren angeraten (10, 12). Risikobedingungen für das Auftreten von Hypoxiephasen sind die koronare Herzkrankheit und die chronische respiratorische Insuffizienz (1). Das Anlegen einer Venenverweilkanüle vor dem Eingriff wird sehr empfohlen, da es schwierig sein wird, bei einem Notfall im Dunkel des Endoskopieraums unter vital bedrohlichen Bedingungen einen Zugang zu finden. In der Untersuchung von Quine (4) hatten 4 von 5 Patienten, die während einer Endoskopie einen Herzkreislaufstillstand erlitten hatten, keinen liegenden Venenzugang. Der Venenzugang soll in situ bleiben, bis sich der Patient vollständig erholt hat (üblicherweise innerhalb von 2 Stunden).

Welche Sedierung für welche Endoskopietechnik?

Ösophagogastroduodenoskopie, elektiv/diagnostisch: Die Mehrheit der Patienten wird für diese Prozedur keine Sedierung benötigen, vor allem, wenn die o.g. nichtmedikamentösen Maßnahmen zur Komfortverbesserung ausgeschöpft werden. Einige werden von einer oralen anxiolytischen Prämedikation profitieren (siehe Kapitel „Ängste und Prämedikation“). Für ängstliche junge Patienten wird topisches Lidocain in Form eines Sprays den Komfort erhöhen, die anderen ziehen keinen Nutzen daraus (8). Wenn eine i.v.-Sedierung angefordert wird, ist die titrierte Gabe von i.v.-Midazolam unter Pulsoxymetrie und Sauerstoffgabe empfehlenswert. Man beginnt 5 Minuten vor dem Start des Eingriffs, bei jüngeren Menschen in 2 mg-Schritten. Die maximal erforderlichen Dosen liegen meist um 5 mg und sollten 10 mg nicht überschreiten. Patienten über 65 Jahre erhalten zunächst nur 1 mg Midazolam, die weiteren Dosisschritte sollen nicht über 0,5 mg liegen. 2 mg Midazolam sind für ältere Menschen meist mehr als genug.
Notfallgastroskopie: Kontraindikation für Sedierung! Im oberen Gastrointestinaltrakt befinden sich möglicherweise große Mengen Blut. Es besteht höchste Aspirationsgefahr, die Einleitung einer Allgemeinnarkose mit Blitzintubation ist erforderlich.

Ösophagusbougierung und -stenting: Diese Eingriffe benötigen eine Sedierung mit starker analgetischer Komponente, z. B. Fentanyl + Midazolam (siehe „Techniken der Conscious Sedation") oder Remifentanil in einer Dosis von 0,05 µg/kg/min, die Dosisanpassung erfolgt in Minutenschritten um 25%.
Endoskopisch-retrograde Cholangiopankreatographie (ERCP): Eine Sedierung für die ERCP ist als Verfahren mit erhöhtem Risiko zu werten. Der Patient befindet sich in Seiten- oder Bauchlage, die Endoskope haben stärkere Diameter, die Eingriffe können zwischen 10 Minuten und 2 Stunden dauern. Die Patienten sind häufig alt, multimorbid und infolge Erbrechens dehydriert. Die Störungen des Flüssigkeits- und Elektrolythaushalts (Hypokaliämie) sollten vor dem Eingriff korrigiert werden. Die ERCP ist eine Prozedur, die ein Individuum in einem hohen Maße physisch fordert: Phasen von Hypertension, Tachykardien, Hypoxämien und Obstruktion der Atemwege durch Hyperkrinie treten frequent auf. Farrell et al. berichteten kürzlich über 2 Fälle sedierungsassoziierter Apnoen, die bei einem der Patienten zum Tode führte (15). Ein pathophysiologisches Phänomen ist bisher nur im Tierversuch näher untersucht worden: Durch Distension der Gallenblase wurden bei Schweinen reflektorische Koronarspasmen induziert. Beim Menschen ist zu beobachten, dass es bei Vorliegen eines normalkalibrigen Ductus choledochus während der ERCP zu abrupten Anstiegen von Herzfrequenz und LF (low-frequency activity) kommt, eine Reaktion des Organismus, die bei dilatiertem Ductus choledochus ausbleibt (7). Eine Prämedikation mit Clonidin hätte bei der ERCP mehrere Vorteile: Es kann perioperative Myokardischämien verhindern und reduziert den perioperativen Kaliumshift nach intrazellulär, es kann den sympathikusmediierten Anstieg von Herzfrequenz und Blutdruck abschwächen. Weiters wirkt es antisialogisch, antiemetisch und nicht zuletzt analgetisch und anxiolytisch. Die geeignete Dosis liegt bei oraler Gabe zwischen 2 und 5 µg/kg (1–2 Stück à 0,15 mg) und sollte 90–120 Minuten vor dem geplanten Eingriff verabreicht werden. Für eine i.v.-Prämedikation kommen 2 µg/kg (1 Ampulle zu 0,15 mg) in einer Kurzinfusion mit 100 ml NaCl 0,9% in Frage. Auch bei der ERCP ist Midazolam „das Sedativum", entweder als Monosubstanz oder in der Kombination mit einem Opioid (Pethidin, Fentanyl). Für den Patienten ist durch ein Opioid nichts an Komfort zu gewinnen, die Endoskopiker ziehen jedoch die Kombination von Midazolam + Pethidin einer Kombination Midazolam + Plazebo vor, da durch das Opioid der Würgereflex gedämpft wird (störender Würgereflex unter Plazebo in 27,8%, nach 50 mg Pethidin in 7,6%) (16). Werden Opioide verwendet, so ist zu bedenken, dass *alle* Opioide, auch Pethidin, den Tonus an der Papille erhöhen. Ein sicheres und erprobtes anästhesiologisches Verfahren für die ERCP ist eine Sedierung mit S-+-Ketamin und Midazolam. Nützliche Partialwirkungen von Ketamin sind Amnesie,

Analgesie, Immobilisierung und Broncholyse, Nachteile sind die sympathomimetischen Effekte und die Hypersalivation. Die Behandlung signifikanter Tachykardien erfolgt am besten mit einem i.v.-Betablocker wie Esmolol (Brevibloc®) oder Metoprolol (Beloc®). Hypertensive Kreislaufreaktionen sprechen gut auf Urapidil (Ebrantil®) an. Midazolam wirkt amnestisch, anxiolytisch und kompensiert die psychotomimetische Wirkung des Ketamin. Das Vorgehen entspricht der üblichen Methode der **Titration zum Effekt**: Man beginnt mit 2 mg Midazolam 5 Minuten vor der Untersuchung. Nachdem das Endoskop die obere Ösophagusenge passiert hat, titriert man Ketamin in Schritten von 12,5–25 mg. Ketamin wird nach Effekt repetiert, mit Midazolam ist in der Folge Zurückhaltung angeraten. Eine topische Anästhesie kann unterbleiben. Eine Prämedikation mit Atropin ist nützlich, wenn Ketamin verwendet wird. Kommt dieses Verfahren zur Anwendung, so ist ein Monitoring mit Pulsoxymetrie, nichtinvasiver Blutdruckmessung und EKG obligat. Nach der Prozedur ist für den Patienten der Aufenthalt in einer postoperativen Überwachungsstation vorzusehen.

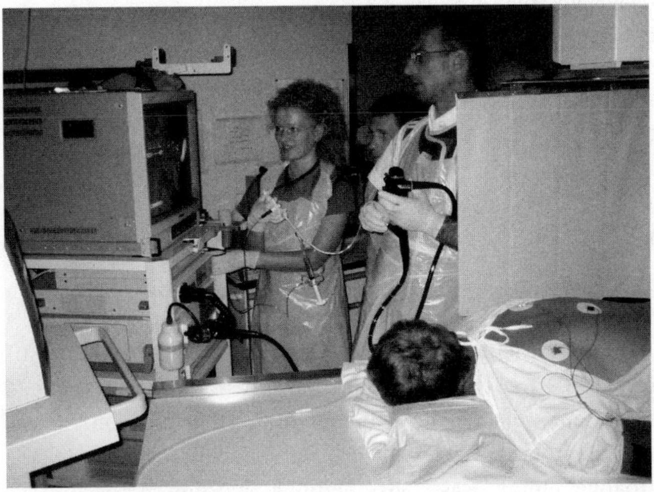

Abb. 1: Endoskopisch-retrograde Cholangiopankreatographie (ERCP)

Nicht für alle Patienten ist eine **Sedierung** die geeignete Methode, um eine ERCP zu ermöglichen. Ein gewisser Anteil am Kollektiv wird eine Allgemeinanästhesie benötigen.

Würde man einen Patienten, der unter Raumluft eine Sauerstoffsättigung < 94% eine ERCP zumuten, so hieße das eine Komplikation, möglicherweise eine Katastrophe, heraufbeschwören (Kontraindikationen für Sedierung). Raymondos et al. (52) hielten in ihrer retrospektiven Analyse an 1056

Patienten fest, dass bei 18% der Untersuchten eine Allgemeinnarkose notwendig war. Patienten mit primär sklerosierender Cholangitis und Lebertransplantierte bedurften häufiger einer Allgemeinanästhesie, bei Patienten mit Choledocholithiasis oder Neoplasmen wurde eher in Sedierung endoskopiert. Wenn schmerzhafte Dilatationen geplant waren, wurde häufiger das invasivere Anästhesieverfahren gewählt. Die Versagerquote der ERCP war unter Conscious Sedation 14%, unter Allgemeinanästhesie 7%. Etzkorn et al. (54) fanden in ihrem Kollektiv von 1200 Patienten nur bei 65 (5,4%) eine Indikation für eine Allgemeinnarkose, die häufigste Indikation dafür war Abhängigkeit von Substanzen (BZD, Opioide, Äthanol etc.).
Die Anlage einer PEG in Sedierung ist nach McCloy (10) kontraindiziert (Schluckstörung – Aspirationsgefahr?).

Tab. 2: Indikationen für eine Allgemeinanästhesie bei Endoskopien

Ablehnung einer Sedierung
Kontraindikationen für Sedierung
Abbruch der vorangegangenen Endoskopie in Sedierung
komplexe und schmerzhafte Eingriffe
„schwierig zu sedierender“ Patient (Abhängigkeit von Substanzen)
akute Blutungen des oberen Gastrointestinaltrakts
PEG-Anlage
Magenausgangsstenose
diabetische Gastroparese
hepatische Enzephalopathie

Colonoskopie: Gewisse Patienten sind besonders disponiert, diese Untersuchung als unangenehm oder schmerzhaft zu empfinden: Menschen *unter 40 Jahre* und Patienten, an welchen die Untersuchung aufgrund von *Bauchschmerzen* durchgeführt wird (7). *Frauen* erleben die Colonoskopie im Allgemeinen viel unangenehmer, was wahrscheinlich anatomisch begründbar ist: Die Form des weiblichen Beckens dürfte die Formation von Schlingen des Endoskops (loops) mit engem Radius begünstigen (22). Frauen *nach Hysterektomie* haben besonders starke Missempfindungen bei Colonoskopien (7). Die maximale Schmerzintensität wird erreicht, wenn sich die Spitze des Endoskops im Sigma befindet.
Shah et al. (22) haben vor kurzem mittels Magnetic Endoscope Imaging (MEI) nachweisen können, welche Manöver des Endoskops mit dem Auslösen von Schmerzen verbunden sind, nachdem bisher alle diesbezüglichen Aussagen aus den subjektiven Meinungen der Endoskopiker geschöpft wur-

den: In 79% war es das Looping des Endoskops, vor allem im Colon sigmoideum, in 11% das Strecken des Instruments. Die Gasinsufflation als nozizeptiver Stimulus dürfte bisher überschätzt worden sein, sie führt nur in 10% der Fälle zu Schmerzen. Die Dehnung des Kolons und des Mesocolons erregt Mechanorezeptoren, die auf Zug, Torsion, Kontraktion und Kompression reagieren. Die sensorische Information der Mechano- und Chemorezeptoren wird dem viszeralen Schmerzleitungssystem zugeführt. Der viszerale Schmerz ist schwer lokalisierbar und mit anderen Phänomenen assoziiert, welche die enge Interaktion mit dem autonomen Nervensystem anzeigen (Übelkeit, Erbrechen, Bradykardie, Schweißausbruch etc.). Schmerz ist eine der Hauptgründe dafür, wenn eine Colonoskopie abgebrochen werden muss (22). Auch wenn die Colonoskopie mit Conscious Sedation unterstützt wird, kann eine komplette Schmerzausschaltung nicht versprochen werden – es erscheint sinnvoll, die Patienten vor irrigen Erwartungen zu bewahren. Die Population, die eher keine Sedierung benötigt, umfasst Männer über 40 und Frauen über 55 Jahre, vor allem, wenn sie nicht aktuell an abdominellen Schmerzen leiden und nicht übermäßig ängstlich sind (7). Bell vermutet, dass mit der Übung des Untersuchers und der Qualität des Instrumentariums die Anzahl an Patienten, die keine Sedierung benötigen, zunehmen wird*.

Die Sedierungstechniken sind im Kapitel „Techniken der Conscious Sedation" beschrieben. Der Patient legt sich auf die Untersuchungsliege, 5 Minuten nach Beginn der i.v.-Zufuhr der Substanzen kann mit der Untersuchung begonnen werden. Wird Remifentanil verwendet, so wird man sicherer sein, wenn man es nicht mit der bolusartigen Gabe einer anderen Substanz kombiniert. Eine mögliche Variante einer kombinierten Remifentanil-Sedoanalgesie wäre die kontinuierliche Verabreichung von Propofol 2 mg/kg/h i.v. Bei Zeichen von Müdigkeit wird die Propofoldosis reduziert. Die Patienten-kontrollierte Analgesie und Sedierung (PCAS) ist sicher eine elegante Technik, im Verhältnis zur Dauer der Untersuchung möglicherweise zu aufwendig. Wenn das Endoskop das Coecum erreicht hat, ist für die Biopsien und die weiteren Manöver keine Sedierung mehr notwendig. Das Zurückziehen des Gerätes,

Tab. 3: Mögliche Sedativakombinationen für die Colonoskopie

	Ketamin	Alfentanil	Fentanyl	Remifentanil	Pethidin
Midazolam	+	+	+		+
Propofol	+	+	+	(+)	

*Dem Umkehrschluss, dass der Endoskopiker als ungeübt gelten muss, der am häufigsten Sedierung anfordert, muss mit Entschiedenheit entgegengetreten werden (möglicherweise ist er der Einfühlsamste ...).

Biopsien und Polypektomien werden im Allgemeinen nicht als schmerzhaft empfunden, langwierige Interventionen, schwierige Polypektomien und Bergungen rechtfertigen jedoch eine Sedierung aufrechtzuerhalten.

Die ungewöhnliche Differentialdiagnose: Ein Patient wacht nach einer Endoskopie unter Sedierung nicht mehr auf ...

Auf perioperative Störungen des Wachbewusstseins wird im Kapitel „Sedierung des alten Menschen" eingegangen. In jüngerer Zeit wurden 2 Kasuistiken veröffentlicht (24, 25), welche durchaus an jeder Institution Folge einer „traditionellen Routine" sein können:
Ein 17-jähriger Patient mit M. Crohn entwickelte 6 Stunden nach einer zweiten Vorbereitung zur Endoskopie mit 45 ml oral verabreichtem Natriumphosphat plötzlich auftretende Schmerzen in allen Extremitäten, kombiniert mit Kribbelparästhesien und Krämpfen. Er konnte nicht mehr selbständig gehen und hatte Schwierigkeiten, sich zu artikulieren. Im Labor zeigte sich eine Hypokalzämie, Hypomagnesiämie und Hyperphosphatämie, eine Behandlung mit Kalzium, Magnesium und Flüssigkeit führte zu einer raschen Wiederherstellung. Klistiere mit Natriumphosphat sind dafür bekannt, Elektrolytstörungen hervorzurufen, orale Lösungen hingegen kommen üblicherweise nur bei Niereninsuffizienz oder bei Obstruktion des Kolons ursächlich dafür in Frage (24).
Die zweite Kasuistik handelt von einer 59-jährigen Frau, die 7 Stunden nach einer Colonoskopie mit Verwirrung, verwaschener Sprache und unsicherem Gangbild auffällig wurde. Die Symptome wurden zunächst der Sedierung (5 mg Midazolam) zugeordnet, das Labor konnte aber nahelegen, dass sich eine hyponatriämische Enzephalopathie entwickelt hatte (Serumnatrium 120 mmol/l, Serumosmolarität 264 mOsm/kg). Die Patientin hatte zur „Darmreinigung" 3 Liter Polyäthylenglykol-Elektrolyt-Lavagelösung (PEG-ELS) erhalten und dazu 4 Liter Tee getrunken. Zur diskutierten Verdünnungshyponatriämie wurde post hoc eine inadäquate ADH-Sekretion angenommen. Diese wird durch Schmerz, Stress, Übelkeit und Erbrechen ausgelöst (25).
Die Conclusio aus beiden Fällen ist:
Eine verzögerte Erholung nach einer Colonoskopie ist nicht immer auf die verwendeten Sedativa zurückzuführen. Wenn die verabreichten Spüllösungen PEG-ELS enthalten, sollte man nach einer Hyponatriämie fahnden (7).

Pulmologie und Anästhesie

Bronchoskopie, bronchoskopische Wachintubation

Die Bronchoskopie ist ein endoskopisches Verfahren mit extremer Stimulusintensität. Mehrere Hirnstammreflexe wirken protektiv, um die Atemwege vor Fremdsubstanzen zu schützen (Würgereflex, Hustenreflex etc.). Die nozizeptiven Stimuli, welche die Reflextätigkeit des Organismus provozieren, stehen im Zentrum aller therapeutischer Bemühungen. Der Hustenreflex ist jener Hirnstammreflex, der im progredienten Verlauf von Komata als letzter verloren geht. Neben der massiven Schmerz- und Stimulusintensität der Eingriffe erregt die diagnostische und therapeutische Bronchoskopie bei den Patienten ein hohes Maß an Angst: Häufig steht das Bronchuskarzinom im thematischen Feld der Indikationen. Es ist anzunehmen, dass heute auch den meisten medizinischen Laien die Bedeutung dieser Diagnose klar ist. Die freie Atmung ist neben der Herztätigkeit, die aber in der Wahrnehmung – außer bei Stigmatisierten – meist bewusstseinsferner ist, *das* unmittelbare Zeichen der Lebendigkeit. Behinderung und Beschränkung der Atmung wird als eine unmittelbare Lebensbedrohung erfahren (Atemnot = Todesangst). 62% aller Patienten, die bronchoskopiert werden, haben Angst (18). Im Vordergrund steht die Furcht vor Schmerzen durch den Eingriff (welche realistisch ist!), gefolgt von der Angst vor Atemnot, pharyngealer Irritation und den Untersuchungsergebnissen (31). Bemerkenswert ist die Tatsache, dass Patienten auch vor einer Sedierung Angst haben, vor intranasaler Lidocaingabe und davor, durch die Untersuchungsgeräte infiziert zu werden (31). Poi et al. (31) hielten fest, dass die Ärzte in der Aufklärung vorwiegend die Indikation zur Untersuchung erklären, weniger jedoch die Art der Durchführung. Die Patienten verstehen eher Aussagen über die Indikation als über den Ablauf der Untersuchung (31). Im Jahr 1993 haben nur 6% der englischen Bronchoskopiker ihre Eingriffe unter Zuhilfenahme einer Sedoanalgesie ausgeführt (34), 1998 verwendeten die meisten Zentren in Israel Morphin oder Pethidin in Kombination mit Midazolam zur Sedoanalgesie bei bronchoskopischen Eingriffen (35). In einem Zentrum wurden die Patienten in Allgemeinanästhesie bronchoskopiert. Werden die invasiven Prozeduren der Bronchologie ohne Allgemeinanästhesie ausgeführt, so ist die **direkte topische Anästhesie** der mukösen Strukturen der wichtigste Faktor, um die Eingriffe an den oberen Atemwegen tolerabel zu gestalten (32). Ca. 95% aller fiberoptischen Bronchoskopien sind unter Lokalanästhesie machbar (50). Mehrfach wurde in der Literatur darauf verwiesen, dass die Einwirkdauer der Lokalanästhetika eingehalten werden muss (33). Es ist essentiell, die Maximaldosen der Lokalanästhetika nicht zu überschreiten. **Lidocain** ist weltweit das gebräuchlichste Lokalanästhetikum für die fiberoptische Bronchoskopie (34). Für Lidocain wird eine Dosisobergrenze von 2 mg/kg bzw. 200 mg pro Person und Eingriff angegeben (32). Lokalanästhetikasprays werden an die Zunge und den Oropharynx gebracht und über den Arbeitskanal des Endokops an die Glottis deponiert. Lokalanästhetika werden an den oberen Atemwegen rasch resorbiert und führen bei Überschreitung der Maximaldosen zu toxischen Reaktionen des Organismus. An den oberen Atemwegen finden sich Serum-Spitzenspiegel nach 30–50 Minuten

(34), sie liegen 25–50% unter denen einer intravenösen Injektion. Im Bronchialbaum und in den Alveolen wird das Lokalanästhetikum viel schneller resorbiert, die Kinetik und die Spitzenspiegel gleichen denen einer intravenösen Lidocain-Injektion (34).

Aus diesem Grund ist die Empfehlung für eine Maximaldosis von 2 m/kg Lidocain gut nachvollziehbar. Um so erstaunlicher ist die Tatsache, dass Milman et al. (34) für Lidocaindosen unter 7 mg/kg Sicherheit attestieren. Blutspiegelmessungen nach Lidocainvernebelung an den oberen Atemwegen und -instillation (*spray-as-you-go-Technik*) an den unteren Atemwegen ergaben im Mittel nach 20–40 Minuten Spitzenkonzentrationen von maximal 22,5 µmol/l. Hyperexzitationsphänomene am Cerebrum sind ab einer Plasmakonzentration von 22 µmol/l zu erwarten, wurden aber bei keinem der 16 untersuchten Patienten beobachtet. Das ZNS ist hinsichtlich unerwünschter Lokalanästhetikawirkungen sensitiver als das Herz. Eine negativ bathmotrope Wirkung und eine verminderte Kontraktilität des Myokards mit konsekutivem Abfall des cardiac output und Hypotension treten erst ab Lidocain-Plasmakonzentrationen von 60–80 µmol/l auf (51). Eine gefährliche und selten praktizierte Technik ist die Blockade des N. laryngeus superior: Durch die anatomischen Naheverhältnisse im Halsbereich kann sich das Lokalanästhetikum ausbreiten und die Leitung benachbarter Nerven blockieren (32). Eine akzidentelle Injektion von Lokalanästhetika in eine hirnversorgende Arterie kann sofort tödlich sein. Ein guter Teil der Patienten, die zur Bronchoskopie kommen, haben eine eingeschränkte Atemreserve. Wird der N. phrenicus durch das Lokalanästhetika-Depot getroffen und das Zwerchfell gelähmt, so ist die Wahrscheinlichkeit groß, dass der Patient respiratorisch dekompensiert und von einer maschinellen Atemhilfe abhängig wird. Die transtracheale Applikation von Lokalanästhetika ist technisch einfach und wird gut toleriert, wird jedoch selten praktiziert (18). Das gebräuchlichste Lokalanästhetikum für die topische Anästhesie der oberen Atemwege ist Lidocain (32, 50), es wird in Konzentrationen von 2–10% verwendet, die 2%ige Lösung wirkt an den oberen Atemwegen ca. 30–40 Minuten (32). Lidocain ist das Lokalanästhetikum mit der größten Sicherheitsbreite an den Atemwegen, für die Bronchoskopie kann es als „Medikament der Wahl" bezeichnet werden (34). Daneben finden Tetracain 1% und 4%ige Kokainlösung Anwendung (18). Die Wirkung von Benzocain 20% war zu kurz, es wird daher praktisch nicht mehr verwendet, Tetracain hat ein hohes toxisches Potenzial.

Das Ziel der Lokalanästhesie ist, die protektiven Reflexe zu dämpfen, um die Passage des Endoskops durch die oberen Atemwege und die weiteren Arbeitsschritte zu ermöglichen. Dabei ist zu beachten, dass die Schutzreflexe an den oberen Atemwegen und die ziliäre Aktivität noch Stunden nach dem

Eingriff in Mitleidenschaft gezogen sind. Daher gilt für die betroffenen Patienten ein striktes Nüchternheitsgebot von 3–4 Stunden (32). Danach kann der kalorische Bedarf durch flüssige Nahrungsmittel gestillt werden. Eine vollständige „laryngeale Kompetenz" ist wahrscheinlich erst für den nächsten Tag zu erwarten, d.h. es ist sinnvoll, erst nach der ersten Nacht mit der Wiederaufnahme normaler Ernährungsgewohnheiten zu beginnen (32).
Die Unterdrückung der protektiven Reflexe, die notwendig ist, um einen geordneten Eingriff zu ermöglichen, gelingt in den meisten Fällen nicht allein durch die topische Anästhesie. Im Vordergrund der Bemühungen um eine Sedierung stehen die nozizeptiven Reize (Schmerz, Hustenreiz), in zweiter Linie die Angst des Patienten. Die **Ziele der Sedierungsverfahren** sind, **a**) den Patienten in einem Zustand zu bewahren, in dem er kooperativ bleibt und kommunikativ erreichbar ist, **b**) seinen Organismus vor Hypoxämie und **c**) vor Kreislaufkomplikationen zu schützen, **d**) dem Patienten ein möglichst annehmbares subjektives Erlebnis zu gestalten.

Diese Aufgabe gleicht einer Gratwanderung. Das Kollektiv der Patienten, die zur Bronchoskopie kommen, ist ein Hochrisikokollektiv. Lungenkrankheiten haben häufig einen gestörten Gasaustausch zur Folge, das Risiko zu Hypoxämie und Hyperkapnie ist hoch. Viele Patienten tragen durch ihre Lebensgewohnheiten weitere Risikofaktoren (Rauchen, koronare Herzkrankheit, arterielle Hypertonie, arterielle Verschlusskrankheit etc.). Auf der einen Seite steht das Risiko einer zu oberflächlichen Sedierung, welche die sympathoadrenerge Stressantwort antriggert (Angst, Stress, Schmerz, Dyspnoe etc.). Diese Reaktion kann bei Vorliegen einer koronaren Herzkrankheit zur Minderversorgung des Myokards mit Sauerstoff führen, wenn eine signifikante Tachykardie oder ein kritisches Ansteigen des Systemblutdrucks die Folge der Ausschüttung endogener Katecholamine ist. Im Stress wird der Sauerstoffverbrauch und die Kohlendioxidproduktion gesteigert, dadurch steigt der Atemantrieb, die Atemarbeit und die subjektive Not des Individuums. Durch eine Untersedierung wird die kardiale Mortalität erhöht. Auf der anderen Seite steht die Übersedierung, welche in erster Linie Störungen des Atemantriebs und der Kreislaufregulation zur Folge hat. Aus einer Hypoventilation resultieren Hyperkapnie und Hypoxämie, aus der Kreislaufdepression folgt eine kritische Unterschreitung der notwendigen Perfusionsdrucke von Herz und Gehirn. Die Kooperativität geht durch eine direkte Wirkung der Sedativa auf das ZNS bzw. eine Minderperfusion des Cerebrums verloren.

Die idealen Wegbegleiter auf diesem schmalen Grat der Sicherheit sind Pharmaka, die exzellent steuerbar sind. Im optimalen Fall wäre deren Effekt vorüber, sobald man die Zufuhr beendet. Nahe an diesem Wunschtraum liegt das ultrakurz wirksame Opioid **Remifentanil** (Ultiva®), schon ein wenig weiter davon entfernt das Alkylphenol **Propofol** (Diprivan®, Disoprivan®). Auch das kurz wirksame **Midazolam** (Dormicum®) ist ein exzellent brauchbares Sedativum für solche Ansprüche, da seine Wirkung innerhalb einer Minute antagonisiert werden kann. Ein weiteres interessantes Pharmakon für diese Indikation könnte Dexmedetomidin sein. In England war bis vor kurzem Diazepam (Valium®) eine gebräuchliche Substanz zur Sedierung für Bronchoskopien. Diazepam ist schlecht steuerbar, rationale medizinische Gründe können für seine Verwendung nicht herangezogen werden. Man kann mit Diazepam eine orale anxiolytische Pämedikation durchführen (5–20 mg), allerdings muss es mindestens 1 Stunde vor dem geplanten Eingriff gegeben werden. Sehr gut hat sich in dieser Indikation **Lorazepam** (Temesta®) bewährt: Patienten, die mit Lorazepam 2 mg prämediziert worden sind, geben 24 Stunden nach dem Eingriff eine bessere Gesamtbeurteilung ab (37). Das mag an der stark amnestischen Wirkung der Substanz liegen. In der Arbeit von Maltais et al. (37), die 1995 in *Chest* veröffentlicht worden ist, führte die Prämedikation mit 2 mg Lorazepam zu keinerlei unerwünschten Wirkungen, die Patienten konnten 30 Minuten nach der Bronchoskopie aus dem Untersuchungsbereich entlassen werden. Eine heute sehr gebräuchliche und auch sichere Prämedikation liegt in der oralen Gabe von Midazolam in einer Dosis von 3,75–15 mg (je nach Alter und Gewicht). Auf den Bronchologen trifft zu, was über den Gastroenterologen bezüglich der Einschätzung des Wohlbefindens der Patienten gesagt wurde: Seine Annahme unterscheidet sich beträchtlich vom subjektiven Erleben des Patienten (18).

Bronchoskopie

Die Anzahl der fiberoptischen Bronchoskopien steigt weltweit Jahr für Jahr (34). Die topische Schleimhautanästhesie ist die Grundlage einer gut tolerierten Untersuchung bei den Patienten, die nicht in Allgemeinanästhesie untersucht oder behandelt werden (32). Die Beschreibung der Lokalanästhesie-Techniken ist nicht Gegenstand dieser Darstellung, eine detaillierte Darstellung des komplexen Vorgehens für die flexible und starre Bronchoskopie findet sich in *Principles and Practice of Sedation* von Whitwam & McCloy (32). Auf die Bedeutung der Maximaldosen wurde oben hingewiesen.

Was ist im Rahmen der Voruntersuchung speziell zu beachten?

Außer den üblichen Untersuchungen, die im Kapitel „Patientenauswahl und -vorbereitung" empfohlen werden, ist es von entscheidender Bedeutung, ob das Tracheallumen über der Hauptkarina für einen Tubus (> 5 mm) durchgängig ist. Diese Frage kann mit konventionellem Röntgen oder MRI beantwortet werden (32). Für den Fall einer Trachealobstruktion (vor allem, wenn die Bifurkation mit einbezogen ist) ist ein spezielles Management notwendig, um den Patienten nicht in Gefahr zu bringen.

Welche Vorbereitung ist für den Patienten sinnvoll?

Lorazepam 2 mg per os, 2 Stunden vor dem geplanten Eingriff (37). Matot et al. (18) empfehlen in ihrer Übersichtsarbeit über die Bronchoskopie im ambulanten Setting als Prämedikation die Verwendung von Clonidin, vor allem für Patienten mit koronarer Herzkrankheit oder Risikokofaktoren der KHK (Eigenschaften und Dosierung von Clonidin; siehe Seite 224f.). Eine Prämedikation mit Codeinphosphat 1 Stunde vor einer fiberoptischen Bronchoskopie in einer oralen Dosis von 0,4 mg/kg reduziert die Wahrscheinlichkeit einer Hypoxämie und den Bedarf supplementärer Lokalanästhetika (43). Milman (34, 50) prämediziert mit Diazepam 10 mg.

Die Gabe von Anticholinergika zur Reduktion der Bronchialsekretion während des Eingriffs und zur Hemmung vagaler Reflexe wird in der Literatur der letzten Jahre kontroversiell diskutiert (18). Sie war lange Zeit eine Standardprämedikation. Die unerwünschten Wirkungen der verwendeten parasympatholytischen Substanzen sind Mundtrockenheit, Sehstörungen, Glaukomanfall und Tachykardie (Atropin). Tachykardie ist bei koronarer Herzkrankheit zu vermeiden, daher ist eine routinemäßige Atropingabe in jedem Fall abzulehnen. Scopolamin führt häufig zu Desorientiertheit und Verwirrung. Glykopyrrolat hat den Vorteil, nicht die Blut-Hirn-Schranke zu überwinden, hat aber oft Harnverhalten und extreme Mundtrockenheit zur Folge (18, 32). Makker et al. (38) haben über 1000 Bronchoskopien ohne Anticholinergika-Prämedikation durchgeführt, sie haben in keinem einzigen Fall eine exzessive bronchiale Sekretion oder eine Bradykardie beobachtet. Auch Cowl et al. (39) konnten in ihrer plazebokontrollierten Doppelblindstudie an 217 ambulanten Patienten nicht erkennen, dass durch die Gabe von Anticholinergika der Erfolg der Untersuchung verbessert werden konnte oder Komplikationsraten vermindert wurden. Die Autoren schließen aus ihrer Untersuchung, dass die Verwendung von Anticholinergika keinen Vorteil für Patienten bringt, die mit Benzodiazepinen sediert werden. Williams et al. (41) überprüften die Wirkung von Atropin im Hinblick auf Bronchodilatation, bronchiale Sekretion, Blutung, Sättigungsabfall und Arrhythmien bei Bronchoskopien – es konnte kein Vorteil durch die Verwendung von Atropin gefunden werden. Es findet sich die generelle Empfehlung Atropin zu verabreichen, falls mit Ketamin sediert wird (Indikation: Hypersalivation und bronchiale Sekretion durch Ketamin, i.v.-Gabe mindestens 7 min vor Ketamin).

Welche Opioide sind zur Sedierung bei Bronchoskopie sinnvoll?

Lang wirksame Opioide sind für die Bronchoskopie ungeeignet, da der nozizeptive Input intensiv und kurz ist. Die meisten Untersuchungen dauern weniger als 30 Minuten, daher ist Morphin keine optimale Wahl. Geeignete Opioide sind Fentanyl, Alfentanil und Remifentanil.

Putinati et al. (40) haben zur fiberoptischen Bronchoskopie Midazolam, Alfentanil oder die Kombination aus beiden gewählt. Wird Alfentanil allein verwendet, so kann der Hustenreiz und der Lidocainbedarf signifikant gesenkt werden. Wenn das Opioid mit Midazolam kombiniert wird, kommt es zu stärkeren Abfällen der Sauerstoffsättigung. Die durchschnittlichen Dosen für die relativ kurzen Eingriffe (6 min) waren 5 mg Midazolam und 0,6 mg Alfentanil. Da der Schmerz das erste Ziel des Sedoanalgesieverfahrens bei der Bronchoskopie ist, kann eine reine Analgesie mit Remifentanil durchgeführt werden.

Tab. 4: Vorschlag für eine reine Analgesie mit Remifentanil unter Monitoring der Atemfrequenz

120 Minuten vor dem Eingriff Clonidin 0,15 mg per os

30 Minuten vor dem Eingriff Midazolam 7,5 mg per os, ab 65 Jahre 3,75 mg per os

topische Lokalanästhesie

Start mit Remifentanil 0,25 µg/kg/min

Adaptierung der Remifentanildosis in Schritten von +/– 0,1 µg/kg/min je nach Atemfrequenz, Patientenkomfort

und Kreislaufreaktion, im besten Fall nach $etCO_2$

Es ist wahrscheinlich, dass man die initiale Remifentanil-Dosis rasch (1–3 Minuten) an die individuelle Stimulus-Reaktion anpassen muss. Die Dosen scheinen erheblich zu streuen. Alternativen s.u./bronchoskopische Wachintubation.

Welche Sedativa sind ideal?

Zur Zeit existiert kein ideales Sedativum und kein ideales „Rezept". Midazolam ist auch in der Bronchologie die am meisten verwendete Substanz. Die „Titration zum Effekt" hat wesentliche Vorteile gegenüber der Gabe von Fixdosen, die i.m. oder i.v. zugeführt werden (s. „Techniken der Conscious Sedation"). Die in der Literatur angegebenen kumulativen Dosen liegen zwischen 0,07 und 0,24 mg/kg KG. Williams et al. (41) haben mit der erstaunlich hohen Dosis von 0,24 mg/kg einen Sedierungsgrad erreicht, der nicht mehr einer Conscious Sedation zugerechnet werden kann. Die Patienten hatten durchschnittliche Aufwachzeiten von 1 Stunde und brauchten 2,5 Stunden

Tab. 5: Dosiertabelle zur Umrechnung der Remifentanildosen von µg/kg/min auf ml/h

	Gewünschte Dosierung µg/kg/min							
kg	**0.05**	**0.10**	**0.15**	**0.20**	**0.25**	**0.30**	**0.35**	**0.40**
45	6,75	13,50	20,25	27,00	33,75	40,50	47,25	54,00
50	7,50	15,00	22,50	30,00	37,50	45,00	52,50	60,00
55	8,25	16,50	24,75	33,00	41,25	49,50	57,75	66,00
60	9,00	18,00	27,00	36,00	45,00	54,00	63,00	72,00
65	9,75	19,50	29,25	39,00	48,75	58,50	68,25	78,00
70	10,50	21,00	31,50	42,00	52,50	63,00	73,50	84,00
75	11,25	22,50	33,75	45,00	56,25	67,50	78,75	90,00
80	12,00	24,00	36,00	58,00	60,00	72,00	84,00	96,00
85	12,75	25,50	38,25	51,00	63,75	76,50	89,25	102,00
90	13,50	27,00	40,50	54,00	67,50	81,00	94,50	108,00
95	14,25	28,50	42,75	57,00	71,25	85,50	99,75	114,00
100	15,00	30,00	45,00	60,00	75,00	90,00	105,00	120,00

bis zur Entlassung. In der Arbeit von Williams musste in 9,8% die Benzodiazepinwirkung mit Flumazenil antagonisiert werden. In einer Folgestudie (42) dosierte der Autor Midazolam im Mittel mit 0,16 mg/kg KG. Midazolam wurde über mehrere Minuten vor der Untersuchung appliziert, bis die Patienten einschliefen. Sie erwachten erst 1 Stunde nach der Prozedur.
Propofol kann sehr gut titriert werden, wenn es in einer kontinuierlichen Infusion zugeführt wird, der Dosisbedarf unterliegt einer weiten interindivi-

Tab. 6: Conscious Sedation mit kontinuierlicher Propofolinfusion
(nach Whitwam et al., 32)

Bolus zur Induktion:	0,5–1,0 mg/kg i.v. in 1–5 Minuten
Kontinuierliche Infusion:	0,3–4,5 mg/kg/h (mehr nur, wenn der Zustand des Patienten exakt beurteilt worden ist). Hoch resistente Patienten können weitere Bolusdosen von 10–20 mg benötigen, wenn eine rasche Vertiefung der Sedierung notwendig ist.

Tab. 7: Conscious Sedation mit Opioidbasis und kontinuierlicher Propofolinfusion

1. **Opioddosis** (Fentanyl in 25 µg- *oder* Alfentanil in 125 µg-Schritten) – 3 Minuten warten;
2. **Propofol** 5 µg/kg/min, kann alle 5 Minuten um 5 µg/kg/min adaptiert werden; die üblichen Dosen liegen bei 5–40 µg/kg/min

duellen Variabilität. Die Erholung der kognitiven Funktionen und der Reaktionszeiten ist bei Propofol im Vergleich zu Midazolam erheblich rascher. Propofol ist für komplizierte bronchologische Techniken (langdauernde Laserung, Stenting etc.) gut geeignet (18).

Dexmedetomidin sollte eine sehr gut geeignete Substanz zur Sedierung für Bronchoskopien sein, es gibt zur Zeit noch keine Literatur über diese Anwendung. Im Zentrum seiner Effekte steht die Dämpfung der sympathoadrenergen Stressreaktion. Es ist sehr gut steuerbar, die Qualität einer Sedierung müsste vom Untersucher sehr gut beurteilt werden, da die Patienten sehr ruhig sind, aber kooperativ bleiben. Dexmedetomidin wirkt anxiolytisch und analgetisch. Es wäre zu erwarten, dass andere Sedativa zu einem großen Teil eingespart werden können. Der Vorteil von Dexmedetomidin im Hinblick auf die Atmung wäre, dass der α_2-Agonist bronchodilatatorisch wirkt und keinen relevanten Einfluss auf den Atemantrieb hat (die Dosierung für die Intensivtherapie ist: Sättigungsdosis 6 µg/kg/h für 20 Minuten, dann 0,2–0,7 µg/kg/h nach Effekt). Unkooperative Patienten können mit Ketamin 3–5 mg/kg + Midazolam 2 mg in einer Mischspritze i.m. sediert werden (18). Die optimale Sedierungstiefe wird ca. 15 min nach der Injektion erreicht werden.

Welches Monitoring ist für eine Sedierung zur Bronchoskopie adäquat?

Während fiberoptischer Bronchoskopien kommt es in 70% zum Auftreten kardialer Arrhythmien und in 17% zu Hypoxämien (18). Die übliche Reaktion des Organismus ist ein Ansteigen von Blutdruck und Herzfrequenz sowie das Auftreten episodischer Hypoxämien. Unter einer relativ zu starken Analgosedierung entwickelt sich eine Hyperkapnie. Durch diese Umstände kann sich ein Missverhältnis zwischen dem myokardialem Sauerstoffbedarf und dem aktuellen Sauerstoffangebot entwickeln. Patienten mit Hypertonie, koronarer Herzkrankheit und chronischen Lungenkrankheiten sind am ehesten dazu geneigt (18).

Daher ist das Routinemonitoring mit EKG, Pulsoxymetrie und nichtinvasiver Blutdruckmessung obligatorisch. Die transkutane Messung des Kohlendioxidpartialdrucks ist geeignet, um eine Hypoventilation anzuzeigen. Wie bereits dargestellt wurde, können Phasen von Apnoe oder Hypoventilation nicht mit der Pulsoxymetrie erfasst werden. Die Sauerstoffinsufflation mit einer pharyngealen Sonde ist effektiver als die transnasale Zufuhr von Sauerstoff (18). Über spezielle doppelläufige Pharyngealtuben kann das $etCO_2$ unter Spontanatmung registriert werden und gleichzeitig Sauerstoff insuffliert werden. Neidhart et al. (44) haben den Gebrauch einer solchen technischen Einrichtung 2000 publiziert, ein industriell gefertigtes Produkt ist unter dem Namen Conell™ Airway (Tyco Healthcare, Malinckrodt) registriert. Die Sedierungstiefe wird in idealer Weise alle 3 Minuten nach der

Ramsey-Skala eingeschätzt (18). Der bronchoskopierende Arzt ist objektiv nicht dazu befähigt, den klinischen Zustand des Patienten während der Untersuchung zu beurteilen, die Überwachung soll durch erfahrenes medizinisches Personal erfolgen. Matot & Kramer aus Israel halten fest, dass dies üblicherweise in der Verantwortung von Diplompflegepersonal mit spezieller Erfahrung und Übung liegen wird (18). Der Aufenthalt im Anschluss an die Prozedur in einer Überwachungseinheit soll wenigstens 30–60 min betragen (18).

Bronchoskopische Wachintubation

Die bronchoskopische Intubation wird heute als Standardverfahren angesehen, falls ein „schwieriger Atemweg" vorhersehbar ist. Üblicherweise bleibt der Patient während der Sicherung des Atemweges kommunikationsfähig, seine Eigenatmung ist in der Regel kontinuierlich erhalten (45). Auf diese Weise ist es möglich, bei einem geplanten Eingriff auf „halbem Wege umzukehren", wenn die Positionierung des Endotrachealtubus nicht gelingt, ohne dass der Patient in eine vitale Bedrohung gerät. Ehe diese Methode etabliert war, konnten die Anästhesisten mit größerer Wahrscheinlichkeit als heute in eine Situation kommen, die mit *can´t ventilate – can´t intubate* bezeichnet wird. Die Einschätzung des Atemweges wird im Kapitel „Patientenauswahl und -vorbereitung" dargestellt.

Die Qualität und der Erfolg der bronchoskopischen Intubation ist von der Erfahrung des Durchführenden und von der Vorbereitung des Patienten abhängig (46). Es existieren verschiedene Empfehlungen für die Sedierung. Das erste Ziel ist die Sicherheit des Patienten, daher muss der Arzt für diese Technik die bestmöglichen Bedingungen vorfinden. Das zweite Ziel ist der Komfort des Patienten, im idealen Fall werden mit ein und demselben Sedierungsverfahren beide Ziele erreicht. Das „Wesen" der verwendeten Pharmaka ist nicht das alleinige Kriterium oder der Schlüssel zum Erfolg. Meistens werden Anästhesisten, Intensivmediziner und Notfallmediziner eine bronchoskopische Intubation durchführen. Von dieser Population wäre unbedingt zu erwarten, dass sie die Eigenschaften der von ihnen verwendeten Pharmaka kennt.

Wie bei der Bronchoskopie schafft die topische Lokalanästhesie die Basis für die Tolerabilität des Eingriffs. Unter dem Druck der Zeitökonomie wird im klinischen Alltag die kritische Einwirkzeit häufig unterschritten. Dadurch wird keine Zeit gewonnen – im Gegenteil!

Vorbereitung: Eine anxiolytische Prämedikation ist sinnvoll, bei gutem Zeitmanagement kann mit Midazolam (Dormicum®) in einer Dosis von 3,75–15 mg per os prämediziert werden. Der Eingriff soll 30 Minuten später statt-

finden. Eine Prämedikation mit Clonidin (Catapressan®) hat viele Vorteile (siehe S. 224f.), im Rahmen der Bronchoskopie sind es die Dämpfung der kardiovaskulären Stressreaktion, die anxiolytische und antisialogische Wirkung des zentralen α_2-Agonisten. 5 Minuten vor Beginn der Intubation werden pro Nasenostium 2 Tropfen Kokain-4%-Lösung eingebracht. Kokain hat den Vorteil vasokonstriktorisch und lokalanästhetisch zu wirken. In der Literatur werden zeitweilig Bedenken wegen des Abhängigkeitspotenzials von Kokain geäußert (18), was aber in diesem Zusammenhang als übertrieben erscheint. Alternativ zu Kokain können beidseits nasal je 0,5 ml Xylometazolin (Otriven®) gefolgt von 150 mg Lidocain-Pumpspray 10% (Xylocain-Pumpspray® 10%) verabreicht werden. Danach wird streng (nach der Uhr!) 5 Minuten gewartet. Man wählt nun das geräumigere Ostium nasale externum. Fakultativ kann nun der Nasenrachenraum zunächst mit einem nasal eingeführten nasopharyngealen Airway Ch 34 geweitet werden, nach 5 Minuten folgt ein weicher Guedeltubus Ch 36. In das engere Nasenostium wird ein Nasopharyngealtubus zur Kapnographie und Sauerstoffinsufflation (4 l/min) eingeführt. Der Patient wird mit Pulsoxymetrie, EKG, NIBP und Kapnographie überwacht. Bei richtiger Lage des Nasopharyngealtubus erscheint am Monitor die typische biphasische Kapnographiekurve (44, 45).
Durchführung: Der Patient wird aufgefordert zu schlucken, damit möglichst wenig Speichel in der Mundhöhle ist. Ein Tubus (Männer 7,0, Frauen 6,5) wurde auf ein Intubationsbronchoskop aufgefädelt und mit einem Pflasterstreifen am oberen Ende des Geräts fixiert. Unter Sedierung (s.u.) wird das Endoskop unter Sicht durch das weiterlumige Nasenostium eingeführt, bis die Glottis sichtbar wird. Bei Sichtbarwerden der Stimmritzen wird mit dem Vorschieben des Endoskops innegehalten, eine Hilfsperson injiziert durch den Arbeitskanal des Endoskops 2 ml Lidocain 2%. Der Patient wird bei diesem Schritt möglicherweise husten. Man wartet 3 Minuten und positioniert in dieser Zeit die Spitze der Fiberoptik vor dem Additus laryngis, ohne sie vorzuschieben. Nach 3 Minuten passiert man den Larynx und bringt die Spitze des Endoskops im oberen Drittel der Trachea, im subglottischen Raum zur Ruhe, ohne die Trachealwand zu berühren. Neuerlich werden 2 ml Lidocain 4% durch den Arbeitskanal des Geräts injiziert. Man wartet wieder 3 Minuten bewegungslos. In dieser Zeit hat man Gelegenheit, die Trachea an der Bifurkation zu verifizieren und sich zu orientieren (Pars membranacea = kraniokaudal längsgerichtet und dorsal). Danach muss man sehr darauf achten, das Bronchoskop in derselben Position zu halten (man wäre geneigt, das Endoskop mit dem Tubus *mit*zuschieben, weil man im nächsten Schritt so sehr auf das Vorschieben des Tubus konzentriert ist! Dadurch würde die Spitze der Optik aber mit Sicherheit die Schleimhaut des Atemweges an einem tieferen Punkt berühren und heftiges Husten auslö-

sen). Man hält also das Endoskop unbeweglich und fädelt den Tubus mit einer angedeutet drehenden Bewegung durch die Nase. Dieser Punkt wäre ein Umkehrpunkt, wenn der Tubus für die Nase zu groß wäre. Der heikelste Punkt ist die Passage des Larynx, da dabei die größte Stimulusintensität besteht und sich der Tubus an der vorderen Kommissur „einhaken" kann. Ist dies der Fall, zieht man ihn zurück und dreht ihn um ca. 45–90%, um einen erneuten Versuch zu unternehmen. Der Tonus der oropharyngealen Muskulatur bleibt während des ganzen Manövers erhalten, dadurch bleibt der Oropharynx ein „Raum", in dem man sich orientieren kann. Geht der Tonus der Oropharyngealmuskulatur verloren und der obere Atemweg obstruiert, so wird nicht nur die Eigenatmung des Patienten insuffizient, sondern auch der Raum geht verloren, der für eine endoskopische Orientierung Voraussetzung ist. In diesem Fall ist es hilfreich, wenn eine Hilfsperson den Esmarch-Handgriff anwendet und den Unterkiefer maximal vorzieht. Auch bei Schwierigkeiten bei der laryngealen Passage des aufgefädelten Tubus kann der Handgriff sehr unterstützend sein.

Sedierung zur bronchoskopischen Wachintubation

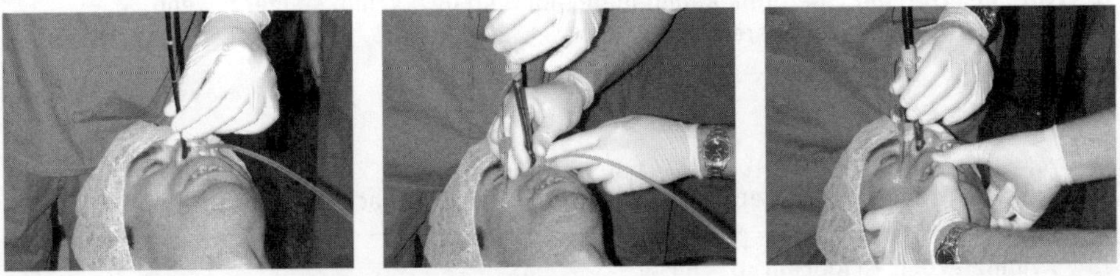

Abb. 2–4: Bronchoskopische Wachintubation

Tab. 8: Sedierung mit Midazolam und Fentanyl (alle Pharmaka i.v.)

1.	25 µg Fentanyl (0,5 ml) kurz vor Eintropfen des Nasenostiums
2.	1 mg Midazolam 5 min später
3.	weitere 25 µg Fentanyl vor Einsetzen des Oropharyngealtubus
4.	bei Zeichen von Angst: 0,5 mg Midazolam
5.	bei Anzeichen von Schmerz/Irritation: Fentanyl 25 µg

Kein Nachdosieren von Fentanyl oder Midazolam, ehe nicht 5 min seit der letzten Gabe abgewartet worden sind.

Tab. 9: Sedierung mit Midazolam und Alfentanil (alle Pharmaka i.v.)

1. 250 µg Alfentanil (0,5 ml) kurz vor Eintropfen des Nasenostiums
2. 1 mg Midazolam 2 min später
3. weitere 250 µg Alfentanil vor Einsetzen des Oropharyngealtubus
4. bei Zeichen von Angst: 0,5 mg Midazolam
5. bei Anzeichen von Schmerz/Irritation: Alfentanil 250 µg

   Kein Nachdosieren von Midazolam, ehe nicht 5 min seit der letzten Gabe abgewartet worden sind, kein Nachdosieren von Alfentanil, ehe nicht 1 min seit der letzten Gabe abgewartet worden ist. Alfentanil sehr langsam injizieren.

Tab. 10: Sedierung mit Remifentanil (nach Puchner et al., 46)

1. Patienten monitieren, Sauerstoff 4 l/min
2. Remifentanil 0,1 µg/kg/min via Perfusorspritze
3. Xylometazolin + Lidocain 4% nasal
4. Einsetzen des Nasopharyngealtubus
5. Remifentanil auf 0,25 µg/kg/min steigern
6. vor Einsetzen der Fiberoptik Remifentanil auf 0,50 µg/kg/min steigern, wenn 0,25 µg/kg/min nicht ausreichen

Tab. 11: Sedierung mit Remifentanil und Propofol (nach Neidhart et al., 45)

1. Xylometazolin + Lidocain 10% nasal
2. Patienten monitieren, Sauerstoff 4 l/min
3. Remifentanil 0,05 µg/kg/min + Propofol 2 mg/kg/h
4. bei Zeichen der Ermüdung (Lidschluss, Schläfrigkeit): Beginn der Intubation (ca. nach 6 min)
5. bei Zeichen der Abwehr (Husten, RR- oder HF-Anstieg um 20% gegenüber Ausgangswert): Steigerung von Remifentanil um 0,5 µg/kg/min
6. bei Zeichen zu tiefer Sedierung (Verlust des verbalen Kontakts, Bradypnoe < 8/min, Atempausen > 15 s): Remifentanil stoppen oder reduzieren

Diskussion der verschiedenen Sedierungsmodalitäten: Die zurzeit gebräuchlichsten Pharmaka zur fiberoptischen Wachintubation sind Fentanyl und Midazolam (47). Die verwendeten Dosen von Midazolam sind zum Teil exzessiv (46). Die Wahrscheinlichkeit einer zu tiefen Sedierung folgt aus der zu raschen Nachdosierung der Pharmaka oder der primären Verwendung zu hoher Dosen. Der Vorteil von Midazolam ist die Amnesie, ein Effekt, welcher schon bei geringer Besetzung der BZD-Rezeptoren, also im unteren Dosisbereich auftritt. Fentanyl ist unter den kurz wirksamen Opioiden jenes, das am schlechtesten steuerbar ist. Kaum jemand wird in der klinischen Situation 5 Minuten abwarten, ehe er Fentanyl repetiert. Die Opioiddosen, die notwendig sind, um bei der Wachintubation eine ausreichende Antinozizeption zu erwirken, unterliegen einer erheblichen interindividuellen Streuung. Aus Sicherheitsgründen beginnt man im niedrigen Dosisbereich und „titriert hinauf". Das würde aber beim langsamen Fentanyl viel Zeit in Anspruch nehmen.

Alfentanil erreicht bereits 1 Minute nach intravenöser Gabe sein Wirkmaximum, steht aber wegen seiner Neigung eine Thoraxrigidität hervorzurufen in schlechtem Ansehen. Die Potenz von Alfentanil erreicht nur 1/2–1/6 derer des Fentanyl, die atemdepressive Wirkung und antitussive Wirkung verhält sich zu Fentanyl wie 1/13. Dem Vorteil einer höheren Sicherheit bzgl. Erhalten der Eigenatmung steht also der Nachteil einer geringeren Reizdämpfung gegenüber. Alfentanil wirkt stärker kreislaufdepressiv als Fentanyl. Remifentanil ist in dieser Indikation sicher das Opioid, das sich am besten eignet, da die nozizeptive Intensität sehr stark wechselt und hohe Spitzen erreicht. Es ist hervorragend steuerbar. Puchner et al. (46) haben Remifentanil als Monosubstanz zur fiberoptischen Wachintubation verwendet. Da keine Synergieeffekte mit anderen Sedativa unter einer Remifentanil-Monosedierung auftreten, sind höhere Plasmakonzentrationen notwendig. Die Autoren weisen darauf hin, dass es bei einer Flussrate von 0,25 µg/kg/min nur eine Frage der Zeit ist, bis die Atemfrequenz fällt bzw. eine Apnoephase eintritt. Remifentanil als Monosubstanz hat aber eine nur gering sedierende Wirkung und die Patienten bleiben in der Lage, einer Aufforderung zu atmen Folge zu leisten (Kommandoatmung). Husten oder Kreislaufreaktionen sind in diesem Dosisbereich von Remifentanil praktisch nicht mehr zu beobachten (46). Verglichen mit einer Midazolam-Fentanyl-Sedierung erscheinen die mit Remifentanil analgesierten Patienten wacher, benötigen aber mehr verbale Führung in ihrer Atemtätigkeit, die Sedierungstiefe der Fentanyl-Midazolam-Gruppe scheint augenscheinlich intensiver zu sein, wurde jedoch nicht quantifiziert (46). Unter alleiniger Remifentanil-Sedierung besteht für den Vorgang der Intubation (vor allem für den Beginn) eher eine Erinnerung (46), als wenn mit Midazolam kombiniert wird. Wilhelm et al. (48) haben eine Monoanalgesie mit Remifentanil 0,25 µg/kg/min an 50 Frauen für die IVF untersucht und konnten danach bei allen Patientinnen eine vollständige Erinnerung an den Eingriff feststellen. Neidhart et al. (45) überprüften eine Kombination von Remifentanil und Propofol. Die Kombination der Substanzen macht naturgemäß eine Dosisreduktion des Remifentanil erforderlich. Propofol findet auch bolusartig in Dosen von 5–20 mg zur Wachintubation Verwendung. Das Auftreten von Apnoen wird sich bei bolusartiger Gabe von Propofol erhöhen. Von der kombinierten bolusartigen Verabreichung von Remifentanil-Propofol muss dringlich abgeraten werden. Bei 6 von 40 Patienten im untersuchten Kollektiv trat in der Beobachtung von Neidhart et al. eine Hypoventilation auf, die mit Hilfe der Kapnographie rechtzeitig erkannt werden konnte, so dass kein Patient hypoxisch oder hyperkapnisch wurde (45). Wenn Propofol in einer Dosis von 1,5–3 mg/kg/h zugeführt wird, stellt sich eine Sedierung ohne signifikante Reduktion des Atemminutenvolumens ein (49). In der kombinierten Anwendung von Propofol und Remifentanil in den o.g. Dosen trat die be-

Merke *Gastroenterologie*

- *Bei Gefahr der Aspiration: kein Lidocain zur Schleimhautanästhesie des Rachens und keine Sedoanalgesie! → Aspirationsgefahr → Allgemeinnarkose + Crush-Intubation.*
- *Bei allen Endoskopien: Sauerstoffinsufflation 3–4 Liter/Minute + Pulsoxymetrie.*
- *Das empfohlene Sedativum ist Midazolam.*
- *Die Midazolam-Dosis soll so gering wie möglich gehalten werden.*
- *Der Untersucher verabreicht keine Sedativa, die Sedierung wird von einer Person durchgeführt, die nicht unmittelbar an der Untersuchung beteiligt ist.*
- *Der Untersucher unterschätzt den Patientendiskomfort.*
- *Traditionelle Vorbereitungen sind zu überdenken (Anticholinergika, ...).*

Merke *Bronchoskopie*

- *Die Grundlage der Toleranz für den Eingriff wird durch die topische Anästhesie gelegt.*
- *Schmerz steht im Vordergrund der unangenehmen Empfindungen.*
- *Der Bereich zwischen Unter- und Übersedierung ist schmal.*
- *Der typische Patient trägt durch seine Grunderkrankungen ein hohes Risiko.*
- *Der Untersucher unterschätzt den Patientendiskomfort.*
- *Ein Ventilationsmonitoring ist nützlich, wird Remifentanil verwendet, dann ist es zwingend, da die Wahrscheinlichkeit für Bradypnoe/Apnoe hoch ist.*
- *Traditionelle Vorbereitungen sind zu überdenken (Anticholinergika, ...).*

ginnende Schläfrigkeit mit zunehmendem Lidschluss im Mittel nach 5,6 ± 1,45 min ein (45). Bei 29 von 40 Patienten konnte die primär eingestellte Remifentanilrate beibehalten werden, bei 5 musste sie auf 0,1 µg/kg/min erhöht werden. Husten wurde in 87% der Fälle als fehlend oder leicht klassifiziert. Die Pharmakokinetik von Propofol würde nahelegen, eher mit einer höheren Dosis zu beginnen und diese dann zu reduzieren. Eine target-controlled infusion (TCI-Diprifusor™) in Kombination mit Remifentanil wurde bisher noch nicht untersucht. Eine Kombination von Remifentanil mit niedrig dosiertem Midazolam (1–2 mg) wäre ebenso ein interessantes Konzept. Die Remifentanildosis müsste um 75% reduziert werden, der Vorteil wäre die Anxiolyse und Amnesie durch Midazolam.

Literatur

1 Lazzaroni M. Preparation, premedication and surveillance. *Endoscopy* 2001; 33: 103–8
2 Eckhart VF, Kanzler G, Schmitt T et al. Complications and adverse effects of colonoscopy with selective sedation. *Gastrointest Endosc* 1999; 560–5
3 Arrowsmith JB, Gerstmann BB, Fleischer DE et al. Results from the American Society for Gastrointestinal Endoscopy/U.S. Food and Drug Administration collaborative study on complication rates and drug use during gastrointestinal endoscopy. *Gastrointest Endosc* 1991; 37: 421–7
4 Quine MA, Bell GD, McCloy RF et al. Prospective audit of upper gastrointestinal endoscopy in two regions of England: Safety, staffing, and sedation methods. *Gut* 1995; 36: 462–7
5 Ryan SM. Conscious Sedation for endoscopy. In: Wiener-Kronish JP, Gropper MA. *Conscious Sedation.* 2001; Hanley & Belfus Inc. Philadelphia
6 Sorbi D, Gostout CJ, Henry J et al. Unsedated small-caliber esophagogastroduodenoscopy (EGD) versus conventional EGD: A comparative study. *Gastroenterology* 1999; 117: 1301–7
7 Bell GD. Premedication, preparation and surveillance. *Endoscopy* 2002; 34: 2–12
8 Soma Y, Saito H, Kishibe T et al. Evaluation of topical pharyngeal anesthesia for upper endoscopy, including factors associated with patient tolerance. *Gastrointest Endosc* 2001; 53: 14-18
9 Isenberg G. Topical anesthesia: to use or not to use – that is the question. *Gastrointest Endosc* 2001; 53: 130–3
10 McCloy RF. Gastroenterology. In: Whitwam JG, McCloy RF. *Principles and Practice of Sedation.* 1998; Blackwell Science Oxford
11 Schneider-Bandura M, Vormann Th, Fischer M et al. Fear of outpatient gastroscopy. Influences and consequences for anxiolytic premedication. *Münch Med Wschr* 1993; 135: 35–41 (zit. in (10))
12 Royal College of Surgeons of England. *Report of the working party on guidelines for sedation by non-anaesthetists.* 1993; Commission on the Provision of Surgical Services, London
13 Schwertner C, Mayr M, Leistert H et al. Risks but no benefits of a midazolam-fentanyl combination as premedication for ERCP. *Gastroenterology* 1996; 110 (suppl.): A38

14 Hedenbro JL, Frederiksen SG, Lindblom A. Anticholinergic medication in diagnostic endoscopy of the upper gastrointestinal tract. *Endoscopy* 1991; 23: 199–202

15 Farrell RJ, Noonan N, Mahmud N et al. Potential impact of magnetic resonance cholangiopancreatography on endoscopic retrograde cholangiopancreatography workload and complication rate in patients referred because of abdominal pain. *Endoscopy* 2001; 33: 668–75

16 Laluna L, Allen ML, DiMarino jr. AJ. The comparison of midazolam and topical lidocaine spray versus the combination of midazolam, meperidine and topical lidocaine spray to sedate patients for upper endoscopy. *Gastrointest Endosc* 2001; 53: 289–93

17 Willie RT, Barnett JL, Chey WD et al. Routine droperidol premedication improves sedation for ERCP. *Gastrointest Endosc* 2000; 51: 365–8

18 Matot I, Kramer MR. Sedation in outpatient bronchoscopy (review). *Respir Med* 2000; 94: 1145–53

19 Hatton MQF, Allen MB, Vathenen AS et al. Does sedation help in fibre-optic bronchoscopy? *BMJ* 1994; 309: 1206–7

20 Asao T, Mochiki E, Suzuki H et al. An easy method for the intraluminal administration of peppermint oil before colonoscopy and its effectiveness in reducing colonic spasm. *Gastrointest Endosc* 2001; 53: 172–7

21 Wehrmann T, Schmidt T, Stergiou N et al. Topical application of nitrates onto the papilla of Vater: manometric and clinical studies. *Endoscopy* 2001; 33: 323–8

22 Shah SG, Brooker JC, Thapar C et al. Patient pain during colonoscopy: an analysis using real-time magnetic endoscope imaging. *Endoscopy* 2002; 34: 435–40

23 Vargo JJ, Zuccaro G, Dumot JA et al. Gastroenterologist-administered propofol for therapeutic upper endoscopy with graphic assessment of respiratory activity: a case series. *Gastrointest Endosc* 2000; 52: 250–5

24 Shaoul R, Wolff R, Seligmann H et al. Symptoms of hyperphosphatemia, hypocalcaemia, and hypomagnesiemia in an adolescent after oral administration of sodium phosphate in preparation for colonoscopy. *Gastrointest Endosc* 2001; 53: 650–2 (zit. in (7))

25 Schroppel B, Segerer S, Kreuneke C et al. Hyponatriemic encephalopathy after preparation for colonoscopy *Gastrointest Endosc* 2001; 53: 527–9 (zit. In (7))

26 Luck A, Pearson S, Maddern G et al. Effects of video information on precolonoscopy anxiety and knowledge: a randomised trial. *Lancet* 1999; 354: 2032–5

27 Cohen J, Haber GB, Dorais JA et al. A randomized, double blind study of the use of droperidol for Conscious Sedation during therapeutic endoscopy in difficult to sedate patients. *Endosc* 2000; 51: 546–51

28 Wehrmann T, Kokabpick S, Lembcke B et al. Efficacy and safety of intravenous propofol sedation during routine ERCP: a prospective, controlled study. *Gastrointest Endosc* 1999; 49: 677–83

29 Palakanis KC, DeNobile JW, Sweeney WB et al. Effect of music on state anxiety in patients undergoing flexible sigmoidoscopy. *Dis Colon Rectum* 1994; 37: 478–81

30 Stermer E, Gaitini L, Yudashkin M et al. Patient controlled ananlgesia for Conscious Sedation during colonoscopy: a randomised controlled study. *Gastointest Endosc* 2000; 51: 278–81

31 Poi PJ, Chuah SY, Srinivas P et al. Common fears of patients undergoing bronchoscopy. *Eur Respir J* 1998; 11(5): 1147–9

32 Whitwam JG, Chakrabarti MK, Ravussin PR. Airways and bronchoscopy. In: Whitwam JG, McCloy RF. *Principles and Practice of Sedation.* 1998; Blackwell Science Oxford

33 Kleemann PP. die fiberoptische Intubation: Ausbildung und Technik. *Anaesthesiol Intensivmed Notfallmed Schmerzther* 1995; 30: 141–5

34 Milman N, Laub M, Munch EP et al. Serum concentrations of lignocaine and its metabolite monoethylglycinexylidide during fiber-optic bronchoscopy on local anesthesia. *Respir Med* 1998; 92: 40–3
35 Simpson FG, Arnold AG, Purvis A et al. Postal survey of bronchoscopic practice by physicians in the United Kingdom. *Thorax* 1986; 41: 311–7 (zit. in (18))
36 Kramer MR, Bublil M. Bronchoscopies in Israel: a national survey. *Harefua* 1998; 134: 373–5 (zit. in (18))
37 Maltais F, Laberge F, Laviolette M. A randomised, double-blind, placebo-controlled study of lorazepam as a premedication for bronchoscopy. *Chest* 1996; 109: 1195–8
38 Makker H, Kishen R, O´Driscoll R. Atropin as premediaction or bronchoscopy. *Lancet* 1995; 345: 724-5
39 Cowl CT, Prakash UB, Kruger BR. The role of anticholinergics in bronchoscopy. A randomised clinical trial. *Chest* 2000; 118: 188–92
40 Putinati S, Ballerin L, Corbetta L et al. Patient satisfaction with Conscious Sedation for bronchoscopy. *Chest* 1999; 115: 1437–40
41 Williams TJ, Brook T, Ward C. The role of atropine premedication in fibre-optic bronchoscopy using intravenous midazolam sedation. *Chest* 1998; 113: 1394-8
42 Williams TJ, Bowie PE. Midazolam sedation to produce complete amnesia for bronchoscopy: 2 years experience at a district general hospital. *Respir Med* 1999; 93: 361–5
43 Tsunekuza Y, Sato H, Tsukioka T et al. The role of codeinphosphat premedication in fiber-optic bronchoscopy under insufficient local anesthesia and midazolam sedation. *Respir Med* 1999; 93: 413–15
44 Neidhart G, Kovács AF, Bremerich DH, Kessler P. Remifentanil/Propofol zur bronchoskopischen Wachintubation unter Kapnographiekontrolle. Kasuistik. *Anaesthesist* 2000; 49: 523–6
45 Neidhart G, Bremerich DH, Kessler P. Bronchoskopische Wachintubation in Remifentanil-Propofol-Sedierung. *Anaesthesist* 2001; 50: 242–7
46 Puchner W, Egger P, Pühringer F et al. Evaluation of remifentanil as single drug for awake fiberoptic intubation. *Acta Anaesthesiol Scand* 2002; 46: 350–4
47 Reed AP. Preparation for intubation of the awake patient. *Mt Sinai J Med* 1995; 62: 13–16
48 Wilhelm W, Fleser R, Grüneß V et al. Infusionsanalgesie mit Remifentanil: Ein neues Verfahren zur Schmerzausschaltung bei transvaginaler Follikelpunktion vor In-vitro-Fertilisation. *Anaesthesist* 1999; 48: 698–704
49 Stoelting RK. Pharmacology and physiology in anesthetic practice, 3rd ed. 1999; Lippincott-Raven, Philadelphia New York
50 Milman N, Munch EP, Faurschou P et al. Fiberoptic bronchoscopy in local anesthesia. Indications, results and complications in 1,323 examinations. *Acta Endoscopica* 1993; 23: 151–62
51 Covino BG. Toxicity and systemic effects of local anesthetic agents. In: Strichartz GR, ed. Local Anesthetics, Handbook of experimental Pharmacology, 1986; 81: 187–212
52 Raymondos K, Panning B, Bachem I et al. Evaluation of endoscopic retrograde cholangiography under Conscious Sedation and general anesthesia. *Endoscopy* 2002 Sep; 34(9): 721–6
53 Jung M, Hofmann C, Kiesslich R et al. Improved sedation in diagnostic and therapeutic ERCP: propofol is an alternative to midazolam. *Endoscopy* 2000 Mar; 32(3): 264-8
54 Etzkorn KP, Diab F, Brown RD et al. Endoscopic retrograde cholangiopancreatography under general anesthesia: indications and results. *Gastrointest Endosc* 1998 May; 47(5): 363–7

Radiologie

D. Weixler

computertomografie

um mich der glatte kunststofftunnel
beim verschieben der ringe
legte der röntgenarzt
in halshöhe
rasiermesserscharfe zähne frei
JOHANNES WOLFGANG PAUL

Die Sedierung in den Bereichen der Radiologie bringt einige besondere Umstände mit sich.

Die Beleuchtung orientiert sich an den Erfordernissen der Untersuchung oder des Eingriffs, meist herrscht Dunkelheit, die Beobachtung des Patienten ist eingeschränkt möglich. Darüber hinaus sind Patient und Monitoring häufig von der überwachenden Person räumlich getrennt. Die Patienten werden speziell gelagert, der Zugang zu ihnen ist sehr beschränkt möglich. Einigen Patienten wird es aufgrund ihrer Konstitution nicht möglich sein, die gewünschte Lagerung einzunehmen oder über längere Zeit beizubehalten (z. B. Kopftieflagerung bei Adipositas und COPD). Es ist von außerordentlicher Wichtigkeit, diese Patienten vor den Untersuchungen zu identifizieren. Wenn jedoch Ärzte die Patienten zu Untersuchungen zuweisen, die nicht über das Wesen der Untersuchung informiert sind, und der radiologisch-technische Dienst die Untersuchung durchführt, ohne vorher einen Arzt zu konsultieren, sind die Bedingungen für eine Komplikation hergestellt. Nur große Institutionen entsprechen hinsichtlich der technischen Sicherheitseinrichtungen den Anforderungen (zentrale Gasversorgung, Vakuumanschluss, Narkosemaschinen, Crashcarts, Aufwachzone mit technischer Überwachung durch EKG, Pulsoxymetrie, NIBP). Diese Umstände machen Geräte- und Patiententransporte erforderlich, welche die Sicherheit reduzieren.

Einige Untersuchungen erfordern eine kontinuierliche Kooperation des Patienten, um technisch einwandfrei durchgeführt werden zu können und zu einem Ergebnis mit Aussagekraft zu gelangen. Von den Patienten wird etwa verlangt werden, bewegungslos in einer Position zu verharren oder nach Aufforderung Atemmanöver durchzuführen. Neuroradiologisch-interventionelle Verfahren sind von einer ungestörten Kommunikation und einem erhaltenen Sensorium abhängig (z. B. Angabe einer Wurzelirritation bei der perkutanen Lasernukleotomie). Sedierungsaufgaben für die Magnetresonanz-Tomographie (MRI) erfordern ein spezielles technisches Monitoring im elektromagnetischen Feld, da es sonst durch die Bewegung ferromagnetischer Materialien zu schweren Verletzungen des Patienten kommen kann. Viele Patienten erhalten **Kontrastmittel** (**KM**) intravenös, allergische Reaktionen kommen in den USA bei 5–8% aller Anwendungen vor (4). Dort werden jedoch aus Kostengründen ionische Kontrastmittel verwendet, während in Mitteleuropa heute durchwegs nichtionische Kontrastmittel in Gebrauch sind. Dennoch sollen alle Medikamente zur Behandlung einer Typ-I-Reaktion sofort griffbereit sein. Jeder, der mit Kontrastmitteln arbeitet, muss wissen, wie man einen KM-Zwischenfall behandelt. Patienten, die in der Anamnese angeben, allergisch auf Jodid, Schalentiere oder Meeresfrüchte zu reagieren, haben ein erhöhtes Risiko, auf die Gabe von jodhältigen KM unerwünschte Reaktionen zu zeigen. Intravenös verabreichtes KM kann Übelkeit, Schüttelfrost oder eine Bewusstseinsstörung auslösen. Diese Veränderungen sind auf eine transiente Veränderung der Serumosmolarität zurückzuführen. Kontrastmittel ist hyperton/hyperosmolar (1400–1500 mOsm/l). Die normale Serumosmolarität beträgt ca. 300 mOsm/l. Nach der Injektion des KM folgt eine kurze Phase von Hypertension mit erhöhten Füllungsdrucken am Herzen. Bei Beginn des Eliminationsprozesses kommt es nach 15 Minuten zu einer Äquilibration mit der Extrazellulärflüssigkeit, die mit einem kurzfristigen Ansteigen der Diurese einhergeht. Wird Kontrastmittel mit reduzierter Osmolarität verwendet, so sinkt die Inzidenz der beschriebenen unerwünschten Wirkungen.

Tab. 1: Nichtinvasive und invasive radiologische Techniken

nichtinvasiv	invasiv
Sonographie	sonographisch gezielte Punktionen, Drainagen etc.
CT	CT-gezielte Punktionen, Nervenwurzelblockaden, Sympathikolyse, Neurolyse etc.
MRI	MR-gezielte Interventionen
Durchleuchtung	Angiographie, Embolisation, Angioplastie etc.

Indikation für radiologische Verfahren

Viele Radiologen kritisieren, dass die Zuweisungen fachfremder Kollegen zu radiologischen Techniken häufig nicht mit den Indikationen der jeweiligen Methode korrelieren. Häufig wird eine gezielte Fragestellung vermisst. Routineuntersuchungen sind grundsätzlich abzulehnen. Die Anzahl der Untersuchungen hat einen Einfluss auf die Qualität der Ergebnisse (Spezifität,

Sensitivität). Viele Untersuchungen werden keine therapeutische Konsequenz haben. Gewisse Fragestellungen lassen sich mit alternativen Methoden beantworten, die für den Patienten weniger belastend sind. Wird z. B. ein zweijähriges Kind mit „Verdacht auf Appendizitis" zum Abdomen-CT zugewiesen, so wird ein Sedierungsverfahren notwendig sein, um einen Befund mit Aussagekraft zu erhalten. Für die Sonographie des Abdomens ist auch bei Kindern selten eine pharmakologische Sedierung notwendig (10). Hier wäre es nach Frush et al. (10) die Aufgabe des Radiologen, eine Empfehlung an den zuweisenden Kollegen zu geben, welche Methode die beste Option ist, nicht nur an der Aussagekraft des Befundes gemessen, sondern auch an den damit verbundenen Risken (Strahlenbelastung, KM-Belastung, Sedierungsrisiko, Kosten etc.). Es obliegt dem Radiologen festzustellen, welches radiologische Verfahren in Abwägung aller Einflussfaktoren die beste Wahl ist (10).

Magnetresonanz-Tomographie (MRI) und Sicherheit

Das Hauptrisiko bei Arbeiten in starken Magnetfeldern ist die Gefährdung von Patient, Personal und Ausrüstung durch die Wirkung des Magneten auf metallische Gegenstände. Sämtliche ferromagnetischen Metallgegenstände, vom Kugelschreiber über Gasflaschen bis zum magnetischen Barcode von Kreditkarten, sind der Wirkung des Magneten unterworfen (Beschleunigung in Richtung des Magneten). Patienten und Personal müssen sämtliche Gegenstände aus ferromagnetischem Material zurücklassen, ehe sie den MR-Untersuchungsraum betreten. Die zentrale Frage bei der Arbeit am Patienten im Magnetfeld ist, wo man das technische Inventar platziert (1): Entweder man positioniert es außerhalb des magnetischen Feldes oder innerhalb. Wenn man es innerhalb platziert, dann darf es keine ferromagnetischen Komponenten beinhalten. Man sollte nur auf Inventar zugreifen, das technisch überprüft und als MRI-tauglich befunden worden ist. Die meisten Geräte zum technischen Monitoring im MR sind aus Aluminium, nichtleitendem Stahl, leitendem Kunststoff oder Fiberglastechnologie fabriziert (5). Hat die Untersuchung einmal begonnen, darf man das Narkosegerät nicht mehr bewegen, da sonst die Homogenität des Magnetfelds infolge der Bewegung einer großen metallischen Masse reduziert werden kann (1). Werden die Gerätschaften außerhalb des Magnetfelds aufgestellt, so sind lange Sauerstoffschläuche, Saugerschläuche und Elektroden erforderlich. Die Anwesenheit eines Anästhesisten und einer weiteren fachlich ausgebildeten Person (Assistent, Anästhesiepflege etc.) ist während der Untersuchung eines kritisch Kranken notwendig (1). Für den Fall, dass eine kardiopulmonale Reanimation notwendig wird, muss der Patient aus dem Magnetfeld geborgen werden. Defibrillatoren müssen in sicherer Entfernung vom Magneten positioniert werden. Es wurde eine Fehlfunktion eines Defibrillators beschrieben, der am Rande des Magnetfelds stand (2). Auch die Batterien von Metall-Laryngoskopen unterliegen dem Einfluss des elektromagnetischen Feldes: Es wird empfohlen, in der MRI-Einheit Plastik-Laryngoskope mit 3V-Lithium-Batterien bereitzuhalten.

EKG: Nach dem Faraday'schen Gesetz wird durch die Bewegung eines leitenden Körpers in einem Magnetfeld eine elektrische Spannung induziert. Diese Spannung ist maximal, wenn die Bewegung in einem Winkel von 90° zum Feld ausgeführt wird. Der Blutfluss im Arcus aortae bewirkt aus diesem Grund im EKG Veränderungen an den Ableitungen I, II, V_1 und V_2. Es können EKG-Bilder wie bei Perikarditis oder Hyperkaliämie entstehen (1).

Tab. 2: Richtlinien für das Anlegen der EKG-Elektroden im MR
(nach Dimick et al., 3)

1.	Vermeiden von Schlaufenbildung an den Kabeln
2.	Positionieren der Elektroden so nah wie möglich am Zentrum des Magnetfeldes
3.	Extremitätenelektroden in einer Ebene und nahe zueinander positionieren
4.	Am wenigsten Artefakte gibt es an V_5 und V_6, da diese bei den meisten Menschen nahe an der QRS-Achse liegen.

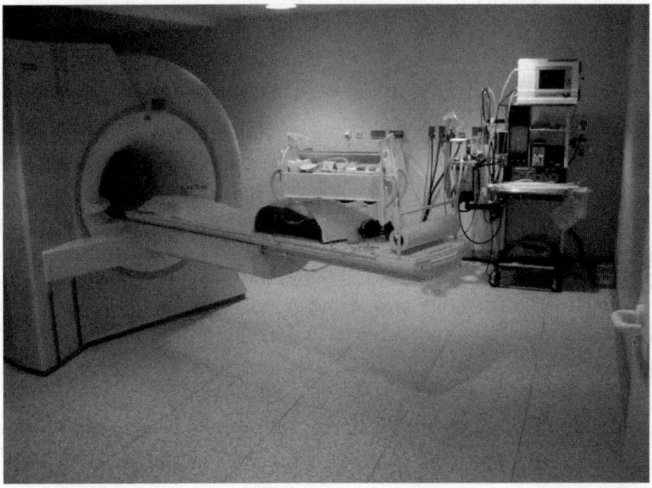

Abb. 1: Magnetresonanz-Tomograph und Anästhesieeinheit

Pulsoxymetrie: Ein verwertbares pulsoxymetrisches Signal ist mit den konventionellen Geräten kaum zu detektieren. Die Industrie hat mittlerweile

MRI-taugliche Instrumente auf Basis der Fiberglastechnologie konstruiert. Für die Untersuchung von Kindern müssen Pulsoxymeter in geeigneten Größen vorhanden sein.

Blutdruckmanschetten: Manschetten mit Metallhaken-Verschluss sind durch solche mit Klettverschluss zu ersetzen, die Schlauchsysteme für die oszillometrische Messung müssen lang genug sein.

Patienten mit Herzschrittmachern: Veränderungen der Feldstärke im MRI können an den Konnektionsstellen des Schrittmachers einen Stromfluss induzieren, der zu Kammerflimmern führen kann (1). Für den Fall, dass ein Patient mit Herzschrittmacher zu einer MR-Untersuchung kommen soll, wird empfohlen, einen Experten für Schrittmacher zuzuziehen. Bis auf dessen Widerruf gilt: *MR-Untersuchungen an Schrittmacherpatienten sind kontraindiziert!*

Andere riskante Implantate: Chirurgische Metallclips, Cochlea- und Stapesimplantate, implantierbare Insulinpumpen, Schmerzpumpen und Spinal-

Tab. 3: Empfehlungen zur Verhinderung von Brandverletzungen bei Patienten durch technische Überwachung der Vitalfunktionen bei MRI-Untersuchungen (nach Shellock, 6)

1. Ausschließliches Verwenden von Überwachungseräten, die für MR-Untersuchungen überprüft und zugelassen sind und welche mit dem MR-System kompatibel sind, Einhalten der Sicherheitsbestimmungen gemäß Anwenderprotokoll.
2. Nur Personen, welche eine entsprechende Einschulung an den Geräten unter den besonderen Bedingungen im MR erhalten haben, dürfen mit den Geräten hantieren.
3. Vor Anlegen der Kabel ist zu überprüfen, ob die Isolierung intakt ist (Bruch-, Knickstellen etc.?)
4. Entfernen aller leitfähigen Materialien, die im Magnetfeld sein werden und nicht unbedingt erforderlich sind.
5. Schutz des Patienten vor direktem Kontakt mit allen leitfähigen Materialen, die unbedingt im Magnetfeld verbleiben müssen, entweder durch thermische oder elektrische Abschirmung zwischen dem entsprechenden Material und dem Patienten (z. B. Kabel unter die Lagerungspölster, Schaumstoff zwischen Haut und Kabel etc.).
6. Verhindern von Schlingenbildung der Kabel innerhalb und außerhalb des Magnetfeldes (Schlingen können O-, S-, und U-Form haben!).
7. Verhindern von Kabelkreuzungen inner- und außerhalb des Magnetfeldes.
8. Vermeiden, dass ein Kabel das Gerät oder den Patienten mehr als 1x berührt.
9. Vermeiden, dass zwischen Magnet und Haut des Patienten ein direkter Kontakt besteht.
10. Leitende Kabel nicht über ein Metallimplantat positionieren.
11. Entfernen jedes Monitors, der während einer Untersuchung nicht ordnungsgemäß funktioniert.
12. MR-Untersuchung sofort unterbrechen, wenn der Patient Wärme oder Hitze empfindet.

Cord-Stimulationsgeräte sind Ausschlussgründe für eine MR-Untersuchung.
Fremdkörper: Leitende Fremdkörper in den Körpergeweben können im Magnetfeld zu einer Bewegung angeregt werden; ein besonderes Risiko stellen metallische Fremdkörper im Auge (Glaskörper) dar.

Die MR-Untersuchungen dauern 20–60 Minuten, in den meisten Fällen ist pro Untersuchung ein Zeitrahmen von 30 Minuten vorgesehen – inklusive Auskleiden und Lagern des Patienten und Positionierung der Spule. Der Schalldruck im Untersuchungsraum kann 95 dB überschreiten, wenn der Magnet rotiert. Während der Untersuchung kann stärkeres Schwitzen auftreten. Bewegungen des Patienten verursachen signifikante Artefakte. Wache Patienten müssen über all diese Umstände aufgeklärt werden. Die Sicht auf den Patienten ist eingeschränkt. Eine besondere Herausforderung sind klaustrophobische Patienten und Menschen mit Angststörungen (s.u.). Neuere Geräte haben ein besseres Platzangebot für den Patienten. Das typische Kollektiv von Patienten, die eine MR-Untersuchung erhalten, kann wie folgt beschrieben werden:

Tab. 4: Beschreibung der typischen Population für MRI-Untersuchungen (nach Shellock et al., 6)

1.	Patienten, die physisch oder psychisch in einem instabilen Zustand sind
2.	Patienten, deren normale physiologische Funktionen in irgendeiner Weise kompromittiert sind
3.	Patienten, die eingeschränkt bis nicht kommunikationsfähig sind
4.	Neonaten und Kleinkinder
5.	sedierte und narkotisierte Patienten
6.	Patienten, die einer MR-gezielten Intervention bedürfen
7.	Patienten, an denen eine MR-gezielte Intervention mit experimentellen MR-Systemen durchgeführt wird (z. B. EPI-Systeme, MR-Systeme mit statischen Magnetfeldstärken über 2 Tesla etc.)
8.	Patienten, die Reaktionen auf MR-Kontrastmittel haben

Computertomographie (CT)

Untersuchungen und Eingriffe im CT dauern zwischen 5 und 40 Minuten. Es ist erforderlich, dass die Patienten bewegungslos verharren, damit eine artefaktfreie Darstellung der untersuchten Regionen möglich ist. Viele Erwachsene tolerieren eine CT-Untersuchung ohne Sedierung. Notfalluntersuchungen nach Traumen oder bei Bewusstseinsstörungen unklarer Genese können für den Radiologen oder den zugezogenen Anästhesisten eine Herausforderung sein. Die Patienten sind als nicht nüchtern zu betrachten, sind eingeschränkt zur Kommunikation befähigt und befolgen daher Anweisungen nicht mit der erforderlichen Konsequenz. Raumforderungen des ZNS (Blutungen, Tumoren, Entzündungen, Hirnödem etc.) führen zu einem erhöhten intrakraniellen Druck, die Inzidenz von Erbrechen im CT ist aus diesem Grund hoch. Zusätzliche Faktoren, welche die Wahrscheinlichkeit von Emesis erhöhen, sind die Flachlagerung und die i.v.-Anwendung von Kontrastmittel. Die Inzidenz von Erbrechen kann bei Traumapatienten durch eine Prophylaxe mit Metoclopramid (Paspertin®) auf 1/6 reduziert werden (14). Die Koordination des Schluckreflexes ist bei Raumforderungen meistens gestört, die Fähigkeit den Atemweg selbständig freizuhalten ist häufig gefährdet. 65% der Menschen, die über 72 Jahre alt sind, haben auch ohne zusätzliche Erkrankung eine laryngeale Dysfunktion (7). Anästhesisten werden immer wieder in die CT-Einheit gerufen, weil bei einem Notfallpatienten die Anfertigung der Aufnahmen infolge Unruhe unmöglich ist. Die Erwartung an den *Sedationist* lautet: *„Immobilisieren Sie meinen Patienten mit Sedativa! [Rasch!]“*. Der Eingriff ist ungeplant, der Patient unbekannt. Daher lautet die Faustregel:

Herrschen die geringsten Bedenken, dass der Atemweg während der Untersuchung freigehalten werden kann, so ist eine ***Intubationsnarkose*** *und nicht eine Sedierung unter Spontanatmung das Verfahren der Wahl.*

Wird der Patient sediert und der *Sedationist* zieht sich aus Strahlenschutzgründen aus dem CT-Raum zurück, so ist die weitere Beobachtung der Atmung meist nicht mehr in dem erforderlichen Ausmaß möglich. Während der Untersuchung können für den Beobachter Kopf und Hals für lange Phasen unsichtbar werden. Ein Abfall der Sauerstoffsättigung kann Minuten nach einem Ereignis erfolgen und wird gerne zunächst als Artefakt interpretiert (da ja die meisten Alarme Artefakte sind), das Zubehör zur Intubation ist nicht vorbereitet. Es herrschen Bedingungen, die das Eintreten einer Katastrophe begünstigen und die im Grunde vermeidbar sind. Agieren ist daher sicherer als Reagieren.
Für elektive Untersuchungen an Erwachsenen ist eine Immobilisierung im CT meistens nicht notwendig. Für besondere Fälle wäre eine Sedierung in 2 Schritten denkbar (s.u.).

Sedierung in der Radiologie

Die Voraussetzungen, die für eine Sedierung in anderen medizinischen Bereichen herrschen sollen, sind auch für die Radiologie zweckmäßig. Cowling & Adam (8) weisen im Sinne der Empfehlungen des Royal College of Radiologists (9) darauf hin, dass

1. ein Mitarbeiter, der Sedierungsaufgaben im Bereich der Radiologie übernimmt, eine entsprechende **Qualifikation** in der Überwachung von Effekten sedierender Pharmaka aufweisen muss,
2. dass die Tätigkeit und Überwachung der Sedierung seine **einzige Aufgabe** in der aktuellen diagnostischen oder therapeutischen Sitzung ist,
3. dass ihm geeignetes **Inventar** zur Durchführung seiner Tätigkeit zur Verfügung stehen muss, damit er die von ihm erwartete Aufgabe erfüllen kann (Pulsoxymetrie, EKG, nichtinvasiver Blutdruck, Sauerstoffanschluss, Absaugung etc.)*

Midazolam ist in der Radiologie das gebräuchlichste Pharmakon für Sedierungszwecke, die Dosierung richtet sich nach der Reaktion des Patienten, sie erfolgt in Titrationsschritten.

1–5 mg Kumulativdosis sind für die meisten Patienten ausreichend, das Eintreten des Effekts nach einem Bolus muss mindestens 3 Minuten abgewartet werden (8). Diazepam wird immer seltener verwendet. Flumazenil muss jederzeit griffbereit sein, im Bedarfsfall werden 0,2 mg über 30 Sekunden injiziert (8).

Für die Analgesie bei den Eingriffen wird häufig Lokalanästhesie (Lidocain) verwendet. Wenn die Lokalanästhesie nicht ausreicht, kann ein Opioid (Fentanyl) injiziert werden.

Kombiniert man Midazolam und Fentanyl, so ist mit dem Opioid in einer Dosis von 25 µg zu beginnen, weitere Dosen werden nach Bedarf injiziert. Für die meisten Patienten reichen insgesamt 25–50 µg Fentanyl (8). Die Wahl der Sedierungstechnik richtet sich nach dem Allgemeinzustand des Patienten, der Schmerzhaftigkeit und der Dauer der Prozedur (8).

Die Angioplastie ist ein Eingriff mit geringerer Schmerzintensität. Perkutane transhepatische Eingriffe an den Gallenwegen und die Nephrostomie haben eine große Schmerzintensität, die stärksten nozizeptiven Stimuli sind mit der Dilatation von biliären Strukturen assoziiert (8). Vor der Dilatation verabreicht man am besten einen Bolus von 25 µg Fentanyl. Die meisten radiologisch-interventionellen Prozeduren erfolgen in einem Zeitrahmen von

*Die Erfordernisse an das technische, instrumentelle und pharmakologische Inventar sind im Kapitel „Sicherheit und Komfort“ dargestellt. Siehe auch die entsprechenden Stellen im Kapitel „Kinder“.

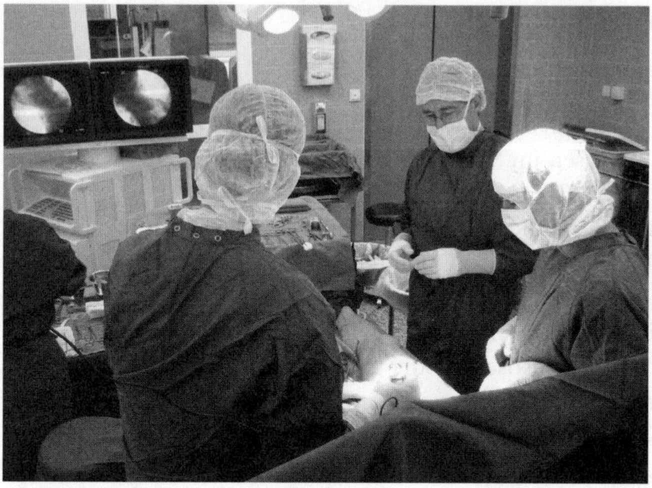

Abb. 2: Intraoperative Angiographie

30–45 Minuten, häufig genügt die einmalige Verabreichung einer Bolusdosis am Beginn des Eingriffs.
Längerdauernde Operationen umfassen das perkutane biliäre Stenting, die perkutane Laser-Nukleotomie und die Hochfrequenz-Thermo-Ablation von Lebermetastasen (8).
Pharmakologische Sedierung kann einen Patienten gefährden. Es ist aber nichts gewonnen, wenn man versucht, eine Sedierung zu vermeiden, und das radiologische Verfahren ergebnislos bleibt (10).

Sedierung von Kindern für radiologische Techniken (MRI, CT)

Der Bedarf an MR-Untersuchungen hat zugenommen (16). Die Wartezeiten für eine Untersuchung in Narkose haben sich in Großbritannien bis auf 9 Monate ausgedehnt, das Hauptproblem in der Planung der Scans ist die Versagerquote von 15% (16). Ein einfaches Sedierungsverfahren für Kinder gibt es nicht. Nach Cowling (8) ist für die interventionellen Techniken an Kindern eine einfache Sedierung meist unangemessen, sie benötigen in den meisten Fällen eine Allgemeinanästhesie. Sury et al. (16) sagen aus, dass MR-Scans bei Kindern nur machbar sind, wenn sie schlafen, während es Cowan (12) durchaus als üblich empfindet, die Kooperation von Kindern ab 5 Jahren durch einen kindgemäßen Zugang zu gewinnen. Wenn die „Einwilligung" der Kinder zugesagt worden ist, seien sie auch ohne Sedierung zu untersuchen. Withwam (17) lenkt ein, dass auch ältere Kinder bei längeren Eingriffen immer wieder unruhig werden und ihre Kooperation abreißt, weil *sie* festlegen, wie weit ihre Geduld reicht. Äußerungen wie *„ich will jetzt zur Mama"* oder *„ich muss aufs Klo"* sind nicht ungewöhnlich. „Vollständige Bewegungslosigkeit" kann unter einem Sedierungsverfahren nie garantiert werden, d.h. nicht mit 100% Wahrscheinlichkeit vorausgesagt werden. Eine retrospektive Analyse aus dem Jahr 2001 legt den Verdacht nahe, dass bei der Intention, pharmakologisch eine vollständige Bewegungslosigkeit zu erreichen, die Rate an Komplikationen durch unvorhersehbare Sedierungstiefe (→ Übergang in Allgemeinnarkose) ungebührlich ansteigt (31). Um diesem Dilemma beizukommen, haben Sury et al. (16) ein kostengünstiges und effektives Sedierungsprogramm für planbare Untersuchungen vorgestellt (s.u.).

Die radiologische Diagnostik im nichtelektiven Szenario hat andere Bedingungen: In einer Übersichtsarbeit über die Sedierung von Kindern für radiologische Verfahren bei Notfällen aus dem Jahr 1997 halten Frush & Bisset (10) fest:

Ein Facharzt mit Kompetenz in Atemwegssicherung ist bereits vor dem Transport zu konsultieren, wenn ein Aspirationsrisiko oder hämodynamische Instabilität herrscht. Die Radiologieeinheit ist nie der geeignete Ort, um klinisch manifeste Probleme zu behandeln.

Der Kreislauf sollte bereits vor dem Transport in den Diagnostikbereich stabilisiert worden sein. Die Wirkung sedierender Pharmaka kann durch die zugrunde liegende Erkrankung, Dehydratation, gestörte Organfunktionen (Leber, Niere) sowie durch Angst, Schmerz und Agitation verändert sein. Die Grundkrankheit hat einen Einfluss auf die Psyche und das Verhalten der Kinder. Es ist zu bedenken, dass eine Veränderung des Sensoriums nicht nur durch die Effekte sedierender Medikamente, sondern durch eine Dynamik der zugrunde liegenden Störung erfolgen kann (Schock, Hirndrucksteigerung, Sepsis etc.).

Bei Notfällen wird die Anamnese zuerst lückenhaft sein. Auch wenn gar keine Zeit zu sein scheint, kann man mit wenigen Fragen sehr weit kommen (1. Muss das Kind Medikamente einnehmen? 2. War es schon einmal schwer krank? 3. Wurde es schon operiert? 4. Sind Allergien bekannt?). In Akutfällen ist eine Sedierung auf oralem Wege selten indiziert, meistens wird die i.v.-Route zu bevorzugen sein (10).

Wird ein Sedierungsverfahren angestrebt, so muss man sich von der Erwartung befreien, dass sie in jedem Fall erfolgreich sein wird. Die Erfolgsrate bei elektiven radiologischen Verfahren bei Kindern liegt bei 94-98% (10, 16). Die Versagerquote ist der Preis, den man bezahlen muss, um im Sicherheitsrahmen zu bleiben: Es werden Medikamente mit großer therapeutischer Breite in niedrigen Dosen eingesetzt. Ein Abweichen von den empfohlenen Dosen sollte vermieden werden (16).

Midazolam (0,02–0,05 mg/kg i.v. langsam titrierend) wird als erfolgreiches Sedativum bei Kindern angegeben, allerdings sind für länger dauernde bildgebende Verfahren (> 20–30 min) Nachdosierungen notwendig. Die Wahrscheinlichkeit einer Atemdepression bzw. Apnoe ist abhängig von der Dosis und der Injektionsgeschwindigkeit. Rasche intravenöse Injektion ist auch mit Hypotension assoziiert. Da Midazolam keine direkte analgetische Wirkung hat, ist in der interventionellen Radiologie eine Kombination mit **Fentanyl** (1 µg/kg über 5 min i.v., maximale Dosis 4 µg/kg) sinnvoll. Juckreiz im Gesicht ist eine typische unerwünschte Wirkung von Fentanyl. Frush et al. (10) erwähnen in ihrer Übersicht auch **Propofol** zur Sedierung von Kindern für MR-Imaging. Sie zitieren eine Arbeit von Bloomfield et al. (11) aus dem Jahr 1993, in der die Autoren an Kindern über 2 Jahren Pentobarbital mit Propofol zur Sedierung für MR-Untersuchungen verglichen. Die Autoren untersuchten an 31 Kindern eine Propofolsedierung, die mit 2 mg/kg (+ supplementären 1 mg/kg) eingeleitet und mit einer Infusion von 6 mg/kg aufrechterhalten wurde. 3 von 31 Kindern entwickelten unter diesem Regime einen signifikante Abfall der Sauerstoffsättigung. Es erscheint unangemessen, aus dieser Arbeit eine generalisierbare Empfehlung abzuleiten; tatsächlich gibt es bisher nur wenige Arbeiten über Propofol in dieser Anwendung. Eine Erhaltungsdosis von 6 mg/kg unter Spontanatmung im MR zu wählen, erfordert Mut zum Risiko. Frush et al. (10) treffen jedenfalls auf diesen Grundlagen basierend die Aussage, dass 10% aller Kinder (n = 3!) im MR durch Propofol einen signifikanten Abfall der Sauerstoffsättigung erleiden. **Chloralhydrat** (50–100 mg/kg oral oder rektal) wird als sehr erfolgreiches und sicheres Sedativum für die Bildgebung bei Kindern dargestellt (10). Der beste Effekt ist bei Kindern unter 2 Jahren zu erwarten. Das Hauptproblem einer Sedierung mit Chloralhydrat liegt darin, dass der Wirkbeginn sehr variabel ist. Gesetzt, man sei seriös, könnte man lediglich in Aussicht stellen, dass es nach Verabreichung „innerhalb einer Stunde" wirken wird. Die häufigsten unerwünschten Wirkung sind Magenirritation und Erbrechen, sie treten in 7% der Anwendungen auf. Daher ist Chloralhydrat bei unsicherer Nüchternheit oder bei Atemwegserkrankungen problematisch. Verwendet man Chloralhydrat, so muss man absolut sicher gehen, dass institutsinterne Entlassungskriterien erfüllt werden. In der Literatur sind mehrere Todesfälle nach Chloralhydrat beschrieben worden (Dosierungsfehler, mangelnde Überwachung, Resedierung auf der Heimfahrt etc.) (29).

Frush et al. (10) weisen darauf hin, dass es nicht unbedingt zwingend ist, unkooperative Kinder tief zu sedieren. Bei ängstlichen älteren Kindern kann eine Anxiolyse mit Benzodiazepinen zu erfolgreicher Bildgebung führen. Wenn ein Kind Schmerzen hat, wird es auch unter der Wirkung von Anxio-

lytika unruhig sein. Eine adäquate Analgesie kann beruhigend wirken. Wenn möglich, sollte die Anwesenheit der Eltern unterstützt werden.
F. M. Cowan (12) aus Großbritannien hat über 1000 Kinder im MR elektiv untersucht, alle entweder in natürlichem Schlaf oder mit Chloralhydrat-Sedierung. Sein Patientenkollektiv umfasst sehr unreife Frühgeborene, kritisch kranke beatmete Neugeborene wie auch ältere Kinder mit neurologischen und neuromuskulären Erkrankungen oder Lungenerkrankungen. Cowan hält fest, dass es sehr wichtig ist, die Eltern über die Indikation und Dauer der Untersuchung aufzuklären, im Weiteren über das Wesen der Sedierung und die Dauer des Klinikaufenthalts.
Für die Eltern ist die Durchführung einer MR-Untersuchung ein besorgniserregendes Ereignis, weil dem Ergebnis mit Angst entgegengesehen wird und sie die Kinder in völlig verändertem Zustand in einer fremdartigen Umgebung, in einer Maschine liegend, erleben müssen. Im Rahmen der Voruntersuchung wird das Augenmerk des Arztes auf das Vorliegen einer Obstruktion der oberen Atemwege, auf krankhafte Veränderungen der unteren Atemwege und auf Zeichen von Muskelschwäche gelenkt. Atmung, Herzkreislaufsystem, Stoffwechsel, neuromuskuläres System und die psychomotorische Entwicklung werden untersucht.

Tab. 5: Pädiatrische Ausschlusskriterien für eine MR-Untersuchung bei Kindern (nach Cowan, 12)

Fieber
Verkühlung, die so ausgeprägt ist, dass sie zu Schläfrigkeit oder Appetitlosigkeit führt
Giemen, pfeifendes Atemgeräusch – akut
Metallimplantate (Clips, Schrittmacher, Ohrimplantate etc.)

Kinder mit chronischen Atemwegserkrankungen werden dann untersucht, wenn sie in der bestmöglichen Verfassung sind. Laut Cowan haben Kinder mit neuromuskulären Erkrankungen nie Probleme gemacht, sie erhalten nur ca. ¾ der üblichen Chloralhydrat-Dosis.
Schwierig zu sedieren seien Kinder unter antikonvulsiver Medikation, mit psychomotorischer Retardierung und Kinder mit dem AD/HD-Syndrom, bei diesen ist es sinnvoll, von vornherein eine Allgemeinanästhesie zu planen. Sury (30) ist der Ansicht, dass auch Kinder über 30 kg mit Verhaltensstörungen und Patienten, bei denen schon einmal ein Sedierungsverfahren fehlgeschlagen hat, nicht für eine Sedierung zum MR geeignet sind.

Vor der Untersuchung müssen Ohrringe, Haarspangen und dgl. entfernt werden, es muss darauf geachtet werden, dass die Kleidung, die am Körper verbleibt, kein Metall enthält.

Das Monitoring während des Scans besteht aus EKG und Pulsoxymetrie, ein Venenzugang wird nicht routinemäßig angelegt, außer es wird die Gabe eines Kontrastmittels erwartet. Sauerstoff, Sauger, Intubationsgerätschaften etc. sind *im MR-Raum*. Die Beobachtung des Kindes kann durch erfahrenes, ausgebildetes Kinderpflegepersonal erfolgen (12). Während der Prozedur ist nur gelegentlich die Zufuhr von Sauerstoff notwendig. Kinder, die schnarchen, eine bronchopulmonale Dysplasie oder eine ausgeprägte Muskelhypotonie haben, brauchen am ehesten Sauerstoff.

Kinder **bis zu einem Lebensalter von 6 Wochen** werden in natürlichem Schlaf nach einer Mahlzeit untersucht, das erfordert die Koordination von Scan-Termin und Fütterungszeiten.

Organisatorisch ist es günstiger, einen „Kindertag" im MR zu planen, als zu versuchen, die Kinder an einem hektischen Betriebstag unterzubringen.

Die Säuglinge werden in ein Baumwolltuch gewickelt und in Seitenlagerung hingelegt, der Kopf wird leicht extendiert auf ein Vakuumpolster gelagert. Vorteile des Vakuumpolsters sind Fixierung, Thermoisolation und Lärmschutz. Das Kind wird mit einer leichten Decke zugedeckt, nachdem das Monitoring angebracht worden ist. Wenn das Kind nicht schläft, wird es mit Chloralhydrat sediert.

Kinder von **6 Wochen bis 6 Monaten** dürfen bis 30 Minuten vor der Untersuchung klare Flüssigkeit in einer Menge von 30–60 ml trinken (12). Frush et al. (10) halten sich an die AAPCOD-Empfehlungen*. Je leerer der Magen ist, desto rascher wirkt eine Chloralhydrat-Sedierung. Erbrechen kommt vor allem unmittelbar nach der Einnahme des Chloralhydrat vor, nicht mehr, wenn die Sedierung effektiv ist (12). Frush et al. schätzen das Aspirationsrisiko bei Kindern insgesamt sehr gering ein, in einer Arbeit über CT-Untersuchungen bei Traumakindern betrug es 4% (13). Vorausgesetzt, die Kommunikation und Kooperation mit der Bettenstation ist gut, wird Chloralhydrat 30 Minuten vor dem Scan-Termin oral oder rektal appliziert.

Kinder im Alter von **6 Monaten bis 3 Jahren** bekommen bis 2 Stunden vor der Untersuchung einen leichten Snack, es wird versucht, die Untersuchungstermin mit Ruhezeiten zu koordinieren (12). Die Sedierung wird mit Chloralhydrat versucht. Werden die Kinder in diesem Alter auf die Substanz hyperaktiv, so wird Midazolam intranasal (0,2–0,5 mg/kg) appliziert. Cowan

*Klare Flüssigkeit bis 2 Stunden vorher für jedes Lebensalter, halbfeste Nahrung (inkl. Brustmilch) bis 4 Stunden vor Untersuchung bei Kindern jünger als 6 Monate, 6 Stunden für die Kinder von 6 bis 36 Monaten und 8 Stunden für alle, die älter sind (15).

schreibt, dass „viele Kinder mit 5 Jahren unsediert gescannt werden und den Vorgang aufregend finden können, vor allem, wenn sie von jemandem begleitet werden, den sie kennen, wenn die Prozedur gut erklärt wird und wenn ihnen erlaubt wird, ihren Namen in den Computer einzugeben, und in Aussicht gestellt wird, dass sie dann ein Bild mit nach Hause nehmen dürfen" (12).

Tab. 6: Sedierung für MRI-Untersuchungen bei Kindern (nach Cowan, 12)

Alter	Art der Sedierung
0–6 Wochen	nichts oder Chloralhydrat 30–50 mg/kg
6 Wochen bis 6 Monate	Chloralhydrat 50–80 mg/kg
6 Monate bis 3 Jahre	Chloralhydrat 80–100 mg/kg (bei Misserfolg Midazolam 0,2–0,5 mg/kg intranasal)

Sury et al. (16) haben 1999 im Lancet ein Sedierungsprogramm für Kinder-MRI-Untersuchungen vorgestellt, dem ein streng durchgeplantes Konzept zugrunde liegt und das vom Pflegepersonal ausgeführt wird. Das Sedierungskonzept wurde an 1155 Kindern in 30 Monaten evaluiert, die Versagerquote lag bei 5% (61 von 1155). 24 Kinder (2%) wurden aufgrund von Kontraindikationen ausgeschlossen. Als Voraussetzung für den Erfolg und die Sicherheit wurde unmittelbar neben dem Scanner eine Überwachungseinheit eingerichtet. Die Autoren betonen die Notwendigkeit, die Sedierung in der Nähe des MR-Gerätes zu beginnen. Durch diesen Umstand entfällt die Problematik der Kommunikation mit der bettenführenden Abteilung, die Fremdabhängigkeit hinsichtlich Timing, Exaktheit der Dosierung und die der Unsicherheitsfaktoren des Patiententransports (Transportverzögerungen, Gefahren beim Transport sedierter Kinder durch ungeschultes Personal). Ausgeführt wurde das Programm von einem eigens nur für diese Aufgabe tätigen *Sedationist*, entweder einer Kinderschwester mit Erfahrung und Ausbildung im Atemwegsmanagement von Kindern oder einem Radiologen mit derselben Qualifikation. Das Protokoll umfasste zunächst ein standardisiertes Erheben von Anamnese und Status. Danach musste der *Sedationist* festlegen, ob das Kind für das Sedierungsverfahren geeignet ist.

Es ist empfehlenswert, die erhobenen Befunde (Gewicht, Größe, Atemfrequenz, Herzfrequenz, Blutdruck) mit pädiatrischen Perzentilenkurven bzw. Normwerttabellen zu vergleichen.

Nüchternheit: Die meisten Kinder der englischen Studie waren „outpatients", also keine stationär aufgenommenen Patienten, sie durften bis 3

Stunden vor der Sedierung normal essen und kleine Mengen Flüssigkeit ohne Einschränkung trinken.

Monitoring: Die kontinuierliche klinische Beobachtung wurde durch Pulsoxymeter, Kapnographie, EKG und NIBP unterstützt. Eine vollständige Reanimationsausrüstung war vorhanden. Nach dem Scan untersuchte der Sedationist, ob die Kinder die Atemwege freihalten konnten, indem er ihre Reaktion auf sanftes Zwicken in die Nase überprüfte (→ Mundöffnung?).

Komplikationen. In der Studie von Sury (16) traten keine ernsten Komplikationen von Seiten des Atemweges oder der Atmung auf. 9 von 1155 Kindern hatten eine Sauerstoffsättigung von < 90%, die niedrigste gemessene

Tab. 7: Allgemeine Kontraindikationen für Sedierung (nach Sury et al., 16)

Atemwegsprobleme
jede aktuelle oder potenzielle Obstruktion (Schnarchen, Stridor, verstopfte Nase, kleine Mandibula, große Zunge etc.)
Apnoephasen
durch Hirnschädigung oder vorangegangene Therapie
Atemwegserkrankungen
Sauerstoffsättigung < 94% unter Raumluft
respiratorische Insuffizienz (hohe Atemfrequenz, Sauerstofftherapie)
Unfähigkeit zu husten oder zu schreien
erhöhter intrakranieller Druck
Somnolenz, Kopfschmerzen, Erbrechen
Epilepsie
generalisierte Anfälle, die in den letzten 24 Stunden eine Therapie mit rektalem Diazepam erforderlich gemacht haben, oder gehäufte Notwendigkeit rektaler Diazepamgabe in den letzten 2 Wochen
Komplikation bei einer vorhergehenden Sedierung (z. B. Auslösen von Anfällen)
Reanimation bei Krampfanfall im letzten Monat
Krampfanfälle vergesellschaftet mit anderen schweren neurologischen oder neuromuskulären Erkrankungen
generalisierte Krampfanfälle mit Zyanose, häufiger als 1x/Tag
Krampfanfälle innerhalb der letzten 4 Stunden vor Untersuchung
Bewusstsein und Mobilität nach kürzlich zurückliegender Sedierung nicht vollständig wiedererlangt
Aspirationsgefahr
aufgetriebenes Abdomen, Magensonde fördert größere Mengen, Erbrechen
schwere Erkrankungen des Stoffwechsels, der Leber oder der Nieren
Volumenbedarf
Ikterus
Dialysepflichtigkeit

Tab. 8: Checklist für Sedationist

		auffällig:
Anamnese		
Alter ____________ (Wochen/Monate/Jahre)		
Art des Scans ____________		
Indikation des Scans ____________		
Erkrankungen und Syndrome (check Kontraindikationen!)		
Medikamente ____________		
Allergien ____________		❑
Reaktion auf vorangegangene Sedierung		❑
Aktuelle Erkrankung:	Atemwege	❑
	Infekt	❑
	Fieber	❑
Status		
Allgemein:	Größe ________ cm	❑
	Gewicht ________ kg	❑
	Herzfrequenz ________ /min	❑
	Atemfrequenz ________ /min	❑
	Körpertemperatur ________ Grad	❑
Atemwege:	Nasenatmung behindert	❑
	Mundöffnung ________ cm	❑
	Zunge	❑
	Unterkiefer	❑
Atmung:	Husten	❑
	Sauerstoffsättigung ________ %	❑
	Giemen	❑
Kreislauf:	Dehydratation	❑
	Blutdruck ________ mmHg	❑
Abdomen	Distension/Erbrechen/Ileus/Sonde	❑
Durchsicht vorhandener Laborbefunde		
vorhanden und unauffällig ❑	auffällig	❑
Dosis/Chloralhydrat (________ mg/kg) = ________ mg		

s_aO_2 betrug 87%. 33 Kinder erhielten kurzfristig Sauerstoff. Die meisten ambulanten Patienten konnten nach 2 Stunden nach Hause entlassen werden. Durch die Etablierung des Sedierungskonzepts reduzierte sich die Wartezeit am MR von 9 Monate auf 3 Wochen, die Anzahl der Untersuchungen wurde um ca. 20% gesteigert.

Tab. 9: Modifiziertes Birmingham-Sedierungs-Schema für MRI-Scans bei Kindern (16)

Gestationsalter < 45 Wochen	keine Sedierung, nur Fütterung
Gestationsalter > 45 Wochen und Gewicht < 5 kg	Chloralhydrat 50 mg/kg per os
Gewicht < 10 kg	Chloralhydrat 100 mg/kg
Gewicht 10–20 kg	Temazepam 1 mg/kg + Droperidol 0,25 mg/kg
Gewicht > 20 kg	Temazepam (max. 20 mg) + Droperidol (max. 5 mg)

Wenn die orale Sedierung nach 20–30 Minuten nicht effektiv ist: Diazepam bis 1 mg/kg: langsame Infusion von 30% → 60% → 100%. Wenn notwendig, Antagonisierung mit Flumazenil 10–20 µg/kg.

Die Publikation hat nachgewiesen, dass ein Sedierungsservice für MRI-Untersuchungen an Kindern durch Pflegepersonal (erfahrene Kinderschwestern)* sicher geführt werden kann.
5% der Sedierungen waren nicht erfolgreich, die Ursache dafür blieb unbekannt. Weniger erfolgreich war dieses Sedierungsprotokoll bei Kindern über 30 kg Körpergewicht, bei Kindern mit Verhaltensauffälligkeiten und bei Patienten, die unter einer Dauermedikation mit hohen Dosen von Antiepileptika standen. **Die Sedierungseffekte traten innerhalb von 30 Minuten auf, die Zeitspanne, in der ein Scan möglich war, dauerte 45 Minuten.**
Der Grad der Sedierung, der mit diesem Regime erreicht wird, kann als „tiefe Sedierung" bezeichnet werden, obwohl der Atemweg unabhängig von Assistenz bleibt. Ein Erwecken aus diesem Zustand war durch schmerzlose, aber starke Reize (Lärm, Bewegung) nicht leicht möglich (16). Die Autoren denken, dass der wichtigste Sicherheitsbeitrag zur sicheren Sedierung von Kindern im MR das **strikte Einhalten der Kontraindikationen** ist.
Ein Sedierungskonzept mit Chloralhydrat ist nur für schmerzfreie Verfahren geeignet.

Eine Alternative zur Sedierung von Kindern für die radiologische Diagnostik ist eine Kombination von **S-+-Ketamin und Midazolam.** Vorteile in dieser Indikation wären die hohe Sicherheitsbreite, die Möglichkeit auch schmerzhafte interventionelle Eingriffe in derselben Sitzung durchführen zu können, die Unabhängigkeit von einem Venenweg, die amnestische Wirkung sowie die stark immobilisierende Wirkung von Ketamin. Ein Nachteil ist die Hyperakusis, die durch Ketamin entsteht (↔ MRI).

*Zusätzliche Ausbildung: Reanimationskurs, Training in Überwachung und Atemwegsmanagement durch Anästhesisten im Kinder-OP alle 3 Monate; am Beginn der Sedierungstätigkeit Supervision.

Da bisher in der Literatur kein Fall einer klinisch signifikanten Aspiration unter Ketaminanästhesie publiziert worden ist, soll es bei Notfall-Eingriffen gegenüber anderen Substanzen bevorzugt verwendet werden (18). In dieser Indikation ist auch die sympathomimetische Wirkung der Substanz sehr erwünscht. Für den Fall, dass bei traumatisierten Kindern ein Notfall-CT (oder andere unangenehme Maßnahmen) durchgeführt werden müssen, sei folgendes Vorgehen empfohlen:

Tab. 10: Sedierungsklistier für CT-Untersuchung bei Kindern

Midazolam 0,5 mg/kg (maximal 10 mg)
S-+-Ketamin 5 mg/kg
mittels Applikator rektal

Nicht bei: Schädel-Hirn-Trauma oder bei einem Trauma, das so schwer ist, dass eine Intubation + Allgemeinanästhesie angezeigt sind.
Kontraindikationen für Ketamin: siehe Seite 181.

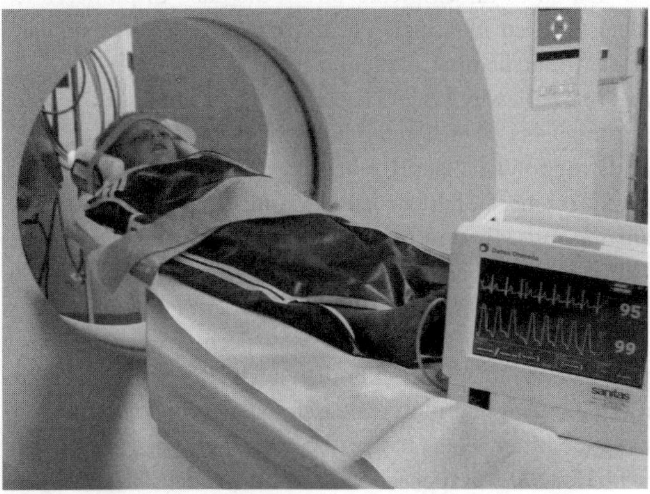

Abb. 3: Ketamin-Sedierung für CT-Untersuchung

Andere Möglichkeiten zur Sedierung von Kindern in CT und MR: siehe Kapitel „Kinder".

Wer an Kindern Sedierungsverfahren anwendet, muss gewisse personelle, apparative und logistische Voraussetzungen erfüllen. Nach den zahnärztlichen Ordinationen sind es die radiologischen Ordinationen, an denen sich die meisten Sedierungs-assoziierten schweren Komplikationen bei Kindern (mit Todesfolge oder bleibenden neurologischen Schäden) ereignen (29). Das Einhalten strenger Richtlinien wird dringend empfohlen.

Klaustrophobie und „die Röhre“

Die Unmöglichkeit oder der Abbruch von MR-Scans ist ein ernstes Problem. Diagnostische Möglichkeiten werden nicht ausgeschöpft, die betriebliche Organisation von MRI-Einheiten und -instituten wird durch dieses Phänomen bedeutsam belastet. Die Versagerquote kann bis zu 15% betragen (16). Angst und klaustrophobische Syndrome sind anerkannte und häufige Ursachen für MRI-Versager (19). Sie sind die Hauptursache dafür, dass Scans vorzeitig abgebrochen werden, 5–10% aller Untersuchungen werden aus diesen Gründen vorzeitig beendet (21). In Europa und den USA empfinden 4-37% aller Patienten geringe bis unerträgliche Angst während einer MR-Untersuchung (20, 21, 24, 25). Die Angstintensität bei MR-Untersuchungen ist mit der bei Patienten vor Operationen vergleichbar (33). Melendez (24) und Murphy (26) halten es für empfehlenswert, die dazu disponierenden Menschen vor dem Scan zu identifizieren und ein gezieltes, individuelles Management für die Untersuchung zu planen.
Kann eine Gruppe von Patienten beschrieben werden, die mit höherer Wahrscheinlichkeit klaustrophobische Symptome entwickeln wird?
Der „typische Klaustrophobiker“ ist männlich, 25–45 Jahre alt, hat ein hohes Bildungsniveau, gehört einer höheren sozioökonomischen Gruppe an (19), hat bereits Erfahrung mit MR und bekommt eine MR-Untersuchung des Gehirns (26). Obwohl Männer mit 66% deutlich überwiegen, erhalten Frauen häufiger Sedativa (23, 26). Möglicherweise äußern Frauen ihre Ängste freier und offener, und das traditionelle Geschlechterrollen-Bild mag einen Untersucher dazu veranlassen, bei Frauen auch eher Angst zu erwarten. Männer äußern ihre Ängste im Allgemeinen seltener direkt verbal. Mitunter verbergen sie ihr Inneres sehr lange, bis es dann zu einer plötzlichen und „unvorhersehbaren“ Dekompensation kommt. Bei sensibler Betrachtung sind die körperlichen Korrelate der Angst schon vorher erkennbar. Mit 6 Fragen aus dem CLQ (Claustrophobia Questionnaire nach Rachman und Taylor, 1993) ist es möglich, einen Klaustrophobiker zu identifizieren (20). Oberstein (32) hat die Daten von 21.633 Patienten durchgesehen und fand eine Korrelation zwischen der Diagnose und der Frequenz von Bewegungsartefakten. Patienten mit neurologischen Erkrankungen bedürfen am ehesten einer Sedierung.

Was empfindet der Klaustrophobiker?

Der Klaustrophobiker versucht dem Umstand, eingeschlossen, beschränkt, gebunden zu sein, zu entkommen. Die Intensität der Phobie ist als Kontinuum zu verstehen, im extremen Fall genügt bereits die Vorstellung einer Beengtheit, um einen Anfall von Angst zu provozieren. Das Gefühl des Eingeschlossenseins ist häufig mit Atemnot bis zum Erstickungsgefühl assoziiert (22). Vielfach beschränkt sich der Patient selbst, in dem er, veranlasst durch die Umstände, Vorstellungen entwickelt, die in kreativer Weise zu Horrorszenarios ausgestaltet werden („*wenn man erst mal in der Röhre liegt, gibt es kein Zurück mehr*", „*sie werden mich festbinden müssen/man wird mich festbinden*", „*ich darf mich keinen Millimeter rühren*" usw.). Das Gefühl der Unausweichlichkeit, der Unentrinnbarkeit setzt sich fest. Dieses Gefühl kann sich bis zur Gewissheit festigen, wenn der Patient in seiner Annahme bestärkt wird (Untersucher: „*Sie müssen 30 Minuten ganz ruhig liegen*"). Gefühle der Angst können sich angesichts einer Exposition bis zur Panik steigern. Die Intensität der Angst korreliert mit der Entfernung zum angstauslösenden Objekt (28). Definitionsgemäß „weiß" der Betroffene, dass seine Angst irrational ist, möglicherweise wird aber erst eine MR-Untersuchung der erste adäquat starke Reiz sein, um Symptome einer Klaustrophobie freizusetzen. Bezogen auf eine Lebenszeit hat die Klaustrophobie eine Inzidenz von 7–8% der Gesamtbevölkerung (28). Nicht alle Patienten, derentwegen eine MR-Untersuchung abgebrochen werden muss, leiden an Klaustrophobie. Die „unspezifisch" angstauslösenden Faktoren eines MR-Scans sind der Lärm, die hohe Temperatur, die Dauer der Untersuchung, die Form des Gerätes und die Notwendigkeit der Immobilität, Schmerzen, die Angst vor dem Unbekannten und die Angst vor dem Untersuchungsergebnis (25, 27). Der Lärm im Scan ist erheblich. Bei 43% der Patienten konnten nach der Untersuchung Veränderungen der Hörschwelle festgestellt werden, Tinnitus-Patienten berichten über eine Verschlechterung ihres Leidens (26).

Welchen Einfluss hat die Art des Tomographen?

Technische Entwicklungen haben einen wesentlichen Einfluss auf den Komfort der Patienten: In sog. *Open-field*-MR-Systemen bzw. interventionell konfigurierten MR-Tomographen (*open configuration interventional magnetic resonance (iMR) imaging unit*) ist die Inzidenz klaustrophobischer Symptome deutlich geringer (23, 27). In einer Studie an 50 Klaustrophobikern gelang es, die Untersuchung bei 94% der Probanden ohne medikamentöse Sedierung erfolgreich zu Ende zu führen, der verwendete Tomograph war ein GE-Signa 0,5 T SP (23). An frei stehenden Tomographen dürfte es seltener zum Auftreten von Angstsymptomen kommen als bei Geräten, die in eine Wand eingelassen sind. Moderne, schnell arbeitende und ruhigere Scanner reduzieren die Versagerquote (30).

Was kann getan werden, um eine Eskalation zu vermeiden?
Hollenhorst et al. (21) haben ihren Patienten vor dem Scan 4 mg Midazolam-Nasenspray (6 Hübe einer Lösung von Midazolam 0,5%) oder Plazebo verabreicht. In der Plazebogruppe mussten 4 Scans abgebrochen werden, in der Verum-Gruppe konnten alle Untersuchungen mit besserer technischer Qualität durchgeführt werden. Diese Arbeit ist methodisch nicht einwandfrei. Insgesamt wurden nur 45 Personen eingeschlossen*, von einem Doppelblind-Design kann nicht die Rede sein, da alle Patienten mit Verum identifizierbar waren (Midazolam brennt an der Nasenschleimhaut). Midazolam muss auch bei intranasaler Verabreichung mindestens 10 Minuten vor einer Intervention gegeben werden, ein Vorteil gegenüber einer oralen Medikation ist nicht nachvollziehbar.

Stufenplan für Angst und Klaustrophobie in der Radiologie

1. Information. Diese Maßnahme sollte allen Patienten zukommen (z. B. durch Folder, Videos, Gespräche). Personen mit hohem Klaustrophobie-Risiko sind mit dem Klaustrophobie-Questionnaire (20) identifizierbar und werden wahrscheinlich von einer Begehung des Untersuchungsraums und direkten Information profitieren. Unter diesen Bedingungen kann die Reaktion des Patienten beobachtet werden. Der Patient begegnet dem Untersucher und findet einen Menschen vor, der zu erkennen gibt, dass er seinen Interessen dienen wird.
2. Verhaltenstherapeutische Maßnahmen. Einige informative Erklärungen werden schon verhaltenstherapeutisch wirksam sein. Im Grunde hat jeder Patient das Recht, die Untersuchung jederzeit abzubrechen. Er ist *frei* dazu, *nichts kann ihn im Gerät halten.* Für manche Patienten wird es entlastend sein zu wissen, dass sie die Kontrolle behalten werden.
Man kann den Patienten angemessene Zeit vor der Untersuchung versuchen lassen, das Liegen im Tomographen zu erfahren. Dabei findet er eine Situation vor, die er vollständig kontrollieren kann. Einige atmosphärische Modalitäten verbessern den Patientenkomfort: Licht, Luft und Musik. Der Patient könnte wählen, wie stark die Beleuchtung im Gerät sein soll. Manche Geräte haben Ventilatoren, die dem Untersuchten frische, kühle Luft zuführen.
Man kann auch kalte Kompressen auf die Augen legen (26). Was immer man anbieten will – es ist von Vorteil, dem ängstlichen Patienten Möglichkeit zu lassen, seine Umwelt mitzugestalten. Damit lässt man ihm etwas Kontrolle, welche angstreduzierend wirkt (26).

*Die Autoren gehen von einer hohen Angst-Inzidenz aus (37%)!

Beim Aufklärungsgespräch kann der Patient ermuntert werden, eine Musik-CD mitzunehmen, deren Inhalt ihn beruhigt, ermutigt oder ihm *einfach gut tut* („Lieblings-CD", Naturgeräusche, hypnotische Texte etc.). Die CD wird dann – je nach Untersuchung – über den Kapselgehörschutz oder über einen Raumlautsprecher hörbar. Beim Besuch im MR oder vor der Untersuchung zeigt man dem Patienten, wie man mit ihm in ununterbrochenem akustischen Kontakt bleibt. Wenn Kinder im MR untersucht werden sollen, die zu einer Compliance reif genug erscheinen, kann die Begleitperson am Kopfende des Magneten sitzen und die Motivation aufrecht halten. Entspannungstechniken unter Einbeziehung der Atmung werden häufig mit Erfolg angewendet (26).
Echte verhaltenstherapeutische Interventionen sind bei Phobien häufig in wenigen Sitzungen erfolgreich, z. B. das Programm nach Rachman (Konfrontation mit Angst auslösenden Situationen, Konfrontation mit körperbezogenen Reaktionen, kognitive Therapie) (zit. in 28).
3. **Hypnose** ist bei Phobien sehr effektiv. Im MR könnte ein Bild imaginiert werden, das den Inhalt hat: *freies Herumschweben in einem dreidimensionalen Raum* (26).
4. **Orale Anxiolytika**

Tab. 11: Vorschläge für Sedierung für CT oder MR / Erwachsene unter 60 Jahre / elektive Prozedur

Schritt 1:	orale Prämedikation mit Benzodiazepinen in einem höheren Dosisbereich
	z. B.: 20 mg Valium® 1 Stunde vor dem Eingriff oral
	15 mg Dormicum® 20 Minuten vor dem Eingriff oral
	2 mg Rivotril® 1 Stunde vor dem Eingriff oral
	4 mg Temesta® 1 Stunde vor dem Eingriff oral
	1 mg Xanor® 1 Stunde vor dem Eingriff oral
Schritt 2:	nur wenn Schritt 1 nicht ausreicht: DHBP® titrierend i.v. (in 1,25 mg-Schritten alle 2 Minuten) Monitoring: Pulsoxymetrie, NIBP

Differentialindikation der Benzodiazepine: alle: Angst. Dormicum®: kurzer Schlafanstoß Rivotril®: Klaustrophobie, Panikattacken. Temesta®: psychotische Angst, organisches Psychosyndrom, Senium

Es wäre verführerisch, angesichts der einfachen Durchführbarkeit einer medikamentösen Anxiolyse auf die zeitlich und personell aufwendigeren Interventionen zu verzichten, die sich an den ängstlichen Menschen richten. Die verhaltenspsychologische Einwirkung kann jedoch als „sicherer" klassifiziert werden. Auch wenn man „nur" 1 Tablette Dormicum® 7,5 mg verabreicht, müsste man diese medizinische Handlung im Aufklärungsgespräch dokumentieren und auf die speziellen Risken und Sicherheitsbestimmungen einer Sedierung hinweisen. Es ist anzunehmen, dass trotz Aufklärung eine größere Anzahl von Menschen diese Instruktionen missachtet. Ambulante Patienten müssten in Begleitung einer Person kommen, welche die Verantwortung dafür tragen kann (aktive Teilnahme am Straßenverkehr 24 Stunden verboten!).

Es wäre für die Patienten mit bekannter Angstproblematik in jedem Fall sicherer, wenn sie nüchtern zum Scan kämen, da sonst der Übergang zu „Schritt 2" (der Tabelle) bei einem planbaren Verfahren aus anästhesiologischer Sicht nicht vertretbar wäre. Man könnte einen MR-Tag mit anästhesiologischem Service planen. Zu bedenken ist, dass Nüchternheit angststeigernd wirkt.

5. I.v.-Sedierung. *Conscious Sedation* oder *Deep Sedation* mit Midazolam und/oder Droperidol, je nach Differentialindikation. Ketamin ist im MR abzulehnen.

6. Allgemeinanästhesie

Es ist zu überlegen, ob es nicht sinnvoller ist, bei Patienten, die vorhersehbar „schwierig zu sedieren" sind (antiepileptische Dauermedikation, Verhaltensauffälligkeiten, Oligophrenie, Demenz, Suchtkrankheiten etc.), von vornherein eine Allgemeinanästhesie für eine MR-Untersuchung zu planen.

Cartoon: Klaus Paulitsch

Tumormarkierung vor Mammachirurgie (siehe Kapitel „Gynäkologie")

Merke

- *MRI-Untersuchungen an Patienten mit Permanent-Schrittmachern sind kontraindiziert.*
- *Ist nicht sichergestellt, dass ein Patient nüchtern ist, so ist eine Sedierung des Patienten kontraindiziert (→ Intubation/Allgemeinanästhesie).*
- *Um die Sicherheit der Patienten zu gewährleisten, werden Medikamente mit großer therapeutischer Breite in niedriger Dossierung verwendet – daher ist eine Versagerquote von 2–6% zu akzeptieren.*
- *Es gibt Kontraindikationen für Sedierung, sie sind unbedingt einzuhalten.*
- *Die organisatorische Voraussetzung für eine hohe Rate an gelungenen Sedierungsverfahren ist gutes Timing: Die Sedierung wird beim MR/CT begonnen und beendet – auf Patiententransporte soll verzichtet werden.*
- *Angst und klaustrophobische Symptome sind häufig (bis 37%) und sind die wichtigsten Ursachen für den Abbruch einer Untersuchung oder deren schlechtes technisches Ergebnis.*
- *Es ist sinnvoller, bei „schwierig zu sedierenden Patienten" von vornherein eine Algemeinanästhesie zu planen.*

Literatur

1 Nolan DM. Procedural safety. In: Whitwam JG, McCloy RF. *Principles and practice of sedation*, 2nd ed. 1998; Blackwell Science Oxford London

2 Snowdon SL. Defibrillator failure in a magnetic resonance unit. *Anesthesia* 1989; 44: 359

3 Dimick RN, Hedlund LW, Hefrens RJ et al. Electrode placement for cardiac-gated magnetic resonance imaging. *Invest Radiol* 1987; 22: 17–22

4 Fitzpatrick K, Duey M. Anesthesia outside the operating room. In: Duke J, Rosenberg SG. *Anesthesia Secrets.* 1996, 421; Mosby Philadelphia

5 Kost M. Procedural care of the patient receiving Conscious Sedation. In: Kost M. *Manual of Conscious Sedation.* 1998; WB Saunders Philadelphia

6 Shellock F, Lipczak H, Kanal E. Monitoring patients during MR procedures: a review. *Appl Radiol* 1995

7 Ekberg O, Feinberg MJ: Altered swallowing function in elderly patients without dysphagia: Radiologic findings in 56 cases. *Am J Roentgenol* 1991; 156: 1181–4

8 Cowling MG, Adam A. Interventional Radiology. In: Whitwam JG, McCloy RF. *Principles and practice of sedation*, 2nd ed. 1998; Blackwell Science Oxford London

9 Royal College of Anaesthetists and the Royal College of Radiologists. Sedation and anesthesia in radiology. Report of a joint working party. London: RCR/RCA, 192

10 Frush DP, Bisset GS III. Sedation of children for emergency imaging. *Radiologic Clinics of North America* 1997; 35: 789–97
11 Bloomfield EL, Masaryk TJ, Caplin A et al. Intravenous sedation for MR imaging of the brain and spine in children: pentobarbital versus propofol. *Radiology* 1993; 186: 9–10 (abstract)
12 Cowan FM. Sedation for magnetic resonance scanning of infants and young children. In: Whitwam JG, McCloy RF. *Principles and practice of sedation.* 2nd ed. 1998; Blackwell Science Oxford London
13 Lin-Dunham JE, Narra J, Benya EC et al. Aspiration following oral contrast administration for pediatric trauma CT-scans (abstract 46). In: 82nd scientific assembly and annual meeting, Radiological Society of North America, Chicago, Radiological Society of North America, 1996, p 137 (zit. in (10))
14 Page B, Dallara J: Metoclopramide in trauma CT scanning: Preventing emesis of oral radiographic contrast *Am J Emerg Med* 1996; 14: 373–6
15 Committee on Drugs, American Academy of Pediatrics: guidelines for monitoring and management of pediatric patients during and after sedation for diagnostic and therapeutic procedures. *Pediatrics* 1992; 89: 1110
16 Sury MR, Hatch DJ, Deeley T et al. Development of a nurse-led sedation service for paediatric magnetic resonance imaging. *Lancet* 1999; 353: 1667–71
17 Whitwam JG, McCloy RF. Techniques for Conscious Sedation. In: Whitwam JG, McCloy RF: *Principles and Practice of Sedation.* 1998; Blackwell Science Oxford
18 Krauss B, Green SM. Sedation and analgesia for procedures in children. *N Engl J Med* 2000; 342: 938–46
19 Sarji SA, Abdullah BJ, Kumar G et al. Failed magnetic resonance imaging examinations due to claustrophobia. *Australas Radiol* 1998; 42(4): 293–5
20 McIsaac HK, Thordarson DS, Shafran R et al. Claustrophobia and the magnetic resonance imaging procedure. *J Behav Med* 1998; 21(3): 255–68
21 Hollenhorst J, Munte S, Friedrich L et al. Using intranasal midazolam spray to prevent claustrophobia induced by MR imaging. *Am J Roentgenol* 2001; 176(4): 865–8
22 Harris LM, Robinson J, Menzies RG. Evidence for fear of restriction and fear of suffocation as components of claustrophobia. *Behav Res Ther* 1999; 37(2): 155–9
23 Spouse E, Gedroyc WM. MRI of the claustrophobic patient: interventionally configured magnets. *Br J Radiol* 2000; 73(866): 146–51
24 Melendez JC, McCrank E. Anxiety-related reactions associated with magnetic resonance imaging examinations. *JAMA* 1993; 11, 270(6): 745–7
25 Katz RC, Wilson L, Frazer N. Anxiety and its determinants in patients undergoing magnetic resonance imaging. *J Behav Ther Exp Psychiatry* 1994; 25(2): 131–4
26 Murphy KJ, Brunberg JA. Adult claustrophobia, anxiety and sedation in MRI. *Magn Reson Imaging* 1997; 15(1): 51–4
27 Tilier P, Leclet H, Malgouyres A et al. Psychological behaviour of patients in MRI: analysis, proposals for improvement and contribution of open magnet equipment. *J Radiol* 1997; 78(6): 433–7
28 Morschitzky H. *Angststörungen.* Diagnostik, Konzepte, Therapie, Selbsthilfe. 2. überarbeitete und erweiterte Aufl. 2002; Springer Wien New York
29 Coté CJ, Karl HW, Nottermann DA. Adverse sedation events in pediatrics: Analysis of medications used for sedation. *Pediatrics* 2000; Vol 106(4) October: 633–44
30 Sury MR. Paediatric sedation for diagnostic and therapeutic procedures. In: Whitwam JG, McCloy RF. Principles and practice of sedation. 2nd ed. 1998; Blackwell Science Oxford London

31 Dial S, Silver P, Bock K, Sagy M. Pediatric sedation for procedures titrated to a desired degree of immobility results in unpredictable depth of sedation. *Pediatr Emerg Care* 2001; Dec 17(6): 414-20

32 Oberstein A, Meves M, Bockenheimer S et al. Obstacles to the routine use of magnetic resonance imaging – results of a multicenter study evaluating nuclear resonance tomography. *Digitale Bilddiagn* 1990; 10: 10–16

33 Quirk ME, Letendre AJ, Ciottone RA et al. Anxiety in patients undergoing MR-imaging. *Radiology* 1989; 170: 463–66

Gedicht am Beginn des Kapitels: Johannes Wolfgang Paul.
In: Johannes Wolfgang Paul, Günther Wieland: Gehirnschlag. Gedichte.
Edition Thurnhof, Horn 1997

Kinder

D. Weixler

Wir singen oft Wiegenlieder
für unsere Kinder, damit wir
selbst schlafen können.
KHALIL GIBRAN

Tag für Tag werden weltweit zahllose Kinder für medizinische Eingriffe sediert, die meisten nicht von Anästhesisten (1). Die Anzahl und Komplexität der Prozeduren steigt dramatisch (2). Die Anlässe dafür sind zahnärztliche Eingriffe, Diagnostik in MRI und CT, Notfalleingriffe in der Traumatologie, interventionelle Radiologie, gastroenterologische Endoskopie und mannigfaltige diagnostische Eingriffe, welche die Kooperation oder Bewegungslosigkeit eines Kindes erfordern (Lumbalpunktion, Herzkatheter, Echokardiographie, nuklearmedizinische Diagnostik etc.). In den USA werden 80% aller anästhesiologischen/chirurgischen Prozeduren an Kindern ambulant oder tageschirurgisch abgewickelt (5). Im idealen Fall würden alle Sedierungsmaßnahmen von Kinderanästhesisten durchgeführt (1), was aber aus logistischen und organisatorischen Gründen an den wenigsten Einrichtungen der Fall sein kann. Kinderanästhesisten sind eine knappe Ressource (14). Ein Sedierungsverfahren soll effektiv und sicher sein. Gerade in der Kinderanästhesie sind diese Umstände nur unter besonderen Bedingungen zu erreichen, um fatale Ereignisse zu vermeiden. Die Voraussetzungen, welche erfüllt sein müssen, werden im Folgenden dargestellt. Sicherheit hat oberste Priorität.

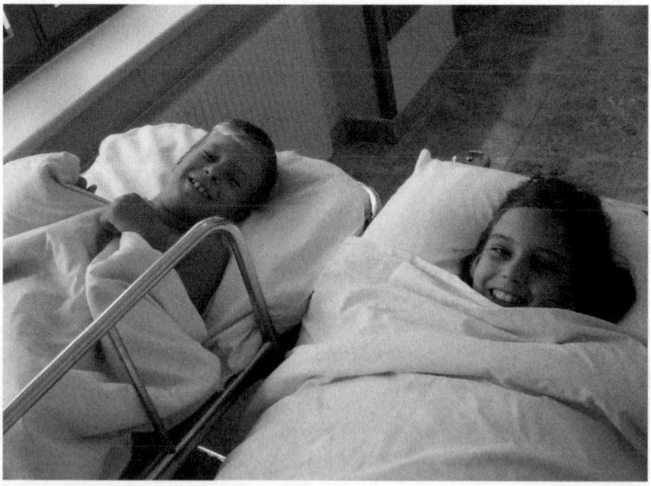

Abb. 1: Kinder nach einer Operation

Sedierung oder Allgemeinanästhesie?

Die Maßstäbe, die an dispositionsfähige Erwachsene hinsichtlich Kooperation gelegt werden, können von Kindern nicht erwartet werden. Zunächst einmal ist das Kollektiv sehr uneinheitlich. Es beginnt beim unreifen Frühgeborenen und endet mit willkürlich gesetzten Endpunkten im Kontinuum der Adoleszenz. Grundsätzlich ist rund um das 6. Lebensjahr (Schulreife), einhergehend mit der Entwicklung der Fähigkeit des Kindes, einen abstrakten Fall zu denken, mit einer vermehrten Kooperationsbereitschaft zu rechnen. Man muss das aber sehr flexibel betrachten. Die Persönlichkeit des Kindes, familiäre/soziale Umstände, situative Gegebenheiten und alle Qualitäten einer Erkrankung/eines Unfalls sind geeignet, mit der Fähigkeit zur Kooperation und Einwilligung – möglichlicherweise nur vorübergehend – zu interferieren.
Für ein Sedierungsverfahren bedeutet dies, dass in vielen Fällen nicht die „erhaltene Kommunikationsfähigkeit“ ein Sedierungsziel ist, sondern eine derartige Beeinflussung des Bewusstseinszustandes anzustreben ist, in dem Spontanbewegungen nicht mehr erfolgen *können*, schmerzhafte Stimuli nicht bewusst werden *können*, die Prozessierung des sensorischen Inputs nicht mehr erfolgen *kann*. Für Kinder müssen die Endpunkte der Sedierung im Kontinuum der Sedierungstiefe häufiger auf einem niedrigeren Niveau angesiedelt sein müssen. Kinder brauchen (häufig) tiefe Sedierung (*deep sedation*), um eine medizinische Intervention an sich zu tolerieren (1). Man kommt also näher an die Allgemeinanästhesie, Übergänge von tiefer Sedierung in Allgemeinanästhesie können mitunter rasch und unvorhersehbar erfolgen*. Die Medikamente der Anästhesie (z. B. Propofol) sind potent, kurz wirksam und gut steuerbar, haben aber eine geringe Sicherheitsbreite (therapeutischer Index). Viele Medikamente, die zur Sedierung verwendet werden (z. B. Chloralhydrat), haben eine hohe Sicherheitsbreite, sind aber schlecht steuerbar, ihre Effekte sind unvorhersehbar.
In praxi werden also „institutionelle Rezepte“ (mit Fixdosen) in einem gewissen Prozentsatz versagen (2–10%) und in einem gewissen Anteil zu (z. T. schweren) Komplikationen führen, vor allem, wenn man die Sicherheitsvorkehrungen nicht einhält.

Das **Problem der Unvereinbarkeit von Sicherheit und Effektivität von fixdosierten Sedativa an einem Kollektiv** wurde im Oktober 2002 bei der gewaltsamen Befreiung von hunderten Geiseln, die in einem Moskauer Theater gefangen gehalten worden sind, demonstriert: Durch die Wirkung der „Substanz“ blieb ein Teil des Kollektivs ohne erkennbaren Effekt, andere waren intoxikiert oder tot. Die Effekte einer Substanz, die auf das ZNS wirkt, sind für den

*Siehe Kapitel „Sedierungszustände – Sedierungseffekte“

individuellen Fall unvorhersehbar. Im Moskauer Theater dürften noch andere „pharmakokinetische" Faktoren zur Streuung der Effekte beigetragen haben. Die Verursacher dieser „Befreiungsaktion" hätten/haben diese Effekte auf ein Kollektiv vorhersehen können.
Diese Anlehnung an tagespolitische Ereignisse kann eine Problematik verdeutlichen, die 4 logische Konsequenzen hat: 1.) Man muss sich von einem „unteren" Niveau einer Pharmakonwirkung annähern, die sicher ist und eine möglichst große Effektivität hat, 2.) muss aber in Kauf nehmen, dass das Verfahren bei einem kleinen Prozentsatz nicht ausreichend effektiv ist und weitere kompetente Maßnahmen erforderlich macht, 3.) Patienten mit besonderem Risiko müssen vorher identifiziert und vom Verfahren ausgeschlossen werden, 4.) die Untergruppe, die besonders sensitiv reagiert, muss zu jedem Zeitpunkt erkannt und fachlich kompetent betreut werden.

Sicherheit

Die meisten Kinder, die in Mitteleuropa zu medizinischen Eingriffen kommen, sind gesund. Die Kinder sind einem besonderen Schutz unserer Gesellschaft unterstellt. Kinder gelten als der Inbegriff der Lebendigkeit. Verfahrensmängel in der medizinischen Betreuung von Kindern gelten als besonders schwerwiegend, die Gesellschaft erwartet bei der Betreuung von gesunden Kindern das höchste Ausmaß an Kompetenz. Viele Mediziner entwickeln unter dem Druck der Erwartungen ein Unbehagen im Umgang mit Kindern (und Müttern bzw. Familien).
Charles Coté et al. (2, 3) haben 95 schwerste Sedierungskomplikationen bei Kindern einer *Critical Incident Analysis* unterzogen, um die Faktoren kenntlich zu machen, die dazu beitragen, dass eine fatale Entwicklung gebahnt wird. Diese Arbeit ist geeignet, aus Fehlern (anderer) zu lernen, um nicht selbst in diese Fallen zu gehen. *Critical Incident Analysis* ist ein Verfahren, das ursprünglich aus der Luftfahrt stammt. Katastrophen haben nie eine einzige Ursache. Der Gebrauch des Gemeinplatzes *„Verkettung unglücklicher Umstände"* bedeutet mitunter *„es wurde außer Acht gelassen ..."*
Bei 51 von 95 Kindern der Analyse kam es durch die Umstände eines Sedierungsverfahrens zum Tod, bei 9 zu schweren bleibenden neurologischen Schäden (z. B. hypoxische Hirnschäden). Die untersuchte Population war zwischen 0,8 und 20 Jahre alt (5,7 ± 5,5), das Gewicht lag zwischen 2,5 und 75 kg (21,9 ± 17,3).

Die häufigste Ursache für Komplikationen bei der Sedierung von Kindern liegt in der Einwirkung der Sedativa auf Atemwege und Atmung. Kinder unter 6 Jahre benötigen im Allgemeinen tiefere Sedierungsstadien, damit unterstehen sie einem erhöhten Risiko für Atemwegskomplikationen (2).

→ **Pharmakonassoziierte Faktoren:** Mehrere Faktoren, die im weiteren Sinn mit dem Wesen der Pharmaka und der Art ihrer Anwendung in Zusammenhang stehen, tragen zu einer fatalen Entwicklung bei. In 44 Fällen waren Interaktionen von Pharmaka ursächlich beteiligt, wobei häufig den Anwendern nicht bewusst war, dass die Dosen der Sedativa reduziert werden müssen, wenn sie miteinander kombiniert werden (Synergismus). Mangelnde Kenntnisse der Pharmakologie war einer der häufigsten zugrunde liegenden Faktoren (z. B. hatte ein Arzt versucht, Chloralhydrat mit Naloxon zu antagonisieren). Wenn 3 oder mehr Pharmaka bei einem Patienten eingesetzt werden, dürfte es häufiger zu Komplikationen kommen. Die Wahrscheinlichkeit einer Komplikation steigt mit der Anzahl der verwendeten Sedativa. Wird Lachgas verwendet, so steigt die Rate an Komplikationen, wenn es mit anderen Substanzen kombiniert wird. Chloralhydrat bietet mehrere Möglichkeiten, um Komplikationen zu verursachen: Durch seine lange Wirkdauer kam es in 7 Fällen zum Tod am Heimtransport. Hätte man den Entlassungszeitpunkt entsprechend gewählt (→ Entlassungskriterien), so wäre mit großer Wahrscheinlichkeit der Tod der Kinder vermeidbar gewesen. Verschreibungsirrtümer (Dosisfehlberechnungen) und falsche Zubereitung durch Apotheken kommen vor, vor allem, wenn Personal involviert ist, dessen fachliche Kompetenz überfordert wird. Die adäquate und lang dauernde Überwachung der Kinder ist gefordert, wenn Pharmaka mit langer Wirkdauer (z. B. Barbiturate, Chloralhydrat, Chlorpromazin, Promethazin) verwendet werden. Ein Grund für schwere Komplikationen in Zahnarztpraxen ist die Überdosierung von Lokalanästhetika bei Kindern. 4 Kinder des Kollektivs haben die 2–3,5fache Maximaldosis von Lidocain bzw. Mepivacain erhalten. 1 Todesfall ereignete sich durch ein Fentanyl-TTS, das einem Kind im Hinblick auf eine postoperative Analgesie aufgeklebt worden ist. Überdosierung war bei 39 von 95 Fällen ein Faktor.

→ **Personalassoziierte Faktoren:** Komplikationen treten dann auf, wenn a) Personal in Eingriffe involviert ist, das durch mangelnde Fachkompetenz Komplikationen nicht erkennen kann oder b) diese Komplikationen nicht behandeln kann. Die meisten Komplikationen (80%) betreffen aus medizinischer Sicht zunächst *Oxygenierung und Ventilation.* Das in Komplikationen involvierte Personal hat diese zu spät erkannt und in der Folge nicht adäquat reagiert (z. B. versuchte eine Person die hypoxieassoziierte Bradykardie eines Kindes zuerst mit Atropin, später mit Adrenalin, zuletzt mit Naloxon zu behandeln). Durch Nichterkennen der pathophysiologischen klinischen Bedingungen und inadäquate lebensrettende Maßnahmen verliert das Kind zu viel Zeit. Ein weiterer Faktor ist c) dass der behandelnde Arzt (z. B. Zahnarzt) die Kinder aus Kostengründen selbst sediert und die Überwachungsaufgabe naturgemäß nicht erfüllen kann. Erschwerend kommt hinzu, wenn dieser Arzt auch in der technischen Überwachung Zugeständnisse macht oder keine entsprechende Kompetenz oder apparative Ausstattung zur Durchführung lebensrettender Sofortmaßnahmen hat. Einige Male wurde von Ärzten sediert, welche keine Ausbildung in Sedierung hatten und sich in der Anwendung der Sedativa bei Kindern sehr unbehaglich fühlten.

→ **Logistische Faktoren:** Die meisten Komplikationen in der Sedierung von Kindern ereignen sich außerhalb eines Krankenhauses, in der Arbeit von Coté (2) 32x bei niedergelassenen Zahnärzten, 15x in radiologischen Ordinationen, seltener in anderen Fächern (Kardiologie 5x, Onkologie 5x). In Krankenhäusern ist rascher mit kompetenter Hilfe zu rechnen. Die Hilfe in Ordinationen trifft häufig mit großer Verzögerung über das Notrufsystem (911; Europa: Notarzt) ein. In den betroffenen Praxen herrschten mitunter große organisatorische Mängel (keine kindgerechten Überwachungsmaßnahmen, keine Reanimationseinrichtungen, fehlende Flowmeter der Sauerstoffquelle etc.). Inadäquate Reanimation ist außerhalb von Krankenhäusern ein Hauptfaktor für schlechtes Outcome bei Komplikationen der Kindersedierung. Einige Ärzte, die in Personalunion sedierten und operierten, führten die Behandlung fort, obwohl sie eine Komplikation wahrgenommen hatten. In mehreren Institutionen waren keine Ruheräume für die Patienten vorhanden oder die Patienten wurden aus betrieblichen Gründen trotz zu tiefer Restsedierung zu früh entlassen (z. B. Schwester hat nur bis 17 h Dienst). Einige Komplikationen entstanden dadurch, dass fachfremdes Personal (*technician*) oder Angehörige (zu Hause!) mit der Applikation der Sedativa betraut worden waren.

→ **Patientenassoziierte Faktoren:** Bei einigen Patienten wurden zugrunde liegende Erkrankungen nicht erfasst, welche die Wahrscheinlichkeit einer Komplikation erhöhen (z. B. hyperplastische Adenoide, kongenitale Erkrankungen des ZNS), und auf diese Weise Bedingungen nicht wahrgenommen, die eine Verfahrensänderung zur Folge gehabt haben sollten. Einige Geschädigte hatten die Richtlinien zur Nüchternheit nicht befolgt bzw. sie wurden ihnen nicht mitgeteilt.

→ **Monitoring:** Nichterkennen von Komplikationen ist sehr häufig mit inadäquatem Monitoring assoziiert. Es besteht eine signifikante Korrelation zwischen der Verwendung der Pulsoxymetrie und einem guten Outcome bei Komplikationen (2).

→ **Faktoren des Gesundheitssytems:** In den USA werden in manchen Staaten die Kosten für eine Sedierung nur refundiert, wenn ein Kind entweder krank ist (> ASA 2), oder es wird von der Art der Route einer Applikation (z. B. intravenös) abhängig gemacht. Daher sind in der Arbeit von Coté gesunde Kinder eher betroffen: Das System zwingt Ärzte (die sich lassen) zu faulen Kompromissen (z. B. selbst sedieren, um Fachkraft nicht bezahlen zu müssen).

Die adäquaten Voraussetzungen an Sicherheit, die zur Sedierung von Kindern erfüllt werden müssen, wurden in anderen Kapiteln dargestellt (siehe „Patientenauswahl und -vorbereitung“, „Ängste und Prämedikation“, „Sicherheit und Komfort“. Die rezenten „Richtlinien für Sedierung durch Nichtanästhesisten“ der ASA finden sich im Anhang).

Wer die personellen, apparativen und logistischen Vorraussetzungen nicht erfüllen kann, sollte von der Sedierung von Kindern dringend Abstand nehmen:

→ ***Pharmakologie:*** *Kenntnisse der Pharmakologie der sedierenden und analgetischen Substanzen, der üblichen Dosierungen und Dosisobergrenzen (inkl. Lokalanästhetika), der Medikamenten-Interaktionen, Wirkdauer, Applikationswege, Antagonisierung, Eliminationskinetik etc. Jeder, der Sedativa/Opioide zur Sedoanalgesie für elektive Eingriffe verwendet, muss sämtliche damit assoziierten Komplikationen behandeln können. Die Sicherheit erhöhende Faktoren sind das Vorhandensein eines Venenwegs (Titration, Möglichkeit für CPR) und die Verwendung antagonisierbarer Substanzen. Die intravenöse Verabreichung von Medikamenten bietet die höchste Sicherheit und Effektivität.*
Werden Opioide und/oder Benzodiazepine verwendet, müssen Naloxon und Flumazenil jederzeit verfügbar sein.
→ ***Personal:*** *Sedierung nur durch qualifiziertes Personal, das nicht in die medizinische Prozedur involviert ist. Der Sedationist muss Kenntnisse und Erfahrung auf dem Gebiet der Überwachung von Vitalparametern von Kindern aller Altersstufen haben, Störungen erkennen und behandeln können. Seine praktischen Fähigkeiten in der Atemwegssicherung, in der Behandlung von Kreislaufkomplikationen und Bewusstseinsstörungen müssen auf dem aktuellen Stand der Wissenschaft sein und einer kontinuierlichen Übung unterstehen. Die Fähigkeit, eine kardiopulmonale Reanimation bei Kindern (PALS: pediatric advanced life support) durchführen zu können, sollte nachgewiesen und zertifiziert sein.*
→ ***Logistik:*** *Sämtliche zur kardiopulmonalen Reanimation erforderlichen Geräte und Medikamente müssen jederzeit in allen relevanten Kindergrößen verfügbar sein, unabhängig davon, an welchem Ort der Eingriff durchgeführt wird. Die Ausrüstung muss qualitativ den aktuellen Richtlinien der Fachgesellschaften entsprechen. Für eine kardiopulmonale Reanimation muss genug Raum vorhanden sein.*
Die Vorbereitung und Zufuhr der Sedativa darf nur durch qualifiziertes Personal in der medizinischen Einrichtung erfolgen. Dosisobergrenzen sind zur besseren

Orientierung festzulegen (Dosierungskärtchen nach kg Körpergewicht). Jedes Kind, das sediert wird, soll während des Eingriffs Sauerstoff erhalten. Eine zweite Sauerstoffquelle muss verfügbar sein. Spritzen oder dgl. werden exakt beschriftet, das Sedierungsverfahren (Dosis, Route, Zeitpunkt etc.), Volumsgaben, Gaben anderer Medikamente und die beobachteten Veränderungen der Vitalparameter werden genauestens protokolliert. Das Kind muss vom Zeitpunkt der Applikation der Medikamente bis zum Abklingen deren Wirkung lückenlos technisch und personell überwacht werden. Tritt während der Behandlung/Untersuchung eine Komplikation auf, so wird die Behandlung/Operation sofort unterbrochen und ggf. abgebrochen. Kommunikationseinrichtungen müssen jederzeit frei verfügbar sein, um Hilfe herbeiholen zu können. Die Temperatur in den Räumen soll auf mindestens 22 °C angehoben werden, die Kinder sind mit Decken oder anderen Wärmeeinrichtungen vor Wärmeverlusten zu schützen. Für die Patienten ist ein Erholungsbereich einzurichten, in dem sie liegen können und permanent durch qualifiziertes Personal mit entsprechendem Monitoring überwacht werden. Die Erholungseinrichtungen sollen in der Nähe der Untersuchungs-/Behandlungseinrichtung lokalisiert sein. Transporte in Sedierung sind nach Möglichkeit zu vermeiden. Die Anwesenheit der Mutter ist zu fördern. Die Dauer des Aufenthalts im postoperativen Überwachungsbereich richtet sich ausschließlich nach den medizinischen Erfordernissen. Entlassungskriterien sind festzulegen. Eine Entlassung kann dann erfolgen, wenn das Bewusstsein quantitativ nahe dem Zustand vor der Untersuchung/dem Eingriff liegt. Die Entlassung erfolgt durch einen Arzt. Falls eine Entlassung nicht möglich ist, müssen weitere Möglichkeiten einer Überwachung sichergestellt werden (stationäre Übernahme). Der verantwortungsfähigen Begleitperson werden schriftliche Instruktionen mitgegeben. Die Kinder sollen nicht allein auf dem Rücksitz eines PKW transportiert werden (wenn Rücksitz: 2. Begleitperson). Die postoperative Analgesie erfolgt niemals durch mitgegebene Opioide.

→ ***Patient:*** *Die medizinische Vorgeschichte und der Status praesens müssen erhoben worden sein, ehe ein Sedierungsverfahren durchgeführt wird. Kontraindikationen und Besonderheiten der Krankengeschichte, die eine Verfahrensänderung zur Folge hätten, sind zu beachten. Nüchternzeiten sind der Begleitperson schriftlich auszufolgen. Die Frage nach Nüchternheit muss vor Einleitung des Verfahrens erneut gestellt werden.*

→ ***Monitoring:*** *Das Monitoring während und nach Sedierung besteht aus Pulsoxymetrie, präkordialem Stethoskop, EKG, nichtinvasivem Blutdruck und wenn möglich Kapnographie.*

Kapnographie liefert die einzige verlässliche Information über die Ventilation, sie informiert über Atempausen und Bradypnoe. Kapnometrie bietet eine indirekte Information über die Sedierungstiefe. Kontinuierliche Pulsoxymetrie mit akustischer Variabilität der Tonhöhe entsprechend der aktuellen Sauerstoffsättigung ist ein absoluter Minimalstandard, unabhängig vom Applikationsweg der Sedativa. Der Monitor muss zu jedem Zeitpunkt der Anwendung für den Sedationist sichtbar sein. Das Inventar muss in kindergerechten Größen vorliegen und für die betreffende Einrichtung geeignet sein (MRI). Die Sicherheitsbestimmungen spezieller Einrichtungen sind zu berücksichtigen (MRI, Röntgen etc.). Bei Dunkelheit muss jederzeit eine Lichtquelle zur Verfügung stehen, um den Patienten inspizieren zu können (Hautfarbe etc.). Ein Temperaturmonitoring ist notwendig, wenn Eingriffe über 30 Minuten dauern oder wenn Änderungen der Körpertemperatur erwartet oder bezweckt werden. Videokameras können die Sicherheit erhöhen, wenn kein direkter Kontakt zum Kind möglich ist.

Zusammenfassung aus den Literaturzitaten 1–5, 12 und 13.

Präoperative Untersuchung

In einem angemessenen Zeitraum, also zwischen 24 Stunden und einer Woche vor einem Eingriff, soll die präprozedurale Visite stattfinden. Die erste Begegnung mit dem Kind und der Mutter (Familie) soll dem Entwicklungsalter des Kindes gerecht sein und in ruhiger Atmosphäre stattfinden*. „Wird ein Kind anästhesiert und operiert, so wird die ganze Familie anästhesiert und operiert". Dieser Satz von Charles Coté (5) skizziert die Bedeutung der präprozeduralen Visite. Eine Mutter/Familie wird ihr Kind völlig fremden Menschen anvertrauen. Das macht Bedenken, Ängste, Zweifel, mitunter Selbstvorwürfe. Immerhin sind es aggressive, schmerz- und angsterregende Umstände, denen das Kind exponiert sein wird. Erwartet werden Kompetenz, Sicherheit und ein Aufwand, der dem Kind ein möglichst atraumatisches Erlebnis beschert. Der Beziehungsaspekt der Kommunikation spielt beim Erstgespräch eine wesentliche Rolle.

Im idealen Fall wird die Familie nach dem Gespräch überzeugt sein, dass das Kind die beste anästhesiologische Versorgung bekommt, die möglich ist, und dass alles getan werden wird, um seine Sicherheit zu gewährleisten und die Zeit um den Eingriff so angenehm wie möglich zu machen.

Zu diskutieren sind Vor- und Nachteile des Verfahrens und Alternativen.

Schon ehe es zu der Begegnung mit Mutter und Kind kommt, nimmt man Einblick in alte Krankengeschichten bzw. Narkoseprotokolle, um wahrzu-

*Siehe „Patientenauswahl und -vorbereitung" und „Ängste und Prämedikation".

nehmen, ob es bei einer Intubation oder beim Anlegen des Venenweges Schwierigkeiten gegeben hat bzw. ob im Rahmen einer Narkose Atemwegsprobleme aufgetreten sind. Bei der körperlichen Untersuchung fokussiert man auf die Intubationsverhältnisse und den **Atemweg**, auch wenn primär kein invasives Verfahren geplant ist. Die kindlichen Atemwege sind eng und reagibel auf Irritation. Man betrachtet die Zähne (lockere?), den Biss (Prognathie, Progenie, Mikrognathie?), die Größe der Zunge, der Tonsillen, die Form des Gaumens. Kinder mit hyperplastischen Adenoiden haben ein typisches Aussehen (Facies adenoidea): Sie atmen durch den fortwährend offenen Mund, die Stimme ist nasal. Die Mutter wird über häufigen Schnupfen, Mittelohrentzündungen und Schnarchen des Kindes berichten. Adipöse Kinder können schwierige Intubationsbedingungen bieten, vor allem, wenn die Erkrankung Hals und Nacken involviert. Man überprüft die Beweglichkeit des Halses. Kinder mit juveniler rheumatoider Arthritis können infolge eingeschränkter Halsbeweglichkeit Schwierigkeiten bei einer Intubation machen. Die Auskultation der Lunge ist in erster Linie dazu da, um eine bestehende **Obstruktion** zu erkennen. Hört man Giemen, Pfeifen oder dgl., so ist jeder elektive Eingriff abzusetzen, bis die Obstruktion unter Kontrolle ist (5). Das ist bei guter Kooperation mit einem Pulmologen/Allergologen rasch möglich. Nach dem Atemweg und der Atmung ist die Aufmerksamkeit auf eine **kardiale Anamnese und Symptomatik** zu lenken. Bei bekannten Herzerkrankungen ist es wesentlich zu fragen, wie das Kind im „Alltag" belastbar ist (Bewegungsspiele, Schulsport etc.). Diese Kinder werden häufig in Zentren observiert und die Mütter weisen meist unaufgefordert den „Herzpass" vor, der auch Auskunft über eine etwaige Antibiotikaprophylaxe und die Höhe der Dosierung (auch bei „banalen" Eingriffen!) gibt. Wichtig ist es, schwere Erkrankungen des **Nervensystems** und der **Muskulatur** zu beachten, da bei gewissen Erkrankungen Änderungen eines anästhesiologischen Verfahrens zwingend sind (Muskeldystrophien, Zerebralparese etc.). Jede Schwäche, Gangstörung und Verzögerung der psychomotorischen Entwicklung muss Anlass zu einer genaueren Exploration geben. In diesem Zusammenhang ist auch nach entsprechenden Erkrankungen in der Familie zu explorieren (inkl. Maligne Hyperthermie), da diese Erkrankungen bei dem betreffenden Kind möglicherweise bis zum gegebenen Zeitpunkt noch in einem subklinischen Verlauf sein können. Weitere gezielte Fragen und Beobachtungen fokussieren auf Erkrankungen von **Leber, Niere, Blutbildung und Gerinnungssystem.**

Kinder sind häufig krank. **Banale Infekte der oberen Atemwege** (URI oder URTI*) sind bei gesunden Kindern mehrmals pro Jahr möglich. Die Ein-

*URI bzw. URTI = upper respiratory tract infection.

griffe, die an den Kindern zu planen sind, mobilisieren eine ganze Familie (Mutter unterbricht Werktätigkeit, Pflegeurlaub wurde genehmigt, Oma kommt mit der Bahn etc.). Die URIs sind geeignet, die Systeme arg zu strapazieren und die Operateure gegen die Anästhesisten aufzubringen. Da es sehr strenge Klassifikationen gibt, was ein URI ist (z. B. nach Tait & Knight), werden manche Kinder in einem fort „abgesetzt". Die unsinnigste, aber gängigste Praxis ist es, den Eingriff um 2 Wochen aufzuschieben. Das ändert nämlich gar nichts und führt zu keiner Verbesserung der Sicherheit: Mehrere Studien konnten nachweisen, dass die Reagibilität der Schleimhäute nach URI noch 6–8 Wochen erhöht ist. Im Jahr 2001 haben Tait et al. (6) an 1078 Kindern zwischen 1 Monat und 18 Jahren die Zusammenhänge zwischen URI und Atemwegskomplikationen in ein neues Licht gebracht: Es gibt zwar mehr Atemwegskomplikationen bei Eingriffen an Kindern mit bestehendem oder stattgehabtem (4 Wochen) URI, elektive Eingriffe können jedoch an den meisten Kindern durchgeführt werden, ohne dass das anästhesiologische Outcome verschlechtert wird (6).

Das bedeutet: Komplikationen sind (bei Allgemeinanästhesien) meist beherrschbar.

Perioperative Komplikationen waren Atemanhalten, Sättigungsabfall unter 90% und gesteigerte Sekretion. Da ein Endotrachealtubus ein Risikofaktor ist, der im Rahmen der Sedierung nicht geplant eingesetzt wird, wird die Konzentration des Untersuchers auf die anderen Risikofaktoren gelenkt: Eingriffe an den/in der Nähe der Atemwege (Zahnheilkunde, HNO, Pulmologie!), Alter des Kindes < 6 Monate (Bronchospasmus-Inzidenz ↑), Alter des Kindes < 2 Jahre (erhöhte Inzidenz einer Desaturation < 90%), ehemalige Frühgeburtlichkeit, Rauchen der Eltern, allergische Atemwegserkrankung, behinderte Nasenatmung. Alle diese Faktoren erhöhen die Wahrscheinlichkeit einer Atemwegskomplikation.

Das Vorgehen von Coté (5) ist pragmatisch: Abgesetzt werden Kinder mit a) purulenter Rhinitis, b) einer sich rasch verschlechternden Symptomatik und c) Fieber.

In die Entscheidung wird die Indikation zum Eingriff eingehen. Ist der Eingriff kurativ, so wird man ihn begünstigen. Hat ein Eingriff „luxuriöse" Aspekte, so wird man eher danach trachten, das Kind einem Anästhesieverfahren unter bestmöglichen Bedingungen zuzuführen.

Bei **allergischen Atemwegserkrankungen** muss die Dauermedikation auch am OP-Tag fortgeführt werden (5). Werden Sprays oder Turbohaler verwendet, so ist es vernünftig, sie kurz vor der Prämedikation noch einmal anzuwenden.

Das **ehemalige Frühgeborene** mit einem Alter unter 6 Monaten hat ein erhöhtes Risiko einer perioperativen Apnoe, vor allem, wenn eine Anämie

vorliegt. Die Blutbildkontrolle vor einem elektiven Eingriff ist eine der wenigen Indikationen für **präoperative Untersuchungen**. Wenn immer möglich, sollen beim ehemaligen Frühgeborenen eine Form der Regionalanästhesie gewählt werden und Opioide sehr bedachtsam eingesetzt werden. Postoperativ ist immer eine kontinuierliche Überwachung der Atmung mit geeigneten Methoden (Apnoemonitor, Pulsoxymetrie) indiziert. Die Methylxanthin-Prophylaxe soll nicht durch den Eingriff unterbrochen werden (5).
Andere Indikationen für präoperative Befunderhebung sind bekannte oder vermutete nutritive Anämie, Nierenversagen und klinisch bedeutsame Herz- oder Lungenerkrankungen (5).
Basale physiologische Parameter sollten unter Ruhebedingungen festgehalten werden (Herzfrequenz, Atemfrequenz, Sauerstoffsättigung, Blutdruck). So werden Mutter und Kind auch mit dem Monitoring vertraut.
Wann immer Bedenken herrschen, ob ein Sedierungsverfahren überhaupt möglich ist, sollte man einen erfahrenen Anästhesisten involvieren (auch wenn man selbst einer ist!) und die Sache diskutieren. Im Zweifel soll man sich für Sicherheit entscheiden, das kann Atemwegssicherung und damit Allgemeinästhesie bedeuten.

Nüchternheitskriterien der American Society of Anesthesiologists: siehe S. 84
Angst bei Kindern: siehe S. 99
EMLA®: siehe S. 114
Kontraindikationen für Sedierung: siehe Seite 393 und Seite 396

Prämedikation und Sedierung von Kindern

Die **anxiolytische Prämedikation** wird erst kurz vor dem Eingriff verabreicht. Vielfach ist bei Kindern die Prämedikation schon die Sedierung.*
Die Wahl der Medikamente zur Sedierung richtet sich nach den Besonderheiten des Patienten, den Erfordernissen der Behandlung (Dauer, nozizeptive Stimuli etc.) und dem Anwender (Erfahrung, Sicherheit etc.). Die sedierenden Medikamente werden im idealen Fall intravenös zum Effekt titriert. „Ideale, immer richtige Dosen“ existieren nicht. Es erscheint zweckmäßiger,

*Es gibt eine große Diversität institutsspezifischer Prämedikations-Regimes. Allen gemeinsam ist das Denken, ihre Prämedikations-Politik sei die beste. Dabei existieren Traditionen und Rituale, die weit jenseits aller Vernunft liegen. Mitteleuropa ist die Hochburg der rektalen Pharmakonapplikation bei Kindern. Phänomenal!

ausgehend von „zu wenig Effekt" nachzudosieren, als mit „zu viel" die Sicherheit des Patienten zu gefährden.
Häufig wird **Midazolam** (Dormicum®) verwendet, in vielerlei Dosierungen und auf vielen Wegen (siehe Kapitel „Pharmakologische Voraussetzungen"). Die höchste Akzeptanz (99%) bei Kindern hat die *orale* Applikation, vorausgesetzt, die akzeptanzmindernden Umstände werden vermieden (bittere, schleimhautreizende Ampullenlösung, personelle und situative Umstände). Ideal scheint die Präparation zu sein, die mit einem Antibitternisstoff versetzt ist und pharmazeutisch bei einem pH von 3 stabilisiert ist (Versed®-syrup, Roche Laboratories, Inc., Nutley, NJ). Sie ist leider in Europa nicht erhältlich. Da die Bioverfügbarkeit von Midazolam auf oralem Weg nur 44% beträgt und die Resorptionskinetik pH-abhängig erfolgt, sind bezogen auf eine Population die Streuungseffekte der sedierenden Wirkung mit einem zusätzlichen Faktor belastet. Üblicherweise ist bei 80% (5) bis 97% (8) der Kinder mit einer erfolgreichen Wirkung durch orales Midazolam zu rechnen Die therapeutische Breite der Substanz ist hoch. Das dürfte der Grund sein, warum an vielen Abteilungen ziemlich hohe Dosen (1 mg/kg) zur Anwendung kommen, da beobachtet werden kann, dass das Medikament an vielen Kindern „versagt". Coté al. (7) konnten nachweisen, dass orale Midazolamdosen von 0,25 mg/kg gleich effektiv wie 0,5 mg/kg oder 1,0 mg/kg waren. Der sedierende Effekt tritt bei den höheren Dosen rascher ein (7). Der amnestische Effekt beginnt nach 10 Minuten, frühestens zu diesem Zeitpunkt ist dem Kind die Trennung von der Mutter zuzumuten. 15 Minuten nach Ingestion ist der anxiolytische Effekt zu erwarten. Die stärkste sedierende Wirkung tritt nach 20–30 Minuten auf und klingt über die nächsten 30–60 Minuten langsam ab. Das bedeutet, dass die Verwendung von Midazolam ein gute Planung der Abläufe erforderlich macht.
Die *rektale* Applikation von Midazolam in Dosen von 0,5–1,0 mg/kg ist für Kinder, die noch Windeln tragen und deren Compliance nicht berechenbar ist, angemessen. Die größeren Kinder werden die Einfuhr einer brennenden Flüssigkeit in den After nicht mit Dankbarkeit oder einer verbesserten Compliance beantworten. Die Resorption aus dem Rektum ist irregulär (5), je nach pH der Lösung, Vorhandensein von Stuhl in der Ampulle, reflexartigem Herauspressen der Substanz durch das Kind und dem Ort des Depots. Wird das Depot ins obere Rektum gebracht, so wird ein Teil über die Vena rectalis superior und das Pfortadersystem einem first-pass-Mechanismus der Leber anheimfallen. Der Sedierungseffekt ist dann geringer. Die *intramuskuläre* Applikation von Midazolam ist eine Notfallmaßnahme und keinesfalls für elektive Eingriffe geeignet, die Dosen müssen reduziert werden, da Midazolam aus dem Muskel zu 100% verfügbar ist. Auch die *intranasale* Gabe von Midazolam ist keine echte humane Alternative, die Dosis beträgt

0,2–0,3 mg/kg. Zu bedenken ist, dass es nicht geklärt ist, ob Midazolam neurotoxisch ist und eine mögliche ungehinderte Translokation der Substanz entlang der Nn. olfactorii und Fila olfactoria durch die Lamina cribrosa des Os ethmoidale in das ZNS erfolgen kann. An isolierten Nerven ist Midazolam neurotoxisch (10).
Die *intravenöse* Dosis beträgt 0,05–0,075 mg/kg.
Ketamin hat viele besondere Eigenschaften und wird häufig in der Traumatologie und Kinderkardiologie eingesetzt. Für Notfälle soll es anderen Sedativa und Analgetika vorgezogen werden (29). Die *oralen* Dosen für razemisches Ketamin werden mit 3–10 mg/kg angegeben und müssten hinsichtlich Sicherheit 1,5–5 mg/kg S-+-Ketamin (Ketanest-S®) entsprechen. Ein ruhiges Kind mit reduzierter Spontanmotorik ist 10–15 Minuten nach oraler bzw. rektaler Zufuhr zu erwarten (5). Manche Autoren mischen Ketamin (3–6 mg) mit Midazolam (0,25–0,5 mg), was zu einer tiefen Sedierung mit sehr guter analgetischer Komponente führt (32). So wird eine potentere Anxiolyse erzielt, die Trennung von der Mutter erfolgt leichter (32). Beide Substanzen können in einen Glucosesirup mit Erdbeergeschmack mit pH 4,5 gemischt werden, diese Zubereitung bleibt für 8 Wochen chemisch stabil (32). Die i.v.-Präparation von Ketamin kann auch mit Cola oder Fruchtsaft gemischt werden, so wird es von den meisten Kindern akzeptiert (31).
S-+-Ketamin 5 mg/kg und Midazolam 0,5 mg/kg können auch in einer gemeinsamen Mischspritze rektal verabreicht werden. Ketamin hat lokalanästhetische Eigenschaften, möglicherweise neutralisiert das die schleimhautreizende Eigenschaft des Midazolam.
Für Kinder, die Ketamin erhalten (vor allem verkühlte Kinder und bei Eingriffen an Kopf und Hals), wird empfohlen, Atropin in der Dosis von 0,02 mg/kg als Antisialogikum beizumengen (5), um die Wahrscheinlichkeit eines Laryngospasmus zu reduzieren.
Wenn Ketamin rektal angewendet wird, ist zu beachten, dass kleinere Volumina (0,2 ml/kg) eher systemisch wirksam werden, während die Zufuhr größerer Volumina dazu führt, dass das Medikament nach kranial abfließt und einem hepatischen first-pass-Mechanismus unterliegt (33). Ein Plasmaspitzenspiegel nach rektaler Ketaminzufuhr ist nach 45 Minuten zu erwarten, während die maximale Plasmakonzentration von rektalem Midazolam schon nach 12–16 Minuten zu erwarten ist (33).
Intravenöses S-+-Ketamin ist sehr gut geeignet, bei bereits sedierten Kindern die Sedierungstiefe zu steuern. Die Anlage eines Venenweges erfolgt nach oraler oder rektaler Ketamin-Prämedikation ohne aversive Reaktion, man kann auf jeden Fall Analgesie voraussetzen, da ja Ketamin bereits in subhypnotischen Dosierungen stark analgetisch wirkt. Einzelboli von 0,125–0,25 mg/kg sind adäquat. Man kann auch ein Verfahren mit kontinuierlicher

Applikation wählen oder dieses mit Einzelboli kombinieren (im Sinne der PCA). Ketamin-Propofol ist eine sinnvolle Kombination (siehe Seite 296).

Tab. 1: Beispiel für eine kontinuierliche i.v.-Ketaminsedierung mittels PCA beim Kind nach oraler/rektaler Induktion mit Ketamin 5 mg/kg + Midazolam 0,5 mg/kg + Atropin 0,02 mg/kg

PCA-Kassette befüllen mit 50 mg S-+-Ketamin (= 2 ml) + 18 ml NaCl 0,9% = 20 ml
1 ml = 2,5 mg S-+-Ketamin
kontinuierliche Dosis: 1,25 mg/kg/h
Bolus: 0,125 mg/kg
Lockout: null Minuten*
z. B. Kind mit 10 kg: kontinuierlich: 5 ml/h, Bolus 0,5 ml
20 kg: kontinuierlich 10 ml/h, Bolus 1 ml
pro kg: kontinuierlich: 0,5 ml/h, Bolus 0,05 ml

**Anmerkung*: Diese Zubereitung ist hinsichtlich der Dosierung an einem unteren, sicheren Niveau orientiert. Das Aufheben der Sperrzeit erlaubt dem Anwender eine rasche Nachdosierung, er sollte sich aber bewusst sein, dass es wenigstens 1 Minute dauert, bis die Substanz wirkt. Statt PCA könnte auch mit einem Perfusor gearbeitet werden, die Bolusdosen müssten extra zubereitet werden. Die Indikation für diese Präparation sind diagnostische Verfahren oder operative Eingriffe an Kindern in Sedierung unter erhaltener Spontanatmung von einer Dauer über 20–30 Minuten.

Für Anästhesisten: Eine Kombination mit Propofol hätte den Vorteil, der psychotomimetischen Eigenschaft von Ketamin entgegenzuwirken und die Rate an Nausea und Emesis zu vermindern. Die sympathomimetische Kreislaufwirkung des Ketamin würde durch Propofol abgemildert. Geht man von einer „vorsichtigen" Sedierungsdosis von Propofol von 50 µg/kg/min aus, so würde ein 10 kg schweres Kind pro Stunde 30 mg Propofol i.v. erhalten bzw. pro Bolus 3 mg. Die Füllung der Kassette wäre für jedes Körpergewicht gleich: S-+-Ketamin 50 mg (2 ml) + Propofol 1% 120 mg (12 ml) + NaCl 0,9% 6 ml – die Flussraten entsprechen den oben vermerkten. Die PCA-Technologie macht ein sehr nuanciertes Dosieren möglich. Die größte Schwierigkeit ist die gedankliche, die Praktikabilität ist hoch.

Orales transmukosales Fentanyl (OTFC) (Actiq®) ist das erste starke Analgetikum, das von der FDA für die Prämedikation von Kindern zugelassen worden ist (siehe Tab. 2). Es ist für Kinder ab 15 kg registriert. Die Dosis beträgt 5–15 µg/kg, die Substanz ist in einem Lutscher mit Himbeergeschmack in den Dosen 200 µg, 300 µg und 400 µg „verpackt". Hypoventilation, Entsättigung und Erbrechen sind typische unerwünschte Wirkungen. Erbrechen nach OTFC kommt in 31–45% vor (28). Dsida et al. (9) beobachteten eine geringe Inzidenz an Nausea und signifikantem Abfall der Sauerstoffsättigung, wenn die Kinder 10 Minuten nach dem Verzehr des Medikaments in den OP kamen.

Tab. 2: Sedierung von Kindern für Herzkatheteruntersuchungen
(nach Auden et al., 15)

Kinder unter 3 Jahre: Ketamin* 10 mg/kg + Midazolam 1 mg/kg oral	
Kinder über 3 Jahre: Ketamin* 6 mg/kg + Midazolam 0,6 mg/kg oral	
Top-up: Propofol 0,5 mg/kg über 30 Sekunden via Pumpe	
Wenn mehr als 10 Bolusdosen Propofol notwendig:	ev. Propofolinfusion 100 µg/kg/min, Dosisanpassung in Schritten von 25 µg/kg/min

Razemisches Ketamin! (entspräche 5 mg/kg S-+-Ketamin)

*Obwohl Millionen von Kindern schon vorher mit Opioiden prämediziert worden sind. Die entsprechenden Firmen haben aber keine Studien finanziert, die der FDA Anlass für eine Zulassung geboten hätten.

Juckreiz im Gesicht tritt typischerweise 45 Minuten nach Beginn der Einnahme auf (31). Fentanyl ist nicht primär sedierend oder anxiolytisch wirksam. Sein Einsatz ist gerechtfertigt, wenn die Linderung von postoperativem Schmerz das Ziel der therapeutischen Bemühungen ist. Ein sinnvolles Anwendungsgebiet sind Eingriffe, bei denen erfahrungsgemäß postoperativ stärkere Schmerzen auftreten und eine Schmerztherapie mit Lokalanästhetika wenig effektiv oder unmöglich ist (z. B. Tonsillektomien). Keinesfalls sollte OTFC in Institutionen verwendet werden, die nicht alle o.g. Sicherheitseinrichtungen aufbieten können. Eine Kombination mit Midazolam erscheint wegen der immensen Gefahr eines Atemstillstandes problematisch. Es ist anzunehmen, dass die Fentanylkinetik durch die spätere enterale Resorption (+ verzögerte Magenentleerung) anders ist als bei intravenöser Applikation (→ protrahierte Effekte, ev. verlängerte Absorptionsphase). Bis entsprechende Studien vorliegen, sollte auch in der postoperativen Periode eine lückenlose Überwachung von Ventilation (Atemfrequenz) und Oxygenierung (Pulsoxymetrie) erfolgen. OTFC sollte auf keinen Fall ambulanten Patienten zur postoperativen Schmerztherapie mitgegeben werden.

Intravenöses **Fentanyl** führt bei Kindern ebenfalls häufig zu Juckreiz im Gesicht (v.a. um die Nase). Pohlgeers et al. (34) haben ein Verfahren zur Sedierung von Kindern mit Fentanyl und Diazepam für ambulante orthopädische Eingriffe vorgestellt. Die Dosierung von Fentanyl betrug 2 µg/kg über 1–2 Minuten, in der Folge kam es bei 11% der Kinder zu einem Abfall der Sauersoffsättigung auf unter 90%. Daher empfahlen die Autoren eine geringere Fentanyldosis als 2 µg/kg zu verwenden (34). Sie verabreichten die ganze Fentanyldosis in einem. Sinnvoller erscheint es, in Dosisschritten von 0,5 µg/kg zu titrieren. In der Arbeit wurde Diazepam vor Fentanyl injiziert. Sicherer wäre es, das Opioid zuerst zu verabreichen.

Tab. 3: Sedierung von Kindern mit Fentanyl und Diazepam i.v.
(modifiziert nach Pohlgeers et al., 34)

Fentanyl 0,5 µg/kg i.v., 4 Minuten warten, ev. nachtitrieren
Diazepam 0,1 mg/kg i.v., 5 Minuten warten
maximale Fentanyldosis: 5 µg/kg in einer Stunde

Andere Opioide: Dosierungen etc. siehe ab Seite 194.
Propofol (Diprivan®): siehe Seite 168. Propofol sollte nur von Anästhesisten verwendet werden.
Vangerven et al. (23) haben an 20 Kindern (ASA 1 und 2) von 1 Monat bis 12 Jahren eine „light anesthesia“ mit kontinuierlicher Propofolsedierung für MRI-Untersuchungen vorgestellt (Monitoring: nasales CO_2, Pulsoxymetrie). Die Sauerstoffsättigung blieb unter 4 l O_2/min immer über 96%, über 30 Minuten stieg das $etCO_2$ von 35 ± 7 auf 41 ± 6. Bei längerer Untersuchungsdauer ist mit Atemdepression zu rechnen.

Tab. 4: Propofolsedierung für MRI (nach Vangerven et al., 23)

Prämedikation: Atropin 0,02 mg/kg oral
initialer Propofolbolus 1 mg/kg über 1 Minute
kontinuierliche Propofol-Infusion: 8 mg/kg/h, nach 3–5 Minuten reduzieren auf 6 mg/kg
bei Bewegungen: Propofol 1 mg/kg

Chloralhydrat: siehe Seite 392.
Thiopental (Thiopental®, Trapanal®): Wird einem Kind das Barbiturat rektal zugeführt (25–30 mg/kg), so tritt in 90% der Fälle nach 9–11 Minuten ein tiefer Schlaf ein (5). Alle Maßnahmen für ein adäquates Atemwegsmanagement (Sauger, Beatmungsbeutel etc.) müssen bereit sein, da Atemwegsobstruktion und die Depression der Atmung in einem kleinen Prozentsatz die Folge sein können (5). Thiopental wird zwar rasch umverteilt, aber kann zu einem tiefen Nachschlaf führen, daher müssen die Entlassungskriterien sehr akkurat eingehalten werden. Thiopental hat selbst keine analgetische Eigenschaften, eine Kombination mit Opioiden erhöht die Wahrscheinlichkeit einer Atemwegskomplikation. Alp et al. (22) haben an einem kleinen Kollektiv von 30 Kindern altersdifferente Thiopentaldosen für CT- und MR-Untersuchungen untersucht. Bei 29 der 30 Kinder (96,7%) war die Sedierung innerhalb von 15 Minuten erfolgreich, bei 3 Kindern trat eine passagere Entsättigung (s_aO_2 < 90%, minimal 88%) auf, die durch Offenhalten des Atemweges (Kinnheben) behoben werden konnte.

Tab. 5: Sedierung durch Thiopental rektal für schmerzlose Interventionen (nach Alp et al., 22)

< 6 Monate	50 mg/kg
6–12 Monate	35 mg/kg
> 12 Monate	25 mg/kg

Clonidin (Catapresan®): Der zentrale α_2-Agonist ist eine geeignete Substanz zur Prämedikation von Kindern. Die Dosis beträgt 4 µg/kg und muss frühzeitig, d.h. 90–120 Minuten vor dem geplanten Eingriff verabreicht werden. Es wirkt analgetisch und ist geeignet, intraoperativ Opioid einzusparen. Im Vergleich zu 0,5 mg Midazolam wirkt es weniger stark anxiolytisch (24), postoperativ besteht im Vergleich zu Midazolam eine stärkere Restsedierung, die jedoch keine Auswirkung auf den Entlassungszeitpunkt hat (24). Bei Clonidin besteht postoperativ seltener die Notwendigkeit Sauerstoff verabreichen zu müssen (24). Der mittlere arterielle Blutdruck wird durch Clonidin reduziert, die kürzeren OP-Zeiten nach Clonidinprämedikation sind möglicherweise auf einen geringeren Blutverlust zurückzuführen. Clonidin wirkt gut antiemetisch (25), ist die Therapie der Wahl bei postoperativem Zittern (shivering) und reduziert die Wahrscheinlichkeit von Exzitation bei Kindern nach Sevoflurannarkose. Der Propofolbedarf wird durch Clonidin reduziert (25). Clonidin bewirkt Mundtrockenheit und Durst*.
Bei der Aufmerksamkeits-Defizit-Hyperaktivitäts-Störung (AD/HD) wurde Clonidin als Dauermedikation in Erwägung gezogen, da es die Noradrenalinfreisetzung hemmt (35). Wegen der unerwünschten Wirkungen, die auf Dauer sehr belastend sind, und dem Auftreten von 4 Todesfällen bei einer Kombination von Methylphenidat (Ritalin®) mit Clonidin spielt Clonidin in der Therapie des AD/HD eine untergeordnete Rolle (35). Für den Fall, dass ein Kind mit AD/HD prämediziert werden soll und keine Methylphenidat-Therapie erhält, wäre Clonidin eine Möglichkeit, wenn man Benzodiazepine vermeiden will.

Antihistaminika: Dimenhydrinat (Vertirosan-Tropfen®) oder andere ältere H_1-Blocker haben antiemetische und sedierende Wirkungen. Die Dosis beträgt 2–3 mg/kg (pro Kilogramm KG ein Tropfen), die maximale Wirkung tritt erst nach 1,5–3 Stunden ein, paradoxe Effekte sind möglich.
Gammahydroxybuttersäure: GHB (Somsanit®) ist ein physiologischer Metabolit (siehe „Pharmakologische Voraussetzungen"), der sehr sicher in der Anwendung ist, dessen Wirkbeginn jedoch individuell kaum vorherseh-

*Andere Wirkungen von Clonidin siehe Seite 225 („Pharmakologische Voraussetzungen").

Kinder unter Methylphenidat-Dauertherapie sind offenbar mit besonderer Vorsicht zu sedieren: Ein **Fallbericht** aus dem Jahr 1997 (37) stellt eine Komplikation durch Ketamin bei einem Kind unter Ritalin®-Therapie vor.
Ein 22 kg schwerer 6-Jähriger unter Methylphenidat-Therapie (2x 5 mg wegen AD/HD) wird 2 Jahre nach Korrektur einer supravalvulären Aortenstenose für ein Echokardiogramm sediert. Nachdem Chloralhydrat 75 mg/kg 2 Wochen zuvor ohne guten Effekt geblieben war, erhält er 20 mg Midazolam per os. Da der sedierende Effekt nicht ausreicht, werden noch einmal 10 mg Midazolam und 60 mg Ketamin verabreicht, später noch 0,1 mg Glykopyrrolat und eine weitere 5 mg-Dosis Midazolam. Nach erfolgreicher Untersuchung und weiterem Verlauf wird das Kind entlassen, erscheint jedoch am selben Tag wieder in dehydriertem Zustand. In der Folge kam es zu unstillbarem Brechreiz und Erbrechen, später zu Lethargie. Das Kind erholte sich nach i.v.-Rehydrierung.
Die Inzidenz postoperativen Erbrechens ist nach Gabe von Ketamin wie nach Verabreichung von Methylphenidat (37) erhöht. Beide Substanzen wirken indirekt sympathomimetisch. Erbrechen ist auch eine typische Komplikation der direkten Sympathomimetika wie Adrenalin, während sympatholytische Substanzen wie Clonidin antiemetisch effektiv sind.

bar ist. Laub et al. (36) haben Kinder zu MRT-Untersuchungen mit Gammahydroxybuttersäure sediert. Die Substanz ist sicher im Hinblick auf das Erhaltenbleiben der Schutzreflexe und einer suffizienten Spontanatmung. Bei ca. 20% der Kinder trat in der Studie von Laub Erbrechen auf, was durch rechtzeitige Gabe eines Antihistaminikums (Dimenhydrinat, s.o.) verhindert werden konnte. Die initiale i.v.-Dosis von GHB beträgt 50 mg/kg, wurde in der Untersuchung von Laub aber in Einzelfällen bis 80 mg/kg erhöht, um einen hinreichenden Sedierungseffekt zu erzielen. Die Aufrechterhaltung der erfolgreichen Sedierung (keine Reaktion auf Ansprechen oder taktile Stimuli) wurde mit GHB 10 mg/kg/h i.v. erreicht. Eine MR-Untersuchung war bei 96% der Kinder erfolgreich, in 89% mit uneingeschränkter Beurteilbarkeit der Bilder. Die wesentlichen Nachteile von GHB sind die Abhängigkeit von einem Venenweg und die Unvorhersehbarkeit der Effekte. Der Hersteller gibt an, dass der hypnotische Effekt „in Minuten auftritt", Laub et al. sahen jedoch eine Schwankung von 6–40 Minuten, ehe die Kinder nicht mehr reagierten. Das ist für die Planung eines MR-Betriebes problematisch. GHB kann auch oral zugeführt werden, die spezielle Präparation wurde jedoch aus der Produktion genommen. Die Bioverfügbarkeit der oralen Lösung betrug durch einen hepatischen first-pass-Effekt nur 26,8%.
Lachgas, Stickoxydul (siehe Seite 340): Außer für zahnärztliche Eingriffe wird die Lachgasanalgesie mit vorgemischtem Lachgas-Sauerstoff-Gemisch (z. B. Entonox®) bei einer großen Anzahl anderer Eingriffe an Kindern – auch von Nichtärzten – durchgeführt.
Geeignete Indikationen sind: Wundversorgung, Frakturreposition, Umgipsen, Abszessdrainage, Lumbalpunktion, Gastroskopie, flexible Bronchosko-

pie, Leber- und Nierenbiopsie, Setzen eines Harnkatheters, Venenzuganges oder einer Magensonde (29). Gall et al. (29) haben 7511 Fälle von Lachgasanwendungen bei Kinder untersucht. Die Rate der lebensbedrohlichen Komplikationen betrug 0,33% der Fälle und umfasste Komplikationen der Atmung (Apnoe, Obstruktion, Sättigungsabfall), des Herzkreislaufsystems (z. B. Bradykardie), des Bewusstseins (Verlust des kommunikativen Kontakts, anhaltende Sedierung). 75 (1%) der Eingriffe mussten abgebrochen werden. Die Schlussfolgerungen aus dieser Untersuchung sind, a) dass nichtärztliches Personal sehr gut eingeschult werden muss, wenn es Lachgas verwenden soll (s.o.), b) dass die Anwendung an Kindern unter 4 Jahren und an Kindern mit vorbestehenden Erkrankungen, die Atmung oder Gehirn betreffen, nur durch Ärzte mit entsprechenden Erfahrungen erfolgen soll, da es bei dieser Population zu häufigeren oder schwereren Komplikationen kommen kann. Kinder, die psychotrope Substanzen in der Dauermedikation haben, sind ebenfalls besser nur von Ärzten zu sedieren (29).

DPT: Kombinationen verschiedener Antipsychotika und Analgetika (DPT = *Demerol*®/Pethidin + *Phenergan*®/Promethazin + *Thorazin*® Chlorpromazin) wurden und werden seit Jahrzehnten in der Kinderanästhesie zur Sedierung verwendet. Diese Mixtur geht auf C. Smith (14) zurück und wurde auch „Cardiac Cocktail“ oder „Ataraktische Mixtur“ genannt“ (siehe Seite 492).

Da schwere Komplikationen (viele Todesfälle) und lang dauernde Effekte mit protrahierter Wirkung regelhaft vorkommen, sollte ihre Anwendung einer zeitgemäßeren rationalen Medikation weichen, z. B. dem von Auden (15) et al. vorgestellten Konzept.

***Chlorprothixen** (Truxal®) **und andere Antipsychotika:** Typische Neuroleptika sollen bei Kindern sehr zurückhaltend und nur bei schwer behindernden kinderpsychiatrischen Erkrankungen (Psychosen und behindernde Tic-Erkrankungen) eingesetzt werden (16).*

Bauer-Miettinen et al. (17) haben im Jahr 1975 Chlorprothixen zur präoperativen Prämedikation bei Kindern zwischen 11 Monaten und 10 Jahren untersucht. Es zeigte sich, dass die i.m.-Applikation von 1 mg/kg zu einer stärkeren Sedierung als die orale Verabreichung von 1,5–2 mg/kg führt. Bei der parenteralen Anwendung traten jedoch eher Blutdruckabfälle auf, was die Autoren bewog, eher die orale Medikation zu empfehlen, im besten Fall 2 Stunden vor einem geplanten Eingriff. Volle et al. (18) untersuchten 780 Kinder im Alter von 1 Tag bis 8 Jahren unter oraler Chlorprothixensedierung im MR. Die Untersuchungen konnten 50–120 Minuten nach der Zufuhr des

Sedativums beginnen. Bei 91% war die Untersuchung beim ersten Versuch erfolgreich, einige Kinder erhielten zusätzlich Chloralhydrat. 2 Kinder entwickelten Zeichen der Atemdepression (Monitoring mit Pulsoxymetrie). Der Ansicht der Autoren, dass die Sedierung von Kindern im MR von einem erfahrenen Radiologen durchgeführt werden kann, muss mit Entschiedenheit widersprochen werden (1, 2, 3, 5, 12, 15).
Auch andere Antipsychotika wurden bei Kindern im Rahmen von Eingriffen verwendet:
Perphenazin (Decentan®), ein hochpotentes Neuroleptikum, wurde in der Indikation „Emesisprophylaxe“ in der Dosis von 70 µg/kg i.v. bei Narkoseeinleitung zu Tonsillektomien verwendet (19). Es zeigte sich, dass seine Effektivität gegen postoperatives Erbrechen größer war als die von 150 µg/kg Dexamethason. Mitchell et al. (20) fanden im Vergleich von Midazolam (0,5 mg oral 30 Minuten vor dem Eingriff) gegen **Trimeprazin** (Vallergan®, 2 mg/kg 90 Minuten vor dem Eingriff) keine Vorteile von Trimeprazin. 2 von 28 mit Trimeprazin sedierte Kinder zeigten Zeichen von Angst, Stress oder weinten beim Transport von der Station in den OP, während dies bei Midazolam-Prämedikation nie der Fall war. Manche Kinder reagieren auf Trime prazin mit Unruhe oder Verwirrtheit. Trimeprazin ist vor dem 2. Lebensjahr nicht zugelassen. Eine häufig geübte Praxis ist die Sedierung von Kindern mit Pneumonie mittels Trimeprazin durch Kinderärzte. Das Medikament ist für diese Indikation nicht zugelassen (21). In einer interessanten Arbeit, an der 5 europäische Staaten teilgenommen hatten (21), wurde nachgewiesen, dass 67% der Kinder während eines stationären Krankenhausaufenthalts nicht zugelassene Pharmaka erhalten (modifizierte Pharmaka, Arzneistoffe in klinischer Prüfung, importierte Medikamente, abweichende Dosierungen, nicht zugelassene Indikationen, nicht zugelassene Altersgruppen, Darreichungsformen etc.). Bisher wurden bei Kindern 40 Fälle von malignem neuroleptischem Syndrom publiziert, von denen 6 Kinder den Tod gefunden hatten (16).

Der Einsatz von Antipsychotika bei Kindern zur Sedierung ist bei Vorhandensein adäquater oder besserer Alternativen nicht zu rechtfertigen.

Der Kinderpsychiater C. Gillberg aus Göteborg bezeichnet in seiner Übersichtsarbeit über den Einsatz typischer Neuroleptika im Kindesalter (16), dass diese Substanzen selbst in der Kinderpsychiatrie „Medikamente der zweiten und dritten Wahl“ sind. Mögliche Indikationen für Neuroleptika in Prämedikation und Sedierung könnten Kinder sein, die der „schwierig zu sedierenden“ Population angehören und bei denen paradoxe Benzodiazepinreaktionen wahrscheinlich oder sogar bekannt sind: AD/HD-Syndrom, Verhaltensstörungen, Tic-Erkrankungen oder andere psychiatrische Erkrankungen des Kindesalters, die für Antipsychotika eine prinzipielle Indikation sind.

Kinder mit Epilepsie gehören auch zu den „schwierig zu Sedierenden“. Antipsychotika erniedrigen die Krampfschwelle. Für solche besonderen Konstellationen wäre es ratsam, wenn der Anästhesist mit dem behandelnden Neuropädiater Kontakt aufnähme.

Präemptive Analgesie*

Zu bedenken ist, dass manche Analgetika erst 60–120 Minuten nach Applikation wirksam werden, wie z. B. Paracetamol-Suppositorien. Das erfordert eine zeitgerechte Gabe der Analgetika in entsprechend hoher Dosis. Paracetamoldosen unter 20 mg/kg haben keine ausreichenden analgetischen Effekte (11), loading-Dosen von 30–40 mg/kg sind adäquat (11). Wenn die Tagesdosis von 90 mg/kg nicht überschritten wird und eine analgetische Therapie nicht über 4 Tage dauert, ist eine Hepatotoxizität bei lebergesunden, euvolämischen Patienten unwahrscheinlich. Paracetamol ist nun auch in Österreich und Deutschland als Kurzinfusion registriert (Perfalgan® 1000 mg/100 ml). Sobald die Möglichkeit einer oralen Schmerztherapie besteht, soll man sie nützen. Hat man einen Venenweg und keine Möglichkeit einer oralen Schmerztherapie, so gibt es die i.v.-Zubereitung. Ihre Anwendung ist einer rektalen Medikation vorzuziehen, da die Suppositorien je nach Hersteller eine unterschiedliche Galenik aufweisen und zu allen anderen Faktoren der unsicheren Absorption aus dem Rektum beitragen. Eine exzellente Übersicht über den aktuellen Wissenstand betreffend Paracetamol wurde kürzlich von U. S. Mantzke und A. M. Brambrinck (11) veröffentlicht. Paracetamol per infusionem ist in Österreich nur bei Kindern über 33 kg zugelassen, die empfohlene i.v.-Dosis beträgt 15 mg/kg. Diclofenac (Voltaren®) ist ebenfalls für Kinder für die intravenöse Therapie nicht zugelassen, es gibt aber eine größere Anzahl von Arbeiten über die Verwendung des Analgetikums bei Kindern (Dosis 1 mg/kg). Voltaren® liegt als 75 mg/3 ml-Ampulle vor, man löst am besten die Substanz in 100 ml NaCl 0,9% (1 ml für 25 kg).

Tabellarische Übersicht über alle Sedativa und Analgetika: s. Anhang.

*Ob es eine präemptive Analgesie gibt oder nicht, ist eine Frage, die einen 1-monatigen Schmerzkongress oder ein 1000-Seiten-Werk ausfüllen würde. Die Frage wird mit religiösem Eifer diskutiert.

Regionalanästhesie im Kindesalter (Aspekte)

Regionalanästhesie ist im Kindesalter technisch leichter durchführbar als bei Erwachsenen, sie verbessert das Outcome durch einen geringeren Opioidbedarf (dadurch seltener Atemdepression), reduzierte Freisetzung von Stresshormonen und eine beschleunigte Erholung (26). Die Komplikationsraten sind extrem niedrig (27). Regionalanästhesie wird im Kindesalter noch viel zu selten gemacht (29), vor allem periphere Nervenblockaden sollten mehr forciert werden (26). Eine Kombination einer regionalen Anästhesie mit NSAR ist sinnvoll und reduziert die Wahrscheinlichkeit für postoperative Übelkeit und Erbrechen (26). Die wichtigste Vorsichtsmaßnahme bei Regionalanästhesie im Kindesalter ist das peinlich exakte Einhalten der **Lokalanästhetika-Maximaldosen** (Lidocain 7 mg/kg, Bupivacain 3 mg/kg, Ropivacain 3 mg/kg) (26). Bei Kindern im Vorschulalter sind die Myelinscheiden dünner und die Internodalabstände der Axone kürzer, die Nerven haben geringere Durchmesser – daher sind geringere Konzentrationen an Lokalanästhetikum notwendig, um entsprechende Effekte zu erzielen (26). EMLA®-Salbe ist praktisch bei jedem Kind angezeigt, um die Haut für Punktionen unempfindlich zu machen (45 Minuten minimale Einwirkzeit).
Gerade in der Traumatologie verstreicht meistens zu viel Zeit, bis ein verletztes Kind mit Schmerzen eine adäquate Analgesie bekommt. In der Zeit, die vom Eintreffen beim ersten konsultierenden Arzt (Hausarzt, Notarzt) über die Untersuchungs- und Röntgenprozeduren bis zum Beginn der Schmerztherapie verstreicht, ist unangemessen lang. Dieses Außer-Acht-Lassen der kindlichen Bedürfnisse kann das Kind nur durch Protest, Rückzug und Abwehr beantworten. Der zu spät zugezogene Anästhesist findet dementsprechend ein unzugängliches, verschrecktes bis panisches oder erschöpftes Kind vor.

Reizüberflutung in belastenden Situationen

Häufig ist zu beobachten, dass sich das Personal in den Institutionen auf die Kinder „stürzt“, in guter Absicht, das ist erkennbar. Auch ohne Personal bieten die Szenarien ein Überangebot an sensorischen Stimuli an. Ein Kind ist mit diesem Überangebot an blinkenden Lichtern, piepsenden Tönen, Intercom-Durchsagen, fremden Gerüchen etc. völlig überfordert. Die Reizüberflutung erreicht ihr Maximum, wenn das Kind von allen Seiten von fremden Menschen in hellem Licht an allen möglichen Stellen berührt und ausgezogen wird. In dieser befremdlichen Atmosphäre beugen sich nun von allen Seiten lächelnde Menschen auf das Kind zu (was angesichts der Umstände einer Verletzung oder Schmerzen oder einer in unbestimmter Weise veränderten Mutter paradox und bizarr ist!) und wollen reden, spielen etc. Zeev Kain (30) weist darauf hin, dass es betreffend dieses *sensory overloads* kaum Literaturdaten gibt. In ihrer beispiellos originellen Arbeit zeigt sie, dass die Exposition von *low-level sensory stimuli* für die Kinder vor Eingriffen signifikant angstmindernd ist.

Tab. 6: OP-Atmosphäre – bewusste Kontrolle sensorischer Stimuli
(nach Kain et al., 30)

maximale Ruhe im OP
Vermeiden jeder Konversation (das **gesamte** OP-Personal!)
nur **ein** Angehöriger des Anästhesieteams kommuniziert mit dem Kind
Alarme und Signaltöne des Monitorings sind auf dem niedrigsten akzeptablen Lautstärkeniveau
Hintergrundmusik: Bachs „Air in G" *(Studiendesign!)* 60–80 dB
OP-Beleuchtung mit 200 Lux *(üblicherweise ca. 1500 Lux)*

(Die Tatsache, dass solche Interventionen angstmindernd sind, wäre eigentlich mit Sensibilität und „Hausverstand" zu begreifen, anscheinend ist aber ein Studiendesign notwendig, um diese Maßnahmen glaubhaft zu machen oder rechtfertigen zu können.)

Indikationen für eine Sedierung im Kindesalter

Lumbalpunktion: Sury (13) führt Lumbalpunktionen im Alter zwischen 12 Monaten und einem Jahr unter Ketaminsedierung durch: 1–2 mg/kg Ketamin* werden titrierend über 1 Minute i.v. injiziert, die Analgesie hält bei S-+-Ketamin 3–8 Minuten an. Unter Einhalten der üblichen Kontraindikationen für Ketamin (erhöhter ICP etc.) wird die Substanz maximal 3x/Woche bei einem Kind angewandt. Kinder, die auf Ketamin mit Übelkeit oder Halluzinationen reagiert haben, werden auch von einer weiteren Zufuhr verschont. Aufkleben von EMLA® an der Punktionsstelle für mindestens 1 Stunde ist sinnvoll.

Tränenwegssondierung: Eine Tränenwegssedierung bei Dakryostenose ist ein sehr kurzer Eingriff. Die Kinder sind meistens zwischen 6 Monaten und 1,5 Jahre alt. Sie erscheinen um 7 h morgens unter Einhaltung der ASA-Nüchternheitskriterien. Um 7.30 h erhalten sie von der Anästhesieschwester eine rektale Midazolam-S-+-Ketaminsedierung im Vorraum des Eingriffsraumes. Venenweg ist nicht notwendig. Die Sedierung wird als erfolgreich

*Entspricht 0,5–1 mg S-+-Ketamin.

bewertet, wenn das Kind von der Mutter getrennt werden kann, ohne zu reagieren, wenn es seinen Kopf nicht mehr mit eigener Kraft halten kann, wenn es auf Stimuli (Venensuche, Stauung, Positionierung des Monitorings) nicht mehr aversiv reagiert oder wenn ein Nystagmus auftritt. Um 7.45 h erscheint der Augenarzt, in das betreffende Auge wird im Abstand von 1 Minute je ein Tropfen Tetracain 0,5%, dann Tetracain 1% eingegeben. Der Tränennasengang wird sondiert und mit 2 ml NaCl 0,9% gespült. Dabei wird das Kind aufgesetzt. Das Kind schluckt schließlich die Kochsalzlösung, was dank dieser Sedierung möglich ist. Im Sitzen ist eine Unterstützung des Kopfes unter „Kinnheben" notwendig.

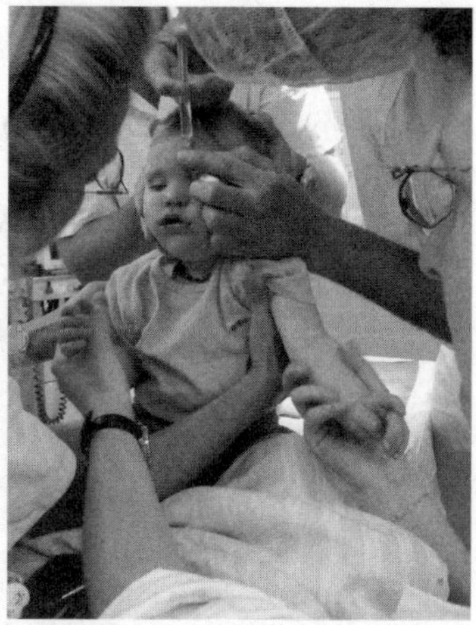

Abb. 2 und 3: Tränenwegsondierung

Tab. 7: Sedierung zur Tränenwegssondierung

Tränenwegssondierung:	
Midazolam 0,5 mg/kg + S-+-Ketamin 5 mg/kg + Atropin 0,02 mg/kg	REKTAL 20–30 min vor OP
Tetracain 0,5% 2 min vor OP Tetracain 1% 1 min vor OP	Tropfanästhesie

Computertomographie: siehe S. 390f.
Magnetresonanztomographie: siehe S. 390f.
Kinderkardiologie: siehe S. 492f.
Notfallmedizin: siehe S. 542f.
Zahnheilkunde: siehe S. 341f.

Merke

- *Für Kinder sind meist tiefere Sedierungsstadien notwendig, daher treten Komplikationen häufiger auf.*
- *An die Sicherheit sind höchste Maßstäbe zu legen.*
- *80% aller Komplikationen bei der Sedierung von Kindern betreffen Ventilation und Oxygenierung, sie sind meistens das erste beobachtbare Phänomen und werden durch die Sedativa verursacht.*
- *Kardiale Komplikationen bei herzgesunden Kindern sind in erster Linie Folge einer Hypoxämie (4) oder einer Lokalanästhetika-Toxizität.*
- *Neuroleptika sollen nur zurückhaltend und nur bei speziellen Erkrankungen der Kinderpsychiatrie gegeben werden, die Konsultation eines Facharztes für Neuropsychiatrie des Kindes- und Jugendalters wird empfohlen.*
- *Die Maximaldosen der Lokalanästhetika sind peinlich exakt einzuhalten.*
- *Verletzte Kinder brauchen eine rasche analgetische Therapie, Anästhesisten oder Notfallmediziner sollen frühzeitig konsultiert werden.*

Literatur

1 Infosino A. Sedation for pediatric patients. In: Wiener-Kronish JP, Gropper MA. Conscious Sedation. 2001; Hanley & Belfus Philadelphia

2 Coté CJ, Notterman DA, Karl HW et al. Adverse sedation events in pediatrics: A critical incident analysis of contributing factors. *Pediatrics* 2000; Vol 105(4) April: 805–14

3 Coté CJ, Karl HW, Notterman DA et al. Adverse sedation events in pediatrics: Analysis of medications used for sedation. *Pediatrics* 2000; Vol 106(4) October: 633–44

4 American Heart Association in collaboration with the International Committee on Resuscitation (ILCOR). Guidelines 2000 for cardiopulmonary resuscitation and emergency cardiovascular care. An international consensus on science. *Circulation* 2000; 102 (Suppl. I): I1–384

5 Coté CJ. Preoperative preparation and premedication. *Br J Anaesth* 1999; 83(1): 16–28

6 Tait AR, Malvviya S, Voepel-Lewis T et al. Risk factors for perioperative adverse respiratory events in children with upper respiratory tract infections. *Anesthesiology* 2001; 95: 299–306

7 Coté CJ, Cohen IT, Suresh S et al. A comparison of three doses of a commercially prepared oral midazolam syrup in children. *Anesth Analg* 2002; 94: 37–43

8 McCann MA, Kain Z. The management of preoperative anxiety in children: an update. *Anesth Analg* 2001; 93: 98–105

9 Dsida RM, Wheeler M, Birmingham P et al. Premedication of pediatric tonsillectomy patients with oral transmucosal fentanyl citrate. *Anaesth Analg* 1998; 86: 66–70

10 Malinovsky JM, Cozian A, Lepage JY et al. Ketamin and midazolam neurotoxicity in the rabbit. *Anesthesiology* 1991; 75: 91–7

11 Mantzke US, Brambrinck AM. Paracetamol im Kindesalter. Aktueller Wissensstand und Hinweise für einen rationalen Einsatz zur postoperativen Analgsie. *Anaesthesist* 2002; 51, Sept (9): 735–46
12 ASA. Practice guidelines for sedation and analgesia by non-anesthesiologists. An updated report by the American Society of Anesthesiologists Task Force on Sedation and Analgesia by Non-Anesthesiologists *Anesthesiology* 2002; 96(4): 1004-17
13 Sury MR. Paediatric sedation for diagnostic and therapeutic procedures. In: Whitwam JG, McCloy RF. Principles and practice of sedation. 2nd ed. 1998; Blackwell Science Oxford London
14 Smith C, Rowe RD, Vlad P. Sedation of children for cardiac catherization with an ataractic mixture. *Can Anaesth Soc* J 1958; 5: 35–40
15 Auden SM, Sobczyk WL, Solinger RE et al. Oral Ketamin/Midazolam is superior to intramuscular Meperidine, Promethazine, and Chlorpromazine for pediatric cardiac catheterisation. *Anaesth Analg* 2000; 90: 299–305
16 Gilberg C. Typical neuroleptics in child and adolescent psychiatry. *European Child & Adolescent Psychiatry* 2000; 9: I/2–8 Steinkopff Verlag
17 Bauer-Miettinen U, Horazdovsky-Nabak R. Chlorprothixen als Prämedikation bei Kindern: orale contra intramuskuläre Verabreichung. *Anästhesist* 1975; 354-60
18 Volle E, Park W, Kaufmann HJ. MRI examination and monitoring of pediatric patients under sedation. *Pediatr Radiol* 1996; 26(4): 280–1
19 Splinter W, Roberts DJ. Prophylaxis of vomiting by children after tonsillectomy: dexamethasone versus perphenazine. *Anaesth Analg* 1997 Sep; 85(3): 534-7
20 Mitchell V, Grange C, Black A, Train J. A comparison of midazolam with trimeprazine as an oral premedicant for children. *Anesthesia* 1997 May; 52(5): 416–21
21 Conroy S, Choonara I, Impicciatore P et al. Survey of unlicensed and off label drug use in paediatric wards in European countries. *BMJ* 2000; 320: 79–82
22 Alp H, Guler I, Orbak Z et al. Efficacy and safety of rectal thiopental: sedation for children undergoing computed tomography and magnetic resonance imaging. *Pediatr Int* 1999 Oct; 41(5): 538–41
23 Vangerven M, Van Hemelrrijck J, Wouters P et al. Light anesthesia with propofol for pediatric MRI. *Anesthesia* 1992; 47: 706–7
24 Fazi L, Jantzen EC, Rose JB. A comparison of oral clonidine and oral midazolam as preanesthetic medications in the pediatric tonsillectomy patient. *Anesth Analg* 2001; 92: 56–61
25 Handa F, Fuji Y. The efficacy of oral clonidine premedication in the prevention of postoperative vomiting in children following strabismus surgery. *Paediatr Anaesth* 2001 Jan; 11(1): 71–4
26 Kinder Ross A, Eck JB, Tobias JD. Pediatric regional anesthesia: beyond the caudal (review article). *Anesth Analg* 2000; 91: 16–26
27 Giaufre E, Dalens B, Gombert A. Epidemiology and morbidity of regional anesthesia in children: a one-year prospective survey of the French-language Society of pediatric anesthesiologists. *Anesth Analg* 1996; 83: 904-12
28 Krauss B, Green S. Sedation and analgesia for procedures in children. *New Engl J Med* 2000; 342: 938–46
29 Gall O, Annequin D, Benoit G et al. Adverse events of premixed nitrous oxide and oxygen for procedural sedation in children. *Lancet* 2001; 358: 1514-5
30 Kain Z, Wang S-M, Mayes L. Sensory stimuli and anxiety in children undergoing surgery: A randomised, controlled trial. *Anesth Analg* 2001; 92: 897–903

31 McCann ME, Kain Z. The management of preoperative anxiety in children: an update. *Anesth Analg* 2001; 93: 98–105
32 Funk W, Jakob W, Riedl T, Tager K. Oral preanesthetic medication for children: double-blind randomized study of a combination of midazolam and ketamine vs midazolam or ketamine alone. *Br J Anaesth* 2000 Mar; 84(3): 335–40
33 Tanaka M, Sato M, Saito A. Reevaluation of rectal ketamine premedication in children. *Anesthesiology* 2000; 93: 1217–24
34 Pohlgeers A, Friedland L, Jones L. Combination Fentanyl and Diazepam for pediatric Conscious Sedation. *Acad Emerg Med* 1995; 2: 879–83
35 Pary R, Lewis S, Matuschka P et al. Attention-deficit/Hyperactivity Disorder: an update. Review article. *South Med J* 2002; Vol 95, No 7: 743–9
36 Laub A, Theurer G, Bodensohn M, Bürger U. Sedierung von Kindern mit γ-Hydroxybuttersäure für MRT-Untersuchungen. *Pädiatr Prax* 1997/98; 53: 687–92
37 Ririe DG, Ririe KL, Sethna NF, Fox L. Unexpected interaction of methylphenidate (Ritalin®) with anaesthetic agents. *Paediatric Anaesth* 1997; 7: 69–72

Sedierung des alten Menschen

D. Weixler

Praetulerim delirius inersque
videri, dum mea delectent
mala me, vel denique fallant,
quam sapere et ringi.
HORAZ, EPIST. II, 2, 126

In Kapitel „Ängste und Prämedikation" wurde schon darauf hingewiesen, dass der Organismus des alten Menschen anders auf sedierende Medikamente reagiert. Metabolismus und Pharmakodynamik ändern sich im Verlauf der Involution. Darüber hinaus ändern sich die sozialen Bezüge, die Persönlichkeit, der Lebensstil, die Erwartungen, Ziele, Gewohnheiten und vieles mehr. In der medizinischen Literatur ist man in willkürlicher Weise übereingekommen, Menschen ab einem Lebensalter von 65 Jahren als „alte Menschen" zu bezeichnen (3).

Es ist bereits zum Gemeinplatz geworden, dass das biologische Alter vom kalendarischen Alter enorm abweichen kann. Die so genannte *Alterspyramide* wird von prophetischen Geistern jeder Provenienz wie eine apokalyptische Bedrohung vorgestellt. Es nimmt nicht wunder, dass der Beginn der *Anti-Aging-Medizin* in diese Zeit fällt: als gelte es, die unabwendbare Invasion der grauen Panther zu bannen (oder wenigstens nicht dazugehören zu müssen). Nie scheint der Traum ewiger Jugend so erfüllbar gewesen zu sein wie heute. Ich nehme an, dass der Anteil von medizinischen Eingriffen, die nutzlos, überflüssig und die im Grunde gegen die Interessen des Individuums durchgeführt werden, unter den alten Menschen besonders hoch ist. Die präsente Multimorbidität scheint ein polypragmatisches Vorgehen zu begünstigen. Der alte Mensch ist eine „Fundgrube" für eine Medizin, die „leistungsorientiert" abrechnet. Ein weiterer wesentlicher Faktor für diese Entwicklung ist die gesellschaftliche Nichtakzeptanz und Ausgrenzung des Abnormen, Kranken, Alten und Leistungsschwachen. Die daraus kultivierte Anspruchs- und Erwartungshaltung an die Medizin ist unerfüllbar.

Im Jahr 2030 wird jeder dritte chirurgische Eingriff an einem Menschen von über 65 Jahren durchgeführt werden (1). Es wird angenommen, dass die Operationen mehr und mehr außerhalb eines Operationssaals stattfinden werden (1). Ältere Menschen ziehen eine ambulante Versorgung einer stationären Aufnahme vor (2). Es ist daher zu erwarten, dass Verfahren zur Anwendung kommen werden, die eine tageschirurgische Versorgung begünstigen

(Regionalanästhesie, Conscious Sedation). Im höheren Lebensalter kann schon ein Umgebungswechsel zu einer Verschlechterung des Allgemein- und Geisteszustands führen. Viele Menschen sind an einen sehr strikten Tagesablauf gewöhnt, der sich an fixen Zeit- und Ortsbezügen orientiert. Die Logistik von Gesundheitsinstitutionen lässt üblicherweise wenig Spielraum für Individualität. Dadurch gerät ein alter Mensch unter erheblichen Anpassungsdruck. Der Mangel an Gelegenheit, alltäglich Geleistetes und Liebgewonnenes zu erfüllen, kann zu Leistungseinbußen und zu innerem Rückzug führen. Es kann zu Störungen des Tag-Nacht-Rhythmus und zu sonderbaren Handlungen kommen, die nicht selten bizarr und abwegig anmuten. „Verwirrung" und „delirantes Zustandsbild" sind Diagnosen für ein Verhalten, das den Ablauf eines Betriebes stört. Man könnte versuchen, dieses Verhalten als einen Anpassungsversuch an eine veränderte Wirklichkeit zu sehen.
Die Leistungsbreite des Sensoriums ändert sich im Lauf des Lebens. Schon mit 20 Lebensjahren ist das Spektrum an hörbaren Tönen schmäler als bei einem Kind. Diese Leistungseinbuße wird selten jemandem bewusst werden. Die Notwendigkeit einer Lesebrille mit 45 Jahren kann schon als deutliches Zeichen der altersbedingten Veränderung des Sensoriums aufgefasst werden. Der Entzug von Sinnesreizen bzw. eine Beschränkung des Sensoriums wird *sensorische Deprivation* genannt. Im Umfeld von Gesundheitseinrichtungen gibt es eine große Anzahl von praktizierter sensorischer Deprivation, die durch Maßnahmen ausgelöst wird, die als unumgänglich, notwendig oder indiziert gelten.

Tab. 1: Beispiel für sensorische Deprivation im medizinischen Bereich

Isolation von einem sozialen Umfeld (Immunsuppression, Strahlentherapie, Infektionen, Inkubator, Verbrennungstherapie etc.)
Immobilisation (Extension, Schutzfixierung, Schlaganfall, Schädel-Hirn-Trauma etc.)
Intensivstation
Hirnoperationen
Eingriffe an Sinnesorganen, Schutzverbände etc.

Ein gesunder junger Mensch reagiert bereits nach Stunden artifizieller Abschirmung von Sinnesreizen mit Störungen der Orientierung im Raum, Einbußen intellektueller Fähigkeiten, veränderter Körperwahrnehmung, verändertem Zeiterleben, Reizsucheverhalten und komplexen Halluzinationen.
Die kommunikativen Brücken zum alten Menschen sind von seinen Möglichkeiten und Begrenzungen abhängig. Viele werden mit dem Tempo der Zeit überfordert sein, mit dem Tempo der Abläufe, Handlungen und dem der kommunikativen Kontakte. Die meisten geriatrischen Patienten können

mit schnellen, schlecht organisierten Abläufen nicht Schritt halten (3).
Verlusterlebnisse prägen häufig das Weltbild des alten Menschen: Verlust der Gesundheit, Beweglichkeit, Unabhängigkeit, der Perspektiven; möglicherweise Verlust des Partners und anderer Bezugspersonen, sensorische Einbußen; Verlust des Gedächtnisses, der Erinnerungen – zum Teil der Verlust der eigenen Biographie ...
Die Allgegenwärtigkeit von Verlusterfahrungen spiegelt sich in der Gestimmtheit und wird für den Behandelnden kommunikativ erlebbar.

Physische Veränderungen im Alter und deren Bedeutung für Sedierung

Der Alterungsprozess ist mit einem progressiven Funktionsverlust der Organsysteme um 1–1,5% pro Jahr assoziiert (3). Die Sensitivität des alten Gehirns auf die Zufuhr von Sedativa und Analgetika ist erhöht. Verminderte laryngeale Reflexe, das Vorliegen einer laryngealen Dysfunktion bei 65% und ein verminderter Tonus des gastroösophagealen Sphinkters sind Gründe, dass **tiefe Sedierungsstadien zu vermeiden** sind. In tiefer Sedierung dürfte beim alten Menschen die Rate an Obstruktion der oberen Atemwege, Hypoventilation und Apnoe sowie von Regurgitation und Aspiration sauren Mageninhalts erhöht sein.
Hypoxie, respiratorische Obstruktion und Schmerzen führen zu einem gesteigerten Sympathikotonus und können in eine rapide respiratorische und kardiovaskuläre Dekompensation münden (3).
Ein weiterer Grund für eine vermehrte Empfindlichkeit für sedierende Medikamente liegt in einer veränderten Pharmakokinetik der Substanzen: Durch Hypoproteinämie ist mehr freies, ungebundenes Pharmakon in der Zirkulation und gelangt an den Wirkort. Der Grundumsatz und die hepatische mikrosomale Enzymaktivität sind vermindert, die Eliminationskinetik von Pharmaka verändert sich durch den verminderten regionalen Blutfluss der Eliminationsorgane (Leber, Niere). Die pharmakokinetischen Folgen sind eine verlängerte HWZ der Medikamente und eine reduzierte Plasmaclearence mit der Wahrscheinlichkeit kumulativer Effekte.
Die dritte physiologische Begründung für die Notwendigkeit geringerer Dosen liegt in der veränderten Relation der Körpergewebe: Eine Abnahme der Muskelmasse, der erhöhte Fettanteil und ein reduziertes Gesamtkörperwasser verschieben die Relation der Gewebe, welche die Kinetik im Mehrkompartimentmodell festlegen. Das reduzierte zentrale Kompartiment mit dem geringeren Blutvolumen führt zu höheren Spitzenspiegeln. Sedativa, die primär ihre Wirkung durch Umverteilung vermindern, werden nach ihrer Zufuhr in einem geringeren Blutvolumen gelöst. Der relativ höhere

Fettanteil bedeutet ein großes „träges Kompartiment", in dem lipidlösliche Substanzen lange verweilen und rückverteilt werden können. Der Effekt ist ein vergrößertes Verteilungsvolumen und eine verlängerte Wirkdauer von Medikamenten (1). Das bedingt die Notwendigkeit geringerer Gesamtdosen und verlängerter Dosierungsintervalle.

Kardiovaskuläres System: Die Elastizität der großen Arterien nimmt mit dem Alterungsvorgang ab, es resultiert ein erhöhter systolischer Druck und eine gesteigerte Nachlast. Die Folge ist eine ventrikuläre Hypertrophie, welche höhere Füllungsdrücke beansprucht, um Schlagvolumen und Herzzeitvolumen aufrecht zu erhalten (1). Im Senium wird das HZV bei Belastung durch eine Steigerung des enddiastolischen Volumens bewirkt. Ab dem 50. Lebensjahr sinkt das HZV pro Jahr um 1%. Die maximal erreichbare Herzfrequenz sinkt kontinuierlich durch eine Resistenz gegenüber betaadrenerger Stimulation. Aus all dem folgt, dass das alte Herz auf die Zufuhr von Sedativa sehr empfindlich reagiert und der cardiac output stark gesenkt wird. Die kardiale Leistungsreserve ist gering, häufig kommt es durch die sedierenden Pharmaka zu einer Hypotension. Daher ist das kardiovaskuläre Monitoring beim alten Menschen besonders aufmerksam zu betreiben.

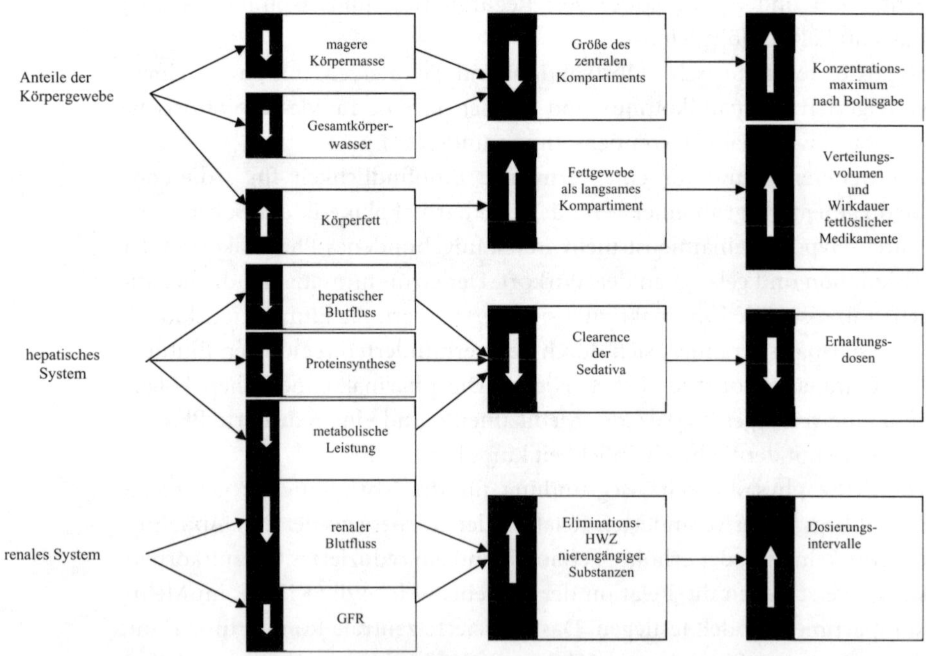

Abb. 1: Pharmakokinetische Begründung, warum die Dosierung von Sedativa im Alter reduziert werden muss (nach Liu & Bell, 1, 16)

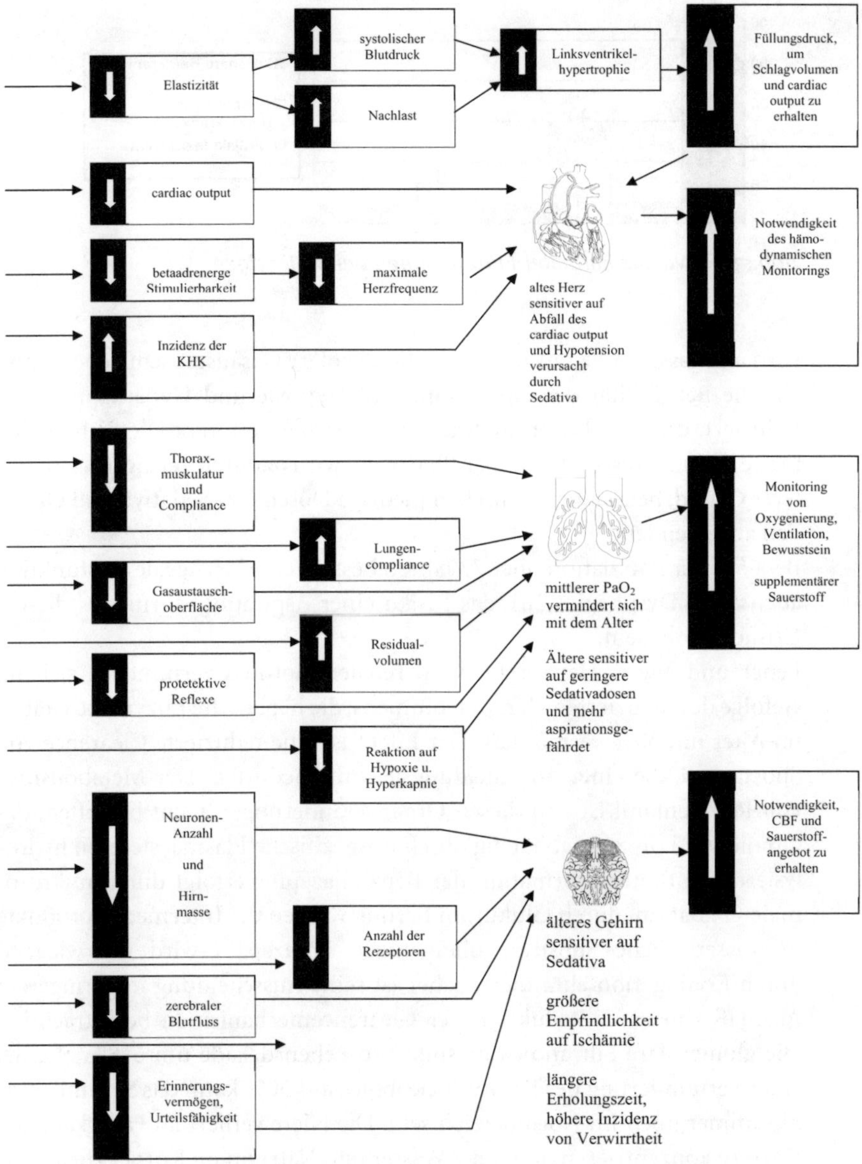

Abb. 2: Pharmakodynamische Begründung, warum die Initialdosis eines Pharmakons im Alter reduziert werden muss (nach Liu & Bell, 1, 16)
CVI = cerebrovaskuläre Insuffizienz, ACI = Arteria carotis interna

Respiratorisches System: Im Senium sinkt die Elastizität der Thoraxwand, der Thorax wird starr und hypomobil. Die Atemtätigkeit ist vornehmlich durch eine Bewegung des Abdomens zu erkennen. Die Atemmuskulatur

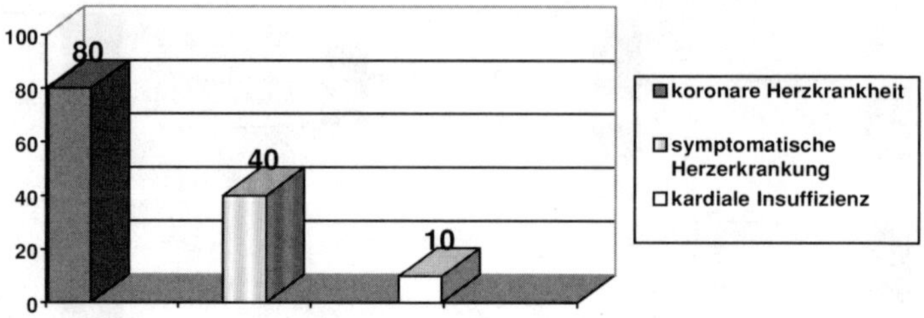

Abb. 3: Prävalenz kardialer Erkrankungen bei 80-Jährigen

wird an Masse und Kraft reduziert, die alveoläre Gasaustauschfläche nimmt ab. Die Reagibilität des Organismus auf Hypoxie und Hyperkapnie wird reduziert, die protektiven Reflexe gehen rascher verloren. Die Sicherheitsbreite atemdepressiv wirksamer Pharmaka wird dadurch geringer – ein weiterer Grund, beim alten Menschen niedrige Dosen von Sedativa und Opioiden anzuwenden.

Bei 65% der Population über 72 Jahren besteht eine laryngeale Dysfunktion auch ohne Dysphagie (26), das Risiko einer Aspiration dürfte aus diesem Grund erhöht sein.

Leber und Niere: Hepatischer und renaler Blutfluss vermindern sich im Gefolge des reduzierten Herzzeitvolumens, die hepatische Enzymaktivität ist im Alter um 30% vermindert. Der Effekt ist eine reduzierte Clearence von Substanzen, die einer Ausscheidungsleistung bedürfen. Der Metabolismus von Remifentanil ist von diesen Organveränderungen nicht betroffen, das Opioid wird organunabhängig durch unspezifische Plasmaesterasen hydrolysiert. Die Biotransformation der Benzodiazepine erfolgt durch mikrosomale Oxidation, durch Glukuronidierung werden die Intermediärprodukte in wasserlösliche Substrate übergeführt. Lorazepam wird überwiegend durch Konjugation eliminiert, daher ist seine Ausscheidung in geringerem Ausmaß von einer Reduktion der Clearencemechanismen beeinträchtigt. Die glomeruläre Filtrationsrate sinkt pro Lebensdekade um 6–8% (1). Bei einer Verminderung der Kreatininclearence auf 50% kann das Serumkreatinin immer noch im Normbereich sein. Die Niere verliert an Fähigkeit, den Harn zu konzentrieren und freies Wasser und Natrium im Körper zurückzuhalten. Die Potenz der Niere, den Säure-Basen-Haushalt zu regulieren, vermindert sich. Daher dürfte der alte Organismus bei Flüssigkeitsmangel (Nüchternheit!) in besonderem Ausmaß zu Dehydratation, Kreislaufinstabilität und Elektrolytstörungen disponieren (1).

Zentralnervensystem: In Thalamus, Locus coerulaeus und in den Basalganglien tritt ein selektiver Untergang von Neuronen auf (1), die Hirnmasse vermindert sich im Laufe des Lebens um 30%, die Dichte der spezifischer

Rezeptoren nimmt ab (Serotonin, Azetylcholin, Dopamin) (1). Zerebraler Blutfluss und Sauerstoffbedarf werden reduziert. Die Schwellenwerte der sensorischen Leistungen werden angehoben, Denk- und Erinnerungsleistungen nehmen ab. Das Aufrechterhalten des cerebralen Blutflusses und des cerebralen Sauerstoffangebots haben höchste Priorität, da das alte Gehirn extrem empfindlich auf Ischämie reagiert. Die regulative Kapazität zur Erhaltung der Homöostase unter Stress (OP, Trauma etc.) ist bei alten Menschen reduziert. Ein einmaliger Blutdruckabfall mit reduziertem cerebralen Blutfluss oder eine kurze Phase einer Hypoxämie während eines Eingriffs sind geeignet, eine schwere Hirnleistungsstörung auszulösen.

Thermoregulation: Die Reaktion auf Hypothermie ist verzögert, der Schwellenwert für Kältezittern ist auf einem niedrigeren Niveau der Körperkerntemperatur angesiedelt. Die unelastischen Blutgefäße der Haut verhindern eine adäquate Vasokonstriktion, die in kalter Umgebung thermoprotektiv wirkt. Der Grundumsatz ist auf einem niedrigeren Niveau arretiert. In Summe resultiert ein verminderter Schutz vor Wärmeverlusten und eine reduzierte Fähigkeit zur aktiven Thermogenese. Daher sind auch bei kurzen Eingriffen alle Maßnahmen zur Thermoprotektion zu ergreifen (gewärmte Infusionslösungen, Abdecken mit Tüchern und Folien). Ist es absehbar, dass ein Mensch – ob jung oder alt – länger als 30 Minuten kälteexponiert sein wird (unbedeckte Körperflächen, große Wundflächen), so erscheinen aktiv wärmende Verfahren angezeigt (Warmluftdecken etc.).

Prädiktoren für postoperative Komplikationen im Alter: Die Wahrscheinlichkeit, dass der postoperative Verlauf durch Komplikationen belastet sein wird, welche die Morbidität oder Mortalität erhöhen, wird durch die Präsenz dreier Faktoren signifikant erhöht: *1. Komorbidität, 2. Notfalleingriff, 3. intraoperative Tachykardie.* Diese Indikatoren wurden von Leung et al. (6) vor kurzem an 540 Patienten evaluiert. Es sind weitere Studien notwendig, um zu erfahren, welche Einflussgrößen mit einer intraoperativen Tachykardie assoziiert sind. Aus der Pathophysiologie des perioperativen Zutandes könnte vermutet werden, dass es sich um Faktoren handelt, die zu einer sympathoadrenergen Stimulation führen, d.h. Stress, Schmerz, Angst, Hypoxie, Hyperkapnie, Hypovolämie, kardiale Insuffizienz etc. Diese Faktoren wären einer Beeinflussung zugänglich. Der Effekt der entsprechenden Maßnahmen müsste an einem ausreichend großen Kollektiv bestimmt werden. Für die präoperative Begutachtung stellen sich 2 Fragen: 1. Die Frage nach der absoluten Dringlichkeit des Eingriffs (unabhängig von Kofaktoren wie systemisch-organisatorische Abläufe, subjektiv-personelle Faktoren der Behandelnden etc.). 2. Falls eine Intervention nicht unmittelbar dringlich ist (vitale Indikation, Gefahr von Organverlust oder bleibender Organschädigung): Kann der präoperative Zustand des Patienten verbessert werden (Korrekturen des Flüssigkeits- und Elektrolythaushalts, Herstellen von Normothermie, Analgesie, Optimierung der kardiovaskulären oder respiratorischen Situation, Substitution von Blutprodukten etc.)? Die Kenntnis der nichtbeeinflussbaren Parameter hat sozusagen „indikativen Wert", d.h. dass man bei hoher Risikokonstellation große Aufmerksamkeit walten lässt, um Komplikationen früh zu erkennen (Monitoring) und Auslenkungen der physiologischen Parameter rechtzeitig zu behandeln.

Tab. 2: Konsequenzen der veränderten Physiologie im Senium im Hinblick auf Wahl und Dosis von Sedativa und Opioiden

Benzodiazepine: erhöhte Sensitivität durch verminderte hepatische Enzymaktivität, reduzierte renale Clearence und verminderte Proteinbindung, 2 mg Midazolam führen bei 90% zu einem $s_aO_2 < 90\%$ → Dosisreduktion um 50–75% notwendig, behutsame Titration, reduzierte Gesamtdosis, bevorzugte Verwendung von BZD mit inaktiven Metaboliten; Vermeiden von BZD mit langer HWZ und/oder aktiven Metaboliten (Diazepam)

Opioide: reduzierte Proteinbindung und erhöhtes Verteilungsvolumen führen zu verlängerter Wirkdauer und verstärkten Effekten, gesteigerte kardiovaskuläre und respiratorische Depression. Verstärkter Synergismus mit BZD → vorsichtige Dosisanpassung in kleinen Schritten, Dosisreduktion um 50% bei Fentanyl und Remifentanil, keine BZD während Opioidtitration, Vermeiden von Opioiden mit langer HWZ (z. B. Pethidin als Monosubstanz zur Sedierung)

Propofol: erhöhte Sensitivität des Gehirns, Clearence und Verteilungsvolumen vermindert. Reduziertes Herzminutenvolumen verzögert den Effekt, starke Kreislaufdepression → maximale Einmaldosis zur Sedierung 10 mg, langsame Injektion, Abwarten des Effekts (5 Minuten)

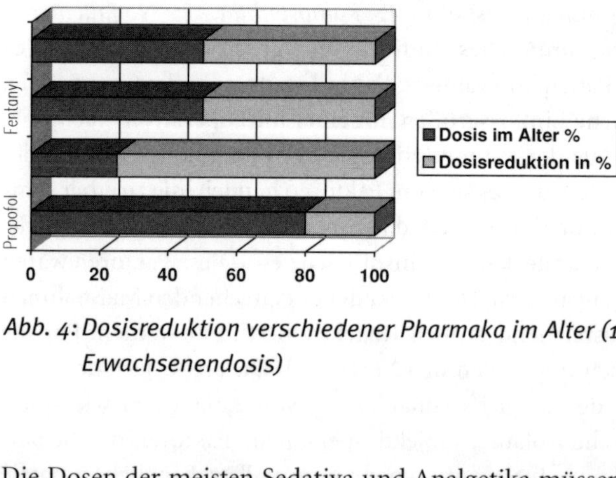

Abb. 4: Dosisreduktion verschiedener Pharmaka im Alter (100% = übliche Erwachsenendosis)

Die Dosen der meisten Sedativa und Analgetika müssen im Alter reduziert werden. Wie pharmakokinetische Studien gezeigt haben, liegen die notwendigen Propofoldosen für die Anästhesieeinleitung bei 80–90% der üblichen

Erwachsenendosen. Die klinische Beobachtung zeigt jedoch, dass im Senium eine Allgemeinanästhesie bereits mit 1 mg/kg eingeleitet werden kann (1). Midazolam muss besonders vorsichtig titriert werden, EEG-bewertete Messungen des sedativ-hypnotischen Effekts haben gezeigt, dass die üblichen Dosen um 50–75% reduziert werden müssen. Die Plasmakonzentrationen für eine EEG-Depression im Senium durch Fentanyl liegen bei etwa 50% der unter 65-Jährigen (4). Auch Remifentanil ist etwa doppelt so effektiv beim älteren Patienten, nur 50% einer Bolusdosis und nur ein Drittel der kontinuierlichen Zufuhrrate sind für eine äquipotente Analgesie wie bei Jüngeren notwendig (1). Werden Pharmaka mit langen Halbwertszeiten und/oder aktiven Metaboliten verabreicht (z. B. Pethidin, Diazepam), so ist mit einer verlängerten Wirkung zu rechnen. Bei einer kontinuierlichen Medikation ist darauf zu achten, ob es zu einer Zunahme der Effekte durch Kumulation kommt. Dann müsste die Dosis reduziert oder das Dosierungsintervall verlängert werden.

Tab. 3: Midazolam beim alten Menschen (nach Whitwam & McClay, 5)

Die initiale Dosis von Midazolam beim alten Menschen, beim chronisch Kranken und beim reduziertem AZ muss auf **1–1,5 mg** reduziert und 5–10 Minuten vor dem Eingriff verabreicht werden.
Wenn notwendig, können Folgedosen von **0,5–1 mg** gegeben werden.
Kumulative Dosen von mehr als 3,5 mg sind üblicherweise nicht notwendig

Appendix: Das postoperative Delir und andere kognitive Störungen im Anschluss an einen Eingriff

Das postoperative Delir ist eine häufige und lebensbedrohliche postoperative Komplikation (7). Seine Prävalenz wird häufig unterschätzt, die Rate an Fehldiagnosen ist hoch (7). Es gibt auslösende Mechanismen, die beeinflussbar sind. Wenn sich schließlich ein postoperatives Delir entwickelt, wird es häufig zu spät erkannt und/oder eine erfolgreiche Intervention erfolgt mit Verzögerung. Je mehr Zeit verstreicht, in der ein postoperatives Delir „reifen“ kann, desto aggressiver und riskanter muss später die Therapie werden. Mit einer inadäquaten Therapie erhöht sich die Lebensgefahr des Patienten. Die Kenntnisse prädisponierender Faktoren und der anerkannten und effektiven Therapie sind für jeden Arzt essentiell, der mit Patienten nach diagnostischen oder operativen Interventionen in Kontakt kommt.

Definition (8): Ein Delir ist ein organisches Hirnsyndrom, das sich akut entwickelt, einen fluktuierenden klinischen Verlauf zeigt und gekennzeichnet ist durch Störungen von

- Aufmerksamkeit
- Gedächtnis
- Orientierung
- Wahrnehmung
- Psychomotorik und Verhalten
- Schlaf

Ein Delir kann das erste **Symptom** einer Erkrankung sein (z. B. Pneumonie) oder eine unerwünschte Wirkung eines Medikaments repräsentieren. Delirante Patienten neigen zur Selbstgefährdung und Selbstverletzung, eine inadäquate Immobilisierung oder Sedierung führt mit höchster Wahrscheinlichkeit zu schweren Atemwegskomplikationen (Sekretretention, Dystelektasen, nosokomiale Pneumonie) bzw. zu Lagerungsschäden.
Die Folgen eines Delirs sind erhöhter personeller Aufwand, eine Verlängerung des Krankenhausaufenthalts, erhöhte Kosten und eine Mortalität bis zu 40% (7, 9).

Klinik: Typischerweise beginnt ein postoperatives Delir innerhalb der ersten 4 Tage nach einem Eingriff. Häufig ist ein **Prodromalstadium** erkennbar, mit Symptomen von Reizbarkeit, Verwirrtheit oder auch Rückzug und verärgert-ausweichendem Verhalten (7). Mitunter wird dem Personal ein feindseliges Verhalten unterstellt. Das Prodromalstadium erscheint typischerweise abends oder nachts. Die Störung von Aufmerksamkeit ist das zentrale Symptom des Delirs, die Patienten sind hochgradig ablenkbar und können sich nicht konzentrieren. Das kurz- und mittelfristige Gedächtnis ist gestört, zeitliche Desorientierung ist die typische Folge. Die Orientierung zu Ort und Person bleibt lange erhalten, die Fluktuation der Symptome ist typisch. Verhalten bzw. Wachheit sind in 2 mögliche Richtungen abgelenkt: Das hyperaktiv-agitierte Verhalten ist gekennzeichnet von motorischer Unruhe (Nesteln, Zupfen, Stereotypien, zwecklos-repetitive Handlungen, Fluchtäquivalente), erhöhter Wachsamkeit bzw. verstärkte Reaktion auf Reize und einem gesteigerten Sympathikotonus (Hypertonie, Tachykardie, Schwitzen, Hyperthermie etc.). Das ***hyperaktive Delir*** wird den meisten als das „typische Delir" erscheinen. Das ist aber möglicherweise nur deswegen der Fall, weil hyperaktives Verhalten auffälliger ist als zurückgezogenes und silentes. Die beiden Erscheinungsformen des Delirs sind etwa gleich häufig, die ***hypoaktive*** Erscheinungsform zeigt üblicherweise schwerere kognitive Störungen und hat einen längeren Krankenhausaufenthalt zur Folge. Das hypoaktive Delir ist typisch für eine metabolische Ätiologie, die hyperaktive Variante ist häufig mit Alkoholentzug assoziiert. Das Denken des Deliranten ist in progressiver Weise gestört und hat traumartigen Charakter, die Folge der Gedanken ist weitschweifig, ziellos, unlogisch oder ohne Zusammenhang, die Urteilsfähigkeit ist schwer beeinträchtigt*. Wahnsymptome wie Halluzinationen kommen in 70% vor und haben meist Verfolgungs- und Beeinträchtigungsthemen zum Inhalt. Fehlinterpretationen der Wahrnehmung und Halluzinationen treten hauptsächlich nachts auf und erscheinen als „ängstlich-agitiertes" Verhalten. Charakteristisch sind 2 Arten von Bewegungsstörungen, die beim Delir vorkommen: **Asterixis** (flapping-Tremor, häufig mit metabolischen Ursachen assoziiert) wird deutlich, wenn man den Patienten auffordert, die Arme und Hände horizontal gestreckt zu halten; **multifokale Myoklonien** (unwillkürliche Aktivität von Muskelgruppen an mehreren, rasch wechselnden Stellen) treten vor allem im Bereich von Gesicht und Schultern auf.

Diagnose: Der AMT (Abbreviated Mental Test) ist ein sehr sensitiver und spezifischer Test für hospitalisierte Patienten, um ein Delir zu diagnostizieren. Der Test besteht aus 10 Fragen; werden 3 oder mehr Fragen falsch beantwortet, so ist der Test positiv zu bewerten.

Tab. 4: Abbreviated Mental Test (AMT) zur Diagnose des Delirs
(adaptiert an österreichische Bedingungen**) (nach 10)

1	Wie alt sind Sie?
2	Wie spät ist es? (nächste volle Stunde)
3	Merken Sie sich bitte die folgende Adresse: Kirchengasse 42.
4	Welches Jahr haben wir gerade?
5	Wie heißt dieses Krankenhaus?
6	Wiedererkennen von 2 Personen (z. B. Schwester, Arzt)
7	Wann sind Sie geboren?
8	In welchem Jahr hat der Erste Weltkrieg begonnen?
9	Wie heißt der Bundespräsident?
10	Zählen Sie bitte zurück, von 20 bis 1. Wie lautet die Adresse, die Sie sich gemerkt haben?

* Der Delirante kann für sich selbst keine Verantwortung übernehmen (= nicht reversfähig!).

** In der britischen Originalversion heißt es bei Frage 3: 42nd West Street, Frage 9: name of monarch.

Tab. 5: Differentialdiagnose Delir–Demenz (nach O'Keeffe & Chonchubhair, 7)

	Delir	Demenz
Beginn	akut, Stunden bis Tage	allmählich
Verlauf	fluktuierend über Stunden	progressiv, über Monate
Dauer	Tage bis Wochen	Monate bis Jahre
Aufmerksamkeit	beeinträchtigt, sehr ablenkbar	unbeeinträchtigt, außer bei starker Ausprägung
Orientierung	üblicherweise beeinträchtigt	häufig beeinträchtigt
Gedächtnis	gestört, vor allem Kurzzeit-	gestört, vor allem Langzeit-
Wahrnehmung	Störungen üblich	Störungen unüblich
Sprache	inkohärent	Wortfindungsstörungen
Schlaf-Wach-Rhythmus	immer unterbrochen	häufig unterbrochen bei schwerer Demenz

Wird die Diagnose *Delir* in Zweifel gezogen, so kann ein **EEG** eine nützliche Untersuchung sein (7).
Häufigkeit: In der Literatur werden verschiedene Inzidenzraten angegeben. Die Inzidenz des Delirs ist abhängig vom chirurgischen Eingriff, von der untersuchten Population (Altersschnitt), vom präoperativen kognitiven und physischen Allgemeinzustand und von den verwendeten sedierenden Medikamenten. Bei Intensivpatienten kommt es in 20–40% zur Entwicklung eines Delirs (11), Patienten mit Verbrennungen dürften mit besonders großer Wahrscheinlichkeit dazu disponieren. Viele Transplantationskandidaten haben infolge metabolischer Abweichungen häufig ein präoperatives Delir, das mitunter nach dem Eingriff durch eine verbesserte metabolischen Situation verschwindet. Zusammengefasst lässt sich sagen, dass das Risiko eines postoperativen Delirs mit der Komplexität des chirurgischen Eingriffs zunimmt (7). Es wäre aber ein Fehlschluss anzunehmen, dass die Entstehung eines postoperativen Delirs ausschließlich durch Chirurgie oder Anästhesie verursacht wird (7).

Tab. 6: Inzidenz des postoperativen Delirs in Abhängigkeit vom Eingriff

Aortenaneurysma-Chirurgie	46%
Schenkelhalsbruch, operativ versorgt	26–61%
Offene Herzchirurgie	32%
Klappenersatz	24–38%
Intensivpatienten	20–40%

Folgen: Durch ein Delir verlängert sich im Schnitt die Aufenthaltsdauer im Krankenhaus um das 2–3fache (7), die Mortalität steigt auf 4-39%. Typische Komplikationen im Gefolge eines Delirs sind Stürze, Wundliegen, Harnwegsinfekte, Ernährungsprobleme und Aspirationspneumonien. Nach Hüftgelenksersatz kommt es häufig zu Luxationen des operierten Gelenks (7). Etwa 7% der betroffenen Patienten zeigen eine massive und bleibende Verschlechterung der kognitiven Funktionen, einige werden dauerhaft pflegebedürftig. Nach jüngeren Studien dürften nach 6 Monaten noch immer 80% der Patienten veränderte kognitive Funktionen aufweisen. Daher wird in letzter Zeit die Annahme in Zweifel gezogen, dass das postoperative Delir eine „*vorübergehende* Störung der kognitiven Funktionen" sei (7).
Ätiologische Faktoren: Es besteht die Annahme, dass multiple Faktoren in synergistischer Weise zusammenwirken (typische prädisponierende Faktoren s.u.). Bei manchen Patienten dürfte eine Phase von Hypoxie zu einem permanenten strukturellen Hirnschaden führen. Bei anderen Patienten scheint es so zu sein, dass der Auslöser für die Entwicklung eines Delirs sehr geringfügig ist und das Erscheinen eines Delirs eine verminderte cerebrale Leistungsreserve anzeigt bzw. eine zuvor klinisch unerkannte Demenz zur Dekompensation bringt (7).
Pathophysiologie: Im Vordergrund der theoretischen Betrachtungen steht die Vorstellung, dass ein Delir die klinische Manifestation einer diffusen, reversiblen Störung des oxidativen Hirnmetabolismus und einer ausgelenkten Neurotransmission repräsentiert (7).
In die Regulation von Schlaf, Aufmerksamkeit und Gedächtnis sind zentrale cholinerge Bahnsysteme involviert. Diese reagieren sehr sensitiv auf toxische und metabolische Einflüsse. Möglicherweise sind auch serotoninerge und noradrenerge Mechanismen bei der Genese eines Delirs beeinträchtigt.

Delirogene Medikamente und eine gestörte Sauerstoffversorgung des Gehirns haben den größten Einfluss im Hinblick auf die Genese eines postoperativen Delirs (7).

Die Kenntnis dieser Faktoren ist essentiell, da etliche beeinflussbar sind (z. B. postoperative Blutungsanämie) und einem präzipitierenden Faktor antizipatorisch begegnet werden kann (z. B. rechtzeitiges Erkennen und Behandeln eines reduzierten Hämoglobinbestandes). Die Existenz eines Delirs kann auch hinweisenden Charakter haben, wenn es als erstes Symptom einer Erkrankung auftritt, die noch subklinisch verläuft (z. B. kardiale Insuffizienz nach stillem Myokardinfarkt). Die **häufigsten Auslöser** für ein postoperati-

Tab. 7: Prädisponierende und präzipitierende Faktoren in der Entwicklung eines postoperativen Delirs (nach O'Keeffe & Chonchubhair, 7)

Alter über 75 a
strukturelle Hirnerkrankung (Demenz, cerebrovaskuläre Insuffizienz, M. Parkinson)
schlechter AZ
Depression
anticholinerge Medikation
Vitaminmangel (v.a. Thiamin)
Alkohol- und BZD-Abhängigkeit und -Entzug
Trauma (Fettembolie, SHT)
Epilepsie
Angst?
Proteinmalnutrition?
Medikamente (siehe Tabelle 8)
vermindertes Sauerstoffangebot (Hypotension, Hypoxämie, Hypokapnie, Hypovolämie, Anämie)
kardiopulmonaler Bypass
Infektion (Respirationstrakt, Harnwegsinfekt, Wundinfektion etc.)
metabolische Störungen (Hypo-/Hyperglykämie, Elektrolytstörungen, Azidose/Alkalose, endokrine Erkrankungen, Organinsuffizienz, Hypalbuminämie)
Herzerkrankung (Myokardinfarkt, Herzinsuffizienz)
Schlafentzug
Umgebungsfaktoren (sensorische Deprivation/Reizüberflutung)
chirurgischer Eingriff
Anästhesiedauer

ves Delir sind Hypoxämie, Infekte des Respirationstrakts, metabolische Störungen, vaskuläre Erkrankungen, Drogentoxizität und Alkoholentzug (12). Atemwegsinfekte treten bei 25% der älteren Menschen nach einem chirurgischen Eingriff auf und machen etwa ein Viertel aller vermeidbaren postoperativen Todesfälle aus. Ein Delir kann ein typisches Frühsymptom eines Atemwegsinfekts sein, noch ehe sich die typischen klinischen oder radiologischen Zeichen präsentieren. Ein Delir ist sowohl Ursache als auch Folge von Hyponatriämie und Dehydratation. Die typische Ursache der Hyponatriämie ist der antidiuretische Effekt von Stress. Schwere Hyponatriämien sind fast immer iatrogen und werden bei einem Serumnatrium < 125 mmol/l klinisch manifest, typische Ursachen sind Verdünnungshyponatriämien (Zufuhr großer Mengen an Glucose 5%, transurethrale Eingriffe unter Mannitinstillation in die Harnblase, Resorption hypotoner Lavagelösungen etc.). Ein Serumnatrium >150 mmol/l oder < 130 mmol/l ist ein starker, unabhängiger Prädiktor für die Entwicklung eines postoperativen Delirs.

Schlaflosigkeit ist eher Folge als Ursache eines Delirs (7).

Tab. 8: Medikamente, die mit Delir assoziiert sind
(nach O'Keeffe & Chonchubhair, 7)

zentral anticholinerg wirksame Pharmaka	
	Atropin, Scopolamin
	Antihistaminika
	trizyklische Antidepressiva
	Antipsychotika
	Antiparkinsonmittel
	Antiarrhythmika
	Benzodiazpine
	Opioide (v.a. Pethidin)
	Ketamin
	halogenierte Kohlenwasserstoffe („Anästhesiegase“)
kardiovaskulär wirksame Medikamente	
	Digitalis-Glykoside
	Betablocker
	Diuretika
	Kalziumantagonisten
Antiepileptika	
antiinflammatorisch wirksame Pharmaka	
	Kortikoide
	NSAR
	Cyclosporin
	OKT_3
gastrointestinal wirksame Pharmaka	
	Metoclopramid
	H_2-Blocker
Antibiotika	
	Penizilline
	Cephalosporine
	Gyrasehemmer
	Aminoglykoside
orale Antidiabetika	

Die delirogene Wirkung der H_2-Blocker ist nicht dosisabhängig (7). Ein Delir ist ein häufiges Frühsymptom einer Digitalsüberdosierung beim älteren Menschen.

Management:
Ein erfolgreiches Management des Patienten mit Delir erfordert eine ***frühzeitige Diagnose*** *und eine* ***frühzeitige Behandlung der zugrunde liegenden Faktoren.*** *Im Verlauf sollen* ***Flüssigkeits- und Elektrolythaushalt*** *optimiert werden, adäquate Ernährung und eine* ***psychologische Unterstützung*** *sind essentiell. Die wenigsten Patienten benötigen eine pharmakologische Therapie, um vor selbstschädigenden Handlungen geschützt zu werden oder um ihren Distress zu kontrollieren. Physische Beschränkung ist inhuman, kann die Agitiertheit steigern und die Mortalität erhöhen (7).*

Aus der **Anamnese** werden sich Hinweise auf BZD- oder Äthanolabhängigkeit ergeben. Das Einbeziehen der nahen Bezugspersonen ist sehr ratsam, da der betroffene Patient nur mehr eingeschränkt explorierbar sein mag, sich Hinweise auf die biographische Anamnese ergeben (was den Zugang zum Patienten wesentlich erleichtert) und die Angehörigen auch eine wesentliche Unterstützung im Hinblick auf die Reorientierung leisten können. Im Rahmen der **klinischen Untersuchung** achtet man auf Zeichen der Dehydratation, Harn- oder Stuhlretention, Infektion, Gefäßerkrankungen und neurologische Auffälligkeiten (Meningismus! Tremor, Myoklonien, lebhafte Reflexe, Mydriasis, Schwitzen etc.). Die **Krankengeschichte** wird auf delirogene Medikamente durchforstet. **Laboruntersuchungen** umfassen komplettes Blutbild, Blutzucker, Elektolyte (Natrium, Chlorid, Kalium, Phosphor, Kalzium), BUN und Kreatinin, SGOT, GGT, Bilirubin, arterielle Blutgase und Harnbefund. 12–Kanal-EKG, Lungenröntgen und Blutkulturen sind basale Diagnostik. Die second-line-Diagnostik umfasst in komplizierten Fällen CCT, EEG und Lumbalpunktion.
Therapie: Die Vorteile einer supplementären **Sauerstoffgabe** im Delir sind erwiesen (13). Im klinischen Alltag ist zu beobachten, dass sich die Patienten gegen alle möglichen „Beeinträchtigungen" wehren und sie von sich weisen. Es ist der Kunst und Kreativität der Pflege und der ärztlichen Zuwendung anheimgestellt, wie erfolgreich diese supportive Maßnahme akzeptiert werden wird. Delirante Patienten neigen zur Dehydratation. Eine i.v.-**Flüssigkeitstherapie** ist indiziert, wenn ein Patient schockiert ist, wenn er stark dehydriert ist oder wenn er nicht in der Lage ist zu trinken. Die s.c.-Flüssigkeitstherapie wird als eine sinnvolle Alternative beschrieben, wenn die Dehydratation weniger stark ausgeprägt ist und wenn der Flüssigkeitsstatus erhalten werden soll (7). Obwohl der Beweis eines definitiven Nutzens noch nicht erbracht werden konnte, sollten alle Patienten mit Delir ein **Multivitaminpräparat** erhalten (7). Furcht und Angst sind die dominierenden Gefühle

während eines Delirs, beruhigende Zuwendung und Erklärungen sind *wiederholt* notwendig. Die **Umwelt** des Menschen im Delir soll so beschaffen sein, dass sie die Orientierung an einen Tag-Nacht-Rhythmus erlaubt (unter Tag natürliches Licht, nachts keine künstliche Beleuchtung, kein Lärm durch Alarme oder Geräte). Wenn immer möglich, sollen Angehörige beim Patienten sein dürfen, ihre Anwesenheit wirkt angstreduzierend und reorientierend (7).

Die **Pharmakotherapie** des Delirs ist ein zweischneidiges Schwert: Einerseits ist sie essentiell beim agitierten und halluzinierenden Patienten, andererseits kann eine Übersedierung das Delir verlängern, vor allem bei jenen Patienten, deren Verlauf zwischen Agitation und Lethargie fluktuiert (7). Antipsychotika sind die Medikamente der Wahl, zur Zeit gilt **Haloperidol** als das first-line-Medikament in der Akutbehandlung des Delirs (7). Man beginnt mit niedrigen Dosen und kurzen Dosierungsintervallen. Gegenüber den Benzodiazepinen haben Antipsychotika eine geringere Wahrscheinlichkeit, mit der respiratorischen Funktion zu interagieren oder die kognitiven Funktionen weiter zu verschlechtern (7). Für ältere Patienten ist orales Haloperidol in einer Dosis von 0,5–2 mg, 3–4x täglich adäquat. An Intensivstationen sind häufig höhere Dosen zur Beherrschung eines Delirs notwendig: Bei geringgradiger Agitiertheit beginnt man mit 0,5–2 mg i.v., bei starker Agitiertheit mit 5–10 mg (14). Wenn die Agitation weiter fortbesteht, kann die Dosis alle 20 Minuten verdoppelt werden (7).

Benzodiazepine sind die Medikamente der Wahl beim Entzug von Alkohol, Benzodiazepinen und bei Patienten mit Erkrankungen der Extrapyramidalmotorik (7). Lorazepam (Temesta®) und Temazepam (Levanxol®, Remestan®) haben kurze Halbwertszeiten und werden vielfach wegen ihrer guten Steuerbarkeit bevorzugt. In der Praxis werden jedoch auch BZD mit längeren Halberwertszeiten in bewährter Weise verabreicht, wie z. B. Diazepam (Gewacalm®) oder Nitrazepam (Mogadon®). Vor allem, wenn höhere Dosen gegeben werden, muss eine Evaluation des Effekts und möglicherweise eine Dosisadaptation erfolgen.

Auf Intensivstationen kann nachts kurzfristig und unterstützend **Propofol** (Diprivan®, Disoprivan®) bei schwerem Alkoholentzug oder einer starken Agitation durch andere Ursachen herangezogen werden, um einen raschen Schlafanstoß zu bewirken. Da seine Wirkung rasch abklingt und es exzellent steuerbar ist, kann einem möglichen Dosisexzess anderer Sedativa begegnet werden. Es ist jedoch zu beachten, dass durch Anwendung von Propofol keine therapeutische Handlung im engeren Sinn gesetzt wird. Wenn der Patient in Spontanatmung bleiben soll, muss die Vigilanz des Personals hoch sein. Man kann den Schlafanstoß mit 1 mg/kg über 2 Minuten i.v. initiieren und dann je nach Wirkung, ausgehend von 2 mg/kg/h, zurücktitrieren.

Wird ein Delir durch anticholinerg wirksame Pharmaka verursacht, so kann **Physostigmin** (Anticholium®) die Symptome rasch beenden. Bei älteren Patienten beginnt man mit 0,5 mg langsam i.v., diese Dosis kann bis zu einer Gesamtdosis von 2 mg alle 10–20 Minuten wiederholt werden. Die Physostigmingabe kann auch von diagnostischem Wert sein. Leider ist der Effekt der Substanz kurz und die Liste seiner Kontraindikationen lang.

Delirprophylaxe

Unter diesem Begriff existieren an verschiedenen Institutionen Medikamentenregimes, deren Anzahl mindestens so groß ist wie die Anzahl der Institutionen. Aus der Heterogenität der Maßnahmen ist zu erkennen, dass diese Regimes unkritisch tradiert werden und keines eine rationale Grundlage innehat. Häufig werden die entsprechenden Pharmaka hoffnungslos überdosiert, die (kumulativen) Effekte von BZD mit langen Halbwertszeiten werden ignoriert, Fehlindikationen werden mit Dosissteigerungen kompensiert, schließlich sind Medikamente in Gebrauch, die eigentlich aus dem Verkehr gezogen werden sollten.

Die wichtigste Maßnahme zur Prophylaxe eines perioperativen Delirs sind das Vermeiden und Behandeln von Hypoxie und Hypotension vor, während und nach einem Eingriff.

Sauerstofftherapie während des operativen Eingriffs und vor allem die nächtliche Sauerstofftherapie haben eine essentielle prophylaktische Wirkung (7, 13). **Pflegerische Maßnahmen** zielen darauf ab, die Umgebung des Patienten vor Stressfaktoren zu schützen (nächtliches Licht, Lärm, Vermeiden von Schlafstörungen durch Routinehandlungen etc.). Es ist erwiesen, dass eine adäquate Pflege die Wahrscheinlichkeit reduziert, dass ein Delir auftritt (15).

Wann immer es möglich ist, soll der Patient im bestmöglichen Zustand zur Operation kommen. Metabolische Auslenkungen, Dehydratation, Herzversagen und Infektionen müssen aggressiv behandelt werden. Vitaminsupplemente sollen in prophylaktischer Zielsetzung nur Alkoholkranken oder anderweitig mangelernährten Individuen vorbehalten sein (7).

Postoperativ sind die Patienten von Information abhängig. Es ist denkbar, dass durch ein Verfahren wie Conscious Sedation, in dem die Erfahrung der Zeitkontinuität erhalten bleiben kann, geringere Schwierigkeiten bei der Reorientierung auftreten. Auch Leung et al. (6) weisen darauf hin, dass es für die alten Patienten sehr wichtig ist, dass sie wieder in den Gebrauch ihrer

Hilfsmittel (Brillen, Hörgeräte etc.) kommen, da diese für die Interaktion mit ihrer Umwelt notwendig sind.
Delir: siehe auch Kapitel „Sedierung aus psychiatrischer Sicht“, Seite 469.

Postoperative kognitive Dysfunktion (POCD)

Es hat den Anschein, dass die Entität der *postoperativen kognitiven Dysfunktion* eine gewisse thematische Überschneidung mit dem *postoperativen Delir* aufweist. Es handelt sich bei der POCD definitionsgemäß um eine ***länger dauernde*** Verminderung von kognitiven Hirnleistungen, die im Gefolge von Operationen auftritt. Wiewohl sich Evaluation und Interpretation neuropsychologischer Testverfahren im perioperativen Setting methodisch als sehr problematisch erwiesen haben (16), kann bisher über die postoperative kognitive Dysfunktion ausgesagt werden, dass es wie beim postoperativen Delir prädisponierende Faktoren gibt:

Tab. 9: Prädisponierende Faktoren für die POCD
(postoperative kognitive Dysfunktion), nach 17 und 18

niedriges Bildungsniveau
hohes Alter
Dauer der Anästhesie
Infekte
präoperative kognitive Defizite
Depression

Die Inzidenz des POCD beträgt in der ersten Woche nach einem Eingriff bis zu 26% (18).
Bei den betroffenen Patienten kommt es zur Beeinträchtigung sprachlicher, visuell-räumlicher und semantischer Fähigkeiten und zu Gedächtnisstörungen, die nach 3 Monaten noch bei 56% vorhanden sind (17). Extreme Vergesslichkeit, die tagelang anhalten kann, ist auch nach Gabe geringer Benzodiazepindosen beschrieben worden (19). Eine höhere Wahrscheinlichkeit einer prolongierten BZD-Wirkung dürfte bei Substanzen gegeben sein, die über das hepatische P-450-System metabolisiert werden (z. B. Diazepam, Midazolam) (20). POCD dürfte auch im mittleren Lebensalter eine hohe Inzidenz haben. Johnson et al. (24) fanden es in 19% aller Patienten 1 Woche nach einer Operation, es bestand eine Assoziation mit Epiduralanästhesie und Alkoholkarenz.

Zentrales anticholinerges Syndrom (ZAS)

Das zentrale anticholinerge Syndrom ist eine Entität, die seit 1966 diskutiert wird (21).

Seit dem Beginn der 90er-Jahre werden Stimmen lauter, die seine Existenz in Frage stellen (23). Es handelt es sich um einen variablen Symptomenkomplex eines potenziell lebensgefährlichen (25) Zustandsbildes, ausgelöst durch multiple Pharmaka, in typischer Weise von solchen mit anticholinerger Wirkung. Klinisch ist es durch eine protrahierte Bewusstseinsstörung gekennzeichnet, die quantitativ zwischen Somnolenz und Koma liegt. Die Bewusstseinsstörung ist mit Amnesie, Desorientiertheit, Agitiertheit, Logorrhoe, Dysarthrie, ängstlicher Unruhe, Kopfschmerzen, Muskelzittern, Myoklonien und Krampfanfällen verknüpft (22). Einer *somnolenten Form* des ZAS wird eine *delirante oder agitierte* Form gegenübergestellt, wobei der Anteil der deliranten Variante etwa 15% betragen soll (überwiegend junge Männer unter 30 Jahren).

Typische periphere Zeichen einer Parasympatholyse* (Tachykardie, Mundtrockenheit, Mydriasis, Hyperthermie, trockene, rote Haut) sind nicht regelhaft. Die klinische Diagnose ist eine Ausschlussdiagnose. Ehe sie gestellt wird, müssen andere Ursachen einer Bewusstseinsstörung durch adäquate Mittel ausgeschlossen werden (Störungen im Elektrolyt- und Säure-Basen-Haushalt, Nieren- und Leberinsuffizienz, metabolische Komata, verlängerte Wirkung von Sedativa oder Analgetika etc.)

Die Inzidenz des perioperativen ZAS wird mit 1–40/100 angegeben (22). Über 500 Medikamente und praktisch alle Medikamente, die während Allgemeinnarkosen verabreicht werden (Ausnahme: Muskelrelaxanzien) können die Bewusstseinsstörung auslösen (22).

Ein Charakteristikum des zentralen anticholinergen Syndroms ist, dass eine Injektion von **Physostigmin** (Anticholium®) in einer Dosis von 0,03–0,04 mg/kg die Symptome innerhalb von 3–15 Minuten zum Verschwinden bringt. Daher wurde das Zustandsbild in Aberkennung einer nachweisbaren Kausalität auch schon als zentrales *physostigminsensitives Syndrom* bezeichnet. Wenn die Existenz eines klinischen Phänomens und die Zuordnung zu einem ätiologischen Substrat unklar ist, so ist erst recht schleierhaft, ob es Dosis-Wirkungsbeziehungen gibt. Tatsache ist, dass es Menschen gibt, die nach einer Narkose nicht so rasch erwachen, wie man es von der Pharmakokinetik der verwendeten Substanzen erwarten würde, und deren Bewusstseinszustand auffällig verändert ist. Mit Physostigmin, einem Hemmstoff der Cholinesterase, das als tertiäres Amin die Blut-Hirn-Schranke überwin-

*Wie Belladonna-Vergiftung.

den kann, gibt es ein Pharmakon, das in potenziell gefährlichen Situationen (Agitation, Selbstgefährdung) beim Vorliegen einer unbekannten Bewusstseinsstörung potenziell rasch effektiv sein kann. Die Liste der unerwünschten Wirkungen der Substanz ist lang und furchterregend, tatsächlich dürfte deren Inzidenz aber gering sein (22). Da alle sedierend wirksamen Pharmaka potenzielle Auslöser eines ZAS sind, dürfte es wahrscheinlich sein, dass es bei pharmakologischer Sedierung jeden Stils – sei es bei der psychiatrischen Sedierung oder in der Notfall- oder Intensivmedizin – zu Bewusstseinsstörungen im Sinne des „zentralen anticholinergen Syndroms" kommen kann (siehe Kapitel „Antagonisierung von Sedativa und Opioiden").

Merke *Sedierung alter Menschen:*

- *individuell gestaltetes Sedierungskonzept (→ Eingriff → spezielle Bedürfnisse)*
- *tiefe Sedierungsstadien vermeiden*
- *Sedativa: hohe Sensitivität, reduzierter Bedarf*
- *Standarddosen, die auf Gewicht basieren, vermeiden*
- *reduzierte Einzeldosen + Gesamtdosen*
- *längeres Abwarten notwendig, bis Effekt eintritt*
- *Hauptaugenmerk auf: Normotonie, Normoxie, Normothermie*

Literatur

1 Liu L. Conscious sedation in the elderly. In: Wiener-Kronish JP, Gropper MA. *Conscious Sedation.* 2001; Hanley & Belfus Philadelphia

2 Koska MT. Ambulatory settings get high marks from the elderly. *Hospitals* 1990; 64: 55

3 Kost M. *Manual of Conscious Sedation.* 1998; W.B. Saunders Company Philadelphia

4 Scott JC, Stanski DR. Decreased fentanyl and alfentanil requirements with age: A simultaneous pharmacokinetic and pharmacodynamik evaluation. *J Pharmacol Exp Therapeutics* 1987; 240: 159–66

5 Whitwam JG, McCloy RF. Techniques for Conscious Sedation. In: Whitwam JG, McCloy RF. *Principles and practice of sedation.* 1998; Blackwell Science Oxford

6 Leung JM, Dzankic S. Relative importance of preoperative health status versus intraoperative risk factors in predicting postoperative adverse Outcomes in geriatric surgical patients. *J Geriatr Soc* 2001; 49(8): 1080–5

7 O'Keeffe ST, Chonchubhair ÁN. Postoperative delirium in the eldery. *Br J Anaesth* 1994; 73: 673–87

8 American Psychiatric Association. *Diagnostic and statistical manual of Mental disorders,* 3rd Ed. 1987; revised Washington DC: American Psychiatric Association

9 Mullen JO, Mullen NL. Hip fracture mortality. A prospective, multifactorial study to predict and minimize death risk. *Clinical Orthopaedics* 1992; 280: 214-22
10 Qureshi KN, Hodkinson HM. Evaluation of a ten-question mental test in the institutionalised elderly. *Age and Ageing* 1974; 3: 152–7
11 Easton C, MacKenzie F. Sensory-perceptual alterations: delirium in the intensive care unit. *Heart and Lung* 1988; 17: 229–35
12 Tune L. Postperative delirium. *International Psychogeriatrics.* 1991; 3: 325–32
13 Aakerlund LP, Rosenberg J. Postoperative delirium: treatment with supplementary oxygen. *Br J Anaesth* 1994; 72: 286–90
14 Tesar GE, Stern TA. Rapid tranquilisation of the agitated in the intensive care unit. *J Intens Care Med* 1988; 3: 195–201
15 Williams MA, Cambell EB, Raynor WJ et al. Reducing acute confusional states in elderly patients with hip fractures. *Research in Nursing and Health* 1985; 8: 329–37
16 Rasmussen LS, Larsen K, Houx P et al. The assessment of postoperative cognitive function. *Acta Anaesth Scand* 2001; 45: 275–89
17 Ancelin ML, de Roquefeuil G, Ledesert B et al. Exposure to anaesthetic agents, cognitive functioning and depressive symptomatology in the elderly. *Br J Psychiatr* 2001; 178: 360–6
18 Moller JT, Cluitmans P, Rasmussen LS et al. Long-term postoperative cognitive dysfunction in the elderly ISPOCD1 study. ISPOCD investigators. International study of postoperative cognitive dysfunction. *Lancet* 1998; 351: 857–61
19 Lacy C, Armstrong L, Ingram N, Lance L. *Drug information handbook,* 5th ed. 1997; Hudson, Lexi-Comp Inc.
20 Ryan SM. Conscious Sedation for endoscopy. In: Wiener-Kronish JP, Gropper MA. *Conscious Sedation.* 2001; Hanley & Belfus Philadelphia
21 Longo VG. Behavioral and electroencephalographic effects of atropin and related compounds. *Pharmacol Rev* 1966; 18: 965–96
22 Link J, Papadopoulos G, Dopjans D et al. Distinct central anticholinergic syndrome following general anesthesia. *Eur J Anaesthesiol* 1997; 14: 15–23
23 Samshai J. Central anticholinergic syndrome: Does it exist? *Anesthesiology* 1991; 74: 1158
24 Johnson T, Monk, Rasmussen LS et al. Postoperative cognitive dysfunction in middle-aged patients. *Anesthesiology* 2002; 96: 1351–7
25 Katsanoulas K, Papaiannou A, Fraidakis O et al. Undiagnosed central anticholinergic syndrome may lead to dangerous complications. *Eur J Anaesthesiol* 1999; 16: 803–9
26 Ekberg O, Feinberg MJ: Altered swallowing function in elderly patients without dysphagia: Radiologic findings in 56 cases. *Am J Roentgenol* 1991; 156: 1181–4

Aphorismus (Horaz) am Beginn des Kapitels/Übersetzung:
Mag man mich lieber für toll und träge halten (wenn mir dabei nur behaglich ist und ich nur die Übel nicht kenne)
als wenn ich weise wär' und immer ängstlich.

Sedierung aus psychiatrischer Sicht

K. Paulitsch

Es gibt ebenso wenig hundertprozentige Wahrheit
wie hundertprozentigen Alkohol.
SIGMUND FREUD

Sedierte Patienten prägten lange Zeit das Bild der psychiatrischen Anstalten. Seit der Einführung der Neuroleptika in den 50er-Jahren war es erstmals möglich, vor allem schizophrene Patienten effektiv und nachhaltig zu therapieren. Die Nebenwirkungen der Medikamente der ersten Generation waren – neben einer ausgeprägten extrapyramidalen Symptomatik, die sich in Steifheit und einem kleinschrittigen Gang manifestiert – u.a. auch Sedierung. Die Medikamentendosis war zu hoch gewählt, und die Indikation wurde großzügig gestellt. Dies führte dazu, dass psychiatrische Behandlung mit Sedierung und Dämpfung gleichgesetzt wurde und für Patienten und Behandler wenig befriedigend war. Die Errungenschaft der Psychiatriereform, die in den 70er- und 80er-Jahren ihren Höhepunkt hatte, sowie die Entwicklung von neueren und besser verträglichen Medikamenten änderten die Behandlungspraxis deutlich. Patienten blieben nur kurze Zeit in stationärer Behandlung, waren durch die geringgradigen Nebenwirkungen der Psychopharmaka in der Verrichtung der Alltäglichkeiten weniger eingeschränkt und zeigten, was die Gesamtbehandlung betrifft, eine erheblich größere Compliance. Dennoch gibt es in der Psychiatrie nach wie vor viele Situationen, in denen Patienten so auffällig, so erregt oder so beeinträchtigt sind, dass eine kurzfristige wirksame Ruhigstellung erwünscht und notwendig ist. Im Folgenden soll es um diese **Notfälle** gehen, und der Leser soll klare praxisbezogene Richtlinien erhalten.

Die Pharmakotherapie ist zentraler Bestandteil der Behandlung, aber als alleiniges Mittel unzureichend und ethisch auch nicht vertretbar. Neben der Verabreichung von Medikamenten sind andere Faktoren, wie ruhiges Auftreten des Behandlers, richtiger Umgang mit dem Patienten, Miteinbeziehen von Angehörigen etc. genauso entscheidend und bestimmen den Verlauf von akuten Situationen. In der Notfallpsychiatrie ist es mittlerweile üblich, sich an **Kardinalsymptomen** zu orientieren und eine genaue diagnostische Einschätzung (zum Beispiel nach ICD-10) vorerst hintanzustellen.

Erregungszustände bei schizophrenen Psychosen

Im Umgang mit aggressiv erregten Patienten mit psychotischer Symptomatik ergeben sich folgende Besonderheiten. Der behandelnde Arzt muss auf der Basis von wenigen anamnestischen Daten und einem unvollständigen psychopathologischen Status rasch eine für alle Beteiligten befriedigende Lösung finden. Daneben erzeugen erregte Patienten nicht selten ein Gefühl von Angst, Ärger und Bedrohung bei den behandelnden Personen selbst. Da Erregungszustände nicht nur bei schizophrenen Psychosen vorkommen können, ist das primäre Ziel, das Verhalten des Betroffenen so weit zu kontrollieren, dass in der Folge weitere Schritte zur Diagnostik möglich werden. Auch sind Pflegepersonal und Ärzte nicht selten das Ziel von Aggressivität, weswegen Situationen bereits im Vorfeld entschärft werden sollten.

Grundsätzliche Überlegungen:

- Die Betreuer, seien dies Notärzte, Pflegepersonen oder Sanitäter, sollen versuchen sich in die Lage eines aggressiv-schizophrenen Patienten hineinzuversetzen und seine Ängste zu verstehen. Wenn jemand glaubt, dass er zum Beispiel von der Mafia verfolgt wird, ist es nur allzu verständlich, dass er große Angst hat. Verschiedene Überlegungen und Fragestellungen können hilfreich sein: Welche Bedeutung hat die Symptomatik für den Patienten? Welche Wahngedanken machen den Patienten ängstlich? Wie würde ich in solch einer Situation reagieren?
- Der Patient löst Bedrohung und Ängste aus, hat aber oft selbst größere Angst (psychotische Angst). Beziehungsangebote können vom Patienten dann angenommen werden, wenn seine Befürchtungen gemildert werden. Eine Begleitung und personelle Präsenz wirken beruhigend.
- Prinzipiell ist auf die Anwesenheit von mehreren Personen Wert zu legen, da manche Patienten ein Gewaltpotenzial in sich tragen, welches nicht immer abschätzbar ist. Versuche, die Situation als Helfer ganz allein beherrschen zu wollen, sind oft fehlgeschlagen und sollten unterlassen werden. Es sollte die Möglichkeit bestehen, rasch zusätzliche Hilfe zu holen und sich selbst zu schützen. Die Polizei sollte aber nur als Ultima Ratio während der Exploration anwesend sein, ein „stand-by"-Modus (Polizeibeamte sind für den Patienten nicht sichtbar) kann hilfreich sein.
- Beschimpfungen, Obszönitäten und Kränkungen durch den Patienten sollten ertragen und nicht persönlich genommen werden. So sehr sich ein Therapeut seiner Gegenübertragungsgefühle bewusst sein sollte, so sehr sind verbale Attacken von erregten psychotischen Patienten als verzweifelter Ausdruck des Patienten und nicht als Gegenreaktion einer falschen therapeutischen Intervention zu werten. Sich dadurch nicht verunsichern

zu lassen, ist ein Zeichen von hoher Professionalität und erfordert eine lange Erfahrung.

- Angehörige und andere Betreuer sind ebenso zu beruhigen und müssen mit einbezogen werden. Ein psychomotorisch erregter Patient hat häufig bereits auch andere Personen irritiert, so dass diese nicht selten selbst Hilfe benötigen.
- Im Falle einer Untersuchung in einem Spital sollte der psychotische Patient nicht von vornherein das Gefühl haben, eingesperrt zu sein und keine Fluchtmöglichkeit zu haben, d.h. es empfiehlt sich zum Beispiel, die Tür des Untersuchungszimmers offen zu lassen. Außerdem sollte auf die Anordnung der Plätze geachtet werden, was bedeutet, dass der Patient nicht unbedingt in einer Ecke – ohne Möglichkeit den Raum verlassen zu können – exploriert werden soll.
- Wenn jedoch Gewalttätigkeiten seitens des Patienten bestehen oder angedroht werden, soll klar und deutlich vermittelt werden, dass diese nicht tolerierbar sind und im gegebenen Fall auch Konsequenzen gezogen werden müssen. Die Grenzen sollten für alle Beteiligten erkennbar sein. Wie bereits erwähnt, dürfen eigene ärgerliche Gefühle nicht handlungsrelevant sein. Bei leistbaren Wünschen von Patienten kann man sich tolerant zeigen, z. B. sollten Eigenheiten akzeptiert werden, sodass psychotische Patienten das Gefühl von Akzeptanz, aber auch von gewissen Kontrollmöglichkeiten haben (Beispiel: Ein angespannt unruhiger Patient möchte unbedingt eine Zigarette rauchen, obwohl er sich in einer Nichtraucherzone befindet. In diesem Fall empfiehlt es sich eine Ausnahme zu machen.).
- Eine Rücknahme von angeordneten Maßnahmen ist nicht ratsam, wenn die Situation ein Ausmaß an nicht mehr erträglicher Gewalt oder Aggression erreicht. Für den Arzt ist der „point of no return“ erreicht und er muss handeln.
- Im Falle einer Ablehnung von nun notwendigen Maßnahmen (zum Beispiel die Einnahme eines beruhigenden Medikamentes oder die Zustimmung einer Spitalseinweisung) empfiehlt es sich manchmal dem Patienten zwei Alternativen anzubieten („Sie haben die Wahl, entweder dieses Medikament als Tablette oder als Saft einzunehmen. Wenn Sie dies nicht tun, bin ich gezwungen Ihnen in Anwesenheit von mehreren Pflegepersonen eine Injektion zu verabreichen!“). Für erregte und psychotische Patienten ist es oft einfacher sich gegen eine einzige Anweisung aufzulehnen, als sich gleichzeitig auf zwei oder mehrere Alternativen einzustellen. Dadurch können Patienten doch eine Entscheidung treffen. Diese Kommunikationsform wird in der Notfallspsychiatrie auch als „indirekte

Methode" beschrieben. Die „direkte Methode" („Tun sie das ...") ohne Wahlmöglichkeit eignet sich besser für delirante oder demente Patienten.

- Bei der Applikation von sedierenden Medikamenten (z. B. i.m.-Injektionen) und auch bei Beschränkungen in Form von Gurten, Netzbetten und dergleichen soll der Patient mit Würde und Respekt behandelt werden. Abwertungen oder Zurechtweisungen dürfen hier keinen Platz finden. Der Arzt soll für den Patienten sichtbar sein und ihm erklären, was gerade geschieht. Man teilt mit, dass diese Schritte notwendig sind, seinem Schutz dienen und ihm letztendlich helfen und ihn heilen werden. Das fortwährende Sprechen zum Patienten vermittelt diesem auch ein Gefühl der Anteilnahme und kann der erste Schritt zu einer therapeutischen Beziehung sein. Viele Patienten erinnern sich oft später an die Worte positiv und können ihr desorganisiertes und aggressives Verhalten leichter in ihr Gesamterleben integrieren.

Die **medikamentöse Behandlung** von schizophrenen Psychosen hat durch die Einführung der Antipsychotika (auch Neuroleptika genannt) entscheidende Fortschritte erzielt, die sich in allen Phasen der Krankheit zeigen. Demnach sollte diese Medikamentengruppe einerseits in der Akutphase, andererseits auch zur Symptomsuppression und zur Langzeitprophylaxe verabreicht werden.

Der folgende Teil beschäftigt sich überwiegend mit der Behandlung in der Akutphase, in der die Sedierung des Patienten ganz im Vordergrund steht.
In der akuten Phase der Schizophrenie, in der Patienten häufig halluzinieren, wahnhaft gestimmt sind, einen ängstlich-gespannten Eindruck vermitteln und im Verhalten höchst sonderbar und auffallend beschrieben werden, ist die alleinige Gabe von hochpotenten Antipsychotika oft nicht ausreichend. Günstig ist eine Kombination mit Benzodiazepinen und niedrigpotenten Antipsychotika. Auch die zur Verfügung stehenden Möglichkeiten und die vorgesehene Art der Applikation entscheidet über die Auswahl des Medikaments und über Kombinationsmöglichkeiten.

Vorschläge:

1) **Haloperidol** (Haldol®) als Monotherapie
Haloperidol hat bis 20 mg/die eine vorwiegend antipsychotische Wirkung, womit gemeint ist, dass Wahn und Halluzinationen beeinflusst werden und im günstigsten Fall sistieren. Das völlige Verschwinden der Symptomatik darf jedoch nicht zu früh erwartet werden, meist setzt die erwünschte Wirkung erst nach Tagen, manchmal sogar nach Wochen ein.

Was jedoch sofort nach Verabreichung als Wirkung beobachtet werden kann, ist die sedierende Komponente, die ab 10–20 mg eintritt. In den vergangenen Jahren wurden häufig 30–50 mg oder mehr pro Tag verabreicht, wobei Studien ergeben haben, dass dadurch keine Verbesserung der antipsychotischen Wirksamkeit erreicht werden konnte. Gleichzeitig steigt aber das Risiko von Frühdyskinesien, Parkinsonoid und Akathisie, weswegen die Indikation sehr eng zu stellen ist. Diese nicht zu unterschätzenden Nebenwirkungen der klassischen Neuroleptika sind für Patienten auch in der Akutphase sehr unangenehm und nicht selten Ursache für anschließende Non-Compliance.

Dosierung: 5–10 mg (1–2 Amp.) i.m. oder i.v., wobei die gleiche Menge auch oral (Tropfen, Tabletten) gegeben werden kann. Eine Wiederholung alle 60 min ist möglich, keinesfalls sollte die Tagesdosierung von 50 mg aber überschritten werden (Parkinsonoid!).

Generell gilt Haloperidol als wirksam bei psychotischen Zustandsbildern (Schizophrenie, psychotischer Manie) und Erregungszuständen, die durch eine zusätzliche Alkohol-, Drogen- oder Benzodiazepinintoxikation überlagert sind. Bei Letzteren sind dämpfende Psychopharmaka (z. B. Diazepam, Levomepromazin) in der Regel kontraindiziert. Außerdem hat Haloperidol eine gute kardiovaskuläre Verträglichkeit, was den Einsatz bei älteren und kardial vorgeschädigten Patienten rechtfertigt.

2) **Atypische Antipsychotika** als Monotherapie

   Medikament wie **Risperidon** (Risperdal®), **Olanzapin** (Zyprexa®), **Quetiapin** (Seroquel®), **Amisulpirid** (Solian®), **Ziprasidon** (Zeldox®) u.a. sind eine günstige Weiterentwicklung der herkömmlichen Antipsychotika, da diesen die unangenehme Nebenwirkung des Parkinsonoids weitgehend fehlt. In der Akutphase, in der der Patient unter Umständen stark psychomotorisch erregt ist, sind sie als Monotherapie jedoch nicht indiziert, da auch die sedierende Komponente nicht so ausgeprägt ist wie bei Haloperidol.

3) **Haloperidol** (oder **atypische Antipsychotika**) in Kombination mit **niedrigpotenten Antipsychotika** und/oder **Benzodiazepinen**

   Die Kombination von Psychopharmaka aus verschiedenen Substanzklassen stellt eine bewährte Alternative zur Monotherapie dar. Bei gleichzeitiger Verabreichung eines hochpotenten klassischen oder atypischen Antipsychotikums mit einem niedrigpotenten Antipsychotikum oder besser mit einem Benzodiazepin erzielt man zumindest gleicherwünschte Ergebnisse wie bei der Monotherapie, mit dem zusätzlichen Vorteil von geringeren Nebenwirkungen.

   Als niedrigpotente Antipsychotika (geringgradige antipsychotische, aber stark sedierende Wirkung und anticholinerge Nebenwirkung) stehen

Chlorprothixen 50–150 mg (Truxal®) und **Levomepromazin** 25–100 mg (Nozinan®) zur Verfügung. Indiziert sind die Substanzen bei starker psychomotorischer Erregung, wobei die Patienten initial durch starke Dämpfung beeinflusst werden. Eine intramuskuläre Applikation ist möglich, bei oraler Gabe (Saft, Tabletten, Dragees) sollte um 50% höher dosiert werden. Im Gegensatz zu Haloperidol darf keine intravenöse Verabreichung durchgeführt werden. Bei höherer Dosierung kommt es zu Blutdruckabfall, Tachykardie und Atemnot.

Günstiger erscheint eine Kombination von hochpotenten Antipsychotika mit **Benzodiazepinen**, wobei Letztere in allen galenischen Formen eingesetzt werden können. Die Gabe eines Benzodiazepins (Wirksamkeit: Sedierung, Anxiolyse, schlafanstoßend und Krampfschwelle senkend) ist besonders dann zu empfehlen, wenn die Erregung von Angst begleitet wird. Fast allen akut erregten schizophrenen Patienten ist die dahinter liegende Angst gemein, die oft von unerfahrenen Betreuern nicht wahrgenommen wird, vor allem dann nicht, wenn der Patient bedrohlich wirkt: Verfolgungs- und Bedrohungswahn stellen für den Betroffenen eine unerträgliche angstbesetzte Situation dar. Auch wenn die paranoide Symptomatik nicht sicher diagnostiziert werden kann, stellen Benzodiazepine unspezifisch sedierende Medikamete dar, die sich bei allen anderen Erregungszuständen ebenso eignen.

Der typische Vertreter ist **Diazepam** (Valium®, Gewacalm®, Psychopax®), die Dosierung beträgt initial 10 mg oral, intramuskulär oder langsam intravenös. Gegebenfalls ist eine Wiederholung alle 30–60 Minuten möglich. Bei rascher intravenöser Gabe besteht allerdings die Gefahr der Atemdepression und Hypotonie. Wegen der langen Halbwertszeit (36–200 Stunden) kann es zur Kumulation kommen.

Lorazepam (Temesta®, Tavor®) ist ein weiteres empfehlenswertes Präparat aus der Gruppe der Benzodiazepine, dessen Dosierung initial 2–2,5 mg beträgt. Es wird als hochwirksames Anxiolytikum betrachtet, das sich neben der Behandlung von psychotischen Angstzuständen auch bei stuporösen Syndromen (Katatonie, dissoziativer/psychogener Stupor, schwere depressive Bewegungslosigkeit) eignet. Als besondere Darreichungsform wird von einigen Firmen die so genannte „Expidet-Form" (lyophilisierte Blättchen, die sich sofort im Mund auflösen) angeboten. In psychiatrischen Notfallsituationen ist eine Gabe bis zu 10 mg täglich möglich.

Neben Diazepam und Lorazepam kann auch **Clonazepam** (Rivotril®) initial mit 2–5 mg gegeben werden. Es eignet sich besonders bei manischen Syndromen (schizoaffektive Störung) und ist gleichzeitig ein bewährtes Antikonvulsivum. Insgesamt sind bis zu 15 mg täglich möglich, vor allem, wenn ein Erregungszustand oder eine akute Manie vorliegt. Applikationsformen sind Tabletten, Tropfen und Ampullen. Clonazepam wird schnell resorbiert und gilt als bewährtes und sicheres Anxiolytikum. Als Nebenwirkung kann es zu vermehrtem Speichelfluss und Hypersekretion (Verschleimung) der Bronchien kommen.

4) **Zuclopenthixol** (Cisordinol®)
Zuclopenthixol ist ein mittelpotentes Antipsychotikum, welches initial eine rasche und starke Sedierung bewirkt, jedoch zu starker orthostatischer Hypotension führt. Auch extrapyramidale Nebenwirkungen sind vorhanden, sodass das Präparat ausschließlich seinen Einsatz in der Akutpsychiatrie hat. Zuclopenthixol ist wegen der **starken sedierenden** Eigenschaft vor allem bei akut selbst- oder fremdgefährlichen Patienten im Rahmen einer Exazerbation einer schizophrenen oder manischen Episode als **Ultima Ratio** indiziert. Der Grund, warum die Substanz vorgestellt wird, liegt darin, dass es als kurz wirksames Depotpräparat in der Azetatform (Cisordinol® acutard 100 mg Ampullen) vorliegt. Dies ermöglicht eine etwa 2– bis 3-tägige Wirksamkeit bei nur einmaliger intramuskulärer Applikation. Initial kann 100–150 mg verabreicht werden, wobei die Wirkung erst nach 3–5 Stunden einsetzt und nach 2 bis 3 Tagen wieder nachlässt. Generell handelt es sich hier um ein Depotpräparat, das nur bei Patienten angewendet soll, deren Krankheitsverlauf bekannt ist. Die Gabe von lang wirksamen Depotpräparaten (zum Beispiel Haloperidol in Depotform mit einer Wirkdauer bis zu 4 Wochen) ist, wenn keine Zustimmung des Patienten vorliegt, aus rechtlichen und ethischen Gründen nicht vertretbar.

5) **Clozapin** (Leponex®)
Clozapin gehört zur Gruppe der atypischen Neuroleptika. Es wird jedoch hier erwähnt, da einige Besonderheiten zu beachten sind: Die Behandlung setzt voraus, dass vor Beginn der Gabe eine Kontrolle der Leukozytenzahl stattgefunden hat. Es muss gewährleistet sein, dass wöchentliche Blutbildkontrollen in den ersten 18 Wochen stattfinden sowie anschließend einmal im Monat. Bei einem Abfall der Leukozytenzahl unter 3000/ml ist das Präparat abzusetzen. Deshalb sollte es nur bei therapieresistenten schizophrenen Psychosen eingesetzt werden.
Clozapin war jedoch das erste Neuroleptikum **ohne nennenswerte extrapyramidale Nebenwirkungen** und gilt nach wie vor als wirksamstes Medikament auf seinem Gebiet. Erwünscht ist die sedierende Eigenschaft bei schwer beherrschbaren Erregungszuständen schizophrener Psychosen. Man gibt 100–200 mg als Initialdosis, die Tageshöchstdosis beträgt 600 mg, in einigen Fällen bis zu 800 mg. Darreichungsformen sind Tabletten und Ampullen (nur intramuskuläre Applikation). Zu beachten sind neben den schon erwähnten – hier erwünschten – sedierenden Nebenwir-

kungen die Gefahr der Entwicklung eines Delirs. Eine Verkennung des deliranten Syndroms als Verschlechterung der psychotischen Symptomatik führt leider manchmal zur Steigerung der Dosis an Clozapin. Hypersalivation und Krampfanfälle sind weitere Nebenwirkungen, die den Einsatz von Clozapin begrenzen.

Manische Syndrome

Manische Syndrome kommen im Rahmen von bipolaren affektiven Störungen (Manisch-Depressive Krankheit), bei schizoaffektiven und organischen Psychosen, bei körperlichen Erkrankungen (zum Beispiel Hyperthyreose) und bei Drogenabusus vor. Die typischen manischen Patienten sind antriebsgesteigert, ideenflüchtig, sprechen ohne Unterbrechung (Logorrhoe) und sind meist gut gelaunt, manchmal aber auch gereizt (gemischte dysphorische Manie). Häufig überträgt sich die Stimmung auf andere Personen. Patienten, die anfangs harmlos und lustig imponieren, können mitunter rasch Erregungszustände mit Wut und Ärger entwickeln, vor allem dann, wenn ihnen gewisse Dinge verwehrt werden. Falls Größenideen, die wahnhaften Charakter haben, hinzutreten, sind betreuende Personen nicht selten in die schwierige Lage versetzt, therapeutische Maßnahmen ergreifen zu müssen, obwohl keinerlei Krankheitseinsicht und Behandlungswilligkeit seitens des Patienten vorliegt. Beispielsweise berichtet ein Patient, dass er ein leiblicher Sohn des Bundespräsidenten sei und nun in die Präsidentschaftskanzlei fahren müsse, um dies endlich mitzuteilen... Ähnlich der Schizophrenie können akustische Halluzinationen hinzukommen (zum Beispiel die Stimme eines Propheten). Die Differentialdiagnose ist im akuten Stadium ohne Kenntnis der Vorgeschichte schwierig.
Um auch körperliche Ursachen der Manie nicht zu übersehen, ist zunächst das Ziel, Informationen zur Anamnese zu erhalten. Wie erwähnt kann sich hinter einem manischen Syndrom eine Drogen- und Alkoholpsychose oder eine somatische Erkrankung verbergen, was konsekutiv zu einem anderen Umgang führt.
Wer einmal mit einem manischen Patienten zu tun hatte, wird ein Lied davon singen, können wie schwierig die Begegnung mit diesem ist und wie oft Aufforderungen nicht gehört oder wahrgenommen werden. Das Typische am Umgang ist aber das Unvorhersehbare im Verhalten des Patienten, weshalb es einfache Richtlinien und Ratschläge nicht gibt. Die Patienten entwickeln eine unbändige Kraft, haben ständig neue Ideen und zeichnen sich vor allem durch ihre Unbremsbarkeit aus. Toleranz, Wohlwollen und Geduld seitens der Betreuer sind Grundvoraussetzungen, ebenso wie ein reizarmes Klima. Das ist jedoch in den meisten Fällen zu wenig, um eine Beruhigung

der Lage zu erzielen. Meist bleibt nichts anderes übrig als die Energie, den gesteigerten Antrieb und den Ideenreichtum in Bahnen zu lenken und nicht nur den Patienten zu bremsen. Man kann zum Beispiel dem Patienten raten ins Spital zu fahren, um dort den Psychiatern seine Vorschläge und Ideen zu präsentieren. Manchmal lassen sich Patienten bereitwillig im Krankenhaus aufnehmen, nicht weil sie ein Krankheitsgefühl haben, sondern weil sie instinktiv merken, dass ihnen dort am meisten Gehör geschenkt wird und sie die Möglichkeit haben sich auszuleben. Nicht ratsam ist es, darauf hinzuweisen, dass im Spital eine Sedierung stattfinden wird, da der Patient nichts mehr fürchtet, als von seinem Höhenflug „heruntergeholt" zu werden. Allzu schnelle Behandlungserfolge stellen sich sowieso nicht ein, da der Arzt und die Umgebung ja „gegen den Patienten" arbeiten müssen, der ja diametral entgegengesetzte Ansichten über sich und sein Problem hat. Bei schweren Manien wird man nicht darum herumkommen eine Zwangseinweisung in ein Spital zu veranlassen, mit dem Ziel – neben psychagogischen Maßnahmen – dem Patienten eine medikamentösen Therapie zukommen zu lassen.

Die klassischen Medikamente, die in der Langzeitbehandlung (Phasenprophylaxe) eingesetzt werden, eignen sich auch in der Akuttherapie. In der Praxis sind diese aber meist nicht ausreichend. Zur Gruppe gehören **Lithium** (Quilonorm®), **Carbamazepin** (Neurotop®) und **Valproinsäure** (Convulex®). Wenn sie ausreichend und langfristig genommen werden, bieten sie einen gewissen Rückfallschutz.
Akut ist die zusätzliche Gabe von sedierenden *Medikamenten hilfreich.*

Einige Vorschläge:

1) **Valproinsäure** (Convulex®) als Monotherapie
Man beginnt mit 500–1000 mg täglich in 2 bis 3 Einzeldosen (Lösung oder Kapseln). Als Erhaltungsdosis wird bis zu 2000 mg gegeben; bei akut manische Zustandsbildern wird eine rasche Aufsättigung gut toleriert. Zu Beginn können gelegentlich Schwindel, Ataxie, gastrointestinale Nebenwirkungen und vereinzelt Parästhesien auftreten.
2) Kombination mit **Clonazepam** (Rivotril®)
Das Benzodiazepin Clonazepam eignet sich besonders bei manischen Bildern, initial sind 2–5 mg sinnvoll, wobei diese Dosierung mehrfach täglich verabreicht werden kann. Siehe auch „Erregungszustände bei Schizophrenen Psychosen".
3) Kombination mit **Antipsychotika**
Die Gabe von Antipsychotika ist vor allem dann sinnvoll, wenn die Manie sehr schwer imponiert und zusätzlich wahnhafte Symptome, wie bei-

spielsweise ein Größenwahn, auftreten. Hier macht man sich vor allem die sedierende Komponente dieser Medikamente zunutze. Die Kombination von hoch- und niedrigpotenten Antipsychotika dämpften den manischen Patienten rasch. Was unter „Schizophrene Psychosen" gesagt wurde, gilt auch hier: Die psychomotorisch einschränkenden Nebenwirkungen der Antipsychotika (Parkinsonoid) stellen auch bei rein manisch erregten Patienten eine störende und meist nicht tolerable Nebenwirkung dar. Neuere atypische Antipsychotika, wie zum Beispiel **Olanzapin** (Zyprexa®), **Risperidon** (Risperdal®) oder das schon länger bekannte **Clozapin** (Leponex®), stellen hervorragende Alternativen zu den klassischen Medikamenten dar, da in Kombination mit Benzodiazepinen und Phasenprophylaktika eine ebenso gut sedierende Wirkung erzielt werden kann.

Beispiel zur Initialsedierung:

a) 500 mg Valproinsäure (Convulex®), 2–4 mg Clonazepam (Rivotril®) und 10–20 mg Olanzapin (Zyprexa®) in Kombination per os.
b) 50–100 mg Chlorprothixen (Truxal®), 5–10 mg Haloperidol (Haldol®) und 20–40 mg Diazepam (Valium®) in Kombination per os.

Angstsyndrome

Angst ist ein wesentlicher menschlicher Affekt, der uns vor einer Bedrohung oder Gefahr insofern schützt, als eine Fluchtreaktion eingeleitet wird. Es kommt zu einer Erhöhung des Sympathikotonus, der wiederum zu Veränderungen des Blutdrucks, der Herzfrequenz, der Schweißproduktion etc. führt. Von Angsterkrankung sprechen wir dann, wenn unmittelbar kein Grund besteht diese Reaktion auszulösen und die Symptome vom Betroffenen als störend und hemmend erlebt werden. Angst ist aber auch ein ubiquitäres Phänomen in der Medizin und lässt sich bei den verschiedensten Krankheiten beobachten, wie zum Beispiel bei kardiovaskulären, pulmonalen, gastrointestinalen und neurologischen Störungen. In diesen Fällen spricht man von einer organischen Angststörung, wobei hier die Angst an kein typisches lebensgeschichtliches Ereignis gebunden ist. Auch eine Vielzahl von Medikamenten (z. B. Anticholinergika, Digitalispräparate, Steroide), aber auch Drogen (Kokain, Halluzinogene und Cannabis) können Angstzustände auslösen. In vielen Fällen lassen sich jedoch organische Angststörungen nicht von psychischen Angststörungen abgrenzen. Bei den Letzteren handelt es sich um die Panikstörung, die generalisierte Angststörung, die Agoraphobie und die Phobien allgemein.

Organisches Angstsyndrom

Hier lassen sich keine allgemeinen Verhaltensregeln empfehlen. Man wird versuchen, dem Patienten den Zusammenhang der Angst mit der körperlichen Krankheit zu erklären, und darauf hinweisen, dass die Symptome sistieren werden, sobald die zugrunde liegende Störung behandelt wird. Eine symptomatische pharmakologische Therapie mit Benzodiazepinen kann hilfreich sein und richtet sich nach der Grunderkrankung.

Panikstörung

Der Patient hat rezidivierende paroxysmale Angstanfälle, die mit einer Reihe von körperlichen Sensationen einhergehen können, wie zum Beispiel Herzbeschwerden, gastrointestinale Symptome, Depersonalisationsphänomene, Todesängste und die Angst „verrückt" zu werden. Nicht selten entwickelt sich nach nur wenigen Anfällen ein ausgeprägtes Vermeidungsverhalten. Viele Orte und Situationen, an denen Panikattacken aufgetreten sind, werden gemieden, was zu einem kompletten sozialen Rückzug führen kann.
Da man als Arzt im Regelfall während einer meist nur minutenlang dauernden Angstattacke nicht anwesend ist, macht die nachträgliche Sedierung mit Benzodiazepinen nicht mehr viel Sinn. Wegen der Vielzahl von körperlichen und psychischen Symptomen sind auch hier die Aufklärung und ein beruhigendendes Gespräch die vordringlichste Maßnahme im akuten Umgang mit den Patienten. Diese glauben unter anderem einen Herzinfarkt zu haben oder an einer psychotischen Krankheit zu leiden. Daher sollte über die Existenz des Störungsbildes „Panikstörung" aufgeklärt werden und eine entsprechende Behandlung mit Antidepressiva (SSRI) in Kombination mit Psychotherapie vorgeschlagen werden. Die vorübergehende Gabe von Benzodiazepinen mit mittellanger Halbwertszeit – wie zum Beispiel Alprazolam (Xanor®) – kann sinnvoll sein, wird jedoch nicht ausnahmslos empfohlen, da vor allem Patienten mit Angsterkrankungen disponiert sind ein Abhängigkeitssyndrom zu entwickeln.

Generalisierte Angststörung

Die generalisierte Angststörung ist ein chronischer Zustand, der von erhöhter Ängstlichkeit, innerer Unruhe, übertriebenen Befürchtungen und einer vegetativen Übererregbarkeit geprägt ist. Eine Sedierung des Patienten ist meist nicht erforderlich. Im Notfall kann es durch äußere Belastungen zu einer Zunahme der Beschwerden kommen, die einer Erleichterung bedürfen. Neben einer symptomatischen Therapie mit Benzodiazepinen oder

Antipsychotika geht es vor allem darum, auch hier den Patienten über die wirksame Behandlung (Psychotherapie, eventuell Antidepressiva) aufzuklären und im besten Fall diese auch zu ermöglichen.

Agoraphobie und andere Phobien

Phobien sind psychische Störungen, die mit einer irrationalen Furcht vor einem *bestimmten Objekt* oder einer Situation einhergehen. Allerdings sind diese so häufig, dass erst von einer Störung gesprochen wird, wenn der Betroffene dadurch erhebliche Einschränkungen im alltäglichen Leben erfährt. In der Behandlung und im Umgang mit Notsituationen gilt das bereits bei der Panikstörung und der generalisierten Angststörung Gesagte.

Angstzustände bei Anpassungsstörungen, bei Belastungsreaktionen und bei posttraumatischen Belastungsstörungen

Angst ist oft ein Begleitsymptom bei belastenden und traumatischen Erlebnissen, welche sich akut einstellen können (akute Belastungsreaktionen) oder mit einer Zeitverzögerung auftreten (Anpassungsstörungen, posttraumatische Belastungsstörungen). Die Patienten klagen über gestörtes Schlafverhalten mit Angstträumen, Zittern, innerer Unruhe, erhöhter Schreckhaftigkeit und „Flashbacks“ an das belastende oder traumatische Erlebnis. Da dem Patienten meist der Zusammenhang mit dem Ereignis bewusst ist, besteht der Wunsch darüber ausführlich zu reden, was einen großen therapeutische Wert darstellt. Im Umgang wird man daher versuchen viel Zeit zur Verfügung zu stellen, die Atmosphäre so zu gestalten, dass ein Gespräch leicht fällt, und gegebenenfalls die Angehörigen mit einbeziehen. Anderseits darf man sich nicht zu viel erwarten, da das „darüber Sprechen“ oft erst recht ängstlich getönte Gefühle aktiviert und nicht unbedingt sofort zur Linderung beiträgt. Als Helfer ist es auch empfehlenswert, den Patienten über die typischen psychischen Symptome aufzuklären, hinzuweisen, dass es sich um eine vorhersagbare Reaktion und ein Störungsbild mit klar definierten Kriterien handelt.
Medikamente sind symptomorientiert einzusetzen: Bei Schlafstörungen ist es ratsam ein sedierendes Medikament, bei Ängstlichkeit ein Anxiolytikum zu verordnen. Die vorübergehende Gabe von Benzodiazepinen, beispielsweise Alprazolam (Xanor®) oder Diazepam (Valium®), macht Sinn und stellt für den Betroffenen eine große Hilfe dar.
Anpassungsstörungen, Belastungsreaktionen und posttraumatische Belastungsstörungen sind von *natürlichen Trauerreaktionen* zu unterscheiden, wie sie zum Beispiel bei Angehörigen von erst kurz zuvor Verstorbenen vorkom-

men können. Hier sind Gefühlsäußerungen sinnvoll und gehören zur Trauerarbeit. Die Verabreichung von Medikamenten ist hier nicht indiziert, da sie die Trauer um den Verstorbenen „pathologisiert" und in der Folge behindert.

Delirante Syndrome

Definition (nach ICD-10):
Ein Delir ist ein ätiologisch unspezifisches Syndrom, charakterisiert durch Bewusstseinsstörungen, Störungen der Aufmerksamkeit, der Wahrnehmung, des Denkens, des Gedächtnisses, der Psychomotorik, der Emotionalität und des Schlaf-Wach-Rhythmus. Obwohl es in jedem Lebensalter auftreten kann, ist es am häufigsten jenseits des 60. Lebensjahrs. Das Syndrom ist vorübergehend und sollte sich innerhalb eines Zeitraumes (4 Wochen) wieder zurückbilden, auch längere und fluktuierende Verläufe können vorkommen. Das Delir sollte als einheitliches Syndrom betrachtet werden, das von unterschiedlicher Dauer und unterschiedlichem Schweregrad gekennzeichnet ist.

Der Begriff **„Delir"** wurde bisher recht unterschiedlich gebraucht. Nach modernen Diagnosesystemen (DSM IV, ICD-10) entspricht ein Delir allen akut psychiatrischen Störungen, die eine organische Ursache haben und mit einer Bewusstseins- und Aufmerksamkeitsstörung sowie globaler Beeinträchtigung der Kognition einhergehen. Die Dauer wird meist unterschiedlich angegeben, meist weniger als 1 bis 2 Wochen, in der Regel aber nur Stunden bis Tage. Wahn und Halluzinationen (zum Beispiel das Sehen von weißen Mäusen) sind oft vorhanden, stellen jedoch nur fakultative Symptome dar. Fehlen diese gänzlich, spricht man im klinischen Jargon von **„einfacher Verwirrtheit"** oder von **„Verwirrtheitszustand"**. Die Diagnose „Delir" hat aber eine Erweiterung erfahren und wird für alle akuten organischen psychischen Störung jedweder Genese verwendet.
Die organischen Ursachen sind *Erkrankungen mit ZNS-Beteiligung* (z. B. Demenz, Epilepsie, Enzephalitis, Schlaganfall etc.), *metabolische Störungen* (z. B. Elektrolytentgleisungen, Hypo-/Hyperglykämie, Infekte, Urämie etc.), *Störungen durch psychotrope Substanzen* (z. B. Alkoholentzugssyndrome, Drogenintoxikationen, Medikamentenüberdosierung etc.) und nach *Traumen, die das Gehirn betreffen* (z. B. Schädel-Hirn-Trauma, Epiduralhämatom). Demnach richtet sich die geforderte Sedierung primär nach der ursächlichen Erkrankung, wobei die Pathogenese des Delirs ein sehr komplexes Geschehen ist. Immer sollte versucht werden rasch zu reagieren, da

ein Delir ein medizinischer Notfall ist, der prinzipiell lebensbedrohlich sein kann. Die Anamnese (Außenanamnese) stellt neben Informationen aus der internistischen, neurologischen und laborchemischen Untersuchung einen wichtigen Bestandteil dafür dar. Welche Medikamente genommen wurden, ist zu erfragen, da die falsche und zu hoch dosierte Einnahme zu den sehr häufigen, aber wenig beachteten Ursachen des Delirs zählt. Vor allem die bei älteren Patienten gängige Polypharmazie löst – in Kombination mit einem cerebralen Abbaugeschehen – nicht selten ein delirantes Syndrom aus, welches, unerkannt geblieben, möglicherweise zur neuerlichen Verabreichung von delirogenen Medikamenten führt.

Medikamente, die ein Delir auslösen können:

häufig:
- Anticholinergika, z. B. Biperiden, anticholinerge Spasmolytika
- Antipsychotika, vor allem Clozapin (Ausnahme: Haloperidol)
- Antidepressiva, vor allem trizyklische Antidepressiva
- Antihistaminika
- Antibiotika, vor allem Gyrasehemmer

gelegentlich:
- Antikonvulsiva, wie Valproinsäure und Phenytoin
- Theophyllin
- Cortison, Lithium, Lidocain und Digitalispräparate

Da bei einem Delir eine oft unerkannte körperliche Erkrankung zugrunde liegt, ist zunächst die **Ursache** dieser zu erfassen, bevor man **medikamentöse** Überlegungen anstellt. Neben der notwendigen Kontrolle des Kreislaufs ist auf einen Ausgleich einer möglichen Elektrolytstörung zu achten. Hyponatriämie und Hypokaliämie werden häufig diagnostiziert.

Notwendige Untersuchungen bei einem Delir:

Interner Status: physikalische Krankenuntersuchung, Blutdruck, Puls.
Labor: komplettes Blutbild, Na^+, K^+, Ca^+, Cl^-, Kreatinin, gGT, GOT, GPT, Bilirubin, Vitamin B_1 u. B_{12}, Blutzucker, TSH, Medikamentspiegel, Alkohol im Blut.
Harn: Drogen- und Medikamenteneinnahme (z. B. Benzodiazepine).
Neurologischer Status: bei Verdacht auf cerebrale Ursache (Schädel-Hirn-Trauma, Enzephalitis).
Neurologische Zusatzbefunde: Lumbalpunktion (Enzephalitis, Meningitis), CCT, MRT, ev. EEG.

Überlegungen im Umgang mit deliranten Patienten:

Wie bereits erwähnt, wird hier die „direkte Methode“ angewendet, d.h. Anordnungen müssen klar, aber bestimmt erfolgen, da der Patient subjektiv unter einer Orientierungsstörung leidet. Das erfordert einen anderen Umgang als mit psychotisch-gespannten Patienten, bei denen eine erhöhte Ängstlichkeit im Vordergrund steht. Orientierungshilfen, helle Räume und klare Strukturen sollen vorhanden sein, unter anderem in Form von hellem Licht, großen Uhren, Beschriftungen etc. Patienten kommen besser zurecht, wenn Bezugspersonen weniger oft wechseln und die Umgebung sich nicht ständig ändert, wie bei wiederholten Transferierungen. Ebenso sollte auf eine ruhige Umgebung geachtet werden und dem Patienten ruhig und geduldig, aber bestimmt gegenüber getreten werden. Es versteht sich von selbst, dass bei Personen, bei denen die zeitliche und örtliche Orientierung verloren gegangen ist, auf die bestehende Selbstgefährdung besonders geachtet werden soll. Um zu verhindern, dass Beschränkungen (Steckgitter, Netzbetten) angewendet werden müssen, empfiehlt es sich, dass Angehörige oder Mitglieder des Personals bei dem Patienten ständig anwesend sind und dadurch neben der observierenden auch eine „reorientierende“ Funktion haben.

Als sedierende Medikamente sollen vorzugsweise nur die verabreicht werden, die nicht selbst eine anticholinerge Wirkung besitzen. Bewährt haben sich hochpotente Antipsychotika, vorzugsweise Haloperidol, und Benzodiazepine. Das immer wieder erwähnte Clomethiazol (Distraneurin®) befindet sich in vielen Ländern, u.a. in Österreich, nicht mehr im Handel.

1) **Haloperidol** (Haldol®) 1–10 mg oral oder parenteral ist besonders bei den deliranten Syndromen geeignet, die neben der Orientierungsstörung auch optische Halluzinationen, illusionäre Verkennungen, Wahnvorstellungen und psychomotorische Unruhe zeigen. Es kann mehrfach pro Tag verabreicht werden. Die Dosierungsrichtlinien sind ähnlich denen der Behandlung schizophrener Psychosen, jedoch bei älteren Patienten deutlich niedriger anzusetzen.
2) **Risperidon** (Risperdal®) 1–3 mg als Tablette oder als Lösung eignet sich im gerontopsychiatrischen Bereich bei Patienten mit Verhaltensauffälligkeiten, Agitation, motorischer Unruhe, vor allem, wenn zusätzlich Realitätsverlust mit wahnhafter Verkennung und Halluzinationen vorliegt. Dieses atypische Neuroleptikum mit geringer extrapyramidaler Nebenwirkung kann auch als fortlaufende Therapie bei agitiert-dementen Patienten gegeben werden.
3) **Diazepam** (Valium®, Gewacalm®, Psychopax®) und andere Benzodiazepine eignen sich beim Alkoholentzugsdelir, Drogen- und Medikamenten-

entzug und bei Delirien, bei denen die Ängstlichkeit im Vordergrund steht. Initial sollen z. B. 20 mg Diazepam verabreicht werden und nach 1–4 Stunden wiederholt werden. Bei ausgeprägten Syndromen sind bis zu 100 mg verteilt auf einen Tag und mehr möglich. Die orale Medikation ist der parenteralen vorzuziehen, auf die Atemdepression und erhöhte Hypersekretion der Bronchien ist zu achten. Grundsätzlich ist eine solch hohe Dosierung nur wenige Tage möglich, ein Ausschleichen sollte langsam erfolgen, die Abenddosierung sollte erst zuletzt abgesetzt werden. Älteren Patienten (mit cerebraler Vorschädigung) sollte man keine Benzodiazepine verabreichen, da diese zu paradoxen Wirkungen führen können und zusätzlich die kognitiven Funktionen verschlechtern.

Erregungszustände in Verbindung mit Alkohol

Alkoholkonsum und Alkoholabusus können verschiedene psychopathologische Phänomene hervorrufen, die eine Sedierung notwendig machen. Aufgrund des häufigen Vorkommens des Alkoholabhängigkeitssyndroms in unserer Gesellschaft wird dem ein eigener Absatz gewidmet, obwohl bereits einige Punkte im Abschnitt „Delirante Syndrome“ abgehandelt wurden.

a) Alkoholrausch/Alkoholintoxikation
Alkohol wirkt in der Regel unter anderem selbst sedierend und anxiolytisch. Hingegen kommt es bei cerebral vorgeschädigten Patienten und prädisponierten Personen (Persönlichkeitsstörungen) häufig zu Erregungszuständen, die mit Aggressivität, Realitätsverlust und illusionären Verkennungen (auch optischen Halluzinationen) einhergehen. Das Vollbild eines Erregungszustandes wird auch als „pathologischer Rausch“ bezeichnet, obwohl es fließende Übergänge zwischen einfacher Trunkenheit und extremen Rauschformen gibt. Medikamentöse Sedierung stellt den Arzt vor ein Dilemma, da meist nicht angegeben werden kann, welche Menge an Alkohol und in welcher Zeit dieser aufgenommen wurde und ob nicht zusätzlich sedierende Medikamente eingenommen wurden. Daher ist eine Ausnüchterung unter Kontrolle der Vitalparameter, der Sauerstoffsättigung und der Laborparameter einer zusätzlichen Sedierung sicherlich vorzuziehen, auch dann, wenn der Patient unangenehm laut und erregt imponiert. Im Falle einer Selbst- oder Fremdgefährdung des Patienten sind mechanische Beschränkungen (Schutzbett, Gurtenfixierung) einer medikamentösen Sedierung zumindest gleichrangig. Um die Verletzungsgefahr zu minimieren, sollten Fixierungen von einer ausreichenden Zahl von Personen durchgeführt werden. Alkoholisierte erregte Patienten neigen dazu, das Personal in Diskussionen zu verstricken, und können erstaunlich bestimmt etwas for-

dern. Die Patienten sind aber in der Regel nicht vertrags- und geschäftsfähig. Daher sollte man versuchen nicht zu widersprechen, auch dann nicht, wenn persönliche Beleidigungen oder gar unerträgliche politische Statements abgegeben werden. Maßnahmen sind dem Patienten deutlich und unmissverständlich zu vermitteln, die eigene Stimme sollte langsam, ruhig und gleichmäßig sein. Leider ist die Geduld des Personals wegen des gewaltbereiten und randalierenden Verhaltens nicht sehr groß und die Einstellung zu alkoholabhängigen Personen oft eine negative. Zu achten ist aber, dass alkoholisierte Patienten „intoxikiert" sind und ihnen derselbe Respekt und dieselbe Würde entgegengebracht werden soll wie auch allen anderen Patienten mit deliranten Syndromen.
Wenn der Patient ruhig gestellt werden muss, dann gibt man **Haloperidol** (Haldol®) 5–10 mg intramuskulär oder als Kurzinfusion. Haloperidol ist wegen seiner Kreislaufverträglichkeit und therapeutischen Breite das Mittel der Wahl. Andere Psychopharmaka wie Benzodiazepine oder niedrigpotente Antipsychotika sind sehr vorsichtig zu verabreichen, da diese in Verbindung mit Alkohol zu starker Sedierung und Bewusstlosigkeit führen können.

b) Alkoholentzugssyndrom

Das Alkoholentzugssyndrom ist eine Form des Delirs, d.h. eine akute organische Psychose, welche unbehandelt 6 bis 7 Tage andauert und neben somatischen Symptomen (Tachykardie, Blutdruckkrisen, Tremor, Schwitzen etc.) auch psychopathologische Phänomene in Form von optischen Halluzinationen, Orientierungsstörungen, Reizbarkeit, Suggestibilität und Ängstlichkeit zeigt. Typischerweise tritt ein Alkoholentzugssyndrom etwa 12 bis 24 Stunden nach dem letzten Alkoholkonsum auf. Die Patienten fallen durch Unruhe mit Schwitzen und – im Vollbild – dem Sehen von kleinen, sich bewegenden Gegenständen oder Tieren auf.
Im Umgang mit diesen Patienten und in der medikamentösen Behandlung gilt das bereits Erwähnte, wobei aus praxisnahen Gründen der Entzug mit Benzodiazepinen empfohlen wird. Diese Medikamente sind gut bekannt, leicht antagonisierbar (Anexate®) und für die Patienten in der Regel gut verträglich. Im psychiatrischen Bereich ist die orale Medikation unbedingt der parenteralen vorzuziehen, da in den ersten Tagen eine hohe Dosis verabreicht werden sollte. Bei mittelschweren Entzugssyndromen bzw. deliranten Syndromen gibt man alle 4 bis 6 Stunden Benzodiazepine mit einer Dosissteigerung am Abend.

Beispiele:
1) Diazepam (Valium® etc.) 10 mg, 1 bis 2 Tabletten mehrfach am Tag.
2) Nitrazepam (Mogadon®) 5 mg, 2 Tabletten mehrfach am Tag.

Bei schweren Delirien ist eine Dosissteigerung bis zu 12 Tabletten möglich. Wenn der Patient die Tabletten nicht schlucken darf oder kann (zum Beispiel im Falle einer Pankreatitis), besteht die Möglichkeit der intravenösen Verabreichung, wobei diese unter intensivmedizinischen Bedingungen erfolgen sollte. Bei ausgeprägter halluzinatorischer Symptomatik empfiehlt sich die additive Gabe von Haloperidol. Die Dosis der Benzodiazepine sollte sich an der klinischen Symptomatik orientieren und nach 2 Tagen bereits reduziert werden. Nach etwa 7 Tagen sollte man sie absetzen, um nicht eine iatrogene sekundäre Abhängigkeit zu schaffen. Da allerdings erhöhte Reizbarkeit und Schlafstörungen persistieren können, ist die abendliche Gabe von Haloperidol, niedrigpotenten Antipsychotika oder sedierenden Antidepressiva über einen längeren Zeitraum sinnvoll und empfehlenswert.

Erregungszustände bei Persönlichkeitsstörungen, psychosozialen Krisen und schweren Kränkungen

Bei **Persönlichkeitsstörungen**, wie z. B. bei der emotional instabilen Persönlichkeitsstörung (Borderline-Persönlichkeitsstörung) kann es aufgrund fehlender Impulskontrolle schon bei nichtigen Anlässen zu Erregungszuständen mit Fremd- oder Autoaggressivität kommen. Diese Patienten leiden neben einer Impulskontrollstörung an emotional instabilen Beziehungen, an starken, kurz dauernden Stimmungsschwankungen mit Wutausbrüchen, aber haben auch oft Gefühle der inneren Leere sowie Ängste unbestimmter Art. Das Spektrum an beobachtbaren Symptomen umfasst häufig Selbstverletzungen (z. B. Schneiden mit Rasierklingen, Intoxikationen), echte Suizidversuche, Vandalismus und gewalttätiges Auftreten. Wenn zusätzlich eine Alkoholintoxikation vorliegt, kann es zu Impulsdurchbrüchen mit massiven Erregungszuständen kommen.

Der *Umgang* mit Patienten mit einer Borderline-Persönlichkeitsstörung gehört zu den schwierigsten Situationen für Betreuer auf klinischen Abteilungen. Selbst auf spezialisierten psychiatrischen Akutstationen rufen Patienten fast immer negative Reaktionen beim Personal hervor und lösen Furcht und Ablehnung aus. An oberster Stelle steht für das Personal die Kontrolle der *eigenen* Gefühle und Impulse. Das Verhalten der Patienten, das nicht selten von Manipulation und Aggressivität geprägt ist, sollte man nicht persönlich nehmen. Dennoch muss der geschulte Therapeut die eigene Gefühlslage auf jeden Fall wahrnehmen, da diese Patienten die Gabe haben, sofort alle negativen Gefühle im Gegenüber wachzurufen oder zu aktivieren. Die dadurch bei Therapeuten selbst aufsteigende Wut und Verzweiflung kann helfen, den Patienten in seinem emotionalen Elend besser zu verstehen. Außerdem wiederholen sich alle Probleme, die der Patient mit anderen

Personen – wie zum Beispiel mit seinen Eltern – hat, typischerweise auch in der angespannten Situation mit dem Personal oder seinen Therapeuten. In der Akutsituation ist es aber nicht ratsam Deutungen, Interpretationen und dergleichen zu geben. Hilfreich ist es hingegen, dem Patienten Grenzen aufzuzeigen, versuchen zu helfen Gefühle zu verbalisieren und ihm Wertschätzung und Empathie entgegenzubringen.
Anders als in der Behandlung der akuten Psychose bei einer Schizophrenie oder Manie stehen *keine spezifischen Medikamente* zur Verfügung, die gleichzeitig einer Behandlung der Grunderkrankung entsprechen. Zur Sedierung stehen aus unserer Sicht die niedrigpotenten Neuroleptika an erster Stelle, gefolgt von Benzodiazepinen und in schwierigen Situationen auch Kombinationen mit hochpotenten Antipsychotika.
Chlorprothixen 50–150 mg (Truxal®), idealerweise als Saft, oder **Levomepromazin** 50–200 mg (Nozinan®) eignen sich wegen der sedierenden Eigenschaften der Substanzen besonders. Bei ängstlichen Patienten kann ein *Benzodiazepin*, wie zum Beispiel **Diazepam** 10–20 mg (Valium®) oder **Lorazepam** 1–2 mg (Temesta®), gegeben werden. Bei Borderline-Patienten besteht jedoch häufig ein polyvalentes Abhängigkeitssyndrom, weswegen die Indikation bei Benzodiazepinen streng zu stellen ist.

Auch in **psychosozialen Krisen**, bei psychisch sonst unauffälligen Personen, kann es zum Beispiel unter Alkoholeinfluss ebenfalls zu unkontrollierbaren Temperamentsausbrüchen kommen, die einer Sedierung bedürfen. Partnerkonflikte, Auseinandersetzungen mit Arbeitskollegen und Streitigkeiten in Gasthäusern und im Straßenverkehr sind typische Auslöser. Außerdem kann es plötzlich bei **schweren Kränkungen** (zum Beispiel beim Führerscheinentzug) bei manchen Menschen zu überschießenden Reaktionen kommen, die üblicherweise als „Kurzschlusshandlungen" bezeichnet werden. Bewältigungsstrategien fehlen im Moment, sodass es zu Impulshandlungen kommt, die sonst für den Betroffenen untypisch sind. Nicht selten gibt es Wutanfälle mit Schreien, Toben und Ähnlichem. Auch eine plötzlich auftretende Suizidalität mit impulshafter Medikamentenintoxikation ist häufig. In solchen Fällen ist es zunächst sehr hilfreich, den Anlass, wenn dieser bekannt ist, anzusprechen und dem Patient das Gefühl zu geben, dass das Problem ernst genommen wird. Erst in zweiter Linie sollte man Medikamente anbieten. Hier stehen die bereits mehrfach besprochenen Benzodiazepine und niedrigpotenten Antipsychotika zur Verfügung. Bei jungen Patienten, die noch nie Erfahrung mit Psychopharmaka gemacht haben, ist die Dosis deutlich niedriger zu wählen.

Sedierung bei Suizidalität

Suizidalität kann bei vielen psychiatrischen Störungen vorkommen, wie zum Beispiel bei depressiven Störungen, Schizophrenien, Persönlichkeitsstörungen und Störungen in Verbindung mit psychotropen Substanzen (v.a. Störungen durch Alkohol). Wie bereits erwähnt kann sich Suizidalität auch unabhängig davon bei psychosozialen Krisen, Kränkungen und als „Bilanzierung" entwickeln. Als mit diesen Patienten konfrontierter Arzt ist man aufgefordert, eine diagnostische Einschätzung des bestehenden *Suizidrisikos* zu geben, konkrete Hilfsmaßnahmen aufzuzeigen und den Patienten so zu behandeln, dass ein Suizid vorerst nicht mehr erfolgt bzw. sich der Patient von Suizidideen distanzieren kann. Im akuten Fall, vor allem dann, wenn die Suizidgefahr fortbesteht oder unmittelbar ein Suizidversuch stattgefunden hat, ist die Beruhigung und Sedierung des Patienten ein wichtiger Behandlungsschritt.

Die **diagnostische Einschätzung** des Suizidrisikos ist schwierig und ein Restrisiko kann nie ausgeschlossen werden. Es gibt jedoch eine Reihe von Indikatoren, die eine erhöhte Suizidalität vermuten lassen, wie zum Beispiel *epidemiologische Faktoren* (höheres Lebensalter, männliches Geschlecht, alleinstehend), das *Vorliegen einer psychiatrischen Erkrankung* (v.a. depressive Störungen) und einer *positiven Familienanamnese* (Suizide und Suizidversuche in der Familie), *typisches Verhalten und Psychopathologie* (trotziges, dysphorisches und unkooperatives Auftreten, aber auch schweigsames Verhalten mit Rückzug und Ablehnung von Hilfe), das *Vorliegen eines Abschiedsbriefes oder Testaments*, Hinweise auf einen bestehenden *Suizidplan* mit „sicheren" tödlichen Methoden (Erhängen oder Sprung aus dem Fenster), *körperliche Erkrankungen* (chronische Erkrankungen, Schmerzzustände, therapieresistente Schlafstörungen) und das *Vorhandensein einer Lebenskrise* (Beendigung einer Partnerschaft, Kündigung, Schulden).

Im **Umgang** mit suizidalen Patienten hat die Sicherheit des Patienten höchste Priorität. Von Beginn an ist Sorge zu tragen, dass Gegenstände, die eine Gefährdung für den Patienten darstellen, wie zum Beispiel Messer, Stricke oder Glasscherben, außer Reichweite sind. Ebenso ist die Kleidung des Patienten nach Tabletten oder Rasierklingen zu untersuchen. Vor allem sollte der Patient nicht allein gelassen werden, was bedeutet, dass Angehörige oder jemand vom Personal sich durchgehend beim Patienten aufhalten und ihn bei allen Handlungen „begleiten" sollen, was einerseits zur Kontrolle dient, anderseits der Beginn einer therapeutischen Beziehung sein kann.

Im Gespräch sollte es neben der bereits erwähnten Einschätzung des Suizidrisikos um die Gründe des Todeswunsches oder des bereits stattgefundenen Suizidversuches gehen. Man sollte darauf achten, dass dieses Gespräch viel Geduld und Zeit braucht und in einer ruhigen, entspannten Atmosphäre stattfindet. Wenn es gelingt, dass der Patient sich seinem Gesprächspartner anvertraut, über seine Sorgen und Probleme zu sprechen beginnt und seinen Wünschen entgegengekommen werden kann, dann ist bereits der erste Schritt zur Beruhigung der schwierigen Lage erreicht. Nun gilt es gemeinsam an Lösungen zu arbeiten, Hoffnungen im Patienten zu wecken und für die nächsten Tage Hilfen zu organisieren. Wenn ein Patient das therapeutische Angebot jedoch nur zögerlich annehmen kann oder dies gar verweigert, ist eine Einweisung in ein psychiatrisches Spital auch gegen den Willen des Patienten sinnvoll. Auch bei psychotischen und depressiven Patienten, sowie bei intoxikierten Patienten und solchen, die allein sind, ist die Spitalseinweisung die richtige Entscheidung. Man sollte allerdings auch hier den Schwerpunkt auf das therapeutische Gespräch legen, um eine freiwillige Aufnahme zu erreichen.

Pharmakologisch richtet man sich nach der Grunderkrankung. Das vorrangige Ziel ist die Dämpfung und Sedierung des Patienten, damit kein weiterer Suizidversuch durchgeführt werden kann oder der Patient von seinem Vorhaben abgehalten wird.

a) Psychotische und ängstlich-agitierte Patienten

Entscheidend ist, neben der Antriebslage ein eventuell bestehendes psychotisches Verhalten zu beurteilen. Hier sollte eine starke Sedierung mit einem Antipsychotikum kombiniert mit einem Benzodiazepin erfolgen. Zum Beispiel verabreicht man 5 bis 10 mg **Haloperidol** (**Haldol**®) und 2 bis 4 mg **Lorazepam** (**Temesta**®) per os. Dies kann, wenn notwendig, nach ein bis zwei Stunden wiederholt werden.

b) Depressive Patienten

Die Gabe eines Antidepressivums führt bei akuter Suizidalität zu keinem Erfolg, da die Wirkung dieser Medikamente meist erst nach ein bis vier Wochen einsetzt. Allerdings kann die Gabe eines sedierenden Antidepressivum sinnvoll sein, beispielsweise 50 bis 100 mg **Trazodon** (Trittico®) oder 50 bis 100 mg **Amitriptylin** (Saroten®) per os. Günstiger ist aber die passagere Gabe von Benzodiazepinen (zum Beispiel 10 mg **Diazepam**) und erst in zweiter Linie die Verabreichung von Antidepressiva. Die Einstellung auf neuere, besser verträgliche Antidepressiva (selektive Serotoninwiederaufnahmehemmer, SSRI), wie beispielsweise 20 mg **Paroxetin** (Seroxat®), ist zu bevorzugen. In diesem Zusammenhang sei erwähnt, dass die Gabe von Medikamenten bei Patienten, die einen Suizidversuch mittels Medikamentenintoxikation durchgeführt haben, eine Gratwanderung für den Arzt ist. Hilfreich ist, dem Patienten nur kleinere Medikamentenmengen auszuhändigen, sowie die Umstellung auf ein weniger toxisches Antidepressivum.

c) Ängstliche Patienten

Neben einer ständigen personellen Präsenz empfiehlt sich natürlich auch hier die Gabe eines Benzodiazepins, am besten **Diazepam** (Valium®) oder **Lorazepam** (Temesta®).

d) Persönlichkeitsstörungen

Da neben Suizidalität auch Spannungen bestehen, die zu autoaggressiven Tendenzen und Impulsdurchbrüchen führen können, ist neben der Gabe von Benzodiazepinen die Gabe von Antipsychotika gerechtfertigt. Der Vorzug ist den niedrigpotenten Antipsychotika zu geben: 50 bis 150 mg **Chlorprothixen** (Truxal®) oder 50 bis 200 mg **Levopromazin** (Nozinan®) sind wegen der sedierenden Eigenschaften günstig.

Beachte: Je ausgeprägter und akuter die Suizidalität eingeschätzt wird, umso eher sollte ein Medikament mit stark sedierenden Eigenschaften verabreicht werden.

Weiterführende Literatur

Benkert O, Hippius H. *Kompendium der Psychiatrischen Pharmakotherapie.* 2000; Springer Berlin Heidelberg New York

Berzewski H. *Der psychiatrische Notfall.* 1995; Springer Berlin Heidelberg New York

Dilling H, Mombour W, Schmidt M H. *Internationale Klassifikation psychischer Störungen, ICD-10 Kapitel V (F); klinisch-diagnostische Leitlinien.* 2000; Huber Bern

Dubin, W R. *Handbuch der Notfall-Psychiatrie.* 1993; Huber Bern

Everly G S, Mitchell J T. *CISM – Stessmanagement nach kritischen Ereignissen.* 2002; Facultas Wien

Faust V. *Manie.* 1997; Enke

Grube M. *Aggressivität bei psychiatrischen Patienten.* Der Nervenarzt 2001; 11: 867–871

Katschnig H, David HP. *Psychiatrische Notfälle.* In: Enenkel W et al. *Notfallmedizin.* 1999; Maudrich

Lenz G, Küfferle B. *Klinische Psychiatrie.* 2000; Facultas Wien

Sonneck G. *Krisenintervention und Suizidverhütung.* 1985; Facultas Wien

Walden J, Grunze J. *Bipolare affektive Störungen.* 1998; Thieme

Weixler D. *Notfallmedikamente.* 2000; Facultas Wien

Wetterling T. *Organische psychische Störungen.* 2002; Steinkopff Darmstadt

Sedierung bei Schlafstörungen

K. Paulitsch

Schlafstörungen sind von Schlaflosigkeit zu unterscheiden. Fast jeder Mensch hat schon einmal oder öfters an Schlaflosigkeit gelitten. Gemeint sind auch Einschlafschwierigkeiten, unruhiger und gestörter Schlaf und Schlaf ohne Erholungseffekt. Diese Probleme kennen die meisten von uns, von relevanten Schlafstörungen sind aber nur 20% der Bevölkerung betroffen. Es würde den Rahmen des folgenden Kapitels sprengen, eine umfassende Darstellung der Schlafstörungen zu geben, da die Schlafmedizin bereits viele klinische Fächer umfasst, u.a. Innere Medizin, Allgemeinmedizin, Hals-Nasen-Ohren-Heilkunde, Kinderheilkunde und Neurologie. Im Folgenden geht es um die *praxisbezogene Behandlung* von einigen Störungsbildern aus der Sicht eines Psychiaters. Insomnien sollten immer nach ihren Ursachen behandelt werden, die bei einer Vielzahl der Störungsbilder bekannt sind. Beispiele sind körperliche Krankheiten, wie Hyperthyreose, chronische obstruktive Lungenerkrankungen, Herzinsuffizienz, das Restless-Legs-Syndrom sowie das Schlaf-Apnoe-Syndrom. Darüber hinaus kommt es zu Schlafstörungen durch die Einnahme von Medikamenten und psychotropen Substanzen wie zum Beispiel durch Koffein.

Chronische Insomnie

Die chronische Insomnie umfasst zwei Störungen, einerseits die *Fehlwahrnehmungsinsomnie*, anderseits die *psychophysiologische Insomnie*. Bei der Fehlwahrnehmungsinsomnie hat der Patient das Gefühl von Ein- und Durchschlafstörungen, obwohl eine Untersuchung im Schlaflabor ein normales Schlafverhalten zeigt. Die häufigere psychophysiologische Insomnie wird bei Patienten mit ängstlich-unsicheren Persönlichkeitszügen beobachtet, die sich sorgen, nicht einschlafen zu können, und meinen, einen geregelten und ausreichenden Schlaf zu benötigen, um den Anforderungen des Tages gewachsen zu sein. Meist haben die Schlafstörungen schon in der Kindheit oder im jungen Erwachsenenalter angefangen. Erinnert werden Ängste und Sorgen, die die Patienten nicht einschliefen ließen, zum Beispiel schulische Probleme, Schwierigkeiten mit den Eltern oder Beziehungsprobleme. Die Konflikte, die meist neurotischer Natur sind, wurden nicht gelöst, was blieb, ist die Schlafstörung, die sich zum führenden subjektiven Symptom entwickelte. Die Insomnie führt die Patienten zum Arzt und nicht zum Psychotherapeuten, da die Konflikte meist unbewusst sind. Der Betroffene hat auch konditionierte Verhaltensweisen entwickelt, die sich im Sinne eines Circulus vitiosus unerträglich steigen können. Die ängstliche Anspannung und das unbedingte Schlafenwollen führen zu einer Erhöhung sympathischer Reaktionen, die erst recht zu keiner Entspannung mit geregeltem Schlaf führen. Aus dem Gesagten geht hervor, dass der Schwerpunkt der **Therapie** im psychologischen/psychotherapeutischen Bereich liegt und nicht in der medikamentösen Behandlung.

a) **Schlafhygiene**
Empfehlungen zur richtigen Schlafhygiene sind einfach und können auch von psychotherapeutisch nichtgeschulten Ärzten gegeben werden. Der Patient wird aufgefordert, zur richtigen Zeit zu Bett zu gehen. Dort sollen keine andere Aktivitäten durchgeführt werden als schlafen (Ausnahme: Sexualität). Vermieden werden sollen stimulierende koffeinhaltige Getränke und Alkohol, der zwar das Einschlafen fördern kann, aber zu Durchschlafstörungen führt. Tagsüber empfiehlt man sportliche Tätigkeiten, der Medienkonsum (Fernsehen, Internet) sollte eingeschränkt werden. Wenn der Patient längere Zeit nicht einschlafen kann, ist er aufgefordert aufzustehen, um sich anderen Tätigkeiten zu widmen, wie beispielsweise ein Buch zu lesen. Auch ist es günstig am nächsten Tag trotzdem früh aufzustehen, selbst wenn der Patient das Gefühl hat, zu wenig geschlafen zu haben. Das konsequente Frühaufstehen führt nicht selten zum Erfolg. Das Schlafen am Tag ist zu vermeiden, auch kurze Nickerchen („naps“) stören den nächtlichen Schlaf. Die Aufklärung spielt eine große Rolle, da viele Patienten mit chronischen Insomnien meinen, ihre Tagesmüdigkeit sei einzig auf ihren gestörten Schlaf zurückzuführen. Hilfreich können auch paradoxe Interventionen sein („Versuchen Sie erst um 2 Uhr einzuschlafen!“).

b) **Verhaltenstherapie**
Ein Reihe von Verfahren wurde entwickelt, die durch geschulte Therapeuten in regelmäßigen Abständen durchgeführt werden. Angewendet werden behaviorale Methoden und Ähnliches. Das Führen eines Schlafprotokolls sowie die Zusammenhänge zwischen dem gestörten Schlaf und dem konditionierten Verhalten zu erkennen sind zentraler Bestandteil der Therapie. Beispielsweise sollte der Patient lernen, Verhaltensweisen abzubauen, die das Einschlafen stören. Stimuluskontrolle, Schlafrestriktion,

Fokussierung auf angenehme und positive Gedanken und Gedankenstopp sind weitere Lernschritte in der Verhaltenstherapie.

c) **Entspannungsfördende Verfahren**
Gelernt werden können auch spezielle Entspannungstechniken, u.a. Autogenes Training, Hypnose, Progressive Muskelentspannung und Biofeedback. Diese Therapieverfahren führen zu einer Aktivierung des schlaffördernden parasympathischen Systems, sind für die meisten Patienten einfach zu lernen, erfordern aber auch Geduld und die Bereitschaft zu üben.

d) **Tiefenpsychologische Psychotherapien**
Zu den tiefenpsychologischen Therapieverfahren zählt man die Psychoanalyse mit ihren vielen Weiterentwicklungen, die Individualpsychologie und die Katathym Imaginative Psychotherapie. Auch andere Psychotherapien basieren auf tiefenpsychologischen Grundannahmen, wie zum Beispiel die humanistischen Verfahren (u.a. Gesprächstherapie nach Rogers, Gestalttherapie). Die Therapien sind meist aufwendig und setzen eine hohe Motivation des Patienten voraus. Thematisiert werden in erster Linie die als ursächlich angesehenen unbewussten Konflikte und erst in zweiter Linie das Schlafproblem als solches.

e) **Medikamentöse Therapie**
Für die Behandlung von Insomnien kommen als Hypnotika primär *Benzodiazepine* und seit einiger Zeit auch andere Benzodiazepinrezeptoragonisten wie beispielsweise **Zolpidem** (Ivadal®) zum Einsatz. Zolpidem ist eine Alternative zu den herkömmlichen Benzodiazepinen, die Wirkungsweise ist jedoch ähnlich und die Nachteile sind die gleichen. Auch das Abhängigkeitsrisiko – wenn auch seltener beschrieben – ist vorhanden. Die Substanz ist daher gleich kritisch wie Benzodiazepine zu beurteilen.

Zur Problematik der Benzodiazepinverordnung

Die Verschreibung von Benzodiazepinen als Schlafmittel ist bei chronischen Insomnien nur in Ausnahmefällen sinnvoll. Wegen des Abhängigkeitspotenzials, des Wirkungsverlustes, der langfristigen Beeinträchtigung der kognitiven Funktionen und der Tagesmüdigkeit sind sie wenig geeignet, chronische Schlafstörungen in den Griff zu bekommen. Das Problem liegt auch in der nach wie vor bestehenden wahllosen Verschreibung dieser Medikamente, welche die Patienten selbst mit Nachdruck fordern. Wenn jedoch die Insomnie nur kurzzeitig besteht, der Patient sich in einer schwierigen Krise befindet oder zum Beispiel im Spital zu einer Operation aufgenommen ist, dann wäre die Verweigerung der Verordnung aus Angst vor Entwicklung einer Abhängigkeit falsch. Auch bei älteren Patienten, die seit Jahren gewohnt sind, abends Benzodiazepine einzunehmen (low dose dependency), wäre es unethisch und wenig erfolgversprechend, einen Absetzversuch zu starten. Eine Abhängigkeit mit der Ausbildung von Entzugssymptomen (vegetative Symptome, Ängste, Schlafstörungen und innere Unruhe) entwickelt sich etwa bei 50% der Patienten, die Benzodiazepine über Monate genommen haben.

Deswegen darf die Verordnung bei chronischen Insomnien nur als begleitende Therapie neben psychologisch-psychotherapeutischen Verfahren (Schlafhygiene, Verhaltenstherapie etc.) erfolgen und dient ausschließlich zum Beenden des Circulus vitiosus der Angst vor der Schlaflosigkeit. Zur Auswahl stehen kurz, mittel und lang wirksame Benzodiazepine.

Vertreter der *kurz wirksamen* Hypnotika sind **Triazolam** (Halcion®), **Midazolam** (Dormicum®) oder **Brotizolam** (Lendorm®). Der Wirkeintritt erfolgt rasch und Tagesmüdigkeit ist selten. Nachteilig sind das höhere Abhängigkeitspotenzial und bei älteren Patienten die Gefahr zur anterograden Amnesie, die zu nächtlicher Unruhe und Verwirrtheit führen kann.

Mittellang wirksame Benzodiazepine sind **Oxazepam** (Praxiten®) und **Lormetazepam** (Noctamid®). Als *lang wirksame* Medikamente stehen zum Beispiel **Diazepam** (Valium®) oder **Nitrazepam** (Mogadon®) zur Verfügung. Letztere eigenen sich nur bedingt als Schlafmittel, da Tagesmüdigkeit, verzögerte Reaktionsbereitschaft und Einschränkungen der kognitiven Funktionen folgen.

Auf die zeitliche Begrenzung der Verordnung, die Verschreibung von geringen Dosierungen und kleinen Packungsgrößen sowie das ausschleichende Absetzen (Reboundphänomen) der Benzodiazepine soll ebenso geachtet werden.

Andere schlaffördernde Medikamente ohne Abhängigkeitspotenzial:

Sedierende Antidepressiva wie **Amitriptylin** (Saroten®), **Trazodon** (Trittico®) und **Mirtazepam** (Remeron®) stellen Alternativen dar, auch wenn keine ausgeprägte depressive Symptomatik vorliegt. Die Verträglichkeit ist jedoch nicht so gut wie bei den Benzodiazepinen. Häufig klagen Patienten über zu starke Dämpfung und Benommenheit. Da sich aber bei vielen Schlafstörungen doch leichte depressive Zustände (Dysthymie) erheben lassen, sind die Medikamente als wertvolle Ergänzung anzusehen.

Antihistaminika wie **Hydroxyzin** (Atarax®) können bei manchen Patienten eine schlafanstoßende Wirkung entfalten, sind aber in ihrer Wirksamkeit nicht vergleichbar mit den herkömmlichen Hypnotika.

Antipsychotika, vor allem niedrigpotente wie **Prothipendyl** (Dominal®) oder **Melperon** (Buronil®), eignen sich bei Schlafstörungen aller Art, da kein Abhängigkeitspotenzial besteht und die Wirkung zuverlässig ist. Die Sedierung erfolgt auch durch Hypotension, was nicht von allen Patienten geschätzt wird.

Schlafstörungen bei depressiven Störungen

Schlafstörungen kommen bei über 90% der Depressionen vor und stellen auch ein diagnostisches Kriterium (ICD-10 oder DSM-IV) dar. Je ausgeprägter und schwerer das klinische Bild, umso mehr wird auch die Schlafstörung zum Problem. Die Patienten klagen über Einschlafschwierigkeiten, wiederholtes nächtliches Aufwachen und vor allem über ein frühmorgendliches Erwachen mit anschließendem Grübeln und pessimistischen Gefühlen. Diese Symptomatik findet man bei den schweren depressiven Episoden, die zu Rezidiven neigen (früher als endogene Depression bezeichnet) und bei depressiven Phasen im Rahmen von bipolaren affektiven Störungen (Manisch-Depressive Krankheit). In wenigen Fällen kommt es zur Hypersomnolenz, die bei atypischen Depressionen typisch ist. Schlafstörungen stehen demnach in Beziehung zur Depression, was viele Kliniker veranlasst, die Besserung der Schlafstörung mit der Rückbildung der depressiven Phase gleichzusetzen.

Therapie

Die adäquate Therapie ist demnach die richtige Behandlung der Depression, die mit einem nebenwirkungsarmen modernen Antidepressivum in ausreichender Dosierung und über einen längeren Zeitraum durchgeführt werden soll. Serotoninwiederaufnahmehemmer (SSRI) wie beispielsweise **Fluoxetin** (Fluctine®) führen aber selbst zu Beginn der Behandlung in einigen Fällen zu Unruhe und Schlafstörungen. Empfehlenswert ist eine einschleichende Dosierung und/oder die zusätzliche Gabe eines Benzodiazepins für kurze Zeit oder eines sedierenden Antidepressivums wie **Trazodon** (Trittico®). Das Benzodiazepin oder Trazodon wird dann so lange weiterverordnet, bis die Schlafstörungen sistieren, das Antidepressivum (SSRI) hingegen dient zur eigentlichen Therapie und Prophylaxe der Depression. Die alleinige Gabe eines sedierenden Antidepressivum kann ebenso erwogen werden, es ist jedoch zu bedenken, dass die Behandlung der Depression eine Langzeittherapie ist und Patienten eher keine sedierenden Medikamente für einen längeren Zeitraum einnehmen wollen.

Bei hartnäckigen Schlafproblemen und bei agitiert-depressiven Zustandsbildern, bei denen u.a. Suizidalität vorliegt, sind zusätzlich niedrig- oder hochpotente Antipsychotika zu empfehlen.
Nicht unerwähnt sollen **Schlafentzüge** bleiben, bei denen der Patient aufgefordert wird, eine ganze Nacht wach zu bleiben. Die Patienten fühlen sich am nächsten Tag bereits erstaunlich frischer und können in der darauf folgenden Nacht ruhiger und besser schlafen.

Schlafstörungen bei Manien und psychotischen Störungen (Schizophrenie)

Ähnlich wie bei Schlafstörungen bei der Depression ist die Behandlung der Grunderkrankung der wesentliche Therapiebaustein. Manische und psychotische Patienten leiden jedoch in den akuten Phasen unter einer totalen Tag-Nacht-Umkehr, zeigen schwere Einschlafstörungen bis zur völligen Schlaflosigkeit sowie starke innere Unruhe und Anspannung. Paranoides Erleben, Halluzinationen und Ängste ergänzen das klinische Bild. Eine tagelang bestehende Schlaflosigkeit ist keine Seltenheit und führt meist unter dramatischen Umständen zur Spitalseinweisung.

In akuten Phasen ist die Medikamentendosis zu erhöhen, d.h. bei manischen Patienten die Dosis der Phasenprophylaxe (z. B. **Lithium** oder **Carbamazepin**) und bei schizophrenen Psychosen die der Antipsychotika. Da dies allein meist nicht ausreicht, ist die Kombination mit Benzodiazepinen und niedrigpotenten Neuroleptika in ausreichender Dosierung notwendig. Zu empfehlen sind 2 mg **Flunitrazepam** (Rohypnol®), 100 mg **Chlorprothixen** (Truxal®) oder 80 bis 160 mg **Prothipendyl** (Dominal®) als Ergänzung zur fortlaufenden Therapie. Siehe auch die „Erregungszustände bei Schizophrenen Psychosen" und „Manische Syndrome".

Schlafstörungen bei Demenzen

Demenzielle Syndrome sind Folgen von chronischen Abbauprozessen des Gehirns, die zunächst mit kognitiven Störungen (Gedächtnis- und Orientierungsstörungen, Auffassungsdefizite etc.) beginnen und schließlich zu einer Veränderung der Gesamtpersönlichkeit führen. In späteren Stadien zeigen die Patienten Verhaltensauffälligkeiten in Form von Aggressivität, Erregtheit, aber auch Rückzug und Apathie. Delirante Zustände zum Beispiel bei Flüssigkeitsmangel, Fieber oder Polypharmazie verschlimmern vorübergehend die Symptomatik. Schlafstörungen sind von Anbeginn der Krankheit vorhanden und führen unbehandelt nicht selten zu Verwirrtheit und nächtlicher Unruhe. Die Patienten leiden meist unter verkürztem Schlaf, mehreren nächtlichen Phasen der Wachheit, ausgeprägter Tagesmüdigkeit, die zu wiederholtem Eindösen tagsüber führt, und nächtlichen Phasen der Desorientiertheit. Dabei wandern die Patienten umtriebig in der Wohnung umher, verlassen oft das Haus oder sprechen laut mit sich oder einem vermeintlichen Gegenüber.

Die Behandlung von Schlafstörungen ist schwierig und erfordert eine enge Zusammenarbeit mit Internisten und Allgemeinmedizinern. Wichtig ist die Unterscheidung zwischen einer schon länger bestehenden Schlafstörung und einem nächtlichen Delir. Wenn kein Delir vorliegt, wird man zunächst schlafhygienische Maßnahmen ergreifen, indem man darauf achtet, dass der Patient sich tagsüber ausreichend bewegt und dass ein längeres Schlafen zu Mittag unterbleibt. Die Gabe von Koffein (eine Tasse Kaffee) wird immer wieder bei Patienten mit niedrigen Blutdruckwerten versucht. Wenn all dies zu keinem Erfolg führt, ist die Gabe von Psychopharmaka gerechtfertigt. **Benzodiazepine** eignen sich nur bedingt, da paradoxe Reaktionen zu erwarten sind, die Medikamente zu erhöhter Tagesmüdigkeit führen, die kognitiven Funktionen noch schlechter werden und es zu Stürzen kommen kann. In der Praxis werden sie jedoch häufig gegeben, da in vielen Fällen doch eine befriedigende Wirkung beobachtet wird. Wenn, dann sollten keine kurz wirksamen Hypnotika (zum Beispiel Triazolam) verabreicht werden, da diese zu nächtlicher Verwirrtheit und anterograder Amnesie führen können. Günstiger ist die Gabe von Antipsychotika, wie zum Beispiel 1 bis 2 mg **Risperidon** (Risperdal®) und/oder 40 bis 80 mg **Prothipendyl** (Dominal®). Generell gilt, dass die Behandlung von Schlafstörungen und nächtlichen Verwirrtheitszuständen (Delir) bei dementen Patienten die ganze Palette verschiedener Psychopharmaka benötigt und auf den jeweiligen Fall abgestimmt werden sollte.

Schlafstörungen bei internistischen Erkrankungen

Viele Krankheiten lösen Schlafprobleme aus, sei es aus Schmerz (zum Beispiel bei der *chronischen Polyarthritis*) oder sei es, weil der Patient keine Luft bekommt, wie bei der *Herzinsuffizienz*. Häufig kommt es bei kardial dekompensierten Patienten dann zur Atemnot, wenn sie sich hinlegen, was wiederum die Schlafstörungen bedingt. Es versteht sich von selbst, dass die Behandlung der eigentlichen Erkrankung das primäre Ziel ist und nicht die vorschnelle Verordnung eines Benzodiazepins. Schon allein das Wissen darüber kann dazu führen, dass die internistische Therapie überprüft wird. Neben Ein- und Durchschlafstörungen kann es auch zur ausgeprägten

Tagesmüdigkeit kommen. Internistische Krankheiten, bei denen auch häufig Schlafstörungen beobachtet werden, sind die *chronisch obstruktive Lungenerkrankung, Asthma bronchiale, Magen- und Duodenalulzera*, das *Fibromyalgie-Syndrom, Diabetes mellitus* und *Hyper-/Hypothyreosen*. Falls man um die Verabreichung eines Hypnotikums nicht herumkommt, sollte man wie bei den chronischen idiopathischen Insomnien vorgehen, das bedeutet, dass Benzodiazepine nur vorübergehend indiziert sind.

Weiterführende Literatur

Mendelson WB. *Schlafstörungen*. In: Helmchen H, Henn F, Lauter H, Sartorius N. *Psychiatrie der Gegenwart*, Band 6. 2000; Springer

Sturm A, Clarenbach P. *Schlafstörungen*. 1997; Thieme

Kardiologie

D. Weixler

Wenn eine Idee nicht zuerst absurd erscheint,
taugt sie nichts.
ALBERT EINSTEIN

Bleiben wir realistisch, versuchen wir das Unmögliche.
ERNESTO GUEVARA

In der nichtinvasiven und interventionellen Kardiologie haben sich der Arbeitsaufwand, die Komplexität und die Vielfalt der Eingriffe in den letzten zehn Jahren enorm vermehrt (1).
Die Eingriffe sind zeitaufwendiger und technisch anspruchsvoller geworden. Prozeduren, die früher in Allgemeinanästhesie ausgeführt worden sind, können heute in Lokalanästhesie und Sedierung gemacht werden. Obwohl schwere Komplikationen in diesem Feld selten sind, muss ihrer Existenz mit antizipatorischer Wachsamkeit begegnet werden. Eine optimale personelle und apparative Ausstattung sind gerade in diesem medizinischen Szenario essentiell. Ein externer Defibrillator muss jederzeit verfügbar und funktionsfähig sein, seine Funktionsfähigkeit ist vor jedem Eingriff zu überprüfen. Das Inventar beinhaltet zwingend extensives Reanimationszubehör inklusive Beatmungsgerät. Der personelle Aufwand ist notwendigerweise hoch: vorzugsweise 2 Kardiologen, 2 Pflegepersonen, ein Techniker und ein RTA. Die Pflegepersonen haben eine vollständig autonome Kompetenz hinsichtlich des Umgangs mit Venenzugängen, eine Pflegeperson sollte eine anästhesiologische Ausbildung haben (1). Außer den im Kapitel „Sicherheit und Komfort" dargestellten notwendigen technischen und apparativen Möglichkeiten sollte eine invasive Blutdruckmessung möglich sein. Nicht alle Eingriffe können an allen Patienten in Lokalanästhesie und Sedoanalgesie durchgeführt werden.

Nichtinvasive Verfahren

Transthorakale Echokardiographie bei Kindern

Beim Neonaten kann es unmöglich sein, eine adäquate Untersuchungsgüte für eine Diagnostik von höchster Priorität für die weiteren Entscheidungen vorzufinden. Um dem Kind zur weiteren Therapieplanung einen Herzkatheter zu ersparen, kann die nichtinvasive Untersuchung mit einer Sedierung unterstützt werden. Wenn möglich, soll man eine i.v.-Sedierung vermeiden

(1). Die verwendeten Substanzen sind Chloralhydrat (3) (siehe Kapitel „Radiologie") und Promethazin (Atosil® Sirup 1 mg/kg – Dosis 1 mg/kg oral) (2). In Anlehnung an das von Cowan (9, siehe Seite 393f.) für die MR-Untersuchungen empfohlene Vorgehen wäre es denkbar, bei Säuglingen die natürliche Schlafphase nach einer Fütterung für die Untersuchung zu „nützen".

Transösophageale Echokardiographie (TEE)

Die transösophageale Echokardiographie fördert unverzichtbare Informationen über Anatomie und Funktion des Herzens, die über die transthorakale Sonographie nicht gewonnen werden können (1). Vor einem operativen Mitralklappenersatz, einer transseptalen Punktion oder der perkutanen Mitralvalvuloplastie ist ein transösophageales Echo strikt empfohlen (1). Die transösophageale Echokardiographie kann prinzipiell ohne Sedoanalgesie ausgeführt werden, erfahrungsgemäß zeigen aber v.a. junge Patienten mit angeborenen Vitien größere Schwierigkeiten in der Toleranz der Untersuchung (1). Die nozizeptive Intensität ist mit einer Ösophagogastroduodenoskopie vergleichbar, es wird auf das analoge Sedierungsverfahren mit Midazolam-Inkrementen verwiesen (siehe Seite 294f.). Bei Patienten mit zyanotischen Vitien oder respiratrischer Insuffizienz ist Vorsicht geboten, eine Überwachung mit Pulsoxymetrie ist obligatorisch. Absolute Kontraindikationen für eine TEE sind Erkrankungen des Ösophagus, obere gastrointestinale Blutungen und eine Instabilität der Halswirbelsäule, relativ kontraindiziert ist die Untersuchung bei kürzlich zurückliegender Ösophaguschirurgie, Ösophagusvarizen und Dysphagie unbekannter Ursache (8). Wenn vor dem Einführen des Gerätes eine topische Anästhesie (Lidocain-Gel) verwendet worden ist, muss nach der Untersuchung sichergestellt sein, dass der Würge- und Hustenreflex auslösbar sind, ehe der Patient mit Trinken beginnt (8). Der Patient sollte aufgeklärt sein, dass er bis 24 Stunden danach Rachenschmerzen empfinden kann.

Invasive und interventionelle Verfahren

Diagnostische Angiographie

Das Verabreichen einer Routineprämedikation ist weit verbreitet. Die orale Prämedikation für den Herzkatheter ist ein sicheres Konzept, in verschiedenen Publikationen wurden nie Phasen von Hypoxämie nachgewiesen.
Clarke (1) gibt zu bedenken, dass der organisatorische Ablauf in den Katheterlabors sich so häufig ändert, dass einer i.v.-Sedierung im Eingriffsraum der Vorzug zu geben wäre. Nüchternheitsverordnungen können dazu beitra-

Tab. 1: Vier sichere Prämedikationsregimes in der Kardiologie (nach Clarke, 1)

Diazepam 5–10 mg oral
Lorazepam 1 mg oral
Diazepam 10 mg + Diphenhydramin 25 mg oral
Diazepam 10 mg + Promethazin 25 mg oral

gen, dass sich bei den Patienten exzessive Angst entwickelt. Die Bahnung vagaler Reflexaktivität durch Nüchternheit kann einen Kreislaufkollaps verursachen. Im Manchester Heart Centre müssen die Patienten vor Routineeingriffen nicht nüchtern bleiben (1). Effektive Maßnahmen, welche angstreduzierend wirken, sind das Aufklärungsgespräch, das Abwarten des Lokalanästhetikaeffektes, ehe man den Eingriff beginnt (!), und das Anbieten von Musik über Kopfhörer (1). Die diagnostische Angiographie dauert üblicherweise ca. 15 Minuten.

Perkutane transluminale Angioplastie (PTCA) und Stenting

Eine PTCA dauert 30 Minuten bis Stunden, je nach Komplexität und den auftretenden Komplikationen. Ein Koronarspasmus oder eine Dissektion einer Koronararterie äußern sich klinisch als starker Thoraxschmerz. Hyperventilation kann die Symptomatik verschlimmern (1). Falls organisierbar, erhalten die Patienten 2 Stunden vor dem Eingriff 1–2 mg Lorazepam (Temesta®). Wird erst im Eingriffsraum mit einer Sedierung begonnen, so empfiehlt sich Midazolam. Clarke (1) dosiert Midazolam zu Beginn der Prozedur mit 2–3 mg i.v., die weiteren Dosen werden in titrierender Weise appliziert, wie im Kapitel „Techniken der Conscious Sedation“ beschrieben ist. Treten Thoraxschmerzen auf, ist ein Opioid indiziert, z. B. 2–5 mg Morphin (Vendal®) oder Fentanyl in einer Dosis von 25–50 µg. Die Dosis muss die Vortherapie mit dem Benzodiazepin berücksichtigen. Als Emesisprophylaxe kann gleichzeitig 10 mg Metclopramid (Paspertin®) intravenös gegeben werden. Flumazenil (Anexate®) und Naloxon (Narcanti®) müssen bereitgehalten werden. Pethidin (Alodan®) ist – entgegen anderen Empfehlungen – in der Kardiologie nicht vertretbar (siehe Kapitel „Pharmakologische Voraussetzungen“).

Valvuloplastie und Kommissurotomie

Diese Eingriffe werden nur an Zentren durchgeführt, sie dauern zwischen 90 und 120 Minuten. Die Sedierung kann wie bei PTCA durchgeführt werden (1). Bei transseptalen Techniken können erhebliche Sedierungsdosen notwendig sein. Während der Positionierung des transseptalen Katheters ist es wichtig, dass der Patient bewegungslos liegt und ruhig atmet.

Elektrophysiologie und Schrittmacherimplantation

Patienten, die zu diesen Eingriffen kommen, leben häufig in Grenzbereichen physiologischer Belastbarkeit (z. B. AV-Block III), häufig sind sie sehr agitiert (Hypotension, Organhypoperfusion, Hypoxämie). Es ist essentiell, kleinste titrierende Pharmakon-Dosen für die Sedierung und Analgesie zu verwenden. Man soll mit niedrigen Opioiddosen beginnen. Die vollständige Reanimationsausrüstung muss sich in unmittelbarer Nähe des Patienten befinden. Für die Implantation von Ein- oder Zweikammerschrittmachern ist die Lokalanästhesie der Haut die Grundlage des Patientenkomforts. Der Operateur sollte die Kommunikation mit dem Patienten aufrechterhalten und ihm ankündigen, wann er das Lokalanästhetikum injiziert, da der Patient nicht sieht, was hinter den Abdecktüchern geschieht. Es ist mehr als eine Information, die auf diese Weise übertragen wird. Der Patient nimmt wahr, dass das eintritt, was der Operateur sagt („*nach dem Stich werden Sie kurz etwas Brennen empfinden*"). Er wird im Weiteren eher Vertrauen in die Arbeit des Operateurs setzen, als wenn er durch brüske und unangenehme Stimuli überrascht wird. Das Einführen des Dilatators sollte ebenso angekündigt werden, da die Lokalanästhesie der Haut meist nicht ausreicht, um den kurzen, aber heftigen Schmerz auszuschalten, wenn der Dilatator unter der Clavicula durch die Faszia thoracalis tritt. Da die Implantation von Herzschrittmachern meistens an älteren Menschen durchgeführt wird, müssen die Dosen von Analgetika und Sedativa auf 50–75% der gewohnten Dosen reduziert werden. Meistens kann eine Schrittmacherimplantation ohne Sedoanalgesie durchgeführt werden, der enge kommunikative Kontakt zum Patienten ist aber auch aus Sicherheitsgründen von enormer Bedeutung (= „Neuromonitoring"), vor allem in Phasen, wenn im EKG ventrikuläre Tachyarrhythmien oder eine isoelektrische Linie aufgezeichnet werden. Mit ventrikulären Tachyarrhythmien ist zu rechnen, wenn die Schrittmachersonde die Klappenebene passiert. Asystolie kann auftreten, wenn bei entsprechender Grundkrankheit die Sonde von der Batterie diskonnektiert wird (z. B. Batteriewechsel beim Sick-Sinus-Syndrom). Bei komplexeren Eingriffen, die möglicherweise mehrere Stunden dauern (Extraktion von gebrochenen Sonden), sollte eher eine Allgemeinanästhesie geplant werden, da die psychophysische Belastung für den herzkranken Menschen zu hoch ist, wenn die schwierige Operation im Wachzustand durchgeführt wird.

Implantation eines AICD (automatischer implantierter Kardioverter-Defibrillator)

Der Zweck eines AICD ist

a) das kontinuierliche Monitoring des Herzrhythmus

b) die automatische Abgabe von Stromimpulsen zur Elektrotherapie des Herzens.

Indikationen sind hämodynamisch wirksame Arrhythmien, Kammerflimmern und Kammertachykardien. Die Patienten haben häufig eine reduzierte Pumpleistung des Herzens und eine Reihe von Begleitkrankheiten. Die Sedierung wird mit einer initialen Dosis von 2 mg Miazolam i.v. (< 70 kg) begonnen, Menschen über 70 kg erhalten 3 mg. Die weiteren Boli werden in 1–mg-Schritten verabreicht. Exzessive Schmerzen oder Diskomfort durch die Testdefibrillation werden mit adäquaten Opioiddosen behandelt (Morphin 2–5 mg). Die durchschnittliche OP-Zeit liegt um 128 ± 51 Minuten. In Phasen, in denen der Elektrokauter verwendet wird, muss der AICD außer Funktion gesetzt werden, da der Elektrokauter den AICD antriggert. Patienten mit AICD dürfen nicht in die Nähe eines Magnetresonanztomographen gebracht werden.

Kardioversion

Die elektrische Kardioversion wird bei Vorhofflimmern schon seit über 30 Jahren eingesetzt. Kurzfristig werden Energien bis 360 J übertragen. Der Patient wird einer extremen Stimulusintensität ausgesetzt, die jede Bereitschaft zur Compliance überfordert. Daher wird die Kardioversion seit je meist in Allgemeinanästhesie ausgeführt, früher mit Diazepam, dann mit Hypnomidate. Es gibt eine Unzahl von „Rezepten". Eine rezente praktikable Methode ist die Kardioversion unter Propofol. Der Patient atmet über 3 Minuten reinen Sauerstoff (Flow 10 l/min) über eine dicht sitzende Gesichtsmaske. Die Narkose wird mit Propofol 1 mg/kg über 1 Minute eingeleitet. Nach der Energieübertragung muss überprüft werden, ob die Atmung des Patienten suffizient und ungehindert ist. Möglicherweise muss man für wenige Minuten die Atmung mit Beutelbeatmung assistieren.

Kardiologische Eingriffe an Kindern

Die Prozeduren an Kindern sind komplex und erfordern mitunter lange OP-Zeiten. Die betroffenen Kinder haben vielfach eine eingeschränkte kardiale Leistungsreserve. Daher empfiehlt Clarke (1), diese Eingriffe unter Allge-

meinanästhesie durchzuführen, um den perioperativen Stress für diese Kinder möglichst gering zu halten.
Die Prämedikation für herzkranke Kinder kann mit Chloralhydrat durchgeführt werden (25–125 mg/kg) (3). Sury (8) verabreicht als Prämedikation für den Herzkatheter bei Kindern Midazolam intranasal in einer Dosis von 0,1–0,2 mg/kg. Donmez et al. (4) haben eine Sedierung mit Remifentanil an 50 Kindern im Alter von 2 Monaten bis 12 Jahren für Herzkatheteruntersuchungen erprobt. Nach einer Prämedikation mit Midazolam und Hydroxyzin 60 Minuten vor dem Eingriff wurde Remifentanil in einer Dosis von 0,1 µg/kg/min zugeführt. 32 der 50 Kinder benötigten zusätzliche Dosen von Midazolam bzw. Ketamin. Das Verfahren führte an 3 Kindern zur Apnoe und bei einem zu Erbrechen. Bedenkt man die Komplexität und den Aufwand und setzt sie in Verhältnis zu Erfolg und Risiko, so ist dieses Verfahren kein empfehlenswertes Rezept. Als positive Aussage über Remifentanil in dieser Indikation konnte ausgesagt werden, dass die Hämodynamik stabil bleibt und die Erholung rasch erfolgt.
Smith et al. (5) haben 1958 eine „ataraktische Mixtur“ zur Sedierung von Kindern für die Herzkatheteruntersuchung vorgestellt, die sich aus dem Opioid Pethidin und den Antipsychotika/Antihistaminika Promethazin und Chlorpromazin zusammensetzt. Dieser „Herzcocktail“ wurde zum Standard für Herzkatheteruntersuchungen und eine Reihe weiterer Prozeduren an Kindern (6).

Tab. 2: „Cardiac Cocktail“ nach Smith (5) (historisch)

azyanotische Kinder: Pethidin 2 mg/kg + Chlorpromazin 1 mg/kg + Promethazin 1 mg/kg intramuskulär
zyanotische Kinder: Pethidin 1 mg/kg + Chlorpromazin 0,5 mg/kg + Promethazin 0,5 mg/kg intramuskulär
35 Minuten später: Venenweg, danach Lokalanästhesie femoral

Der „Cardiac Cocktail“ hat viele Nachteile: Die intramuskuläre Route ist schmerzhaft, die Wirkung beginnt spät und dauert lange an, Amnesie ist nicht gewährleistet, bei jedem 4. Kind tritt eine ausgesprochene Unruhe auf. Atemdepression ist eine übliche Folge, Atemstillstand ist möglich (7). Die lebensbedrohlichen Komplikationen durch diesen Cocktail werden mit 4% beziffert (7).
Auden et al. (6) haben kürzlich ein besseres Konzept zur Sedierung von Kindern für die Herzkatheteruntersuchung überprüft:

Tab. 3: Sedierung von Kindern für Herzkatheteruntersuchungen
(nach Auden et al., 6)

Kinder unter 3 Jahre: Ketamin* 10 mg/kg + Midazolam 1 mg/kg oral
Kinder über 3 Jahre: Ketamin* 6 mg/kg + Midazolam 0,6 mg/kg oral
Top-up: Propofol 0,5 mg/kg über 30 Sekunden via Pumpe
wenn mehr als 10 Bolusdosen Propofol notwendig: ev. Propofolinfusion 100 µg/kg/min, Dosisanpassung in Schritten von 25 µg/kg/min

Ergebnisse der Arbeit von Auden et al. (6): Die Sedierung beginnt nach 13 Minuten, Schlaf tritt nach 20 Minuten auf, die Sauerstoffsättigung fällt im Mittel um 1,5%. 2 von 25 Kindern benötigten nach der Prämedikation Assistenz, um den Atemweg frei zu halten (Kinn heben, Esmarch-Griff). Die Herzfrequenz bleibt stabil, der mittlere arterielle Blutdruck sinkt, wie physiologisch im Schlaf, geringfügig. 2 Patienten benötigten nach Propofolgaben Hilfe, um den Atemweg frei zu halten. In der Studie von Auden wurden die Kinder von einem Kinderanästhesisten betreut. Die Autoren bekräftigen die hier mehrfach geäußerte Auffassung, dass es heute nicht akzeptabel erscheint, dass der Operateur seine Aufmerksamkeit teilt und gleichzeitig die Sedierung überwacht (6). Für einen Kardiologen kann eine akute Atemwegsobstruktion bei einem Kind von 11 Monaten Lebensgefahr bedeuten, während dieses Ereignis für einen Anästhesisten eine Alltagsforderung ist, die er leicht managen kann (6).

Merke *In der interventionellen Kinderkardiologie soll immer ein Anästhesist anwesend sein, ob nun eine Allgemeinanästhesie oder ein Sedierungsverfahren gemacht wird, im besten Fall ist es ein Kinderanästhesist.*

Literatur

1 Clarke B. Cardiology. In: Whitwam JG, McCloy RF. *Principles and practice of sedation*, 2nd ed. 1998; Blackwell Science Oxford London

2 Dübbers A, Boos J. *Fakten zur Sedierung von Kindern.* 1997; p. 168 ff., W. Zuckerschwerdt

3 Napoli KL, Ingall CG, Martin GR. Safety and efficacy of chloral hydrate sedation in children undergoing echocardiography. *J Pediatr* 1996; 129: 287–91

*Razemisches Ketamin! (entspräche 5 mg/kg S-+-Ketamin)

4 Donmez A, Kizilkan A, Berksun H et al. One center´s experience with remifentanil infusions for pediatric cardiac catheterisation. *J Cardiothorac Vasc Anaesth* 2001; 15(6): 736–9

5 Smith C, Rowe RD, Vlad P. Sedation of children for cardiac catherization with an ataractic mixture. *Can Anaesth Soc J* 1958; 5: 35–40

6 Auden SM, Sobczyk WL, Solinger RE et al. Oral Ketamin/Midazolam is superior to intramuscular Meperidine, Promethazine, and Chlorpromazine for pediatric cardiac catheterisation. *Anaesth Analg* 2000; 90: 299–305

7 Nahata MC, Klotz MA, Krogg EA. Adverse effects of meperidine, promethazine, and chlorpromazine for sedation in pediatric patients. *Clin Pediatr* 1985; 24: 558–60

8 Sury MR. Paediatric sedation for diagnostic and therapeutic procedures. In: Whitwam JG, McCloy RF. *Principles and practice of sedation.* 2nd ed. 1998; Blackwell Science Oxford London

9 Cowan FM. Sedation for magnetic resonance scanning of infants and young children. In: Whitwam JG, McCloy RF. *Principles and practice of sedation.* 2nd ed. 1998; Blackwell Science Oxford London

Gynäkologie und assistierte reproduktive Technologien

D. Weixler

Gewisse Eingriffe der Frauenheilkunde werden in hoher Frequenz ausgeführt, an vielen Institutionen traditionell unter Allgemeinnarkose. Conscious Sedation kann eine Alternative sein, wenn die Voraussetzungen dafür erfüllt sind:

1. Die Intensität nozizeptiver Reize einer Operation/Untersuchung ist begrenzt.
2. Die Patientin/Frau wünscht oder befürwortet das Sedierungsverfahren.

Der Terminus „assistierte reproduktive Technologien“ wurde von Lynn Westphal übernommen, die das entsprechende Kapitel in „Conscious Sedation“ (Jeanine Wiener-Kronish, Michael A. Gropper) verfasst hat.
Dieses Thema wird kontroversiell diskutiert und ist Gegenstand interprofessioneller Ethik-Debatten.
Da es entsprechend emotional beladen ist, wurde versucht, im Text jede Wertung auszusparen.
Conscious Sedation ist die am häufigsten angewandte Technik zur Erleichterung einer transvaginalen Follikelpunktion.

Gynäkologie

Mamma-PE und radiologische Tumormarkierung, Aspirationsbiopsie

Wenn im Ultraschall erkennbar ist, dass eine Raumforderung eine oberflächliche Ausdehnung aufweist, so kann die Probenentnahme unter Lokalanästhesie und Conscious Sedation durchgeführt werden. Der Vorteil in diesem Verfahren liegt darin, dass der Frau eine Allgemeinnarkose erspart wird. Es wird vermutet, dass gynäkologische Eingriffe mit erhöhter Wahrscheinlichkeit zu postoperativer Übelkeit und Erbrechen (PONV) führen (1).
Tief im Mammagewebe liegende Tumoren machen eine tiefe Sedierung oder eine Allgemeinanästhesie erforderlich (2). Es ist verständlich, dass viele Frauen, die mit der Diagnose „Raumforderung der Brust“ zur Diagnostik kommen, in Anbetracht der Differentialdiagnosen ein hohes Ausmaß an Angst empfinden. Die Assoziation Tumor – Krebs – Tod steht mit einem Brustknoten unweigerlich im Raum. Das präoperative Angstniveau ist bei den Frauen mit dieser Diagnose höher als bei anderen Patientengruppen (14). Schon bei der präprozeduralen Visite muss in individueller Weise auf

die Intensität der Angst eingegangen werden. Häufig ist es notwendig, für den Tag des Eingriffs oder schon den Abend davor eine hohe Dosis eines Anxiolytikums anzubieten. Die bessere Alternative wäre eine OP-Vorbereitung durch hypnotische Kommunikation. Vielfach ist vor einer PE eine radiologische Tumormarkierung notwendig. Es ist nicht akzeptabel, Frauen für diese Zeit das Anxiolytikum vorzuenthalten, um auf „Nummer sicher" zu gehen (befürchtet werden Stürze durch Ataxie, Hypotension etc.). Besser erscheint es, einen Tagestranquilizer in höherer Dosis zu verabreichen und ggf. nachzudosieren (siehe Kapitel „Ängste und Prämedikation"). Das häufigste klinisch beobachtbare Problem während der Mammographien sind vagovasale Synkopen (15). Wegen Kollapsgefahr und der Furcht vor respiratorischen Komplikationen wird den Frauen an vielen Institutionen eine Prämedikation vorenthalten (14). Vlymen et al. (14) konnten beweisen, dass durch eine gezielte Prämedikation mit Benzodiazepinen vor der Untersuchung vagovasale Synkopen verhindert werden können. Das ist pathophysiologisch nachvollziehbar, da diese Kreislaufregulationsstörung durch einen starken Affekt getriggert wird. Durch intravenös injiziertes Diazepam (Lipidemulsion) in einer niedrigen Dosis (2 + 5 mg) wird noch mehr als durch intravenöses Midazolam (1 + 2 mg) die Patientenzufriedenheit wesentlich erhöht und der Komfort verbessert, ohne dass ein ambulanter Aufenthalt in einer Institution verlängert wird (14). Vor dem Transport ins Röntgen soll eine Venenverweilkanüle gelegt sein (14). Die Erholungszeit nach intravenöser Sedierung mit Midazolam oder Diazepam und anschließender Sedoanalgesie mit Fentanyl und Propofol beträgt maximal 120 Minuten (14). Viele Radiologen *glauben**, dass die Tumorlokalisation mittels Nadel nicht schmerzhaft sei (14). Die meisten Frauen hingegen sagen, es sei „das Schlimmste des OP-Tages" (14).

Mamma – PE: Im Operationssaal soll bereits vor der Lokalanästhesie ein Opioid injiziert werden.

Tab. 1: Vorschlag für Opioide vor der Lokalanästhesie
(unter Monitoring von Pulsoxymetrie, EKG, Blutdruck)

Alfentanil 0,25 mg – 1 min warten
oder
Fentanyl 50–100 µg – 5 min warten
oder
Remifentanil 0,3 µg/kg – 1 min warten

* *kursiv:* Hervorhebung durch den Autor.

Dann wird Midazolam in titrierender Weise injiziert. Der Effekt der Lokalanästhesie wird vor Hautinzision überprüft (Spitz-stumpf-Diskrimination). Bei Angabe von Schmerzen wird Lokalanästhetikum nachinjiziert. Wenn bei der Präparation Schmerzen empfunden werden, kann das Opioid auf Wirkung nachtitriert werden. Es kommt nicht zu selten vor, dass eine Patientin extrem ängstlich erscheint und auf geringe Dosen von Sedativa sehr sensitiv reagiert und eine ausgeprägte Somnolenz die Folge ist (2). Viele Frauen haben schon Tage vor dem Eingriff schlecht geschlafen. Übersedierung ist bei diesem Eingriff ein frequentes Phänomen (2).

Die Entnahme der Probe erfolgt im Allgemeinen rasch, häufig innerhalb von 5 Minuten.

Die Aufarbeitung des Gefrierschnitts durch den Pathologen dauert meist auch nicht länger.

Insgesamt ist aber mit Zeiten nicht unter 30 Minuten zu rechnen, wenn es länger dauert, sollte die Logistik überprüft werden (v.a. die Transportzeiten).

Tab. 2: Vorschlag zur Verbesserung von Patientenkomfort und -sicherheit für radiologisch-gezielte Tumormarkierung und anschließender Mamma-PE (modifiziert nach Vlymen et al., 14)

1.	EMLA-Salbe® mit Okklusivfolie auf Haut über den Knoten auftragen (> 45 min Einwirkzeit)
2.	Venenverweilkanüle legen
3.	5 Minuten vor Abtransport zum Röntgen 5 mg Diazepam Lipidemulsion (Stesolid Emulsion-Ampullen®)*
4.	Transport mit Rollstuhl ins Röntgen
5.	Lokalanästhesie mit gepuffertem Lidocain 1% (subdermal, subkutan) mit Nadel G25
6.	Lokalisation des Tumors mit Nadel G22 durch das anästhesierte Hautareal
7.	5–10 Minuten vor OP 2 mg Diazepam Lipidemulsion – Umlagerung auf OP-Tisch
8.	Monitoring: Pulsoxymetrie, EGK, NIBP, Kapnographie (+ Sauerstoffsonde)
9.	Propofol 50 µg/kg/min – titrierend nach OAA/S: Zielwert OAA/S 4–3 (Propofol 25–150 µg/kg/min)
10.	Fentanyl 25 µg i.v.
11.	wenn die Pat. die Augen schließt oder komfortabel ruht: chirurgische Lokalanästhesie
12.	Fentanyl in 25 µg-Schritten bei Schmerzen
13.	Sedierungstiefe/Ziel: OAA/S 3 (schläft; durch minimale Stimulation erweckbar)
14.	Beenden der Sedierung bei der letzten Hautnaht
15.	postoperative Überwachung: Phase-II-PACU, bis Entlassungskriterien hergestellt sind (max. 120 Minuten)

*Deutschland: Diazemuls®

Es gibt keinen Hinweis dafür, dass für die betreffende Patientenpopulation bei intravenöser Gabe von 5 mg Diazepam Atmung oder Kreislauf beeinträchtigt werden (14), daher scheint eine Überwachung der Vitalparameter entbehrlich. Im Vergleich zu Midazolam sind bei Diazepam die Patientenzufriedenheit höher, die Entlassungszeiten kürzer (!) und die Medikamentenkosten niedriger (14). Diese Aussagen treffen nur für die neueren Präparationen (Fettemulsionen) (Stesolid-Emulsion®, Diazemuls®) zu. Es gibt keine rationale Rechtfertigung, die alten wasserlöslichen Präparationen zu verwenden.

Hysteroskopie und fraktionierte Curettage

Der Eingriff dauert 5–30 Minuten. Eine Operation unter Conscious Sedation ist möglich, wenn nicht eine Schwangerschaft der Grund für die Prozedur ist. Davon abgesehen, dass Schwangere in der Anästhesie traditionell als „nicht nüchtern" betrachtet werden, sind Frauen, die gerade ein Kind verloren haben, in einem psychophysischen Ausnahmezustand.
Die schmerzhaften Stimuli bei Hysteroskopie und Curettage sind a) das Anhaken der Portio mit Kugelzangen und b) die Dilatation des Cavum cervicis. In entsprechendem Zeitabstand vor diesen Manövern ist Opioid nachzudosieren. Manipulationen an der Cervix können über einen Vagusreflex Bradyarrhythmien auslösen. Die Kooperation des Operateurs hat einen großen Einfluss auf die Höhe der notwendigen Opioiddosen. Die unerwünschten Wirkungen etwaiger Uterotonika, die der Operateur anordnet, sind zu beachten: Übelkeit, Erbrechen (Oxytocin, Methylergometrin, Sulproston), Blutdruckanstieg (Methylergometrin), Blutdruckabfall (Oxytocin), Angina pectoris (Methylergometrin, Sulproston) und Bronchospasmus (Sulproston). Postoperative Schmerzen sind üblicherweise nur dann zu erwarten, wenn Uterotonika verabreicht worden sind. Viele Frauen, bei denen eine Curettage durchgeführt wird, haben eine chronische Anämie und disponieren auch postoperativ zur Hypotension.

Hysterosalpingographie (HSG)

Die Kontrastmitteldarstellung von Uterus und Tuben erfolgt unter Röntgen-Durchleuchtung, abseits der OP-Szenarien. Das bedeutet Dunkelheit und mangelndes Sicherheitsinventar, da diese Einrichtungen in erster Linie der Diagnostik dienen. Die Prozedur ist kurz und unbequem, die Patientin liegt am Rücken auf dem harten Untersuchungstisch. Aufgrund der schlechten Umgebungsbedingungen und fehlender Sicherheitseinrichtungen* ist der

* = Organisationsverschulden + Einlassungsfahrlässigkeit!

Sedationist häufig zu faulen Kompromissen gezwungen (z. B. Midazolam 2 mg i.v., S-+-Ketamin in 10 mg-Schritten, bis Nystagmus auftritt). Es ist vorstellbar, dass unter entsprechenden Bedingungen eine Analgesie mit Remifentanil 0,3 µg/kg im Bolus und weitere 0,1 µg/kg-Boli sinnvoll wäre, da anzunehmen ist, dass eine Amnesie für diese Vorgänge (Midazolam) bzw. das Auftreten bizarrer Albträume und Körpersensationen (Ketamin) von den Frauen weniger erwünscht ist.

Ultraschallgezielte transvaginale Punktion von Ovarialzysten

Die transvaginale Punktion von Ovarialzysten ist ein Eingriff mit geringer nozizeptiver Komponente. Die Sedoanalgesie kann prinzipiell wie bei der transvaginalen Oozytenentnahme erfolgen (s.u.). Die Operateure sind gefordert, im Umgang mit analgosedierten Patientinnen einen physisch sehr behutsamen Umgang beim Einbringen der Instrumente und bei der Manipulation zu pflegen. Frauen, die diesen Eingriff unter Hypnose über sich ergehen ließen, haben berichtet, dass sie keinerlei Schmerzen empfunden hätten, dass sie aber brüske und ruckartige Manöver durch den Operateur (Desinfektion, Einführen des Ultraschallkopfes) als den unangenehmsten Stimulus empfunden hatten.

Reproduktive Technologien

Seit 1978 wird die In-vitro-Fertilisation (IVF) mit zunehmendem Aufwand betrieben.

Zuerst wurden die Oozyten durch Aspiration unter Laparoskopie gewonnen, in den 80er-Jahren wurde die transvaginale Oozytenentnahme in vielen Zentren das Standardverfahren (4). Die Verfeinerung der Methodik hat die Rate an Schwangerschaften bzw. Geburten (baby take home rate) erhöht. Sie liegt derzeit im Schnitt bei 21,8% und erreicht in manchen Zentren 40% (5). Die Entnahme der Oozyten durch ultraschallgezielte transvaginale Punktion erfolgt üblicherweise außerhalb der OP-Bereiche. Der Eingriff dauert im Allgemeinen 20–30 Minuten. Das initiale Eindringen der Punktionsnadel in das Ovar ist der Moment des größten Diskomforts, die Manöver der Nadel im Ovar schaffen keinen zusätzlichen Schmerz (3).

Die Punktion kann ohne adäquate Analgesie oder Anästhesie sehr unangenehm sein. Die Patientin wird durch den Schmerz möglicherweise veranlasst, sich zu bewegen, wodurch die Prozedur erschwert wird oder die Sicherheit gefährdet ist (3). Daher ist es üblich, eine der vielen Anästhesietechniken anzubieten. Unter allen Zentren, die der *Society of Assisted Reproductive Technology* (SART) angehören, wird an 95% der Institutionen für die Oozytenentnahme *Conscious Sedation* den anderen Varianten vorgezogen (6). Manche Zentren verzichten auf die Hilfe von geschultem Anästhesiepersonal. Eingeschulte „Nicht-Anästhesisten" verwenden meist Midazolam und Pethidin zur Sedierung, Anästhesisten bevorzugen Propofol und Fentanyl für die IVF. Eine optimale Anästhesietechnik hat keine unerwünschten Wirkungen, erlaubt eine ambulante Versorgung der Patientinnen und ist für die Oozyten nicht toxisch.

Alle Medikamente, die eine Allgemeinanästhesie induzieren können, gelangen rasch in die Follikel, es konnten relevante Konzentrationen von Fentanyl, Alfentanil und Midazolam nachgewiesen werden (7). Viele Autoren haben postuliert, dass die Narkotika die Schwangerschaftsraten herabsetzen. Halothan reduziert die Implantationsrate (8). Unter Allgemeinanästhesie kommt es stärker als bei den Sedierungsverfahren zu einem Prolaktinanstieg (9). Da Prolaktininhibition durch Bromocriptin die Rate an erfolgreichen Schwangerschaften erhöht, könnte ein Ansteigen des Hypophysenhinterlappen-Hormons den gegenteiligen Effekt bewirken. Spinal- oder Epiduralanästhesie mit Lidocain wird als Alternative für IVF beschrieben, die Vorteile wären die raschere Erholung als bei Allgemeinanästhesie (9) und das Fehlen der typischen Narkosefolgen. Die Nachteile sind die noch immer geringe Akzeptanz rückenmarksnaher Verfahren und ein relativ hoher Aufwand. Unter Spinalanästhesie sind die Konzentrationen an Anästhetika in der Follikelflüssigkeit geringer (3), die Schwangerschaftsrate ist im Vergleich zur Narkose jedoch gleich (10). Lokalanästhesie ist für die IVF insuffizient, da das Ovar nicht miterfasst wird, außerdem wird das Liegen über 20–30 Minuten in Steinschnitt-Position als belastend empfunden (3).

Conscious Sedation wird sehr gut vertragen, hat eine hohe Akzeptanz bei den Frauen (6) und ist mit einer geringen Rate an Komplikationen verbunden. Für IVF wird die Komplikationsrate des Verfahrens mit 0,16% angegeben (3). Die Schmerzintensität einer IVF wurde mit der einer zervikalen Dehnung oder Hysterosalpingographie verglichen (11). Wie bei einer Allgemeinanästhesie dringen die verwendeten Medikamente auch in die Follikelflüssigkeit, weder Midazolam noch Fentanyl hatten irgendwelche Effekte auf Tierembryonen. Midazolam in Sedierungsdosen konnte in humaner Follikelflüssigkeit nicht nachgewiesen werden. Propofol und niedrig dosiertes Fentanyl sind gleich sicher und effektiv wie eine Kombination von Remifentanil und Midazolam (12). Wurde Propofol/Fentanyl verwendet, so musste häufiger die Atmung mit Maskenbeatmung assistiert werden, alle Patientinnen hätten dasselbe Verfahren wieder gewählt (12). Wurde Remifentanil verwendet, so konnten sich mehr Patienten an Ereignisse während des Eingriffs erinnern, 13% hätten das Verfahren in Zukunft abgelehnt (12). Wilhelm et al. (13) haben zur IVF nur Remifentanil in einer Dosis von 0,25 µg/kg/min verwendet, bei allen Probandinnen bestand eine Erinnerung an den Eingriff. Bei längeren Prozeduren ist bei Remifentanil in dieser Dosierung mit Bradypnoe bis Apnoe zu rechnen. Die Infusionsrate von Remifentanil müsste sich an der Atemfrezenz orientieren (siehe Seite 214f.).

Westphal et al. (3) halten Conscious Sedation für das ideale Anästhesieverfahren für IVF, an der Stanford University verwendet man Propofol und Fentanyl. Alle Pharmaka mit Dopaminantagonismus erhöhen den Prolaktinspiegel und sollten um der Effektivität des Verfahrens willen nicht verwendet werden (Metoclopramid, Droperidol etc.).

Merke *Eine Benzodiazepin-Prämedikation erhöht Sicherheit (Verhinderung vagovasaler Synkopen) und Komfort der Patientinnen (Angstreduktion) vor Nadelbiopsie der Brust.*

Literatur

1 Oddby-Muhrbeck E, Eksborg S, Bergendahl HTG et al. Effects of clonidine on postoperative nausea and vomiting in breast cancer surgery. *Anaesthesiology* 2002; 96: 1109–14

2 Kost M. *Manual of Conscious Sedation.* 1998; WB Saunders, Philadelphia

3 Westphal LM, Mooney SB. Conscious Sedation for assisted reproductive technologies. In: Wiener-Kronish JP, Gropper MA. *Conscious Sedation.* 2001; Hanley & Belfus, Philadelphia

4 Hammarberg K, Enk L, Wilson L et al. Oocyte retrieval under guidance of a vaginal transducer: Evaluation of patient`s acceptance. *Hum Reprod* 1987; 2: 487–90

5 Human fertilisation & embryology authority. http://www.hfea.gov.uk/

6 Ditkoff EC, Plumb J, Selick A et al. Anesthesia practices in the United States common to in vitro fertilization (IVF) centers. *J Assist Reprod Genet* 1997; 14: 145–7

7 Soussis I, Boyd O, Paraschos T et al. Follicular fluid levels of midazolam, fentanyl, and alfentanil during transvaginal oocyte retrieval. *Fertil Steril* 1995; 64: 1003–7

8 Fishel S, Webster J, Faratian B et al. General anesthesia for intrauterine placement of human conceptuses after in vitro fertilisation. *J In Vitro Fert Embryo Transf* 1987; 4: 260–4

9 Manica VS, Bader AM, Fragneto R et al. Anesthesia for in vitro fertilization: A comparison of 1,5% and 5% spinal lidocaine for ultrasonic guided oocyte retrieval. *Anesth Analg* 1993; 77: 453–6

10 Botta G, D´Angelo A, D´Ari G et al. Epidural anesthesia in an in vitro fertilization and embryo transfer program. *J Assist Reprod Genet* 1995; 12: 187–90

11 Gohar J, Lunenfeld E, Potashik G et al. The use of sedation only during oocyte retrieval for in vitro fertilization: Patient´s pain self-assessments versus doctor´s evaluation. *J Assist Repro Genet* 1993; 10: 476–78

12 Casati A, Valentini G, Zangrillo A et al. Anesthesia for ultrasound guided oovocyte retrieval: Midazolam/remifentanil versus propofol/fentanyl regimens. *Eur J Anaesth* 1999; 16: 773–78

13 Wilhelm W, Fleser R, Grüneß V et al. Infusionsanalgesie mit Remifentanil: Ein neues Verfahren zur Schmerzausschaltung bei transvaginaler Follikelpunktion vor In-vitro-Fertilisation. *Anaesthesist* 1999; 48: 698–704

14 Vlymen JM, Sá Rego MM, White PF et al. Benzodiazepine premedication. Can it improve Outcome in patients undergoing breast biopsy procedures? *Anesthesiology* 1999; 90: 740–7

15 Helvie MA, Ikeda DM, Adler DD. Localization and needle aspiration of breast lesions: Complications in 370 cases. *Am J Roentgenol* 1991; 157: 711–4

Notfallmedizin

D. Weixler

La lutte elle-même suffit à
remplir le cœur d'un homme:
Il faut imaginer Sisyphe heureux.
ALBERT CAMUS

In allen Bereichen der Medizin existieren Notfälle und Notsituationen. Ein **Notfall** ist ein unvorhersehbares Ereignis, das das Leben eines oder mehrerer Menschen bedroht oder geeignet ist, es zu bedrohen. Die Bedrohung wesentlicher Organfunktionen ist ebenfalls als Notfall anzusehen (z. B. Niere, Auge).
Eine **Notsituation** ist ein unvorhersehbares Ereignis, das die Integrität eines oder mehrerer Menschen stark beeinträchtigt, in dem ein erheblicher Leidenszustand entsteht, der mit den üblichen verfügbaren Mitteln nicht mehr beherrschbar ist. Diese Definition impliziert, dass es Notsituationen gibt, die außerhalb der eigentlichen Kompetenz der Medizin stehen (z. B. soziale Notfälle).
Die Gemeinsamkeit von Notfällen und Notsituationen liegt darin, dass sie von einem Betroffenen als existenzielle Bedrohung aufgefasst werden, dass sie unvorhersehbar sind und dass die Rahmenbedingungen das unmittelbare existenzielle Umfeld des Betroffenen mit einschließen. Damit entstehen Situationen, die im Vergleich zu den standardisierten Bedingungen der klinischen Medizin außergewöhnlich, höchst individuell und daher unvergleichlich sind. Immer sind Individuen in ihrer Ganzheit und Unmittelbarkeit betroffen, mit ihren Affekten und ihren sozialen Rahmenbedingungen. Das Unvorhersehbare, Schicksalhafte und die damit verknüpften Affekte und Reaktionen eines sozialen Gebildes verleihen den besonderen Umständen einen dramatischen Hintergrund. Jeder Notfall betrifft einen Menschen als Ganzes, als Körper, Seele, spirituelles und soziales Wesen. Jeder Notfall ist daher auch als psychischer Notfall aufzufassen. **Sedativa und Opioide sind die in der Notfallmedizin am häufigsten verwendeten Medikamente.**

Präklinische Notfallmedizin

Die präklinische Notfallmedizin ist ein inhomogenes Gebilde: Die Organisation der Notdienste variiert von Staat zu Staat, von Land zu Land – selbst die regionalen Bedingungen weisen eine ungewöhnliche Variabilität der Organisationsformen auf. Das hat verschiedene Gründe. Einer davon liegt in den örtlichen Gegebenheiten: Ein Rettungssystem in Venedig muss anders organisiert sein als eines in der kirgisischen Steppe oder in Mexiko-City. In den USA wird die präklinische Notfallmedizin von Paramedics, Nicht-Ärzten, geleistet, die Notfälle haben eine andere Gestalt (z. B. Bauchtraumen in den Städten sind meist perforierend), die Wege über Land sind weit, die Krankenhäuser haben unterschiedlichste Qualitätsniveaus. Das bedingt andere primäre Versorgungsstrategien. In Österreich gibt es ein flächendeckendes Luftrettungssystem, das exzellent organisiert ist. Die Inhomogenität der Arbeitsweisen und die besonderen Bedingungen eines Notfalls haben zur Folge, dass das Quantum wissenschaftlicher Daten mit hohem Qualitätsniveau ein bescheidenes Ausmaß umfasst. So wird in den letzten Jahren eine lebendige und kontroversielle Diskussion darüber geführt, ob eine wissenschaftliche Methodik im Sinne der prospektiven plazebokontrollierten Doppelblindstudien in der Notfallmedizin ethisch vertretbar ist.

Abb. 1: Hubschrauber-Bergung, Bildarchiv des ÖAMTC

Jeder Notfall ist (auch) ein psychischer Notfall. Unter allen Medikamenten, die von österreichischen Notärzten appliziert werden, rangieren Medikamente mit sedierender und/oder analgetischer Wirkung an vorderster Stelle. Die Auswertung von 39.518 Einsatzprotokollen (NACA-X®) des österreichischen Luftrettungssystems (Christophorus-Flugrettungsverein) weist für die letzten 6 Jahre aus, dass am Notfallort 5.970 Patienten (16,87%) sediert wurden und 10.833 Patienten (30,61%) eine Behandlung mit einem Analgetikum erhalten haben (8). Während des Transports in das Krankenhaus erhielten 11,2% der Notfallpatienten ein Sedativum, 16,02% eine Schmerztherapie (9). Sedoanalgesie kommt im österreichischen Notfallwesen häufiger zur Anwendung als die Notfallnarkose. Insgesamt wird nur jeder 10. Patient im Rahmen des Notarzteinsatzes narkotisiert (8, 9). Das untersuchte Kollektiv ist naturgemäß extrem heterogen. Es dürfte der Fall sein, dass an bodengebundenen Notarztmitteln noch weniger Notfallnarkosen durchgeführt werden, die Ursachen dafür sind komplex und in der Variabilität der regionalen Systeme zu suchen.

Ich unterstelle, dass in der Notfallmedizin zu wenig Analgetika und zu viel Sedativa verwendet werden. Es hat den Anschein, als ob die anderen Möglichkeiten, die zur De-Eskalation und Beruhigung führen können, nicht ausgeschöpft werden. Vielfach bringt sich das System unter (objektiv unnöti-

gen) Druck: Zeitdruck, Entscheidungsdruck, Handlungsdruck (Aktionismus). Die Stimmung von Eile, Hektik, Rasanz und Dringlichkeit wird mit sportlichem Eifer kultiviert. Der Notarzt ist in den meisten Fällen als „Regisseur" der Abläufe vorgesehen, diese Rolle wird ihm vom System zugewiesen, sie wird von ihm erwartet oder übernommen. Die finanzielle Entschädigung der Rettungsdienstmitarbeiter ist nicht leistungsadäquat, d.h. viel zu niedrig. Manche Helfer haben eigenwillige Beweggründe, an einer Rettungsorganisation mitzuarbeiten. Die Organisationen sind rigide hierarchische Systeme und haben starke Eigeninteressen.
In den letzten Jahren haben die Medien einen wesentlichen Beitrag zum Image der Notdienste geleistet, begonnen mit Fernsehserien wie *Emergency Room, Baywatch, Medicopter* u.v.m. über die entbehrlichen Beiträge im Sinne des sog. *Reality-TV* bis zu gehaltvollen Filmen wie *Komm, süßer Tod* (realitätsnahe Tragik-Komödie). Die Medien sind auch zunehmend am Ort der Einsatzszenarien präsent. Menschen in Not erhöhen die Einschaltquoten (vgl. „11. September 2001"). Schaulust ist ein urmenschlicher Atavismus, ein Phänomen mit Bedürfnischarakter, das dem Menschsein so zugehört wie Spielen und Sprechen. Es kann unterstellt werden, dass die Präsenz der Medien bzw. die von ihnen vorgestellte „Archetypologie" die Notdienstsysteme beeinflussen. Der Notarzt unterliegt dem Einfluss einer Erwartung an ein Image. Im Notfallwesen findet sich frequent ein Bedürfnis nach Dramatik und Theatralik. Die Notdienstsysteme scheinen hysterische Systeme zu sein (vgl. H. E. Richter (1), F. Riemann (2)).

Die **Kommunikation** des Notarztes mit dem Patienten beginnt damit, dass der Notarzt versucht, mit dem Patienten einen Kontakt aufzunehmen. Das erfolgt im vertrauten Algorithmus der Rettungsdienste mit dem sog. *Ansprechen* (BAK-Schema). Reagiert ein Mensch nicht mit einer verbalen Beantwortung auf *Ansprechen,* so wird er im ärztlichen und rettungsdienstlichen Jargon als „*nicht ansprechbar*" bezeichnet. Die sog. *Nicht-Ansprechbarkeit* hat für den Fall, dass sie von einem Nicht-Notarzt festgestellt wird, zwingend einen Notarzteinsatz zur Folge. Leitstellendisponenten sind auf das Wort *Nichtansprechbarkeit* beinahe konditioniert* (die Folge sind Notarzteinsätze bei chronischer Aphasie, hysterischem Mutismus, Sprachproblemen etc.). Wenn ein Patient auf Ansprechen nicht reagiert, besteht die folgende kommunikative Begegnung aus *Geschütteltwerden.* So sehen es die Algorithmen (3) vor. Wenn der „Untersucher" wieder keine Reaktion zu erkennen glaubt,

*Die Nicht-Ansprechbarkeit ist ein semantisches Paradoxon. Jeder und alles ist ansprechbar: auch eine Heiligenfigur, ein Hund oder eine Klagemauer sind ansprechbar.

werden dem Betroffenen Schmerzreize zugefügt. Der Defibrillator wird nach der Kontrolle von Atmung und Kreislauf angesetzt.
Der Erlebnisaspekt dieser Begegnung, die den Vorschriften gemäß erfolgt, muss aus der Sicht eines Menschen, der zum Notfallpatienten geworden ist, außergewöhnlich sein.
In Respekt für die wenigen Notfallpatienten, deren Bewusstsein (wenigstens partiell) erhalten ist, deren Reaktion auf eine Kontaktaufnahme jedoch für einen Beobachter nicht erkennbar ist, wird vorgeschlagen, jeden Notfallpatienten in einer zunächst standardisierten Weise anzusprechen, auch wenn der Patient im Sinne der landläufigen Wortbedeutung *nicht ansprechbar* erscheint.

„Guten Tag, mein Name ist N.N., ich bin Notarzt."

Wenn der Notarzt oder das Rettungsteam beabsichtigt, gewisse Handlungen vorzunehmen, in die der Patient involviert ist, sollen sie den Patienten darüber im Voraus informieren, auch wenn ihnen diese Handlung als völlig logisch und selbstverständlich erscheint.

„Ich werde Sie jetzt untersuchen."
„Wir werden zuerst das Auto sichern und sie dann daraus befreien."

Die Sätze sollen klar, unmissverständlich, kurz und eindeutig adressiert sein. Zwischen kurzen Sätzen sind Pausen angebracht, die einem wachen Patienten Gelegenheit geben, auf eine Aussage zu reagieren. Im besten Fall übernimmt der Notarzt den Hauptteil der Kommunikation zum Patienten, er führt die Kommunikation. Die anderen Helfer müssen darauf Rücksicht nehmen. Der Patient darf nicht von einer Unzahl von kommunikativen Angeboten überflutet werden. Vielfach äußern Patienten perseverierend gewisse Sorgen, die dem Notarzt völlig nebensächlich und unwesentlich erscheinen (*„Wo ist meine Tasche/mein Handy?" – „Könnten Sie meinen Bruder anrufen?" – „Ich habe einen Herzschrittmacher!"*). Es ist ganz wesentlich, auf diese Äußerungen in wahrhafter Weise einzugehen. Notfallsituationen sind Ausnahmesituationen. Wir müssen zur Kenntnis nehmen, dass das Erlebnis für den „Hauptbetroffenen" existenziellen Charakter hat und wir die damit verbundenen Erscheinungen einfach nicht begreifen oder empathisch erfahren können.
Für einen Menschen mit einer Serienrippenfraktur, der zwar augenblicklich vital bedroht ist, bleibt 4 Wochen nach dem Unfall und sein ganzes weiteres Leben nichts zurück als eine Erinnerung: An die Intensität der Schmerzen oder der Atemnot wird er sich nicht erinnern, jedoch wird er im Gedächtnis

zurückbehalten, welche Qualität der menschliche kommunikative Kontakt zu den Rettern hatte. Erstaunlich ist, dass es mitunter Sätze sind, die im Zuge einer Begegnung gesagt worden sind, die sich einem Patienten „eingebrannt" haben und die er sein ganzes Leben nicht vergisst. Menschen in Notsituationen sind extrem suggestibel. Dieser Umstand kann Nutzen und Gefahr im kommunikativen Kontakt mit dem Patienten sein. Dem Arzt wird angesichts eines Notfalles absolute Autorität attributiert. Jedes Wort hat Gewicht. Entschlossenheit, Ruhe und Kompetenz drücken sich verbal (Sprechtempo, Tonfall, Satzmelodie etc.) und vor allem durch die Unzahl der nonverbalen Erscheinungsqualitäten aus.
Der Faktor Angst ist eine der Determinanten, die kontributiv auf den *posttraumatic stress response* wirken. Das müssen auch die Retter* zur Kenntnis nehmen.
Die Aussagen des Notarztes sollen positiv und wahr sein. Jede Glaubwürdigkeit und Vertrauensgrundlage erfährt eine Einbuße, wenn Ereignisse angekündigt werden, die dann nicht eintreffen („In 5 Minuten werden Sie keine Schmerzen mehr haben").
Positiv bedeutet, dass Worte und Sätze mit negativem Bedeutungsinhalt aus dem Sprachinventar gestrichen werden sollen („Sie müssen keine Angst haben" ist das Gegenteil einer Hilfe. Mit diesem Wort ist gleichsam „der Teufel an die Wand gemalt". Bedeutungen, Assoziationen und anhängende Gefühle werden in den Raum gestellt ...). Hilfreich sind hingegen positive Aussagen wie

„Ich werde auf Sie aufpassen."
„Ich bin sehr zuversichtlich, dass es bald besser wird."

Gewählte und bewusste Kommunikation könnte viele Medikamente in der Notfallmedizin einsparen. Somatischer Schmerz ist mit aller Konsequenz zu behandeln. Die medikamentöse Schmerztherapie hat Priorität über die medikamentöse Therapie von Angst, Spannung und Erregung. Da Schmerz und Angst in Wechselbeziehung stehen, erfolgt durch die Schmerztherapie die Anxiolyse in mittelbarer Weise.

Sedierung und Schmerztherapie in der präklinischen Notfallmedizin

Störungen des Bewusstseins sind typische und ureigentliche Gründe für die Alarmierung eines Notarztmittels. Die pathophysiologischen Ursachen für qualitative und quantitative Bewusstseinsstörungen sind mannigfaltig.

*Retter: vgl. Mythos vom angstlosen Helden.

Ehe der Notarzt mit Sedativa behandelt, muss er die Frage nach der **Ursache** eines Erregungs- oder Unruhezustandes evaluieren. Differentialdiagnostisch kommen eine große Anzahl von körperlichen Bedingungen in Frage, die sich vordergründig als psychische Störungen manifestieren.

Tab. 1: Differentialdiagnose: körperliche Ursachen für auffällige psychische Phänomene

Schädel-Hirn-Trauma: SHT I, Subduralhämatom, Epiduralhämatom, Hirnkontusion

Raumforderungen und Entzündungen: Hirntumoren (primär, Metastasen), Meningitis, Enzephalitis, Hirnabszess, Shuntdysfunktion, Hydrozephalus, Ventrikulitis, Subarachnoidalblutung

Krampfanfall/Epilepsie: Fieberkrampf, Gelegenheitsanfall, Entzugsanfall, Intoxikation; Epilepsie, Status epilepticus

Zerebrale Hypoxie: Trauma, Hypoperfusion bei Schock, kardiovaskulären Störungen (low perfusion states), respiratorische Störungen, Intoxikationen, Anämien

Störungen des Hirnmetabolismus: Hypoglykämie

Störungen der Hirnperfusion: Exsikkose, TIA, PRIND, ischämischer Insult, Hirnmassenblutung, Adams-Stokes-Anfälle, arterielle Hypotonie, Basilaristhrombose, Sinusthrombose, Embolien

Temperaturregulationsstörungen: Fieber, Hyperthermie, Hitzschlag, Hypothermie, Erfrierung

unerwünschte Arzneimittelwirkungen: Digitalis, Antihypertensiva, Antidepressiva, Anticholinergika, Antibiotika, Corticoide, NSAR u.v.m

Intoxikationen: Äthanol, Trizyklika, Hypnotika, Opioide, Amphetamine, Kokain, LSD, Cannabis etc.

Entzug: Opioide, Benzodiazepine, Äthanol etc.

degenerative Hirnerkrankungen: Demenzen

metabolische Erkrankungen: Hyoglykämie, ketoazidotisches diabetisches Koma, hyperosmolares diabetisches Koma, hepatisches und renales Koma, Hyperthyreose, Hypothyreose, M. Addison, Hypophyseninsuffizienz, Störungen des Säure-Basen-Haushalts, Elektrolytstörungen

Schmerzen

Die häufigsten körperlichen Ursachen für auffälliges Verhalten sind Äthanolintoxikationen, Gelegenheitsanfälle, Kreislaufregulationsstörungen, Hypoglykämien, Schädelhirntraumen und die Exsikkose beim alten Menschen. Gemischte und kombinierte Varianten kommen vor – es ist verführerisch, das auffällige Verhalten eines Menschen mit „Alkoholfahne"* der Wirkung des Genussmittels zuzuordnen. Nicht selten werden auf diese Weise Schädelhirn-Traumen übersehen. Ein Unfallopfer mit Wunde am Kopf und einer Bewusstseinsstörung legt ein Schädel-Hirn-Trauma nahe. Internistische und neurologische Erkrankungen können die Ursache des Unfalls gewesen sein

*Korrekte Diktion: Ausatemluft wie nach Alkohol.

(Herzrhythmusstörungen, Hypoglykämie, epileptischer Anfall etc.) Gewisse Anfallsleiden haben eine komplexe Phänomenologie (z. B. Absencenstatus, Schläfenlappenepilepsie etc.) und können einem Arzt, der nie zuvor mit solchen Erscheinungen konfrontiert worden ist, Schwierigkeiten in der Zuordnung der klinischen Symptomatik bereiten.

Bei jeder neu auftretenden neurologischen oder psychischen Symptomatik muss eine Blutzuckerkontrolle durchgeführt werden. Hypoglykämien kommen auch bei Nichtdiabetikern vor (Erkrankungen der Leber, Extremsportler, Insulinome, Suizidversuch, Mordversuch). Die Hypoglykämie kann sich in beinahe jede neurologische Phänomenologie kleiden (Hemisyndrom, Ataxie, Schwäche, Aphasie, Dysarthrie, Raptus etc.).

Häufig findet man verwirrte, unruhige alte Menschen vor, die eine Unzahl von Medikamenten in der Dauermedikation vorgeschrieben haben. Verwechslungen, gut gemeinte Dosisabänderungen und eine zu geringe Flüssigkeitsaufnahme führen häufig bei alten Menschen mit „Hypertonie" (die ev. im Krankenhaus sehr ehrgeizig „eingestellt" wurde) unter den Bedingungen des Alltags zur Dekompensation des Organismus. Aufgefunden werden im typischen Fall ältere Damen in Kaffeehaus, Kirche, Geschäften und bei Friseuren. Sie erscheinen wie abwesend, verlangsamt oder „eingefroren". Häufig führt ein Lagewechsel in die Horizontale zur Verbesserung der Hirnperfusion, in der Folge der Hirnleistung und zu einem „Auftauen".

Vielfach wird es für den Notarzt am Notfallort nicht möglich sein, die Ursachen für eine Bewusstseinsstörung zu ergründen. **Laboruntersuchungen** und eine **Computertomographie** des Schädels führen meistens zur Aufklärung der zugrunde liegenden Erkrankungen (5).

Daher ist es unabdingbar, einen Patienten mit unklarer Bewusstseinsstörung *primär* an eine Institution zu bringen, welche apparativ und personell in der Lage ist, die Behandlung des Patienten zu übernehmen (**nächstgelegenes geeignetes Krankenhaus**). Es ist für einen Patienten ohne Nutzen, in Einrichtungen verbracht zu werden, die mit dem Management eines vital bedrohten Menschen überfordert sind. Auf diese Weise geht wertvolle Zeit verloren: die Zeit des Patienten.

Don't waste the patient´s time!

Damit ist nicht gemeint, dass es erstrebenswert wäre, die Einsatzzeiten bis zur Exzessivität zu verkürzen, sondern die **Entscheidungen im Sinne des Patienten** zu treffen.*

*Durch das soldatische Einhalten von Regeln und Vorschriften (z. B. NAW muss im Rettungsbezirk bleiben) werden immer wieder vitale Patienteninteressen verletzt.

Das österreichische Rechtssystem erkennt an, dass die Rechte von Menschen, die nicht in der Lage sind, für sich selbst Verantwortung zu übernehmen, einem besonderen Schutz zu unterstellen sind. Wenn ein Angehöriger einer medizinischen Einrichtung oder der Rettungsdienste eine Tätigkeit übernimmt, von der zu erkennen ist, dass er ihr nicht gewachsen ist, handelt er fahrlässig im Sinne der **Einlassungs- oder Übernahmefahrlässigkeit** (6). Es handelt sich dabei um die Pflicht zur Erkennung der eigenen Unzulänglichkeit und das Erkennen der eigenen Grenzen (6). Dies kann auch durch mangelnde personelle oder apparative Ausstattung der Einrichtung bzw. durch mangelnde Qualifikation für die Ausübung der übernommenen Tätigkeit sein (6). Die Aufnahme/Übernahme eines Patienten in eine Krankenanstalt (6) oder Abteilung, die den vorhersehbaren Erfordernissen nicht entspricht, ist ein Beispiel für Einlassungs- bzw. Übernahmefahrlässigkeit (6). Für den Notarzt und jeden anderen Arzt (z. B. Anästhesist, der einen Patienten nach einer Narkose an eine Bettenabteilung übergibt) bedeutet das, dass er den Patienten in einem Zustand übergeben muss, für den die übernehmende Abteilung Behandlungskompetenz hat (Überwachung, Diagnostik, Therapie etc.). Es macht keinen Sinn, wenn ein Notarzt einen Patienten unter der Einwirkung hoher Dosen von Sedativa an eine psychiatrische Bettenstation übergibt, wenn dort die Bedingungen nicht vorherrschen, welche die Sicherheit des Patienten gewährleisten (Monitoring, Pflege, Fachkompetenz zur Überwachung tief Sedierter etc.). Ein Arzt, der einen Patienten übernimmt, hat sich zu überzeugen, ob alle Bedingungen vorherrschen, welche diese Entscheidung rechtfertigen.

Auch wenn der Notarzt am Notfallort nicht alle Ursachen von Bewusstseinstörungen erkennen kann, findet er dort häufig Hinweise auf mögliche Ursachen. Anwesende, Angehörige und vor allem der Berufer können wertvolle Angaben zu Auffindungssituation, Verlauf, Begleitkrankheiten, Medikation und zurückliegende Spitalsaufenthalte geben. Immer wieder finden sich durch herumliegende Arzneimittel indirekte Hinweise auf bestehende Erkrankungen, Angehörige bewahren häufig alte Arztbriefe auf. Der Auffindungsort (Bahnhofstoilette, Haubenrestaurant, Vorortevilla, Substandardwohnung), dessen Zustand und die anwesenden Menschen geben Hinweise auf das sozioökonomische Umfeld. Die außenanamnestischen Angaben sind nicht immer glaubwürdig. Anwesende und Berufer vertreten auch eigene Interessen. Ein Mensch mit einer psychischen Erkrankung im engeren Sinn hat immer ein auffälliges soziales Umfeld. Das kann bedeuten, dass er isoliert ist oder wiederum von Menschen mit auffälligem Erscheinungsbild umgeben ist.

Es kommt vor, dass man auf Notfallpatienten trifft, die in einem außerordentlichen Erregungszustand mit extrem gesteigerter Psychomotorik sind. Unter solchen Umständen ist man als Notarzt sofort in das aufgebrachte Szenario involviert, die Umstehenden erwarten vom Notarzt, dass *„sofort etwas geschieht"*, für Fragen nach Anamnese u. dgl. besteht nicht die Akzeptanz oder die Gelegenheit. Möglicherweise liegt auch eine akute und unmittelbare Selbstgefährdung vor. In solchen Fällen ist es ohne Rede statthaft, sofort die Situation dadurch zu beruhigen, dass man ein Sedativum von hoher Potenz verabreicht. Es ist unerheblich, ob der Patient ein Schädel-Hirn-Trauma oder einen postepileptischen Dämmerzustand hat, wenn die bestehende Agitation unmittelbar sein Leben oder sein sonstiges Wohl bedroht. Erkennen und Behandeln von Störungen der Vitalparameter haben Priorität, sehr agitierte Patienten sind jedoch einer Diagnostik mitunter nicht zugänglich.
Nur sehr selten und bei extremer Konstellation ist eine intramuskuläre Sedierung notwendig (s.u.).

Tab. 2: Ursachen für Bewusstseinsstörungen, die der Notarzt erkennen und behandeln muss

Störung	Diagnostik
Hypoxämie	Pulsoxymetrie
Schock (low perfusion states)	Blutdruckmessung, EKG
Hypoglykämie/Hyperglykämie	Blutglucosemessung

Psychiatrische Notfälle sind mit 9,2–9,7% aller Notarzteinsätze häufig (14), werden aber zu selten diagnostiziert. Viele eigentlich seelische Leiden „verstecken" sich hinter physischen Phänomenen. Typisch sind die Panikattacke, die als „paroxysmale Tachykardie" fehldiagnostiziert wird, oder depressiver Stupor („Koma unklarer Genese"), vagovasale Synkopen, Hyperventilationstetanien („epileptischer Anfall"). Konversionsreaktionen führen aufgrund ihrer Dramatik häufig dazu, dass ein Notarztmittel aktiviert wird. Immer wieder entsteht durch den großzügigen Einsatz von Sedativa ein somatisches Problem, wo keines sein müsste. Die häufigsten echten psychiatrischen Notarzteinsätze sind durch Suchtmittel verursachte Notfallsituationen (70%) (14). Auf syndromaler Ebene finden sich in bis zu 50% der Fälle Angstsyndrome, bis 35% Suizidalität, bis 30% Erregungszustände und 10% Entzugsphänomene (26). Notärzte schätzen häufig ihre Kenntnisse auf dem Gebiet der Psychiatrie gering ein, haben jedoch eine hohe Fortbildungsbereitschaft, vor allem erfahrene Notärzte (14).

Hat der Notarzt das Recht, einen Patienten zu sedieren?
Bei Vorliegen einer Gefahr, die geeignet ist, unmittelbar Leib und Leben eines Menschen zu bedrohen, und der nachvollziehbaren medizinischen Notwendigkeit einer ärztlichen Maßnahme rückt die Notwendigkeit einer Aufklärung und rechtswirksamen Einwilligung in den Hintergrund (6). Nach den Grundsätzen von Gefahr in Verzug tritt zivilrechtlich das Rechtsverhältnis einer „Geschäftsführung ohne Auftrag" bzw. „Geschäftsführung im Notfall" ein (6). Der Notarzt steht in diesen Situationen mitunter im Rechtskonflikt. Mehr als für andere Menschen wird bei ihm betreffend die Zumutbarkeit einer ärztlichen Hilfeleistung ein höherer Maßstab als bei jedem anderen Arzt angesetzt. Im einen Fall ist er vom strafrechtlichen Vorwurf einer unterlassenen Hilfeleistung bedroht, im anderen Fall vom Vorwurf der eigenmächtigen Heilbehandlung. Die **österreichischen Gesetze** sehen für die rechtswirksame Einwilligung in eine Heilbehandlung vor, dass nur demjenigen die Fähigkeit in die Einwilligung zugebilligt wird, der Einsicht in die Tragweite seiner Handlungen gewinnen kann. Patienten in psychischen Ausnahmesituationen mit Krankheitswert ist diese Fähigkeit abzuerkennen, wenn das aus ihrem Verhalten oder ihren Äußerungen erkennbar wird.
Der Einsatz von sedierenden und antipsychotischen Medikamenten ist demnach als therapeutische oder prophylaktische Maßnahme anzuerkennen, da durch diese Maßnahme ein höheres Rechtsgut geschützt wird.
Es ist zu vermuten, dass die therapeutische Maßnahme einer pharmakologischen Sedierung nur dann rechtskonform ist, wenn in der Situation erkennbar ist, dass eine De-Eskalation durch keine anderen Maßnahmen (Kontaktaufnahme, Gespräche, Herbeiholen von Angehörigen etc.) herbeigeführt werden kann.
Auch das **deutsche Recht** sieht für ein überwältigendes Vorgehen gegen den Willen des Patienten im Sinne der Geschäftsführung ohne Auftrag bzw. des sog. *rechtfertigenden Notstandes* bei akuter Selbst- oder Fremdgefährdung bzw. Gefahr in Verzug eine medizinische Notwendigkeit, die ethisch gerechtfertigt und juristisch zulässig ist (10).
Häufig ist es notwendig, eine erregte Person festzuhalten, um einen Venenzugang zu legen. Dem Notarzt ist angeraten, in konflikthaften Situationen die Exekutive beizuziehen und selbst jede körperliche Gewaltanwendung zu unterlassen.
Es ist schwierig, in Konfliktsituationen unaffiziert zu bleiben. Manche Patienten sind sehr aggressiv und provokant und können beim Notarzt eine Vorfreude von Genugtuung erregen, wenn er sich (und dem Umfeld) zeigen will, dass er „am längeren Ast sitzt". Bei psychiatrischen Notfällen sind meistens besonders viele Zuschauer anwesend. Angehörige können das Verhalten

des Patienten als peinlich erleben und den Notarzt unter Druck bringen, rasch zu handeln („*Niederspritzen!*“) und den Auffälligen rasch aus dem Szenario zu verbringen. Häufig sind psychiatrische Patienten in kranke Sozialgefüge integriert, einem Gebilde von pathologischen Abhängigkeiten und Interaktionen. Angehörige können einen psychisch Kranken mit Einweisung bedrohen, erpressen oder diese veranlassen. Der Notarzt ist dann natürlich geneigt, der größeren Anzahl von weniger auffälligen Menschen Glauben zu schenken als einem (verständlich) Erregten. Psychisch Kranke, vor allem Maniker, haben nicht selten ein besonderes „Gespür“, wer affizierbar ist. Sie sondieren das Rettungsteam mit viel Geschick nach provozierbaren Objekten. Notärzte haben nach Meyer & Balck (11) ein Aggressionspotenzial, das höher ist als das einer Durchschnittspopulation. Konflikte mit dem Thema „Aggressivität“ sind zu erwarten. Es kann hilfreich sein zu wissen, dass Aggression eine Äußerung von Hilflosigkeit ist (7). Der Mensch in einer psychischen Ausnahmesituation ist in Not, er ist am Ende seiner Möglichkeiten. Daher ist der Notarzt anwesend.

Die Haltung des Notarztes **angesichts eines seelisch Kranken ist nach Pajonk (10) im idealen Fall durch die Bereitschaft gekennzeichnet, sich *vorurteilsfrei* auf den Patienten einzulassen.**

Dieses Ideal ist meiner Ansicht nach unerreichbar, da sich niemand, auch nicht der beste Psychotherapeut, von seinen Erfahrungen, Haltungen und Stimmungen in Gegenwart einer fordernden Situation vollständig entkoppeln kann. Man hatte Erfahrungen mit solchen Situationen, dann wird man die neue Begegnung mit Gewesenem assoziieren. Oder man hatte keine Erfahrung damit, dann wird man sich nach seinen individuellen Möglichkeiten, die man angesichts einer Konfrontation mit „Neuem“ mitbringt, und verwandten Erlebnissen, Bildern, Stimmungen oder Situationen auf diese Begegnung einlassen. Mit seinen momentanen Möglichkeiten in einem Nähe-Distanz-Kontinuum kann man sich mehr oder weniger einlassen. Die Art der Begegnung ist eine Interaktion, die von den Freiheitsgraden beider Menschen in einer Begegnung möglich ist. Mit Wachheit und Sensibilität kann eine respektvolle Annäherung stattfinden. Respektvoll heißt, sein Gegenüber in authentischer Weise ernst zu nehmen und ihn als Einmaligen wertzuschätzen. Jede echte Begegnung ruft Resonanz, Betroffenheit und Affekte hervor – man kann versuchen, diese in sich bewusst wahrzunehmen, für sich „zu benennen“. Der eigene Affekt kann ein Schlüssel zum Affekt des anregenden Gegenübers sein. Im Verstehen eines Gegenübers, das sich in Schwierigkeiten befindet, sollte man versuchen, nicht zu interpretieren oder zu werten. In diesem Kontext wäre es wertvoll, nicht vor-eingenommen zu sein oder im Sinne Pajonks nicht vor-zuverurteilen. Die Welt des psychisch Leidenden ist nicht an der eigenen zu messen oder zu relativieren („*Reißen*

Sie sich zusammen, das ist ja wirklich nicht so schlimm!" – „Das bilden Sie sich ein, da ist gar kein Mann, der Sie beschimpft!"). Man kann versuchen, sich das Geschilderte vorzustellen, als ob es die eigene Wirklichkeit wäre.
Gibt es eine *einzige* Wirklichkeit (12, 13, 15)?
Das Ziel der Begegnung ist in erster Linie die Entdramatisierung der Situation (10). Wahrnehmungsfördernde Entwicklungen, die eine Integration des Individuums begünstigen, sind zu fördern (z. B. die Wahrnehmung, dass ein bestimmter Sachverhalt eingetreten ist, z. B. der Tod eines Säuglings). Wenn jedoch ein Mensch von Wahrnehmungen überflutet wird, kann es in seinem Interesse sein, ihn davor zu schützen. Es wäre erstrebenswert, ungünstige Einflüsse abzuwenden. Daher ist es häufig ratsam, einen Menschen örtlich aus einer belastenden Umwelt hinauszuleiten und ihn vor Zuschauern zu schützen. Gemeinsame Aktivitäten können eine Partnerschaft initiieren (z. B. gemeinsam eine Zigarette rauchen) (10). Wenn sich beim Notarzt das Gefühl der „gemeinsamen Verschwörung" einstellt, bringt er eine partnerschaftliche Haltung auch zum Ausdruck, die für ein Gegenüber wahrnehmbar werden kann. Man sollte versuchen, Bedürfnisse wahrzunehmen, in der Kommunikation aber klar, deutlich und konsequent sein. Im Gespräch ist aktives Zuhören viel wichtiger als der eigene verbale Beitrag. Viele Menschen in seelischen Krisen haben eingeschränkte Möglichkeiten, das innerlich Erlebte zu kommunizieren. Man kann versuchen die verbale Veräußerung des Ungeordneten, Unmittelbaren, Unfertigen in Worte zu fassen oder die Worte des Betroffenen zu wiederholen. Damit gibt man zu erkennen, dass sie angekommen sind, gehört worden sind.
Der Notfallpatient, der uneinsichtig ist und ein selbstgefährdendes Verhalten zeigt, liegt im Spektrum der Indikationen zur Sedierung am extremen Ende. Für diesen Fall ist es sinnvoll, ein potentes Sedativum anzuwenden, das im besten Fall eine möglichst große therapeutische Breite hat und antagonisierbar ist. Die Wahl des Präparates ist auch abhängig von persönlichen Erfahrungen in der Anwendung und vom regionalen Armamentarium. In den verschiedenen Notarztmitteln stehen durchwegs unterschiedliche Medikamente zur Verfügung.

Indikation für Sedativa

Eine pharmakologische Behandlung psychischer Symptome ist dann indiziert, wenn abzusehen ist, dass ein potenzieller Nutzen die potenziellen Schäden überwiegen wird.
Wenn eine psychische Auffälligkeit Symptom einer anderen Erkrankung ist, soll – wenn möglich – die zugrunde liegende Erkrankung behandelt werden. In der Behandlung primär psychiatrischer Erkrankungen ist die medikamentöse Therapie immer nur ein Baustein in einem Behandlungskonzept.

Tab. 3: Sinnvolle Sedativa in einem Notarztmittel

Substanzgruppe	Freiname	Handelsname	Gebindegröße/Volumen
Benzodiazepine	Diazepam	Stesolid Emulsion®	10 mg/2 ml
	Midazolam	Dormicum®	5 mg/5 ml
	Clonazepam	Rivotril®	1 mg/1 ml Trockensubstanz
	Lorazepam	Temesta®	2 mg
Antipsychotika	Haloperidol	Haldol®	5 mg/1 ml
	Chlorprothixen	Truxal®	50 mg/1 ml
	Droperidol	DHBP®	5 mg/2 ml
Arylcyclohexylamine	S-+-Ketamin	Ketanest-S®	50 mg/2 ml
Alkylphenole	Propofol	Diprivan®	200 mg/20 ml

Psychotherapeutische Strategien haben auch in der Notfallmedizin Priorität vor einer pharmakologischen Therapie (10). Der Terminus *medikamentöse Krisenintervention* könnte als Euphemismus aufgefasst werden. Die Auswahl der Präparate richtet sich nach ihrer Indikationsbreite und dem Allgemeinzustand des Patienten. Meistens ist ein multimodales Therapiekonzept anzustreben. Es wird erwartet, dass die Wirkung eines Notfallmedikaments rasch eintritt.
(Die Differential-Indikationen für die Pharmaka sind im Kapitel „Pharmakologische Voraussetzungen“ aufgelistet). Zielsymptome der Sedativa in der präklinischen Notfallmedizin sind nach Pajonk (10) Hyperaktivität, Angst, Anspannung und Unkooperativität. *Unkooperativität* impliziert ein dyadisches Geschehen. Der eigene Beitrag, das eigene Verhalten ist bei der Beurteilung einer solchen Situation einzurechnen.
Eine zu starke Sedierung ist in der Notfallmedizin nicht erwünscht (10). Eine Sedierung kann dann sinnvoll sein, wenn zusätzlicher Stress (Transport: Vibration, Akzeleration/Dezeleration, Angst vor Stürzen mit der Trage; Flugangst; akustischer Stress: Folgetonhorn, Fluglärm; Umlagerung etc.) vermieden werden *muss*. Patienten mit kardiovaskulärem Risiko könnten besonders profitieren (16).

Tab. 4: Strategie zur Vermeidung einer Übersedierung

- Wahl des geeigneten Medikaments
- Beginn mit geringstmöglicher Dosis
- langsames „Titrieren zum Effekt“ (Beobachtung des Patienten)
- Abwarten des Maximaleffekts (pharmakokinetische Daten!)
- multimodales Therapiekonzept (nichtpharmakologische Maßnahmen)

Multimodales Therapiekonzept. Man wird einem 75-jährigen Mann mit obstruktiver Lungenerkrankung und Hypertonie, der im Zuge einer Infektexazerbation cerebral und pulmonal dekompensiert ist, nichts Gutes tun, wenn man ihm wegen Unruhe und Verwirrtheit 5 mg Midazolam injiziert. Es wird vermutlich zur Apnoe führen. Chlorprothixen wird mit hoher Wahrscheinlichkeit einen rapiden Blutdruckabfall oder eine Tachykardie provozieren. Es ist wahrscheinlich, dass im Zuge des Infekts eine Exsikkose vorliegt, daher wird man rehydrieren (500 ml Ringerlaktat). Sauerstoff wird mit einer Flussrate von 3 ml insuffliert. Mit der Lagerung (Oberkörperhochlagerung) verbessert sich der Gasaustausch durch eine verbesserte Ventilation. Das ist entängstigend. Besteht Fieber, so wäre in diesem Fall eine Fiebersenkung mit Metamizol angezeigt. Wenn der Patient die sinnvollen Maßnahmen nicht toleriert und abwehren will, injiziert man in die Rehydrationslösung 2 A Haloperidol. Man muss die Geduld aufbringen zu warten, bis der Effekt eintritt. Angesichts der realen vitalen Bedrohung, der dieser Patient (nicht unmittelbar) ausgeliefert ist, wäre ein Einwand gegen Haloperidol wegen seiner Potenz, ein EPS auszulösen, ein Verkennen der realen Wertigkeiten.

Benzodiazepine sind gut geeignete Medikamente zur Sedierung im Notarztmittel, da ihre therapeutische Breite hoch ist und sie unmittelbar durch Flumazenil (Anexate®) antagonisierbar sind. Die Benzodiazepin-induzierte Anxiolyse reduziert die endogenen Katecholaminspiegel während des Patiententransports (16). Die Herzfrequenz bleibt jedoch unverändert (16). Vorsicht mit Benzodiazepinen ist bei alten Menschen geboten, vor allem bei Menschen mit Störungen der kognitiven Hirnfunktionen. *Paradoxe Reaktionen* sind bei diesem Kollektiv fast immer Ausdruck einer relativen Überdosierung, diese kann mit Flumazenil „wegtitriert“ werden. Problematisch sind Benzodiazepine, die mit höchster Wahrscheinlichkeit (Midazolam) oder hoher Wahrscheinlichkeit (Lorazepam) eine Amnesie verursachen. Die psychische Integration der bedrohlichen oder ängstigenden auslösenden Ereignisse kann durch eine Diskontinuität der Wahrnehmung erschwert oder behindert werden. Midazolam ist als Medikament gegen Angst als isoliertes Phänomen völlig ungeeignet. Pajonk et al. (10) vertreten die Ansicht, dass Midazolam als Sedativum bei psychiatrischen Notfällen keine Indikation hat und unter Umständen sogar kontraindiziert ist. Seine Anwendung muss Extremsituationen vorbehalten bleiben (10). Wenn die Ereignisse rund um einen Einsatz zu traumatisierend sind (z. B. Bergung durch hydraulische Bergescheren, Nacht, Scheinwerferbeleuchtung, Auto am Dach liegend, toter und verstümmelter Beifahrer etc.) und eine Amnesie erwünscht ist oder wenn es andere Gründe für den Einsatz der Substanz gibt (z. B. Reduktion der psychotomimetischen Ketaminwirkung), ist es sinnvoll, Midazolam i.v. zu verabreichen.

Notärzte bzw. Nicht-Psychiater verwenden nicht gerne Antipsychotika (Neuroleptika) (14).

Die Wirkstärke eines Antipsychotikums gegen die Erscheinungen der Psychose wird *Potenz des Antipsychotikums* bezeichnet. Niedrigpotente Antipsychotika haben eine geringe Wirkung gegen die Symptome der Psychose. Die antipsychotische Wirksamkeit ist nicht gleichzusetzen mit gering sedierender Wirkung. D.h. es gibt auch niedrigpotente, stark sedierende Antipsychotika, z. B. Prothipendyl (Dominal®). Niedrigpotente Antipsychotika, die schwach sedierend wirken, haben in der Notfallmedizin kaum eine Existenzberechtigung.
Mit den Medikamenten Chlorprothixen, Haloperidol und Droperidol sind alle Erfordernisse an die Differentialwirkungen, die man in der Notfallmedizin an ein Antipsychotikum hat, erfüllbar.

Tab. 5: Sinnvolle Antipsychotika und ihre differenzielle Wirkung

	gering antipsychotisch	stark antipsychotisch
wenig sedierend		**Haloperidol**
stark sedierend	**Chlorprothixen**	**Dehydrobenzperidol**

Für einen Anästhesisten ist es ungewöhnlich, dass stark wirksame Medikamente länger brauchen, bis sie wirken. Es kann bis zu 30 Minuten dauern, bis i.v. Haloperidol seine maximale Wirkung entfaltet. Droperidol ist eine Ausnahme, braucht aber auch 3-10 Minuten, bis es wirkt. Die Notfallindikationen der Antipsychotika sehen eine Hochdosistherapie vor. Eine Faustregel besagt, dass die Potenz eines (klassischen) Antipsychotikums mit der Eigenschaft korreliert, extrapyramidalmotorische Symptome (EPS) auszulösen. Die hochpotenten (Prototyp Haloperidol) lösen häufig EPS aus, die niedrigpotenten (Prototyp Chlorprothixen) selten. Neben ihrem Einsatz bei Psychosen sind die Neuroleptika in der Notfallmedizin dann nützlich, wenn eine Immobilisierung erforderlich ist.

Tipps für die Anwendung von Antipsychotika in der Notfallmedizin:
Haloperidol (0,5 mg) und Droperidol (1,25 mg) sind stark antiemetisch wirksam (→ Kinetosen!), vor allem, wenn Übelkeit mit Aufgebrachtheit und Unruhe assoziiert ist.

- *Halperidol hat kaum unerwünschte Wirkungen auf Herz oder Kreislauf und wirkt ausgezeichnet gegen ein Delir (→ alte Menschen).*
- *Der typische Kandidat für Chlorprothixen ist jung, aggressiv und gewaltbereit – für ältere Menschen ist Chlorprothixen denkbar ungeeignet, starke Blutdruckabfälle kommen vor allem bei bolusartiger i.v.-Gabe vor. Chlorprothixen*

wirkt wenig antipsychotisch und macht den alten Menschen bewegungslos und ausgeliefert für Hospitalismus-Komplikationen.

- *Werden Chlorprothixen oder Droperidol verwendet, so ist v.a. bei Hypovolämie mit einer starken Kreislaufreaktion zu rechnen. Es ist sinnvoll, die Pharmaka in einer Trägerlösung zuzuführen (z. B. 500 ml NaCl 0,9%), so kann man auch die Zufuhr beenden, wenn der Effekt adäquat wird. Am Beginn der Behandlung kann man die Antipsychotika in kleinen Inkrementen dazuspritzen (12,5 mg Chlorprothixen oder 1,25 mg Droperidol).*
- *Es gibt keine Maximaldosen.*
- *Häufig ist bei Psychosen Angst präsent (Gesichtsausdruck! Pupillen! Sympathikotone Reaktion!) – Lorazepam und Diazepam sind geeignete Anxiolytika.*
- *Die intramuskuläre Injektion ist nur extrem selten notwendig, sie sollte vermieden werden (schmerzhaft, nicht titrierbare Dosen, verzögerter Wirkbeginn, nicht abschätzbare Effekte etc.).*
- *Sollte eine EPS-Symptomatik auftreten, injiziert man 5 mg Biperiden (Akineton®).*
- *Mitunter gelingt es durch ein entsprechendes Herangehen, dass ein abwehrender Patient gewisse medizinische Handlungen an sich duldet: Blutdruckmessen (= Venenstau!), Blutzuckermessung (= Position eines Venenweges!). Wenn bei akuter Fremd- oder Selbstgefährdung dadurch eine Eskalation vermieden werden kann (Überwältigung durch Exekutive), ist ein derartig hinterlistiges Vorgehen zu billigen.*

Kasuistik: Notarztalarmierung durch eine Frau: Die Tochter der Anruferin sei Diabetikerin und habe sich in suizidaler Absicht ihren ganzen Insulinvorrat gespritzt. Als der Notarzt nach 15 Minuten (ländliche Region) eintrifft, findet er 2 aufgebrachte Frauen vor, die Ältere (ca. 70 a) mit schwankendem Gang und verwaschener Sprache, die Jüngere (ca. 40 a, „verheultes Gesicht") beschwert sich über das Eintreffen des Notarztes, der Einsatz sei völlig überflüssig, die Mutter sei wieder einmal betrunken, das könne man ja wahrnehmen. In der Folge eines Streits habe die Mutter den Notarzt alarmiert, um die Tochter zu brüskieren. Die ältere Frau gibt unter Tränen an, die Tochter habe sich wirklich hunderte Einheiten Insulin gespritzt. Die Tochter sagt, dass der Notarzteinsatz nicht erforderlich ist und dass sie die Anwesenheit der Rettung im Haus nicht wünscht. Der Notarzt denkt, wenn die Aussage der älteren Frau stimmt (Verzögerungsinsulin? Altinsulin?), dann wird sich der Erfolg der Maßnahme irgendwann zeigen. Der Amtsarzt ist nicht erreichbar. Der nächste dienstbereite Facharzt für Psychiatrie ist in einer Distanz von 75 km zu finden. Der Notarzt schickt die Rettungsleute hinaus und bittet um ein Gespräch (Zeitgewinn!). Als alle bei Tisch sitzen sieht der Notarzt in einem Winkel mehrere leere Ampullen liegen. Die Tochter wird während des Gespräches aggressiver (Hypoglykämie?), der Notarzt deutet an, das Haus zu verlassen. Die Mutter ist verzweifelt, schreit (Notarzt zwinkert ihr zu). Die Sprache der Tochter wird nun verwaschen. Der Notarzt holt die Rettungsmänner herein. Die Tochter wird zunehmend apathischer und lässt eine

Blutzuckermessung zu. Ein Venflon wird positioniert. BZ-KO: 22 mg/dl. Glucose 33% und Midazolam 5 mg werden vorbereitet. Die Tochter kann noch mit Unterstützung in den NAW gehen. Die leeren Ampullen werden mitgenommen (300 I.E. Verzögerungsinsulin, 100 I.E. Altinsulin). Sie wird auf die Trage gelegt, die Glucoseinfusion wird angeschlossen. Nach 1 Minute klart ihr Bewusstsein auf und sie beginnt neuerlich mit heftigen Protesten und Abwehr. Jetzt injiziert der Notarzt 3 mg Midazolam i.v.. Die Patientin wird ruhig und emotionsarm. Sie wird an eine Überwachungsstation zugewiesen. Über 12 Stunden ist die Zufuhr großer Mengen hochprozentiger Glucose notwendig, um den BZ über 60 mg/dl zu halten. Es kommt während der Intensivüberwachung trotz permanenter Glucosezufuhr zu mehreren Episoden signifikanter Hypoglykämien.

Die ideale Dosis ist bei Notfallpatienten wahrscheinlich am schwierigsten anzugeben: Das Kollektiv ist maximal heterogen. Zugrunde liegende Erkrankungen, die Wirkungen anderer Substanzen und Veränderungen der Vitalparameter erhöhen die Sensitivität des ZNS auf sedierende und analgetische Pharmaka.

Mehr als in anderen Gebieten der Medizin ist bei Notfallpatienten eine *Titration zum Effekt*, also ein Herantasten von niedrigen Dosen, angeraten. Auch niedrige Dosen „harmloser“ Sedativa können unter Notfallbedingungen zu schweren Komplikationen führen, wenn man sich in der Wahl der Dosen an Normgrößen orientiert.

Dem pharmako-hypersensitiven multimorbiden alten Menschen mit ausgelenkter Physiologie steht der Polytoxikomane und Abhängige gegenüber. Menschen unter einer Dauermedikation von Antikonvulsiva oder Antipsychotika, Alkohol- und Substanzabhängige gehören dem Kollektiv der „schwierig zu Sedierenden“ an. Zunächst scheinen sie (auch von höheren Dosen) von Sedativa unberührbar zu sein, um dann rasch und unvorhersehbar zu dekompensieren. Das heißt, das Kollektiv der *schwierig zu Sedierenden* hat eine Toleranz gegenüber sedierenden Pharmaka, diese haben aber eine verminderte therapeutische Breite. Droperidol soll gut für diese Population wirken, hat aber ein epileptogenes Potenzial, was seine Anwendbarkeit etwas einschränkt. Haloperidol dagegen hat keine epileptogene Wirkung (10). Das Ziel der Sedierung bei psychotischen Patienten ist es, den Patienten daran zu hindern, fremd- oder selbstgefährdend zu sein. Übersedierung ist zu vermeiden, der kommunikative Kontakt sollte erhalten bleiben. Affektive Entspannung, Anxiolyse, Dämpfen von Hypermotorik und Agitation sind die erstrebenswerten Endpunkte. Es ist darauf zu achten, aus einem sedierten Notfallpatienten keinen Intensivpatienten zu machen. Psychiatrische Aufnahmestationen sind üblicherweise nicht darauf eingerichtet, gestörte Vitalfunktionen zu überwachen. Eine Intensivstationen ist eine denkbar ungeeignete Umgebung für Menschen mit Psychosen, die nervenfachärztliche Versorgung an einer Intensivstation ist praktisch nie adäquat. Der ängstliche nicht-psychotische Patient erhält zunächst eine prioritätsorientierte Therapie der zugrunde liegenden Erkrankungen oder Störungen. In zweiter Linie ist die menschliche Interaktion („Droge Arzt" – nach M. Balint) als potentes Anxiolytikum einzusetzen. Die medikamentöse Anxiolyse ist eine Ultima Ratio und sollte mit den geeigneten Substanzen verwirklicht werden. **Die geringste wirksame Dosis ist die ideale Dosis.** Zielpunkte der Sedierung sind darüber hinaus eine vegetative Beruhigung (EKG, NIBP) und eine verbesserte Befindlichkeit des Patienten (wiederholter Kontakt zum Patienten).

Tab. 6: Zeichen einer zu hohen Dosierung von Psychopharmaka im Notarztmittel

Lidschlag wird seltener
Abnahme der spontanen Sprachäußerungen
spontanes Schließen der Augen, Mundöffnung
verwaschene Sprache
starke Abnahme und Unkoordiniertheit der Spontanbewegungen
BZD: vermehrte Agitation
träge Reaktion auf Ansprache (Namensnennung)
träge Reaktion auf Berührung (Ohrläppchen zupfen → Stirn beklopfen → Nase zuhalten)
Atmung wird geräuschvoll (Schnarchen)

GEFAHR → vitale Bedrohung:
keine sprachliche Äußerung anregbar
keine Reaktion auf Namensnennung
keine Reaktion auf Berührung
Glabellareflex verschwindet
Lidreflex verschwindet (~ GCS 8)
Atempausen
keine Reaktion auf Schmerzreiz
Schluckreflex verschwindet

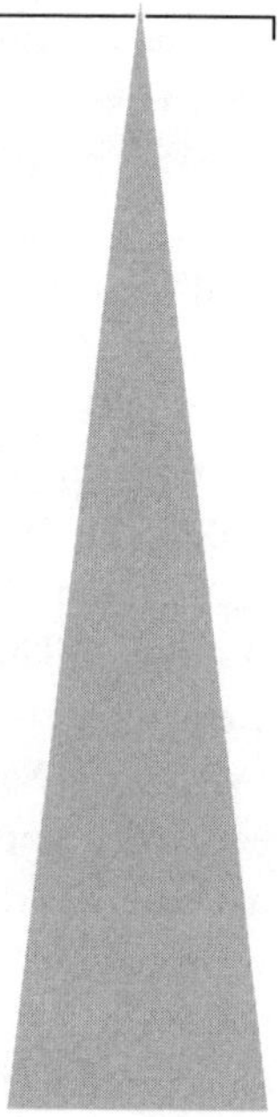

Tab. 7: Vom Autor unbeabsichtigt ausgelöste Episoden von Apnoe durch Sedativa in einem Notarztmittel, Kasuistiken

A) 73 a/männl./68 kg: Asthma bronchiale, kardiale Insuffizienz NYHA II, **Status epilepticus** seit 20 Minuten (GM) 1 mg Rivotril® i.v. (**„im Schuss"**) → Apnoe → Intubation notwendig

B) 19 a/weibl./63 kg: Verkehrsunfall, Fract. fem. apert., **Commotio cerebri**, Erstbehandlung durch NAW und primärversorgendes Krankenhaus (1000 Ringerlaktat, 500 ml HÄES, 15 mg **Piritramid**) – Hubschraubersekundärtransport. Wegen Angabe von Schmerzen im Bein: **0,1 mg** Fentanyl i.v., wird **ohne Nachfragen des Effekts** (Fluglärm) nach **3 min** repetiert → Apnoe, komatöses ZB → 6 Minuten Maskenbeatmung während des Hubschrauberfluges

C) 86 a/weibl./70 kg: klinisches Bild **„cerebraler Insult"** + Erbrechen, 1 A Zofran® i.v. → Atemstillstand während des Hubschrauberfluges → Chin-lift-Manöver/Esmarch-Handgriff/Sauerstoff. Ursache? **Medikamentenverwechslung!** (Statt Zofran® (Ondansetron) wurde Gewacalm® (10 mg Diazepam) injiziert.)
CCT-Diagnose des primären klinischen Bildes: Hirnmassenblutung

D) 76 a/weibl./72 kg: Unterschenkelfraktur, atherosklerotische **Demenz**, starke Schmerzen. 2 x **100 mg** Ketamin (Ketalar®) **Bolus** im Abstand von **3 Minuten** → Apnoe → Intubation notwendig

Kasuistik D) wurde von einer Kollegin „verursacht". Kein Patient kam durch diese Komplikationen zu einem zusätzlichen klinisch fassbaren Schaden, die Prognose bei Pat. C) war infaust. „Gemeinsamer Nenner" der Kasuistiken ist das 1. **bolusartige Verabreichen** 2. **hoher Dosen** an 3. Patienten mit **präexistenter ZNS-Erkrankung**, 4. **Nichtabwarten des vollständigen Medikamenteneffekts** bzw. 5. **Medikamentenverwechslung.**
Es ist nicht intendiert, durch diese Kasuistiken eine Verharmlosung der Problematik darzustellen. Medikamentenverwechslung ist ein häufiges, wenn auch vermeidbares Ereignis.
Durch **logistische und kommunikative Maßnahmen** kann die Anzahl von Verwechslungen vermindert werden:
a) möglichst wenige Gebindegrößen mitführen (*„Ketanest 5 mg/ml oder 25 mg/ml?"*), b) Konstanthalten der Handelsnamen so weit möglich, keine „Anstatt-Präparate" (*nicht ein Monat Dibondrin® und im nächsten Monat Fenistil®*), c) Benennung der Pharmaka mit einheitlichem Namen (besser Handelsnamen), d) Vermeiden von Jargon-Bezeichnungen (*„Geh, gib mir 1 Lyst und 1 Ket"*), e) eine Anordnung nach der anderen (nicht: *„ich brauch' Dormicum, oder nein, Valium, und dann Ketanest und 500 Ringer, rasch rasch!"*), f) Schaffen von einheitlichen Standards (z. B. Intubation = 1 A Lysthenon® + 1 A Hypnomidate® + 1 A Esmeron®), g) Sanitäter zieht Ampulle auf und zeigt aufgebrochene Ampulle dem Notarzt, dieser bestätigt die Kenntnisnahme, h) Aufkleber mit Medikamentennamen, i) Vorbereiten der Medikamente bei Anfahrt, wenn Vorinformation gut ist (*z. B. „Kind von Auto angefahren" → für Intubation vorbereiten, Infusion zusammenstecken, ...*).

Traumatologie: Ketamin oder Opioid?

Die Frage, ob die Analgesie Schwerverletzter durch ein Opioid oder durch Ketamin erfolgen soll, führt immer wieder zu Kontroversen. Die Frage kann so nicht beantwortet werden. Sie muss individuell für den konkreten Fall gestellt werden, indem man alle Interessen einrechnet, die für den Patienten wesentlich sind. Das Diagramm stellt die Umstände und Bedingungen vor, die in der Entscheidungsfindung einen Einfluss haben:

pro Ketamin
- Schock (zur Narkoseeinleitung)
- Atemweg schlecht zugänglich
- schwierige Bergung
- Kind
- Asthma bronchiale
- Amnesie erwünscht
- Verbrennung
- sehr schmerzhafte Manöver vor Intubation (Reposition, Bülau etc.)

kontra Ketamin
- große Angst
- psychiatrische Anamnese
- Alter 15–60 a
- Amnesie unerwünscht
- Schädel-Hirn-Trauma
- Hypertonie + KHK
- Bewusstseinsstörung präsent
- Augenverletzung

pro Opioid
- Atemweg gut zugänglich
- Pat. bleibt orientiert (Anamnese)
- Kommunikation bleibt aufrecht
- klinisches Neuromonitoring wichtig
- sedierende Wirkung unerwünscht

kontra Opioid
- bestehendes großes Risiko für Atemdepression
- Schock

Ketamin ist bei eingeklemmten Schwerverletzten eine optimale Substanz, um die Bergung erträglich zu machen, Analgesie herbeizuführen und eine Amnesie hervorzurufen. Der Atemweg bleibt relativ sicher, wenn die Dosen in kleinen Mengen titriert werden. Für das Verlorengehen der Spontanatmung sollte ein Algorithmus in Reserve sein (Combitube®, Larynxmaske etc.). Beim isolierten Trauma (Oberschenkelfraktur, Thoraxtrauma, SHT I etc.) hat Ketamin gegenüber einem Opioid den Nachteil, dass ein „annarkotisierter“ Patient übergeben wird. Anamnese und Datenerhebung sind dann für die übernehmenden Ärzte extrem schwierig, die Wirkung des Ketamin ist eine Bewusstseinsstörung, ein irritierender Faktor in der weiteren klini-

schen Beobachtung. Eine psychotomimetische Wirkung durch Ketamin ist in 35–80% vorhanden, Horrortrips kommen häufig vor, Hyperakusis ist regelhaft. Diese Aspekte sind immer einzurechnen.
Daher vertrete ich die Ansicht, dass **in der Traumatologie zur Analgesie präferenziell Opioide zur Anwendung kommen sollen, außer es liegen gravierende Gründe vor, die dagegen sprechen.** Piritramid (Dipidolor®) hat eine nur geringe atemdepressive Wirkung und erregt nur selten Übelkeit/Erbrechen. Piritramid ist sehr gut geeignet für die Notfallmedizin. Wenn eine raschere und stärkere Analgesie angestrebt wird, ist Fentanyl (Fentanyl Janssen®) vorzuziehen. Fentanyl ist das Opioid mit der geringsten hypnosedativen Wirkung, daher kann unter Fentanylwirkung das Wachbewusstsein sehr gut beurteilt werden. Es bietet eine anhaltende Analgesie und ist jederzeit und vollständig mit Naloxon antagonisierbar. Die Dosierung für Fentanyl in der präklinischen Notfallmedizin beträgt 0,05–0,1 mg im Abstand von 5 Minuten, bis eine deutlichen Schmerzreduktion eintritt. Morphin ist das typische starke Analgetikum für Schmerzen bei einigen internistischen Notfällen (Myokardinfarkt, Pulmonalembolie, Tumorschmerzen etc.).* Für die Traumatologie ist Morphin weniger geeignet: Der Eintritt der Wirkung dauert länger, die Rate an Übelkeit und Erbrechen sind höher als bei Piritramid oder Fentanyl.
Atemnot bei Tumorpatienten kann eine Indikation für Morphin sein.*
Das Risiko von Erbrechen beim Notfallpatienten wird durch eine Vorgabe von 10 mg Metoclopramid (Paspertin®) reduziert (17), die Dosis für Kinder beträgt 0,15 mg/kg. Zielt man in der Flugrettung auf Emesisprophylaxe ab, so wäre ein Antihistaminikum (Fenistil®, Dibondrin®) das geeignete Medikament, da es die vestibuläre Komponente des Inputs zum Brechzentrum beeinflusst. Tatsächlich wird häufig Ondansetron (Zofran®) in dieser Indikation verwendet, kontrollierte Studien an Notfallpatienten existieren nicht.
Grundsätzlich wird zur Analgesie in der Notfallmedizin immer mit 50% der üblichen Opioid-Einzeldosis begonnen und anschließend nach Wirkung titriert (31).
„Furcht vor Nebenwirkungen“ (31) sei häufig ein Grund, dass in der präklinischen Situation Schmerzen nicht therapiert werden. Als Notarzt sollte man die Kompetenz haben, mit diesen Nebenwirkungen umzugehen (siehe Seite 198f.).
Die Analgesie mit Opioiden in der Notfallmedizin erfolgt ausschließlich intravenös, da die periphere Mikrozirkulation im Fettgewebe und Muskel reduziert ist und eine Resorption der Substanzen unsicher ist. Die i.m.-Gabe

*Vorteile von Morphium beim kardiologischen Notfall: siehe Kapitel „Pharmakologische Voraussetzungen“, Morphin als symptomatische Therapie der Atemnot: siehe Kapitel „Palliativmedizin“.

von Analgetika beim Herzinfarkt, intrakardiale Injektionen oder die Anwendung komplementärer Methoden (Heilanästhesie, Quaddelungen u. dgl.) sind strengstens obsolet.

Ketamin ist keinesfalls eine Option, sich an gewissen Entscheidungen der Notfallmedizin „vorbeizuschwindeln". Leider ist es vielgeübte Praxis, dass Notärzte Patienten, deren optimale Behandlung in der Induktion einer Notfallnarkose mit Intubation gewesen wäre, unter exotisch hohen kumulativen Dosen von Ketamin unter Spontanatmung an das Krankenhaus übergeben. Diese Praxis kann nicht gebilligt werden, weil die Interessen des Patienten in fahrlässiger Weise missachtet werden. Der Traumapatient ist nicht nüchtern, Ketaminnarkosen bieten keinen Aspirationsschutz. Ketamin ist kein Medikament, mit dem ein Notarzt seine Ängste oder Unzulänglichkeiten behandeln kann. Die Grenzen der Sedoanalgesie in der Notfallmedizin sind unter gewissen Umständen erreicht:

Tab. 8: Indikationen zur Intubation und Notfallnarkose

A)	**respiratorische Insuffizienz** (AF > 30, sao2 < 90%) **bei**	
		Obstruktion (Mittelgesichtsverletzung, Verbrennung, Asthma bronchiale, Quincke-Ödem etc.)
		schwerem Thoraxtrauma (paradoxe Atmung, instabiler Thorax)
		zentraler Atemregulationsstörung (Komata, SHT, Intoxikationen, cerebrale Raumforderungen etc.)
		Schock (Polytrauma, kardiogener Schock)
		Aspiration (Ertrinkungsunfall etc.)
		Intoxikation
		sonstiger (Pulmonalembolie etc.)
B)	**zunehmende klinische Verschlechterung durch Unterlassung der Intubation bei**	
		zunehmender Atemnot (subjektiv ! → Stress ↑)
		starken Schmerzen (Verbrennung, Frakturen mehrerer langer Röhrenknochen, Reposition)
		Überdosierung von atemdepressiven Substanzen
		Polytrauma
		SHT, GCS < 8)
C)	**Apnoe**	

Im Folgenden sind nur einige wenige Aspekte der Schmerztherapie angeführt, insofern sie für das Thema relevant sind. Die Beschreibung der analgetisch wirksamen Medikamente, auch aus notfallmedizinischer Sicht, findet sich in den Kapiteln „Pharmakologische Voraussetzungen" und „Sicherheit und Komfort".

Abb. 2:
Bergung eines Eingeklemmten in Ketanest-Midazolam-Sedierung

Tab. 9 Sinnvolle Analgetika in einem Notarztmittel

Substanzgruppe	Freiname	Handelsname	Gebindegröße/ Volumen	Erstdosis (70 kg KG)
Opioide	Morphium	Vendal®	10 mg/1 ml	2 mg
	Fentanyl	Fentanyl®	0,5 mg/10 ml	0,05 mg
	Piritramid	Dipidolor®	15 mg/2 ml	3 mg
Arylcyclohexylamine	S-+-Ketamin	Ketanest-S®	50 mg/2 ml	12,5 mg
NSAR	ASS	Aspisol®	500 mg/5 ml	300–500 mg
	Diclofenac	Voltaren®	3 ml/75 mg	75 mg
	Paracetamol	Mexalen®	Supp. 125–1000 mg	(30–40 mg/kg*)
	Paracetamol	Perfalgan®	1000 mg/100 ml	1000 mg
Andere	Metamizol	Novalgin®	2,5 g/5 ml	2,5 g
	Butylscopolamin	Buscopan®	20 mg/1 ml	20 mg
	Nitroglyzerin	Nitrolingual-Spray®		1–2 Hübe

* Dosisangabe für Kinder

Gebindegrößen: Werden mehrere Gebindegrößen mitgeführt, sind Kommunikationsfehler im Team programmiert (*große oder kleine Fentanyl?*). Für die Arbeitsökonomie ist es besser, nur ein großes Gebinde mitzuführen (→ sonst wiederholtes Aufbrechen und Aufziehen von Ampullen notwendig).

Opioide: Bei Opioiden mit sehr kurzer Wirkungsdauer (Remifentanil, Alfentanil) überwiegen im Notarztmittel die Nachteile, da die Zubereitung und/oder das Erhalten einer kontinuierlichen Analgesie problematisch sind.

Tramadol (Tramal®) ist für die Notfallanalgesie zu schwach, die Rate an Nausea bzw. Emesis mit 30% zu hoch.

NSAR: Häufig wird der Notarzt angefordert, obwohl keine vitale Bedrohung vorliegt, sondern nur eine Gesundheitsstörung (Migräneanfall, Gichtanfall, Gallenkolik, Lumboischialgie etc.). Daher ist es sinnvoll, adäquate Medikamente mitzuführen (4). Aspisol® ist in Österreich über die internationale Apotheke erhältlich.

Ausgewählte spezielle Notfälle und Populationen

Schock: Die Zentralisation des Kreislaufs beim Schock bedingt, dass Sedativa und Opioide in den zentralen Kompartimenten angereichert werden. Die Organe oberster Priorität reagieren daher besonders sensitiv (ZNS → starke Effekte auf Bewusstsein und zentrale Atemregulation, kardiovaskuläres System → starke Blutdrucksenkung). Schocktherapie hat absolute Priorität vor Sedierung. Wird jedoch ein Schockzustand durch Schmerzen aufrecht erhalten oder verstärkt (z. B. Atemnot durch schmerzbedingte Schonatmung bei Serienrippenfrakturen), so sind Analgetika dringend angezeigt (31). Keinesfalls sollten in dieser Situation Sedativa eingesetzt werden (z. B. Unruhe des Patienten durch Schmerzen, Atemnot, Hypoxie etc.), da sonst die Ateminsuffizienz verstärkt wird, die Kooperation verloren geht und der Notarzt gezwungen wird, rasch eine Intubation durchzuführen.
Extremitätenfrakturen: Zur Analgesie ist ein peripher angreifendes Analgetikum (z. B. Diclofenac) indiziert (31), eine titrierende Opioidtherapie ist sinnvoll (Piritramid in Inkrementen von 1,5–3 mg, Fentanyl in Dosen von 0,05 mg). NSAR vom Typ des Diclofenac hemmen die Thrombozytenaggregation reversibel, ASS hemmt sie irreversibel. Es existieren noch immer keine Studien, die nachweisen könnten, dass es durch NSAR zu vermehrten Blutverlusten kommt. Auf ASS sollte man verzichten, auch weil ein Patient (bei pedantischeren Anästhesisten) bei einer späteren Operation um die Vorteile einer Regionalanästhesie kommen kann. Wer auch gegen Diclofenac nicht ausräumbare Bedenken hegt, kann zu Paracetamol oder Metamizol greifen.
Verbrennungen: Die analgetische Therapie ist abhängig von a) Lokalisation, b) verbrannter Körperoberfläche, c) Verbrennungsgrad. Verbrennungen werden prima vista in ihrem Schweregrad unterschätzt. Bei schweren, ausgedehnten Verbrennungen, Betroffensein von Gesicht oder Atemwegen und bei klinisch signifikanter Rauchgasinhalation ist eine Notfallnarkose und Intubation indiziert. Bei geringerer Traumatisierung ist bei Erwachsenen Metamizol empfehlenswert (31), eine Kombination mit einem potenten Opioid ist sinnvoll.
Für Kinder ist Ketamin ein Goldstandard.
Kopfschmerzen + Erbrechen + Unruhe: Die Differentialdiagnostik ist unter präklinischen Umständen sehr schwierig. Eine Subarachnoidalblutung (SAB) kann einen Migräneanfall vortäuschen. Stärkste *(„noch nie da gewesene“)* Kopfschmerzen müssen nicht immer im Nacken lokalisiert sein, Meningismus kann bei der SAB auch fehlen. Beide Erkrankungen können eine fokale neurologische Symptomatik haben. Erbrechen kann mit Metoclopramid und/oder einem 5-HT_3-Antagonisten (NW: Kopfschmerzen!) behandelt werden, sedierende Antiemetika (sedierende Antipsychotika) sind

in dieser Situation unerwünscht (Haloperidol wäre akzeptabel). Paracetamol oder Metamizol sind in der präklinischen Kopfschmerztherapie jedem anderen NSAR vorzuziehen, bis eine CT-Diagnostik vorliegt. Azetylsalizylsäure wäre bei einer SAB, die man für einen Migräneanfall gehalten hat und die operativ versorgt werden muss, kontraindiziert. Im Zweifelsfall sollte man eher mit einem gering sedierenden Opioid (Piritramid) beginnen, auch wenn das bei einer Migräne keine Therapie der Wahl ist (18).

Myokardinfarkt: Die kausale Therapie hat die höchste Priorität. Der wesentliche Faktor ist die Zeit, die bis zur Lysetherapie oder Revaskularisation verstreicht. Die zweite wichtige Maßnahme ist die Analgesie mit Morphium, zeitgleich die Verabreichung von Sauerstoff und Nitraten (3).* Betablocker und ASS werden immer verabreicht, außer es liegen absolute Kontraindikationen vor (3). Eine medikamentöse Sedierung im engeren Sinn ist meistens nicht notwendig, wenn der Schmerz erfolgreich titriert wird und der Patient wahrnimmt, dass ihm kompetent geholfen wird. Sollte ein Patient mit akutem Koronarsyndrom auch eine obstruktive Lungenerkrankung oder ein Asthma bronchiale haben, wäre es möglicherweise sinnvoller, statt Morphium Fentanyl zu verabreichen, da es durch Morphium häufig zur Histaminfreisetzung kommt, bei Fentanyl hingegen nie.

Akutes Abdomen: Die Ansicht, bei einem akuten Abdomen besser auf Analgesie zu verzichten, da sonst die Diagnostik verschleiert wird, ist seit mindestens 10 Jahren verlassen.

Häufig handelt es sich um viszerale Schmerzen, die gering opioidsensitiv sind. Kolikartige Schmerzen (wellenförmiges An- und Abschwellen, Pat. unruhig) sprechen gut auf Spasmolytika (Buscopan®) und spasmolytisch wirkende Analgetika (Metamizol), mitunter auch auf Nitroglyzerin an. Besteht der Verdacht auf Steinkoliken (Niere, Gallenblase, Harnleiter) oder auf akutes Harnverhalten, so sind Opioide nicht indiziert. Die Unruhe eines schmerzgeplagten Patienten ist keine Indikation für Sedativa. Hinter dem akuten Abdomen steht differenzialdiagnostisch eine Unzahl an Erkrankungen. Häufig sind obere gastrointestinale Blutungen bzw. perforierte Ulzera des Magens und Zwölffingerdarms. Daher sollte man mit NSAR bei entsprechendem Verdacht zurückhaltend sein. Eine seltenere Erkrankung, die unter dem Bild des akuten Abdomens auftritt, ist die akute hepatische Porphyrie. Sie äußert sich durch Bauchschmerzen, verbunden mit neurologischen Symptomen und psychischen Auffälligkeiten bis zur Psychose. Hier wäre Metamizol bei Bauchschmerzen kontraindiziert. Zu den „erlaubten“ Medikamente bei Porphyrie gehören Opioide, ASS und Chlorpromazin.

*__MONA:__ morphine, oxygen, nitroglycerine, aspirin (3).

Phobien und Panikattacken: Phobien sind meistens mit konkreten Situationen oder Objekten verknüpft. Häufig führt eine örtliche Distanzierung zur Entspannung. Das gilt auch für Organphobien, da das soziale Umfeld in die Erkrankung involviert ist, mitreagiert und einen Prozess aufschaukeln kann. Die Herzphobie ist eine geläufige Entität. Sie äußert sich durch Tachykardie, Hypertension, Schwitzen und Beklemmungsgefühl (41) und ist von einer morphologischen Erkrankung des Herzens nicht immer abgrenzbar.
Medizinische Aufklärungskampagnen dürften Themen für Phobien generieren. Seit ca. 1 Jahr gibt es in Österreich die Kapagne „*Schlaganfall ist Notfall*". Die Begegnung des Notarztes mit der Entität „Apoplektophobie" (*Weixler*) (39) wird wahrscheinlicher.
Panikattacken treten für ein Individuum unerwartet und plötzlich auf und gehen mit deutlichen körperlichen Phänomenen einher (Herzrasen, Atemnot, Beklemmung, Übelkeit, Parästhesien etc.). Der Betroffene nimmt manchmal nur die Angst wahr, gleich sterben zu müssen. Die Frage, ob dieses Ereignis schon zuvor im Leben dieses Menschen aufgetreten ist, kann die Anamnese erhellen. Bei der ersten Attacke kann die Wahrnehmung des Affekts hinter die körperlichen Empfindungen treten.
Für diese Indikationen ist Clonazepam (Rivotril®) ein ausgezeichnetes Medikament. Wenn man sich entschließt, es zu verwenden, muss man es sehr langsam injizieren. Der Dosisbedarf ist a priori nicht abschätzbar. Das kleine Gebinde verleitet zur „Injektion im Schuss".
Psychogener Stupor: Ein ausgeprägter psychogener Stupor präsentiert in der Glasgow Coma Scale einen Wert von 8 oder sogar weniger, je nachdem, wie der Betroffene auf Schmerzreize zu reagieren vermag. Bei der Untersuchung fällt auf, dass die Neurologie nicht zum präsentierten Bewusstseinszustand „passt": Der Tonus der Extremitäten ist normal oder erhöht, mitunter werden bizarre Haltungen eingenommen oder Bewegungen ausgeführt. Häufig sind viele erschrockene Beobachter um den Patienten geschart, deren Erregung den Zustand unterhält und unterstützt. Viele Patienten mit psychogenem Stupor sind jung, typisch sind Adolezente.
Diagnostisch von größtem Wert ist die Untersuchung der Augen: Die Lider werden zusammengepresst, häufig sind schon bei geschlossenen Lidern lebhafte „rollende" Augenbewegungen zu erkennen. Werden sie passiv geöffnet, so kann man einen Widerstand dagegen bemerken. Schließlich werden die Bulbi (häufig nach oben) weggerollt, um Fixierung und Einstellungsreaktion zu vermeiden. Auf diese Weise entziehen sich manchmal die Pupillen einer Beurteilung. Die Pupillen sind von normaler Weite oder übermittelweit und immer isokor. Die Lichtreaktion ist prompt und konsensuell. Das „Rollen der Bulbi" darf nicht fehlinterpretiert werden („*schwimmende Bulbi*": Diese Bewegungen wären viel langsamer und nicht synchron bzw. konjugiert).

Diagnostisch wesentlich ist die Beeinflussbarkeit der Symptome (TRIAS: bizarre Symptome/Beeinflussbarkeit/Augenbefund). Die Zuschauer müssen weggewiesen werden, der Notarzt soll aber nie ganz allein mit dem Patienten sein. Ist es eine Patientin und der Notarzt ist männlich, so sollte eine Frau anwesend sein. Eine Psychopharmakaintervention ist nicht notwendig, drastische Maßnahmen sind zu unterlassen *(„Reißen Sie sich doch zusammen!")*. Man muss dem Betroffenen seine Würde lassen. Die sinnvollste Intervention wäre, den Patienten durch hypnotische Desuggestion aus dem Zustand zu begleiten. Die Aufnahme des Kontakts gelingt über die gesteigerte Atmung des Patienten, diese ist am ehesten einer Beeinflussung zugänglich. Da der Hintergrund dieses körperlichen Ausdrucks traumatisch sein kann (Gewalt in der Familie, Vergewaltigung etc.), ist gut zu überlegen, ob man sich zu dieser Intervention entschließt und ob man den Patienten am Einsatzort belassen kann. Midazolam und Amnesie sind für solche Konstellationen unerwünscht.

Differentialdiagnostisch abzugrenzen vom psychogenen Stupor sind der depressive Stupor und der psychotische Stupor. Psychotischer Stupor ist keine Indikation für hypnotische Kommunikation. Der Zustand ist lebensgefährlich, aber nicht unmittelbar. Vom Notarzt wird keine spezifische Therapie erwartet werden. Wenn man sicher ist, dass ein Stupor psychotisch ist, kann man eine Therapie mit Haloperidol und Lorazepam beginnen. Es wäre aber ein Nonsens, einen psychogenen Stupor für einen psychotischen Stupor zu halten und einen Menschen unnötig mit einem Antipsychotikum zu belasten.

Intoxikationen mit Erregungszuständen: Abgesehen von Erregungszuständen, die durch Äthanol hervorgerufen werden können, können Exzitationserscheinungen bei einer Vielzahl von Substanzen, die auf das Bewusstsein wirken, hervorgerufen werden. Erregungszustände durch Cannabis, Kokain und Amphetamine (Ecstasy) werden in den Detoxifikations-Einrichtungen der Städte häufiger gesehen. *Kokain* ist mit komplizierten ventrikulären Arrhythmien und akuten Koronarsyndromen assoziiert, Betablocker sollten absolut vermieden werden, da sie eine koronare Vasokonstriktion verursachen können (3). Die Behandlung der Koronarsymptome mit Nitraten kombiniert mit Benzodiazepinen ist eine Klasse-I-Therapie-Empfehlung der ILCOR (3). Hohe Dosen von Kokain können zu starker Erregung und deliranten Symptomen mit Halluzinationen führen. Logorrhoe, Tremor, Hyperreflexie Hyperthermie und Blässe durch die generalisierte Vasokonstriktion weisen den Weg zur Diagnose. Es besteht das Bild einer maximalen Sympathikusstimulation, epileptische Anfälle kommen vor. Lorazepam scheint ein geeignetes Medikament in der Therapie der Kokainintoxikation zu sein. Delirante Zustände durch **MDMA** („Ecstasy") oder Kokain sollen nicht

durch antipsychotisch wirksame Medikamente therapiert werden, da Antipsychotika in typischer Weise im EKG das QT-Intervall verlängern. So könnte der Notarzt ventrikuläre Arrhythmien provozieren. Intoxikationen mit **Trizyklika** werden durch eine systemische Alkalisierung (Natriumbikarbonat, Hyperventilation) behandelt (3). Häufig sind Mischintoxikationen, BZD kombiniert mit Trizyklika. Durch Injektion des BZD-Antagonisten Flumazenil kann ein Krampfanfall ausgelöst werden, wenn die antikonvulsive Wirkung der BZD aufgehoben wird und die prokonvulsive toxische Wirkung der Trizyklika verbleibt. Wenn durch **Cannabis** Erregungszustände ausgelöst werden, wäre der „talk down" der klassische Therapiezugang.
Unter besonderen Umständen könnte eine Sedierung notwendig werden. Bei ängstlich agitierter Symptomatik oder Panikzuständen wäre Diazepam oder Lorazepam vertretbar, bei Halluzinationen Haloperidol (5–10 mg). Opioidentzug ist keine Indikation für Antipsychotika.
Bei pathologischem Rausch und sozial intraktabler Agitation durch Alkoholwirkung ist pharmakologisch am ehesten Haloperidol vertretbar. In Extremsituationen (Gefahr in Verzug, Eskalation von Gewalt) würde ich Midazolam in möglichst geringen Dosen (2,5–5 mg) injizieren und bei Beruhigung und zu starkem Effekt mit Flumazenil wegtitrieren und gleichzeitig mit Haloperidol beginnen. Oft sind hohe Anfangsdosierungen notwendig, 20 mg Haloperidol oder mehr (41). Differentialdiagnostisch ist an Manie, Schizophrenie und Kokainintoxikation (41), Persönlichkeitsstörungen (Borderline) und Angststörungen (PTSD, Paniksymptome) (43) zu denken.

Tab. 10: Übersicht über vertretbare Medikamente bei Agitation durch Substanzen

Äthanol	Haloperidol
Kokain	Nitrate, Lorazepam
Ecstasy	Nitrate, Lorazepam
Cannabis	Lorazepam/Diazepam, Haloperidol

Aggressivität und Gewalttätigkeit: 5 Faktoren, allein oder in Kombination, können Gewaltbereitschaft auslösen: a) Substanzmissbrauch, -abhängigkeit, -intoxikation oder –entzug, b) Halluzinationen und Wahn, c) geringe Impulskontrolle durch neuropsychiatrische Erkrankungen, d) Charakterpathologie, e) die Atmosphäre des Notarzteinsatzes/Schockraums (43). Wenn eine psychische Erkrankung mit Substanzmissbrauch kombiniert ist, besteht die größte Wahrscheinlichkeit für Gewalttätigkeit (43). Ehe man als Arzt auf einen solchen Patienten zutritt, müssen alle Umstände, die eine Selbstgefährdung durch den Gewaltbereiten verursachen können, ausgeräumt sein. Ohne

Anwesenheit der Exekutive wird man in einem Bereich bleiben, der Sicherheit garantiert. Der Betroffene muss nach Bewaffnung inspiziert werden, alle Gegenstände in seiner Umgebung könnten als Waffe in Gebrauch kommen. Mechanische Fixierung kann vor der ärztlichen Intervention notwendig sein. Es gibt keine spezifische pharmakologische Behandlung (43). Die Wahl des Pharmakons und der Zugangsweg sind kritische Faktoren. Häufig bringt ein Verbringen vom Ort oder das Wegschaffen der Zuseher eine Entspannung. Angehörige können die Situation verschärfen oder entspannen. Manche Gewalttätige akzeptieren eine orale Medikation. Auf diese Weise erkennen sie an, dass etwas getan wird und jemand ihre Bedürfnisse wahrnimmt, während der Aufnahme der Medikamente sind sie beschäftigt und abgelenkt. Die Wahl der Medikamente umfasst häufig ein Antipsychotikum (meistens Haloperidol) und ein Benzodiazepin (meistens Lorazepam*). Auch Betablocker wirken bei dieser Problemstellung beruhigend (43). Die intramuskuläre Verabreichung bewirkt einen schnelleren Wirkungseintritt. Lorazepam ist das einzige Benzodiazepin, das verlässlich aus Muskelgewebe resorbiert wird. 2 mg Lorazepam haben ca. die gleiche antiaggressive Wirkung wie 10 mg Haloperidol. Es erfordert einige Geduld, bis Lorazepam oder Haloperidol wirkt. Wenn man als Notarzt in Zwang kommt, eine raschere Wirkung zu erhalten (*z. B. Gewalttäter sehr kräftig, Polizei hat größte Mühe*), so kann mit Midazolam eine raschere Entspannung herbeigeführt werden.
Alle Medikamente bis auf Lorazepam können in eine Mischspritze aufgezogen werden. Bevorzugt wird der M. deltoideus. Der Dosisbedarf von Lorazepam liegt bei 0,5–2 mg/1–6 Stunden (43). Paradoxe Reaktionen sind in solchen Situationen extrem selten, Benzodiazepine sind exzellente Werkzeuge für eine kurzfristige rasche Verminderung aggressiver Spannung (43). Lorazepam wird auch bei Entzugstherapien favorisiert. Haloperidol wird wegen seiner praktisch fehlenden vegetativen Wirkungen eingesetzt. Eine mögliche, wenn auch seltene Ursache für Aggressivität ist Antipsychotika-Noncompliance wegen typischer unerwünschter Wirkungen (z. B. Akathisie durch Antipsychotika). Für diese Konstellation wäre Haloperidol nicht geeignet, sondern ein atypisches Antipsychotikum wie Ziprasidon (Zeldox®). Ziprasidon ist als i.m.-Präparation erhältlich, die initiale Dosis beträgt 20 mg. Droperidol (DHBP Janssen®) erlebt eine Renaissance in der Akuttherapie von psychiatrischen Erkrankungen in den USA, es wirkt rasch und stark sedierend. Ein Anästhesist wird den „alten Bekannten“ mit weniger Scheu anwenden. Die Verwendung von Clozapin (Leponex®) sollte Fachärzten für Psychiatrie vorbehalten sein. Bei Gefahr in Verzug ist Midazolam i.v. der schnellste Therapiestart. Dann kann man weitere Schritte setzen.

*Temesta expidet® bei Akzeptanz eines oral verabreichten Medikaments.

Tab. 11: Möglichkeiten einer pharmakologischen notärztlichen Akuttherapie bei Aggressivität und Gewalttätigkeit

Medikamente	Sedierungseffekt	antipsychotischer Effekt
Lorazepam 2 mg + Haloperidol 10 mg i.m.	+	+++
Midazolam 5 mg + Haloperidol 10 mg i.m.	++	+++
Midazolam 5 mg + Droperidol 10 mg i.m.	+++	+++
Midazolam 5 mg + Chlorprothixen 100 mg i.m.	+++	(+)

Anmerkung: Alle angegebenen Therapieformen sind nur für extreme Situationen konzipiert, in denen für einen Menschen perakute Selbst- und/oder Fremdgefährdung besteht. Die Medikamente sollten nur in Anwesenheit von Ärzten injiziert werden, welche Kompetenz und Übung in der Atemwegssicherung haben. Sobald es die Umstände erlauben, muss eine lückenlose intensive Überwachung der Vitalparameter erfolgen. Die Übergabe des Patienten zur definitiven Versorgung darf nur an Abteilungen mit entsprechender Kompetenz erfolgen (Psychiatrie + Intensivtherapie vorhanden). Die Dosen müssen entsprechend der aktuellen Situation und der vorliegenden physischen Konstitution angepasst werden.

Kinder: Das Legen eines Venenweges wird von Kindern wie eine Operation erlebt (19). Venenwege sollen nur bei vitaler Indikation gelegt werden. Bei Epiglottitis kann der Versuch, einen Venenweg zu legen, durch Stresszunahme eine respiratorische Insuffizienz verursachen. Die Kommunikation mit verletzten Kindern ist sicher schwierig, die Annäherung muss besonders behutsam sein. Wann immer möglich, soll die Mutter beim Kind bleiben können, auch während des Transports. Venenwege können „nebenbei" vom Notarzt ausgekundschaftet werden. Wenn eine Indikation zum Venenweg gegeben ist und erfolglos bleibt, ist rasch und konsequent eine Intraossärnadel zu legen. Die medikamentöse Sedierung erfolgt beim Kind, wenn notwendig, auch vor dem Venenweg (in absteigender Präferenz) durch orale, rektale intranasale oder intramuskuläre Medikamentenapplikation. Mit verzögertem Wirkeintritt ist zu rechnen. Bei Traumen, Verbrennungen, Asthma und im Schock ist Ketamin das optimale Medikament, um eine medikamentöse Sedierung zu erwirken. Bei Kindern tritt häufiger durch Ketamin (19) und nach rektaler Midazolamgabe Singultus auf. Die rektale Applikation von Ketamin im Notarztmittel ist problematisch – man müsste Applikatoren mitführen – der Wirkeintritt erfolgt zu spät (maximale Blutspiegel nach 45 Minuten).

Tab. 12: Sedativa und Analgetika für Kindernotfälle
(nach Twersky, 20, Infosino, 21 und Depta et al., 19)

Freiname	Handelsname	Route	Dosis	Wirkeintritt (min)	Wirkdauer (min)
S-+-Ketamin	Ketanest-S®	i.v.	0,25–0,5 mg/kg	1–2	3–8
		p.o.	3 mg/kg	10–15	?
		i.m.	5 mg/kg	3–5	20–30
Midazolam	Dormicum®	i.v.	0,02–0,1 mg/kg	5–10	30–60
		p.o.	0,5–1 mg/kg	10–20	60–90
		intranasal	0,2–0,4 mg/kg	5–12	?
		rektal	0,5 mg/kg	10	30–75
		i.m.	0,1 mg/kg	15	
Diazepam	Stesolid-Rektiole®	rektal	< 15 kg: 5 mg	4–7	480
			>15 mg: 10 mg	4–7	480
Fentanyl	Actiq®	p.o.	5–15 µg/kg (ab 15 kg)	10	150–300
	Fentanyl-Janssen®	i.v.	0,5–2 µg/kg	2–4	15–60
		i.m.	0,5–1 µg/kg	2–4	30–60
Pritramid	Dipidolor®	i.v.	50–100 µg/kg	5	240–360
Paracetamol	Mexalen®	rektal	30–40 mg/kg	60–120	360
	Perfalgan®	i.v.	30 mg/kg	120	6–12 Stunden
Metamizol	Novalgin®	i.v.	10 mg/kg	8	180–300
Diclofenac	Voltaren®	i.v.	1 mg/kg	10–20	12 Stunden

Eine weitere Möglichkeit bietet sich für exzeptionelle Notfälle in der i.m.-Verabreichung von Midazolam 0,05 mg/kg + S-+-Ketamin 2 mg/kg (Originalarbeit: Ketamine 3–4 mg kg^{-1*} (40)). Coté (40) sieht für diese „Mischung" auch eine Zugabe von Atropin 0,02 mg/kg vor, was mir aber für Notfallbedingungen angesichts der beteiligten Helfer als zu sophistisch erscheint.

*Razemisches Ketamin!

Sedierung Trauernder: *Die Abgabe von Sedativa an Menschen, die einer großen psychischen Belastung ausgesetzt waren, ist mit Entschiedenheit abzulehnen.*

Die Literatur weist – von den internationalen Richtlinien der Notfallmedizin bis zu den Fachbüchern der Notfallpsychologie – einhellig auf das Schadenspotenzial bewusstseinverändernder Medikamente in diesen Situationen hin (3, 4, 22–30). Die Wahrnehmung der Tatsachen darf unter keinen Umständen artifiziell getrübt werden, die menschliche Psyche verfügt über die entsprechenden Ressourcen sich zu schützen, wenn etwas über ihr Vermögen ginge. Prinzipiell sollte einer aktiven Verarbeitung der Vorrang vor pharmakologischen Interventionen eingeräumt werden, um pathologischer Trauer und inadäquaten Schuldgefühlen vorzubeugen (26, 27). Der Mensch, der einer extremen Belastung ausgesetzt worden ist, wird von einem traumatisierenden Ereignis jäh und unvermittelt aus dem Alltag gerissen und in eine Welt des Schreckens und Entsetzens (23) transponiert. Die veränderte Realität muss real bleiben, damit der Betroffene das Ereignis einordnen und verarbeiten kann. Nach unvorhersehbaren Todesfällen bleibt ihm die Last und Aufgabe, Verantwortung zu übernehmen und Entscheidungen zu treffen (23). Man hat als Notarzt nicht das Recht oder die Pflicht, Hinterbliebene für wichtige Schritte medikamentös zu blockieren, amnestische Intervalle zu provozieren und Affekte zu beeinflussen. Es sind die ängstlichen Helfer, die zur Psychopharmaka-Medikation greifen (23). Typische Mittel, die verwendet werden sind Midazolam (Dormicum®), Bromazepam (Lexotanil®) und Diazepam (Valium®).

Es ist klar erkennbar, dass Benzodiazepine keine Anti-Trauer-Medikation sind. Pajonk et al. sagen aus: „Gelegentlich kann es hilfreich sein, sich klar zu werden, ob bei der Sedierung die Abschirmung des Patienten oder jene des Therapeuten im Vordergrund steht“ (26).

Es sind heftige emotionale Reaktionen zu erwarten, die von höchster Individualität sind. Die existenzielle Hilfe besteht darin, diese Äußerungen zuzulassen, in all ihrer Heftigkeit und Eigenartigkeit. „Normale Reaktionen“ gibt es nicht, daher ist man gefordert, das Individuelle auszuhalten. Das Schwierigste für den Notarzt ist es, die ganze Situation auszuhalten, den Umstand auszuhalten, keine Worte zu finden, einfach nur da zu sein. Als Notarzt wird man regelmäßig unter Druck gebracht, einen „Hauptbetroffenen“ zu sedieren. Vor allem für Frauen wird das gefordert. Das mag daher kommen, dass Frauen eher als Männer in solchen Situationen heftige Gefühle äußern *können.* Man kann den Angehörigen erklären, dass die Äußerung von Affekten sehr wichtig, gesund und heilsam, ja notwendig ist. Das wird meistens gut akzeptiert. Typisch ist, dass einer der Anwesenden auf den Notarzt zukommt und ihn auffordert: „*So tun Sie doch was! Sehen Sie nicht, wie schlecht es dieser Frau geht? Spritzen Sie ihr doch ein Beruhigungsmittel!*“ Diese Aufforderung ist häufig von einem aggressiven* und vorwurfsvollen Unterton getragen. Es könnte bedeuten, dass gerade *dieser* appellierende Mensch ein Bedürfnis entwickelt, der Hinterbliebenen etwas Gutes zu tun. In seiner Hilflosigkeit verweist er auf den, der als Helfer institutionalisiert ist. Man kann ihm eine Möglichkeit einräumen, für die Angehörige etwas zu tun. Jede Situation bietet genug Möglichkeiten, da immer viel zu tun ist nach solch einem Ereignis.

*aggredere: herangehen (auf ein Problem, auf eine Forderung zugehen; Aktivität, Initiative, Engagement zeigen).

Häufig ist ein Notarzt nach einer „*erfolglosen Reanimation*" in dieser fordernden Rolle, da mehr als 85% der präklinischen Reanimationen mit dem Tod enden (3). *Erfolglos* bzw. *frustran* sind in diesem Zusammenhang unglückliche Begrifflichkeiten. Sie implizieren Versagen bzw. Chancen, die vergeben wurden. Die Notfallmediziner sollten sich von diesen Bezeichnungen distanzieren.

Die Verarbeitung der Ereignisse kann man als Notarzt unterstützen, wenn man Angehörige schon bei Beginn der ärztlichen Maßnahmen ermutigt, dabei zu bleiben (3). Der Notarzt kann so die Anamnese der Ereignisse erfragen (Kollapszeitpunkt, Vorgeschichte, Medikation etc.), die Angehörigen erhalten die Möglichkeit, eine „Brücke der Realität" von der Vergangenheit ins Jetzt zu spannen. Angehörige, die bei einer kardiopulmonalen Reanimation anwesend waren, entwickeln weniger Angst und Depression als diejenigen, die nicht präsent waren (25). Nach einem Reanimationsversuch, der mit dem Tod endet, verbleiben die Angehörigen mit dem Trost, noch etwas für den Reanimierten getan zu haben, an seiner Seite gewesen zu sein (3). Sie erleben das Sterben und werden nicht von einem Prozess ausgeschlossen, der ihnen post hoc als geradezu unerhört und unmöglich erscheinen würde, wären sie vor die Türe gewiesen worden. Angehörige können sich vergewissern, dass der Notarzt „alles getan hat", was getan werden konnte. Sie kommen nicht zur Notwendigkeit, mit Phantasiegebilden Lücken einer Realität zu stopfen, von der sie ausgeschlossen worden sind. Angehörige werden immer wieder versuchen, bei Reanimationen in die Nähe der Geschehnisse zu kommen: Ein Abwehrkampf gegen unerwünschte Zeugen kostet das Reanimationsteam nur Energie, die besser zunächst der Person zukäme, die reanimiert wird. Der Notarzt bindet, wenn ihm das möglich ist, die Angehörigen in das ein, was er wahrnimmt (zeigt die Null-Linie, spricht an, dass die Pupillen weit bleiben – und erklärt was das bedeutet). Er kann den Angehörigen Aufgaben zuweisen (Infusion halten, Decke holen, Hand des Bewusstlosen halten etc.). Schritt für Schritt erlebt die anwesende Familie mit, wie es aussieht. Warum sollte der Notarzt nicht das sagen, was er weiß? (Dass es im Moment so aussieht, als ob das Herz nicht mehr zu schlagen beginnen wird, aber man werde tun, was nur getan werden kann; dass nach 15 Minuten Anoxie mit einer vollständigen Wiederherstellung des Gehirns nicht mehr zu rechnen sei) (45). Angehörige wollen begreifen, man soll sie nicht daran hindern. Sie können ermutigt werden, einen Sterbenden zu berühren, seine kalte Haut zu fühlen, die Veränderungen an ihm wahrzunehmen. Die Mutter eines toten Kindes wird vielleicht den Leichnam schütteln wollen, um selbst wahrzunehmen zu können, dass er nicht reagiert. Als Notarzt wird man durch diese „Stufenaufklärung" erfahren, ob die Angehörigen dieses Ereignis erwartet haben, es kann sich andeuten, in welcher Weise sie im Weiteren damit umgehen werden. Wenn man als Notarzt erkennt, dass ein Mensch nicht reanimierbar ist, wird seine gerade noch angespannte Aktivität bedeutungsleer. In diesem Moment kann er sich bewusst werden, dass die nächsten „Patienten" rund um ihn sind, und er kann beginnen, ihren Abschied vom Toten zu erleichtern. Die Kommunikation mit der Familie soll klar und direkt sein. Die Wahl der Worte soll einfach, unmissverständlich und authentisch sein (30). Authentisch bedeutet, dass sie der Stimmungslage des Notarztes entspricht (30). Der Notarzt soll aussprechen, dass ein Mensch *verstorben* ist, *tot* ist. Umständliche Formulierungen sind zu vermeiden, Angehörige können sie nicht ertragen (23). Äußerungen wie „*ich konnte ihm nicht mehr helfen*" sind indirekt und missverständlich (Man könnte verstehen: „*er konnte ihm nicht mehr helfen, ein besserer Arzt vielleicht schon ...*"). Die Mitteilungen müssen sachlich, deutlich, uneingeschränkt und ungeschminkt sein. Kompetenz zeigt sich durch Sachlichkeit (23).

Zunächst sind Reaktionen möglich, die man als „*Aufschrei des Entsetzens*" (23) überschreiben könnte. Man soll als Notarzt jede Reaktion auf die Tatsachen zulassen (23, 30), man wird möglicherweise sogar andere Anwesende daran hindern müssen, diese Reaktionen unterdrücken zu wollen.

Die Zurückgebliebenen stehen vor der Forderung einer emotionalen Identifizierung mit dem, was geschehen ist. Dieser Prozess kann Jahre dauern (23), wenn die Voraussetzungen dazu nicht gegeben sind oder behindert werden. Das bedeutet, dass man die Angehörigen nicht von der Wahrnehmung ausschließen darf: Sehen, Berühren (= Be-Greifen) des Toten soll nicht verhindert werden. Allein der Angehörige entscheidet, ob er das tun wird. Wenn der Körper durch Gewalteinwirkung verstümmelt ist, kann man als Helfer die verstümmelten Teile bedecken. Eine unversehrte Hand, die aus der Bedeckung herausreicht, bietet ausreichend Gelegenheit, dass ein Mensch wahrnehmen/begreifen kann. Jedem sind die Hände seiner nächsten Angehörigen vertraut. Man sollte zum körperlichen Kontakt ermutigen (23).

Es werden womöglich Fragen kommen („*Hatte er Schmerzen?*"). Die Fragen sind wieder klar und uneingeschränkt zu beantworten. Als Rettungsdienst hat man reichlich Ressourcen Kommunikationsangebote betreffend. Man könnte es unterstützen und dazu ermutigen, wenn der Angehörige des Toten jemanden informieren will. So wird das Erlebte mitgeteilt. Das Teilen der Gefühle schafft die Basis für Solidarität (23). Ein Angehöriger ist jetzt auf die Mobilisierung seiner Ressourcen angewiesen, dabei sollte man ihn unterstützen. Er wird gebraucht. Diesen Umstand soll man ihm mitteilen (23). Schuldgefühle und „*hätte ich doch nur ...*"-Themen werden geäußert werden. Die Suche nach Schuldigen ermöglicht es, sich den Ereignissen anzunähern und ihnen eine innere Bedeutung zu geben (23). Auch diese Äußerungen soll man nicht unterdrücken. Manchmal sollte man allerdings klärend eingreifen, wenn sie zu Lasten konkreter Menschen gehen und sich zu unkorrigierbaren Behauptungen verdichten, die objektiv falsch sind (23). Viele Anrufer haben Zweifel, ob sie bis zum Eintreffen des Notarztes alles richtig gemacht hätten. Es wäre eine furchtbare Belastung für einen solchen Menschen, würde man ihm sagen, dass er es falsch gemacht hat, etwas unterlassen hat. Belehrungen und Bewertungen sollen unterbleiben. Es ist immer als richtig anzusehen, was Angehörige gemacht haben. Sie haben alles gemacht, was für sie unter den gegebenen Umständen möglich war. Gemeinplätze und Urteile sind deplatziert (*„es war besser für ihn so“*, *„jetzt hat er seinen Frieden“*). Hinterbliebene sind unerhört leicht manipulierbar. Daher muss man sehr Acht geben, was man sagt. Voreilige Tipps und gut gemeinte Ratschläge (*„Sie sollten sich nun Ruhe gönnen“*, *„jetzt muss erst mal aufgeräumt werden hier“*, *„es wäre schlecht für Sie, wenn Sie in diesem Haus bleiben“*, *„wahren Trost findet man nur in Christus“*) sind zu unterlassen, da sie entwertend und entmündigend sind (23). Wenn es der Situation gemäß ist, könnte man ein Trauerritual initiieren („Wollen Sie eine Kerze anzünden?“ o. dgl.). Was immer man aktiv tut: Es soll an den Bedürfnissen der Angehörigen orientiert sein (30) und nicht das Umsetzen eigener Vorstellungen (23) oder Stereotypien sein.

Manche Notärzte werden sich angesichts des Gesagten fragen: „Was geht *mich* das alles an? Da ist ein Toter, der Beschauarzt/die Gendarmerie ist informiert, ich bin *einsatzbereit* (= bereit zu gehen).“
Als Notarzt nimmt man sich selbst eine Chance, wenn man sich dieser Atmosphäre entzieht *und* jemanden im Stich lässt, der angesichts einer menschlichen Tragödie Hilfe benötigen würde. Die Mehrzahl aller Notarztberufungen macht die Anwesenheit eines Notarztes ohnehin überflüssig, wenn man nur nach medizinischen Kriterien bewertet (NACA 1–3, 7). Warum sollte man sich einer Situation entziehen, die wirklich nach Kompetenz fragt? Warum haben es viele Notärzte so eilig, von diesen Einsatzorten davonzukommen?
Nach P. Fässler-Weibel (23) sind Psychopharmaka für Angehörige von Toten, gegeben von Notärzten, eindeutig nicht indiziert. Diese Aussage findet in den Guidelines des ILCOR (International Liaison Committee on Resuscitation) Bestätigung (3). Falls extreme Situationen vorliegen, muss ein Facharzt für Psychiatrie zugezogen werden. Nach Pajonk et al. und König et al. (26, 28) sollen Anxiolytika (vorzugsweise Diazepam oder Lorazepam) nur bei situativ nicht ausreichend geklärten und anderweitig nicht beherrschbaren, ängstlich gefärbten Erregungszuständen verabreicht werden. Man sollte frühzeitig in Erwägung ziehen, ob man einen psychosozialen Notdienst um Unterstützung bittet. Diese Notdienste sind regional sehr unterschiedlich

organisiert und haben mitunter lange Vorhaltezeiten. Die Telefonnummern sind über Rettungsorganisationen und Exekutive zu erfragen.

Tab. 13: Beispiele von Ereignissen, die zur Anforderung eines psychosozialen Notdienstes Anlass geben

- plötzlicher Tod eines Kindes (Unfall, SIDS, Ertrinken)
- Unfall mit Todesfolgen
- Mord- und Gewaltdelikte
- Gewalt, Vernachlässigung, Missbrauch in der Familie („Familientragödien")
- „Schuld am Tod anderer" (Verkehrsunfall, Arbeitsunfall, Jagdunfall etc.)
- plötzlicher, unvorhersehbarer Tod zu Hause
- Suizid, Suizidversuch

Aspekte der Sedoanalgesie in der klinischen Notfallmedizin (Schockraum, Notfallaufnahme)

Bei der Sedierung und Analgesie von Patienten in klinischen Notfalleinrichtungen sind im Vergleich zu sonstigen klinischen Bereichen einige Besonderheiten einzurechnen:

- Die Patienten sind nicht nüchtern.
- Viele Patienten (abends bis 80%) haben sich in den letzten Stunden vor Aufnahme Alkohol zugeführt (32).
- Schmerzen verzögern die Magenentleerung.
- Häufig gibt es wenig Informationen über den Patienten bzw. die Dringlichkeit eines Eingriffs macht eine ausführliche Anamnese unmöglich.
- Sedierung und Analgesie müssen rasch verfügbar sein.
- Wie keine weitere klinische Institution ist der Notfallbereich von erstklassiger Kommunikation und Organisation abhängig.

Die Indikationen für Sedoanalgesie umfassen Repositionen, Wundversorgungen (vor allem bei Kindern), Verbandentfernungen und -wechsel bei Verbrennungspatienten, die Unterstützung anderer Eingriffe (Drainagen, Anlegen von Extensionen etc.) bzw. die Sedierung von Personen, die infolge Intoxikation (Alkohol, Drogen etc.) für eine medizinische Behandlung, die in ihrem Interesse liegt, nicht die erforderliche Kooperation aufbringen können.

Notfallanamnese: Die Notfallanamnese umfasst 5 Fragen:

- Was ist geschehen?
- Nehmen Sie Medikamente ein?
- Bestehen Allergien?
- Wann haben Sie zuletzt gegessen? Getrunken?
- Frühere Operationen/schwere Erkrankungen?

Zeitpunkt des Eingriffs: Wenn es mit der Dringlichkeit des Eingriffs vereinbar ist, sollten zwischen der letzten Aufnahme von Trinken/Essen und einer Sedierung 2 Stunden liegen (32). **Schmerztherapie hat Priorität.** Die Schmerzkontrolle im Schockraum ist häufig nicht adäquat (37), befürchtet werden Übersedierung und Verschleierung von Diagnosen. Die Bedürfnisse der Patienten, vor allem älterer Menschen, werden häufig falsch eingeschätzt (37).

Die aggressive Behandlung von Schmerzen und Angst verbessert die Qualität der Behandlung, die Patientenzufriedenheit und erleichtert Diagnostik und Eingriffe in Schockraum bzw. Notfallaufnahme (37).

Liegt durch die zugrunde liegende Erkrankung oder das Trauma eine vitale Bedrohung vor oder besteht das Risiko, dass sich eine vitale Bedrohung entwickelt oder ein Organ anhaltenden Schaden nimmt, so ist ein geeignetes anästhesiologisches Verfahren ohne Verzögerung einzuleiten. Das Warten, bis der Magen entleert sein wird, entspräche einer Fehleinschätzung in der Risikoabwägung. Niemand wird mit rationalem Hintergrund unter den Bedingungen eines Notfalls angeben können, wann ein Magen leer sein wird. Faktoren, welche die Magenentleerung verzögern, sind Trauma, Schmerzen, Opioide, Adipositas und Diabetes mellitus. Die i.v.-Gabe eines Propulsivums (Metoclopramid 10 mg) und eines H_2-Blockers (Famotidin) sind angezeigt.

Sicherheit: Um die Sicherheit des Patienten zu gewährleisten, muss eine ausreichend große Zahl an Fachkräften zur Behandlung in der Notfalleinrichtung zur Verfügung stehen. Es ist nicht akzeptabel, dass sich eine Institution bereit erklärt, Verantwortung für Notfälle zu übernehmen, und dann an Personal und Sicherheitseinrichtungen spart. Die Gerätschaften zur Durchführung einer Narkose und zur kardiopulmonalen Reanimation müssen vorhanden sein. Für Sedierung und Anästhesie müssen mindestens 2 Fachkräfte pro Patient zur Verfügung stehen (z. B. in Österreich: 1 Facharzt für Anästhesie, 1 diplomierte Anästhesieschwester).

Der Arzt, der den eigentlichen Eingriff durchführt, darf nicht auch die Sedierung vornehmen.

Der Patient wird auf einer Liege gelagert, die rasch eine Veränderung seiner Körperposition ermöglicht (z. B. Seitdrehung bei Erbrechen). Er wird mit Pulsoxymetrie, EKG und Blutdruckmessung überwacht, ein großlumiger Absaugkatheter liegt unter dem Kopfteil des Patienten und ist an einen Sauger mit guter Leistung konnektiert. Der Sauger ist während einer Sedierung immer auf „an". Der Patient atmet 100% Sauerstoff über eine Gesichtsmaske. Eine Venenverweilkanüle wird gesetzt. Wenn es irgendwie möglich ist, sollten schmerzhafte Eingriffe im Schockraum/Notfallaufnahme in *Regionalanästhesie bzw. Lokalanästhesie* durchgeführt werden. Der Sicherheitsvorteil wäre von unschätzbarem Wert, vergleichbar mit den Erfolgen auf die Risikoreduktion, die durch ein verändertes Anästhesieregime im Bereich der geburtshilflichen Anästhesie in England und ganz Europa erzielt worden sind.

Wenn Nicht-Anästhesisten (*Sedationists*) in der klinischen Notfallmedizin Sedoanalgesie durchführen, sollen sie das nur an Patienten mit ASA-Risiko 1 oder 2 tun (37). Die meisten Anästhesiezwischenfälle sind auf inadäquates Monitoring zurückzuführen. Die technische Überwachung soll den Erfordernissen nach individualisiert werden (37). Pulsoxymetrie ist ein Minimalstandard (37).

Aufklärung und Einwilligung: Das Ausmaß der Aufklärung wird sich in erster Linie nach der Dringlichkeit des Eingriffs richten. Die Einwilligung im Sinne der Geschäftsführung ohne Auftrag ist bei vielen Notfalleingriffen anzunehmen. Das entbindet den Arzt nicht von einem menschlichen Gegenübertreten in dem Sinne, wie er es an sich selbst wünschen würde, wäre er in dieser Situation. Das „Zettelunterschreiben" unter Druck hat weder menschlich, medizinisch noch juristisch einen Wert. Viele Patienten stehen im Schockraum unter enormem Stress und sind völlig überfordert, wenn erwartet wird, dass sie eine vollständige Medizingeschichte in 3 Minuten berichten oder eine rechtsverbindliche Einwilligung unterschreiben sollen. Die Menschen unter deutlicher Beeinträchtigung durch Alkohol oder Substanzen sind von dieser Forderung ohnehin ausgenommen. Bei jedem Patienten ist eine Dokumentation anzufertigen. Diese kann im Falle lebensbedrohlicher Umstände auch zu einem späteren Zeitpunkt erfolgen, jedenfalls innerhalb von 24 Stunden und von dem Arzt, der die Vitalparameter überwacht und Medikamente verabreicht hat.* Werden Patienten ambulant behandelt, so ist vor Entlassung zu überprüfen, ob die Entlassungskriterien

*Weitere Details siehe Kapitel „Sicherheit und Komfort".

erfüllt sind.* Formal hat ein Arzt die Entlassung zu verantworten (= Unterschrift).

Sedierungstiefe: Nach einer institutionell verbindlichen Sedierungsskala (z. B. GCS, weitere siehe Kapitel „Sedierung") wird der Bewusstseinszustand des Patienten bereits vor dem Eingriff eingeschätzt, um einen Verlauf zu dokumentieren und den Zustand nach dem Eingriff in Relation zum Zustand davor zu bringen. *Sedierung* wird nach den Kriterien der *Conscious Sedation* durchgeführt, nach Moulton (32) kann in einem *emergency department* bei einer GCS von 10 von Sedierung gesprochen werden. Der Lidreflex geht etwa bei einer GCS von 8 verloren – ein Eckpunkt von zu tiefer Sedierung; läge ein Schädel-Hirn-Trauma vor, müsste man den Richtlinien entsprechend zur Intubation schreiten. Bei Kindern sind tiefere Sedierungsstadien angestrebt, ihre Behandlung sollte erfahrenen Anästhesisten vorbehalten sein. Die rezenten Empfehlungen der ASA zur Sedierung bei Notfällen lauten, dass der Zielwert der Sedierung bei Notfällen modifiziert werden soll (geringere Sedierungstiefe) (42).

In der Literatur findet sich keine Evidenz dafür, dass präoperative Nüchternheit vor mäßiger oder tiefer Sedierung schlechtes Outcome reduzieren kann (42).

(*Deutsch: Wir wissen nicht, ob Nüchternheit nützlich ist, wenn man sediert.*)

Medikamente: Die medikamentösen Behandlungsziele in der Notfalleinrichtung sind Analgesie, Anxiolyse und Amnesie (37). Eine frühzeitige i.v.-Prämedikation mit Metoclopramid kann die Inzidenz von Erbrechen reduzieren (17). Antiemetische Sedativa sind Droperidol und andere Antipsychotika. Droperidol hat den Vorteil, dass es im Gegensatz zu anderen Antipsychotika stark sedierend und immobilisierend wirkt und rasch an Wirkung verliert (2–3 Stunden). Seine Vorteile in der Anwendung bei der „*difficult to sedate*"-Population, die im Notfallraum häufig anzutreffen ist, wurde an anderer Stelle betont.

Midazolam wird zunächst in 1–2 mg dosiert, die adäquate Diazepamdosis sei 2,5–5 mg (32).

Die weiteren Dosen richten sich nach dem Effekt und betragen 0,5–1 mg (Midazolam) bzw. 2 mg (Diazepam). Die Wahl des Benzodiazepins orientiert sich an seinem Wirkprofil.

Komplikationen durch die Verwendung von Midazolam sind in einer Notfalleinrichtung mit gutem Monitoring in weniger als 1% zu erwarten (38).

Fentanyl wird als das ideale Analgetikum für den Schockraum bezeichnet (37). Seine Pharmakokinetik kann als ideal für die Bedürfnisse im Schockraum beschrieben werden.

*Siehe Kapitel „Pharmakologische Voraussetzungen".

Die Dosierung von Fentanyl beträgt 0,75–2 μg/kg in 25 μg-Dosen in 5-Minuten-Abständen, 2–4 Minuten vor einem Schmerzreiz. Wird Fentanyl mit Midazolam kombiniert, so injiziert man Fentanyl 5 Minuten *vor* Midazolam. Bei dieser Kombination sind aufgrund des Synergismus die Dosen um 75% zu reduzieren. Geriatrische Patienten benötigen 50% der üblichen Quanten, die empfohlenen Dosen für Kinder sind 0,5–2 μg/kg. Wird Fentanyl mit Naloxon (Narcanti®) antagonisiert, so kann ein Rebound-Effekt auftreten, da Naloxon eine kürzere Wirkdauer hat. Eine besonders achtsame Titration der Fentanyldosis ist beim Schädel-Hirn-Trauma gr. I und bei der Alkoholintoxikation angezeigt.
Ketamin hat in der Behandlung von Kindern eine überragende Rolle (33). Es wurde als das ideale Medikament für den Schockraum bezeichnet (34). Das klinische Zeichen adäquater Sedierungstiefe bei Ketamin ist der Nystagmus (37). Atemwegskomplikationen wie Laryngospasmus durch Speichelaspiration treten häufiger bei Infekten auf. Eine Atropinprämedikation ist zu überlegen. Green & Johnson haben in einer Metaanalyse 97 Studien über Ketaminsedierung betrachtet, welche 11.589 Anwendungen bei Kindern einschlossen. In nur 2 Anwendungen musste wegen eines Laryngospasmus intubiert werden (35). Erbrechen wurde in 8% verzeichnet, wobei aber bisher nie eine Aspiration zu beobachten war. Die Emesis-Inzidenz nach Ketamingabe ist hoch, es dürfte aber erst dann zum Erbrechen kommen, wenn auch wieder die Kompetenz für die Koordination der Schutzreflexe vorhanden ist. Bemerkenswert erscheint die von Krauss & Green in einer Übersichtsarbeit (36) im Jahr 2000 publizierte Tatsache, dass in den 30 Jahren, in denen Ketamin verwendet wird, **noch nie eine klinisch signifikante Aspiration von Mageninhalt** publiziert worden ist, wenn keine Kontraindikationen vorgelegen sind. Daher empfehlen die Autoren:

Ketamin soll wegen seiner einzigartigen Eigenschaft, die protektiven Atemwegsreflexe zu erhalten, allen anderen sedierenden Substanzen bei Notfalleingriffen vorgezogen werden, wenn Nüchternheit nicht gewährleistet werden kann (36).

Die Sedoanalgesie von Kindern bis 6 Jahre kann auch (initial) ohne Venenweg durchgeführt werden. Dazu verabreicht man mittels Applikator rektal S-+-Ketamin 5 mg/kg und Midazolam 0,5 mg/kg (maximal 15 mg). 10 Minuten danach kann problemlos die Trennung von der Mutter erfolgen. Bis alles vorbereitet ist und das Kind gelagert ist, ist die ideale Sedierungstiefe erreicht. Wenn es nur irgend möglich ist, injiziert der Operateur Lokalanästhetikum vor einer Wundversorgung, eine Reposition sollte 20–30 Minuten nach der rektalen Gabe der Substanzen sehr gut durchführbar sein. Obwohl Ketamin den Muskeltonus erhöht, wird in der orthopädischen Literatur seitens der Traumatologen große Zufriedenheit mit einer Sedierung für Repositionen attestiert (33). Repositionen betreffen häufig Unterarmfrakturen und Unterschenkelfrakturen, unter diesem Regime kann auch eine Bardenheuer-Extension angelegt werden. Das langsame Abklingen der Wirkung ist sehr erwünscht, das Kind bleibt immobil und lässt Gipsen und Kontrollröntgen über sich ergehen.

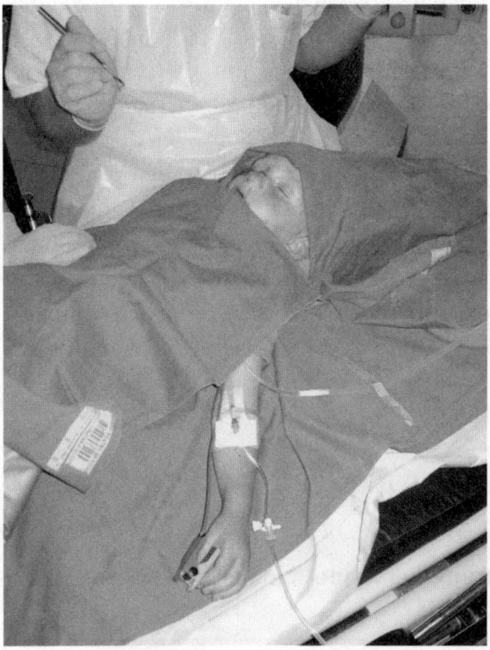

Abb. 3: Wundversorgung bei einem 4-Jährigen in Ketanest®-Dormicum®-Sedierung unter Spontanatmung

Eine orale Midazolamsedierung bei Kindern (0,5 mg/kg bis max. 15 mg) oder eine rektale Sedierung durch Chloralhydrat (siehe Kapitel „Radiologie“) ist nur statthaft, wenn die beabsichtigten Prozeduren nicht schmerzhaft sind (z. B. um Röntgenaufnahmen anzufertigen). Sind Schmerzen absehbar und man „übertölpelt“ die Patienten mit einem Sedativum, wird man unangenehme Überraschungen bis schwere Komplikationen provozieren.

Ältere Kinder (> 6 Jahre) können häufig akzeptieren, dass an ihnen eine Regionalanästhesie (fern vom verletzten Gebiet!) durchgeführt wird. Man muss sich Zeit nehmen und ein kurzes Gespräch mit dem Kind führen. Es soll nicht „überredet" werden. Auch einem 6-Jährigen kann man prinzipiell die Vorteile der Regionalanästhesie begreiflich machen. Zuerst wird EMLA-Creme® an die spätere Punktionsstelle gebracht (45 min). 20–30 Minuten vor der Punktion erhält das Kind Midazolam-Saft (Versed-syrup®, Roche Laboratories, Inc., Nutley, NJ) zu Trinken. In der Präparation von Versed-syrup® ist eine Dosis von 0,25 mg Midazolam verlässlich ausreichend hoch und sicher.* Die Mutter ist immer beim Kind, auch bei der Punktion der Regionalanästhesie. Die Anwesenheit möglichst vieler Felltiere, auf die das Kind (und die Mutter) acht geben müssen, erleichtert einiges. Unfallchirurgen verlieren Zeitdruck, weil Anästhesiedauer kein Faktor ist, Kinder finden es mitunter sehr lustig, wie sich ein gebrochener Arm ohne Schmerzen biegen kann.

Bedauerlicherweise gibt es in Mitteleuropa noch immer (renommierte) Institutionen, die zu wenig Fachpersonal vorhalten und wo die behandelnden Ärzte unter Ausflüchten (*„Anästhesist ist im OP"*) oder durch Lügen (*„ganz kleiner Eingriff, tut überhaupt nicht weh"*) das Vertrauen von Mutter und Kind missbrauchen und schmerzhafte Verbandswechsel, Repositionen und Wundversorgungen ohne jegliche Schmerzausschaltung durchführen. Die Folge ist, dass ein Kind möglicherweise bei seinem ersten Kontakt mit einer medizinischen Einrichtung zutiefst physisch und psychisch traumatisiert wird und jede weitere Behandlung ein „schwieriges Kind" vorstellt, das jeden geringsten Versuch einer Annäherung durch medizinisches Fachpersonal mit einer heftigen aversiven Reaktion beantwortet.

Pena & Krauss (44) haben 1180 Kinder prospektiv in einer sehr speziellen Einrichtung (pediatric emergency department) hinsichtlich Sedierungs-

Tab. 14: Komplikationen durch Sedierung bei Kindern in der klinischen Notfallmedizin (Pena & Krauss, 44)

Abfall der Sauerstoffsättigung, mit notwendiger Intervention: 10 (9x Sauerstoff, 1x Maskenbeatmung)
paradoxe Reaktionen auf Sedativa: 7 (2x mit Abfall der Sauerstoffsättigung)
Erbrechen: 3
Apnoe bei Maskenbeatmung: 1
Laryngospasmus, der eine Maskenbeatmung erforderlich macht: 1
Bradykardie: 1
Stridor + Erbrechen: 1
Abfall der Sauerstoffsättigung, Maskenbeatmung erforderlich, dabei Erbrechen: 1

*Siehe „Midazolam" im Kapitel „Pharmakologische Voraussetzungen".

komplikationen untersucht. Bei 27 Kindern (2,3%) traten Komplikationen durch die Sedierung auf, diese waren nicht mit einer spezifischen Medikation assoziiert.

Merke

- *Jeder Notfall ist ein psychischer Notfall.*
- *Bei jedem offenbar eindeutigen psychiatrischen Notfall soll nach Hinweisen auf eine körperliche Begründbarkeit gefahndet werden (siehe Tabelle 1).*
- *Der Notfallpatient ist nicht nüchtern.*
- *Analgesie VOR Sedierung!*
- *Analgesie mit Opioiden erfolgt ausschließlich intravenös.*
- *Opioiddosen liegen bei 50% der „üblichen" Dosen.*
- *Ketamin ist keine Alternative für eine Notfallnarkose.*
- *Keine Sedativa an Trauernde!*
- *Jeder Patient mit einer neuen Bewusstseinsstörung oder neurologischen Symptomatik muss an eine Institution, die hinsichtlich Diagnostik (Labor und CT) und Therapie Behandlungskompetenz innehat.*
- *Midazolam hat bei präklinischen psychiatrischen Notfällen praktisch keine Indikation – es muss Extremsituationen vorbehalten bleiben.*
- *Jedes Handeln erfolgt prioritätsorientiert unter Abwägen von Nutzen und Schaden.*
- *Der Schockraum ist der ungeeignetste Ort, wenn man die Wirkung einer Substanz erproben will, die man noch nie zuvor verwendet hat, der Notarzteinsatz die ungünstigste Situation.*

Literatur

1 Richter HE. Die hysterische Familie – Stichwort „Theater". In: Richter HE. Patient Familie. Entstehung, Struktur und Therapie von Konflikten in Ehe und Familie. 1983; Rororo

2 Riemann F. Die hysterischen Persönlichkeiten; p.193–243. In: Riemann F. Grundformen der Angst. 2. Aufl. 1999; Ernst Reinhardt München

3 American Heart Association in collaboration with the International Committee on Resuscitation (ILCOR). Guidelines 2000 for cardiopulmonary resuscitation and emergency cardiovascular care. An international consensus on science. *Circulation* 2000; 102 (Suppl. I): I1–384

4 Weixler D. Notfallmedikamente. 2000; Facultas Wien

5 Cohen IL. Physiology, pathophysiology and differential diagnosis of ICU-agitation In: The management of the agitated ICU-patient. *Supplement to Crit Care Med.* Jan 2002; Vol 30, No. 1, 98–101

6 Aigner G. Zur Haftung von Notarzt und Sanitäter. *Recht der Medizin* 2002; 24: 100–110

7 Gruen A. *Der Verrat am Selbst.* Die Angst vor Autonomie bei Mann und Frau. 1986; dtv

8 ÖAMTC Christophorus-Flugrettungsverein. Daten aus 39.518 Notarzteinsätzen. NACA-X®-Einsatzprotokolle vom 1. 1. 1997–5. 11. 2002 (Sonstige Maßnahmen am Notfallort). ÖAMTC-Flugrettungsverein, 1010 Wien, Schubertring 1–3

9 ÖAMTC Christophorus-Flugrettungsverein. Daten aus 39.518 Notarzteinsätzen. NACA-X®-Einsatzprotokolle vom 1. 1. 1997–5. 11. 2002 (Sonstige Maßnahmen während des Transports). ÖAMTC-Flugrettungsverein, 1010 Wien, Schubertring 1–3

10 Pajonk FG. Der aggressive Patient im Rettungsdienst und seine Herausforderungen. *Notfall & Rettungsmagazin* 2001; 3: 206–216

11 Meyer W, Balck F. Affektive Reaktion von Ärzten bei präklinischen Reanimationen. *Notfall Rettungsmed* 2000; 3: 13–21

12 Watzlawick P. Wie wirklich ist die Wirklichkeit? Wahn, Täuschung, Verstehen. 1995; Piper-Verlag München

13 Watzlawick P. Hg. Die erfundene Wirklichkeit. Wie wissen wir, was wir zu wissen glauben? Beiträge zum Konstruktivismus. 1999; Piper-Verlag München

14 Pajonk FG, Bartels HH, Biberthaler P et al. Der psychiatrische Notfall im Rettungsdienst. Häufigkeit, Versorgung und Beurteilung durch Notärzte und Rettungsdienstpersonal. *Der Nervenarzt* 2001; 9: 685–92

15 Gruen A. Der Wahnsinn der Normalität. Realismus als Krankheit: eine Theorie der menschlichen Destruktivität. 1989; dtv

16 Dörges V, Wenzel V, Dix S et al. The effect of midazolam on stress levels during simulated emergency medical service transport: a placebo-controlled, dose-response study. *Anesth Analg* 2002; 95: 417–22

17 Page P, Dallara J. Metoclopramide in trauma CT scanning: preventing emesis of oral radiographic contrast. *Am J Emerg Med* 1996; Jul; 14(4): 373–6

18 Ittner KP, Bucher M, Bachfischer M et al. Analgesie in der Präklinik: Darstellung ihrer Komplexität anhand von Fallbeispielen. *Der Notarzt* 2000; 16: 185–91

19 Depta A, Kern T, Brambrink AM. Sedierung und Analgesie beim kindlichen Notfall. *Notfall & Rettungsmagazin* 2001; 4: 416–20

20 Twersky R. The Ambulatory Anesthesia Handbook. 1995; 348–9. Mosby, St. Louis

21 Infosino A. Sedation of pediatric patients. In: Wiener-Kronish JP, Gropper MA. Conscious Sedation. 2001; Hanley & Belfus, Philadelphia

22 Helmerichs J, Saternus KS. Psychologische Betreuung von Eltern und Geschwistern nach plötzlichem Kindstod. In: Bengel J. Psychologie in Notfallmedizin und Rettungsdienst. 1997; Springer

23 Fässler-Weibel P. Hg. Wie ein Blitz aus heiterem Himmel. 1999 Paulusverlag Freiburg

24 Husebø S. Trauerarbeit – Aufgaben für Ärzte und das Krankenhauspersonal. 258–60. In: Husebø S, Klaschik E. Palliativmedizin. 1998; Springer

25 Robinson SM, Mackenzie-Ross S, Campbell Hewson GL et al. Psychological effect of witnessed resuscitation on bereaved relatives. *Lancet* 1998; 352: 614-7

26 Pajonk EG, Poloczek S, Schmitt TK. Der psychiatrische Notfall. *Notfall & Rettungsmagazin* 2000; 3: 363–70

27 Meyer W, Balck F, Kolenbaum VE. Reaktionen auf die kardiopulmonale Reanimation: eine Untersuchung über Emotionen und Kommunikationsverhalten reanimierender Ärzte. *Ther Umschau* 1995; 52: 97–104

28 König F, Petersdorff T, von Hippel C et al. Zur Erstversorgung psychiatrischer Notfallpatienten. *Anästhesist* 1999; 48: 542–8
29 Poloczek S, Schmitt TK, Pajonk FG. Psychiatrische Notfälle und psychosoziale Krisen. *Notfall & Rettungsmagazin* 2001; 4: 352–8
30 Schmitt TK, Pajonk FG, Poloczek S. Psychiatrische Notfälle und Krisen. *Notfall & Rettungsmagazin* 2000; 3: 531–8
31 Freye E. Analgesie mit Opioiden bei Unfallverletzten, S. 303–6. In: Freye E. Opioide in der Medizin. 5. völlig überarbeitete und erweiterte Auflage 2002; Springer Verlag, Berlin Heidelberg New York
32 Moulton C. Accident and emergency medicine. In: Whitwam JG, McCloy RF. Principles and Practice of Sedation. 1998; Blackwell Science Oxford London
33 McCarty EC, Mencio GA, Gren NE. Anesthesia and Analgesia for the ambulaory management of fractures in children. *J Am Acad Orth Surg* 1999; Vol 7, 2: 81–91.
34 Sacchetti A. Pediatric sedation and analgesia. *Emerg Med* 1995; 27: 67–87
35 Green SM, Johnson NE. Ketamin sedation for pediatric procedures, part 2: review and complications. *Ann Emerg Med* 1990; 19: 1033–46
36 Krauss B, Green S. Sedation and analgesia for procedures in children (review article). *N Engl J Med* 2000; 342: 938–46
37 Lambe SC. Procedural Sedation in the emergency department. In: Wiener-Kronish JP, Gropper MA. Conscious Sedation. 2001; Hanley & Belfus, Philadelphia
38 Wright SW, Chudnofsky CR, Dronen SC et al. Midazolam use in the emergency department. *Am J Emerg Med* 1990; 8: 97–100
39 Weixler D. Apoplektophobie. Notarztdiagnose lt. Einsatzprotokoll vom 20. 10. 2002, NACA-X®
40 Coté CJ. Preoperative preparation and premedication. *Br J Anaesth* 1999; 83(1): 16–28
41 Henze T, Zielmann S. Notfälle aus der Neurologie und Psychiatrie. In: Hempelmann G, Adams HA, Sefrin P. Notfallmedizin. 1999; pp. 241–260. Georg Thieme Verlag Stuttgart
42 ASA. Practice guidelines for sedation and analgesia by non-anesthesiologists. *Anesthesiology* 2002; V96(4): 1004-1017
43 Citrome L, Volavka J. Violant patients in the emergency setting. *Psych Clin North Am* 1999; 22: 789–801
44 Pena BM, Krauss B. Adverse events of procedural sedation and analgesia in a pediatric emergency department. *Ann Emerg Med* 1999 Oct; 34 (4 Pt 1): 483–91
45 Marino PL. Herz-Kreislaufstillstand und cerebrale Schädigung. In: Marino P. Das ICU-Buch. 1991; Urban & Schwarzenberg

Aphorismus am Beginn des Kapitels von A. Camus. Übersetzung ins Deutsche:

„Der Kampf selbst vermag ein Menschenherz auszufüllen.
Wir müssen uns Sisyphus als einen glücklichen Menschen vorstellen."

Intensivmedizin – Sedierung des kritisch Kranken

D. Weixler

Oft tut auch der Unrecht, der nichts tut. Wer das Unrecht nicht verbietet, wenn er kann, der befiehlt es.
Marc Aurel

Die qualitativen und quantitativen Veränderungen des Bewusstseins beim kritisch Kranken waren lange Zeit in der Fachliteratur ein vernachlässigtes Thema. Die Behandlung mit Sedativa und Analgetika an Intensivstationen erfolgte üblicherweise auf den Grundlagen von klinischer Erfahrung und institutsspezifischen Präferenzen (1).
Technische Entwicklungen zur besseren quantitativen Einschätzung des Wachbewusstseins und ein um mehrere Substanzen bereichertes pharmakologisches Repertoire haben die Forschung auf diesem Gebiet ebenso vorangetrieben wie die aufmerksame Zuwendung von Pflege und Medizin auf die Lebensqualität unter extremen Bedingungen. Der Ausstoß an wissenschaftlichen Publikationen zu diesen Themen hat in den letzten Jahren dramatisch zugenommen (2), nicht zuletzt deswegen, da man erkennen musste, dass das Outcome des Intensivpatienten – Mortalität und Morbidität – und die Gesamtkosten der Behandlung aufs engste mit der Verwendung von Sedativa verknüpft ist (2, 17, 18, 21, 29, 52, 53, 54). ICU-Betten machen 5–10% der Krankenhausbetten aus, benötigen jedoch 20–25% der Krankenhausbudgets (29). 10–23% der Kosten, die an Intensivstationen anfallen, werden durch Pharmaka verursacht. Sedativa und Analgetika sind die Medikamente, die an Intensivstationen am meisten verwendet werden (29, 49).
Hinsichtlich der eingehenden Betrachtung der relevanten Pharmaka wird auf das Kapitel „Pharmakologische Voraussetzungen" verwiesen.

Rationale der Sedierung kritisch Kranker

Die Sedierung von Patienten, die von Intensivpflege abhängig sind, verfolgt mehrere Ziele. Die zwei Hauptdeterminanten sind **Sicherheit und Komfort** (1).
Sicherheit: Als *postoperative stress response* bzw. *posttraumatic stress response* werden die komplexen pathophysiologischen Zusammenhänge im Rahmen einer lebensgefährlichen Erkrankung überschrieben. Im Grunde sind die

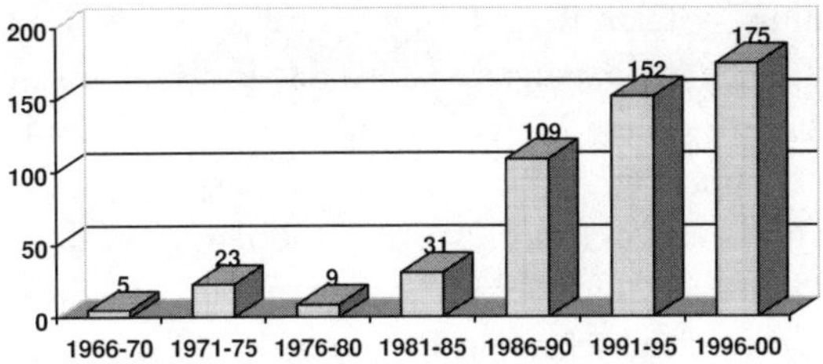

Abb. 1: Anzahl der Publikationen über Sedierung in der Intensivmedizin in 5-Jahres-Intervallen (nach Cohen, 2)

resultierenden Veränderungen des Körpers phylogenetisch alte Reaktionen eines Organismus auf eine vital bedrohliche Schädigung.
Es handelt sich um die Folgen von Flucht- oder Kampfreaktionen (*flight-or-fight reactions*) (3), also Antworten des Organismus auf Stress. Die physiologische Reaktion, die im Grunde lebenserhaltend ist, involviert letztlich sämtliche Systeme, die für eine Adaptation bzw. Reaktion auf eine vitale Bedrohung angelegt sind. Im Zentrum der Ereignisse steht die Aktivierung der neuroendokrinen und neurohumeralen Systeme (Freisetzung von endogenen Katecholaminen und Cortisol, Vasopressin-ADH, Aktivierung des Renin-Angiotensin-Systems etc.). Die Folgen sind Tachykardie, Hypertension, erhöhter Sauerstoffverbrauch, Hyperglykämie, Hypokaliämie, Wasser- und Natriumretention und andere Veränderungen des Elektrolyt- und Flüssigkeitshaushaltes etc. Die Folgen der Aktivierung der Kaskade sind mannigfaltig und betreffen letztlich alle Organfunktionen und Regelkreise des Körpers. Die primär positiven Adaptationsmechanismen sind angesichts einer geplanten Operation im Hinblick auf Warn- und Hinweisfunktion, Kampf und Abwehr unangemessen bzw. überflüssig und unerwünscht. In ihnen liegen neue Bedrohungen, wie Hyperkoagulabilität, Katabolie und Hypoperfusion nachrangiger Organe.
Durch Trauma, Erkrankung und Operation entstehen Schmerzen, die subjektiv quälend und objektiv schädigend wirken. Trauma, Operation und schwere Erkrankung belasten den Organismus mit eigenständigen typischen Risken (Infektion, Wundkomplikationen, Nekrose, Thromboembolien etc.). Einer der Zwecke der Sedoanalgesie ist es, in diese Regelkreise einzugreifen, die sich von einem defensiven Mechanismus zur autochthonen Bedrohung entwickelt haben, und das Individuum von den subjektiv unangenehmen Erlebnisqualitäten dieser Phänomene abzuschirmen. Die Folge ist eine Reduktion des Sympathikotonus und ein verminderter Sauerstoffbedarf.

Die Methoden zur Behandlung vitaler Bedrohungen sind aggressiv und invasiv. Der zweite Grund für die Sedoanalgesie ist es, das Individuum in einen Zustand zu führen, damit es diese Methoden tolerieren kann (Endotrachealtubus, Respirator, Drehbett etc.). Wenn etwa eine respiratorische Insuffizienz schließlich von invasiver Atemunterstützung abhängig wird, ist man gezwungen, Mittel zu ergreifen, die dies ermöglichen. Sedoanalgesie kann den Zweck verfolgen es zu erleichtern, den Patienten an ein invasives Beatmungsverfahren zu adaptieren oder die Synchronisation mit der Maschine zu unterstützen.

Sedoanalgesie hat auch den Zweck, die notwendigen Pflegehandlungen zu ermöglichen (Lagerung, Bronchialtoilette, Verbandswechsel, Wundpflege etc.).

Ein weiterer Grund zu sedieren liegt in der Notwendigkeit mancher Behandlungen, die letztlich der Immobilität oder Hypomobilität bedürfen. So führt beispielsweise die artifizielle Ruhigstellung eines Menschen mit akutem Schädel-Hirn-Trauma zu einem herabgesetzten Funktionszustand des Gehirns mit reduziertem Hirnmetabolismus und Sauerstoffbedarf – eine wesentliche Unterstützung, um den Sekundärschaden zu minimieren.

Letztlich gilt es, durch Sedoanalgesie einen Patienten zur Kooperation zu gewinnen (29) bzw. ein Verhalten eines Patienten zu begrenzen, das unmittelbar selbstgefährdend ist (z. B. wenn ein Patient keine Einsicht gewinnen kann, dass sein Überleben von einem künstlichen Atemweg abhängig ist).

Probleme der Sedierung kritisch Kranker

In der Betrachtung des Themas sind einige Umstände zu berücksichtigen, die eine rationale praktische Umsetzung erschweren.

1. Problematik der Wissenschaft

Kritisch Kranke sind Menschen, deren Erkrankung so schwer ist, dass sie von einem vorübergehenden Ersatz oder einer Unterstützung vitaler Organfunktionen abhängig sind, um überleben zu können, oder deren Fremdabhängigkeit aus anderen Gründen ein kritisches Maß überschreitet. Die Population umfasst alle Lebensalter und alle denkbaren schweren Erkrankungen. Die absolute Zahl der kritisch Kranken ist im Vergleich zu anderen Patientenpopulationen relativ niedrig. An den Intensivpatienten kommen meistens zur selben Zeit mehrere verschiedene technische, pflegerische und medikamentöse Verfahren zur Anwendung. Kybernetisch gesprochen handelt es sich beim Intensivpatienten um ein äußerst komplexes, vulnerables und höchst variables System mit multiplen Steuerungsfaktoren bzw. Ein-

flussgrößen, die z. T. aufeinander einwirken, einander bedingen, interferieren, interagieren oder in zueinander unbekannten Relationen stehen. Auf die komplexe Individualität eines Menschen wirkt zur selben Zeit eine Unzahl von Faktoren. Die Veränderung eines Faktors kann das System in vielfältiger Weise modulieren.
Intensivpatienten sind a priori kaum vergleichbar. Dieser Umstand und ihre kleine Zahl sind für die klinische Forschung limitierend. Eine weitere Einschränkung resultiert aus der Komplexität multipler, gleichzeitig einwirkender Faktoren. Die medikamentöse Polypragmasie im Intensivbereich führt dazu, dass kein seriöser Mensch mehr abschätzen kann, welche Interaktionen von Arzneimitteln in einem konkreten Fall stattfinden (46). Viele Patienten haben reduzierte Organfunktionen, welche die Pharmakokinetik und die Pharmakodynamik der Medikamente beeinflussen. Die Organfunktionen und die Pharmakokinetik sind vor allem beim Langzeit-Intensivpatienten in einer ständig veränderlichen Interaktion. So kann sich z. B. gleichzeitig die Nierenfunktion eines Patienten verschlechtern, während hepatische Enzymsysteme aktiviert werden. Das hat einen völlig veränderten Metabolismus der Substanzen zur Folge.
Wechselnde Proteinbindungskapazitäten, die Veränderung der Flüssigkeitskompartimente mit capillary-leak-Syndrom, Enzyminduktion, Enzymhemmung, Konkurrenz um Proteinbindung und eine veränderte Blut-Hirn-Schranke leisten weitere Beiträge zur Unabwägbarkeit der Verhältnisse.
Die meisten pharmakokinetischen Daten der Sedativa und Analgetika stammen nicht von kritisch Kranken. Eine Extrapolation der Daten ist aus den besagten Gründen nur mit Einschränkungen möglich. Die Studien, die häufig an kleinen Kollektiven durchgeführt worden sind, sind nur bedingt vergleichbar – zu sehr variieren sie in Fragestellung und Methodik. Der Gebrauch der Opioide variiert z. B. von Studie zu Studie (51). Die bestehenden Arbeiten haben durchwegs verschiedene Zielpunkte, Messmethoden, Medikationen und Komedikationen. Manche Wissenschafter rechnen die zirkadiane Rhythmik mit ein, andere nicht etc.
Alle diese Faktoren führen dazu, dass den Therapeuten nur in sehr beschränkter Weise Daten mit Aussagekraft zur Verfügung stehen, die ihr rationales Handeln begründen können.

2. Problematik der Zielgrößen: Übersedierung vs. Untersedierung

Ein weiteres Dilemma ist die bestehende Unklarheit, was eine *angemessene Sedierung* ist.

Der Grad der erwünschten Sedierung hat sich in den letzten Dekaden erheblich verändert, in der täglichen Praxis werden kaum jemals Richtlinien berücksichtigt (38).
Die primären Zielgrößen des Critical Care Managements sind Komfort und Sicherheit (1).
Das Quantum der Sedierung kann immer nur für den Moment angemessen sein. Pflegende und Ärzte sind angehalten, fortlaufend die Effekte der Sedativa zu evaluieren und die Zufuhr an den Bedarf zu adaptieren. Der Bedarf kann sich von einem zum anderen Moment ändern (51), davon ausgehend, dass ein Sedierungseffekt stimulusabhängig ist. Ein Patient kann unter einer laufenden Sedoanalgesie sehr gut einen Endotrachealtubus (ETT) tolerieren und an den Respirator adaptiert sein, für eine höhere Stimulusintensität (endotracheales Absaugen, Lagerung) kann die aktuelle Zufuhr an Sedoanalgetika aber *relativ* zu gering sein. Adaptiert man in diesem Fall die Sedierung an den aktuellen Bedarf, so wird diese Dosis möglicherweise später unangemessen hoch sein und zur Kreislaufdepression führen oder die Anpassung an ein augmentiertes Beatmungsverfahren (z. B. ASB) stören (→ Hypoventilation/Hyperkapnie oder sogar Apnoe). In diesen Kontext fällt die Frage nach den **geeigneten Sedativa/Analgetika** (s.u.).
Die **Ziele der Intensivsedierung** sind Anxiolyse, Analgesie und der Anstoß von Nachtschlaf, die Behandlung von Agitation und übermäßiger motorischer Aktivität (38). Amnesie wird von vielen Patienten als wünschenswert erachtet.
Übersedierung kann die Sicherheit des Patienten gefährden (2, 17, 18), Untersedierung kann Sicherheit *und Komfort* beeinträchtigen. Es ist nicht gesagt, dass Untersedierung sicherer als Übersedierung ist – beide haben sehr spezielle Risken. Eine angemessene Sedierung orientiert sich am aktuellen Bedarf, der außer Stimulusintensität und -qualität noch von weiteren Einflussgrößen abhängig ist (Schwere der Erkrankung, Biorhythmizität, pharmakokinetische Variable etc.). Eine schwere Erkrankung hat eo ipso eine gewisse messbare (16) „sedierende" Wirkung.
Die richtige Wahl der Dosis ist wie das Wandeln auf einem mehr oder weniger schmalen Grat.
Probleme durch Übersedierung: Die Folgen einer Übersedierung sind komplex. Allein die Folgen einer opioidinduzierten oder -unterhaltenen Darmparalyse sind mannigfaltig. Stase und Distension begünstigen die Translokation von Bakterien und Toxinen (→ Kreislauf, Immunsystem), Regurgitation und die Aszension von Bakterien begünstigen die Aspiration und somit eine nosokomiale Pneumonie (→ Sepsis etc.). Der paralytische Darm hat eine verminderte Absorptionskapazität, was die katabole Stoffwechsellage des Patienten verschärft und indirekt seine Immunität kompromittiert. Das

aufgetriebene Abdomen führt zum Zwerchfellhochstand und reduziert die Compliance des Respirationstrakts. Systemisch gedacht werden durch diese direkte Wirkung der Opioide mehrere Faktoren begünstigt, die die Entwicklung einer nosokomialen Pneumonie bahnen. Dazu addiert sich die Wirkung der Opioide auf den Hustenreflex (einerseits erwünscht, um die Tubustoleranz zu gewährleisten), was aber die mukoziliäre Clearence weiter verschlechtert. Dieses Beispiel soll die Verzahnung und Interrelation der einzelnen Einflussgrößen illustrieren.
Die kontinuierliche Zufuhr von fixen Benzodiazepindosen kann zur Übersedierung führen. Durch Übersedierung kommt es zur *Downregulation* der Zahl der Benzodiazepinrezeptoren (51).
Erst kürzlich wurde bestätigt, dass die Entwicklung eines ICU-Syndroms mit höheren Dosen von Fentanyl und Midazolam assoziiert ist (28).

Tab. 1: Komplikationen und Probleme durch Übersedierung

Risken durch Immobilität: Thromboembolien, Lagerungsschäden, Katabolie, Sekretretention, Atelektasen, Pneumonien, Sepsis
Risken durch Medikamente: Darmparalyse, Regurgitation, Aspiration, Pneumonien, Delir, ICU-Syndrom, Toleranz, Entzug, verzögerte Respiratorentwöhnung (4), verzögerte Spitalsentlassung;
Hypotension, Bradykardie, erhöhter Katecholaminbedarf, Atemdepression, Nierenversagen, Immunsuppression (48)
Zunahme der Gesamtkosten (4)
Verschleierung klinischer Symptome

Probleme durch Untersedierung: Im Rahmen einer Untersedierung wird der Patient mehr stressexponiert, sämtliche negativen Qualitäten der zuvor beschriebenen Stressreaktion entfalten ihre Wirkungen. Ein erhöhter Sauerstoffbedarf kann an grenzwertig belastbaren Organen zu Komplikationen führen. Perioperativer Stress erhöht die Mortalität (29).
Insuffizient behandelter Schmerz hat schädliche Auswirkungen wie Hyperkoagulabilität und Immunsuppression (48).
Das Hauptproblem der Untersedierung ist der inadäquate Komfort. Anxiolyse ist eines der Hauptziele der Sedierung von Intensivpatienten (4). Untersedierte Patienten werden „unruhig" und gefährden sich selbst, entfernen Zugänge, diskonnektieren sich vom Respirator oder extubieren sich. Man kann davon ausgehen, dass die Unruhe des Intensivpatienten durch seinen schlechten Komfort bedingt ist: Schmerzen, Durst, Atemnot, Isolation, Angst, Verwirrtheit, Halluzinationen, Albträume u.v.m. Da ein intubierter Patient seine Bedürfnisse nicht verbal äußern kann, bleibt seine ohnehin

beschränkte Bewegungsfreiheit die einzige Möglichkeit zu kommunizieren. **Schutzfixierungen** sind inhuman und meistens insuffizient, sie treiben einen verängstigten Patienten noch mehr in Panik und Agitation (29).
Schutzfixierungen erhöhen das Risiko einer Selbstextubation (5). Dass mehr als 50% der Patienten nach einer ungeplanten Extubation nicht mehr reintubiert werden müssen (5), legt den Schluss nahe, dass die Intensivpatienten zu lange intubiert bleiben bzw. dass die Phase der Respiratorentwöhnung unnötig in die Länge gezogen wird. Ungeplante Extubationen treten in der Nachtzeit gehäuft auf (3) und sind nur zu einem Sechstel mit Pflegehandlungen assoziiert (5). Selbstextubation betrifft 8–10% aller Patienten und ereignet sich im Schnitt nach 3,5 Tagen Intubation (3).
Der Haupteinflussfaktor für eine ungeplante Extubation ist Untersedierung (5). Menschen mit smoker's lung dürften besonders sparsam sediert werden (6). In 6% folgen einer Selbstextubation ernste Komplikationen: Aspiration, Arrhythmien, Bronchospasmus (8), Larynxverletzungen und Pneumonien (29). Die Art und Anzahl der Komplikationen nach ungeplanter Extubation gleichen jedoch denen, die nach geplanten Extubationen auftreten (29).

Tab. 2: Komplikationen und Probleme durch Untersedierung

erhöhter Stress (Tachykardie, Hypertension, Tachypnoe, Hyperkoagulabilität, Immunsuppression etc.)
erhöhter Sauerstoffbedarf
Diskomfort: Angst, Schmerz, Halluzinationen, Albträume etc.
Selbstextubation, Entfernen von Zugängen, Kathetern, Drainagen
Fluchthandlungen, Stürze, Attackieren des Personals
Hyperventilation, Asynchronie mit dem Respirator
verzögerte Wundheilung

Tab. 3: Faktoren, die mit ungeplanten Extubationen assoziiert sind

Agitation/Untersedierung
Schutzfixierung
nächtliches Wachsein
Dauer der Intubation länger als notwendig
schlechte Tubusfixierung
chronisch respiratorische Insuffizienz (smoker's lung)

Die Qualität der Sedierung wird den anderen vitalen Zielgrößen wie Beatmung und Hämodynamik meistens hintangestellt. Die Hämodynamik und die Sauerstoffbalance sind rasch wechselnden Veränderungen unterworfen. Promptes Reagieren ist für das Überleben des Patienten wesentlich. Die Sedierung hat jedoch mehr Einfluss auf die primären Funktionen als lange angenommen und ist vielerorts noch ein „Stiefkind der Intensivmedizin". Der angemessene Einsatz der medikamentösen und nichtmedikamentösen Maßnahmen zur Kontrolle quälender Symptome fördert die Genesung (32, 37).

3. Problematik der Messung bzw. Einschätzung der Zielgrößen

„*Idealerweise ist ein Intensivpatient ruhig und schläfrig, aber durch verbale Stimuli leicht erweckbar*" lautet der Wunsch der meisten Intensivmediziner an ihre Patienten (3, 9, 29, 51).
Eine Faustregel besagt, dass jüngere und sehr kranke Menschen eher eine tiefere Sedierung benötigen (16, 29). Tiefe Sedierung ist bei Patienten mit kompromittierter Oxygenierung und Ventilation angezeigt (→ erhöhte Thorax-Compliance) und sollte bei Anwendung von Muskelrelaxanzien angestrebt werden (57). Weitere Indikationen für tiefere Sedierungsstadien sind schwere Lungenerkrankungen oder das Bestehen der Notwendigkeit aggressiver oder belastender Beatmungsverfahren (*inversed-ratio ventilation*, *high-frequency ventilation*, permissive Hyperkapnie etc.) (29). Es besteht jedoch kein Konsens darüber, was ein *idealer Sedierungsgrad* ist (51) oder was ein *idealer Sedierungsscore* wäre (2).

Keine Sedierungstiefe ist ideal für alle Patienten, der adäquate Sedierungsgrad kann sich mit dem Zustand des Patienten ändern – ideal ist der geringste Sedierungsgrad, der noch mit Sicherheit und Komfort des Patienten vereinbar ist (49, 51).

Vielerorts werden Sedativa und Analgetika verabreicht, ohne dass ihre Effekte quantifiziert werden.* Österreich ist betreffend Sedierungs-Scores in Europa Schlusslicht (36). Die technischen Möglichkeiten der Sedierungsüberwachung werden zu selten verwendet. Der Wert der *Scores* oder *Scales* liegt darin, dass man über Sedierungstiefe einfach kommunizieren kann und den Verlauf beobachten kann, auch wenn die Untersucher wechseln (51). Von den untersucherorientierten Methoden der Sedierungstiefe ist der **Ram-**

*Einschätzung der Sedierungstiefe: siehe Kapitel „Sedierungszustände – Sedierungseffekte".

sey-Score wenigstens der in klinischen Studien am häufigsten verwendete (4, 12), er wird auch als „der beste seiner Art“ bezeichnet (48). Unter den Experten besteht keine Einigkeit, welcher Scoring-Wert *der ideale* wäre; manche Anwender streben Werte von 3 an, andere von 2–4, 3–5, 2–5 oder auch 5 (4, 12). Der Ramsey-Score hat sicher seine methodischen Grenzen, das macht seine praktische Anwendbarkeit so schwierig.

Tab. 4: Ramsey-Score zur Einschätzung der Sedierungstiefe

1.	Patient ängstlich oder unruhig oder agitiert
2.	kooperativ, orientiert, ruhig
3.	reagiert nur auf Aufforderung
4.	brüske Reaktion auf leichtes Beklopfen der Glabella oder lauten akustischen Stimulus
5.	träge Reaktion auf leichtes Beklopfen der Glabella oder lauten akustischen Stimulus
6.	keine Reaktion auf leichtes Beklopfen der Glabella oder lauten akustischen Stimulus

Eine Tücke des Ramsey-Scores ist, dass es Konstellationen gibt, bei denen bei einem Patienten die Zuordnung zu einem Wert unklar ist (ein agitierter Patient, der nur auf Beklopfen der Glabella reagiert, könnte mit 1 oder 4 bewertet werden). Das heißt, der Ramsey-Score hat eine gewisse Unschärfe in der Diskrimination real existierender Umstände. Der erste Score, der an Intensivstationen auf Reliabilität und Validität überprüft worden ist, war der **Riker-SAS** (Sedation-Agitation-Scale)(13). Er weist zwischen verschiedenen Untersuchern eine hohe Übereinstimmung auf und misst valide Sedierung und Agitation.

Tab. 5: Riker-SAS (Sedation-Agitation-Scale) (13)

Score	Beschreibung	Beispiel
+3	unmittelbare Bedrohung der Sicherheit	zieht am Tubus oder an Kathetern, versucht aus dem Bett zu klettern
+2	bedrohlich agitiert	benötigt Schutzfixierung und/oder wiederholte verbale Begrenzung, beißt auf Tubus
+1	agitiert	physisch agitiert, setzt sich auf, beruhigt sich durch verbale Zuwendung
0	ruhig und kooperativ	ruhig, weckbar, befolgt Anweisungen
-1	übersediert	schwer weckbar, unfähig Ansprache zu folgen oder Anweisungen auszuführen
-2	stark übersediert	wacht nur auf Schmerzreize auf
-3	nicht weckbar	auf keinen Stimulus weckbar

Eine dritte Möglichkeit einer Untersucher-orientierten Sedierungseinschätzung bietet die **Motor Activity Assessment Scale** (MAAS), die ähnlich der Riker-Scale ein Verhalten des Patienten als Maß für den Grad der Sedierung heranzieht (spontanes Verhalten und Reaktion auf Reize).

Tab. 6: Motor Activity Assessment Scale (MAAS) (14)

Score	Beschreibung	Definition
0	keine Reaktion	auf Schmerzreiz keine Bewegung
1	reagiert nur auf Schmerzreiz	Augenöffnen, Augenbrauenheben, Kopfdrehung zum Stimulus *oder* Bewegung der Extremitäten mit dem Schmerzreiz
2	reagiert auf Berühren oder Namensnennung	Augenöffnen, Augenbrauenheben, Kopfdrehung zum Stimulus *oder* Bewegung der Extremitäten auf Berührung oder laute Namensnennung
3	ruhig und kooperativ	Spontanbewegungen (ohne externen Stimulus) *und* Patient richtet sich Decke oder Bekleidung zweckmäßig und befolgt Aufforderungen
4	unruhig und unkooperativ	Spontanbewegungen (ohne externen Stimulus) *und* greift nach Decke und Bekleidung *und* befolgt Aufforderungen
5	agitiert	Spontanbewegungen (ohne externen Stimulus) *und* Versuch sich aufzusetzen *oder* Extremitäten aus dem Bett zu verlagern, befolgt Aufforderungen nicht übereinstimmend
6	gefährlich agitiert unkooperativ	Spontanbewegungen (ohne externen Stimulus) *und* Ziehen an Tubus, Kathetern *oder* Herumwälzen *oder* Attackieren von Personal oder Versuch aus dem Bett zu klettern *und* lässt sich nicht beruhigen

Von den technischen Methoden zur Einschätzung der Sedierungstiefe ist der **Bispektral-Index** (Aspect Medical) die Methode, deren Anwendung einfach und valide ist. Der Bispektralindex vereinigt mehrere Kriterien eines idealen Sedierungsmonitorings: Er ist akkurat, reproduzierbar, nichtinvasiv, hat eine einfach zu handhabende numerische Skalierung von 0–100 und ist relativ kostengünstig (29). Die verfügbaren Daten weisen darauf hin, dass der Bispektralindex ein gutes Mittel ist, um Sedoanalgesie an kritisch Kranken zu steuern (74). Werte unter 60 zeigen tiefe Sedierung (*deep sedation*) an, Werte unter 40 werden bei einer tiefen Narkose oder einem Barbituratkoma aufgezeichnet (12). Mit Hilfe des BIS ist eine akkurate Vorhersage möglich, wie ein Patient unter Propofolsedierung auf verbale Stimuli reagieren wird (15). Der BIS korreliert mit der modifizierten Ramsey-Scale, der PICU-Scale und der Tracheal Suctioning Scale (TTS) (16). Bei Werten unter 64–80 ist eine Amnesie sehr wahrscheinlich. In der Arbeit von Berkenbosch et al. (16) aus dem Jahr 2002 erwies sich die mit BIS gemessene Sedierungstiefe als unabhängig von den verwendeten Substanzen (Propofol, Midazolam, Fentanyl). BIS scheint ein schlechter Prädiktor für Übersedierung zu sein (16). Die Methode wurde bisher noch nicht extensiv an kritisch Kranken evaluiert (12). Eine Studie, die den Nachweis erbringen wollte, dass es mit BIS gelingt, *awareness* bei Allgemeinanästhesien signifikant zu reduzieren, müsste 50.000 Patienten einschließen (26).

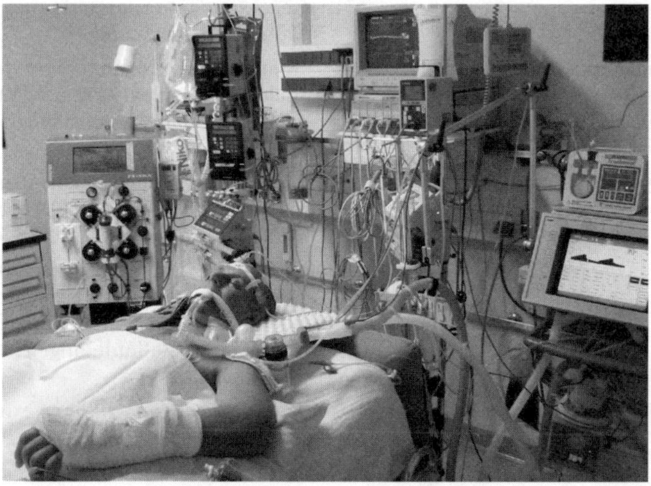

Abb. 2: Analgosedierung an der Intensivstation

4. Problematik der Uneinheitlichkeit der Methoden

In manchen Institutionen werden mehr als 20 verschiedene Medikamente zur Intensivsedierung verwendet. Ostermann et al. (7) evaluierten in 164 amerikanischen Intensivstationen 18 verschiedene Sedativa bzw. Analgetika, die häufigsten waren Morphinsulfat, Lorazepam, Midazolam, Diazepam und Haloperidol. Soliman (36) hat 2001 die Unterschiedlichkeit der europäischen Therapieregimes in seiner Arbeit vorgestellt. Alle denkbaren Sedativakombinationen werden in Europa verwendet. Midazolam wird von 63% „immer oder häufig" verabreicht, Propofol dagegen nur von 35% der Intensivmediziner „immer oder häufig". Midazolam-Hochburgen sind Frankreich, Deutschland, Österreich, Holland und Norwegen. Die in Europa am meisten an Intensivstationen angewandten Opioide sind Morphin (33%), Fentanyl (33%) und Sufentanil (24%). Sufentanil wird in Österreich, Luxemburg und Belgien bevorzugt (36), während man in Frankreich, Italien und Deutschland eher zu Fentanyl greift. Gängige Kombinationen sind Propofol + Morphin (Schweden, GB), Midazolam + Fentanyl (Frankreich), Sufentanil + Propofol (Belgien) (36).

In Deutschland wird eine Anzahl von Analgetika (Fentanyl, Sufentanil, Morphinhydrochlorid, Piritramid, Tramadol, Remifentanil, Pethidin, Alfentanil, Buprenorphin, Methadon) und Sedativa (Midazolam, Lorazepam, Diazepam, Flunitrazepam, Oxazepam, Dikaliumchlorazepat, Ketamin, Clonidin, GHB, Metohexital, Haloperidol, Droperidol, Perazin) zur Analgosedierung kritisch Kranker angewandt, ohne dass es Richtlinien gäbe.

Mehrheitlich (62%) werden die sedoanalgetischen Substanzen kontinuierlich zugeführt, der routinemäßige Gebrauch von Muskelrelaxanzien ist rückläufig.

Für die wenigsten verwendeten Substanzen, die in Europa oder den USA zur Sedierung kritisch Kranker verwendet werden, existieren mehr als 1–2 qualitativ einwandfreie wissenschaftliche Arbeiten (4). Aus diesem Grund ist es aus derzeitiger Sicht unmöglich, verbindliche Aussagen über eine existierende wissenschaftliche Evidenz abzugeben. Die Society of Critical Care Medicine (SSCM) Task Force hat 1992 praktisch anwendbare Parameter veröffentlicht, die auf der vorhandenen wissenschaftlichen Literatur, klinischer Expertise und Erfahrung gründen (10). Die Joint Commission on Accreditation of Healthcare Organizations (JCAHO) hat am 1. Jänner 2001 revidierte Standards und Intentionen für Sedierung und Anästhesiepflege publiziert (33). Die Richtlinien der American Society of Critical Care Medicine wurden 2002 aktualisiert (34). In Deutschland wurde im Jahr 2002 ein „Register für Intensivstationen für Analgesie und Sedierung" (REGINAS) unter der Schirmherrschaft der Deutschen Interdisziplinären Vereinigung für Intensiv- und Notfallmedizin (DIVI) angelegt, das über 6000 Patienten erfassen wird. Die Publikation der Daten ist für 2003 zu erwarten (35).

6. Problematik assoziierter Faktoren (Atmosphäre)

Die Atmosphäre an den meisten Intensivüberwachungseinrichtungen kann – um einen Ausdruck von Bruno Simini (6) zu gebrauchen – als ***dantesk****

*Dante Alighieri (1265–1321): L'Inferno (Divina Commedia)

bezeichnet werden. Manche der Patienten, die einen längeren Aufenthalt auf einer Intensivstation erlebten, erzählten später, sie wähnten sich auf einem Kriegsschauplatz, in einem Lagerhaus, auf einem Marktplatz, auf einem Jahrmarkt, in einer Fabrik, in einem Schlachthaus, im Leichenschauhaus, im Fegefeuer, in der Hölle etc.

Die subjektiven Erlebnisse der Patienten haben häufig ängstigende Gewaltthemen zum Inhalt (Kriegs- und Kampfszenen, Kidnapping, Invasion Außerirdischer etc.) (38).

Der Lärm auf den Intensivstationen kann nur als infernalisch bezeichnet werden. Die Diskonnektionsalarme erreichen z. T. über 90 dB, die empfohlenen Schalldruckmaxima liegen tagsüber bei 45 dB, nachts bei 20 dB (44). Die Industrie hat auf diese Faktoren bisher in keiner Weise reagiert, wahrscheinlich wurde auch zu wenig Druck ausgeübt. Lärm wird von den Patienten als der Faktor genannt, der ihren Aufenthalt an der Intensivstation am meisten stört.

Die Literatur gibt seit Jahrzehnten ein erschreckendes Zeugnis über diese Umstände (2, 5, 6, 22, 24, 25, 27, 29, 30, 31, 32, 38, 39, 40, 41, 43, 44, 45), dennoch ist die Aufmerksamkeit vieler Verantwortlicher und Ärzte unverhältnismäßig auf die technischen und medizinischen Möglichkeiten fokussiert. Das Pflegepersonal scheint mit größerer Sensibilität an den Umstand und seine potenzielle Beeinflussbarkeit heranzugehen, möglicherweise weil es auch selbst intensiver exponiert ist und den Effekt von Maßnahmen direkt beobachten kann. Manche Umstände sind zu akzeptieren. Sie können als der Preis aufgefasst werden, den man zahlen muss, um einen hohen Sicherheitsanspruch zu erfüllen.

Viele atmosphärische Qualitäten sind veränderbar: durch Verhaltensänderung, Änderungen der Strukturen und Abläufe, der Kommunikation – oder dadurch, dass man es gestattet, sich auf eine empathische Haltung einzulassen. Viele Handlungen an Intensivstationen sind inhaltsleer, dienen nicht der Sicherheit des Patienten, sondern sind Ausdruck ritualisierter Verhaltensweisen, institutionalisierter Traditionen oder medikolegaler defensiver Strategien.

Es ist objektiv nicht notwendig, einen Patienten am Körper zu untersuchen, während er isst. Das Mittagessen dauert nur 15 Minuten, der Tag bietet 1425 Minuten für eine körperliche Untersuchung. Endotracheales Absaugen hat Indikationen. Der Patient ist durch diese Maßnahme extrem gequält, vor allem in der Phase der Respiratorentwöhnung. Vor jeder beeinträchtigenden Maßnahme sollte man sich fragen, ob diese Maßnahme rational ist, ob sie der Sicherheit oder dem Komfort des Patienten dient (44).

Das bedeutet nicht, sich zwanghaft durch den Tag zu fragen zu müssen, ob alles, was man macht, richtig ist – aber ein Bewusstsein dafür zu entwickeln,

welche Handlungen prinzipiell sinnvoll und angemessen sind. Darüber hinaus ist es für jeden Mitarbeiter in diesen Bereichen von essentieller Bedeutung zu wissen, wie der „Konsument" die Handlungen des Mitarbeiters empfindet.
Nicht alle negativen Empfindungen, die Patienten an Intensivstationen haben, sind von der Atmosphäre abhängig. Es gibt Faktoren aus Erkrankung und Behandlung, die stärker auf die Erlebnisqualität wirken. Atmosphäre und Kommunikation haben jedoch das Potenzial zur Modulation dieser Qualitäten – zum Nutzen oder zum Schaden des Patienten.

7. Die subjektive Not des Intensivpatienten

ICU-Syndrom und ***ICU-Psychose*** (42) sind Entitäten, die seit den frühen 60er-Jahren des vorigen Jahrhunderts beobachtet werden, die korrekte nosologische Entität ist jedoch ***Delir*** (7, 62)*. Viele Umstände, die auf den Intensivpatienten wirken, können ein Delir präzipitieren. Man muss davon ausgehen, dass die Delir-Inzidenz an einer ICU 20–40% beträgt (7). Nicht jeder Intensivpatient wird davon erfasst, die Chance nimmt mit der Dauer des Aufenthalts jedoch zu. Wie Succinylcholin könnte es mit *fast onset – short duration* charakterisiert werden: Die Dauer beträgt üblicherweise 24-48 Stunden, in individuellen Fällen jedoch auch länger (29). Die Mortalität des Delirs an der Intensivstation wird mit 10–33% angegeben (7).

Die Wirklichkeit des Intensivpatienten bewegt sich zwischen den Extremen von **Reizüberflutung** und **Isolation** (*sensory overload – sensory deprivation*) (31, 44). Der Patient hat hinsichtlich Zeitpunkt, Art, Person, Dauer und Intensität seiner zwischenmenschlichen Begegnungen keine Wahl. Er kann seine Bedürfnisse durch Intubation, Erkrankung oder andere beschränkende Umstände nicht auf eine Weise kommunizieren, die für alle leicht verständlich ist.
Es entsteht ein extremer Zustand von Abhängigkeit von Menschen und Maschinen (31). Die Qualität der Kommunikation von Pflegenden und Medizinern ist eher sach- als beziehungsorientiert. Der Intensivpatient ist bedroht, in einer technisierten Atmosphäre unter Vollüberwachung zu einem „interessanten Objekt" zu mutieren. Mangel an Information und depersonalisierende Pflege (22) sind mit Furcht, Angst und erhöhter Vulnerabilität assoziiert. Der kritisch Kranke ist jeder Möglichkeit zur Autonomie (ein Menschenrecht!) beraubt. In seiner extremen Abhängigkeit gleicht

*Delir: siehe Seite 443 und Seite 469.

er dem Ungeborenen, das nicht selbständig atmet, ernährt und gewärmt wird. Sogar seine Ausscheidungen werden angeregt oder limitiert, gemessen und kontrolliert. Das bedeutet ein Hineingeworfensein in eine Regression, die für einen Menschen außerhalb dieser Bedingungen nicht vorstellbar ist. Die Betreuenden nehmen die Patienten von ihren Bezugspunkten aus wahr. Da die Patienten nicht verbal kommunizieren können, werten die Betreuenden Reaktionen – also beobachtbaren Veränderungen, die einer Reizapplikation folgen – als Parameter zur Einschätzung des Bewusstseinszustandes. Werden minimale Reaktionen provoziert, so wird die Reizschwelle erhöht. Viele Beschäftigte denken, dass ein sedierter Patient nichts wahrnehmen könne.
Die Betreuenden sollten sich von der Erwartung befreien, dass ein lebensbedrohlich Kranker in einer extremen Ausnahmesituation *angemessen* reagieren *kann.* Eine Bewusstseinsstörung – und sei es eine medikamentös induzierte – wirkt tiefgreifend auf das Sensorium: Die Wahrnehmung für die Körpergrenzen ist aufgehoben, die Lageempfindung im Raum ist gestört, d.h. der Langzeitintensivpatient weiß nicht, wo er anfängt und aufhört, wo oben und unten ist. Man kann davon ausgehen, dass das „herausgeschnittene Zeitfenster seiner Wirklichkeit" seine zeitliche Orientierung in jedem Fall beeinträchtigt. Der Körper, die Ich-Identität wird als fremd, verändert*, möglicherweise reduziert erlebt.
Niemand weiß über die Empfindungen eines tief sedierten Menschen Auskunft zu geben. Möglicherweise sind es die starken, nozizeptiven Reize, die einen Sedierten aus der Tiefe an die Oberfläche führen. Das hieße, ein wie immer gearteter Zustand wird von quälenden Reizen unterbrochen.

Der Mangel an adäquater Stimulation kann dazu führen, dass sich ein Mensch tot wähnt, nicht lebendig, da er Stimuli, die seine Vitalität erleben lassen, vermissen muss (vgl. Arno Gruen: „Der Mensch wird weitgehend von der Qualität der auf ihn einströmenden Stimulusqualitäten formiert. Der Mensch fühlt sich ohne Stimulus-Welt leer, lustlos und gelangweilt. Wir suchen Stimulation, um uns lebendig zu fühlen, wir sind abhängig davon.") (23). Schon in utero *sucht* der werdende Mensch stimulierende Reize.
Die Welt des Intensivpatienten (und er selbst) ist verändert. Zwei archaische Mechanismen schlummern in uns, die erweckt werden, wenn wir einer Welt von bizarrer Übermacht gegenüberstehen: **Totstellen** und **Flüchten.** Daran ist zu denken, wenn ein Patient nicht zu erwachen scheint oder wenn man ihn MAAS 6 qualifizieren möchte und die Haloperidol-Ampullen bereits

*Ödeme, Kahlrasur bei Schädel-Hirn-Trauma, Wunden, Zugänge etc.

vorbereitet werden. 70,8% der Patienten, die länger als 24 h an einer Intensivstation liegen, zeigen ein agitiertes Verhalten, 46,1% davon können als „gefährlich agitiert“ bezeichnet werden (68). Die Intensivpatienten haben ein Recht auf Reorientierung. Das kann unterstützt werden durch Angehörige, Gegenstände aus dem Besitz des Patienten und ein kreativ gestaltetes Umfeld, das dem Patienten gerecht wird. Das hat auch seine heiteren Seiten und bringt Farbe in den Alltag einer Intensivstation. Der Rückzug in ein ausgestaltetes Innenleben ist der Ausdruck von Passivität, ein Aufgeben der aktiven Lebensentfaltung, die Reduktion auf ein Minimum an Aktivität – da ein Intensivpatient keine Chance hat, autonom zu sein. Die Totstellphänomene sind seit den 60er-Jahren bekannt. Häufig wurden völlig überraschende Todesfälle berichtet, nachdem Patienten die kritische Zeit schon überwunden hatten (*Woodoo-deaths*). Die Fluchtreaktionen eines verwirrten Intensivpatienten sind ein unmittelbarer Ausdruck von Lebendigkeit. Da wir aber (unkorrigierbar) objektiv denken, gelangen wir zur Überzeugung, dass jener verrückt denkt und handelt – und nicht wir.
Der Mangel an geeigneten Reizen an Intensivstationen wird dem Phänomen der *sensory deprivation* zugerechnet. Der Entzug von Sinnesreizen führt bei gesunden Versuchspersonen bereits nach Stunden zu schweren Störungen der Kognition.

Tab. 7: Folgen der sensorischen Deprivation

Störung der Raumorientierung
Einbußen intellektueller Fähigkeiten
starke Beeinflussbarkeit
Auftreten komplexer Halluzinationen
veränderte Körperwahrnehmung
verändertes Zeiterleben
Reizsucheverhalten
Verlangsamung des EEG-Musters

„Wir sind zur Aufrechterhaltung elementarer Denk- und Wahrnehmungsvorgänge in hohem Ausmaß von ununterbrochenem Umweltkontakt abhängig. Das psychische Gleichgewicht ist sofort gefährdet, wenn wir uns nicht mehr mit unserer Umwelt in Beziehung setzen können“ (H. E. Richter).
„Ein Organismus braucht für sein Überleben ausreichende Information über seine Umwelt. In diesem Sinn sind **Kommunikation** und Existenz zwei untrennbare Begriffe“ (Paul Watzlawick).
Die Kommunikation auf den Intensivstationen geht häufig am Patienten vorbei, sie meint ihn nicht. Sie dient den Abläufen und den Menschen, deren

Fähigkeit zur verbalen Kommunikation unbeeinträchtigt ist. Der Stil der Kommunikation wird im hierarchischen System von den Spitzen geprägt. Es ist kein Zufall, *wer wann warum wozu an wen wie* spricht. Die kommunikativen Regeln wurden nicht bewusst implementiert – sie sind einfach da. Sie haben sich auf eine bestimmte Weise *verwirklicht.* Sie haben aber ihre Voraussetzungen, Hintergründe und Gesetze. Auch wenn die Kommunikation den Patienten nicht meint, bezieht er sie häufig auf sich – nicht nur dem Inhalt nach, mehr noch durch alle anderen Qualitäten, die sich verbal und nonverbal ausdrücken.

Die Patienten sind häufig durch den liegenden Endotrachealtubus von der verbalen Kommunikation abgeschnitten. Daneben sind sie jedoch in dem regressiven Zustand, der durch ihre existenzielle Krankheit bedingt wird, kognitiv nicht in der Lage, komplexe verbale Inhalte zu erfassen. Sprache ist eine jener kognitiven Leistungen, die einer uneingeschränkten Integrität eines Individuums bedarf. Daher erscheint es angemessen, die Basis der kommunikativen Begegnung auf nichtsprachliche Formen der Kommunikation zu errichten (Adressieren aller sensorischen Kanäle, vor allem solcher, die der Patient in seiner individuellen Geschichte als *seine* kultiviert hat: taktil-kinästhetische, gustatorische, auditive etc.). Es geht darum, die Brücken in die Vergangenheit wieder zu errichten, über die der Intensivpatient ins *Hier und Jetzt* gelangen kann. Die damit assoziierten Maßnahmen (Anwesenheit von Angehörigen fördern, Herstellen einer individualisierten Atmosphäre, personalisierte Pflege etc.) werden auch von namhaften Intensivmedizinern wie Anne Pohlmann (12) in ihren jüngsten Beiträgen gefordert. Die sinnliche Wahrnehmung der Tatsachen hat größten Wert. Jones et al. (43) vermuten, dass die Wahrnehmung der tatsächlichen Ereignisse und eine daran geknüpfte Erinnerung ganz wesentlich sind, um einer posttraumatischen Belastungsstörung vorzubeugen – selbst wenn die Wahrnehmung für das Individuum unangenehme Qualität hat. Wenn ein Patient nur die Erinnerung an quälende Halluzinationen und Albträume von einer Intensivtherapie mitnimmt, ist eine posttraumatische Belastungsstörung mit anhaltender maximaler psychosozialer Funktionsstörung und massiv reduzierter Lebensqualität die Folge (38).

12 Staaten des Europarates haben das Recht eines Patienten auf Autonomie und Information gesetzlich verankert. Alle an Intensivstationen beschäftigten Menschen sind aufgefordert, dieses basale menschliche Bedürfnis den Menschen zuteil werden zu lassen, die ihnen anvertraut worden sind.

Diese Zusammenhänge seien auch an jene adressiert, die unkorrigierbar zur Überzeugung gelangt sind, dass ein sedierter Intensivpatient keine Wahrnehmungen habe.

Einer jüngeren Arbeit von Rotondi et al. (24) ist zu entnehmen, dass sich von langzeitbeatmeten Patienten 2/3 an den Endotrachealtubus (ETT) und/oder den Aufenthalt an der Intensivstation erinnern konnten. Das restliche Drittel konnte sich nicht erinnern. Es ist zu unterstellen, dass es nicht nur die benefiziellen Eigenschaften amnesiefördernder Medikamente waren, die dem verbleibenden Drittel die Erinnerung löschten; 20–40% aller Intensivpatienten entwickeln ein Delir, diesem sind Störungen von Gedächtnis und Erinnerung inhärent. Das hieße, es sind nicht die Patienten mit dem besten Outcome, die sich nicht erinnern können. Die 100 Patienten aus der Rotondi-Studie, die sich erinnern konnten, beklagten **Schmerzen, Furcht, Angst, Schlaflosigkeit, Anspannung, die Unfähigkeit zu sprechen, Mangel an Kontrolle, Albträume und Einsamkeit** (24).
Angst wird gesteigert, wenn die Möglichkeit eines Individuums verloren geht, mit seiner Umgebung zu interagieren (25). Das trifft besonders dann zu, wenn muskelrelaxierende Medikamente verwendet werden, um den Patienten an den Respirator zu adaptieren. Auf diese Weise wird ihm die letzte Möglichkeit genommen, mit seiner Umwelt Kontakt aufzunehmen. Diese Aussage wird durch die bisher größte prospektive Studie über *awareness* in der Anästhesie (11.785 Patienten) bestätigt (26). Die Wahrnehmung intraoperativer Wachheit wird dann zum existenziell quälenden Ereignis, wenn die Patienten wahrnehmen, sich nicht bewegen zu können und nicht mitteilen zu können, dass sie leiden. Die unangenehmsten Ereignisse werden am eindringlichsten erinnert. Die Phänomene Angst – Unfähigkeit zu sprechen – Isolation – Einsamkeit – Mangel an Kontrolle sind als zueinander gehörig aufzufassen. Jede kommunikative Hilfe (Zeichenboards, Buchstabentafeln etc.) und jede Möglichkeit, Kontrolle über die Existenz zu erlangen, sind geeignet, diesem Unbehagen entgegenzuwirken. Bergbom et al. (31) kommen zu ganz ähnlichen Ergebnissen wie Rotondi. Von den Patienten, die sich an die Respiratortherapie erinnern konnten (50%), haben sie 90% als unangenehm und belastend im Gedächtnis (31). Die rezente Arbeit von Maurizia Capuzzo aus Ferrara (Italien) weist bei 62–77% der Intensivpatienten eine Erinnerung an die Erlebnisse während des ICU-Aufenthalts nach. Die am häufigsten genannten Themen aus der Erinnerung der Patienten waren der Tubus, andere Patienten, die Unmöglichkeit zu sprechen, Durst, Angst, Albträume, Halluzinationen und Atemnot (76). Viele Patienten empfinden große Angst und Schwierigkeiten, ihre Atmung mit dem Respirator zu synchronisieren (31). **Atemnot*** ist ein häufiges Ereignis unter laufender Respiratortherapie (32). Atemnot bei der Respirator-Entwöhnung kann dazu führen, dass das Weaning schwierig oder sogar unmöglich wird (29).

*Atemnot ist das subjektive Gefühl des Lufthungers.

Die Schmerzen, die als die unangenehmsten bewertet worden sind, waren die Schmerzen im Zusammenhang mit dem **Tubus** (24). Vor allem die Manipulationen am Tubus sind den Patienten unangenehm, auch die mittelbaren (Lagerung → Bewegung des Tubus).
Der Endotrachealtubus steht im Mittelpunkt aller Qualen (24). Sämtliche anderen störenden Faktoren sind aufs engste mit dem ETT verknüpft (24). Schließlich ist er auch mit der Unfähigkeit zu Sprechen assoziiert, mit Durst, Kontrolliert-Werden („Fixierung am Tubus“) und vor allem mit den Schmerzen: Schmerzen durch die direkte Reizung der reagibelsten und sensibelsten aller Schleimhäute und durch assoziierte Schmerzen (Hustenreiz → Wundschmerz). Nächtliches Erwachen ist ebenso tubusassoziiert, da es nicht gelingen kann, einen Patienten zu lagern, ohne eine relative Bewegung des Tubus in der Trachea zu verursachen, sei sie auch noch so minimal. Auch andere Autoren haben nachgewiesen, dass der Endotrachealtubus den größten Stressfaktor für einen Intensivpatienten darstellt (27, 38, 40). Endotracheales Absaugen stört das Atemmuster und die Ventilatorsynchronisation (31). So wird die **Extubation** als extrem unangenehmes und schmerzhaftes Ereignis beschrieben (38), Frauen und jüngere Menschen leiden am meisten dabei (31).

Die Dauer der Respiratorherapie korreliert eng mit Angst, Furcht, Agonie, Panik und Albträumen (31). Da auch die Entwicklung eines ICU-Delirs eng mit der Dauer der mechanischen Beatmung korreliert (28) und die Beatmungsdauer meistens länger als notwendig durchgeführt wird (5, 6), ist eine Frühextubation mit allen Mitteln zu fördern bzw. zu ermöglichen.

Die substanziell stressenden Symptome der Intensivpatienten werden von den Betreuern unterschätzt (30, 31, 32).

Selbst wenn an einer Intensivstation in der Therapie hohes Augenmerk auf die individuellen Bedürfnisse der Patienten gelegt wird, leiden die Patienten unter Schmerzen (56%), **Durst** (71%), Schlafstörungen (68%), Angst (63%) und **Hunger** (55%). Diese Zahlen von einer Population von Krebskranken, die am Mount-Sinai-Hospital unter Einbeziehung eines multidisziplinären Palliativteams an einer Intensivstation behandelt werden mussten, veranlassen die Autorengruppe um Judith Nelson (32) zur Aussage: „*Es ist schwierig und schmerzhaft, an einer Intensivstation zu sterben.*“
Schmerzen sind die Hauptursache für Agitation (29).

*Die Symptomenkonstellation **Tachypnoe, Tachykardie** und **Hypertonie** muss den starken Verdacht auf insuffiziente Analgesie nahe legen. (29)*

Es ist davon auszugehen, dass bei Patienten, die länger als 24 Stunden an einer ICU verbringen, nach Entlassung eine lebhafte Erinnerung an Albträume und **Halluzinationen** besteht (38). Je länger eine Intensivbehandlung dauert, desto höher wird die Wahrscheinlichkeit, dass bei einem Patienten Albträume, Halluzinationen, traumartige Sequenzen oder andere Recall-Phänomene auftreten (38). Beim ARDS sind Albträume besonders häufig (39). Diese unangenehmen Erinnerungen an den Intensivaufenthalt können die Patienten in ihrem weiteren Leben anhaltend beschäftigen und ihre psychosozialen Funktionen im Sinne der **posttraumatischen Belastungsstörung** (PTSD) beeinträchtigen (39). Die traumartigen Bilder, Illusionen und Halluzinationen treten vor allem in der Phase der Respiratorentwöhnung auf, wenn die Dosen der Sedativa zurückgenommen werden (38) und Absetzphänomene koinzidieren. In der Studie von Bergbom-Engberg et al. (31) konnten sich 37–59% der Patienten daran erinnern, dass sie an einen Respirator angeschlossen waren.

Halluzinationen resultieren aus einer veränderten Wahrnehmung (44). Das Phänomen der Depersonalisation tritt regelhaft in Situationen auf, die den Charakter einer Lebensbedrohung haben (29). Wenn man die Definition von Urdang* über Wahrnehmung heranzieht, so sollte man erwarten dürfen, dass **Wahrnehmungsstörungen** bei Intensivpatienten regelhaft sind. Einer der Gründe ist die Diskontinuität des Zeitempfindens durch Krankheit und/oder Sedoanalgesie. Durch die Neuartigkeit der herrschenden externen und internen Stimuli können sie unter den gegebenen Bedingungen nicht interpretiert werden: Neben der veränderten Kognition ist auch ein Mangel an Information einzurechnen. Aus diesen Gründen existieren die Voraussetzungen für ein geordnetes, gerichtetes Agieren oder Reagieren nicht.

Die Konflikte mit den agitierten Intensivpatienten haben zur Bedingung, dass wir unsere Wirklichkeit zur Norm erheben und diesen Anspruch von einem Menschen einfordern, der dazu nicht unsere Voraussetzungen hat; d.h. wir haben andere Wahrnehmungen als die Intensivpatienten und daher andere Wirklichkeiten, auf die wir reagieren.

Ein weiterer Umstand, der die Patienten stört, ist das **Monitoring**. Die Kabel und Schläuche behindern die Mobilität der Patienten und schränken ihre

*Perception is defined as the continuous recognition and interpretation of sensory stimuli through unconscious associations, especially memory, that serve as a basis for understanding, learning and knowing, or for the motivation of a particular action or reaction (Urdang ed. Mosby´s Medical and nursing dictionary, St. Louis 1986).

Möglichkeiten zur Perzeption ihres Umfeldes ein. Fast jede Spontanbewegung löst einen Alarm aus: Eine entnervte Pflegeperson eilt daraufhin herbei. Nimmt das Pflegepersonal wahr, dass es überwiegend Fehlalarme sind, so werden die Alarme zentral quittiert oder einfach ignoriert. Das kann die Patienten zutiefst verunsichern. Denn sie wissen ja nicht, dass es ein Fehlalarm war, sie nehmen nur wahr, dass niemand reagiert. Manche Patienten bewegen sich nur deswegen nicht, um keine Alarme auszulösen. Die Patienten beziehen häufig auch die Alarme der anderen Intensivpatienten auf sich. Die resultierende Beunruhigung durch Alarme ist an den episodisch auftretenden „Alarmepidemien" erkennbar, die dann mitunter alle Patienten betreffen. Monitoring hat die Qualitäten „fremd" und „nahe". Ist es nicht völlig logisch, dass man eine solche Kombination von Qualitäten loswerden will?

Diskussionsbeitrag über die Studien betreffend „die subjektive Not des Intensivpatienten":
Eine Verzerrung der Ergebnisse ist offenbar, wenn man bedenkt, dass eigentlich immer eine Positivselektion dargestellt wird.
Alle bis auf eine Studie (32) fördern das Ergebnis aus Interviews, die in unterschiedlich langer Zeit nach Entlassung von der Intensivstation geführt worden sind. Mindestens 24% (76) der primär eingeschlossenen Patienten gehen beim Follow-up verloren (Bergbom-Engberg (31): 35%), viele davon, weil sie sterben. Die Intensivpatienten mit den schwersten Erkrankungen und alle, welche die Kommunikationsfähigkeit einbüßen, werden ausgeschlossen. Praktisch alle Studien schließen naturgemäß jene Patienten aus, die mit dem kommunikativen Instrument nicht zu erfassen sind (ICU-Delir, Agitation, Psychosen, Unwille zur Kooperation etc.). Summa summarum werden vermutlich jene Patienten nicht erfasst, die den schlechtesten Komfort haben könnten. Ein Zugeständnis an die Grenzen der Methodik. Und das Aufkommen des Verdachts, dass die Wirklichkeit des Intensivpatienten noch schlimmer ist, als sie dargestellt werden kann.

8. Problematik der Interessenskollisionen

Ein Mensch ist nicht immer Intensivpatient, weil er dieser Art von Medizin und Pflege bedarf.
Mit anderen Worten gesagt: Nicht alle Menschen, die an Intensivstationen als Patienten aufgenommen sind, sind von den Ressourcen dieses Behandlungsangebotes abhängig.
Die Zahl und Gründe der kollidierenden Interessen sind mannigfaltig und können nicht erschöpfend dargestellt werden, jedenfalls liegen sie außerhalb der *eigentlichen Patienteninteressen.* Intensivstationen sind die Speerspitze der Akutmedizin. Das bedeutet, dass es immer eine gewisse Relation von Angebot und Nachfrage gibt. In den Institutionen, in denen das Spektrum der Medizin breit ist und hochspezialisierte Leistungen angeboten werden,

ist es schwierig, einen Platz für einen Patienten zu finden. Unzählige interkollegiale Interessen bestimmen, ob ein Patient den Platz bekommt oder nicht. Es gibt die Interessen der Wissenschaft, kollegialer Verbindlichkeiten und Animositäten, Einflüsse hierarchischer Machtsysteme (z. B. Interventionen von Politikern), Einflüsse der Sozialversicherungen, finanzielle Interessen der Verantwortlichen und sämtliche Einflussfaktoren, die aus der systemischen Interaktion aller Mitwirkenden resultieren, die letztlich auf die Entscheidung einwirken, ob ein Patient Intensivpatient wird und wie lange er es bleibt. Konflikte im Zusammenwirken von Ärzten und Pflege, konkurrierende Einrichtungen, der Versicherungsstatus des Patienten (Sonderklasse?), Einfluss und Wünsche von Angehörigen u.v.m. bestimmen, ob ein Patient aufgenommen wird oder nicht. Mitunter ist die Tageszeit ein Faktor, das Vorhandensein von Ressourcen (mehr Pflegepersonal am Tag), der aktuelle Arbeitsaufwand oder ganz konkrete persönliche Konstellationen, die den Ausschlag geben.

Der Druck auf einen raschen turnover ist hoch, aber nicht alle Stationen sind zu jeder Zeit ausgelastet. Da das Gesundheitssystem auf eine Nichtauslastung jedoch mit dem Entzug von Ressourcen reagiert, gibt es immer wieder Patienten, die „Platzhalter" sind.

Ein weiterer Faktor ist der nachweislich eintretende Knick in der Betreuungsgüte, wenn ein Mensch von der Intensiveinheit auf die Bettenstation verlegt wird. Die Kontinuität der notwendigen Leistungen wird nur in Ausnahmefällen erreicht. Die Mortalität nach Intensiventlassung steigt. Die übernehmenden Verantwortlichen währen sich im Glauben, dass sie alles richtig machen würden, dem ist aber nicht so. Die Kompetenzen der Mediziner im interprofessionellen Bereich sind durch die Parzellierung der Fachbereiche unzureichend. Eine in jüngerer Zeit publizierte Arbeit weist nach, dass die Prognose von Patienten, die von Intensivstationen entlassen worden sind, verbessert werden kann, wenn sie in der Übergangsphase auf der Station von einem Intensivmediziner weiter betreut werden oder wenn sie auf einer *Intermediate Care* weiterbehandelt werden (11).

Die Interprofessionalität ist mit aller Kraft zu fördern.

Schrebergarten-Grenzzaunkonflikte sind zu erwarten.

Ein weiterer Faktor ist der Umgang mit Ressourcen. Während gewissen Problemen, die sowohl ethisch wie ökonomisch relevant sind (Therapielimitierung, rationaler Gebrauch teurer Medikamente), kein Diskurs zuteil wird, wird an anderer Stelle kleinkrämerisch rationiert. Dabei bedenken die Verantwortlichen nicht, dass sie das „Eingesparte" später um ein Vielfaches zurückzahlen müssen (z. B. wenn das billigere Sedativum verwendet werden muss, durch dessen Gebrauch sich aber der Aufenthalt an der ICU um Tage verlängert).

Aus dem Gesagten wird ersichtlich, dass es nicht immer die pflegerische/medizinische Notwendigkeit ist, die einen Menschen zum Intensivpatienten macht. Die leidige Atmosphäre auf den Intensiveinheiten bedingt, dass eine Notwendigkeit zur Sedoanalgesie geschaffen wird, um den Patienten die Toleranz der objektiv schädlichen Einflussfaktoren zu erleichtern. Es scheint wie ein Austreiben des Teufels mit Beelzebub, wenn man nicht primär Gedanken in die grundsätzlichen architektonischen und atmosphärischen Qualitäten der High-Dependency-Units investiert, sondern gezwungen ist, die nosokomialen Effekte mit psychotropen Substanzen zu dämpfen. Auch die Entscheidung, ob sediert wird und wie tief sediert wird, ist von zusätzlichen Einflussgrößen abhängig, die ebenfalls außerhalb der eigentlichen Interessen des Patienten liegen: von den Angehörigen (z. B. Pat. erscheint ihnen am Respirator zu wach) und von Anzahl und Arbeitsaufwand des Pflegepersonals (12).

Der ideale Sedierungsgrad ist auch von der Erwartung des Patienten, von kulturellen Faktoren und den Haltungen und Kenntnissen des Personals beeinflusst (51).

9. Zirkadiane Rhythmik und atmosphärische Einflüsse

Der Tag-Nacht-Rhythmus des kritisch Kranken ist durch seine Erkrankung fundamental verändert (31). Das zeigt sich durch eine stimulusunabhängige Veränderung des BIS (16), des EEG-Musters (19) und der Melatoninsekretion (20). Der kritisch Kranke weist eine schwere Schlaffragmentation mit reduzierten restaurativen Schlafphasen (REM-Schlaf) auf (12).

Darüber hinaus sind es die atmosphärischen Qualitäten der Überwachungseinheiten mit permanentem Lärm und Licht sowie z. T. überflüssige medizinische und pflegerische Handlungen, die hinsichtlich Frequenz oder Qualität der Begegnung unangemessen sind.

Letztlich sind die Kenntnisse der Intensivmediziner betreffend schlafanstoßender Medikamente und nichtpharmakologischer Maßnahmen bescheiden. Vor allem in der Zeit der Respiratorentwöhnung sind die Patienten durch eine gestörte Nachtruhe extremem (und unnötigem) Stress exponiert. Gerade für diese Zeit, die alle Energiereserven fordert, existieren mancherorts widersinnige Beschränkungen von schlafanstoßenden Maßnahmen. Die Anzahl der therapeutisch bedingten Schlafunterbrechungen ist mit der Schwere der Erkrankung korreliert (45). Da es im Mittel 90 Minuten dauert, bis ein Patient in einen Phase-IV-Schlafzyklus kommt, ist es in der Praxis wahrscheinlich, dass sich die nächste Unterbrechung des Schlafes schon ereignet, ehe dieses Zeitintervall verstrichen ist. Lärmspitzen von über 79 dB treten an einer Intensivstation im Mittel alle 9 Minuten auf. Die mas-

sive Störung des Schlafmusters durch Arousal-Reaktionen wurde an Intensivpatienten mittels EEG dokumentiert (71).
Schlafdeprivation ist einer der Haupt-Stressfaktoren der Intensivtherapie (44). Sie ist mit schädlichen Auswirkungen assoziiert: Immunsuppression, Störung der Temperaturregulation, der Proteinsynthese, Hypertension, Tachykardie und Atemstörungen (12, 29). Es kommt zu einer Abnahme des Atemantriebs durch eine verminderte Ansprechbarkeit des Atemzentrums auf Hyperkapnie, die oberen Atemwege neigen zu Obstruktion (29). Das kann zur respiratorischen Insuffizienz führen (29) und die Respiratorentwöhnung verzögern oder eine Reintubation erzwingen.
Subjektiv ist die Schlafstörung an der Intensivstation für die Patienten einer der störendsten Aspekte der Intensivtherapie (21, 24, 31, 32). Gesunde Menschen reagieren auf eine artifizielle Schlafdeprivation mit verwaschener Sprache, Desorientiertheit und weiteren Wahrnehmungsstörungen bis zu auditorischen und visuellen Halluzinationen (44, 45). Das Verhalten ändert sich in Richtung Aggressivität, Irritabilität und Unkooperativität (44, 45). Die Symptome treten nach 2–5 Tagen Schlafentzug auf (45). Gerade in Zeiten erhöhter physischer Beanspruchung benötigt der Mensch Schlaf, der qualitativ entsprechend ist (Phase-IV-Schlaf) und restaurativen Charakter hat (44). Schlafentzug fördert das Entstehen eines Delirs (7), vice versa ist Schlaflosigkeit eine häufige Folge eines Delirs (62). Letztlich resultieren aus diesen Bedingungen ein verlängerter Aufenthalt an der Intensivstation und erhöhte Gesamtkosten (29).

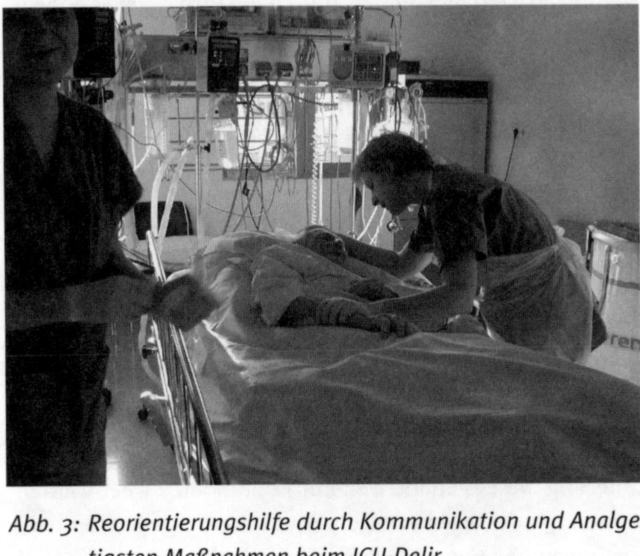

Abb. 3: Reorientierungshilfe durch Kommunikation und Analgesie – die wichtigsten Maßnahmen beim ICU-Delir

Nichtmedikamentöse Maßnahmen umfassen die Reduktion der nächtlichen (ab 22 Uhr) Interventionen am Patienten auf ein notwendiges Minimum – im pflegerischen wie im medizinischen Bereich. Als Schlafunterbrechung kommen in Betracht: direkter Kontakt mit dem Patienten, Lagerungsmanöver, Ansprechen, plötzliche Veränderungen der Schall- oder Lichtintensität, Atemgymnastik, Verbandswechsel, Alarme, Sprechen in der Hörweite des Patienten, Musik, Fernseher, Telefon etc.

Die Nachtruhe kann schon am Tag vorbereitet werden, in dem man gezielt Stimuli setzt, die auf den Patienten aktivierende und orientierende Wirkung haben. Pflegerisch könnte darauf geachtet werden, dass nicht „rund um die Uhr“ am Patienten herummanipuliert wird, sondern dass die notwendigen planbaren Handlungen wie Wechsel der Zuleitungen, Körperpflege etc. zeitlich konzentriert durchgeführt werden (63). Wenn es zumutbar ist, soll sich die aktive Phase deutlich von der Phase der Erholung unterscheiden, durch die Anzahl und Qualität der Handlungen und alle sonstigen atmosphärischen Qualitäten. Das bedeutet forcierte Atemgymnastik, Mobilisierung, Einläufe etc. nur tagsüber durchzuführen und nachts eine Atmosphäre von *Nacht* einzurichten (Dunkelheit, Stille, Langsamkeit, Kühle) (44). Unnötige Geräuschentwicklungen (Flaschen entsorgen etc.) müssen strikt unterbunden werden und als sozial inakzeptables Verhalten bewusst gemacht werden. Mobile Handtelefone mit Vibrationsalarm sind adäquate Kommunikationsmittel (63). Die Lichtintensität soll weitgehend der natürlichen Tageshelligkeit entsprechen, für die Nacht sind Schalter mit *Dim-Funktion* gut geeignet (63). Für manche Patienten sind Gehörschutzstöpsel adäquate Hilfe.

Türen sollten geschlossen werden. Wenn technisch möglich, wäre es günstig, die Lautstärke der Alarme zu reduzieren (29).

Bei der Planung von Intensivstationen wäre es wichtig, Tageslicht einzubeziehen (große Fenster). Das Vorhandensein von Fenstern kann die Wahrscheinlichkeit von Veränderungen des mentalen Zustandes um 50% reduzieren (29). Patienten, die sich in Räumen mit Fenstern aufhalten, bewahren eher Erinnerungen an die Zeit des Aufenthalts, Halluzinationen treten seltener auf (29). Die Intimsphäre der Patienten ist durch Sichtschutz zu wahren, in vielen Landesgesetzen ohnehin ein existierendes Patientenrecht.

Wesentlich ist es, die „*Sundowners*“ frühzeitig zu erkennen und zu behandeln. Wenn ein Patient um Mitternacht den Höhepunkt seines Delirs auslebt und erst dann der Arzt auf den Plan tritt, ist es zu spät. Dann ist meistens eine Hochdosistherapie notwendig, die am nächsten Tag zu einem Überhang führt und den Patienten aufs Neue aus dem Rhythmus bringt. Mit Sensibilität ist die Veränderung dieses Patienten schon 12 Stunden vorher wahrzunehmen. Wir können uns vergegenwärtigen, dass unsere eigene Nachtruhe von vielen Bedingungen abhängt. Pflegerische Maßnahmen umfassen die basale Stimulation (beruhigende Waschung etc.), Lagerungstechniken, Atemtechniken und ein weitestgehender Verzicht auf alle Maßnahmen mit quälender Erlebnisqualität für den Patienten. Die nächtliche Kommunikation soll ruhig sein, in Sprechtempo und Lautstärke. Manche Patienten wünschen Abgeschiedenheit, andere suchen Nähe: Es sind oft die, welche vor allem am Abend „Probleme machen". Das Auf-sich-aufmerksam-Machen kann ein Suchen von Nähe ausdrücken bzw. ein Symptom von Angst sein. Eine personalisierte Pflege, die sich an den Bedürfnissen des Menschen orientiert, kontinuierliche Informationen über die Abläufe und Handlungen (31) und das Einbinden der Angehörigen wirken angstmindernd und beruhigend auf den Intensivpatienten (22). Eine qualitativ gute Pflege, die ihn begleitet und unterstützt, ist im Rahmen der Respiratorentwöhnung effektiver als jedes Sedativum oder Analgetikum (31, 38). Sie hat den größeren Einfluss hinsichtlich Entängstigung und Erhalten der Kooperativität. Durch eine ausgezeichnete Kommunikation zwischen Patient und Pflege kann psychologischen Problemen vorgebeugt werden (41).

Die wichtigsten Maßnahmen beim ICU-Delir (69) sind:
- *individualisierte Kommunikation*
- *Reorientierung (Zeit, Ort, Situation)*
- *adäquate Analgesie*

Eines der zentralen Themen der Intensivpatienten ist *Sicherheit*. Für einen Intensivmediziner mag ein Swan-Ganz-Katheter *Sicherheit* bedeuten, für den Intensivpatienten sind es sicherlich andere Qualitäten, die mit diesem Thema im Kontext stehen (Kontakt, Kommunikation, Familie, Erfüllen der persönlichen Bedürfnisse etc.) (64). *Sicherheit* hat eine Atmosphäre.

Durch das Einbinden der Bezugspersonen in die Reorientierung und Pflege entsteht ein Bündnis, man verfolgt ein gemeinsames Ziel. Die Angehörigen sind besser informiert über den Zustand des Patienten und können adäquat auf seine Bedürfnisse reagieren. Es ist immer wieder erstaunlich, wie rasch Laien und auch alte Menschen die Scheu vor dem Zustand des Patienten und den allgemeinen Bedingungen verlieren und aktiv mitarbeiten. Auf diese Weise wird der Übergang auf die Bettenstation oder die häusliche Situation eingeleitet (z. B. weiß der Angehörige dann schon, auf welche Weise der Patient ein Bedürfnis ausdrückt). Die Menschen haben sich durch die kritische Erkrankung verändert, die Beziehungen haben sich verändert. Die Angehörigen werden vor eine Aufgabe gestellt, die eine Anpassungsleistung erfordert. Man könnte die Angehörigen anregen, für den Patienten ein Tagebuch (mit Fotografien) seines Intensivaufenthalts anzulegen. Ein Bericht konnte zeigen, dass es den Patienten hilfreich in der psychischen Bewältigung des Intensivaufenthalts ist (76).

10. Problematik der Medikamente: Qual der Wahl?

Die relevanten Pharmaka werden im Kapitel „Pharmakologische Voraussetzungen“ dargestellt. Im Weiteren werden zusätzliche Aspekte beleuchtet, die ausschließlich für die Intensivtherapie bedeutsam sind.

Einer der Grundsätze einer rationalen Pharmakotherapie, der für die ganze Periode einer Intensivtherapie gilt, ist, eine Polypragmasie möglichst hintanzuhalten. Man hält die Anzahl der Sedativa so gering wie möglich. Es hat keinen Sinn, 4 oder mehr Substanzen gleichzeitig einzuführen. Das führt nur zu Konfusion.
Jede Sedativatherapie muss individualisiert werden (65), Fixdosen sind Nonsens.
Über die Langzeitfolgen von Langzeitsedierung ist sehr wenig bekannt (63). Es besteht eine Korrelation zwischen Dauer der Therapie mit Sedativa und der Inzidenz von Depression und posttraumatischer Belastungsstörung (66), wobei mit einiger Wahrscheinlichkeit die Zusammenhänge nicht linear sein dürften.

A) Opioide

Die Gründe für die Verwendung von Opioiden sind
a) Analgesie
b) Adaptation an Respirator und Tubus
c) Reduktion der neuroendokrinen Stressreaktion
Opioide sind die primären Substanzen zur Schmerztherapie an einer ICU (47). Das American College of Critical Care Medicine vertritt die Haltung, dass die **Schmerztherapie das primäre Therapieziel in der Behandlung des kritisch Kranken** bleiben muss (29). Ein wesentliches Ziel im Gebrauch der Opioide ist die Aufrechterhaltung eines konstanten Wirkspiegels und damit einer ausreichenden Rezeptorbesetzung (46). Daher ist die kontinuierliche intravenöse Zufuhr einer bolusartigen Verabreichung überlegen. Zwischen Plasmaspiegel und klinischem Effekt besteht keine Korrelation (46, 51). Die Einschätzung des Bedarfs erweist sich als schwieriger, wenn Opioide mit Sedativa kombiniert werden. Im Niedrigdosisbereich wirken Opioide analgetisch, im Hochdosisbereich analgetisch *und sedierend* (47). Schmerz lässt Angst exazerbieren (7, 48). Es wäre ein Unfug, einen schmerzgeplagten Menschen zu sedieren (48), wenn man in der Lage ist, den Schmerz zu behandeln.

Daher ist in der Intensivmedizin wie in den anderen Bereichen die **Analgesie prioritär** (48, 51). „Schmerz sollte als der 5. Vitalparameter betrachtet werden, neben Atmung, Herzfrequenz, Blutdruck und Temperatur" (JCAHO).

Tab. 8: Anforderung an ein ideales Opioid für Patienten am Respirator
(modifiziert nach Freye, 46)

hohe therapeutische Breite
hohe analgetische Potenz
stark antitussive Wirkung
fehlende Organtoxizität
keine Beeinträchtigung des kardiovaskulären Systems
kurze kontextsensitive Halbwertszeit
geringe Wirkung auf Darmmotilität
keine Interaktion mit anderen Medikamenten
geringe Beeinflussung des endokrinen Systems

Sufentanil entspricht am ehesten diesen Anforderungen. Es wirkt auch stark hypnosedativ, die Hämodynamik bleibt unter Sufentanil relativ stabil. Ein großer Vorteil ist die gegenüber Fentanyl kürzere kontextsensitive Halbwertszeit, wenn die Dauer der Zufuhr mehrere Stunden übersteigt. Bestechend ist die *Entkoppelung von Analgesie und Atemdepression* (siehe Seite 218), was zur Folge hat, dass die Patienten im Rahmen der Respiratorentwöhnung die Kompetenz zur Eigenatmung erreichen, ohne Schmerzen haben zu müssen. Da Sufentanil eine hohe analgetische Potenz hat, wird sich in Abhängigkeit von der Dauer der Zufuhr (> 20 Tage) bei Absetzen ein Entzugssyndrom manifestieren. Daher ist ein Ausschleichen der Therapie mit Unterstützung eines α_2-Agonisten sinnvoll. Die frühzeitige Zugabe von Clonidin ist indiziert, da sich die Toleranzentwicklung von Sufentanil verzögert, die Phase der Respiratortentwöhnung verkürzt (46) und die kumulative Opioiddosis reduziert wird.
Dosierung: Initialbolus 0,2–0,6 µg/kg – kontinuierlich 0,6–1 µg/kg/h.
Morphinsulfat ist in den USA das Opioid der ersten Wahl beim hämodynamisch stabilen Intensivpatienten (47, 48). Sein Vorteil ist der Preis. Nachteile sind die lange Zeit, bis sich die Wirkung entfaltet (schlechte Steuerbarkeit) und der Metabolit Morphin-6-Glucuronid, der bei eingeschränkter Nierenfunktion kumuliert. Histaminfreisetzung, Hypotension und die starke Wirkung auf den Darm sind limitierende Faktoren (48).
Dosierung: 50 µg/kg als Initialbolus, gefolgt von einer i.v.-Infusion von 2–10 mg/h (48).

Fentanyl gilt in den USA als Mittel der zweiten Wahl beim hämodynamisch instabilen Intensivpatienten (47, 48). Seine hypnosedative Wirkung ist gering, seine kontextsensitive Halbwertszeit sehr lang, da es in den peripheren Kompartimenten kumuliert.
Dosierung: 1–2 µg/kg (25–100 µg), dann kontinuierliche Infusion mit 1–2 µg/ kg/h (25–100 µg/h).
Pethidin sollte auf einer Intensivstation nicht zur Analgosedierung verwendet werden (47, 48) (siehe auch Seite 223).

B) „Basis-Sedativa"

Die Gründe, warum diese Substanzen in Kombination mit Opioiden zugeführt werden, sind
a) Anxiolyse
b) Amnesie
c) Reduktion der neuroendokrinen Stressreaktion
d) Schlafanstoß/Hypnose
Die Auswahl der Substanzen ist groß. Ihre Zufuhr erfolgt intermittierend oder kontinuierlich. Die kontinuierliche Applikation wird überwiegend bevorzugt und führt eher zu einem geglätteten Verlauf des Sedierungsniveaus sowie zu besserem Patientenkomfort als die diskontinuierliche Gabe; Kollef et al. (17) konnten jedoch nachweisen, dass sich die Dauer der Ventilatortherapie mehr als verdoppelte. Rezente Daten legen nahe, dass sie vorsichtig titriert und in der *geringst möglichen Dosis* verabreicht werden sollen (3, 49, 51), dadurch kann die Dauer des ICU-Aufenthalts verkürzt werden (49).
Die 3 primär verwendeten Substanzen sind die Benzodiazepine **Midazolam** und **Lorazepam** und das Alkylphenol **Propofol.** Hier sind in erster Linie die kontextsensitive Halbwertszeit, die substanzspezifischen unerwünschten Wirkungen und die Interaktionen der Medikamente ausschlaggebend.
Werden Benzodiazepine über längere Zeit (Tage) kontinuierlich verabreicht, so vermindert sich die Wirkung der Opioide (*antianalgetische Wirkung der Benzodiazepine*) (46). Dieser Effekt würde eine Dosissteigerung des Opioids erzwingen. Der Ursache dieser Tachyphylaxie scheint ein indirekter Antagonismus der Benzodiazepine zu Grunde zu liegen (50), möglicherweise eine partielle Hemmung deszendierender monoaminerger Schmerzbahnen (46). Daher sollen *Benzodiazepine*, wenn sie über längere Zeit verabreicht werden, *diskontinuierlich* appliziert werden. Werden Benzodiazepine länger als 24 Stunden kontinuierlich angewendet, so ist mit dem Auftreten akuter Toleranz zu rechnen (3), vor allem, wenn kurz wirksame Substanzen hoch dosiert und abrupt abgesetzt werden (3).

Es existiert Evidenz, dass nach Koronarbypassoperationen durch Benzodiazepine die stressassoziierte Katecholaminreaktion verhindert wird, nicht jedoch durch alleinige Gabe von Fentanyl (3, 51). Opioide und Benzodiazepine weisen synergistische Effekte auf. Anxiolyse und Amnesie sind rationale Therapieziele in der Intensivmedizin und sprechen für Benzodiazepine.

Midazolam beginnt bei bolusartiger Verabreichung innerhalb von 2 Minuten zu wirken (48), eine Hypotension entwickelt sich vor allem unter Hypovolämie (48), selten bei kontinuierlicher Zufuhr (51). Midazolam oder Propofol sind die Mittel der Wahl für eine Kurzzeitanalgosedierung (< 24 h) (4, 48). Die Sedierungsqualität der beiden Substanzen ist gleichwertig (4), unter Propofol wurde jedoch häufiger Untersedierung beobachtet (49).
Die Zeit von der Unterbrechung der Zufuhr bis zur Extubation ist bei Propofol kürzer (bei 5 von 8 Studien) (4). Midazolam gewährleistet auch im Niedrigdosisbereich eine verlässliche Amnesie (51). Wird Midazolam über längere Zeit in hohen Dosen zugeführt, so kann seine Wirkung Tage über den Zeitpunkt der Beendigung andauern, bei Patienten mit eingeschränkten Organfunktionen auch über 1 Woche. Dieser Effekt tritt schon nach einer Zufuhr mit konstanten Flussraten über 24 Stunden auf und beruht darauf, dass die Substanz in peripheren Geweben akkumuliert (3). Wird die Dosis jedoch nach Effekt wiederholt in Einzeldosen titriert, so ist seine Wirkdauer kurz und es akkumuliert nicht (51). Die Pharmakokinetik von Midazolam wird durch eine verminderte hepatische Perfusion, eine veränderte Proteinbindung, Flüssigkeitsverschiebungen und Interaktionen verändert.
Viele Substanzen, darunter Erythromycin, Propofol, Diltiazem und Cimetidin führen zu einem verlängerten Midazolameffekt (3). Für eine Langzeitsedierung ist der Nutzen von Midazolam begrenzt, da seine Eliminations-HWZ bis zu 30 Stunden ansteigt (2). Ist die Beendigung der Therapie erwünscht, muss es behutsam ausgeschlichen werden, um Absetzphänomene zu begrenzen (2).
Dosierung: Initialbolus 0,5–5 mg oder 0,03 mg/kg; kontinuierlich 0,01–0,2 mg/kg/h oder 2–5 mg/kg – je nach Effekt bzw. Sedierungsziel (3, 48).
Propofol führt häufiger zu hypotensiven Phasen, sowohl nach kardiochirurgischen Eingriffen wie auch beim chirurgischen und gemischten ICU-Klientel (vor allem in den ersten 30 Minuten der Intensivtherapie) (4). Daher wird die bolusartige Verabreichung an Intensivpatienten nicht empfohlen. In der Langzeit-Sedoanalgesie hat Propofol den Vorteil inne, dass seine kontextsensitive Halbwertszeit kurz ist und die Patienten unabhängig von der Dauer der Zufuhr 10–15 Minuten nach Infusionsstop Aufforderungen befolgen können (2). Der Hauptgrund dafür ist die rasche Plasmaclearence (48). Je tiefer der Grad der Sedierung unter Propofol ist, desto länger dauert es bis zu

Erwachen des Patienten (51). Im Vergleich zu Midazolam gelingt die Extubation nach Beenden der Zufuhr früher (4), es akkumuliert nicht wie Midazolam, wenn es in fixen Dosen kontinuierlich über längere Zeit gegeben wird, um tiefe Sedierungseffekte zu erreichen (51). Auch wenn Propofol über 1 Woche kontinuierlich verabreicht worden ist, können die Patienten nach Absetzen innerhalb einer Stunde extubiert werden (49). Beim Schädel-Hirn-Trauma konnte durch Propofol ein verbessertes Outcome nachgewiesen werden (55). Hämodynamische Effekte (Bradykardie, Hypotension) sind auch unter Langzeitsedierung beobachtet worden (51). Verwendet man bei Kurzzeitsedierung Propofol statt Midazolam, so sind ökonomische Vorteile zu erwarten, da sich die Zeit am Respirator und damit der Aufenthalt an der ICU verkürzt (4). Dauert die Sedoanalgesie über 24 Stunden, so gehen die ökonomischen Vorteile von Propofol verloren (4), die Substanz ist immer noch relativ kostspielig. Problematisch erweist sich das *Propofol-Infusion-Syndrome*, das üblicherweise nur auftritt, wenn die Dauer der Zufuhr 24 Stunden überschreitet und die Dosis 5 mg/kg/h übersteigt (siehe Seite 170). Die Zufuhr von Fett mit einer kontinuierlichen Propofolgabe ist beachtlich, mehr als 1000 kcal/Tag sind durchwegs die Norm (Propofol 1% = 1,1 kcal/ml). Eine dadurch resultierende Hypertriglyzeridämie kann den Einsatz der Substanz limitieren. Bei Triglyzeridwerten bis zu 500–600 mg/dl konnten bisher keine Komplikationen beobachtet werden (49). Die 2%-Zubereitung, die nur für die Intensivtherapie zugelassen ist und in den USA noch von der FDA überprüft wird, hat den Vorteil, dass pro Einheit nur mehr der halbe Fettanteil enthalten ist. Der Phospholipidzusatz von Propofol kann mit der pTT-Bestimmung interferieren (49), eine erhöhte Inzidenz an Thrombosen wurde bisher noch nicht berichtet.

Propofol erscheint indiziert, wenn eine Sedierung rasch erfolgen muss, wenn ein Patient trotz Zufuhr anderer Substanzen agitiert bleibt oder wenn ein rasches planbares Erwachen angestrebt wird (48). Der Blutdruckabfall, der durch Propofol ausgelöst wird, ist durch Volumengabe gut zu therapieren (48). Unter kontinuierlicher Infusion von Sedierungsdosen sind nur minimale hämodynamische Effekte ohne Beeinflussung der Perfusionsdrucke zu erwarten, wenn ein adäquater Volumsstatus vorliegt (2). Entzugsphänomene durch Propofol wurden bisher noch nicht berichtet (49). Manche Autoren sehen in Propofol das geeignetere ICU-Sedativum im Vergleich zu Midazolam (49).

Dosierung: 0,5–3 mg/kg/h.

Eine Kombination von Midazolam und Propofol ist sicher und effektiv (56). Nach Beendigung der Zufuhr kommt es zu raschem Erwachen, die Dosen beider Substanze können reduziert werden (Propofol um 60% und Midazolam um 75%), dadurch entstehen ökonomische Vorteile (49, 51). Die gemeinsame Verwendung beider Substanzen dürfte mehrere Vorteile haben (51). In der Handhabung von Propofol sind die hygienischen Hinweise besonders zu beachten, die Infusionsschenkel sollten alle 24 Stunden gewechselt werden (49). Der EDTA-Zusatz, der aus hygienischen Gründen beigefügt worden ist, hat bisher noch zu keinen nachteiligen Wirkungen an Patienten geführt (2), eine Zinkdepletion wäre denkbar. Zu bedenken ist, dass in Generika andere Zusätze, wie z. B. Metabisulfit, enthalten sein können. Ein Versuch hat gezeigt, dass die entsprechende Formulation instabil war, ihren pH verändert hat und ein idealer Nährboden für Candida und E. coli war (61).

Lorazepam ist das Sedativum der Wahl, wenn eine Sedoanalgesie über 24 Stunden absehbar ist (4) bzw. wenn ein rasches und planbares Erwachen nicht angestrebt wird (51). Nach den neuen Richtlinien der Society of Critical Medicine ist es *für die meisten Patienten zur ICU-Sedierung empfohlen* (34). Lorazepam hat die geringste Lipidlöslichkeit der Benzodiazepine, daher überwindet es die Blut-Hirn-Schranke nur langsam und seine Wirkung tritt mit einer Latenz von 15–30 Minuten ein. Daher empfehlen einige Autoren, eine Sedierung mit Midazolam einzuleiten und mit Lorazepam aufrecht zu erhalten (48). Lorazepam hat eine hohe Affinität zum BZD-Rezeptor, es wirkt potent anxiolytisch, amnestisch und antikonvulsiv. Seine Potenz ist 7x so hoch wie Midazolam (51). Eine besondere Indikation ist die psychotische Angst (ICU-Delir). Im Vergleich zu Midazolam kommt es bei Langzeitsedierung nach Absetzen von Lorazepam rascher zum Erwachen. Ein weiterer Vorteil gegenüber Midazolam und Propofol ist der geringere Preis (1/10 von Midazolam) (59) und die große Sicherheit von Lorazepam (48) auch bei Patienten mit reduzierten Organleistungen. Lorazepam ist sehr gut titrierbar, die ideale (= geringste effektive) Dosis kann sehr gut gefunden werden (51). Pohlmann et al. (60) haben die Rückkehr zum Wachbewusstsein nach Absetzen von Lorazepam und Midazolam verglichen und haben festgestellt, dass die Normalisierung durch Midazolam träger erfolgt.

Ein Problem des Lorazepam ist seine Inkompatibilität mit allen möglichen Kunststoffen. Da Lorazepam nicht wasserlöslich ist, wird es in Polyäthylenglykol gelöst und muss in Glasflaschen, am besten in Glucose 5% zugeführt werden. Der PEG-Gehalt der Substanz bedingt, dass es zum Auftreten einer Laktatazidose und Tubulusnekrose kommen kann, vor allem, wenn es hoch dosiert über lange Zeit an Patienten mit vorgeschädigter Niere verabreicht wird (49).

Dosierung: Initialbolus 0,5–2,0 mg, kontinuierliche Infusion 0,01–0,1 mg/kg/h (48) oder 1–3 mg/h oder 0,044 mg/kg intermittierende Bolusdosis (51).

C) Weitere Pharmaka zur Sedoanalgesie an der Intensivstation*

Remifentanil ist in Österreich seit 2002 zur kontinuierlichen Analgesie auf Intensivstationen bis zu einer Anwendungsdauer von 3 Tagen zugelassen. Sein Einsatz ist sinnvoll, wenn a priori eine rasche Respiratorentwöhnung geplant ist. Eine Kombination mit Methoden der Regionalanästhesie erscheint zukunftsreich. Bei Langzeit-Intensivtherapie ist eine intermittierende Gabe dann sinnvoll, wenn kurze Eingriffe mit hoher Stimulusintensität durchgeführt werden müssen (dilatative Tracheostomie, PEG-Sonde, Zentralvenenzugänge, Bronchoskopie etc.). Ein Anwendungsvorteil liegt in der organunabhängigen Elimination, es könnte eine exzellente Wahl für die Kurzzeit-Analgesie an der ICU sein (59). Unter Remifentanil entwickelt sich sehr rasch (nach wenigen Stunden) eine ausgeprägte Toleranz (78).

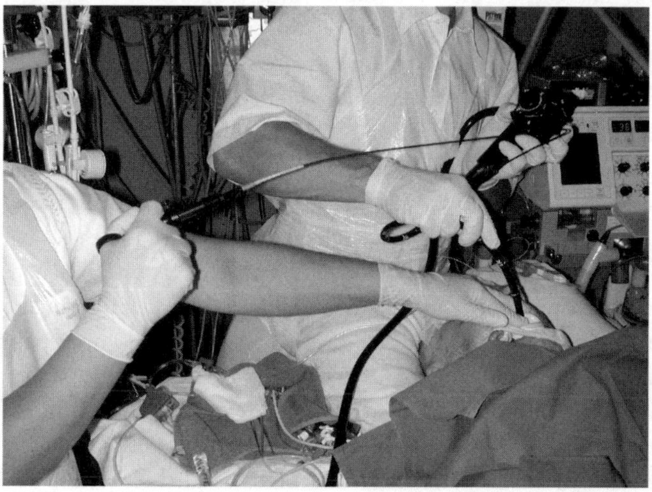

Abb. 4: Gastroskopie eines Intensivpatienten in Remifentanil-Analgesie

Weitere wichtige Substanzen sind die zentralen α_2-Agonisten **Clonidin** und **Dexmedetomidin** und die Antipsychotika **Haloperidol** und **Droperidol**. Diese Substanzen sind unverzichtbar bei der Respiratorentwöhnung, beim ICU-Syndrom und bei der Entwöhnung von Substanzabhängigkeit (Opioide, Alkohol). Für die letzte Indikation wird auch **Gammahydroxybutyrat** herangezogen.

*Alle Substanzen werden eingehend – auch im Hinblick auf ICU-Sedierung – im Kapitel „Pharmakologische Voraussetzungen" dargestellt.

Die α_2-Agonisten erleben in den letzten Jahren eine wahre Renaissance. Der rationale Hintergrund liegt in ihrer Potenz, die stressinduzierten hormonellen und neuroendokrinen Veränderungen im Rahmen einer Akuterkrankung oder nach (chirurgischem) Trauma zu modulieren. Die meisten perioperativen Komplikationen sind nicht eine direkte Folge des chirurgischen oder anästhesiologischen Einwirkens, sondern die Folge der stressinduzierten Reaktion des Organismus (29). Die analgetische, anxiolytische und sympatholytische Wirkung des Clonidin und Dexmedetomidin reduziert die posttraumatische Stressreaktion (75).

Ketamin kann für kurzzeitige Eingriffe von schmerzhaftem Charakter herangezogen werden. Die Kombination Ketamin + Midazolam ist für Eingriffe wie Lumbalpunktionen, Legen von zentralvenösen Kathetern, Thoraxdrainagen etc. sicher und effektiv, die unerwünschten Wirkungen sind gering (29).

Eine kontinuierliche Zufuhr von Ketamin wäre im Status asthmaticus indiziert. Möglicherweise ist die Rolle des Ketamin im Einsatz bei Darmatonie und in der Sepsis noch unterschätzt.

Die **Lokal- und Regionalanästhesie** dürfte an kritisch Kranken zur Zeit ebenso noch unter ihrem Wert gehandelt werden. Einen besonderen Wert hat die kontinuierliche Epiduralanästhesie und -analgesie. Um positive Effekte zu erreichen zu können, müssen jedoch die Voraussetzungen erfüllt werden (z. B. Katheterpositionierung über Th_{10} für abdominelle Eingriffe, kontinuierliche Evaluation der Effekte). Regionalanästhesieverfahren erfordern ein differenziertes Herangehen (Fixdosierungen = Nonsens).

Im Rahmen der Respiratorentwöhnung kann die *Tubustoleranz* mit **Lidocain 1%** (5 ml/h) verbessert werden, so dass eine Reduktion der Analgosedierung um 30–40% möglich wird.

Diazepam und **Etomidat** sind in der kontinuierlichen Intensivsedierung verlassen (48). Diazepam hat aktive Metaboliten, die bei kontinuierlicher Zufuhr akkumulieren (51), Etomidat supprimiert die Funktion der Nebennierenrinde. Für **Barbiturate** gibt es wenige Indikationen (erhöhter Hirndruck, Status epilepticus) (49). Propofol senkt ebenso den ICP, die unerwünschten Wirkungen und die Pharmakokinetik der Barbiturate sind indiskutabel.

Muskelrelaxanzien werden an der Intensivstation zur Erleichterung der Intubation, für Transporte, Umlagerung, Diagnostik (Bronchoskopie) und Operationen verwendet.

An manchen Institutionen werden sie gebraucht, um den Sauerstoffverbrauch zu reduzieren, gefährdende Bewegungen durch Muskelaktivität zu limitieren, den Patienten mit dem Respirator zu synchronisieren oder eine

Beatmung mit permissiver Hyperkapnie zu ermöglichen (29). Meiner Ansicht nach sind die letzten genannten „Therapieziele“ durch eine optimierte Sedoanalgesie zu erreichen. Die kontinuierliche Infusion von Muskelrelaxanzien birgt ungeheure Gefahren: Dekubitalulzera, unbemerkte Extubationen, Lagerungsschäden (Nervendrucklähmungen, Cornea-Erosionen), Thrombosen und Myopathien.
Die Erfahrung, wach und vollständig bewegungsunfähig zu sein, ist eine Erfahrung von vital bedrohlichem Charakter. Eine Befragung amerikanischen Intensivpflegepersonals hat ergeben, dass viele Pflegepersonen geglaubt haben, dass Muskelrelaxanzien eine analgetische und sedierende Wirkung hätten (73).
Muskelrelaxanzien sollten gezielt und nach strenger Indikationsstellung verabreicht werden. Ehe sie injiziert werden, ist eine tiefe Sedierung herbeizuführen.

11. Kontroverse: tägliches Erwachen

Die kontinuierliche Zufuhr der sedoanalgetischen Substanzen hat Vorteile und Nachteile.
Vorteile sind die einfachere ökonomische Handhabung durch das Pflegepersonal, hygienische Aspekte (selteneres Hantieren am Zentralvenenzugang) und ein Kontinuum der Effekte mit der geringsten Kreislaufwirkung.
Nachteile sind die Kumulation der Substanzen, Entwicklung von Tachyphylaxie, Toleranz bzw. Absetzphänomene, da es wahrscheinlich ist, dass mehr Substanzen zur Verfügung stehen, als dem Bedarf entsprechen würde (Downregulation der Rezeptoren). Etwa ein Drittel aller Patienten, die länger als 1 Woche unter kontinuierlicher Sedoanalgesie stehen, kommen in eine Entzugssituation (58). Daraus ergibt sich eine längere Beatmungsdauer, ein verlängerter Aufenthalt an der Intensivstation und assoziierte Komplikationen (nosokomiale Pneumonien, Darmparalyse etc.) – letztlich auch ein verlängerter Krankenhausaufenthalt. Die neurologische Beurteilung wird durch eine konstante tiefe Sedierung erschwert bis unmöglich gemacht. Dadurch fallen überflüssige und teure CT-Untersuchungen an (48). Für alle diese Effekte gibt es hinreichend klinische Evidenz (17, 52).
Es ist einleuchtend, dass all diese Effekte auf der Kostenseite zu Buche schlagen. Kress et al. (21) haben das Outcome von 2 Gruppen (kontinuierliche Sedoanalgesie – intermittierende Sedoanalgesie mit Phasen von Erwachen) verglichen und fanden, dass die Patienten unter diskontinuierlicher Sedierung eine kürzere Beatmungsdauer hatten und der ICU-Aufenthalt um 3,5 Tage verkürzt werden konnte. Die Midazolamdosen konnten in dieser Gruppe um 50% reduziert werden, die Anzahl der notwendigen CT-Fahrten

wurden auf ein Drittel reduziert. In der Studie von Kress wurde nicht untersucht, welche psychischen Folgen das Unterbrechen der Sedoanalgesie bei einem kritisch Kranken hat.
Kontinuierliche Sedierung verlängert die Dauer der Respiratortherapie, des Intensiv- und Krankenhausaufenthalts (17). Eine verlängerte Beatmungsdauer führt zu einer höheren Rate an ventilatorassoziierten Komplikationen, wie Pneumonie, Barotrauma, ungeplante Extubation und Atemwegskomplikationen wie Trachealulzerationen (17).
Wenn es notwendig ist, dass Sedativa in kürzeren Intervallen als 2 Stunden gegeben werden müssen, ist einer kontinuierlichen Verabreichung der Vorzug zu geben (48).

12. Sedierungsprotokolle und Richtlinien

Eine wesentliche Verbesserung der Behandlungsqualität ist durch das Implementieren von Sedierungsrichtlinien für das Pflegepersonal zu erwarten. Vorausgesetzt ist ein allseitiges Verständnis für die Beurteilung von Sedierungseffekten und für den Patientenkomfort (siehe „Die subjektive Not des Intensivpatienten“). Das bedingt einen *völlig individualisierten Zugang* zu jedem Patienten. Das heißt in praxi: Man muss den Patienten kennen lernen, seine Vergangenheit, seine Lebensumstände, sein Denken, seine Pläne etc. Durch die Berücksichtigung aller Faktoren, die den Komfort des Intensivpatienten beeinflussen, und durch standardisierte medikamentöse Maßnahmen zur verbesserten Toleranz der bekannt quälenden Maßnahmen sind in jedem Fall Verbesserungen des Outcome zu erwarten. Die Dokumentation der Sedierungseffekte ist zu fordern, damit die kooperierenden Kräfte zur Beurteilung der Effekte von potenten Substanzen eine „gemeinsame Sprache“ verwenden können.
Brook et al. (53) konnten nachweisen, dass durch ein multidisziplinäres Sedierungsprotokoll die Zeitdauer kontinuierlicher i.v.-Sedierung und die Zeit am Respirator dramatisch vermindert werden konnten, dass sich die Aufenthaltsdauer der Patienten an der ICU reduzieren ließ und dass die Indikation zur Tracheostomie seltener gestellt werden musste. McLaren et al. (54) konnten zeigen, dass es mit Hilfe eines Sedierungsprotokolls gelingen konnte, die Qualität der Sedierung zu verbessern und die Kosten zu senken. Manche Autoren fordern den routinemäßigen Einsatz von standardisierten und validierten Sedierungs-Scores (3, 49).

Vorschläge für ein praktisches Vorgehen

1. *Wenn möglich, Schmerzevaluation (VAS)*
2. *Einschätzung der Sedierungstiefe (Ramsey, SAS, MAAS, BIS etc.)*
3. *Sedierungsziel festlegen (-dauer, -tiefe)*
4. *Sedierungsverlauf dokumentieren*

Kurzzeitanalgosedierung

Analgesie *mit Sufentanil kontinuierlich (Alternative: Remifentanil)*
Sedierung *mit Propofol oder/und Midazolam in der geringsten möglichen Dosis*
kreislaufstabiler Patient/rasche Extubation geplant: Propofol, kontinuierlich
kreislaufinstabiler Patient: Midazolam
bei Delir: Haloperidol

Langzeitanalgosedierung

Analgesie *mit Sufentanil*
ehestmöglich Zusatz von Clonidin
Sedierung *mit Lorazepam, intermittierend nach Effekt*
Alternative: Midazolam kombiniert mit Propofol –
Midazolam: wenn möglich diskontinuierlich, kein Dosisexzess
Propofol: maximal 5 mg/kg/h
wenn vertretbar: tägliches Erwachen
bei Delir: Haloperidol

Spezielle Situationen*

Weaning/Respiratorentwöhnung: Diese Phase ist besonders sensibel. Einerseits werden Sedativa häufig zurückgenommen, andererseits entwickeln die Patienten häufig große Angst, wenn die Atemtherapie anstrengender wird. Nun wirken die atmosphärischen Einflüsse der Intensivstation am stärksten auf den Patienten ein und nie wird er vom guten Kontakt zur Pflege mehr profitieren als jetzt. Die nichtpharmakologischen Maßnahmen stehen im Vordergrund. Die Respiratorentwöhnung soll so rasch wie nur möglich

*Betrachtung ausschließlich bezogen auf das Thema „Sedativa und Opioide".

erfolgen, da diese Phase dem Patienten die größten Qualen bereitet. Für die Pflege ist es essentiell wichtig zu wissen, welche Symptome die größte Belastung hervorrufen (Tubus!). Die Patienten sollen nicht in die Situation kommen, sich allein gelassen zu fühlen. Sie brauchen jetzt ein Gefühl maximaler Sicherheit. Durch Lagerungstechniken kann die Entwöhnung effizienter erfolgen. Sedativa werden behutsam ausgeschlichen. Priorität hat erneut die Schmerztherapie. Das wird besonders in dieser Zeit häufig außer Acht gelassen (63). Besteht trotz maximaler pflegerischer Zuwendung Angst bzw. ein Benzodiazepinentzug, so kann Lorazepam per os oder über die Ernährungssonde verabreicht werden (63), am besten in einer Weise, dass ein konstanter Wirkspiegel aufrechterhalten bleibt (65). Alternativ kann man Propofol i.v. verwenden (65). Wenn sich ein Delir entwickelt oder ein Entzugssyndrom manifest wird, sollte Haloperidol möglichst frühzeitig in die Therapie aufgenommen werden (63). Die Patienten sind sehr engmaschig hinsichtlich Vigilanz und vegetativer Zeichen zu beobachten. Der Nachtschlaf hat eine enorme Bedeutung. Häufig wünschen die Patienten Schlafanstoß und die Ärzte kommen in Verlegenheit. Dabei wird übersehen, dass besonders alte Menschen auch zu Hause eine schlafanstoßende Dauermedikation einnehmen (63). Man kann davon ausgehen, dass sich diese bewährt hat. Auf jeden Fall überzeugt man sich zuerst, ob Schmerzen oder Angst vorliegen. Diese werden konsequent behandelt. Wenn Angst durch die nichtpharmakologischen Methoden nicht behandelbar ist, erscheint ein Benzodiazepin mit mittlerer oder langer Wirkdauer sinnvoll (Nitrazepam/Mogadon®, Diazepam/Gewacalm®, Lorazepam/Temesta®), auf keinen Fall eines mit kurzer Wirkdauer (Midazolam/Dormicum®, Triazolam/Halcion®). Alternativ kann Propofol oder ein schlafanstoßendes Antipsychotikum, z. B. Prothipendyl/ Dominal®, zur Anwendung kommen. Papadakos & Dasta (63) greifen in dieser Zeit auch gerne zu Diphenhydramin/Dibondrin®, seine anticholinergen Effekte sind jedoch potenziell delirogen. Der Schlafanstoß mit Propofol kann zu jeder Zeit begonnen werden. Die anderen Substanzen sollen rechtzeitig verabreicht werden (spätestens 20 Uhr), weil sonst am nächsten Tag mit einem Überhang zu rechnen ist.

Wenn ein Patient über 5–7 Tage Sedoanalgesie erhalten hat, kann er rasch entwöhnt werden (Reduktion der Substanzen um 10–15% alle 6–8 Stunden). Wenn aber eine kontinuierliche Sedoanalgesie über 7 Tage durchgeführt worden ist, sollte die orale Gabe lang wirksamer Substanzen erwogen werden (72).

Alkoholentzug: Papadakos (65) sagt aus, dass 36% der verletzten Patienten im städtischen Bereich Abhängigkeitserkrankungen aufweisen. Daher betrachtet er alle ICU-Patienten so lange als drogen- oder alkoholabhängig, bis das Gegenteil bewiesen ist. Eine andere Studie geht von einer Rate von 50–60% Alkoholkrankheit unter Traumapatienten aus (70). Die Rate der Alkoholkranken unter den Traumapatienten wird stark von der regionalen (Trink-)Kultur und den gesellschaftlichen Bedingungen abhängen.
Die Mortalität beim Alkoholentzug beträgt 1–15%. Die Symptome eines Delirium tremens verlaufen typischerweise 24-72 Stunden nach der letzten Ingestion progredient. Die Entzugstherapie beginnt am besten, ehe das Delir beginnt (65). Aufnahmeindikationen für die ICU sind a) die Zunahme der Symptome und b) begleitende medizinische Gründe.
Die Therapie umfasst den Ausgleich der regelhaft gestörten Elektrolytbalance (Kalium, Magnesium, Phosphor), die Gabe von Thiamin, Cobalamin (Vit B_1 und B_{12}) und Folsäure. Als Sedativum wählt man eine Substanz, die am besten eine Kreuztoleranz mit Alkohol hat und mit dem GABA-A-Rezeptor interagiert (um Entzugsanfälle zu verhindern). Das sind in erster Linie Benzodiazepine, Propofol (65), Clonidin (29) oder Gammahydroxybutyrat. α_2-Agonisten wie Clonidin sind geeignet, hypermetabolische Zustände wie bei Delirium tremens zu behandeln (29).
Vielerorts wird Äthanol (intravenös oder oral mit den allseits greifbaren und vorhandenen Produkten) zur Behandlung des Delirium tremens verwendet. Sein Einsatz mag gerechtfertigt sein, wenn von einem Patienten bekannt ist, dass er keine Entzugsbehandlung wünscht oder eine zukünftige Alkoholkarenz unwahrscheinlich erscheint. Die Therapie mit Äthanol findet in der Literatur keine Unterstützung (29), vor allem weil Äthanol eine schmale therapeutische Breite hat und schlecht steuerbar ist.
Benzodiazepinentzug: Wenigstens in den USA entwickeln viele Patienten unter Intensivtherapie einen Benzodiazepinentzug, da die kontinuierliche Einnahme der Abhängigen durch schwere Erkrankung oder Unfall unterbrochen worden ist (65). Entzugsymptome sind Angst, Furcht, Agitation, Schlaflosigkeit und therapierefraktäre Krampfanfälle. Lorazepam ist hilfreich, Clonidin und Betablocker können die vegetativen Symptome mildern (65).
Opioidentzug: Süchtige und Krebskranke können unter ICU-Bedingungen einen unbeabsichtigten Opiatentzug durchmachen. Behandelt wird mit Fentanyl oder Morphinsulfat i.v. – ggf. mit Methadon.
Entzug (Alkohol, Benzodiazepine, Opioide etc.) kommt häufiger bei jüngeren Patienten vor (58). Sucht entwickelt sich an Intensivpatienten ohne Abhängigkeits- oder Suchtanamnese selten (29).
Kokainintoxikation: Die Behandlung des *Status hypercatecholaminicus* erfolgt klassisch mit Benzodiazepinen. Im Widerspruch zur ILCOR (siehe

Seite 529) sagt Papadakos aus, dass eine Therapie mit Alpha- und Betablockern schon häufig erfolgreich gewesen wäre (65). Zu beachten sind die gleichzeitig bestehende Hypoxie, Hyperkarbie und Elektrolytimbalance.
Status asthmaticus: Propofol hat im Hochdosisbereich auch eine bronchodilatatorische Wirkung (67) und kann – falls eine Intubation notwendig wird – auch sehr gut mit Ketamin kombiniert werden (siehe Seite 296).
Endotracheale Intubation: Das bevorzugte Sedativum ist beim euvolämen Patienten Propofol, sonst Etomidat. Midazolam und Barbiturate können eine Hypotension auslösen (65).
Schädel-Hirn-Trauma: Die Therapie des Schädel-Hirn-Traumas ist komplex und multifaktoriell. Bezogen auf die Substanzwahl sind Analgesie und die Senkung des ICP das Behandlungsziel. Die Substanzen sollen gut steuerbar sein, damit man den Patienten intermittierend erwachen lassen kann und ein klinisches Neuromonitoring möglich wird. Propofol senkt den ICP und die CMR. In der Arbeit von Kelly (Vergleich Propofol–Morphin) (55) hatten diejenigen Patienten das beste Outcome, welche die höchsten Dosen Propofol für die längste Zeit bekommen hatten (6-Monats-Mortalität: Morphin: 21% – Propofol 17%).
Remifentanil erfüllt alle Voraussetzungen für ein Analgetikum beim Schädel-Hirn-Trauma: hohe analgetische Potenz, gute Steuerbarkeit (→ rasches Erwachen möglich). Durch die Möglichkeit des klinischen Neuromonitorings werden überflüssige, teure und riskante CT-Fahrten vermieden. Auch von Sufentanil ist bekannt, dass es den ICP senkt und die cerebrale metabolische Rate reduziert.

Ein letztes Wort zum agitierten Intensivpatienten – ***„bedside decision making“.***

„Der unruhige Patient“, „das Delir“, „postoperatives Delir“ usw. sind Phänomene, die in diesem Buch ad nauseam dargestellt worden sind (siehe Seiten 444f. und 469).
Anne Pohlmann (12) und Ian Cohen (2) gehen an diese Problematik heran, indem sie zuerst nach auslösenden Ursachen/zugrunde liegenden Bedingungen fragen, vor allem **Hypoxie, Hypotension, niedriger cardiac output, Infektionen, Schmerz** und **Angst.**
In einem zweiten Schritt wird die laufende Therapie nach **auslösenden Medikamenten** durchgesehen, die Liste ist lang. Manchmal muss man die Medikamente sequenziell eliminieren, um an das auslösende Agens zu kommen (2).
Der dritte Schritt ist der individualisierte kommunikativ-reorientierende Zugang, wie oben dargestellt.

Zusammenfassung der sinnvollen Maßnahmen / ICU-Sedierung

A) Medikamentöse Maßnahmen

- *Schmerzevaluation/Analgesie vor Sedierung (Analgesie = „Basis“)*
- *Anzahl der Medikamente so gering wie möglich*
- *Sedierung: Herantitrieren an die geringste Dosis, die noch mit Sicherheit und Komfort kompatibel ist = individualisierte Therapie*
- *Dokumentation mittels Sedierungs-Score/Sedierungsprotokoll*
- *Verwenden gut steuerbarer Medikamente mit kurzer kontextsensitiver HWZ*
- *wenn mit Sicherheit und Praktikabilität vereinbar: intermittierende Sedierung und konstante Analgesie*
- *bei Respiratorentwöhnung Komedikation: Clonidin oder Dexmedetomidin*
- *bei ICU-Syndrom: Haloperidol (ev. + Lorazepam)*
- *Anstreben eines zirkadianen Rhythmus: Vertiefen der Sedierung nachts; während/nach Respiratorentwöhnung Schlafanstoß bevorzugt mit Antipsychotika (z. B. Prothipendyl), wenn nicht kontraindiziert auch mit sedierenden Antidepressiva*
- *Sundowners frühzeitig identifizieren und therapieren*

B) Nichtmedikamentöse Maßnahmen

- *mit jedem Patienten umgehen, als ob er hellwach wäre (hört alles, spürt alles …)*
- *Förderung seiner sinnlichen Wahrnehmung (Lagerung → Sicht etc.)*
- *direkte und individualisierte Kommunikation mit dem Patienten, entsprechend seiner kommunikativen Möglichkeiten*
- *fortwährende Information und Reorientierung (Zeit, Situation, Ort)*
- *Wahrnehmen der Patientenbedürfnisse (Pausen, persönliche Vorlieben etc.)*
- *Schaffen von Möglichkeiten, dass der Intensivpatient sich und seine Umgebung kontrollieren und gestalten kann*
- *Förderung der Anwesenheit von Bezugspersonen, Einbinden der Personen (→ Reorientierung, Pflege, Stimulation etc.)*
- *Einbringen von Objekten, die für den Patienten wichtig sind (Lieblingsmusik, Kleidung, Körperpflegemittel, Hobbies etc.)*
- *Förderung eines zirkadianen Rhythmus (Tag: Aktivierung/Nacht: Ruhe)*
- *Herstellen einer Atmosphäre, die Geborgenheit und Sicherheit vermittelt*
- *Reduktion aller physikalischen Quanten, die zur Reizüberflutung führen (Lärm, Nachtlicht, nächtliche Betriebsamkeit)*
- *rationales Monitoring*
- *Symptomkontrolle: Schmerzen? Durst? Hunger? Atemnot?*
- *Schlaflosigkeit?*
- *Vermeiden von Hypoxie, Hypotension und Anämie*

Nachsatz: Durch die Sensibilität, die Initiative, das Engagement und die Kreativität des Pflegepersonals haben sich in den letzten Jahren an der Intensivstation am WVK Horn die Bedingungen für die Patienten zu deren Wohle verändert. Die Atmosphäre hat sich verändert, vor allem nachts. Das Bewusstsein, der Umgang mit den kritisch Kranken, Achtung und Respekt für den Menschen unter verändertem Bewusstsein wurden differenziert.
DGuKP Franz Kitzler und die ARGE Basale Stimulation® mussten zunächst wie Don Quichotte kämpfen.
Die Grande Dame der Basalen Stimulation, Christl Bienstein, hat anlässlich ihres Besuches an der Intensivstation im WVK Horn im November 2002 ausgesagt, sie habe noch nie eine so ruhige Intensivstation gesehen.

Literatur

1 Coursin DB, Coursin DB, Maccioli GA. Dexmedetomidine. *Current Opinion in Critical Care* 2001; 7: 221–6
2 Cohen IL. Introduction: Agitation roundtable meeting overview. In: Cohen IL, Gallagher TJ, Pohlmann AS et al. The management of the agitated ICU patient. Supplement to *Crit Care Med* 2002; Jan (30) 97–123
3 Young CC, Prielipp RC. Benzodiazepines in the intensive care unit. *Crit Care Clin* 2001; Vol 17(4): 843–62
4 Ostermann ME, Keenan SP, Seiferling RA, Sibbald WJ. Sedation in the intensive care unit. A systematic review. *JAMA* 2000; 238: 1451–9
5 Boulin T and the Association des Réanimateurs du Centre-Ouest. Unplanned extubations in the adult intensive care unit. *Am J Respir Crit Care Med* 1998; 157: 113–37
6 Simini B. Unexpected endotracheal extubations. Commentary. *Lancet* 1999; 354: 571–2
7 Dasta JF, Fuhrmann TM, McCamdles C. Patterns of describing and administering drugs for agitation and pain in patients in a surgical intensive care unit. *Crit Care Med* 1994; 22: 974-80
8 Listello D, Sessler CN: Unplanned extubation. Clinical predictors for reintubation. *Chest* 1994; 105: 1496–1503
9 Bion JF, Ledingham IM: Sedation in intensive care: a postal survey. *Intensive Care Med* 1987; 13: 215–6
10 Shapiro BA, Warren J, Egol AB et al. Practice parameters for intravenous analgesia and sedation for adult patients in the intensive care unit: an executive summary. *Crit Care Med* 1995; 23: 1596–1600
11 Beck DH, McQuillan P, Smith GB. Waiting for the break of dawn? The effects of discharge time, discharge TISS scores and discharge facility on hospital mortality after intensive care. *Intensive Care* 2002 Sep; 28(9): 1287–93
12 Pohlmann AS. Monitoring agitation and bedside decision making. In: Cohen IL, Gallagher TJ, Pohlmann AS et al. The management of the agitated ICU patient. Supplement to *Crit Care Med* 2002; Jan (30) 97–123
13 Riker RR, Picard JT, Fraser GL. Prospective evaluation of the Sedation-Agitation-Scale for adult critical ill patients. *Crit Care Med* 1999; 27: 1325–9

14 Hansen-Flashen J, Cowen J, Palomano RC. Beyond the Ramsey Scale: Need for a validated measure of sedating drug efficacy in the intensive care unit. *Crit Care Med* 1994; 22: 732–3

15 Kearse LA Jr, Rosow C, Zaslavsky A et al. Bispectral analysis of the electroencephalogram predicts conscious processing of information during propofol sedation and hypnosis. *Anesthesiology* 1998; 88: 25–34

16 Berkenbosch JW, Fichter CR, Tobias JD. The correlation of the bispectral index monitor with clinical sedation scores during mechanical ventilation in the pediatric intensive care unit. *Anesth Analg* 2002; 94: 506–11

17 Kollef MH, Levy NT, Ahrens TS et al. The use of continuous i.v. sedation is associated with prolongation of mechanical ventilation. *Chest* 1998; 114: 541–8

18 Prielipp RC, Coursin DB, Wood KE et al. Complications associated with sedative and neuromuscular blocking drugs in critically ill patients. *Crit Care Clin* 1995; 11: 983–1003

19 Si Y, Gotman J, Pasupathy A et al. An expert system for EEG-monitoring in the pediatric intensive care unit. *Electroencephalogr Clin Neurophysiol* 1998; 106: 4988–500

20 Mundigler G, Delle-Karth G, Koreny M et al. Impaired circadian rhythm of melatonin secretion in sedated critically ill patients with severe sepsis. *Crit Care Med* 2002 Mar; 30(3): 709–10

21 Kress JP, Pohlmann AS, O´Connor MF et al. Daily interruption of sedative infusions in critically ill patients undergoing mechanical ventilation. *New Engl J Med* 2000; 342: 1471–7

22 McKinley S, Nagy S, Stein-Parbury J et al. Vulnerability and security in seriously ill patients in intensive care. *Intensive Crit Care Nurs* 2002; 18: 27–36

23 Gruen A. *Der Verrat am Selbst.* Die Angst vor Autonomie bei Mann und Frau. 1986; dtv

24 Rotondi AJ, Chelluri L, Sirio C et al. Patient´s recollections of stressful experiences while receiving prolonged mechanical ventilation in an intensive care unit. *Crit Care Med* 2002; Vol 30, No 4, 746–52

25 Parker MM, Schubert W, Shelhamer JH et al. Perceptions of a critical ill patient experiencing therapeutic paralysis in an ICU. *Crit Care Med* 1984; 12: 69–71

26 Sandin RH, Enlund G, Samuelsson P, Lenmarken C. Awareness during anesthesia: a prospective case study. *The Lancet* 2000; 355: 707–11

27 Pennock BE, Crawshaw L, Maher T et al. Distressful events in the ICU as perceived by patients recovering from coronary artery bypass crafting. *Heart Lung* 1994; 23: 323–7

28 Granberg AAI, Malmros CW, Bergbom IL. Intensive care unit syndrome/delirium is associated with anemia, drug therapy and duration of ventilator treatment. *Acta Anesthesiol Scand* 2002; Jul; 46(6): 726–31

29 Szokol JW, Vender JS. Anxiety, delirium and pain in the intensive care unit. *Crit Care Clin* 2001; 17: 821–42

30 Puntillo KA. Pain experience of intensive care unit patients. *Heart Lung* 1990; 19: 525–33

31 Bergbom-Engberg I, Haljamae H. Assessment of patient´s experience of discomforts during respirator therapy. *Crit Care Med* 1989; 17: 1068–72

32 Nelson JE, Meier DE, Oei EJ et al. Self reported symptom experience of critically ill cancer patients receiving intensive care. *Crit Care Med* 2001; 29: 277–82

33 Joint Commission on Accredidation of Healthcare Organizations (JCAHO): *Comprehensive Accreditation Manual for Long Term Care.* Standards and Intents for Sedation and Anesthesia Care. Revisions to Anesthesia Care Standards, effective January 1, 2001

34 American College of Critical Care Medicine, American Society of Health System Pharmacists, American College of Chest Physicians: Clinical Practice Guidelines for the sustained use of sedatives and analgesics in the critically ill adult. *Crit Care Med* 2002; 30: 119–141
35 Tryba M, Wegermann P. Register für Intensivstationen über Analgesie und Sedierung (REGINAS). Daten noch nicht veröffentlicht.
36 Soliman HM, Melot C, Vincent JL. Sedative and analgesic practice in the intensive care unit: results of a European survey. *Br J Anaesth* 2001; 87: 186–92
37 Hamill RJ. The physiologic and metabolic response to pain and stress. In: Hamill RJ, Rowlingson JC Eds. Handbook of Critical Care pain management. 1994; McCrawhill New York
38 Rundshagen I, Schnabel K, Wagner C, Schulte am Esch J. Incidence of recall, nightmares, and hallucinations during analgosedation in intensive care. *Intensive Care Med* 2002; 28: 38–43
39 Schelling G, Stoll C, Haller M et al. Health-related quality of life and posttraumatic stress disorder in survivors of the acute respiratory distress syndrome. *Crit Care Med* 1998; 26: 651–9
40 Novaes MA, Aronovich A, Ferraz MB et al. Stressors in ICU: patient´s evaluation. *Intensive Care Med* 1997; 23: 1282–85
41 Russell S. An explanatory study of patient´s perceptions, memories and experiences of an intensive care unit. *J Adv Nurs* 1999; 29: 783–91
42 Tesar GE, Stern TA. Evaluation and treatment of agitation in the intensive care unit. *J Intensive Care Med* 1986; 1: 137–48
43 Jones C, Griffiths RD, Humphries G et al. Memory delusions, and the development of acute posttraumatic stress disorder-related symptoms after intensive care. *Crit Care Med* 2001; 29: 573–80
44 McGonigal KS. The importance of sleep and the sensory environment to critically ill patients. *Intens Care Nurs* 1986; 2: 75–83
45 Helton MC, Gordon SH, Nunnery SL. The correlation between sleep deprivation and the intensive care unit syndrome. *Heart Lung* 1980 Vol 9, 3: 464-8
46 Freye E. Opiode in der Medizin. 2002; Springer Verlag, Berlin Heidelberg New York
47 Dasta JF. ICU Sedative pharmacology update: A review of commonly used and emerging agents. In: Cohen IL, Gallagher TJ, Pohlmann AS et al. The management of the agitated ICU patient. Supplement to *Crit Care Med* 2002; Jan (30) 97–123
48 Savel RH. Sedation in the intensive care unit. In: Wiener-Kronish JP, Gropper MA. Conscious Sedation. 2000; Hanley & Belfus Philadelphia
49 Angelini G, Ketzler J, Coursin DB. Use of propofol and other nonbenzodiazepine sedatives in the intensive care unit. *Crit Care Clin* 2001; Vol 17, No 4: 863–80
50 Palaoglu O, Ayhan IH. The possible role of benzodiazepine receptors in morphine analgesia. *Pharmacol Biochem Behav 1986*; 215–7
51 Young C, Knudsen N, Hilton A, Reves JG. Sedation in the intensive care unit. Review Article. *Crit Care Med* 2000; 28: 854-66
52 Rello J, Diaz E, Roque M et al. Risk factors for developing pneumonia within 48 hours of intubation. *Am J Respir Crit Care Med* 1999; 159: 1742–6
53 Brook AD, Ahrens TS, Schaiff R et al. Effect of a nursing-implemented sedation protocol on the duration of mechanical ventilation. *Crit Care Med* 1999; 27: 2609–15
54 McClaren R, Plamondon JM, Ramsey KB et al. A prospective evaluation of empiric versus protocol-based sedation and analgesia. *Pharmacotherapy* 2000; 20: 662–72

55 Kelly DF, Goodale DB, William J et al. Propofol in the treatment of moderate to severe head trauma: a randomised, prospective, double-blinded pilot trial. *J Neurosurg* 1999; 90: 1042–52

56 Carrasco G, Cabre L, Sobrepere G et al. Synergistic sedation with propofol and midazolam in intensive care patients after coronary bypass crafting. *Crit Care Med* 1998; 26: 844-51

57 Burns AM, Shelley B, Park GR. The use of sedative agents in the critically ill patients. *Drugs* 1992; 43: 507–15

58 Cammarano W, Pittet JF, Weitz S et al. Acute withdrawal syndrome related to the administration of analgesic and sedative medications in adult intensive care unit patients. *Crit Care Med* 1998; 26: 676–84

59 Maze M, Scarfini C, Cavaliere F. New agents for sedation in the intensive care unit. *Crit Care Clin* 2001; 17: 881–97

60 Pohlmann AS, Simpson KP, Hall JB. Continuous intravenous infusions of lorazepam versus midazolam for sedation during mechanical ventilatory support: a prospective randomised study. *Crit Care Med* 1994; 22: 1241–7

61 Redhead HM, Jones CB, Bobey DG. Pharmaceutical and antimicrobial differences between propofol emulsion products (letter). *Am J Health Syst Pharm* 2000; 57: 1174-75

62 O´Keeffe ST, Chonchubhair ÁN. Postoperative delirium in the eldery. *Br J Anaesth* 1994; 73: 673–87

63 Cohen IL, Gallagher TJ, Pohlmann AS, Dasta JF, Abraham E, Papadakos PJ. Questions and answers from agitation round table meeting. Supplement to *Crit Care Med* 2002; 30: 97–123

64 Hupcey JE. Feeling safe: the psychosocial needs of ICU-patients. *J Scholarsh* 2000; 32: 361–67

65 Papadakos PJ. Using sedatives in special ICU circumstances. In: Cohen IL, Gallagher TJ, Pohlmann A et al. The management of the agitated ICU patient. Supplement to *Crit Care Med* 2002; Jan (30) 97–123

66 Nelson BJ, Weinert CR, Bury CL et al. Intensive care unit drug use and subsequent quality of life in acute lung injury patients. *Crit Care Med* 2000; 28: 3626–30

67 Mazzeo AJ. Sedation for the mechanically ventilated patient. *Crit Care Clin* 1995; 11: 937–55

68 Fraser GL, Prato BS, Riker RR et al. Frequency, severity and treatment of agitation in young versus elderly patients in the ICU. Pharmacotherapy 2000; 20: 75

69 McGuire BE, Basten CJ, Ryan CJ et al. Intensiv care unit syndrome: a dangerous misnomer. *Arch Intern Med* 2000; 160: 906

70 Spies CD, Dubisz N, Neumann T et al. Therapy of alcohol withdrawal syndrome in intensive care unit patients following trauma: results of a prospective randomised trial. *Crit Care Med* 1996; 24: 414

71 Aaron JN, Carlisle CC, Carskadon MA et al. Environmental noise as a cause of sleep disruption in an immediate respiratory care unit. *Sleep* 1996; 19: 707

72 Tobias JD. Tolerance, withdrawal, and physical dependency after long-term sedation and analgesia of children in the pediatric intensive care unit. *Crit Care Med* 2000; 28: 2122

73 Loper KA, Butler S, Nessly M et al. Paralyzed with pain: The need for education. *Pain* 1989; 37: 315

74 Shapiro BA. Bispectral Index: Better information for sedation in the intensive care unit? *Crit Care Med* 1999; 27: 1499

75 Dorman T, Clarkson K, Rosenfeld BA et al. Effetcs of clonidine on prolonged postoperative sympathetic response. *Crit Care Med* 1997; 25: 1147
76 Bäckmann CG, Walther SM. Use of a personal diary written on the ICU during critical illness. *Intensive Care Med* 2001; 27: 426–9
77 Capuzzo M, Pinamonti A, Cingolani E et al. Analgesia, sedation, and memory of intensive care. *J Crit Care* 2001; Vol 16, No 3: 83–9
78 Vinik HR, Kissin I. Rapid development of tolerance to analgesia during remifentanil infusions in humans. *Anesth Analg* 1998; 86(6): 1307–11

Palliativmedizin – Sedierung von Sterbenden

D. Weixler

Aus Tales Enge
den Zugvögeln nachschauen
Süden vor Augen
INGO CESARO

WHO-Definition: Palliativmedizin ist die Behandlung von Patienten mit einer nicht heilbaren, progredienten und weit fortgeschrittenen Erkrankung mit begrenzter Lebenserwartung, für die das Hauptziel der Begleitung die Lebensqualität ist (zit. in 1). Sedierung in der Palliativmedizin ist ein Thema, das kontroversiell diskutiert wird, der thematische Bogen spannt sich von Symptomkontrolle (Angst, Schlaflosigkeit etc.) bis zu Begriffen wie terminal sedation und Euthanasie. Euthanasie kann man aus der Betrachtung nicht aussparen, schließlich sind es weltweit Sedativa und Narkotika, die verwendet werden, um Euthanasie zu verwirklichen. Ethik bzw. Entscheidungsfindungen durch ethisches Denken und Handeln stehen in engstem Zusammenhang mit „Sedierung in der Palliativmedizin".
Palliative Care ist mehr als Palliativmedizin. Sie beinhaltet die umfassende spirituelle, soziale, psychische, pflegerische und medizinische Betreuung eines Schwerkranken und seiner Angehörigen unter den Bedingungen der interprofessionellen Kooperation der Betreuenden. Das Angebot der Palliative Care im Hinblick auf Sedierung (Definition: siehe Vorwort) ist reichhaltiger und vielfältiger als die hier umrissene Darstellung eines Mediziners. Das Thema wird im Folgenden aus dem Blickwinkel eines Mediziners entwickelt, der zunächst seine Kompetenz in der Anwendung von Pharmaka sieht. Das bedeutet nicht, dass es nicht andere Zugangswege oder Mittel gäbe, das Gegenteil ist der Fall. Es sei auf die vielfältigen und kreativen Möglichkeiten der Kommunikation im Hinblick auf Sedierung hingewiesen, exemplarisch seien die Basale Stimulation und die Validation genannt. Bei genauerer Betrachtung wird man erkennen, dass die verschiedenen Mittel der Zuwendung und Betreuung eine Art von „gemeinsamen Nenner" haben oder sie eine Grundhaltung zur Auffassung von „Menschsein" verbindet.

Das Erhalten oder Erreichen von **Lebensqualität** ist laut WHO-Definition das primäre Behandlungsziel. Für einen Arzt kann der Begriff Lebensqualität eine Falle oder eine Hürde sein. Eine Falle wird der Begriff dann, wenn der Arzt eine Vorstellung von Lebensqualität aus seiner Subjektivität heraus entwickelt (*Prim X.: „Dieser Zustand ist ja nicht mehr lebenswert, wir* werden die Therapie abbrechen"*). Das zugrunde liegende Denken ist mit Wertung bzw. Be-Wertung verknüpft. Eine Hürde wird der Begriff für einen Men-

*Pluralis Majestatis – bedeutet eigentlich: ich (der Hierarch versteckt sich semantisch hinter seinem System).

schen, der in Dimensionen von Normierbarkeit denkt und der seine Erkenntnis aus empirischen Prozessen schöpft. Für ihn wird der Begriff Lebensqualität zur nicht definierbaren Größe, zu einem Phantasma, einem Gebilde außerhalb des medizinischen Kosmos.

Lebensqualität ist (2):
- subjektiv
- individuell
- variabel
- situativ

Das bedeutet, dass nur der Patient einen subjektiven, aus seiner Lebensgeschichte entwickelten, unter den vorliegenden Umständen geltenden Begriff seiner Lebensqualität generiert. Die Betreuenden können in Zeiten, in denen ein Patient seine Vorstellung von Lebensqualität nicht kommunizieren kann, mit einer Entscheidungsproblematik konfrontiert werden. Um so mehr ist es wichtig, die Lebenshintergründe, das Denken und den Willen eines Menschen zu kennen, der einem anvertraut ist; die Art und Weise, wie er früher angesichts von Entscheidungszwängen gehandelt hat, was er gesagt hat oder im besten Fall schriftlich hinterlassen hat. Wie sich die Verhältnisse des Lebens ändern, können sich auch Ziele, Pläne, Wünsche und Bedürfnisse eines Menschen ändern.
Die wertende Beurteilung, ob jemand, der seinen Willen auf eine für uns verständliche Weise nicht äußern kann, Lebensqualität hat oder nicht, ist eine Anmaßung. Niemand hat das Recht zu werten. Beobachter sind verführt, fortwährend in die Falle der projektiven Interpretation zu gehen. Sieht man ein (bewegtes) Gesicht, ordnet man ihm einen Affekt aus der Schatzkiste der eigenen Erfahrungen zu. Das kann groteske Formen annehmen, wenn man etwa an die Interpretation von Befindlichkeiten seiner Haustiere denkt.

Es ist praktisch unmöglich, sich Gefühle vorzustellen, die jenseits des eigenen Erfahrungsbereichs liegen (4).

Lebensqualität fördert die **Autonomie**, die Unabhängigkeit von fremder Hilfe, die Freiheit, sein Leben nach seinen Vorstellungen zu gestalten, ohne auf Unterstützung angewiesen zu sein. Autonomie führt zu Lebensqualität, da der Freiheitsgrad hoch ist, das Spektrum der Möglichkeiten breit ist, der Raum für die Entfaltung seiner Interessen weit ist. Arno Gruen (5) sagt über Autonomie, dass es jener Zustand der Integration ist, in dem ein Mensch in voller Übereinstimmung mit seinen eigenen Gefühlen und Bedürfnissen ist.

Auf die Frage „Welches Schicksal wäre für Sie schlimmer als der Tod?“, antworten die meisten Menschen mit:
„Das Recht auf meine eigene Freiheit zu verlieren“ (Erich Loewy). Das Recht, über sich selbst bestimmen zu können, frei zu sein für Entscheidungen über das eigene Schicksal, hat höchste Priorität im Leben eines Menschen.
Die Würde des Menschen liegt in seiner Freiheit, aus dem Möglichen zu wählen.
Der Patient hat ein Recht darauf zu erfahren, was möglich ist.
Viele Mediziner verschließen sich vor den Möglichkeiten der Palliative Care. Sie nehmen damit nicht nur ihren Patienten ihr Recht auf die Wahl ihrer Lebensgestaltung, sondern auch sich selbst die Möglichkeiten, effektiv Hilfe zu stellen. Der Baum der Ignoranz ist reich an Wurzeln. Die Autonomie eines Patienten zu fördern, bedeutet für den Arzt, dass er einen Weg des Patienten fördert, auf dem der Patient ihn nicht mehr brauchen soll. Das ist einer der Gründe, warum Mediziner die Unabhängigkeit ihrer Patienten verhindern: Sie brauchen ihre Patienten (nicht nur aus finanziellen Gründen), sie fördern ihre Abhängigkeiten. Viele Mediziner lassen ihren Patienten keine Wahl. Im Vorenthalten oder Entwerten von Alternativen rechtfertigen sie einen Weg, den sie längst für einen anderen Menschen bestimmt haben. Das Einholen von Einwilligungen wird als lästiger Formalakt empfunden. „Jeder Patient benötigt eine angemessene und individualisierte Behandlung im gesamten Verlauf einer Erkrankung“ – dieser Satz von Dame Cicely Saunders (3) betont die Notwendigkeit einer Therapie, die hinsichtlich der Aggressivität und Radikalität medizinischer Entscheidungen einen Menschen adressiert, der mehr ist als eine „Magenausgangsstenose“ oder ein „89-jähriger Emphysematiker, der nachts bettflüchtig ist“: ein Mensch mit einer Vergangenheit, eingewoben in Beziehungen, mit einem Alltag, Sorgen, Problemen, Freuden, Vorlieben etc. Anlässlich gewisser Organbefunde reagieren viele Mediziner reflexartig, stereotyp und unfrei mit einer Kaskade von Entscheidungen, die letztlich auf eine Pathologie fokussieren und nicht auf den Menschen, der – nicht nur morphologisch – rund um diese Pathologie existiert. Es wird ein Prozess initiiert, in den ein Mensch unweigerlich als Ganzer involviert ist, als Ganzer leidet, als Ganzer stirbt.
Die Unfreiheit der Entscheidungsfindung, die den betroffenen Menschen ja nicht involviert, offenbart sich in ihrer Berechenbarkeit und Vorhersehbarkeit. Naturgemäß leiden die Mediziner an den Schicksalen und Verläufen, möglicherweise leiden sie auch (unbewusst) an der Last der Verantwortung, die sie glaubten, auf sich nehmen zu müssen.
Eine individualisierte Behandlung setzt ein Bezogensein auf den Patienten voraus. Sie bedingt, dass man eine Kommunikation lebendig erhält, in der

Bedürfnisse und Wünsche, Leiden und Freuden geäußert werden dürfen. Die Behandlung, die individualisiert ist, setzt die Flexibilität der Therapeuten voraus. Sie bedingt, dass es ein kritisches Minimum an Zeit und Raum für eine Interaktion in einem therapeutischen System geben darf. Eine individualisierte Behandlung impliziert, dass Grenzen zu überschreiten sind. Es wird gefordert werden, bereit zu sein, sich mit der eigenen Begrenztheit im Hinblick auf Denk- und Machbares fortwährend auseinander zu setzen.
„Ein Lebensende mit vielen unerledigten Dingen und unkontrolliertem Leiden hat nichts mit Respekt gemein und hinterlässt keine guten Erinnerungen“ (3). Sachkompetenz im Umgang mit quälenden Symptomen zu erwerben, ist eine der lohnendsten Erfahrungen, die man in der Medizin machen kann. Die Aussage „*Wir können leider nichts mehr für Sie tun*“ gibt Zeugnis über höchste Ignoranz und Inkompetenz. Diese Aussage ist gleichbedeutend mit „*Ich werde Sie mit Ihrem Leiden ab jetzt allein lassen*“ und widerspricht den grundlegenden Werthaltungen jedes sozialen Berufes. Die Therapie von Schmerzen und anderen Symptomen einer unheilbaren Erkrankung wird **Symptomkontrolle** genannt.

Sedierende Medikamente zur Symptomkontrolle bei Schwerkranken

Eine große Zahl an Medikamenten wirkt sedierend.
Grundsätzlich muss unterschieden werden, ob ein Sedierungseffekt ein primäres Therapieziel ist oder eine Wirkung eines Medikaments ist, dessen Einsatz auf die Behandlung eines anderen Symptoms gerichtet war. Wenn ein Patient am Anfang einer Tumorerkrankung Schmerzen hat, eine orale Opioidtherapie erhält und darauf so müde wird, dass er unter dieser Müdigkeit leidet oder unüblich lange schläft, so ist der Sedierungseffekt unerwünscht, unbeabsichtigt und bedarf einer therapeutischen Entscheidung. Sollte sich am Ende einer Tumorerkrankung der Bedarf an Analgetika durch eine Zunahme der Schmerzen erhöhen und tritt in der Folge eine Sedierung ein, deren Behandlung die Lebensqualität nicht erhöhen würde und das Leiden vermehren würde, so kann man diesen Sedierungseffekt billigen, akzeptieren, tolerieren*.
Gegen Erbrechen bei Tumorerkrankungen wirkt häufig niedrig dosiertes Haloperidol. Bei Tagesdosen, die unter 5 mg liegen, wird kaum ein sedierender Effekt auftreten. Bei Zunahme des Erbrechens kann eine Dosiserhöhung von Haloperidol effektiv sein. Wenn der sedierende Effekt des Antipsychoti-

*Das zugrunde liegende ethische Prinzip wird im englischen Schrifttum „double-effect rule“ genannt (21).

kums in den Vordergrund tritt, wird man sich wieder die Frage stellen müssen: „Ist in Anbetracht der konkreten Umstände diese Konstellation im Interesse des Patienten?“ Möglicherweise wird man das hinsichtlich Antiemesis effektive Medikament absetzen oder reduzieren, weil der Preis für seine Effektivität einfach zu hoch war, die Wachzeit des Patienten verkürzt und ihm auf diese Weise die Chance an Lebendigkeit genommen wurde. Man wird eine Alternative für dieses Medikament suchen.

Entscheidungshilfen

Unabhängig vom pharmakologischen Profil eines Medikaments, das verabreicht wird, muss man sich die Frage stellen, in welcher **Intention** das Medikament verordnet wird.

Wenn ein Mensch am Ende seines Lebens stärkste Schmerzen hat und es die Intention des Therapeuten ist, in vernünftiger Weise gegen diese Schmerzen ein Opioid einzusetzen, und das Leben des Patienten im Gefolge/im Rahmen der Schmerztherapie verkürzt wird, so ist kein Vorwurf zu erheben.* Selbst die Rechtssysteme erkennen an, dass es nicht die Aufgabe des Arztes ist, Leben „um jeden Preis zu verlängern“, wenn die Lebensverlängerung de facto eine Verlängerung des Leidens ist. Wenn jedoch derselbe Arzt zu demselben Patienten auf dieselbe Weise mit der Intention hinzugeht, sein Leben zu verkürzen, um „ihn zu erlösen“ oder dgl., so wird ein anderes Licht auf diese Handlung fallen.

Die Indikationsstellung ist ein wesentliches ethisches Moment im Zuge der Therapie mit sedierenden Pharmaka.

Grundsätzlich richten sich die Medikamente bei Schwerkranken und Sterbenden in der gleichen Art wie bei den übrigen Menschen nach einer primären **Indikation**. Es ist ungebührlich, ein Opioid in hoher Dosierung zu rezeptieren, um das „Ziel Sedierung“ zu erreichen. Opioide haben andere Indikationen: Schmerzen, Atemnot, Hustenreiz etc.

Wenn Sedierung das Ziel ist, soll ein primäres Sedativum verabreicht werden.

Sedativa haben Indikationen: Angst, quälende Halluzinationen, Krämpfe, Schlaflosigkeit etc.

Ehe eine therapeutische Entscheidung von Tragweite getroffen wird, ist es hilfreich, sich **4 Fragen** zu stellen (nach Erich Loewy):

1. „Wer hat hier das Recht zu entscheiden?“
2. „Wen behandeln wir eigentlich?“

*„double-effect rule“ (21).

Diese Fragen erscheinen möglicherweise zunächst absurd. Aber es wird längst nicht immer der Patient behandelt, wie jeder schon beobachtet haben wird, der je vor schwierigen Entscheidungssituationen gestanden hat. Manchmal sind es die Angehörigen, die behandelt werden, und nicht der Patient, z. B. wenn ein Hirntoter an einer Intensivstation weiterbeatmet und gepflegt wird, bis die Angehörigen Gelegenheit gehabt haben, sich zu verabschieden.

Manchmal ist es das Gesetz, das behandelt wird. Ärzte werden zunehmend koordiniert, Defensivstrategien zu folgen, um sich nicht einem möglichen Sachverhalt zu exponieren, der sie mit Strafe bedroht. In erster Linie wird in solchen Fällen das Gesetz behandelt, in zweiter Linie die Angst des Therapeuten vor den Folgen einer Handlung, die er als gesetzwidrig erachtet. Mit *erachten* ist gemeint, dass diese Angst häufig unbegründet ist. Gesetze sollen in erster Linie den Menschen dienen und nicht umgekehrt. Häufig behandelt sich der Therapeut selbst. Ein Therapeut behandelt sich selbst, wenn ihm aus dem Zustand des Patienten ein Unbehagen erwächst, wenn er einen Zustand nicht mehr mit ansehen/anhören kann. Es ist von extremer Wichtigkeit wahrzunehmen, wenn man als Arzt unter seinen Eindrücken, seinem Involviertsein, Betroffensein leidet. Das Mit-Leiden kann sich zum Leiden verselbständigen. Manchmal vermeint man auch als Arzt, dass man Erwartungen von Außen exponiert ist, die einen zu einem Handeln zwingen. Man denkt z. B., dass die Angehörigen, die Pflege erwartet, dass „etwas getan wird". Wenn solche Gedanken auftreten, kann es hilfreich sein, sie in dem betreffenden Kreis direkt anzusprechen. Schwerwiegende Entscheidungen sollen nie durch eine einzige Person getroffen werden. Niemand darf von einem leitenden Arzt erwarten, dass er so viel Verantwortung auf sich nehmen darf oder muss.

3. „Was würde er/sie wollen?"

Diese Frage bedingt, dass Menschen in einen Prozess einbezogen werden, die den Betroffenen kennen. Das bedeutet nicht, dass diese Menschen eine Entscheidung treffen müssen oder dürfen. Es bedeutet auch nicht, dass getan werden muss, was Angehörige wünschen. Es bedeutet lediglich, dass Gedanken, Wünsche, Meinungen, Einstellungen, Haltungen aus der Biographie des Betroffenen in einen Entscheidungsprozess einfließen. Der Prozess dient dazu, die Anliegen eines Menschen transparenter zu machen, der seine Anliegen im Moment nicht kommunizieren kann. Er ist als Hilfe aufzufassen, um den Wünschen und Bedürfnissen dieses Menschen mehr Gestalt zu geben. *„Er hat immer gesagt, für ihn wäre es die schlimmste aller möglichen Vorstellungen, an Apparaten und Schläuchen hängend zu sterben."* – *„Noch vorige Woche hat sie gesagt, dass es für sie die größte Bedeutung hätte, am Leben zu sein, solange die Kinder noch zu Hause sind."* Diese Sätze von Angehörigen und Freunden von Intensivpatienten können nur als hilfreiche Beiträge in einen Entscheidungsprozess eingehen.

4. „Was würde er/sie *nicht* wollen?"

Mitunter können konkrete Ängste und Abneigungen eines Menschen namhaft gemacht werden und in den Entscheidungsprozess eingehen. Diese sind wie die positiven Qualitäten des Lebensqualität-Begriffs individuell. Es gelten dieselben Voraussetzungen, die Betreuenden müssen gewahr sein, dass es verführerisch ist, subjektive Standpunkte zu unterstellen.

Werden Entscheidungen getroffen, auch wenn diese keine „Letztentscheidungen" sind, ist es hilfreich, sich wiederholt die Frage zu stellen: „Ist diese Maßnahme im Sinne des Patienten, dient sie *seinen* Interessen?" Auch Entscheidungen von geringer Tragweite beeinflussen in einer Kausalkette eines Verlaufs die Richtung. Wenn ein Patient im Verlauf seiner Krankheit sagt, er möchte nicht erleben, bei vollem Bewusstsein ersticken zu müssen, er habe große Angst davor, so wird diese Aussage eine spätere Entscheidung erleichtern. Das setzt voraus, dass der Patient Gelegenheit (Zeit, Situation, Person, Raum) gehabt hat, sich mit seiner Erkrankung auseinander zu setzen. Für den Arzt schafft auf diese Weise die Aufklärung auch den Boden für ethisches Handeln im weiteren Verlauf. Auf der Grundlage der o.g. Aussage kommt für den Fall, dass diese mit Angst erwartete Situation eintritt, eine terminale Behandlung mit einem Sedativum einem Behandlungsauftrag gleich.

Gefährlich sind spontane und impulsive Entscheidungen durch eine Einzelperson, die auf der Basis einer heftigen emotionalen Bewegtheit und Involviertheit dieses Menschen gründen.

Entscheidungen über andere Menschen, die in ihrer Konsequenz unveränderlich und nicht umkehrbar sind, müssen einem Zustand der Gemütsruhe entspringen und von mehreren Personen getragen werden. Der norwegische Palliativmediziner Stein Husebö vertritt ein Vorgehen, das alle Betreuenden einschließt. Wenn nur einer aus der Gruppe einen Vorbehalt gegen eine Entscheidung von Irreversibilität erhebt, wird zugewartet. Der deutsche Intensivmediziner Hans-Peter Schuster bekräftigt die Bedeutung des Behandlungsteams im Falle einer anstehenden Entscheidung über Therapiereduktion: „Wenn nur einer der therapeutisch maßgeblich beteiligten Personen gegen eine Therapiereduktion ist, wird sie nicht durchgeführt (11)."

Warten, Nichtstun oder sich Entziehen sind keine Wege, Entscheidungen aus dem Weg zu gehen. „Wenn man handeln könnte und nicht handelt, handelt man." Der Satz von E. Loewy findet weitreichend in der Legislatur Berücksichtigung: Es gibt eine Schuld durch Unterlassung.

Das Ziel der ärztlichen Behandlung in der Symptomkontrolle bei Sterbenden ist es, den bestmöglichen Zustand des Wohlbefindens eines Patienten zu fördern. Die häufigsten Symptome in der letzten Phase des Lebens sind

Schmerzen, Unruhe, Atemnot, das präfinale Lungenödem (Todesrasseln), Übelkeit und Erbrechen (7).

Die Frage nach Sedierung stellt sich zunächst gar nicht, wenn man alle Konzentration und Anstrengung aufwendet, diese Symptome zu kontrollieren. Schmerz ist nach den aktuellen Richtlinien (8) in aller Konsequenz zu behandeln. Auf die Wechselbeziehung zwischen Schmerz und Angst wurde bereits hingewiesen, die Interrelation kann sich in einen Circulus vitiosus aufschaukeln.

Die Medikation wird, wenn immer das möglich und zumutbar ist, peroral zugeführt. Der zweitbeste Applikationsweg in der Palliativmedizin ist die subkutane Route, da sie einfach ist und im Vergleich zum intramuskulären Weg weniger belastend und mit geringeren Komplikationen assoziiert ist.

Tab. 1: Indikationen für eine s.c.-Medikation in der Palliativmedizin (modifiziert nach Klaschik, 7)

Bewusstseinstrübung
Schluckstörung, Schmerzen beim Schlucken
Übelkeit und Erbrechen
Obstruktion
unsichere Resorption

Tab. 2: Finale Symptome und ihre medikamentöse Therapie

Symptom	Therapie
Atemnot	Morphin: Beginn mit oralem Morphin (Lösung/Tabletten) 5–15 mg alle 4 Stunden
	oder Morphin 5 mg s.c. alle 4 Stunden
	oder 1–2,5 mg i.v., weitere Titration im Abstand von 10 Minuten, bis die Atemfrequenz auf 15–20 sinkt
	Unter laufender Morphintherapie
	Steigerung der Dosis um 10–50%.
Todesrasseln	Scopolamin TTS (Transscop®, Scopoderm®) oder
	Scopolamin 0,25–0,5 mg s.c. im Intervall von 4–8 Stunden oder
	Glykopyrrolat (Robinul®) 0,2 mg 4x tgl. s.c.
Übelkeit, Erbrechen	je nach Ätiologie: Haloperidol, Triflupromazin, Dimenhydrinat, Metoclopramid, 5-HT_3-Antagonisten, Dexamethason, Domperidon, Cisaprid, Scopolamin

Die zur Symptomkontrolle verwendeten Pharmaka sind überwiegend sedierend wirksam.
Atemnot geht regelhaft mit Todesangst einher. Angst wirkt als Stress auf den Organismus und steigert die CO_2-Produktion, den Atemantrieb und die Atemnot. Angst oder andere emotionale Faktoren können Übelkeit und Erbrechen verursachen.

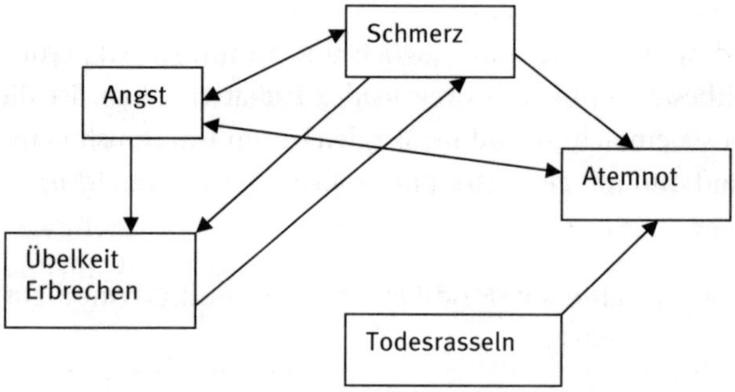

Abb. 1: Schematische Darstellung der Interrelationen von Symptomen

Da die Symptome in der Zeit des Sterbens nicht voneinander unabhängig gesehen werden können und die meisten zur Symptomkontrolle verwendeten Substanzen eine sedierende Komponente haben, wird jede Beeinflussung des dargestellten „Regelkreises" beruhigend auf das Individuum wirken. Eine Entängstigung und Sedierung ist daher durch *jede* (auch nicht-medikamentöse!) Maßnahme zu erwarten, die geeignet ist, Leiden zu vermindern: jede persönliche Zuwendung und beruhigende Präsenz, körperliche Maßnahmen (z. B. Lagerung, Basale Stimulation), ruhige Umgebung, Musik, „kleine Pflegemaßnahmen" (9) etc.
Anwesenheit, eine liebevolle einfühlsame Begleitung und die konsequente Therapie quälender körperlicher Phänomene sind einer pharmakologischen Anxiolyse oder Sedierung vorzuziehen. Im Bereich der Indikation „Angst" ist oftmals ein wiederkehrendes Gespräch über den wirklichen Inhalt der Angst beruhigender als die Verordnung eines Anxiolytikums (26). Symptomkontrolle in der letzten Phase des Sterbens kann in 93–98% erfolgreich sein (7).

Pharmakologische Sedierung Sterbender im engeren Sinn

Die Diskussion um eine medikamentöse Sedierung in der Finalphase wird kontroversiell geführt (10, 20). Es handelt sich um eine der schwierigsten Entscheidungen in der Palliativmedizin (7) bzw. in der Medizin überhaupt, ob am Ende des Lebens sediert werden darf oder soll. Trotz konsequenter Symptomkontrolle treten in der letzten Zeit des Lebens Zustände oder Symptome auf, die von Palliativmedizinern mit Sedativa behandelt werden: Halluzinationen, Agitiertheit, motorische Unruhe, delirante Zustandsbilder, quälende Angst oder psychotische Symptome.

Sterbende werden behandelt wie alle anderen Menschen auch.

Das bedeutet, dass man nach möglichen Ursachen für die betreffenden Symptome fahnden wird, insbesondere wird man die medikamentöse Therapie nach Auslösern durchgehen (Scopolamin, Opioid, Cannabinoide etc.). Nicht zu selten (20% lt. Klaschik, 7) besteht in der Finalphase ein geringerer Opioidbedarf als zuvor, bei einem Drittel kommt es jedoch zu einer Zunahme der Schmerzen im Sinne des allgemeinen Leidens-Crescendos (10), mit Zunahme oder Eskalation von Atemnot etc. Es soll versucht werden, eine Gerichtetheit in der Anwendung von sedierenden Medikamenten zu suchen. Steht Angst im Vordergrund, wird man seine therapeutischen Bemühungen gegen die Angst richten. Ist existenzielle Angst, die Angst vor dem Nichtsein, die Angst vor dem Loslassen, dem Zurücklassen ein notwendiger Zustand im Zuge eines Schrittes, den man eher unterstützen soll, als die zugrunde liegenden Bedingungen mit einem Pharmakon zu dämpfen? Ist die Angst ein Katalysator für einen Prozess, den ein Mensch tun muss, um sein Leben zu vollenden? Oder ist die Angst als ein quälender Zustand aufzufassen, Symptom wie Schmerz, Erbrechen, Atemnot –, und ist es die ureigentliche Aufgabe eines Palliativmediziners diese Angst (medikamentös?) zu behandeln wie die anderen Symptome auch? Schmerz ist nicht nur ein körperliches Phänomen. Die körperliche Komponente steht meistens im Zentrum von medizinischer Aufmerksamkeit und Interesse.

Schmerz: Definition der International Association of the Study of Pain (IASP) (25)

Schmerz ist eine unangenehme sensorische und emotionale Erfahrung, die mit aktuellem oder potenziellem Gewebeschaden assoziiert ist oder die in diesem Sinn ausgedrückt wird.

Schmerz hat auch eine soziale und spirituelle Komponente. Durch das Fortschreiten der Krankheit werden sich die seelischen Schmerzen erhöhen. Sie liegen sowohl im intrapsychischen, dyadischen, familiären und sonstigen sozialen Kontext und sind durch Reduktionen, Verluste, Rückzüge und Abschiede begründet (26). Auf den sterbenden Menschen als Ganzes strömt es in turbulenter und unkoordinierter Weise ein und fordert die Integration der Eindrücke, die Veränderungen und Verschiebungen von Bezugspunkten. Die nichtsomatischen Aspekte des Schmerzes verdienen wie die somatischen eine entsprechende Aufmerksamkeit und eine breite therapeutische Zuwendung, im idealen Fall früh im Verlauf der Erkrankung. Mediziner sehen ihren somatischen Behandlungsauftrag, das ist auch gut so. Da die Patienten durch die „somatische Türe" hereinkommen, übernehmen sie eigentlich die Rolle der Dirigenten bei der „Orchestrierung eines Lebensendes" (Loewy, 6). Sie verkennen, dass es mehr erfordert als die „somatischen Instrumente". Im Finale werfen die Ärzte gerne den Taktstock weg.

Ein Affekt, eine Äußerung der Psyche eines Menschen oder das, was ein Beobachter wahrnimmt und interpretiert, bringt in Gegenwart des Todes unweigerlich philosophische und spirituelle Standpunkte der Betreuenden in den Diskurs um eine Intervention. Die Gegenwart von Bedingungen, die außerhalb des eigenen Erfahrungsbereichs liegen, und die Tatsache, dass das Sterben auch der Rückzug eines Menschen aus seinen Beziehungen ist, stellen jeden Versuch, eine empathische Haltung leben zu wollen, in Frage.

Einige Autoren vertreten die Auffassung, dass man nicht wisse, was in der Finalphase geschehe und es daher auch keine Entscheidungsgrundlagen für ein gerichtetes therapeutisches Handeln gebe.

Gesetzt, man sähe die Indikation zur medikamentösen Therapie des quälenden Symptoms Angst, so wäre es rational, ein Pharmakon zu wählen, das dieses Ziel erreichen kann.

Auch in diesem Bereich der Medizin ist es daher notwendig, die pharmakologischen Profile der Substanzen zu kennen. Morphin, Antipsychotika und Barbiturate wirken nicht primär gegen Angst. Benzodiazepine wirken gegen Angst, Midazolam ist das BZD, das am meisten Einsatz in dieser Indikation in der Palliativmedizin findet (12). Verordnet man Midazolam, so muss man gewahr sein, dass es bei intravenöser Gabe die stärkste amnestische Wirkung der BZD hat und eine hohe Rate an paradoxen Reaktionen besteht. Dadurch nimmt man in Kauf oder bezweckt sogar *(„... möchte nicht bewusst erleben, wie ich ersticke")*, dass die informatorischen Inhalte vom Individuum nicht mehr prozessiert werden – das heißt: Die Wahrscheinlichkeit, dass man einen Menschen von *bewusstem Erleben* abkoppelt, ist hoch. Paradoxe Reaktionen wie Agitiertheit und Euphorie sind häufig Ausdruck einer relativ zu hohen Dosis und können eine Indikation für weitere Substanzen kreieren. Midazolam ist durch seine kurze HWZ das BZD, das bei intravenöser Applikation am besten steuerbar ist, seine Wasserlöslichkeit erlaubt – im Gegensatz zu Diazepam – eine subkutane Verabreichung. Das Therapieziel soll im Leistungsspektrum der Substanz liegen:

Indikationen für Benzodiazepine

- Angst und Panik
- Schlafstörungen
- Amnesie
- Atemnot (Symptomkontrolle)
- motorische Spannung
- Hypervigilanz
- Aggressivität
- innere Unruhe
- Sedoanalgesie, Dämmerschlaf
- Deep Sedation
- Epilepsie, Status epilepticus
- Spastizität
- Spätdyskinesien durch Neuroleptika
- Konversionssymptome
- Stupor und Mutismus
- Übelkeit und Erbrechen durch Chemotherapie/emotionale Faktoren

Wenn ein Mensch am Ende seines Lebens halluziniert und delirant wird, erscheint es sinnvoll, sich auf die Tatsachen zu berufen, die über das Delir bekannt sind. Man wird sich vergegenwärtigen, dass Delirante häufig wissen, dass sie halluzinieren und dass ihnen das Angst macht; Angst und produktive psychotische Symptome sind gut einer medikamentösen Behandlung zugänglich. In der letzten Woche vor dem Tod treten Delirien bei über 80% der Patienten auf (16), sie sind mit Medikamenten (9%), Hirnmetastasen (6%), Sepsis (6%), Dehydratation (18) und Opioiden assoziiert. Die erste Maßnahme soll eine Änderung der Medikation sein, häufig kann ein Opioidwechsel helfen (18). Wie auch sonst ist Haloperidol beim Delir das Mittel der Wahl (18), die initiale Dosis ist 1–2 mg p.o. oder s.c.
Die Wahrscheinlichkeit, dass im Verlauf einer tödlichen Erkrankung psychosoziale Probleme auftreten, ist unter den folgenden Bedingungen besonders hoch: wenn es *jüngere* (< 40a), vor allem *weibliche* Patienten sind, die eine Erkrankung mit *unsicherer Prognose* haben, die besonders *aggressiv* in kurativer Zielsetzung im *Krankenhaus* behandelt werden (15). In diesen Fällen wird regelhaft auch der Schlaf gestört sein, da es nahezu keine gravierende seelische Erkrankung ohne Störung des Schlafverhaltens gibt (17). Eine pharmakologische Therapie der psychischen Symptome soll nur durchgeführt werden, wenn der zu erwartende Nutzen die zu erwartenden unerwünschten Wirkungen übertrifft (16). Beim Einsatz von schlafanstoßenden Medikamenten gelten grundsätzlich die gleichen Regeln wie sonst auch. Die Gefahr der Medikamentenabhängigkeit ist in diesen Situationen gering (16). Es muss betont werden, was auch sonst der Tenor im Umgang mit Medikamenten ist, die auf das Bewusstsein wirken: Es gibt keine Rezepte. Jede Ent-

scheidung muss individuell getroffen werden. Es wäre mit Sicherheit falsch, alle Menschen am Ende ihres Lebens mit Midazolam zu sedieren. Jede Therapieentscheidung erfordert die Kommunikation mit dem Patienten, ein Überprüfen von Effekten und ein Anpassen der Dosierung bzw. ggf. eine Änderung des Konzepts. Jeder Mensch ist zu jeder Phase seines Lebens individuell und unvergleichlich. Sedativa haben keine autochthone/stereotype Wirkung, sie treffen das Bewusstsein, das Individuum im Moment, unter konkreten und wandelbaren Bedingungen.

Behandlung therapieresister Symptome durch Sedativa

Einen Schritt weiter in der Betrachtung des Themas ist die Frage angesiedelt, ob Sedativa zur Behandlung therapieresistenter Zustände eingesetzt werden sollen. „*Therapieresistent* sind Schmerzen und Symptome, wenn sie trotz der aggressiven Bemühungen, eine erträgliche Behandlung einzusetzen, die nicht das Bewusstsein beeinträchtigt, nicht adäquat kontrolliert werden können" (13). Diese Definition steht mit der o.g. Aussage im Konflikt, dass jedes Eingreifen in den „Regelkreis des Leidens" zwangsläufig eine Auswirkung auf das Bewusstsein hat. David Roy (10) vertritt die Auffassung, dass es keine ethischen Einwände gegen den Einsatz tiefer Sedierung geben sollte, wenn dies die einzige effektive Maßnahme ist, Patienten Linderung von Agonien zu verschaffen, die ihren Körper und Geist quälen.

Cicely Saunders (14) stellt dazu fest: „Falls Angst, Depression und existenzielles Leiden allen bewusstseinserhaltenden Methoden der Kontrolle widerstehen, kann der Einsatz von tiefer Sedierung ethisch gerechtfertigt sein."

Gezielte und rationale Medikation

Wie sonst auch in der Palliativmedizin ist die erste Regel: oral vor parenteral. Benzodiazepine sind gut verträglich, haben eine hohe Sicherheitsbreite und wenig unerwünschte Wirkungen. Man beginnt mit der geringsten effektiven Dosis und verwendet Medikamente mit mittlerer HWZ, damit es nicht zur Kumulation kommt. Falls man die Präparate abzusetzen wünscht, sollte ein Ausschleichen über 2–3 Tage erfolgen (16).

Midazolam kann auch sublingual und rektal appliziert werden (Ampullen-Lösung unter die Zunge träufeln oder mit Applikator rektal verabreichen – siehe 155f.). Auch für Lorazepam steht eine buccal resorbierbare Spezialität zur Verfügung (Temesta expidet®). Es ist zu bedenken, dass Benzodiazepine – vor allem die mit kürzerer Halbwertszeit – mit Amnesiephasen assoziiert sind. Das betrifft in erster Linie Midazolam, Triazolam (Halcion®), aber auch Lorazepam und Bromazepam, obwohl gerade Bromazepam als typischer „Tagestranquilizer" gilt. Erinnerungslücken haben eine enorme Auswirkung auf die Wahrnehmungsqualität. Amnestische Fenster lassen das Zeitkontinuum abreißen. Das Erhöht die Anforderung an die Reorientie-

Tab. 3: Indikationen für orale Benzodiazepine in der Palliativmedizin

Angst	Bromazepam (Lexotanil®)	1,5–3 mg, 1–3x tgl.
	Lorazepam (Temesta®)	0,5–1 mg, 1–3x tgl.
	Oxazepam (Adumbran®)	10 mg, 2–4x
	Alprazolam (Xanor®)	0,5 mg, 1–3x tgl.
	Clonazepam (Rivotril®)	0,5–1 mg, 1–4x tgl.
Atemnot	Diazepam (Valium®)	2–10 mg, 1–3x
	Midazolam (Dormicum®)	1–3 mg
Schlaflosigkeit	Flunitrazepam (Rohypnol®)	1 mg
	Lorazepam (Temesta®)	2,5 mg
	Nitrazepam (Mogadon®)	2,5 mg
Erbrechen	Lorazepam (Temesta®)	0,5–1 mg, 1–3x tgl.
	Midazolam (Dormicum®)	1–3 mg
	Flunitrazepam (Rohypnol®)	1 mg
	Diazepam (Valium®)	2–10 mg, 1–3x tgl.

rungsleistung. Konfusion, Verwirrtheit, Konfabulationen etc. können die Folge sein, wenn der Geist versucht, die Lücken zu schließen, die sich aufgetan haben. Die seelische Not wird über den Verlust von Position oder die Schwierigkeit einer Integration erhöht.
Wenn Erbrechen mit Schlaflosigkeit kombiniert ist, könnte man auch ein Antipsychotikum mit antiemetischer Potenz oder Diphenhydramin rezeptieren. Wenn Schlaflosigkeit mit Agitation kombiniert ist, kann man ein sedierendes Antipsychotikum verabreichen.

Tab. 4: Indikationen für Antipsychotika in der Palliativmedizin

Medikament	Dosis/Route	Indikation
Haloperidol (Haldol®)	1–2 mg, 1–2x tgl. oral oder s.c.	Delir, Übelkeit, Erbrechen
Triflupromazin (Psyquil®)	10 mg i.v. oder i.m.	Unruhe, Atemnot, Übelkeit
Levomepromazin (Neurocil®)	12,5–25 mg, 1–3x i.m.	stärkste Atemnot (19)
	5–15 mg p.o., s.c.	motorische Unruhe (7)

Haloperidol und Triflupromazin wirken gering sedierend, Levomepromazin wirkt stark sedierend (19). Gegen Übelkeit ist mit einer Tagesdosis von 1–2 mg Haloperidol häufig das Auslangen gefunden, in dieser Indikation kann es bis 15 mg gesteigert werden. Klaschik (7) empfiehlt bei deliranten Symp-

tomen, mit einer Tagesdosis von 4-8 mg zu beginnen, eine Steigerung bis 40 mg kann notwendig sein. Die Erstdosis liegt bei Sterbenskranken bei 2–3 mg (oral, s.c. oder i.m.), weitere Dosen werden nach 2–4 Stunden zugeführt, die Höhe der Dosis orientiert sich am Effekt. Levomepromazin wird alle 6–8 Stunden nachdosiert. Bei einem Delir ist eine Kombination mit Lorazepam sehr sinnvoll.
Die Medikamentendosen, die zur Sedierung am Ende des Lebens benötigt werden, sind generell niedrig (20). Man darf nicht von den üblichen Dosierungsempfehlungen ausgehen, da der Metabolismus und die Sensitivität des Gehirns durch multiple Faktoren verändert sind. Eingeschränkte Organfunktionen verändern die Pharmakokinetik der Substanzen. Das Bewusstsein als Ausdruck individuellen Seins wird zum Spiegelbild eines Vorganges, der Rückzug und Verlöschen ausdrückt.

Terminal Sedation

Der Begriff *terminal sedation* wird hochgradig kontroversiell diskutiert. Eine mögliche Ursache für Kontroversen ist der unterschiedliche Sprachgebrauch. Viele Publikationen definieren nicht den Begriff *Sedierung*, quantifizieren nicht die Effekte pharmakologisch sedierender Maßnahmen und geben wenig Auskunft über Intention bzw. Indikation (20).
Gefährlich wird *terminal sedation*, wenn Rezepte 1:1 übernommen werden und eine Therapie nicht individualisiert wird. Gefährlich wird jede Form von Sedierung, wenn die Intention eines Therapeuten nicht nachvollziehbar ist oder auf seine eigenen Affekte abzielt (Erbarmen, Mitleid, Frustration etc.). Wenn überhaupt am Ende des Lebens die Indikation zu terminaler Sedierung gestellt wird, sollte es eine Entscheidung des gesamten Betreuungsteams unter Einschluss der Angehörigen sein. Aus sehr angesehenen palliativmedizinischen Zentren wie St. Christopher's Hospice in London stammen Aussagen, die bekunden, dass eine terminale Sedierung ohne Lebensverkürzung möglich ist (20). Sie werden durch andere Publikationen gestützt (22, 23).
Hier wird auf die Definition für terminale Sedierung von Chater (27) Bezug genommen, die Intention lehnt sich an die o.g. Aussage von Roy (10):
Terminale Sedierung ist die pharmakologische Induktion und Aufrechterhaltung eines tiefen Schlafes, nachdem bei einem unheilbar Kranken am Ende seines Lebens alle Mittel zur Kontrolle quälender Symptome in aggressiver Weise ausgeschöpft worden sind und diese Intervention als einzige effektive Maßnahme zur Symptomkontrolle bleibt.

Diese Definition impliziert (12):

1. Der Patient ist im Endstadium einer weit fortgeschrittenen unheilbaren Erkrankung.
2. Aufgrund des Verlaufs und anhand der Vitalparameter (Herzfrequenz, Blutdruck, Atmung, Harnmenge, Bewusstseinszustand) ist absehbar, dass der Tod in Stunden bis Tagen eintreten wird.
3. Akute und therapierefraktäre Symptome sind vorhanden.
4. Diese Symptome sind mit einer konventionellen palliativmedizinischen Therapie nicht kontrollierbar und überschreiten eine Intensität, die einer prompten Intervention bedarf.
5. Der tiefe Schlaf wird mit einem Nicht-Opioid induziert.
6. Es ist nicht beabsichtigt, den Tod des Patienten herbeizuführen.

Tab. 5: In der Literatur genannte Indikationen für eine terminale Sedierung
(Induktion und Aufrechterhaltung eines tiefen Schlafes als einzig effektive Maßnahme zur Kontrolle von quälenden Symptomen) (12)

unkontrollierbarer nicht tolerierbarer Schmerz	
Atemnot, durch keine andere Maßnahme effektiv zu lindern	
Übelkeit	
Krämpfe	
Unruhe/Agitation/Delir (terminal restlessness) **Verwirrung/Konfusion**	60%

Cowan & Walsh (12) haben 2001 systematisch englischsprachige Publikationen der letzten 10 Jahre durchgesehen und festgestellt, dass in 60% aller Anwendungen neuropsychologische Probleme die Indikation für eine terminale Sedierung waren. Das am häufigsten verwendete Sedativum war Midazolam, der Applikationsweg war in 82% die subkutane Route. Die Midazolamdosen betrugen in dieser Indikation am Beginn 0,42–1,25 mg/h, maximale Flussraten lagen zwischen 8–20 mg/h, meistens jedoch zwischen 4,5 und 10 mg/h. Fainsinger et al. (24) empfehlen mit 0,4 mg/h zu beginnen und die Dosis nach Effekt bis 4-10 mg/h zu steigern. Midazolam kann mit Morphin gemischt werden, es kann jedoch zu einer Präzipitation der Substanzen kommen. Subkutan injiziertes Midazolam kann eine Hautirritation verursachen.

Je nach Institution und Land wird *terminal sedation* in einer Frequenz von 20–52% (20) durchgeführt.

Diese Zahlen stehen im Konflikt mit der Tatsache, dass eine adäquate Symptomkontrolle bei über 90% der Patienten erreichbar ist. Das könnte bedeuten, dass in vielen Institutionen die Möglichkeiten zur Symptomkontrolle nicht ausgeschöpft werden oder dass andere Gründe vorliegen, die eine Sedierung am Ende des Lebens angezeigt erscheinen lassen.

Neben Midazolam wird eine Reihe anderer Substanzen verwendet: Antipsychotika (Chlorpromazin, Methotrimeprazin, Haloperidol), Barbiturate (Amobarbital, Thiopental, Methohexital, Pentobarbital, Phenobarbiton) und Propofol. Psychische Symptome wie Verwirrung und Delir sind die häufigsten Indikationen für *terminal sedation* (12), Haloperidol wäre das Mittel der Wahl für diese Symptome (16). Haloperidol war jedoch nur in einer Publikation (22) an 11 Patienten das zur *terminal sedation* verwendete Agens.

Durch die Zufuhr von Sedativa können Atmung und Kreislauf kompromittiert werden, diese können aber im Sinne der double-effect rule (siehe Fußnote S. 597) hingenommen werden, da die Intention der Anwendung auf intolerables Leiden gerichtet ist (12). Cowan & Walsh (12) schließen aus der Tatsache, dass die Patienten unter *terminal sedation* im Mittel mehr als 1 Tag überleben, dass die Sedativa nicht den vorzeitigen Tod der Patienten herbeiführen.

Eine vielerorts gepflogene informelle Praxis besteht darin, Sterbenden in der Terminalphase Opioide zuzuführen, in der Intention, eine Sedierung zu erreichen. Diese Konzepte entbehren jeglicher rationalen Grundlage. Opioide haben andere primäre Indikationen. Die unkontrollierte Opioidzufuhr (z. B. „Morphinperfusor", ungezielte s.c.-Gabe, z. B. „1 A Morphin 4-stündlich" o. dgl.) führt zur Opioidüberdosierung. Patienten, die eine Opioiddosis erhalten, die über jenem Bedarf liegt, der gegen Schmerzen, Atemnot etc. wirkt, werden delirant, unruhig und schwitzen stark (12). Ein derartiges „Therapiekonzept" hat das Prinzip der double-effect rule missverstanden.

Tab. 6: Dosierung der Sedativa bei terminal sedation
(nach Cowan et al. (12) und Fainsinger et al. (24))

Midazolam	s.c./i.v.-Startdosis 0,4 mg/h – Steigerung nach Erfordernis/Effekt bis 4,5–10 mg/h
Chlorpromazin	alle 4 Stunden 12,5 mg i.v. oder 25 mg Supp.

Literatur

1 Klaschik E. Palliativmedizin. In: Husebö S, Klaschik E. Palliativmedizin. 1998; Springer Verlag Berlin Heidelberg

2 Fässler-Weibel P. Referat am 6. Interdisziplinären Palliativlehrgang an der Kardinal König Akademie 2002/2003, Wien, 7.-10. Oktober 2002

3 Saunders C. Foreword. In: Husebö S, Klaschik E. Palliativmedizin. 1998; Springer Verlag Berlin Heidelberg

4 Scheler M. Wesen und Formen der Sympathie. Schulte-Bulmke Verlag, Frankfurt 5. Aufl. 1948, zitiert in: Richter HE. *Flüchten oder Standhalten*, 2. Aufl. 1998; Edition Psychosozial

5 Gruen A. *Der Verrat am Selbst.* Die Angst vor Autonomie bei Mann und Frau. 1986; dtv

6 Loewy E, Springer-Loewy R. The Ethics of terminal care. 2000; Kluwer Academic/Plenum Publishers New York, Boston, Dordrecht, London, Moscow

7 Klaschik E. Schmerztherapie und Symptomkontrolle in der Palliativmedizin. In: Husebö S, Klaschik E. Palliativmedizin. 1998; Springer Verlag Berlin Heidelberg

8 Hanks GW, de Conno F, Cherny N et al. Morphine and alternative opioids in cancer pain: the EAPC recommendations. *Br J Cancer* 2001; 84(5): 587–93 (übersetzt durch/in: Radbruch L, Nauck F. Morphin und andere Opioide in der Tumorschmerztherapie. *Der Schmerz* 2002; 16: 186–93)

9 Jonen-Thielemann I. Die Terminalphase. In: Aulbert E, Zech D. Lehrbuch der Palliativmedizin. 1997; Schattauer

10 Roy DJ. Grundlagen der Palliativmedizin. In: Aulbert E, Zech D. Lehrbuch der Palliativmedizin. 1997; Schattauer

11 Schuster HP. Referat. Wiener Intensivmedizinische Tage. 21. 3. 2002

12 Cowan JD, Walsh D. Terminal sedation in palliative medicine – definition and review of the literature *Support Care Cancer* 2001; 9: 403–7

13 Cherny NI, Portenoy RK. Sedation in the management of refractory symptoms; guidelines for evaluation and treatment. *J Pallat Care* 1994; 10/2: 31–8

14 Saunders C. Pain and impending death. In: Wall P, Melzack R (eds.). Textbook of Pain. 1984; Churchill Livingstone New York

15 Cassileth BR, Lusk EJ, Miller DS et al. Psychosocial correlates of survival in advanced malignant disease. *N Engl J Med* 1985; 312: 1551–5

16 Husebö S. Psychosoziale Probleme. In: Husebö S, Klaschik E. Palliativmedizin. 1998; Springer-Verlag Berlin Heidelberg

17 Vogel HP. Symptomatische Behandlung neuropsychiatrischer Symptome. In: Aulbert E, Zech D. Lehrbuch der Palliativmedizin. 1997; Schattauer

18 Fainsinger RL, Bruera E. The management of dehydratation in terminally ill patients. *Palliat Care* 1994; 10: 55–9

19 Binsack T. Atemnot. In: Aulbert E, Zech D. Lehrbuch der Palliativmedizin. 1997; Schattauer

20 Hardy J. Sedation in terminally ill patients. *The Lancet* 2000; 356: 1866–7

21 Quill TE, Dresser R, Brock DW. The rule of the double effect: a critique of its role in end of life decision making. *N Engl J Med* 1997; 337: 1768–71

22 Stone P, Phillips C, Spruyt O et al. A comparison of the use of sedatives in a hospital support team and in a hospice. *Palliat Med* 1997; 11: 140–4

23 Sykes N. The management of difficult pain and other symptoms at the end of life. Pain in Europe III, advances in pain research and therapy, Nice, France. September 2000. Abstract ORC/06; 71–2

24 Fainsinger RL, Bercovici M, Bengtson K et al. A multicentre international study of sedation for uncontrolled symptoms in terminally ill patients. *Palliat Med* 2000; 14: 257–65

25 Mersky H. Pain terms: a list with definitions and a note on usage. Recommended by the International Association of the Study of Pain (IASP) Subcommittee on taxonomy. *Pain* 1979; 6: 249–52

26 Fässler-Weibel P. Persönliche Mitteilung. November 2002

27 Chater S, Viola R, Paterson J, Jarvis V. Sedation for infractable distress in the dying – a survey of experts. Palliat Med 1999; 13(3): 262–4

Anhang

Richtlinien für Sedierung durch Nicht-Anästhesisten der American Society for Anesthesiologists (ASA)

(Appendix II: Summary of guidelines, Anesthesiology, V 96, No 4, Apr 2002)

Sedativa und Analgetika: Dosen für Kinder

Die Empfehlungen gelten – wenn nicht anders vermerkt – sowohl für moderate sedation als auch deep sedation.

1. **Voruntersuchung**
   sachbezogene Anamnese (große Organsysteme, Anamnese betr. Anästhesie und Sedierung, Medikation, Allergien, letzte Aufnahme von Nahrung/Getränken)
   fokussierte physikalische Untersuchung (Herz, Lunge, Atemwege)
   Laboruntersuchungen, bezogen auf die konkreten Bedingungen und einen möglichen Effekt auf die Verfahrenswahl
2. **Aufklärung des Patienten**
   Risken, Nutzen, Grenzen, Alternativen
3. **Präoperative Nüchternheit**
   elektive Verfahren – ausreichende Zeit für Magenentleerung
   dringende Eingriffe oder Notfälle – die Möglichkeit einer pulmonalen Aspiration bestimmt den Sedierungsgrad, Verschieben des Eingriffs, Atemwegssicherung durch endotracheale Intubation*
4. **Monitoring**
   (Werte müssen in angemessenen Intervallen vor, während und nach dem Eingriff aufgezeichnet werden): Pulsoxymetrie
   Reaktion auf mündliche Aufforderung
   Atmung (Beobachtung, Auskultation)
   Messung des expiratorischen CO_2 (erwägen, wenn der Patient vom Überwacher räumlich getrennt ist)
   Messung von Blutdruck und Herzfrequenz alle 5 Minuten, wenn nicht kontraindiziert
   EKG für Patienten mit signifikanter Herzerkrankung
   für deep sedation:
   Reaktion auf mündliche Aufforderungen und intensivere Stimuli, wenn nicht kontraindiziert
   Messung des exspiratorischen CO_2 für alle Pat.
   EKG für alle Pat.
5. **Personal**
   Überwacher ist einzig für diese Funktion vorgesehen und ist eine andere Person als jene, die den Eingriff durchführt
   Überwacher ist während des Eingriffs ununterbrochen anwesend
   Wenn der Patient in einem stabilen Zustand ist, kann der Überwacher kurze Hilfeleistungen erbringen, die jederzeit unterbrochen werden können.

*Siehe ASA-Guidelines für präoperative Nüchternheit, Seite 84.

für deep sedation:
der Überwacher darf keine anderen Tätigkeiten ausführen

6. **Ausbildung**
Pharmakologie der sedierenden Substanzen
Pharmakologie der verfügbaren Antagonisten
Kenntnisse der Basisreanimation – präsent
Möglichkeiten der erweiterten Reanimation – in 5 Minuten verfügbar
für deep sedation:
Möglichkeiten der erweiterten Reanimation – unmittelbar verfügbar
7. **Notfallausrüstung**
Sauger, passende Airways, Mittel zur positiven Druckbeatmung
i.v.-Zugänge und zugehöriges Material, Antagonisten, Pharmaka für Reanimation, Defibrillator unmittelbar verfügbar für herzkranke Pat.
für deep sedation:
Defibrillator für alle Pat. unmittelbar verfügbar
8. **Sauerstoff**
Sauerstoffanschluss verfügbar
Sauerstoffgabe bei Auftreten von Hypoxämie
für deep sedation:
Sauerstoff für alle Patienten, wenn nicht kontraindiziert
9. **Auswahl der Substanzen**
Sedativa, die Anxiolyse und Somnolenz herbeiführen
Analgetika zur Schmerzlinderung
10. **Titration der Dosen**
Verabreichen der Medikamente in ansteigenden Dosen, dazwischen ausreichendes Zeitintervall, um den Effekt beurteilen zu können
werden Sedativa mit Opioiden kombiniert, entsprechende Dosisreduktion beachten
wiederholte Gabe oraler Dosen ist nicht empfohlen
11. **Verwendung von Medikamenten, die zur Induktion einer Allgemeinanästhesie vorgesehen sind (Metohexital, Propofol etc.)**
Unabhängig vom Zufuhrweg (i.v., rektal etc.) und der beabsichtigten Sedierungstiefe müssen die Patienten wie bei deep sedation betreut werden – mit der Möglichkeit, sie aus einer unbeabsichtigt eingetretenen Allgemeinanästhesie herauszuführen.
12. **Intravenöser Zugang**
Werden Medikamente i.v. zugeführt, so soll ein Venenverweilkatheter erhalten bleiben.
Werden Medikamente auf anderen Wegen zugeführt, so soll Personal unmittelbar verfügbar sein, das Kompetenz in i.v.-Zugängen hat.
13. **Antidote – Antagonisten**
Naloxon und Flumazenil müssen verfügbar sein, wann immer Opioide oder Benzodiazepine appliziert werden.
14. **Erholung – Erwachen – Wiederherstellung**
Überwachung der Patienten, bis kein kardiorespiratorisches Risiko mehr vorliegt
angemessene Entlassungskriterien, um das kardiorespiratorische Risiko nach Entlassung zu minimieren
15. **Spezielle Situationen**
schwerwiegende zugrunde liegende Erkrankungen: entsprechenden Facharzt einbeziehen, wenn möglich bei bestehendem kardiovaskulärem Risiko oder der Notwendigkeit, einen Zustand herzustellen, in dem sämtliche Reaktionen des Patienten auf einen Stimulus unterdrückt werden: Facharzt für Anästhesie einbeziehen.

Sedativa und Analgetika: Dosen für Kinder

Freiname	Handelsname	Route	Dosis	Wirkeintritt (min)	Wirkdauer (min)
S-+-Ketamin	Ketanest-S®	i.v.	0,25–0,5 mg/kg	1–2	3–8
		p.o.	3 mg/kg	10–15	?
		i.m.	5 mg/kg	3–5	20–30
		rektal	5 mg/kg	10–15	100
		nasal	2–3 mg/kg	10	?
Midazolam	Dormicum®	i.v.	0,02–0,1 mg/kg	5–10	30–60
		p.o.	0,5–1 mg/kg	10–20	60–90
		nasal	0,2–0,4 mg/kg	5–12	?
		rektal	0,5 mg/kg	10	30–75
		i.m.	0,1 mg/kg	15	?
		sublingual	0,2–0,3 mg/kg	?	?
Diazepam	Stesolid-Rektiole®	rektal	< 15 kg: 5 mg	4–7	480
			> 15 mg: 10 mg	4–7	480
Thiopental	Thiopental®	rektal	25–30 mg/kg	9–11	
Fentanyl	Actiq®	p.o.	5–15 μg/kg (ab 15 kg)	10	150–300
	Fentanyl-Janssen®	i.v.	0,25–2 μg/kg	2–4	15–60
		i.m.	0,5–1 μg/kg	2–4	30–60
Pritramid	Dipidolor®	i.v.	50–100 μg/kg	5	240–360
Morphium	Vendal®	i.v.	0,05–0,2 mg/kg	7–10	240
	Mundidol ret. ®	p.o.	0,2–0,5 mg/kg	45	12 Stunden
	Morapid®	p.o.	0,2–0,5 mg	10	60
Pethidin	Alodan®	i.v.	0,5–2,0	?	?
Paracetamol	Mexalen®	rektal	30–40 mg/kg	60–120	360
	Perfalgan®	i.v.	15 mg/kg	5–30	6–12 Stunden
Metamizol	Novalgin®	i.v.	10 mg/kg	8	180–300
Diclofenac	Voltaren®	i.v.	1 mg/kg	10–20	12 Stunden

Textbeispiel „Hypnotische Kommunikation“ zur Vorbereitung auf eine Operation

(Quelle: Martin M, Walter H. OP-Vorbereitungstext. Skriptum ISOREC, Medizinische Hypnose 2000, Modul 5)

„Mit jedem Wort, das ich sage, lassen Sie alle anderen Geräusche, alle anderen Gedanken, alle anderen Gefühle verblassen, in die Ferne entschwinden, und Sie fühlen, wie Sie selbst nach unten gleiten, tiefer und tiefer entspannt. Wie Sie so angenehm entspannt dahinschweben, konzentriert sich Ihr Unbewusstes auf jedes Wort und nimmt es auf, nimmt jedes Wort auf, das ich sage, egal, was Ihr Bewusstsein tut oder sagen mag ... Ihr Bewusstsein mag hingehen, wohin es ihm Spaß macht zu gehen, vielleicht zu einem sehr angenehmen Ort, den Sie besuchen möchten, um abzuschalten und den Tag zu genießen, während ein anderer, tieferer Teil Ihres Bewusstseins sich konzentriert auf jedes Wort, das ich sage ...

Lassen Sie sich angenehm sinken, tiefer und tiefer entspannt ... so tief oder so weit, wie es für Sie im Moment angenehm ist ... angenehm und friedlich ... in einen angenehmen, traumartigen Zustand, in die tiefste Entspannung, tiefer als Sie sie jemals zuvor erfahren haben und lassen Sie diese angenehm tiefe Entspannung jede Zelle Ihres Körpers erreichen ... jede Zelle und jede Faser Ihres Körpers durchdringen ... ganz ruhig, entspannt, ganz sicher und friedlich ...

Erlauben Sie dem besseren Teil Ihres tieferen Bewusstseins, dem Unbewussten, da zu sein mit Ihnen, Ihrem Körper zu helfen, Sie zu stärken, Ihnen die Fähigkeiten bereitzustellen, die Ihnen helfen werden während der Operation und in der Genesungszeit danach.

Je entspannter Ihr Körper wird und je angenehmer er sich fühlt, desto entspannter und sicherer wird Ihre Einstellung der Operation gegenüber sein. Sie entspannen sich und schlafen tief heute Nacht. Sie entspannen sich und schlafen gründlich in der Nacht vor der Operation. Sie fühlen sich entspannt und behaglich; ruhig, zuversichtlich, sicher in jeder Hinsicht am Tag der Operation.

Während der Operation werden Sie sich gänzlich sicher und ruhig fühlen; sicher in jeder Hinsicht. Sie werden während der Operation eine vollkommen trockene und gesunde Wunde haben und dabei Ihre Blutgefäße ganz leicht kontrollieren können, sodass die Wunde vollkommen trocken bleibt während der Operation.

Weil Ihr Unbewusstes fähig ist, die Blutung so gut zu kontrollieren, wird Ihr Chirurg ganz leicht und gut arbeiten können, besser als er jemals zuvor gearbeitet hat. Sie werden dieser Operation entgegensehen als willkommene Art und Weise, das zu korrigieren, was so hinderlich für Ihren Körper geworden ist, und Sie werden schon im Voraus empfinden, um wie viel besser Sie sich fühlen werden, wenn die Heilung abgeschlossen sein wird.

Sie werden es sehr interessant finden, jenen Leuten zu helfen, die kommen, um Ihnen zu helfen, Sie auf die Operation vorzubereiten. Die Geräusche, der Lärm und die Gespräche um Sie herum werden Sie nur wahrnehmen als eine Art Hintergrundmusik, als Hintergrundmusik, die Ihnen hilft, sich sogar noch mehr zu entspannen und Ihr Vertrauen zu vergrößern.

Sie weisen alle negativen, schädlichen und unschönen Gedanken, Gefühle und Ideen zurück und ignorieren solche negativen Gedanken und Gefühle, die in Ihrer Gegenwart jetzt noch vor der Operation oder auch während oder nach der Operation gesagt werden, bis Sie gänzlich wiederhergestellt sind (der letzte Satz ist zu wiederholen).

Während der Narkose ignorieren Sie gänzlich alle Gedanken, Gefühle und Ideen, die in Ihrer Gegenwart ausgedrückt werden. Sie ignorieren sie total und weisen sie auf allen Ebenen Ihres Denkens zurück. Die Narkose, die Sie erhalten, wird Ihnen auf gekonnte Weise, auf sichere und sorgfältige Art gegeben und die Operation wird gut, sicher und sorgfältig durchgeführt.

Wenn die Operation abgeschlossen ist, werden Sie zurückgebracht in den Aufwachraum, wo Sie zur rechten Zeit ruhig geweckt werden, und so erquickt geweckt werden, als ob Sie aus einem angenehm langen, tiefen und friedlichen Schlaf erwachten, der die Gesundheit wieder herbeiführt. Sie werden große Erleichterung fühlen, dass Sie die Operation hinter sich haben und dass Sie schon dabei sind zu genesen.

Ihre Wunde wird in Ordnung sein, und sie wird ohne Verzug, ohne Komplikationen heilen, so prompt, sogar schneller vielleicht als Sie erwarteten.

Zur rechten Zeit werden Sie in der Lage sein, bequem und leicht zu urinieren. Sie werden eine unverzögerte und reguläre Verdauung haben. Sie werden sich angenehm hungrig fühlen, stark und voller Leben, Energie, Vitalität. Sie haben eine trockene, gesunde Wunde, die schnell und normal heilt. Der gesamte Heilungsprozess verläuft ganz natürlich, normal, glatt und schnell und kommt sehr schnell zu einem Ende. Sie sind bald wieder auf und können umhergehen und begierig teilnehmen an allen Ihren normalen Aktivitäten. Sie werden sehr bald auf sein und umhergehen.

Wenn Sie aufwachen, sind Sie an dem für Sie sichersten Platz, wo alle Ihre Bedürfnisse gestillt werden. Sie werden erfreut sein über die Sorge und Aufmerksamkeit des Krankenpflegeteams. Sie werden sehen, dass Ihre Krankenhauserfahrung insgesamt eine sehr interessante, faszinierende, belohnende und befriedigende Erfahrung sein wird.

Wie Sie jetzt tiefer nach unten gleiten ... so ganz tief ... so ruhig ... so angenehm ... entspannt, erkennen Sie, dass alle diese Suggestionen komplett und vollkommen effektiv sind und für Sie verfügbar ... überall in Ihrem Leben, wann immer Sie sie brauchen. Sie fühlen sich mehr und mehr gestärkt ... mehr und mehr zuversichtlich ... Sie fühlen sich ruhig und sicher, tiefer und tiefer entspannt, so sicher im Wissen, dass Ihr Unbewusstes das auch weiß. Sie wissen, dass alle diese hilfreichen Fähigkeiten fest und komplett in die tiefsten Teile Ihres Gehirns eingepflanzt sind ... gänzlich und durch und durch effektiv ... immer automatisch verfügbar, wenn Sie sie brauchen.

Und nun, wenn Sie zurückkommen in diesen Raum, diese Zeit, erfahren Sie eine neue gehobene, aber auch sehr profunde Empfindung von Ruhe und Zuversicht, die Sie begleiten wird durch Ihren Krankenhausaufenthalt und so lange hinterher, so oft, wie Sie wollen, so tief, wie Sie wollen, so, wie Sie es wohltuend finden."

Pharmakaverzeichnis Die Handelsnamen für Österreich sind dem Austria Codex 2002, für Deutschland der Roten Liste 2002 und für die Schweiz dem Arzneimittel-Kompendium der Schweiz 2002 entnommen.

Internationaler Freiname (Generic name)	Handelsname Österreich	Handelsname Deutschland	Handelsname Schweiz
Acetazolamid	Diamox	Diamox, Glaupax	Diamox, Glaupax
Acetylsalicylsäure	Aspirin, Aspro, Thrombo Ass,	Acesal, Aspirin, Aspisol	Aspirin, Aspro, Thrombo Ass
Adrenalin (Epinephrin)	Suprarenin	Adrenalin, Suprarenin	Adrenalin
Alfentanil	Rapifen	Rapifen	Rapifen
Alprazolam	Xanor	Cassadan, Xanax	Xanax
Aminophyllin	Mundiphyllin ret.	Aminophyllin, Theophyllin	Euphillin,Escophyllin
Amiodaron	Sedacoron	Amiodarex, Cordarex	Cordarone, Escordaron
Amisulpirid	Solian	Solian	Solian
Amitriptylin	Saroten, Tryptizol	Amineurin, Saroten	Saroten, Tryptizol
Amoxicillin	Amoxilan, Clamoxyl, Ospamox	Amoxibeta, Amoxypen	Azillin, Penimox, Supramox
Atenolol	Tenormin, Atenolan	Atehexal, Tenormin	Tenormin, Cardaxen
Atropin	Atropinum, Atropinsulfat, Bellanorm	Atropinsulfat, Dysurgal	Atropinsulfat IMS, Bellafit N
Benzocain	Anaestherit	Anaesthesin	Benzocaine „PD“
Bisoprolol	Bisocor, Concor	Bisobloc, Concor	Bilol, Concor
Bromazepam	Lexotanil	Lexotanil, Normoc	Lexotanil
Bromocriptin	Parlodel, Umbrel	Kirim, Pravidel	Parlodel
Brotizolam	Lendorm	Lendormin	*nicht registriert*
Buprenorphin	Subutex, Temgesic	Subutex, Temgesic, Transtec	Subutex, Temgesic, Transtec
Butylscopolamin	Buscopan	Buscopan	Buscopan
Carbamazepin	Neurotop, Tegretol	Fokalepsin, Sirtal, Tegretal, Timonil	Tegretol, Timonil
Celecoxib	Celebrex	Celebrex	Celebrex
Chloralhydrat	*nicht registriert*	Chloraldurat	Chloraldurat, Medianox
Chlorpromazin	*nicht registriert*	Propaphenin	Chlorazin
Chlorprothixen	Truxal	Truxal	Truxal, Truxaletten
Cimetidin	Neutronorm, Ulcometin	Sigacimet, Tagamet	Cimetidin-Mepha, Malimed
Cisaprid	Prepulsid	*nicht registriert*	Prepulsid

Internationaler Freiname	Handelsname Österreich	Handelsname Deutschland	Handelsname Schweiz
Clonazepam	Rivotril	Rivotril	Rivotril
Clonidin	Catapresan	Catapresan	Catapresan
Clopidogrel	Iscover, Plavix	Iscover, Plavix	Plavix
Clozapin	Leponex, Lanolept	Elcrit, Leponex	Leponex
Codein	Codipront, Codein, Codidol	Codicaps, Codipront, Tryasol	Codein Knoll, Tricodein Solco
Dexamethason	Fortecortin, Dexamethason	Fortecortin, Dexabene	Fortecortin, Chronocort, Dexacortin
Dexibuprofen	Actifen, Seractil	Deltaran	DexOptifen, Serctil
Dexmedetomidin	*nicht registriert (USA: Precedex)*	*nicht registriert*	*nicht registriert*
Diazepam	Gewacalm, Psychopax, Valium, Stesolid	Faustan, Stesolid, Valium, Lamra	Paceum, Psychopax, Stesolid, Valium
Diclofenac	Deflamat, Diclobene, Dolpasse, Voltaren	Diclac, Jenafenac, Voltaren	Agofenac, Flector, Grofenac, Voltaren
Diltiazem	Corazem, Dilzem, Diltiazem	Dilta, Dilzem, Diltiuc	Cordil, Dilzem, Escozem
Dimenhydrinat	Vertirosan	Vomex	Antemin, Trawell
Diphenhydramin	Dibondrin	Benadryl, Emesan, Sleepia	Bedorma, Benocten, Sleepia
Domperidon	Motilium	Motilium	Motilium
Doxapram	Dopram	Dopram	*nicht registriert*
Droperidol	Dehydrobenzperidol, DHBP	Dehydrobenzperidol	Dehydrobenzperidol
Ephedrin	*nicht registriert (1)*	Perdiphen	Ephedrin Streuli
Esmolol	Brevibloc	Brevibloc	Brevibloc
Etilefrin	Effortil	Effortil	Effortil
Etomidat	Hypnomidate	Hypnomidate	Etomidat
Famotidin	Famotidin, Ulcusan	Famobeta, Pepdul	Pecid, Pecidine
Fentanyl	Durogesic, Fentanyl (2)	Durogesic, Fentanyl (3)	Durogesic, Fentanyl, Sintenyl
Fluconazol	Diflucan, Fungata, Flucosept	Diflucan, Fungata	Diflucan
Flumazenil	Anexate	Anexate	Anexate
Flunitrazepam	Rohypnol, Somnubene	Flunimerck, Rohypnol	Rohypnol
Fluoxetin	Fluctine, Mutan, Positivum	Fluctin, Fluneurin, Fluox	Fluctine, Fluocim, Flusol
Gammahydroxybuttersäure, GHB	*nicht registriert*	Somsanit	*nicht registriert*
Glucagon	Glucagen	GlucaGen Novo Nordisk	GlucaGen Novo Nordisk
Glykopyrrolat	Robinul	Robinul	Robinul
HAES	Voluven	Voluven	Voluven

Internationaler Freiname	Handelsname Österreich	Handelsname Deutschland	Handelsname Schweiz
Haloperidol	Haldol	Haldol, Sigaperidol	Haldol, Sigaperidol
Halothan	Fluothane	Fluothane	Halothane B.P. Halocarbon
Hydroxyzin	Atarax	Atarax	Atarax
Imipramin	Tofranil	Tofranil	Tofranil
Itraconazol	Sporanox	Sempera	Sporanox
Ketamin	Ketanest S, Ketalar	Ketanest S	Ketalar
Ketoconazol	Fungoral, Nizoral	Nizoral, Terzolin	Ketozol-Mepha, Nizoral
Ketorolac	*nicht registriert (4)*	*nicht registriert (4)*	Toradol
Levomepromazin	Nozinan	Levium, Neurocil	Nozinan
Lidocain	Xylocain, Xylanaest	Xylocain, Xyloneural	Xylocain, Xyloneural, Rapidocain
Lithium	Neurolepsin, Quilonorm	Hypnorex, Quilonum	Litarex, Lithiofor, Quilonorm
Lorazepam	Merlit, Temesta	Somagerol, Tavor	Lorasifar, Temesta
Lormetazepam	Noctamid	Ergocalm, Noctamid	Loramet, Noctamid
Meloxicam	Movalis	Mobec	Mobicox
Melperon	Buronil Neuril	Eunerpan, Harmosin	*nicht registriert*
Mepivacain	Scandicain	Scandicain	Scandicain
Metamizol	Novalgin	Metalgin, Novalgin	Minalgin, Novalgin
Methadon	Heptadon	L-Polamidon Hoechst	Ketalgin, Methadon Streuli
Methohexital	Brietal	Brevimytal	*nicht registriert*
Methylergometrin	Methergin	Methergin	Methergin
Metoclopramid	Gastrosil, Paspertin	Gastrosil, Paspertin	Gastrosil, Paspertin
Metoprolol	Lopresor, Beloc	Lopresor, Beloc	Lopresor, Beloc
Midazolam	Dormicum, Midazolam	Dormicum	Dormicum
Mirtazapin	Remeron	Remergil	Remeron
Morphinhydrochlorid	Vendal, Morapid, Mundidol, Kapanol	Kapanol, M-long, Mogetic	Kapanol, M-long, Sevredol
Nalbuphin	Nubain	Nubain	Nubain
Naloxon	Narcanti	Narcanti	Narcan
Nitrazepam	Mogadon	Mogadon, Radedorm	Mogadon
Nitroglycerin	Nitrolingual, Perlinganit	Nitrolingual, Perlinganit	Nitrolingual, Perlinganit
Olanzapin	Zyprexa	Zyprexa	Zyprexa

Internationaler Freiname	Handelsname Österreich	Handelsname Deutschland	Handelsname Schweiz
Ondansetron	Zofran	Zofran	Zofran
Oxazepam	Adumbran, Anxiolit, Praxiten	Adumbran, Praxiten	Anxiolit, Seresta
Oxytocin	Syntocinon	Syntocinon	Syntocinon
Paracetamol	Benuron, Mexalen, Paracetamol	Benuron, Fensum, Paedialgon	Acetalgin, Influbene, Tylenol
Parecoxib	Dynastat, Rayzon	*nicht registriert*	*nicht registriert*
Paroxetin	Ennos, Seroxat, Paroxat	Seroxat, Tagonis	Deroxat
Pentazocin	Fortral	Fortral	Fortralgesic
Pethidin	Alodan	Dolantin	Pethidin Amino
Phenobarbital	Maliasin	Luminal	Aphenylbarbit, Luminal
Phenytoin	Epanutin, Epilan	Epanutin, Phenhydan	Epanutin, Epilantin
Physostigmin	Anticholium	Anticholium	(5)
Piritramid	Dipidolor	Dipidolor	*nicht registriert*
Propofol	Diprivan	Disoprivan	Disoprivan, Fresenius
Prothipendyl	Dominal forte	Dominal forte	nicht registriert
Quetiapin	Seroquel	Seroquel	Seroquel
Ranitidin	Ranitidin, Ulsal, Zantac	Ranibloc, Sostril, Zantic	Ranimed, Ulcidin, Zantic
Remifentanil	Ultiva	Ultiva	Ultiva
Rifampicin	Eremfat, Rifoldin	Eremfat, Rifa	Rimactan
Risperidon	Risperdal	Risperdal	Risperdal
Rocuronium	Esmeron	Esmeron	Esmeron
Rofecoxib	Vioxx	Vioxx	Vioxx
Ropivacain	Naropin	Naropin	Naropin
Scopolamin	Scopoderm	Boro-Scopol, Scopoderm	Scopolamin TTS
Succinylcholin	Lysthenon	Lysthenon	Lysthenon
Sufentanil	Sufenta	Sufenta	Sufenta
Sulproston	Nalador	Nalador	Nalador
Temazepam	Levanxol, Remestan	Planum, Remestan	Normison
Tenoxicam	Liman, Tilcotil	Liman, Tilcotil	Tilcotil
Terbutalin	Bricanyl	Bricanyl	Bricanyl
Tetracain	Minims	Ophtocain	*nicht registriert*

Internationaler Freiname	Handelsname Österreich	Handelsname Deutschland	Handelsname Schweiz
Theophyllin	Respicur, Theospirex, Unifyl	Afonilium, Solosin, Uniphyllin	Euphyllin retard N, Unifyl Continus
Thiopental	Thiopental	Trapanal	Pentothal
Tramadol	Nycodol, Tradolan, Tramal	Amadol, Trama, Tramundin	Ecodolor, Tramal
Trazodon	Trittico	Thrombran	Trittico
Triazolam	Halcion	Halcion	Halcion
Triflupromazin	Psyquil	Psyquil	*nicht registriert*
Urapidil	Ebrantil	Ebrantil	Ebrantil
Valproinsäure (Valproat)	Convulex, Depakine	Convulex, Ergenyl, Orfiril	Convulex, Depakine, Orfiril
Verapamil	Isoptin, Verapabene	Isoptin, Verabeta	Flamon, Isoptin
Xylometazolin	Olynth, Otriven	Imidin, Otriven	Otrivin, Rhinostop
Ziprasidon	Zeldox	Zeldox	Zeldox
Zolpidem	Ivadal, Zoldem	Zodurat, Zopiclon	Stilnox
Zuclopenthixol	Cisordinol	Ciatyl	Clopixol

Fußnoten:

1 Sonderanfertigung über Schutzengelapotheke Linz
2 Actiq: Elanpharma (Deutschland) – Kooperationspartner: F. Joh. Kwizda, 6020 Innsbruck
3 Actiq: Elanpharma (Deutschland) – Kooperationspartner: Sanalog Logistik GmbH, 97270 Kist
4 Ketorolac in Ö und D nur Augentropfen registriert (Acular)
5 Physostigmin/Schweiz: Bezug über Kantonsapotheke Aargau möglich

Sachregister

Z

Epilog

In den 20 Monaten intensivster Befassung mit dem Thema *Sedierung* habe ich manche Haltung überdacht, manches praktische Handeln hat sich auf diesem Weg verändert.
Der Zugang zum Thema erfolgte zunächst über die Pharmaka. Ich musste erkennen, dass wir in den nichtpharmakologischen Möglichkeiten reichere, würdigere und effektivere Instrumente zur Hand haben. Jedem Menschen, der mit Patienten interagiert, sollte es angelegen sein, sich mit *Kommunikation* professionell auseinanderzusetzen.
Ich habe gelernt, dass die Mediziner die Bedürfnisse und Nöte ihrer Patienten meistens falsch einschätzen. Die Schmerzintensität wird von den Therapeuten unterschätzt, die Folgen davon tragen nach jetzigem Wissen und Handeln in jedem Fall ältere Menschen, Kinder, Intensivpatienten, Krebskranke, Behinderte, Sterbende und Patienten, die jede Form von Endoskopie über sich ergehen lassen müssen. Es scheinen mir besonders jene gefährdet, analgetisch unterversorgt zu sein, deren Fähigkeit zur Selbstbestimmung limitiert ist und die über *andere* kommunikative Mittel verfügen als der wache, intelligente, selbstbestimmte Therapeut. Aus der Literatur geht hervor, dass vor jeder medikamentösen Einwirkung auf das Bewusstsein eine adäquate Schmerztherapie erfolgen muss.
Noch 4 Jahre nach einem Aufenthalt an einer Intensivstation mit Respiratortherapie sagen 90% der Patienten aus, dass sie ihre Erinnerung daran mit unangenehmen Empfindungen und Stress verknüpfen*. Die Lebensumstände der Intensivpatienten sind posthoc, nach meinem jetzigen Ermessen, als unerträglich zu bewerten – es herrscht ein dringender Handlungsbedarf, in der Forschung, Fortbildung und vor allem am Krankenbett. Besonders auf diesem Feld erschiene mir die Interprofessionalität essentiell: die Kooperation von Intensivmedizinern, Pflegenden, Psychologen, Schlafforschern, Psychiatern, Neurologen, Pharmakologen, medizinischen Kybernetikern etc.
Ich habe gelernt, dass man nie genug über jene Sedativa wissen kann, die man anwendet, und dass häufig die kleineren Dosen die angemessenen sind.
Es wurde mir bewusst, dass es anständig ist, wenn man die Qualität seiner

*Bergbom-Engberg I, Haljamae H. Assessment of patients experience of discomforts during respirator therapy. Crit Care Med 1989; 17: 1068

Handlungen evaluiert (weil man einfach so oft mit seiner Einschätzung der Dinge „danebenliegt“).
Qualitätskontrolle ist (noch?) ein Fremdwort in der Medizin Mitteleuropas.

Manche der Bemerkungen in diesem Buch lassen Zorn, Zynismus und Frustration erkennen – im Grunde *noch* positive Symptome. Ein Resignierender findet sich still in sein Schicksal ein.
Es ist zu erwarten, dass diejenigen, die meinen Missmut erregen, nie in diesem Buch lesen werden. Der Satz von Marc Aurel: „Es ist dumm, sich über die Welt zu ärgern. Es kümmert sie nicht“, hat schon fast 2000 Jahre Gültigkeit.

Vielfach wurden Autoren aus den USA und Großbritannien zitiert, mancher Amerikanismus wurde (z. T. unter Qualen) deponiert (weil es keine Entsprechung im Deutschen gibt).
Es soll unter keinen Umständen der Eindruck entstehen, dass ich die USA oder ihr Medizinsystem verherrliche. Das Gegenteil ist der Fall. Die USA haben ein zutiefst inhumanes und ungerechtes Medizinsystem. Nach letzten Berichten sind mehr als 41 Millionen US-Bürger von den Leistungen des amerikanischen Gesundheitssystems ausgeschlossen. Im US-amerikanischen Gesundheitssystem werden jedoch auch Spitzenleistungen erbracht, es hat eine herausragende Kultur im Bereich der wissenschaftlichen Publikation. Dem gegenüber ist Österreich Dritte Welt. Die deutschsprachigen Publikationen sind demgemäß häufig drittklassig (das sag' ich; auch wenn's überheblich klingen mag). Wenn aber der Autor eines Artikels auch der Herausgeber der größten deutschen Anästhesiezeitschrift ist: Wer soll ihm die Publikation verwehren können? Und wer soll sie kritisieren dürfen? Auf diese Weise bleibt der wissenschaftliche Diskurs auf Substandardniveau.

Daher bitte ich Sie,
mich mit Kritik zu beschenken.

Dietmar Weixler
Korrespondenz: d.weixler@wvk.at

Autoren

Dr. Dietmar Weixler
Facharzt für Anästhesie und Intensivmedizin, Notarzt, Arzt für Allgemeinmedizin
Waldviertelklinikum Horn, ÖAMTC-Flugrettung Christophorus 2 Krems
Berufliche Schwerpunkte: Notfallmedizin, Regionalanästhesie, Schmerztherapie, Palliative Care, Hypnotische Kommunikation, Basale Stimulation.

Dr. Klaus Paulitsch
Facharzt für Psychiatrie
Psychiatrische Abteilung des Kaiser-Franz-Josef-Spitals in Wien
Psychiater und Psychotherapeut in freier Praxis

Dr. Katalin Bloch-Szentágothai
Fachärztin für Anästhesie
Tätigkeitsschwerpunkte: vorwiegende Arbeit mit Akut-Patienten, die Angst oder Schmerzen haben; Aus und Weiterbildung in medizinischer Hypnose. Mein wichtigstes Anliegen ist es, Patienten aus der Situation des Opfers herauszuholen und zur aktiven Mitarbeit zu motivieren.

Mag. Wilfried Peinhaupt
Psychotherapeut, Klinischer Psychologe
Tätigkeitsschwerpunkte: Existenzanalytische Psychotherapie, Supervision für Teams und Einzelpersonen im Krankenhaus, Führungskräfte-Coaching

GÜNTHER PÖLTNER

Grundkurs Medizin-Ethik

UTB: Facultas 2002. 344 Seiten, broschiert
ISBN 3-8252-2177-6
EUR 20,50 (A) / EUR 19,90 (D) / sFr 33,50

Medizinethik bildet einen integrierenden Bestandteil der Medizin. Der Grundkurs behandelt in einem ersten Teil die anthropologischen und ethischen Grundlagen ärztlichen und pflegerischen Handelns sowie verschiedene medizinethische Ansätze. Im zweiten Teil werden Einzelthemen und die unterschiedlichen ethischen Stellungnahmen diskutiert wie z.B. Arzt/Patientenverhältnis (Autonomie/Fürsorge); Medizinische Forschung/Ethikkommission; Gesundheit, Krankheit, Behinderung; Humangenetik, Genetische Beratung, Präimplantationsdiagnostik, Pränatale Diagnostik, Schwangerschaftsabbruch, Embryonenforschung; Transplantationsmedizin, Hirntod; Sterben und Tod (Sterbebeistand, Behandlungsmodifikation); Verteilungsgerechtigkeit im Gesundheitswesen.

www.facultas.at

facultas